经典译丛·微电子学

半导体集成电路制造手册（第二版）

Semiconductor Manufacturing Handbook
Second Edition

［美］ 耿怀渝（Hwaiyu Geng） 主编

［美］ 耿怀渝 等译

電子工業出版社
Publishing House of Electronics Industry
北京·BEIJING

内 容 简 介

本书是一本综合性很强的半导体集成电路制造方面的参考手册，由70多位国际专家撰写，并在其前一版的基础上进行了全面的修订与更新。本书内容涵盖集成电路芯片、MEMS、传感器和其他电子器件的设计与制造过程，相关技术的基础知识和实际应用，以及对生产过程的计划、实施和控制等运营管理方面的考虑。第二版新增了物联网、工业物联网、数据分析和智能制造等方面的内容，讨论了半导体制造基础、前道和后道工序、柔性复合电子技术、气体和化学品及半导体工厂的操作、设备和设施的完整细节。

本书既可供高等院校与科研院所的教师、学生及研究人员学习和参考，也可作为半导体业界从事生产和管理的专业人员的工作手册。

Hwaiyu Geng
Semiconductor Manufacturing Handbook, Second Edition
ISBN: 9781259587696

图书在版编目（CIP）数据

半导体集成电路制造手册：第二版 /（美）耿怀渝主编；（美）耿怀渝等译. — 北京：电子工业出版社，2022.2
（经典译丛. 微电子学）

书名原文：Semiconductor Manufacturing Handbook, Second Edition

ISBN 978-7-121-42940-8

Ⅰ. ①半… Ⅱ. ①耿… Ⅲ. ①半导体集成电路－集成电路工艺－技术手册 Ⅳ. ①TN430.5-62

中国版本图书馆 CIP 数据核字（2022）第 027483 号

责任编辑：冯小贝
印　　刷：三河市鑫金马印装有限公司
装　　订：三河市鑫金马印装有限公司
出版发行：电子工业出版社
　　　　　北京市海淀区万寿路 173 信箱　　邮编：100036
开　　本：787×1092　1/16　印张：49.25　　字数：1639 千字
版　　次：2006 年 12 月第 1 版（原书第 1 版）
　　　　　2022 年 2 月第 2 版（原书第 2 版）
印　　次：2022 年 2 月第 1 次印刷
定　　价：268.00 元

凡所购买电子工业出版社图书有缺损问题，请向购买书店调换。若书店售缺，请与本社发行部联系，联系及邮购电话：（010）88254888，88258888。

质量投诉请发邮件至 zlts@phei.com.cn，盗版侵权举报请发邮件至 dbqq@phei.com.cn。

本书咨询联系方式：fengxiaobei@phei.com.cn。

序　一

随着半导体集成电路(IC)制造技术的不断进步，使得电子信息处理和存储的能力越来越强，但是相关的成本却越来越低，信息技术对全球社会和经济产生了巨大的影响。过去50多年来，IT行业指数级增长的关键是晶体管(IC的基本组件)稳定的小型化进程，这导致更高程度的集成，从而实现更强的IC功能。当今最先进的半导体芯片包括100多亿个晶体管，其制造精度已低于10 nm。这种复杂产品的制造过程涉及数百个步骤，每个步骤都需要非常高的精度及超纯的气体和化学品。相关产业的规模化发展使芯片价格日趋合理，目前大型的半导体晶圆厂每年可加工100多万个200 mm直径的晶圆。

本书概述了现代半导体制造和市场驱动因素，并详细介绍了目前用于制造集成电路组件和互连线的单元工艺。此外，它还详细描述了光伏器件、大面积电子产品和柔性电子产品的制造工艺。随着我们进入无所不在的计算时代，这些工艺正在迅速发展。本书的最后部分讨论了半导体制造的后勤工作，包括洁净室设计、气体和化学品处理、过程控制和工厂自动化。

本书的作者团队汇集了来自世界各地的70多位半导体制造专业人士，他们的经验和专业知识覆盖了半导体行业的各个领域。我希望读者能从本书中受益。

Tsu-Jae King Liu博士
美国加州大学伯克利分校工程学院院长
美国加州大学伯克利分校杰出教授
美国国家工程院院士
美国发明家学院院士
美国电子电气工程师学会会士

序　二

以集成电路为代表的半导体技术和产品是电子信息产业的基础。掌握集成电路技术的水平是一个国家具备高新技术能力的重要标志。半导体产业关系着国家的战略安全和国民经济的可持续发展，并且还与我们日常生活密切相关。从卫星导航、移动通信、工业控制、轨道交通、电动汽车，到家用电器、微型计算机和智能手机等应用领域，其核心器件都是半导体产品。

美国亚美智库(Amica Research)的创始人和负责人耿怀渝先生(教授级高级工程师)主编了 *Semiconductor Manufacturing Handbook* 一书，并且组织翻译了这部专著。该书分六个部分共 47 章：第一部分讲解半导体制造基础，包括第 1～5 章，介绍了半导体制造和物联网及其发展、从硅基到碳基材料的纳米技术、FinFET 器件和纳米硅化物技术、三维集成电路设计技术；第二部分讲解前道工序，包括第 6～16 章，介绍了半导体制造的外延、热处理、光刻、刻蚀、离子注入、PVD、CVD、ALD、CMP 等单项工艺技术；第三部分讲解后道工序，包括第 17～21 章，介绍了半导体制造的装配与封装工艺、自动测试设备；第四部分讲解柔性复合电子和大面积电子技术，包括第 22～30 章，介绍了柔性电子器件、射频器件、触摸传感器、显示器、光伏等应用领域的相关技术；第五部分讲解气体和化学品，包括第 31～35 章，介绍了半导体制造工艺所需的气体供应系统、化学品、过滤及化学品处理等技术；第六部分讲解操作、设备与设施，包括第 36～47 章，介绍了半导体制造工艺所需的良率管理、自动化系统、净化系统、静电放电控制、真空系统、等离子体系统、振动与噪声设计。

《半导体集成电路制造手册》全面系统地介绍了半导体制造所涉及的材料、工艺技术、器件结构、设备及环境设施。该书既讲述了基础理论知识和工艺技术，又介绍了相关技术领域最新的进展，是一部非常完整、面面俱到的半导体专业工具书，对于半导体从业人员来说是一位不可多得的“良师益友”。

我非常荣幸能为该书撰写序言，在此衷心感谢耿怀渝先生的信任。

韩郑生
中国科学院微电子研究所研究员
中国科学院大学教授
2022 年 2 月　于北京

前　言

作为一位工程师、经理、研究人员、教授或学生，我们都在跨职能的环境中面临着越来越多的挑战。对于每个制造问题或项目，我们必须提出以下问题:

- 要解决的问题是什么?
- 哪些是可用的数据?
- 哪些是条件?
- 哪些是未知数?
- 有什么可行的方案?
- 如何验证以找到最佳解决方案?

我们要如何运用新的技术和知识来制定解决方案，支持一个团队，并成功地领导和实施一个项目?

我们面临的挑战可能包括为新产品建立微芯片的设计及制造工艺，实施自动化制造工艺，提高生产良率，扩大产能，或者建立高质量及安全的工作环境。为了达到这个目的，我们要深入理解微芯片设计制造及其工艺，才能够成功地计划、设计和实施一个项目。

本书的目标是为读者提供在半导体晶圆厂工作所需的基本技术和知识，以及帮助读者掌握建立生产流程、解决问题和改善微芯片晶圆厂生产线的技能。本书包括传统的和新兴的微芯片制造技术，分为以下6个部分。

第一部分介绍了半导体基础知识和物联网/数据分析、纳米技术、FinFET 基础、MEMS 基础和 3D IC 设计。

第二部分涉及前道工序，包括外延、光刻、刻蚀、离子注入、物理气相沉积、化学气相沉积、原子层沉积、电化学沉积、化学机械抛光和 AFM 计量。

第三部分讲解了后道工序，这些工艺涵盖了晶圆减薄和芯片切割、封装、键合、互连的可靠性和自动测试设备。

第四部分讨论了柔性复合电子器件、印刷电子器件、柔性电子中的三维互连、平板与柔性显示器技术及光伏基础。

第五部分讨论了气体供应系统、超纯水基础、工艺化学品的处理和减排、化学品和研磨液的处理及过滤。

第六部分回顾了良率管理、CIM 和工厂自动化、制造执行系统、先进工艺控制、空气分子污染、ESD 控制、等离子体处理、真空系统、洁净室设计和建造及振动与噪声技术。

本书涵盖了从晶圆加工、最终制造、柔性复合电子和大面积电子到晶圆厂和洁净室、污染控制及运营管理系统等主题。本书内容全面覆盖了半导体基础知识和制造技术，具有一定的广度和深度。对于半导体业界从事生产和管理的专业人士来说，是一本有用的、具有启发性的资源手册。

致　谢

《半导体集成电路制造手册》第二版的英文版是世界各地的 70 多位科学家和专业人士共同努力的成果。《半导体集成电路制造手册》第二版的中文翻译版则是国内外 30 多位学者和专业人士共同努力的成果。

我衷心感谢技术编委会（Technical Advisory Board）的成员对本书提供了有独特价值的观点，并对全书进行了认真的审查，以确认相关内容与技术的准确性。他们珍贵的指导确保本书能够完美地满足广大读者的需求。

我真诚地感谢每一章的作者及译者，从繁忙的工作和家庭生活中奉献出他们宝贵的时间，分享他们的智慧和经验。

技术编委会成员和作者、译者的共同努力，为半导体和物联网制造行业的工作人员提供了这本有价值的手册。没有他们的贡献，这本书是不可能完成的。

我特别感谢加州大学伯克利分校的 Tsu-Jae King Liu 教授，感谢她的真诚及不断的鼓励。

我深切地感谢下列提供珍贵资料的个人及公司和机构：加州大学伯克利分校的 Paul Wright 博士；SEMI 的 Deborah Geiger 女士；微机电系统和纳米技术交流组织的 Michael Huff 博士；得克萨斯大学奥斯汀分校的 Chris Mack 博士；Fraunhofer IZM 的 Michael Töpper 博士；全球纳米系统公司的任丽萍博士；日本迪斯科的 Miyuki Hirose 女士；液化空气电子公司的 Mark Camenzind 博士；中国台湾“工业技术研究院”的李正中博士；高德纳咨询公司（Gartner）；美国国家标准与技术研究院（NIST）；美国国家航空航天局（NASA）；美国国家海洋和大气管理局（NOAA）等。

同时我也深切地感谢下列学者和专业人士的信任及支持：清华大学的严利人博士、窦维治博士、孙翊淋博士、谢丹博士，复旦大学的卢红亮博士，西安交通大学的张磊博士，中国科学院宁波材料技术与工程研究所的郭炜博士、叶继春博士，中国科学院微电子研究所的韩郑生博士，北京瑞思博创科技有限公司的黄冬梅博士，以及液化空气（中国）投资有限公司的工程师殷昊。

还要感谢 McGraw-Hill 的主编 Michael McCabe 及其他工作人员的支持和指导。同时也感谢电子工业出版社的冯小贝及其他工作人员的努力和支持。

最后，我要感谢我的妻子礼妹，我的女儿爱美和爱佳，以及我的外孙子女安仁、智仁、達仁、慧仁和乐仁，在我编写这本手册时给予的支持和鼓励。

耿怀渝

Technical Advisory Board

编 者 简 介

耿怀渝，美国加利福尼亚州亚美智库(Amica Research)的创始人及负责人，致力于推动先进及绿色制造设计与工程，曾任职于美国 Westinghouse Electric Corporation、Applied Materials、Hewlett-Packard 和 Intel 等公司。他拥有超过 40 年的国际高科技工程设计与建设、制造工程和管理等经验。他在许多国际会议上发表了技术论文，并在清华大学、北京大学、北京科技大学、中国科学院微电子研究所、上海交通大学、同济大学、浙江大学、台湾大学等高校和科研机构主持了有关物联网、大数据及数据中心的交流讲座。耿怀渝编写了多本技术手册：《制造工程手册》(第一版及第二版)，《半导体集成电路制造手册》(第一版及第二版)，《数据中心手册》(第一版及第二版)，以及《物联网及数据分析手册》，其中一些手册已经在中国翻译出版。耿怀渝拥有美国田纳西州理工大学工程硕士及俄亥俄州亚什兰大学工商管理硕士学位，他是美国加州认证工程师(教授级)、美国制造工程师学会认证制造工程师及相关专利的拥有者。

目　录

第一部分　半导体制造基础

第二部分 前 道 工 序

第三部分 后道工序

第四部分 柔性复合电子和大面积电子技术

第五部分 气体和化学品

第六部分 操作、设备与设施

第一部分　半导体制造基础

第1章　可持续性的半导体制造——物联网及人工智能的核心

本章作者：Hwaiyu Geng　Amica Research
本章译者：（美）耿怀渝　亚美智库

1.1　引言

工业革命（IR）的出现源于某种新的通用技术（general purpose technology，GPT）的产生，进而影响了整体经济。1784年，蒸汽机和水动力技术创造了第一次IR，并将工人从家庭制造转移到工厂。86年以后，电力和传送带流水线生产技术的发明触发了第二次IR。到了1969年，自动化和计算机技术导致了第三次IR。在遵循摩尔定律近50年后，到了2014年，因CPU和GPU的计算能力不断提高，利用宽带和5G通信可实现大量数据的高速、短时间传送，并且出现了具有边缘计算能力的传感器的技术创新。在技术不断提高而设备成本降低的情况下，物联网（Internet of Things，IoT）成为第四次IR的GPT。2020年肆虐全球的COVID 19病毒，使得整个社会形成了新常态要求，远程办公、远程教育和远程社群活动的相关技术（distancing technology）更加依赖先进的半导体产品。

根据国际数据公司（IDC）预测，2025年全球将有416亿台联网设备[1]。根据联合国预计，届时全球约有81亿的人口，平均每人会有5.1台联网设备。在未来的几十年里，物联网，即一个网络物理系统（cyber physical system，CPS）的子集，将以倍数增长的趋势来连接世界各地更多的“物”。随着微芯片电子制造技术的持续进步及成本的不断降低，微芯片的使用将更广泛，从而推动物联网的飞速发展，而这将改变我们日常生活的方方面面。

2015年，Chris Mack在IEEE发表的“摩尔定律的多重生命”（*The Multiple Lives of Moore's Law*）中提到：“半个世纪之前，一位名叫Gordon E. Moore的年轻工程师仔细思考并研究刚刚起步的半导体行业。他在《电子学》（*Electronics*）杂志上发表了一篇文章，预测未来十年将会有家庭计算机、手机和汽车自动控制系统。所有这些不平凡的发明的驱动因素，是集成电路技术每过一年可在同等芯片面积上增加成倍的电路元件。”[2]

2015年，IEEE的报告《摩尔定律50年》（*50 Years of Moore's Law*）中指出[3]：“摩尔定律引发半导体产业以惊人的速度推动技术的发展。我们都从这一神奇的发展中获益，它有力地塑造了我们的世界。在这篇特别报道中，我们发现摩尔定律的结局不会是突然出现的，也不是前兆性的，而是渐进的、复杂的。摩尔定律确实是一个不断给予我们希望及惊喜的礼物。”

1.2　摩尔定律

Gordon E. Moore①是一位有远见的工程师和发明家。1968年7月18日，他与Robert Noyce共

① 在IEEE的一次采访中，Gordon E. Moore说到：“我过去常常谈论其他行业的持续进展。你知道，如果汽车工业以（硅基微电子）同样的速度发展，那么每加仑燃料可用于行驶100万英里，而且你的汽车每小时应可以行驶几十万英里。”

同创立了 Intel。1965 年 4 月 19 日，在他创立 Intel 的三年前，他预测硅片上晶体管的数量将每 12 个月翻一番。1975 年，他将摩尔定律更新为：芯片上晶体管的数量将每 18 个月到 24 个月翻一番。

半导体从业者一直遵循着摩尔定律，处理器上的晶体管数量大约每两年就翻一番。面世于 1971 年的 Intel 4004 处理器采用的是 10 微米(μm)技术，这是第一台可编程处理器，它包含 2300 个晶体管。到了 2015 年，第 5 代 Intel Core 处理器采用的是 14 纳米(nm)技术，内置 13 亿个晶体管。与 4004 处理器相比，Intel 的 14 nm 芯片可以提供 3500 倍的性能及 9 万倍的效率，而成本仅为 4004 处理器的 1/60 000[4, 5]。

“没有哪种技术能使这种指数增长永远持续下去，当然在最后会出现瓶颈及局限。材料是由原子构成的，我们距离原子的最大线距性能已经不远了。”[6] 硅晶圆尺寸的小型化速度正在放缓。但是，通过发明和创新，可以应对这种情况，例如采用 FinFET(fin field-effect transistor，鳍式场效应晶体管)，以及应用一些衍生技术，如 MEMS(micro-electric-mechanical system，微机电系统)、FHE(flexible hybrid electronics，柔性复合电子)、LED(light emitting diode，发光二极管)、光伏太阳能(photovoltaic solar)、硅光子学(silicon photonics)等。这些技术改善了我们的生活水平并带来可持续性的好处，它们在物联网时代发挥着至关重要的作用。摩尔定律预测的结果如此准确，它在未来几年还将持续有效。

1.2.1　FinFET 扩展了摩尔定律

加州大学伯克利分校的 Chenming Hu 教授、Tsu-Jae King Liu 教授和 Jeff Bokor 教授共同创造了 FinFET 技术。Tsu-Jae King Liu 教授将 FinFET 描述为“一种垂直晶体管，有点像摩天大楼”。我们一般将传统的晶体管称为 MOSFET(metal-oxide-semiconductor field-effect transistor，金属氧化物半导体场效应晶体管)，它是沿着硅片表面制造的，这样使得整个芯片平整且高度很低。相比之下，FinFET 是沿着刻蚀在晶圆表面的垂直窄鳍片的侧壁制造的。这意味着它们占用的空间要小得多，可以在一块芯片上封装一兆颗晶体管。”

这种不寻常的晶体管设计方式可以缩小栅极长度(即源极和漏极之间的距离小于 10 nm)。栅极长度越小，晶体管的整体尺寸就越小，并使其能够以更高的电流密度快速开关。5 nm 的 FinFET 设计是可行的，并且不需要对制造工艺进行重大修改。“如果低于 5 nm，就会产生量子力学隧穿和约束效应。”Tsu-Jae King Liu 教授说，“这意味着制造过程中的微小变化将导致性能的巨大变化。通过解决平面场效应晶体管(planar FET)限制器件可伸缩性的短沟道效应，FinFET 的这种晶体管结构“重振”了摩尔定律(见图 1.1)[7, 8]。

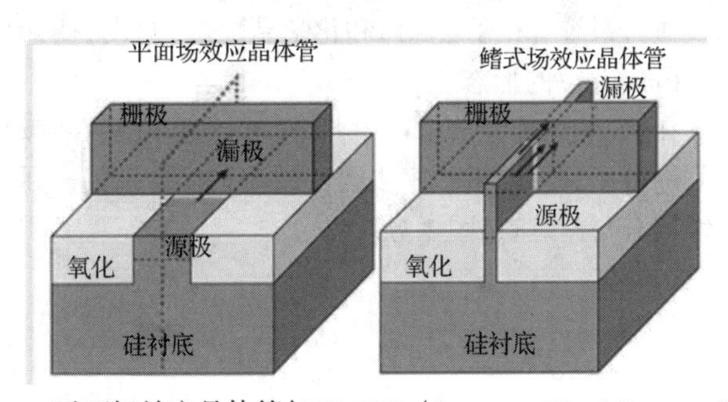

图 1.1　平面场效应晶体管与 FinFET (Courtey of Intel Corporation.)

1.3　集成电路与设计

集成电路(integrated circuit，IC)或称微芯片，是由 Jack Kilby 于 1958 年发明的。微芯片有很多种类型。微处理器是用于执行计算(二进制代码、逻辑门、布尔代数等)的逻辑芯片，可以在计算机和服务器中找到。内存芯片(NAND，与非门)则用于数据的存储。模拟芯片在连续的信号范围内工作，可细分为线性 IC 和射频 IC。数字信号处理器可以实现模拟信号和数字信号之间的转换。专用集成电路(ASIC)是为某种特殊用途而设计的定制芯片，可用于汽车、电视、数码相机或家用电器等[9]。

基于微芯片的特性及有关用途、功耗、面积、成本、上市时间等的开发计划，可以设定集成电路的功能与性能。在逻辑电路设计阶段，工作人员将绘制逻辑电路图，从而确定执行相关功能所需的电子电路。完成逻辑电路图的设计后，还要进行多次仿真，以测试电路的运行情况。如果相关的操作没有问题，则通过计算机辅助设计(CAD)来设计芯片和互连线的实际版图(见图 1.2)。

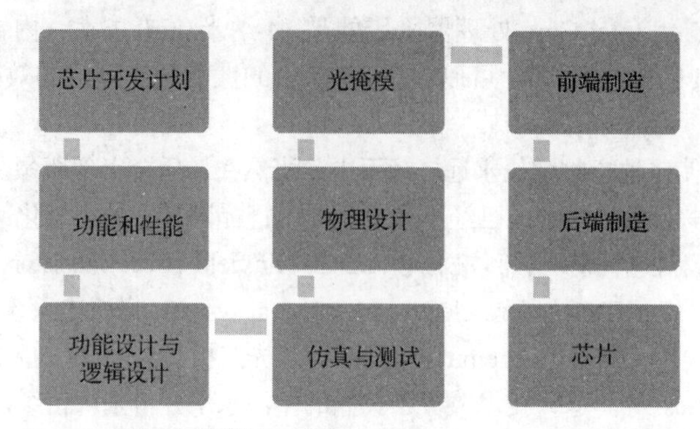

图 1.2 集成电路设计与制作(Courtesy of Amica Research.)

1.4 微芯片的制造方法

一个复杂的微芯片可以包含由细金属线连接的数千万到数十亿个晶体管。芯片的制造过程极其复杂，需要经过数百个精确控制的步骤。

微芯片的基础材料是硅。硅为半导体，在某些条件下硅可以导电，而在其他条件下硅不导电。这个特性可使其作为晶体管的基本电路——开/关或二进制 1/0 开关，从而允许或阻止电流通过栅极。在一个集成电路芯片上放入数百万个或数十亿个晶体管的制造过程是非常复杂和精确的[10]。

微芯片的制造过程包括三个主要步骤：(1)晶圆生产；(2)生产线的前道工序；(3)生产线的后道工序[11~14]。一个微芯片是在前道工序中经过数百次重复操作而形成的。微芯片的制造应用了许多先进的制造管理技术，包括供应链管理(SCM)、计算机集成制造(CIM)、先进过程控制(APC)、制造执行系统(MES)、气体和化学品配送、自动材料搬运等，它们都处于某种“自动化之岛”(island of automation)的形态。

在 IC 芯片的制造过程中，将晶圆作为 IC 的基板并对其进行构建。根据 IC 的设计，在晶圆上重复进行了许多前道工序步骤，包括氧化、光刻、刻蚀、掺杂、沉积各种材料等，然后进行划片、引线键合与封装(见图 1.3)。

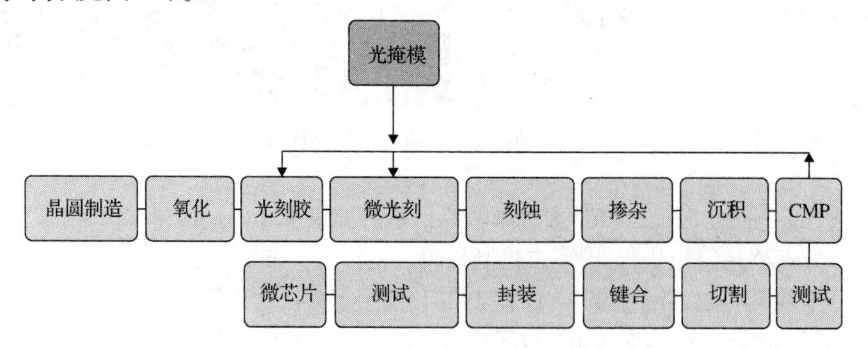

图 1.3 典型的微芯片是经过许多重复的工艺步骤在生产线的前道工序、后道工序过程中形成的(Courtesy of Amica Research)

1.4.1　晶圆制造

晶圆（或称晶圆片）也称为切片或基板，是由硅或其他半导体材料（如砷化镓，GaAs）制成的薄圆盘（厚度和信用卡的差不多）。硅是沙子中的主要成分，是地球上仅次于氧气、存储量第二多的元素。用于半导体制造的硅晶圆需被精炼到接近 100%的纯度。

硅锭

半导体制造始于硅锭（silicon ingot）的生产，硅锭可采用 Czochralski（CZ）工艺和浮区（float-zone）工艺来生产。由于生长过程中表面张力的限制，浮区晶圆的直径一般不大于 150 毫米（mm）。大多数硅锭是用 CZ 方法制成的。该方法将一块称为“籽晶”（seed）的硅晶体，放入接近 100%纯度的熔融硅坩埚内。籽晶和坩埚在氩气气氛中向相反方向旋转，同时将纯化硅加热到 1200℃。然后再慢慢地从熔融液体中取出籽晶。硅原子附着在籽晶上，形成一根连续的、完整的、圆柱形的晶格，这就是硅锭，其直径通常为 200 mm 或 300 mm，在精心控制的温度、大气和压力的条件下生长。对于半导体电子级质量的硅，其硅纯度需达到 99.999 999 9%的水平。

晶圆制造过程

从硅锭中制成硅晶圆需要以下一系列的制造过程。

裁剪（cropping）、磨削（grinding，用砂浆打磨）、切片（slicing）　硅锭上直径偏小的头尾端使用带水冷却剂的单刃金刚石锯进行切割。然后将较长的硅锭磨成直径均匀的，并对两端倒角，以减少硅锭破碎的可能性。晶体结构由 X 射线衍射（X-ray diffraction，X 射线衍射是周期晶格中原子对 X 射线光子的弹性散射）来确定。通过湿磨，产生纵向平截面或凹口，以指示硅锭的晶体取向。使用镶有金刚石碎片的圆形刀片或带有湿润滑剂的多根钢丝锯，将硅锭切成 1 毫米左右厚的圆片作为基板衬底。

精研/研磨（lapping，用充满磨料颗粒的浆料研磨）　切片之后，在一定的压力下对晶圆两侧进行机械研磨，以实现需要的平坦度和平行度。研磨操作去除在切片过程损坏的表面硅，并将晶圆薄化至所需的厚度。大多数研磨操作使用氧化铝或碳化硅浆料。通过使用湿式自动研磨机，将单体晶圆的周边研磨成弧形。

刻蚀（etching）　晶圆切割和研磨会使晶圆表面的晶体结构退化，因此要用含硝酸、乙酸或氢氟酸的溶液来刻蚀晶圆，以去除晶圆表面的损伤并减少晶圆的厚度。

抛光（polishing）　刻蚀后，将晶圆抛光至超平整、无瑕、类似光滑镜面的表面，表面粗糙度保持在原子尺度。抛光过程通常分为两个或三个抛光步骤。晶圆通过真空连接到抛光机的金属承载板上。抛光工艺采用 Al_2O_3、SiO_2 或 CeO_2 等精细浆料，通过机械压力和化学方法抛光。

清洗（cleaning）　最后，对晶圆进行清洗，以去除经抛光晶圆表面的任何颗粒，从而使晶圆上无残留，这一步对产品的质量至关重要。用于清洗的超纯化学品包括氨、过氧化氢、氢氟酸、盐酸和去离子水等。

1.4.2　前道工序处理

在晶圆上建立电路是一个极其复杂和精确的过程。这个过程由数百个精确控制的步骤和 30 层或更多层的复杂电路组成。芯片的制造需要 10～30 天或更长的时间，在特定的模式和工艺中，一个 300 mm 的晶圆可以生产数百个或数千个芯片。

我们将生产芯片的过程称为制造，将制造芯片的工厂称为晶圆厂（fab）。在晶圆厂的洁净室里制造成批的IC晶圆。由于灰尘颗粒会破坏芯片上复杂的电路，因此在洁净室中需要不断地循环及净化空气。对于ISO 1级洁净室，要求1立方米的空气中含有不超过10个测量尺度为0.1 μm的粒子。在晶圆厂内工作的技术人员要穿着特制的“兔子服”（bunny suits），以防止在制造过程中污染晶圆[15, 16]。下面是前道工序（front end of line，FEOL）处理中所应用的工艺。

外延

外延（epitaxy）是半导体元件制造的基本工艺之一。外延是指以有序的方式在主晶体（衬底）上沉积晶体（外延膜）的覆盖层，要求覆盖层相对于衬底有确定的方向。外延膜和衬底可以是相同的材料，也可以是不同的材料。外延有三种类型：液相外延、气相外延和分子束外延（molecular beam epitaxy）。

氧化

作为一种电绝缘体，二氧化硅（SiO_2）是集成电路中的关键组成成分。氧化（oxidation）的过程可以通过干氧氧化或湿氧氧化来实现。

干氧氧化是一个扩散过程。首先，在扩散炉中加热硅晶圆，并在高温下将其暴露于超纯氧下。通过仔细控制熔炉内的条件，在晶圆表面形成厚度均匀的SiO_2薄膜。

$$Si+O_2 \longrightarrow SiO_2$$

湿氧氧化优于干氧氧化，因为湿氧氧化以更快的速率生长更厚的氧化物。湿氧氧化的过程是将晶圆暴露于超高纯度的水蒸气下；或者使用氢气和氧气进行湿氧氧化，这些氢气和氧气在氧化炉中燃烧，以形成超高纯度的水蒸气，再与硅结合成氧化硅。

$$Si + 2H_2O \longrightarrow SiO_2 + 2H_2$$

光刻

光刻（photolithography）是在晶圆上印制特定电路设计图案的过程。在进行光刻工艺之前，需要制备光掩模或光刻版。光掩模带有在石英玻璃板（或石英基板）上绘制的电路图副本。首先对石英玻璃板进行高精度抛光，然后通过溅射在石英玻璃板上覆盖一层薄薄的、UV不透明的铬膜。接着将一种称为抗蚀剂或光刻胶的光敏化学物质旋涂在铬光掩模的空白表面上，并用电子束将电路设计图案转录到铬膜上。在曝光、显影和刻蚀之后，光掩模坯料变为有电路图案的光掩模[17,18]。

光刻胶（photoresist）应用 当晶圆高速旋转时，向晶圆中心注入少量的光刻胶，这样材料就会在整个表面形成一层薄而均匀的涂层。光刻胶材料对特定频率的“光”很敏感，并且对用于除去光刻胶材料的某些化学物质具有“抵抗力”。

光掩模（photomask，或光罩）和曝光（exposure） 光校准器精确地将涂有抗蚀剂涂层的晶圆对准光掩模。光掩模就像模板一样，含有要在晶圆上蚀成的图案。通过光掩模和光学还原透镜，光校准器将强光投射到晶圆上。这导致暴露在不受掩模保护的区域的光刻胶发生化学反应，使得该区域的光刻胶溶于碱性溶液。曝光工具在晶圆上不断步进并重复操作，从而在整个晶圆上形成与模板相同的图案。光刻胶有正和负两种，负阻剂在暴露于光下的区域中具有不溶性。在光刻室中需要采用黄光照明，以防止光刻胶暴露于一般照明亮光下。

抗蚀剂显影（resist development）和坚膜（hard bake） 曝光后，用氢氧化钠或氢氧化钾水溶液使晶圆显影。显影剂可通过浸没、喷涂或雾化等方法涂覆，使光刻胶的暴露区域溶解并去除光刻胶。这样就在光掩模上留下一个光刻胶图案。

在光刻胶显影后，还要进行额外的烘焙过程，即“坚膜”（也称硬烘），以硬化剩余的光刻胶。光刻胶在刻蚀过程中可保护底层的SiO_2。

刻蚀

刻蚀(etching)工艺根据掩模上的图案，去除硅、氧化硅、多晶硅或金属层，以便沉积其他材料。刻蚀工艺可以利用化学溶液(湿法刻蚀)或等离子体(干法刻蚀、反应离子刻蚀)来实现。

湿法刻蚀　湿法刻蚀是一种简单的工艺，它是通过将晶圆浸入化学溶液中来实现的。常用的湿法刻蚀剂有 HC 和 HF。湿法刻蚀通常是各向同性的(isotropic)，并且在所有方向上都具有刻蚀特性，这将导致掩模层的下切深度与所需区域的相同。因此，考虑选择性(selectivity)是很重要的。选择性是两种刻蚀速率(要去除的层的刻蚀速率和要保护的掩模层的刻蚀速率)的比值。

干法刻蚀　干法刻蚀是半导体制造中应用最广泛的工艺之一。干法刻蚀具有各向异性(anisotropic，即方向依赖性)的特点，通过使用化学反应气体或氩原子的物理轰击(bombardment)，可以有效地刻蚀所需的表面或层。

反应离子刻蚀(reactive ion etching，RIE)是一种化学刻蚀和物理刻蚀相结合的干法刻蚀技术。晶圆被置于真空室反应器中，通过对含有化学反应性元素刻蚀剂的气体(如氟基或氯基气体)施加射频能量，可以使等离子体释放出带正电荷的离子。离子垂直撞击或轰击晶圆表面，从而刻蚀或去除材料，然后由真空系统清除材料。

刻蚀后，已经实现了抗蚀剂的作用，因此可以将其从刻蚀的晶圆上移除。等离子灰化是一种去除抗蚀剂的过程。

掺杂

在半导体中进行掺杂(doping)是为了增加它们的导电性。掺杂可以通过离子注入(ion implantation)或扩散(diffusion)来实现。

离子注入　可用作掺杂剂(dopant)的材料是电离原子(ionized atom)，其电子带正电荷或负电荷。掺杂剂在强电场中被加速到具有几百至几兆电子伏特的能量，并轰击刻蚀工艺暴露的晶圆表面(光刻胶没有覆盖的区域)。当接触晶圆时，掺杂剂被嵌入不同的深度，从而将该区域的电导率特性变为 p 型或 n 型，这个过程称为掺杂。当离子注入时会损伤晶圆表面。高温退火(800～1200℃)30 分钟后，硅的结晶度恢复，掺杂原子进入硅晶格。

扩散　扩散是在熔炉中将掺杂剂引入半导体的过程。掺杂剂可以是气态、液态或固态的。气体掺杂剂应用得最为广泛，包括砷化氢(AsH_3)、硼烷(BH_3)、磷化氢(PH_3)等。固体掺杂剂多为粉末状形式。掺杂剂由于浓度梯度而转移到半导体中。菲克扩散定律(Fick's law of diffusion)是一个描述掺杂剂的扩散速率、浓度、温度和时间如何与硅中的掺杂剂分布相关的方程。

沉积

薄膜沉积(thin film deposition)工艺将氮化硅、二氧化硅、硅或金属等材料薄而均匀地平铺在晶圆上。所形成的硅层用作绝缘体，金属层则用于电路的布线。常用的薄膜沉积方法有物理气相沉积(physical vapor deposition，PVD)、化学气相沉积(chemical vapor deposition，CVD)或电化学沉积(electro chemical deposition，ECD)。

物理气相沉积(PVD)　PVD 是一种在高真空室内进行溅射(sputtering)的方法。首先将原材料(溅射靶)和晶圆衬底连接高压电源。当溅射气体(如氩等惰性气体)进入室内时，氩气电离并在溅射靶和晶圆之间形成等离子体。氩离子向溅射靶加速运动并轰击溅射靶，击落靶原子或分子。然后目标原子或分子穿过真空到达晶圆，在晶圆上形成所需的薄膜。

蒸发(evaporation)是另一种 PVD 过程。首先将晶圆片放置在真空室中，真空室中的气体通过真空泵排出。一旦燃烧室没有残余气体，就加热原材料(金属)使其蒸发。蒸发的分子分散并落在晶圆上，形成所需的薄膜。

化学气相沉积(CVD) CVD 是一种可以在真空 LPCVD(低压 CVD)或 PECVD(等离子体增强 CVD)中完成的化学过程，可以产生高质量、高性能的薄膜。CVD 可用于沉积电介质、硅或金属。

反应气体(reactant gas)或前体(precursor)被泵入放有晶圆的反应室中。热能的应用导致了反应气体的分解。在适当的温度和压力条件下，反应气体发生反应，在衬底表面产生固体。固体表面反应发生在晶圆表面。前体反应可以发生在气相(均相)或衬底表面(非均相)。

原子层沉积(atomic layer deposition，ALD)是一种特殊类型的 CVD，每次在严格控制的过程中沉积一层薄膜。

电化学沉积(ECD) ECD 是在集成电路中沉积一层薄金属层,形成连接各种器件的互连线(集成线)。ECD 是一种电镀工艺，将衬底浸没在硫酸盐溶液中作为阴极(电源的负极)，所需的金属铜电极作为阳极(电源的正极)，通过硫酸盐溶液形成电路。铜离子通过电镀的过程沉积，由阳极到阴极或到晶圆基板，从而形成薄膜。

化学机械平坦化

IC 处理(例如光刻操作)需要一个平坦的表面。化学机械平坦化(chemical mechanical planarization，CMP)是最好的抛光技术之一，通过施加研磨液化学泥浆和机械力(抛光垫)，可以抛光去掉先前工艺留下的多余材料，形成一个平坦的表面及显示特定的铜图案。其中景深(depth of field)要求降到埃级(angstrom level)。

重复这些步骤

制造一枚芯片通常需要 350 多道工序[19]，并且要逐层循环进行下列步骤：热氧化，光刻，刻蚀，掺杂，沉积，CMP，直到形成最后一层。带有晶体管和互连的晶圆被移到生产线的后道工序进行处理。

1.4.3 后道工序处理

后道工序(back-end of line，BEOL)处理测试带有晶体管和互连的晶圆。计算机驱动的电子测试系统将会检查晶圆上每个芯片的功能。未通过测试的芯片将被印上拒收标记。然后将晶圆切成单个芯片。再对单个芯片进行引线键合、组装、测试和最终封装。

研磨(减薄)和划片

首先使用保护带(或称为反研磨带，back grinding tape)来保护晶圆的器件层。然后翻转晶圆，研磨晶圆背面，使其变薄至适合组装和封装的厚度。

划片(dicing)或分离(singulation)是将半导体晶圆分割成单个芯片的过程。可以通过金刚石刀片或激光来完成划片过程。通常将晶圆安装在划片带框架上，器件一侧向上。带有金刚石颗粒的圆盘刀片将晶圆分割成单独的芯片。

引线键合

引线键合(wire bonding)是将 IC 芯片与衬底连接的过程。引线键合使用了非常精细的金线或铜线，通过超声波或热声技术将芯片连接到衬底或引线框架上。球焊是最常用的互连方法。球键合的形成始于芯片上的线环，最后是衬底上的键合。引线键合机是一种全自动机器，其中包括高速、高精度伺服系统，用于焊接作业的超声波换能器，以及用于设备对准的自动视觉系统[20]。

封装和组装

在键合操作之后进行 IC 芯片封装(packaging 或 encapsulation)，也就是在高温下用成型树脂将半导体材料封装在支撑壳或封装件中。这类封装旨在避免芯片接触周边的恶劣环境，实现温度控制，以及提供可靠的互连来支持 IC 的功能。最常用的封装是单芯片封装。在封装之后，利用激光在封装表面打印或雕刻产品信息。

最终测试

封装后的 IC 芯片随时可用，但是可能还会有许多问题。例如，在组装过程中芯片可能会破损，导线连接不良或没有连接，以及出现其他问题。因此，需要将每一枚芯片放置在一个测试仪上，根据事先编写的程序，对芯片的功能、性能和功率进行测试。

1.5　先进技术

2014 年前后，以物联网、数据分析(data analytics，DA)及人工智能(artificial intelligence，AI)为 GPT 开启了第四次工业革命。AI 的变体包括：可解释 AI，嵌入式 AI，生成 AI，复合 AI，自适应 AI，负责任 AI，等等。借助 AI 技术，预计第五次工业革命将于很短的时间周期内发生。半导体器件是 IoT、DA 及 AI 等相关技术的核心器件。这些先进技术推动了半导体市场的需求及范式转变(paradigm shift)。

本节将以整体性(holistic)和启发性(heuristic)的方式，以及应用要素系统(anatomy)、生态系统(ecosystem)和分类系统(taxonomy)来描述不同的先进技术，以期提供足够的基础知识来引导读者做进一步的探讨及创新。

1.5.1　IoT、IIoT 和 CPS

1999 年，Kevin Ashton 在宝洁公司(Procter & Gamble，P&G)的演讲中提出了“物联网”(IoT)一词，他建议通过射频识别(radio frequency identification，RFID)技术将信息应用于供应链并且连接到互联网来改善业务效率。

IEEE 将物联网定义为：“物联网是指由相互连接的人、物理对象和 IT 平台组成的系统，通过无处不在的数据收集、智能网络、预测分析和深度优化决策来更好地构建、操作和管理物理世界的技术[21]。”

IoT、IIoT(工业物联网)和 CPS 都使用相同的技术，但是应用于不同的物理领域。物联网连接消费者及设施，IIoT 及 CPS 连接复杂、重要或高风险行业，包括航空航天、国防、医疗、交通、智慧城市、先进制造、半导体制造等。IoT 应用是 IIoT 或 CPS 应用的一个子集[22]。

1.5.2　物联网要素系统或组织结构

对于任何一种新技术，我们都可以根据要素系统、生态系统和分类系统对其进行分析。以物联网为例，下列方程“解剖”了物联网的要素系统(也可称其为物联网的“解剖组织”)：

物联网 = 附有传感器/摄像头/执行器/物联网设备等的人或物 + 边缘计算/节点/路由器/网关 + 网络协议/5G 无线/互联网 + 云计算/数据分析/人工智能 + 指示最佳方案及行动

物联网技术的组成包括微芯片、传感器、执行器、互联网、标准和协议，以及用于数据分析的机器学习、深度学习等。物联网的生命周期是从“物”到“分析”，再到“指示最佳方案及行动”，而且这个周期是持续循环的。传感器附着在一个“个体”上。边缘计算根据信息进行必要的指示及启动执行器，所有的信息经无线网络、5G 网络和互联网传输到数据中心。云计算的软件和硬件平台组织大数据，并进行数据分析、机器学习、深度学习，以提供最佳决策。

这一系列价值链需要MEMS、网络芯片、服务器、存储器、CPU等半导体器件及其他电子设备。摩尔定律驱使微芯片及传感器的性能不断提高及带宽增加，而器件尺寸和价格呈指数级下降[23]。随着无线网络及5G技术的进步和成本的降低，可在任何地方连接传感器和设备[24]。物联网和大数据技术从根本上改变了社会组织和人类的生活方式。

1.5.3 物联网生态系统或使用者

在物联网生态系统中，实体是由网络连接的，这对人类的生活、经济和环境产生了巨大的影响。物联网生态系统可分为三大类：消费者、企业和政府。

面向消费者的物联网应用包括家居、健康医药、购物、娱乐、汽车等领域。面向企业的物联网应用涵盖制造、运输、产品销售，客户服务等领域。面向政府的物联网应用则囊括智慧城市、公共交通、应急服务、医疗、能源、教育、国防、环境等复杂的领域。

1.5.4 物联网分类系统或合作伙伴

牛津词典将分类系统定义为："与分类有关的科学分支"。以医院为例，它的大组织包括：行政服务、信息系统、诊断服务、治疗服务、支持服务。而在每个大组织内又有不同的小组织分支。信息系统由入院挂号手续、病历、计费等小组织组成；诊断服务涵盖耳鼻喉科、心内科、神经科、放射科、肿瘤科、胃肠科，泌尿科等；治疗服务包括物理复健、心理治疗等；支持服务包括药房、护理、营养师等。

同理，物联网的分类系统或合作伙伴包括各种设备和应用程序平台，如服务器、存储器、网络基础设施、安全、标准、IP协议、数据分析、AI服务，以及MPU和SOC供应和许多其他分支。在了解了一种技术的构造、生态及分类后，可以有系统、有组织地与团队合作，从而完美地应用该技术。

1.6 数据分析与人工智能

大数据的特征可以用许多V来描述，其中最重要的4个V是：大量的(Volume)、高速的(Velocity)、多样性(Variety)和准确性(Veracity)。由传感器收集的大量数据，以未处理的形式实时高速到达[25]数据中心。数据可以是结构化的，例如搜集汽车维护的里程数；也可以是非结构化的，如传送社交媒体、电子邮件、音频或视频等多种形式。非结构化的数据需要进一步的处理和组织。准确性描述数据中的不确定性，这些不确定性有可能是"脏"数据，需要确认或过滤掉，否则它们将产生大数据垃圾输入与垃圾输出。

如同物联网，数据分析也可以通过要素系统(组织结构)、生态系统(使用者)及分类系统(合作伙伴)进行描述和解释。通过5G移动通信系统，可以实时、快速地将产生的大规模相同结构和不同结构的数据(图片、音频、视频等)传送到数据中心。数据分析的要素包含提取、转换、加载(extraction, transformation, loading，ETL)和人工智能分析。每当传感器收到信息时，会即刻分析其常规特性及采取必要的行动，这就是边缘计算。而所有收集的信息通过计算机通信软/硬件和协议经5G网络传输到数据中心进行ETL处理，并使用云计算中的人工智能进行深入分析。当然，数据分析也有其生态系统(使用者)及分类系统(合作伙伴)。

图1.4介绍了经过四个不同阶段的数据分析的良性循环。数据分析是一种从大数据中提取有价值信息的方法，从简单的描述性(descriptive)分析、诊断性(diagnostic)分析、预测性(predictive)分析，到最终高度复杂的处方性(prescriptive)分析。而每一个阶段给使用者带来更多的回馈价值，相

应地也带来更大的挑战。根据数据分析的结果，以及应用人工智能中的机器学习及深度学习技术，可以得到最优方案。

不同阶段的分析过程及其重点可以用医生的问诊过程来解释：

- 描述性分析阶段是详细了解病情，重点是广泛的询问及描述：怎么了，在哪里，什么时候，等等。
- 诊断性分析阶段是确定病情，重点是根据描述来挖掘数据。
- 预测性分析阶段是诊断预测，重点是根据描述和诊断分析来推测及预估。
- 处方性分析阶段是对症下药，重点是根据诊断预测来制定方案，以达最佳预期效果。

图 1.4 的良性循环是指越来越多累积的经验及数据可从机器学习进入深度学习，其对症下药的“处方”也更为精准。

人工智能是分析大数据的主干技术。机器学习包含了监督式学习、非监督式学习及强化学习。深度学习则能自动寻找特征而进行学习。

半导体制造业是所有制造业中应用先进技术最多、最广泛的领域。例如，应用云计算可以整合一个公司所属多个半导体晶圆厂的信息，应用大数据分析及人工智能的机器学习与深度学习，可以优化半导体的制造技术及管理，以达到更高的良率。

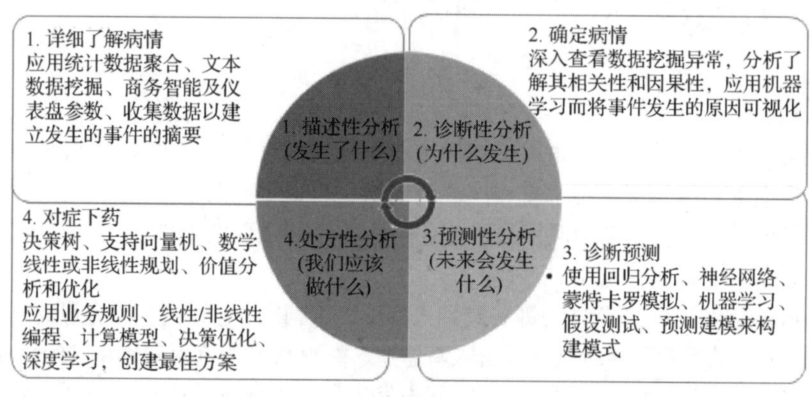

图 1.4 数据分析的良性循环：从阶段 1 到 4，随着分析难度增加，对应的所得价值也在不断增加(Courtesy of Amica Research.)

1.7 半导体的可持续性

可持续性(sustainability)是半导体制造业必须承担的社会责任，并且应该发展成为企业规划和决策中的一个重要因素。可持续制造包括以下关键要素：

- 材料及资源从“摇篮”到“永恒”的可持续性
- 能源效率
- 二氧化碳排放
- 节约用水
- 安全健康的工作环境

根据美国国家航空航天局(National Aeronautics and Space Administration，NASA)与美国国家海洋和大气管理局(National Oceanic and Atmospheric Administration，NOAA)的各种分析，2015 发布

的《全球气候变化报告》及每年发布的报告证实，自 1880 年有系统记录以来，地球表面温度年年升高。二氧化碳排放和温室效应导致气温大幅上升和全球变暖[30]。大多数科学家都认为，全球变暖的趋势是由于人类向大气中排放的温室气体。全球变暖导致全球气候不合时宜，增加了全球野火的发生次数及加重了空气污染，这对农业、渔业、健康、能源需求等领域产生了破坏性的影响。

一部 iPhone 手机的年耗电量约为 361 千瓦时(kWh)，而一台节能冰箱的年耗电量为 322 千瓦时[31]。在 2015 年，全球有 17 亿台移动设备，2018 年则有 27 亿台移动设备。所有音频、视频和文本格式的数据都在数据中心中进行处理。据估计，美国的数据中心在 2013 年的耗电量为 910 亿千瓦时，2020 年将达到 1400 亿千瓦时，并排放了近 1 亿吨的二氧化碳。这些数据中心消耗了全球3%的电力供应，并且排放了全球2%的温室气体。半导体工业可以通过设计芯片级和系统级的电力管理系统，以及使用固态驱动器等绿色材料来节省能源。

半导体晶圆厂在制造过程中直接消耗的是电力和水。通过建造节能的晶圆厂和高效的生产流程，可以有效地控制电力和水的使用[33]。一个典型的 35 万平方英尺①、100 级洁净室及 22.5 万平方英尺配套区域的半导体工厂，每年可消耗高达 9 亿千瓦时的电力[34, 35]。应用最佳实践和三维建筑信息建模(3D building information modeling)，可以建设降低 10%～30%能耗的节能工厂[36]。

在半导体制造过程中，只有非常少量的原材料最终成为成品[37]。从“摇篮”到“永恒”的可持续发展需要创新，以提高原材料的回收和再利用能力。

1.8 结论

物联网及大数据技术引领我们走入第四次工业革命，而半导体器件是物联网的核心。物联网和大数据技术将继续发展。这些技术有着巨大的潜力，可以提高我们的经济、生产力并改善生活质量和环境。半导体产品是推动物联网技术崛起的主要和最重要的组件。FinFET、光子、量子技术将进一步印证摩尔定律。

Albert Einstein 曾经说过:“创造力即看到别人都可以看到的，想到别人没有想到的。”发明是制造以前从未被制造过的东西。创新是通过引入新思想、新材料或新流程来优化已经存在的事物[39]。借助 AI 技术，第五次工业革命将在更短的时间内发生。而半导体制造将应用 AI 及深度学习来无缝整合制造流程、品质管制、APC/良率管理/生产管制、ERP、MES、设备维修管理、能源管理等自动化孤岛系统，形成网络集成系统(cyber integrated system，CIS)。

下一代的微芯片、MEMS 等将由创新的技术和方法来制造。创新的可穿戴柔性健康监测设备，如微流控设备(测量血液、汗水、眼泪等人体机能的设备)，具备监测、数据采集、传输、分析、解释和实时处理等功能，同时兼顾安全性和隐私性。半导体行业必须以全新的眼光来培育和应用微芯片上的创造力、发明和创新(见图 1.5)，以实现微芯片的小型化、更高的性能和更低的功耗需求。同样的道理也适用于半导体设计与制造的每一个价值环节。

电力设备和电力管理需要创新和发明，包括从光、热、振动、射频、磁场等获取能量。从“摇篮”到“永恒”再生的可持续制造，必须纳入物联网技术和相关的解决方案。

综上所述，本章所涵盖的主题将由来自各个国家的专家在其他章节中进行全面讨论。通过集体努力，我们可以应用最佳实践来加快半导体产品的发明及创新步伐，从而改进可持续性及人们的生活品质。

① 1 英尺=0.3048 米。

图 1.5　培养创造力，鼓励发明和创新(Courtesy of Amica Research.)

1.9　参考文献

1. “The Growth in Connected IoT Devices Is Expected to Generate 79.4ZB of Data in 2025, According to a New IDC Forecast,” International Data Corporation, https://www.idc.com/getdoc.jsp?containerId=prUS45213219, June 2019.

2. Chris Mack, “The Multiple Lives of Moore’s Law,” IEEE, January 2017, http://spectrum.ieee.org/semiconductors/processors/the-multiple-lives-of-moores-law.

3. “Special Report: 50 Years of Moore’s Law,” IEEE, http://spectrum.ieee.org/static/special-report-50-years-of- moores-law.

4. D. Evans, “50 Years on, Image a World without Moore’s Law,” IQ, Intel, Santa Clara, April 2015, http://iq.intel.co.uk/50-years-on-imagine-a-world-without-moores-law.

5. R. Courtland, “*How Much Did Early Transistors Cost.*” IEEE, New York, April 2015, http://spectrum.ieee.org/tech- talk/semiconductors/devices/how-much-did-early-transistors-cost.

6. Tech Visionary Gordon Moore Retires from Intel http://usatoday30.usatoday.com/tech/news/2001-05-25-moore-quits-intel-board.htm.

7. J. Kawa and A. Biddle, “FinFET: The Promises and the Challenges, Synopsys Insight Newsletter,” March 2012, https://www.synopsys.com/COMPANY/PUBLICATIONS/SYNOPSYSINSIGHT/Pages/Art2-finfet-challenges-ip-IssQ3-12.aspx.

8. J. Kawa, “The Use of FinFETs in IP Design, Chip Design,” January 2017, http://chipdesignmag.com/display.php?articleId=5302.

9. G. Anthes, “How to Making Chip,” Computerworld, 2002, http://www.computerworld.com/article/2576786/computer-hardware/making-microchips.html.

10. “From Sand to Circuits, How Intel Makes Integrated Chips,” Intel 2008, http://www.intel.com/Assets/PDF/General/308301003.pdf (accessed January 2017).

11. “How Semiconductors Are Made,” Intersil, Milpitas, CA, http://rel.intersil.com/docs/lexicon/manufacture.html.

12. “Device Fabrication, Substrate Manufacture,” OSHA, https://www.osha.gov/SLTC/semiconductors/substratemfg.html.

13. “From the Ingot to Finished Silicon Wafers,” Microchemical, http://www.microchemicals.com/products/wafers/from_the_ingot_to_finished_silicon_wafers.html.

14. “Making of a Chip Illustrations, 14 nm, 2nd Generation 3D Trigate Transistors,” Intel Corporation, Santa Clara, April 2015.

15. C. Hu, *Modern Semiconductor Devices for Integrated Circuits*, Prentice Hall, Upper Saddle River, April 2009.

16. “Substrate Manufacture,” OSHA, https://www.osha.gov/SLTC/semiconductors/substratemfg.html.

17. “Photomasks for Semiconductors,” Toppan, https://www.toppan.co.jp/english/products_service/pdf/photomask.pdf.

18. “The Basics of Photomask Manufacturing,” Photo Sciences, 2011, http://universityphotomask.com/Photomask-101-Rev.2.pdf.

19. “How to Make a Chip,” Applied Material, http://www.appliedmaterials.com/company/about/ho w-we-do-it.

20. I. Qin, “Wire Bonding Tutorial,” Solid State Technology, http://electroiq.com/blog/2005/07/wire-bonding-tutorial/.

21. IEEE Standards Association Internet of Things Ecosystem Study, IEEE, New York, 2015.

22. Industrial Internet of Things, https://www.rti.com/industries/iot-faq.html.

23. Lee Simpson and Robert Lamb, *IoT: Looking at Sensors*, Equity Research & Strategy, Jefferies, New York, February 2014.

24. M. Chui, M. Löffler, and R. Roberts, *The Internet of Things*, McKinsey Quarterly, McKinsey & Company, New York, 2010.

25. NIST Big Data Interoperability Framework, NIST, U.S. Department of Commerce, http://nvlpubs.nist.gov/nistpubs/SpecialPublications/ NIST.SP.1500-1.pdf.

26. Applied Smartfactory MES, http://www.appliedmaterials.com/global-services/automation-software/smartfactory.

27. “Analyses Reveal Record-Shattering Global Warm Temperatures in 2015,” NASA’s News, January 20, 2016, http://climate.nasa.gov/news/2391/ (accessed January 2017).

28. “Global Analysis—September 2016 Year-to-Date Temperatures versus Previous Years,” State of the Climate Reports, National Oceanic and Atmospheric Administration, http://www.ncdc.noaa.gov/sotc/global/2016/9/supplemental/page-2 (Accessed January 2017).

29. Spencer Weart, *The Discovery of Global Warming*, 2d ed., Harvard University Press, 2008, Timeline (Milestones), https://www.aip.org/history/climate/timeline.htm (accessed January 2017).

30. “Turn Down the Heat: Why a 4℃ Warmer World Must Be Avoid,” The World Bank, Washington D.C., November 2012.

31. B. Walsh, “The Surprisingly Large Energy Footprint of the Digital Economy,” *Time Magazine*, August 2013, New York: http://science.time.com/2013/08/14/power-drain-the-digital-cloud-is-using-more-energy-than-you-think/.

32. T. Bawden, “Global Warming: Data Centres to Consume Three Times as Much Energy in Next Decade, Experts Warn,” *Independent*, London, January 2016.

33. High Performance Cleanrooms, PG&E Corporation, January 2011, http://www.pge.com/includes/docs/pdfs/mybusiness/energysavingsrebates/incentivesbyindustry/Cleanrooms_BestPractices.pdf.

34. Samsung Austin Semiconductor Fab A2 (sq ft), http://pagethink.com/v/project-detail/Samsung-Austin-

Semiconductor-Fab-A2/71/.

35. “Power Consumption of Semiconductor Fabs in Taiwan,” Elsevier, 2003, http://www.sciencedirect.com/science/article/pii/S0360544203000082.

36. S. Chen, A. Gautam, and F. Weig, “Bringing Energy Efficiency to the Fab,” McKinsey, 2013. www.mckinsey.com.

37. Chemical Engineers in Semiconductor Manufacturing, American Institute of Chemical Engineers and Chemical Heritage Foundation, http://www.chemicalengineering.org/docs/cheme-semiconductor-manufacturing.pdf.

38. H. Geng, *The Internet of Things and Data Analytics Handbook*, John Wiley and Sons, Hoboken, 2016.

39. H. Geng, *Manufacturing Engineering Handbook*, 2d ed., McGraw-Hill Education, New York, 2016.

1.10 扩展阅读

Castellano, R., “Cluster Tools in IC Manufacturing Has Changed the Dynamics of the Industry,” *Vacuum Technology & Coating*, Mechanicsburg, Pennsylvania, March 2016.

Chip Fabrication Process, Tokyo Electron, http://www.tel.com/product/spe/making/（accessed June 15, 2016）.

Courtland, R., “The Origins of Intel’s New Transistor, and Its Future,” IEEE, New York, May 2011, http://spectrum.ieee.org/semiconductors/design/the-origins-of-intels-new-transistor-and-its-future（accessed June 15, 2016）.

Dutta, S., T. Geiger, and B. Lavin, “The Global Information Technology Report 2015, World Economic Forum,” Geneva, http://www3.weforum.org/docs/WEF_Global_IT_Report_2015.pdf（accessed June 15, 2016）.

Global Society for Contamination Control（GSFCC）, http://gsfcc.org/Main_Page（accessed June 15, 2016）.

Hemker, D., “IoT’s Divergent Needs Will Drive Different Types of Technologies,” Solid State Technology, Hightech.tw（Chinese）, http://hightech.tw/index.php/2012-06-06-14-12-38?start=5（accessed June 15, 2016）.

“How a Chip Is Made,” Texas Instrument, http://www.ti.com/corp/docs/manufacturing/howchipmade.shtml（accessed June 15, 2016）.

“How We Do It,” Applied Materials, http://www.appliedmaterials.com/company/about/how-we-do-it（accessed June 15, 2016）.

Hu, Chenming, Chapter 1, http://www.eecs.berkeley.edu/～hu/Chenming-Hu_ch1.pdf（accessed June 15, 2016）.

Hu, Chenming, *Modern Semiconductor Devices for Integrated Circuits*, Prentice Hall, Upper Saddle River, March 2009.

Huang, X., et al., 25 nm FinFET: PMOS, DARPA AME Program, http://eecs.wsu.edu/～osman/EE597/FINFET/finfet3.pdf（accessed June 15,2016）.

IC Insights: http://www.icinsights.com/（accessed June 15, 2016）.

Kawski, J., What Is Ion Implantation? Applied Materials, Santa Clara, http://www.appliedmaterials.com/what-ion-implantation（accessed March 20, 2016）.

King Liu, T., “Beyond Transistor Scaling: New Devices for Ultra-Low-Energy Information Processing,” 2009, https://www.youtube.com/watch?v=U6IJoMwVbSU（accessed June 15, 2016）.

King Liu, T., Sustaining the Silicon Revolution: From 3D Transistors to 3D Integration, 2015, https://www.youtube.com/watch?v=HOZqwpZALjs（accessed June 15, 2016）.

Liu, S., and Y. Liu, *Modeling and Simulation for Microelectronic Packaging Assembly: Manufacturing, Reliability and Testing*, Wiley, Singapore, 2011.

Mack, C., “Fifty Years of Moore’s Law,” *IEEE Transaction on Semiconductor Manufacturing*, pp. 202-207, 24 (2), May 2011.

May, G., and C. Spanos, *Fundamentals of Semiconductor Manufacturing and Process Control*, John Wiley and Sons, Hoboken, New Jersey, May 22, 2006.

Microelectronic Processing and Fabrication, http://www.aplusphysics.com/courses/honors/microe/processing.html (accessed June 15, 2016).

Nishi, Y., and R. Doering, *Handbook of Semiconductor Manufacturing Technology*, 2d ed., CRC Press, Boca Raton, 2006.

Polya, G., *How to Solve It: A New Aspect of Mathematics Method*, 2d ed., Princeton University Press, Princeton, New Jersey, 1973.

Silicon Device Manufacturing, OSHA, https://www.osha.gov/SLTC/semiconductors/si_index.html (accessed June 15, 2016).

Weiss, Bettina, 50 Years of Moore’s Law: A Lesson in (R) Evolution, http://www.semi.org/en/node/55471#at_pco=cfd-1.0&at_ab=-&at_pos=1&at_tot=5&at_si=553cdf4a5d3e3eb0 (accessed June 15, 2016).

Woo, S., “Dutch Company Aims to Make Chips Do More,” *The Wall Street Journal*, New York, October 3, 2016.

Wu, B., A. Kumar, and S. Ramaswami, *3D IC Stacking Technology*, McGraw Hill, New York, 2011.

Xiao, H., *Introduction to Semiconductor Manufacturing Technology*, Prentice Hall, New Jersey, 2000.

此外还有一些教育论坛和杂志网站链接，可登录华信教育资源网(www.hxedu.com.cn)下载。

第 2 章 纳米技术和纳米制造：从硅基到新型碳基材料及其他材料[①]

本章作者：Michael A. Huff　MNX, Corporation for National Research Initiative
本章译者：张磊　西安交通大学

2.1 引言

纳米技术是一个多学科研究领域，涉及在纳米尺度控制物质的特性。通过控制原子和分子来构造新型材料和产品是一种极其诱人的能力，因为它意味着可以提供更好的产品和服务，从而带来巨大的经济效益、更高的生活水平和更好的健康状况。科学家们已经意识到纳米技术的重要性，并且呼吁各国政府投入资金，用以促进此项技术的发展。这种涉及纳米尺度的技术已经在集成电路（integrate circuit，IC）领域产生了巨大影响。晶体管器件的主要尺寸在过去几十年逐步缩小。现在的器件尺寸已经接近 10 nm 以下，同样尺寸的模具上可以布局更多的器件，以便实现更强的处理能力、更大的存储空间和更快的速度。起初，集成电路被用于手持计算器，随后被扩展至个人计算机、手持无线通信设备和高性能计算领域，并将继续扩展至物联网（Internet of Things，IoT）。现在，仍处于纳米技术的初期阶段。尽管难以预期未来的影响，但是众多专家相信，纳米技术是有史以来最重要的技术之一，它将在世界人口和经济增长方面产生巨大的影响。

2.2 什么是纳米技术

National Nanotechnology Initiative（NNI）给出了纳米技术的一般性定义：在原子或分子水平操控物质，并且至少一个维度上的尺寸在 1 nm 到 100 nm 之间[1]。这是一个非常宽泛的定义，并未对此项技术及其应用所涉及的具体物体进行定义，只是从尺寸方面给出一个指导性定义。而纳米技术另一个更具辨识度的定义可能是，利用廉价且丰富的物质基本构件（即原子和分子）构造具有实用价值的事物的能力。

为了从尺寸的角度对纳米技术有所了解，我们来看一些例子。水分子的直径约为 0.1 nm，葡萄糖分子的直径约为 1 nm，典型的病毒直径约为 100 nm，人类头发的直径约为 10^5 nm，而一粒棒球的直径约为 10^8 nm。因此，纳米技术的下限尺寸（1 nm）和自然界中的基本分子尺寸在一个量级上。

2.3 为什么纳米技术如此重要

纳米技术之所以重要，源于其对社会潜在的巨大影响力。通过精确操纵物质中每个原子或分子的位置，可以设计材料的功能，从而制造出由这些材料形成的产品。这种能力可以转化为对材料结构的确定性控制，这是之前制造商所不具备的。这种能力将使材料具有以前无法获得的特性，

---

① 本章相关的叙述及技术参数以写作时的市场情况为参考。

如更高的强度、更强的鲁棒性、更轻的质量和优越的材料性能。有人甚至认为纳米技术将带来下一场工业革命[2]。部分原因是纳米技术的适用范围是如此之广，但或许更重要的原因是纳米技术将彻底颠覆现有的许多甚至所有的行业、产品和制造工艺。

2.4 纳米技术简史

纳米技术的历史是一个复杂的故事。一些人引用诺贝尔奖得主、著名物理学家 Richard Feynman 于 1959 年发表的一篇题为“There's Plenty of Room at the Bottom”的演讲，作为第一个涉及纳米技术的公开言论，展望了在原子尺度操纵物质的潜在可能性[3]。在这次演讲中，Feynman 教授描述了一些非常有趣且意义深远的构想，包括用于计算机的高密度集成电路，可以在原子尺度上观察物质的显微镜，以及可以在病人身上充当医生的微型药丸机器人。Feynman 教授还提出了控制原子排列及通过原子和分子机械操作进行化学合成的可能性。考虑到计算机芯片、扫描电子显微镜和智能药丸的最新发展，当我们回顾这次演讲时，就会发现 Feynman 教授在当时的这些预测都是极具洞察力的。

“纳米技术”一词第一次是由 Norio Taniguchi 教授于 1974 年提出的，他用这个词来描述半导体的制造过程，例如物理气相薄膜沉积过程，其厚度以几十纳米计[4]。然而，Taniguchi 教授所使用的“纳米技术”这个词直到最近才为人所熟知。

后来，Eric Drexler 于 1986 年出版了一本书 *Engines of Creation: The Coming Era of Nanotechnology*[5]。据作者介绍，这本书深受 Feynman 教授 1959 年演讲的启发。Drexler 的书中大量使用了“纳米技术”这个词，并且提出了许多新奇的设想，例如将整个国会图书馆写在一块方糖上，以及提出一种可以用于在原子水平上构建物体的微型机器技术。Drexler 还推测了一种可怕的情节，称之为 gray goo。在这个情节中，纳米技术制造的机器人不断自我复制而逐渐失去控制。Drexler 的著作发表后，一些著名的科学家批评它更像科幻小说而不是科学事实，但是 Drexler 的书确实得到了科学界和普通大众的相当大的关注，因此人们开始更多地思考纳米技术的可能性和带来的后果[6, 7]。

对纳米技术来说，比演讲、文章或书籍更重要的是 20 世纪 60～70 年代在图案化和成像技术方面的巨大进步，这使得制造纳米尺寸的结构并获得对其特征成像成为可能。即使如此，最初的科学研究却举步维艰。例如，Ernst Ruska 和 Max Knoll 早在 1931 年发明了电子显微镜，但几十年来，这种技术的发展却非常缓慢，且相关工作主要限于大学[8, 9]。1961 年，Tubingen 大学的 Mollenstedt 和 Speidel 发表了一篇题为“Newer Developments in Microminiaturization”的论文，报道了宽度小于 100 nm 的图案化线条。他们利用电子束光刻技术，在涂有碳的硝化纤维素薄膜上实现线条形图案的制备[10]。

值得注意的是，在这段时间里，一些研究人员提出用电子束光刻技术来制造微电子器件的设想。例如，1960 年来自 Sylvania Electronic System 的 Selvin 和 MacDonald 发表了题为“The Future of Electron Beam Techniques in Microelectronic Circuitry”的论文[11]，以及 1961 年来自 Westinghouse Research 的 O. Wells 发表了一篇题为“Electron Beams in Micro-Electronics”的论文[12]。

20 世纪 80 年代，纳米技术取得了一些重要的进步。具体来说，来自 IBM Zurich Research Labs 的科学家 Binnig 和 Rohrer 在 1981 年发明了扫描隧道显微镜(scanning tunneling microscope，STM)，实现了对单个原子的成像。他们也因此获得了 1986 年的诺贝尔物理学奖[13]。后来，Binnig 又发明了原子力显微镜(atomic force microscope，AFM)，并和同事在 1986 年建造并演示了第一台 AFM[14, 15]。

1985 年，Kroto 和他的同事发现了富勒烯，随后他们于 1996 年获得了诺贝尔化学奖[16]。1991 年，来自 NEC 的 Sumio Iijima 在电弧放电系统的碳烟灰中发现了纳米管[17]。一年后的 1992 年，来自 Maganas Industries 的 Harrington 和 Maganas 报告，他们用化学气相沉积(chemical vapor deposition，CVD)方法合成了碳纳米管[18]。

1990 年 11 月，IBM Almaden Research Center 的研究人员 Donald Eigler 和 Erhard Schweizer 利用 STM 在镍基表面上实现了对单个氙原子的操纵，并拼出了字母“IBM”。这是正式发表的第一个关于单原子操纵的工作[19]。

令人惊讶的是，后来人们发现 Radushkevich 和 Lukyanovich 于 1952 年在 *Zurn. Fisic. Chim.*上发表了一篇论文，报道了直径约 50 nm 的碳纳米管[20]。同样在 1960 年，Bollmann 和 Spreadborough 在 *Letters to Nature* 上发表了一篇题为“Action of Graphite as a Lubricant”的论文，展示了一个多壁碳纳米管的扫描电子显微镜图像[21]。而且，在 1976 年，Oberlin 等人在 *Journal of Crystal Growth* 上发表了一篇题为“Filamentous Growth of Carbon through Benzene Decomposition”的论文，该论文讲解了如何利用 CVD 生长纳米碳纤维[22]。因此很明显，纳米管的发现早于公认的 1985 年。

2.5　纳米尺度制造的基本方法

在纳米技术的实施中涉及两种通用的方法。第一种是“自顶而下”的方法，它需要借助于多种制造工艺和技术，将较大尺寸的材料塑造成纳米尺寸的单元。自顶而下的方法涉及的制备技术与集成电路和微系统产业中使用的技术大致相同，包括薄膜沉积技术(可能具有纳米厚度)，用光刻技术在光敏聚合物层制作所需的图案，此外还有刻蚀技术[23,24]。

图 2.1 给出了使用这些技术实现纳米尺度机械谐振腔的工艺流程示例。制备过程通常从单晶硅制成的衬底开始[见图 2.1(a)]。半导体衬底的平整度和平滑度已经发展到非常高的水平，这些属性对于制备纳米尺度的形貌至关重要。随后，沉积薄膜材料层[见图 2.1(b)]。这一层称为牺牲层，因为它不会用于器件结构中，而是控制谐振腔和衬底的间距，并在制造过程的最后被移除。典型的牺牲层材料是二氧化硅(SiO_2)薄膜层。接下来，沉积另一个薄膜层[见图 2.1(c)]。这一层称为“结构层”，因为它是制造谐振腔的材料。典型的结构层材料是多晶硅。

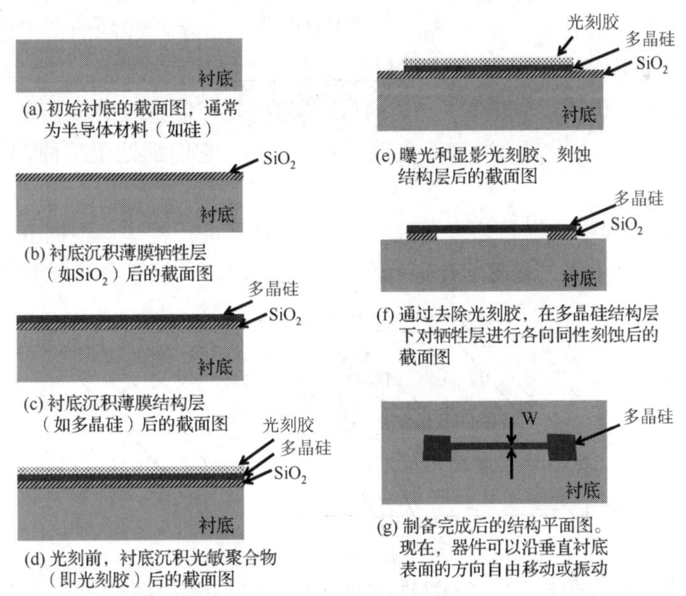

图 2.1　以纳米尺度机械谐振腔的制作流程为例介绍自顶而下的纳米制造技术 [Copyright MEMS & Nanotechnology Exchange (MNX) at the Corporation for National Research Initiatives (CNRI); used with permission.]

用来沉积薄膜层的方法有很多种，例如 CVD、物理气相沉积(physical vapor deposition，PVD；

包括溅射和蒸发)、原子层沉积(atomic layer deposition，ALD)、旋涂、分子束外延(molecular beam epitaxy，MBE)，等等。注意，其中一些技术被定义为“自底而上”的纳米技术。

随后，将会对薄膜层采用光刻方法进行图案化处理，如光学光刻、电子束光刻(electron beam lithography，EBL)和压印光刻等[见图 2.1(d)和图 2.1(e)]，此处以电子束光刻为例。在进行电子束光刻前，首先用旋涂方法在衬底表面沉积一层称为光刻胶的光敏聚合物层[见图 2.1(d)]，采用干法等离子体反应离子刻蚀工艺刻蚀薄膜结构层。然后用等离子灰化法去除光刻胶[见图 2.1(e)]。最后，使用气相刻蚀剂(如蒸气氢氟酸)去除牺牲层。经过这一过程，结构层就可以机械地移动，整个制作过程完成。纳米尺度机械谐振腔的截面图和平面图如图 2.1(f)和图 2.1(g)所示，谐振腔的宽度标记为“W”。需要指出的是，图 2.1 所示的制备过程只是采用自顶而下的方法制作纳米器件的工艺之一。

迄今为止，自顶而下的纳米技术已被用于制造各种先进的集成电路元件。其中，鳍式场效应晶体管(fin field-effect transistor，FinFET)也许是最著名、商业上最成功的一个案例。FinFET 是一种三维的金属氧化物半导体(metal oxide semiconductor，MOS)晶体管技术，已被广泛用于最先进的微处理器。晶体管的关键尺寸是栅极长度，目前市场上最新一代 FinFET 技术的栅极长度可达 14 nm[25]。

FinFET 的显著特征是衬底表面上的一个鳍状突起，由单晶硅半导体材料制成，具有很高的长宽比(见图 2.2)。图 2.2(b)是 FinFET 的三维结构示意图。可以看出，它同传统的 MOS 晶体管一样，由源极、漏极和栅极组成。然而，与传统 MOS 器件不同的是，源极和漏极之间是由一个很薄但具有高长宽比(高度大于宽度)的鳍状硅片连接。这个鳍状硅片充当了载流子(电子或空穴)从源极流向漏极的通道。硅片中载流子的流动由栅极电势调制。栅极与鳍状硅片重叠，但有一个非常薄的介电层使栅极与该硅片隔离[见图 2.2(a)]，而栅极本身为导电材料。注意，这里的栅极与鳍状硅片三面重叠，包括顶部和两个侧面。因此，有时这种结构被称为三栅极结构。这种三栅极结构使得栅极电压具有更好的控制能力，可以对鳍状硅片中的过充载流子进行控制。栅极长度用“W”表示(见图 2.2)，在最新一代 FinFET 技术中约为 14 nm[25]。

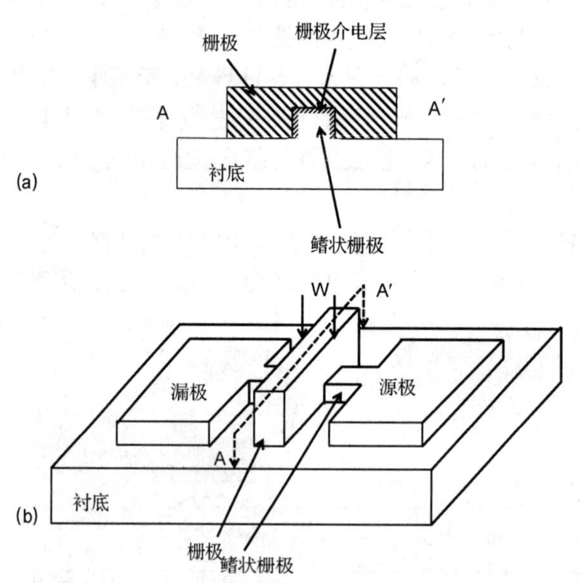

图 2.2　鳍式场效应晶体管示意图。图 2.2(a)显示薄的介电层和导电栅极材料层依次涂覆在鳍状栅极之上。由于栅极电压从两侧和顶部产生电场，因此这种结构形成了三栅极晶体管。图 2.2(b)是具有单个鳍状栅极的鳍式场效应晶体管，其中源极、漏极和鳍状栅极均由单晶硅制成。鳍状部分是一个具有高长宽比的通道，连接源极和漏极，从而保证载流子的流动[Copyright MEMS & Nanotechnology Exchange (MNX) at the Corporation for National Research Initiatives (CNRI); used with permission.]

此外，FinFET 结构允许在每个晶体管中使用多个鳍状硅片（以进一步改善“开”电流），以及采用更高的封装密度。Intel 宣称，随着首次使用 FinFET 技术的 Ivy Bridge 22 nm 微处理器的问世，为了将摩尔定律延续到 22 nm 节点，需要对晶体管结构进行重新设计。FinFET 结构的使用，使摩尔定律得以扩展到 22 nm，然后到达 14 nm 节点，预计这一设计思路还将延用数年[25]。

上述内容是利用自顶而下的纳米技术的两个例子。实际上还可以使用其他工具和方法，而且每年都在开发新的技术。另一个重要的观点是，典型的自顶而下的方法难以实现原子级别的控制。

实现纳米技术的第二种方法是采用“自底而上”的方法，这意味着通过组装原子或分子，以形成纳米级或更大尺寸的对象。自底而上的方法的一个例子是设计具有特定形状的分子，实现分子识别并使每个分子自组装成特定的系统结构。

作为自底而上的纳米技术的一个例子，原子层沉积（ALD）是一种基于有序自限气相化学过程的薄膜沉积技术。在这种技术中，反应性中间气体作为前驱气体，每一种前驱气体都与衬底表面发生化学反应，并以一种自限的方式沉积其上。通常在 ALD 中使用两种前驱体气体，两种气体交替进入沉积室。首先引入第一前驱气体，它以自限方式与衬底表面反应。反应完成后，启动下一阶段，引入第二前驱气体，以同样的自限方式与衬底表面反应。两个阶段交替进行，直至沉积过程完成[26]。

ALD 的过程如图 2.3 所示。首先将衬底放入反应腔中[见图 2.3(a)]。将第一前驱气体引入反应腔内，与衬底表面反应，在表面形成一种化学物质的单层[见图 2.3(b)]。在第一个前驱体单层沉积完成后，将多余的前驱体气体从腔内去除[见图 2.3(c)]。接下来，如图 2.3(d)所示，将第二前驱气体引入反应腔，并开始在第一前驱气体的表面沉积单层原子。一旦第二前驱气体完成单层沉积，多余的气体被去除[见图 2.3(e)]。这一过程可以持续进行，直到制备成所需厚度的薄膜层。

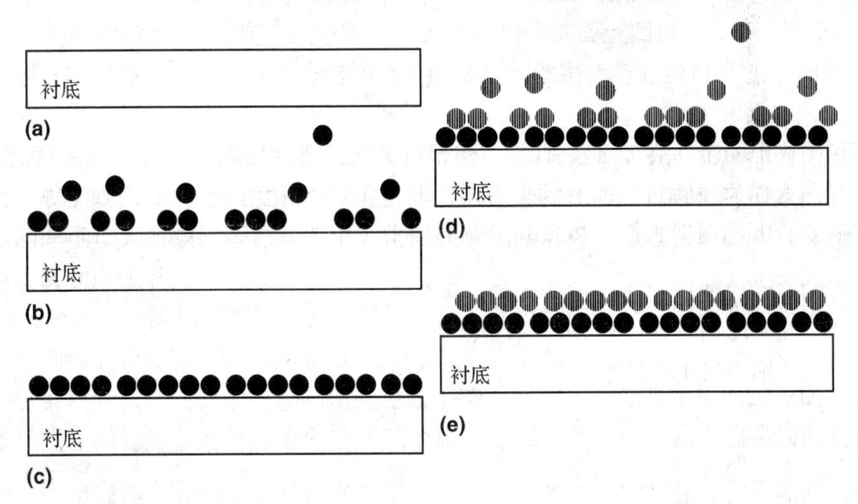

图 2.3　原子层沉积（ALD）的过程（Copyright MEMS & Nanotechnology Exchange (MNX) at the Corporation for National Research Initiatives (CNRI); used with permission.）

相比于传统的 CVD 技术，ALD 技术具有高度共形、极其均匀和厚度可控等优点。使用 ALD 可以沉积多种材料类型，包括 SiO_2、Al_2O_3、ZrO_2、HfO_2、TiN、TaN、Pt、Ti 等。但是，生长速度慢是 ALD 的一个主要缺点。目前，作为集成电路制造中的主要沉积技术之一，ALD 被广泛用于沉积 FinFET 晶体管中的栅极介电材料层，这种材料通常具有高介电常数，如 HfO_2。

自底而上的纳米技术已被广泛用于纳米结构的制备，其中，碳纳米管和富勒烯家族的其他碳基分子的制备可能是最常见的。碳纳米管是一种碳的同素异形体，既可以是单壁纳米管，也可以是多壁纳米管，其中有同心的石墨烯管（即俄罗斯套娃模型），也可以是一卷石墨烯（即羊皮纸模型)。图 2.4 展示了几种碳的同素异形体，如金刚石、石墨、六方碳、C60 富勒烯(也称巴基球)、C540 富勒烯、C70 富勒烯、非晶碳和单壁碳纳米管。

单壁碳纳米管的直径约为 1 nm，其长径比可达 132 000 000:1[27]。这类材料表现出优异的性能，例如碳纳米管的抗拉强度(13～53 GPa)和弹性模量(1～5 TPa)在所有已知材料中是最高的[28~31]。此外，碳纳米管密度很低，其强度可达 48 000 kN·m/kg，也是已知材料中最高的[32]。碳纳米管的电学性能取决于其结构，可以是金属或半导体，理论上最大电流密度超过 10^9 A/cm^2，约为铜电流密度的 1000 倍[33]。需要指出的是，碳纳米管仅沿着纳米管的轴向具有导电性。

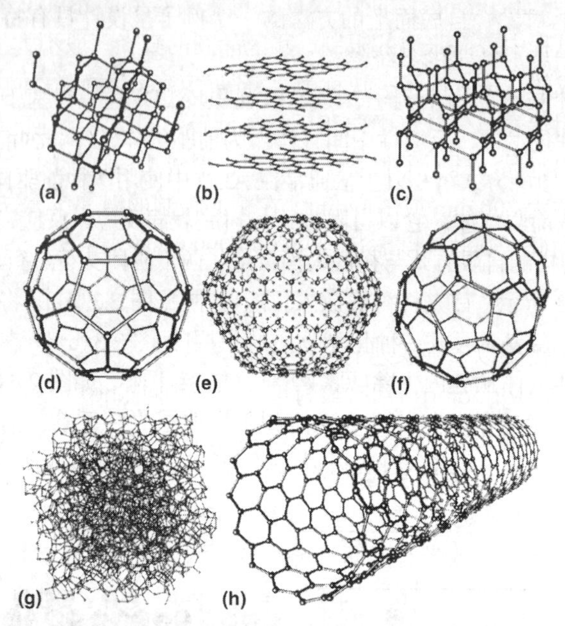

图 2.4 几种碳的同素异形体：(a)金刚石，(b)石墨，(c)六方碳，(d)C60 或巴基敏斯特富勒烯，也称巴基球，(e)C540 富勒烯，(f)C70 富勒烯，(g)非晶碳，(h)单壁碳纳米管(Released under the GNU Free Documentation License.)

碳纳米管的热学性能还取决于结构和热传输的方向。已被证明，单壁碳纳米管沿轴向的热导率约为 3500 W/(m·K)，而沿径向的热导率要低得多，约为 1.5 W/(m·K) [34,35]。

目前，用于碳纳米管生产的主要技术有电弧放电[32]、激光烧蚀[36]和 CVD[37]，其中 CVD 最有希望实现大规模生产。利用 CVD 实现生长，通常需要在衬底表面或指定位置上沉积一层合适的催化剂材料。最常用的催化剂是镍、钴、铁或这些材料的组合[38~40]。重要的是，碳纳米管的生长仅限于存在催化剂的衬底表面。此外，纳米管的大小和类型则取决于衬底表面催化剂区域的直径，催化剂区域的直径越小，越容易产生单壁纳米管。因此，通过控制衬底表面催化剂区域的直径、形状和位置，可以合理地控制纳米管的尺寸、类型和位置。

CVD 过程需要将衬底加热至 700℃，然后将过程气体引入沉积室，如氨、氮、氢和含碳气体(如乙炔、乙烯和甲烷[40])。碳纳米管从衬底表面的金属催化剂上开始生长。如果生长过程中沉积室内存在电场，那么纳米管的生长将会沿着电场方向进行，从而可以生长出垂直于衬底表面的碳纳米管[41]。例如，在等离子体增强 CVD 生长过程中，就生长出了垂直方向的纳米管。还应该指出的是，在非常特殊的条件下，可以在不使用电场的情况生长出垂直方向的碳纳米管。然而，这只有在表面催化剂位置极其密集的情况下才有可能实现。相比于催化剂辅助的 CVD，水辅助的 CVD 在生长碳纳米管时也具有非常高的生长速率[42]。

此外，还有一些自底而上的方法尝试模仿自然界中的一些生物系统，因此被称为“仿生技术”。这类纳米技术的一个常见例子是“DNA 纳米技术”或“核酸纳米技术”，它涉及核酸结构的设计和实现[43, 44]。

如前所述，一些新型的碳基材料有望对集成电路的未来发展产生巨大的影响，部分新材料如石墨烯，其各种特性正在被广泛深入地研究，希望有朝一日可以取代传统的半导体材料(如硅)。石墨烯是碳的同素异形体之一，具有平面型单层原子厚度，其中的碳原子排列成蜂窝状晶格。石墨烯具有许多优异的性能，根据晶格结构的不同，其既可以表现金属性质，又可以表现出半导体性质。相比于厚度相同的一层钢(约为 3.4 Å)，石墨烯的强度是其 100 倍[45]。它的导热性和导电性都非常好，而且几乎是透明的[46]。石墨烯有两种已知的取向：第一种是锯齿型取向，它总是表现出金属行为；第二种是扶手椅型取向，根据不同的手性特征，可以表现出半导体或金属行为。

石墨烯具有非常高的电子迁移率，据报道，室温下其电子迁移率超过 15 000 $cm^2/(V\cdot s)$[47]，而其理论极限更可高达 200 000 $cm^2/(V\cdot s)$[48, 49]，这大约比铜的迁移率高 10^7 倍[50]。此外，预计空穴迁移率与电子迁移率几乎相同[51]。

研究人员已经证明石墨烯可以用于晶体管器件。最近，IBM 研究人员报道了迄今为止工作频率最高的石墨烯场效应晶体管[52]。IBM 团队报告说，石墨烯晶体管的工作频率将随着器件尺寸的减小而增加。当栅极长度为 150 nm 时，实测截止频率为 26 GHz，这是迄今石墨烯晶体管的最高工作频率。此外，通过改进栅极介质材料，有望进一步提高石墨烯晶体管的性能，可能获得栅极长度为 50 nm、工作频率在太赫兹级的石墨烯晶体管。

正如石墨烯的例子所展示的，碳基纳米材料将大大提高集成电路的性能。然而，我们正处于纳米技术发展的早期阶段，因此不可能准确预测这项新技术将带来的所有影响。随着新材料、新制造方法和新设备的不断涌现，这项技术显示出了巨大的潜力。

例如，Swiss Federal Institute of Technology 的研究人员利用单原子厚度的钼酸盐(一种与石墨烯性质类似的二维材料)制造了集成电路。钼矿是一种由二硫化钼(MoS_2)组成的矿物质。多层钼酸盐表现为间接带隙半导体，而单层钼酸盐则具有直接带隙[53, 54]。据报道，其电子迁移率为 200 $cm^2/(V\cdot s)$，室温下的电流开/关比可达 10^8。图 2.5 是二硫化钼晶体管的扫描电子显微镜图。

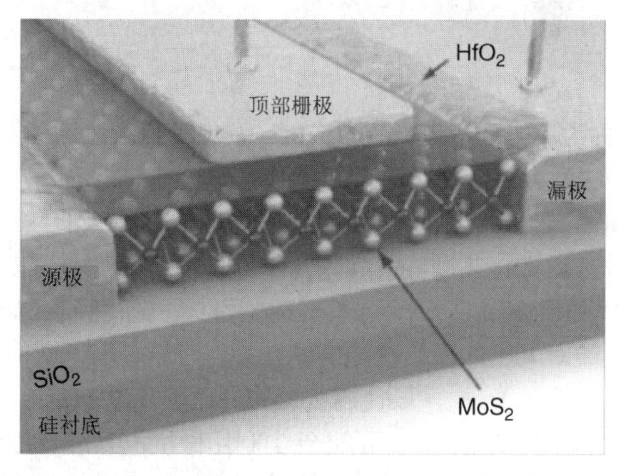

图 2.5　MoS_2 晶体管的扫描电子显微镜图[63]

需要注意的是，利用自底而上的方法，尽管已能制造大一点的结构或器件，但目前仍主要局限于研究领域，而不能获得实际的产品。即使如此，利用自底而上的方法合成的富勒烯和各种纳米颗粒(如银和金)可被添加到其他材料中形成复合混合物，从而增强该材料的性能。

2.6 纳米计量技术

纳米计量技术是一套主要用于表征纳米尺度材料的重要技术，包括扫描隧道显微镜（STM）、原子力显微镜（AFM）、扫描电子显微镜（scanning electron microscope，SEM）和透射电子显微镜（transmission electron microscope，TEM）、X射线衍射（X-ray diffraction，XRD）、高分辨率透射电子显微镜（high-resolution scanning transmission microscopy，HRSTM）和场发射扫描电子显微镜（field emission scanning electron microscopy，FESEM）。我们将进一步详细讨论STM和AFM，其他技术发明已久，感兴趣的读者可以在相关的参考资料中找到详细介绍[55~63]。

STM极其精密，可以在原子尺度上对材料的表面进行扫描和成像[64]。该仪器含有一个半径非常小的针尖（通常其顶端是一个原子），针尖由导电材料如金属（钨、金、铂铱等）组成，通常采用湿法刻蚀技术制备（见图2.6）。通过使用压电式驱动，针尖位置非常接近待扫描的材料表面。当针尖足够靠近材料表面（距离在5～10 Å）时，在针尖和材料表面加上一个偏置电压（在图2.6中标记为V_{Bias}），量子隧穿电流（标记为$I_{tunneling}$）穿过针尖和材料表面之间的间隙。一个闭环反馈电路可以用来测量通过针尖的隧穿电流大小，从而测量针尖在材料表面扫描时与表面之间的距离。因此，这种空间变化的隧穿电流可在原子尺度上创建材料表面的图像。或者，保持针尖电流为一个恒定值，然后测量保持恒定间距所需的驱动电压值。在偏置电压约为1 V的情况下，典型的尖端隧穿电流约为几百皮安（pA）。该仪器的灵敏度极高，因为隧穿电流随着针尖与材料表面之间的间距指数变化而变化。随着针尖距表面每靠近1 Å，隧穿电流将增加10倍。STM的横向分辨率约为0.1 nm（即沿x、y轴方向），而沿着垂直于材料表面的纵向分辨率可达0.01 nm（即沿z轴方向）[64]。

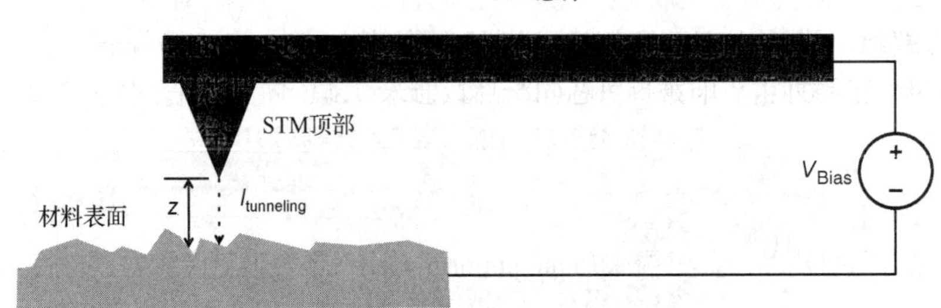

图2.6 扫描隧道显微镜（STM）示意图[Copyright MEMS & Nanotechnology Exchange（MNX）at the Corporation for National Research Initiatives（CNRI）; used with permission.]

STM可以像前面描述的那样用原子水平的分辨率对材料表面进行成像，它也可以用来进行光谱分析[64, 65]。这是因为电流对电压的依赖性提供了有关表面原子电子结构的信息。

AFM与STM的不同之处在于，它主要使用机械探针而不是电子探针来扫描材料的表面。AFM使用悬臂末端的探针来扫描材料表面。典型的硅针尖利用微机电系统（MEMS）技术制造。与STM一样，AFM针尖通常采用压电驱动，但也可以采用静电驱动。当针尖逐渐靠近材料表面时，由于受到机械力的作用，刚性悬臂会发生弯曲（即符合Hooke[66]定律）。利用AFM可以测量的机械力包括机械接触力、van der Waals吸引力、化学键力、Casimir力、毛细管力等[67]。测量针尖弯曲大小时，一束激光打在悬臂的顶部并被反射进一个光电探测器。通过测量反射激光的变化，可以得到针尖弯曲的情况，进而反映出材料表面的一些特征。实际上，针尖的弯曲还可以利用电容传感器或者其他手段测量。使用专门的针尖探头，AFM 也可以测量其他物理量，如温度和导热系数[68]。

AFM 有三种工作模式：接触模式、敲击模式和非接触模式[69]。对于大多数应用来说，非接触模式通常优于接触模式。AFM 的有效分辨力通常只有几皮牛顿[70]。

2.7　纳米技术制造

纳米技术制造中采用的方法可以大致分为自顶而下或自底而上两类。采用纳米技术的产品中最有名的就是集成电路。互补金属氧化物半导体（complimentary metal-oxide semiconductor，CMOS）晶体管中的栅极只有略大于 10 nm 的长度，并且在一块硅基板上可以容纳数十亿个晶体管。

从销量和年销售额来看，基于自顶而下的方法制备的集成电路占大多数。包括逻辑和存储器件在内，2016 年的年销售额预计将达到 3700 亿美元[71]。这还仅是元器件的销售额，并未包括集成电路相关系统的销售额。可以说，没有集成电路，很多系统将不复存在，如计算机、手机、个人手持设备等。即使仅考虑元器件的年销售额，这也是一个庞大的市场，具有巨大的经济和战略意义。

几十年来，半导体行业一直致力于缩小晶体管的尺寸，并稳步增加每块模具上的晶体管数量。与之相关的发展规律一般称为“摩尔定律”。为了比较不同的半导体技术，通常使用的关键特征是 CMOS 工艺中的栅极长度。多年来，栅极长度从 1971 年的 10 μm 缩短至 1985 年的 1 μm，从 2001 年的 130 nm 缩短至 2008 年的 45 nm，从 2012 年的 22 nm 缩短至 2014 年的 14 nm。预计到 2017 年栅极长度将缩短至 10 nm[72]。

制造技术的进步本身已经取得非常了不起的成就，使得现在可以测量到几个纳米的特征尺寸。现有的光刻方法本质上是光学性的，即用光子曝光光敏聚合物（即光刻胶）。14 nm 的栅极长度是使用波长为 193 nm 的光辐射实现的。也就是说，制备出来的尺寸小于光源波长的十分之一。实际中，当图案的分辨率小于 45 nm 时，使用现有的光刻胶和光刻工具制备的图案将开始变形。因此，为了实现更小的特征尺寸（如 14 nm 或以下），需要发展新的技术，包括多次曝光、自对准间隔层、浸没光刻等[73]。然而，如果要继续缩小光刻方法所能实现的特征尺寸，则需要减小所使用的光源波长，例如采用极端紫外线（extreme ultraviolet，EUV）辐射。

自底而上的纳米技术制造方法大部分会用到银、金、钛纳米颗粒和富勒烯。银纳米颗粒通常采用湿式化学方法制备，利用硼氢化钠和纤维素等胶体稳定剂还原硝酸银等银盐[74, 75]。尽管有人推销银纳米颗粒时宣称这种颗粒可以减少人体外部感染的概率，但是这种材料或其治疗的有效性并未得到医学研究证明[76, 77]。

金纳米颗粒是自底而上的纳米技术制造方法的另一个例子，也可用于各种应用。制备悬浮在液体（通常是水）中的金纳米颗粒的方法有几种，这其中涉及利用还原剂还原氯金酸生成金原子。随着金原子数量的增加，最终溶液会变得过饱和，然后沉淀成纳米级的金粒子团。为了防止金的团聚，可以添加稳定剂[78, 79]。金纳米颗粒正被开发用于多种医学应用，包括药物输运机制[80]、肿瘤检测[81]、基因疗法[82]、放疗剂量增强[83]等。

2.8　应用和市场

研发界、政府及商界都预测纳米技术将成为未来高科技的关键。总体来说，预计这些技术将创造成千上万的高薪工作岗位，带来巨大的经济效益，大大改善我们的生活质量，帮助我们免受现有和新的难题。纳米技术已经拥有一个巨大的前沿产品市场，包括集成电路（逻辑电路和内存）、保健产品、涂层和表面处理及新材料等领域。

新兴纳米技术项目(Project on Emerging Nanotechnologies，PEN)是一项公开的服务，用以跟踪应用纳米技术的新产品[84]。截至 2014 年底，该服务列出的产品种类超过 1800 种，涵盖家电、汽车、电子产品和计算机、食品和饮料、健康和健身、家居和园艺等。到目前为止，大多数产品都属于健康和健身类产品，其中个人护理类产品占这类产品的最大份额。此外，所有这些制造商在产品中使用最多的纳米材料是银纳米颗粒。钛是第二常用的材料类型，超过了碳(富勒烯的基础材料)。遗憾的是，现有产品虽然使用了大量的纳米材料，却没有一种产品涉及对原子或分子的控制。另外，PEN 数据库并未将集成电路产品统计在内，因此它们的分析结果具有一定局限性。

美国国家科学基金会(NSF)最近委托相关人员进行了一项独立研究，以预测未来纳米技术的市场规模。该研究的结论是，到 2018 年，纳米技术产品的市场将超过 4 万亿美元[85]。显然，这一领域经济潜力巨大，如果考虑到使用纳米技术可以显著改善每一种产品和服务，这当然是可能的，更不用说许多现在不可能实现的新技术和产品，都将因为纳米技术而变得唾手可得。

由于自顶而下的纳米技术在很大程度上借助于集成电路技术的巨大资本投入，因此在可预见的未来，其市场将持续快速增长。例如，几项市场研究表明，微型传感器设备的销售额目前约为每年 150 亿美元，意味着在过去几年保持约 13%的年增长率[86]。除了微型传感器设备本身的销售，同样重要的是，这些设备能够使新的或改进的工业和医疗系统每年增加约 1000 亿美元或更大的市场。这些研究中考虑的应用领域通常限于压力传感器、惯性传感器、流体调节/控制、光学开关、分析仪器和大数据存储。由于微型传感器设备是一项新兴产业，许多新的应用将随之出现，相应的市场规模也将不断扩大。

2.9 影响力和管理

虽然人们对纳米技术的潜在冲击理应抱有极大的热情和兴趣，但由于缺乏纳米颗粒对生物体影响的相关认识，人们也担心这种技术会对社会和环境带来不利影响。但直到最近才受到了科学界和政府资助机构的重视。

遗憾的是，最近的研究结果使人们感到担忧。据报道，被生物体吸入的纳米颗粒或纳米纤维可能导致肺部疾病，如纤维化[87]。在另一项研究中，食用纳米氧化钛颗粒的老鼠的 DNA 和染色体受到损伤，可能导致癌症和其他长期的不良影响[88]。一项关于碳纳米管效应的研究结果表明，它们对生物体的危害可能与石棉一样[89]。在制造油漆的过程中需要使用大量的纳米颗粒，相关的工人会逐渐患有严重的肺部疾病，并且在工人的肺部也发现了纳米颗粒 [90]。此外，人们对纳米技术在较长时间内对环境或生物的影响知之甚少。

目前，很少有专门针对纳米技术的法规。相反，适用于这项技术的法规大部分继承了现有法规，或由现有监督机构制定。也就是说，大多数国家关于纳米技术的规定并没有区分块体形式的材料和纳米颗粒形式的材料。因此，如果该材料已被批准批量用于商业用途，那么将不再对相同材料的纳米颗粒是否会对健康和安全产生影响而进行进一步的测试或分析，也不会就其对环境的影响进行测试或分析。有些人对这种做法非常不满，因为纳米技术目前基本上是一个不受监管的商业领域。越来越多的科学家倡导政府部门更加积极主动地管理纳米技术[91]。

2.10 结论

纳米技术是一个极其多样化、多学科、快速发展的科学和工程领域，有望使许多产品发生革命性的变化，并生产出更新、更好的产品。本章对纳米技术做了一些回顾和展望，它的历史有些复杂，我们尝试解释如何利用纳米技术制备产品，纳米技术将带来哪些变化，并就纳米技术在健康、安全、环境等方面备受关注的原因做了一些讨论。纳米技术正在制造领域大显身手，它缩小了集成电路，提供了新的材料和手段。这使得集成电路行业能够继续遵循摩尔定律，从而为客户提供更高性能和更低成本的产品。利用纳米技术还有望开发出新的材料，其中一些是碳基材料，可能取代集成电路行业中的传统半导体。纳米技术因其经济重要性和潜在应用范围，与涉及微型化的其他技术类似，有望使其成为未来的标志性技术。

2.11 参考文献

1. http://nano.gov/nanotech-101/what/definition.

2. Chapter 1 "From Conventional Technology to Carbon Nanotechnology: The Fourth Industrial Revolution and the Discoveries of C60, Carbon Nanotube and Nanodiamond" in *Carbon Nanotechnology*, edited by Liming Dia, Elsevier, Amsterdam, Netherlands. B.V. 2006.

3. R. P. Feynman, "There's Plenty of Room at the Bottom (data storage)," *Journal of Microelectromechanical Systems*, 1 (1): 60–66, March 1, 1992.

4. N. Taniguchi, "On the Basic Concept of 'Nano-Technology'," *Proceedings of the International Conference on Production Engineering:* Tokyo, Part II, Japan Society of Precision Engineering, 1974.

5. K. Eric Drexler, *Engines of Creation: The Coming Era of Nanotechnology*, Doubleday, New York, 1986.

6. R. E. Smalley, "Of Chemistry, Love and Nanobots," *Scientific American*, 285 (3): 76–77, September 2001.

7. R. Kurzweil, *The Singularity Is Near: When Humans Transcend Biology*. Penguin Books, New York, pp. 236–241, 2005.

8. H. G. Rudenberg and P. G. Rudenberg, "Chapter 6, Origin and Background of the Invention of the Electron Microscope: Commentary and Expanded Notes on Memoir of Reinhold Rüdenberg," *Advances in Imaging and Electron Physics,* Vol. 160. Elsevier, 2010.

9. T. E. Everhardt, "Submicron Technology—Educational Door to the Future," *Proceedings* P24, 4–13, 1980.

10. G. Mollenstedt and R. Speidel, "Newer Developments in Microminiaturization," *Proceedings* P3, 340–357, 1961.

11. G. J. Selvin and W. J. MacDonald, "The Future of Electron Beam Techniques in Microelectronic Circuitry," *Proceedings* P2, 86–93, 1960.

12. O. Wells, "Electron Beams in Micro-Electronics," *Proceedings* P3, 291–321, 1961.

13. G. Binnig and H. Rohrer, "Scanning Tunneling Microscopy," *IBM Journal of Research and Development*, 30: 4, 1986.

14. G. K. Binnig, "Atomic Force Microscope and Method for Imaging Surfaces with Atomic Resolution," United States Patent, US 4724318A.

15. G. Binnig, C. F. Quate, and C. Gerber, "Atomic Force Microscope," *Physics Review Letters*, 56: 930, March 1986.

16. H. W. Kroto, J. R. Heath, S. C. O'Brien, R. F. Curl, and R. E. Smalley, "C60: Buckminsterfullerene," *Nature*, 318 (6042): 162–163, 1985.

17. S. Ijima, "Helical Microtubules of Graphite Carbon," *Nature*, 354: 56, 1991.

18. T. C. Maganas and A. L. Harrington, "Intermittent Film Deposition Method and System," United States Patent 5,143,745.

19. M. W. Browne, "2 Researchers Spell 'I.B.M.,' Atom by Atom," *New York Times*, April 5, 1990. See: http://www.nytimes.com/1990/04/05/us/2-researchers-spell-ibm-atom-by-atom.html.

20. L. V. Radushkevich and V. M. Lukyanovich, *Zurn. Fisic. Chim.*, 111: 24, 1952.

21. W. Bollmann and J. Spreadborough, "Action of Graphite as a Lubricant," *Letters to Nature*, 186: 29–30, April 1960.

22. A. Oberlin, M. Endo, and T. Koyama, "Filamentous Growth of Carbon through Benzene Decomposition," *Journal of Crystal Growth*, 32: 335, 1976.

23. H. Geng, *Semiconductor Manufacturing Handbook*, McGraw-Hill, New York, 2005.

24. Y. Nishi and R. Doering (editors), *Handbook of Semiconductor Manufacturing Technology*, 2nd ed., CRC Press, Baco Raton, Florida, 2007.

25. "Intel Silicon Technology Innovations," Intel.com. Archived from the original March 2015.

26. Riikka L. Purunen, "Surface Chemistry of Atomic Layer Deposition: A Case Study for the Trimethylaluminium/Water Process," *Journal of Applied Physics*, 97 (12), 2005.

27. X. Wang et al., "Fabrication of Ultralong and Electrically Uniform Single-Walled Carbon Nanotubes on Clean Substrates," *Nano Letters*, 9 (9): 3137–3141, 2009.

28. S. Belluci, "Carbon Nanotubes: Physics and Applications," *Physica Status Solidi* (c), 2 (1): 34–47, 2005.

29. H. G. Chae and S. Kumar, "Rigid Rod Polymeric Fibers," *Journal of Applied Polymer Science*, 100 (1): 791–802, 2006.

30. M. Meo and M. Rossi, "Prediction of Young's Modulus of Single Wall Carbon Nanotubes by Molecular-Mechanics-Based Finite Element Modelling," *Composites Science and Technology*, 66 (11–12): 1597–1605, 2006.

31. S. B. Sinnott and R. Andrews, "Carbon Nanotubes: Synthesis, Properties, and Applications," *Critical Reviews in Solid State and Materials Sciences*, 26 (3): 145–249, 2001.

32. P. G. Collins, "Nanotubes for Electronics," *Scientific American*, 67–69, Dec. 2000.

33. S. Hong and S. Myung, "Nanotube Electronics: A Flexible Approach to Mobility," *Nature Nanotechnology*, 2 (4): 207–208, 2007.

34. E. Pop, D. Mann, Q. Wang, K. Goodson, and H. Dai, "Thermal Conductance of an Individual Single-Wall Carbon Nanotube above Room Temperature," *Nano Letters*, 6 (1): 96–100, 2005.

35. S. Sinha, S. Barjami, G. Iannacchione, A. Schwab, and G. Muench, "Off-Axis Thermal Properties of Carbon Nanotube Films," *Journal of Nanoparticle Research*, 7 (6): 651–657, 2005.

36. T. Guo, P. Nikolaev, A. Thess, D. Colbert, and R. Smalley, "Catalytic Growth of Single-Walled Nanotubes by Laser Vaporization," *Chemical Physics Letters*, 243: 49–54, 1995.

37. M. Kumar, "Chemical Vapor Deposition of Carbon Nanotubes: A Review on Growth Mechanism and Mass Production," *Journal of Nanoscience and Nanotechnology*, 10: 6, 2010.

38. N. Inami, M. Ambri Mohamed, E. Shikoh, and A. Fujiwara, "Synthesis-Condition Dependence of Carbon Nanotube Growth by Alcohol Catalytic Chemical Vapor Deposition Method," *Science and Technology of Advanced Materials*, 8 (4): 292, 2007.

39. N. Ishigami, H. Ago, K. Imamoto, M. Tsuji, K. Iakoubovskii, and N. Minami, "Crystal Plane Dependent

Growth of Aligned Single-Walled Carbon Nanotubes on Sapphire," *Journal of American Chemical Society*, 130 (30): 9918–9924, 2008.

40. S. Naha and Ishwar K. Puri, "A Model for Catalytic Growth of Carbon Nanotubes," *Journal of Physics D: Applied Physics*, 41 (6): 065304, 2008.

41. Z. F. Ren, Z. P. Huang, J. W. Xu, J. H. Wang, P. Bush, M. P. Siegal, and P. N. Provencio, "Synthesis of Large Arrays of Well-Aligned Carbon Nanotubes on Glass," *Science*, 282 (5391): 1105–1107, 1998.

42. K. Hata, D. N. Futaba, K. Mizuno, T. Namai, M. Yumura, and S. Iijima, "Water-Assisted Highly Efficient Synthesis of Impurity-Free Single-Walled Carbon Nanotubes," *Science*, 306 (5700): 1362–1365, 2004.

43. J. A. Pelesko, *Self-Assembly: The Science of Things That Put Themselves Together*. Chapman & Hall/CRC, New York, 2007.

44. Nadrian C. Seeman, "Nanomaterials Based on DNA," *Annual Review of Biochemistry*, 79: 65–87, 2010.

45. "Scientific Background on the Nobel Prize in Physics 2010, Graphene," The Royal Swedish Academy of Science.

46. "Graphene Properties," www.graphene-battery.net (accessed May 29, 2014).

47. A. K. Geim and K. S. Novoselov, "The Rise of Graphene," *Nature Materials*, 6 (3): 183–91, 2007.

48. J. H. Chen, C. Jang, S. Xiao, M. Ishigami, M. S. Fuhrer, "Intrinsic and Extrinsic Performance Limits of Graphene Devices on SiO2," *Nature Nanotechnology*, 3 (4): 206–209, 2008.

49. A. Akturk and N. Goldsman, "Electron Transport and Full-Band Electron–Phonon Interactions in Graphene," *Journal of Applied Physics*, 103 (5): 053702, 2008.

50. F. V. Kusmartsev, W. M. Wu, M. P. Pierpoint, and K. C. Yung, "Application of Graphene within Optoelectronic Devices and Transistors," *Current Topics in Applied Spectroscopy and the Science of Nanomaterials*, Springer, New York, 2014.

51. J.-C. Charlier, P. C. Eklund, J. Zhu, and A. C. Ferrari, "Electron and Phonon Properties of Graphene: Their Relationship with Carbon Nanotubes." *Carbon Nanotubes: Advanced Topics in the Synthesis, Structure, Properties and Applications* edited by A. Jorio, G. Dresselhaus, and M. S. Dresselhaus, Springer-Verlag, Berlin/Heidelberg, 2008.

52. Y. M. Lin et al., "Operation of Graphene Transistors at Gigahertz Frequencies," *Nano Letters*, 9 (1), 422–426, 2008.

53. K. F. Mak et al., "Atomically Thin MoS2: A New Direct-Gap Semiconductor," *Physics Review Letters*, 105: 136805, 2010.

54. B. Radisavljevic et al., "Single-Layer MoS2 Transistors," *Nature Technology Letter*, 6: 147–150, 2011.

55. D. McMullan, "Scanning Electron Microscopy 1928–1965." *Scanning*, 17 (3): 175, 2006.

56. D. McMullan, "Von Ardenne and the Scanning Electron microscope," *Proceedings of Royal Microscopical Society*, 23: 283–288, 1988.

57. Albert V. Crewe, J. Wall, and J. Langmore, "Visibility of a Single Atom," *Science*, 168 (3937): 1338–1340, 1970.

58. Jannik C. Meyer, C. O. Girit, M. F. Crommie, and A. Zettl, "Imaging and Dynamics of Light Atoms and Molecules on Grapheme," *Nature*, 454 (7202): 319–322, 2008.

59. B. Fultz and J. Howe, *Transmission Electron Microscopy and Diffractometry of Materials,* Springer, New York, 2007.

60. B. D. Cullity and S. R. Stock, "Elements of X-Ray Diffraction," 3rd ed., Prentice Hall, Upper Saddle

River, New Jersey, February 15, 2001.

61. J. C. H. Spence, *High-Resolution Electron Microscopy*, Oxford University Press, Oxford, England, December 1, 2103.

62. "Intro to Field Emission." Field Emission/Ion Microscopy Laboratory, Purdue University, Dept. of Physics.

63. D. R. Stranks, M. L. Heffernan, K. C. Lee Dow, P. T. McTigue, and G. R. A. Withers, *Chemistry: A structural view*. Melbourne University Press, Melbourne Australia, p. 5, 1970.

64. C. Bai, *Scanning Tunneling Microscopy and Its Applications*, Springer Verlag, New York, 2000.

65. S. H. Pan, E. W. Hudson, K. M. Lang, H. Eisaki, S. Uchida, and J. C. Davis, "Imaging the Effects of Individual Zinc Impurity Atoms on Superconductivity in $Bi_2Sr_2CaCu_2O_8+\delta$," *Nature*, 403 (6771): 746–750, 2000.

66. B. Cappella and G. Dietler, "Force-Distance Curves by Atomic Force Microscopy," *Surface Science Reports*, 34: 1–3, 5–104, 1999.

67. P. Hinterdorfer and Y. F. Dufrêne, "Detection and Localization of Single Molecular Recognition Events Using Atomic Force Microscopy," *Nature Methods*, 3 (5): 347–355, 2006.

68. C. C. Williams and H. K. Wickramasinghe, "Scanning Thermal Profiler," *Appl. Phys. Lett.* 49 (23): 1587, 1986.

69. Q. Zhong, D. Inniss, K. Kjoller, and V. Elings, "Fractured Polymer/Silica Fiber Surface Studied by Tapping Mode Atomic Force Microscopy," *Surface Science Letters*, 290 (1–2): L688-L692, June 1993.

70. H. Butt, B. Cappella, M. Kappl, "Force Measurements with the Atomic Force Microscope: Technique, Interpretation and Applications," *Surface Science Reports* 59: 1–152, 2005.

71. "2015 IC Market: Cautious Expectations Amid a Slow-Growth Global Economy," Research Bulletins, IC Insights, February 4, 2016.

72. B. Fuller, "Fab Lite, Fewer Startups to Fuel Doubling of IC Growth Rates," *EE Times*, September 19, 2012.

73. B. Arnold, "Shrinking Possibilities—Lithography Will Need Multiple Strategies to Keep Up with the Evolution of Memory and Logic," *IEEE Spectrum*, April 1, 2009.

74. M. Sureshkumar, D. Y. Siswanto, and C. K. Lee, "Magnetic Antimicrobial Nanocomposite Based on Bacterial Cellulose and Silver Nanoparticles," *Journal of Materials Chemistry*, 20: 6948–6955, 2010.

75. M. Montazer, F. Alimohammadi, A. Shamei, M. K. Rahimi, "In Situ Synthesis of Nano Silver on Cotton Using Tollens' Reagent," *Carbohydrate Polymers*, 87: 1706–1712, January 2012.

76. M. H. Hermans, "Silver-Containing Dressings and the Need for Evidence," *The American Journal of Nursing*, 106 (12): 60–68, 2006.

77. Y. Qin, "Silver-Containing Alginate Fibres and Dressings," *International Wound Journal*, 2 (2): 172–176, June 2005.

78. J. Turkevich, P. C. Stevenson, and J. Hillier, "A Study of the Nucleation and Growth Processes in the Synthesis of Colloidal Gold," *Discussions of the Faraday Society*, 11: 55–75, 1951.

79. M. Brust, M. Walker, D. Bethell, D. J. Schiffrin, and R. Whyman, "Synthesis of Thiol-Derivatised Gold Nanoparticles in a Two-Phase Liquid-Liquid System," *Chemical Communications*, (7): 801–802, 1994.

80. G. Han, P. Ghosh, and V. M. Rotello, "Functionalized Gold Nanoparticles for Drug Delivery," *Nanomedicine (Lond)*, 2: 113–123, 2007.

81. X. Qian, "In Vivo Tumor Targeting and Spectroscopic Detection with Surface-Enhanced Raman

Nanoparticle Tags," *Nature Biotechnology*, 26 (1): 2008.

82. J. Conde, A. Ambrosone, V. Sanz, Y. Hernandez, V. Marchesano, F. Tian, H. Child, et al. "Design of Multifunctional Gold Nanoparticles for In Vitro and In Vivo Gene Silencing," *ACS Nano*, 6 (9): 8316–8324, 2012.

83. S. McMahon, W. B. Hyland, M. F. Muir, J. A. Coulter, S. Jain, K. T. Butterworth, G. Schettino, et al., "Biological Consequences of Nanoscale Energy Deposition Near Irradiated Heavy Atom Nanoparticles," *Nature Scientific Reports, Scientific Reports*, 1 (18): June 20, 2011.

84. See: http://www.nanotechproject.org.

85. See: https://portal.luxresearchinc.com/research/report_excerpt/16215.

86. E. Mounier, "Future of MEMS: a Market and Technologies Perspective," Yole Development, October 2014.

87. J. D. Byrne and J. A. Baugh, "The Significance of Nano Particles in Particle-Induced Pulmonary Fibrosis," *McGill Journal of Medicine*, 11: 43–50, 2008.

88. A. Schneider, "Amid Nanotech's Dazzling Promise, Health Risks Grow," AOL On-Line News, March 24, 2010.

89. R. Weiss, "Effects of Nanotubes May Lead to Cancer," Study Says, Washington Post, May 21, 2008.

90. R. Smith, "Nanoparticles used in paint could kill, research suggests," The Telegraph, August 19, 2009.

91. D. Bowman and G. Hodge, "Nanotechnology: Mapping the Wild Regulatory Frontier," *Futures*, 38 (9), 1060–1073, 2006.

2.12　扩展阅读

Electronic Discussion Groups: http://www.memsnet.org/lists.

MEMS and Nanotechnology Clearinghouse: http://www.memsnet.org.

MEMS and Nanotechnology Exchange (MNX): http://www.mems-exchange.org.

第3章　FinFET的基本原理和纳米尺度硅化物的新进展

本章作者：L. P. Ren　Global Nanosystems, Inc.
Yi-Chia Chou　台湾交通大学电子物理学系
K. N. Tu　Department of Materials Science and Engineering, University of California at Los Angeles
本章译者：(美)任丽萍　Global Nanosystems, Inc.

3.1　引言

在纳米尺度体系中，平面 MOSFET 面临摩尔定律下的各种原理和技术性的挑战。由于集成了多个(两个或三个)栅极于一体，FinFET 已成为 MOSFET 的继任者。FinFET 能够在深纳米技术节点处比传统平面 MOSFET 更好地解决短沟道效应，从而克服半导体工业发展至今连续的摩尔定律放缩到物理极限的难题。在本文中，我们首先简要地回顾从平面 MOSFET 到 FinFET 过渡的历史、基本原理和未来挑战。然后，我们重点讨论 FinFET 的主要挑战之一，即源/漏(S/D)寄生电阻，并评论纳米尺度硅化物形成的最新进展。正如我们所知，硅化物 C-54 $TiSi_2$、$CoSi_2$ 和 NiSi 已被广泛用作微电子硅器件源极、漏极、栅极金属和半导体之间的欧姆接触。在浅结硅器件的形成中，这些硅化物已得到了深入研究。最近，随着微电子硅器件推进到 10 nm 节点，在 FinFET 器件及用于生物传感器的 Si 纳米线技术中，纳米尺度硅化物的形成，特别是 NiSi，重新引起了人们的兴趣。我们将评论在 FinFET 器件中降低纳米尺度接触电阻的巨大挑战。一种方法是在 FinFET 器件的垂直硅鳍(fin)上外延生长 NiSi。鉴于外延界面可能具有低接触电阻的事实，我们也将评述在 Si 纳米线中的接触反应。根据报道，纳米尺度 NiSi 在 Si 纳米线中外延生长，没有失配位错，并且在器件工作温度下失配弹性应变可能只有几个百分点。

3.2　FinFET 的基本原理

从高速计算机到多功能移动设备都是基于集成电路设计出来的。自从用于集成电路设计的半导体晶体管问世以来，摩尔定律一直保持有效，亦即单位面积芯片上的晶体管数量每两年能实现翻番。当今先进的多核处理器的晶体管数量已经从 20 世纪 70 年代中期的几千个达到 30 亿个的水平。这种成就基于采用平面 MOS 场效应晶体管(MOSFET)的 CMOS 技术。从一个技术节点至下一个技术节点，CMOS 技术通过缩短晶体管几何尺寸来实现最新技术节点的晶体管密度翻倍。

随着 CMOS 技术接近亚 100 nm 或以下的节点，静漏电流变得重要，因为在新技术节点，晶体管密度增加一倍的同时，漏电流量也增加了一倍。图 3.1 显示了一个传统平面 MOSFET 的示意图及其模拟亚阈值特性随着栅极长度(L_g)变化[1, 2]。可以看出，随着栅极长度的缩短，亚阈值斜率降低。亚阈值斜率也是漏极电压的函数。事实上，当栅极长度变得非常短时，漏电流 (I_{off})将不会沿着硅/氧化物的界面流动，而是限于界面以下的纳米范围内。即使氧化物是无限薄的，当漏电路径距离栅极很远时，晶体管的栅极就无法关闭漏电流。随着栅极长度不断缩小，漏电流将变得越来越明显。放缩问题伴随掺杂引起的变化导致高漏电流和高电源电压(V_{dd})，这最终导致过度的功耗和设计成本。随着时间的推移，放缩挑战逐渐增加，晶体管结构的更换不可避免。

半导体行业已经认可的第一种替代传统平面 MOSFET 的晶体管结构是 FinFET（鳍式场效应晶体管）。FinFET 最初是由加州大学伯克利分校的研究人员在 SOI（silicon-on-insulator，绝缘体上的硅）衬底上发明的（Profs. Chenming Hu, Tsu-Jae King-Liu, Jeffrey Bokor, etc.）[3~6]。几年后，三星公司推出了一种在体衬底上构建的 FinFET。这种 FinFET 需要在鳍之下进行重掺杂以抑制 FinFET 漏电流的折中性能。

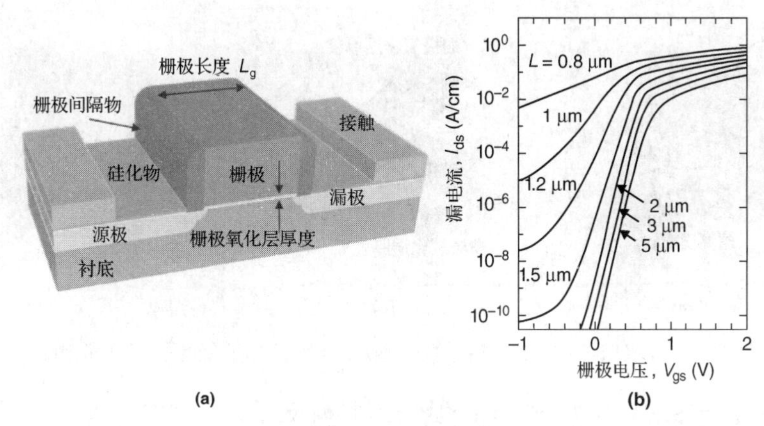

图 3.1　(a) 传统平面 MOSFET 的示意图，(b) 随着栅极长度缩短，模拟漏电流增加[1, 2]

图 3.2 示出了构建在 (a) SOI 衬底和 (b) 体衬底上的 FinFET 结构，以及 (c) 它们的纵向截面图。FinFET 的显著特点是它的导电通道包裹在构成器件主体的薄硅鳍里面。从源极到漏极方向测量的鳍宽度决定了器件的有效导电通道长度。与传统平面 MOSFET 相比，FinFET 的主体是超薄的，且从三面控制（传统平面 MOSFET 只控制顶面）。如果鳍宽度等于或小于栅极长度，则可以很好地抑制漏电流，因此这种 FinFET 很容易放缩。鳍的形成很简单，因为它们可以用相同的栅极图案化和刻蚀的工具来制造。另外，因为主体鳍是超薄的，所以没有远离栅极的大于纳米厚度的 Si 存在，且主体掺杂也是可选择的。FinFET 提供了更高的速度，更低的漏电流，更低的电源电压，更低的功耗，更小尺度和更好的放缩能力，更低的成本，更好的亚阈值摆幅，无随机掺杂物波动，更少的可变性，更好的移动性，以及未来的亚阈值设计，等等。

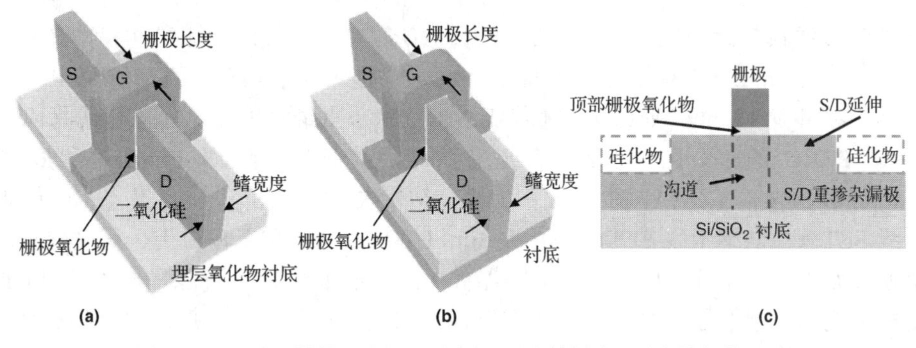

图 3.2　FinFET 结构：(a) SOI 衬底；(b) 体衬底；(c) 纵向截面图

在 FinFET 的多栅构造中，导电通道被表面上的多个栅极包裹。多栅 FinFET 在通道上提供了更好的电控制，这不仅可以更有效地抑制“关态”漏电流，还可以增强“导通”状态下的驱动电流。而且，由于更高的固有增益和更低的沟道长度调制，多栅 FinFET 也具有更好的模拟性能。这些优势反过来又转化为更低的功耗和增强的器件性能。非平面器件也比传统的平面晶体管更紧凑，从而实现更高的晶体管密度，继而转化为更小的整体微电子器件。

图 3.3 显示了 FinFET 的薄主体鳍及多栅极构建的设计参数。鳍宽度决定漏极感应势垒降低(DIBL)的情况；鳍高度受刻蚀技术的限制，并受图面配置效率与设计灵活性的影响；鳍间距决定了图面配置面积，限制了源/漏掺杂注入的倾斜角度，需要根据器件性能与图面配置效率进行权衡。

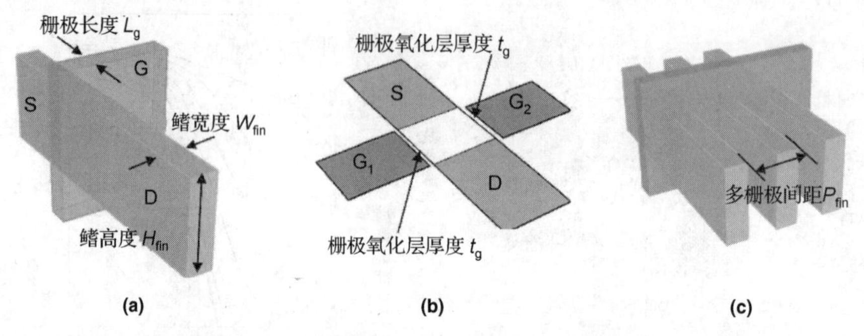

图 3.3 (a)双栅-FinFET 的鳍参数：(a)示意图；(b)平面图；(c)多栅配置

与传统的平面 MOSFET 类似，FinFET 也可以使用栅极先形成的制造方法。也就是说，首先形成栅极，然后将其用作源极和漏极掺杂的掩模，掺杂并退火以修复掺杂期间引入的损伤，从而实现期望的掺杂分布。栅极先形成方法的优点是源极和漏极自对准栅极而形成。由于氧化物的物理尺寸限制，亚 100 nm 的节点及以后的 MOSFET 必须使用高K电介质和金属代替氧化物和多晶硅组成的栅极叠层来形成栅极。在这种情况下，为了保持叠层的完整性，消除掺杂损伤并实现期望的掺杂分布，栅极先形成的方法使得掺杂后的退火步骤复杂化。解决方案是使用源极和漏极先形成的制造方法，亦即利用伪栅极作为源极和漏极掺杂的掩模，然后在退火步骤之后将其去除并建立新的栅极叠层。

图 3.4 显示了基于先源极和漏极、后主体鳍的 FinFET 形成的主要工艺[7]，概述如下：(a)形成过程从氧化物掩模层开始，将其图案化后刻蚀到 SOI；(b)在图案化的氧化层上沉积伪栅极层，进行图案化和刻蚀，以及去除暴露的硬掩模氧化物，随后形成源极和漏极并硅化；(c)沉积绝缘体以填充接触沟槽，随后进行平面化；(d)去除伪栅极，该伪栅极揭示了通过各向异性刻蚀将鳍图案转移到下面的硅层的图案化硬掩模；(e)在源极和漏极侧壁上形成内部隔离层，以确保栅极和喇叭形源极与漏极之间有足够的隔离；(f)最后，通过沉积栅极沟槽形成栅极叠层。

半导体行业在 FinFET 结构替代选择方面非常成功。迄今为止，晶圆厂已经开发出 16～14 nm FinFET，并正在开发 10 nm FinFET。随着亚纳米技术节点继续放缩，其他替代晶体管将不断出现。基于 IMEC 的路线图，7 nm 节点有两种晶体管选择，即 FinFET 和横向全栅极(gate-all-around)，纳米线 GAAFET 也被称为横向纳米线 FET。对于 5 nm 节点，该行业倾向于横向纳米线 FET。横向纳米线 FET 基本上是 FinFET 从双栅极和三栅极到全栅极配置的演变，这增加了栅极面积，从而可以更有效地关断器件。虽然纳米线 FET 可能提供比 FinFET 更好的静电通道控制能力，但在制造过程中需要在器件底部进行复杂工艺处理，这将是更大的挑战。剩余的 FinFET 挑战包括阈值电压(V_{TH})调整，栅极与源极和漏极顶部/底部之间的边缘电容、寄生电阻和可变性。在下一节中，我们将讨论用作降低 FinFET 和纳米线 FET 的寄生电阻的纳米尺度硅化物形成的最新进展。

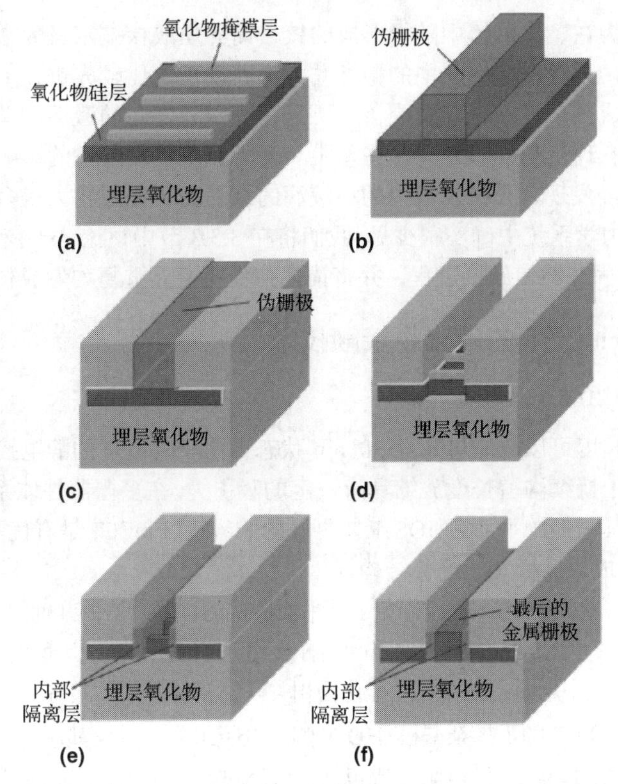

图 3.4　SOI 衬底 FinFET 的形成原理图：先源极和漏极、后主体鳍的制作方法[7]

3.3　纳米尺度硅化物的新进展

3.3.1　引言

硅化物因其可用作源极、漏极和栅极欧姆接触的优异物理特性及自对准工艺，所以是硅基技术中的一个重要组成部分。我们曾经讨论了在形成低电阻硅化物薄膜如 C-54 $TiSi_2$、NiSi 或 $CoSi_2$ 时通过固态界面反应形成硅化物的机制。在之前的讨论中，我们强调了 Si 晶圆上薄膜硅化物的生长过程[1, 8]。在本章中，由于 FinFET 芯片技术节点已趋近 10 nm，我们把重点放在 Si 纳米线中外延硅化物的成核过程上。在 FinFET 器件中，减少纳米尺度硅化物/硅的接触电阻是一个巨大的挑战。为了应对这个挑战，我们建议使用外延硅化物/硅接触。我们发现在纳米尺度，NiSi 和 $CoSi_2$ 可以在 Si 纳米线中外延生长[9~11]。在 3.3.2 节中，我们将简要评述 FinFET 器件的结构和性能。在 3.3.3 节中，我们将讨论在 Si 纳米线中外延生长硅化物原子层的成核。

固态界面反应是一个古老的课题，其大部分内容已被体材料和薄膜材料学科的教材所覆盖。在纳米尺度材料的界面反应中，似乎纳米线表面的作用和纳米线中位错的缺乏对成核和生长的动力学有一些深远的影响。

在固态成核中，原子核与基体之间的晶格失配会对成核造成界面能垒。当成核相具有不同的晶胞体积和形状时，它将取代基体。并且当它们之间的界面不相干时，可能不需要将弹性应变能看作对成核体积贡献的一部分。换言之，如果界面在非平面界面上非外延，那么失配应变并不明显。但是，如果界面是相干或外延的，我们必须考虑成核过程中的弹性应变能。这种问题也存在于 Si 纳米线中外延硅化物相的成核。后续内容将表明，弹性应变能确实对在 Si 纳米线中外延硅化物的成核起着重要作用。

均匀成核被定义为在整个基体中随机形成的核，而异质成核被定义为在表面或内部缺陷如微结构缺陷处形成的核。虽然尺寸空间中的稳态动力学波动理论比较先进，但其主要仅用于均匀成核。然而，在真实的成核事件中，异质成核主要是因为两者之间的激活能差异很大。因此，在理解核化的基本概念时，理论与实验之间存在差距。为了减少不均匀性的影响，如小液滴中的成核已被研究[12]。人们已经发现，小纳米管中的小液滴的结晶需要比液相大得多的过冷作用。这表明均匀成核在真正的热力学系统中确实很少见。我们将在 3.3.3 节中讨论 Si 纳米线中外延过渡金属硅化物，特别是 NiSi 的固态均匀成核过程，并将描述弹性应变对重复均匀成核的影响。

3.3.2 纳米尺度 FinFET 的硅化物接触技术

FinFET 及其电阻组成

随着晶体管沟道长度可以放缩进入亚 30 nm 状态，由于其改进的静电控制，多栅器件体系结构对于先进技术节点中持续沟道长度放缩具有一定的吸引力。在多栅器件体系结构中，由于 FinFET 的自对准多栅结构及其与传统平面CMOS工艺更好的兼容性，FinFET是有优势的。如图3.2和图 3.3 所示，FinFET 可以制成双栅极和三栅极结构。

尽管多栅极场效应晶体管(MugFET)避免了其平面器件的一些严格的几何尺寸要求，但由于其狭窄的源/漏区域，因此它们遭受了较大的寄生电阻[15]。纳米尺度硅化技术在纳米尺度 FinFET 技术中的应用，是为了降低与在源/漏区域中形成的纳米尺度硅化物相关联的 FinFET 源/漏寄生串联电阻 $R_{S/D}$。

图 3.5(a)示出了 FinFET 的重掺杂漏极(HDD)侧的电阻组成，以及其硅化物/HDD 接触、间隔物、过孔和金属/硅化物接触。FinFET 的电阻组成包括：金属过孔和硅化物之间的接触电阻 $R_{Con}^{Via/Silicide}$，接触盘和源/漏鳍之间的接触盘电阻 $R_{SP}^{Pad/Fin}$，硅化物薄层电阻 $R_S^{Silicide}$，硅化物和 HDD 之间的接触电阻 $R_{Con}^{Silicide/HDD}$，HDD 薄层电阻 R_S^{HDD}，接触电阻 $R_{Con}^{Silicide/Ext}$，源/漏延伸电阻 R_{Ext}，源/漏延伸至栅极下重叠处的电阻 $R_{OL}^{Ext/Ch}$，以及沟道电阻 R_{Ch}。在这些电阻组成中，R_{Ext} 和 R_{Ch} 通常取决于器件设计。我们已经在参考文献[1]和[8]中讨论了在 Si 上形成的硅化物薄层电阻 $R_S^{Silicide}$，因此，我们将主要讨论与纳米尺度 FinFET 技术相关的纳米尺度硅化物的接触问题。接下来，我们将在“硅化物/硅接触” 部分中从金属/半导体接触能带图的角度来论述硅化物/硅接触的基本原理，在“降低纳米尺度 FinFET 的 $R_{S/D}$ 的方法”部分中给出关于降低金属/硅化物和硅化物/硅接触电阻的研究现状，在“纳米尺度 FinFET 的设计优化”部分中讨论一些 FinFET 优化设计来实现低源/漏寄生串联电阻，然后进行总结。

硅化物/硅接触

自微电子技术发明以来，硅化物就在互连金属和有源器件之间提供了低电阻连接。由于硅化物的金属特性，因此硅化物/硅接触是金属/半导体接触。取决于 Si 掺杂水平和硅化物功函数，电流传输模式通常可以处于具有整流作用的肖特基(Schottky)模式或具有非整流特性的欧姆(Ohmic)模式。图 3.6 显示了在硅化物与 Si 接触之前和接触之后，Si、硅化物及其接触的能带图和 I-V 特性。这里我们讨论 NiSi。在图 3.6 中，E_0、E_c、E_v、E_i、E_{fs} 和 E_{fm} 分别为在真空、导带、价带、本征 Si 费米(Fermi)、掺杂 Si 费米和 NiSi 费米的 eV 能级，ϕ_m、ϕ_s 和χ是金属和 Si 功函数及 Si 电子亲合能，ϕ_B、V_{bi} 和 w 是肖特基势垒电位、内建接触电位和耗尽势垒区域的宽度。

当硅化物(例如 NiSi)形成时，硅化物与 Si 紧密接触，发生电荷转移，直到它们的费米能级彼此对齐。如图 3.6(a)所示，NiSi 费米能级ϕ_m 比接触形成前的 n 型 Si 费米能级ϕ_s 大。为了对齐两个费米能级，如图 3.6(b)所示，Si 的静电势必须相对于 NiSi 的势能升高。Si 能带向上弯曲并且 Si 中的多数电子载流子从 Si 扩散到 NiSi。在平衡状态下，在 NiSi 表面聚积负电荷，并且在 Si 表面附近的耗尽势垒区域中分布相同的正电荷。这种势垒阻挡了多数电子载流子移动穿过 NiSi/Si 接触，导致整流电流传输特性，当施加电压与内建电位相反时，电流非常小。对于没有表面状态并且假定 p^+-n 型二极管近似的理想接触，能量势垒高度、耗尽势垒区域的内置电位和宽度可以描述成

$$
\begin{aligned}
q\phi_{\mathrm{B}} &= q(\phi_{\mathrm{m}} - \chi) \\
qV_{\mathrm{bi}} &= q(\phi_{\mathrm{m}} - \phi_{\mathrm{s}}) \\
q\phi_{\mathrm{s}} &= q\chi + \frac{E_{\mathrm{g}}}{2} - |q\phi_{\mathrm{f}}| \\
\phi_{\mathrm{f}} &= \frac{kT}{q}\ln\left(\frac{N_{\mathrm{B}}}{n_{\mathrm{i}}}\right) \\
w &\cong \sqrt{\frac{2\varepsilon_{\mathrm{s}}V_{\mathrm{bi}}}{qN_{\mathrm{B}}}}
\end{aligned}
\tag{3.1}
$$

其中，N_{B} 是 Si 掺杂浓度，n_{i} 、k、q、ε_{s} 和 T 是 Si 本征载流子浓度、玻尔兹曼常数、电子电荷、Si 介电常数和绝对温度。

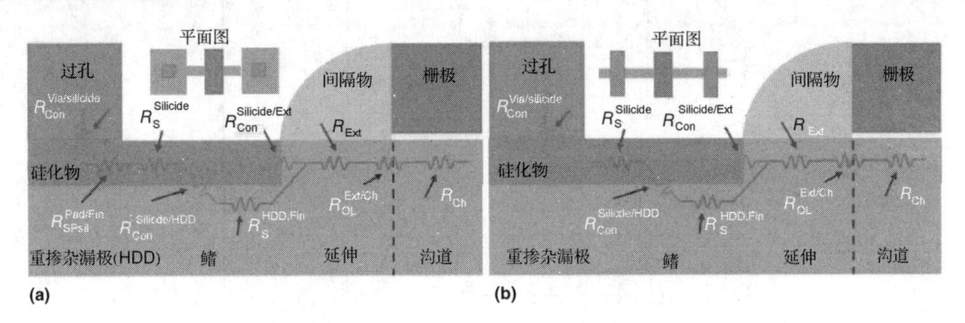

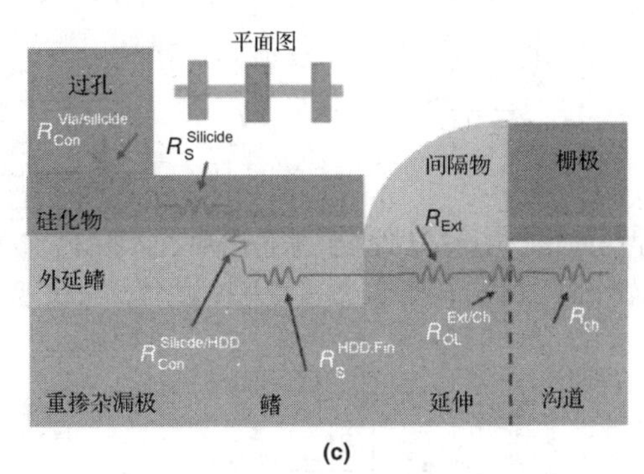

图 3.5　(a)有硅化物、间隔物和过孔的 FinFET 的电阻组成；(b)通过槽型接触减少源/漏电阻；(c)通过外延加厚的 HDD 和槽型接触来减少源/漏电阻

显然，决定肖特基接触性能的主要因素是 Si 掺杂水平和硅化物功函数。随着 Si 掺杂浓度的增加，Si 费米能级向导带移动，Si 功函数降低，内建电位增加，耗尽势垒区域的宽度减小；随着硅化物功函数的增加，肖特基势垒高度增加。对于低到中等的掺杂水平，耗尽层的宽度很宽，所以电流传输模式一般是整流的。在整流过程中，电流传输模式受热电子发射的控制。在该热电子发射时，热能使载流子克服屏障并形成横穿接触的电流。肖特基接触的高势垒造成高接触电阻。

对于高掺杂水平，如图 3.6(c)所示，Si 费米能级近似等于其导带的能级($\phi_{\mathrm{s}} \approx \chi$)，导致肖特基势垒高度与接触的内建电势非常接近。因此，耗尽势垒区域的宽度减小为

$$w \cong \sqrt{\frac{2\varepsilon_s \phi_B}{qN_B}} \tag{3.2}$$

在这种情况下，耗尽势垒区域的宽度变得足够窄，使得载流子可以通过量子效应直接隧穿势垒。*I-V* 特性则表现出欧姆行为，即电流通过接触在两个方向上几乎成比例地随电压的变化而变化。当 Si 掺杂水平大于 6E19 cm^{-3} 时，就可以出现欧姆接触模式[16]。

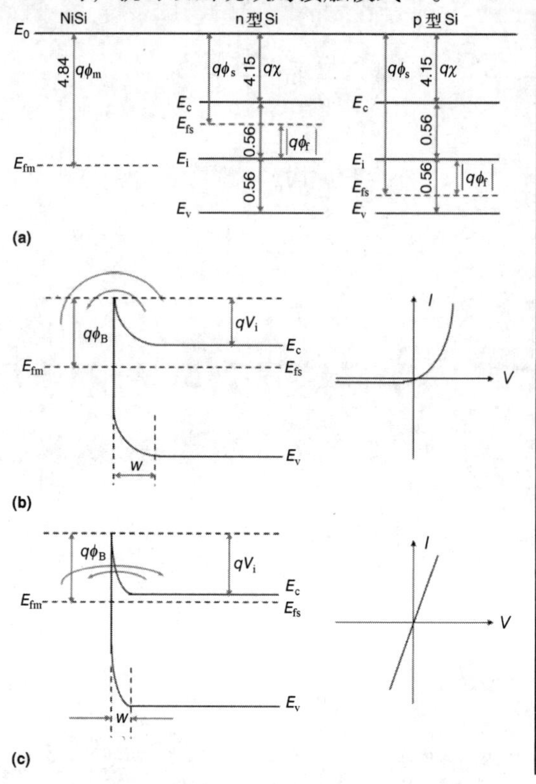

图 3.6 NiSi/Si 的硅化物/硅接触的示意能带图和 *I-V* 特性：(a) 接触之前的 n 型和 p 型 Si，(b) 与 n 型 Si 的肖特基接触，(c) 与 n^+型 Si 的欧姆接触

比接触电阻率ρ_c定义为

$$\rho_c \equiv \left[\frac{\partial V_{ms}}{\partial J}\right]_{V_{ms}=0} \tag{3.3}$$

其中，J 是跨过金属/半导体界面的电流密度，V_{ms} 是其两端的电压。

根据它们的电流传输特性，肖特基接触和欧姆接触模式的比接触电阻率(单位为 $\Omega \cdot cm^2$) 可以分别由式 (3.3) 导出，如下所示：

$$\begin{aligned} \rho_c &= \frac{k}{qA^*T}\exp\left(\frac{q\phi_B}{kT}\right) \\ \rho_c &= \rho_{c0}\exp\left(\frac{2\phi_B\sqrt{m^*\varepsilon_s}}{\hbar\sqrt{N_B}}\right) \end{aligned} \tag{3.4}$$

其中，$\hbar$ 是普朗克常数，m^* 是隧道载体的有效质量，ρ_{c0} 是取决于接触的金属和半导体的常量。

可以看出，肖特基接触和欧姆接触模式的比接触电阻率与势垒高度呈指数关系。由热电子发射控制的肖特基接触模式基本上与掺杂浓度无关，而通过量子效应隧穿的欧姆接触模式强烈依赖于掺杂浓度。随着掺杂浓度的增加，势垒宽度减小，隧穿效率也随之提高[16]。

接触电阻与接触面积成反比。为了降低硅化物/硅接触电阻，可以探索以下一般方法：(1)选择相比 Si 具有较低的势垒高度的硅化物；(2)在 Si 上高浓度掺杂；(3)增加接触的面积。

降低纳米尺度 FinFET 的 $R_{S/D}$ 的方法

如图 3.5 所示，降低纳米尺度 FinFET 的源/漏寄生串联电阻 $R_{S/D}$，就是要减少与连接有源 FinFET 的硅化物形成相关的寄生串联电阻。硅化技术已经在平面 CMOS 技术中进行了广泛研究，并具体应用在 3D 纳米尺度的 FinFET 中。在寄生串联电阻组成中，接触电阻在纳米尺度的技术节点中占主导地位[17, 18]。图 3.7 显示了 NMOS 和 PMOS 晶体管的源/漏寄生串联电阻组成随技术节点的变化[18]。可以看出，源/漏接触电阻占整个串联电阻的 60%以上，并随着技术节点的缩小而迅速增加。因此，降低纳米尺度 FinFET 的 $R_{S/D}$ 问题的最佳方法是减少硅化物和 HDD 之间的接触电阻。

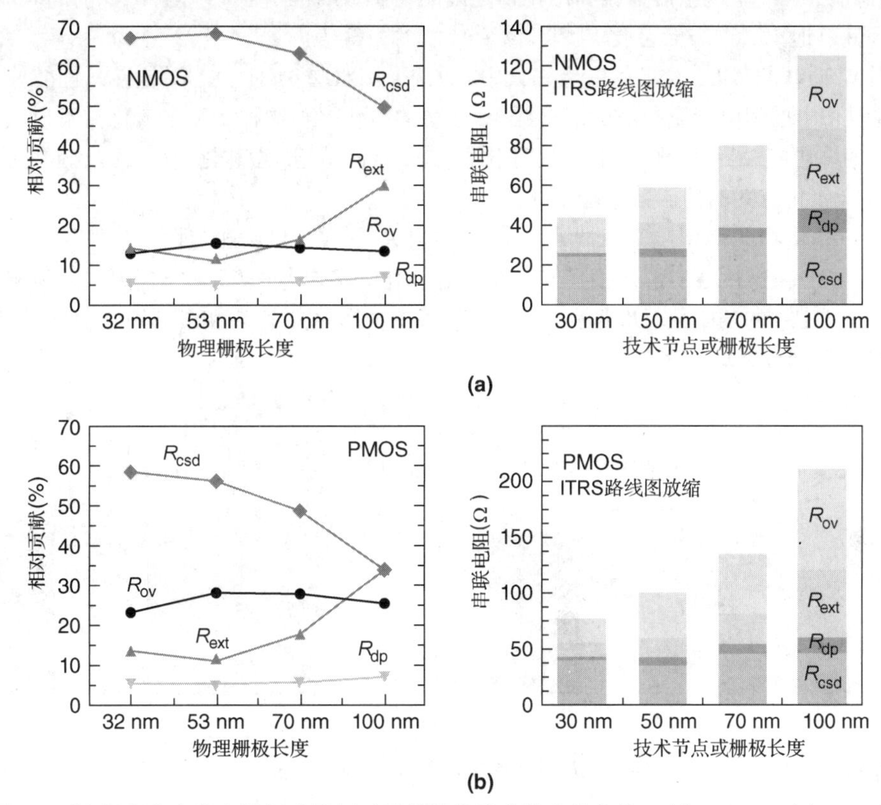

图 3.7　源/漏寄生串联电阻组成的相对贡献随着技术节点的变化：(a) NMOS；(b) PMOS[18]

我们在“硅化物/硅接触”部分推导了以肖特基和欧姆接触模式来减少硅化物/硅接触电阻的三种方法。这部分，我们将简单讨论这三种方法，重点讨论如何降低纳米尺度 FinFET 的源/漏寄生串联电阻。

如参考文献[15]的图 4 所示，在线性操作下模拟的 n 沟道 FinFET 的电子密度分布表明，需要最小化硅化物和延伸鳍之间的直接接触。这样做可以防止电流“拥挤”，避免硅化物在低掺杂水平的窄源/漏延伸鳍上形成，并且分别减少扩展(spreading)和接触电阻。具体工艺可以通过控制硅化物深度、最佳间隔物宽度和厚外延源/漏区域来实现。

如式(3.1)所示，势垒高度是硅化物功函数的函数。人们可以简单地选择一种低电阻率和低势垒高度的硅化物用于有源器件接触。在实践中，因为其他要求，例如与有源器件制造工艺的兼容性，这似乎不是一件容易的事情。此外，硅化物接触处的表面态倾向于将费米能级固定在 Si 带隙深处，这对于 n 型 Si 产生高势垒高度，对于 p 型 Si 则产生相对较低的势垒高度。

NiSi 与 $TiSi_2$ 和 $CoSi_2$ 相比具有许多优点[1, 8]，包括：较少的硅消耗量，能够形成较浅的结，在 10.5～18 μΩ · cm 之间的低电阻率，良好的窄线片薄层电阻行为(单相)，n 型和 p 型硅接触中合适的能隙功函数，以及低于 700 ºC 的形成温度。NiSi 的低形成温度使有源器件区域中的掺杂扩散受到限制，从而可以保持器件特性。

然而，NiSi 具有约 4.84 eV 的相对较高的功函数。这种高功函数不仅给 n 型硅提供高势垒高度，而且还高于在后端互连之前连接它的后端金属(W，Ti，TiN)的势垒高度，这又导致硅化物和有源硅接触区之间的高接触电阻 $R_{Con}^{Silicide/HDD}$ 及过孔金属和硅化物之间的高接触电阻 $R_{Con}^{Via/Silicide}$ 。

为了应用于纳米尺度技术节点，许多不同的金属/NiSi/Si 接触方案已被提出，以降低 $R_S^{Silicide}$ 、$R_{Con}^{Via/Silicide}$ 和 $R_{Con}^{Silicide/HDD}$ 。这包括金属和硅化物之间的功函数对准[19, 20]、封盖、沉积前的表面处理[21]、激光快速(spike)退火[22, 23]、合金化[24, 25]、掺杂[21, 26～28]，等等。

在采用 W 插塞的 AlCu 合金后端金属化中，通常采用双层 Ti/TiN 层来防止 W 前驱体侵入层间电介质，并阻止由层间电介质扩散的氧造成 W 插塞的氧化[29]。这种后端金属化方案形成了与有源 Si 器件区域的多层接触界面(即 W/TiN/Ti/硅化物/Si)或简单的金属/硅化物/Si 的接触界面。图 3.8(a)示出了 NiSi 金属化方案的功函数对准偏移。

为了改善硅化物的薄层电阻 $R_S^{Silicide}$ 、接触电阻 $R_{Con}^{Via/Silicide}$ 和接触电阻 $R_{Con}^{Silicide/HDD}$ ，可以使用 TaN/Ta 来代替 TiN/Ti。图 3.8(b)示出了与传统的金属化方案 W/TiN/Ti/NiSi/Si 相比，新型金属化方案 W/TaN/Ta/NiSi/Si 的功函数对准偏移。显然，新型的金属化方案与 NiSi 具有更好的功函数对齐，因此 $R_{Con}^{Via/Silicide}$ 得到改善。

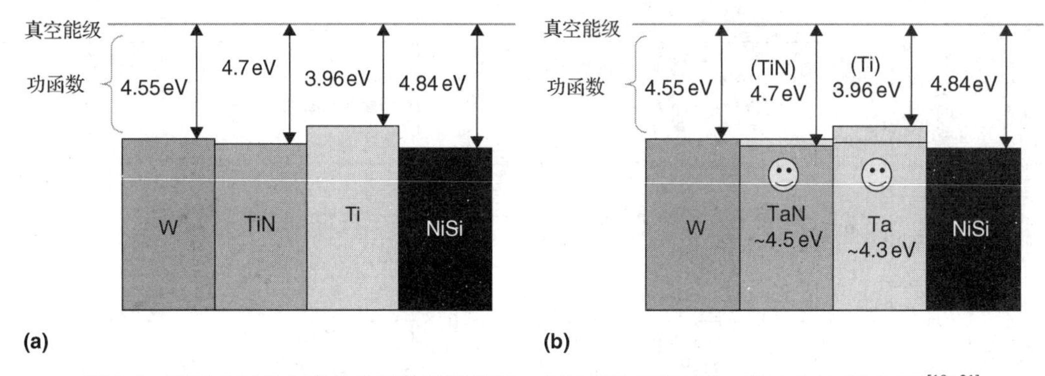

图 3.8 NiSi 金属化方案的功函数对准偏移：(a) W/TiN/Ti/NiSi；(b) W/TaN/Ta/NiSi[19～21]

参考文献[21]探讨了在两种金属化方案下金属沉积之前的封盖和表面处理对 NiSi 薄层电阻 $R_S^{Silicide}$ 和 NiSi/Si 接触电阻 $R_{Con}^{Silicide/HDD}$ 的影响。如图 6.3～图 6.4 和图 6.7 所示[21]，(1)使用一层 TaN 作为 W 插塞的氧化阻挡层，可以提供更好的 NiSi 薄层电阻 $R_S^{Silicide}$ ，以及由更好的功函数对准形成的更好的 NiSi/Si 接触电阻 $R_{Con}^{Silicide/HDD}$ ；(2) Ni 金属沉积之前，在 250℃下脱气可将 NiSi 薄层电阻降低 30%，这归因于在 Ni 沉积之前基于 HF 水溶液预清洗的水性残留物的去除。该去除防止了 NiSi 中的自然氧化物的形成和氧化物的结合。

硅化物合金化[24, 25]和掺杂[21, 26～28]的探索旨在从根本上降低硅化物/硅接触的势垒高度，并最终改善接触电阻 $R_{Con}^{Silicide/HDD}$ 。图 3.9 显示了合金化和掺杂处理后硅化物薄层电阻和硅化物/硅势垒高度的改性。从图 3.9(a)和(b)可以看出，NiSi 与 Er、Yb、Ti 和 Al 合金化后，薄层电阻 $R_S^{Silicide}$ 的性能更差。然而，它可以显著改善 NiSi/n-Si 势垒高度。对于纳米尺度 FinFET，硅化物/硅接触电阻 $R_{\mathrm{Con}}^{\mathrm{Silicide/HDD}}$ 占据源/漏寄生串联电阻的主要部分。显著降低 $R_{\mathrm{Con}}^{\mathrm{Silicide/HDD}}$ 可抵消 $R_{\mathrm{S}}^{\mathrm{Silicide}}$ 的增加，从而获得较低的源/漏寄生串联电阻。通常，低功函数金属(即 Er 或 Yb)合金化对 NiSi/Si 接触的电子势垒高度影响较小，这是因为这些金属快速从 Ni/Si 接触扩散离开。然而，高功函数材料(即 Pt、Ir、Pd)合金化对于 NiSi/Si 接触的空穴势垒高度影响更大，因为这些合金化金属的扩散比 Ni 慢得多，尽管其遭受硅化和热处理过程复杂性和污染的不良影响。

通常可以用三种方法完成 NiSi/Si 势垒高度的掺杂修改，即掺杂在形成 NiSi 之前、形成 $NiSi_2$ 之后及形成 NiSi 之后，掺杂后驱入退火。掺杂修改主要归因于 NiSi/Si 界面处的掺杂物偏析(segregation)。如图 3.9(c)和(d)所示，用 B、In、P 和 As 掺杂 NiSi 和 PtSi 可以将硅化物/硅接触的势垒高度从 0.1 eV 改为 1.0 eV，这样接近 1 的整流率是可以实现的。接触的整流率定义为当正向电压和反向电压都等于 0.5 V 时正向电流与反向电流的比率。掺杂修改的过程是兼容的，并且可以很容易与 3D FinFET 集成。因此，这为纳米尺度 FinFET 提供了重要的机会，可以实现低 $R_{\mathrm{Con}}^{\mathrm{Silicide/HDD}}$ 和低寄生串联电阻。

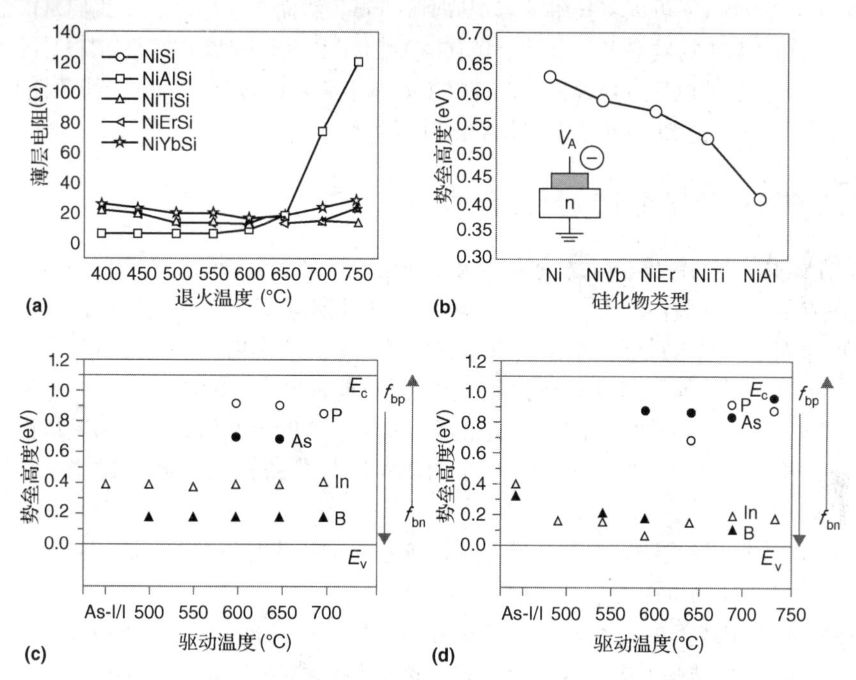

图 3.9　在(a)NiSi 薄层电阻和(b)NiSi/n-Si[24]的势垒高度上的合金化改性，(c)NiSi/Si 和(d)PtSi/Si[27]的势垒高度的掺杂修改

纳米尺度 FinFET 的设计优化

设计优化对于降低纳米尺度 FinFET 的 $R_{\mathrm{S/D}}$ 至关重要。图 3.5(b)和(c)显示两种从图 3.5(a)衍生的 FinFET 设计方案，即槽型接触及外延加厚的 HDD 和槽型接触[21]。图 3.5(b)中的槽型接触取代接触盘/硅化物，从而消除了图 3.5(a)中的延伸电阻。在图 3.5(c)中，除了槽型接触，HDD 区域通过外延生长而变厚。HDD 区域的增厚防止了在低掺杂水平源/漏延伸鳍区域中形成硅化物，从而显著降低了硅化物/硅接触电阻。具体工艺可以通过形成优化的间隔物来实现。间隔物宽度通过沉积具有台阶覆盖的电介质来确定，并决定了两个重要的 FinFET 几何参数，即源/漏延伸长度和栅极与源/漏延伸的重叠度。源/漏延伸长度将最终决定过孔/接触和源/漏延伸之间硅化的源/漏区域长度。更短的

源/漏延伸提供了更长的硅化的源/漏区域,其中载流子在穿过硅化的源/漏结之前能够更长距离地在金属硅化物上传导,从而降低电压。因此,应尽可能缩短间隔物宽度,同时保持 FinFET 的最佳器件性能。

小结

纳米尺度 FinFET 中最大的源/漏寄生串联电阻组成是半金属硅化物和重掺杂 HDD 区域之间的接触电阻。研究表明,该电阻部分构成器件串联电阻的 60%以上。为了减小接触电阻,我们讨论了三种方法:(1)使用新颖的 FinFET 设计,以最大化与硅化 HDD 区域的接触面积;(2)增加 HDD 掺杂水平,并防止在低掺杂的窄源/漏延伸鳍区域形成硅化物;(3)更吸引人的终极方法是,修改硅化物/硅势垒高度,即在金属沉积之前进行表面处理,在硅化物形成之前进行加盖,以及实现硅化物合金化和掺杂。硅化物/硅势垒高度的改性为实现纳米尺度 FinFET 的低 $R_{Con}^{Silicide/HDD}$ 及低寄生串联电阻提供了重要的机会。

随着技术节点推进到 10 nm 和 7 nm,将需要一种新的鳍材料,可能是硅锗(SiGe)或者是纯锗。如参考文献[30]所述,SiGe 可以将技术节点提高到 7 nm。然而,在那之后,我们可能需要寻找一种新的晶体管结构。潜在的候选者可以是全栅(GAA)FET 和垂直隧道 FET(TFET),因为它们可以实现更短的栅极和更低的电压。GAA FET 和 TFET 基本上都由栅极包围的纳米线源极和漏极组成。在 3.3.3 节中,我们将讨论 Si 纳米线中硅化物的外延生长。

3.3.3 Si 纳米线中硅化物的外延生长

诸如 Si 纳米线之类的一维半导体纳米结构因其在纳米尺度电子和光电子器件,特别是生物传感器中的潜在应用而受到关注[31~35]。纳米线展示了与体材料和薄膜不同的有趣的电输送性质。这是因为随着尺寸缩小到纳米尺度,量子效应起着越来越重要的作用[36]。与体材料和薄膜中的能带不同,在纳米线中电子可能受到横向量子限制,因此可能占据离散能级[37~40]。为了理解纳米线所展示的新物理学,人们已经致力于制造高质量掺杂和未掺杂的半导体纳米线。具体而言,具有良好控制的原子结构和接触界面[41~43]并能应用于功能器件[44, 45]的 Si 纳米线是纳米器件材料研究的主要挑战和目标。

为了在 Si 纳米线上形成明确的纳米尺度欧姆接触和栅极等电路组件,需要系统地研究纳米尺度的化学反应。Ni 硅化物可能用于 Si 纳米线传感器的电接触。Si 纳米线传感器中的 NiSi/Si 异质结构可以通过 Si 纳米线上的光刻合成,其中由 Ni 图案覆盖的 Si 区域可以转变成 NiSi 以形 NiSi/Si/NiSi 纳米线异质结构。应用这些异质结构的 Si 纳米线晶体管已经被制造出来[46, 47]。

点接触反应:Si 纳米线中 NiSi 接触和异质结构的形成

除了制造小型结构的自顶而下技术,自组装技术允许构建超出光刻极限的纳米结构,例如纳米线的 VLS(vapor-liquid-solid,气液固)法生长[48, 49]。点接触反应已被定义为纳米线之间或纳米线/纳米颗粒之间通过接触点的反应[9]。利用自组装和沟道长度来减小晶体管器件的尺寸开辟了一条放缩路径。

通过滴加 Si 或金属纳米线的溶液,或将金属纳米颗粒沉积在具有 Si 纳米线的基底上,因为它们之间许多的相互交叉导致点接触,可以制造 Si 纳米线与金属之间的接触。这些接触像点一样小,因此扩散受限于进入 Si 纳米线的属于供应限制反应的金属供应[11]。这种点接触反应的机制不同于扩散控制或界面控制的薄膜和体硅化物的形成。

参考文献[10]说明，在仔细控制反应后，700℃时在一条直的 Si 纳米线中形成一个竹形 NiSi 单晶粒。该硅化物的生长形成 NiSi/Si/NiSi 或异质结构。一些 Ni 原子能够通过一个硅化物晶粒扩散，因此可以观察到附着于长的硅化物末端的额外和较小的硅化物生长。

NiSi 和 Si 之间的外延关系及原子尺度锐界面

参考文献[15]给出了一系列当 NiSi/Si 界面进入 Si 时 NiSi/Si 界面的 HRTEM（high-resolution transmission electron microscopy，高分辨率透射电子显微镜）图像。NiSi/Si 界面平行于 Si 的（111）平面及 NiSi 的（311）平面。因此，NiSi 的生长方向与（311）垂直。NiSi 是斜方晶格，其晶格常数 a = 0.562 nm，b = 0.518 nm，c = 0.334 nm。Si 和 NiSi 之间的晶体取向关系为[1-10]Si // [1-12]NiSi 和（111）Si //（31-1）NiSi。在外延界面上，失配约为 5.6%。因此 Si 在张力下膨胀。然而，可能由于纳米线中位错的不稳定性，在 NiSi/Si 外延界面上没有发现失配位错。

Si 纳米线中纳米尺度 NiSi 的反应性外延生长

参考文献[10]给出了在 500～650℃ 的温度范围内，在直径为 20 nm 的 Si 纳米线中 NiSi 的线性生长行为。外延生长的激活能被确定为 1.25 eV/atom，与 Si 中 Ni 的间隙扩散的激活能约为 0.47 eV/atom 相比[50]，NiSi 的线性生长可能受到界面反应控制，这一点我们稍后再讨论。

原子通量的定义是每单位面积、每单位时间的原子数，所以扩散到 Si 中的 Ni 原子数等于通量乘以面积再乘以时间。如果接触面积是一个点，则扩散到 Si 中的通量或 Ni 原子的数量将非常小，因此 Ni 和 Si 的反应可能受 Ni 原子能够多快地扩散到 Si 纳米线中所限制。这是点接触反应的独特功能，并导致线性生长。在 Si 纳米线 SiO_2 表面上的 Ni 表面扩散影响了 Ni 的动力学路径，然而它比 Si 中占主导地位的 Ni 的间隙扩散要慢[50]。尽管如此，后面我们将展示线性生长是由于逐步生长模式造成的。这种生长模式受重复成核事件的限制。

涉及移动界面外延生长的原子机制是令人感兴趣的。在 Ni-Si 系统中，共价键 Si-Si 必须被分裂并转变成金属键 Ni-Si，以使 NiSi 生长，且具备移动的生长界面。尽管 700℃的热能足以分裂共价键 Si-Si，但间隙 Ni 原子在键分裂过程中至关重要。我们已知道在金属薄膜和单晶 Si 晶圆之间的界面反应中，近贵金属例如 Ni 和 Pd 可以在低至 100℃的温度下与 Si 反应形成硅化物[51~52]。近贵金属扩散通过硅化物（而不通过讨论的 Si）在 Si 中实现间质溶解，有助于共价键 Si-Si 的分裂[53]。此外，Si 表面上的自然氧化物不是金属原子 Ni 和 Pd 的有效扩散阻挡层，因为它们可以通过自然氧化物扩散并与氧化物下方的 Si 反应。因此，在平面薄膜反应中，硅化物的成核和生长发生在接触平面的正下方。然而，在点接触反应中，因为溶解的 Ni 原子的数量非常有限，并且它们可以快速扩散离开，所以在接触点之下没有超饱和，硅纳米线中的硅化物不会在点接触的位置形成。

在 NiSi/Si/NiSi 异质结构中制备 2 nm Si 纳米间隙

在 Si 纳米线的两端形成硅化物。如果在整个 Si 纳米线转变成 NiSi 之前停止退火，如图 3.10（a）～（b）和（d）～（g）所示，则将出现如图 3.10（g）所示的纳米间隙。图 3.10（c）显示了整个 Si 纳米线已经转变成 NiSi。

基于增长率，我们可以控制 Si 区域的剩余长度或两个 NiSi 区域之间的间隙。此外，我们还可以在硅线上图案化或沉积两个具有给定间距的 Ni 纳米线，然后利用 Ni-Si 反应使两个 NiSi 晶粒尽可能接近以形成纳米间隙。此外，我们可以在两个 Ni 垫盘上放置 Si 纳米线，然后退火形成纳米间隙[54~55]。在 500℃时，反应速率可以控制到原子尺度。图 10（d）～（g）示出了 11.3 nm、8.1 nm、5 nm 和 2 nm 的 Si 纳米间隙的 NiSi/Si/NiSi 异质结构的一组晶格图像。

通过测量Si间隙长度并计算间隙内(111)晶格面的数量，我们可以确定应变量。我们发现间隙中的Si被高度压缩。图3.10(h)显示了室温下NiSi/Si/NiSi中压缩应变与Si间隙长度之间的关系。根据Si和NiSi的晶面间距在外延界面上的差异，Si将在界面处承受张力径向拉伸。因此，根据泊松比，纳米间隙中的Si将被轴向压缩。假设单位晶胞体积不变，当x轴和y轴拉伸失配为5.6%时，z轴应变约为压缩的两倍。另一方面，对于固定的应变能，Si中的每个原子层的平均能量在比较小的Si间隙中会比较大；当Si间隙长度减小时，平均应变增加。然而，由于我们可以控制Si间隙长度，因此可以控制应变。

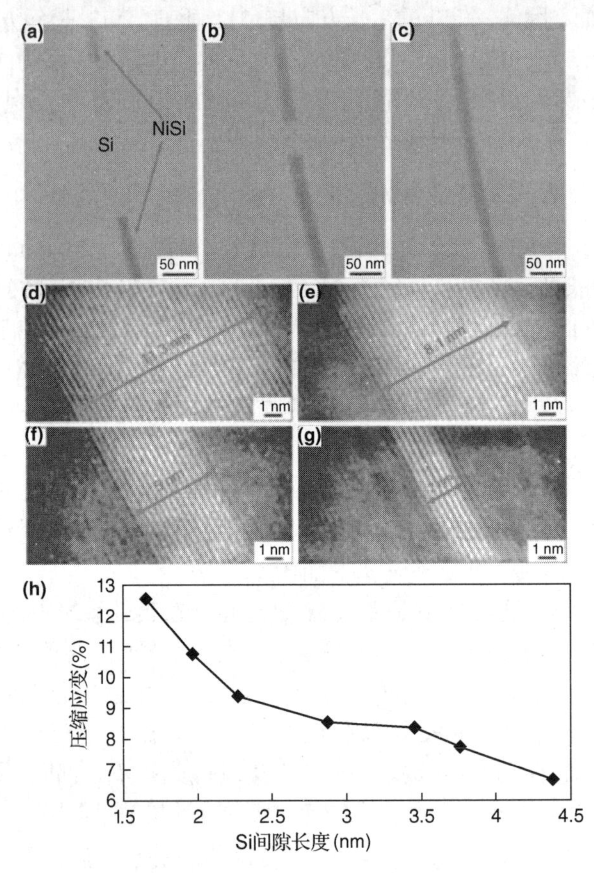

图3.10　(a)～(c)NiSi/Si/NiSi异质结构的原位TEM图像，亮区是Si，暗区是NiSi；(d)～(g)NiSi/Si/NiSi异质结构的高分辨率TEM图像，晶格图像的明亮和黑暗部分分别对应于Si和NiSi；(h)NiSi/Si/NiSi中压缩应变相对于Si间隙长度的曲线[10]

Si纳米线中纳米尺度硅化物的均匀成核

这里，我们将重点介绍Si纳米线中外延硅化物的成核。我们将讨论在(111)Si纳米线的轴向方向上重复发生外延NiSi和$CoSi_2$的均匀成核事件。使用HRTEM，我们观察到外延硅化物的生长以逐原子层的形式出现，并且在两者之间存在等待期，表明这是成核的孕育时间。因此，每个原子层的生长都是成核事件的重复过程。这里是均匀成核，由于Si纳米线的表面氧化物，异质成核已被抑制。如果知道了孕育时间，则当测量成核的激活能时，就可以计算均匀成核的稳态速率，即每单位时间、每单位面积稳定的临界核数。因为是均匀成核，可以应用Zeldovich因子来获得稳态过程中形成临界核的分子数。这样，我们已经将均匀成核的理论和实验联系起来[13]。

逐步生长和成核的重复事件

研究发现，在[111]取向的 Si 纳米线中，NiSi、$NiSi_2$和$CoSi_2$的外延生长模式是相同的[10~11, 13, 56]。轴向的生长以逐原子层的形式出现，伴随着阶梯或扭结的移动穿过外延界面，如图 3.11(a)、(b)中的 NiSi 和(d)、(e)中的$CoSi_2$所示。图 3.11(a)、(b)示出了一个 NiSi 原子层移动穿过 NiSi/Si 界面的两个连续 HRTEM 图像，其逐步生长方向是在线的径向方向上的阶跃运动。类似地，图 3.11(d)、(e)显示了$CoSi_2$的两步运动图像。在原子层生长期间，生长模式是通过外延界面上的台阶或扭结的快速运动。然而，在硅化物的下一次逐步生长之前，存在很长的停滞期(孕育时间)。当绘制停滞期和 HRTEM 视频的增长期时，我们获得了如图 3.11(c)、(f)所示的阶梯式曲线。阶梯式台阶的垂直部分表明每个硅化物原子层的生长速率或生长时间是相同的，对于 NiSi，每层大约为 0.06 s，对于$CoSi_2$，每层大约为 0.17 s，并且我们注意到它只是阶梯式曲线中垂直线的宽度。在垂直线之间是停滞期(原子层台阶的水平部分)，我们将其定义为新原子层成核的孕育时间。

由于成核是一种波动现象，因此孕育时间可能不同，这是由 Si 纳米线内部的波动引起的，因此每个原子层成核的孕育时间可以稍微变化。图 3.11(c)、(f)显示了孕育时间分布图。NiSi 的孕育时间的平均值约为 3 s，$CoSi_2$的平均值约为 6 s。由于成核阶段和生长阶段可以分离，所以重复成核事件可以被分离。如下所述，已经将其用在实验和理论上研究 Si 纳米线中的纳米尺度硅化物成核。

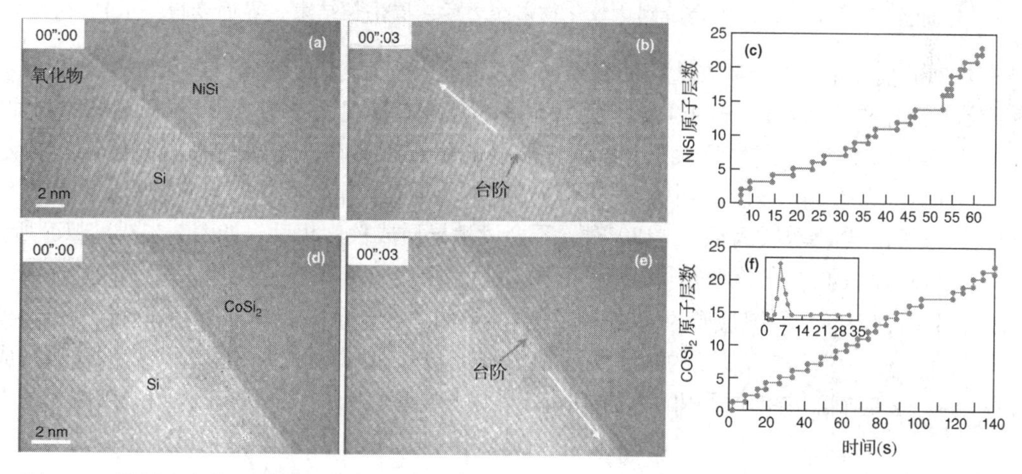

图 3.11 外延硅化物/硅界面上台阶运动的高分辨率 TEM 图像序列及其生长曲线：(a)和(b)在 600℃外延的 NiSi/Si 界面，原子层运动的方向从纳米线的中心到 NiSi 的边缘向上；(d)和(e)在 800℃外延的$CoSi_2$/Si 界面，原子层运动的方向从纳米线的中心到$CoSi_2$的边缘向下，左上角显示的是时间，前两个数字以秒为单位，后两个数字以 1/100 秒为单位；(c)和(f)分别为 NiSi 和$CoSi_2$的阶梯式生长曲线，其中的插图是成核孕育时间的分布曲线

在 Si 纳米线中外延硅化物的均匀成核——实验观察

硅化物的成核位置在哪里？由于 Si 纳米线的表面氧化物，硅化物/SiO_2界面的能量可能高于 Si/SiO_2界面的能量。因此边缘异质成核的频率较低，外延界面中心的外延硅化物圆盘成核就有可能实现。NiSi 和$CoSi_2$硅化物的快速径向生长似乎遵循其从外延硅化物/Si 界面的中心而不是界面边缘成核。

通过原位 HRTEM 记录的观察，我们发现 NiSi 和$CoSi_2$原子层的快速径向生长从中心而不是从硅化物/Si 界面边缘开始。NiSi 和$CoSi_2$原子层都朝向 Si 纳米线的氧化物壁的圆形边缘生长。换句话说，台阶朝着纳米线的边缘移动，而不是从边缘移开。

通常，自然氧化物具有低的形成能量。我们假设氧化物/硅化物界面的能量高于自然氧化物/Si

界面的能量。当一个台阶接近 Si 纳米线的边缘时，它会在其边缘从氧化物/Si 界面转变为氧化物/硅化物界面之前变缓，因为后者具有高能量势垒。我们可以在氧化物/Si 边缘附近看到未转变硅的弯曲[13]，因为在靠近边缘的原子距离内的几层硅化物大大减缓了它们的生长。此外，当我们将电子束移动到边缘区域并等待异质成核发生时，却无法观察到这一现象。

图 3.12 显示一个 NiSi 原子层盘从界面的中间区域成核、生长，并向 Si 纳米线的氧化物壁的两端扩展。每个原子层的生长都重复这一过程，这是 Si 纳米线中在外延界面上硅化物均匀成核的直接证据。

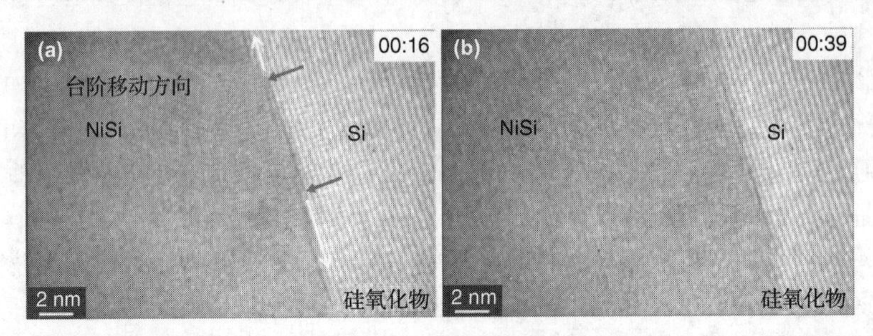

图 3.12 HRTEM 图像显示在 450℃的外延 NiSi/Si 界面上的台阶运动。(a)一个 NiSi 原子层从界面的中间区域生长并形成两个台阶，如黑色箭头所示；(b)两个台阶的运动是朝向氧化物的两端，如(a)中白色箭头所示。在两个台阶到达氧化物末端之后，层生长结束，界面变得平坦且没有台阶

图 3.13(a)描述了一个台阶在边缘的异质成核。为了形成该台阶，低能量氧化物/Si 界面将被高能量氧化物/硅化物界面替代。这在能量上是不利的，且没有微观可逆性。因此异质成核受到抑制。图 3.13(b)是一个假定的润湿角大于 90°的异质核的示意图。在三重点，我们假设 $\gamma_{\text{silicide/oxide}} \geqslant \gamma_{\text{Si/oxide}} + \gamma_{\text{Si/silicide}}\cos(180° - \theta)$，其中 γ 代表单位面积的界面能。请注意，硅与硅化物之间的外延界面是低能量界面。当不等式满足 $\theta = 180°$时，不会发生异质成核；相反，如图 3.13(c)、(d)所示，在纳米线中心圆盘形的均匀成核是可能的。

在如图 3.13(d)所示的圆盘形的均匀成核中，能量的净变化是 $\Delta G = 2\pi r a\gamma - \pi r^2 a\Delta G_s$。临界核的尺寸是 $r_{\text{crit}} = \gamma / \Delta G_s$，圆盘成核的激活能是 $\Delta G^* = \pi r_{\text{crit}} a\gamma$，其中 ΔG_s是每单位体积硅化物形成自由能的增益，γ 是圆盘的单位面积的界面能， a 是原子高度。

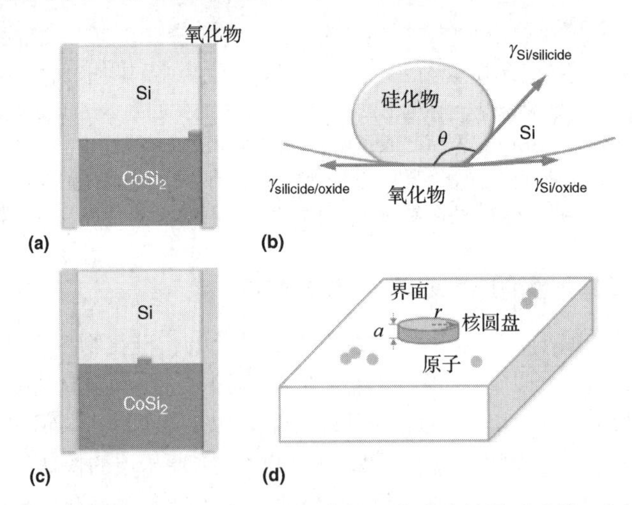

图 3.13 硅化物和硅之间外延界面的示意图。(a)右侧一个台阶的异质成核；(b)异质核的三重点配置；(c)硅化物/Si 界面中心的圆盘均匀成核的截面图；(d)界面上圆盘形的成核的示意图

在 Si 纳米线中外延硅化物的均匀成核——实验与理论的关系

已知临界圆盘形成的激活能，可以计算出亚稳临界核的成核概率，即每单位时间每单位面积的临界核的数量。图 3.11(c)和(f)显示了实验测量的一个孕育时间内在 Si/硅化物纳米线的截面上形成一个稳定的临界核的速率。因此，有成核速率为

$$I_{\text{stable-crit}} = \frac{1}{\pi R^2 \tau_i} \tag{3.5}$$

其中，R 是 Si 纳米线的半径，τ_i 是孕育时间。取 Si 纳米线的直径为 30 nm，孕育时间为 3 s，NiSi 的成核速率为

$$I_{\text{stable-crit}} = 4.7 \times 10^{10} \text{ stable nuclei/(cm}^2 \cdot \text{s)}$$

在稳态反应中，在一个孕育时间内，它必须溶解足够量的 Ni 原子以生长硅化物的一个原子层。我们假设每个原子层每平方厘米有 10^{15} 个原子，那么生长一个原子层所需的 Ni 的通量是

$$J_{\text{Ni}} = \frac{10^{15}}{2 \times 3} = 1.67 \times 10^{14} \text{ atoms/(cm}^2 \cdot \text{s)} \tag{3.6}$$

其中，分母中的因子 2 表示 NiSi 中 Ni 的浓度是一半，而因子 3 来自孕育时间。虽然我们可以认为这是 Ni 原子沉积在硅化物/Si 界面上的通量，但还应该考虑界面上的吸附原子，并假定只有吸附原子才能参与成核过程。然而，由于解吸作用，吸附原子在界面上存在停留时间 τ_{des}：

$$\tau_{\text{des}} = \frac{1}{v_s} \exp \frac{\Delta G_{\text{des}}}{KT} \tag{3.7}$$

其中，v_s 是吸附原子的振动频率，ΔG_{des} 是吸附原子的解吸激活能，KT 是热能。因此，乘积 $J_{\text{Ni}} \cdot \tau_{\text{des}}$ 是成核过程中涉及的每单位面积的有效吸附原子数目。如此，临界核的平衡浓度可以表示为

$$C_{\text{crit}} = J_{\text{Ni}} \tau_{\text{des}} \exp\left(-\frac{\Delta G^*}{KT}\right) \tag{3.8}$$

其中，C_{crit} 的单位是每单位面积的核数目。稳态均匀成核速率是

$$I_{n^*}^{s} = \beta_{n^*} C_{\text{crit}} Z = \beta_{n^*} C_0 \mathrm{e}^{\frac{\Delta G_{n^*}}{KT}} \left[-\frac{1}{2\pi KT} \left(\frac{\partial^2 \Delta G_n}{\partial n^2} \right)_{n^*} \right]^{1/2} \tag{3.9}$$

其中，β_{n^*} 是原子跃迁到临界核然后转化为稳定核的频率，$C_{\text{crit}} = C_0 \exp(-\Delta G_{n^*}/KT)$ 是临界核的平衡浓度，我们注意到它与式(3.8)相同。Zeldovich 因子"Z"已被包含在成核速率方程中，其表示逐渐稳定的临界核百分比的动力学因子。Zeldovich 因子在所有实际情况下均小于 1。

通过假定原子高度的原子核为圆盘形，Zeldovich 因子可以重写为

$$Z = \left[\frac{1}{4\pi KT} \cdot \frac{\Delta G^*}{(n^*)^2} \right]^{1/2} \tag{3.10}$$

其中，ΔG^*和 n^*分别是形成临界核的激活能和其内的分子数目。

已知 NiSi 的激活能为 1.25 eV/atom，我们可以在给定的 Z 值下计算 n^*。Z 因子的典型实验值约为 0.05。

由式(3.5)，我们知道实验测量的稳态成核速率，可以通过式(3.8)和式(3.9)来检查它。这里有

$$\begin{aligned} I_{\text{stable-crit}} &= \beta_{n^*} J_{\text{Ni}} \tau_{\text{des}} \exp\left(-\frac{\Delta G^*}{kT}\right) Z = \beta_{n^*} J_{\text{Ni}} \frac{1}{v_s} \exp\left(-\frac{\Delta G^* - \Delta G_{\text{des}}}{kT}\right) Z \\ &= v_0 J_{\text{Ni}} \frac{1}{v_s} \exp\left(-\frac{\Delta G^* - \Delta G_{\text{des}} + \Delta G_\beta}{kT}\right) Z \end{aligned} \tag{3.11}$$

假设 $\beta_{n^*}=v_0\exp(-\Delta G_B/KT)$，$v_0$是 Debye 振动频率，$\Delta G_\beta$是将原子添加到临界核的激活能。注意，参数 β_{n^*} 的基本性质是微可逆性。为了维持亚临界尺寸胚胎在成核过程中的平衡分布，在胚胎中加入和去除原子的频率很高。可以假设 $\Delta G^*\gg\Delta G_\beta$，所以可以忽略 ΔG_β。

为了评估式(3.11)右侧的乘积，将 v_0换为 v_s，因为两者都是原子振动的 Debye 频率。从 Si 在 Si 上的外延生长得知，$\Delta G_{des}=1.1\,eV/atom$。对于 Ni 的解吸，激活能应该更低，我们假设 $\Delta G_{des}=0.7\,eV/atom$。然后取测量的 $\Delta G^*=1.25\,eV/atom$ 和 $Z=0.1$。在 $T=700$℃时，右侧的乘积结果为 3×10^{10}，与测得的成核速率差别不大。

ΔG_{des} 存在一些不确定性。虽然我们没有测量数据，但即使给它一个高度不确定性的值 $\Delta G_{des}=0.7\pm0.2\,eV/atom$，也只会将结果增大约 10 倍。

在 Si 纳米线中外延硅化物的均匀成核——超饱和度

成核过程需要超饱和或过冷，可以计算出 NiSi 成核超饱和度。Ni 在 700℃ Si 中的溶解度约为 10^{15}～10^{16} atoms/cm^3。由于 Si 的密度为 2.5×10^{22} atoms/cm^3，因此 Si 中 Ni 的平衡浓度极低，约为 10^{-7}～10^{-8} 量级。这样，即使我们考虑超饱和度为 1000，浓度也只是 10^{-4}～10^{-5}。当我们在发生均匀成核之前将单层 Ni(其层厚度为 0.3 nm)的一半溶解到 3 μm 长的 Si 纳米线中时，Ni 的浓度为 0.5×10^{-4} atoms/cm^3，大约为 1000 的饱和度。

以下展示的均匀成核的高超饱和度是可期待的。应用 Ni 在临界圆盘上的平衡溶解度，根据 Gibbs-Thomson 方程，我们得出 $n_{cirt}/n_0=\exp(\gamma\Omega/r_{crit}KT)$，其中 n_{crit} 和 n_0 分别是平面硅化物/Si 界面上方和临界核上方 Ni 的平衡溶解度。因此，

$$r_{cirt}=\frac{\gamma\Omega}{kT\ln\left(\frac{n_{crit}}{n_0}\right)}$$
$$\Delta G^*=\pi r_{crit}a\gamma=\frac{\pi\gamma^2 a\Omega}{kT\ln\left(\frac{n_{crit}}{n_0}\right)}=\frac{\pi\gamma^2 a^4}{kT\ln\left(\frac{n_{crit}}{n_0}\right)} \tag{3.12}$$

在上面等式的最后一步，利用了 $\Omega=a^3$。由于 $\Delta G^*=1.25\,eV/atom$，可以计算 n_{crit}/n_0 的值，前提是知道 γa^2，即硅化物/Si 外延界面原子的每个截面面积的界面能。作为参考，我们知道在 Si 的(111)表面上，每个表面原子都有一个断裂键，因此界面能约为 1 eV/atom。如果我们取 $\gamma=0.5\,eV/a^2$ (约 800 erg/cm^2) 和 KT = 0.084 eV (在 973 K)，从下面的公式可以得到 n_{crit}/n_0 = 1800。如果 γ = 0.4 eV/a^2，则有 $n_{crit}/n_0=120$：

$$\Delta G^*=\frac{\pi(\gamma a^2)^2}{kT\ln\left(\frac{n_{crit}}{n_0}\right)}=\frac{3.14\times0.25}{0.084\ln\left(\frac{n_{crit}}{n_0}\right)} \tag{3.13}$$

由于 ΔG^*与 $\ln(n_{crit}/n_0)$成反比，如果取 $n_{crit}/n_0=1000$，则得到 $\Delta G^*=1.35$ eV/atom；然后有 $n_{crit}/n_0=100$，$\Delta G^*=2$ eV/atom；$n_{crit}/n_0=10$，$\Delta G^*=4.1$ eV/atom。这表明对于刚好超过 1 的低超饱和度，激活能将非常高。这就是为什么在大多数真实的低超饱和度成核事件中，它是异质成核而不是均匀成核。

外延硅化物形成过程中的弹性应变波动的原位观察

这里，我们讨论 Si 纳米线中的硅化物形成，以及在外延硅化物/Si 界面处硅化物形成过程中的局部应变变化的 TEM 原位观察。我们将观察结果与 $NiSi_2$形成的每个成核事件相联系，并讨论化学反应的热力学结果。

我们描述在一个[110]和一个[111]取向的硅纳米线中 $NiSi_2$/Si 异质结构的原子分辨 HRTEM 图像，其中界面原子级锐利且具有 $NiSi_2$ 的外延关系，即 $NiSi_2[\bar{1}11]$//Si$[\bar{1}11]$、$NiSi_2(220)$//Si(220) 和 $NiSi_2[011]$//Si[011]、$NiSi_2(11\bar{1})$//Si$(11\bar{1})$[14]。在两种情况下，$NiSi_2$ 和 Si 界面处的室温错配应变的计算值为 0.46%，其中 Si 由于从 Si 转变为具有较小晶格常数的 $NiSi_2$ 而处于压缩状态。

利用在反应过程中拍摄的原位视频，在 $NiSi_2$/Si 异质结构纳米线中描述具有暗场成像模式的应变条纹的分布[14]。之前，我们通过 Ni 纳米颗粒和 Si 纳米线在 777℃的点接触反应，描述了一个 $NiSi_2$/Si 多异质结构纳米线，并在暗场成像条件下显示另一个 $NiSi_2$/Si 异质结构纳米线，其条纹表示纳米线中的局部应变场。$NiSi_2$ 中的对比度比 Si 中的对比度更均匀，而 Si 段包含对比度条纹，显示出应变分布。这证明了由硅化引起的应变主要位于未反应的 Si 区域中，并且硅化物基本上无应变或具有低应变。在 Si 纳米线中形成的短 $NiSi_2$ 段的明场和暗场成像条件下的 Si/$NiSi_2$/Si 异质结构中，明场图像显示了异质结构的概况；而暗场图像让{110}平面变得明亮，表示由 Si 到 $NiSi_2$ 的相变引起的应变。该应变由新相（$NiSi_2$ 的短段）诱导，其作为应变场的中心且应变分布在异质结构中是对称的。与以前的情况不同，由于 Si{220}和 $NiSi_2${042}的界面处的晶格失配，预期该纳米线中的应变很大。计算出来的界面处的失配为 RT 数据的 26%，这非常高，因此这种情况下的条纹在暗场 TEM 图像中特别明显。暗场图像中的平滑条纹表现出高应变弹性且无可塑性，如形成位错。$NiSi_2$ 和 Si 的晶格常数相似，差异约为 0.46%，两相具有相同的晶体结构，因此它们通常形成具有很小应变的外延界面。大应变的图像是极端情况，显示了单晶 Si 纳米线中具有高弹性的应变的对称分布。

考虑到纳米线表面的自然氧化物覆盖导致的纳米线总体积是有限的，Si 纳米线中的应变由相变过程中从 Si 到 $NiSi_2$ 的体积变化引起。由于 Si 纳米线上 Si 原生氧化物的覆盖度，Si 纳米间隙中的应变水平在新相形成期间保持不变。由于应变可能在成核新阶段中发挥重要作用，因此接下来讨论硅化物/Si 界面应变对硅化物成核和生长的影响。

在室温下，$NiSi_2$ 的晶格常数小于 Si 的晶格常数，因此界面附近的 Si 晶格处于压缩状态。然而，考虑在反应温度下反应过程中晶格的热膨胀，例如 630℃（903 K）时 $NiSi_2$ 的晶格常数大于 Si 的晶格常数，$NiSi_2$/Si 界面处的 Si 晶格在平行于界面平面的方向（称 r 方向）上被拉伸大约 0.55%。因此，在垂直于外延界面的方向（称 z 方向）上的 Si 晶格被压缩了 1.1%，这是如图 3.14(a)所示的 r 方向上应变的线性总和。

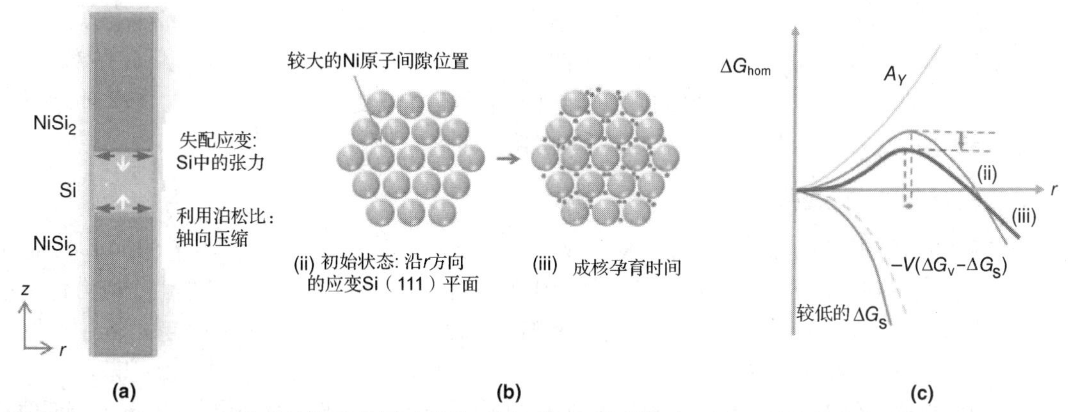

图 3.14 $NiSi_2$/Si/$NiSi_2$ 异质结构示意图及其截面界面处的原子排列。(a) Si 纳米线相变为 $NiSi_2$/Si/$NiSi_2$ 异质结构，箭头表示应变的方向，其中水平箭头表示在反应温度下由 Si/$NiSi_2$ 界面处的失配引起的 Si 晶格的膨胀，垂直箭头表示由自然氧化物约束造成的体积膨胀的阻力所导致的压缩；(b) Si(111) 晶格在有（右图）和没有（左图）应变的界面附近的原子排列；(c) 均匀成核的 ΔG 与半径的变化，考虑界面处 Si 晶格中的拉伸应变如(ii)中所示，Ni 原子的超饱和填满间隙位置之后如(iii)中所示

当我们在 Si 中溶解高超饱和度的 Ni 时，间隙的 Ni 原子会使 Si 晶格膨胀；换句话说，由于 Si 原子被挤压，所以 Si 处于压缩状态。我们讨论的情况是界面处的 Si 晶格由于失配而在 r 方向上处于拉伸状态，如图 3.14(b)所示，间隙 Ni 原子将减少 $NiSi_2$ 和 Si 界面处的失配应变。因此，靠近界面的 r 方向上的 Si 晶格用作 Ni 原子的 "汇点"，从而导致 Ni 的超饱和的高溶解度，这是 $NiSi_2$ 新层的均匀成核所需要的，如前面的"在 Si 纳米线中外延硅化物的均匀成核——实验与理论的关系" 部分所述。请注意，均匀成核所需的超饱和度约为 1000[13]。

在 $NiSi_2$ 的外延原子层成核和生长之后，它消耗了超饱和的 Ni，所以 Si 晶格又一次以失配应变返回到初始状态，并在另一个孕育时间等待新层的成核。如图 3.14(a)所示，Si 晶格在 r 方向受到晶格失配的拉伸，这趋向于扩大纳米线半径。然而，Si 纳米线不具有自由表面而是具有稳定的自然氧化物表面，其倾向于阻挡 Si 纳米线的径向扩张。由于这个原因，失配应变积累在 Si 晶格中。Si 纳米间隙因此在 z 方向受到压缩。如图 3.14(b)所示，Ni 溶质的超饱和提供给拉伸的 Si 晶格，并释放失配应变。热力学的考虑表明，界面处的应变 Si[见图 3.14(c)中的较细曲线]的初始状态需要高能量以进行反应，而在孕育时间能量势垒变得很低，如图 3.14(c)中的较粗曲线所示。

我们已经用一系列暗场 TEM 图像和相应的图示，描述了在 Si 纳米线[14]中 $NiSi_2$ 形成的原子层反应期间应变水平的变化，其直接表明了应变对硅化物形成的影响。直接显示结晶度的暗场成像，表明 $NiSi_2$ 形成的界面处的电子束衍射条件在反应过程中不断变化。它支持在外延 $NiSi_2$/Si 界面重复成核和生长的动力学过程模型。在成核阶段，在界面处具有张应变 Si，并且可以在 Si 晶格中相对较大的间隙位置溶解 Ni 原子，直至达到所需量的超饱和 Ni 原子以均匀成核。请注意，Si 纳米线沿 Si 晶格 z 方向压缩，因此 Ni 原子倾向于沿着 r 方向累积，这支持了新层沿着 r 方向生长的事实。一旦达到成核所需的 Ni 的超饱和度，Ni 原子将被快速消耗以形成临界尺寸的核[见图 3.13(d)]，接着快速径向生长外延 $NiSi_2$ 的原子层硅。在孕育时间，通过溶解 Ni 原子释放应变，使灰色对比度收缩并返回到平坦的界面。一旦成核和生长开始，这将消耗超饱和的 Ni，Si 将耗尽 Ni 并回到应变 Si 状态，如图 3.14(b)所示。

在均匀成核中，总的自由能变化是

$$\Delta G_{\text{hom}} = -V\Delta G_{\text{v}} + A\gamma + V\Delta G_{\text{s}} = -\frac{4}{3}\pi r^2(\Delta G_{\text{v}} - \Delta G_{\text{s}}) + 4\pi r^2\gamma \tag{3.14}$$

其中，$V\Delta G_{\text{v}}$ 是与体积 V 形成新相的体积自由能减少量，$A\gamma$ 是新的界面能，$V\Delta G_{\text{s}}$ 是失配应变能。可以看出 ΔG_{hom} 是核半径的函数。$(\Delta G_{\text{v}}-\Delta G_{\text{s}})$ 是相变的驱动力，我们注意到失配应变能可以有效减少新相的形成。具体而言，在我们的例子中，超饱和间隙 Ni 释放失配应变并增强化学反应。考虑到应变能，核的临界半径较小，因此形成 $NiSi_2$ 的临界激活能降低，如图 3.14(c)中的箭头所示。

Ni 在应变 Si 中的上坡扩散

由于成核所需的 Ni 的高超饱和度，Ni 向外延界面的扩散是上坡扩散，因为它增加了在 Si 中的溶解度，直至达到所需的超饱和度。扩散的形成不是由于 Ni 的浓度梯度，而是由于应力化学势梯度。Si 中 Ni 原子的化学势受到应变的影响。间隙 Ni 降低了由外延硅/Si 界面引起的 Si 中的拉伸应变。这使得间隙 Ni 在 Si 中具有大的溶解度，所以可以发生 Ni 向外延界面的上坡扩散。

我们已经描述了在 Si 纳米线中形成外延 $NiSi_2$ 期间失配应变的周期性变化。原子层生长是周期性发生的，其周期取决于成核的孕育时间。外延硅化物的每个原子层生长都需要均匀成核事件。Si 晶格由于界面失配而出现拉伸应变，而在晶核成核之前它被应变 Si 晶格中超饱和 Ni 原子的间隙溶液释放。成核后，应变松弛发生在 $NiSi_2$ 原子层生长期间。失配应变的产生和松弛与成核和原子层生长同步。应变效应使 Ni 在界面附近发生高度的超饱和。一旦发生增长，应变就会回到初始状态。

小结

在本节中，我们讨论了硅纳米线中外延硅化物的生长。我们介绍了外延生长过程中的重复均匀成核及应变对成核的影响。由于每次均匀成核后的硅化物生长仅有原子层厚度，因此低于 Si 晶圆上由失配应变控制的薄膜外延生长中定义的临界厚度。到目前为止，我们发现外延硅化物和 Si 之间的失配应变并不像 Si 晶圆上的薄膜生长那样起关键作用。实际上，我们发现外延硅化物和 Si 纳米线之间的失配应变非常大，没有失配位错。似乎只要能够激发 Si 上的外延硅化物核，它就可以生长。纳米尺度外延工艺由成核而不是生长来控制。这一发现可能对 FinFET 器件中的硅化物接触和栅极有重要影响，因为我们预计外延界面可能具有低接触电阻。毫无疑问，Si 纳米线中的成核和外延硅化物生长的研究远未完成，我们需要更多长期性和系统性的研究。显然，原位 HRTEM 图像是不可或缺的。

3.4　结论

在大数据和物联网时代，微电子技术发展到 10 nm 节点以下，因此该器件的大部分组成部件将处于纳米尺度。在本章中，我们回顾了 FinFET 技术中源极、漏极和栅极接触的挑战，以及 Si 纳米线中硅化物的外延成核和生长。FinFET 器件的接触电阻是一个关键问题，我们已经讨论了几种减少它的方法。特别是我们回顾了[111]方向 Si 纳米线中的外延 NiSi。这是因为我们预计外延界面可能具有低接触电阻。Si 纳米线可以在[111]和[110]方向生长，但不能在[100]方向生长。然而多数硅晶圆都是[100]导向的。显然有必要研究在[100]Si 上的 NiSi 的纳米尺度外延生长。我们可以使用光刻技术来限定[100]Si 上的纳米尺度 NiSi。此外，接触电阻可以使用 Kelvin 探头直接测量。但是，如何在真正的 Si 器件中引入纳米尺度外延硅化物接触仍非常具有挑战性。

3.5　参考文献

1. L. P. Ren and K. N. Tu, “Fundamentals—Silicide Formation on Si,” Chapter 5 in *Semiconductor Manufacturing Handbook*, edited by Hwaiyu Geng, McGraw-Hill, New York, pp. 5.1 to 5.10, 2005.

2. N. Arora, *MOSFET Models for VLSI Circuit Simulation: Theory and Practice*, Springer Science and Business Media, Vienna, Austria, p. 288, 1993.

3. D. Hisamoto, W. - C. Lee, J. Kedzierski, E. Anderson, H. Takeuchi, K. Asano, T. - J. King, J. Bokor et al., “A Folded - Channel MOSFET for Deep - Sub - Tenth Micron Era,” *IEEE Int. Elec. Dev. Meeting Tech. Dig.*, IEEE, New York, 1032–1034, 1998.

4. X. Huang, W. - C. Lee, C. Kuo, D. Hisamoto, L. Chang, J. Kedzierski, E. Anderson et al., “Sub 50 - nm FinFET: PMOS,” *IEEE Int. Elec. Dev. Meeting Tech. Dig.*, New York, 67–70, 1999.

5. T. - J. King Liu, “FinFET History, Fundamentals and Future,” VLSI Technology Short Course, June 11, 2012.

6. C. Hu, “SOI Can Empower New Transistors to 10 nm and Beyond,” Advanced substrate corners—ASN #19—Professor’s Perspective, April 23, 2012.

7. D. Lu, J. Chang, M. A. Guillorn, C.-H. Lin, J. Johnson, P. Oldiges, K. Rim et al., “A Comparative Study of Fin-Last and Fin-First SOI FinFETs,” 2013 International Conference on Simulation of Semiconductor Processes and Devices (SISPAD), IEEE, New York, pp. 147–150, Sep. 3–5, 2013.

8. L. P. Ren and K. N. Tu, "Silicide Technology for SOI Devices," Chapter 8 in *Silicide Technology for Integrated Circuits*, edited by L. J. Chen, Institute of Electrical Engineers, UK, pp. 201–228, 2005.

9. Y. C. Chou, K. C. Lu, and K. N. Tu, "Nucleation and Growth of Epitaxial Silicide in Silicon Nanowires," *Mater. Sci. Eng. R.*, 70: 112–125, 2010.

10. K. C. Lu, W. W. Wu, H. W. Wu, C. M. Tanner, J. P. Chang, L. J. Chen, and K. N. Tu, "In Situ Control of Atomic-Scale Si Layer with Huge Strain in the Nanoheterostructure NiSi/Si/NiSi through Point Contact Reaction," *Nano Lett.*, 7: 2389–2394, 2007.

11. Y. C. Chou, W. W. Wu, S. L. Cheng, B. Y. Yoo, N. Myung, L. J. Chen, and K. N. Tu, "In Situ Control of Atomic-Scale Si Layer with Huge Strain in the Nanoheterostructure NiSi/Si/NiSi through Point Contact Reaction," *Nano Lett.*, 8: 2194–2199, 2008.

12. D. Turnbull and R. E. Cech, "Homogeneous Nucleation of Epitaxial $CoSi_2$ and NiSi in Si Nanowires," *J. Appl. Phys.*, 21: 804–810, 1950.

13. Y. C. Chou, W. W. Wu, L. J. Chen, and K. N. Tu, *Nano Lett.*, 9: 2337–2342, 2009.

14. Y. C. Chou, W. Tang, C. J. Chiou, K. Chen, A. M. Minor, and K. N. Tu, "Effect of Elastic Strain Fluctuation on Atomic Layer Growth of Epitaxial Silicide in Si Nanowires by Point Contact Reactions," *Nano Lett.*, 15: 4121–4128, 2015.

15. A. Dixit, A. Kottantharayil, N. Collaert, M. Goodwin, M. Jurczak, K. De Meyer, *IEEE Trans. Elec. Dev.*, 52 (6): 1132–1140, 2005.

16. D. J. Plummer, M. D. Deal, and P. B. Griffin, "Silicon VLSI Technology-Fundamentals, Practice and Modeling," Prentice Hall Electronics and VLSI Series-Charles Sodini, Series Editor, 2000.

17. M. C. Ozturk and J. Liu, *Intl. Conf. on Char. and Metrology for ULSI Technology*, 2005.

18. S. D. Kim, C. M. Park, J. C. S. Woo, *IEEE Trans. Elect. Dev.*, 49: 467–472, 2002.

19. T. J. Drummond, "Work Functions of the Transition Metals and Metal Silicides," U.S. Gov. report from Sandia National Laboratories, 1999.

20. K. Choi,T, P. Lysaght, H. Alshareef, C. Huffman, H.-C. Wen, R. Harris, H. Luan et al. "Growth Mechanism of TiN Film on Dielectric Films and the Effects on the Work Function" 141–144, *IEDM Tech. Dig.*, 103, 2005.

21. C. E. Smith, "Advanced Technology for Source Drain Resistance Reduction in Nanoscale FinFETs," Dissertation of Doctor of Philosophy of University of North Texas, May 2008.

22. T. Yamamoto, T. Kubo, T. Sukegawa, E. Takii, Y. Shimamune, N. Tamura, T. Sakoda et al., *IEDM Tech. Dig.*, 143–146, Dec. 2007.

23. C. Ortolland, T. Noda, T. Chiarella, S. Kubicek, C. Kerner, W. Vandervorst, A. Opdebeeck et al., "Laser-Annealed Junctions with Advanced CMOS Gate Stacks for 32nm Node: Perspectives on Device Performance and Manufacturability," *Symp. on VLSI Tech.*, 186–187, June 17–19, 2008.

24. R. T. P. Lee, T.-Y. Liow, K.-M. Tan, A. E.-J. Lim, H.-S. Wong, P.-C. Lim, D. M. Y. Lai et al. "Novel Nickel-Alloy Silicides for Source/Drain Contact Resistance Reduction in N-Channel Multiple Gate Transistors with Sub-35 nm Gate Length," *IEDM Tech. Dig.*, 851–854, Dec. 2006.

25. K. Ohuchi, C. Lavoie, C. Murray, C. D'Emic, I. Lauer, J. O. Chu, B. Yang et al. "Extendibility of NiPt Silicide Contacts for CMOS Technology Demonstrated to the 22-nm Node," *IEDM Tech. Dig.*, 1029–1031, Dec. 2007.

26. J. Gelpey, S. McCoys, A. Kontos, L. Godet, C. Hatem, D. Camms, J. Chan, et al. "Ultra-Shallow Junction

Formation Using Flash Annealing and Advanced Doping Techniques," *IWJT* '08, 82–86, 15–16, May 2008.

27. Z. Zhang, Z. Qiu, R. Liu, M. Ostling, S. L. Zhang. "Schottky-Barrier Height Tuning by Means of Ion Implantation into Preformed Silicide Films Followed by Drive-In Anneal," *IEEE Elec. Dev. Lett.*, 28 (7): 565–568, 2007.

28. G. Larrieu, E. Dubois, R. Valentin, N. Breil, F. Danneville, G. Dambrine, J.P. Raskin. "Low Temperature Implementation of Dopant-Segregated Band-edge Metallic S/D junctions in Thin-Body SOI p-MOSFETs," *IEDM Tech. Dig.*, 147–150, Dec. 2007.

29. J. G. Ryan, R. M. Geffken, N. R. Poulin, and J. R. Paraszczak, *IBM J. Res. Dev.*, 39, 1995.

30. Adam Brand, "Precision Materials to Meet Scaling Challenges Beyond 14 nm," *Semicon.*, July 2013.

31. C. M. Lieber, *MRS Bull.*, 36: 1052−1063, 2011.

32. J. Appenzeller, J. Knoch, M. T. Bjork, H. Riel, H. Schmid, and W. Riess, *IEEE Trans. on Elec. Dev.*, 55: 2827, 2008.

33. W. Lu and C. M. Lieber, *Nat. Mater.*, 6: 841–850, 2007.

34. Y. Hu, H. O. H. Churchill, D. J. Reilly, J. Xiang, C. M. Lieber, and C. M. Marcus, *Nat. Nanotech.*, 2: 622–625, 2007.

35. Y. Cui, Q. Q. Wei, H. K. Park, and C. M. Lieber, *Science*, 293: 1289–1292, 2001.

36. A. T. Tilke, F. C. Simmel, H. Lorenz, R. H. Blick, and J. P. Kotthaus, *Phys. Rev. B*, 68 (7): 075311, 2003.

37. W. Lu and C. M. Lieber, *J. Phys. D: Applied Physics.*, 39: R387–R406, 2006.

38. L. Samuelson, C. Thelandera, M. T. Björka, M. Borgströma, K. Depperta, K. A. Dicka, A. E. Hansena et al, *Physica E*, 25: 313–318, 2004.

39. J. Read, R. J. Needs, K. J. Nash, L. T. Canham, P. D. Calcott, and A. Qteish, *Phys. Rev. Lett.*, 69: 1232, 1992.

40. Y. Yeh, S. B. Zhang, and A. Zunger, *Phys. Rev. B*, 50: 14405, 1994.

41. Y. C. Chou, C. Y. Wen, M. C. Reuter, D. Su, E. A. Stach, and F. M. Ross, *ACS Nano*, 6: 6407–6415, 2012.

42. C.–Y. Wen, M. C. Reuter, J. Bruley, J. Tersoff, S. Kodambaka, E. A. Stach, and F. M. Ross, *Science*, 326: 1247–1250, 2009.

43. D. E. Perea, N. Li, R. M. Dickerson, A. Misra, and S. T. Picraux, *Nano Lett.* 11: 3117–3122, 2011.

44. Z. Zhong, D. Wang, Y. Cui, M. W. Bockrath, and C. M. Lieber, *Science*, 302: 1377–1379, 2003.

45. C. M. Lieber, *MRS Bull.*, 28: 486–491, 2003.

46. Y. Wu, J. Xiang, C. Yang, W. Lu, and C. M. Lieber, *Nature*, 430: 61–65, 2004.

47. W. M. Weber, L. Geelhaar, A. P. Graham, E. Unger, G. S. Duesberg, M. Liebau et al., *Nano Lett.*, 6: 2660−2666, 2006.

48. R. S. Wagner, and W. C. Ellis, *Appl. Phys. Lett.*, 4: 89, 1964.

49. R. S. Wagner, *Whisker Technology*, Wiley, New York, p. 47, 1970.

50. E. R. Weber, *Appl. Phys. A*, 30: 1–22, 1983.

51. L. J. Chen and K. N. Tu, *Mater. Sci. Rep.*, 6: 53, 1991.

52. R. T. Tung, J. M. Gibson, and J. M. Poate, *Phys. Rev. Lett.*, 50: 429, 1983.

53. K. N. Tu, *Appl. Phys. Letts.*, 27: 221, 1975.

54. W. Tang, S. A. Dayeh, S. T. Picraux, J. Huang, and K. N. Tu, *Nano Lett.*, 12: 3979–3985, 2012.

55. W. Tang, S. T. Picraux, J. Huang, A. Gusak, K. N. Tu, and S. A. Dayeh, *Nano Lett.*, 13: 2748–2753, 2013.

56. Y. C. Chou, W. W. Wu, C. Y. Li, C. Y. Liu, L. J. Chen, and K. N. Tu, *J. Phys. Chem. C*, 115: 397–401, 2011.

第 4 章　微机电系统制造基础：物联网新兴技术

本章作者：Michael A. Huff　MNX, Corporation for National Research Initiative
本章译者：张磊　西安交通大学

4.1　微机电系统和微系统技术的定义

微系统，或称微机电系统(micro-electromechanical system，MEMS)的基本定义是，使用微米或者纳米制造技术生产小型化机械结构和电子器件。MEMS 的典型外形尺寸可以小到 1 微米或大到几毫米。MEMS 设备类型也有差异，有相对来说比较简单且没有机械上可移动部件的 MEMS；也有非常复杂的系统，包含很多个移动部件，这些移动部件是由集成到同一硅衬底的微电子器件来控制的。显然，MEMS 至少要包含一些带有机械功能的部件，不管这种功能部件是否可移动。

常见的 MEMS 包含小型化的传感器和驱动器，常被称为微传感器和微驱动器。这两种都可归类为换能器，都是将一种形式的能量转换成另一种形式。微传感器通常是将可测量的机械信号转换成电或光信号。在过去的几十年里，MEMS 的研究人员已经在所有可能使用微传感器的领域成功展示了非常多的微传感器应用，比如探测温度、压力、惯性力、化学成分、磁场和辐射等。许多微传感器在性能上超越了传统大尺寸的传感器。例如，微型压力传感器就比采用传统大尺寸级别加工工艺生产的普通压力传感器的性能好得多。除此之外，MEMS 的另一大好处是可以沿用在微电子行业使用多年的大批量制造技术，使得其在拥有其他好处之余还可以保证成本控制。因此，以低成本的生产技术达到一流设备性能便成为可能。独立的微传感器很快就得到商业化开发，而且市场份额急速增长。

MEMS 的研发者们最近新开发了很多微驱动装置，包括用来控制气体或者液体流量的微型阀门；用来重定向或者调制光线的光开关；用于投影显示的各自可以独立控制的微镜阵列；可以有多种应用的微共振器；可以提供正压的微泵；安装在机翼上用来改变气流的微辅助翼等。尽管这些驱动器极其微小，但经常在大尺寸级别的场合发挥作用。微驱动器的机械力量远比从其外形判断的大得多。举例来说，研究者们成功实现了在最先进的机翼上集成微驱动器作为辅助翼，仅仅靠这些微小的辅助翼就足以使飞行器飞起来[1]。而且，这种 MEMS 飞行器的飞行能力超越了所有已知飞行器，甚至可以在一个机翼长度的转弯半径内实现完全反向的飞行。

MEMS 的真正潜力在于未来我们能将这些小型化的传感器、微驱动器、其他结构和集成电路(IC)都集成到一个基底上。传感器能够感知环境，电子设备处理好感知的信息而后决定如何影响环境，微驱动器行动起来影响环境。显然，这种理念给微芯片提供了比单独的微电子电路更强大的能力。另外，微传感器和带有微电子电路的微驱动器的集成，使得 MEMS 成为物联网(IoT)非常重要的一部分，有 IoT 连通的 MEMS 就像是人的眼睛、耳朵、鼻子等，不断收集、存储、处理有价值的信息，并且和其他连接部分交换信息，从而感知和控制环境。

4.2　微系统技术的重要性

微系统技术给我们带来了很多好处。首先，微系统制造过程中使用的技术多为微电子制造中广泛使用的技术，这就使得我们能够在一个微芯片上集成多种功能。集成各种微传感器、微驱动器和微电子器件的能力已经在数不清的产品和应用上产生了深远影响，对 IoT 的实现尤为重要。其次，微系统制造过程中也引入了很多现在已经应用于微电子行业生产的成批处理的生产技术。因此，非常复杂的微系统器件的单个芯片成本可以迅速降低，就像大家现在已经在微电子行业看到的那样。虽然生产设备的成本非常高，但是通过大批量成批处理的生产方式，这些高昂模具的成本可以被摊薄，从而大幅度降低单个芯片的成本。第三，IC 的生产工艺与硅基结合，加上各种薄膜的力学特性和应用相结合，使得 MEMS 的可实现性大大提高了。这些 MEMS 的低成本也更加易于大规模使用、维护和更换。第四，微系统的微型化带来的好处还包含更好的便携性、更低的能耗。同时，我们也可以在同等大小的空间里容纳更多的功能，而且不增加额外的质量。第五，因为在 MEMS 中信号传输的距离缩小了很多，所以整个系统的总体性能得到了很大改善。总而言之，MEMS 作为一项可以转化成产品的技术，对于我们就意味着更低成本、更多功能、更加可靠和更加强大的产品性能。

4.3　微系统技术基础

4.3.1　微传感器技术

微机械器件在传感器领域有很多应用例子，包含压力、声学、温度(包括红外聚焦平面阵列)、惯性(包括加速、转速传感器等)、磁场(Hall、磁阻和磁敏晶体管)、力学(触觉传感器)、应力、光学、辐射、化学和生物传感器等[2~5]。如前所述，微传感器都是换能器，它们将一种能量(例如动能)转换成另外一种能量形式，通常就是电信号。传感器的原理包含了一些基本的物理学原理，例如电阻、磁场、光导、压阻、压电、热电偶、温差电堆、二极管和电容等概念。微系统器件很好地应用了这些原理。微系统传感器的种类非常多，我们即使想把其中的某一类回顾一遍都几乎不可能，所以在这里只能讨论有限的几个重要的例子。我们鼓励读者参阅本章的参考文献[2～7]，以获取更多的信息。

压阻材料就是一种在受到机械应力时会改变电阻值的材料。这种现象在半导体中很常见，压力使得材料的能带发生变化，从而使载流子的散射率与运动方向相关。在应力最大的位置上放置压阻材料，通过这种特性可以制造各种压阻传感器。在压阻材料的量化分析中有一个非常重要的参数，也就是应变系数，它是电阻变化和应力大小的比值。硅材料在某些情况下可以有非常高的应变系数，甚至可以达到 200[6]。与此对应的是金属材料的典型应变系数在 2～5 之间。在常见的压阻传感器中，压敏电阻的位置大多放置在接受压力的受力面，参见图 4.1。

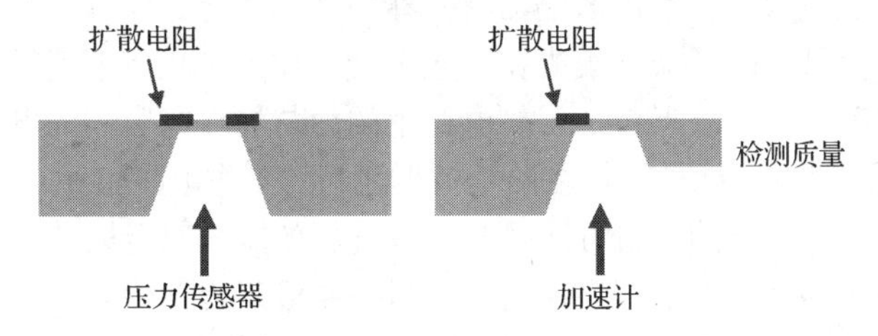

图 4.1　两种在半导体中使用压阻效应的微系统硅传感器(Copyright © MEMS & Nanotechnology Exchange; used with permission.)

值得注意的是，在微机械加工中，可以有选择性地去除衬底以降低器件传感区域的刚度。压阻效应是常见的将压力测量转换成电信号的方法，这种方法可用于生产微系统压力传感器，被广泛应用于汽车、医疗和工业控制领域。

电容传感器因其固有的简单性，在微系统传感器中是很常见的一类。一个双极板电容器的电容通常由下面的公式确定：

$$C=\frac{(\varepsilon_0\varepsilon_{\mathrm{r}}A)}{(d)}(\text{法拉第}) \tag{4.1}$$

其中，ε_0表示真空中的介电常数，ε_{r}表示两电极之间材料的相对介电常数，A表示极板的面积，d表示极板之间的距离。通常来说，电容器可以通过 5 种方式实现传感器的功能(参见图 4.2)：(a)可以改变极板之间的距离；(b)改变一个中间电极和其他两个极板之间的相对距离以产生微分测量；(c)改变极板之间的相对位置；(d)改变一个极板和另外两个极板之间的相对位置；(e)改变极板之间电介质的相对位置。

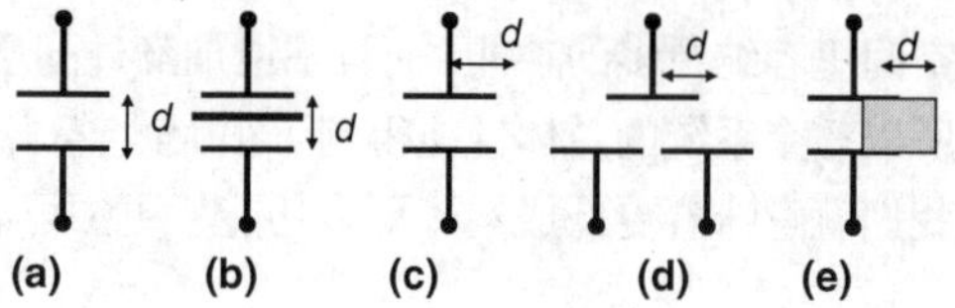

图 4.2　使用电容器作为传感元件的不同布局(Copyright © MEMS & Nanotechnology Exchange; used with permission.)

另外一种在微系统中常见的物理现象是某些材料的压电现象。压电效应是指在受力状态下会产生一些电极化现象，例如产生电动势。同样，在这些材料上施加电场，也可以在这些材料中产生相应的应力。第一种性质经常应用在传感器上，而后者则经常应用在驱动器上。硅和锗都是中心对称的晶体材料，所以都没有压电效应，除非发生应变。其他缺乏中心对称的材料，例如石英、锆钛酸铅(PZT)或者氧化锌(ZnO)等，具有压电性质，已在微系统中广泛应用，而且后两种材料可以通过薄膜沉积来形成[6,7]。

4.3.2　微驱动器技术

在实现微驱动器的过程中，人们用到了很多基础理论，其中包含静电学、压电效应、磁场理论、磁阻理论、双金属效应和形状记忆合金(shape memory alloy，SMA)理论等，其中的每一个都有各自的特点，所以在使用时要根据不同的应用来区分选择。接下来我们将要看到的是一些现在比较流行的实现微驱动器的例子，鼓励读者参阅本章的参考文献[2～7]，以获取更多的信息。

静电激励的原理就是带有相异电荷的电极相互吸引的现象。两个极板之间的吸引力 F 和加在极板上的电势差 V 服从以下公式：

$$F=\frac{1}{2}(\varepsilon_0\varepsilon_{\mathrm{r}}A)\left(\frac{V}{d}\right)^2(\text{牛顿}) \tag{4.2}$$

其中，ε_0表示真空中的介电常数，ε_{r}表示相对介电常数，A 表示极板的面积，d 表示极板之间的距离，V 表示极板上的外加电势差。静电激励器有一些独特的优势，使其在微系统应用中颇具吸引力。这些优势包括：很容易与电子器件集成在一起生产，在工作状态下消耗非常少的能量，而且可以有很高的机械变化范围。其缺点包括：静电产生的力与加在电容器的电压相比不是线性的，这样产生的静电力也比较微弱。此外，加在两个极板之间的工作电压也相对较高。

另一种实现微系统微驱动器的流行方法是基于双金属效应。双金属效应利用两种材料不同的热膨胀系数来实现基于热的微驱动器。当这两种材料被制成复合结构并受热时，如果结构足够兼容，就会产生热致应力。这种热致应力服从下面的公式：

$$\varepsilon_{\text{Thermal}}=(\alpha_{\text{filmA}}-\alpha_{\text{filmB}})\times(T_{\text{element}}-T_{\text{ambient}}) \tag{4.3}$$

其中，α_{filmA}和α_{filmB}分别是上下两层薄膜的热膨胀系数，T_{element}和T_{ambient}分别是双金属结构的温度和外界环境的温度。这种双金属结构的微驱动器具有一些特征：多数都是高能耗的，也不能有很多的机械形变，相对来说设计也更加复杂和难于生产；具有比较合理的位移量，形变和功率具有线性关系；对周围的环境比较敏感。一种简单的双金属微驱动器可以通过将铝薄膜沉积在硅悬臂梁上并使电流通过铝层来实现。当铝层被加热时，由于两种材料的膨胀系数不同，悬臂梁就会发生弯曲。

此外，另一种常见的微系统微驱动器是通过 SMA 来实现的。SMA 可以在加热过程中经过不同的奥氏体与马氏体相变。在这个相变过程中，SMA 会回到原来无应力的状态。如果用于微驱动器，则 SMA 材料在室温马氏体状态下是无应力的。因此，如果 SMA 驱动器保持在室温下有应力，则需要使用机械弹簧元件。SMA 驱动器被加热后，经过一个从马氏体到奥氏体的相变过程，就会获得应力，并且能够激发很大的驱动器能量密度。

SMA 可以通过溅射方法沉积到硅晶圆的表面，形成一层薄膜。加热这层薄膜的过程往往都是通过焦耳热。SMA 形变的过程是可以逆转的，而且可以逆转很多次。SMA 在微系统中应用的主要特点包括：具有非常高的能量密度；可以承受非常高的应力，之后仍然回到原来的状态；使用这种结构的能耗比较高，从机械角度来看其形变范围也不是很大；生产工艺相对来说比较复杂；另外，在高应力的情况下，反复的相变过程会造成金属材料疲劳。

4.3.3 用于微系统的材料

用于生产微系统器件的材料种类繁多，其中包含半导体、金属、玻璃、陶瓷和聚合物。另外，因为微系统器件的功能不仅仅是电学的，而且还包含机械、化学、热力等方面。对于不同的应用环境，要针对不同的电学特性和非电学特性来选择一种或者多种不同的材料。硅是在微系统中常见的材料，这在某种程度上是因为我们对于硅材料有广泛的知识基础，以及比较完善的与硅材料对应的行业结构。硅是一种机械性能极好的材料，其屈服强度几乎和不锈钢一样，在工程材料中也是具有极高强度质量比的一种[8]。但是，如果加在硅材料上面的力超过极限，它也会完全失效和碎裂。这和大多数的金属不同，当金属受到过大的压力或者拉升力时，往往会发生塑性形变。因此，在设计中要考虑到这一点。另外，硅是一种各向异性的材料，也就是说，因为晶格的方向不同，其材料特性有差异。

除了单晶硅，还有很多种不同的薄膜也应用在微系统生产中，例如多晶硅、氮化硅、镀膜玻璃和铝等。这些薄膜大多都是通过化学气相沉积（chemical vapor deposition，CVD）过程产生的，比如低压化学气相沉积（low-pressure chemical vapor deposition，LPCVD）、等离子体化学气相沉积（plasma-enhanced chemical vapor deposition，PECVD），或是物理气相沉积（physical vapor deposition，PVD），如蒸发和溅射工艺。

大多数薄膜沉积技术的成本是很划算的，因此这种技术是微电子器件生产的常见选择。可是薄膜生产过程中会伴随残留应力及其梯度，这使得薄膜难以在实现具有机械功能的微系统设备时起作用。在薄膜中的残留应力及其梯度通常都和材料的种类、沉积的温度、沉积的方法和基底材料有关，高压缩到高张力的差异很大。

人们都希望在最初设计微系统器件之前，可以很清楚地知道材料的机械性能，但实际上这种想法几乎在现实中难以实现。因为材料的特性，尤其是很多机械性能是和精确的加工条件及工艺流程的先后顺序相关的。比如，一个薄膜在沉积之后会产生一定的残留应力，但当薄膜紧接着进行温度处理的相关步骤时，这一残留应力就会发生明显的变化[5]。

此外，每一种微系统器件的生产流程都可能不一样。在微系统器件的研发过程中，存在于薄膜中的应力值在加工过程的末期很难被预测。因此，只有在这些不同的工艺步骤之间对于材料的特性进行测量，并且将测量结果反馈到设计过程中，才能增强和优化设计。然而，这将是一个反复的研发过程，研发时间和成本都会相应地增加。

对于薄膜材料特性的测量也颇具挑战性。举例来说，在测量过程中不可以将薄膜剥离表面，同时，在测量时加入的测试负荷也不可以改变薄膜的现有应力状况。幸运的是，从事微系统事业的技术人员建立了许多可以用来测试的结构，这些结构可以用来测量最为重要的一些机械特性。我们鼓励读者阅读本章的参考文献[9]，以获取更多关于薄膜应力测试方法的信息。

4.3.4 MEMS 的设计工具

微系统设计往往比单独的 IC 设计的要求更高。在 IC 设计领域，工艺流程和相关的设计规则都已经预先定义好。设计者几乎不需要将这些规则嵌入计算机辅助设计工具，只需要考虑电路方面的问题，然后通过软件来生成设计。很重要的一点是，微电子领域的设计工具在预测设备性能方面具有很高的精度。

在微系统技术方面，情况往往更加复杂。正如在前文中提到的那样，对于每一种不同的器件类型，往往要不断调整工艺流程的顺序以适应整个系统的要求，所以设计规则直到工艺流程最后确定的那一刻才能确立。前面我们还讨论了材料的特性会随着不同的工艺流程而发生变化，所以这也是一个不确定的因素。此外，很多微系统器件在工作时会有很多不同的物理现象(电的、机械的、热学的或者化学的，等等)同时发生，这就产生了很多不同的耦合情况，也使得设计更加复杂。微系统设计和 IC 设计之间另一个主要的不同点，就是 IC 设计者不需要知道太多的生产过程，但微系统设计者必须是微系统生产工艺的专家才行[5]。

幸运的是，现在已经有了一些适合微系统的设计工具，可以对工艺、物理特性、器件和系统进行仿真。关于工艺的仿真和建模工具，其实和在 IC 设计中使用的非常类似，设计者可以使用这些软件构建工艺模型和掩模原图。数字化技术已经可以让人们模拟工艺步骤。虽然这些工具在模拟和猜测实际电子特性方面非常有效，但是对于机械性能的模拟和预测却不尽人意。微系统的工艺流程设计软件的一个重要特点，就是可以产生器件的三维模型。物理层面的设计工具可以通过偏微方程来对物件在真实三维空间中的行为进行建模。这些设计工具可以做定性的分析或者定量的数字化分析。这些软件的相关技术包括有限元分析、边界元素分析和有限差分方法。这些软件大多从原来的大尺寸机械设计中使用的软件演化而来，其中的器件模型也通常是从大尺寸模型通过降阶得到的，这些模型包含了单个部件的物理特性，而且和系统级别的模型是兼容的。在使用这些模型时，设计者必须非常小心，不要让模型在允许的范围之外工作。系统级的模型是一些高级别的框图和集总参量模型。在这些模型中，通常把系统描述为一组耦合的常微分式[5]。

4.4 MEMS 制造原理

4.4.1 前段微机械制造工艺

由于工艺集成技术的复杂性和加工能力本身的多样性，MEMS 的制造过程是一个令人极其兴奋的挑战。微系统生产的工艺中用到许多 IC 行业正在广泛采用的技术，比如氧化、扩散、离子注入、LPCVD 和溅射等。同时，它将以上这些加工能力和一些高度专业化的微机械工艺结合在一起。下面将介绍一些广泛使用的微机械工艺。对于传统微电子生产工艺感兴趣的读者，请见参考文献[10]。

体微机械工艺

体微机械工艺是出现历史最久的微机械工艺。这种工艺使用可选择性的刻蚀去除部分衬底，从而产生需要的微结构。体微机械工艺可以通过化学、物理或者化学机械的方法来完成。湿法化学体微加工历来是工业上应用最广泛的微加工方法。

体微机械工艺技术中广泛使用的一种技术就是湿法刻蚀。这种刻蚀过程是将图案通过光刻转印到衬底上，然后将整个衬底浸泡在具有刻蚀性的溶液中，以可测量的速度刻蚀掉没有光刻胶保护的部分。化学湿法刻蚀在 MEMS 体微机械工艺中非常受欢迎，是因为它可以提供很高的刻蚀速率和很高的选择比。而且，可以通过改变刻蚀溶液的化学成分、调整刻蚀溶液的温度、改变底物的掺杂剂浓度，甚至改变底物暴露在刻蚀溶液中的结晶面来改变刻蚀速率和选择性。

湿法刻蚀的基本原理包含以下几个方面：反应的化学物迁移到衬底的表面，随后衬底的表面和刻蚀的化学药品产生化学反应，反应之后的产物从衬底表面被带走。如果刻蚀速率主要由反应物迁移到衬底表面的速率和反应产物从衬底表面被带走的速率决定，则将这种刻蚀过程称为扩散受限刻蚀，可以通过搅动溶液来提高刻蚀速率。如果表面的化学反应是确定刻蚀速率的主要因素，则称之为反应速率受限刻蚀。这种刻蚀过程中的刻蚀速率与刻蚀溶液的温度、组成成分和衬底材料非常相关。在实际情况中，人们往往希望反应过程是反应速率受限刻蚀，因为这种反应速率受限刻蚀有着更好的重复性和更高的刻蚀速率。

体微机械工艺主要有两种不同的湿法刻蚀，一种是各向同性刻蚀，另一种是各向异性刻蚀[4, 6]。在各向同性刻蚀中，刻蚀速率和晶向没有关系，所以各个方向上的刻蚀速率都基本一致。最常见的各向同性刻蚀的例子是使用 HNO_3、HF 和 $HC_2H_3O_2$ 溶液对硅进行刻蚀。反应式如下：

$$HNO_2 + HNO_3 + H_2O \rightarrow 2HNO_2 + 2OH^- + 2h^+ \tag{4.4}$$

空穴和$(OH)^-$离子由 HNO_3 和 H_2O 结合过程及很少的 HNO_2 提供。我们注意到，这是一个自身催化的化学反应，因为 HNO_2 同时也是化学反应产物。提高反应溶液的浓度可以使刻蚀过程向着扩散受限刻蚀的方向变化，从而使得刻蚀过程可以通过对溶液的搅动来增强。提高 HF 的浓度或者温度，可以提高衬底表面的化学反应速度。从理论上来说，这种各向同性的刻蚀方式会使得在阻挡层下面的各个方向上，无论是横向或是纵向的刻蚀速率都比较一致。但在实际的刻蚀过程中，我们往往会看到在不进行强烈搅动的情况下，横向刻蚀速率比纵向刻蚀速率低很多。所以在真正的各向同性刻蚀过程中，我们会大力搅动溶液以达到比较好的刻蚀效果。

任何刻蚀工艺都需要掩模层。我们都期望刻蚀的化学刻蚀剂对于掩模层和衬底具有很高的选择比。常见的用于硅衬底各向同性刻蚀的掩模层包括二氧化硅和氮化硅等。氮化硅比二氧化硅具有低得多的刻蚀速率，所以氮化硅在这些工艺中的使用要广泛得多。

在硅基微机械工艺中使用得更加广泛的其实还是各向异性的刻蚀工艺。各向异性的湿法刻蚀也是将整个衬底浸泡在具有刻蚀性的溶液中，去掉没有光刻胶保护的部分，但是其特点在于刻蚀速率和衬底晶向排列的方向有关。这种不同方向上刻蚀速率不同的原因，在于硅晶体的晶格平面分布在不同方向上，而且在不同方向上原子的排列密度各有不同，这样刻蚀溶液在不同方向上的刻蚀速率也就各不相同。各向异性刻蚀描述为在不同晶格方向上的刻蚀速率不同，通常这是指<100>、<110>和<111>方向。普遍来说，各向异性的硅刻蚀在<111>方向上的刻蚀速率比其他各个方向的都要低，而且这种不同方向上刻蚀速率的差别甚至可以达到 1000∶1。<111>方向的低刻蚀速率通常都解释为这个方向上的原子密度最大。而且，在这个晶面下面有三个共价键，所以在被刻蚀的过程中可以起到一定的遮蔽作用。

在各向异性刻蚀过程中描绘出硅晶格的不同晶面，可以实现高精度刻蚀并具有合理维度控制。这也让人们有能力进行双面的工艺处理，建造那些自绝缘的器件，而使其中只有一面暴露于严苛的外界环境。这种能力有助于对 MEMS 器件进行封装，而且这对于那些需要面对恶劣外部环境的器件，例如压力传感器而言非常重要。各向异性刻蚀技术已经有 30 多年的历史，直到现在还广泛应用于硅基压力传感器和体微机械加速度传感器的生产中[5, 6]。

图 4.3 展示了一些在<100>方向的晶圆上使用各向异性刻蚀法刻蚀出来的各种形状，例如倒金字塔和一个平底梯形。可以看到这些形状的产生都是因为各向异性刻蚀在<111>晶面上比较低的刻蚀速率。

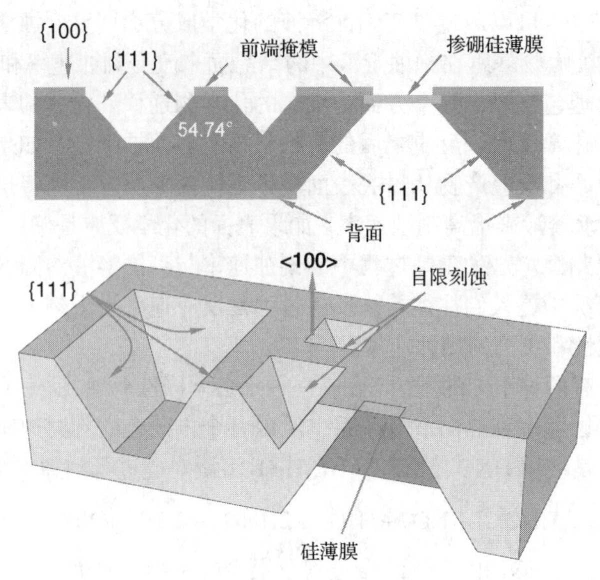

图 4.3　<100>晶圆放入各向异性的刻蚀溶液中刻蚀之后的剖面图（Copyright © MEMS & Nanotechnology Exchange; used with permission.）

图 4.4（a）、（b）中展示的是经过各向异性刻蚀之后硅表面的 SEM 照片。在图 4.4（a）中，经过刻蚀后产生了一个梯形的凹槽。在图 4.4（b）中，可以看到在底部生成的一个薄层，这个薄层可以用来制作压力传感器。但是请注意，这些形状都是在<100>晶圆上刻蚀出来的，如果使用其他衬底，结果会很不一样。偶尔，我们也会用到其他晶向的晶圆来进行微系统器件加工。但是考虑到成本、交付周期和是否容易购买等因素，在体微机械工艺中使用最多的还是<100>晶圆。

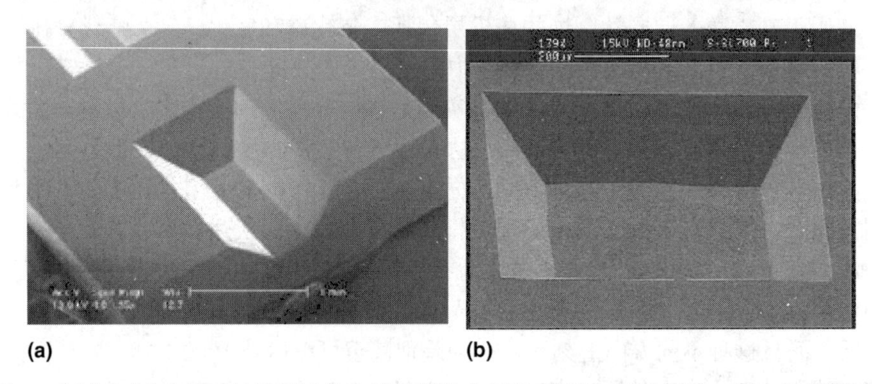

图 4.4　（a）和（b）中展示的是经过各向异性刻蚀之后硅表面的 SEM 照片。图中的比例尺为 1 微米（Copyright © MEMS & Nanotechnology Exchange; used with permission.）

通常有三种不同类型的各向异性刻蚀工艺刻蚀剂。首选也是至今最流行的刻蚀剂就是金属碱类水性溶液，例如 KOH、NH_4OH、NaOH、CsOH 和 TMAH。这些刻蚀剂本身具有很高的刻蚀速率，并且对于（100）和（111）晶向有着相对而言比较高的刻蚀速率比。此外，对于已经做过预处理的微电子晶圆，TMAH 是更好的选择，因为这种刻蚀剂在某些条件下不会腐蚀铝。这些刻蚀剂的缺点在于，对于用作掩模层的二氧化硅的刻蚀速率也很高。另外，虽然有一些后续工艺可以防止这些刻蚀剂对晶圆的碱性污染，但这些刻蚀剂对晶圆还是有些潜在的风险。

另一种很流行的刻蚀剂是氯酸化乙二胺和邻苯二酚(ethylene-diamine and pyrocatechol，EDP)。这种刻蚀剂对于(100)和(111)晶面都有着更高的刻蚀速率，而且相对于前面那些碱性溶液来说，可供选择的掩模层材料也要多一些。EDP 的缺点在于这种刻蚀剂本身是一种致癌物，而且在刻蚀时很难看到晶圆的刻蚀过程。此外，这种刻蚀剂是一种很厚的橘黄色材料，很难清除干净。

有效的各向异性刻蚀能够成功地掩模基底的特定区域，因此选择刻蚀剂也要依据掩模层的材料而定。氮化硅是一种普遍使用的掩模层材料，它在各种刻蚀溶液中被刻蚀的速率都相对较低。通过热氧化方法生长的氧化硅层也经常用作刻蚀的掩模层。使用氧化硅作为掩模层材料时，必须保证有足够的厚度，因为在 KOH 溶液中氧化硅的刻蚀速率很高。另外，光刻胶在各向异性刻蚀中不能作为掩模层。在氯酸化乙二胺和邻苯二酚溶液的刻蚀过程中，各种金属离子，如钽、金、铬、银和铜都可以很好地被隔离，在某些条件下，TMAH 也可以隔离铝。

普遍来说，(100)/(111)刻蚀速率的比值和掩模层的刻蚀选择性都与刻蚀剂的化学配比及溶液的温度相关。刻蚀速率 R 服从 Arrhenius 规则，

$$R = R_0 \mathrm{e}^{-\left(\frac{E_a}{kT}\right)} (\mu\mathrm{m/h}) \tag{4.5}$$

其中，R_0 为常数，E_a 为激活能量，k 为玻尔兹曼常数，T 为热力学温度。R_0 和 E_a 都随着不同的刻蚀剂、不同的化学配比和不同的衬底晶向而不同。幸运的是，有很多文献已经对常见的刻蚀剂做了大量的特性分析，所以读者可以参阅本章的参考文献[2～7]和[11]，以获取更多信息。

通常，我们期望通过体微机械工艺精确地控制整个薄膜的厚度或者精确地控制刻蚀层的厚度。但是在任何一种化学处理过程中，刻蚀工艺的一致性会因衬底上的负载效应、温度变化、厚度变化等而有相当大的差异性，这使得一致性难以在实践中获得。定时刻蚀是由刻蚀速率和刻蚀时间的乘积来决定刻蚀厚度的。然而这种刻蚀很难控制，因为刻蚀的厚度依赖于刻蚀剂的种类，刻蚀剂的扩散效应、负载效应，刻蚀剂的老化程度，以及表面的预处理等。

为了在各向异性刻蚀中可以达到比较高的控制精度，已经开发了不同种类的方法来处理这一问题，即形成刻蚀阻挡层[11, 12]。刻蚀阻挡层在控制刻蚀工艺流程及保证刻蚀在晶圆与晶圆之间、批次与批次之间的工艺一致性方面作用颇大。在微加工中使用的刻蚀阻挡层基本上有两种，一种是通过掺杂形成的，另一种是通过电化学的方式形成的。

在硅片上的刻蚀阻挡层通常都是通过引入掺杂剂来形成的。最常见的刻蚀阻挡层是用硼在硅片上进行重度 p 型掺杂来形成的(掺杂浓度通常大于 5×10^{19} atoms/cm^3)。晶圆的轻度掺杂区域刻蚀速率是正常的，但是重掺杂区域的刻蚀速率会非常低。在硅材料中引入掺杂剂是按照标准扩散或是离子注入工艺，保证具有可控的掺杂厚度和合理的掺杂均匀性。图 4.5 的曲线图表示了<100>晶圆在不同浓度的 KOH 溶液中归一化的刻蚀速率随硼掺杂浓度的变化[11]。我们可以看到，当硼掺杂浓度超过 10^{19} atoms/cm^3 之后，刻蚀速率会直线下降。这种硼掺杂刻蚀阻挡层也会带来一些问题，其中一个便是硅的表面在经过重掺杂刻蚀后就不能用于生产某类器件了，例如，在良好的刻蚀阻挡层所需的浓度下，由于掺杂浓度过高，材料将无法用于制造压敏电阻器件。

用于体硅基微机械加工的另一种刻蚀阻挡层是电化学阻挡层[13～17]。使用各向异性的刻蚀剂进行电化学刻蚀可以很好地控制三维尺寸(例如，通过这种方法可以产生具高度重复性的隔板厚度)。而且，这种工艺允许晶圆有较低的掺杂，这也是制造高品质压敏电阻器件的一个必要条件。但是，应用电化学刻蚀阻挡层的缺点是，需要对每个晶圆应用特殊的夹具来保证每片晶圆的稳定电接触，而且需要一个很好的电子控制系统来保证在刻蚀过程中加在晶圆上的电势差是正确的。

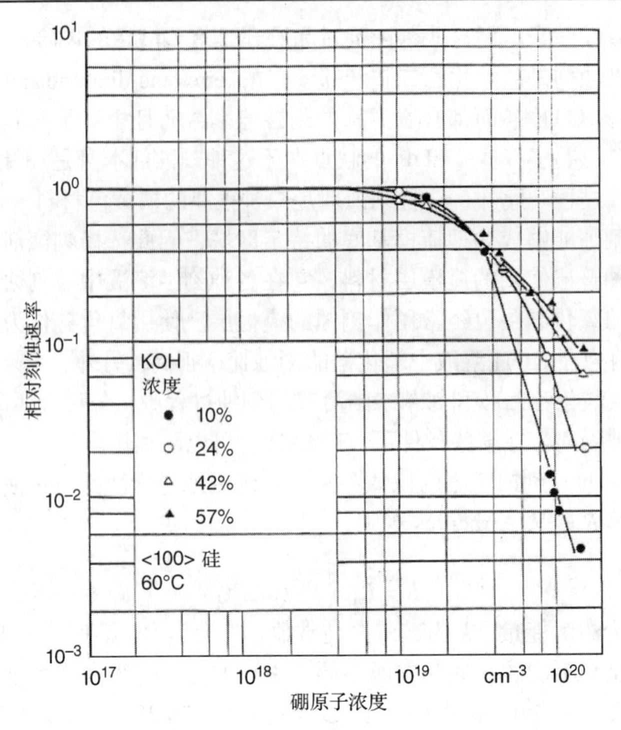

图 4.5 不同浓度的硼掺杂<100>晶圆在不同浓度的刻蚀溶液中的刻蚀速率曲线（Copyright © MEMS & Nanotechnology Exchange; used with permission.）

表面微机械工艺

表面微机械工艺是另一种非常流行的用于微系统器件制造的工艺。因为材料和刻蚀剂的组合不同，表面微机械工艺可以有很多种不同的变化[18, 19]。表面微机械工艺的基本流程大概都包含下面几步。首先，在晶圆表面沉积一些薄膜材料，这些薄膜只是作为搭建之后的机械结构的基础建筑层，称之为牺牲层。随后是真正器件层的沉积，器件在这些器件层上通过光刻和刻蚀工艺形成预先设计好的图案，称之为结构层。然后，将下面的牺牲层通过刻蚀的方法剥离，从而使整个机械器件脱离下面的衬底，成为一个可以活动的器件。在图 4.6 中，可以看到整个表面微机械工艺的基本过程。首先，有一层氧化硅层沉积在衬底表面，并通过光刻和刻蚀工艺得到图案。然后，一层多晶硅薄膜沉积到晶圆上。最后，牺牲层被刻蚀剥离，多晶硅结构就成为一个悬臂。

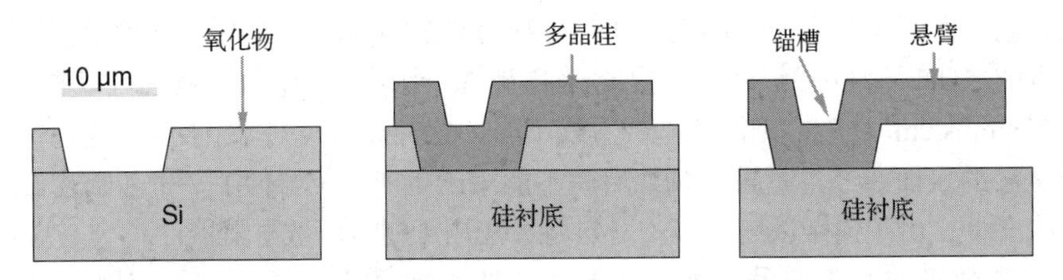

图 4.6 表面微机械工艺图解（Copyright © MEMS & Nanotechnology Exchange; used with permission.）

导致表面微机械工艺十分流行的原因有很多。首先，通过这种工艺可以非常精确地控制器件在垂直方向上的精度，而整个行业在薄膜沉积和厚度的控制方面已经非常成熟和精确。此外，表面微机械工艺在水平方向上的精度控制也不是问题，这是因为我们有非常精确的光刻和刻蚀工艺。表面微机械工艺的其他优势还包括机械结构层和牺牲层的材料可以有非常多的选择。也可以使用刻蚀剂组合，其中一些与微电子器件配置可生产出集成的微系统器件。表面微机械工艺利用了薄膜沉积工艺的很多特性（例如 LPCVD 的共形覆盖特性）。最后，表面微机械工艺使用的单面处理技术相对来说也容易许多。这使得表面微机械工艺与体微机械工艺相比可以提供更高的器件集成度且降低单个芯片成本。

然而，表面微机械工艺的确也有一些缺点，例如 LPCVD 所生成薄膜的机械特性往往都是不确定的，需要在生产过程中测量。另外，这些薄膜结构层通常都有很高的残余应力，所以在沉积之后通常需要经过一个高温退火的过程。要高质量地重复实现这些薄膜具有同样的机械性能，目前还颇有难度。此外，因为黏着效应的存在，将结构层剥离的过程也存在很高的难度。这种黏着效应指的是在将结构层剥离时，结构层因为毛细作用力容易贴在下面的衬底上，而且这种效应在器件工作时也可能发生。所以，有时候为了消除黏着效应，还需要做一些额外的处理，为这些机械结构镀上一层防止发生黏着的薄膜。图 4.7 是使用表面微机械工艺制作的多晶硅共振结构。

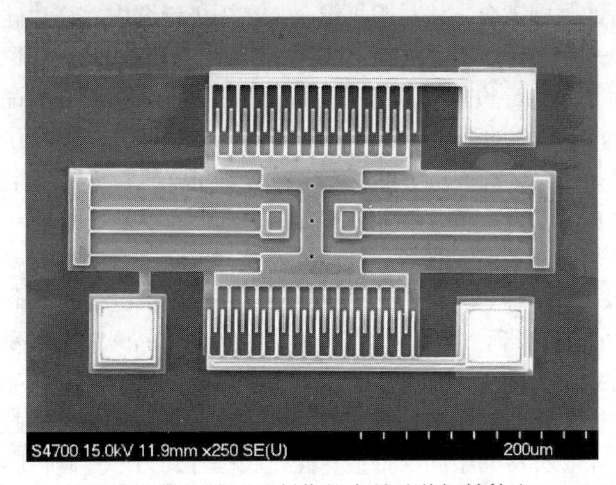

图 4.7　使用表面微机械工艺制作的多晶硅共振结构（Copyright © MEMS & Nanotechnology Exchange; used with permission.）

晶圆键合

晶圆键合是类似于宏观焊接的一种微机械加工方法，也就是将两片晶圆结合在一起形成一个多层晶圆结构的过程。晶圆键合有三种基础类型，包括直接键合（或称熔接）、场致键合（或称阳极键合）及通过中间介质层键合。所有成功的键合工艺都要求晶圆的表面平整度和光洁度非常好，以避免在键合的过程中产生空洞。

直接键合或者熔接通常用于将两片一样的硅晶圆结合到一起，或者可以用于将一片硅晶圆和另外一片被氧化的晶圆结合。直接键合也可以用于其他情况，例如，可以将一片硅晶圆和另外一片表面有氮化硅的硅晶圆通过这种方式结合在一起。最基础的直接键合包含下面 5 个步骤[20]：

（1）晶圆表面的水合处理和清洗（例如 RCA 清洗和浓硫酸清洗）。

（2）物理接触和加压（这个过程必须在一个非常干净的环境中紧随着前面的清洗步骤完成，因为晶圆容易带上静电并且吸附环境中的颗粒）。

（3）红外检测，用来检测退火之前的键合质量。

（4）高温退火，通常温度为 1000℃。

（5）最终的红外检测，用来检测退火之后的键合质量。

两片晶圆最初结合在一起是因为在水合处理过程中表面上建立的氢键。在键合之前，两片晶圆会预先对准，这样上面的晶圆和下面的晶圆之间的结构可以按照预想的那样最终结合到一起。经过高温退火之后，两片晶圆之间化学键结合的力量和强度可以达到与单晶硅的相当。对于这种工艺处理而言，键合之后晶圆内的残余应力也相对较小。需要注意的是，这种工艺处理方法有很严格的要求。晶圆必须非常平整光滑，另外，所有预处理和键合过程都需要在极度清洁的环境中进行。水合之后的晶圆表面非常容易带有静电，因此也非常容易吸附周围环境中的颗粒。如果在键合之前的晶圆表面有颗粒，那么在最终键合之后的双层结构中就会有空洞，严重的情况下甚至会导致两片晶圆不能结合到一起。虽然在 1000℃以下直接键合的过程中可以完成高温退火，但随着退火温度下降，键合的强度将大大降低。

为了提升用于预键合所需要的电场，键合之前在晶圆的表面用等离子体来处理。具有代表性的是将晶圆表面在很短时间内暴露在氧等离子体环境中。有报告称，如果晶圆键合用等离子体来做提升，则退火温度可低至 250℃～300℃，甚至更低。但在晶圆之间仍能实现高质量的键合[21, 22]。

另外一种非常流行的晶圆键合方法是阳极键合，在阳极键合中，一片硅晶圆通过电场和加温的共同作用键合到另外一片 Pyrex 7740 晶圆上[23~25]。当然，这两片晶圆也都是预先处理和对准的。这种键合的原理就在于 Pyrex 7740 晶圆中含有高浓度的钠离子，而且在硅晶圆上加有正电压。这样就使得钠离子离开 Pyrex 晶圆的玻璃表面，从而在 Pyrex 晶圆的玻璃表面产生了一个反向电场。而在键合过程中的高温又使得这些钠离子可以比较容易地在玻璃中游离，当钠离子到达交界面时，晶圆和玻璃之间就产生了高电场。再结合高温，两片晶圆就熔合在一起了。与直接键合工艺一样，阳极键合也需要晶圆必须非常平整、光滑和洁净。而且，整个键合过程需要在极度清洁的环境中进行，否则任何在晶圆表面的颗粒会导致晶圆之间产生空洞。阳极键合的一个优势在于，Pyrex 7740 晶圆的热膨胀系数和硅晶圆的几乎一样，所以产生的最终多层晶圆结构的残余应力很低。阳极键合是目前在 MEMS 封装中常用的一种技术。

除了直接键合和阳极键合，在 MEMS 生产中还有其他一些晶圆键合的技术。其中一种是共晶键合，在高温下通过一个金材料的中间层将一片硅衬底键合到另一片硅衬底上，金使得两片晶圆结合到一起[26]。这种技术工作的原理在于金原子在硅中的扩散速度非常快。事实上，这是一种在稍低温度下比较好的键合方法。

另外一种晶圆键合的方法是玻璃粉键合[27]。在这种方法中，将玻璃粉涂布到晶圆表面，然后这片晶圆和另外一片晶圆接触，通过高温让这层中间的玻璃层熔化并流动，最终将两片晶圆结合到一起。

最后要说的是，有很多种聚合物也可以用作中间介质层来键合晶圆，例如环氧树脂、光刻胶、聚酰亚胺和硅树脂等[28]。这种技术通常用于微系统的各种制造步骤，例如当晶圆变得易碎而无法在没有机械支撑的情况下处理时。

高深宽比的 MEMS 制造技术

硅基材料的深层反应离子刻蚀 深层反应离子刻蚀（deep reactive ion etching，DRIE）是一种高度各向异性等离子体刻蚀，依靠高深宽比将很高的特征结构刻蚀到硅表面。这种技术在 20 世纪 90 年代出现，已经在 MEMS 制造技术中得到广泛使用[29, 30]。刻蚀出来的结构侧壁可以接近垂直，刻蚀深度可以达到几百至几千微米，甚至完全贯穿了整个硅衬底。有两种最基础的 DRIE 刻蚀流程：低温 DRIE 和 Bosch DRIE 流程。后者在 MEMS 生产中最为常用。

Bosch DRIE 流程是在 Robert Bosch GmbH 公司研发并且拿到专利后以公司名字命名的刻蚀技术[29]。图 4.8 展示了如何使用 Bosch 流程来完成 DRIE。这种刻蚀是一种使用等离子干法刻蚀的工艺。在刻蚀过程中会使用高密度的等离子体，在一个硅刻蚀周期和一个沉积周期之间不断地切换，之后一层耐腐蚀聚合物层便会沉积在侧壁上。对于硅材料起刻蚀作用的主要气体是 SF6，而帮助保护侧壁的聚合物的主要来源是 C4F8。在工艺处理过程中，气体流量控制器不断在这两种气体之间切换。保护侧壁的聚合物也会在刻蚀结构的底部沉积，但是因为等离子刻蚀的各向异性，底部聚合物刻蚀的速率远比侧壁上的高。

刻蚀完成之后侧壁并不是很光滑，如果拿到电子显微镜下放大观察，可以看到侧壁上类似搓衣板或扇形的图案。最初引入的已经商业化的 DRIE 设备通常可以达到 1～4 μm/min 的刻蚀速率。然而，采用最新版本的 DRIE 设备，刻蚀速率能稳定提升，甚至大于 20 μm/min 也是有可能的[31]。光刻胶或是二氧化硅可以在 DRIE 中用作掩模层。对于光刻胶和氧化物的掩模选择比大约是 75:1 或者 150:1。

如果要刻蚀比较深的结构，相对应的光刻胶厚度也要增加。DRIE 的深宽比可以达到 30:1[32]，但是通常只会做到 15:1 或者更低。同样，这种 DRIE 也有负载效应，在暴露区域比较大的情况下，刻蚀速率会比较高，反之则会比较低。所以，对于不同光掩模图案密度和刻蚀深度的要求，刻蚀工艺程序也要相应做调节，以便达到想要的结果。此外，为了得到统一的深度，所有在衬底上的凹槽宽度要一致，特性也要一致。图 4.9 是一个使用 DRIE 形成硅微结构的 SEM 剖面图。可以看到，这个结构的深度非常深，而侧壁几乎还是垂直的。

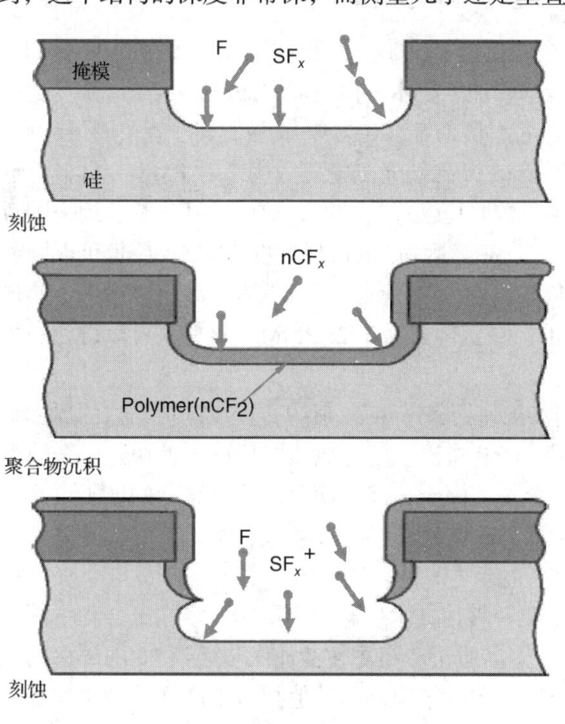

图 4.8　DRIE 图解（Copyright © MEMS & Nanotechnology Exchange; used with permission.）

图 4.9　使用 DRIE 形成硅微结构的 SEM 剖面图（Copyright © MEMS & Nanotechnology Exchange; used with permission.）

玻璃衬底材料的深层反应离子刻蚀　玻璃衬底材料也可以用来进行深度刻蚀，从而得到我们想要的机械结构，这项技术在 MEMS 行业里越来越受到关注[33]。图 4.10 展示了多个使用这种技术制作出来的微结构，在玻璃上刻蚀出有高深宽比的凹槽，具有超过 100 μm 的深度，深宽比超过 4:1。这种刻蚀方法会用到一个大约 20 μm 厚的镍材料硬掩模。在刻蚀工艺中镍材料掩模层的选择比是 10:1。不同于 Bosch 刻蚀过程，这种加工方法是持续不断的，因此侧壁不会扇形化，硬掩模横向的刻蚀不净情况就会减少。然而，这种加工对微掩模更敏感。典型 DRIE 对玻璃的刻蚀速率大约为 250～500 nm/min。根据需要刻蚀的深度不同，光刻胶、金属或者多晶硅都可以用作掩模材料[34]。

图 4.10 展示了多个使用 MEMS 和纳米技术制作出来的微结构的剖面图(Copyright © MEMS & Nanotechnology Exchange; used with permission.)

LIGA 工艺 LIGA 是另一种高深宽比的微机械工艺。LIGA 这个词来源于德语 LIthographie Galvanoformung Adformung[35]。LIGA 是一种非硅基的加工技术，而且需要用到同步加速器产生的 X 射线。首先，需要在金属表面或者其他衬底上涂覆对于 X 射线敏感的聚甲基丙烯酸甲酯(polymethyl methacrylate，PMMA)材料层。一个特殊的 X 射线光刻掩模版用来对 PMMA 材料层进行选择性曝光。在进行显影之后，PMMA 材料层会按照掩模版的图形，形成极度光滑、近乎垂直的侧壁。因为 X 射线的穿透力强，所以对于很厚的，甚至达到 1 mm 厚度的 PMMA 层也可以顺利曝光显影。在显影之后，带有图案的 PMMA 材料层就像一个模具，将其放入一个电镀槽中，通过电镀工艺将镍或另外一种材料镀到没有 PMMA 的区域。随后，洗去 PMMA 材料就可以得到一个金属的微结构。

因为 LIGA 工艺需要一套特殊的掩模版和同步加速器来产生 X 射线，所以这种工艺的成本相对较高。这种工艺的一种替代方法就是重新利用已经制作出来的金属微结构。再使用这个金属微结构作为插入性的工具，可以重复地做成一些聚合物的模子，然后使用那些聚合物的模子再重复进行电镀和去除聚合物的过程[36]。显然，这样就可以避免重复进行 X 射线光刻工艺，显著降低了成本。光刻过程的尺寸控制得很好，金属微结构在报废之前可以被利用很多次。

热压铸方法 热压铸方法用一个通过 LIGA 或者其他技术生产的金属镶嵌模在聚合物中压出我们需要的机械结构。这种工艺可以在聚合物衬底上高质量和高重复性地压制达到 200 μm 深的结构，而且尺寸控制得很好。其优势在于使用聚合物生产微结构比用其他技术生产同样微结构的成本低得多。也正因为如此，在生产一些流体器件时，这是首选的技术。这种金属镶嵌模可以用 LIGA、DRIE 或其他工艺来生产。原则上，LIGA 工艺的镶嵌模是最贵的，但有相对光滑的侧壁。因为使用的是金属材质，所以会达到最佳的压铸效果。

其他微机械制造方法

除了体微机械工艺、表面微机械工艺、晶圆键合和高深宽比微机械技术，还有很多不同的技术应用在微系统器件制造中。我们在这里再介绍一些目前流行的方法，但是鼓励读者参阅本章的参考文献[4～7]，以获取更多关于其他工艺的介绍。

XeF_2 干法刻蚀 二氟化氙(xenon difluoride，XeF_2)气体是一种各向同性的硅刻蚀剂[37]，这种刻蚀剂对于在微电子生产中使用的很多薄膜，例如 LPCVD 的氮化硅、热氧化生长的氧化硅、铝、钛等有着很高的选择比。因为这是一种干法刻蚀，所以在工艺处理的过程中不会有黏着效应。这种刻蚀剂常用于生产预处理的 CMOS 晶圆中的超微结构。在 CMOS 晶圆衬底表面上的保护层缺口是用于暴露硅材料进行刻蚀加工的。

放电微加工　放电微加工(electro-discharge micromachining，EDM)或者 micro-EDM 是一种着眼于用机器加工导电材料，通过击穿电压放电来去除部分材料的工艺[38]。其中，一个金属工作电极被加上很高的电压脉冲，之后将这个工作电极移动到已经浸入非导体溶液中的待处理材料附近，通过电压脉冲去除要处理的材料。这种微细电火花加工方法能够获得的最小尺寸与工作电极的大小及其夹具都有关系。有报道称，这种方法可以产生几十微米大小的孔洞。这种工艺的问题之一在于它是一个缓慢的顺序处理过程，产出率不高，因此成本很高。

激光微机械工艺　激光可以在很短的一个光脉冲中聚集非常大的能量，可以将这样的能量指向用于微机械加工的特定材料区域[39]。目前，可以用在微机械加工中的激光有很多种，比如二氧化碳激光、YAG 激光、受激准分子激光等。每一种激光都有各自的特点和能力，要根据不同的应用需求来选择。在选择激光类型的过程中，需要考虑下面一些因素：激光的波长、能量、能耗、加工材料的材质、尺寸要求和容许误差，以及处理速度和成本。CO_2 激光和 Nd:YAG 激光的应用是一个热加工过程。通过透镜聚焦后的光线按照预先定义的能量密度照射到一个预定位置上，将照射区域熔化或者直接气化。另外一种原理则是非热力的，可以认为是光敏性的，高能量的紫外线(ultra violet，UV)辐射，比如准分子激光、谐波 YAG 激光或其他 UV 光源等可以使有机材料分解。与放电加工类似，激光微机械工艺也可以产生几十微米大小的孔洞，但这同样是一个顺序处理过程，所以也相对较慢。

激光微机械工艺领域的最新技术是使用飞秒激光。与传统激光微机械工艺相比，飞秒激光使用超短激光脉冲，从而提供更好的控制效果和结果[40]。因为激光脉冲比热扩散和电子声子耦合的时间更短，几乎没有对受辐射物质加热。受辐射物质而是瞬间就从固体转化成气体。这减少了对周围材料的破坏，也提供了更好的控制效果。此外，这种加工工艺并不是线性依赖于激光辐射的吸收能力，有大量不同种类的材料可以用飞秒激光技术来加工，包括半导体材料、金属材料、介电材料、陶瓷和高分子材料。

聚焦离子束微机械工艺　另外一种进行微机械加工的设备是聚焦离子束(focused ion beam，FIB)[41]。聚焦离子束的加速电压可以在几 keV 到几百 keV 之间调节，离子束的光斑尺寸也可以调节到 50 nm，所以聚焦离子束可以用于制作非常小的微结构。用户可以将期望刻蚀出的拓扑结构三维 CAD 固态模型输入机器的计算机中，然后，机器的高精密工作台就可以按照预定程序以亚微米的定位精度刻蚀出想要的形状。除了刻蚀能力，聚焦离子束还可以用于其他很多工作，比如离子束沉积、光刻、离子注入掺杂、掩模版修补、器件修补和器件分析等。大多数商业化的 FIB 设备都有成像能力，许多设备也都配备了质量分析的辅助工具，运用微型次级离子质谱分析法(uSIMS)对从衬底上除掉的微粒进行分析。

4.5　展望

MEMS 的未来包含了更高程度的集成、更多功能和更小的尺寸。随着制造工艺不断进步，可以想象未来我们将会非常容易地在一个芯片上集成各种不同的传感器和驱动器，以及最先进的电子线路。这将会使我们有能力在更低成本的基础上，用很小的尺寸实现巨大数量的功能。此外，我们也看到 MEMS 和纳米技术的融合，而且这一趋势将来只会持续增长。

也许最重要的一个趋势是MEMS在IoT中的运用，每件事、每个人都会被连接在一起。特别是IoT是物理对象的集合，这些对象是通过通信网络互相连接，从而实现物理对象收集、储存、加工和交换信息的过程。在IoT的实现中需要的重要因素之一是便宜且引人注目的设备，这些设备能感应并驱动控制物理对象和/或被嵌入事物的环境，这些设备便是MEMS设备。因此，MEMS设备无疑在IoT的实现中起着巨大的作用。没有人现在能知道IoT的冲击力或带来的市场规模，但预计它将是未来MEMS发展的一个主要推动力。

4.6 结论

MEMS通过微型化、批次处理生产及与电子的合成，正在改变我们对于机械系统的设计。MEMS技术不是某一器件的某一种应用，也不是一个简单的生产过程，而是一种为工业、商业、军工业等提供新的和独特性能的技术。虽然MEMS器件只是产品的质量、大小和成本的一个部分，但是这些器件对于整个产品的性能、可靠性和价格都是至关重要的。在本章中，我们回顾了MEMS技术，也试图从IC行业的角度来介绍这些材料。MEMS和IC同出一门，但MEMS是一种更加广阔和多样化的技术。其多样性、经济影响力和大范围潜在的应用机会，都将使之在未来成为标志性的技术。

4.7 参考文献

1. P. H. Huang, C. Folk, C. Silva, B. Christensen, Y. F. Chen, G. B. Lee, Chen, Minjdar et al., "Applications of MEMS Devices to Delta Wing Aircraft: From Concept Development to Transonic Flight Test," AIAA Paper No. 2001-0124, Reno, Nevada, Jan. 8–11, 2001.

2. G. T. A. Kovacs, *Micromachined Transducers Sourcebook*, McGraw-Hill, New York, 1998.

3. M. Elwenspoek and R. Wiegerink, *Mechanical Microsensors*, Springer, Berlin, Germany, 2001.

4. M. Madou, *Fundamentals of Microfabrication*, CRC Press, Boca Raton, Fl., 1997.

5. M. A. Huff, S. F. Bart, and P. Lin, "MEMS Process Integration," Chapter 14 of the *MEMS Materials and Processing Handbook,* editors R. Ghodssi and P. Lin, Springer Press, New York, May 2012.

6. S. Sze, *Semicondcutor Sensors*, Wiley, New York, 1995.

7. M. Gad-el-Hak, *The MEMS Handbook*, CRC Press, Boca Raton, Fl., 2002.

8. K. E. Petersen, "Silicon as a mechanical material," *Proceedings of the IEEE*, 70 (5): 420–457, May 1982.

9. R. K. Gupta et al., "Material Property Measurements of Micromechanical Polysilicon Beams," SPIE 1996 Conference (Invited Paper): *Microlithography and Metrology in Micromachining II*, Oct. 14–15, 1996.

10. R. C. Jaeger, *Introduction to Microelectronic Fabrication: Volume 5 of Modular Series on Solid-State Devices*, 2d ed., Prentice Hall Upper Saddle River, New Jersey, Oct. 2001.

11. H. Seidel, L. Csepregi, A. Heuberger, and H. Baumgartel, "Anisotropic Etching of Crystalline Silicon in Alkaline Solutions: II, Influence of Dopants," *J. Electrochem. Soc.*, 137: 3626, 1990.

12. N. F. Raley, Y. Sugiyami, T. van Duzer, "(100) Silicon Etch-Rate Dependence on Boron Concentration in Ethylenediamine-Pyrocatechol-Water Solutions," *J. Electrochem. Soc.*, 131: 161, 1984.

13. W. K. Zwicker and S. K. Kurtz, "Anisotropic Etching of Silicon Using Electrochemical Displacement Reactions," in *Semiconductor Silicon 1973* edited by H. R. Huff and R. R. Burgess, Electromechanical Society, Pennington, New Jersey, p. 315, 1973.

14. T. N. Jackson, M. A. Tischler, and K. D. Wise, "An Electrochemical p-n Junction Etch Stop for the Formation of Silicon Microstructures," *IEEE Elec. Dev. Lett.*, EDLM-2, p. 44, 1981.

15. O. J. Glembocki, R. E. Stanlbush, and M. Tomkiewicz, "Bias-Dependent Etching of Silicon in Aqueous KOH," *J. Electrochem. Soc.*, 132: 145, 1985.

16. B. Kloech, S. D. Collins, N. F. de Rooij, and R. L. Smith, "Study of Electrochemical Etch-Stop for High Precision Thickness Control of Silicon Membranes," *IEEE Trans. Electron Dev.*, ED-36, p. 663, 1989.

17. V. M. McNeil, S. S. Wang, K. Y. Ng, and M. A. Schmidt, "An Investigation of the Electrochemical Etching of (100) Silicon in CsOH and KOH," Tech. Dig. IEEE Solid-State Sensor and Actuator Workshop, Hilton Head, S.C., p. 92, 1990.

18. R. T. Howe and R. S. Muller, "Polycrystalline and Amorphous Silicon Micromechanical Beams: Annealing and Mechanical Properties," *Sensors and Actuators*, 4: 447, 1983.

19. L. S. Fan, Y. C. Tai, and R. S. Muller, "IC-Processed Electrostatic Micromotors," presented at the Int. Electron Devices Meeting (IEDM), p. 666, 1991.

20. M. A. Huff and M. A. Schmidt, "Fabrication, Packaging, and Testing of a Wafer-Bonded Microvalve," IEEE Solid-State Sensor and Actuator Meeting, Hilton Head, S.C., Jun. 22–25, 1992.

21. A. Weinhart, P. Amirfeiz, and S. Bengstsson, "Plasma Assisted Room Temperature Bonding for MST," *Sensors and Actuators A*, 92: 214–222, 2001.

22. A. Doll, F. Goldschmidtboeing, and P. Wois, "Low-Temperature Plasma-Assisted Wafer Bonding and Bond-Interface Stress Characterization," *Micro Electro Mechanical Systems*, 17th IEEE International Conference on MEMS, pp. 665–668, 2004.

23. G. Wallis and D. L. Pomerantz, "Field Assisted Glass-Metal Sealing," *J. Appl. Phys.*, 40: 3946, 1969.

24. S. Johansson, K. Gustafsson, and J. A. Schweitz, "Strength Evaluation of the Field Assisted Bond Seals between Silicon and Pyrex Glass," *Sens. Mater.*, 3: 143, 1988.

25. S. Johansson, K. Gustafsson, and J. A. Schweitz, "Influence of Bond Area Ratio on the Strength on FAB Seals between Silicon Microstructures and Glass," *Sens. Mater.*, 4: 209, 1988.

26. A. L. Tiensuu, J. A. Schweitz, and S. Johansson, "In Situ Investigation of Precise High Strength Micro Assembly Using Au-Si Eutectic Bonding," 8th International Conference on Solid-State Sensors and Actuators, Transducers 95, Stockholm, Sweden, p. 236, Jun. 1995.

27. Editorial, "Sealing Glass," Corning Technical Publication, Corning Glass Works, 1981.

28. C. den Besten, R. E. G. van Hal, J. Munoz, and P. Bergveld, "Polymer Bonding of Micromachined Silicon Structures," Proceedings of the IEEE Micro Electro Mechanical Systems, MEMS 92, Travemunde, Germany, p. 104, 1992.

29. F. Larmar and P. Schilp, "Method of Anisotropically Etching of Silicon," German Patent DE 4,241,045, 1994.

30. J. Bhardwaj and H. Ashraf, "Advanced Silicon Etching Using High Density Plasmas," *Proc. SPIE, Micromachining and Microfabrication Process Technology Symp.*, Austin, TX, vol. 2639, p. 224, Oct. 23–24, 1995.

31. A. A. Chambers, "Si DRIE for Through-Wafer via Fabrication," *Solid-State Technology*, Mar. 2006.

32. J. Yeom, Y. Wu, J. C. Selby, and M. A. Shannon, "Maximum Achievable Aspect Ratio in Deep Reactive Ion Etching of Silicon due to Aspect Ratio Dependent Transport and the Microloading Effect." *J. Vac. Sci. Technol. B*, Oct. 31, 2005.

33. ULVAC, Inc., Technical Data, 2004.

34. M. Pedersen and M. Huff, “Plasma Etching of Deep, High-Aspect Ratio Etching of Features in Fused Silica,” submitted of publication to *IEEE J. Microelectromechanical Sys*.

35. W. Ehrfeld, P. Bley, F. Gotz, P. Hagmann, A. Maner, J. Mohr, H. O. Moser et al., “Fabrication of Microstructures Using the LIGA Process,” *Proc. IEEE Micro Robots and Teleoperators Workshop*, Hyannis, MA, Nov. 1987.

36. W. Menz, W. Bacher, M. Harmening, and A. Michel, “The LIGA Technique—a Novel Concept for Microstructures and the Combination with Si-Technologies by Injection Molding,” *IEEE Workshop on Micro Electro Mechanical Systems*, MEMS 91, p. 69, 1991.

37. P. B. Chu, J. T. Chen, R. Yeh, G. Lin, C. P. Hunag, B .A. Warneke, and K. S. J. Pister, “Controlled Pulse-Etching with Xenon Difluoride, “*Proc. Inter. Conf. Solid-State Sensors and Actuators*, *Transducers 97*, p. 665, Jun. 1997.

38. B. B. Pradhan, M. Masanta, B. R. Sarkar, and B. Bhattacharyya, “Investigation of Electro-Discharge Micro-Machining of Titanium Super Alloy,” *Int. J. Adv. Manuf. Technol.*, 41: 1094–1106, 2009.

39. R. D. Schaefer, *Fundamentals of Laser Micromachining*, Taylor & Francis, Oxfordshire, UK, Apr. 2012.

40. R. Osellame, G. Cerullo, and R. Ramponi, “Femtosecond Laser Micromachining,” *Topics in Applied Physics 123*, Springer, New York, Mar. 2012.

41. W. Driesel, “Micromachining using Focused Ion Beams,” *Physica Status Solidi* (*a*), 146 (1): 523–535, Nov. 16, 1994.

4.8 扩展阅读

Electronic Discussion Groups, http://www.memsnet.org/lists/. (Accessed January 15, 2017.)

MEMS and Nanotechnology Exchange (MNX), http://www.mems-exchange.org. http://www.memsnet.org/lists/. (Accessed January 15, 2017.)

Nanotechnology Clearinghouse, http://www.memsnet.org. http://www.memsnet.org/lists/. (Accessed January 15, 2017.)

第5章　高性能、低功耗、高可靠性三维集成电路的物理设计

本章作者：Ankur Srivastava　University of Maryland
Tiantao Lu　University of Maryland
本章译者：（美）卢恬涛　Cadence Design Systems

5.1　引言

在过去的几十年中，集成电路对高性能和复杂功能的需求主要通过积极地缩减器件尺寸的等比原则来满足。等比原则使得晶体管尺寸更小、速度更快、集成度更高。晶体管的尺寸不断缩小实现了摩尔定律的预言，并已被证明是在性能提高和成本控制上非常有效的解决方案。在撰写本章时，14 nm CMOS晶体管已经成功商业化，10 nm晶体管正在开发中。然而，晶体管缩小的趋势似乎已经接近饱和。进一步缩小晶体管尺寸将不可避免地遇到物理方面的限制，并且可能不再具有成本上的优势。器件缩小引起的另一个主要问题是金属互连延迟变得越来越长。导线延迟已成为进一步提高芯片性能的主要瓶颈之一。在电路功能日趋复杂的今天，全局的布线长度不断增加，使得互连功耗不断增加。随着器件尺寸进一步减少，导线互连的延迟和功耗都将变得更大。

在传统缩减器件的等比原则正在接近其物理极限的背景下，三维集成电路（3D IC）成为旨在延续摩尔定律的最有前途的技术之一。三维芯片利用垂直维度实现了单位面积晶体管数量的增加。垂直互连硅通孔（TSV）取代了平面电路中的芯片之间的互连，从而显著改善了带宽、功耗和速度。虽然性能优势显著，三维芯片仍然面临着若干设计上的挑战。学术界正在研究新的设计流程和方法，以应对这些挑战并且实现三维芯片的真正潜力。本章对三维芯片物理设计的现状进行了全面的分析，包括主流的三维芯片的设计流程、主要的设计挑战及最新的科研进展。

5.1.1　晶体管缩小的根本限制因素

在过去的几十年中，计算能力和集成电路复杂性的增长基于这样一个事实：器件的缩小使得晶体管开关更快、晶体管更密集。然而，在先进的技术节点中，当晶体管和互连变得更小和更密集时，出现了以下几个主要挑战。

第一个挑战是传统的晶体管缩小程度正在趋近物理极限。有两个物理瓶颈阻碍了晶体管的进一步缩小。首先是晶体管的漏电流，包括较薄的栅极氧化物导致的栅极漏电流，以及较低的阈值电压导致的亚阈值漏电流等。这些漏电流使得晶体管更难以关闭，这影响了其开关速度并消耗了更多能量。新型器件比如高 k 栅极和金属栅极正在被研发，然而，我们尚不确定，当晶体管尺寸进一步缩小时，是否仍存在经济可行的减少漏电流的方案。

第二个挑战来自先进技术节点中的工艺变化。晶体管掺杂浓度的变化是一个广为人知的例子。由于尺寸较小的器件需要较少的杂质，因此随着器件尺寸缩小，在同一芯片上不同区域的晶体管的掺杂浓度存在显著差异。这些晶体管之间掺杂浓度的差异使得晶体管之间的阈值电压存在显著

的差异。另一个例子是金属导线边缘的粗糙度，它指的是导线图案的边缘偏离平滑理想形状的程度。随着器件的尺寸小于光刻的波长，金属导线会变得越来越粗糙不平。粗糙不平的表面会产生寄生效应，从而对电路性能产生影响。

5.1.2 导线互连的延迟和功耗的上升

即使晶体管尺寸不断缩小，导线互连的延迟和功耗却限制了集成电路性能的进一步提高。随着集成电路的功能变得越来越复杂，全局布线的长度不断增加，使得互连延迟明显增加。一个著名的例子是处理器内核和动态随机访问存储器(DRAM)之间又长又慢的总线产生的存储器读写延迟。读取/写入存储器需要数十至数百个时钟周期，因此存储器访问已成为现代高性能计算系统的主要开销之一。插入更多缓冲器(buffer)是减少互连延迟的常见做法，但它不可避免地产生了更高的功耗。

另一个与互连相关的重要限制因素是相对较窄的带宽。总线通道的宽度受到外部封装的输入/输出引脚数量的限制。在多核处理器和大数据时代，处理器需要处理大量的数据包，这些数据包时常受限于处理器内核和内存之间繁忙的总线而需等待被传输，因此有限的带宽已成为进一步提高计算机性能的巨大瓶颈。

5.1.3 什么是三维芯片

三维芯片可垂直层叠多个平面晶圆或晶片，从而增加晶体管密度并缩短导线总长度。不同层中的电路元件可以通过称为 TSV 的垂直互连进行通信。三维芯片可以使用大量的、传输速度非常快的 TSV，这可以显著增加芯片的带宽，并减少互连延迟和功耗。此外，三维芯片可以将异构的材料、技术和系统集成到一个封装中，这种架构给设计师提供了全新的设计选项。

图 5.1 展示了一个双层液冷的三维芯片。散热板处于三维芯片的顶部，提供了传统的空气冷却功能。DRAM 层和处理器层垂直连接，它们通过 TSV 进行层间通信。此外，硅衬底被刻蚀形成微流道，微流道内含有冷却液。这块双层的三维芯片通过 C4 焊接点被连接到外部封装。

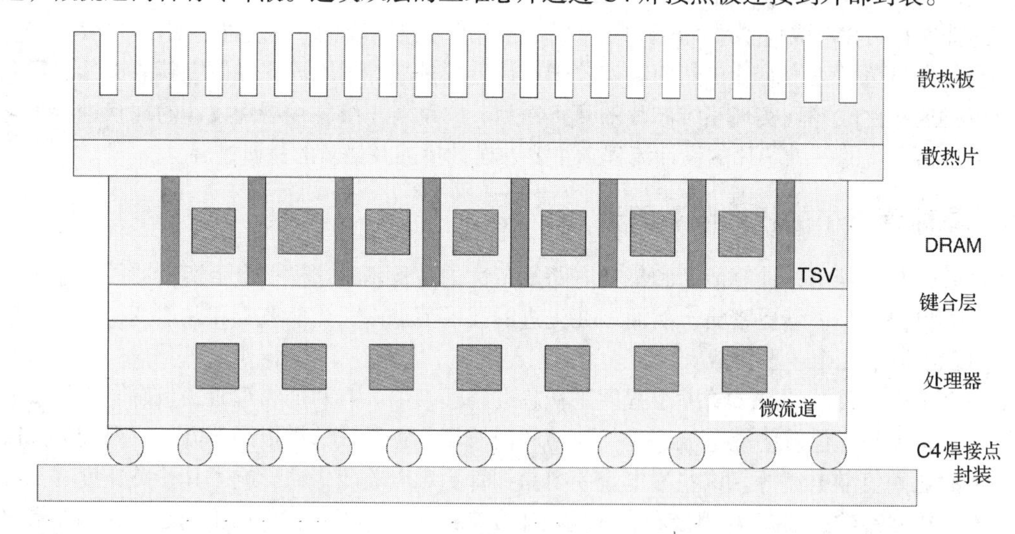

图 5.1 双层液冷的三维芯片。动态随机访问存储器(DRAM)层叠在处理器层上

在本章中，我们将概述三维芯片的设计流程，并讨论三维芯片的主要设计挑战和最新的解决方案。

5.2　三维芯片的设计流程

本节概述了三维芯片的设计流程。

图 5.2 展示了一个典型的三维芯片的设计流程。设计流程从三维体系结构设计探索开始，系统架构师会确定合适的技术组合和系统分区。确定设计规范后，设计师使用综合工具将行为级的设计规范转换为逻辑门级的电路网表。接下来是三维芯片的物理设计，这包括电源线和接地线的规划、平面规划、布局/布线和时钟网络综合。三维芯片的物理设计与平面电路的物理设计存在明显差异，这些差异主要来自层间焊点、电源、信号和时钟 TSV 的布局。在物理设计阶段，设计师需要考虑层间焊点和 TSV 的数量限制。过多的层间焊点和 TSV 会引起可靠性和信号完整性问题，占据过多的芯片面积，并增加了制造成本。下一步是从芯片版图中提取电气参数，并对照设计规则和预期功能验证所设计的电路。经过电路验证，设计师们会分析确保三维芯片的电气性能(时序、功耗和电压降等)、温度分布和可靠性均符合设计规范。最后，三维芯片需要适当的封装。研究表明，三维芯片的温度分布、功耗、信号完整性及机械可靠性受到封装焊点和层间焊点的分布的影响。

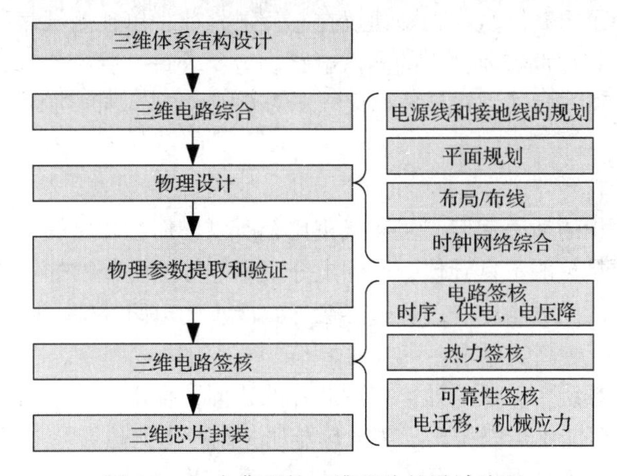

图 5.2　一个典型的三维芯片的设计流程

在本章中，我们将重点介绍三维芯片设计流程中的物理设计阶段。

5.3　三维芯片的物理设计面临的挑战

三维芯片的物理设计是一个将抽象的电路拓扑(即电路网表)转换为实际布局的关键步骤。三维芯片的物理设计工具面临着几个独特的挑战，在本节中，我们将重点讨论一些关键挑战，包括三维布局、时钟树综合、热管理、电压传输和可靠性问题等方面。

5.3.1　三维布局问题

对于给定的由标准门电路组成的电路网表，三维芯片的放置问题旨在于三维空间中找到每个逻辑门的位置，从而在使用有限 TSV 的限制条件下，使总线长度最短。

三维芯片的以下特性使得它的布局问题不同于平面电路的布局问题。首先，需要将每个标准门放置在三维芯片的某一层，该层数是一个离散的而不是连续的值，而传统的平面电路布局算法则处理连续空间中的平面布局问题。平面电路的布局算法通常会在全局布局阶段允许部分标准门重叠，随后通过后续的微调和合法化步骤逐渐取消这些重叠。如果三维芯片的布局算法采用与平面电路类似的办法(先在连续空间内优化再取整)处理标准门的层数这一变量，会导致舍入误差，从而无法得到最优解。

其次，三维布局算法需要配置 TSV，包括 TSV 的数量和放置位置。TSV 是大尺寸的导线，其直径范围为 2～10 μm[1]。TSV 也会在邻近区域产生热机械应力，而热机械应力会通过改变载流子迁移率而影响晶体管的速度。TSV 还存在可靠性问题，例如 TSV 材料的界面分层和 TSV 引起的衬底开裂。

5.3.2 三维时钟树

时钟树是一种主流的时钟分配网络，它将时钟信号从时钟源传送到所有时序逻辑模块终端(例如触发器)，这些终端称为时钟接收器。一些常见的时钟树的设计目标包括最小化总线长度、总功率和时钟偏移等。

三维时钟树的综合算法面临一系列挑战。首先，与平面电路的时钟树相比，三维时钟树需要时钟 TSV 连接不同层中的树节点。三维时钟树综合算法需要确定时钟 TSV 的数量及其放置位置。另外，算法需要计算 TSV 的寄生电阻电容参数所引起的延迟和功耗。

其次，一些厂商为了提高产量，强烈建议在芯片层叠前，单独测试每一层的芯片。因此，在三维芯片中，有时每层芯片都需要独立的测试电路。这要求每一层芯片都具备完整的时钟树。总之，保证每一层芯片能独立测试，并且最小化测试的开销也是三维时钟树的设计目标之一。

5.3.3 三维热管理

三维芯片每单位面积的功率密度与层数成正比，所以增加芯片层叠也就增加了芯片的功率密度。同时，层间电介质是热的不良导体，层间电介质和芯片层叠都增加了热阻，导致三维芯片的散热成为全世界范围内的巨大难题。芯片过热会导致严重的电路性能下降和可靠性损失，所以三维芯片对散热能力提出了更高的要求。

在传统的空气冷却系统中，散热器连接到芯片的背面，提供了一条由芯片内部到外部环境的通道。然而，空气冷却可能不足以排出远离散热器那一侧产生的热量[2]。

如果没有更好的冷却方案或更好的设计方法，三维芯片中的大部分电路必须关闭以避免过热(称为“暗硅现象”)，这会导致芯片性能大幅下降。

5.3.4 三维电源管理

抑制电压噪声以稳定电压水平是电压输送网络最重要的设计目标。三维芯片的电压网络含有较为严重的噪声。其原因有两方面。第一，随着更多芯片垂直层叠，电路总功耗增加。第二，电源输入/输出引脚数量与三维芯片的面积成正比，而由于制造工艺的约束，该面积相对固定(不随芯片层叠而增加)。随着有源器件从电源网络中吸取大量电流，三维芯片的垂直电压输送由于 IR 电压降而损失了大量电压。此外，电流浪涌会引起显著的 Ldi / dt 电压下降。

图 5.3 是一个双层三维芯片的电压输送网络模型。该模型由 PCB 组件、封装组件和层叠芯片组成。层叠芯片被网格化，其中有源器件被模块化为附着到每个网格节点上的电流源。在网格之间有用于模型平面导线和电压 TSV 的电阻和电感组件。

三维芯片的电源网络的以下几个特性可以帮助设计人员抑制电压噪声。第一，有源器件的功耗在水平和垂直方向上都具有显著的空间变化。在水平方向，不同的有源器件消耗不同的功率(比如运算单元比加载和存储单元消耗了更多的功率)。在垂直方向，不同功能的芯片被层叠在一起，功耗也可能大相径庭，例如，DRAM 层消耗了比 CPU 层低得多的功率。

第二，三维芯片的层叠结构使得电源噪声被耦合到相邻的芯片层。例如，在 CPU 内核工作期间，相邻 DRAM 层中也会出现显著的电压噪声。

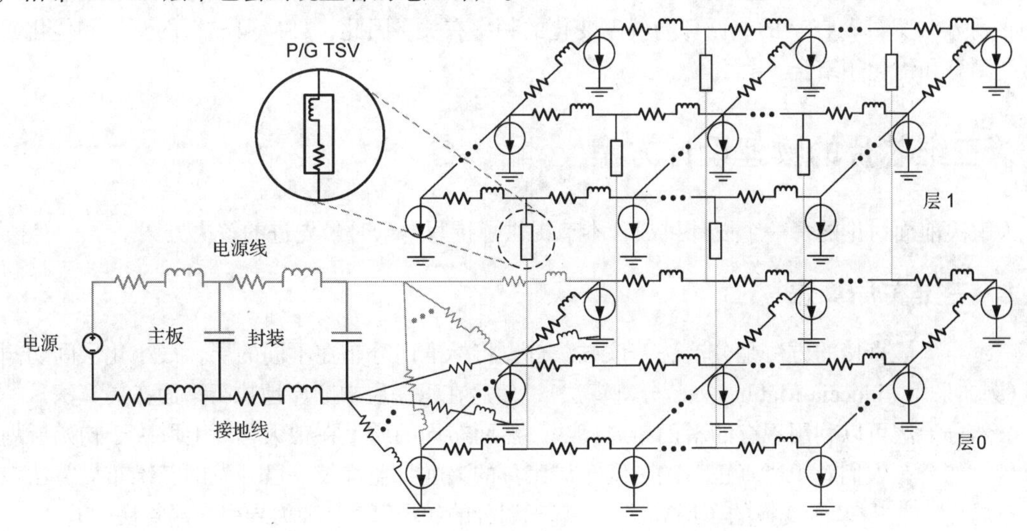

图 5.3　一个双层三维芯片的电压输送网络模型

第三，芯片功耗随时间变化显著。大量的计算任务会导致更高的功耗，而动态电压和频率缩放(DVFS)等运行时的动态优化方法也会影响功耗随时间的分布。

5.3.5　三维芯片的可靠性问题

TSV 是三维芯片中至关重要的垂直互连。然而，TSV 由于不成熟的加工工艺存在潜在的可靠性问题，比如电迁移(electro-migration)、应力迁移(stress-migration)、界面分层(interfacial delamination)、开裂(cracking)和热循环(thermal cycling)等。

TSV 的电迁移由其高电流密度引起。在 TSV 制造加工的金属沉积阶段，TSV 内部可能存在原始缺陷。金属原子在电流的驱动下定向移动，导致原始缺陷不断增大，最终形成断路，这缩短了 TSV 的使用寿命。

还有一部分可靠性损失机制与 TSV 材料(例如铜)和硅衬底之间的热膨胀系数(CTE)失配有关。当三维芯片从制造工艺的高温冷却到室温时，在 TSV 周围会形成大量热机械应力，如图 5.4 所示。这些应力会导致 TSV 的应力迁移、TSV 与衬底之间的界面分层等。一旦应力的大小超过材料的屈服强度，还可能引起硅开裂。

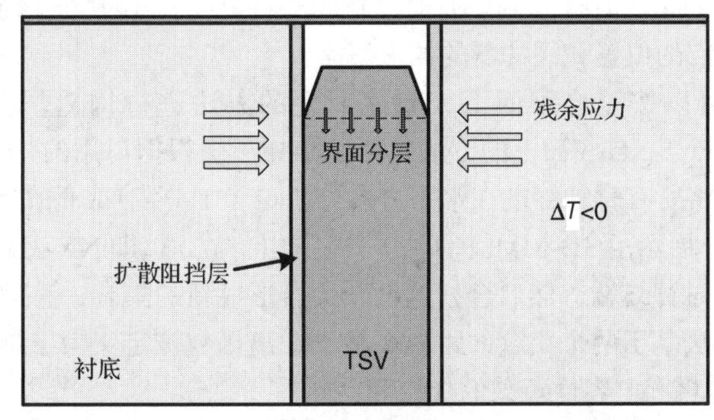

图 5.4　TSV 制造期间和正常操作之间的大幅温度下降造成了 TSV 周围的热应力。这些热应力可能导致应力迁移和界面分层等可靠性问题

大多数 TSV 可靠性损失与电路利用率和 TSV 的温度密切相关。例如，当 TSV 内存在较高的电流密度时，TSV 的电迁移显著加速。再比如，TSV 与应力有关的可靠性损失取决于热负载(thermal load)的大小。另外，TSV 的热循环与温度变化的频率有关。因此，TSV 可靠性的测算和优化通常与温度测算和优化相结合。

5.4 三维芯片的物理设计方案

为解决前面讨论的每一个设计挑战，本节提供了撰写本章时最先进的解决方案。

5.4.1 三维布局算法

三维布局最直接的方法是分治法。该方法首先将标准门分布在不同的层，最小化层间切割的数量(例如采用 Fiduccia-Mattheyses[3]分割算法)，然后在每一层中顺序地执行平面布局算法。

虽然分治法可以利用现有的平面布局算法，然而布局的质量在很大程度上取决于初始层划分的质量。如今，人们对于“真正”的三维布局工具的兴趣日益增长，已开发的三维布局算法包括解析布局算法[4, 5]、基于变换的布局算法[6]、基于划分的布局算法[7]和力导引布局算法[8, 9]。

在上述的三维布局算法中，解析布局算法[4, 5]是当下最流行的算法。解析布局算法利用拉格朗日乘子来最小化总线长度和门单元之间的重叠。三维芯片网络的总的导线长度通常是由半周长长度(HPWL)估计的，如式(5.1)所示，其中 v_i 是网络 e 中的节点，(x_i, y_i, z_i) 是 v_i 的坐标，α_{TSV} 表示用户定义 TSV 数目的权重：

$$\mathrm{WL}(e) = (\max_{v_i \in e}\{x_i\} - \min_{v_i \in e}\{x_i\}) + (\max_{v_i \in e}\{y_i\} - \min_{v_i \in e}\{y_i\}) + \alpha_{\mathrm{TSV}}\left|z_i - z_j\right| \tag{5.1}$$

为了实现可微分性，HPWL 模型经常被放宽成对数和模型，如式(5.2)所示。

$$\max_{v_i \in e}\{x_i\} \approx a \cdot \log\left(\sum_{v_i \in e} \mathrm{e}^{\frac{x_i}{a}}\right); \quad \max_{v_i \in e}\{x_i\} \approx a \cdot \log\left(\sum_{v_i \in e} \mathrm{e}^{\frac{-x_i}{a}}\right) \tag{5.2}$$

TSV 和标准门都可以被建模成具有给定尺寸的布局单元。为了对布局单元的不重叠约束建模，芯片被网格化，并且每个网格可以具有特定的布局单元密度。 对于每个 x / y 维度，布局单元密度通过一定的平滑函数来近似。对于 2D 平面，布局单元密度是 x 维和 y 维平滑函数的乘积。

5.4.2 三维时钟树综合

通常来说，三维时钟树综合算法由两步组成：三维抽象时钟树生成算法和三维时钟树实现算法。三维抽象时钟树指的是从时钟源到所有时序逻辑器件的拓扑结构。三维时钟树实现算法确定了时钟树的走线、树节点的位置和缓冲器的插入策略。

三维抽象时钟树可以按照自顶而下或自底而上的方法进行构造。自顶而下的方法包括 3D-MMM[10]和 MMM-3D[11]，自底而上的方法包括 NN-3D[12]。根据可用的 TSV 数量，3D-MMM[10]和 MMM[11]算法递归地将所有时钟终端在水平方向分割(X / Y 分割)或垂直方向分割(Z 分割)，直到不能分割为止。图 5.5 展示了 3D-MMM 算法。自底向上的方法(即 NN-3D[12])使用贪心法，递归地选择一对子树或一对时钟终端，然后合并这两个集合形成新的集合，直到所有的时钟终端都被合并成同一集合。贪心法基于两个集合的距离函数，距离函数被定义为二维的欧几里得距离、连接两个集合的 TSV 的数量和电容性负载的加权和。

对于给定的三维抽象时钟树，三维时钟树综合算法的第二阶段——三维时钟树实现算法决定了物理布线、树节点的位置及缓冲器的插入策略。这一阶段的优化目标通常是时钟偏移(clock skew）、时钟摆动（clock slew）和时钟树总线长。Kim 等人[12]将经典的 DME 算法[13]扩展到三维空间，从而产生了具有接近最佳线长的零偏移三维时钟树。进一步的工作[10, 14]将缓冲器插入和时钟门控技术（clock gating）集成到 DME 算法中，以最小化时钟摆动和功耗。

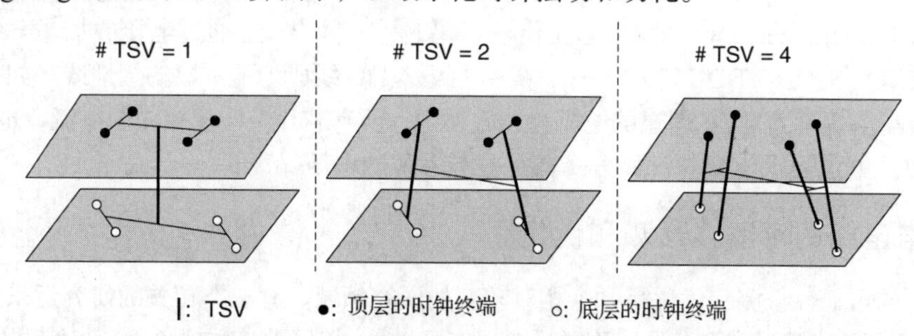

图 5.5　基于 3D-MMM 的抽象时钟树生成算法[10]。时钟终端根据其层数被垂直方向分割，或根据可用 TSV 的数量被水平方向分割

此外，通常需要为每一层芯片提供测试时钟，以便对每层芯片在垂直键合之前都进行单独测试。Kim 等人使用传输门（transmission gate）为三维芯片提供了测试和正常工作两种模式。处于测试模式时，禁止时钟 TSV 传输时钟信号，因此每个芯片都拥有自己的时钟树。在正常操作模式，时钟 TSV 被激活并且时钟信号仅从一个时钟源向不同层的所有时钟终端传送。

5.4.3　三维芯片的散热方案

为了解决三维芯片的散热问题，微流道冷却正成为一种非常有吸引力的课题。在每层硅片的衬底刻蚀微流道，微流道为流体冷却剂提供通路（参见图 5.1）。冷却剂（例如去离子水）从微流道空腔的入口处接入，从有源层吸收热量然后被泵出芯片。流体冷却剂提供了一个比硅片和空气低得多的热阻，可以有效地从芯片内部吸收热量并扩散到环境中。并且，微流道冷却可根据三维芯片的层数进行扩展[2]。不可忽视的是，微流道冷却有一些局限：（1）随着流体被加热，流体的冷却能力逐渐减小，导致系统性的热梯度，从而降低了芯片的可靠性[15]；（2）微流道冷却需要额外的液体泵驱动冷却剂，液体泵的额外功耗降低了三维芯片的能量效率[16]。考虑到这两种副作用，如何设计微流道是一个重要的课题。

除了微流体冷却，还存在许多其他关于三维芯片散热的研究方向。例如，研究人员开发了温度敏感的布局算法[6]，它可以通过散开高功耗元件来降低芯片峰值温度和温度梯度。另外，还可以在硅片中插入冗余的热硅通孔（thermal TSV）来进一步扩散热量[17, 18]。

除了温度敏感的物理设计，三维芯片的运行模式下的温度管理方法也很有用。任务分派和调度技术被证明是解决三维多核 CPU[19]和三维层叠 DRAM 电路[20]中的散热问题的有效技术。此外，动态电压和频率调节（DVFS）[21, 22]可以在处理器内核级别提供微调能力，它们以性能为代价，降低了处理器的温度。

5.4.4　三维芯片的电源网络设计

为了减少三维芯片电源网络中的噪声，研究人员提出了以下几种方法。

电源 TSV 被用于跨层电压传输，但由于其寄生效应会引起 IR 电压降。研究人员通过增加电源 TSV 的尺寸、减小电源 TSV 之间的间隔，减少了 IR 电压降、抑制了 Ldi/dt 噪声[23, 24]。然而，这种方法不可避免地会增加电源 TSV 的使用，电源 TSV 占据了宝贵的芯片面积。

去耦电容也可以减少动态电压波动，如 Ldi/dt 噪声。但是，过多的去耦电容会导致显著的功耗泄漏，因此需要优化使用去耦电容的算法。例如，Zhou 等人[25]提出了一种降低电压噪声的去耦电容插入算法。此外，去耦电容可以作为单独的去耦层[26, 27]。Huang 等人[26]说明，在四层的三维芯片的顶部放置一个去耦层，可以降低 36%的峰值电压噪声。

电压叠加(voltage stacking)是解决电压传输难题的另一种方式。通过电压叠加，三维芯片不同层的电源域被串联(GND-VDD-2VDD- …)，第一层的 VDD 线成为下一层的接地线。如果普通三维芯片中的电流需求等于 I，则在理想的电压叠加方案中，所有芯片层共享相同的电流，也就是 I/n，其中 n 是层数。电流需求的减少，显著降低了三维芯片的电压噪声。

5.4.5 三维电路的可靠性预测和优化

三维电路的可靠性预测和优化是一个相对较新的研究领域。有三类相关的研究近来成为热门，包括 TSV 的可靠性建模，如何在设计阶段静态提高可靠性，以及如何在运行阶段动态提高可靠性。

有限元方法(FEM)是最早被用于 TSV 可靠性建模的技术之一。有限元方法将物理结构进行网格划分，用数值方法来求解复杂的物理系统方程。比如早期的 TSV 电迁移模拟[28]主要基于有限元方法。然而，有限元方法需要大量迭代计算，因此研究者提出了其他分析 TSV 可靠性的模型。例如，Huang 等人[29]导出了一个基于物理公式的分析电源 TSV 电迁移的模型。另外还有对 TSV 引起的热机械应力的建模，比如 Ryu 等人[30]开发了 TSV 诱导的机械应力的半解析模型。基于这种应力模型，Lu 等人[31]提出了在三维布局问题背景下、代表 TSV 应力迁移强度的目标函数。另外，Jung 等人[32]借助能量释放率来模拟 TSV 与硅衬底之间的界面裂缝。

设计时的静态方法的一个例子是将冗余 TSV 插入到芯片布局中。例如，Jiang 等人[33]提出了一种基于冗余 TSV 的修复算法，当一部分 TSV 发生故障时，就可以在线重新配置，以保证电路正常工作。

除了冗余 TSV，在物理设计(例如平面布置和布局)阶段也可以设法提高 TSV 的可靠性。例如，Zou 等人[34]提出了 TSV 应力感知的布局规划方法，用来减少硅片裂纹和 TSV 界面分层的可能性。Lu 等人[35]为了减轻 TSV 引起的应力迁移，使用热硅通孔来优化芯片的热分布。作者还开发了能感知 TSV 电迁移的布局算法来改善 TSV 的平均故障时间[36]。

对于平面电路，有大量的研究致力于优化运行时的动态可靠性管理。动态可靠性管理的重点是找到减少平均故障时间和由于可靠性设计所牺牲的性能开销之间的平衡点。任务分配和任务调度已被广泛地用在动态调整平面电路的可靠性上[37, 38]。此外，研究人员使用动态电压和频率缩放(DVFS)技术，通过调整处理器的工作点来降低处理器的可靠性损失，但代价是性能会降低[38~40]。

对于三维芯片的运行时动态可靠性管理方案的研究和应用仍然在持续不断地进行着。例如，Tajik 等人[41]利用三维处理器内核中的任务调度来恢复三维缓存内的 NBTI 损耗。进一步的研究将着眼于增加三维芯片的可靠性，并且尽量减少因为可靠性设计所带来的额外开销。

5.5 结论和展望

三维集成电路是一个革命性的电路架构，它可以避免昂贵的晶体管缩小技术，同时进一步地提升芯片性能、降低芯片功耗。然而，与平面电路相比，其扩展的设计空间给物理设计领域(包括布局、时钟树综合等)增加了额外的设计复杂度。此外，层叠结构不可避免地延长了电压传输路径并降低了热导率，这导致了严重的电压降和更高的温度。而且，TSV 有一系列可靠性问题。在本章中，我们对三维芯片面临的主要挑战进行了全面的综述，并总结了最先进的三维电路的设计工具和优化技术。我们相信，进一步的创新研究必然会将这项革命性的技术推向主流市场。

5.6 参考文献

1. G. V. der Plas, P. Limaye, I. Loi, A. Mercha, H. Oprins, C. Torregiani et al., “Design Issues and Considerations for Low-Cost 3-D TSV IC Technology,” *IEEE Journal of Solid-State Circuits,* vol. 46, pp. 293–307, Jan. 2011.

2. J.-M. Koo, S. Im, L. Jiang, and K. E. Goodson, “Integrated Microchannel Cooling for Three-Dimensional Electronic Circuit Architectures,” *Journal of heat transfer,* vol. 127, pp. 49–58, 2005.

3. C. M. Fiduccia and R. M. Mattheyses, “A Linear-Time Heuristic for Improving Network Partitions,” *19th Conference on Design Automation,* pp. 175–181, 1982.

4. G. Luo, Y. Shi, and J. Cong, “An Analytical Placement Framework for 3-D ICs and Its Extension on Thermal Awareness,” *IEEE Transactions on Computer-Aided Design of Integrated Circuits and Systems,* pp. 510–523, Apr. 2013.

5. M.-K. Hsu, Y.-W. Chang, and V. Balabanov, “TSV-Aware Analytical Placement for 3D IC designs,” *Design Automation Conference*, pp. 664–669, 2011.

6. J. Cong, G. Luo, J. Wei, and Y. Zhang, “Thermal-Aware 3D IC Placement via Transformation,” *Asia and South Pacific Design Automation Conference, 2007.* pp. 780–785, 2007.

7. B. Goplen and S. Sapatnekar, “Placement of 3D ICs with Thermal and Interlayer via Considerations,” in *Design Automation Conference*, pp. 626–631, 2007.

8. B. Goplen and S. Sapatnekar, “Efficient Thermal Placement of Standard Cells in 3D ICs Using a Force Directed Approach,” *Proceedings of the IEEE/ACM International Conference on Computer-Aided Design*, pp. 86–89, 2003.

9. P. Spindler, U. Schlichtmann, and F. M. Johannes, “Kraftwerk2: A Fast Force-Directed Quadratic Placement Approach Using an Accurate Net Model,” *IEEE Transactions on Computer-Aided Design of Integrated Circuits and Systems,* 27: 1398–1411, Aug. 2008.

10. X. Zhao, J. Minz, and S. K. Lim, “Low-Power and Reliable Clock Network Design for Through-Silicon Via（TSV）Based 3D ICs,” *IEEE Transactions on Components Packaging Manufacturing Technology,* 1: 247–259, Feb 2011.

11. T.-Y. Kim and T. Kim, “Clock Tree Embedding for 3D ICs,” *Proceedings of 15th Asia South Pacific Design Automation Conference（ASP-DAC）*, pp. 486–491, 2010.

12. T.-Y. Kim and T. Kim, “Clock Tree Synthesis for TSV-Based 3D IC Designs,” *ACM Transactions on Design Automation of Electronic System,* vol. 16, pp. 48:1–48:21, Oct. 2011.

13. T.-H. Chao, Y.-C. Hsu, J.-M. Ho, and A. B. Kahng, “Zero Skew Clock Routing with Minimum Wirelength,” *IEEE Transactions on Circuits System II, Analog and Digital Signal Processing,* vol. 39, pp. 799–814, Nov. 1992.

14. T. Lu and A. Srivastava, “Gated Low-Power Clock Tree Synthesis for 3D-ICs,” *Proceedings of the 2014 International Symposium on Low Power Electronics and Design*, pp. 319–322, 2014.

15. Z. Yang and A. Srivastava, “Co-Placement for Pin-Fin Based Micro-Fluidically Cooled 3D ICs,” *ASME 2015 International Technical Conference and Exhibition on Packaging and Integration of Electronic and Photonic Microsystems collocated with the ASME 2015 13th International Conference on Nanochannels, Microchannels, and Minichannels*, pp. V001T09A036–V001T09A036, 2015.

16. B. Shi, A. Srivastava, and A. Bar-Cohen, "Hybrid 3D-IC Cooling System Using Micro-Fluidic Cooling and Thermal TSVs," *2012 IEEE Computer Society Annual Symposium on VLSI*（*ISVLSI*）, pp. 33–38, 2012.

17. J. Cong and Y. Zhang, "Thermal via Planning for 3-D ICs," *2005 IEEE/ACM International Conference on Computer-Aided Design*, pp. 745–752, 2005.

18. B. Goplen and S. Sapatnekar, "Thermal via Placement in 3D ICs," *Proceedings of the 2005 International Symposium on Physical Design*, New York, NY, pp. 167–174, 2005.

19. A. K. Coskun, J. L. Ayala, D. Atienza, T. S. Rosing, and Y. Leblebici, "Dynamic Thermal Management in 3D Multicore Architectures," *Design, Automation Test in Europe Conference Exhibition, 2009. DATE '09.*, pp. 1410–1415, 2009.

20. D. Zhao, H. Homayoun, and A. V. Veidenbaum, "Temperature Aware Thread Migration in 3D Architecture with Stacked DRAM," *2013 14th International Symposium on Quality Electronic* Design（*ISQED*）, pp. 80–87, 2013.

21. R. Jayaseelan and T. Mitra, "Dynamic Thermal Management via Architectural Adaptation," *Design Automation Conference, 2009. DAC '09. 46th ACM/IEEE*, pp. 484–489, 2009.

22. J. Meng, K. Kawakami, and A. K. Coskun, "Optimizing Energy Efficiency of 3-D Multicore Systems with Stacked DRAM under Power and Thermal Constraints," *49th ACM/EDAC/IEEE Design Automation Conference*（*DAC*）, pp. 648–655, 2012.

23. N. H. Khan, S. M. Alam, and S. Hassoun, "Power Delivery Design for 3-D ICs Using Different Through-Silicon Via（TSV）Technologies," *IEEE Transactions on Very Large Scale Integration*（*VLSI*）*Systems,* vol. 19, pp. 647–658, Apr. 2011.

24. M. B. Healy and S. K. Lim, "Power Delivery System Architecture for Many-Tier 3D Systems," *Proceedings on 60th Electronic Components and Technology Conference*（*ECTC*）, pp. 565–572, 2010.

25. P. Zhou, K. Sridharan, and S. S. Sapatnekar, "Optimizing Decoupling Capacitors in 3D Circuits for Power Grid Integrity," *IEEE Design Test of Computers,* vol. 26, pp. 15–25, Sep. 2009.

26. G. Huang, M. Bakir, A. Naeemi, H. Chen, and J. D. Meindl, "Power Delivery for 3D Chip Stacks: Physical Modeling and Design Implication," *IEEE Electrical Performance of Electronic Packaging,* pp. 2037–2044, 2007.

27. E. Song, J. S. Pak, and J. Kim, "Power Delivery for 3D Chip Stacks: Physical Modeling and Design Implication," *IEEE 62nd Electronic Components and Technology Conference*（*ECTC*）, pp. 2037–2044, 2012.

28. J. S. Pak, M. Pathak, S.-K. Lim, and D. Z. Pan, "Modeling of Electromigration in through-silicon-via Based 3D IC," *IEEE 61st Electronic Components and Technology Conference*（*ECTC*）, pp. 1420–1427, 2011.

29. X. Huang, T. Yu, V. Sukharev, and S. X.-D. Tan, "Physics-Based Electromigration Assessment for Power Grid Networks," *Proceedings of the 51st Annual* Design *Automation Conference*, New York, NY, pp. 80:1–80:6, 2014.

30. S.-K. Ryu, K.-H. Lu, X. Zhang, J.-H. Im, P. S. Ho, and R. Huang, "Impact of Near-Surface Thermal Stresses on Interfacial Reliability of through-Silicon vias for 3-D Interconnects," *IEEE Transactions on Device and Materials Reliability,* vol. 11, pp. 35–43, Mar. 2011.

31. T. Lu and A. Srivastava, "Electromigration-Aware Clock Tree Synthesis for TSV-Based 3D-ICs," *Proceedings of the 25th Edition on Great Lakes Symposium on VLSI*, pp. 27–32, 2015.

32. M. Jung, X. Liu, S. K. Sitaraman, D. Z. Pan, and S. K. Lim, "Full-Chip through-Silicon-via Interfacial Crack Analysis and Optimization for 3D IC," *IEEE/ACM International Conference on Computer-Aided Design*

(*ICCAD*), pp. 563–570, 2011.

33. L. Jiang, F. Ye, Q. Xu, K. Chakrabarty, and B. Eklow, "On Effective and Efficient In-field TSV Repair for Stacked 3D ICs," *Proceedings of the 50th Annual Design Automation Conference*, New York, NY, pp. 74:1–74:6, 2013.

34. Q. Zou, T. Zhang, E. Kursun, and Y. Xie, "Thermomechanical Stress-Aware Management for 3D IC Designs," *Design, Automation Test in Europe Conference Exhibition* (*DATE*), pp. 1255–1258, 2013.

35. T. Lu and A. Srivastava, "Electrical-Thermal-Reliability Co-Design for TSV-Based 3D-ICs," *ASME 2015 International Technical Conference and Exhibition on Packaging and Integration of Electronic and Photonic Microsystems*, pp. 1–10, 2015.

36. T. Lu, Yang Zhiyuan, and A. Srivastava, "Electromigration-Aware Placement for 3D-ICs," *International Symposium on Quality Electronic Design*, pp. 35–40, 2016.

37. T. Chantem, Y. Xiang, X. S. Hu, and R. P. Dick, "Enhancing Multicore Reliability through Wear Compensation in Online Assignment and Scheduling," *Design, Automation Test in Europe Conference Exhibition* (*DATE*), pp. 1373–1378, 2013.

38. W. Song, S. Mukhopadhyay, and S. Yalamanchili, "Architectural Reliability: Lifetime Reliability Characterization and Management of Many-Core Processors," *Computer Architecture Letters,* pp. 103–106, 2014.

39. P. Mercati, A. Bartolini, F. Paterna, T. S. Rosing, and L. Benini, "Workload and User Experience-Aware Dynamic Reliability Management in Multicore Processors," *Proceedings of the 50th Annual Design Automation Conference*, pp. 2:1–2:6, 2013.

40. C. Zhuo, D. Sylvester, and D. Blaauw, "Process Variation and Temperature-Aware Reliability Management," *Design, Automation Test in Europe Conference Exhibition* (*DATE*), pp. 580–585, 2010.

41. H. Tajik, H. Homayoun, and N. Dutt, "VAWOM: Temperature and Process Variation Aware WearOut Management in 3D Multicore Architecture," *50th ACM/EDAC/IEEE Design Automation Conference* (*DAC*), pp. 1–8, 2013.

42. T. Lu, C. Serafy, Z. Yang, and A. Srivastava, "Voltage Noise Induced DRAM Soft Error Reduction Technique for 3D-CPUs", 2016 *IEEE/ACM International Symposium on Low Power Electronics and Design* (*ISLPED*), pp. 82–87, 2016.

第二部分　前道工序

第6章 外 延 生 长

本章作者：Jamal Ramdani　Power Integrations, Inc.
本章译者：张磊　西安交通大学

6.1 引言

电子业和光电子业在过去的30年间显著增长，而半导体材料的生长和制备则是这一成果的主导因素。

制备高纯半导体材料的能力、控制界面与掺杂分布和类型的能力，以及设计新型材料组合的能力打开了通往新型高性能电子及光电子器件的大门。伴随着材料的发展进程，出现了大量器件，例如基于量子阱的激光二极管和光电探测器、高迁移率的二维电子气晶体管(HEMT)、异质结双极晶体管、高亮度GaN发光二极管、激光器等。

与材料工程的发展携手共进，设备和化学品制造商们锐意进取，在开发先进的外延工具和高纯原材料方面不断努力，以应对高品质材料、低成本、更安全操作方面的持续挑战。

6.1.1 外延生长基础

外延(epitaxy)一词最初由Royer[1]于1928年引入，源于希腊语，是“置于其上”的意思。外延是指在主晶(衬底)上按一定排序的样式进行的晶体(外延生长层或外延层)生长。换言之，相接触的晶面一定遵守对称性。外延的生长方式依赖于晶格的失配性，或外延层的平行晶格常数与衬底的差别及其化学兼容性。从热动力学角度来看，平衡状态或生长模式取决于外延层表面自由能(E_{ep})与外延/衬底界面自由能(E_I)之和与衬底表面自由能(E_s)的关系，即所谓的浸润状态。图6.1是三种主要生长模式的示意图。

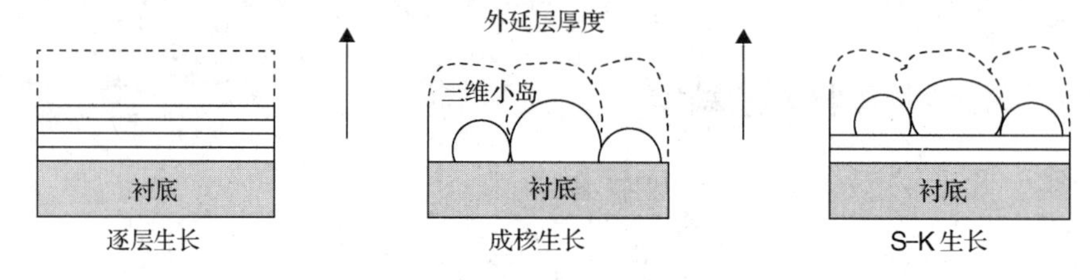

图6.1　外延生长中的不同模式

1．逐层生长

$$E_{ep} + E_I \leqslant E_s \qquad (浸润)$$

2．成核生长

$$E_{ep} + E_I >> E_s \qquad (非浸润)$$

3．先逐层再成核的生长(S-K生长模式)

$$E_{ep} + E_I \geqslant E_s \qquad (中间相)$$

逐层生长或“Frank-Van-Der-Merwe生长模式”

在这种情况下，系统处于热动力稳定状态，原子聚集在衬底表面形成单原子层小岛，这些小岛随沉积时间长大进而形成完整的单原子层。然后，一个新的单原子层小岛开始形成。这个序列过程不断继续下去，直到满足所需的总厚度。实际上，很难形成完全覆盖的单原子层，因为下一层的单原子小岛在当前层形成完全覆盖前已经开始生长。但总体来说，生长过程依旧维持二维方向。这是同质外延的情形，例如 Si/Si 和 GaAs/GaAs；或晶格匹配的异质外延，例如正常生长条件下的 AlGaAs/GaAs、InGaP/GaAs 和 InGaAsP/InP。

不同的实验室已经做过大量工作，以获取真正的逐层生长过程。其中，迁移增强外延（migration enhanced epitaxy，MEE）和原子层外延或沉积（atomic layer epitaxy or deposition，ALE 或 ALD）是为获取真正的逐层生长而研发的两种方法[2, 3]。在 MEE 方法中，通过源的流量中断和全表面重建的循环，使原子有时间在整个表面扩散并到达下一个可用的成核点。在 ALE 或 ALD 方法中，通过进气和去除多余气体的循环过程，单层沉积是以一种自限的方式实现的。当对厚度的控制要求在原子量级时，这两种技术尤为有用，但是，通常由于较长的生长周期（单层/秒），这两种技术局限于非常薄的外延层。例如，ALD 是当前在硅上生长高 k 值的栅极介质材料所选择的一种技术[4]。

成核生长

在成核生长或 Volmer-Weber 生长模式中，系统处于热动力非稳定状态。为保持较低的总体表面自由能，生长是以三维（3D）样式进行的。这些三维小岛的尺寸随着沉积时间的延长而变大，直到相互接触形成连续的薄膜。这种方法适用于材料高度失配或化学性不兼容的系统。关于非相近材料的异质外延的探索不断深入，人们研发出了解决晶格失配问题的技术，例如处理 GaN 或蓝宝石晶圆、SiC 或硅衬底，也可用于顺应基板和界面模板工程，以便克服化学不兼容性[5, 6]。

先逐层再成核的生长（S-K 生长模式）

第三种生长模式或称 S-K（Stranski-Krastanov）生长模式用于晶格失配性较低的情形。最初，系统处于稳定状态，可以完成前面几层单原子层的生长和浸润过程。随着厚度的增长，总表面自由能不断增加，初始生长机制被破坏，进而开始三维生长。GaInAs/GaAs 和 SiGe/Si 等赝晶结构就是利用 S-K 生长模式的几个例子。

6.1.2　生长技术和设备

在晶体衬底上生长晶体结构可以有各种不同的方法。在半导体业，有两种主要的已成型技术，即化学气相沉积（CVD）和分子束外延（MBE）。这两种技术都具有非平衡性。这些技术的变体[如金属有机物化学气相沉积（MOCVD）]与砷化物、磷化物、氮化物类的化合物半导体相关，而化学束外延（CBE）或气态源 MBE（GSMBE）则用于基本源为气态而非固态的情形。在诸如 SiGe/Si 材料系统中，则逐渐采用 CVD 和高真空沉积系统（UHV-CVD）的组合[7]。

6.1.3　分子束外延

在分子束外延（MBE）[8]过程中，高真空环境下的分子/原子束流在加热的衬底上形成外延层。平均自由程足够大，以致流入的原子或分子的运动本质上具有弹道的特性而没有气相反应。生长条件是低蒸气压元素的黏附系数趋于 1，而高蒸气压元素需过量使用以弥补其较低的黏附系数。表面动力学和扩散有能力满足二维生长。如图 6.2 所示，原子或分子嫁接到表面时按如下步骤进行：

1. 表面迁移
2. 再气化

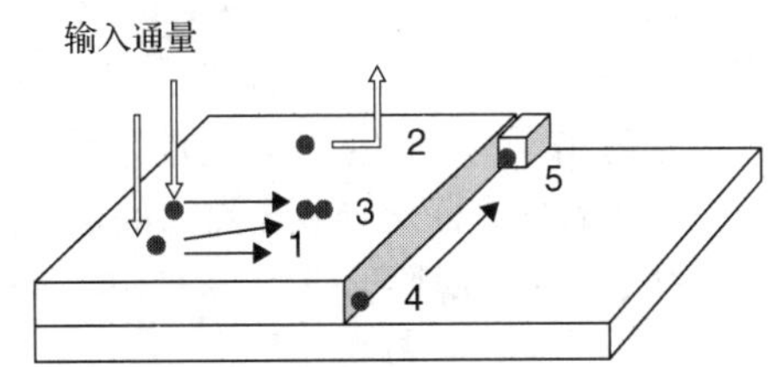

图 6.2　MBE 工艺中的基本步骤

3．形成二维的孤立凝块

4．在台阶边缘处合并

5．沿台阶边缘迁移并在拐角处合并

每一步的效能取决于生长条件(原子/分子种类、流量和生长温度)及衬底表面的重组与取向。

MBE 系统(参见图 6.3)基于基本源在高真空(UHV)环境下通过逸出或 Knudsen 单元的蒸发/升华，常用源包括 Si、Ge、Al、Ga、In、As 和 P。某些应用中会用到电子束(e-beam)蒸发。这些反应腔是 MBE 系统的关键部分，必须保证出色的流量稳定性和均匀性。一个工作日内的流量稳定性应该在 1%量级，日常每天的稳定性应该在 5%以内。这意味着在 1000℃时温度变化应控制在±1%以内。机械阀用于控制流量的开和关。由于来自不同反应腔的流方向不同，以及沿衬底的分布不同，所以会导致厚度和成分不均匀。通过使衬底旋转的方法可以确保很高的厚度和成分的均匀性。

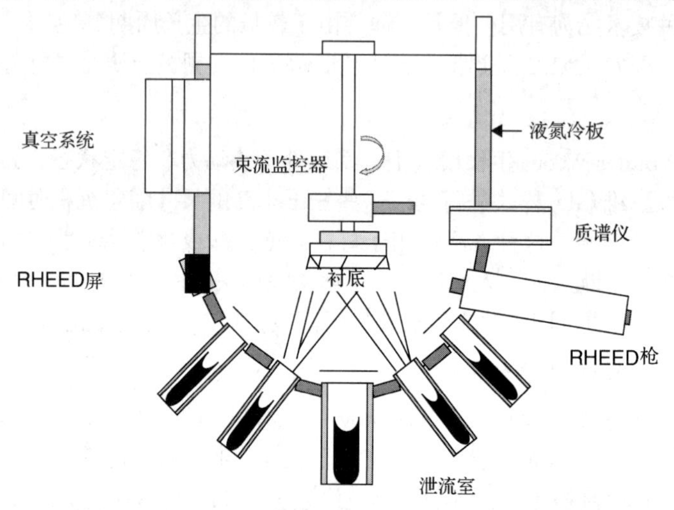

图 6.3　通用 MBE 系统的示意图

MBE 系统由不锈钢制成，包括一个载入室、一个传送室、一个分析/处理室和一个生长室。MBE 系统使用扩散泵、涡轮泵、低温泵或钛升华辅助的离子泵组合，以便维持在高真空状态。液氮(LN2)冷板环绕在生长腔的内部和逸出腔的法兰盘处，以避免内壁处发生再蒸发。同时，保持它们之间的热隔离。基本压力在 10^{-11}Torr(托)量级，主要残留气体是氢气。

在过去的 20 年里，MBE 系统从小型的生产和研发设备发展为具有多晶圆处理能力的大型设备，处理的晶圆尺寸可达 12 英寸①。Riber 和 Veeco 公司可提供这些生产设备。Riber 7000 型 MBE 系统的设备可容纳 13 种基本源，负载能力高达 70 个 6 英寸的晶圆或 140 个 4 英寸的晶圆，一年的总生产能力高达 24 000 个 6 英寸的晶圆。

该技术的主要优点是在原位表征的系统中有能力使用高度真空泵。在 MBE 系统中最重要的分析工具是高能电子衍射的反射(RHEED)技术。该技术使用高能(20 keV)电子流掠射(1°～3°)到衬底表面。在位于电子束流枪对面位置的荧光屏上形成衍射图样。由于入射角度很小，衍射图样对应于第一个原子层，因此提供了在外延生长过程中表面重建情况的信息。关于电子衍射原理的详尽讨论超出了本章的范畴。定性来看，完美的平面会产生条纹状的衍射图样，这表示二维生长，而三维生长的表面会导致斑点状的衍射图样。图 6.4 显示了用 MBE 方法在硅上面生长的单晶锶化钛酸盐($SrTiO_3$)薄层形成的 RHEED 图样的例子[6]。RHEED 在监控沉积开始前衬底上的本征氧化

① 1 英寸=2.54 厘米。

层的解吸附作用方面也很有用，可以校准各元素的比例以维持优化的生长进程。生长过程中的生长速率和合金的摩尔分数用镜束流的 RHEED 的摆动来监控。为弥补离子真空计的不足，必须使用一个四极残留气体分析器(RGA)来监控 UHV 的完整性。RGA 提供反应腔中所有残留气体的频谱，从而鉴定可能的泄漏、系统的清洁、烘焙不足或真空抽气能力不足。衬底机械手后面安装的离子真空计用作束流通量监控器(BFM)，对日常原子/分子通量进行监控和校准。该技术需要熟练的技术人员和操作工人。MBE 生产系统价格昂贵，需要高度护理保养，停工时间比任何其他的外延系统都长。但是，由于操作方面和自动传输系统的改善，以及操作的简化，MBE 的使用成本在过去的 10 年间稳步下降。由于 AlGaAs/GaAs 材料系统的优秀质量，这项技术已经占领了基于 GaAs 的电子小众市场。并且，由于 MBE 工艺涉及的危险因素少，大多数 GaAs 外延代工厂已经转向使用 MBE。

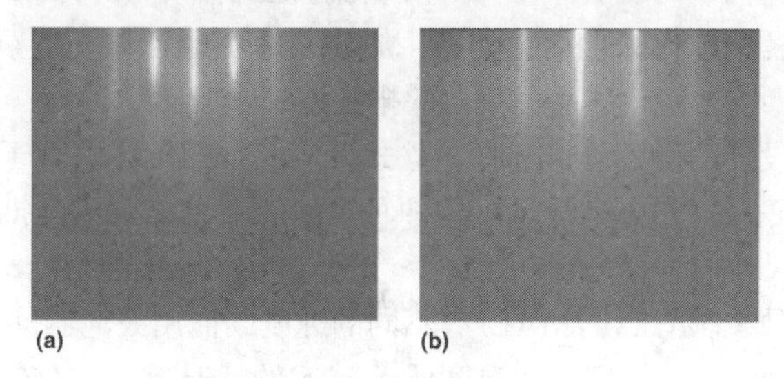

图 6.4　在硅衬底上的 $SrTiO_3$ 外延层的 RHEED 图样：(a)沿[110]晶向；(b)沿[010]晶向

6.1.4　化学气相沉积

根据应用的不同，化学气相沉积在大气压或近大气压下进行。源材料为气态，并且通常用高纯氢气或氮气携带。同 MBE 相比，CVD 生长工艺要复杂得多，并且通常在较高的温度下进行。这涉及气相和表面机制。

直到近期，通过模拟和实验，我们才对这两种工艺过程有了透彻的理解。例如，在使用 $SiHCl_3$ 或 TCS 进行硅外延生长时，在气相反应中，确认涉及了高达 11 类 $Si_xH_yCl_z$ 的 9 种反应[9]。TCS 与 H_2 反应的硅外延生长过程的一级近似可以表示为

$$SiHCl_3 + H_2 \rightarrow Si + 3HCl$$

在很多方面，MOCVD 和 CVD 非常相似[10]，主要区别在于前驱体或者源材料；金属有机源，如三甲基镓[TMG，$Ga(CH_3)_3$]、三甲基铟[TMI，$In(CH_3)_3$]和三甲基铝[TMA，$Al(CH_3)_3$]，以及 V 族的氢化物，如 AsH_3、PH_3 和 NH_3 共用。这些材料的生长条件与硅的略有不同。生长速率可以用多种核素(参照下面的章节)的相同公式进行描述。然而，对于 III-V 族化合物半导体外延，必须考虑一个额外的参数，即 V/III 族的元素比例(V 族元素除以 III 族元素所得的摩尔分数比例)。V/III 比例必须足够高，以弥补 V 族氢化物的低分解率，同时将碳和氢从 V 族晶格位置驱走。例如，当用 TMG 和 NH_3 外延生长 GaN 时，生长温度一般约为 1050℃，为获得高品质的材料，所需 V/III 比例高达好几千，这主要是由于 NH_3 的分解率太低。

使用 TMG 和 NH_3 的反应可以简化为

$$Ga(CH_3)_3 + NH_3 \rightarrow GaN + 3CH_4$$

为了生成固态 GaN，TMG 和 NH_3 最有可能的反应涉及气相阶段的几个步骤，虽难以精确量化，但已被广泛接纳。至少对 GaAs 化合物来说，TMG 的分解遵循以下步骤[10]：

$$Ga(CH_3)_3 \rightarrow Ga(CH_3)_2 + CH_3$$

$$Ga(CH_3)_2 \rightarrow Ga(CH_3) + CH_3$$

$$Ga(CH_3) \rightarrow Ga + CH_3$$

至于 NH_3，在高温下的分解会产生原子氢和含氮基团。第一个氢键的提取被认为是限制速率的因素。

$$NH_3 \rightarrow NH_{(3-x)} + xH$$

人们对于精确的工艺过程仅仅获得了有限的理解。总体上化合物半导体的 MOCVD 仍然单纯地依赖于经验，并建立在外部输出的基础上，包括温度、压力、流量、衬底对于生长速率、薄膜组成及电光质量等方面的影响。

MOCVD 外延生长系统总体上包括气体集合管、预真空锁、反应腔和排气系统。气体集合管是由半导体级不锈钢材料构成的装有气动阀、质量流量控制器、压力控制器和减压器的管道。生长反应腔由石英或者不锈钢构成，包括感受器、加热元件(电阻型、感应加热型和灯加热型)。最后是带有粒子滤波及有毒腐蚀性化学品捕集器的排气系统。

市场上有双反应腔设计的设备可供选择，立式反应腔中的气体垂直于衬底表面流动，而卧式反应腔中的气体沿与衬底平行的方向流动。这两种反应腔在单晶圆或是批处理多晶圆工艺中都有运用，一般配置的衬底尺寸的直径为 2～8 英寸。预真空锁、转换腔、冷却腔也是可供选择的。

金属有机物前驱体(如 TMGL、TMAL)有不同的纯度，商用鼓泡器甚至高达 5 kg。两种源材料都有很高的蒸气压(>1 Torr)，特别是在温度低于 50℃的情况下。在 MOCVD 系统中，前驱体被放置在温度控制槽，以确保源材料输出持续不断的蒸气压。

6.1.5 化合物半导体的 MOCVD 工艺

用于光子学、射频及功率应用方面的化合物半导体(CS)设备完全依赖设计及性能方面的外延生长，不同于工艺及集成驱动性能的硅基元件。

化合物半导体设备是“以外延为中心的”，意思是设备的活跃区域完全是由外延层来定义的。然而硅设备是“以加工为中心的”，意思是设备的关键特性是由加工工艺比如注入、刻蚀等来驱动的。

GaN 是目前市场规模相当大的化合物半导体材料，主要因其用于发光二极管(LED)产品。GaN 是一种宽禁带的材料($E_g = 3.4$ eV)，具有良好的光电特性；然而，高品质 GaN 的外延生长在 20 世纪 80 年代末、90 年代初才得以实现。需要克服的主要挑战是在非晶格匹配衬底(蓝宝石)上成核及外延生长高质量 GaN 和高品质 pn 结需要的 p 型掺杂 GaN。I. Akasaki、H. Amano 和 S. Nakamura 在高质量 GaN 外延生长的研发方面发挥了指导性作用。2014 年，他们被授予诺贝尔物理学奖，以表彰他们在 GaN 基蓝光 LED 发展方面的贡献。

本章我们会回顾一些用于射频功率晶体管的 GaN 外延生长特性。

6.1.6 外延工艺：概述

一般而言，CVD 工艺包括[11]：

1. 大量气体到生长区的转移。
2. 反应物透过“滞留层”或边界层到衬底界面的转移。这一步可以用下面的等式描述：

$$\frac{dh_1}{dt} = h_g(C_g - C_s)$$

其中，h_g 是反应腔中气体的质量转移系数，而 C_g 与 C_s 是气相和衬底表面的元素浓度。

3. 反应物在表面的吸附。

4．表面反应，包括化学分解、到成核点的表面迁移和并入晶格。

5．副产品的解吸附及向排气系统的转移。

步骤3～5可以用下面的“过简”等式来描述：

$$\frac{\mathrm{d}h_2}{\mathrm{d}t}=k_\mathrm{s}C_\mathrm{s}$$

其中，k_s是表面反应速率。

稳定状态下：

$$\frac{\mathrm{d}h_1}{\mathrm{d}t}=\frac{\mathrm{d}h_2}{\mathrm{d}t}=H \quad 或 \quad C_\mathrm{s}=C_\mathrm{g}\left(1+\frac{k_\mathrm{s}}{h_\mathrm{g}}\right)^{-1}$$

生长速率则可以由下式给出：

$$\mathrm{GR}=\frac{H}{N}=\frac{C_\mathrm{g}}{N}*\frac{k_\mathrm{s}h_\mathrm{g}}{(k_\mathrm{s}+h_\mathrm{g})}=\frac{k_\mathrm{s}h_\mathrm{g}}{(k_\mathrm{s}+h_\mathrm{g})}*\frac{C_\mathrm{t}}{N}*M$$

其中，N表示单位体积中并入的原子数目，C_t表示单位体积气体中的分子总数，M表示气体中反应核素的摩尔比。

图6.5给出了GaN外延生长的边界层模型示意图。

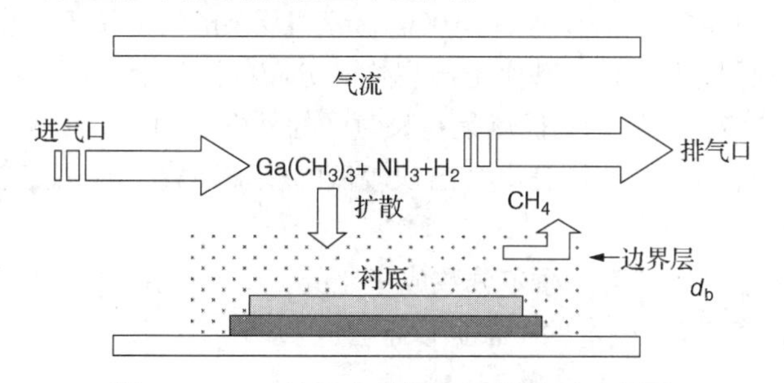

图6.5　GaN外延生长的边界层模型示意图

通过生长速率等式，我们可以看出这个简单模型的预计生长速率与摩尔比M有线性关系。实验中，这种关系适用于低摩尔比($M<0.1$)的情形。我们还区分了以下两种生长机制。

1．$k_\mathrm{s} \ll h_\mathrm{g}$：生长模式受限于反应，同时，由于反应是热激活的(或称Arrhenius类型)，生长速率可以给出如下：

$$\mathrm{GR}=\frac{C_\mathrm{t}}{N}*M*k_\mathrm{s} \quad , \quad k_\mathrm{s}=k_0\mathrm{e}^{-\left(\frac{E_\mathrm{a}}{kT}\right)}$$

其中，E_a表示反应激活能，k表示玻尔兹曼常数，T表示温度，k_0表示一个与温度无关的常数。

在这种生长机制下，生长速率高度依赖于温度并会随温度而增长，直到质量流限制生长过程。

2．$h_\mathrm{g}<k_\mathrm{s}$：生长过程由质量传输或气态扩散控制，并且生长速率等式简化为

$$\mathrm{GR}=\frac{C_\mathrm{t}}{N}*M*h_\mathrm{g} \quad , \quad h_\mathrm{g}=\frac{D_\mathrm{g}}{d_\mathrm{b}}$$

其中，D_g表示通过边界层d_b的扩散系数。

在实践中，优先选择质量传输控制机制。因为实际上该机制与生长温度无关，而主要受总流量驱动，与总流量的平方根相关，这样可以选择高温区生长，以获取高品质的外延层。图6.6显示了生长机制受沉积温度影响的函数关系。

但是，质量传输机制强烈依赖于边界层的厚度，继而又依赖于反应腔的几何结构，从而导致了对反应腔设计的限制。水平卧式反应腔通过维持反应腔的最小可能高宽比来控制边界层的结构。

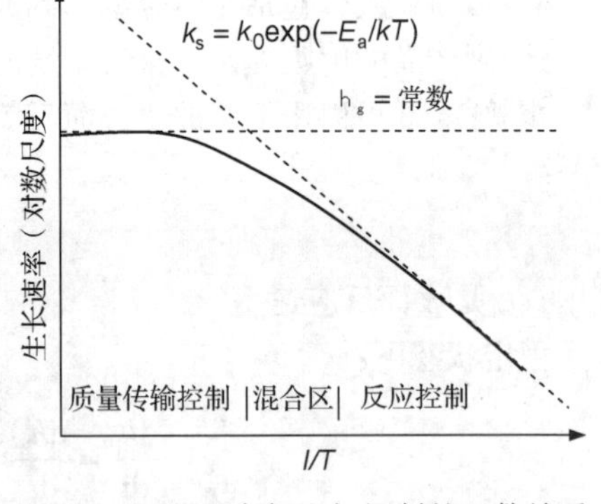

图 6.6 沉积温度与生长机制的函数关系

根据边界层理论[11]，d_b 可表示为

$$d_b = \left(\frac{D}{Re} * x\right)^{1/2}$$

其中，D 表示反应管的直径，x 表示沿反应腔的距离，Re 表示 Reynolds 数。

Reynolds 数取决于气体密度、气体流速和气体黏性。这种构造会保持层状流，也就是说，气体以稳定的、连续的和无扰流的方式流动。但是，在整个被加热晶圆的表面，边界层厚度并非像气流那样恒定，这就导致了沿气流方向和横向的沉积速率的不同。因此，增加了晶圆沿角向的转动和便于控制气流分布的特殊设计的喷气嘴，以获取较好的厚度均匀性。使用流体力学对卧式反应腔的完整分析，可以参照参考文献[12]和[13]。

谈到立式反应腔的设计，为保持薄的、连续的边界层厚度，Emcore（现在的 Veeco）设计了一款立式转盘反应腔或称 TurboDisc。高转速（约 1000 rpm）和复杂的气体注入器设计带来了高速层流和最低程度的气相反应，反过来会导致基座上出现均匀分布的边界层，因而晶圆上会出现均匀的沉积速率。TurboDisc 反应腔的另外一些优点是在长时间的外延运动后会出现最小量的残留堆积，两次运转之间非常稳定，高铝含量的加工也会出现较低的粒子计数，因此就会实现以低成本运转获得高的外延产量。

实践中，生长速率是和反应物的摩尔分数成正比的，也就是说，第 III 组前体即为 TMG，继而是由反应腔中 TMG 的蒸气压决定的，根据以下公式：

$$GR \propto F_{III} = FH_2 * \left(\frac{P_{vap}}{P_{tot}}\right) \Big/ \left(1 - \frac{P_{vap}}{P_{tot}}\right)$$

其中 F_{III} 是指第 III 组（比如 TMG）的流量，FH_2 是指 H_2 的流量总数，P_{vap} 是指 TMG 的蒸气压，P_{tot} 是指反应腔中的压强。如果一个三元合金例如 AlGaN 含有 x% Al 合成物，那么根据以下公式，Al 的摩尔分数就很容易可通过第 III 组流量来调整：

$$x_{Al} = \frac{F_{Al}}{(F_{Al} + F_{Ga})}$$

外延技术也可以控制薄膜的掺杂水平，进而可以控制薄膜的电学特性（电阻率）。GaN 掺杂物，例如 p 型掺杂用的 Mg 和 n 型掺杂用的 Si，与反应初级离子一起被引入，硅是以稀释的 SiH_4 形式存在于氢气中，而 Mg 是以金属有机物 CP_2Mg 的形式存在的。掺杂物的进入是一个表面动力学过程，因而对沉积温度特别敏感。由于气相反应的复杂性，在实际中几乎不可能准确地从气相比率和生长条件方面模拟掺杂物进入外延层。但是，每组沉积参数的经验解模型已经建立。运用当前的外延系统，外延层掺杂浓度的可重复性已足够出色，可以实现典型的目标水准和工艺设置。

MOCVD 生产工具可从两大生产商 Aixtron 和 Veeco 购买。Aixtron 和 Veeco 系统是基于三种不同的概念和设计，Aixtron 工具用的是“行星式”或称“喷淋头式气体喷嘴”设计，而 Veeco 系统用的是“高速转盘”设计。所有这些技术都具有相似的材料生长性能和极其相似的生产能力。

例如，Veeco 公司研发用于 GaN 外延生长的 MOCVD 系统 K465i 是一种全自动生产工具，每盘运行可生产 12 英寸× 4 英寸、5 英寸× 6 英寸，甚至高达 3 英寸× 8 英寸的产品。这一系统的特点是维护费用低（较长的在线时间及运行时间）和产量高。随后，该系统的产量依据加工条件可高达每月 700 个 6 英寸的晶圆。这一系统也配有外延加工的原位监测设备，集成的高温-反射-挠度计（DRT-210）用于监测晶圆温度、表面反射及晶片弯曲。这是非常强大的一种生产工具，可兼容外延生长的校准、调试及监测。其中用于反射的波长是 930 nm。因为 GaN 的折射率是 2.5，而蓝宝石的折射率是 1.8，所以随着 GaN 薄膜增厚，将会出现强振动（如果表面是光滑的）。这些振动的持续时间是和生长速率成正比的。

6.1.7　氮化镓（GaN）的 MOCVD 工艺

如前所述，由于缺少天然衬底或晶格匹配的衬底，GaN 外延设备质量需要克服关键的技术障碍。GaN 衬底对于高质量的材料生长是无可挑剔的。但尽管做了超过 10 年的研究，GaN 大块晶体生长仍处于初始阶段，主要归结于 GaN 晶体生长需要极高的压力。GaN 衬底在供应上数量有限、尺寸有限（直径小于 2 英寸）且价格高。它们大多用于研发和特殊应用，例如大功率激光器、垂直功率晶体管。目前，之所以 GaN 材料可以在显示器中的发光二极管和射频/功率器件方面取得巨大的成功，是源自在晶格和热力学高度失配的衬底上生长的高品质 GaN，这些衬底包括蓝宝石（–16%和 23%）、碳化硅（–3.5%和–25%）和硅（17%和–115%）。

在蓝宝石衬底上外延生长 GaN，两者在晶格和热力学失配上分别是–16%和 23%。研究人员发明了两步生长工艺来克服这种很大的晶格失配，强行引入 Volmer-Weber 生长机制。第一步是低温（500℃～700℃）成核层的沉积，无论是 GaN 或是 AlN 材料有几百埃厚，这样的薄膜层是高度有序的多晶体（单向），依靠温度、生长压力和生长速率，本质上会和晶粒的密度一样。在这样的温度下，加工过程就会极度反应受限，对于加工条件也非常敏感。因此需要充分的温度控制和原位监测来确保这一成核层加工过程的控制。第二步，温度被升高至 950℃以上，GaN 便会在成核层的顶端生长，在这一步骤的初始阶段，GaN 生长先以一个小岛的生长而动态进行，紧接着是以很多小岛聚结的方式横向生长，直到厚度达到大约 0.3 μm，然后便是 2D 外延生长。在外延生长过程中，通过对薄膜表面反射的原位监测，这种模式已被接受。两步生长工艺的原理图请参见图 6.7。

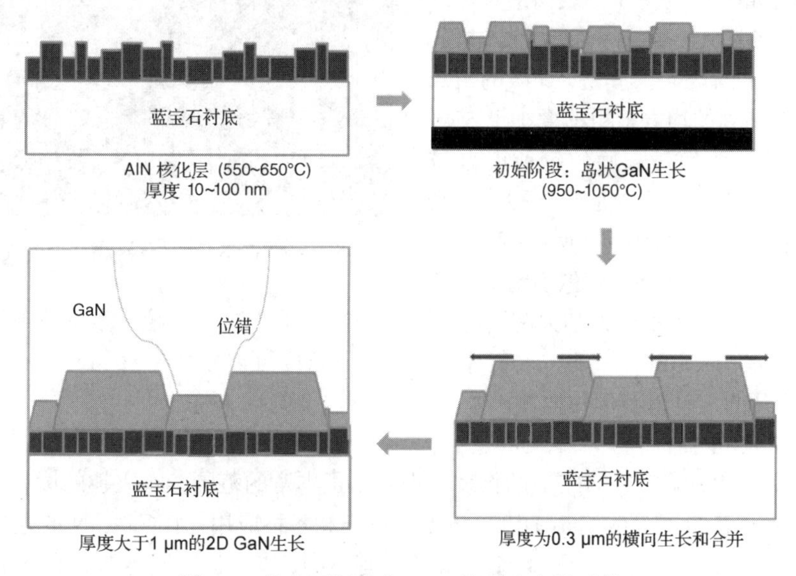

图 6.7　蓝宝石衬底上 GaN 的两步生长过程

成核层材料类型(GaN 或是 AlN)、成核层温度、与温度相关的生长速率，以及在接下来的以 GaN 为材料的缓冲层中 V/III 族的比例，对保证设备材料的质量起关键作用。在图 6.8 中，我们展示了当工艺窗口没有优化时，GaN 生长无法恢复 2D 生长，会导致出现粗糙的表面(振动阻尼)。当加工过程最优时，GaN 生长就会准确地遵循以上的模式，恢复较好的 GaN 表面生长并伴随着自持振荡，生成 2D 镜面平面。

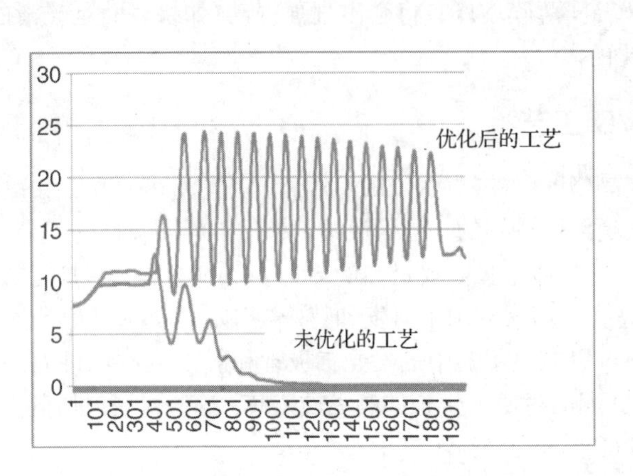

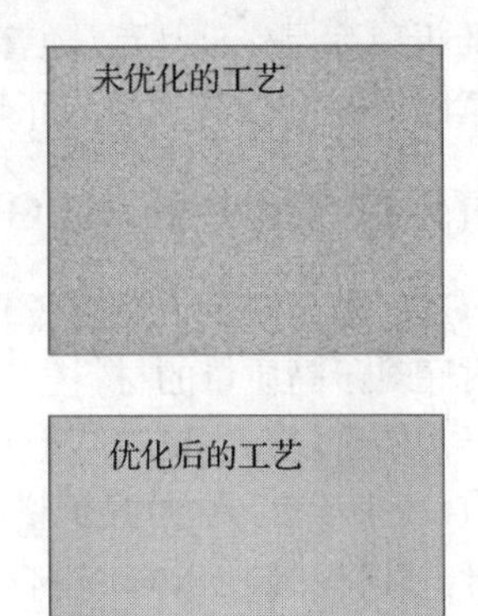

图 6.8　生长过程中的原位反射率和微观图像监测

值得注意的是，由于两步过程与晶格和热力学失配，GaN 薄膜产生较大的位错密度。在 GaN/成核层界面上，位错密度超过 $10^{12}/cm^2$。随着 GaN 厚度的增加，伴随着消除/湮灭过程，位错密度将减小至几个 $10^8/cm^2$。这些位错有三种类型：螺旋位错、刃位错和混合位错。众所周知，为了获得器件质量好的材料，需要尽量减小位错密度；然而，已有研究表明，位错密度在 $10^8/cm^2$ 范围内对器件性能和可靠性的影响最小，这主要是由于这些位错的“非活动”性质。

图 6.9 为 GaN/蓝宝石衬底截面的透射电子显微镜(TEM)图像。原子力显微镜(AFM)下 GaN 的表面形貌如图 6.10 所示。表面形貌呈现台阶状，表明存在一个台阶状的流体生长过程，在一个厚度为 4 μm 的 GaN 薄膜上，AFM 的 5μm × 5 μm 扫描窗口测到的均方根粗糙度小于 5 Å。台阶边缘的黑点被认为是螺旋位错或混合位错，在表面截止。需要注意的是，这种位错密度并不能完全消除 GaN 薄膜中的应变，以及残余混合型应变、面内 GaN 晶格弛豫引起的拉伸和冷却后期外延生长过程中热力学失配引起的压缩应变。关于这个话题，本章并不做详细讨论。但是，对于厚度为 3～5 μm 的薄膜，6 英寸衬底的晶圆弯度可被控制在 80 μm 以下。衬底的弯度可在生长过程中用弯度计进行原位监测。

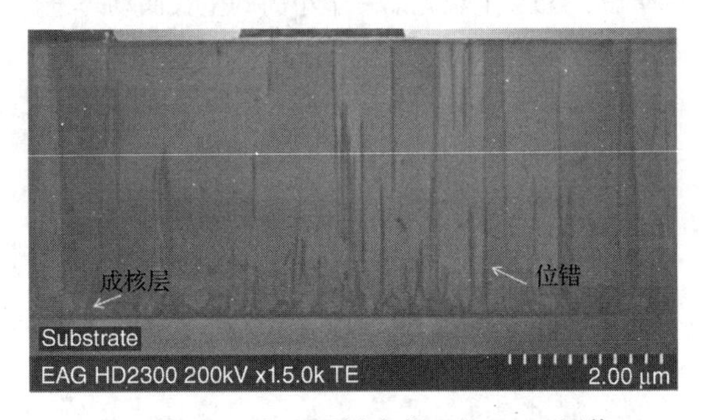

图 6.9　GaN/蓝宝石衬底截面的 TEM 图像

对于 GaN HEMT 器件，一个 AlGaN(三元)层生长在 GaN 缓冲层之上，形成二维电子气，作为晶体管的沟道。AlGaN/GaN HFET 的物理原理超出了本章的范围，有兴趣的读者可阅读参考文献[14]，其中综述了基于 AlGaN/GaN HFET 设备的操作和各种应用。$Al_xGa_{(1-x)}N$ 的生长方式与 GaN 的类似，但温度、压力等工艺条件可能与 GaN 的略有不同，以保证高质量的 AlGaN 层，并在 GaN 上形成突变界面。界面质量决定了仅由 TMGa 和 TMAl 流的比值定义的 Al 摩尔分数(x)的质量。

室温下，$x = 25\%$的 AlGaN/GaN HEMT 产生的载体密度约为 $10^{13}/\mathrm{cm}^2$（薄层电阻大约为 400 Ω/□），电子迁移率超过 1200 $\mathrm{cm}^2/(\mathrm{V \cdot s})$，使得 AlGaN/GaN HFET 成为制备射频和大功率器件的极佳选择。

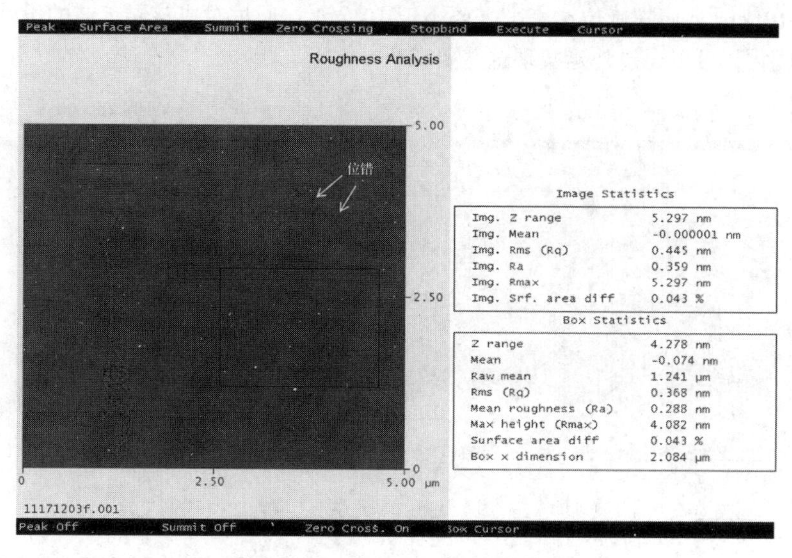

图 6.10 GAN 外延层的 AFM 图像

6.1.8 GaN 外延层材料的表征和分析

一般来说，所有的化合物半导体都依赖于大量的表征工具来保证器件性能所需的材料质量。这些工具分为三类。

1．*物理表征*。例如，高分辨 X 射线衍射(XRD)设备用于表征材料的质量，如螺旋位错密度、外延层相对于衬底的应变和弛豫，三元(四元)合金的组成；AFM 用于表征表面粗糙度、表面凹坑和其他缺陷；TEM 用于确定厚度、界面质量及位错密度估计；SIMS(二次离子质谱仪)用于表征背景掺杂、污染监测及确定成分和厚度；光学显微镜用于检查缺陷、滑移线和裂纹。

2．*电学表征*。例如，Van der Paw 法用于测量载流子迁移率；通道载流子密度用非接触式薄板电阻进行测量，内/外载流子用 C-V(电容-电压)法进行测量。

3．*光学表征*。利用光致发光(PL)技术对薄膜的光学性质进行表征。厚度、组成和材料质量可以从 PL 光谱中推断。

XRD

薄膜的晶体质量可通过高分辨 XRD 测量(002)对称和(102)非对称晶面的 Bragg 反射来确定，典型的(002)和(102)晶面的 XRD 光谱如图 6.11 所示。峰的半最大宽度(FWHM)直接反映薄膜晶体的质量。(102)XRD 峰直接与线位错(TD)(刃位错和混合位错)密度相关，因为它们扭曲了(102)晶面。而(002)峰展宽只受螺旋位错的影响。根据这两个简单的方程，可以很容易地估计 GaN 薄膜的位错密度。

$$D_{\mathrm{screw}} = \frac{(\mathrm{FWHM}_{(002)})^2}{9b_{\mathrm{screw}}}$$

$$D_{\mathrm{edge}} = \frac{(\mathrm{FWHM}_{(102)})^2}{9b_{\mathrm{edge}}}$$

其中 b_{screw} 和 b_{edge} 分别是螺旋位错和刃位错的 Burger 矢量长度。

(102)和(002)反射峰 FWHM(266 arc/s 和 170 arc/s)的值较低，表明 TD 较低(几个 $10^8/cm^2$ 范围)，螺旋位错密度更低，说明该材料具有较高的结晶质量。一般情况下，设备优质材料的刃位错密度需要小于 $10^9/cm^2$，而螺旋位错密度需要小于 $10^8/cm^2$。通过对成核层工艺的设计和 GaN 缓冲层生长参数的优化，可以通过外延实现这些要求。

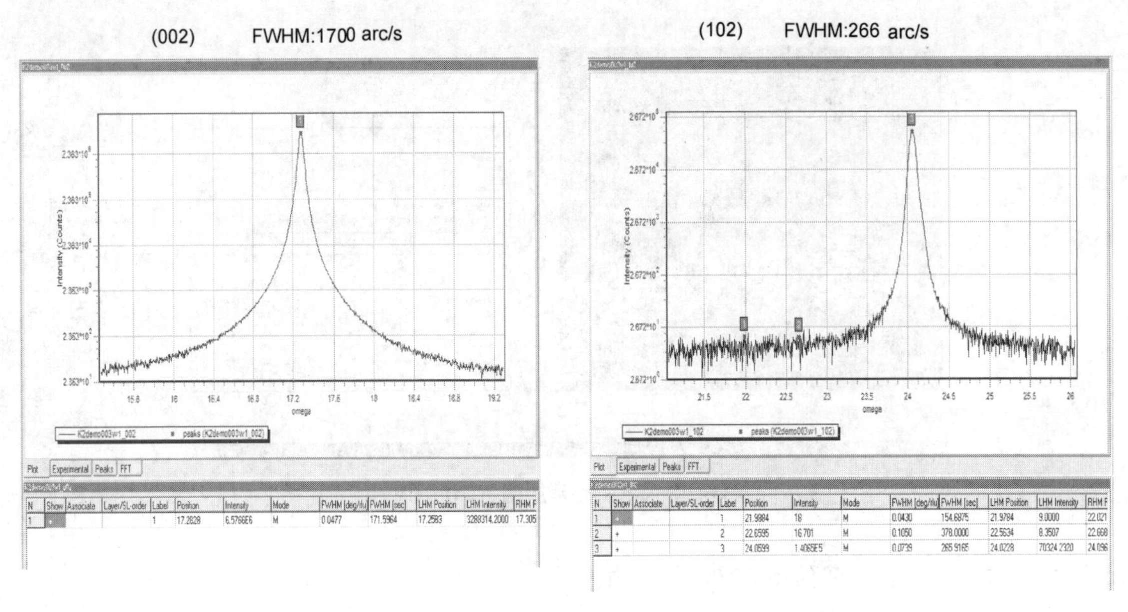

图 6.11　GaN/蓝宝石(002)和(102)晶面的 XRD 摇摆线谱

PL

图 6.12 是 GaN/蓝宝石薄膜在室温下的典型 PL 光谱。在 365 nm 左右的强发射与带边(BE)发射(近带隙发光)有关，可以解释为自由激子或受体束缚激子跃迁或供体向价带跃迁。带边跃迁是 GaN(直接带隙，E_g 为 3.4 eV)的本征光学特性。除此之外，通常可以观察到 550 nm (2.22 eV)左右的宽带发射，称之为黄带发光(yellow-band luminescence, YL 发光)，它被认为是一种通过缺陷(很可能是 Ga 空穴)的辐射复合。YL 波段的强度振荡是由空气-GaN 和 GaN-蓝宝石形成的 Fabry-Perot 腔引起的强度调制。

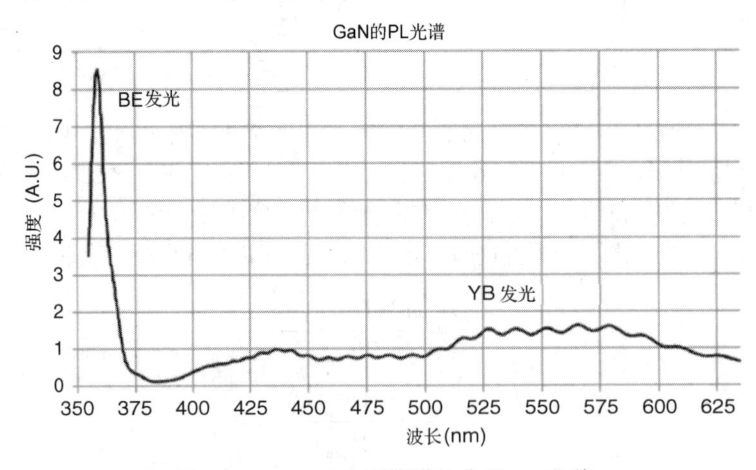

图 6.12　GaN/蓝宝石薄膜的典型 PL 光谱

图 6.12 中 BE 的位置在 362 nm(3.43 eV)，接近室温下 GaN 的带隙宽度，FWHM 约为 7.8 nm (73.6 meV)，室温下为 3 kT。这个 FWHM 接近理论极限的 1.8 kT，表明材料质量非常好(室温下，1kT 热能等于 25 meV)。

YL:BE 强度比也是材料质量的重要指标，可借助其对外延工艺进行优化。高质量的光学和电子器件需要尽可能低的比例。但由于 YB 发光和 BE 发光对 PL 激发功率的依赖性不同，BE 强度随入射功率线性增大，而 YL 强度呈缓慢饱和。因此，建议在低强度和 YL 开始饱和时进行 PL 测量，以确保正确测量 YB:BE 比例，进而调整外延工艺。

还可以从 PL 测量中提取 GaN 薄膜的厚度图和 AlGaN 薄膜的组分图。在图 6.13 中，我们展示了典型的 GaN 厚度和 AlGaN 层的 Al 组分，表明在 6 英寸薄片上外延过程的均匀性很高(2%)。

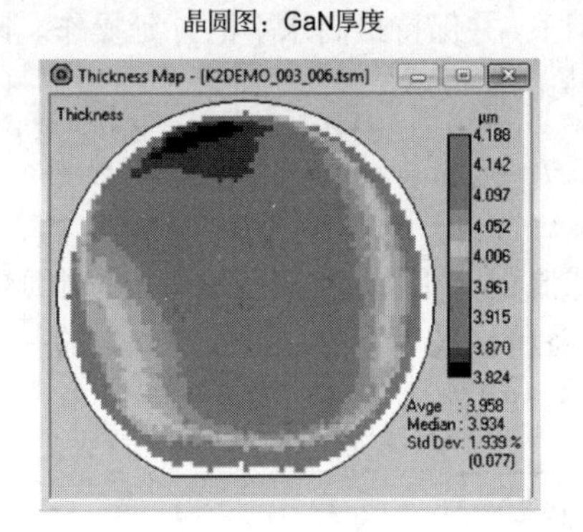

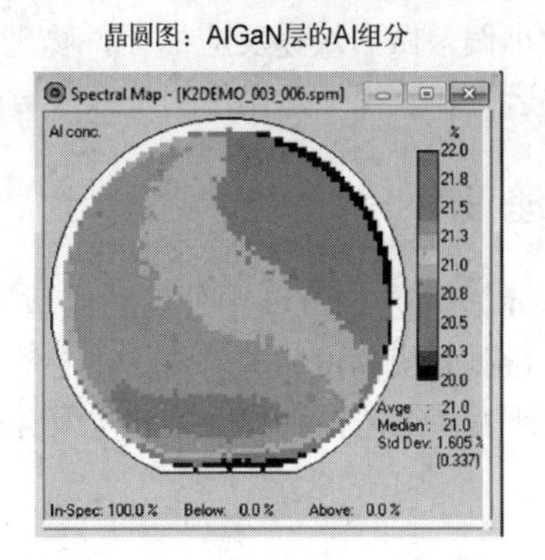

图 6.13　6 英寸外延晶圆的 PL 晶圆图，用于测量 GaN 厚度和 AlGaN 层的 Al 组分

SIMS

图 6.14 是典型的 GaN/蓝宝石的 SIMS 深度剖面图。像氧和碳这样的杂质已经绘制出来。氧的检测水平处于 SIMS 的检测极限。氧的来源被认为是蓝宝石衬底，它的掺入率在很大程度上取决于生长温度。为了维持 GaN HEMT 所需的高阻缓冲层，将氧浓度保持在检测极限水平对器件应用十分重要。

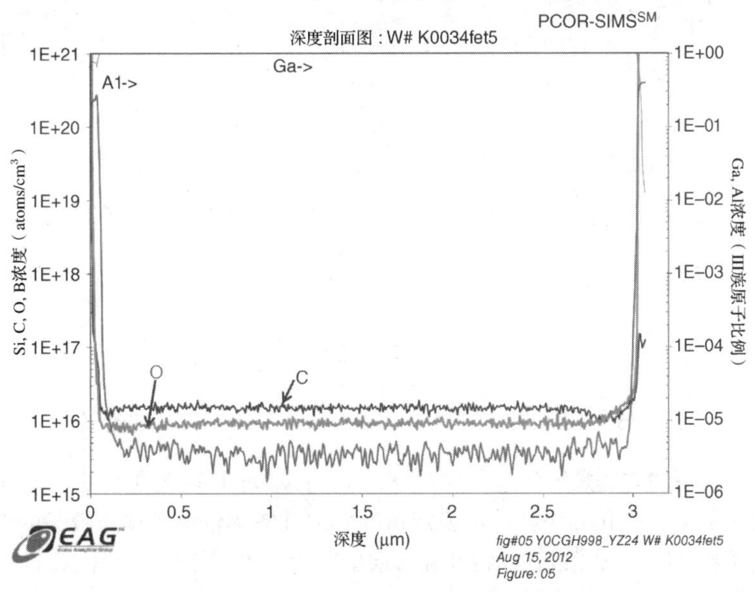

图 6.14　GaN/蓝宝石的 SIMS 深度剖面图

另一方面，碳是在 $10^{16}/cm^3$ 的水平。碳的来源是 TMG 中甲基的分解，其在膜中的掺入率很大程度上取决于温度、V/III 族的比例、生长速率等生长条件。碳是 GaN 材料体系中的深受主，通常用于补偿深施主，深施主可能来自氧和/或氮空位等晶格缺陷，致使 GaN 半绝缘。

6.1.9 外延制造

质量和成本之间的正确平衡是现代化外延生产中的挑战，这需要在预定成本下产出大量质量一流的外延晶圆。反过来，又需要外延生产的严格控制和高水平的质量管理。值得一提的是，与大多数 Si 的工艺不同，包括 Si 外延生长、MBE 和 MOCVD，更复杂的工艺和工具仍处在“偏工程”的时期，这需要高素质的工程师，他们要深刻理解材料生长科学、材料表征，以及能够对工艺窗口中的微小偏差做出快速反应的器件物理知识，并保持最高水平的外延操作。因此，外延操作的缺点是与运行和监视外延操作的技术人员相关的高成本。

6.1.10 管理程序

图 6.15 显示了先进 CMOS 中外延的典型工艺流程。可以非常清楚地看出，外延的质量与复杂的品质鉴定和量测系统高度相关。先进的检查设备价格昂贵，占总体固定支出的一大部分。量测系统使得工艺研发、工艺控制和问题解决及分类成为可能。

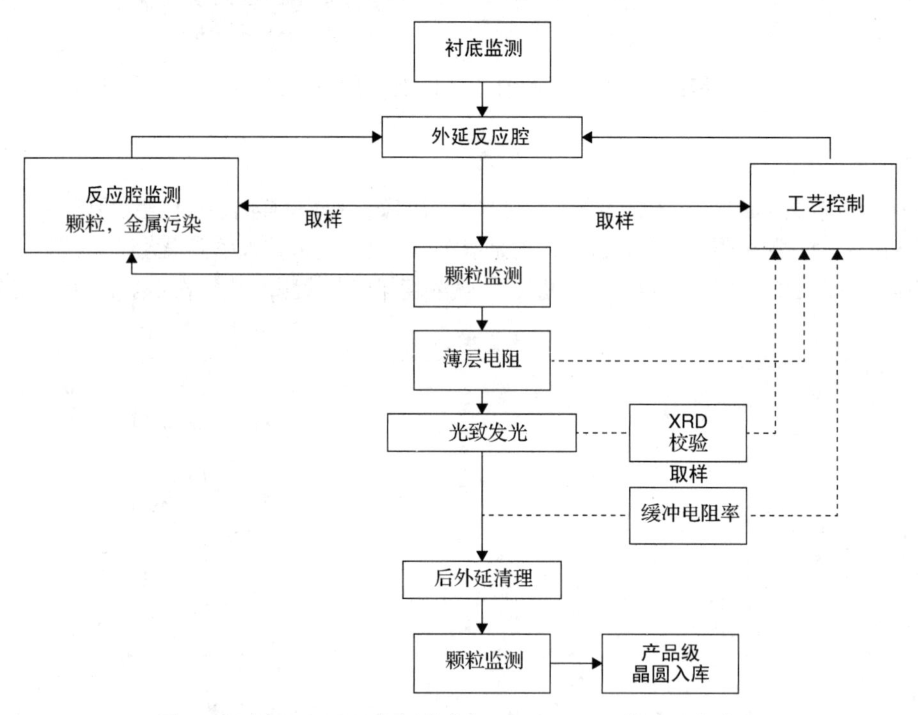

图 6.15 用于 HEMT 应用的高级 AlGaN/GaN 外延工艺流程

工艺控制中最常用的方法是统计过程控制(SPC)。针对每个参数的 SPC 图被记录下来，并用于监控制备过程中的工艺变化和潜在的不稳定情况。取样频率依赖于检查设备的性能和被监测参数的特性，例如颗粒缺陷、薄膜的 PL 特性和薄层电阻为 100%取样，但是 XRD 和缓冲电阻率的取样频率则要低得多。

图 6.16(a)和(b)是典型的 SPC 图，通过 PL 测量，反映了 GaN 缓冲层厚度和 AlGaN 阻挡层中

Al 组分的变化趋势。从分布图可以看出，在相当长一个外延生长周期里，可以很好地控制厚度、Al 组分和薄层电阻，说明工艺流程具有很好的鲁棒性，一个较宽的外延窗口设计可以容忍轻微的工艺偏差而不影响设备性能所需的材料规格。它还表明目前的 MOCVD 工具已经达到可以生产和制造用于复杂光子和电子器件的半导体材料系统的水平。

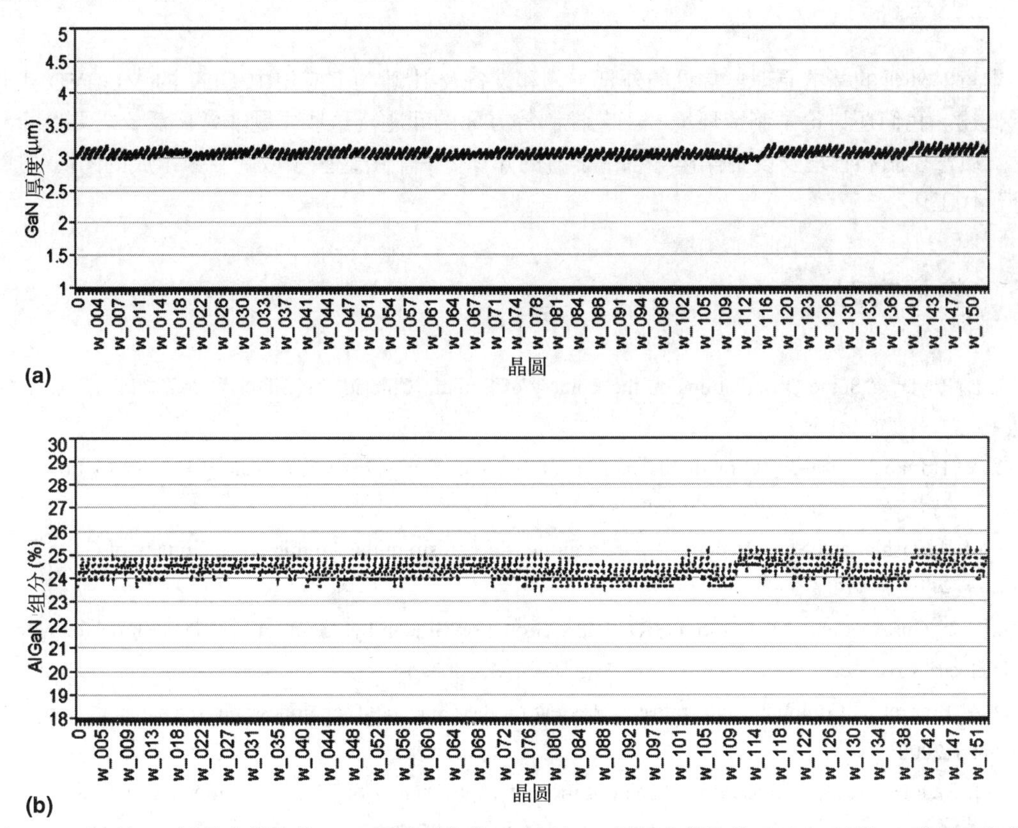

图 6.16 (a)从 PL 测量中提取的 GaN 厚度的变化；(b)从 PL 测量中提取的 AlGaN 层的 Al 组分的变化

6.2 安全和环境健康

在 MOCVD 外延系统的运行中，主要考虑的是安全性。装配 MOCVD 系统的大部分花费用在有毒/易燃气体监测、警报系统及应急计划中(这通常是厂务部的一部分工作)。此外，由于只有所进气体的一小部分被消耗掉了，未反应气体和反应副产品都要排放到废气系统中。在 MOCVD 系统的下游必须安装废气处理装置以减少大气排放。外延代工厂必须遵守职业健康和安全法(OSHA)的法规、有毒气体条例、统一的火灾法规和空气清洁法及其他法规要求。

6.3 展望

很明显，外延工艺会以和电子及光子产业相同的速度发展。下一代器件将需要更严格的外延工艺指标，以及有突变过渡区和掺杂分布的复杂结构。在有图形的衬底上，热预算低的异质外延将得到更多青睐。外延系统必须和新型外延反应腔设计沿同一方向发展，以满足未来的器件规格，也就是在预定的预防性维护之间进行长时间的外延生产。此外，还将探求对光致发光、厚度、组分等材料质量进行全自动化和先进的实时原位监测与过程控制，以提高良率，减少甚至消除后期检查，从而降低总体成本。

6.4 结论

本章对外延的基本原理、常见的外延工艺和设备及射频/功率应用中 GaN 的 MOCVD 生长进行了概述。我们还讨论了制造环境和工艺控制等方面的问题。这些主题非常广泛，需要结合材料科学、质量控制和管理及设备操作等各个学科的知识。一个由这些领域的专家组成的团队“成就”了外延代工厂。

6.5 参考文献

1. L. Royer, “Some Observations on the Epitaxy of Sodium Chloride on Silver,” *Bull. Soc. Franc. Miner.*, 51: 7, 1928.

2. Y. Horikoshi et al., “Growth Mechanism of GaAs during Migration Enhanced Epitaxy at Low Growth Temperatures,” *Jpn. J. Appl. Phys.*, 27: 169, 1988.

3. M. A. Tishler and S. M. Bedair, “Self-Limiting Mechanism in the Atomic Layer Epitaxy of GaAs,” *Appl. Phys. Lett.*, 48: 1681, 1986.

4. E. P. Gusev et al., “Ultra-Thin HfO_2 Films Grown on Silicon by Atomic Layer Deposition for Advanced Gate Dielectrics Applications,” *Microlectron. Eng.*, 69: 2–4, 2003.

5. A. Bourret, “Compliant Substrates: A Review on the Concept, Techniques and Mechanism.” *Appl. Surf. Sci.*, 164: 3, 2000.

6. J. Ramdani et al., “Interface Characterization of High Quality $SrTiO_3$ Thin Films on Si (100) Substrates Grown by Molecular Beam epitaxy.” *Appl. Surf. Sci.*, 159/160: 127, 2000.

7. M. T. Curie et al., “Controlling Threading Dislocations Densities in Ge on Si using Graded SiGe Layers and Chemical-Mechanical Polishing.” *Appl. Phys. Lett.*, 72: 14, 1998.

8. C. T. Foxon, *Principles of Molecular Beam Epitaxy, Handbook of Crystal Growth*, Vol. 3. Elsevier, Amsterdam, p. 157, 1994.

9. P. Ho et al., “Chemical Kinetics for Modeling Silicon Epitaxy from Dichlorosilanes.” *Proc. 194th Mtg. Electrochem. Soc. PV*, 98-23: 117, 1999.

10. G. B. Stringfellow, *Organomettalic Vapor-Phase Epitaxy. Theory and Practice*. Academic Press, New York, 1989.

11. S. Wolf and R. N. Tauber, *Silicon Processing for VLSI Era. Process Technology*, Vol. 1, Lattice Press, Sunset Beach, CA, 1986.

12. H. Hakuba et al., “Chemical Process of Silicon Epitaxial Growth in a SiHC13-H2 System.” *J. Cryst. Growth*, 207: 77, 1999.

13. S. Kommu et al., “A Theoretical/Experimental Study of Silicon Epitaxy in Horizontal Single-Wafer Chemical Vapor Deposition Reactors.” *J. Electro Chem. Soc.*, 147: 1538, 2000.

14. U. K. Mishra, “AlGaN/GaN HEMTs—an Overview of Device Operation and Applications.” *Proceedings of IEEE*, Vol. 90, Issue 6, 2002.

6.6 扩展阅读

Nakamura, S., Stephen Pearton, and Gerhart Fasol, *The Blue Laser diode*, Springer, New York, 2000.

Parker, E. H. C., *The Technology and Physics of Molecular Beam Epitaxy*, Kluwer Academic Publishers, Dordrecht, 1985.

Stringfellow, G. B., *Organometallic Vapor-Phase Epitaxy. Theory and Practice*. Academic Press, New York, 1989.

第 7 章　热处理工艺——退火、RTP 及氧化

本章作者：David L. O'Meara　Tokyo Electron Limited
本章译者：严利人　窦维治　清华大学集成电路学院

7.1　引言

半导体器件由若干种不同材料按严格的堆叠次序构成，且这些材料各具特定的形状尺寸。材料生长或沉积于特殊控制的气氛及环境(不同的温度、气压及高纯的化学气体）中。通常来说，生成材料薄膜需要较高的温度、低于大气压的压强；当然，一些氧化和退火的工艺也可以在常压下进行。用于制作薄膜材料的两类化学品，一是不与其他材料发生反应的惰性气体，例如氮气(N_2)；二是反应性的气体，其分解后可得到所需的薄膜成分。器件产品随着时间不断发展，对于工艺处理的要求也在不断地变化。制造商成本反映在拥有成本(cost of ownership，COO)这一指标上，不同的技术选择下，其 COO 不同，相应地也改变着沉积设备的硬件配置。本章概括描述半导体制造中用于退火和氧化的热处理设备、工艺及控制；如有需要，可通过所提供的参考文献获取详尽的材料。

7.2　热处理

在半导体制造中，随着所制作器件的不断需求，热处理工艺也处在不断的技术进步中。在 20 世纪 70 年代后期，硅片尺寸是相对比较小的(小于 6 英寸)，而器件特征尺寸则相对比较大(小到 3.0 μm)。为了实现目标所要求的氧化层厚度、扩散杂质浓度，以及平坦化工艺中硼磷掺杂硅玻璃的回流，常常需要若干小时的高温处理。因为每个硅片都需要几个小时的高温处理，为提高制造效率，人们设计了批处理炉管设备，该设备可以同时处理很多的硅片。对于批处理炉管而言，热退火与氧化工艺取决于基本的热效应原理。早期的热处理工艺应用，主要考虑了热输运和温度控制对于杂质扩散、滑移缺陷、氧化层生长速率的影响，其后这些因素进一步精细化，可以装配越来越先进的半导体设备，直至实现 14 nm 器件尺寸。

热处理工艺基于

- 热输运
- 退火，包括扩散(Fick 定理)
- 氧化(参见 Deal 和 Grove 的研究)

7.2.1　热输运

硅片温度是半导体制造热处理工艺中的决定性因素。在硅片周边有一些材料用于控制环境气氛，热量就是经由这些材料从加热部件传送给硅片的。石英(SiO_2)就是这样的材料，其用于将硅片与外部环境沾污相隔离，如果需要，还可以采用真空泵来保证石英管内的气压控制。硅片在物理上与加热部件相隔离，因此这种热输运要以加热线圈发出热辐射的方式进行。加热部件附近的热载荷，还有待加热的硅片本身，都会阻碍快速的热变化，这一点对于稳定的温度控制是有利的，不过当需要快速热处理时，它就成为一个问题[1]。

批处理炉管采用惰性气体流来防止沾污，另外也会增强退火效果。气流的存在可显著地改变硅片上下两端及炉管两端的热分布，因而导致均匀性方面的热稳定性控制问题。炉管内的气压同样也会影响从气流向硅片的热输运过程。图7.1显示了在工艺后对一批硅片用三种方式予以冷却，各有不同的效果。自然冷却是常用的冷却方法，只需要减小加热器功率即可，此时热载荷会限制冷却速率。较大的 N_2 气流可以提升冷却速率，如右上图所示。最快速的降温可通过将硅片直接卸载、移出炉管来实现，不过由于存在热冲击，对于硅片或是设备来说，以直接卸载方式进行冷却都是要承受一定风险的；热冲击的大小取决于卸载时炉管的温度。

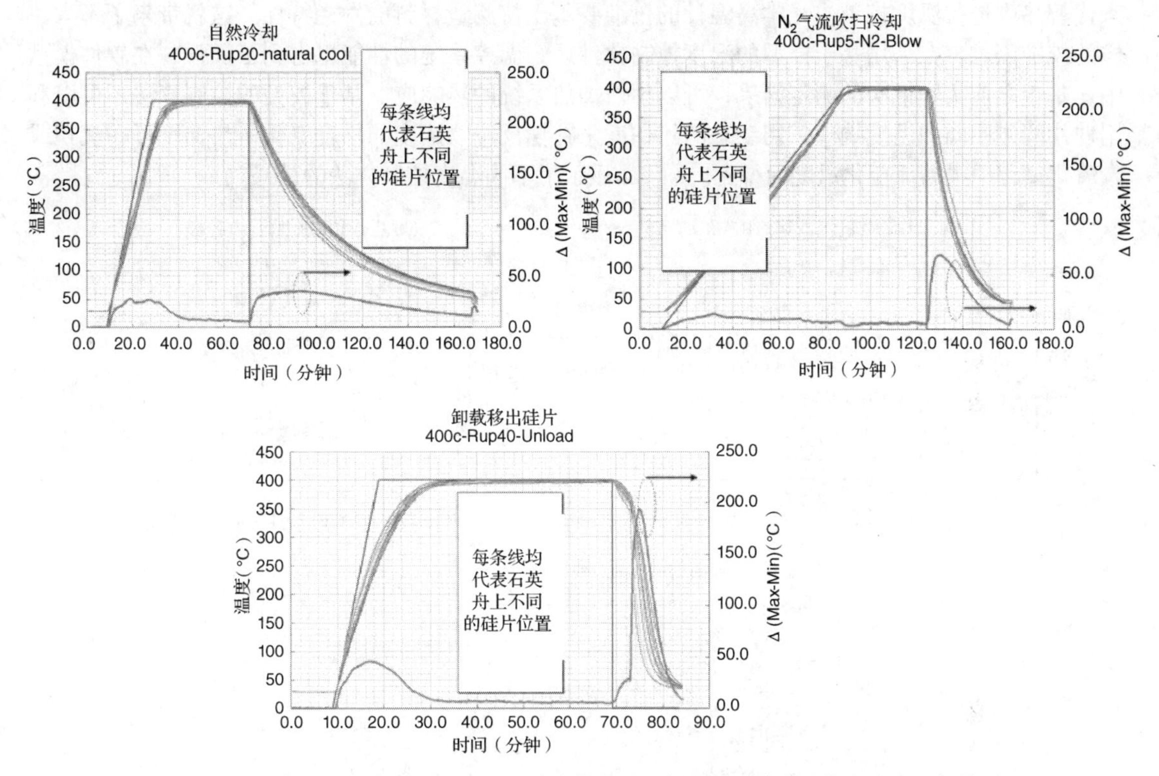

图7.1　批处理炉管温控系统中硅片的三种冷却方式，该系统可同时对多个硅片进行热处理。来自加热器的热载荷、热隔离材料及硅片，决定了自然冷却速度较慢，采用 N_2 气流吹扫时，冷却速率提高，若将硅片卸载移出炉管，则会进一步提升冷却速率

热耦(thermol couple，TC)用于控制加热部件，通过温度的实时监控，以达到目标退火温度。炉管外部的热耦，放置在加热部件的每一个分段附近，直接进行加热控制；炉管内部的热耦，放置在装置的内部，更加精确地控制硅片的温度，而这往往更为重要。热耦测温所用的是塞贝克效应(Seebeck effect)，将温度转化为正比于两个不同电导体或者半导体间的电势差。通常，热耦也是用 SiO_2 与硅片相隔离的，以避免来自热耦的沾污，隔离会带给温控系统一定的热延迟。对于温度的控制，可以基于外部热耦读数、内部热耦读数，或者将两个读数各乘以一个系数后做线性叠加。通常情况下要进行热耦校准，以将各种不同情形下的热耦输出匹配到硅片的实际温度[2]。

我们制造的是半导体器件，而用于控制炉管加热器的也正是同样的半导体器件。温度控制由热耦传感器反馈回路和加热器响应组成，通过反馈信号来对实际温度和目标温度进行比较，由此驱动加热器响应，调节其加热功率以达到目标温度。从开始温度测量到硅片处发生相应的温度变化，这期间的时间延迟称为系统的热响应。影响加热系统热响应的因素有很多，包括热载荷、热导率、加热机制及控制系统的速度。控制算法，例如比例积分微分（proportional-integral-derivative，PID），允许对构成加热系统的所有要素的特定热响应进行调节或补偿[3]。

对基本的炉管温控系统进行不断改进，以获取不断提升的控温精度，以及满足在热预算方面由于器件特征尺寸更小而引入的日益严苛的要求（要求总的热处理时间更少）。通过减小热载荷来提升温控系统的响应速度，同时也减少硅片处于较高温度下的时间。人们开发的新炉管配置方案，包括体积更小的小批量系统以进一步降低热载荷、提高温度变化速度，还包括单片处理的系统，以 COO 为代价，获取最快速的温度控制。在一些情形下，例如单片处理的系统，采用光学高温计来代替热耦进行温度控制。光学高温计的校准要基于待测量材料的发光特性，这就带来了不太一样的校准困难。在采用基于模型的温度控制软件后，温控系统的性能也得到了加强，在软件模型中，基于之前实验批次的测定结果，可以预估加热系统的热响应。基于模型的控制算法还可以利用硅片两侧不同的温度响应，用动态的热梯度来补偿反应物浓度的梯度变化，热梯度可在沉积或者氧化过程中主动地变化温度而得到。图 7.2 显示了不同温度控制方法的效果。

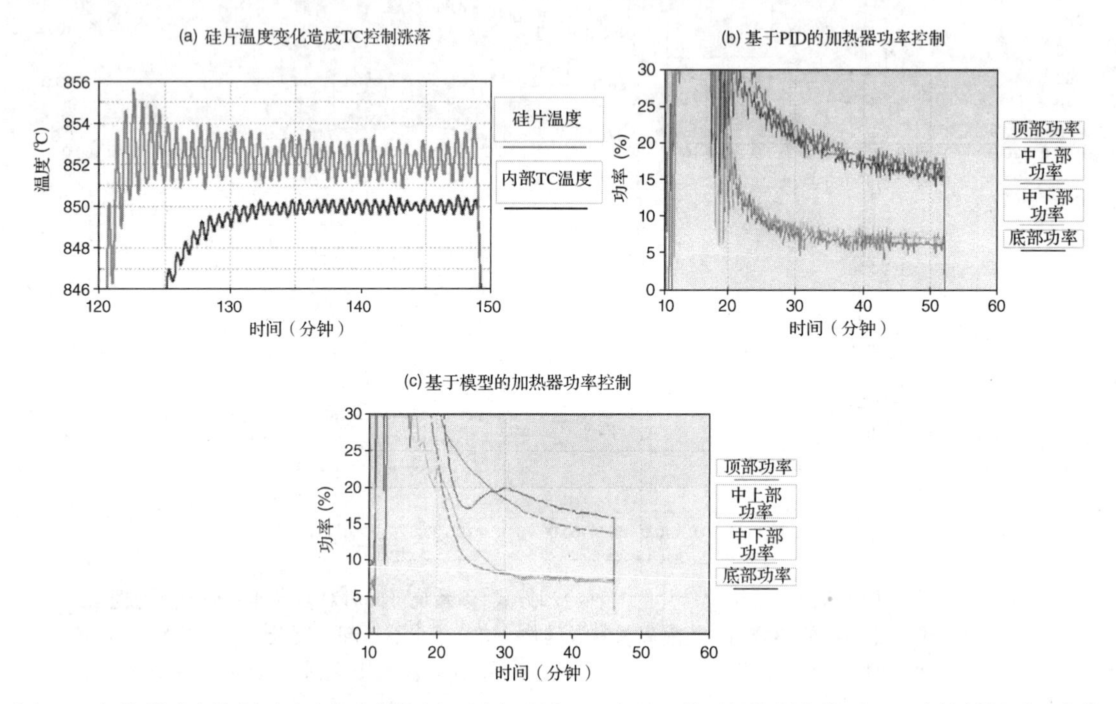

图 7.2　加热器功率控制对硅片温度的作用，图中采用 PID 和基于模型的控制方案后，温度控制得到了改善

基于模型的温度控制的一个方法是自适应温度控制（adaptive real-time temperature，ART），该方法获得了实际应用，特别是在沉积工艺中。用于沉积薄膜的化学物质，在沿表面流过一片硅片时，或者流过石英舟中的一批硅片时，浓度都会因消耗而降低，在化学物质消耗最大的区域，就只能得到极薄的沉积膜了。ART 通过产生一个温度梯度，补偿沉积反应物的消耗，因而可以纠正这样的问题。参考文献[4]展示了 ART 技术是如何产生校正性热梯度的，基于这篇文章，图 7.3 显示了沉积过程中，精确地控制工艺温度小幅下降，可在反应物消耗最多的硅片中部产生略高一些的温度。沉积过程分成两段进行，在适当的平均沉积温度下，产生所需的沿硅片热梯度。该图还显示了预沉积工艺步，用来对批处理炉管设备的每一个加热区间设定适当的温度梯度，从而得到从前到后覆盖一批硅片的批均匀性。

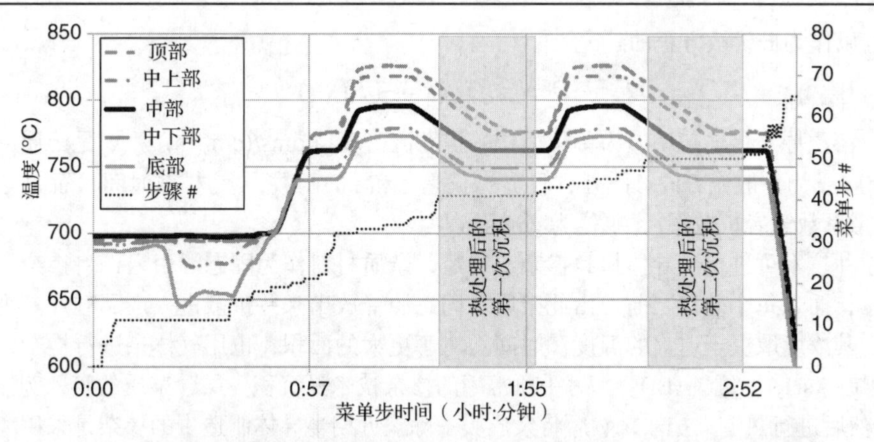

图 7.3　基于模型的温度控制可提高氮化硅沉积工艺均匀性，工艺由两步沉积组成，目的是设定优化的热梯度场，获取沉积薄膜在片内和批内(片间)的均匀性

7.2.2　退火

半导体制造中的热处理工艺、目的及难点，都在于热对材料的作用。在惰性气氛(例如氮气或者氩气，有时也用氢气或者氘气)中对材料进行的热处理称为退火。在半导体制造中，退火工艺有如下一些用途：

- 杂质扩散
- 固态源扩散
- 应用 Fick 定理
- 杂质激活(原子成键)
- 玻璃薄膜回流(BPSG 硼磷硅玻璃回流，FCVD)
- 薄膜致密(旋涂材料膜)
- 形成硅化物(TiSi，NiSi，CoSi)
- 钝化(例如，消除悬挂键)

7.2.3　扩散

在半导体材料中引入杂质可使之导电。取决于杂质的种类，导电性可以通过电子流或空穴流(电子空位流)来产生。通常用硼掺杂来得到空穴导电的 P 型硅，用磷或者砷掺杂来得到过剩电子导电的 N 型硅。为了将硅掺杂成导电材料，需要将硅表面暴露于掺杂杂质中，杂质通过扩散进入硅材料中，然后通过热与时间来确定杂质进入硅材料中的深度和浓度。一些影响杂质扩散的因素为

- 杂质扩散率(原子尺度)
- 硅衬底缺陷
- 扩散阻挡层，例如氧化物或氮化物界面
- 退火温度
- 表面杂质浓度
- 退火时间

Fick 定理用一个方程来表示杂质的扩散率、浓度、温度及时间等诸要素对硅中杂质分布的影响。材料缺陷是折算后用材料的扩散率[5]表示的。界面处的其他材料(例如 SiO_2)可以由另一个扩散

过程描述，以作为硅扩散方程的补充[5]。

$$F = -D\partial N(x,t) / \partial x = -\partial F(x,t) / \partial x$$

式中，F 是溶质原子传输速率，为单位面积的扩散流密度[atoms/(cm^2 · s)]。N 是溶质原子的浓度(atoms/cm^3)，x 为扩散流方向。此处，假定 N 仅是 x 和 t 的函数，t 为扩散时间，而 D 是扩散常数（也称为扩散系数或者扩散率），单位为 cm^2/s。

有若干种技术可进行半导体材料掺杂。曾经，杂质材料作为固态源引入，将掺杂杂质做成类似的薄圆片，插入每个硅片之前，由此杂质从固态源释放出来并扩散进入产品硅片。进入产品硅片的杂质，其浓度取决于退火的温度和时间。对于更大的面积，也用气体来进行掺杂，例如磷烷(PH_3)、砷烷(AsH_3)、硼烷(BH_3)。另一项常用的掺杂技术是沉积一层含杂质的膜，例如三氯氧磷($POCl_3$)，然后进行热退火扩散，然后将杂质膜去除。近期半导体制造中的掺杂是采用离子注入的方式进行的，即将杂质粒子离化，以之轰击硅片表面，强制使杂质进入硅中。离子注入可导致晶格结构局部损伤，将杂质分布限制在所要求的材料浅表层。在离子注入后需要进行热退火，使杂质原子进入晶格代位位置，以修复损伤。杂质参与硅晶格结构的建构过程称为杂质激活，这使得杂质具有电活性。

为了对特征尺寸非常小的器件的掺杂进行杂质分布控制，当前的掺杂策略又回归到固态源方式的杂质输送。最近，掺杂固态源已开始采用原子层沉积(atomic layer deposition，ALD)的掺杂薄膜，例如氧化硼(B_2O_3)，其中的硼可扩散进入硅 FinFET 器件的鳍栅结构。ALD 有很好的保形效果，可提供极好的掺杂均匀性，并且杂质与硅片紧密接触，允许以很低的热预算来得到高杂质浓度，杂质分布极浅[6]。

7.2.4 致密/回流

半导体器件的构建，要求在制造工艺中正确的时间段制备各类特定性质的材料。有时，为了与其他工艺步集成，会用热处理来改变薄膜性质，将其从“刚刚沉积”的状态改变至具有更好膜性质的状态。举例来说，置于高温中一段时间，这种处理也称为退火，可用来致密一些沉积的薄膜，甚至也用来回流薄膜、平坦化器件的表面。掺杂了硼和磷的 SiO_2 沉积薄膜称为硼磷硅玻璃(borophosphosilicate glass，BPSG)，常用来覆盖在硅片表面所制作结构的上方。在较高温度下退火时，有时在含 H_2O 的气氛中进行，BPSG 膜会像液体一样流动，使得表面平坦化，这就为后续器件结构制作准备了更为有利的表面形貌。对于描述退火气氛和温度升降速率的重要性来说，BPSG 退火工艺是一个很好的例子。如早期的研究[7]所示，在不正确的退火气氛和降温速率条件下，可形成 BPO_4 沉降缺陷。在先进工艺中，使用 BPSG 一类的材料进行平坦化，但这个方法因减少热预算的要求而被弃用了。

已经发现了一些有利于小尺寸形貌填充特性的新材料，不过都要求进行退火，以获取器件能够接受的最终薄膜的性质。一些新材料包括可回流化学气相沉积 (flowable chemical vapor deposition，FCVD)材料及旋涂介质材料。沉积这样的一类材料通常都带有一些特殊优势，例如保形性、平坦化特性、选择性沉积，或者像旋涂材料这样的低成本。材料在沉积后需要进行热处理，通过材料致密、原子键重构、化学成分调节来提高薄膜对于刻蚀的抗蚀性、选择性，还有绝缘特性及结构特性。举例来说，为了实现更好的器件制造工艺集成，对于典型的旋涂材料，要求去除其中的有机物（有机物是进行旋涂所必需的），令材料对于刻蚀具更强的抗蚀性，热退火于是用来促成旋涂材料的转变。

7.2.5　硅化物

热处理工艺通过重构合金材料的结构或者将金属扩散到硅中，可以改变材料的导电性。半导体器件接触区的硅化物可以降低器件总的电阻，增加驱动电流和器件特性。早期的晶体管中，在源/漏区域沉积钛(Ti)，然后做热退火处理，将Ti扩散进硅中，形成钛硅化物(TiSi)[8]。通过控制温升速率和总的高温处理时间，可以形成最低电阻率的TiSi相[9]。然而，随着器件尺寸缩小，Ti已经被Co和Ni所取代了，因为它们的硅化物更浅，接触电阻更低。对于新的半导体FinFET器件结构(设计尺寸约为22 nm)，硅化物深度上的损失由于鳍栅结构所提供的更大接触表面而得到补偿。

7.2.6　钝化

在半导体器件制造流程的最后，通常会有一个钝化的步骤，将器件置于大约400℃的热环境，并在含接近4% H_2的N_2气氛(混合气)中进行处理。保持H_2在N_2气氛中的较低浓度是必要的，可以防止自燃，此外还需要有昂贵的硬件互锁装置来避免危险伤害。在器件制造中，氢以质子的形式起作用，可以钝化悬挂键和界面陷阱。工艺时间和温度之间的平衡是很关键的，在保持对受损原子结构悬挂键的钝化效果的同时，可以防止额外热作用造成的材料损伤，诸如过量的杂质扩散或对金属的损伤[10]。

7.2.7　缺陷

先进的半导体器件对于热处理工艺中的问题正变得越来越敏感，特别是由热预算限制所造成的问题。热预算限制的起因，是由于器件关键性的特征尺寸很小，大约只有几个原子层的量级。热处理工艺引起半导体器件的相关问题，进而可引发IC制造技术的演进与发展。这样的问题如下：

- 滑移位错
- 瞬时增强扩散
- 热预算限制

硅片是由硅原子整齐排列所组成的，生长成为特定晶体学取向的单晶体。硅片原子级别的完美性，使得产品制造过程和半导体器件的电性质可控、可靠。在半导体器件制造的早期，大的器件特征尺寸要求更高温度的热处理，此时发现硅片中的硅原子结构疑似受损。硅材料在1414℃时将熔化，当温度为800～900℃时，热造成的原子结构的损伤就需要特别关注了。高于900℃时，更高的温度使得硅片对于热梯度引入的损伤更为敏感。仅有几度的热梯度就足以造成硅片中原子的漂移或者滑移，结果是形成位错，影响电性质和光刻对准。滑移位错缺陷描绘于图7.4[11]中，它取决于工艺中的硅片如何支撑及硅片的尺寸大小。当超过1000℃时，要求温升速率低至1℃/min，这样才能避免与滑移有关的损伤。在更现代化的IC制造技术中，从杂质扩散角度考虑热预算，比起从滑移位错角度进行考虑，其热预算限制要低上许多。

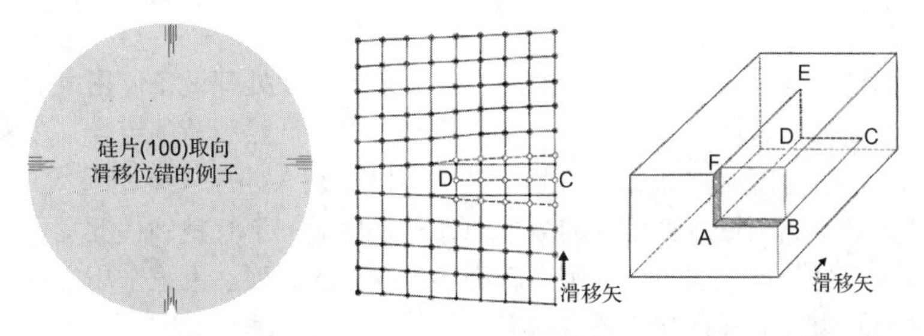

图7.4　滑移位错是由热梯度引起的硅原子结构缺陷。在硅片上，沿结晶方向的滑移线是肉眼可见的

如前所述，半导体器件设计的特征尺寸越来越小，因此改变了对于热处理工艺的要求。离子注入损伤及其在退火激活时的扩散，可以用 Fick 扩散方程来建模计算。当器件尺寸足够小时，就要考虑杂质扩散的局部增强、超过体材料扩散方程的效应了，此时 Fick 扩散方程不再适用。出现瞬时增强扩散（transient enhanced diffusion，TED）时，杂质扩散的路径通过离子注入的晶格损伤形成，扩散要超过 Fick 模型的计算。硅片的原子晶格结构承受离子注入的杂质离子的轰击，产生损伤，原子结构中的损伤应力提供了加速扩散路径，因此离子注入后刚开始扩散的阶段，杂质扩散要更快一些，这就使得热退火和激活退火时，对杂质扩散的控制更为关键[12]。

到了 2016 年，半导体器件的特征尺寸已经缩小至 7 nm。为实现精确的尺寸控制，一些器件层采用按一次一个原子层方式沉积的 ALD，即便不是完全消除了杂质扩散，与退火有关的热预算也已降至最低了。杂质激活，或者说是代位式成键，还是要求很高的温度（900～1000℃），不过处理时间已缩短至数秒。由于批处理炉管受限于较慢的热载荷响应，传统热处理就不再适用了。为实现更小的热预算，较高温度的退火需在数秒内完成。在先进的器件制造中，单片退火成为最常见的高温处理方式。

7.3 快速热处理

对于器件制造允许的热预算的限制越来越多，而器件开发又希望能有更快的周转期（turn-around time，TAT），这些都使得逐片式的或者单片处理日益增多。TAT 是指从启动一片硅片的工艺，到开始下一片硅片处理所需的时间。通常批处理炉管需要几个小时级别的时间来完成工艺处理，而快速热处理（rapid thermal processing，RTP）单独处理一片硅片只需要数分钟或更短的时间。因为有同时处理多个硅片的产率优势，批处理炉管可以实现更好的热稳定性及工艺稳定时间。批处理的缺点在于热处理时间和总的工艺时间过长。无论如何，单硅片处理本质上还是要求有快速的 TAT，以匹配像 COO 这样的成本考虑；COO 用于表示总的设备成本，包括投资、与设备生产能力相比而言的消耗成本。产率是半导体制造生产能力的一个典型的优值指标，典型的批处理炉管产率大约为每小时 20 片（处理含 100 片硅片的一批需要约 5 小时），这相当于 RTP 设备大约 3 分钟处理 1 片硅片。在 3 分钟的 TAT 内，RTP 设备要将硅片传送至工艺腔，对硅片和腔进行工艺准备，处理硅片，工艺腔准备好输出硅片，最后将硅片送回至起始处。对于 RTP 设备来说，时间是非常受限的。

半导体制造中有一些步骤涉及短时间（典型为数秒钟或更短）和较高温度（大约在 1000℃量级）的处理，这是通过 RTP 设备非常低的热载荷配置来实现的。上述的工艺步骤中，化学键要重排列，以实现导电或者致密化，这要得益于高温；与此同时，还要求最小化杂质扩散，从而限制了高温处理的时间。

7.3.1 RTP 装置

硅片的快速热处理要求快速变化硅片的温度。大多数单片处理设备使用大剂量的光照或者其他类型的辐照，从而快速地加热硅片及承片座；而大气流与低热载荷的组合，用来快速地冷却硅片。一些 RTP 设备固定工艺腔的温度，在退火工艺温度下载入硅片，经过所要求的退火时间后，撤出硅片，以此来减小热预算。在另外的装置中，先是生成一个有精确梯度变化的加热区，当硅片进入该加热区时，硅片伸入加热区的距离就决定了硅片的温度。无论采用何种设备方案，快速温度变化所带来的问题对于所有 RTP 设备都是一样的。

7.3.2　辐射性

RTP 系统的挑战在于要实现快速的热传输，因此要求有快速的温度监控。光高温计具有快速响应，并且是非接触式的，所以经常用来直接测量硅片的温度。用光高温计来进行温度控制时，一个问题在于所探测的光信号变化容易引起测量误差。最为直接的温度控制就是量测硅片，在光高温计观测下的硅片表面，其辐射特性是随工艺变化的，也随硅片上的材料而变。参考文献[14]描述了表面形貌对于光高温计测量影响的一些细节，并将单片工艺与批处理炉管中的温度控制进行了比较[13]。测量负载硅片的承片座的温度，可以稳定光高温计校准，不过会增加热载荷，减慢热响应。由于工艺腔窗口上沉积积累的材料薄膜，在光高温计和硅片或者承片座之间的光通路也会使得温度测量逐渐衰减。

7.3.3　加工效应

RTP 工艺中，需要在速度要求和其他工艺条件之间进行折中，这会引起半导体热处理的更多问题。仅以退火工艺来说，快速地达到工艺温度，但又只允许硅片在此温度下停留短暂的时间，这就在控制精度和工艺缺陷控制方面提出了挑战。

- 快速的热升降
  - 滑移位错
  - 硅片移位
- 热均匀性(最小稳定时间)
  - 由高密度形貌引起的表面效应

如前所述，硅片中过剩的热应力会造成原子结构中的位错缺陷(又称滑移位错)。RTP 中快速的热升降速率令滑移缺陷很难避免。激发滑移产生的应力来自硅片加热时片上某个局部的热梯度。某些情形下，硅片上的形貌会增强温度梯度[14]。在炉管中进行成批硅片的处理时，输送热量并涵盖所有的硅片，以及获得良好的热均匀性，其所需的时间是能够保证的，但是在 RTP 中就不行。由于缺乏温度稳定的足够时间，因此在加热方法上的关键性要求，是要实现横跨硅片的强制均匀性加热。

径向的温度梯度会引起硅片以某种形式弯曲或卷曲，不仅会引起缺陷，还会使 RTP 工艺腔中的硅片离开其位置，带来进一步的问题，包括硅片破损、将硅片移出工艺腔的机械手无法定位硅片等。对硅片进行 RTP 加热，需要横跨硅片的均匀性加热方法，还要求对各种薄膜形貌所造成的硅片发光差异进行补偿，以避免滑移这样的局域缺陷，以及像硅片脱离位置这样的全局性问题。当把反应性气体添加到热处理工艺条件中时，例如进行氧化工艺，这类问题会变得更为严重。

7.4　氧化

可以将氧化看作一种特殊形式的退火。在这类工艺中，硅片或者含硅的材料被放置在氧化性的气氛中进行退火，然后生长出氧化膜。在最简单的情形中，硅片在高温下暴露于氧气气氛，以制作出硅氧化物(SiO_2)薄膜。

图 7.5 给出了氧化工艺示意图，与退火的差别仅在于氧气气流。热输运是氧化最重要的驱动力，这使得上面退火工艺中提到的各种热方面的考虑，在氧化工艺中更为关键。比起热因素，氧化以

批处理炉管还是以 RTP 的方式进行，差别倒不是很大。

氧化工艺可用 Deal-Grove 模型进行描述，其将氧化分成三个步骤：氧元素吸附，扩散，界面反应[15]。吸附是指氧气分子附着于固体的表面。氧粒子要扩散穿过所生成的氧化硅薄膜，发生界面反应，SiO_2 才能够在 Si/SiO_2 界面处生长出来，因此氧化主要是一种扩散的过程。正如 Fick 扩散方程所示，扩散是氧粒子扩散系数的函数，除化学和热反应活性外，正是扩散影响着界面处反应的速率。由于是扩散的氧和硅发生氧化反应，因此所生成的 SiO_2 薄膜要消耗掉 45%的硅，只有 55%的硅处于初始硅片表面之上，这一点与沉积工艺是不同的，如图 7.6 所示，沉积膜 100%都是在硅表面之上的。

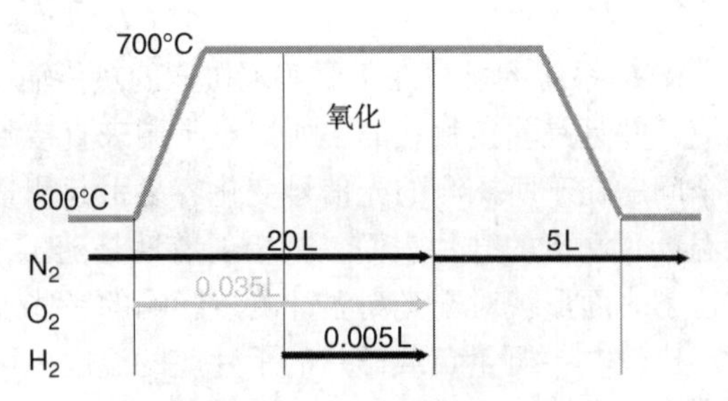

图 7.5 典型的氧化工艺示意图。除了要添加氧气之类的氧化性气氛，温度升降和气体引入均与退火工艺的相同

氧化由三个步骤构成：
（1）吸附：O_2、H_2O附着到表面
（2）扩散：扩散穿过氧化层
（3）反应：在界面层反应，形成新的Si-O键

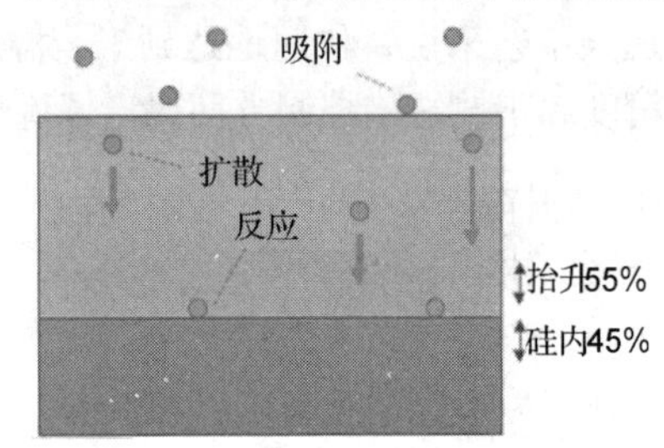

图 7.6 如 Deal-Grove 模型所示，氧化分为三个步骤：氧原子在 SiO_2 表面吸附；氧扩散到达 Si/SiO_2 界面；发生氧化反应，形成更多的 SiO_2

随着氧化进行，SiO_2 膜逐步变厚，氧成分从表面扩散到界面处的路程也变得更长，SiO_2 膜不再保持随时间线性地生长。非线性生长取决于氧化性反应物的扩散率。由于 SiO 中 H_2O 比较大的 O_2 分子扩散得更快，对于较厚的 SiO_2 生长目标，通常采用湿氧氧化，而对于很薄、高质量、具有良好介电特性的膜，就采用干氧氧化。图 7.7 显示了干氧氧化和湿氧氧化的生长曲线，随温度和时间呈现抛物线趋势。

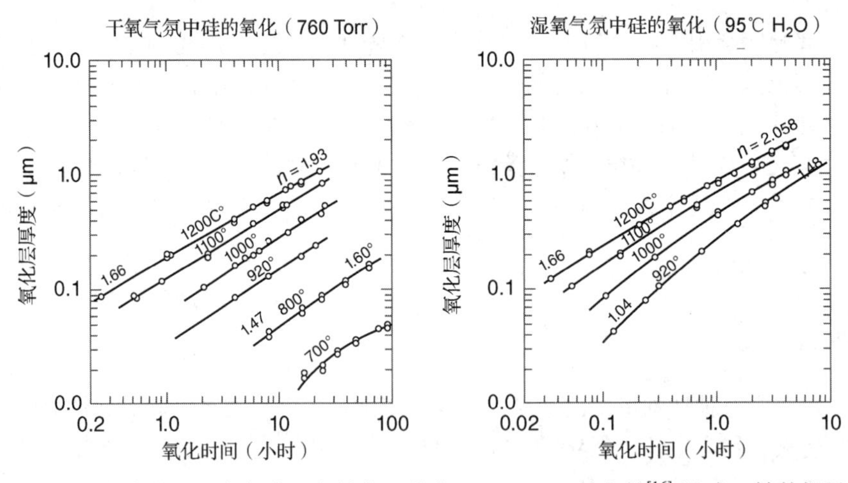

图 7.7 不同温度的干氧氧化和湿氧氧化生长趋势，摘自 Deal-Grove 的文献[16]（注意 x 轴数据量级上的差异）

7.4.1　硅蚀坑

图 7.5 中，氧气流在所需的工艺温度达到之前就出现了。通常来说，除非是温度稳定期，即图中氢气流所示时段，一般不会启动工艺的化学反应。温度预先稳定使得涵盖硅片和反应器的温度场均匀，可获得最好的工艺均匀性。在氧化工艺中，在温度上升阶段需要一定的氧气分压，这是由于硅片表面的自然氧化层存在着升华势的缘故。如果气氛中没有氧，则硅片表面的 SiO_2 就有升华离开的趋势，带来硅表面蚀坑，或者说表面粗糙性。蚀坑可以作为粒子缺陷被探查到，亦呈现为介质击穿强度的衰减[16]。取决于氧化温度，0.1%～1%的氧就足以抑制蚀坑了，也能避免在热稳定之前的氧化生长。

7.4.2　SiO_2 薄膜质量

SiO_2 是半导体制造中的关键材料，其历来是主要的栅极介质材料，是所有晶体管器件的核心材料。对跨 SiO_2 栅极介质施加电场会产生一个反型层沟道及一个耗尽区，将晶体管的源-漏区进行电学连接，就开启了电子或者空穴流的状态。当栅电场撤离时，栅的介电性能和失去偏置沟道的高电阻，会保持电流为零。SiO_2 薄膜缺陷会造成晶体管性能衰减，诸如出现漏电流、介质击穿、电子或空穴迁移率降低、能带中不规则的缺陷态，以及其他的特性衰减[17,18]。在更高温度下生长的 SiO_2，主要由于更多的 SiO_2 完全成键和更高的膜密度，因此具有更佳的介电性能。无论如何，晶体管特征尺寸缩小化还是对氧化所允许的温度设置了热预算限制。沾污是 SiO_2（作为栅极介质）介电特性的另一项风险。在一些工艺中，会向氧化气氛中添加像氢氯酸（HCl）、四氯乙烷（TCA）或二氯乙烯（DCE）这样的含氯化学品，用来固定半导体器件中的可动离子，清除氧化工艺腔中的金属沾污。在 DCE 的情形下，分子中的碳成分要求工艺中有足够比例的氧，以避免碳沾污。在极端情况下，如果没有足够的氧将碳燃烧掉，发黑的碳残留会在 SiO_2 表面积聚，成为粒子缺陷的来源。另外，还要将 DCE 控制在全部气流的 5%以下，以避免超过气体的爆鸣限。

7.4.3　湿氧氧化方法

湿氧中有三种方法可提供 H_2O：燃烧，催化反应，或者蒸气。为实现极限的纯净度，通常会使用一个 SiO_2 设备火炬室，通过氢氧焰燃烧生成 H_2O。由于 H_2O 化学配比为 2，H_2/O_2 应接近于该配比。较高的 H_2 流量通常意味着更高浓度的 H_2O。在硬件上会限定 H_2:O_2 流量比小于 2，以使 H_2 气能被完全耗尽，若非如此，很低的 H_2 浓度（大于 4%）就会引起爆鸣。将火炬室硬件设计成在接近于大气压下运行，这样可以防止燃烧焰扩展至硅片处。

通过催化反应来生成 H_2O，允许在低压下进行湿氧氧化，可用于生长非常薄的 SiO_2。在催化方法中，H_2 与 O_2 是在像铂这样的催化剂材料的表面反应的。催化反应的原理可参阅参考文献[19]。此时需要重点考虑的是金属沾污。

生成 H_2O 最直接的方法，是将水蒸气化。水和蒸气装置的纯净度历来都是极受关注的，不过目前来看这一点不是太大的问题。高纯水流入蒸气装置，通常有一块加热的金属，可将水蒸气化为气相。采用惰性气体载气可以增加蒸气的产量。在催化反应和直接蒸气化的 H_2O 生成方法中，需要注意在蒸气产生到工艺腔之间，所有的气流管线和部件都要升温至 100℃以上，以避免在一些冷点处凝聚液滴。

7.4.4　激子氧化

另一种氧化方法，是通过 H_2 和 O_2 在低压下反应产生氧激子的方法来得到 H_2O。这项技术可用于在很低的反应气压下(小于 1 Torr)，形成分子尺寸相当小的氧激子。通过氧激子得到的氧化硅具有一些有趣的性质，诸如独立于硅取向的氧化，对硅和氮化硅氧化的选择性可调。如图 7.8 所示，湿氧氧化要取决于硅原子的取向。硅形貌拐角处的氧化膜很薄，会导致过早的介质击穿点或者漏电路径。作为对比，激子氧化的机制与硅的取向无关。在较低的 H_2 分压下，硅和氮化硅氧化的速率相近，而在大约 40% H_2 分压下，硅的氧化速率要比氮化硅的快大约 50%。激子氧化独特的性质，使得其在先进半导体制造中得以应用。典型的激子氧化的目标厚度为 25～350 Å。

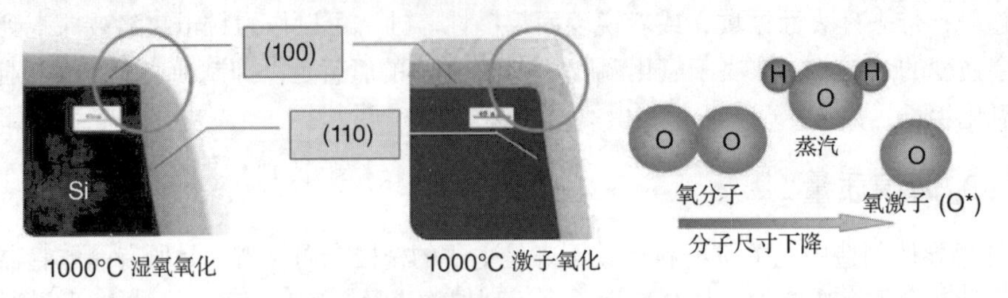

图 7.8　湿氧速率与硅的取向有关，但在激子氧化中更小的反应物尺寸使得其独立于硅的取向。激子氧化的工艺窗口有限

7.4.5　缺陷

硅氧化缺陷是指造成介电性能衰减的薄膜异常。在已经提到的缺陷中，硅蚀坑由 SiO 升华造成，表面的粗糙可导致一些点处的介电性能弱化。氧化依赖于硅材料的取向时，所生成的膜更薄，同样也造成介电性能弱化。硅蚀坑也表现为颗粒沾污。硅中的掺杂可影响氧化的速率，掺磷或者硼的硅，视掺杂的浓度，其要比纯硅氧化得快。图 7.9 对常见的氧化缺陷进行了总结。

相对于其他硅表面来说，表面沾污、残留物及有机物，都是会阻碍或延迟氧化生长的缺陷。残留物会在某些局部区域延迟氧化膜生长，造成局部氧化膜过薄，看上去像是 SiO_2 膜中的针孔。膜厚过薄的点是介电性能弱化的因素，令整个薄膜的电容性能衰减。一些器件流程利用了材料(例如氮化硅)对于氧化的抑制性。对于电学上有源的硅区域，这些图形的上方会覆盖氮化硅，氧化只在硅暴露出来的区域进行，于是所生长的氧化膜就成为场区的电学隔离。在氮化硅薄膜的边缘，其下方的氧化硅由于形状的特点被称作鸟嘴，如图 7.9 所示。

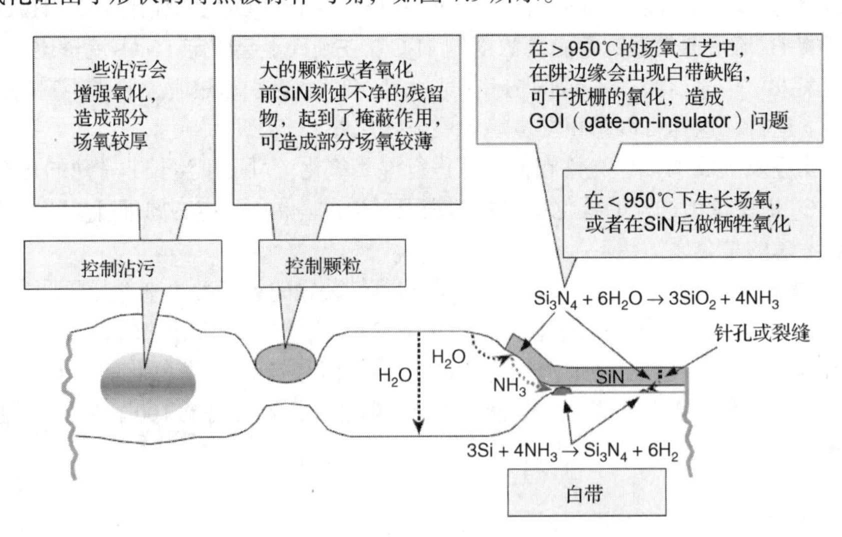

图 7.9　氧化工艺中可能出现缺陷的例子

有时，被加工处理的材料可能会释放副产物，在工艺腔或者排风管路中留下残留。所释出副产物可以是来自旋涂薄膜的有机物，也可能含有乳化剂这样的化学物质(以允许薄膜在低温下使用)。副产物积累起来，最终导致颗粒沾污或者化学沾污，使得半导体产品中的薄膜性质失效。

7.5　制造要点

半导体制造的最终目标，是要生产出可重复性、可靠的产品，这些产品有很大的市场需求，从而以尽可能低的成本制造，获取最大的利润。对半导体产品的大量需求，可以从我们日常所用的各种电子产品中看得出来。物联网(Internet of Things，IoT)是指这样一种趋势，通过新的半导体器件将电子物品接入互联网，使得它们更为智能化、远端可连通。如今，一个智能炸锅可能会通过手机告诉用户，什么时候对汉堡包进行翻面加热，什么时候晚饭已经准备好。制造器件的半导体技术已经形成为成熟的产业，由于研发和制造的成本极高，而规模生产的利润不高，行业内的公司数目已经变少，只有较大的公司留存了下来。

市场的成熟使得一些制造上的考虑日益重要。在半导体制造中，制造能力或者盈利能力的三个驱动因素为

- 拥有成本(COO)
- 统计过程控制(SPC)
- 良率/缺陷控制

7.5.1　拥有成本

拥有成本(COO)表征的是拥有一台生产设备(例如退火或氧化炉管)的全部成本。投资成本覆盖了所有的硬件，包括炉管加热器、温度及气体控制系统，这种投入是一次性的。使用成本用于表征那些需要反复支出的耗材，诸如石英件、工艺气体，还有在成批处理时不是用于生产，而是用于填充空槽位的填充片，即工艺假片(dummy wafer)。外围成本，如占用超净厂房空间、动力消耗等，也都要包含在COO分析之中。成本需要由设备的生产能力来平衡，生产能力由产率，即设备每小时生产的硅片数来进行表征。同样的计量也适用于RTP设备，不过其较小的TAT值很难用传统的COO模型予以量化。参考文献[20]给出了一个COO分析，并且提供了对集成电路和光伏产业进行比较的案例。

事实上，根据Gartner公司的数据，一款7 nm SoC芯片产品研制需要2.71亿美元，是28 nm芯片的研制成本的9倍以上。

7.5.2　统计过程控制

统计过程控制(SPC)是半导体制造中为优化设备生产能力而建立的监控设备性能的方法。SPC的第一步是要确定设备功能的关键参数。在氧化工艺的情形下，典型的监控量为氧化层目标厚度、均匀性，以及在工艺过程中引入的颗粒数。每个参数都影响到产品的性能。有时，也通过*C-V*(电容-电压)曲线测试来监控薄膜的介电性能。关键参数既可以在随产品硅片一起处理的监控硅片上测量，也可以在产品硅片自身上测量。对工艺的监控是有规律的，例如每天都进行，可以将测量的数据记录下来，与特定设备自身的历史数据进行比较，以及与运行相同工艺的其他设备进行比较。检查这些数据，并获取设备性能变化的趋势，其指示了工艺控制的漂移，或者预示一些从趋

势上看即将脱离控制、发生反转，从而影响到产品的其他性能衰减。为此，需根据产品确定所许可的参数指标限，例如目标氧化厚度的可接受范围。然后基于设备性能，以设备性能开始异常为限制来设定设备的控制限。指标限与控制限的比值，或者说产品的需求对比设备的控制能力，称为工艺的 Cp 值。工艺的 Cp 值在何种程度上可以达到目标的数值被指定为 CpK 值。CpK 值用来在不同工艺方案之间进行比较，可使器件产品流程将资源汇聚在那些薄弱的工艺环节上。参考文献[21]提供了关于 SPC 方法的更详尽资料的一个链接。

在退火或者基本的热处理情形下，要监控的关键参数很难确定，并非是直接测量的膜厚。对于硅化物退火，所需准备的监控硅片要求在硅上沉积特定的金属，这样才能表征器件工艺处理的实际效果。为了实现有效的工艺监控，一些因素，例如金属与硅的界面接触(与自然氧化层的厚度和均匀性有关)，还有金属沉积与退火处理的先后次序的效应，都需要进行控制。既然随时间变化的温度是关键参数，如果说存在更可靠、更具表达性的替代方案，那么监控在特定温度和时间下的反应灵敏度就是可行的方案。为监控退火工艺，需要在注入之前就加入硅片，对离子注入激活后的方块电阻(R_s)进行监测。将目标方块电阻值校准到所要求的产品热预算量，方块电阻的均匀性则用来表示工艺处理的热均匀性。监控硅片偏离目标热预算时，需要关注对效果的表征，这样可以对有效控制限进行校准，获得关于工艺变化的恰当的灵敏度。

7.5.3　良率

半导体制造流程中所累积起来的缺陷决定了良率，也就是每个硅片上合格芯片的百分比。通常提到良率的时候，颗粒总是重点。如果硅片在经过所使用的每一台设备加工后都会增加 10 个颗粒，且制造器件的流程有 200 个工艺步骤，则最终的颗粒缺陷数可达到 2000。又如果硅片上有 2000 个管芯，则该硅片上很可能没有一个管芯能够工作。尽管冗余性 IC 设计可以减少一些颗粒缺陷对于良率的影响，但一般来说减少缺陷是半导体制造领域更为关注的。退火和氧化工艺比起其他工艺，如沉积、刻蚀等，要求更为清洁的环境，因为在这些工艺中的化学反应并不会产生颗粒。不过，硅片的机械搬送，或者进入工艺腔的材料，例如工艺气体、填充空槽位的硅片等，还是会引入颗粒沾污，仍需解决[22]。

7.6　结论

退火是半导体制造中最基本的热处理工艺，然而却代表着热处理的核心：加热与环境气氛控制。对所有的热处理都需要关注杂质扩散、硅片缺陷(如滑移的形成)及副产物的析出。人们已经研发了各种复杂的精确温度控制技术，从基本的批处理炉管到单片设备的主动控制。伴随着器件特征尺寸缩小和日益增强的热预算限制，出现了关注点从批处理产率向硅片加工周期的转变。在添加反应性气体(如 O_2 或 H_2O)后，引入了有关薄膜生长、沾污、缺陷对于薄膜性质的影响等一些考虑要点。热处理在半导体制造产业中的实际应用，要求对 COO、SPC、缺陷/良率等有正确的理解，这样才能获得成功。

7.7　致谢

感谢 Anthony Dip、Shigeki Nakatani、Gert Leusink、Teresa Low、John Gumpher、Ahmad Karim 的贡献，还有 Tokyo Electron Limited 大量资源的支持。

7.8 参考文献

1. Gregory J. Wilson, Paul R. McHugh, and Robert A. Weaver, “Numerical Heat Transfer Simulations of a Vertical Batch Furnace Under Closed-Loop Temperature Control,” Electrochemical Society Proceedings, Vol 97(9), 110–117. https://books.google.com/books?id=QILlEhEGVzcC&pg=PA110&lpg=PA110&dq=Heat+Transfer+ in+Semiconductor+wafer+Furnace+design&source=bl&ots=vwDnkPEkWt&sig=KzotaK25ney1lXo4F9hW7CPuH68&hl=en&sa=X&ved=0ahUKEwjikOi7wpPSAhVEwFQKHSbdAiYQ6AEIQjAH#v=onepage&q=Heat%20Transfer%20in%20Semiconductor%20wafer%20Furnace%20design&f=false, last accessed February 15, 2017.

2. Omega, Reproduced from Agilient Technologies, “Practical Temperature Measurements,” Feb 2017. http://www.omega.com/temperature/z/pdf/z021-032.pdf

3. Eurotherm (Schneider Electric), “PID Control made easy,” Feb 2017, Control Guru, ‘fundamental Principles of Process Control, Feb 2017. http://www.eurotherm.com/pid-control-made-easy. Link to control loops: http://controlguru.com/the-components-of-a-control-loop/

4. J. Gumpher, W. A. Bather, and D. Wedel, ‘LPCVD Silicon Nitride Uniformity Improvement Using Adaptive Real-Time Temperature Control,’ *IEEE Trans. on Semi. Manuf.*, Vol. 16, No. 1, pp. 26–35, Feb. 2003.

5. Circuits Today, ‘Diffusion of Impurities for IC Fabrication’, last accessed February 15, 2017. http://www.circuitstoday.com/diffusion-of-impurities-for-ic-fabrication

6. S. Consiglio, R. D. Clark, D. O’Meara, C. S. Wajda, K. Tapily, and G. J. Leusink, ‘Comparison of B_2O_3 and BN deposited by atomic layer deposition for forming ultrashallow dopant regions by solid state diffusion’, JVSATA, 34(1), Jan 2016. 01A102-1 to 01A201-7.

7. M. Yoshimaru and H. Wakamatsu, *J. Electrochem. Soc.*, “Microcrystal Growth on Borophosphosilicate Glass Film during High-Temperature Annealing,” 666-671, Vol. 143(2), Feb. 1996. http://jes.ecsdl.org/content/143/2/666.full.pdf

8. Arabinda Das (Solid State Technology), “How finFETs ended the service contract of silicide process Feb 2017.” http://electroiq.com/blog/2016/03/how-finfets-ended-the-service-contract-of-silicide-process/

9. C.R. de Farias Azevedo and H.M. Flower, ‘Microstructure and phase relationships in Ti-Al-Si system’, February 2017. http://www.pmt.usp.br/LCMHC/textos/mst2.pdf

10. Joseph C. King and Chenming Hu, “Effect of Low and High Temperature Anneal on Process-Induced Damage of Gate Oxide,” February 2017. http://www.eecs.berkeley.edu/～hu/PUBLICATIONS/Hu_papers/Hu_Melvyl/Hu_Melvyl_94_03.pdf

11. W. T. Read, Jr., *Dislocations on Crystals*, McGraw-Hill Book Co., Inc., New York, 1953, p. 20, figures 2.6 and 2.7. https://archive.org/details/dislocationsincr032720mbp

12. M.Y.L. Jung, R. Gunawan, R.D. Braatz, and E.G. Seebauer, “A Simplified Picture for Transient Enhanced Diffusion of Boron in Silicon,” February 2017. http://web.mit.edu/braatzgroup/68_A_simplified_picture_for_transient_enhanced_diffusion_of_boron_in_silicon.pdf

13. M. Rabius, A.T. Fiory, N.M. Ravindra, P. Frisella, A. Agarwal, T. Sorsch, J. Miner, E. Ferry, F. Klemens, R. Cirelli, and W. Mansfield, “Rapid Thermal Processing of Silicon Wafers with Emissivity Patterns,” Feb 2017. https://web.njit.edu/～sirenko/PapersNJIT/Ravi_JEM_2006.pdf

14. Jeffrey P. Hebb and Klavs F. Jensen, “The Effect of Patterns on Thermal Stress During Rapid Thermal Processing of Silicon Wafers,” February 2017. http://web.mit.edu/jensenlab/publications/patterns_thermalstress.pdf

15. B. E. Deal and A. S. Grove, “General Relationship for the Thermal Oxidation of Silicon,” *J. Appl. Phys.*, Vol. 36, No. 12, pp. 3770–3778, 1965. http://w.lithoguru.com/scientist/CHE323/Deal_Grove_Model_JApplPhys_36_3770.pdf

16. J. C. Moore, J. L. Skrobiszewski, and A. A. Baski, “Sublimation Behavior of SiO_2 from Low- and High-Index Silicon Surfaces,” *J. Vac. Sci. Technol. A*, Vol. 25, p. 812, 2007.

17. S. M. Sze, *Physics of Semiconductor Devices*, Wiley-Interscience, Hoboken, New Jersey, 1969.

18. Klaus F. Schuegraf and Chenming Hu, “Reliability of thin SiO2,” February 2017. http://www.eecs.berkeley.edu/~hu/PUBLICATIONS/Hu_papers/Hu_Melvyl/Hu_Melvyl_94_12.pdf

19. A. Michaelides and P. Hu, “Catalytic Water Formation on Platinum: A First-Principles Study,” *J. Am. Chem.* Soc. 2001, 123, 4235-4242: https://www.ucl.ac.uk/catalytic-enviro-group/wp-content/uploads/2016/03/ja003576x.pdf, February 2017. http://www.chem.ucl.ac.uk/ice/docs/ja003576x.pdf

20. David W. Jimenez, “Cost of ownership and overall equipment efficiency: a photovoltaics perspective,” February 2017. http://www.btu.com/assets/PVI6-12-Meridian-CoO-paper.pdf

21. MoreSteam.com, “Statistical Process Control (SPC),” February 2017. https://www.moresteam.com/toolbox/statistical-process-control-spc.cfm

22. Integrated Circuit Engineering Corp, “Yield and Yield Management,” February 2017. http://smithsonianchips.si.edu/ice/cd/CEICM/SECTION3.pdf

7.9 扩展阅读

P.J. Timans, “Rapid Thermal Processing,” Handbook of Semiconductor Manufacturing Technology, Second Edition, CRC Press, 2008, 11-1 to 11-116. https://books.google.com/books? id=PsVVKz_hjBgC&pg=SA11-PA38&lpg= SA11-PA38&dq=Heat+Transfer+in+Semiconductor+Fabrication+Furnaces&source=bl&ots=j9sQnXtKav&sig=yLSJPtpmSqE9sKUShWhPWqQHcdE&hl=en&sa=X&ved=0ahUKEwij4YWwvpPSAhXosVQKHQxrC9s4ChDoAQhMMAk#v=onepage&q=Heat%20Transfer%20in%20Semiconductor%20Fabrication%20Furnaces&f=false, last accessed 2/15/2017

R.H. Doremus, “Oxidation of Silicon by Water and Oxygen and Diffusion in Silica,” February 2017. http://home.uni-leipzig.de/energy/pdf/freume2.pdf

O_2 vs H_2O diffusivity: http://pubs.acs.org/doi/abs/10.1021/j100557a006?journalCode=jpchax

Semiconductor Device Physics: S. M. Sze, *Physics of Semiconductor Devices*, John Wiley & Sons, Hoboken, New Jersey, 1969.

Material Science: C. R. Barrett, W. D. Nix, and A. S. Tetelman, *The Principles of Engineering Materials*, Prentice-Hall, Inc., Upper Saddle River, New Jersey, 1973.

Oxidation: B. E. Deal and A. S. Grove, “General Relationship for the Thermal Oxidation of Silicon,” *J. Appl. Phys.*, Vol. 36, No. 12, pp. 3770–3778, 1965.

Wolf, S. and R. N. Tauber, *Silicon Processing for the VLSI Era*, Lattice Press, Sunset Beach, California, 2000.

第8章　光刻工艺

本章作者：Chris A. Mack　Lithoguru.com
本章译者：严利人　窦维治　清华大学集成电路学院

集成电路(IC)的制造要求在半导体(例如硅)衬底上实施各种物理和化学的工艺处理。总体来说，用于IC制造的工艺主要分成三类：薄膜沉积，图形化，以及半导体掺杂。导体(例如多晶硅、钨、铜)和绝缘体(各种形式的氧化硅、氮化硅及其他材料)薄膜都会采用，用于连接/隔离晶体管及器件部件。在硅上不同的区域进行选择性的掺杂，使得硅（亦即晶体管）的导电特性能够随所施加电压而变化。通过生成各类部件的结构，可制造出上亿数量的晶体管，将它们进行互连，以构成现代微电子电路。所有这些工艺处理的基础是光刻，该工艺在衬底表面形成轮廓分明的三维图像，后续又进一步将图形转移至衬底之中。

光刻的英文单词为lithography，来自希腊语lithos(为石头之意)和graphia(为刻写之意)。这个单词字面的意思即为在石头上刻写。对比半导体光刻的情形，石头就是指硅片，然后将图形"写到"光敏感性的材料(称之为光刻胶)中。要制备构成晶体管的那些复杂结构，以及将电路中成千上万的晶体管互连的引线，光刻和刻蚀这样的图形转移步骤至少要重复进行10次，典型的情况是40～60次，然后才能做出一个电路。写到硅片上的每个图形，都要与之前形成的图形对齐，慢慢地就可以将导体、绝缘体、选择型掺杂区域制备出来，从而构成最终的器件。

光刻的重要性可以从两个方面来认识。首先，由于IC制造中需要大量的光刻步骤，典型情况下光刻要占到制造成本的30%～50%。其次，随着特征尺寸缩小，晶体管性能不断提高和芯片面积不断减少，光刻越发地成为技术上的限制因素。显然，在开发一种光刻工艺时，人们需要仔细地了解在成本和性能之间的折中。在IC制造流程中，光刻并不是唯一在技术上重要同时也很难实现的工艺，但其历来是IC在成本和性能方面取得进步的重要因素。光刻技术进步中的路障，可能会从根本上终结摩尔定律，改变着半导体产业的内涵和电子学的未来。

8.1　光刻工艺

光学光刻是基本的图形化工艺。使用一种光敏感的聚合物——光刻胶，可以在曝光和显影后于衬底上形成三维的轮廓分明的图像。典型的光学光刻中，大致处理步骤如下：衬底准备，光刻胶旋涂，前烘(涂胶后烘烤)，曝光，曝光后烘烤，显影，后烘。当光刻胶图形被转移到其下方材料层后，进行除胶，这是光刻工艺的最后一步操作。一系列的处理概括性地示于图8.1，这些步骤的绝大多数是在若干连在一起的设备上进行的，相关设备前后衔接，一般称之为光刻设备簇(lithographic cluster)或者光单元(photocell)。

8.1.1　衬底准备

衬底准备用来增强光刻胶材料对衬底的黏附特性，由以下的一个或多个处理步骤实现：清洗衬底以除去沾污，烘烤脱水，以及添加一层增黏剂。一类常见的黏附物——表面所吸附的水，经过高温处理(称之为烘烤脱水)后就会被去除。然而，典型的烘烤步骤并不会将水从含硅衬底(包括硅、多晶硅、氧化硅及氮化硅)的表面完全去除。表面的硅原子与单层水分子形成较强的化学键，从而形成 SiOH(硅烷醇基)。要去除最后的这层水，烘烤温度需要超过 600℃。因为这种方法并不现实，通常会采用化学方法来去除这种硅烷醇基。采用增黏剂可与表面的硅烷醇基发生化学反应，将-OH 基团替换成为一种有机官能基团，它与氢氧基团不同，可提供对光刻胶更好的黏附性。经常采用硅烷来实现此目的，而最常用的是六甲基二硅胺(hexamethyldisilazane，HMDS)。

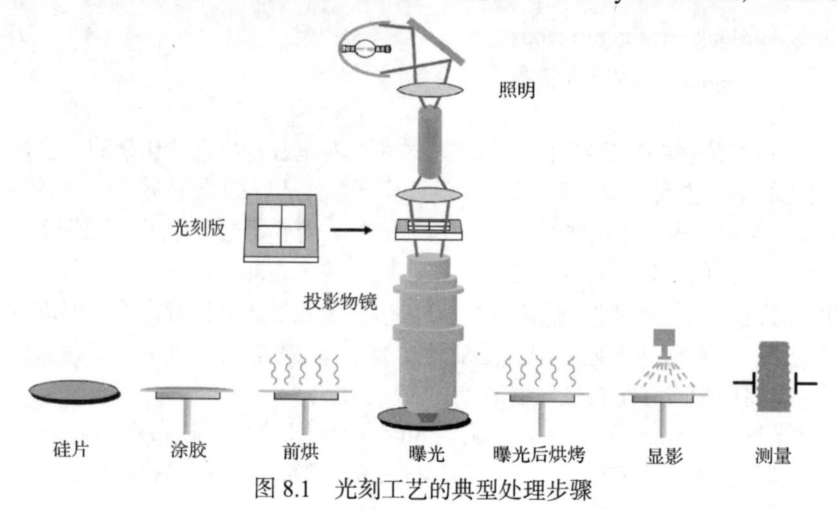

图 8.1　光刻工艺的典型处理步骤

8.1.2　光刻胶旋涂

通过一种看上去很简单的旋涂处理，可实现一层很薄且均匀的光刻胶覆盖层，其层厚度是特定的且控制良好。通过将固体成分溶解在溶剂中，光刻胶成为液体，涌流到硅片上，然后在一个高速转台上旋转，产生所需的光刻胶膜。对厚度控制、均匀性和低缺陷密度的严苛要求，导致该工艺受到特殊的关注，工艺中许多的参数都会对光刻胶的厚度均匀性及其控制产生显著的影响。静态还是动态滴胶，旋转的速度和时间，还有达到各转速的加速度，在这些方面都要进行正确的选择。此外，喷滴的光刻胶的体积、光刻胶的特性(诸如黏度、固形物含量和溶剂类型)和衬底(衬底材料及形貌)也都在光刻胶厚度均匀性方面扮演着重要的角色。在这一环节结束时，一层较厚的、仍含有较多溶剂的光刻胶膜就覆盖在硅片表面了，准备接下来接受烘烤。为获得所需的光刻胶厚度，需要设定旋转速度，此时光刻胶旋转速度曲线(实验测定的最终光刻胶厚度对转速的曲线)即成为一个很有效的工具。最终的光刻胶厚度随着转速平方根的倒数而变化，粗略地正比于液态光刻胶的黏度。

8.1.3　涂胶后烘烤

涂胶后，胶膜中含有 20%～40%质量百分比的溶剂。PAB(post-apply bake，涂胶后烘烤)，也称为软烘或前烘，用于在旋涂步骤后去除多余的溶剂，使光刻胶膜变干。从光刻胶膜中去除溶剂存在 4 种主要的效应：(1)膜厚减小；(2)曝光后烘烤及显影的性质发生改变；(3)黏附性提高；(4)胶膜失粘、不太容易发生颗粒沾污。典型的前烘步骤会在胶膜中留下 3%～8%的溶剂残留，对于接下来的光刻处理中保持胶膜稳定来说，已经是足够低了。

曾经很常见的方式是使用一个热对流的炉子来进行光刻胶的前烘，不过如今进行烘烤的流行方法是使用热板。将硅片搬送至与一个热的、大质量的金属平板形成真空性紧密接触的位置，或者二者为接近式接触状态。由于硅材料热导率很高，光刻胶很快被加热到接近热板的温度(硬接触时约需 5 s，接近式烘烤大约为 20 s)。与炉子相比，热板最大的优点在于，所需的烘烤时间可下降约一个数量级(为 1 分钟左右)，同时还提高了烘烤的均匀性。总体来说，接近式烘烤更受欢迎，可以减少因接触硅片背面而造成的颗粒产生概率。

8.1.4　对准和曝光

藏在光刻胶操作背后的基本原理，是光刻胶在暴露于光照(或者其他类型辐照)后，其在显影液中的溶解特性会发生改变。在使用标准的 DNQ 正性光刻胶(叠氮萘醌，diazonaphthoquinone)的情形下，光敏物质原是不溶于水碱基显影液的，在受到 350～450 nm 波长的紫外光照射后，转变为羟基酸。羟基酸产物可很好地溶于水碱基显影液，因此，入射到光刻胶上的光，其能量随空间的变化，会造成光刻胶在显影液中溶解性的空间变化。

接触和接近式光刻是光刻胶曝光的最简单方法，光通过一个模板(即光刻版)后，其阴影图形用来对涂有光刻胶的硅片进行曝光。接触式光刻可提供相当高的分辨率(至辐照光的波长)，不过实践中的一些问题，例如光刻版损伤及较低的良率，使得这一方法在多数的制造环境下无法使用。在接近式曝光中，光刻版保持在硅片上方设定的距离处(如 20 μm)，这样可以减少光刻版的损伤。遗憾的是，分辨率限值会增加，增至 5～10 倍的波长，这使得接近式曝光不能满足如今的技术需求。到目前为止，最常见的曝光方法是投影式光刻。

在投影式光刻中，光刻版的影像被投射到硅片上。在 20 世纪 70 年代中期，投影式光刻成为接触和接近式光刻可行的替代方案，彼时计算机辅助镜头设计开始出现，且光学材料已经改良，使得透镜部件的质量足够好，能够满足半导体工业的需求。实际上，这些透镜近乎完美，以至于镜头缺陷(称为像差)在决定成像的质量时仅起很小的作用。由于是衍射效应而不是镜头像差在更大的程度上决定着图像的形状和所获得的分辨率，因此这样的光学系统称为衍射限制的。

有两类主要的投影光刻设备——扫描式和步进重复式的系统。扫描式投影光刻是 Perkin-Elmer 公司率先推出的，采用反射式光路(即反光镜而不是透镜)，将一窄条光束从光刻版投射到硅片上，而光刻版和硅片同步地移动，然后经过窄条区。曝光剂量由光源强度、窄条宽度和硅片扫描的速度共同决定。这些早期的扫描系统采用汞弧光灯所发出的宽谱光，倍率为 1:1 (即光刻版和硅片上图像的尺寸相同)。步进重复光刻机(简称步进机，stepper)曝光硅片时，一次只曝光一个矩形区域(称为一个像场)，可以是 1:1 的，也可以是缩小倍率的。此类系统采用折射性光路(即透镜)，并且通常是准单色性的。对于最高的分辨率来说，制造 1×的光刻版很困难，因此要求进行缩小倍率成像，尽管如此，两类系统(见图 8.2)实际上都具有高分辨率成像的能力。

20 世纪 70 年代中期，器件尺寸已经小于 4 μm 或 5 μm，扫描机开始取代接近式曝光。到了 20 世纪 80 年代早期，随着器件设计的尺寸推进至 2 μm 或者更小，步进机成为主导。进入 20 世纪 90 年代，步进机仍然是图形化设备的主导机型，此时的特征尺寸已达到了 250 nm 级别。1990 年还出现了一种组合式的扫描步进方案。扫描步进机使用常规步进机像场的一部分(例如，25 mm×8 mm)，然后令其沿一个方向扫描，曝光整个 4×缩小倍率光刻版(见图 8.3)。一场图像曝光完成后，硅片步进至新位置，扫描再次重复地进行。较小的像场使得镜头的设计与制造都得到简化，但是要付出光刻版台和片台更为复杂化的代价。扫描步进式曝光是现今 250 nm 以下芯片制造的主流技术。

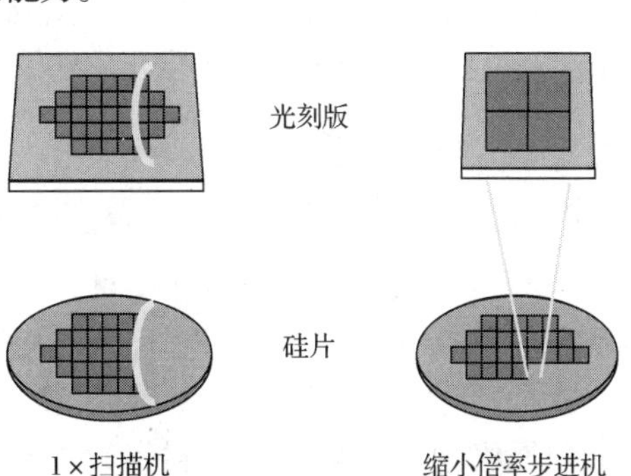

图 8.2　扫描机和步进机，采用不同的技术实现较小像场对大尺寸硅片的曝光

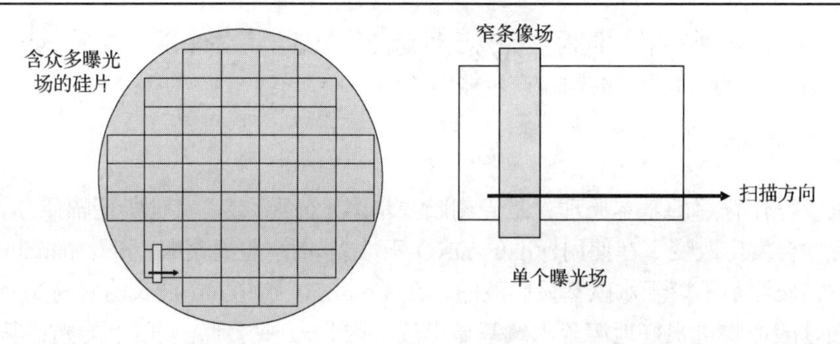

图 8.3 在扫描步进成像中，一场图像的曝光是令大约 25 mm×8 mm 的窄条像场扫描通过曝光场而实现的

分辨率是所能刻印的具有足够质量和控制精度的最小特征，存在两个基本的限制——可被投射到硅片的最小的图形和光刻胶解析能力可以实现这样的图形。从图像的投射来看，根据瑞利判据，分辨率取决于成像光的波长(λ)和投影镜头的数值孔径(NA)：

$$R \propto \frac{\lambda}{\text{NA}} \tag{8.1}$$

光刻系统的光源波长从蓝光(436 nm)到紫外光(365 nm)、深紫外光(248 nm)，再到今天主流的高分辨的 193 nm，是在不断向前推进的。与此同时，投影装置的数值孔径也从第一代扫描机的 0.16 提高到如今的 1.35(采用浸没式光刻)，可以制备出小于 40 nm 的特征图形。

在光刻版上，根据图像开始对光刻胶进行曝光之前，该图像必须与硅片上之前已经定义好的图形对准。这种对准及由此带来的两或多层光刻图形的套刻精度是很关键的，这是因为更严格的套刻精度控制意味着电路图形可以摆放得更为密集。在芯片功能更加复杂化的驱动下，经由更高的分辨率来获得更小的器件，另一方面经由更好的对准和套刻精度控制使器件摆放更为密集，两者在关键性程度上是很接近的。曾经，套刻精度公差设置在最小设计特征尺寸的 30%。如今，套刻精度可以控制到小于最小特征尺寸的 20%，并提供数个纳米的器件放置精度。

光刻胶曝光的另一个重要方面是驻波效应。单色光投射到硅片上时，在光刻胶表面的入射角有一个分布范围，接近于平面波。光向下穿过光刻胶层，如果衬底是反射性的，光就会反射回来向上再次穿过光刻胶层。入射光与反射光相干涉就形成了驻波图形，在光刻胶层的不同深度处，光强是亮暗变化的。驻波图形被复制到光刻胶上，就造成了光刻胶形貌侧墙上的峰谷变化。随着特征尺寸变小，峰谷变化会极大地影响特征图形的质量。造成驻波的干涉还会产生一个称之为 swing curve(摇摆曲线)的现象，即线宽随着光刻胶厚度的变化发生如正弦曲线般的振荡。在衬底上涂覆一薄层吸光材料(称为胶底防反膜)，可以将光刻胶所接收到的反射减弱至小于 1%，因此可以很好地克服上述这些有害效应。

8.1.5 曝光后烘烤

在老一些的技术中，一种减小驻波效应的方法称为曝光后烘烤(post-exposure bake，PEB)。所使用的较高温度(100～130℃)可造成已经曝光的光敏材料的扩散移动，因而将驻波效应的峰谷平滑掉。在实现 PEB 的过程中，溶剂的存在会增强扩散，所以扩散率还取决于前烘的条件。对于给定的 PEB 温度，较低的前烘温度将导致较高的扩散率。对于传统的光刻胶(如那些用在 436 nm 和 365 nm 波长的)，PEB 处理的主要用途是消除驻波效应。对于另一类光刻胶(称为化学增强胶)，PEB 成为化学反应的必要性环节，用来在光刻胶的曝光和未曝光部分形成溶解性的差异。此类胶广泛地用于 248 nm 和 193 nm 光刻，曝光后并不是胶本身的溶解性发生变化，而是会在胶中产生少量的强酸。在曝光后烘烤期间，光生酸会催化相关的化学反应，令聚合物树脂在显影液中的溶解性发生变化。由于光生酸在化学反应中并不消耗，它会持续地促成溶解性改变，所以“增强了”曝光的效果。PEB 工艺控制对于化学增强胶来说是极为关键的，与前烘类似，最常用的方法是热板接近式烘烤。

8.1.6 显影

光刻胶在曝光后要进行显影。多数常见的正胶采用水碱基溶液作为显影液。特别是浓度为 0.26 当量的四甲基氢氧化铵(tetramethyl ammonium hydroxide，TMAH)几乎是普适性的。最近，在标准的化学增强胶溶胶性显影液的使用中，产生了负显影(negative tone development，NTD)。对于小尺寸的孔和间隔，NTD 可以得到更好的分辨率及图形控制。

毫无疑问，显影是光刻胶处理工艺中最关键的步骤之一。胶与显影液相互作用的特性，在很大程度上决定着光刻胶剖面的形状，以及更为重要的，对要刻印的特征图形尺寸的控制精度。向光刻胶施加显影液的方式，对于控制显影均匀性(片内和片间)和工艺容差来说是很重要的。在旋转显影中，硅片在类似于旋涂光刻胶的设备上旋转，显影液喷流至正在转动的硅片上进行显影。还是在硅片旋转状态下，淋水漂洗并甩干硅片。喷雾显影具有很好的效果，在此方法中显影液要进行特殊的处理(采用适当的表面活性剂)。利用与旋转显影相同的工艺处理，显影液以喷雾而不是喷流的方式到达硅片。使用一个喷嘴可以实现显影液雾化，细雾将覆盖到硅片表面上。这项技术减少了显影液用量，能产生显影液对硅片更为均匀的覆盖。另一项在线显影的策略称为浸润式显影(puddle development)。该工艺中的显影液还是要进行特殊处理的，然后将显影液喷流到静止的硅片上，在显影时段内都保持静止，接着硅片旋转，进行淋水漂洗和甩干。注意，所有这 3 种在线处理可以采用相同的设备实现，仅需进行很小的调整，经常也将这些技术组合使用。

8.2 光学光刻中图像的形成

投影成像工具是复杂的缩小倍率相机，带有片台，通过组合步进或步进扫描的运动，允许将光刻版图形的多个副本曝光到较大的硅片上。光刻版所成的像投影到光刻胶中，可以确定图像的内容，以此来构成最终光刻胶的图形。要理解光刻的限制与功能，首先要了解投影成像的限制与功能。

考查图 8.4 所示的一般的投影成像系统，其由光源、聚光镜、光刻版、物镜及涂有光刻胶的硅片构成。光源与聚光镜的组合称为照明系统。用光学设计语言来说，镜头是一个透镜部件(通常有很多)系统。每一个透镜部件是一块独立的玻璃(折射元件)或者镜子(反射元件)。照明系统的目的是要将足够强度、具有恰当取向和光谱特征、视场范围内相当均匀的光，递送至光刻版(最终进入物镜)。光接下来穿过光刻版的透明区，沿各自衍射路径进入物镜。物镜镜头的用途，是拾取一部分的衍射图形，将一幅图像投射到硅片上，人们希望这个图像与光刻版图形是相似的。

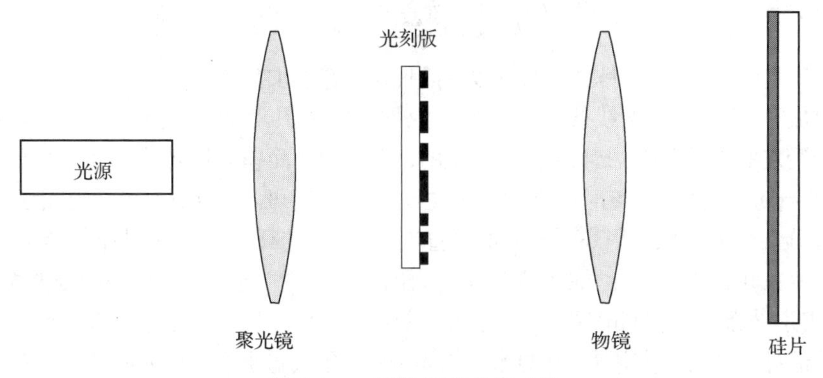

图 8.4 一般的投影成像系统

8.2.1 衍射

投影成像中出现的第一个也是最基本的现象是光线的衍射。衍射通常被看作光穿过一个孔径或者经过一个边缘后光线的弯折，这当然也是光刻版衍射的一个适当的描述。更正确的说法是，衍射理论简要描述了光的传播，这种传播包括了周遭(边缘)效应。麦克斯韦方程组描述了电磁波是如何传播的，然而得到的是一些矢量的偏微分方程组，如果没有强大的计算机辅助，在一般的边界条件下这个方程组是极其难解的。一个简单的处理是人为地将电和磁的场矢量分量解耦，把光描述为一个标量值，然后应用简化的(假定的)边界条件。对于高数值孔径，完全的矢量处理仍然是必要的，不过在多数情况下，标量衍射理论的准确性还是令人吃惊的。在光刻中，光刻版到物镜的距离很大，因此衍射理论为其最简单的情形，称为夫琅禾费衍射(Fraunhofer diffraction)。

为了建立光刻版衍射的数学描述，我们把光刻版图形的电场透过性写作 $t_m(x, y)$，这里光刻版在 xy 平面，且一般来说 $t_m(x, y)$ 既有幅值也有相位。在已知光刻版几何图形和材料性质的前提下，光刻版的透光性可以用麦克斯韦方程组来计算，不过一组简单的、假定的边界条件(称为基尔霍夫边界条件)已经足够精确。对于一般的铬-玻璃光刻版，将光刻版透光性假定为二元的——在玻璃区域 $t_m(x, y)$ 取 1，而在铬区域 $t_m(x, y)$ 取 0。令 $x'y'$ 平面为衍射平面，也就是投影镜头的入瞳，令 z 是从光刻版到物镜入瞳的距离。最后，我们还假定所用的是波长为 λ 的单色光，整个系统处于空气中(因而不必考虑折射率)。于是，我们的衍射图形 $T_m(x', y')$ 的电场由夫琅禾费衍射积分给出：

$$T_m(f_x, f_y) = \int_{-\infty}^{\infty}\int_{-\infty}^{\infty} t_m(x, y)\, e^{-2\pi i(f_x x + f_y y)} dx dy \tag{8.2}$$

其中，$f_x = x'/(z\lambda)$ 和 $f_y = y'/(z\lambda)$ 称为衍射图形的空间频率。

对很多科学家和工程师来说，这个方程是很熟悉的——这就是一个傅里叶变换。因此，衍射图形(即当光进入物镜时电场的分布)仅仅就是光刻版图形的傅里叶变换。这种藏在极为有用的成像方式背后的原理称为傅里叶光学。

图 8.5 显示了两种光刻版图形，一个是孤立的间隔，另一个是一系列等宽度的线条和间隔，两者在 y 方向上(垂直于纸面)是无限长的。光刻版透光函数 $t_m(x)$ 分别是单个的方波脉冲和方波序列。通过查表，或者从式(8.2)直接计算，可以方便地得到傅里叶变换，同样也显示于图 8.5 中。孤立的间隔衍射图形为正弦函数，等宽的线条与间隔则产生分立的各级次衍射。

$$\begin{aligned} &\text{孤立间隔}: T_m(f_x) = \frac{\sin(\pi w f_x)}{\pi f_x} \\ &\text{密集间隔}: T_m(f_x) = \frac{1}{p}\sum_{n=-\infty}^{\infty}\frac{\sin(\pi w f_x)}{\pi f_x}\delta\left(f_x - \frac{n}{p}\right) \end{aligned} \tag{8.3}$$

其中，δ 为狄拉克函数，w 为间隔宽度，p 为周期(线条宽度加间隔宽度)。

让我们更加仔细地考察等宽线条与间隔的衍射图形。注意图 8.5 中的衍射图形是以空间频率为 x 轴变量的。对于给定的光学系统，z 与 λ 都是固定的，空间频率简单地是与 x' 坐标成比例的量。在物镜入瞳的中心($f_x = 0$)，衍射图形有一个亮斑，称之为 0 级衍射斑。0 级衍射斑是光线穿过光刻版而不发生弯折的部分。可将 0 级衍射斑看作光的“直流”成分，具有一定的光功率但是不含光刻版上特征尺寸的信息。在 0 级衍射斑的两侧是 1 级衍射斑的两个谱峰。这两个峰的空间频率为 $\pm 1/p$，p 是光刻版图形的周期(线条宽度加间隔宽度)。衍射斑的位置由光刻版图形周期决定，所以峰值位置包含着图形周期的信息。物镜正是用这一信息来重构光刻版图形的。事实上，为使物镜形成真实的光刻版图形，需要 0 级衍射斑和至少一个 1 级衍射斑。除了 1 级衍射斑，还有很多高级衍射斑，n 级衍射斑的空间频率为 n/p。

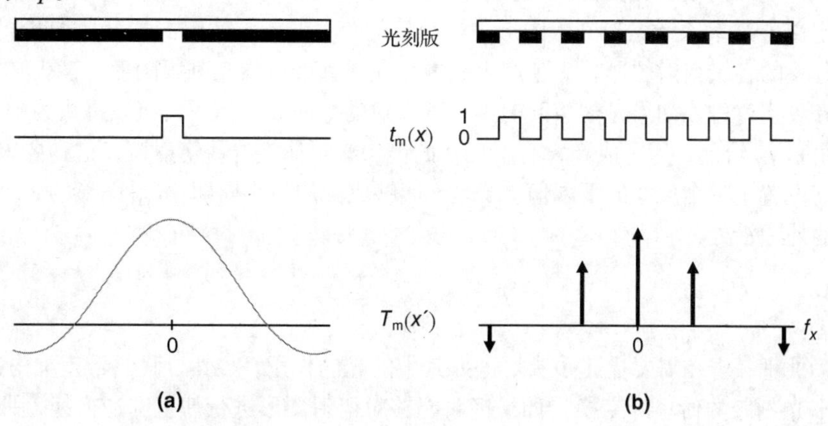

图 8.5　两种典型的光刻版图形：(a) 孤立的间隔；(b) 由等宽线条和间隔构成的阵列，以及它们在垂直入射平面波照明下的夫琅禾费衍射图形

8.2.2　成像

我们已经准备好跟随衍射光进入物镜系统，然后描述下一步会发生什么。总体来说，衍射图形是扩展遍布于 $x'y'$ 平面的，显然，物镜镜头只有有限的大小，并不能收集衍射图形中的所有光线。典型情况下，光刻中所用的透镜都是圆对称性的，可以将物镜入瞳看作一个圆形的孔径。在光刻版衍射图形中，只有那些落在物镜孔径内的部分可继续成像。我们当然可以用半径来描述镜头孔径的大小，不过更常见和更有用的方法，是定义一个衍射光可以进入镜头的最大角度。考查图 8.6 所示的几何关系。其中光通过光刻版，在各个方向上衍射。一个确定大小的镜头放置于距光刻版的特定距离处，其中存在着一个最大的衍射角度 α，此角度的衍射光刚好能进入镜头。从光刻版出发的更大角度的光会错过镜头，不能用于成像。描述镜头孔径大小的最方便方法是应用数值孔径，定义为能够进入镜头的衍射光的最大半张角的正弦值乘以周边介质的折射率。除非我们考虑的是浸没式光刻，所有的镜头都处于空气中，数值孔径由 $\mathrm{NA} = \sin\alpha$ 给出。(注意，空间频率是衍射角正弦值除以光波长，所以能够进入镜头的最大空间频率由 NA/λ 给出。)

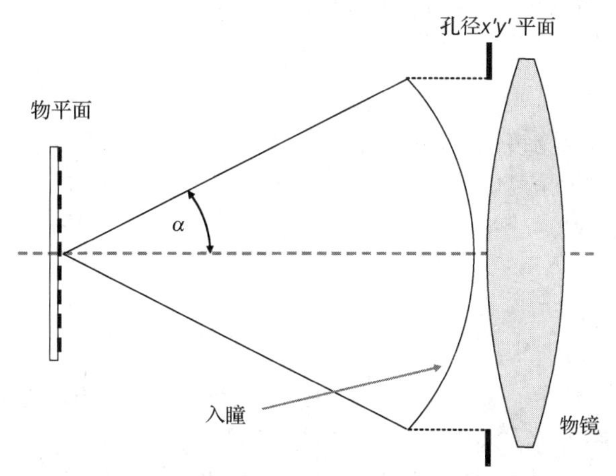

图 8.6　数值孔径定义为 $\mathrm{NA} = n_{\mathrm{medium}}\sin\alpha$，这里 α 是衍射光能够进入物镜的最大半张角，n_{medium} 是介质的折射率，光线穿过此介质进入镜头

很明显，数值孔径是相当重要的。大的数值孔径意味着更多的衍射光会被镜头捕捉，而对于小的数值孔径，更多的衍射光则是损失掉了。实际上，至少从受限成像的原理来看，我们可以从这个视角来定义分辨率。考虑光刻版图形为最简单的等宽线条与间隔的情况。如我们所见，得到的是一系列分立的各级衍射图形。为了产生图像，在更远处重构光刻版图形，镜头必须捕捉 0 级和至少一个高级衍射斑。如果光刻版照明为垂直入射的平面波，衍射斑将以镜头为中心。±1 级衍射斑的位置由±1/p 给出，为了成像，有限尺寸的镜头必须捕捉这些衍射斑，这种要求就对能够成像图形的周期设置了一个尺寸的下限值。于是，能够成像的最小周期($p_{\min}$)图形的 1 级衍射斑将落在物镜镜头的外边沿处：

$$f_{\max} = \frac{1}{p_{\min}} = \frac{\mathrm{NA}}{\lambda} \tag{8.4}$$

为了继续处理，现在需要描述镜头对进入其中的光的作用。显然，我们希望重构光刻版图形。既然衍射给出光刻版的傅里叶变换，如果镜头能够对衍射图形进行傅里叶逆变换，那么所产生的图像就可以重构光刻版图形了。事实上，镜头系统精确地按此方式工作。我们可以定义一个理想的镜头，其在成像平面处产生图像，完美地等同于对进入镜头的光的分布进行傅里叶逆变换。镜头设计者和制造者的目标，正是要制造出尽可能接近这种理想化的镜头。理想镜头会产生完美的图像吗？并不是。因为数值孔径的有限大小，只有一部分衍射图形进入镜头。因此，即便是理想镜头也不能产生完美的图像，除非这个镜头无限大。在理想镜头的情况下，图像仅受限于那些不会通过镜头的衍射光，我们称这样的理想系统为衍射限制的。

为了写出最终的构成一个图像的公式，我们来定义物镜的瞳函数 P(瞳只是孔径的另一名称)。理想镜头的瞳函数简单描述了哪些部分的光会通过镜头——在孔径内函数值取 1，在外则取 0。

$$P(f_x, f_y) = \begin{cases} 1, & \sqrt{f_x^2 + f_y^2} < \mathrm{NA}/\lambda \\ 0, & \sqrt{f_x^2 + f_y^2} > \mathrm{NA}/\lambda \end{cases} \tag{8.5}$$

这样，瞳函数与衍射图形的乘积就描述了进入镜头的光，将这个概念与关于镜头作用的描述结合起来，就得到在像平面(亦即硅片处)电场的最终表达式：

$$E(x, y) = \mathcal{F}^{-1}\{T_m(f_x, f_y)P(f_x, f_y)\} \tag{8.6}$$

其中，符号 $\mathcal{F}^{-1}$ 表示傅里叶逆变换。定义空间图像为硅片处光强的分布，简单来说就是电场幅值的平方。

考察成像的全部过程。首先，光通过光刻版发生衍射。衍射图形可以由光刻版图形透光性的傅里叶变换予以描述。因为物镜镜头的尺寸有限，只有一部分衍射光能够进入镜头。数值孔径定义了衍射光进入镜头的最大角度，而瞳函数用来在数学上表示这种作用。最后，镜头的效用在于对进入镜头的光应用傅里叶逆变换，重构出光刻版图形。如果镜头是理想的，成像质量仅受限于所收集的衍射光。

8.2.3 部分相干性

尽管我们已经完整地描述了简单的理想成像系统的行为，但在描述光刻投影系统的操作之前，还是要先增加一些理论的讲解。之前，我们都假定光刻版是由空间相干光照明的。相干照明意味着打到光刻版的光是从同一方向到达的。我们还进一步假定，光刻版的相干照明为垂直入射。结果就是衍射图形落于物镜镜头的入瞳中心。如果我们改变照明的方向，使得光以某个角度 θ' 打到光刻版上，会发生什么现象？效果就是衍射图形相对于镜头孔径发生了位置平移(由空间频率定义，平移的量是 $\sin\theta'/\lambda$ 。前面讨论过，只有通过镜头孔径的部分衍射图形是用于成像的。很明显，这种衍射图形位置的平移会对成像产生深刻的影响，其潜在地改变了通过镜头的衍射光级次。

如果光刻版的照明由来自一定角度范围内的光构成，而不是只有一个角度，则这种照明称为部分相干。如果一个照明角度带来衍射图形的一种位置平移，则一定的角度范围会带来一定范围的位置平移，可得到扩展开的各级衍射斑。照明角度的范围可以用若干种方法来表征，不过最常用的是部分相干系数 σ(也称部分相干度、瞳填充函数，或称部分相干)。部分相干度定义为照明锥半角的正弦值除以物镜数值孔径。于是该值成为照明的角度范围相对于镜头孔径大小的一种衡量。如果打到光刻版的角度范围扩展为−90°至 90°(即所有可能的角度)，则这种照明是非相干的。

扩展光源方法可以用来计算部分相干成像。在此方法中，整体的光源被分解成独立的点光源。每个点光源为相干性的，某点光源的衍射图形在入瞳面进行与该点光源相对应的平移后，可计算得到一个空间图像。但是，来自扩展光源的两个点光源，彼此之间无相干性的作用。于是这两个点光源的贡献需要非相干性地加起来(即将点光源所成像的强度相加)。完整的空间图像可通过如下方法确定：按相干性成像计算光源上各点的空间图像，然后遍及全部光源将所成像的光强积分(加和)。

8.2.4　像差与失焦

像差可以定义为一个成像系统的实际行为对理想行为(理想行为在之前已经用傅里叶光学描述为衍射限制性成像)的偏离。像差是所有镜头系统都存在的，有 3 个基本的来源——制造缺陷、使用缺陷和设计缺陷。制造缺陷包含了粗糙的或者不精确的透镜表面，非均一的玻璃，不正确的透镜厚度或者透镜间距，以及倾斜或偏心的镜头组件。使用缺陷包括错误的照明，或者镜头系统相对于成像系统光轴倾斜。此外，使用时环境条件的变化，例如镜头的温度或者空气气压，也都导致使用缺陷。“设计缺陷”可能会有一点儿用词不当，因为透镜设计的像差并不是错误地设计到透镜中的，更多的是无法“设计掉”像差。由于一个镜头部件的傅里叶光学行为只是接近于真实的情况，因此所有的透镜都会表现出像差。将不同形状和性质的部件相组合，每个独立镜头部件的像差在所有部件相加时可以相互抵消掉，使得镜头系统仅有少量的残余像差，这是镜头设计者的重要工作。设计一个绝对无像差的镜头系统是不可能的。

数学上，像差可以描述为波前的偏离，这是自镜头浮现出来的实际波前相对于傅里叶光学所预言的理想波前在相位(或光程)上的差距。相位差是镜头瞳面内位置的函数，可用极坐标来描述。波前的偏离是很复杂的，所以用来描述它的数学形式也是很复杂的。描述瞳面上相位误差的最常见模型是 Zernike 多项式，即一个有无限项的正交多项式级数，通常截断到 36 项，含瞳面径向位置的各幂次函数和极角的三角函数。可以将 Zernike 多项式整理成很多种形式，不过大多数的镜头设计软件和镜头测试设备采用干涉条纹(fringe)的形式或 Zernike 圆多项式。这种正交多项式中的项描述了常见的像差，例如彗差、像散。由 Zernike 多项式描述的这些相位误差，其作用是调整式(8.5)的瞳函数，使之把传播通过入瞳的光(其依赖于空间频率的相位变化)也包含进来。

之前计算空间图像的表达式[如式(8.2)、式(8.5)和式(8.6)]仅用于焦平面上的成像。如果硅片失焦会发生什么？离开最佳聚焦平面一小段距离后，所成像的光强分布是怎样的？可以将聚焦误差描述成一种像差。考虑一个完美的球面波，汇聚(即聚焦)到某一点。一个理想的成像系统可产生从镜头孔径(称为出瞳)处发出的波，如图 8.7(a)所示。如果要刻印的硅片是放置在这个光波聚焦点所在的同一平面处，则说明硅片是聚焦的。如果将硅片自此平面移开一小段距离 δ(称为失焦距离)，会发生什么？图 8.7(b)显示了这种情况。实线球面波表示聚焦到一点的实际的波，该点离开硅片一段 δ 距离。如果无论怎样，波具有一个不同的形状，如图中虚线所示，那么硅片就会是聚焦的。注意这两个波之间的差别仅在于曲面的半径。由于虚线是给定硅片位置后我们希望的波前，可以说是实际波前发生了偏差，因为它不能聚焦到硅片所在的位置。[这是观点“顾客总是对的”(the customer is always right)的另一种形式，即硅片位置总是正确的，而是光的波前不在可聚焦的位置。]

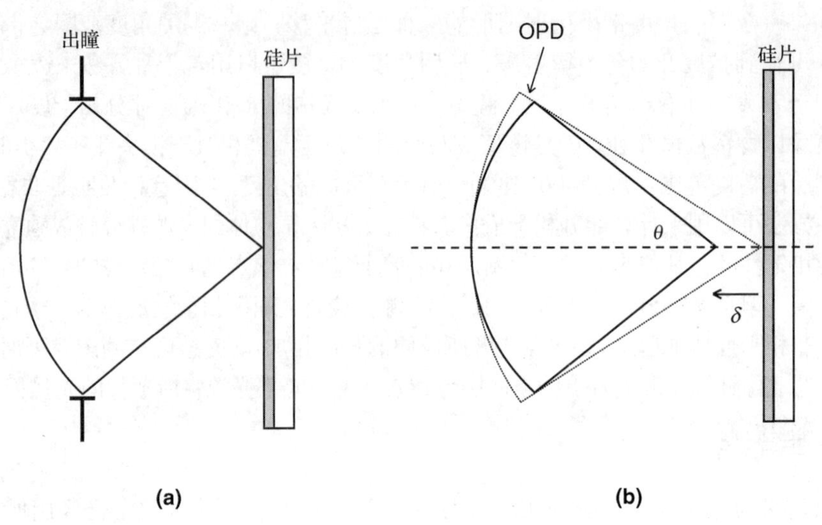

图 8.7　光的聚焦可以看作汇聚球面波：(a)聚焦情况；(b)离开一段距离 δ 的失焦情况

将实际波前看作相对于所需的波前(即聚焦到硅片)有所偏差，我们可以量化处理失焦效应。见图 8.7(b)，很明显从所需的波前到失焦波前的距离，在出瞳的中心处是 0，向两侧增加，直至到达出瞳的边缘。波前之间的距离被称为光程差(optical path difference，OPD)。OPD 是失焦的距离和瞳面内位置的函数，可以对相关参数进行几何计算而得到。出瞳的位置用一个角度 θ 描述，在折射率为 n_w 的介质中穿行时，光程差由下式给出：

$$\mathrm{OPD} = n_{\mathrm{w}}\delta(1-\cos\theta) \tag{8.7}$$

这一光程差将怎样影响一个图像的形成？OPD 的表现就如同像差一样，改变了镜头的瞳函数。对于光来说，这种行进的 OPD(路程)等同于相位上的变化。所以，OPD 可以表示成由失焦引起的一个相位误差 $\Delta\varphi$：

$$\Delta\varphi = k\,\mathrm{OPD} = 2\pi n_{\mathrm{w}}\delta(1-\cos\theta)/\lambda \tag{8.8}$$

其中，$k = 2\pi/\lambda$，是空气中的传播常数。下面来看失焦是怎样影响衍射图形和成像结果的。我们对失焦的解释是，它会造成相位误差，该误差是孔径中径向位置的函数。处于孔径中心的光没有误差，处于孔径边缘的光则有最大的相位误差。回顾周期图形的衍射产生各分立级次，0 级是通过镜头中心的未被衍射的光，高级次衍射包含了重构图像的必要信息。因此，失焦的效果是，相对于 0 级光，更高级次的衍射光增加了相位误差。当镜头合成这些级次的光形成图像时，相位的误差将导致成像效果退化。

8.2.5　浸没式光刻

尽管浸没式光刻所基于的科学原理已经为人所知上百年了(1880 年，浸没式显微镜已经得到了普遍使用)，但是近期这项技术才在半导体制造中获得广泛使用。193 nm 波长的浸没式光刻用超纯和去气的水作为浸没的液体，其折射率为 1.437。在曝光期间，在镜头和硅片之间维持着一层水。

新的水不断地泵入镜头下方，保持液体的光学特性恒定，也防止沾污物形成。硅片的边缘扫描到水层之下时，所用的特殊承片座能够保持水层的完整。

数值孔径的定义包含了光在其中穿行的介质的折射率。然而，仅仅加入具有高折射率的水，并不会立即提高数值孔径。该措施使得设计一个高数值孔径的镜头成为可能。一个角的正弦值不能超过1，这个限制条件是不能违反的。实践中，最大的光刻镜头可使 $\sin\alpha$ 达到0.93，对于一台干式的光刻工具来说，这是数值孔径的实际上限。而对于浸没式镜头，在相同的限制条件下，设计和制造数值孔径达到1.35的镜头是可能的。这些所谓的超数值孔径浸没式光刻设备，如今在半导体制造中常用来刻印小至约40 nm的图形。

8.3　光刻胶化学

形成空间图像只是图形信息从光刻版转移到光刻胶中的第一步。空间图像需要传播进入胶中，引起化学变化，形成由曝光和未曝光的材料组成的潜像。这一潜像，无论是直接还是间接地，都会影响光刻胶的溶解性，通过显影处理后，潜像就可以转化成为形貌图形。

8.3.1　曝光反应动力学

所有的光刻胶都含有一种对光敏感的化合物，称之为光敏剂。当特定波长的光曝光时，光敏剂会发生反应。叠氮萘醌(diazonaphthoquinone，DNQ；一种广泛使用的近紫外光敏剂)曝光的化学反应如下：

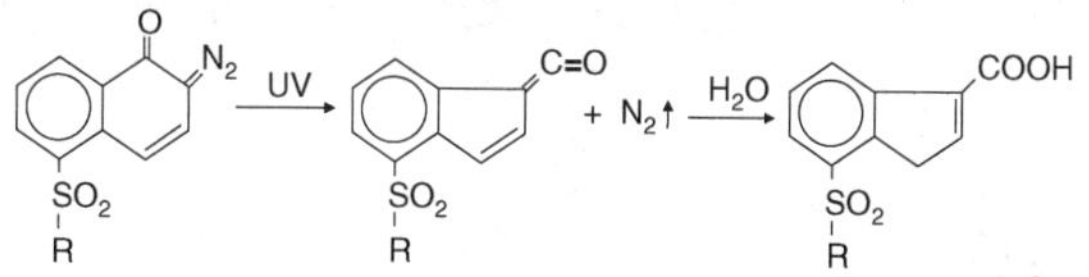

$$\text{DNQ}(\text{O},\ N_2;\ SO_2\text{R}) \xrightarrow{\text{UV}} (\text{C=O};\ SO_2\text{R}) + N_2\uparrow \xrightarrow{H_2O} (\text{COOH};\ SO_2\text{R}) \tag{8.9}$$

DNQ 吸收一个光子和一个水分子，释放出氮气，产生羧酸(在水和碱基制备的显影液中呈现高溶解性)。

式(8.9)所表达的化学反应，其反应动力学是一级的。用光强为 I 的光对光刻胶曝光一段时间 t，有

$$\frac{\mathrm{d}m}{\mathrm{d}t} = -C\,\mathrm{Im} \tag{8.10}$$

其中用到了光敏剂的相对浓度 m(实际浓度除以曝光前的初始浓度)，C 是曝光反应的速度常数。如果曝光期间光刻胶中的光强为常数，那么曝光反应速率方程[见式(8.10)]是很简单的。

$$m = \mathrm{e}^{-CIt} \tag{8.11}$$

这个结果显示了一级曝光反应动力学的一个重要性质，即等价性。化学变化的量由光强和曝光时间之积决定。将光强值翻倍而将曝光时间减半，化学变化的量精确相同。强度和曝光时间之积被称为曝光剂量或曝光能量。

8.3.2　化学增强胶

与传统光刻胶(如之前讨论过的DNQ胶)不同，化学增强胶需要两步分开的化学反应来改变胶的溶解性。首先，曝光将空间图像转换为曝光反应产物的潜像。尽管与传统胶很相似，化学增强胶曝光的反应产物却并不会改变胶的溶解性。取而代之的是，曝光反应的产物可以催化曝光后烘烤期间的第二个反应。曝光后烘烤反应的结果，是光刻胶溶解性的变化。这种两步的感光增强处理有一些有趣的特征。

对于化学增强胶，将光敏剂称为光酸产生剂(photo-acid generator，PAG)。使用深紫外光进行曝光时，PAG 会形成强酸。简化的 PAG 反应示于式(8.12)。

$$\mathrm{Ph{-}\overset{Ph}{\underset{Ph}{S^+}}\,CF_3COO^-} \xrightarrow{h\nu} \mathrm{CF_3COOH} + \text{others} \tag{8.12}$$

这种情况下产生的酸(三氟乙酸)是乙酸的派生产物，其中氟元素吸引电子的特性被用于极大地增强分子酸性。对于 248 nm 的光刻胶，PAG 是混合于聚合物树脂中的，浓度为 5%～15%质量百分比。对于 193 nm 光刻胶，PAG 成分低至 1%～5%质量百分比，从而将光刻胶对光的吸收保持在所需的水平。曝光反应动力学是标准的一级反应，如式(8.10)和式(8.11)所示。

使用一个空间图像 $I(x)$ 曝光光刻胶,结果是形成一个酸的潜像 $H(x)$。然后采用 PEB 进行烘烤，提供热量以引起化学反应。这可以是负胶中交联机制的激活，也可以是正胶中聚合树脂的解构。定义一种胶是否为化学增强的，在于其相关的化学反应是酸催化的，所以反应中酸不会被消耗，在一级近似下，$H(x)$ 保持不变。所用到的聚合物，如聚羟基苯乙烯(polyhydroxystyrene，PHS)，在水碱基显影液中具有很高的溶解性。造成 PHS 高溶解性的是羟基，所以，如果某处“困阻”了羟基(令羟基团与长链分子反应)，那么溶解性就会降低。早期的化学增强胶采用一种甲酸叔丁酯基团(*t*-butoxycarbonyl，*t*-BOC)，得到一种极慢溶解的困阻性聚合物。在存在酸和热量的环境中，*t*-BOC 困阻的聚合物会发生酸解，产生可溶性的羟基团，如式(8.13)所示。

$$\text{—CH}_2\text{-CH—}\ (\text{C}_6\text{H}_4)\text{-O-C(=O)-O-C(CH}_3)_3 \xrightarrow[\Delta]{H^+} \text{—CH}_2\text{-CH—}\ (\text{C}_6\text{H}_4)\text{-OH} + \mathrm{CH_2{=}C(CH_3)_2} + \mathrm{CO_2} \tag{8.13}$$

这种机制的一个缺点是，裂解开的 *t*-BOC 是挥发性的，将会蒸发，导致曝光区域的薄膜缩水。分子质量更大的困阻基团可用来将这种薄膜缩水降低至可接受的水平(小于 10%)。此外，困阻基团是如此高效地阻碍溶解，以至于聚合物上几乎每一处困阻部位都必须解困阻才能够获得显著的溶解性。所以，如果只是部分地困阻 PHS，那么可以得到更具敏感性的光刻胶。完全困阻的聚合物的涂覆和附着性质趋向于变得更差。典型的光刻胶中，只有 10%～30%的羟基团被困阻。对于分子质量在 3000 至 6000 范围内的 PHS，每个聚合物分子大约有 20～40 个羟基团，其中大约有 4～8 个是一开始困阻的。

前面提到的两步骤溶解性增强机制，是采用传统基的显影液前提下，令 PHS 聚合物对光敏感的创新性方法。然而，真正的创新在于解困阻反应的产物。所设计的解困阻反应会再次生成酸，作为反应的产物之一。于是，酸又可以起催化（定义为某一化学品，对于化学反应是必要的，但在反应中并不消耗）的作用。该反应被称为“化学增强”，是因为解困阻反应的催化性本质，一个吸收光子的效果被化学性地增强了。

尽管催化反应在化学中并非罕见，利用光来产生催化剂还是引起了众多有趣的思考。在确定反应速率时，酸的扩散起到何种作用？这种扩散怎样影响特征尺寸的控制？是什么因素终止反应，使之不会无限地进行下去？每个酸引起的平均解困阻反应的数目(称作催化链长度)会怎样影响光刻胶性能？关于这些问题的答案构成了设计一款化学增强胶的关键点。

光刻胶膜曝光所形成的酸，可通过许多不同的机制而损失掉，不再对改变胶溶解性的催化反应有贡献。有两种基本的酸损失类型——发生在曝光和曝光后烘烤之间的损失和发生在曝光后烘烤期的损失。第一种类型的损失造成了等待时间效应(delay time effect)——光刻的效果受到曝光到曝光后烘烤之间等待时间的影响。等待时间效应会很严重，当然也对制造环境下此类胶的使用非常有害。等待时间内胶的损失，典型的机制是大气中碱性污染物扩散进入胶的顶层表面，结果是接近胶顶层的酸被中和，放大率相应降低。对于正胶，这种效应可能会是毁灭性的。足量的碱性污染物可使光刻胶顶层成为不溶性的，阻碍了对内部胶体溶解(见图8.8)。在极端情形，显影后观察不到任何图形。这种酸损失可以有很多方法来缓解：将曝光后的烘烤热板与曝光设备直接相连，使后烘烤等待时间最小化；减少碱基污染物源及对硅片周围的空气进行过滤；采用常见碱基污染物在其中扩散率低的光刻胶来显影。

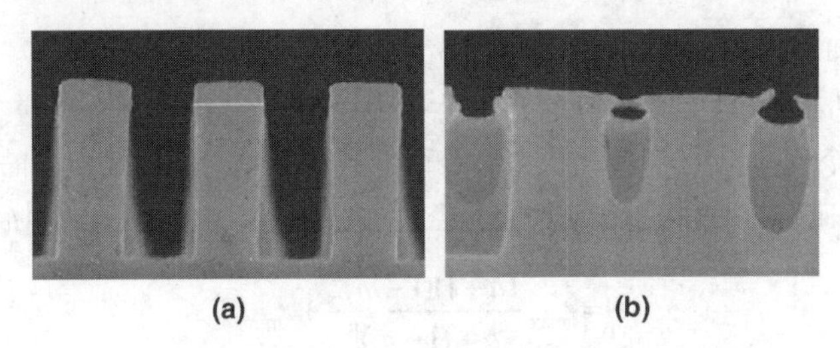

图8.8 空气中碱基污染物导致光刻胶形成T形顶，所示为刻印在APEX-E光刻胶中的线条/间隔特征：(a) 0.275 μm图形，无等待时间；(b) 0.325 μm图形，在曝光和PEB之间等待10 min (Courtesy of SEMATECH.)

另一类酸损失的机制是有意为之的，并非意外。多数化学增强胶的配置都包括额外添加的碱基淬灭剂。淬灭剂浓度是PAG初始浓度的5%～25%，是设计用来中和与其相接触的任何光生酸的。对于低曝光剂量，所产生的少量光生酸会被碱基淬灭剂中和，不会产生放大效果。只有当曝光量提高到一个确定阈值之上，才会产生足够量的酸，在PEB期间，除了解困阻，还能够完全中和掉碱基淬灭剂。碱基淬灭剂的主要目的，是中和通过扩散进入到硅片上非曝光区域的少量酸，因此可使最终的线宽对酸的扩散不敏感。由于淬灭剂在曝光后的烘烤期间事实上会发生扩散，因此这种碱基淬灭剂行为的描述变得更为复杂。对于这些类型的光刻胶，酸和碱基扩散率之间的差异对确定光刻行为甚为重要。

8.3.3 溶解

溶解涉及一些光刻胶最为关键性的化学性质。目标是产生一个光刻胶溶解速率对曝光量的高度非线性响应，理想的响应是以某一曝光水平为阈值，在低和高溶解速率之间切换。我们的讨论聚焦于正性光刻胶的显影，不过可以很容易地推广到负胶的情况。光刻胶溶解涉及3个过程：显影液从溶液体扩散到光刻胶表面，显影液与光刻胶发生反应，反应产物扩散返回溶液。一般可以假定，最后一步已溶解的胶非常快速地扩散进入溶液，以至于这一步可以忽略掉。现在我们分析所提出的机制的前两步。显影液扩散到光刻胶表面，可以描述为对扩散速率方程进行简单的差分近似，即

$$r_{\mathrm{D}} = k_{\mathrm{D}}(D - D_{\mathrm{S}}) \tag{8.14}$$

其中，r_{D} 为显影液到光刻胶表面的扩散速率

D 为显影液浓度

D_{S} 为光刻胶表面显影液浓度

k_{D} 为速率常数

我们现在将提出显影液与光刻胶反应的机制。这一步实际上还可以分成一系列更详细的步骤，

包括显影液阳离子扩散到光刻胶中形成胶状薄层。无论如何，我们假定此处是简单的表面限制反应情况。光刻胶是由聚合物树脂大分子和困阻物质 M 组成的，后者在曝光和 PEB 后转变为增强溶解性的产物 P。对于非化学增强性的胶，M 是光敏剂，P 是增强溶解性的羧基酸。对于化学增强胶，M 是困阻基团，P 是解困阻物质。M 的存在起抑制溶解的作用，使得溶解速率非常慢。然而，产物 P 是高度溶解于显影液的，这增加了树脂的溶解速率。我们假定产物 P 的 n 个分子与显影液反应，可溶解 1 个树脂分子。反应速率为

$$r_R = k_R D_S P^n \tag{8.15}$$

其中，r_R 是显影液与胶的反应速率，k_R 是速率常数。由曝光或者解困阻反应的化学计量如下：

$$P = M_0 - M \tag{8.16}$$

其中，M_0 是初始时(即在曝光/PEB 前)的困阻剂浓度。

前面描述过的两步反应是接续进行的，也就是一个反应跟着另一个反应。因此，如果两个反应的速率相等，则两个反应会处于稳定状态。令两个速率方程[见式(8.14)和式(8.15)]相等，可以解出 D_S，然后在总的速率方程中消除该变量。经过一些推导，并令 $m = M/M_0$，可以有

$$r = r_{\max}\frac{(a+1)(1-m)^n}{a+(1-m)^n} + r_{\min} \tag{8.17}$$

其中，$r_{\max} = \dfrac{k_D D}{k_D / k_R M_0^n + 1}$，$a = k_D / k_R M_0^n = \dfrac{(n+1)}{(n-1)}(1-m_{TH})^n$，而 m_{TH} 是显影速率函数拐点处 m 的值，称之为困阻剂阈值浓度。注意，简化的常数 a 描述了扩散速率常数对表面反应速率常数的相对值。较大的 a 值意味着扩散非常快，因此与最快速的表面反应（对于完全曝光的光刻胶）相比而言不是很重要。在式(8.17)中添加了 $r_{\min}$ 项，这假定了未曝光胶的显影机制独立于上述显影机制。注意添加 $r_{\min}$ 项意味着真正的最大显影速率为 $r_{\max} + r_{\min}$。在多数情形下，$r_{\max} >> r_{\min}$，差别可以忽略。

图 8.9 显示了该模型的一些函数图，n 取不同的值。随着 n 值增加，溶解速率使得速率函数在 m_{TH} 以上和以下的光刻胶之间更具“选择性”。因为这个原因，n 被称为溶解度选择参数(dissolution selectivity parameter)。这样将 m_{TH} 解释为一个浓度“阈值”也就显而易见了。注意，随着显影液选择性参数 n 增加至无穷大，光刻胶实现了所要求的理想陡直函数响应。因此，光刻胶设计的目标在于得到更高的 n 值，这直接关系到胶中困阻聚合物位置的数量。

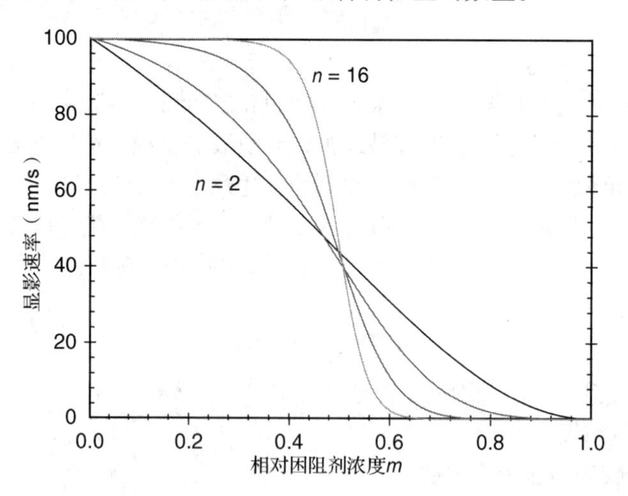

图 8.9 显影速率作为显影选择性参数的函数($r_{\max}$=100 nm/s，$r_{\min}$= 0.1 nm/s，m_{TH} = 0.5，n = 2, 4, 8, 16)

8.4　线宽控制

一直以来，光刻工程聚焦于光刻质量的两个关键的同时也是广受赞誉的特征——套刻能力和线宽控制。线宽或者特征尺寸(critical dimension，CD)控制意味着要确保特定的关键特征的线宽——在这些特征的一些特殊点上测量得到，要位于可接受范围内。套刻精度描述了将一层光刻版图形放置到硅片上已存在图形之上时的位置误差。两类误差对于器件的影响不是相互独立的。因为摆放密度(芯片上器件之间所允许的最近间距)是由特征边沿的放置精度决定的，CD 控制和套刻能力对决定摆放密度的设计规则都会有贡献。无论如何，影响特征尺寸和特征摆放的误差源是独立作用的，所以提高套刻精度的措施对于 CD 控制没有什么效果，反过来也一样。作为结果，在半导体制造中，CD 和套刻的控制更多地呈现为独立的操作。

从根本上来说，最终特征尺寸的误差是由影响最终 CD 的设备、工艺和材料各自的误差造成的。工艺参数上的误差(例如热板温度)基于参数对光刻结果起作用的各种物理机制会传递下去，成为最终的 CD 误差。在此情形下，可以对误差传递进行分析，帮助理解相关的效应。假定每个输入参数对最终 CD 的影响表达为数学形式，例如，

$$\mathrm{CD} = f(v_1, v_2, v_3, \cdots) \tag{8.18}$$

其中，v_i是输入(工艺)参数。

对每个工艺参数给定一个误差 Δv_i，最终的 CD 误差可以对式(8.18)中的函数进行泰勒级数扩展，可以用全微分计算得到：

$$\Delta\mathrm{CD} = \sum_{n=1}^{\infty} \frac{1}{n!}\left(\Delta v_1 \frac{\partial}{\partial v_1} + \Delta v_2 \frac{\partial}{\partial v_2} + \cdots\right)^n f(v_1, v_2, \cdots) \tag{8.19}$$

如果函数具有很好的性质(希望特征尺寸也如此)且工艺参数的误差很小(同样希望真是这样的)，这个看上去很复杂的导数中各幂次的和式可被简化。在此情形下，可以忽略式(8.19)中的高级项($n > 1$)和交叉项，只留下一个简单的线性误差方程。

$$\Delta\mathrm{CD} = \Delta v_1 \frac{\partial \mathrm{CD}}{\partial v_1} + \Delta v_2 \frac{\partial \mathrm{CD}}{\partial v_2} + \cdots \tag{8.20}$$

每个 Δv_i 表达了工艺误差的大小。每个偏导数 $\partial\mathrm{CD}/\partial v_i$ 表示工艺的响应，也就是参数出现一个增量时的 CD 响应。工艺的响应可以有多种表达，例如工艺响应的倒数，称之为工艺容差。

线性误差方程[见式(8.20)]还可以进行调整，以适应常用的误差概念。CD 误差特指 CD 标称值的一个百分数。在此情形下，目标通常是要最小化相对 CD 误差 ΔCD/CD。式(8.20)可以用这种形式写成

$$\frac{\Delta\mathrm{CD}}{\mathrm{CD}} = \Delta v_1 \frac{\partial \ln\mathrm{CD}}{\partial v_1} + \Delta v_2 \frac{\partial \ln\mathrm{CD}}{\partial v_2} + \cdots \tag{8.21}$$

此外，很多工艺误差源所造成的误差是误差参数标称值的一小部分(例如，步进机的照明非均匀性产生曝光剂量误差，这是曝光剂量标称值的固定分量)。对于这样的误差，最好用相对工艺误差 $\Delta v_i/v_i$ 来改写式(8.21)：

$$\frac{\Delta\mathrm{CD}}{\mathrm{CD}} = \frac{\Delta v_1}{v_1} \frac{\partial \ln\mathrm{CD}}{\partial \ln v_1} + \frac{\Delta v_2}{v_2} \frac{\partial \ln\mathrm{CD}}{\partial \ln v_2} + \cdots \tag{8.22}$$

式(8.20)～式(8.22)揭示了关于误差传播和 CD 控制的重要事实。有两种明确的方法可降低

ΔCD：减小各独立工艺误差的大小(Δv_i)，或者减小 CD 对该误差的响应($\partial CD / \partial v_i$)。CD 误差分为两个来源，规定了光学工程师所要面对的两项重要任务。通常认为减小工艺误差的大小是工艺控制行为，涉及为任务选择合适的材料和设备，保证所有的设备按正确的次序工作，以及所有的材料满足指标。减小工艺响应是一种工艺优化行为，涉及选择正确的工艺条件，还有正确的设备和材料。通常这两类行为彼此是相当独立的。

值得注意的是，式(8.20)的导出，假定了工艺误差足够小，以至于公式是线性的，以及误差对 CD 的影响彼此独立。对于一些参数，该假设并不总是成立。人们只需要考虑聚焦和曝光两个参数，就可以看到 CD 响应的确是非线性的(CD 近似平方依赖于聚焦)，两个参数高度依赖于彼此。所以判断工艺对聚焦响应的唯一方法，就是要同时变化聚焦和曝光两个参数，称之为聚焦-曝光矩阵。图 8.10(a)显示了典型聚焦-曝光矩阵输出的实例，其中以线宽作为响应，称之为泊桑图(Bossung plot)。

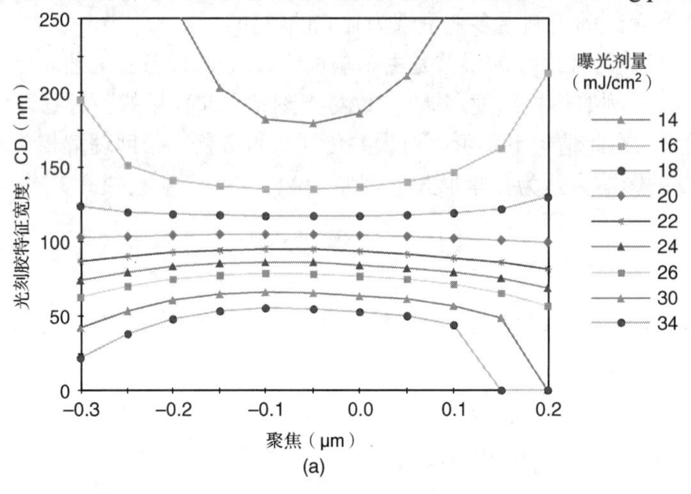

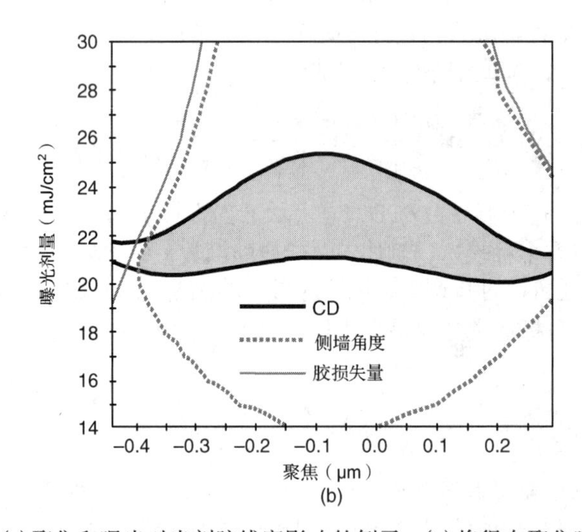

图 8.10　(a)聚焦和曝光对光刻胶线宽影响的例子；(b)将得自聚焦曝光矩阵的数据显示为一个聚焦曝光工艺窗口(阴影区域)，该窗口由线宽、侧墙角度和光刻胶损失各指标范围的廓线构成，其中聚焦位置定义为光刻胶顶面 0 位置处，负数指聚焦面处于光刻胶内部

另一种很有用的描绘这种二维数据集的方法是采用廓线图——以聚焦和曝光为自变量的等线宽廓线。对于建立聚焦和曝光的受限区间，使成像满足确定的指标来说，数据可视化的廓线图形

式是非常有用的。可以只画出对应于CD指标(最大可接受限)的CD廓线，而不必将所有CD为常数的廓线都画出来。由于是廓线图，本质上其他的变量都可以画在同一幅图中(诸如光刻胶剖面侧墙角度的限制指标、一个光刻胶线条顶部的胶损失量)。图8.10(b)显示了一个廓线图实例，CD为标称值±10%，80°的侧墙角度、10%的胶损失量均画在同一幅图中。该结果为一个工艺窗口，其中给出了聚焦和曝光能够保证最终胶图形满足所有3个指标的区域。

8.5 套刻控制

与关键尺寸控制一样，套刻控制对于半导体制造中的光刻来说也是极为重要的。在不同的光刻层间套刻精度的误差，可直接造成各类电学问题，诸如电路的短路、开路，或者晶体管性能变差。套刻精度定义为在硅片上已存在图形的上方，刻印一个新光刻图形时的定位精度，硅片上任意一点均可测量。套刻与另位置登记(registration)的概念稍有不同，后者指光刻图形相对于绝对坐标格点位置，以何种定位精度刻印。

为表征套刻精度，将测试图形放在像场的不同位置处，最低限度是放在四个角处，不过经常还会放在芯片之间的划片道内(位于像场中)。套刻误差造成的空间变化，对于光刻版、硅片和曝光设备的行为提供了极为重要的信息。套刻误差采用x误差和y误差，二者分开表示，而不是合起来构成一个套刻误差长度。绝大多数的集成电路图形放置在矩形栅格上，x方向的套刻误差对于器件良率和性能的影响是独立于y方向的，反过来也一样。

套刻数据分析具有双重目标：估计套刻误差的大小，以及如果可能，找出其根源。总体上套刻误差的大小通常用x和y两个方向上的均值加套刻数据的3σ值来表示。根源分析涉及利用模型对数据进行解释，模型中对观察到的效应设定了原因。对于在硅片和曝光场坐标系($x_{\text{wafer}}, y_{\text{wafer}}$)和($x_{\text{field}}, y_{\text{field}}$)中测量得到的套刻误差$\mathrm{d}x$和$\mathrm{d}y$，最常用的低阶模型为

$$\begin{aligned} \mathrm{d}x &= \Delta x - \theta_x y_{\text{wafer}} + \Delta M_x x_{\text{wafer}} - \varphi_x y_{\text{field}} + \Delta m_x x_{\text{field}} \\ \mathrm{d}y &= \Delta y + \theta_y x_{\text{wafer}} + \Delta M_y y_{\text{wafer}} - \varphi_y x_{\text{field}} + \Delta m_y y_{\text{field}} \end{aligned} \tag{8.23}$$

其中Δx和Δy是平移误差，θ和ΔM表示硅片(片台)的旋转和缩放，而φ和Δm表示光刻版(曝光场)的旋转和缩放。这些项是可校正的，因为关于它们取值的信息可以反馈给光刻机，在处理下一批硅片之前进行调整。

8.6 光学光刻的限制

到目前为止，光学光刻一直是IC制造的可选技术。这种光刻方法的限制是什么？式(8.1)所描述的分辨率限制可给出一些明显的挑战。更短的波长要求新的光源、镜头材料和光刻胶。对于现有的193 nm波长技术，更高的数值孔径要求开发出更高折射率的浸没液体及镜头材料。

令事态更为恶化的是，任何的分辨率提升都要伴随着焦深(depth of focus，DOF)的下降。根据瑞利判据，小尺寸图形的DOF是随图形尺寸平方下降的。实践中，从一些经验结果来看，DOF可降低至大约比图形尺寸大一个数量级(由于光刻胶的改进及其他因素)。对于如今的40 nm特征，典型的DOF为100～200 nm。为了提高一个成像系统的“实用”分辨率，一个重要的条件是在已缩减的DOF限制范围内提高成功的概率。在硅片和光刻版平整度方面的提高，自动聚焦和自动找平系统，还有利用化学机械抛光平坦化硅片，都是工业界应对DOF下降的实例。

采用光学方法可以同时提高分辨率和DOF，这方面的相关技术有时称为光学“窍门”，包括(见图8.11)：

- 优化光刻版图形的形状，即光学临近效应纠正(optical proximity correction，OPC)。
- 优化光照明光刻版的角度，即偏轴照明(off-axis illumination，OAI)。
- 对于光刻版，除了强度信息，还增加了相位信息，即相移掩模(phase shifting mask，PSM)。
- 控制照明的偏振性(超 NA 成像系统的要求)。

这些光学方法合在一起称为分辨率增强技术(resolution enhancement technology，RET)，可以减小式(8.4)中大约一半的极限尺寸。

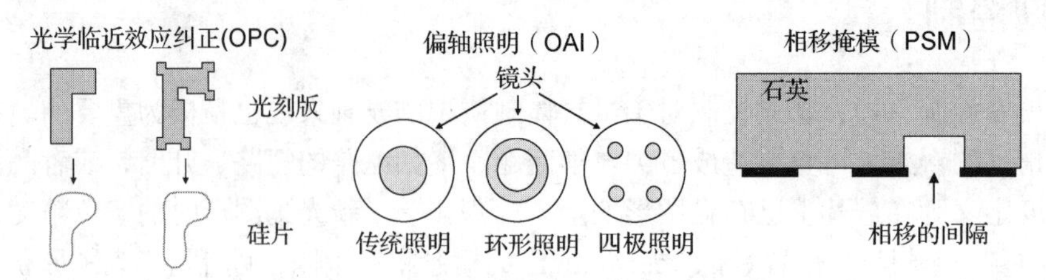

图 8.11 分辨率增强技术(RET)的例子

提高分辨率的另一个的选项，是在光波长缩短方面大跳一步，达到极紫外(extreme ultra-violet，EUV)波段的 13.5 nm。对于光刻技术缩减尺寸的需求，基于传统技术的不断改良，始终将 EUV 光刻置于远期方案的地位。该项技术自身的困难也一直影响着它的实际应用，目前还不清楚 EUV 是否会达到产业就绪状态①。

同一时期，半导体产业采用了替代性的策略：多次曝光。多次曝光利用了这样的事实，光学光刻的分辨率极限所限制的是图形周期，能够刻印的最小周期接近于 $0.5\lambda/NA$。不过，可以刻印的孤立特征可以有多小，对其并没有特定的限制；特征图形的分辨率取决于工艺误差能否被很好地控制。因此可以刻印由线条和间隔构成的最小周期的图形，而其中的线条宽度大约等于周期的 1/4。这种刻印允许实施两次刻印、两次图形化，即光刻-刻蚀-光刻-刻蚀(litho-etch-litho-etch，LELE)和自对准两次图形化(self-aligned double patterning，SADP)。

LELE 执行光刻和刻蚀各两次，第二次图形化相对于第一次平移半个周期(见图 8.12)。上述操作的原理很简单，但是在实现 LELE 时却有很大的困难。首先是成本，光刻和刻蚀进行两次则成本翻倍。因为摩尔定律，随着特征尺寸的缩小，能够降低每个晶体管的成本，但是图形化成本的显著增加将置摩尔定律于失效之地。第二个问题是套刻精度，第二次图形化相对于第一次的任何定位误差，都会导致线条之间间距的误差。在实践中应用 LELE 时，要求光刻设备具有非常高的定位精度。LELE 的优点在于其灵活性，可以用于各种不同的形状和特征尺寸。

SADP(也称侧墙式二次图形化，sidewall-spacer double pattern)方法与 LELE 有很大的不同。其中，第一次光刻和刻蚀步骤产生一个预备图形(dummy pattern)，有时称为凸柱(mandrel)。沉积一层薄膜(如氧化硅)来覆盖凸柱结构，这通常使用 ALD(原子层沉积)工艺。使用回刻工艺去除氧化硅，但紧贴凸柱两侧墙处的氧化硅无法刻净，会留存下来。利用化学腐蚀去掉凸柱材料，仅留下氧化硅侧墙，原始图形两侧各有一个特征图形(见图 8.13)。侧墙是环绕凸柱的，实际上四面都有(成环)，所以要进行第二次光刻(不如第一次光刻关键)，将不需要的部分去掉。SADP 比 LELE 的成本低，也容易进行，并且对定位误差不敏感。其主要的缺点是缺乏灵活性，所有特征实质上都是大小一致的，因此用 SADP 无法生成一些特殊的形状。

① 译者注：在翻译这段内容时，EUV 光刻已经应用在 7 nm 技术中。

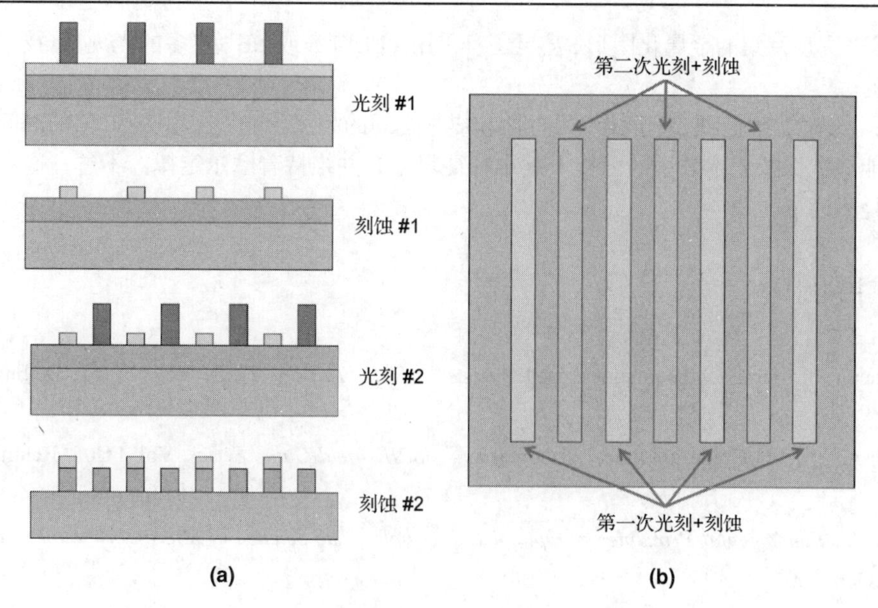

图 8.12 LELE 所生成的最终图形的周期宽度为各单独光刻周期的一半：(a)主要工艺步骤的剖面图；(b)最终结果的顶视图

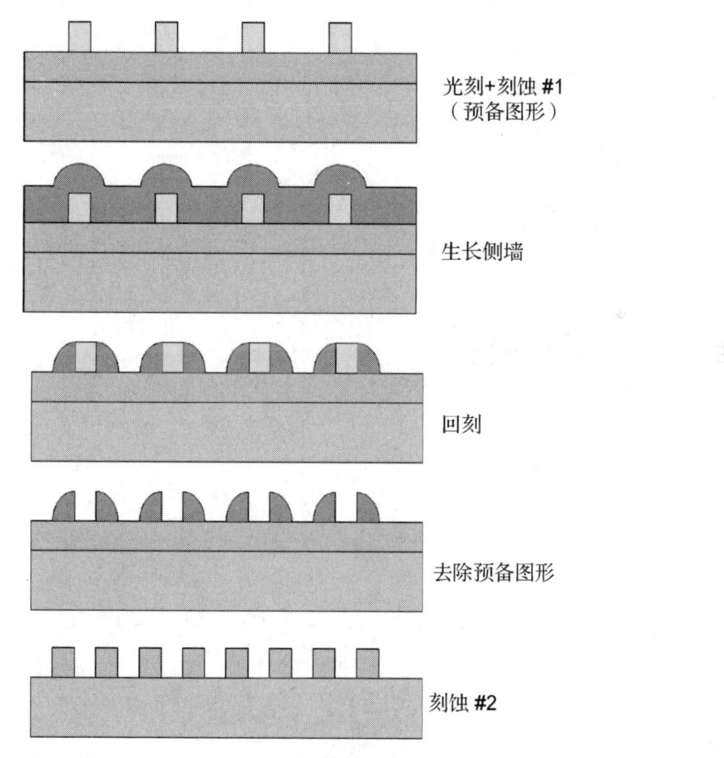

图 8.13 SADP 工艺步骤序列，两次图形化得到的最终图形，其周期宽度为第一次光刻的周期的一半

几乎所有顶尖的半导体制造工艺中都会用到多次图形化。对于 DRAM 和闪存，其图形是重复性的且很规则，因此非常适合采用 SADP 技术。一些最先进的闪存产品甚至采用了自对准四次图形化(se lf-aligned quadruple patterning，SAQP)技术，实际上是执行了两次 SADP，使得周期缩小为原来的 1/4。然而，对于代工厂制造的逻辑器件，在设计时要求有更多的灵活性，所以只能采用

LELE 技术来实现密集的金属化图形，甚至还有采用 LELELE 或 LE^3(更多的光刻步)技术来进一步减小周期的。

最后，未来的光刻要取决于技术可行性和成本之间的相互影响。在过去 50 年的时间里，光学光刻技术能够在保持成本效率的前提下缩小特征尺寸，并维持着摩尔定律。不过，这一趋势的终结点恐怕是不远了。

8.7　扩展阅读

Dammel, Ralph, “Diazonaphthoquinone-Based Resists,” *SPIE Tutorial Texts*, Vol. TT 11, Bellingham, WA, 1993.

Mack, Chris A., “Field Guide to Optical Lithography,” *SPIE Field Guide Series*, Vol. FG06, Bellingham, WA, 2006.

Mack, Chris A., *Fundamental Principles of Optical Lithography: The Science of Microfabrication*, John Wiley & Sons, London, 2007.

Mack, Chris A., http://www.lithoguru.com/

第9章 刻蚀工艺

本章作者：Nandita Dasgupta Department of Electrical Engineering, Indian Institute of Technology Madras
本章译者：窦维治 严利人 清华大学集成电路学院

9.1 引言

刻蚀是半导体技术中最重要的工艺步骤之一，本质的含义是从特定衬底上选择性地移除材料。刻蚀有很多分类方式。根据刻蚀的介质或者环境，可以将刻蚀分为“湿法”的或“干法”的。在湿法刻蚀中，衬底被浸泡在刻蚀溶液中。在衬底和刻蚀溶液中的粒子之间会发生化学反应，而反应产物(通常可以溶解于刻蚀溶液中)会从衬底上去除。干法刻蚀通常也被称为等离子刻蚀，因为其中的衬底暴露于含刻蚀粒子的等离子体(部分电离的气体)中。各类干法刻蚀工艺的实际机制并不相同，后面会详细讨论。

另一种刻蚀工艺的分类方式是通过侧壁形貌进行分类的。在典型的刻蚀工艺中，部分衬底是由适用的掩蔽材料保护的(或用掩模盖住)，掩蔽材料不会被刻蚀[见图 9.1(a)]。当开始衬底的刻蚀时，只有不被保护的那一部分衬底与刻蚀性粒子相接触。理想情况下，刻蚀会沿着掩模边界完美地垂直侧墙向下进行，如图 9.1(b)所示。然而实际上，刻蚀会在纵向和横向上同时进行，导致如图 9.1(c)所示的侧墙形貌，存在着较大的挖蚀。于是，当纵向刻蚀速率与横向刻蚀速率相等(或相当)时，形貌能够成为各向同性的。在刻蚀工艺中，各向异性(即方向性)的程度通常定义为 $1 - dH/dV$，这里 dV 是纵向刻蚀速率，dH 是横向刻蚀速率。对于完全的各向异性刻蚀工艺，dH 非常小，于是各向异性度接近 1。相应地，如果纵向刻蚀速率和横向刻蚀速率近似相等，各向异性度就接近零，刻蚀形貌成为各向同性的。

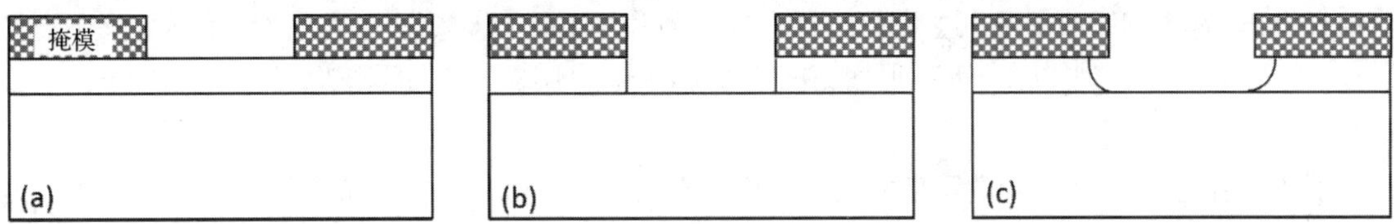

图 9.1 (a)一个被掩模部分保护的图形衬底；(b)理想的各向异性刻蚀侧壁陡直而没有底部切削；(c)横向和纵向刻蚀速率成比例的各向同性刻蚀有底部切削

虽然各向异性有它的优点，但是在特定情况下，刻蚀出非常陡直的侧壁会导致很多的问题。举例来说，如果一层薄膜必须沉积在陡直侧壁的刻蚀表面上，则很难形成有效的覆盖。在有一点点坡度的表面会实现更好的覆盖。因此，重点在于通过调整侧壁形貌来获得理想的各向异性度。

选择比(selectivity，用 S 表示)是另一个与刻蚀工艺相关联的优值参数。选择比指的是衬底和掩模刻蚀速率的比值。从数学上来说，$S = R_1/R_2$，这里 R_1 和 R_2 分别是衬底和掩模的刻蚀速率。合理的选择比通常在 30～50 之间。

对于特定的刻蚀工艺，其实际机制在决定刻蚀的各向异性和选择比上起到主要的作用。举例来说，如果刻蚀是纯粹地由衬底和刻蚀剂之间的化学反应所产生的，则形貌倾向于是各向同性的，因为这种情况下刻蚀粒子和衬底在所有暴露的表面(垂直表面和水平表面)上等同地发生反应。这时由于刻蚀剂只和衬底发生反应，不和掩模材料发生反应，因此刻蚀过程的选择比会非常好。反过来，如果刻蚀是物理性的(如等离子轰击)，则只有承受高能离子轰击的表面会被刻蚀，这样该工艺具有很好的各向异性。这时由于不涉及化学反应，材料被物理性消除，衬底和掩模材料的刻蚀速率是相当的，选择比会比较差。

现代刻蚀技术允许人们调整侧壁形貌，以及实现良好的选择比。目前存在各类不同的刻蚀系统，如后续各节所述。

9.2 湿法刻蚀

在早期的半导体技术中，广泛使用的是湿法刻蚀。这种方案既简单又节约成本，选择比也非常好。这种情况下，由于刻蚀工艺主要是化学过程，最优情况下也只能是得到有限的各向异性度。由于衬底都是在腐蚀性酸或碱性的溶液中完成刻蚀，因此在进行湿法刻蚀时必须保证配备有效的安全措施。更进一步说，整个过程很难实现自动化。

湿法刻蚀中有三个子过程：

1. 把刻蚀粒子释放到衬底上。这个过程是通过刻蚀剂在衬底表面固定层的扩散完成的。
2. 表面反应。
3. 传输反应生成物离开表面，可通过搅拌进行。

这三个子过程的任意一个都会影响刻蚀速率，因而影响整个工艺过程。举例来说，如果在各个方向限制扩散，那么整个过程就会自然呈现为各向同性。在另一方面，如果限制反应速率，那么整个过程在不同的晶体平面都不一样，自然呈现为各向异性。

9.2.1 硅的各向同性湿法刻蚀

硅的湿法刻蚀是通过氧化和随后的溶解氧化物来实现的。使用由硝酸(nitric acid，HNO_3)、氢氟酸(hydrofluoric，HF)和醋酸(acetic acid)(或水)配制的溶液，通常称之为HNA，可以进行硅的各向异性刻蚀。通过控制溶液中这三种成分的比例，可以控制刻蚀速率。在这个工艺中，硝酸把硅氧化，而氢氟酸刻蚀氧化硅，醋酸起缓冲作用。这个氧化过程本质上来说主要是阳极氧化[1]。虽然没有显式定义阳极和阴极，但是硅表面的点可以在一定时间内随机作为局部阳极和阴极。在局部阳极，反应公式如下：

$$Si + 2h^+ \rightarrow Si^{2+}$$

反应所需的孔是由 NO_2 主导的局部阴极的反应引起的。含有微量 HNO_2 杂质的 HNO_3 在这个链式反应中作为催化剂：

$$HNO_3 + HNO_2 \rightarrow N_2O_4 + H_2O$$

$$N_2O_4 \leftrightarrow 2NO_2$$

$$2NO_2 \leftrightarrow 2\ NO_2^- + 2h^+$$

HNO_2 会通过刻蚀溶液中的水离解出的氢离子反应而不断再生。因此整个刻蚀工艺是自动催化的：

$$H_2O \leftrightarrow H^+ + OH^-$$

$$2NO_2 + 2H^+ \leftrightarrow 2HNO_2$$

在局部阳极形成的硅离子和羟基离子按下面的化学反应形成氧化硅：

$$Si^{2+} + 2OH^- \rightarrow Si(OH)_2 \rightarrow SiO_2 + H_2$$

然后氧化硅被氢氟酸通过下面的反应去除：

$$SiO_2 + 6HF \rightarrow H_2SiF_6 + 2H_2O$$

全部反应公式如下：

$$Si + HNO_3 + 6HF = H_2SiF_6 + HNO_3 + H_2O + H_2$$

如果表面上的每个点保持局部阳极和阴极的持续时间大致相等，刻蚀就是均匀的。硅基掺杂浓度和表面缺陷，以及硅刻蚀剂界面上刻蚀溶液的温度和吸附性在确定刻蚀速率方面起着重要作用。章末的大量文献中提供了不同刻蚀速率的 HNA 配方，从中挑选出一部分见表 9.1。

表 9.1　一些湿法刻蚀硅的典型刻蚀剂配方和刻蚀速率

刻 蚀 剂	配 方	刻蚀速率	参考文献
HNA（CP-4）	$HF:HNO_3:CH_3COOH::3:5:3$	80 μm/min	[1]
HNA（平面刻蚀）	$HF:HNO_3:CH_3COOH::2:15:5$	5 μm/min	[1]
氢氧化钾异丙醇溶液	250 克氢氧化钾加 200 克丙酮和水（80℃）	1 μm/min，(100) 晶向，停止在 p^{++}层	[2]
EPW	7.5 毫升乙二胺（每升含 6 克吡嗪），邻苯二酚 1.2 克，0.5 毫升水（118.5℃）	0.75 μm/min，(100) 晶向，停止在 p^{++}层	[3]

9.2.2　硅的各向异性湿法刻蚀

硅的各向异性湿法刻蚀可以使用各种刻蚀溶液，如 KOH（氢氧化钾）、肼（hydrazine）、EPW（ethylenediamine, pyrocatechol, and water；乙二胺、邻苯二酚和水）和四甲基铵（tetra methyl ammonium hydroxide，TMAH）[2, 3, 4]。刻蚀形貌的各向异性是通过实际{111}平面的刻蚀速率比其他平面的速率慢得多来实现的。{111}平面刻蚀速率慢是由下面两个原因造成的：第一，断键（悬挂键）的密度在{111}平面是最小的，因此，如果刻蚀工艺受到反应速率限制，那么预计{111}平面将以非常慢的速率刻蚀；第二，{111}平面的氧化速率会快很多。这时没有像氢氟酸这样强大的能去除氧化硅的溶解剂，{111}平面被氧化后迅速钝化，不会被进一步刻蚀。因为{100}平面与{111}平面的边界交角为 54.74°，刻蚀将导致 V（或 U）形槽，如图 9.2 所示。

氢氧化钾刻蚀剂有很好的各向异性，而且对氧化硅的选择比也很好，但是与 CMOS 工艺不兼容。刻蚀速率主要取决于温度、氢氧化钾浓度和硅的掺杂浓度。(111) 和 (100) 硅的刻蚀速率比值一般为 1:400。高磷掺杂硅的刻蚀速率可以忽略不计，因此 p 型硅通常被当作氢氧化钾刻蚀的停止层。EPW（也称 EDP）与氧化硅的选择比是 5000:1，是另一种广泛应用的硅的各向异性刻蚀剂。吡嗪（pyrazine）的添加量是判断刻蚀速率的一个重要因素，微量吡嗪能显著提高刻蚀速率。市售的乙二胺通常含有微量的吡嗪，因此刻蚀速率会因化学品批次的变化而改变。然而，刻蚀速率会在每升乙二胺含 6 克吡嗪时达到饱和状态。而且，由于 EPW 蒸气是有毒的，因此在使用这种溶液时要非常小心。表 9.1 也提供了典型的刻蚀剂配方和硅的各向异性刻蚀速率。

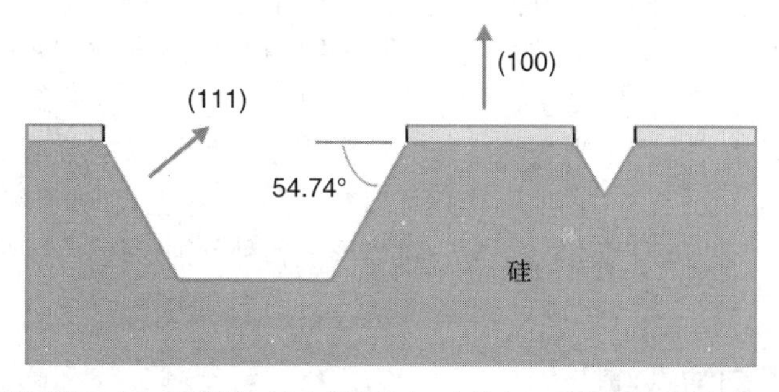

图 9.2　(100) 晶向硅刻蚀形成的 V（或 U）形槽。这个侧壁为 (111) 晶向，而表面平面（以及 U 形槽的底部）为 (100) 晶向

9.2.3　氧化硅和氮化硅的湿法刻蚀

氧化硅在氢氟酸中刻蚀，产生一种可溶解的生成物 H_2SiF_6。然而，氟化铵(ammonium fluoride，NH_4F)通常作为一种添加剂被添加到刻蚀溶液中。NH_4F 可防止氟离子的耗尽，而且降低光刻胶在刻蚀溶液中的刻蚀速率。因此，当在该刻蚀剂中刻蚀 SiO_2 时，光刻胶可用作掩模。这种刻蚀溶液通常称为缓冲氧化物刻蚀剂(buffered oxide etch，BOE)或缓冲氢氟酸(buffered HF，BHF)。BHF 中热氧的典型刻蚀速率为大约 100 nm/min。但是，沉积氧化物的刻蚀速率更高，通常取决于沉积条件。

氮化硅也可以用氢氟酸或 BHF 刻蚀。然而，刻蚀速率通常比 SiO_2 小得多，而且需要更高的温度(80～90℃)。因此，光刻胶或 SiO_2 不能用作防止刻蚀的掩模。为获得与 SiO_2 的选择比，煮沸的 H_3PO_4(磷酸)可用于刻蚀氮化硅。化学气相沉积(CVD) Si_3N_4 的典型刻蚀速率约为 10 nm/min，热氧和硅的刻蚀速率分别为 1 nm/min 和 0.3 nm/min。

9.2.4　金属薄膜湿法刻蚀

铝、金、银和铬等金属层用于制造欧姆接触和肖特基接触。这些金属薄膜需要选择性地刻蚀以形成图形。铝可以很容易地在稀释的 HCl 或磷酸、硝酸和醋酸混合液中进行刻蚀，刻蚀速率取决于相关的成分(由黏附力、线宽等因素决定)，速率介于300～1000 nm/min之间[4]。王水($HCl:HNO_3$ = 3:1)通常用于溶解金，但光刻胶不耐这种刻蚀剂。金的另一种刻蚀剂是 4 克碘化钾和 1 克碘及 40 mL 水，可使用光刻胶作为掩模。室温下的刻蚀速率约为 0.5～1 μm/min。银可以用氨水(NH_4OH)、过氧化氢(H_2O_2)、甲醇(OH)的比例为 1:1:4 的溶液进行刻蚀。室温下的刻蚀速率约为 350 nm/min，光刻胶可以用作掩模[1]。铬用于黏附促进剂或光刻版，其标准的刻蚀剂是 $HClO_4$(高氯酸)和 $(NH_4)_2[Ce(NO_3)_6]$(硝酸铈铵)的混合物。使用硝酸铈铵、高氯酸(perchloric acid)、水的含量分别为 10.9%、4.25%、84.85%的溶液，在室温下的刻蚀速率约为 60 nm/min[5]。

9.3　干法刻蚀

干法刻蚀技术在当今的半导体制造业中得到了广泛应用。干法刻蚀最重要的优点是可以刻蚀形貌。尤其是当器件尺寸不断缩小时，必须能够通过一个小窗口刻蚀，而且没有明显的底切，从而实现更小和更紧密的特性。此外，干法刻蚀工艺可以很容易地实现自动化，而且也不需要使用腐蚀性刻蚀剂，如硝酸或氢氧化钾。

干法刻蚀是在等离子体环境中进行的，因此通常称为等离子刻蚀。等离子体是一种部分电离气体，具有相等的正电荷(离子)和负电荷(电子)数目，且电离度很小(约为 1)。由于电子质量低，从电子到等离子体的能量转移效率很低，因此电子可以获得非常高的能量(相当于电子温度 10 000 K)，而等离子体鞘层仍处于低温(接近室温)。这允许高温反应在低温环境中发生并产生自由基。此外，外加电场指引等离子体中的离子物质轰击衬底表面，使刻蚀产生方向性。

因此，等离子体在刻蚀工艺中的实际作用可以有很大的不同。取决于刻蚀工艺过程中是化学反应物的生成占主导，还是离子轰击占主导，可以形成各种刻蚀形貌。这些内容将在下一节进行讨论。

9.3.1　基本等离子刻蚀系统[6, 7]

让我们先看一个简单的等离子体反应器，如图 9.3 所示。它由两个放置于腔室中的平行板电极组成，典型情况下腔室充填反应气体，保持在低气压状态(1 mTorr 至 1 Torr)。高频电压施加在两个电极上，使得气体电离。随后，含有带正电的离子和电子的等离子体就产生出来，且发出所用气体的特征性辉光。通常，用来提供能量的 RF(射频)发生器工作于 13.56 MHz 的频率。电荷向室壁和电极扩散。由于电子扩散得更快，在等离子体后面会留下过剩的正电荷，于是就产生了一个正的 V_P(等离子体电势)。靠近室壁(或电极)的区域会耗尽电荷，称为“鞘层”。因为电子更快速地运动，绝缘的室壁会充负电荷，直至排斥性的鞘层电场强度足以阻止电子进一步扩散到室壁上。此时可称室壁获得了一个“V_f”(浮动电位)。

在导电边界，也就是电极处，情况有所不同。通常一个电极(阳极)接地，而另一个电极通过一个 C_B(阻断电容)连接到射频源，C_B 可防止电极经由电源放电。在正半周期中，一个大的电子流将流向有源电极(传统上称为阴极)。流失给电极的电子将不断地从等离子体中心区域获得补充。然而，在负半周期，阴极就将排斥电子了。由于离子运动缓慢，在靠近电极的区域形成了一个鞘层(即电荷载流子耗尽的暗区)，鞘层将电极与充正电荷的等离子体分隔开。在最初的几个周期中，比离子更多的电子到达电极，形成稳定(直流)的鞘层电位，鞘层相对于等离子体为负电位。较重的离子不能对射频信号做出响应，然而它们确实会响应平均的直流鞘层电位，以较高的能量轰击电极。由于轰击方向与电极表面垂直，放置在电极上的衬底将承受定向刻蚀，如 9.3.2 节的讨论。

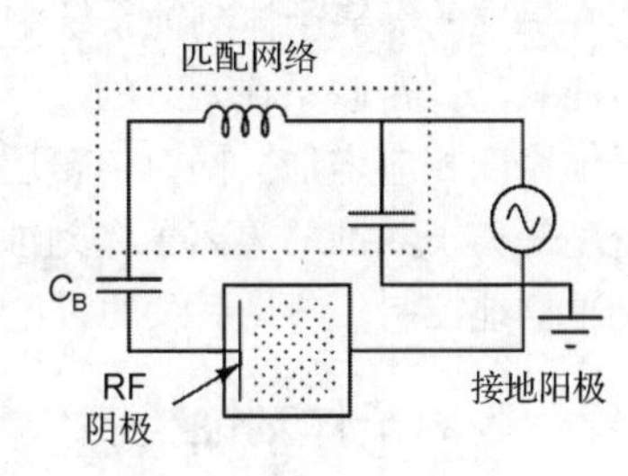

图 9.3　平行板等离子体反应器的原理图

如前所述，在正半周期，电子携载电流到达电极，此时压降很小。而在负半周期，因为鞘层的导电性很低，鞘层两侧的电连续性是由位移电流(而不是自由电荷载流子的运动)维持的。由此，可以将电极-等离子体的等效电路建模为一个二极管与一个鞘层电容并联。当两个电极面积相等时，鞘层电容和两个电极处的稳态电压分布是相同的，如图 9.4 所示。不过，如果有源电极的面积较小，则其鞘层电容就会小一些。结果就是阻抗变得更大，所产生的跨鞘层的电压也会更大。于是，在较小的电极上的离子轰击会更强烈。图 9.4 显示了对称和非对称配置的等离子体反应器中，不同点处的电势分布。如图中所见，当阴极面积较小时，V_c(阴极鞘层电位)可以达到相当高的负值。对于大部分所施加的电位，压降落在阴极鞘层两侧，决定着离子轰击的最大能量。这种高能离子轰击在刻蚀中起着重要作用。另一方面，较大的阳极(接地电极)上的鞘层电位相对较小，放置在该电极上的衬底所受到的离子轰击的强度比较低。

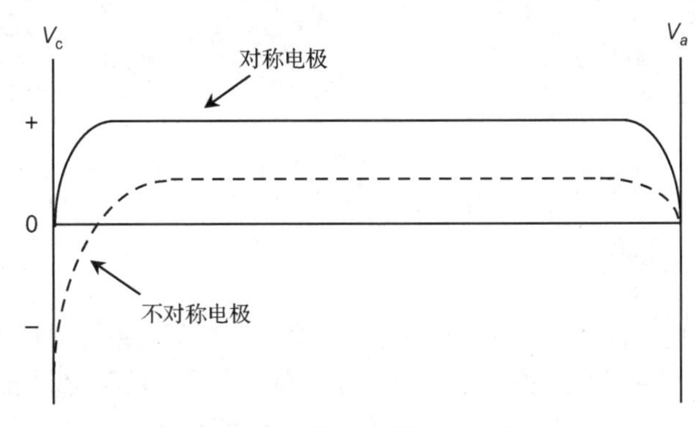

图 9.4　等离子体反应器内的电位分布

反应腔的压强以复杂的方式影响着鞘层电位。在较高的压强下，因为存在更多的气体分子，离化的程度更大，也就是说，会产生更多的离子+电子对，等离子体的密度增加。随着自由电子数量的增加，鞘层电位也会增加。与此同时，较高的压强降低了电子的平均自由程。因此，电子不能获得足够高的能量，电离度又会降低。两个对立的机制在此都是有效的。通常在 1～100 mTorr 压强范围内，自由电子数及等离子体密度随着压强的增加而增加。不过，在更高的压强下，等离子体的密度下降[8]。另一方面，鞘层电位也是电子能量的函数。因此在较低的压强下，随着电子获得更高能量，鞘层电位通常也是增加的。较低的压强还意味着当离子穿过鞘层时，只会发生很少的粒子碰撞，离子轰击的方向性是有所增强的。

在标准的等离子体刻蚀系统中，等离子体中离子和/或电子的浓度(亦称等离子体密度)与离子轰击能量是紧密联系在一起的，两者都依赖于射频功率。随着射频功率的增加，电离度增加，等离子体密度相应增加。同时，鞘层电位是增加的，离子轰击的能量也相应地增加。在另一类称为高密度等离子刻蚀的等离子体刻蚀系统中，采用第二个激发源，使得等离子体密度和鞘层电位可分别独立地控制，参见后续的讨论。

9.3.2　等离子体刻蚀机制

正如已经指出的，在等离子刻蚀中，环境可以是任意类型的，可以是纯化学的，也可以是纯物理的。等离子体中产生的反应性化学物质是发生化学刻蚀的原因，跨越鞘层的离子轰击提供的是物理刻蚀。现在让我们来看看等离子刻蚀中可能出现的四种基本刻蚀机制[6, 9]。图 9.5 描述了不同的刻蚀机制。

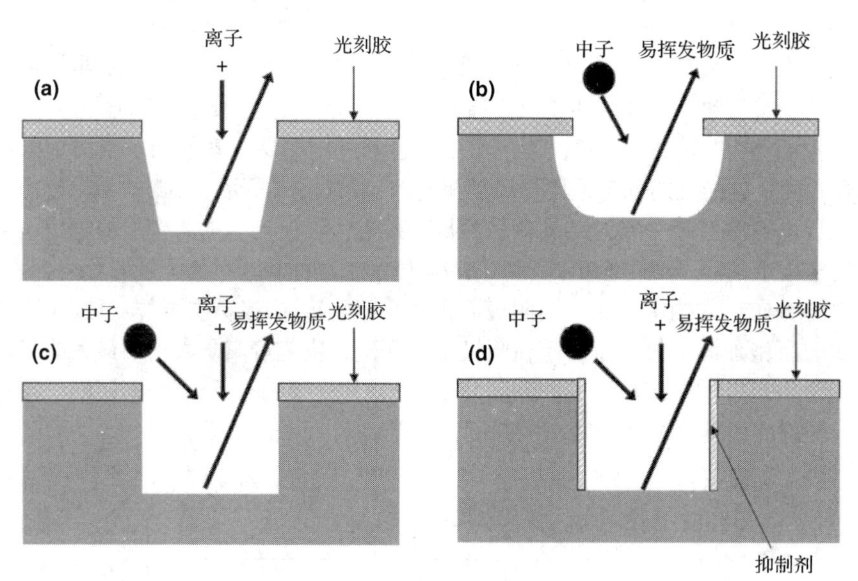

图 9.5　干法刻蚀机制原理图：(a)物理刻蚀；(b)化学刻蚀；(c)高能离子增强刻蚀；(d)离子抑制刻蚀(摘自参考文献[9])

物理刻蚀或溅射

这一过程涉及物质的物理移除。高鞘层电位是通过大的射频功率和面积较小的阴极来产生的，离子以高能轰击衬底表面并弹出表面原子。通过提供高能离子，低压有利于工艺实现。由于离子轰击都是在衬底表面进行的，因此会获得很好的各向异性度。然而，由于该工艺是通过物理方式去除，因此选择比通常较差。

化学刻蚀

这里，等离子体的作用仅限于产生化学反应。然后这些化学反应物与衬底发生反应，形成挥发性产物。一个常见的例子是用 CF_4 等离子刻蚀硅。这里的反应物氟是由以下化学反应形成的：

$$CF_4 + e^- \rightarrow CF_3 + F^* + e^-$$

由此产生的 F^* 具有不完整的键合结构，其外壳层有 7 个电子。因此，它与硅快速反应，形成很容易从系统中挥发的 SiF_4，这种刻蚀工艺的选择比很好，但各向异性度较差，因为刻蚀在每个暴露的表面都是同等进行的。

高能离子增强刻蚀

在这个过程中，离子轰击会增强衬底表面的反应性。由于离子轰击发生在衬底，因此只会修正水平方向的反应性。等离子体中原有的化学物质可以与这个修正后的表面发生反应，从而完成刻蚀。必须强调的是，离子增强刻蚀不仅仅是物理和化学刻蚀工艺的简单附加，还具有综合协同两者的作用。在这里，离子能量通常比物理刻蚀所需的小，即刻蚀中物理刻蚀的部分很小。由于刻蚀主要是化学性质的，因此会获得良好的选择比。而且，由于侧壁（平行于离子轰击）不受影响，因此侧壁表面无刻蚀，且具有良好的方向性。未掺杂硅在氯气等离子体中的刻蚀是离子增强刻蚀的一个例子。在没有等离子体的情况下，未掺杂硅不会与氯自发反应。然而，当有相应的离子轰击时，氯和硅之间会发生快速反应，得到 $SiCl_4$，即一种易挥发产物。

离子抑制刻蚀

在这个过程中，需要两种不同的反应物。其中一种是刻蚀剂，另一种是抑制剂。衬底与刻蚀剂自发反应形成挥发性产物。在没有抑制剂时，这种刻蚀反应会是各向同性的。然而，抑制剂在衬底表面形成一层薄膜。垂直于表面的离子轰击会从水平表面移除薄膜，因而允许刻蚀在垂直方向上继续进行下去。由于侧壁没有被离子轰击，抑制剂薄膜保留在那里，因此侧壁得到保护，获得了良好的方向性和选择比。这种刻蚀工艺的例子是，在 C_2F_6/Cl_2 等离子体中刻蚀掺杂氮的多晶硅，其中 Cl_2 是刻蚀剂而 C_2F_6 是抑制剂。n^+多晶硅与氯自发反应，而来自 C_2F_6 的粒子在侧壁上形成聚合物薄膜，提供了方向性。

9.3.3　干法刻蚀系统

如前所述，鞘层电位及离子轰击与电极面积、反应腔中的压力及电极是否接电源或接地有关。根据反应腔的几何结构和衬底的位置，刻蚀系统大致可分为以下四种类型。

桶形刻蚀机

这是最古老的等离子体反应器，反应器为石英腔。射频电源由缠绕在腔室外侧的线圈提供，如图 9.6 所示。晶圆被放在反应器中一个不与器壁接触的片盒中。压力通常为 0.1～2.0 Torr。

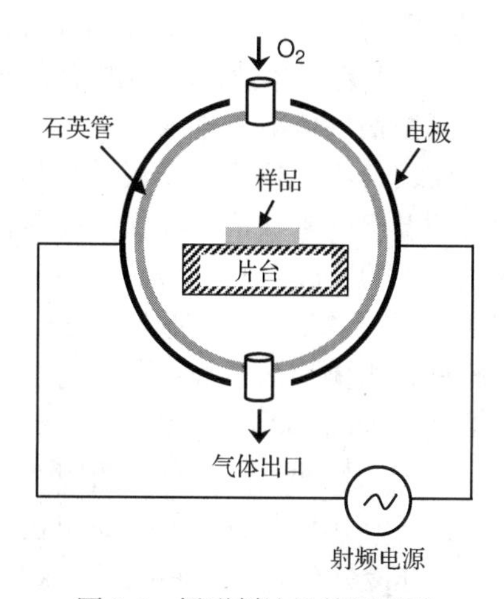

图 9.6　桶形刻蚀机的原理图

晶圆的鞘层电位很小，离子轰击产生的刻蚀作用相对较小。因此，刻蚀主要是各向同性的，刻蚀均匀性也相对较差。如今，桶形刻蚀机主要用在氧等离子体剥离（移除）光刻胶的场合。

平行板阳极加载刻蚀机

这类反应器通常称为等离子刻蚀系统，其衬底放置在接地电极（阳极）上。由于腔室内壁通常也接地，因而与该电极在电气上相连。即便平行板电极本身的尺寸可能相同，阳极的有效面积也要大得多。因此，阳极上形成的鞘层电位通常小于 20 V，刻蚀本质上是化学性质的。选择比较好，不过除非工艺气体中有特殊的抑制剂，否则各向异性度相对较差。

非对称平行板阴极加载刻蚀机

这类反应器又称反应离子刻蚀系统。然而，这是一个误称，因为自由基（而不是离子）才是反应活性物质。其中晶圆被加载在较小的阴极上，而腔室本身可能是面积更大的阳极。阴极鞘层电位通常很高（20～500 V）。气体压力通常较低（0.005～0.1 Torr），相对的离子轰击能量较高，具有良好的选择比和方向性。

高密度等离子体系统

在这类系统中，等离子体密度和离子轰击能量通过所施加的第二激发源而解链。其中晶圆被放置在射频供电的电极上，等离子体由另一个源产生，通常在晶圆上方一点。不同类型的高密度等离子体刻蚀机可使用各种源来产生等离子体，例如电感耦合等离子体（inductively coupled plasma，ICP）、电子回旋共振等离子体（electron cyclotron resonance plasma，ECR）、表面波等离子体（surface wave plasma，SWP）和螺旋波等离子体[10]。其中，ICP-RIE 系统由于其更简单的设计，因此是目前最流行的。在这些系统中，等离子源电感耦合产生高密度等离子体（因此将其命名为 ICP 或电感耦合等离子体），同时使用射频源单独控制鞘层电位。并且放置一个（或多个）线圈在腔室外面，用来产生高密度等离子体。由于等离子体密度高，这些系统可以在非常低的压强（1～10 mTorr）下运行，从而得到更高的离子通量和更大的刻蚀速率。在标准的等离子刻蚀系统中，必须通过增加功率来增加等离子体密度和离子通量，以提高刻蚀速率。然而这时鞘层电位也会增加，导致更多离子轰击，增大了衬底的损伤。增加压强会增加等离子体密度，同时保持低离子能量，而且刻蚀形貌在本质上变得更加各向同性。通过解耦鞘层电位的等离子体密度，有可能达到很高的等离子体密度（因此刻蚀速率高），同时保持良好的具有低离子损伤的方向性。

深反应离子刻蚀（DRIE）

深反应离子刻蚀（deep reactive ion etching，DRIE）系统是改进版的离子抑制刻蚀。在这些系统中，工艺气体使用了刻蚀剂和抑制剂。该工艺在刻蚀和聚合物沉积之间交替进行。首先，一种刻蚀剂气体射流进入，将衬底刻蚀到很小的深度。接下来，引入抑制剂以便在暴露的表面覆盖聚合物。重复此循环以达到所需的刻蚀深度。通过离子轰击将聚合物从水平面去除，同时侧壁会受到保护。在保持高刻蚀速率的同时，可以获得良好的各向异性度和高选择比。DRIE 主要用于透过一个比较小的刻蚀窗口，获得较大的刻蚀深度。在典型的 DRIE 硅刻蚀过程中[如图 9.7（a）～（e）所示]，SF_6/Ar 用作刻蚀剂，而 CHF_3/Ar 用于形成聚合物。用光刻胶和氧化硅作为掩模的选择比分别为 100:1 和 200:1，长宽比为 30:1，刻蚀速率达到 2～3 μm/min，侧壁陡直度为 90±2°。然而，因为刻蚀过程本质上来说是化学刻蚀，每一次循环都会产生一个小的扇状咬边（scallop），如图 9.7（f）所示。

另一个版本的 DRIE 也称为低温干法刻蚀，不使用抑制剂，晶圆为低温冷却（使用液氮和液氦）。工艺气体冷凝在侧壁上保护其不会被刻蚀，同时通过离子轰击去除结构底部的冷凝气体。在商用设备上完成 30:1 长宽比的刻蚀，形成咬边的角度会比较小。

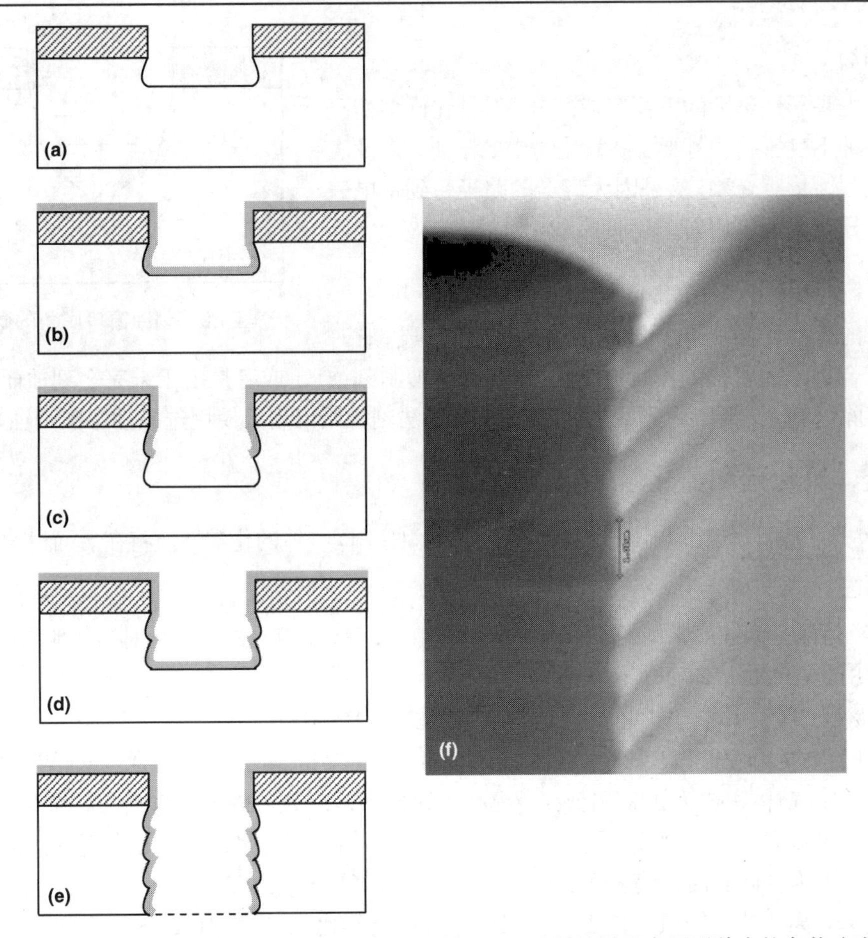

图 9.7 (a)～(e)为 DRIE 步骤的原理图；(f)DRIE 硅刻蚀样品实际形貌中的扇状咬边

9.3.4 与干法刻蚀有关的问题

负载效应

在干法刻蚀系统中，刻蚀速率通常是不均匀的。它可以分为(1)宏观负载和(2)微观负载。在宏观负载中，刻蚀速率取决于进入腔室的衬底数量。当装入更多晶圆(或更多的区域暴露在刻蚀剂中)时，刻蚀速率降低，因为刻蚀成分耗尽了。刻蚀速率与刻蚀剂成分的浓度成正比。如果刻蚀过程中消耗了大量的活性反应物，那么刻蚀剂的浓度在表面区域也会随之降低。大多数各向同性刻蚀都表现出这种类型的负载效果。另一方面，在微观负载中，刻蚀速率随着同一衬底上的距离变化而变化，也可以称之为“几何依赖”；也就是说，刻蚀速率取决于要刻蚀结构的长宽比。在硅衬底上刻蚀不同长宽比的沟槽时，可以看出宽度较小的沟槽的刻蚀速率较低，这是由各种原因造成的，例如形成停滞层导致反应物耗尽，或是有几何阴影。无论什么原因，最终结果是刻蚀剂很少能到达底部窄沟道，刻蚀速率较低。

沟槽

这是刻蚀不均匀性的另一个表现形式，主要见于以高能离子轰击为主的干法刻蚀。一些离子会从侧壁反弹并撞击底部角落，在拐角处会形成增强刻蚀，称之为微沟槽，如图 9.8 所示。

离子损伤

离子轰击是干法刻蚀的重要组成部分，但是在许多情况下会导致各种不良影响，例如栅极氧化物中的陷阱，以及表面电荷导致刻蚀形貌变差。这是因为离子的路径受到带电表面的影响，导致刻蚀不均匀。

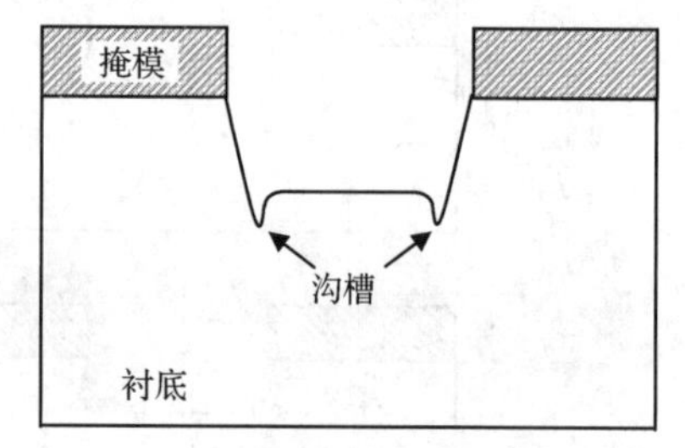

图 9.8 刻蚀窗口底角的微沟槽

不需要的残留聚合物

不需要的聚残留合物通常在干法刻蚀系统中形成。有时产生这些聚合物是为了获得各向异性刻蚀(如离子抑制刻蚀)，或者是由于未完全刻蚀而产生的聚合物。要移除这些聚合物，一种常见的做法是在干法刻蚀结束后，使用选择性湿法刻蚀来移除。

9.3.5 硅、氧化硅和氮化硅的干法刻蚀

硅的干法刻蚀可以使用氟基或氯基等离子体。这些不同气体的化学性质将在后面讨论。

氟基刻蚀

CF_4曾经是氟基刻蚀最常用的工艺气体。然而如今，SF_6是首选的工艺气体，其他像C_2F_6、C_3F_8等也可以使用。基本反应式如下：

$$CF_4 + e^- \rightarrow CF_3^+ + F* + 2e^-$$

F^*自由基是活性物质。正如已经讨论过的，它会与硅自发反应生成SiF_4，这是一种稳定且易挥发的产物。

添加少量氧气(体积比为 1%～10%)会提高刻蚀速率，因为 CF_3 与氧气反应，会生成 COF_2、CO、CO_2等物质，从而产生大量 F^*，导致 F^*不断集中。但是，过多的氧气也会降低刻蚀速度，因为氧气会化学吸附在硅表面，使表面更像是氧化硅。

使用氟基等离子体刻蚀氧化硅也可以实现很好的选择比(通常为 40:1)。由于刻蚀过程是化学刻蚀，刻蚀形貌是各向同性的。这时使用氩气和 CF_4 可以获得一定程度的各向异性，这是因为氩离子的轰击在垂直方向上提高了刻蚀速率，而在水平方向上，刻蚀速率仍由化学反应控制。也可以将 CHF_3 加入 SF_6 中，在侧壁上形成抑制剂，改善各向异性度。图 9.9 显示了在 SF_6/CHF_3 等离子体中硅刻蚀的形貌，侧壁陡直度可以达到 87°。

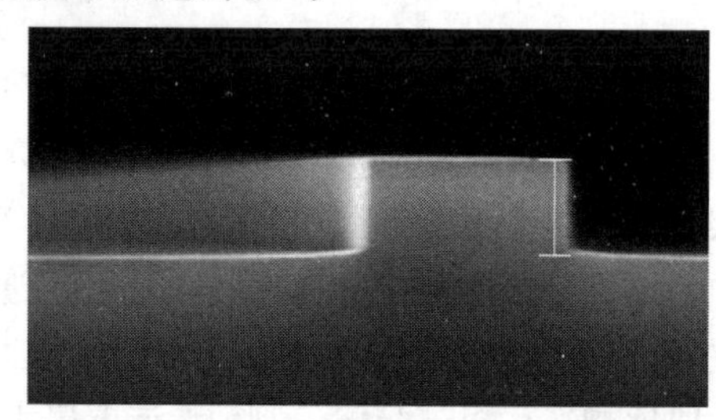

图 9.9 在 $SF_6:CHF_3$ 为 5:18 的等离子体中硅刻蚀的形貌，侧壁陡直度可以达到 87°

同样的工艺气体也可以用来刻蚀氧化硅。这种情况下，CF_3^+是主要的刻蚀剂成分。F^*也能刻蚀氧化硅，但刻蚀速率比刻蚀硅要小得多。因此，氧化硅的刻蚀窗口在扩散/离子注入前很难控制，因为对于相同的工艺气体，硅的刻蚀速率比氧化硅的高得多。所以，为了在硅上选择性地刻蚀氧化硅，可以采用以下技术。

- 终点检测。这种技术使用光谱仪来监测 F^*(703.7 nm)的发光强度。当氧化硅刻蚀完成，进入到硅刻蚀的时候，F^*的发光强度会有一个突然的下降。

● 在工艺气体中混入氢气。氢气会与F^*反应形成氟化氢来抑制硅的刻蚀。但是，氟化氢的处理是一个问题，因此欠氟的C_3F_8有时会用来刻蚀氧化硅。从而获得很好的各向异性度。

氮化硅也可以被自由基F^*刻蚀，即根据以下反应式：

$$12F^* + Si_3N_4 \rightarrow 3SiF_4 + 2N_2$$

在CF_4+4%氧气的等离子刻蚀中，硅、氮化硅和氧化硅通常的刻蚀速率比例为17:3:2.5。以氧化硅作为掩模，可以使用NF_3:Cl_2为1:2的混合物刻蚀氮化硅。这里ClF或ClF_3是反应物，不会刻蚀氧化硅，而且刻蚀在本质上是各向同性的。

氯基刻蚀

硅在氯基等离子体中的刻蚀遵循下面三个基本原则。

1. 重掺杂n型硅(单晶硅和多晶硅)可以在氯基等离子体中自发刻蚀，刻蚀是各向同性的，但是有严重的咬边。

2. 未掺杂的硅不能在没有离子轰击的氯基等离子体中被刻蚀(或速率很慢)。

3. 在离子轰击的情况下，未掺杂的硅可以被刻蚀。刻蚀过程是各向异性的(离子增强刻蚀)。

也因为氧化硅不会被氯基等离子体攻击，所以可获得很好的选择比。

氯氟化合物刻蚀形貌调整

刻蚀形貌的调整方法之一是使用抑制剂。例如，向C_2F_6气体中添加Cl_2气体，n^+多晶硅的刻蚀速率呈快速线性增长。然而，由于侧壁上会有C_2F_6形成的聚合物，直到被加进来的Cl_2达到15%～20%之前，刻蚀都是各向异性的，而且氯不会刻蚀氧化硅。硅表面存在的任何天然氧化物都会被C_2F_6腐蚀，因此，C_2F_6在这里有双重作用，既可以去除天然氧化物，也能形成聚合物来保护侧壁。如果加入太多的氯，就会没有足够的聚合物来保护侧壁，刻蚀过程就会是各向同性的。

未掺杂(或中等掺杂)硅刻蚀形貌的调整可以使用ClF_3和Cl_2来实现。如前所述，未掺杂硅在Cl_2等离子体中的刻蚀导致各向异性分布。另一方面，ClF_3主要分解成F^*和更小的Cl(或Cl_2)。因此，随着气体中ClF_3的百分比增加，刻蚀分布由各向异性变为各向同性。通过调整气体组分，就可以实现任意的分布形式。

9.3.6 III-V族半导体的刻蚀

由于III族元素(Al、Ga、In等)的氟化物不易挥发，氟等离子体通常不用于刻蚀III-V族半导体。氯或者溴可以用作工艺气体来刻蚀这些材料。通常会将BCl_3添加到工艺气体中，在侧壁上形成一层抑制剂，实现各向异性分布。但是，太多的BCl_3添加进来，也会使刻蚀速率降低。除了形成抑制剂，BCl_3也会刻蚀氧化铝并促进含铝三元半导体如AlGaAs、AlGaN等材料的刻蚀。

氢和碳氢化合物的组合也可以用于刻蚀III-V族材料。含甲烷5%到25%的氢气已被用来刻蚀GaAs和InP。这种方法的刻蚀速率高，而且有很好的各向异性分布。反应产物是III族元素的有机金属化合物[例如$Ga(CH_3)_x$、$In(CH_3)_x$]和V族元素的氢化物(例如PH_x、AsH_x)。可以肯定地说，离子轰击增强了吸附态CH_4 III–V族衬底之间的反应。但是，如果气体中CH_4的百分比超过一定限度(30%)，会看到有聚合物形成，刻蚀速率会降低。

9.3.7 其他材料的刻蚀

在氧等离子体中刻蚀光刻胶称为“灰化”。少量的CF_4或SF_6等含氟气体可通过以下方式提高刻蚀速率：弱化光刻胶聚合物的结构、增加更活泼的氧原子浓度。原子氟与有机聚合物反应形成氟化氢。在这个过程中，氢在有机聚合物链中去除不饱和位点，更容易与氧气反应。

如前所述，氟化铝是不挥发的，因此，铝不能在含氟等离子体中刻蚀。$BCl_3 + Cl_2$气体可用于铝的干法刻蚀，BCl_3 在其中起双重作用：在所有含铝的表面刻蚀氧化铝及形成抑制剂。其他金属膜，如钨、钛和氮化钛可以在含氟和含氯等离子体中进行刻蚀。

9.4 结论

从衬底表面有选择性地移除材料称为刻蚀。本章讨论了各种不同的刻蚀工艺。通常与刻蚀有关的两个代表性的指标是选择比和各向异性度(方向性)。如果刻蚀由衬底和刻蚀剂之间的化学反应主导，则选择比会很好。由于反应在垂直表面和水平表面上等同地发生，各向异性度相对来说不是很好。另一方面，如果物理移除是主要的刻蚀过程，则各向异性度会较好，选择比会比较差。刻蚀可分为“湿法”和“干法”两种。在湿法刻蚀中，衬底是浸泡于化学溶液中的，化学反应是湿法刻蚀的主要机制，仅能实现很少的各向异性(晶体取向依赖性)分布。干法刻蚀的刻蚀介质是部分电离气体(等离子体)，是一种更为多样化的工艺，其中物理和化学过程协同地进行。因此，在干法刻蚀中，可以调整刻蚀分布，以适应特定的应用。

等离子体在干法刻蚀过程中的实际作用可能不同，从而产生不同的干法刻蚀机制。这些机制及不同反应器的设计，有助于一种或多种类型的刻蚀，本章也对此进行了讨论。最后，还从细节上讨论了硅、III-V 族半导体、介质和金属常用的干法刻蚀方法。

9.5 致谢

作者一并感谢印度理工学院纳机电与纳光子中心(Centre for NEMS and Nanophotonics，IIT Madras)的教师和学生，特别是 Shanti Bhattacharya 博士、T. Sreenidhi 博士和 Sumi R.硕士，他们提供了描绘实际刻蚀分布的数据和图形。特别感谢 IIT 电子工程系的研究学者 Gourab Dutta 先生，他提供了相关的技术协助，还要感谢 IIT 电子工程系的 Deleep Nair 教授，他对本章内容进行了严谨细致的审阅。

9.6 参考文献

1. S. K. Ghandhi, *VLSI Fabrication Principles*, 2d ed., Chap. 9, John Wiley & Sons, Inc., Hoboken, New Jersey, 1994.

2. R. B. Darling, EE527 Microfabrication Wet Etching https://www.ee.washington.edu/research/microtech/cam/PROCESSES/PDF%20FILES/WetEtching.pdf, February 2017.

3. K. N. Bhat, C. Yellampalle, N. DasGupta, A. DasGupta, and P. R. S. Rao, “Optimisation of EDP Solutions for Feature Size Independent Silicon Etching,” *Proc. SPIE Symposium on Micromachining and Microfabrication*, vol. 4979, San Jose, USA, January 2003.

4. W. Scot Ruska, *Microoelectronic Processing*, Chap. 6, McGraw-Hill International Editions, New York, 1988.

5. *Chromium etching*, www.microchemicals.com/downloads/application_notes.html, February 2017.

6. Dennis M. Manos and Daniel L. Flamm (eds.), *Plasma Etching: An Introduction*, Chap. 1, Academic Press, Inc., London, 1989.

7. James D. Plummer, Michael D. Deal, and Peter B. Griffin, *Silicon VLSI Technology—Fundamentals, Practice and Modeling*, Chap. 10, Pearson Education Inc. publishing as Prentice Hall, Upper Saddle River, New Jersey, 2001.

8. Patrick Verdonck, "Plasma Etching," http://wcam.engr.wisc.edu/Public/Reference/PlasmaEtch/Plasma%20paper.pdf, April, 2017.

9. Marc Madou, *Fundamentals of Microfabrication*, Chap. 2, CRC Press, Boca Raton, Florida, 1997.

10. Vincent M. Donnelly and Avinoam Kornblit, "Plasma Etching: Yesterday, Today and Tomorrow," *J. Vac. Sci. Technol. A*, 31(5), doi10.1116/1.4819316, Sep./Oct. 2013.

9.7 扩展阅读

Madou, M., *Fundamentals of Microfabrication*, Chap. 2, CRC Press, Boca Raton, Florida, 1997.

Manos, D. M. and Daniel L. Flamm (eds.), *Plasma Etching—An Introduction*, Academic Press, Inc., London, 1989.

第10章 离子注入

本章作者：Bo Vanderberg　Mike Ameen　Axcelis Technologies, Inc.
本章译者：窦维治　严利人　清华大学集成电路学院

10.1 综述

10.1.1 离子注入定义

离子注入是使用非热工艺将原子置于体材料中的方法，目的是改变体材料的性质，方式为控制离化原子或分子的粒子束，令其穿透表面并沉积在材料之中。粒子束由离子组成，可以用电场对粒子进行能量控制，以及用离子光学部件精确地控制束的运动。通过碰撞力使粒子减速，而不是通过热输运或者随机运动过程(例如扩散的平衡)来造成体材料内部粒子的分布。从这个意义上说，该工艺是非热的；也因为这一点，将杂质放置于体材料中可以做到非常精确，达到了原子量级。最后，对于半导体制造，所需要的材料性质的调整为半导体的电掺杂；最近，离子注入已经可以实现对体材料任何性质的改变(例如扩散系数或电子功函数)，还有表面性质的调整。

10.1.2 历史

在20世纪30年代，为了进行粒子物理研究，人们发明了粒子加速器[1]，半导体掺杂方面的研究起初就是采用这样的加速器进行的。这些大型机器只能产生相对较小的离子束电流，在毫安(mA)量级。在第二次世界大战时期，为了生产裂变燃料，开发出了同位素分离装置，这些机器能够提供更大的电流，上升到100 mA。1954年，William Shockley提交了一份专利申请，其中描述了用来进行半导体掺杂的一台离子注入装置的各个基本部件[2]。采用具较高产能的同位素分离装置，以及对设备进一步开发以解决工艺问题，这样到了20世纪70年代，在工业规模上对半导体进行离子注入已经成为可能。半导体离子注入就此演进为如今成熟的、完善的商业应用。

10.1.3 离子注入设备基本部件

离子注入设备是设计用来向晶圆提供所需离子束的，离子束具有控制良好的性质(能量、角度、束流等)，所以包含了如下组成模块，如图10.1所示。

- 一个离子源和抽取系统。离子源从馈气中产生所需的离子，这里的馈气是通过一个气体馈送系统或者蒸气化系统，以气态形式提供的[3]。人们采用了不同的方法来离化源气体，到目前为止，最常见的是采用Penning阱型的放电源[4]，放电由来自加热阴极的电子注控制[5~7]。
- 因为离子源依赖于等离子体化学过程，所以不仅会产生所需的离子，还会有周边产物，例如来自“碎裂化”馈气的物质[8]。为了将任何质量或能量不符的粒子滤除，通常在离子源之后会接至少一个质量分离系统。这些“质量分析器”依赖于不同粒子磁回旋半径的差异[9]，确保只有严格符合需要的粒子才能通过分析孔径。
- 通过一列离子光学透镜对离子束进行输运和整形[10]，例如调整束大小的四极或更高级透镜，将离子束扫成宽带的磁扫描仪电子装置，角度校正或束平行透镜，或者用于进一步滤除沾污物的偏转透镜。

- 通过晶圆搬送系统（一个“终端工作站”），将半导体晶圆递送至工艺腔，在其中进行离子注入。通常情况下，晶圆的位置是由一个晶圆夹具控制的，通过围绕倾斜轴和转动轴移动晶圆，可以调整注入角度。离子束的截面尺寸通常小于半导体晶圆的尺寸，因此以某种方式机械地移动晶圆，扫描通过离子束，如此进行注入。最常见的晶圆扫描机制是混合式的，晶圆被扫过带状的离子束，离子束带的宽度而非其高度要超过晶圆直径。另一种机制采用二维机械扫描，晶圆在水平方向和竖直方向步进[11]，或者令晶圆在类似于摆锤的机械上摆动，通过离子束斑[12, 13]。采用这些晶圆处理方式的离子注入机是串行的，因为一系列的晶圆是一次一片地进行处理。较早的结构，特别是在那些高离子束功率的应用中，则采用多片式处理，此时很多晶圆摆放在旋转的盘片上，这种装置称为批注入机。基于若干理由，例如此类设备中的颗粒沾污[14]，或者意外造成的碎片数增加的风险，导致现代的高束流注入转至串行处理。

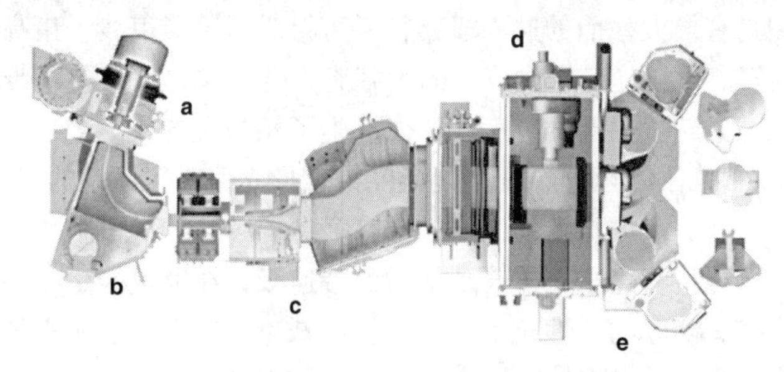

图 10.1　Axcelis Purion H，这是一种典型的离子注入机，该设备带有一个串行终端站。其中：a—离子源；b—质量分析器；c—束整形光路，此例中有四极透镜对、扫描光路、束平行化磁铁、束减速和偏转光路；d—工艺腔；e—终端站

在这些基础部件之外，现代离子注入机还采用复杂的控制系统进行控制，以确保工艺质量和运行安全。控制系统利用束诊断来监控离子束；现代注入机中包含了太多的使用法拉第杯的测量，有时与掩模挡板和剖析机构并在一处使用。晶圆的环境由压力规、温度探头等监控。通过明智地选择离子注入机束线处理和工艺腔部件的材料（主导性工程材料为铝、碳、硅），可以保证极低的沾污。充电控制系统通过一个电子源提供成比例的电子、中和离子电荷和电流，可以保证半导体晶圆上的浮动电位结构，在离子注入期间，不会浮动到不受控的高电位。现代离子注入机依赖于等离子体源，通常称为等离子电子液体（plasma electron floods，PEF），电子由此被抽取至离子束中，可以有效地抵消掉离子束空间电荷和抵达晶圆的净电流 [15, 16]。

10.2　现代离子注入设备综述

出于功率/安全考虑，以及工艺质量、产率、占地大小、成本等诸方面必要的折中，离子注入应用的参数空间在能量和剂量上可跨越 5 到 6 个量级，这是单一的设备结构所无法覆盖的。于是将注入机分为 3 个主要的设备类型：大束流，中束流，高能离子注入。

最近出现了超高剂量注入机，包括等离子体浸没式注入（plasma ion immersion implantation，PIII）和衍生技术，如等离子掺杂（plasma doping，PLAD）[17]，还有使用很多原子-分子掺杂物（例如以 $B_{18}H_{22}$ 代替原子 B）来提高离子注入产率的分子离子注入[18]。尽管在工艺质量方面要付出一些代价，PLAD 可在非常高的剂量下(>10^{16} cm^{-2})提供相当高的产能，因而对于一些需求量少的应用，仅用该技术目前已证明是适合的。对于分子技术，一般要求注入机是专用的，能够承受设备拥有成本方面的问题。由于这些原因，超高剂量注入机仅占据一个狭缝市场[19]，离子注入的市场还是由以下所述的3类设备主导的。

10.2.1 大束流注入机

大束流(大于 5×10^{14} cm^{-2})和高的晶圆产率要求，产生出对数十 mA 的离子束电流的需要，开始时的技术难度在于晶圆的冷却。随着批量化设备处理和之后先进的托盘冷却技术[15]，解决了晶圆冷却的问题，大束流注入机的注入能量范围开始受限于晶圆冷却系统的最大功率(1～2 kW)。束线可被管控调整，而大束流注入机典型的峰值能量限制为小于 70 keV。因为剂量测试系统的动态范围是有限的，相对大的束流反过来对此类注入机能够递送的剂量设置了最低限。现代注入机已经显著提高了应用范围，与现有的中束流注入机应用有着明显的重叠[20]。

大束流注入机还实现了由生产需要决定的最低注入能量，如今在 0.3～0.5 keV 的范围。离子束以这样低的能量传输，需要减轻束崩散方面的挑战[10]。目前有一些方法可以处理这一问题。首先，大束流的束线倾向于在具有最大截面的这一段路径最短；对于笔形束线，束高一般要大于中束流和高能量注入机束高的两倍。今天，应用最广泛的大束流束线(见图 10.2)使用带状束线技术[21]，其中的离子束允许在一个维度上超过晶圆的宽度，所以产生了相当大的束，减小了空间电荷间的相互作用。带状束线避免了束线的扫描，不过需要更复杂的束整形光路来保证束的角度和空间电流均匀性。大束流束线还可以使用增强的束中和技术，例如带有多尖端场的电子限制[22]。最后，多数的现代大束流束线装置利用较高的能量将离子束传输到最后的减速级，在那里能量减小到所要求的值。如果上流的电荷交换处理产生了高能的中性粒子，不会经历减速，并以高于所需的能量注入晶圆，则末端减速系统会面临高能粒子沾污方面的挑战。为减小此项风险，现代注入机在末端使用能量过滤器，令减速的束偏转，这样中性粒子(还会保持直线前进)将不会到达晶圆[23]。

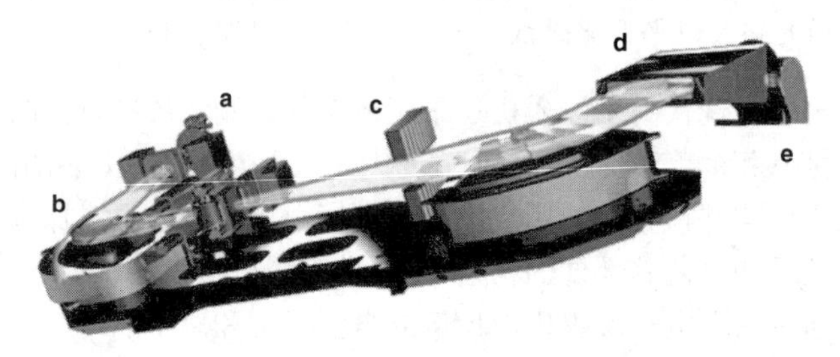

图 10.2 大束流束线通路 Applied Materials VIISta Trident 显示了此串行注入机中的离子源(a)、质量分析二极磁铁(b)、用于束整形的多极透镜(c)，以及偏转减速级(d)，处于晶圆扫描机制(e)之前

10.2.2 中束流注入机

如果低一些的束电流(例如几个 mA)是可接受的，则离子束功率所给出的最大束能量将会比大束流注入机的高几倍。对于充单电荷的离子，可获得的最高能量将受限于能够可靠维持来加速这些离子的最大势场和稳态电压；对于中束流注入机，这个最高电压通常在几百 keV 量级。中束流注入机还进一步使用离散式的加速和减速机制，从而覆盖较宽的能量范围。可实现的最低能量受限于电源的精度和稳定性，通常为几个 keV 量级。充多电荷的离子(离子源产率通常很低)可用来进一步扩展能量范围，如今，3 电荷离子的最大能量可以达到 1 MeV。宽的能量范围使得中束流注入机适应性极强，能够进行几乎所有典型工艺中的注入，尽管要付出产能不一定是最优的代价。典型的中束流系统示于图 10.3。

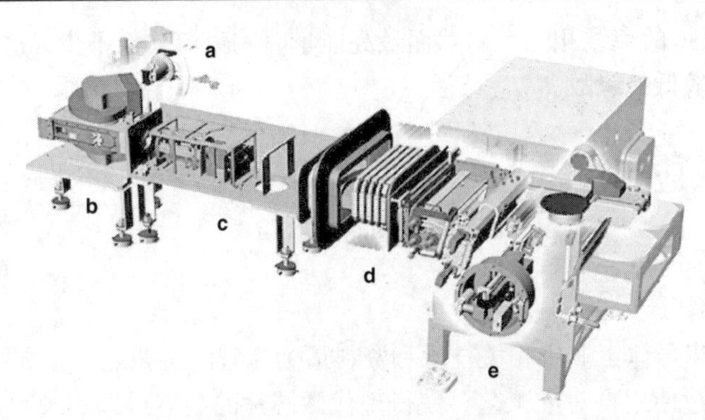

图 10.3 中束流束线通路 Axcelis Purion M，显示了离子源(a)、质量分析二极磁铁(b)、束整形光路(c)、加速/减速级(d)和工艺腔(e)

中束流注入机的剂量测试系统被调节至控制 μA 以下的电流，能够可靠地注入小至 10^{11} cm^{-2} 的剂量[24]。中束流注入机具有极佳的角度精度和沾污控制，所以适合大多数关键性的应用。现代中束流系统还使用电荷中和部件，这在电流大于 20 μA 时是必需的[16]。

10.2.3 高能注入机

对于比 1 MeV 更高的能量，需要用直流加速之外的技术来达到数个 MeV。如今，商业化最成功的高能系统(见图 10.4)用到了射频线性加速器(linear accelerator，linac)。在射频 linac 中，直流将离子束加速注入射频谐振器中，谐振器连接 6～14 个电极，先是将离子集束，然后进一步加速该离子束[25]。谐振器工作于工业标准频率(13.56 MHz)，每个电极可提供高达 100～120 kV 的加速电压。在最优化加速情形下，一个 100 keV 直流注入的、充单电荷的离子束可获得超过 1.5 MeV 的能量。在集束的离子中，可通过对加速离子束进行能量分析来减小其内在的能量分散。能量分析(类似于之前描述过的质量分析)使用动量谱在末端的分析磁铁中进行。随后对加速的笔形束线进行扫描和平行化，并注入串行处理腔的晶圆上。

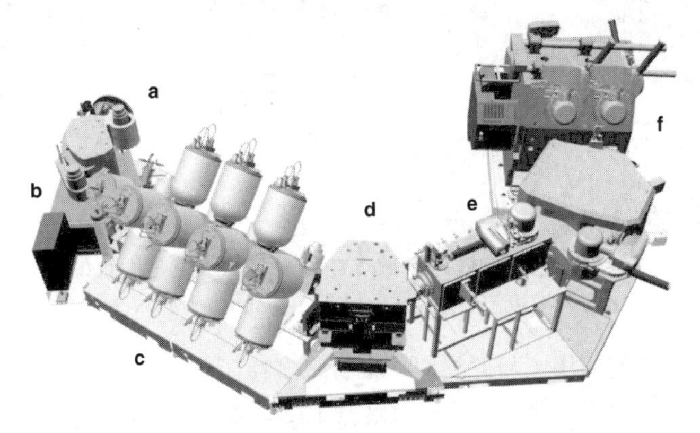

图 10.4 高能系统 Axcelis Purion Xe 使用射频 linac 技术。离子束抽取自离子源(a)，在质量分析二极磁铁(b)中进行质量过滤，随后在线性加速级(c)中集束和加速。末端的能量过滤器(d)可减少加速束中的能量扩散，在离子束扫描级(e)中整形、扫描和平行化离子束，最后进入工艺腔(f)

作为射频 linac 技术的一种替代方案，还可以使用直流串列加速器(也称为 tandetron)来产生高能段注入所要求能量范围的离子束。tandetron 的核心在于抽取室(stripping cell)，对于放置在束线通路高压末端任一给定的势，其加速能力都可以通过抽取室而有效地翻倍[26]。典型的束大小和束线通路长度与基于 linac 的束线相当[27]，然而最高能量时的束流要低不少，这是来自抽取室的高度充电离子的产率相对较低的缘故。

10.3 离子注入应用

10.3.1 应用范围

离子注入是如今半导体工业中相关技术和资料最为完善的工艺之一，在 20 世纪 70 年代已经完全引入生产中。通过使用自对准工艺，使得现代微芯片的制造得以实现[28]。自对准工艺利用晶体管自身结构，对包围着栅的掺杂区和非掺杂区进行对准控制，具有可重复性，允许器件按比例缩小。如果没有离子注入，摩尔定律[29]就无法成功地应用于半导体领域。在今天所使用的工艺中，离子注入一直是产率最高、非常稳定和节约成本的工艺之一。图 10.5 显示了在先进器件工艺中离子注入的应用范围。一个全功能器件具有多种器件类型(多个 V_t值)和输入/输出晶体管，可能需要超过 30 步的离子注入，覆盖整个剂量/能量范围[30]。

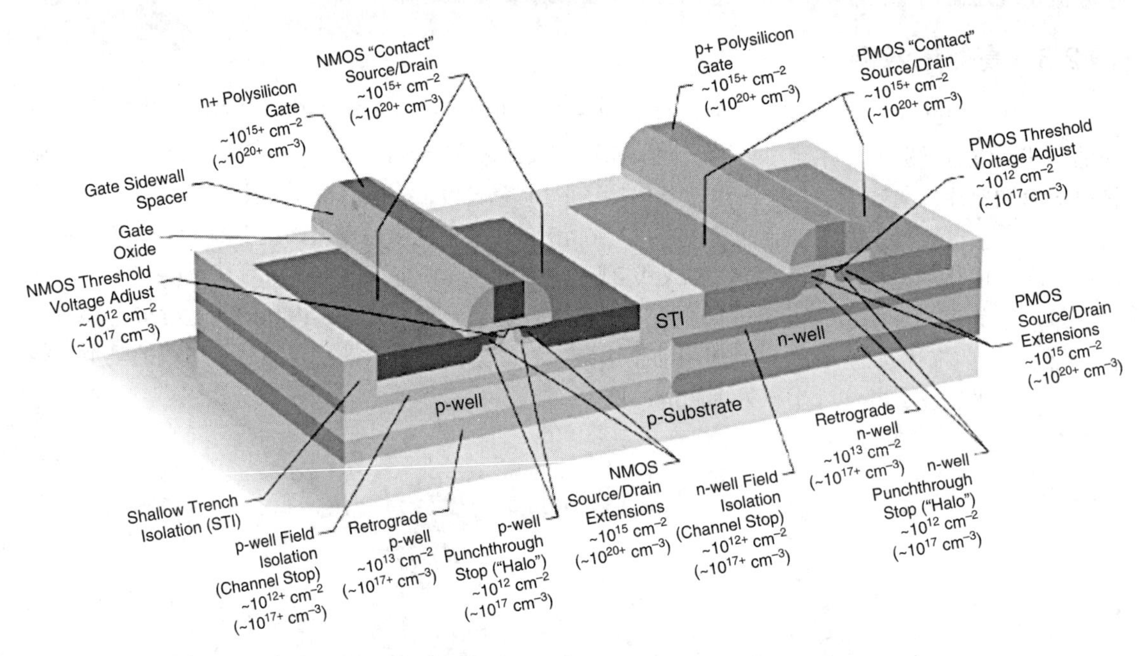

图 10.5 先进器件工艺中的注入区域。在各区域的下方是大致的注入剂量(单位：cm^{-2})和浓度(单位：cm^{-3}) (Figure courtesy of Axcelis Technologies.)

离子注入有各种各样的应用，与此类似，也有很多与离子注入的原理、材料相关的书籍。读者可以参考本章的“扩展阅读”部分，获取对这些主题的各种详细讨论。随着进入到亚 20 nm 工艺领域，我们将在此聚焦于离子注入的各种应用。这些应用包括 CMOS 图像传感器[31]、FinFET 器件[32]和堆叠存储器件[33]。

传统的注入应用

曾经，离子注入的应用根据其对于能量(主条件)和剂量的要求，分成了三个主要类别。如前所述，这是设计注入机结构的主要驱动力。能量和剂量的要求包括质量因素，诸如均匀性、剂量精度和角度公差(规定了优化某种特定注入的束线方面的需求)。

为形成埋层[34]、使氧沉积和金属减少的吸杂层[35]或者 CMOS 工艺(三阱工艺，the triple well process)中防穿通的隔离层[36]，要求把原子放入衬底的更深处，此时需要高能注入。这些注入所需的能量要超过 1000 keV，对于需要非常深注入的工艺，可以达到 4 MeV。这些注入通常是低剂量的(10^{12}～10^{13} cm^{-2})，需有严格的角度控制，通常仅允许小于 1°的公差[37]。

中束流应用的剂量范围与高能注入的情形类似，不过能量很低，为 1000 keV 到 10 keV。该应用要求很精确地放置掺杂杂质，这属于器件的高敏感性注入。这些注入机中的能量、角度、剂量控制系统需要考虑这方面指标进行设计。应用中包括了 V_t 调整注入[38]、沟道隔离注入(称为场隔离或者沟道终止注入)、穿通(或 HALO)注入和倒梯度沟道注入。这些应用的详细讨论可见参考文献[39]。

对于要求很高杂质或其他粒子浓度的应用，需要使用大束流注入机。典型的剂量可高至 10^{14}～10^{16} cm^{-2}，一些应用甚至要求更高剂量。如前所描述，通过打开束线结构，放置加速/减速部件，可使束输运最大化，由此得到高效运行此类注入的大电流[20]。

为了接触的目的，采用此类注入来进行简并的硅掺杂，包括低接触电阻结构的形成[40]。相关应用有源、漏注入及多晶硅掺杂，能量为 1～40 keV，剂量为 1～5×10^{15} cm^{-2}。其他应用包括控制沟道效应的非晶化注入[41]，控制杂质粒子扩散的协同注入[42]，刻蚀或氧化速度的调节注入[43]，以及线条边缘粗糙度改善的注入[44]。各种各样的注入实际上已大大超过了本章的讨论范围，读者可参阅更详细的论文及专著[39]。

最新应用

尺寸缩小的影响，以及随之而来的器件结构的多样化，在注入需求方面提出了更多挑战和限制。这些器件，包括如 FinFET 这样的 3D 器件[45]，要求在器件鳍结构的水平和竖直两个方向上都有均匀的掺杂。这种器件具有抬升的源和漏，沟道被栅所环绕。由于一些原因，FinFET 器件的源漏区(source and drain，S/D)和源漏扩展区(S/D extension，SDE)的注入是具有挑战性的。这些难点包括了邻近器件的注入阴影，穿透鳍的掺杂沟道，以及导致退火缺陷的非晶化。可以在更高的温度(至 550℃)进行注入，试着保持鳍的晶体结构[46]。

尺寸大幅缩减的器件，对于器件漏电和杂质是很敏感的，这要求对注入工艺引入的损伤进行控制。这导致产生了一项新的工艺，包括用冷注入来最大化非晶层厚度[47]。热参数方面的微小偏差将带来非常显著的变化，如 Schmeide 所观察的[48]。在图 10.6 中，退火后最终的损伤分布有明显的不同，导致器件参数的漂移(此情形中为漏电流)。其他控制损伤的方法包括使用大质量分子注入、控制束的密度和剂量率，所有这些都可以改变注入损伤的分布[49]。

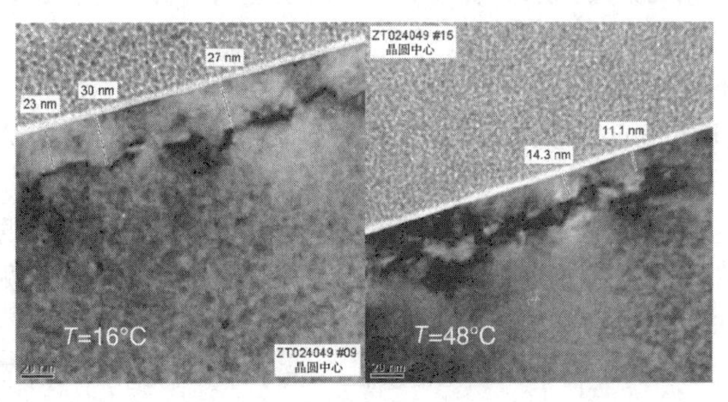

图 10.6　对冷却温度为 16～48℃的晶圆进行 7 keV、5×10^{15} cm^{-2} 的硼注入，残余损伤的 TEM 图像

10.3.2 工艺挑战和测量

由于在新器件、器件尺寸和器件结构方面不断提出严苛的要求，需要提升剂量控制、均匀性、电荷控制和清洁性等传统领域，因此注入工艺也在不断地面临挑战。为了满足这些要求，在系统参数设计和相应的测量两方面不断进行着改进。

对于敏感的离子注入，剂量、角度或能量远低于1%的不精确结果，就会使器件参数出现漂移，而对于整片均匀性，要求小于0.2%偏差才符合典型的中束流注入机指标。当监控离子注入机性能时，为给定的剂量和能量选择正确的计量方法就成为关键的一点。对于中到低剂量、高能量注入，使用了热波技术(thermawave，TW)[50]；而对于高剂量、低能量注入，最好是在退火后进行标准的方块电阻(R_s)测量。在测量方面一个新的挑战来自非常低能量注入的趋势，测量对表面接近效应和探针深度方面的问题都是敏感的。在这一领域开发的技术包括微方阻探针(micro-R_s probe)和光学测试技术[51, 52]。

很多的工艺清洁性问题是由控制离子束输运和束稳定性的技术解决的。呈现较高噪声水平的粒子束或者“杂乱束”具有微放电倾向，可造成对导流部件的过量冲击和不期望的溅射。离子源技术的进步，除了出现对束进行监控的轨迹、角度和组分传感器[20]，还包括使用优化的混合气(co-gases)[53]。在石墨和其他衬垫材料方面的技术进步，实现了将颗粒降至很低的水平，在现代注入机中，典型的预期是新增不超过30个45 nm的颗粒，其中90%为塑性的[54]。

离子束充电技术也在不断演进，已经超越了简单的晶圆充电的范畴，这种晶圆充电驱动了大多数早期的技术。如今，金属沾污要低于探测水平的要求，这导致基于灯丝的系统消失，代之以基于射频或微波的系统，后者将电子递送至束中，但是不会有来自热钨灯丝金属沾污的风险。尽管今天的离子注入机中采用了高效的电荷控制系统，使得电荷控制方面的要求大大缓解[16]，但是监控晶圆充电最好的方式仍然是采用类似器件的结构，例如SPIDER晶圆[55]。

10.4 展望

离子注入对于现代集成电路的制造来说是必不可少的。在器件尺寸缩小和电路集成密度增加的过程中所遇到的那些问题，驱使着众多对新工艺替代方案的探索，使得深亚微米器件和ULSI芯片的制造成为可能。在未来制造中可能采用的替代性方案，是那些能根本性缓解等比例缩小问题、生产方式简明且与现有工艺兼容的技术，这样的技术可以在生产中快速实现并节约成本。进一步来说，它们要对未来的开发需求具有灵活性。离子注入符合这些特征，所以在可预见的未来对于集成电路的生产仍保持其绝对必要性。

离子注入应用中的一些趋势，在未来几年的CMOS生产中仍将继续发展。

日益增长的浅SDE和S/D浅结需求，向前推进着离子注入(和热处理)设备的性能。设备制造商将一直处于提高设备性能的压力之下。

注入工艺控制，包括束稳定性、束的角度可重复性和束分布(含密度)的控制，与注入温度一起，在避免器件性能不可接受的变化方面变得日益重要。对于几乎不可探测水平杂质的需求，特别是重金属，将会推进材料和结构发展，使其能够满足严苛的指标要求。

在诸如先进沟道工程、为形成S/D硅化物接触所进行的预非晶化离子束混合、退火期间的扩散控制和一些其他的不同应用中，将越来越多地采用锗、碳、氮、氟和其他非掺杂粒子的注入。这些高剂量的应用通常称为“材料改性注入”，自身具有超低粒子行为的要求，以避免器件缺陷。对剂量精度、束流(产率)和工艺清洁性诸要素进行折中，产生了对高束流和中束流注入机的差异化要求。

10.5 参考文献

1. Freeman, J. H.（1970）. Implantation Machines. *Proc. of the Europ. Conf. on Ion Implant.*（pp. 1–18）. Reading: *Inst. of Physics, Physical Society and Inst. of Electrical Engineers.*

2. Shockley, W.（1957）. Patent No. 2, *Forming Semiconductive Devices by Ionic Bombardment 787, 564.* U.S.

3. Wolf, B.（1995）. Production of Ions from Nongaseous Material. In B. Wolf, *Handbook of Ion Sources.* CRC Press, Boca Raton, FL.

4. Penning, F. M.（1936）. Die Glimmentladung bei niedrigem Druck zwischen koaxialen Zylindern in einem axialen Magnetfeld. *Physica* 3（9）, 873–894.

5. Horsky, T. N.（1998）. Indirectly Heated Cathode arc discharge Source for Ion Implantation of Semiconductors. *Rev. Sci. Instrum.*, 69, 1688.

6. Brown, I. G.（2004）. *The Physics and Technology of Ion Sources.* John Wiley & Sons, Hoboken, New Jersey.

7. Renau, A.（2008）. Ion Sources（Chap 6）, In J. Ziegler（ed.）, *Ion Implantation Science and Technology.*

8. O'Hanlon, J. F.（2003）. *A User's Guide to Vacuum Technology*, 3d ed., John Wiley & Sons, Hoboken, New Jersey.

9. Chen, F. F.（1983）. *Introduction to Plasma Physics and Controlled Fusion.* Plenum Press, New York.

10. Chivers, D. J.（2008）. Ion Implanter Design Concepts. In J. Zieger（ed.）, *Ion Implantation Technology*, pp. 5–3 to 5–28, Edgewater, MD.

11. Murrell, A., Hacker, D., Edwards, P., Mitchell, R., Banks, P., Foad, M., et al.（2004）. Quantum X: Single Wafer High Current Ion Implantation Using Mechanical Scan. In L. J. Chen, J. Poate, and T. F. Lei（eds.）, *Proc 15th Int. Conf. Ion Implantation Technology Part II.*

12. Splinter, P., Graf, M., Godfrey, C., Huang, Y., Polner, D., Danis, J., et al.（2006）. Optima HD: Single Wafer Mechanical Scan Implanter. *AIP Conf. Proc. 866*, Marseille, France, p. 601.

13. Kopalidis, P., Wan, Z., & Collart, E.（2010）. Ribbon and Spot Beam Process Performance of the Dual Mode iPulsar High Current Ion Implanter. *Ion Implantation Technology*, 1321, p. 337. Kyoto, Japan: AIP.

14. Kawasaki, Y. E.（2004）. The Collapse of Gate Electrode in High Current Implanter of Batch Type. *Proc. 4th Int. Workshop on Junction Technology.* Yorktown, NY: IEEE, pp. 39–41.

15. Mack, M. E. and Ameen, M. S.（2000）. Wafer Cooling and Wafer Charging in Ion Implantation. In J. F. Ziegler（ed.）, *Ion Implantation: Science and Technology*, p. 522, Yorktown, NY.

16. Vanderberg, B., Nakatsugawa, T., and Divergilio, W.（2012）. Microwave ECR Plasma Electron Flood for Low Pressure Wafer Charge Neutralization. *Ion Implantation Technology.* Vallodolid, Spain: AIP, pp. 356–359.

17. Liebert, R., Walter, S., Felch, S., Fang, Z., Pedersen, B., and Hacker, D.（2000）. Plasma Doping System for 200 and 300 mm Wafers. *2000 Int. Conf. on Ion Implantation Technology.* Alpbach, Austria: IEEE, pp. 472–475.

18. Glavish, H. F., Horsky, T. N., Jacobson, D. C., Sinclair, F., Hamamoto, N., Nagai, N., et al.（2006）. A Beam Line System for a Commercial Borohydride Ion Implanter. *AIP Conf. Proc. 866.* Marseille, France: American Institute of Physics, pp. 167–171.

19. Dataquest.（Apr. 1016）. *Wafer Fab Equipment Report*, Gartner, Inc., Stamford, CT.

20. Vanderberg, B., Heres, P., Eisner, E., Libby, B., Valinski, J., and Huff, W.（2014）. Introducing Purion H, a Scanned Spot Beam High Current Implanter. *20th Int. Conf. on Ion Implantation Technology.* Portland, OR: IEEE, pp. 1–4.

21. Angel, G., Bell, E., Brown, D., Buff, J., Cummings, J., Edwards, W., et al. (1998). A Novel Beamline for Sub-keV Implants with Reduced Energy Contamination. *Proc. Int. Conf. on Ion Implantation*. Kyoto, Japan: IEEE, pp. 188–191.

22. Graf, M., Vanderberg, B., Benveniste, V., and Tieger, D. (2002). Low Energy Ion Beam Transport. Proc. of the 14th Int. *Conf. on Ion Implantation Technology*. Taos, NM: IEEE, pp. 359–364.

23. Campbell, C., Cuccetti, A., Sinclair, F., Kellerman, P., Radovanov, S., and Falk, S. (2012). VIISta Trident: New Generation High Current Implant Technology. *AIP Conf. Proc. 1496*. Valladolid, Spain: AIP, p. 296.

24. Eisner, E., David, J., Justesen, P., Kamenitsa, D., McIntyre, E., Rathmell, R., et al. (2012). Optima MDxt: A High Throughput 335 keV Mid-Dose Implanter. *AIP Conf. Proc.* 1496. Vallodolid, Spain: American Institute of Physics, pp. 340–344.

25. Glavish, H., Boisseau, P., Libby, B., Bernhardt, D., Simcox, G., and Denholm, A. S. (1987). Production High Energy ion Implanters Using Radio Frequency Acceleration. *Nuclear Instruments and Methods*, B21, 264–269.

26. Turner, N., Purser, K., and Sieradzki, M. (1987). Design Considerations of a VLSI Compatible Production MeV Ion Implantation System. *Nuclear Instruments and Methods in Physics Research*, B21, 285–295.

27. Tokoro, N., Holbrook, D., and Hacker, D. (2000). Introduction of the Varian VIISta 3000 Single Wafer High-Energy Ion Implanter. *Proc. 2000 Int. Conf. on Ion implantation Technology*. Alpbach, Austria: IEEE, pp. 368–371.

28. Fair, R. B. (1998). History of Some Early Developments in Ion-Implantation Technology Leading to Silicon Transistor Manufacturing. *Proc. of the IEEE*, 86 (01), 111–137.

29. Moore, G. (1965). Cramming More Components onto Integrated Circuits. *Electronics Magazine*, 38(8), 114–117.

30. Naito, M. T. (2011). History of Ion Implanter and Its Future Perspective. *SEI Technical Review*, V75, 22–30.

31. Bigas, M., Cabruja, E., Forest, J., and Slavi, J. (2006). Review of CMOS Image Sensors. *Microelectronics Journal*, Vol. 37, 433–451, Elsevier, London.

32. Jurczak, M., Collaert, N., Veloso, A., and Hoffmann, T. (2009). Review of FINFET Devices. *SOI Conference, IEEE International*, 1–4, Elsevier, London.

33. Nakazato, K. (2006). Future Memory Devices—from Stacked Memory, Gain Memory, Single-Electron Memory to Molecular Memory. *2006 Int. Symposium on VLSI Technology, Systems, and Applications*, 1–2.

34. Ro, J.-S. (1997). A Study of Buried Layer Formation Using MeV Ion Implantation for the Fabrication of ULSI CMOS devices, *AEPSE '97 Conference* , 349 (1,2), 130–134.

35. Agarwal, A. et al. (1996). Oxygen Gettering and Precipitation at MeV Si + Ion Implantation Induced Damage in Silicon. *Applied Physics Letters,* 69 (25), 3899–3901.

36. Tsukamoto, K., Komori, S., Kuroi, T., and Akasaka, Y. (1991). High-Energy Ion Implantation for ULSI. *Nuclear Instruments and Methods in Physics Research Section B: Beam Interactions with Materials and Atoms*, 59–60, 584–591.

37. Kapila, D., Jain, A., Nandakuma, M., and Ashburn, S. (1999). The Effect of Deterministic Spatial Variations in Retrograde Well Implants on Shallow Trench Isolation for Sub-0.18 μm CMOS Technology. IEEE *Transactions on Semiconductor Manufacturing*, 12 (4), 457–461.

38. Wolf, S. (1990). *Silicon Processing for the VLSI Era*, Vol. 2, Chap. 5, Lattice Press, Sunset Beach, CA.

39. Ziegler, J. F. (2014). *Ion Implantation, Applications, Science, and Technology*, Edition 2014, Ion

Implantation Technology Co., Edgewater, MD.

40. Sze, S. M. (1981). *Physics of Semiconductor Devices*, 2d ed. John Wiley & Sons, Hoboken NJ.

41. Al-Bayati, A. (2000). Exploring the Limits of Pre-Amorphization Implants on Controlling Channeling and Diffusion of Low Energy B Implants and Ultra Shallow Junction Formation. *Conference on Ion Implantation Technology*, 54–61.

42. Pawlak, B. J. and Janssens, T. (2006). Effect of Amorphization and Carbon Co-Doping on Activation and Diffusion of Boron in Silicon. *Appl. Phys. Lett.*, 89, 062110.

43. Ya-Chin King, C. K.-J. (1998). Sub-5 nm Multiple-Thickness Gate Oxide Technology Using Oxygen. *IEDM Conference*, 585.

44. Ma, T. Y., Xie, P., Godet, L., Martin, P. M., Campbell, C. S., Xue, J., et al. (2013). Post-Litho Line Edge/Width Roughness Smoothing by Ion Implantations. *SPIE 8682, Advances in Resist Materials and Processing Technology*, San Jose, CA.

45. Fossum, J. et al. (2003). Physical Insights on Design and Modeling of Nanoscale FinFets. *2003 IEDM Tech. Digest*, 679, 29.1.1-29.1.14.

46. Onoda, H. et al. (2013). High Dose Dopant Implantation to HEated Si Substrate without Amorphous Layer Formation. Proc. *Int'l Workshop on Junction Technology*, 22.

47. Huh, T. H. et al. (2008). A Study of Implanted BF2 as a Function of Wafer Temperature during Implant. *AIP Conf. Proc.* 1066, 87.

48. Matthias Schmeide, M. S. (2011). Integration of High Dose Boron Implants—Modification of Device Parametrics through Implant Temperature Control. *AIP Conf. Proc.* 1321, 61.

49. Ameen, M. S., Harris, M. A., Huynh, C., and Reece, R. N. (2008). Dose Rate Effects: The Impact of Beam Dynamics on Materials Issues and Device Performance. *AIP Conf. Proc.* 1066, 30.

50. Curello, G. (1999). Monitoring Low Dose Implants with Advanced Therma-Wave and Capacitance-Voltage. *Proc. of Ion Implantation Technology*, 546–549.

51. Robbes, A. S., Meura, K. A., Moret, M. P., and Schuhmacher, M. (2014). Implantation and Metrology Solutions for Low Energy Boron Implant on 450 mm Wafers. *Conference on Ion Implantation Technology (IIT), 2014 20th International*, 1–4.

52. Henrichsen, H. H. (2014). Precision of Single-Engage Micro Hall Effect Measurements. *2014 International Workshop on Junction Technology (IWJT)*, 1–4.

53. Hsieh, T. and Colvin, N. (2014). Improved Ion Source Stability Using H2 Co-Gas for Fluoride Based Dopants. *2014 20th International Conference on Ion Implantation Technology (IIT)*, 1–4.

54. Kirkwood, D. (2015). *Defect Control—Designing for Process Cleanliness*. Retrieved from Axcelis Technologies Knowledge Center: http://www.axcelis.com/knowledge-center/defect-control-designing-process- cleanliness, March 2017.

55. Singh, B., Elkind, A., Mack, M., and Ameen, M. S. (2000). Characterization of Charging Damage in High Power Implants Using SPIDER Wafers. *Conference on Ion Implantation Technology, 2000*. 561–564.

第 11 章　物理气相沉积

本章作者：Florian Solzbacher　University of Utah
本章译者：卢红亮　复旦大学微电子学院

物理气相沉积(physical vapor deposition，PVD)是一种高真空的沉积工艺，通常用于沉积金属、金属合金或者其他固态化合物，该过程利用热能(热蒸发、脉冲激光沉积)或者离子动能(溅射、离子束沉积)从源(溅射靶或坩埚)上取出材料并将其沉积在衬底上。

11.1　使用动机和关键属性

PVD 是半导体和微机电系统(micro-electro-mechanical system，MEMS)加工中最常用的金属和金属氧化物沉积工艺。使用 PVD 工艺的动机在于其工艺和沉积层的特殊性质：

- PVD 沉积层厚度范围广，从纳米量级到微米量级不等。
- PVD 沉积层的均匀性和重复性较高。
- 本质上，PVD 工艺在选择可沉积的原材料种类(如金属、半导体、玻璃、陶瓷、复合材料、氧化物和塑料)方面没有限制。
- 在 PVD 工艺中，多层系统可以很容易地在一个真空过程中进行沉积。
- 在积淀过程中，衬底可以保持较低的温度(可低至室温)，很少超过 350℃。因此，PVD 过程对底层的损害通常是有限的(但聚合物/光刻胶层除外)。
- 可以通过改变工艺参数(例如衬底温度、残余气体压力、工艺压力、粒子能量、沉积速率和气体氛围)来改变沉积层的特性(例如电阻、温度电阻系数、黏附力、结构、成分、密度和折射率)。

11.2　PVD 工艺的基本原理

PVD 工艺是一种真空工艺，因此有必要简要介绍一些真空物理的主要概念，例如压力和平均自由程。单位体积浓度为 n、质量为 m、平均速度为 v 的气体分子与容器壁碰撞产生的压力 p 可以表示为

$$p = \frac{nm\overline{v}^2}{3} \tag{11.1}$$

气体分子的平均速度 $\overline{v}$ 取决于温度和分子质量。假设粒子速度分布服从玻尔兹曼分布，则可以得到

$$\overline{v}^2 = \left[\frac{8kT}{\pi m}\right]^{1/2} \tag{11.2}$$

在式(11.2)中，k 为玻尔兹曼常数，T 为温度，m 是气体分子的质量。

两次碰撞之间分子的平均自由程为

$$\overline{\lambda} = \frac{kT}{p\pi\sigma^2\sqrt{2}} \tag{11.3}$$

式(11.3)中的 k 为玻尔兹曼常数，T 为温度，p 为残余气压，σ 为粒子直径，空气中的 $\bar{\lambda}=\frac{6.3}{p}$。

为了获得高纯度的沉积层，分子的平均自由程必须远远大于源与衬底之间的距离。薄膜的污染程度取决于沉积源的纯度及其与真空室中残余气体的反应。平均自由程越小，蒸气粒子在源与衬底之间的运动时发生碰撞的概率就越大。这些碰撞会导致蒸气粒子与残余气体发生附加的化学反应，进而影响薄膜的组分。碰撞还会导致溅射原子的运动方向的随机化，从而降低净溅射速率(原子向靶材的反射)。人们利用上述现象，根据需求启动蒸气粒子与周围气体的反应，从而可以在衬底上形成反应溅射层，例如金属氧化物和氮化物沉积层。蒸气粒子发生碰撞的概率随平均自由程与移动距离比值的增加而降低。

11.3　真空蒸发

真空蒸发的原理是在真空中加热原材料，直至达到原材料净蒸发所需的足够的蒸气压。平衡气压就是饱和蒸气压，即蒸发和冷凝速率相等时的气压。沉积过程包括三个阶段：

1. 靶材蒸发(蒸发阶段)。
2. 粒子通过真空传输到衬底表面(输运阶段)。
3. 在衬底上凝结(凝结阶段)。

这一工艺过程的关键特征是原材料被加热到很高的温度，但是可以通过自由选择衬底温度来影响沉积层的性能参数。为了防止源蒸气颗粒与真空室中的残余气体发生反应或与其他蒸气颗粒发生碰撞，需要较大的蒸气颗粒平均自由程。因此，蒸发器设备的真空泵通常直接用大截面管道连接到主真空室。在饱和蒸气压下，原材料的蒸发和冷凝速率相等。饱和蒸气压为

$$p_s = Ae^{\left(\frac{B}{T}\right)} \tag{11.4}$$

式中，A 为积分常数，B 也是一个常数，它取决于蒸发热，也就是靶材的材料。根据图 11.1，微小的温度变化就会使冷凝速率产生较大的变化。

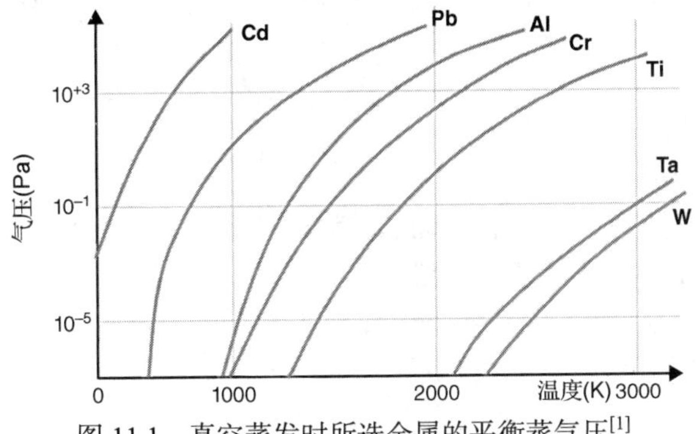

图 11.1　真空蒸发时所选金属的平衡蒸气压[1]

工艺参数选择的自由度是有限的。低蒸发速率会引发源颗粒与残余气体发生化学反应，而高蒸发速率(源上方的蒸气压太大)则会导致源蒸气颗粒碰撞和部分颗粒后向散射。过高的蒸发温度会引发气泡的形成，而且材料会从坩埚中射出，溅到真空室和衬底上。实际应用中，工艺压力一般设定在 10^{-2}～10^{-4} Pa 之间。蒸发速率 R 可表示为

$$R = 4.43\cdot10^{-4}\left(\frac{M}{T}\right)^{\frac{1}{2}} p_s \ [\mathrm{g/(cm^2\cdot s)}] \tag{11.5}$$

式中，M是分子量，T是热力学温度。常见原材料的蒸发速率的实例如图 11.2 所示。在输运阶段，粒子的平均动能为

$$E_e = \frac{m}{2}v^2 = \frac{3}{2}kT_v \tag{11.6}$$

式中，m 为粒子质量，k 为玻尔兹曼常数，T_v为源温度，v 为粒子速度。在 1500 K 时，E_e通常为 0.2 eV (2000 K 时为 0.26 eV)，也就是说，输运过程中粒子的能量比溅射过程的要小。此外，蒸发温度的变化也是造成粒子能量微小变化的原因。

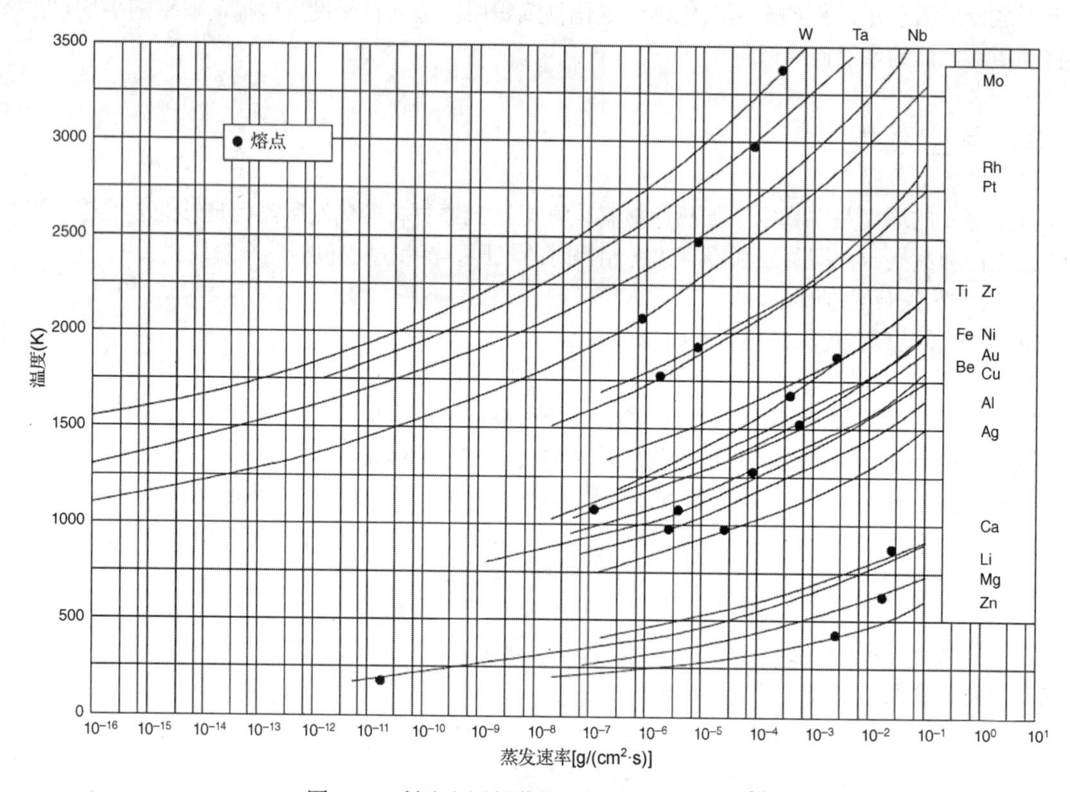

图 11.2　所选金属的蒸发速率与温度的关系[1]

冷凝阶段包括三个步骤：

1. 蒸气粒子沉积在衬底表面，从而将动能转移到衬底上(吸附)。

2. 粒子在衬底表面扩散，随后粒子与晶格原子发生能量交换，直到粒子(原子)停留在低能点(成为晶核或籽晶)。表面缺陷是成核的首选位置；区域的生长形成连续的沉积层，层的生长高度依赖于衬底表面的特性和沉积条件。

3. 晶格中原子的体积扩散。

如图 11.3 所示，蒸发沉积形成的沉积层表面结构通常分为 3 类，具体的结构取决于衬底温度 T_s与靶材熔融温度 T_m的比值。

- 区域 1 ($T_s/T_m < 0.25$) 为树突结构，多孔，密度低于体材料，树突随 T_s的升高而生长。
- 区域 2 ($0.26 < T_s/T_m < 0.45$) 为柱状结构，表面流动性足够大，填充密度高，表面 R_a低，晶体直径随 T 的升高而增大。
- 区域 3 ($T_s/T_m > 0.45$)，高密度、表面平坦的优势层体积扩散。

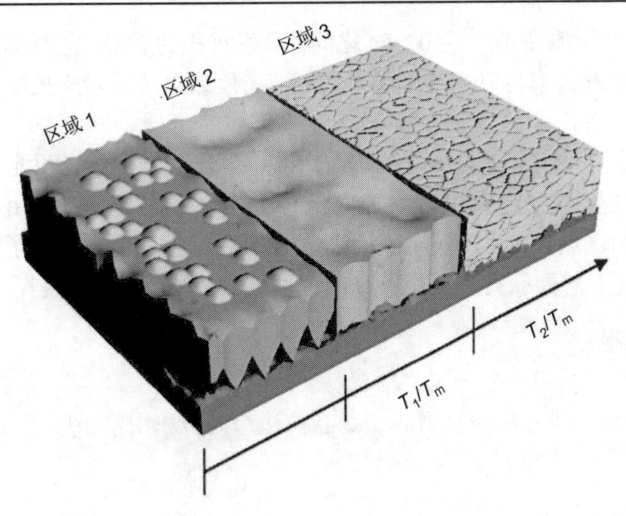

图 11.3　真空蒸发沉积层表面结构的区域模型[2]

11.4　蒸发设备

蒸发沉积工艺大多使用电阻加热器或电子束加热(电子束蒸发)加热原材料。利用电阻加热器加热蒸发源的方法的缺点是，加热器材料本身的蒸发会导致沉积层的污染，该方式也只能够沉积有限厚度的沉积层。此外，这一方法不能沉积高熔点材料，例如 W、Mo 和 Ta。原材料可以放置在陶瓷坩埚和蒸发器船上进行加热，也可以使用由螺旋钨丝构成的蒸发器进行加热。加热产生向上的蒸气柱，上面的衬底材料以同心圆或行星运动的形式进行移动，以确保形成横跨衬底的统一的沉积层厚度。

电子束加热则利用朝着原材料发射的电子束来实现高效的局部加热。图 11.4 中，270°的偏转电子束可以防止发光的电子束阴极污染沉积层。关键工艺参数是残余气压、衬底温度、蒸发相和时间。原位层厚度可以用石英微天平或谐振器来测量。典型的沉积速率在 100 nm/min～5 μm/min 之间变化。一个高质量沉积层的核心是足够高的厚度均匀性和好的台阶覆盖度。

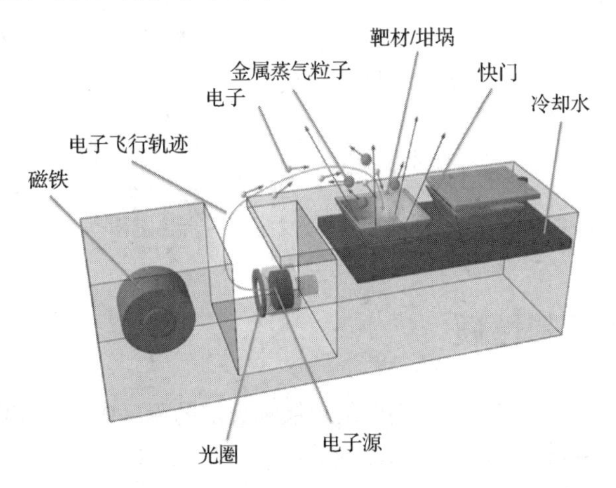

图 11.4　电子束蒸发器示意图

残余气压不得超过 10^{-2} Pa，以防止蒸气分子与残余气体分子碰撞和沉积层的污染(衬底表面吸附气体分子)，典型的气压值在 10^{-3}～10^{-5} Pa 之间。蒸发沉积的重要工艺参数有残余气压、衬底温度、蒸发相和时间。蒸发速率可以通过电子束的电流密度或电子能量来控制，石英测厚仪用于现场沉积速率的测量和控制。

蒸发沉积的核心缺点是当加速电压达到 10 kV 以后会产生 X 射线，积淀过程中，这种 X 射线会使栅极氧化物捕获电荷进而造成 MOS 集成电路的损害，捕获的电荷必须用退火工艺去除。然而，通过将这一缺陷转化为优点，X 射线可以用于原位层分析。过高能量的电子束会引起靶材起泡，从而有溅射衬底的风险。想要获得质量足够高的沉积层，必须考虑以下准则：

- 层厚度现场控制
- 晶圆厚度均匀
- 好的台阶覆盖率，即 t_s / t_n ×100%；t_s 为台阶边缘处沉积层最小厚度，t_n 为平板处沉积层最小厚度

11.4.1 余弦定律

为了获得良好的厚度均匀性，晶圆输送必须遵循电子束蒸气环境下的特定运动。理论上讲，来自小源的粒子流遵循余弦定律。单位面积蒸发质量可以表示为

$$R_D = \frac{M_e}{\pi r^2}\cos\phi\cos\theta \tag{11.7}$$

式中，M_e 是蒸发物质的总质量，r、ϕ和 Q 的物理意义如图 11.5 所示。由于蒸气源不是理想的点源，因此蒸发不是各向同性的。实际上，在大多数应用中，衬底托盘遵循行星运动的形式。

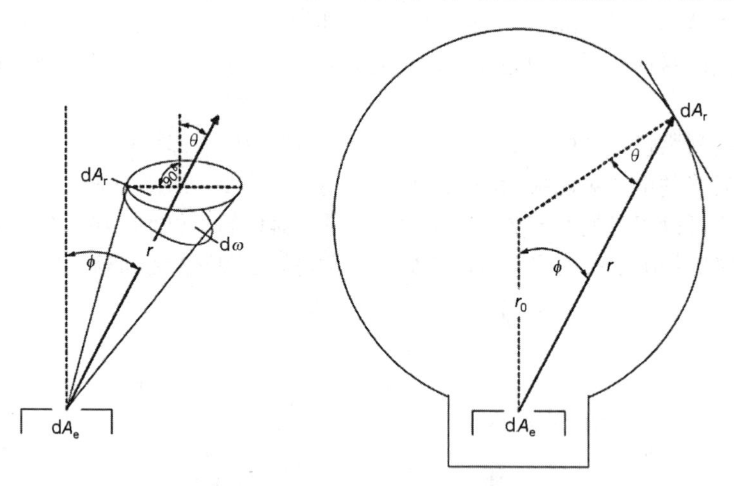

图 11.5 点源单位面积蒸发质量的余弦定律[1]

11.5 蒸发沉积层及其性质

蒸发主要用于金属、合金、化合物、陶瓷的单层和夹层的无反应或反应沉积。

金属的沉积。沉积的金属层的例子有 Al、Au、Ag、Cr、Ni/Cr、Ti、Ni、Pt 和 Pd。金属的沉积一般采用电子束蒸发的方式。

合金的沉积。合金的蒸发比金属的蒸发要困难得多，这是因为合金的成分在相同的温度下很少有相同的蒸气压。因此，合金的沉积通常采用溅射的方式。

多层沉积。利用多个坩埚蒸发器与一个或多个电子束在一个沉积过程中沉积多层结构。

化合物的沉积。化合物的蒸发通常与离解过程结合在一起。化学计量关系的微小变化就会导致沉积层特性的剧烈变化，因此，化合物通常采用化学气相沉积（chemical vapor deposition，CVD）或溅射沉积的方式。

反应沉积。在蒸发过程中使用反应气体（例如 O_2、N_2）会导致蒸发的物质与气体发生化学反应。例如，当使用纯金属作为靶材时，可用于沉积金属氧化物或氮化物。CVD 和溅射可以更好地进行沉积过程的控制，因此大多采用这两种工艺进行反应沉积。

11.6　溅射

11.6.1　定义

溅射（sputtering）是一种等离子体的过程，在这一过程中，惰性气体离子（通常是 Ar^+）朝着靶材（阴极）方向加速，从靶材（阴极）中撞击出材料粒子。沉积源粒子会形成一个蒸气柱，最终在衬底上凝结。溅射是微电子和 MEMS 中沉积金属层的主要方法。

溅射是一个 4 阶段的过程。

阶段 1：通过惰性气体原子（Ar）与电子碰撞来产生离子，以及离子朝着靶材方向加速。

阶段 2：离子与靶材碰撞产生自由靶原子。

阶段 3：自由靶原子向衬底方向输运。

阶段 4：靶原子在衬底上的凝聚。

衬底与靶材之间的典型距离为 5～10 cm（某些溅射设备可达 35 cm），以在衬底上实现自由靶原子的最大冷凝速率。籽晶和团簇的形成与蒸发的方式相同。溅射沉积过程中，到达衬底的原子的能量（3～10 eV）高于蒸发的能量（0.2 eV）。靶原子和气体原子之间的碰撞导致原子从不同的方向到达衬底，因此沉积过程在很大程度上是各向同性的，溅射沉积层的台阶覆盖优于蒸发沉积层。相比于蒸发，溅射对衬底表面具有更强的粒子轰击，这一方面会导致晶体的损伤，另一方面该作用也可用于沉积层的原位退火。衬底（如晶圆）在沉积过程中由于受高能粒子轰击而产生的热量必须加以考虑，特别是在聚合物材料上进行的沉积过程（例如在发射过程中或在聚合物 MEMS 器件上进行沉积时）。可以通过偏置电压影响沉积层的性质。

溅射与蒸发的显著区别如下：

- 溅射的原子和分子具有更高的冲击能量（3～10 eV，相比之下蒸发情形为 0.2～0.26 eV）。
- 由于与气体粒子（Ar）的碰撞，自由靶原子从各个方向到达基体表面，因此具有良好的台阶覆盖效果。
- 溅射过程中，衬底暴露在气体中的程度更高。
- 施加偏置电压会影响层参数（例如表面的平坦化程度）。
- 改变衬底和靶材的极性，可将衬底暴露，用于反溅射。

反溅射可用于

- 沉积前对衬底表面进行清洁。
- 在三明治沉积层结构中沉积层的原位退火（即层依次沉积并部分反溅射，从而通过物理冲击和加热对沉积层进行退火）。
- 溅射刻蚀层，否则很难或不可能形成所需的刻蚀图案。

11.6.2 原理

两个电极之间的等离子放电产生离子。电离发生在自由电子和气体分子(在大多数情况下是Ar)之间的非弹性碰撞中，气体电离所需的电离能(Ar 为 15.7 eV)来源于电子动能。在阴极和阳极之间电场的加速作用下，Ar 离子的动能会达到 10 ～1000 eV。在与衬底碰撞时，Ar 离子通过一系列准弹性碰撞将其一部分的动能转移到晶格原子的有限体积(约 1000 个原子)中。一些靶原子向表面衍射，如果它们的能量大于表面结合能，它们就会离开晶格。被取出的靶原子通常有 3～10 eV 的能量。取出原子的平均数量或溅射产额 S 由式(11.8)给出。

$$S=\frac{\text{去除的靶原子数目}}{\text{碰撞离子数目}} \tag{11.8}$$

如图 11.6 和图 11.7 所示，溅射产额很大程度上取决于冲击角也就是 Ar 离子击中靶材的角度。在冲击角为 0°的条件下，离子平行地飞过靶材表面，命中靶原子的概率很低。当冲击角等于 90°时，离子的动能传输到靶材的体内而不是将靶原子从靶材上冲击出来。通常来讲，冲击角大约在60°时获得最大的溅射产额。除此之外，根据图 11.8，S 还取决于离子(Ar^+)与靶原子的质量关系及原子之间的结合能。

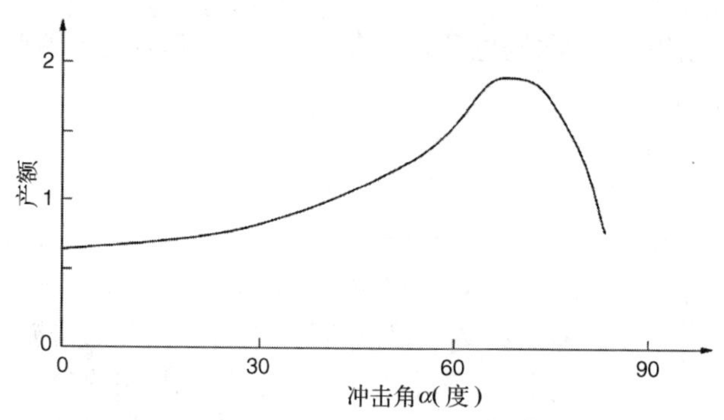

图 11.6　溅射产额与粒子冲击角的函数关系[3]

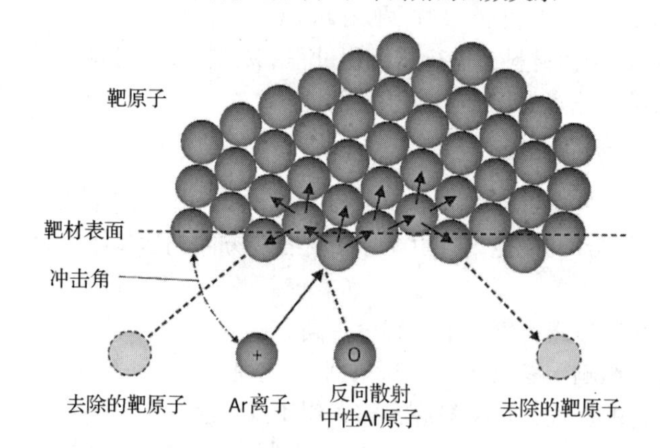

图 11.7　Ar 离子冲击溅射靶表面的动量传播和粒子运动示意图

11.6.3 薄膜的微观结构与力学性能

通过选取不同的沉积和退火工艺参数，可以对 PVD 薄膜的性质进行一定程度的修正。最重要的性质是薄膜的微观结构、结晶度、晶粒尺寸、表面纹理、层应力和硬度，以及机电性质(如 e 模量)。如同蒸发沉积一样，溅射沉积的层结构取决于惰性气体压力和衬底温度与靶材熔融温度的比值，图 11.9 展示的是不同结构的溅射沉积层。通常，退火能够提高层结晶度，而层表面的纹理不会受到退火过程的影响。提高溅射功率会降低镀层结晶度。反应气体的引入会破坏结晶过程，导致晶粒变小。最常用的表面表征分析技术与工具有 X 射线衍射(X-ray diffraction，XRD)、电子色散X射线(electron dispersive X-ray, EDX)光谱/波长色散X射线(wavelength dispersive X-ray, WDX)光谱、俄歇电子光谱(auger electron spectroscopy，AES)、扫描电子显微镜(scanning electron microscope，SEM)和透射电子显微镜(transmission electron microscope，TEM)。XRD 用于测定各层的结晶度和结构，光谱的峰宽越宽，说明晶粒越小。EDX/WDX 用于确定沉积层的组分，可以检测污染、复合层的化学计量、供体的反应程度及底部基层掺杂的材料。

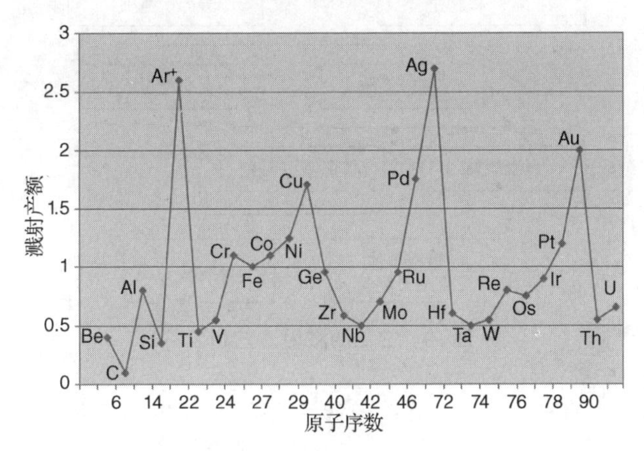

图 11.8 溅射产额与靶原子序数的函数关系[4]

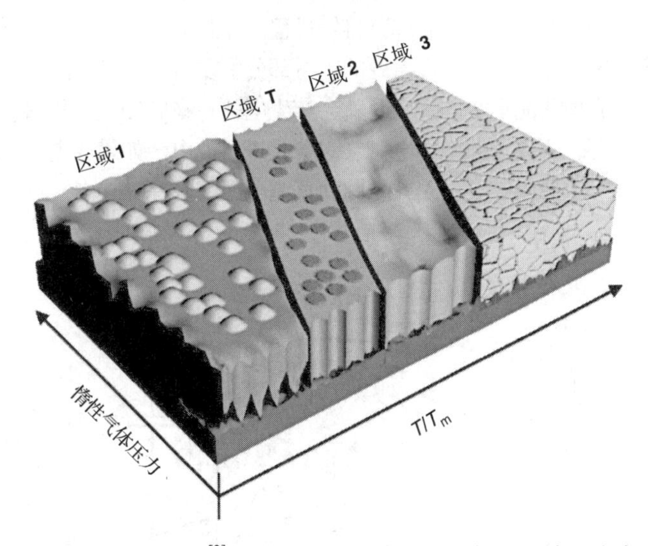

图 11.9 溅射层表面结构的区域模型[3]。区域 1～3 与蒸发区一样，区域 T 为表面光滑纤维密实层

11.7 溅射设备

溅射设备可用于各种不同的溅射工艺。离子束溅射利用高能离子束来烧蚀靶材。在离子束溅射工艺中，离子源与靶材和衬底所在的真空室是分离的。等离子溅射是溅射工艺系统中最大也是

最常见的一类。在等离子溅射工艺中，离子产生于靶材和衬底所在的真空室中。等离子溅射利用加速产生的电离气体原子轰击靶材，将靶原子从靶材上冲击下来。根据组件类型不同，可以选择使用晶体管或二极管系统。二极管系统更为常见，它既可以工作在直流溅射模式下，也可以工作在脉冲直流或高频/射频溅射模式下。在直流溅射模式下，直流电压直接施加在等离子体上。在高频/射频溅射模式下，可以在惰性气体环境中进行溅射或者进行反应溅射。图 11.10 展示了常见的溅射工艺和设备。

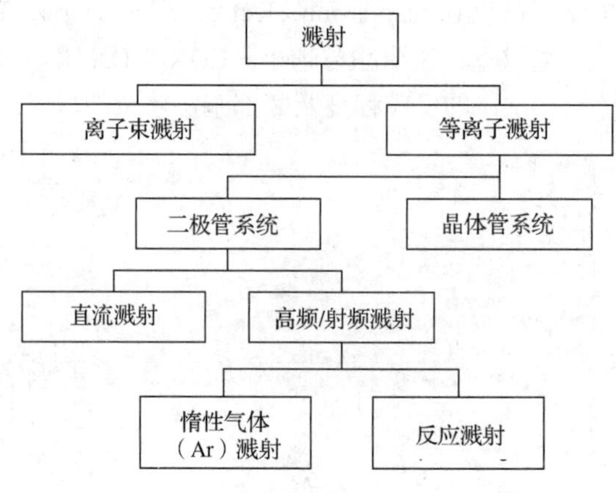

图 11.10 常见的溅射工艺和设备[2]

11.7.1 直流溅射

直流溅射只适用于导电材料的沉积。非导电靶材会被 Ar 离子充电，从而导致负电位降低，加速电场的强度降低，且 Ar 离子的加速度势逐渐降低(自停过程)。图 11.11 是直流溅射设备的示意图。电介质的直流反应溅射常常会在未暴露于离子强轰击处的靶材部分引发电弧①。根据目前的研究，当电介质上积累的正电荷超过薄膜的电介质所能承受的强度时就会产生电弧。在脉冲直流溅射中，维持等离子体的电源在开和关的状态之间循环，等离子体中的电子会对薄膜进行放电。如果放电不充分，那么随着时间的推移，电荷仍会积聚进而导致薄膜破裂。因此，脉冲直流电源的开/关占空比必须仔细考虑。

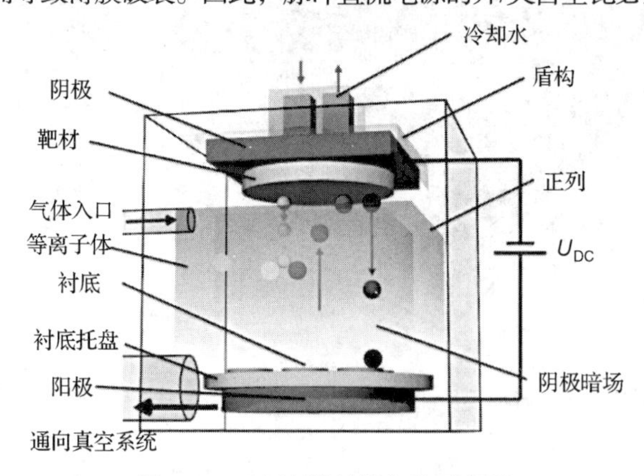

图 11.11 直流溅射设备的示意图

① Pulsed-DC Reactive Sputtering of Dielectrics: Pulsing Parameter Effects, A. Belkind and Z. Zhao, Stevens Institute of Technology, Hoboken, NJ; and D. Carter, L. Mahoney, G. McDonough, G. Roche, R. Scholl, and H. Walde, ©2000 Society of Vacuum Coaters 505/856-7188, 43rd Annual Technical Conference Proceedings—Denver, April 15–20, 2000 ISSN 0737-5921.

11.7.2　高频/射频溅射

高频/射频溅射可防止靶材充电，由于电场的周期性变化，靶材上不会积聚任何离子。因此，目标材料不需导电也能实现正常的溅射过程。高频溅射几乎可以完全自由地选择靶材(如金属和介电材料)。高频/射频溅射工艺和设备的示意图如图 11.12 所示。高频/射频发生器的频率通常为 13.56 MHz。

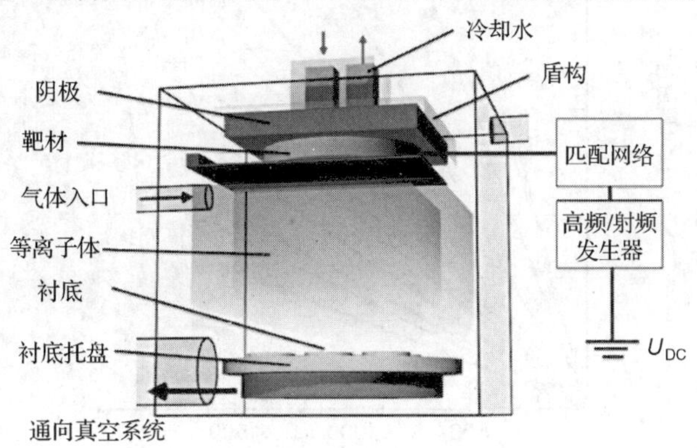

图 11.12　高频/射频溅射工艺和设备的示意图

11.7.3　自偏压效应

在高频电压的正半波中，因为电子的迁移率高，造成到达靶材的电子多于离子。因此，靶电极带负电荷(自偏压)，直到带有相等电量的离子和电子到达靶材。如果放电和自偏压之间的电位差足够大，粒子就会从靶材上移除。在正常溅射过程中，由于两电极的尺寸差异较大，因此衬底和电纳不易被溅射(衬底载频远大于靶材载频)，如图 11.13 所示。

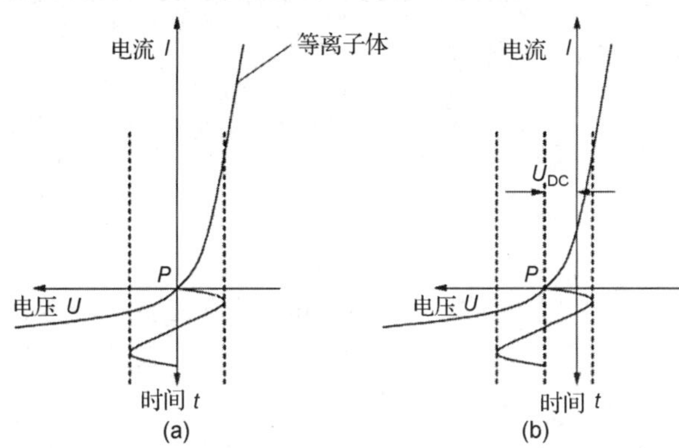

图 11.13　高频/射频溅射中的自偏压效应：(a) 打开高频电压后电流与电压的初始状态曲线(过量电子)；(b) 由于 U_{DC} 偏压引起的电流与电压曲线偏移(靶材充电，直至到达靶材的电子和离子数目相等为止)[1]

11.7.4　偏压溅射

在偏压溅射(偏压溅射不同于自偏压效应，不要与自偏压混淆)的过程中，负偏压(50～500 V)的作用是利用 Ar 离子连续轰击衬底。其基本原理是，Ar 离子将能量传递给靶材表面原子，从而增加其表面迁移率和反应速率。图 11.14 描述了相对溅射速率与溅射功率的函数关系。偏压溅射用于直流和高频/射频溅射。偏压溅射可用于以下方面。

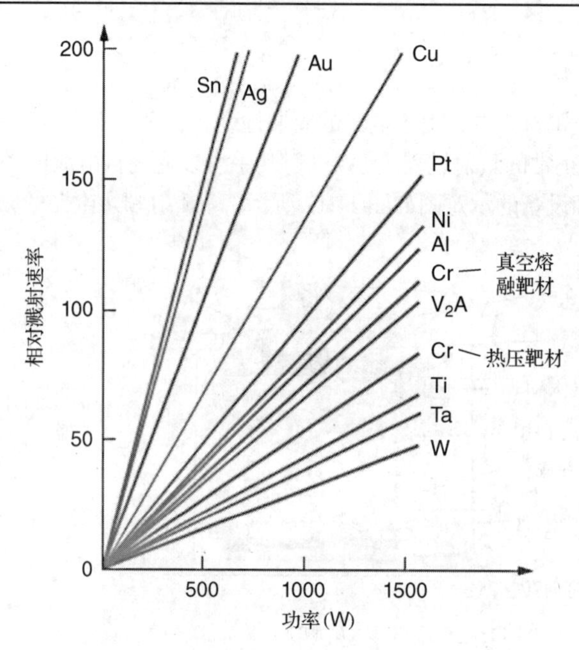

图 11.14　相对溅射速率与溅射功率的函数关系[4]

- 在金属沉积之前,通过去除接触面或有机残留物上的天然氧化物,使用反溅射(E_{ion}>100 eV)进行溅射刻蚀以清洁衬底表面。它也可用于物理刻蚀工艺：用于刻蚀湿法刻蚀或其他干法化学刻蚀工艺难以形成图案的材料。
- 在沉积过程中，由于离子不断冲击沉积层，引发晶圆升温，以及由于 Ar 离子的冲击可能造成沉积层表面损伤，可以通过原位退火工艺来改变沉积层的性质。

这些机制会对以下几个方面造成影响：

- Ar 离子注入层中
- 层的台阶覆盖
- 层应力
- 粒度大小
- 电学特性，如电阻和电阻温度系数(temperature coefficient of resistance，TCR)
- 表面粗糙度 R_a
- 层附着度
- 层密度
- 层硬度
- 针孔密度
- 层组分

11.7.5　反应溅射

在反应溅射中，靶原子与反应气体发生化学反应。所得层是目标物和活性气体材料(例如，Ti + O_2 → TiO_2)的化合物。反应可以发生在靶上、气相氛围中或衬底上。反应溅射常用于氧化物、碳化物和氮化物的沉积。

11.7.6　磁控溅射

在传统溅射中，只有少数二次原子有助于 Ar 原子的进一步电离。大部分电子在阳极被收集，导致衬底发热。磁控溅射利用电磁场增加了引发 Ar 原子电离的电子数。电场和磁场的共同作用引起等离子体中载流子的摆线运动。因为电子的偏转半径比离子的偏转半径小得多，所以电子会集中在离靶材较近的地方，Ar 原子电离的概率较大，溅射速率也较高。电磁作用导致电子流向一个特殊阳极而不是衬底方向，因此减少了衬底的加热。自然地，磁控溅射对于直流溅射具有更大的影响，但其在高频/射频溅射中也有应用。图 11.15 是磁控溅射工艺和设备的示意图。磁控溅射的缺陷是靶材的使用和烧蚀不均匀，导致在溅射早期就需要更换靶材。一些利用几何形状更复杂的电磁场的新方法可以更高效地使用靶材。通常情况下，目标供应商会回收基板上剩余的材料，并为客户赊账，只收取额外材料的费用，以及新目标材料的烧结和黏结费用。

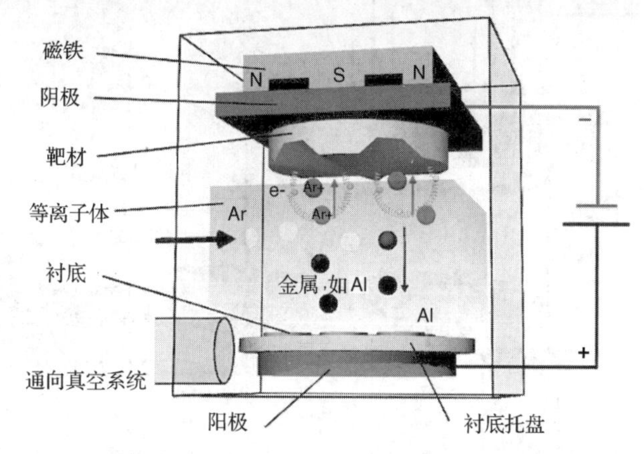

图 11.15　磁控溅射工艺和设备的示意图；电子在椭圆轨道上运动，Ar 发生电离并加速向靶材运动、释放，例如溅射 Al[5]

11.7.7　溅射系统的布局和部件

溅射系统以多种不同的方式建造。常见的溅射系统的示意图如图 11.16 和图 11.17 所示。该系统的核心部件是真空系统、射频/直流电源和匹配网络。下面将对关键部件进行介绍。

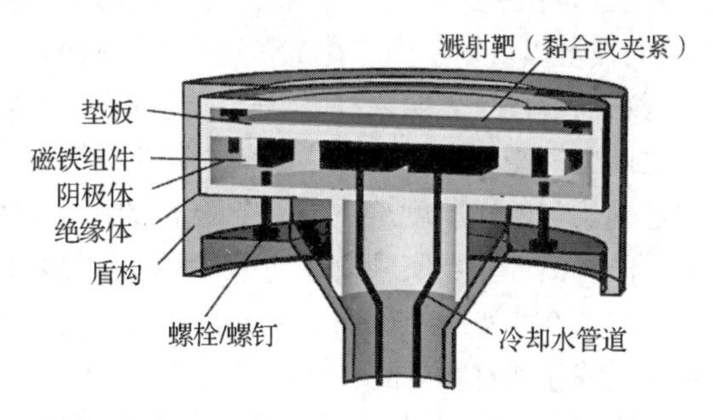

图 11.16　磁控溅射靶示意图，包括冷却水系统

真空系统　真空系统通常由两个腔室组成：主处理腔室和一个气闸（预真空腔室）。由于装载衬底不需要对主腔室进行通风，因此气闸用于加速处理和减少主腔室的污染。真空系统通常是带有机械式粗真空泵和涡轮式高真空泵的两级系统。离子电流表用于测定高真空下的工艺室压力。残余气体分析仪用于测定残余气体的浓度和成分。

冷却水 溅射系统采用冷却水系统(双壁燃烧室或焊接钢管)和辐射加热器对腔室温度进行控制。良好的腔体设计消除了冷却水进入腔体并在发生泄漏或系统故障时与电子设备、载流部件或高压部件接触的可能性。

阴极和靶材 大多数系统都有多个阴极，允许2～4种不同材料同时或连续溅射。除了电气交换网络，溅射系统还使用机械光圈/快门系统来选择不同靶材。光圈有助于定义溅射柱形状和层厚度均匀性。快门将确保“关闭”靶材不仅不会接收到溅射电压，还会对其进行机械密封，以防止其暴露于加速的Ar离子环境中及与其他溅射粒子发生反应。快门也可以简单地对可能在沉积层中引入宏观污染粒子的靶材进行机械粉碎。

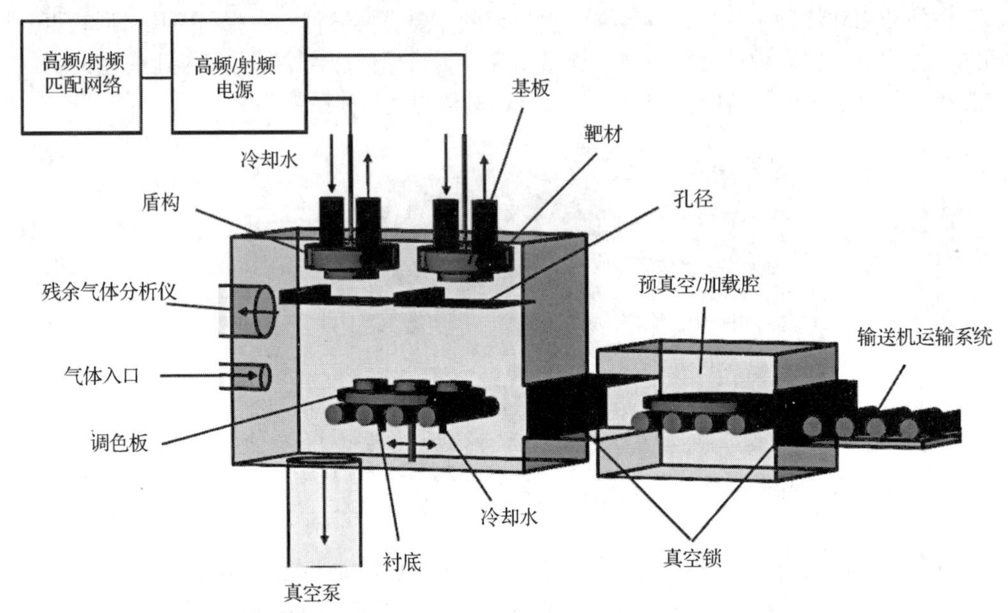

图11.17 水平射频磁控管溅射机的示意图，带有加载腔、多个靶材和旋转衬底托盘

衬底托盘和靶材有两种标准配置——水平和垂直溅射。在这两种情况下，靶材和衬底之间的距离通常在15～35 cm之间，这取决于靶材和调色板的大小、几何形状及溅射工艺参数。水平溅射工艺可以使用一个简单的衬底托盘(例如旋转圆盘)从靶材下方穿过。大多数水平溅射靶都是直径在4～12英寸之间的圆形。靶材通常由一个集成水冷和磁铁(磁控溅射)的基板和黏结目标材料(典型厚度为3～5 mm)组成。靶材底板可以重复使用。在沉积过程中，操作员必须监视靶材的使用情况。沉积层成分中如果出现基板材料的痕迹，表明靶材已经烧蚀到基板，需要更换靶材。通常，质量和工艺控制将在烧蚀基板材料之前更换靶材。衬底通常直接放置在阀瓣上，没有任何夹具固定。圆盘偏离靶材中心进行旋转，以实现均匀的层厚度。在更复杂的系统中，衬底以行星运动为运动轨迹。水平溅射系统的一个优点是它的灵活性——实验设定简单(例如将阴影罩固定在衬底上)、具有复杂几何形状的设备可以很容易地放置在水平板上，而不需要特殊的夹具。其主要的缺点是，从靶板上脱落的大块材料及沉积在腔壁上的片状材料可能会落到衬底上，造成污染。

垂直溅射系统消除了上述缺点。然而，其需要一个更复杂的衬底夹具，以确保晶圆或样品固定在基板上不会脱落，并确保衬底与托盘的良好热接触和电接触特性。不良的电接触或热接触会导致整个样品的层厚度和结构发生变化。垂直溅射系统存在简单的线性设计，其中衬底沿一个或多个靶材平行通过，在这种旋转的系统中，衬底固定在桶形托盘上。垂直溅射允许连续多层沉积，但在大多数情况下不是同时沉积，因为基板在任何给定时间只能面对一个靶材。

11.8　溅射沉积层

溅射过程几乎可以沉积任何一种材料。利用它可以自由地选择沉积的金属，包括那些高熔点的金属。根据靶材的尺寸和材料不同，靶材价格的变化范围很大（例如，10 个直径为 5 mm 的 Al1Si 靶材的价格为 1000 美元，而同样数量的直径为 5 mm 的 Pt 靶材的价格则为 18 000 美元）。所有合金都可以用溅射的方式进行沉积，这取决于特定溅射系统的靶材的可用性。为防止靶材交叉污染，多层结构可采用多孔靶溅射设备进行沉积。化合物（介电材料、绝缘体、金属氧化物）可以使用特定的化合物靶（主要是烧结材料）和/或反应溅射进行沉积。一般采用金属或半导体材料靶和反应气体（如 O_2、N_2）进行反应来沉积氧化物或氮化物。表 11.1 给出了半导体器件中金属化系统的实例。

表 11.1　半导体器件中金属化系统的实例 [6]

金属：Au、Pt、Pd、Ni、Ti、Al、Cr、Mo
合金：NiCr、CrSi、TiW
多层结构：Cr-Al、 Ti-Au、 Ti-Pd-Au、Ti-TiN-Au、Ti-TiWN-Au、NiCr-Ni-Au、SnO_2、 Cr-Al
化合物：Al_2O_3、SnO_2、SiO_2、ZnO、Ga_2O_3、HfB_2、NiO、V_2O_5、Mo_2O_3、In_2O_3、玻璃（热玻璃）

11.8.1　台阶覆盖

对于所有涂层工艺来说，一个重要的问题是纹理和图形衬底表面的台阶覆盖。台阶覆盖不良会导致微裂纹和涂层中断或破裂。真空蒸发沉积遵循余弦定律，在高真空条件下，蒸气粒子直接从点蒸气源挥发而来，输运过程中几乎没有任何碰撞和散射。随后的涂层生长几乎是各向异性的，也就是说，面向蒸气源的表面形成涂层，而垂直于蒸气源的表面几乎没有涂层，这种情况导致较差的台阶覆盖率。然而，这一特性有利于光刻剥离的工艺步骤。溅射沉积具有较大面积的蒸气源和较高的气压，导致蒸气颗粒之间碰撞的频率更高。因此，蒸气粒子从更随机的方向靠近衬底表面，导致更高的沉积各向同性和更好的台阶覆盖。相比之下，CVD 层的台阶覆盖率几乎总是比 PVD 层的要好。CVD 工艺中的气压通常高于 PVD 的情形，此外，CVD 的沉积源是制程气体的强恒定气流（例如，利用 LPCVD 工艺沉积碳化硅时，将 3 mL/min 的甲基硅烷置于 200 mL/min 的氢气中，形成 3.5 L/min 的总流量）。这造成了高粒子碰撞率和部分湍流气流，导致完全各向同性的涂层生长过程和良好的台阶覆盖。只有在高深宽比的空腔中，例如深反应离子刻蚀工艺，扩散过程才控制 CVD 中的涂层特性。图 11.18 和图 11.19 分别展示了真空蒸发、溅射和 CVD 三种工艺的台阶覆盖对比情况和台阶覆盖特性对层凝聚性的影响。

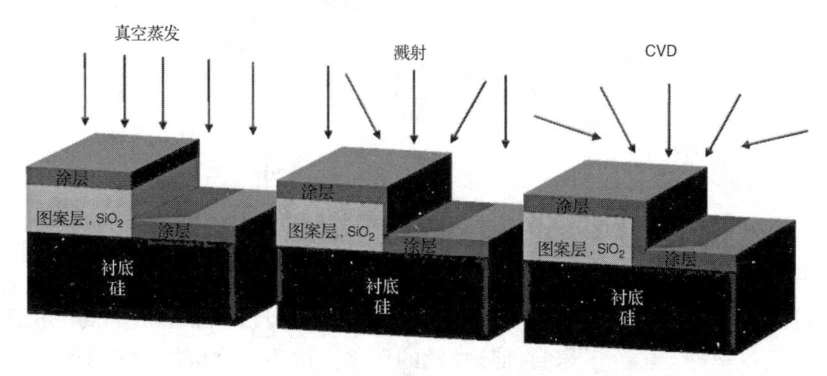

图 11.18　真空蒸发、溅射和 CVD 的台阶覆盖对比[4]

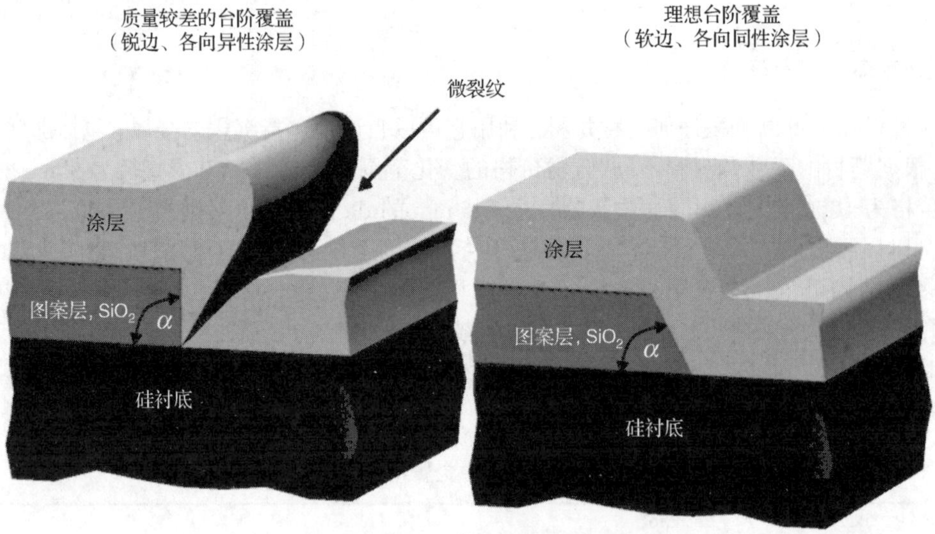

质量较差的台阶覆盖
(锐边、各向异性涂层)
理想台阶覆盖
(软边、各向同性涂层)
微裂纹
涂层
图案层, SiO2
α
硅衬底
涂层
图案层, SiO2
α
硅衬底

图 11.19 台阶覆盖特性对层凝聚性的影响[4]

11.8.2 脉冲激光沉积

脉冲激光沉积(pulsed laser deposition)是近十年来发展起来的一项新技术，目前主要用于科研中。它利用脉冲激光的能量在真空中烧蚀靶材产生等离子体，等离子体羽流由非带电粒子、离子和电子组成，靶材在其中以超过 1 m/s 的速度输送到衬底。沉积过程分为 3 个阶段：激光烧蚀/等离子体生成、输送到衬底和冷凝/薄膜生成。图 11.20 是脉冲激光沉积系统示意图。

石英窗口/端口
激光束
靶材(旋转)
衬底
靶材传送带
等离子体
衬底托盘
真空室
等离子体羽流

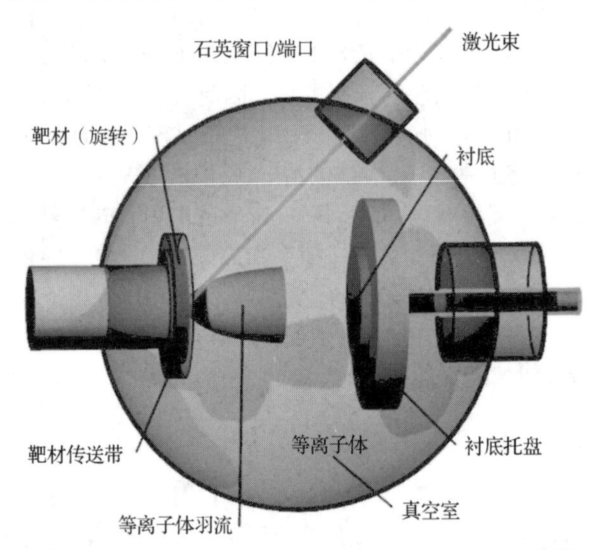

图 11.20 脉冲激光沉积系统示意图，包括真空室、靶材和衬底托盘及用于激光通过的石英窗口[9]

这项技术发展的关键驱动力是在积淀过程中，复合材料的化学计量可以得到良好的保留。在将 YBCO、钇稳定 BaZrO 材料及其他用于电陶瓷应用的材料从大块烧结形式转变为薄膜时，可以显著受益于脉冲激光沉积技术[6~8]。脉冲激光沉积能够实现高于 10 nm/min 的高沉积速率。此外，因为能量源在真空室室外，消除了来自加热灯丝的污染。这些都是该技术的优势。激光能量和脉冲速率、衬底温度和残余气压都会对待优化的薄膜性能产生影响，过去由于对工艺缺乏全面的了解，薄膜的特性在很大程度上是由经验决定的。脉冲激光沉积技术的挑战包括等离子体羽流的高定向性和小覆盖范围，需要对激光羽流或与羽流有关的基板运动进行流纹/扫描，以获得均匀的沉积速率和表面覆盖。等离子体通常包括影响薄膜生长的宏观熔融离子，可以利用机械速度滤波器及轴外沉积和两个等离子体之间的碰撞来去除这些宏观粒子[9]。目前学术界正致力于更好地了解和模拟激光烧蚀和沉积过程，这是今后工业界更大规模地使用这项技术的基础。光谱学和激光诱导荧光技术可用于等离子体的表征研究。

11.8.3　结论和展望

PVD 广泛用于金属化层、金属氧化物和一些介电材料的沉积。它本质上是一个不需要衬底加热的“冷”过程，但是可以通过衬底加热来影响沉积层的性能。蒸发得到的材料纯度较高，但材料的选择范围有限，沉积过程的各向同性导致台阶覆盖率较差。溅射可以生产大量具有良好重复性的沉积层，并且能够实现更好的台阶覆盖率。大多数标准金属化层都是用溅射法沉积的。

PVD 和 CVD 过程之间的界线越来越模糊。现在，一个设备往往会结合 PVD 和 CVD 两种工艺。目前，溅射工艺和 CVD 正处于激烈竞争的状态，溅射仍然是半导体加工中占主导地位的 PVD 涂层工艺，而蒸发沉积工艺的地位整体呈下降趋势。溅射技术的关键挑战在于更高的设备可靠性（停机时间小于 10%）、更高的产量和自动化程度、更高的层均匀性及更复杂的多层沉积技术，这些技术将需要更复杂的溅射刻蚀、原位清洗和退火技术。这也将导致设备制造商市场的进一步整合。从科学的角度来看，目前业界对工艺参数影响涂层性能的基本原理知之甚少，特别是多层涂层及材料在恶劣环境下（即高温、腐蚀性气体和流体介质）的电学、机械和化学性质。这将成为未来 PVD 涂层工艺研究的重点。

11.9　参考文献

1. W. Wehl, *Mikrotechnische Fetigung*, *Lecture Scriptum*, Heilbronn, Germany, 2002.

2. W. Menz, *Mikrosystemtechnik für Ingenieure*, VCH Verlag, Weinhein, Germany, 1997.

3. K. Schade, *Mikroelektroniktechnologie*, Verlag Technik, Berlin, Munich, Germany, 1991.

4. W. Pupp, *Vakuumtechnik*, Hanser Verlag, Munich, Germany, 1991.

5. R. C. West (ed.), *CRC Handbook of Chemistry and Physics*, CRC Press, Boca Raton, Florida, 1987.

6. X. Chen, L. Rieth, M. S. Miller, and F. Solzbacher, “Pulsed Laser Deposited Y-Doped $BaZrO_3$ Thin Films for High Temperature Humidity Sensors,” *Sensors and Actuators B: Chemical*, 142 (1), 166–174, 2009.

7. M. Snure, D. Kumar, and A. Tiwari, “Progress in ZnO-Based Diluted Magnetic Semiconductors,” *JOM*, 61 (6), 72–75, 2009.

8. G. Siegel, M. C. Prestgard, S. Teng, and A. Tiwari, “Robust Longitudinal Spin-Seebeck Effect in Bi-YIG Thin Films,” *Scientific Reports* 4, article number 4429, pp. 1–6, Mar. 21, 2014.

9. *An Introduction to Pulsed Laser Deposition*, Oxford Instruments, Abingdon, Oxfordshire.

第 12 章　化学气相沉积

本章作者：Bin Dong　Sun Yat-Sen University
M. Sky Driver　University Of North Texas
Jeffry A. Kelber　University Of North Texas
本章译者：卢红亮　复旦大学微电子学院

12.1　引言

化学气相沉积（chemical vapor deposition，CVD）和相关的镀膜方法，如等离子体增强 CVD（plasma-enhanced CVD，PECVD）、原子层沉积（atomic layer deposition，ALD）等，广泛应用于微电子产业和许多其他领域，包括光伏制造、陶瓷保护涂层和抗反射涂层材料的制备等。本章将对 CVD 进行概述，并强调其在微电子制造中的应用。更多详细信息请参阅 CVD 的相关综述[1~4]。

化学气相沉积是薄膜沉积方法之一，其他方法包括分子束外延（molecular beam epitaxy，MBE），以及尤其适用于微电子产业的磁控溅射沉积等，通常被统称为物理气相沉积（physical vapor deposition，PVD）。随着集成电路特征尺寸的不断缩小，CVD 受到了越来越广泛的关注和应用。CVD，尤其是 PECVD 和 ALD，除了目前广泛应用于硅基互补金属氧化物半导体（complementary metal-oxide-semiconductor，CMOS）晶体管制造的前端、互连和封装等工艺流程中，还应用于纳米电子学和自旋电子学中新兴电子材料的制备。

12.1 节介绍了 CVD 的基本概念，包括同相成核和异相成核，以及 PECVD、ALD 和其他一些衍生的薄膜沉积方法。12.2 节简要介绍了 CVD 的发展历程，以及它在硅、金属和氧化物薄膜沉积过程中的应用。12.3 节讨论了 CVD 中保形性这个重要参数，以及阶梯覆盖和黏附系数（β）等相关参数。12.4 节侧重于 CVD 过程中的动力学和热力学分析。12.5 节选择性地介绍和总结了 CVD 和相关方法在二维（2D）材料等新兴材料中的应用。

12.1.1　同相成核和异相成核

CVD 是一种涉及单一或多种气态反应物（前驱体）发生离解和/或化学反应，并在衬底上形成固态产物的薄膜沉积方法。前驱体的离解/反应或发生在气相（同相），或发生在衬底表面（异相反应和成核）。图 12.1 示意性地展示了两种成核方式的区别，其中前驱体 AX_4 通过广义离解反应形成固体 A：

$$AX_4(g) \rightarrow A(s) + 2X_2(g)$$

其中，(g)和(s)分别表示气态和固态。如图 12.1 所示，热壁反应腔能够提供足够的热量在反应腔内表面处或附近引发反应，从而使得所需产物成核，并附着于衬底或生长薄膜的表面。相反地，在仅有加热基板的冷壁反应腔中，前驱体离解/薄膜成核则直接发生在衬底或生长薄膜的表面。同相成核必须精确控制反应过程，否则会导致在薄膜表面形成颗粒或薄片[5]。异相成核经常被应用于生长光滑的、保形性好的和/或可外延的薄膜[6]。然而，异相成核并非没有缺点。如果前驱体在生长薄膜 A（见图 12.1）上反应的概率远小于衬底表面，则在形成最初的 1～2 个单层后，薄膜生长受到抑制。以环硼氮烷（$B_3N_3H_6$）分解并在各种规则的过渡金属衬底上形成六方 BN 为例，在冷壁反应腔中,通过硼氮烷或环硼氮烷热解从而在金属衬底上生长 BN 薄膜的反应通常限于约 1 个单层[7, 8]。CVD 的另一种衍生沉积方法是“热丝 CVD”[9, 10]，其中在衬底表面沉积薄膜之前先与加热灯丝发生反应，从而实现前驱体的预离解。这种方法类似于 PECVD(见下文)，但能够有效避免潜在的等离子体诱导的表面损伤[11]。

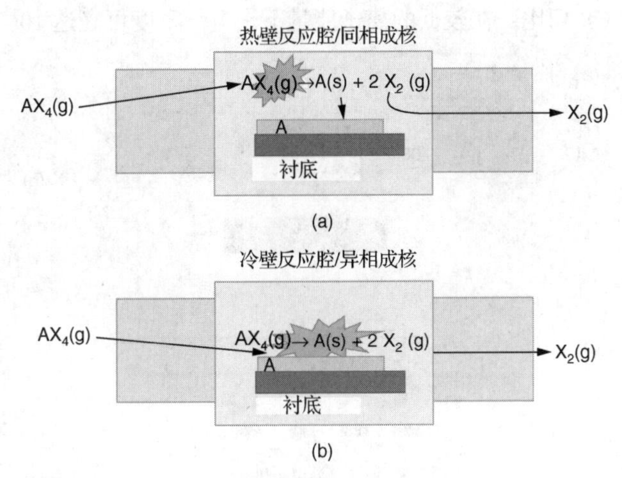

图 12.1　同相成核和异相成核的区别示意图：(a)在热壁反应腔中，前驱体(AX_4)可以在反应腔壁上反应，形成固态核(A)并附着于衬底表面；(b)在冷壁反应腔中，只有基板是加热的。前驱体将只能在衬底或生长薄膜的表面发生反应

12.1.2　各种类型的 CVD

提供前驱体离解/反应的能量通常是热能。在“热壁”反应腔中，离解可以发生在加热的反应腔壁上；而在“冷壁”反应腔中，只有基板是加热的，因此异相反应和成核主要发生在衬底表面。诱导前驱体反应的可替代方法包括等离子体诱发的 PECVD 和光辅助 CVD(photo-assisted CVD，PACVD)。因此，CVD 可根据前驱体反应的能量源而分为热 CVD 和其他 CVD，例如 PECVD、光辅助 CVD、热丝 CVD 等。

等离子体增强 CVD

等离子体增强 CVD(PECVD)工艺如图 12.2 所示。在 PECVD 中，在前驱体/衬底相互作用之前，前驱体的部分离解通过在等离子体中反应而实现。这种沉积方法在前驱体热离解需要超高温，或者沉积的薄膜或衬底在高温下会变得不稳定的情况下尤其有用。例如，由碳硼烷($B_{10}C_2H_{12}$)前驱体制备碳化硼半导体薄膜时，普遍采用 PECVD 方法[12]。整个过程首先是 B-H 键在等离子体环境中断裂，然后发生前驱体反应、交联和薄膜生长[13]。与其他 CVD 方法相比，PECVD 具有能够通过调节各种参数以获得给定薄膜的特定且理想的化学和电学结构的优点。如图 12.2(a)所示，等离子体诱导的离解过程能够发生在距离薄膜或衬底表面相对较远的位置(间接 PECVD)，或者如图 12.2(b)所示在薄膜或衬底表面附近(直接 PECVD)，结果会造成在前驱体的离解过程中，除了中性自由基，离子、高能光子和电子也能直接轰击薄膜/衬底。可见，如果不能对等离子体和沉积条件进行精确的控制，PECVD 过程中的前驱体预离解(通常)会导致不期望的同相成核[14]。光辅助 CVD 类似于 PECVD(见图 12.2)，但其前驱体的预离解是由充足的高能光子反应诱发的。

各种放电等离子体均可应用于 CVD，从而沉积不同用途的薄膜。各种不同的放电来源包括介质阻挡放电、射频(radio frequency，RF)等离子体和微波等离子体，等等[15]。RF 放电可以通过两种功率耦合形式实现，即电容耦合放电和电感耦合放电。电容耦合等离子体(capacitively coupled plasma，CCP)产生于分别与13.56 MHz RF电源和地相连的两个电极之间。在电容耦合的RF放电过程中，随着频率的变化，电子密度在10^9～10^{10} cm^{-3}的范围内可控。电感耦合等离子体(inductively coupled plasma，ICP)与CCP类似，但其电极是由在放电中心周围缠绕的线圈组成的，在线圈中感应激发等离子体。与CCP相比，在较低的离子能量下，电子密度可高达10^{12} cm^{-3} [16]。

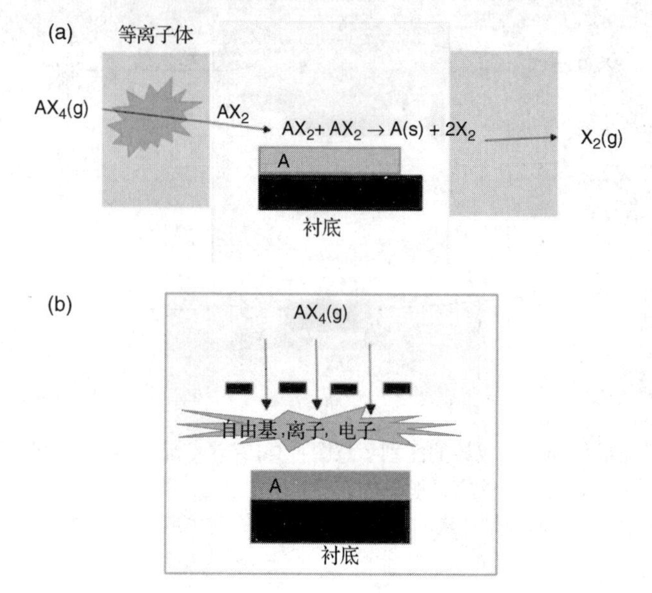

图12.2 (a)远程等离子增强CVD，在和衬底反应之前，利用等离子体来实现对前驱体(AX_4)的部分离解。光辅助CVD与之类似，唯一的区别是其离解能量由光子(通常为深紫外)提供；(b)直接等离子体CVD等

虽然PECVD通过引入反应自由基和/或高能离子与自由基能够克服原始热CVD成核速率较低的问题，但其也存在着前驱体过度分解的问题。以由芳香族前驱体PECVD沉积有机薄膜为例，噻吩、吡咯和苯胺单体已应用于通过PECVD制备导电薄膜，但是由于等离子体工艺过程中芳香结构的损失，导致噻吩薄膜显示出低导电性[17]。研究人员通过采用脉冲PECVD的方法来减少前驱体的过度离解，从而解决了这个问题[18]。使用电感耦合等离子体对芳香族有机物(如嘧啶、吡啶和苯胺)与氮化硼进行PECVD的研究表明，前驱体的共振稳定能量能够准确预测PECVD过程中前驱体的离解[13, 19]。共振稳定能量大致而言是形成前驱体的最稳定价键结构所需热量的计算值和实验值的差异[13, 19]。对于苯胺和吡啶，在等离子体功率范围为5～20 W时，沉积的薄膜中可以观察到π电子系统的存在。而对于嘧啶而言，即使等离子体功率低为5 W，其较低的共振稳定能量都会导致其前驱体芳环在PECVD过程中开环。因此，即使在最“温和”的等离子体环境中，仍需要预先考虑某些前驱体的稳定性。

常压PECVD

为了满足现代工业进程的高效生产，需要在保证优良的薄膜质量的同时实现薄膜沉积速率的最大化，通常通过优化等离子体动力学以获得最大的沉积速率。常压PECVD在有机聚合物和氧化物薄膜的沉积方面受到了极大的关注，大量相关综述被报道[20~24]。常压等离子体放电可以通过多种方法激发，包括频率为13.56 MHz [25, 26]的RF放电和频率为150 MHz [27~29]的甚高频(very high frequency，VHF)放电。当VHF用于捕获电子时，在气体击穿后会形成稳定的放电，并且与使用RF放电相比，通常可以实现更高的沉积速率。

光辅助 CVD

光辅助 CVD（PACVD）经常应用于 UV 诱导的前驱体离解[30]。PACVD 的来源包括弧光灯、CO_2 激光器、准分子激光器和氩离子激光器，而不以灯作为热源[2]。PACVD 相比于 CVD 或 PECVD 的突出优势包括能够将激光或光源聚集在衬底的局部区域，并选择性地离解某些化学键而不破坏其他化学键[2]。低光子能量可以减少 PECVD 中遇到的由离子轰击造成的薄膜损伤。PACVD 较低的沉积温度能够克服高温沉积中的常见缺点，即可以降低各种缺陷的比例，同时降低杂质在衬底中的扩散，这使得光辅助 CVD 成为大规模集成电路和光学涂层制造中最重要的技术之一[31, 32]。

热丝 CVD

热丝 CVD（hot wire CVD，HWCVD）有时也称被为热灯丝 CVD（hot filament CVD ，HFCVD），涉及在沉积过程中使用加热的灯丝（通常为钨丝）来预离解前驱体。有关商业适用性等详细信息，读者可以参考相关综述[9]。例如，HWCVD 经常应用于无定形氢化 Si 薄膜的制备，其中热丝诱导 Si-H 键断裂，从而使得薄膜的形成和生长可以在相比于传统 CVD 更低的温度下进行。HWCVD 还应用于类金刚石 C 膜的形成，其中灯丝诱导 C-H 和 H-H 键发生离解，从而形成活性 CH_3 和 H 自由基，促进金刚石的生长而抑制石墨的形成[33]。

上述的这些 CVD 衍生沉积方法采用了一些前驱体预离解的方法，从而避免了高温，并且在光激发或热丝预离解的方法中，避免了在 PECVD 环境中可能发生的样品损伤问题。生长速率和薄膜保形性通常取决于反应条件中的其他参数——前驱体流速、载气种类等。在这种情况下，薄膜的生长速率（至少在初始层之后）是相对恒定的。以预定的膜厚沉积薄膜取决于准确的时间和对反应条件的严格控制，而当薄膜厚度需要原子级控制时，这将是一个挑战，正如自旋电子学、纳米电子学和电致发光器件对原子级薄膜厚度的要求[34]。在这些情况下，原子层沉积就显示出其重要的优势。

原子层沉积

原子层沉积（ALD）是一种新兴的薄膜沉积技术，广泛应用于各种化学键合环境，其中化学键合通过两个或多个有序的气相化学过程完成，且每个化学气相过程都是自限制的。一个典型的 ALD 周期过程包括 4 个步骤：

1．将衬底表面暴露于前驱体（A），最终 A 在表面完成自限制吸附。
2．抽真空或吹扫反应腔。
3．将吸附改性的衬底暴露于前驱体（B），最终 B 与 A 完成自限制反应并形成 B 封端的中间体。
4．抽真空或吹扫反应腔。

然后重复步骤 1。

ALD 过程的周期性具有两个重要的优势。第一，薄膜厚度通常与 A/B 周期数成正比[35~38]，这样能够对薄膜厚度实现原子级控制。第二，给定充足的脉冲/吹扫时间以允许前驱体分散满足高深宽比的特征，从而可以获得高保形性的薄膜[37]。这些特点会限制沉积过程的速度和产量——工业应用中的重要考量因素。因此，ALD 方法对于形成高质量和高保形性的超薄膜变得尤其重要。该技术目前广泛应用于微电子工业中，用于沉积各种金属、氧化物和氮化物。有关 ALD 过程的各个方面及 ALD 制备各种薄膜的详细说明，可以参阅最近的两篇综述[36, 37]。

如前所述，ALD 在纳米电子学和自旋电子学等新兴领域引起了人们越来越大的研究兴趣。通常，这些领域的应用需要沉积精确控制厚度的外延薄膜和定向薄膜[39, 40]。例如，多层外延六方 BN（0001）薄膜通过 BCl_3/NH_3 循环制备而成，而某些过渡金属二硫化物薄膜也由 ALD 制备得到[35]。

和 CVD 一样，ALD 工艺也可以扩展到大面积衬底。然而，为了增加产量，衍生了一种时常被称为空间隔离 ALD 的变体[37]。该方法涉及前驱体暴露于衬底的有限区域，甚至是不同的前驱体暴露于衬底的不同区域。这便允许不同的膜在晶圆的不同区域几乎同时生长。

给定合适的界面相互作用和沉积条件，ALD 可用于沉积多晶的或高度有序的外延膜，而后者通常被称为原子层外延(atomic layer epitaxy，ALE)。ALE 已经被广泛应用于薄膜的生长，例如，使用 ALE 生长应用于光学的 ZnO 和 Al_2O_3 薄膜[41]。同时，ALE 还被用于制备低缺陷的半导体/高 *k* 介质的界面[42]。自旋电子学和纳米电子学领域提出的应用通常对薄膜厚度和取向有非常严格的要求，而 ALD 或 ALE 方法对这两个领域的发展表现出越来越重要的作用[39, 40]。此外，包括 MoS_2[43] 和 h-BN(0001)[38]在内的二维材料也已经开始采用 ALE 方法生长。

12.1.3 结论

综上所述，CVD 及其衍生方法已经广泛应用于半导体工业和相关领域，以沉积高质量和高保形性的薄膜。通常，CVD 本身依赖于热诱导的前驱体离解，但是当热离解不切实际或不合需要时，诸如 PECVD、PACVD 和 HWCVD 等衍生方法可用于为前驱体离解提供能量。ALD 是 CVD 的另一种衍生方法，在沉积严格控制薄膜厚度和结构的超薄膜方面具有越来越重要的作用。

基于 CVD 的沉积方法通常具有能够沉积高保形性的薄膜的重要优势，即使在高深宽比的通孔中也是如此[37, 44]，这个问题将在 12.3 节深入探讨。鉴于现代器件结构中普遍存在的高深宽比的问题，可以合理地预测，在不远的将来，保形性将成为一个重要的问题。此外，使用该方法沉积新兴电子/自旋电子材料的情况将在 12.5 节中详细介绍。

12.2 发展历程

在 20 世纪 50 年代和 60 年代，CVD 制备的材料开始进入电子领域。而电子领域的一个主要发展方向是用 Si 取代 Ge 作为器件制造的基本半导体[45]。CVD 制备 Si 材料的成功迅速确立了其在工业界的重要地位，并被广泛应用于不同硅基半导体器件的制造[46~48]。此外，器件几何尺寸的持续缩小，使得许多作为接触或互连的金属和合金也采用 CVD 方法制备。

12.2.1 硅基微电子和其他领域中的 CVD 应用

如今，单晶、多晶或非晶态 Si 薄膜广泛应用于微电子制造[49, 50]，如场效应晶体管的沟道、硅化物电接触的形成[51]及光伏领域[52, 53]等。随着“传统”Si CMOS 器件的复杂度日益提升，同时沉积 Si 材料应用于新兴领域的研究兴趣日益增加，低温沉积则越来越成为关注的重点。而正是由于温度的限制，PECVD 正变得越来越流行[54]。Si 的 PECVD 工艺以 SiH_4 作为前驱体，在 350 ℃下完成[2]；或在相近的温度下，以 SiF_4 和 H_2 作为前驱体[55]。类似地，HWCVD 也已经被用于在 Si (100) 上低温外延 Si [56]。

非晶 Si(a-Si)由于具有强光捕获特性，在作为太阳能电池中的结方面具有较大的应用前景。已经有综述报道了非晶 Si 在高效太阳能电池中的应用[57~59]。而在大面积沉积具有良好的薄膜均匀性和高转换效率的非晶 Si 时，采用 PECVD 这种沉积方式。在太阳能电池中，a-Si 可以用作 p-i-n 结中的本征层。采用 PECVD 结合 VHF 等离子体放电来沉积作为光伏层的非晶 Si[27]，实现了 128 nm/s 的沉积速率，同时实现了高达 8.25%的转换效率。a-Si 的其他优点还包括相对低的光诱导降解[60]。

12.2.2　其他材料

目前，使用 CVD 沉积过渡金属的方法在微电子制造中得到了广泛且全面的研究[61]，尤其是关于表面化学和动力学对沉积过程的影响[62, 63]。在 20 世纪 80 年代和 90 年代初期，人们开始热衷于使用钨作为导电塞来连接器件不同层或作为扩散阻挡层。WF_6 是最受欢迎的前驱体，而还原剂则包括 H_2、SiH_4 或 Si_2H_6 [64, 65]。当时的另一个热点是采用 CVD 沉积金属，而金属与 Si 反应形成金属硅化物作为接触[66]。20 世纪 90 年代中期引入 Cu 作为替代 Al 的互连金属，增加了金属制造中对 CVD 的使用兴趣，具体原因有二。其一，CVD 或其衍生方法诸如 ALD，目前正广泛应用于沉积保形性好的超薄 Cu 籽晶层，便于后续电化学沉积 Cu 互连线[67, 68]。其二，Cu 互连要求沉积扩散阻挡层来抑制 Cu 扩散到器件的介电层或 Si 区域中，这就引出对各种过渡金属氮化物(如 TiN [69]、TaN[70])和合金(如 Co-W [71])的 CVD、ALD 或 PECVD 的研究。最近，3D 集成的出现和硅通孔(thru-silicon via，TSV)的使用引发了对氧化物扩散阻挡层(如氧化锰[72])的研究。

硅基微电子制造中的现有工艺已经广泛应用 CVD 或其衍生方法来沉积各种金属、氮化物和氧化物。

12.3　保形 CVD 薄膜及无空隙填充

12.3.1　基本问题

在过去的 40 年中，微电子工艺中的沟槽和其他特征尺寸的不断减小导致了非常高的深宽比(aspect ratio，AR)特征，其深宽比(沟槽的高宽比)可超过 10:1 [37]。如图 12.3(a)所示，当前驱体向沟槽中扩散时，通常其在沟槽顶部的浓度高于沟槽底部的浓度[见图 12.3(a)、(b)]，这会使得沟槽顶部的薄膜生长速率更高，从而导致顶部封闭以促进薄膜生长，同时形成空隙[见图 12.3(c)]，使得电学性能降低。

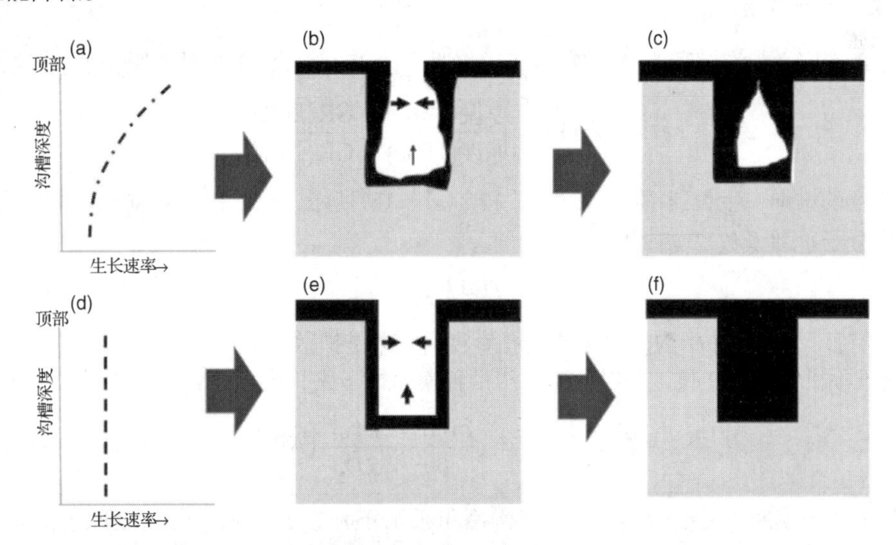

图 12.3　形成空隙与 CVD 中保形生长的对比示意图。(a)前驱体扩散到沟槽中时，在沟槽顶部聚集的前驱体浓度高于底部的浓度，导致(b)沟槽顶部附近的薄膜生长速率更高，最终形成空隙(c)。保形生长要求在沟槽深度方向有更均匀的前驱体浓度(d)和(e)，从而实现沟槽的无空隙填充(f)

其他薄膜沉积方法，如磁控溅射沉积(通常称为物理气相沉积或 PVD)，普遍存在着与 CVD[见图 12.3(a)～(c)]相同的问题，即沟槽顶部的反应物或金属原子浓度更高，使得沟槽顶部附近的薄膜生长速率更快，并形成空隙。事实上，当特征深宽比大于 5 时，PVD 很难实现无空隙填充[73]。然而，使用 CVD 或其各种衍生方法(如 ALD)能够较好地解决这个问题。这些薄膜沉积方法如下。

基于催化剂的超级填充

在该方法中，首先在沟槽底部附近生成一层非常薄的保形催化剂层[74]。沟槽底部附近吸附了高浓度的催化剂，有助于后续 CVD 沉积薄膜的过程。如图 12.3(e)和(f)所示，催化剂使得沟槽底部附近的薄膜生长速率高于沟槽顶部的速率，进而形成无空隙填充。通过这种方法，实现了对深宽比约为 5 且沟槽宽度小于 30 nm 的沟槽的无空隙填充[74]。

基于抑制剂的超级填充

在该方法中，抑制剂与 CVD 前驱体结合使用，以降低前驱体浓度梯度和生长速率梯度[见图 12.3(c)～(e)]。这种方法的一个例子是使用前驱体[$Ti(BH_3)_4$dme](dme = 1, 2-二甲氧基乙烷)和抑制剂(dme)在大致相等的压强($3～4\times10^{-6}$ Torr)下进行 CVD 沉积 TiB_2[73]。该方法显著提高了薄膜的保形性，理论上也可以应用于其他系统。

ALD

采用 ALD 技术理论上可以生成高保形性的薄膜，其中一个关键点在于设定低反应物浓度和长扩散时间，以实现在 A 或 B 循环周期中前驱体的均匀吸收。当然，这也会导致非常低的生长速率，但 ALD 通常用于籽晶层或内层生长，而不是填充完整的沟槽。

总而言之，上述这些方法试图解决沟槽底部和顶部间的前驱体浓度梯度和生长速率差异的基本问题(见图 12.3)，而这又可以通过使用催化剂增强沟槽底部的优先生长，或者通过使用抑制剂来抑制整个沟槽的生长而得以实现。

12.3.2　台阶覆盖率

台阶覆盖率定义为沟槽底部的膜厚度(或生长速率，GR)除以沟槽顶部的膜厚度(或生长速率)：

$$\text{台阶覆盖率}=\frac{\text{厚度(底部)}}{\text{厚度(顶部)}}=\frac{\text{GR(底部)}}{\text{GR(顶部)}}$$

随着特征深度的增加，生长速率减小，如图 12.3(a)、(b)所示，这是由侧壁前驱体的反应造成的，并且可以用分子扩散系数(D)来表示：

$$D=D_0 d$$

其中，d 是特征尺寸(具体指沟槽宽度或通孔直径)，D_0 是扩散常数。

对于近似保形的 CVD 膜，可以根据沿沟槽轴向的稳态生长来计算台阶覆盖率，如下所示[75]：

$$\text{台阶覆盖率}=1-\frac{\partial(\text{GR})}{\partial p}\frac{c\rho k_{\text{B}}T}{2D_0}(\text{AR})^2$$

其中，c 是描述薄膜原子密度的常数，对于沟槽和通孔分别是 2 和 4，ρ 是薄膜原子密度，k_B 是玻尔兹曼常数，T 是开尔文温度，p 是分压，AR 是深宽比。该等式表明，在大多数情况下，CVD 的台阶覆盖率小于 1，正如图 12.3(b)、(c)中的沉积情况所示。只有当生长速率几乎不依赖于前驱体浓度或压强时，才能实现台阶覆盖率接近 1 的保形覆盖。其中有一个例外就是 ALD 技术，其采用极低压和长扩散时间，使得前驱体在沟槽的顶部和底部实现更加均匀的吸附，如图 12.3(e)、(f)所示。

通过优化 CVD 或其衍生方法的表面反应概率 β，即反应速率和反应物的碰撞速率之比，实现了对大量不同材料的保形膜沉积。大量文献报道了对各种不同材料的 CVD 保形薄膜沉积。例如，拥有 AR≥50:1 的深沟槽 WSi_x 具有良好的台阶覆盖率和沿沟槽轴向期望的化学计量[76]。采用 CVD 制备的 PF_3 注入 $NiSi_x$ 薄膜也表现出明显改善的台阶覆盖质量[77]。

Wenjiao B. Wang [44]和他的同事报道了超保形 CVD 膜的制备，具体通过控制沿特征深度方向的沉积速率而得以实现。他们的系统中使用了两种分子来研究扩散反应。

$$\text{台阶覆盖率}=1-\left(\frac{\partial(\mathrm{GR})}{\partial p_A}\frac{\rho_A}{D_{0A}}+\frac{\partial(\mathrm{GR})}{\partial p_B}\frac{\rho_B}{D_{0B}}\right)\frac{ck_\mathrm{B}T}{2}(\mathrm{AR})^2$$

其中，A 和 B 分别表示两种共反应分子。对于任一种反应物，生长速率差相比分压存在着最大峰值，而峰值的两侧则各有较低的生长速率。对于生长速率增加而分压减小的一侧，生长率差相对于分压为负，从而导致台阶覆盖率大于 1。其中具体原因是缓慢扩散反应物的分压从开口向底部的下降速率大于快速扩散反应物的情况。当台阶覆盖率大于 1 时，台阶覆盖均匀并形成超保形涂层。

12.3.3　表面反应概率 β

反应速率和碰撞速率之比定义为表面反应概率 β。保形薄膜沉积的另一个重要因素就是理解 β 与前驱体分压或温度之间的关系。在多数情况下，β 随着前驱体分压的增加而增大[73]。这是因为分压依赖于从开口至反应位点的深度，而类似地，表面反应概率 β 也是关于反应位点在沟槽或通孔中的位置的函数。为了在拥有保形涂层的凹槽内的任一点保持恒定的沉积速率，表面反应概率 β 这个微观参数需要保持在 10^{-3}～10^{-5} 的范围内，从而使压降随深度的变化最小化。在 CVD 过程中，β 越小意味着在反应之前，前驱体能更好地扩散到凹槽中，从而实现更好的保形性[78]。Girolami 及其同事[78]报道了在深宽比约为 30 的通孔上进行保形薄膜沉积，他们发现沿沟槽的厚度分布可以通过添加适当的生长抑制剂而得以优化。在高温沉积中，需要注意控制抑制剂的分压以保证良好的保形性。

12.4　热力学和动力学分析

12.4.1　热力学机制

热力学通过提供表面反应概率的相关信息，对工艺条件的选择具有指导意义。通过计算热力学平衡，可以确定存在于反应中和沉积后的固体与气体物质的性质和数量。

对于给定的压强和温度，CVD 反应的可行性可以通过计算标准条件下反应的吉布斯自由能的变化量（ΔG_r^0）来判断(以反应过程中压强为 1 的标准大气压为例)：

$$\Delta G_\mathrm{r}^0=\Sigma G_\mathrm{f}(\text{产物})-\Sigma G_\mathrm{f}(\text{反应物})$$

当吉布斯自由能为负（$\Delta G_\mathrm{r}^0<0$）时，反应会自发进行。平衡常数 K 可由下式计算得到:

$$K=\exp(-\Delta G_\mathrm{r}^0/RT)$$

其中，R 是气体常数，T 是沉积温度，ΔG_r^0 是标准条件下反应的吉布斯自由能的变化量。一旦得知 K，气态物质的分压可通过下式进行评估：

$$K=\frac{\text{产物分压}}{\text{平衡时气态反应物分压}}$$

对于 CVD 工艺条件的选择而言，平衡常数是其中一个重要参数。

上述的一般分析过程看起来很简单，但多数的 CVD 反应涉及不止一个过程。例如类金刚石薄膜的 CVD 过程，其中 sp^3 碳的沉积和 sp^2 碳的刻蚀都是重要过程，并且其反应条件可能完全远离平衡条件[79]。这种热力学分析过程对于具有一系列组成结构的材料尤其重要，例如由 BCl_3、CH_4 和 H_2 通过 CVD 生成的 B_xC 薄膜[80]。上述分析也适用于 ALD，其中前驱体和衬底之间的反应(初始成核过程)是相关的[81]。

12.4.2　动力学机制

之前的讨论(见图 12.3)重点分析了前驱体浓度和反应概率等因素对薄膜保形性的重要影响。而事实上，薄膜沉积过程的准确预测模型是非常复杂的，其对工业条件下的保形薄膜生长具有重要作用。此外，由于所涉及的表面化学反应可能是非常复杂的，精确建模更依赖于根据实验确定的生长速率和其他因素。有研究报道了在较低深宽比结构上通过硅烷辅助的 WF_6 还原以沉积 W 膜，其中采用组合的方法确定了反应物分压、流速和其他因素对薄膜沉积的影响[82]。另一项更新的研究对更高深宽比结构上的 W 膜沉积动力学进行了分析，其中借助原位电阻率监测的手段来研究薄膜生长的精确动力学[83]。诸如 W 膜的 CVD 沉积等重要反应的详细动力学模型均已得到研究发展，其中反应速率可通过统计热力学和制表反应焓计算得到[84]。虽然这些建模过程确实加深了对反应条件如何影响薄膜成核和保形性的理解，但这些模型仍无法完全替代半经验研究。

假设异相成核占主导，那么 CVD 中重要的动力学分析主要考虑前驱体到达表面的输运速率和前驱体在表面的反应速率。这两个因素的平衡决定了整个沉积过程是受质量输运限制的还是受反应速率限制的。相比于热力学，一个最简单的 CVD 过程对质量输运的依赖可分析如下[85]。

相应的质量通量可表示如下:

$$J_{gs} = h_g(C_g - C_s)$$

C_g 和 C_s 分别是腔体气氛中和表面界面处的前驱体浓度，并且其浓度从腔体气氛向衬底呈降低态势。h_g 是质量输运系数。包覆在表面的通量(J_s)大致可看成一级反应：

$$J_s = k_s C_s$$

其中，k_s 定义为反应常数。在稳态条件下，$J_{gs} = J_s$，由此得到

$$C_s = \frac{C_g}{1+\dfrac{k_s}{h_g}}$$

当 $h_g \gg k_s$ 时，C_s 约等于 C_g，这意味着表面拥有充足的反应物，因此 CVD 的反应速率取决于表面反应速率。相反，当 $h_g \ll k_s$ 时，只有少量反应物能够接近衬底，因此 CVD 的反应速率受质量输运限制。质量输运系数 h_g 随着气压的增加或温度的降低而增大。由此，当温度下降时，质量输运系数增大并逐渐大于反应常数 k_s，并且伴随反应阻力增大。表面动力学控制反应在低温、低压、低反应物浓度和高流速下得以实现。

12.5　展望未来：新兴电子材料

12.5.1　二维材料

持续缩小 Si-CMOS 基器件尺寸(摩尔定律)的难度日益增加，促使人们寻找和研发能够提供更快响应和更低功耗的、取代 Si 晶体管的新材料和新器件。其中，二维材料受到了极大的关注，包

括石墨烯[86]、六方氮化硼[h-BN(0001)，尤其是与石墨烯相结合的绝缘势垒层][87]，以及过渡金属二硫化物(TMDC，尤其是单层结构)[88]。

这些材料在诸如纳米电子[89]和自旋电子[40]等应用中受到了越来越多的关注。然而，这些应用也对类 CVD 工艺过程提出了更高的要求。尽管关于在过渡金属表面用 CVD 沉积石墨烯的工艺已经有很多报道，但工业上实用且可扩展的器件应用要求在绝缘衬底上进行沉积。此外，h-BN(0001)作为与石墨烯晶格匹配的绝缘材料具有极大的发展潜能，要求其薄膜生长过程能够突破单层极限。

h-BN(0001)的取向较优的薄膜可通过多种方法进行制备，包括环硼氮烷的 CVD[91]、磁控溅射沉积[92]和分子束外延[93]。大多数应用需要多层 BN 用于自旋滤波[39]或自旋注入[40]，或作为隧道势垒[89]，然而，环硼氮烷的热解却在 1 层左右是自钝化的。此外，许多与自旋电子学相关的应用预测，当 h-BN(0001)的厚度仅增加或减少一个原子层时，器件性能会发生显著的变化[39, 40]。因此，只有采用ALD技术进行薄膜生长，否则难以精确控制薄膜的厚度。例如，有文献报道了在Ru (0001)和 Co(0001)衬底上采用 ALD 技术沉积了大面积连续的多层 h-BN (0001)薄膜，其中所选用的前驱体是 BCl_3 和 NH_3[38]。

通过各种烃类的 CVD 在 Cu 或其他过渡金属上沉积石墨烯也受到了广泛的研究[95, 96]。然而，应该指出的是，目前大多数的研究涉及在金属衬底上沉积，但对于器件实际应用而言，在介质衬底上沉积看起来更加实用。为此，人们研究了在各种沉积条件下，通过 CVD 在 h-BN 衬底上生长单层石墨烯[97, 98]。同时，也有文献报道了在 Al_2O_3 (0001)上生长石墨烯，尽管其生长温度超过了 1800 K [99]。蓝宝石表面所需的极高生长温度表明其表面的重建在薄膜生长的过程中具有重要作用，而在晶格匹配的 BN 衬底上进行的 CVD 生长则可以在更低一些的温度下进行[97]。

多层结构的过渡金属二硫化物在润滑和相关应用方面受到了长期的关注，并且已经通过 CVD 方法成功制备[100]。然而，新兴的电子应用要求高度有序的薄膜，并且通常限于单层或少数层。低压 CVD 工艺实现了在 h-BN(0001)衬底上沉积高度有序的 ZrS_2 薄膜，所采用的前驱体是 S 蒸气和 $ZrCl_4$ [101]。

在 h-BN(0001)上能够生长石墨烯和过渡金属二硫化物表明，该材料在基于二维材料的异质结器件的工业制备方面将越来越受重视。

12.5.2　氧化物和氮化物薄膜

氧化物和氮化物在 CMOS 工业中也具有很大的应用价值，可以用作栅极介质和扩散阻挡层。通常，氧化物薄膜主要应用于电绝缘材料、栅极氧化层、透明导体和宽禁带半导体等方面[102]。除栅极氧化层外，大多数采用氧化物的应用也可以被氮化物替代；此外，氮化物还增加了扩散阻挡层的应用。这些应用的发展将持续推动 PVD 和 CVD 沉积方法的改进与优化。

氧化物薄膜可由三种主要的 CVD 沉积方式制备得到：无须额外提供氧源的纯氧化物沉积，水(H_2O)作为氧源的沉积，以及基于活性氧供应(O_3 或 O_2)的 β 二酮前驱体的氧化物沉积。由于前驱体的热解反应能够直接产生氧化物和挥发性副产物，因此 TiO_2 [103]、ZrO_2[104]、$LiNbO_3$[105]、Nb_2O_5-HfO_2[106]的 CVD 工艺较为简单。烷基前驱体需要与 H_2O 一起使用，因为其气相反应概率较低，类似于 ALD 中的 ZnO/二乙基锌[107]。采用 PECVD 或 HWCVD 的方法能够制备氮化物薄膜，具体工艺是在金属前驱体或天然衬底存在时通入氮气(N_2)或氨气(NH_3)[108]。

氧化物的不同性质使其拥有各种不同的应用[109~111]，可以作为电绝缘材料、栅极氧化层、透明导体和宽禁带半导体。而对于氮化物薄膜，与衬底存在较大的晶格失配，因此优选的方法是采用金属前驱体与氮前驱体一起扩散来生长薄膜，这样可以去除金属配体并使氮化物均匀地沉积在衬底上。

12.5.3 结论

CVD 是一个复杂的工艺过程，因为其涉及众多参数，包括温度、压强、前驱体流速、前驱体纯度，以及与衬底表面和其本身分解相关的前驱体特性。随着对高深宽比器件结构的保形性和无空隙填充的要求不断提高，CVD 及其衍生方法越来越成为保形薄膜沉积的首选方法。除了 Si-CMOS，CVD 和诸如 ALD 等方法在新型纳米电子或自旋电子等材料的沉积方面也表现出极大的应用前景。

12.6 参考文献

1. S. Sivaram, *Chemical Vapor Deposition: Thermal and Plasma Deposition of Electronic Materials*, Springer Science & Business Media, New York, 2013.

2. K. L. Choy, *Chemical Vapour Deposition of Coatings*, Elsevier, New York, 2003.

3. D. Dobkin and M. K. Zuraw, *Principles of Chemical Vapor Deposition*, Springer Science & Business Media, New York, 2013.

4. P. M. Martin, *Handbook of Deposition Technologies for Films and Coatings: Science, Applications and Technology*, William Andrew, Norwich, 2009.

5. C. E. Morosanu, *Thin Films by Chemical Vapour Deposition*, Elsevier, New York, 1990.

6. Y. Wang, W. Chen, B. Wang, and Y. Zheng, "Ultrathin Ferroelectric Films: Growth, Characterization, Physics and Applications," *Materials*, 7(9): 6377–6485, 2014.

7. K. K. Kim, A. Hsu, X. Jia, S. M. Kim, Y. Shi, M. Hofmann, et al., "Synthesis of Monolayer Hexagonal Boron Nitride on Cu Foil Using Chemical Vapor Deposition," *Nano Lett.*, 12: 161–166, 2012.

8. G. Kim, A.-R. Jang, H. Y. Jeong, Z. Lee, D. J. Kang, and H. S. Shin, "Growth of High-Crystalline, Single-Layer Hexagonal Boron Nitride on Recyclable Platinum Foil," *Nano Lett.*, 13: 1834–1839, 2013.

9. R.E.I. Schropp, Industrialization of Hot Wire Chemical Vapor Deposition for thin film applications, *Thin Solid Films*. (2015). In press.

10. S.-T. Lee, Z. Lin, and X. Jiang, "CVD Diamond Films: Nucleation and Growth," *Mater. Sci. Eng. R Reports.*, 25: 123–154, 1999.

11. Y. Akasaka, "Expectation for Cat-CVD in ULSI Technology and Business Trend," *Thin Solid Films*, 501: 15–20, 2006.

12. R. James, F. L. Pasquale, and J. A. Kelber, "Plasma-Enhanced Chemical Vapor Deposition of Ortho-Carborane: Structural Insights and Interaction with Cu Overlayers," *J. Phys. Condens. Matter.*, 25: 355004, 2013.

13. B. Dong, R. James, and J. A. Kelber, "PECVD of Boron Carbide/Aromatic Composite Films: Precursor Stability and Resonance Stabilization Energy," *Surf. Coatings Technol.*, (n.d.). In press.

14. Y. K. Chae, H. Ohno, K. Eguchi, and T. Yoshida, "Ultrafast Deposition of Microcrystalline Si by Thermal Plasma Chemical Vapor Deposition," *J. Appl. Phys.*, 89: 8311–8315, 2001.

15. N. S. J. Braithwaite, "Introduction to Gas Discharges," *Plasma Sources Sci. Technol.*, 9: 517, 2000.

16. O. A. Popov, *High Density Plasma Sources: Design, Physics and Performance*, Elsevier, New York, 1996.

17. J. Wang, K. G. Neoh, and E. T. Kang, "Comparative Study of Chemically Synthesized and Plasma Polymerized Pyrrole and Thiophene Thin Films," *Thin Solid Films*, 446: 205–217, 2004.

18. P. A. Tamirisa, K. C. Liddell, P. D. Pedrow, and M. A. Osman, "Pulsed-Plasma-Polymerized Aniline Thin Films," *J. Appl. Polym. Sci.*, 93: 1317–1325, 2004.

19. C. Tan, R. James, B. Dong, M. S. Driver, J. A. Kelber, G. Downing, et al., "Characterization of a Boron Carbide-Based Polymer Neutron Sensor," *Nucl. Instruments Methods Phys. Res. Sect. A Accel. Spectrometers, Detect. Assoc. Equip.*, 803: 82–88, 2015.

20. S. E. Alexandrov and M. L. Hitchman, "Chemical Vapor Deposition Enhanced by Atmospheric Pressure Non-Thermal Non-Equilibrium Plasmas," *Chem. Vap. Depos.*, 11: 457–468, 2005.

21. M. Moravej and R. F. Hicks, "Atmospheric Plasma Deposition of Coatings Using a Capacitive Discharge Source," *Chem. Vap. Depos.*, 11: 469–476, 2005.

22. F. Fanelli, "Thin Film Deposition and Surface Modification with Atmospheric Pressure Dielectric Barrier Discharges," *Surf. Coatings Technol.*, 205: 1536–1543, 2010.

23. D. Pappas, "Status and Potential of Atmospheric Plasma Processing of Materials," *J. Vac. Sci. Technol. A*, 29: 20801, 2011.

24. T. Belmonte, G. Henrion, and T. Gries, "Nonequilibrium Atmospheric Plasma Deposition," *J. Therm. Spray Technol.*, 20: 744–759, 2011.

25. R. Foest, M. Schmidt, and K. Becker, "Microplasmas, an Emerging Field of Low-Temperature Plasma Science and Technology," *Int. J. Mass Spectrom.*, 248: 87–102, 2006.

26. H. Baránková and L. Bardos, "Hollow Cathode and Hybrid Plasma Processing," *Vacuum.*, 80: 688–692, 2006.

27. H. Kakiuchi, M. Matsumoto, Y. Ebata, H. Ohmi, K. Yasutake, K. Yoshii, et al., "Characterization of Intrinsic Amorphous Silicon Layers for Solar Cells Prepared at Extremely High Rates by Atmospheric Pressure Plasma Chemical Vapor Deposition," *J. Non. Cryst. Solids.*, 351: 741–747, 2005.

28. H. Kakiuchi, H. Ohmi, R. Inudzuka, K. Ouchi, and K. Yasutake, "Enhancement of Film-Forming Reactions for Microcrystalline Si Growth in Atmospheric-Pressure Plasma Using Porous Carbon Electrode," *J. Appl. Phys.*, 104: 53522, 2008.

29. K. Yasutake, H. Kakiuchi, H. Ohmi, K. Inagaki, Y. Oshikane, and M. Nakano, "An Atomically Controlled Si Film Formation Process at Low Temperatures Using Atmospheric-Pressure VHF Plasma," *J. Phys. Condens. Matter.*, 23: 394205, 2011.

30. P. J. Pernot and A. R. Barron, "Photo - Assisted Chemical Vapor Deposition of Gallium Sulfide Thin Films," *Chem. Vap. Depos.*, 1: 75–78, 1995.

31. J. Y. Tai Chen, R. C. Henderson, J. T. Hall, and J. W. Peters, "Photo-CVD for VLSI Isolation," *J. Electrochem. Soc.*, 131: 2146–2151, 1984.

32. H. Sankur, "Deposition of Optical Coatings by Laser-Assisted Evaporation and by Photo-Assisted Chemical Vapor Deposition," *Thin Solid Films*, 218: 161–169, 1992.

33. L. Schäfer, M. Höfer, and R. Kröger, "The Versatility of Hot-Filament Activated Chemical Vapor Deposition," *Thin Solid Films*, 515: 1017–1024, 2006.

34. H. Kim, H.-B.-R. Lee, and W.-J. Maeng, "Applications of Atomic Layer Deposition to Nanofabrication and Emerging Nanodevices," *Thin Solid Films*, 517: 2563–2580, 2009.

35. J. D. Ferguson, A. W. Weimer, and S. M. George, "Atomic Layer Deposition of Boron Nitride Using Sequential Exposures of BCl3 and NH3," *Thin Solid Films*, 413: 16–25, 2002.

36. R. L. Puurunen, "Surface Chemistry of Atomic Layer Deposition: A Case Study for the

Trimethylaluminum/Water Process," *J. Appl. Phys.*, 97: 121301, 2005.

37. R. W. Johnson, A. Hultqvist, and S. F. Bent, "A Brief Review of Atomic Layer Deposition: From Fundamentals to Applications," *Mater. Today*, 17: 236–246, 2014.

38. J. B. and Y. C. and I. T. and M. S. Driver and P. A. Dowben, and J. A. Kelber, "Atomic Layer-by-Layer Deposition of h-BN (0001) on Cobalt: A Building Block for Spintronics and Graphene Electronics," *Mater. Res. Exp.*, 1: 46410, 2014.

39. S. V. Faleev, S. S. P. Parkin, and O. N. Mryasov, "Brillouin Zone Spin Filtering Mechanism of Enhanced TMR and Correlation Effects in Co (0001)/h-BN/Co (0001) Magnetic Tunnel Junction," *Cond. Matt.: Mater. Sci.*, 2015.

40. V. M. Karpan, P. A. Khomyakov, G. Giovannetti, A. A. Starikov, and P. J. Kelly, "Ni (111) | Graphene| h-BN Junctions as Ideal Spin Injectors," *Phys. Rev. B.*, 84: 153406, 2011.

41. D. Riihelä, M. Ritala, R. Matero, and M. Leskelä, "Introducing Atomic Layer Epitaxy for the Deposition of Optical Thin Films," *Thin Solid Films*, 289: 250–255, 1996.

42. R. G. Gordon, X. Lou, and S. B. Kim, "Advanced Atomic Layer Deposition and Epitaxy Processes," *VLSI Technol. Syst. Appl.* (VLSI-TSA), 2015 Int. Symp., IEEE, pp. 1–2, 2015.

43. Y. Shi, W. Zhou, A.-Y. Lu, W. Fang, Y.-H. Lee, A.L. Hsu, et al., "Van der Waals Epitaxy of MoS2 Layers Using Graphene as Growth Templates," *Nano Lett.*, 12: 2784–2791, 2012.

44. W. B. Wang, N. N. Chang, T. A. Codding, G. S. Girolami, and J. R. Abelson, "Superconformal Chemical Vapor Deposition of Thin Films in Deep Features," *J. Vac. Sci. Technol., A Vacuum, Surfaces, Film*, 32: 051512, 2014.

45. Y. Kuzminykh, A. Dabirian, M. Reinke, and P. Hoffmann, "High Vacuum Chemical Vapour Deposition of Oxides: A Review of Technique Development and Precursor Selection," *Surf. Coatings Technol.*, 230: 13–21, 2013.

46. V. S. Ban and S. L. Gilbert, "The Chemistry and Transport Phenomena of Chemical Vapor Deposition of Silicon from SiCl4," *J. Cryst. Growth.*, 31: 284–289, 1975.

47. Y. Arakawa, T. Nakamura, Y. Urino, and T. Fujita, "Silicon: Photonics for Next Generation System Integration Platform," *Commun. Mag. IEEE*, 51: 72–77, 2013.

48. M. Su, D. Yu, Y. Liu, L. Wan, C. Song, F. Dai, et al., "Properties and Electric Characterizations of Tetraethyl Orthosilicate-Based Plasma Enhanced Chemical Vapor Deposition Oxide Film Deposited at 400℃ for Through Silicon Via Application," *Thin Solid Films*, 550: 259–263, 2014.

49. F. Shimura, *Semiconductor Silicon Crystal Technology*, Elsevier, New York, 2012.

50. R. Baets, J. Barker, J. A. Barnard, T. M. Barton, M. E. Clarke, A. Cappy, et al., *Semiconductor Device Modelling*, Springer Science & Business Media, New York, 2012.

51. Y. Huang and K.-N. Tu, *Silicon and Silicide Nanowires*, Pan Stanford, Singapore, 2013.

52. A. M. Funde, N. A. Bakr, D. K. Kamble, R. R. Hawaldar, D. P. Amalnerkar, and S. R. Jadkar, "Influence of Hydrogen Dilution on Structural, Electrical and Optical Properties of Hydrogenated Nanocrystalline Silicon (nc-Si:H) Thin Films Prepared by Plasma Enhanced Chemical Vapour Deposition (PE-CVD)," *Sol. Energy Mater. Sol. Cells.*, 92: 1217–1223, 2008.

53. F. R. Faller and A. Hurrle, "High-Temperature CVD for Crystalline-Silicon Thin-Film Solar Cells," *Electron Devices, IEEE Trans.*, 46: 2048–2054, 1999.

54. D. He, M. Yin, J. Wang, P. Gao, and J. Li, "Deposition and Growth Mechanism of Low-Temperature

Crystalline Silicon Films on Inexpensive Substrates," *J. Korean Phys. Soc.*, 55: 2671–2676, 2009.

55. T. Kaneko, M. Wakagi, K. Onisawa, and T. Minemura, "Change in Crystalline Morphologies of Polycrystalline Silicon Films Prepared by Radio - Frequency Plasma - Enhanced Chemical Vapor Deposition Using SiF_4+ H_2 Gas Mixture at 350℃," *Appl. Phys. Lett.*, 64: 1865–1867, 1994.

56. C. E. Richardson, M. S. Mason, and H. A. Atwater, "Hot-Wire CVD-Grown Epitaxial Si Films on Si (100) Substrates and a Model of Epitaxial Breakdown," *Thin Solid Films*, 501: 332–334, 2006.

57. S. De Wolf, A. Descoeudres, Z. C. Holman, and C. "Ballif, High-Efficiency Silicon Heterojunction Solar Cells: A Review," *Green*, 2: 7–24, 2012.

58. F.-M. Tseng, C.-H. Hsieh, Y.-N. Peng, and Y.-W. Chu, "Using Patent Data to Analyze Trends and the Technological Strategies of the Amorphous Silicon Thin-Film Solar Cell Industry," *Technol. Forecast. Soc. Change*, 78: 332–345, 2011.

59. L. Yu, B.O'Donnell M. Foldyna, and P. Roca i Cabarrocas, "Radial Junction Amorphous Silicon Solar Cells on PECVD-Grown Silicon Nanowires," *Nanotechnology*, 23: 194011, 2012.

60. S. Misra, L. Yu, M. Foldyna, and P. Roca i Cabarrocas, "High Efficiency and Stable Hydrogenated Amorphous Silicon Radial Junction Solar Cells Built on VLS-Grown Silicon Nanowires," *Sol. Energy Mater. Sol. Cells*, 118: 90–95, 2013.

61. B. S. Lim, A. Rahtu, and R. G. Gordon, "Atomic Layer Deposition of Transition Metals," *Nat. Mater.*, 2: 749–754, 2003.

62. T. T. Kodas and M. J. Hampden-Smith, *The Chemistry of Metal CVD*, John Wiley & Sons, Hoboken, 2008.

63. J. R. Creighton and J. E. Parmeter, "Metal CVD for Microelectronic Applications: An Examination of Surface Chemistry and Kinetics," *Crit. Rev. Solid State Mater. Sci.*, 18: 175–237, 1993.

64. J. R. Creighton, "A Mechanism for Selectivity Loss during Tungsten CVD," *J. Electrochem. Soc.*, 136: 271–276, 1989.

65. R. W. Cheek, J. A. Kelber, J. G. Fleming, R. S. Blewer, and R. D. Lujan, In Situ Monitoring of the Products from the SiH_4+ WF 6 Tungsten Chemical Vapor Deposition Process by Micro - Volume Mass Spectrometry," *J. Electrochem. Soc.*, 140: 3588–3590, 1993.

66. R. Madar and C. Bernard, "Chemical Vapour Deposition of Metal Silicides in Silicon Microelectronics," *Appl. Surf. Sci.*, 53: 1–10, 1991.

67. G. M. Nuesca and J. A. Kelber, "Cu-Metal Interfacial Interactions during Metal Organic Chemical Vapour Deposition," *Thin Solid Films*, 262: 224–233, 1995.

68. H. Kim and Y. Shimogaki, "Comparative Study of Cu–CVD Seed Layer Deposition on Ru and Ta Underlayers," *J. Electrochem. Soc.*, 154: G13–G17, 2007.

69. N. J. Ianno, A. U. Ahmed, and D. E. Englebert, "Plasma Enhanced Chemical Vapor Deposition of TiN from $TiC_{14}/N_2/H_2$ Gas Mixtures," *J. Electrochem. Soc.*, 136: 276–280, 1989.

70. X. Zhao, N. P. Magtoto, and J. A. Kelber, "Chemical Vapor Deposition of Tantalum Nitride with Tert-Butylimino Tris (Diethylamino) Tantalum and Atomic Hydrogen," *Thin Solid Films*, 478: 188–195, 2005.

71. H. Shimizu, K. Sakoda, and Y. Shimogaki, "CVD of Cobalt–Tungsten Alloy Film as a Novel Copper Diffusion Barrier," *Microelectron. Eng.*, 106: 91–95, 2013.

72. K.-W. Lee, H. Wang, J.-C. Bea, M. Murugesan, Y. Sutou, T. Fukushima, et al., "Barrier Properties of CVD Mn Oxide Layer to Cu Diffusion for 3-D TSV," *Electron Device Lett. IEEE*, 35: 114–116, 2014.

73. N. Kumar, A. Yanguas-Gil, S. R. Daly, G. S. Girolami, and J. R. Abelson, "Growth Inhibition to Enhance

Conformal Coverage in Thin Film Chemical Vapor Deposition," *J. Am. Chem. Soc.*, 130: 17660–17661, 2008.

74. Y. Au, Y. Lin, and R. G. Gordon, "Filling Narrow Trenches by Iodine-Catalyzed CVD of Copper and Manganese on Manganese Nitride Barrier/Adhesion Layers," *J. Electrochem. Soc.*, 158: D248–D253, 2011.

75. J. R. Abelson, "(Invited) Ultra-Conformal CVD at Low Temperatures: The Role of Site Blocking and the Use of Growth Inhibitors," *ECS Trans.*, 33: 307–319, 2010.

76. B. Sell, A. Sänger, G. Schulze-Icking, K. Pomplun, and W. Krautschneider, "Chemical Vapor Deposition of Tungsten Silicide (WSix) for High Aspect Ratio Applications," *Thin Solid Films*, 443: 97–107, 2003.

77. M. Ishikawa, I. Muramoto, H. Machida, S. Imai, A. Ogura, and Y. Ohshita, "Chemical Vapor Deposition of NiSi Using $Ni(PF_3)_4$ and Si_3H_8," *Thin Solid Films*, 515: 8246–8249, 2007.

78. Y. Yang, S. Jayaraman, D. Y. Kim, G. S. Girolami, and J. R. Abelson, "CVD Growth Kinetics of HfB2 Thin Films from the Single-Source Precursor Hf $(BH_4)_4$," *Chem. Mater.*, 18: 5088–5096, 2006.

79. J.-T. Wang, D. Wei Zhang, and J.-Y. Shen, "Modern Thermodynamics in CVD of Hard Materials," *Int. J. Refract. Met. Hard Mater.*, 19: 461–466, 2001.

80. S. Guodong, D. Juanli, L. Hui, and Z. Qing, "Thermodynamics of Preparing BxC Condensed Phases by CVD Using BCl_3-CH_4-H_2 as Precursors," *Rare Met. Mater.* Eng., 44: 826–829, 2015.

81. P. Violet, E. Blanquet, D. Monnier, I. Nuta, and C. Chatillon, "Experimental Thermodynamics for the Evaluation of ALD Growth Processes," *Surf. Coatings Technol.*, 204: 882–886, 2009.

82. J. C. Chang, "Chemical Vapor Deposition of Tungsten Step Coverage and Thickness Uniformity Experiments," *Thin Solid Films*, 208: 177–180, 1992.

83. S. Haimson, Y. Shacham-Diamand, D. Horvitz, and A. Rozenblat, "Resistivity Monitoring of the Early Stages of W CVD Nucleation for Sub-45 nm Process," *Microelectron. Eng.*, 92: 134–136, 2012.

84. R. Arora and R. Pollard, "A Mathematical Model for Chemical Vapor Deposition Processes Influenced by Surface Reaction Kinetics: Application to Low - Pressure Deposition of Tungsten," *J. Electrochem. Soc.*, 138: 1523–1537, 1991.

85. A. S. Grove, *Physics and Technology of Semiconductor Devices*, John Wiley & Sons, Inc., New York, London, Sydney, p. 721, 1967.

86. A. H. C. Neto, F. Guinea, N. M. R. Peres, K. S. Novoselov, and A. K. Geim, "The Electronic Properties of Graphene," *Rev. Mod. Phys.*, 81: 109, 2009.

87. C. Oshima and A. Nagashima, "Ultra-Thin Epitaxial Films of Graphite and Hexagonal Boron Nitride on Solid Surfaces," *J. Phys. Condens. Matter.*, 9: 1, 1997.

88. D. Jariwala, V. K. Sangwan, L. J. Lauhon, T. J. Marks, and M. C. Hersam, "Emerging Device Applications for Semiconducting Two-Dimensional Transition Metal Dichalcogenides," *ACS Nano.*, 8: 1102–1120, 2014.

89. L. Britnell, R. V. Gorbachev, R. Jalil, B. D. Belle, F. Schedin, A. Mishchenko, et al., "Field-Effect Tunneling Transistor Based on Vertical Graphene Heterostructures," *Science* (80), 335: 947–950, 2012.

90. S. Grandthyll, S. Gsell, M. Weinl, M. Schreck S. Hüfner, and F. Müller, "Epitaxial Growth of Graphene on Transition Metal Surfaces: Chemical Vapor Deposition versus Liquid Phase Deposition," *J. Phys. Condens. Matter.*, 24: 314204, 2012.

91. A. Goriachko, Y. He, M. Knapp, H. Over, M. Corso, T. Brugger, et al., "Self-Assembly of a Hexagonal Boron Nitride Nanomesh on Ru (0001)," *Langmuir*, 23: 2928–2931, 2007.

92. P. Sutter, J. Lahiri, P. Zahl, B. Wang, and E. Sutter, "Scalable Synthesis of Uniform Few-Layer

Hexagonal Boron Nitride Dielectric Films," *Nano Lett.*, 13: 276–281, 2012.

93. S. Nakhaie, J. M. Wofford, T. Schumann, U. Jahn, M. Ramsteiner, M. Hanke, et al., "Synthesis of Atomically Thin Hexagonal Boron Nitride Films on Nickel Foils by Molecular Beam Epitaxy," *Appl. Phys. Lett.*, 106: 213108, 2015.

94. J. E. Morris and K. Iniewski, *Nanoelectronic Device Applications Handbook*, CRC Press, Boca Raton, 2013.

95. X. Li, W. Cai, J. An, S. Kim, J. Nah, D. Yang, et al., "Large-Area Synthesis of High-Quality and Uniform Graphene Films on Copper Foils," *Science*, 324（5932）: 1312–1314, 2009.

96. M. Batzill, "The Surface Science of Graphene: Metal Interfaces, CVD Synthesis, Nanoribbons, Chemical Modifications, and Defects," *Surf. Sci. Rep.*, 67: 83–115, 2012.

97. C. Bjelkevig, Z. Mi, J. Xiao, P. A. Dowben, L. Wang, W.-N. Mei, et al., "Electronic Structure of a Graphene/Hexagonal-BN Heterostructure Grown on Ru（0001）by Chemical Vapor Deposition and Atomic Layer Deposition: Extrinsically Doped Graphene," *J. Phys. Condens. Matter.*, 22: 302002, 2010.

98. M. Wang, S. K. Jang, W. Jang, M. Kim, S. Park, S. Kim, et al., "A Platform for Large - Scale Graphene Electronics–CVD Growth of Single - Layer Graphene on CVD - Grown Hexagonal Boron Nitride," *Adv. Mater.*, 25: 2746–2752, 2013.

99. M. A. Fanton, J. A. Robinson, C. Puls, Y. Liu, M. J. Hollander, B. E. Weiland, et al., "Characterization of Graphene Films and Transistors Grown on Sapphire by Metal-Free Chemical Vapor Deposition," *ACS Nano.*, 5: 8062–8069, 2011.

100. T. W. Scharf, S. V. Prasad, M. T. Dugger, T. M. Mayer, "Atomic Layer Deposition of Solid Lubricant Thin Films," *World Tribol. Congr. III*, American Society of Mechanical Engineers, 375–376, 2005.

101. M. Zhang, Y. Zhu, X. Wang, Q. Feng, S. Qiao, W. Wen, et al., "Controlled Synthesis of ZrS2 Monolayer and Few-Layers on Hexagonal Boron Nitride," *J. Am. Chem. Soc.* 137: 7051–7054, 2015.

102. M.-G. Kim, M. G. Kanatzidis, A. Facchetti, and T. J. Marks, "Low-Temperature Fabrication of High-Performance Metal Oxide Thin-Film Electronics via Combustion Processing," *Nat. Mater.*, 10: 382–388, 2011.

103. C. J. Taylor, D. C. Gilmer, D. G. Colombo, G. D. Wilk, S. A. Campbell, J. Roberts, et al., "Does Chemistry Really Matter in the Chemical Vapor Deposition of Titanium Dioxide? Precursor and Kinetic Effects on the Microstructure of Polycrystalline Films," *J. Am. Chem. Soc.*, 121: 5220–5229, 1999.

104. Z. Song, L. M. Sullivan, and B. R. Rogers, "Study on the Initial Deposition of ZrO_2 on Hydrogen Terminated Silicon and Native Silicon Oxide Surfaces by High Vacuum Chemical Vapor Deposition," *J. Vac. Sci. Technol. A*, 23: 165–176, 2005.

105. A. Dabirian, S. Harada, Y. Kuzminykh, S. C. Sandu, E. Wagner, G. Benvenuti, et al., "Combinatorial Chemical Beam Epitaxy of Lithium Niobate Thin Films on Sapphire," *J. Electrochem. Soc.*, 158: D72–D76, 2011.

106. A. Dabirian, Y. Kuzminykh, S. C. Sandu, S. Harada, E. Wagner, P. Brodard, et al., "Combinatorial High-Vacuum Chemical Vapor Deposition of Textured Hafnium-Doped Lithium Niobate Thin Films on Sapphire," *Cryst. Growth Des.*, 11: 203–209, 2011.

107. A. B. M. A. Ashrafi, A. Ueta, A. Avramescu, H. Kumano, I. Suemune, Y.-W. Ok, et al., "Growth and Characterization of Hypothetical Zinc-Blende ZnO Films on GaAs（001）Substrates with ZnS Buffer Layers," *Appl. Phys. Lett.*, 76: 550–552, 2000.

108. A. N. Cloud, L. M. Davis, G. S. Girolami, and J. R. Abelson, "Low-Temperature CVD of Iron, Cobalt, and Nickel Nitride Thin Films from bis [di (tert-butyl) amido] Metal (II) Precursors and Ammonia," *J. Vac. Sci. Technol.* A, 32: 20606, 2014.

109. J.-P. Locquet, C. Marchiori, M. Sousa, J. Fompeyrine, and J. W. Seo, "High-K Dielectrics for the Gate Stack," *J. Appl. Phys*. 100: 51610, 2006.

110. T. Minami, "Transparent Conducting Oxide Semiconductors for Transparent Electrodes," *Semicond. Sci. Technol*., 20: S35, 2005.

111. A. Janotti and C. G. Van de Walle, "Fundamentals of Zinc Oxide as a Semiconductor," *Reports Prog. Phys*., 72: 126501, 2009.

第 13 章　原子层沉积

本章作者：Eric T. Eisenbraun　Colleges of Nanoscale Science & Engineering, SUNY Polytechnic Institute
本章译者：卢红亮　复旦大学微电子学院

13.1　引言

由于半导体和相关应用结构的需求，需要一种能够精确控制层厚度、组成和结构的技术，同时这些属性在原子层的电学、化学和机械特性上至关重要。随着每一代半导体器件的尺寸不断缩小，导致了组成单个器件的层厚度越来越薄[1]。这种演变最终造成了两种结果：第一，控制层的能力需要更精细；第二，薄膜和其生长的表面之间的关系对其层的整体质量也变得越来越重要。原子层沉积(atomic layer deposition，ALD)技术的出现解决了这两个问题，并已经应用在前沿集成电路制造的几个主要层沉积步骤中[2]。

ALD 是一种薄膜生长过程，它依赖反复的表面吸附化学物质的“半反应”来形成亚单原子层精度的薄膜。对于 ALD 的发明有很多种说法，但人们普遍认为，该技术是 1974 年由 Tuomo Suntola 公司开发出来用于商业加工的，Tuomo Suntola 公司研究出该技术，并将其命名为原子层外延(atomic layer epitaxy，ALE)，用于薄膜电致发光(thin film electroluminescent，TFEL)显示器的层应用[3]。在这个早期的工作中，金属硫化物，比如 ZnS 是由 $ZnCl_2$ 和 H_2S 生长合成的，该合成通过一种整体的起源反应，可以在表面分离成单个的双分子半反应。

起源反应：

$$ZnCl_2 + H_2S \rightarrow ZnS + 2HCl \tag{13.1}$$

半反应：

$$ZnCl^* + H_2S \rightarrow ZnSH^* + HCl \tag{13.2a}$$

$$SH^* + ZnCl_2 \rightarrow SZnCl^* + HCl \tag{13.2b}$$

这里的星号(*)指的是亚稳态的活性表面物质[4]。早期所说的“外延”指的是表面引发过程的特性，尽管并不一定涉及真正的外延关系。这样，这项技术最终被重新标记为原子层沉积。

事实上，ALD 是一种非常特殊的化学气相沉积(chemical vapor deposition，CVD)，它可以避免反应物之间除特定的表面化学反应外的所有化学反应。这是通过使用循环的“脉冲和清洗”或“脉冲和抽气”步骤来实现的，这些步骤分离了在基板表面化学反应的反应物种类。在这个过程中，一个沉积的“循环”被分为 4 个单独的步骤：

1．主要反应物前驱体脉冲，比如金属有机物前驱体化学吸附在表面。

2．惰性气体 (氩气或氮气)吹扫，除去气相和弱束缚表面物质，这也可以用系统的抽离来达到相同的目的。

3．反应物前驱体脉冲，可以是 H_2、H_2O、NH_3，也可以是其他金属有机物，与第一前驱体发生化学反应吸附。

4．再一次惰性气体吹扫或者系统抽离，除去气相和弱束缚表面物质。

这几个步骤的示意图如图 13.1 所示。

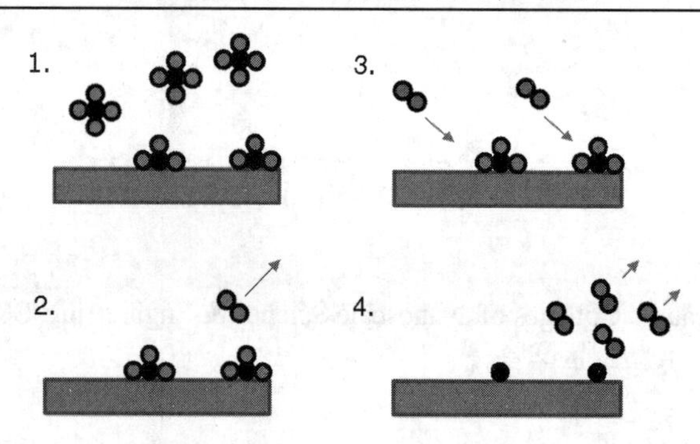

图 13.1 典型 ALD 生长周期中 4 个步骤的示意图。1. 前驱体吸附在基底表面。2.吹扫除去反应副产物和残留的反应物。3. 反应物脉冲，与吸附的物质在表面发生反应。4. 吹扫除去反应副产物和残留反应气体。每个循环都会导致沉积单层的一小部分，这在很大程度上取决于反应过程中所用反应物的性质

13.1.1 ALD 的基本原理

ALD 的关键是表面促进反应，这样就可以在生长过程中实现更好的控制，也有效地保证了只有单一的化学吸附反应层参与任何一个 ALD 的生长循环中。由于位阻效应可能防止每个表面位点被占据，这就限制了 ALD 过程在每个周期内的潜在生长速率小于一个单层，这种级别的控制促进了均匀、无针孔薄膜的生长，这也是原始 TFEL 应用的关键特征[5]。

同样重要的是，能够利用一个完整的表面吸附层使得所有暴露的基底表面饱和，以及紧接着吹扫除去额外的沉积材料的能力，实现了 ALD 的关键特性之一——能够均匀涂覆非常复杂、高表面积比，甚至凹陷的结构[6]。这就是与 CVD 或溅射等其他沉积技术的实际差异，在这些沉积技术中，由于需要均匀的气体种类流过整个基底表面，这些过程的动态特性也导致了无法很好地维持表面的均匀性。这已被证明是开发 ALD 用于下面将要讨论的 TFEL 以外应用的关键因素。ALD 独特的厚度可控性和大面积均匀性也导致了它在纳米薄片上的应用，包括多层交替材料的应用，这些类型的结构可用在光学应用中，比如布拉格(Bragg)反射[7]。

从制造业的角度来看，与溅射和 CVD 等方法相比，由于 ALD 耗材的使用和其较低的生产量，所以 ALD 是一种相对昂贵的工艺[8]。然而，它不像分子束外延(molecular beam epitaxy，MBE)等其他原子层生长过程那样是一种超高真空技术，ALD 提供了独特的材料和生长剖面能力。此外，由于 ALD 设备与 CVD 设备相似，可以无缝集成到生产线中，能够帮助减小现有生产线引入 ALD 加工的障碍。事实上，如前所述，ALD 已经被引入到许多生产环境中。表 13.1 概述了 ALD 的优点和缺点(与其他沉积技术的广泛比较)。

表 13.1 ALD 的优点和缺点

优 点	缺 点
厚度和组成的精度及可控性好	反应物的成本大
厚度和组成的均匀性和保形性好	产量低/沉积速率低
温度低(相比于类似的 CVD 过程)	用于沉积的硬件和保养维修成本高
较宽的处理窗口(确保表面饱和)	

13.2 ALD 的主要商业应用

TFEL 显示是 ALD 的第一个主要商业应用平台，在这种情况下，生长金属硫化物始于 20 世纪

70 年代中期。下一个重要的商业应用是磁盘驱动器的制造，特别是驱动磁盘顶端的 Al_2O_3 介质层，与 TFEL 的情况一样，这种应用主要利用 ALD 制备均匀的无针孔薄膜[9]。

集成电路制造已成为 ALD 的另一个主要应用领域，其主要利用了 ALD 的各种优势来制备芯片中不同的特殊层。在集成电路制造中，与 ALD 最相关的应用是超薄（小于 5 nm）栅极介质的沉积。尺寸和性能问题需要具有更高介电常数的材料来替换传统的二氧化硅栅极介质，其可以保证有效电容相同的情况下增加栅极介质的物理厚度来减小漏电流[10]。ALD 还可以用于互连和 DRAM 存储单元电容器结构中的势垒/衬垫应用，它利用了 ALD 极好的保形性。不过，这种应用目前还没有像栅极介质那样在制造中得到广泛的使用。

13.3　ALD 在前沿半导体制造中的应用

如前所述，ALD 的主要前沿应用是用于栅极介电层，由于设备尺寸的缩小，导致需要更高介电常数的材料（高 *k* 材料）来代替 SiO_2 作为栅极，这就需要建立一种可以制造这种材料层结构的制备方法。由于这些层的物理厚度的公差有效地控制整个晶圆表面的原子级厚度，因此 ALD 是制备这种层的理想候选方法。此外，由于需要保持介质下面半导体通道的完整性，因此不提倡使用溅射等技术，因为高能离子的存在，可能会造成表面损伤。

据报道，英特尔是通过 ALD 制备高 *k* 材料最早的使用者之一，其采用混合 ALD 的 HfO_2 层和氮化硅氧化物在 45 nm 节点生产处理器芯片[9]。一家大型集成电路制造商引进 ALD 技术，大大促进了 ALD 进入更广阔的市场。同样，与内存芯片沟槽电容器相关的高深宽比的实现已被证明是 ALD 的一种应用。例如，存储电容器中使用的 MIM（metal-insulator-metal，金属-绝缘体-金属）堆栈结构，非常适合利用 ALD 制备金属和介质层[11]。对于存储电容器，Hf、Zr、Al 的氧化物是比较理想的几种材料。对于金属电极，Ru 和 RuO_2 因其低电阻率和高熔点而成为首选。

13.4　ALD 的发展过程

ALD 的建立过程涉及自限制的发展，表面饱和的半反应将会控制亚单原子层材料的生长，这涉及许多步骤，可以反映出一些特定材料的 ALD 处理机制。

13.4.1　建立温度窗口

温度控制是 ALD 工艺的一个基本特征，由于 ALD 过程涉及化学吸附（或离解吸附）反应物的可控表面反应，工艺温度应按如下条件设置：

- 足够高的温度使得表面前驱体分解以促进化学吸附。
- 足够低的温度避免像传统 CVD 技术一样表面反应不受控制（这种情况称作“寄生 CVD 技术”），在某种情况下，高温也会导致吸附物的解吸，导致在高于 ALD 机制所需温度时，生长速率下降。

通常，这个温度窗口是通过了解所使用反应物的性质和测量沉积厚度作为温度的函数来实现的，如图 13.2 所示。

13.4.2　确保足够的反应物输运到表面

完全的表面半反应需要所有的表面都暴露到足够的反应物中以达到饱和。由于一个完全的

ALD过程只涉及初始的化学吸附层，因此只要进行充分的吹扫和抽真空，从表面去除过量的物质，这样表面暴露在过量的反应物中也不会影响生长速率，这个标准适用于ALD过程中使用的所有反应物。这是ALD的一个关键特征，使得极高的深宽比或复杂的表面结构可以被完全饱和，这就导致ALD产生了优越的保形性。一般情况下，每个循环的生长速率会随着反应物脉冲的增加而增加，直到达到表面饱和。然后在表面达到饱和时，只要吹扫足够，生长速率就会保持不变。

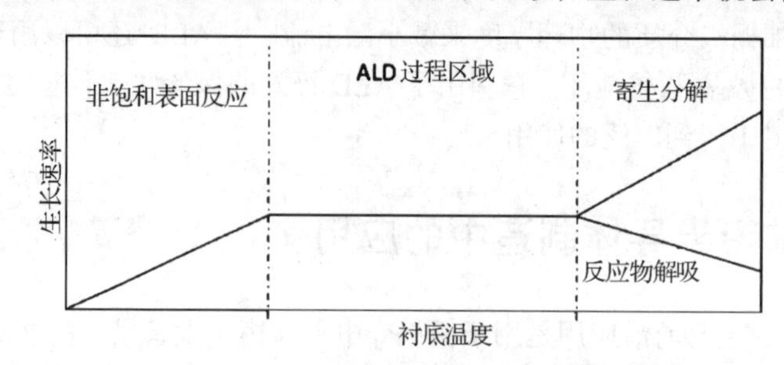

图 13.2 ALD生长速率随温度变化的一般规律，显示了关键的热机制

13.4.3 确保对反应区域进行充分的吹扫或抽离

与表面反应物剂量相似，脉冲后系统的吹扫或抽离也是建立ALD处理窗口的关键因素。如前所述，确保反应物对所有表面的饱和会导致表面的反应物过度物理吸附(或结合吸附)。为了使表面均匀地包裹上一层反应物化学吸附单层，这就需要进行吹扫或抽离以进行清除。

一般来说，吹扫不充分会导致“寄生”CVD型的生长，并且局部生长速率较高，导致厚度均匀性和保形性较差。在大多数情况下，过量的吹扫或抽离并没有坏处(除了会增加处理时间，从而降低产量)，但是，如果化学吸附层与表面没有牢固地结合，那么过量的吹扫或抽离会导致化学吸附层的脱附，然后由于表面反应物的损失而导致局部生长速率较低。

正如前驱体/反应物脉冲的暴露一样，在每种反应物暴露于表面之后，吹扫或抽离的时间也非常重要。

13.5 选择合适的ALD前驱体和反应物

从专业角度来讲，ALD是利用表面支持的自反应来生长特殊材料的，这就要求前驱体可以通过化学吸附与表面紧密结合，凭借表面母体分子的离解，前驱体直接与表面原子成键。然而，同样重要的是，被吸附物在表面应是稳定的，不会在表面自发地进行进一步的分解，因为这将导致表面上不受控制的沉积。

举一个简单的例子，ALD生长Al_2O_3是用三甲基铝和水作为源；前驱体甲基基团和表面吸附的羟基(OH)基团形成CH_4残留原子团和一个直接的Al-O表面键[12]：

$$Al(CH_3)_3 + S\text{-}OH \rightarrow (CH_3)_2Al\text{-}O\text{-}S + CH_4 \tag{13.3a}$$

其中“S”代表衬底表面。这个中间的铝复合物在衬底表面是稳定的，剩下的甲基通过后续的H_2O脉冲反应被去除，凭借

$$2(CH_3)_2Al\text{-}O\text{-}S + 2H_2O \rightarrow Al_2O(OH)_2\text{-}S + 2CH_4 \tag{13.3b}$$

剩余的表面氧化铝分子包括新的羟基(OH)基团来激活随后的生长周期。这就要求前驱体有两个重要的特征：

1. 一种清洁的反应途径，导致所需材料的生长，并形成易挥发的、热动力学稳定的副产物。

2. 一种能使 ALD 反应机制在新形成的表面上进行的活化表面的途径。

前驱体和反应物的选择也要考虑应用的实际限制。基体材料的热限制或有问题的化学反应相互作用，可能导致污染或缺陷的形成，这就要求避免一些特殊的前驱体和反应物。

13.6　硬件和流程的创新以提高 ALD 的生长速率

ALD 的最主要的缺点就是生长速率较低，导致了该技术具有较高的有效成本。因此，ALD 生长速率的增加应该是其商业使用者所要考虑的问题，这可以从系统硬件或流程本身的角度来解决。

从硬件的角度来看，流程的效率可以通过几种方式来实现。系统体积和表面积的最小化可以降低达到饱和所需的反应物通量。反应物输送管道应尽可能细和窄，以在不牺牲流量特性的前提下减少受潮面积。同样也尽可能减小腔体的容积，脉冲阀应该具有快速、可靠的开关特性，应被设计成减小加热液体和固体反应物的冷凝势。

在 ALD 工艺方面，为了提高有效生长速率和晶圆产量，已经取得了一些进展。当 ALD 过程被认为是一系列表面反应时，显然提高生长速率最直接的方法是提高表面反应速率。然而，ALD 的生长速率通常与表面饱和所需的时间和在每个吸附循环中所覆盖的表面的比例有关。增加前驱体或与其反应的反应物通量可以达到更快的表面吸附速率（R），尽管这一过程往往受到有效吸附速率的限制。有效吸附速率是特定材料体系吸附激活能（E_a）的函数，反应物的分压 P 和衬底温度 T 有如下关系：

$$R = \frac{f(\theta) \cdot P}{\sqrt{2\pi mkT}} \exp(-E_a / RT) \tag{13.4}$$

其中，$f(\theta)$ 是表面覆盖率的经验函数[13]。达到这种条件的一种方法是仔细选择反应物的化学成分，使其具有高的相互作用活性。例如，在制备 Al_2O_3/SiO_2 纳米结构时，使用三甲基铝（TMA）可实现在 SiO_2 衬底上的快速 ALD 沉积 Al_2O_3[14]。

也可以在“正式”的 ALD 过程窗口之外操作 ALD 过程。例如，在吹扫过程中没有完全去除残留的表面吸附物，从而提高了每个循环的生长速率，这可能导致在均匀性和保形性方面有所损失，但是在应用方面，这也许是一个可接受的折中方案。

13.7　ALD 过程中等离子体的应用

虽然大部分的 ALD 过程都是热激活的，但根据热力学，可能表明在接近平衡的环境中，无法达到一个理想的反应途径或一个理想的材料结构。等离子体可以用来中断热力学上通常所需的途径，从而使得在实际加工条件下无法实现的物质的相生长成为可能[15]。等离子体还可以促进前驱体或者与其反应的反应物的初始离解，从而在相对较低的温度下实现更有效的生长。对于衬底温度可能受到限制的应用，如聚合物，这是一个关键优势。

等离子体环境的反应度也会对这个过程产生不必要的影响，除了等离子体中带电粒子和分子的存在，等离子体的反应特性会影响包裹层本身的均匀性和保形性。这与等离子体增强 CVD 的原因几乎相同，因此，等离子体激发物质的相对较高的黏附系数会导致整个基质表面的吸附均匀性有一定损失[16]。值得注意的是，等离子体 ALD 在较复杂结构的均匀性与热 ALD 的相比并不太理想，但等离子体 ALD 层通常可以实现较好的台阶覆盖，所以这可能是增强材料性能的一个可接受的折中方案。

13.8 ALD 过程中的硬件要求

考虑到 ALD 和 CVD 工艺的相似性，这些工艺的硬件也具有一定的相似性，通常腔体、气阀、压强控制、真空抽放系统是相似的。第一代 ALD 系统设计采用了“热壁”(外部加热)水平流动构型，与 CVD 的分层式烘炉非常相似，后来的设计增加了带有加热晶圆夹头的单晶圆“下流式”系统。使用类似的化学加工方法也会导致类似的加热和环境健康安全问题。

另一方面，ALD 过程的快速循环特性和表面自限制半反应的重要性指出了硬件设计中的几个关键差异。首先是前驱体和反应物的传递对快速节流输送值的需求，要求阀门在两次更换之间具有很高的循环时间。此外，为了保持对反应物侧面通量的最佳控制，脉冲阀组件和沉积室之间的距离越短越好。并且由于 ALD 过程是由饱和表面反应控制的，而不是由气相混合和动力学问题控制的，所以为了提高工艺效率，最好采用最小的腔体容积。

13.9 原子层化学沉积的逆向过程：原子层刻蚀

ALD 化学反应的一个最新发展涉及使用相同的半反应原理，从本质上将给定的沉积反应逆转成为刻蚀反应。大多数发生在 ALD 中的反应是可逆的，所以像 ALD 中的自限制表面反应的概念可以扩展到逐层刻蚀。在原子层刻蚀中，表面暴露于可形成挥发性产物的活性物质中，经过曝光和吹扫后，挥发性刻蚀产物的表面层留在表面，然后暴露于等离子体中的低能离子(通常不会去除表面原本的材料)可以促进刻蚀产物的解吸，最终从系统中去除刻蚀产物后留下原子层[17]。

13.10 参考文献

1. M. Ieong, B. Doris, J. Kedzierski, K. Rim, and M. Yang, “Silicon device scaling to the sub-10-nm regime,” *Science*, 306: 2057, 2004.

2. H. Kim, H. Lee, and W. Maeng, “Applications of atomic layer deposition to nanofabrication and emerging nanodevices”, *Thin Solid Films*, 517: 2563, 2009.

3. T. Suntola, “Atomic Layer Epitaxy,” *Tech. Digest of ICVGE*-5, San Diego, 1981.

4. J. Tanskanen, J. Bakke, S. Bent, and T. Pakkanen, “ALD growth characteristics of ZnS films deposited from organozinc and hydrogen sulfide precursors,” *Langmuir*, 26 (14): 11899, 2010.

5. J. Maula, “High-quality crystallinity controlled ALD TiO_2 for waveguiding applications,” *Chinese Opt. Lett.*, 8: 53, 2010.

6. S. George, “Atomic Layer Deposition: an Overview,” *Chem. Rev.*, 110: 111, 2010.

7. A. Rissanen and R. Puurunen, Proc. SPIE 8249, “Use of ALD Thin Film Bragg Mirror Stacks in Tuneable Visible Light MEMS Fabry-Perot interferometers,” Advanced Fabrication Technologies for Micro/Nano Optics and Photonics V, 82491A, Feb. 2012.

8. R. Johnson, A. Hultqvist, and S. Bent, “A Brief Review of Atomic Layer Deposition: From Fundamentals to Applications,” *Materials Today*, 17 (5): 236, 2014.

9. A. Paranjpe, S. Gopinathb, T. Omsteadb, and R. Bubber, “Atomic Layer Deposition of AlO_x for Thin Film

Head Gap Applications," *J. Electrochem. Soc.*, 148 (9): G465–G471, 2001.

10. K. Mistry, C. Allen, C. Auth, et al. "A 45 nm Logic Technology with High-k+Metal Gate Transistors, Strained Silicon, 9 Cu Interconnect Layers, 193 nm Dry Patterning, and 100% Pb-free Packaging," *Proceedings of the* 2007 *Electron Devices Meeting*, IEDM 2007, IEEE International, pp. 247–250, 2007.

11. Z. Karim, Y. Senzaki, S. Ramanathan, J. Lindner, H. Silva, and Martin Dauelsberg, "Advances in ALD Equipment for sub-40 nm Memory Capacitor Dielectrics: Precursor Delivery, Materials and Processes," *ECS Trans.* 16 (4): 125, 2008.

12. R. Puurunen, "Surface chemistry of atomic layer deposition: a case study for the trimethylaluminum/water process," *J. Appl. Phys.*, 97 (12): 121301–121356, 2005.

13. P. S. Kumar and K. Kirhika, "Equilibrium and Kinetic Study of Adsorption of Nickel from Aqueous Solution onto Bael Tree Leaf Powder," *J. Eng. Sci. Technol.*, 4 (4): 351, 2009.

14. G. Fong and J. Ma, "Rapid atomic layer deposition of silica nanolaminates: synergistic catalysis of Lewis/Brønsted acid sites and interfacial interactions," *Nanoscale*, 5: 11856, 2013.

15. H. B. Profijt, S. E. Potts, M. C. M. van de Sanden, and W. M. M. Kessels, "Plasma-Assisted Atomic Layer Deposition: Basics, Opportunities and Challenges," *J. Vac. Sci. Technol. A*, 29 (5): 050801, 2011.

16. H. C. M. Knoopsa, E. Langereisb, M. C. M. van de Sandenb, and W. M. M. Kessels, "Conformality of Plasma-Assisted ALD: Physical Processes and Modeling," *J. Electrochem. Soc.*, 157 (12): G241, 2010.

17. K. Kanarik, T. Lill, E. Hudson, S. Sriraman, S. Tan, J. Marks, V. Vahedi, and R. Gottscho, "Overview of atomic layer etching in the semiconductor industry," *J. Vac. Sci. Technol. A*, 33: 020802, 2015.

13.11　扩展阅读

Hwang, C. S. (ed.), *Atomic Layer Deposition for Semiconductors*, Springer, New York, 2014.

Kääriäinen, T., D. Cameron, M. Kääriäinen, and A. Sherman, *Atomic Layer Deposition: Principles, Characteristics, and Nanotechnology Applications*, 2d ed., Wiley-Scrivener, Hoboken, New Jersey, 2013.

Puurunen, R., "A Short History of Atomic Layer Deposition: Tuomo Suntola's Atomic Layer Epitaxy," *Chemical Vapor Deposition*, 20: 332–344, 2014.

Puurunen, R. L., H. Kattelus, T. Suntola, "Atomic Layer Deposition in MEMS Technology," Chap. 26, *Handbook of Silicon Based MEMS Materials and Technologies*, edited by V. Lindroos et al., Elsevier, Amsterdam, pp. 433–446, 2010.

Suntola, T., "Atomic Layer Epitaxy," Chap. 14, *Handbook of Crystal Growth Vol.* 3, *Thin Films and Epitaxy, Part B: Growth Mechanisms and Dynamics*, Elsevier Science Publishers, Amsterdam, 1994.

Suntola, T., "Atomic Layer Epitaxy," *Handbook of Thin Film Process Technology*, Institute of Physics (IOP) Publishing, Inc., London, 1994.

第 14 章　电化学沉积

本章作者：John Klocke　Applied Materials
本章译者：卢红亮　复旦大学微电子学院

14.1　引言

电化学沉积(electrochemical deposition，ECD)是现代半导体制造的重要部分，被应用于很多制造步骤。电化学沉积可以根据不同应用的工艺要求进行调整，包括电解沉积用于镶嵌的高导电铜互连线。通过无电方法可以实现选择性沉积，用于沉积铜合金覆盖层来改善电迁移寿命。电化学沉积还提供在封装应用中非常诱人的低成本和高产出工艺。在芯片封装应用中，例如铅/锡和锡/银的焊料合金的厚沉积便是使用抗蚀剂的电镀工艺。

14.2　ECD 的基本原理

电化学沉积通过对溶液中离子或带电粒子的电中和来在表面沉积材料。在金属的电解沉积中，外部电源提供用于还原金属阳离子的电子，并在阳极衬底表面形成金属层。在无电沉积中，电子是来源于化学物质而非外部电源。在电泳沉积中，被沉积物(典型的有光刻胶和涂料)是包含带电胶团的中性物质。这些带电胶团随后会被电中和并沉积在衬底表面。

14.2.1　电解沉积

最基本的电解池(见图 14.1)包括一对浸泡在电解液中的阳极和阴极，它们通过一个外部电源连接。电源引发电极间的电势梯度，使得阳极上发生氧化反应，阴极上发生还原反应。阴极与阳极间的电势差被称为电池电势，它是电极上表面势及由电极和电解液电阻导致的电势差的总和。一般来说，电池电势的最大影响因素是电极间电解液的电阻。系统中可以引入第三个电极(参比电极)来测量邻近阴极或阳极处的电势。参比电极几乎没有承载电流，从而实现更加精细的电极电势测量。

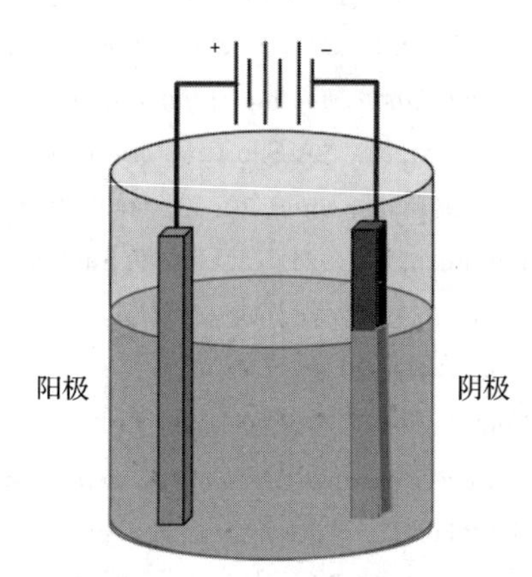

图 14.1　基本电化学池

电极上发生的反应取决于电解液中的反应物种类和电极电势。标准电极电势一般用相对于标准氢电极的伏特值来表示。对于一个简单的可溶铜阳极系统，阳极表面的固态铜被氧化并溶解到溶液中，这些铜离子随后被还原并以金属铜的形式沉积到阴极表面，见反应式(14.1)。通过施加一个小于 0.34 V 的阴极电压，铜离子可以还原为金属铜。电压的继续减小会使得反应速率和通过系统的电流增大。

$$\text{阴极(还原反应)：}\ Cu^{2+} + 2e^{-} = Cu^{0}(+0.34\ V) \tag{14.1}$$

在一个典型的 ECD 池中，被沉积的金属来源于非常靠近电极(阴极)的电解液中。这与真空沉积工艺相反，例如在溅射工艺中，沉积物质来源于对电极(counter-electrode)或靶，并且材料溅射的平均自由程很大。金属阳离子在阴极的还原反应中被消耗，它们的浓度在非常靠近阴极表面的区域有所下降。随着反应的进行，这导致一个金属阳离子浓度较低区域的形成，称为扩散边界层。扩散边界层中的浓度梯度驱使离子反应物向阴极传输。离子反应物扩散速率减去反应速率的余值是电解系统中的一个重要参数。如果电流达到了一个临界点，使得金属离子刚达到阴极表面便立刻被反应消耗掉，那么此时扩散边界层中的扩散速率便达到了最大值，因为浓度梯度已经无法再增加了。这被称为极限电流密度(limiting current density，LCD)。此时如果电压再稍微增加，那么电流一般不会变化，因为反应速率已经达到最大。但如果电池电势继续提高，那么电流会再次增大，因为表面过电压将足以驱动一个新的反应进行。在酸性环境中，这一般会产生氢气。如果在沉积时，电池电势等于或高于氢气产生的电势，那么一部分电流将用于产生氢气而不是沉积金属。用于沉积金属的电流百分比称为工艺效率。在水溶液环境中，–0.83 V 的阴极电压会导致水的分解。溶液中的水会源源不断地参与反应。因此，还原电势比水低的金属(如铝和钛)无法在水溶液中进行电化学沉积，它们只能在例如溶剂和熔融盐的无水环境中进行电镀。

如果沉积反应在电流密度接近 LCD 的条件下进行，那么沉积物将会呈现出结节状或树枝状。一般来说，工业沉积中的电流密度为 LCD 的 30%～50%，以得到拥有一致形貌的光滑沉积物。LCD 是对相对沉积速率的合理衡量，适用于不同的系统。在电化学沉积系统中，提升金属阳离子扩散到阴极的速率对于提升 LCD 十分重要，相关的因素包括搅动(例如溶液流速和晶圆旋转速率)程度、温度和金属阳离子浓度[1~5]。

如果溶液中存在两种不同的金属离子，那么沉积物将会是两种金属标准电极电势的函数。例如，当溶液中同时存在 Cu^{2+}和 Fe^{3+}时，铜在 0.34 V 下很容易就会沉积，而铁则需要更低的沉积电势(–0.04 V)，因此沉积物大部分是铜。当电解液中存在两种电极电势相似的金属阳离子时，如 Sn^{2+}(–0.14 V)和 Pb^{2+}(–0.13 V)，那么将会被共沉积为合金。在一些情况下，还原电势是通过络合剂调节的。络合剂中包含了不同氧化价态的金属离子，它们可以有效转换沉积的金属离子种类和对应的标准电势。此外，改变浓度或使用有机添加剂可以提升过电压来满足两种金属的同时沉积。

旋转圆盘电极是用来分析电化学沉积系统的非常有用的工具。旋转圆盘提供补充的反应液，并且在表面拥有均匀的 LCD 分布。旋转圆盘上的均匀沉积可以清晰反映沉积情况的变化。通过改变不同的转速可以研究质量输运效应。通过施加不同的电压可以研究电流的响应。电压-电流曲线，例如 LCD 曲线，一般都是通过旋转圆盘电极获得的，它们是关于电化学沉积的有效分析工具。循环伏安溶出(cyclic voltammetric stripping，CVS)方法可用于研究在固定电镀液下的沉积量。在 CVS 方法中，旋转圆盘电极以预定比率交替施加负电势和正电势，并不断循环。当电势为负时(见图 14.2 左侧)，电极上发生沉积，反向电流增大。当电势变为正时，电极上的沉积物溶解，电流为正向电流。如果所有的沉积物都被溶解，则正向电流减小。图中第一象限的峰称为溶出峰，峰下方区域的面积可以用来定量地反映在一个电势循环中沉积物的量，从而分析或控制电化学沉积过程。

人们在电解液中加入有机添加剂来调控沉积过程。有机添加剂与溶液中的离子形成复合物，从而增大或减小发生沉积所需的电势。其他的成分阻塞阴极表面，抑制给定电势下发生的沉积。催化剂、抑制剂和调平剂是用于镶嵌金属化的有机添加剂的不同类型。抑制剂一般含有乙二醇醚混合物的聚合物或共聚物[6, 7]。当溶液中存在少量氯离子时，这些有机材料吸附在铜的表面并抑制沉积的进行。因为这些材料可以在给定的电势下减小沉积速率(电流密度)，因此称为抑制剂。这些材料还能够提高过电压来维持特定的沉积速率。而当电解池内含有抑制剂时，加入催化剂可以提高沉积速率，减小过电压。催化剂成分一般为 3-巯基-1-丙磺酸钠(3-mercapto-1-propanesulfonate，MPS)、双(3-磺丙基)二硫[bis(3-sulfopropyl) disulfide，SPS]或类似的硫醇混合物[6, 7]。这些材料通常起到催化剂的作用，在沉积过程中吸附在沉积表面。

图 14.3 展示了 CVS 分析中抑制剂和催化剂的作用。在“仅电解液”条件下的曲线有很大的溶出峰和溶出区域。当把抑制剂加入电解液中时，给定电势下的沉积量将会减小。如图中的“一剂抑制剂”曲线所示，它的溶出区域大大减小。当把催化剂加入添加过抑制剂的溶液中时，给定电势下的沉积量增加。如图中的“抑制剂 + 催化剂”曲线所示。

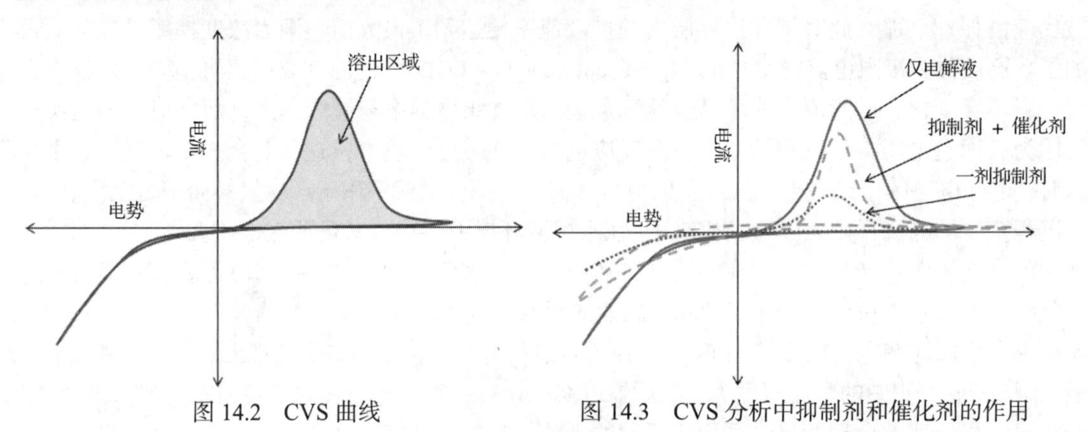

图 14.2　CVS 曲线　　图 14.3　CVS 分析中抑制剂和催化剂的作用

调平剂是带负电荷的极性分子，也具有抑制的作用，它们一般是含有磺酸基、氨磺酸或其他含氮官能团的高分子[6]。调平剂连接在高反应电流密度区域的表面，或与催化剂混合物结合，从而减小区域内的沉积速率。这些有机添加剂的浓度一般非常低，浓度范围为电解液成分的十亿分之一到 0.1%。它们对影响表面浓度的因素十分敏感，例如搅动（流速、液体搅动和转速）程度和温度。

添加剂可以抑制和加速沉积速率，使得人们可以调节沉积的化学过程，实现在形貌底部的沉积速率高于顶部的情况。抑制剂阻塞形貌边壁的沉积，而催化剂几何上聚集于形貌的底部表面，使得更易在形貌的底部沉积[3]。这开创了超共性沉积[8, 9]，这是电化学沉积从底部填充镶嵌形貌的能力。调平剂一般用在受扩散限制的反应机制里，从而不干扰形貌细节的填充。当形貌细节填充完成时，调平剂限制了此处的继续沉积，防止在高度图案化区域的过度沉积。关于解释这个现象的理论，有大量参考文献可参阅。

电解沉积系统中的阳极也非常值得关注。对于铜的沉积，有两种可用的阳极：消耗性的（铜）和惰性（非消耗性）的。两种电极的区别是它们支持的阳极反应不同。消耗性电极促进阳极处的铜溶解。大多数工业系统使用消耗性电极在半导体晶圆上沉积铜。在这个例子里，阳极处的反应与阴极相反，提供了廉价铜源和稳定的铜离子浓度。然而，随着铜的溶解，阳极必须定期补充。惰性电极一般涉及在阳极产生氧气的反应。如果控制不当，氧气会导致薄膜缺陷[10]。这种反应需要的阳极电势比消耗性电极的更高，也会加快阳极表面有机添加剂的氧化和分解。也可以用离子膜来分离阳极、阳极电解液及阴极、阴极电解液，只将有机添加剂加入电解质溶液中，从而避免阳极的添加剂氧化，稳定电镀化学过程。此外，阳极产生的气泡也与晶圆分离，防止气泡引发的缺陷。

14.2.2　无电沉积

无电沉积涉及减少衬底表面金属阳离子来沉积金属。它与电解沉积的不同之处在于，还原性的电子来源于化学反应而不是外部电源。

无电沉积中最简单的一种就是一个简单的置换反应。当反应材料浸泡到含有更惰性的离子的溶液中时，置换反应就会发生。反应式（14.2）给出了铁在含铜离子溶液中的反应。最经典的案例是在铁钉外电镀铜。当一个铁钉浸泡到硫酸铜溶液中时，表面的铁原子失去电子成为可溶性的离子，而铜离子吸收电子，变为金属铜沉积在铁钉表面。最终形成了一个铜包覆的铁钉。

$$\text{铜和铁置换反应：} Fe + CuSO_4 \rightarrow Cu + FeSO_4 \quad (14.2)$$

第二种无电沉积利用还原剂来提供电子。通常使用的还原剂包括甲醛（HCHO）和二甲胺硼烷（dimethylamine borane，DMAB）。沉积反应可以在金属表面上自动催化，或者沉积催化剂（如钯）来催化。沉积速率由化学浓度、温度和物质输运到衬底表面的速率来控制。无电沉积不需要电流，因此例如终点效应等影响因素不复存在。并且无电沉积不需要籽晶层，在催化剂活化后，材料可以直接沉积在介电材料上。

无电沉积还提供自对准和选择性沉积的优点。当衬底上同时裸露有介电材料和金属区域，可以使用置换反应仅活化金属表面，随后只在活化的金属表面沉积。

14.3　电化学沉积的应用

14.3.1　铜互连

在早期的半导体工艺中，晶体管门延迟决定了芯片速度。然而，随着器件的缩小，金属化（互连）水平中的 RC 延迟成为决定芯片速度的重要因素。铜由于的低电阻率和高电迁移寿命，在很多芯片中取代了铝作为互连金属。铜是电阻率仅次于银的元素，其电阻率低至 $1.67\ \mu\Omega\cdot cm$。铜薄膜有比铝高得多的熔点，并且结晶取向为密堆积的（111）面。这两个因素限制了铜原子的移动，改善了电迁移表现[8]。相比于传统的铝合金，铜互连的电迁移寿命一般都提高了一个数量级[11]。

铝互连的形成使用减成金属化工艺，通过干法刻蚀覆盖层物理气相沉积（physical vapor deposition，PVD）铝合金。然而在目前的技术下，铜的干法刻蚀难以实现，因为半导体器件难以承受铜成分挥发的温度。铜互连的实现需要转向镶嵌工序。在镶嵌工序中，首先沉积介电材料并图形化，然后将金属填充到图形中。最后，多出的材料使用化学机械平坦化（chemical mechanical planarization，CMP）去除，留下嵌入的金属线。在双嵌入式工艺中，下部的通孔层和上面的金属线层都先在介电材料中完成图形化，然后在同一步金属化工序中完成填充。这减少了工艺步骤和制造成本。

标准的镶嵌铜金属化工艺流程如图 14.4 所示。在介电材料图形化之后，使用 PVD 沉积阻挡层和籽晶层。一般来说，阻挡层是 Ta 或 TaNx/Ta 双层，籽晶层是铜。随后电化学沉积铜来填充图形。在沉积后，铜沉积层内的晶粒尺寸一般较小，因此将它在相对低温（100～400℃）下退火来增大晶粒尺寸和固定薄膜。随后使用化学机械抛光去除多余的材料，留下嵌入衬底的铜导线。

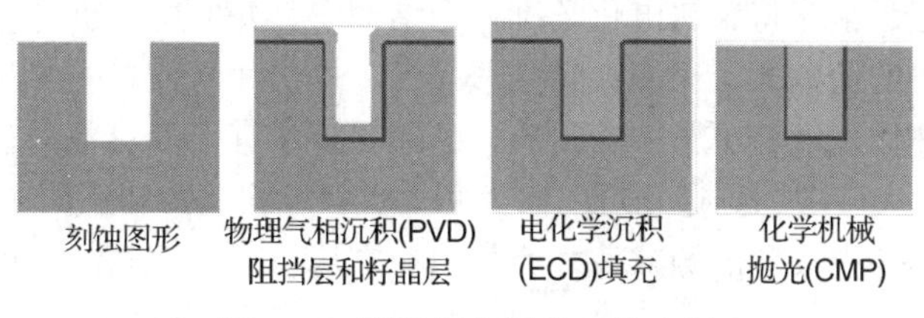

图 14.4　镶嵌铜金属化工艺流程

众所周知，电镀是铜的一种提纯方法（电解提纯），可以沉积纯度很高的薄膜（检测结果为 0 ppm）。然而，有机添加剂也会进入到沉积物中。用于互连的铜薄膜一般存在 10～500 ppm 的杂质，主要为硫和碳。这些杂质实际上提高了沉积薄膜的稳固性，改善了压力迁移性能。但是，如果杂质含量过高，那么电迁移寿命将会受到负面影响。

铜可以使用以下几种溶液电解沉积——酸性硫酸铜、甲磺酸、基本氰化物络合物、焦磷酸盐池和许多其他专门的化学物质，其中的一些含有络合剂。然而，半导体工艺中的大部分铜沉积使用相对简单的酸性硫酸铜。这些电解池一般包含三种无机成分——硫酸、硫酸铜和盐酸，并加入有机成分来调节沉积和薄膜特性。在电镀过程中，硫酸铜提供了铜离子来源。溶液中铜离子浓度越高，沉积过程的形貌填充能力越好。硫酸用于保持酸性环境以避免铜离子沉积，同时提高溶液的离子导电性。氢离子或质子是溶液中首选的电荷载体，提供了溶液了高导电性。溶液的 pH 还影响有机添加剂的活性。溶液中硫酸铜和硫酸的浓度并非完全独立，由于同离子效应限制了溶液中总的硫酸根离子浓度，因此它们的浓度和存在着上限[12]。

在电镀镶嵌铜金属化过程中，首要的技术难题就是在晶圆上最细微的形貌中保持无孔洞地填充。在之前的讨论中，自上而下的填充是通过有机添加剂实现的。这些添加剂的吸附和取代过程取决于添加剂浓度和区域电势或电流密度。因此，控制晶圆上电流的均匀性和电镀池中的添加剂浓度是十分重要的。在沉积开始时，籽晶层做得很薄（200～400 Å 的铜）来防止对细微形貌的破坏。这使得沿着晶圆的电阻非常大，而且这个电阻还会随着图形密度的提高和铜合金籽晶层的使用而进一步增大。而随着沉积过程的进行，晶圆上的细微形貌被填充，铜层的厚度增加，导致沿着晶圆的电阻大为减小。因此，从晶圆边缘到中心的电压降（终端效应）是随着时间减小的。电镀系统必须能够适应变化的电阻，用以保持电镀过程中均匀的沉积和填充表现。

典型的铜互连电镀序列涉及多个工艺步骤。第一步（浸入），也可能是最重要的一步，涉及在晶圆浸入电镀液时保持一定的晶圆电势。这个电势必须要保护铜籽晶层以避免电镀液的腐蚀，并且帮助设置晶圆表面添加剂的初始状态。电流必须要设置到确保整个晶圆有相似的添加剂吸附情况。浸入过程中晶圆的运动设置也很重要，需要实现均匀的添加剂吸附及避免气泡在晶圆表面残留。

第二步是凹槽填充。在这一步中必须调制施加在晶圆的电流，来保持凹槽填充所需的正确区域电势。在最细微形貌的填充中，晶圆的表面区域将会发生显著变化，这需要电流密度相应的巨大变化来保持一致的填充。电化学沉积的最后一步也称为盖的块体沉积。在这一步工艺中，重要的形貌已经被填充了，将会提高电流密度来向添加剂作用较小的宽结构（如焊盘）中沉积足够的铜。大部分的铜都是在这一步沉积的。这一步首要的要求便是薄膜最终能够适用于下一步的化学机械抛光过程，诸如均匀性、平整度和纯净度等因素都会考虑到。在电镀完成后，冲洗晶圆并去除晶圆侧面的铜，用以防止化学机械抛光过程中的划伤。

14.3.2 硅通孔

硅通孔（through-silicon-vias，TSV）是一种类似于镶嵌铜互连的工艺。首先在沉积金属前定义图形，然后沉积籽晶层，最终将金属电化学沉积到结构中，并使用有机添加剂调节沉积过程。相比于镶嵌铜互连，这里的通孔大了很多，它穿透晶圆，提供片与片之间的互连通道。硅通孔实现了片与片之间更短的连接长度和更紧凑的封装。硅通孔技术有很多变种，它们在尺寸、形状和集成方式上有很大区别。大多数的硅通孔可以归为两大类：背面通孔和正面通孔。

背面通孔一般在器件完成和晶圆减薄之后刻蚀。它从晶圆背面刻蚀，直到接触器件层为止。这种方法不会侵蚀芯片的有效区域，可以使用低刻蚀成本的宽锥形通孔。这些更大的锥形通孔随后用铜填充，或者用铜或金作为内衬。这种芯片连接方式在 III/V 族半导体工业中是十分常见的。

正面通孔一般是在器件制造过程中制作的，包含一个延伸进硅晶圆中的高深宽比通孔。通孔的底部在后续的晶圆背面减薄过程中打通。这种窄的通孔允许更多的片间连接，但是会侵蚀晶圆上的器件区域。一般来说，这种通孔的深宽比范围为 10:1 到 20:1， 深度范围为 30～100 μm。

与镶嵌通孔相比，更大尺寸的硅通孔在特征润湿时间、物质输运和工艺时间上有很大区别。

传统铜互连的亚微米特征润湿得很快[13]。小尺寸导致很大的毛细作用力，可以很快将气泡排出。而例如硅通孔的大尺寸封装结构减小了毛细作用力，使得更多的气泡需要被溶解到溶液中。这使得浸润需要数分钟，相比之下亚微米尺寸形貌的浸润只需不到一秒。为了提高沉积池的产出，并且最大程度减少籽晶层受到的腐蚀，硅通孔晶圆一般是在电化学沉积前预浸润的。

硅通孔结构中的物质输运也与传统铜互连有很大不同。传统铜互连形貌的深度与尺寸远小于扩散边界层的情况(大部分情况下小于 1 μm)。硅通孔的结构大到足以在特征的出口处产生对流。对流区域以大约 1 : 1 的深宽比向形貌深处扩张。比如，一个 10 μm 宽的特征会有大约 10 μm 深的对流区域(见图 14.5)[14,15]。它们还有很长的扩散长度。因此，电镀添加剂和铜离子的扩散时间将会很长。这点尤为重要，因为有时这些形貌在预润湿过程中填充的是水。这些原因导致在硅通孔的自下而上的填充过程中，成核花费的时间很长，填充速率也受到铜离子输运速率的限制。

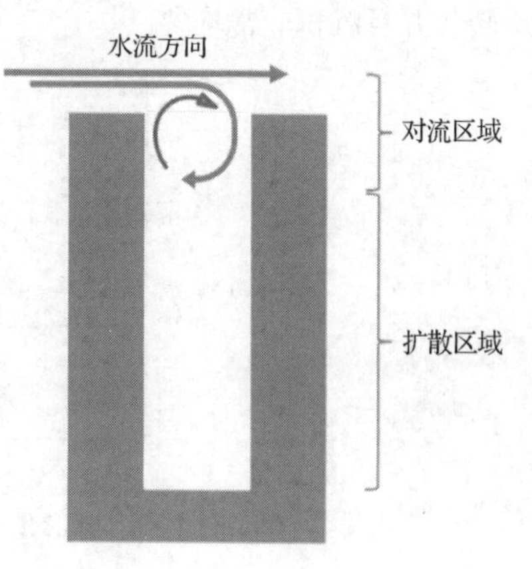

图 14.5　硅通孔结构中的物质输运

由于硅通孔中成核速率慢、铜离子浓度受限、特征尺寸大，因此硅通孔填充花费的时间比互连填充的更长。这会对电化学过程产生一些影响。添加剂和它们的分解产物会有更多时间在衬底表面聚集，因此必须小心控制电解池。由于硅通孔的成本比较高，早期一般应用于高端、高性能产品中。

14.3.3　透膜电镀

在晶圆级封装应用中，金属化层被添加在制作好的晶圆上，其中包括重布线层(redistribution layer，RDL)、桩和柱、凸块、焊盘和无源元件。这些特征的典型尺寸范围从最小 2 μm 的连线到最大约 200 μm 的凸块。相对较大的特征尺寸分布允许透膜电镀的应用。在这种情况下，籽晶层和阻挡层在光刻胶去除后被湿法刻蚀，对最终的特征尺寸造成最小的影响。这省去了镶嵌工艺中昂贵的化学机械抛光步骤，并且允许应用简单的物理气相沉积薄膜。透膜电镀的工艺流程参见图 14.6。

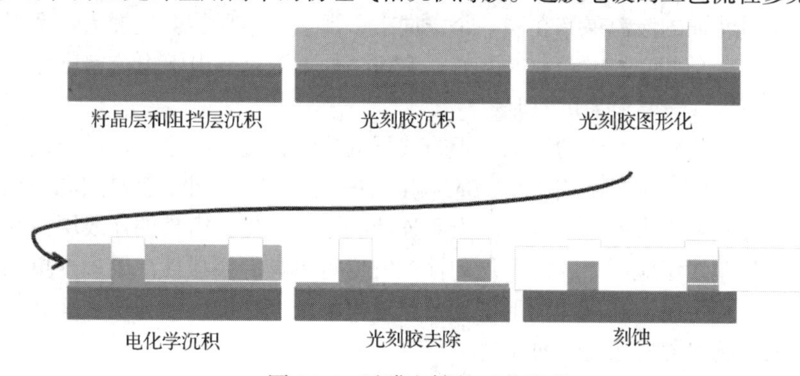

图 14.6　透膜电镀的工艺流程

转盘理论表明，在旋转晶圆上的极限电流密度是均匀分布的，然而在透膜电镀中这一机制就改变了。衬底上大面积的区域被光刻胶覆盖而无法沉积，导致更多的铜离子被输送到晶圆的边缘。因此，透膜电镀中转盘中间的极限电流密度更低，向着晶圆边缘增加(见图 14.7)。开口区域越小，中间和边缘的极限电流密度差别越大。于是，最大的电镀速率就被晶圆中间区域的物质输运速率所限。为了保持均匀的高速沉积，还需要旋转圆盘以外的其他方法来帮助物质输运。有几种方法可以用来改善晶圆中间区域的物质输运，包括使用区域液体喷射来提高转盘中间区域流速、在慢速旋转的晶圆上制造大体积对流。最常见且结果最均匀的方法是使用各种桨盘[16]。在这种情况下，物质输运完全由一个搅拌器提供，搅拌器来回旋转，并接近晶圆表面。这种物质输运没有借助晶圆旋转，并且沉积非常均匀。

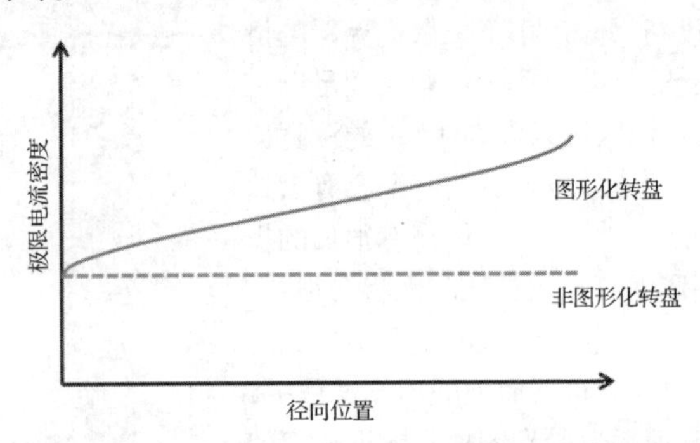

图 14.7　图形化转盘和非图形化转盘的极限电流密度比较

由于籽晶层在光刻胶掩模的下面，因此自下而上的特征填充会自动地发生。技术上的挑战更多在于沉积的均匀性。晶片上露出区域的面积不同导致了电流密度的高低不同(电流拥挤)，从而导致晶片中沉积的厚度(晶片内部均匀性)显著不同。通常使用更高酸度(更高电导率)的溶液，利用它们更高的布散能力来分散晶片上的电流。有机添加剂也有助于抑制高电流区域的沉积，进一步改善晶片内部均匀性。

在共沉积金属来形成焊料合金时，保持均匀的物质输运和电流密度最为重要。举个例子，当锡银合金沉积速率从 2 μm/min 降低到 1 μm/min 时，银在共熔物中的浓度会从 3.5%提高到 5.5%，这会导致材料性质的变化，例如熔点更高[17]。这在个体特征中也很重要。当电镀特征底部时，物质输运受到限制，扩散速率决定了可允许的电流密度。在特征填充时，特征顶部的对流使得在沉积速率更高的同时保持一致的合金成分。

特征内的物质输运和有机添加剂对个体特征电镀的形貌也至关重要。物质输运影响个体特征的对称性。如果穿过特征的液流保持在同一个方向上，那么电镀形貌会发展为一个斜坡。改变流向可以防止斜坡的产生(例如搅拌器不断搅动)。有机添加剂浓度和电镀电流密度可以导致特征形貌从凸起变化到凹陷。一般要求平坦的形貌。

随着器件性能和芯片互连数量的增加，重布线层的连线密度也在增加。最小线宽不断缩减，并且层数在增加。为了使切口数量和随后 UBM 刻蚀中的 CD 损失最小，籽晶层和阻挡层的厚度不断减小。这导致了晶圆上更大的终端效应。由于连线的数量增加，密集的连线层占用了更多的开放区域。因此，在重布线层应用中，电镀均匀性控制变得更具有挑战性。更多、更细的电阻籽晶层要求更加先进的电镀控制，更高的图形密度要求更大的电流密度。层与层之间开放区域的巨大区别，要求电镀池中更加灵活和均匀的控制。

14.3.4　无电沉积

无电沉积应用于封装和互连工艺。最成熟的互连应用是改善电迁移寿命的选择性覆盖层。传统的工艺在化学机械抛光后用氮化硅或碳化硅(或两者组合)来覆盖铜互连线。这一介电层阻止了铜的扩散，并且起到刻蚀停止层的作用。然而，电迁移还是主要沿着这一界面发生，因此减少了器件寿命[18]。这一层还具有相对较高的介电常数，这提高了介质堆叠的有效介电常数。为了将有效介电常数减少到 3.0 以下，必须改变或除去这种覆盖层[19]。

在关键工艺层中，铜互连上面可以覆盖例如 CoWP 的金属薄层。这一层可以有效减少沿着互连线上部界面的铜迁移，延长 10 倍以上的电迁移寿命。为了防止短路或漏电，这一层只能选择仅在铜的上面沉积。这种选择性可以通过无电沉积或化学气相沉积实现。无电沉积 CoWP 或 CoWB 是这一工艺的主要选择。这种材料可以被选择性地沉积非常薄的一层，在改善电迁移寿命的同时减小对通孔电阻的改变(见图 14.8)。

在晶圆级封装中，无电沉积一般用于衬垫的修整。这可以是通过化学还原反应或置换反应沉积的一系列金属层。在衬垫修整的最后一步，金通过置换反应代替下层金属，这就提供了一个稳定的表面(不会被氧化或腐蚀)，并且可以用于引线键合。

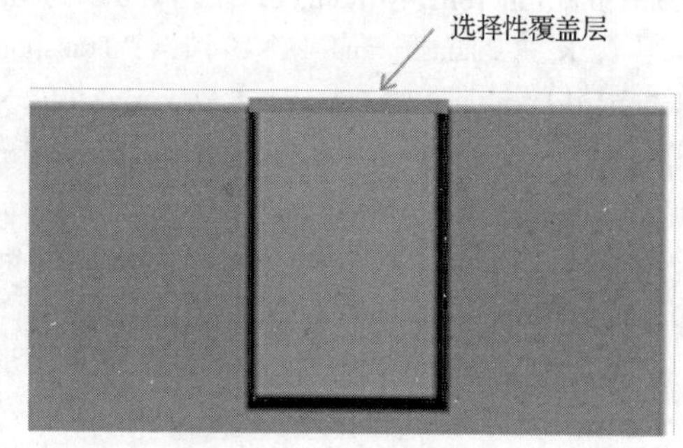

图 14.8 选择性覆盖层

不同于电镀过程是由外部电源控制的，无电沉积过程是化学控制的。因此，无电沉积有一套完全不同的重要工艺参数。温度控制是最重要的参数之一，它驱动沉积速率，决定化学反应过程的稳定性。如果温度太低，那么沉积过程将会变得缓慢且代价昂贵。如果温度太高，那么反应物将会自发地在目标衬底外的区域沉积(析出)。如果晶圆上的温度不均匀，那么沉积物的厚度也会不均匀。衬底上的物质输运也必须均匀控制。

14.4 展望

在发展中的每一个技术节点，互连尺寸都在不断减小而其中的电流密度增高。根据国际半导体技术路线图，从 130 nm 到 45 nm 技术节点，电流密度几乎翻倍[21]。随着特征尺寸减小，用阻挡层填充的互连更加重要。此外，互连的特征尺寸正在接近铜中的电子平均自由程，这导致电子的表面散射，因而电阻值增高。为了最大程度地减小连线电阻，增加电迁移寿命，人们正在研究替代的材料并将其整合到半导体器件中。其中包括用来改善铜的电迁移寿命的合金籽晶层，还有不需要扩散边界层的替代互连材料，例如钴。显而易见的是，这些挑战将会推动包含先进封装技术在内的新一轮金属化技术，以提升器件性能。

14.5 结论

半导体制造商一直在为了制造更小、更快的芯片而不懈努力，追求更小的连线电阻、特征尺寸和介电常数。随着特征尺寸缩小，局域电流密度增大，导致了电迁移的问题。相比于铝互连，铜互连提供了更小的电阻和更长的电迁移寿命。为了把铜应用到半导体工艺生产中，制造商转向了一种使用电镀铜填充亚微米特征的镶嵌工序。电化学沉积通过使用有机添加剂和调节电解沉积参数来防止沉积过程中孔洞的形成，从而制造了高产量和可靠的连接线。为了保持一致的性能，电解池中的有机添加剂使用自动化学管理系统，并且定期检验和换新。由于特征尺寸不断缩小，半导体制造商正在寻找进一步减小连线电阻的方法。这包括转向选择更薄和导电性更强的 ALD 阻挡材料。通过使用选择性无电沉积覆盖层，电迁移寿命和介电常数有望得到进一步改善。电化学沉积还被应用于晶圆级封装中，用于改善器件性能。

14.6 参考文献

1. H. Deligianni et al., “A Model of Superfilling in Damascene Electroplating,” *Electrochemical Processing in ULSI Fabrication and Semiconductor/Metal Deposition II*, edited by P. C. Andricacos, P. C. Searson, C. Reidsema-Simpson, P. Allongue, J. L. Stickney, and G. M. Oleszek, ECS, Pennington, NJ, pp. 52–60, 1999.

2. K. Takahashi and M. Gross, “Transport Phenomena That Control Electroplated Copper Filling of Submicron Vias and Trenches,” *J. ECS*, Vol. 146, No. 12, pp. 4499–4503, 1999.

3. T. P. Moffat et al., “Superconformal Electrodeposition of Copper,” *ECS Electrochem. Solid-State Lett.*, Vol. 4, No. 4, pp. C26–C29, 2001. *Metallization: Materials, Processes, and Reliability*. ECS, Pennington, NJ, pp. 48–58, 1999.

4. T. Ritzdorf, D. Fulton, and L. Chen, “Pattern-Dependent Surface Profile Evolution of Electrochemically Deposited Copper,” *AMC 1999*, p. 101, 2000.

5. P. C. Andricacos et al., “Damascene Copper Electroplating for Chip Interconnections,” *IBM J. Res. Develop.*, Vol. 42, No. 5, pp. 567–574, 1998.

6. W. H. Safranek, *Acid Copper*, 4th ed., edited by F. A. Lowenheim, Wiley Interscience, New York, pp. 66–71, 1974.

7. A. Frank, and A. J. Bard, “The Decomposition of the Sulfonate Additive Sulfopropyl Sulfonate in Acid Copper Electroplating Chemistries,” *J. ECS*, Vol. 150, No. 4, pp. C244–C250, 2003.

8. M. E. Gross et al., “The Role of Additives in Electroplating of Void-Free Cu in Sub-Micron Damascene Features,” *AMC 1998*, p. 51, 1999.

9. P. Vereecken et al., “Effect of Differential Additive Concentrations in Damascene Copper Electroplating,” *Meeting Abstracts of the 203rd Meeting of the Electrochemical Society*, Abstract, Vol. 606, 2003.

10. T. Ritzdorf and D. Fulton, “Electrochemical Deposition Equipment,” *New Trends in Electrochemical Technology, Microelectronic Packaging*, edited by M. Datta, T. Osaka, and J. W. Schultze, Vol. 3. Francis & Taylor, London, in press. pp. 106–108, 1998.

11. M. H. Tsai et al., “Reliability of Dual Damascene Cu Metallization,” *Proceedings of the International Interconnect Technology Conference*, IEEE Piscataway, NJ, p. 214, 2000.

12. R. K. Murmann, *Inorganic Complex Compounds*. Reinhold, New York, 1964.

13. M. Olim, “Liquid-Phase Processing of Hydrophilic Features on a Silicon Wafer,” *J. Electrochem. Soc.*, Vol. 144, No. 12, Dec. 1997.

14. P. R. McHugh, G. J. Wilson, and T. Ritzdorf, “Simulation of Shape Evolution in Through-Mask Electrochemical Deposition,” presented at 220th ECS Meeting, Abstract #E5-22350, Boston, MA, Oct. 9–14, 2011.

15. G. J. Wilson, P. R. McHugh, S. Lee, and T. Ritzdorf, “Simulation of Shape Evolution in Through-Mask Electrochemical Deposition,” presented at 222th ECS Meeting, Abstract #E8-2741, Honolulu, HI, Oct. 9, 2012.

16. J. V. Powers and L. T. Romankiw, “Electroplating Cell Including Means to Agitate the Electrolyte in Laminar Flow,” U.S. Patent 3652442, Mar. 28, 1972.

17. M. Bernt, P. McHugh, and G. Wilson, “Effects of Mass Transfer and Current Density on High Rate Binary Alloy Plating,” presented at 210th ECS Meeting, Abstract #1637, Cancun Mexico, Oct. 29–Nov. 3, 2006.

18. E. Zschech et al., “Reliability of Copper Inlaid Structures—Geometry and Microstructure Effects,” *AMC*, Vol. 18, pp. 305–311, 2002.

19. B. Kastenmeier, K. Pfeifer, and A. Knorr, “Porous Low-k Materials and Effective k,” *Semicond. Int.*, Vol. 27, p. 87, 2004.

20. L. Bill, “Electroless CoWP Boosts Copper Reliability, Device Performance,” *Semicond. Int.*, pp. 95–100, 2004.

21. Int’l Tech, “Roadmap for Semiconductors,” September 2006, http://public.itrs.net/.

第 15 章　化学机械抛光基础

本章作者：Gautam Banerjee　Versum Materials, Inc.
本章译者：卢红亮　复旦大学微电子学院

15.1　引言

化学机械抛光(chemical mechanical planarization，CMP)是一种用于先进亚微米集成电路芯片的工艺技术，这是唯一一种可以进行大规模平坦化的工艺。获得亚微米图形需要最高分辨率的成像技术，这意味着较小的聚焦深度，采用短波长和高数值孔径的透镜可以实现这一点[1]。化学机械抛光提供了纳米级平坦程度的平面，可以消除小聚焦深度带来的问题。化学机械抛光可以最大限度地提高光刻性能，改善清洗，减少来自其他工艺的产量限制缺陷，并允许使用难以刻蚀的金属，比如铜。铜这种互连材料是在 1997 年被 IBM 引入的，可作为铝的替代品。铜线的电阻比铝线低 40%左右，这将会使得微处理器的速度增加 15%左右。铜线的耐久性和可靠性也比铝线的性能明显提高了 100 倍，而且可以缩小到比铝线更小的尺寸[2]。目前，多种不同类型的化学机械抛光工艺被应用到制造各种类型的器件中，如图 15.1 所示[3]。

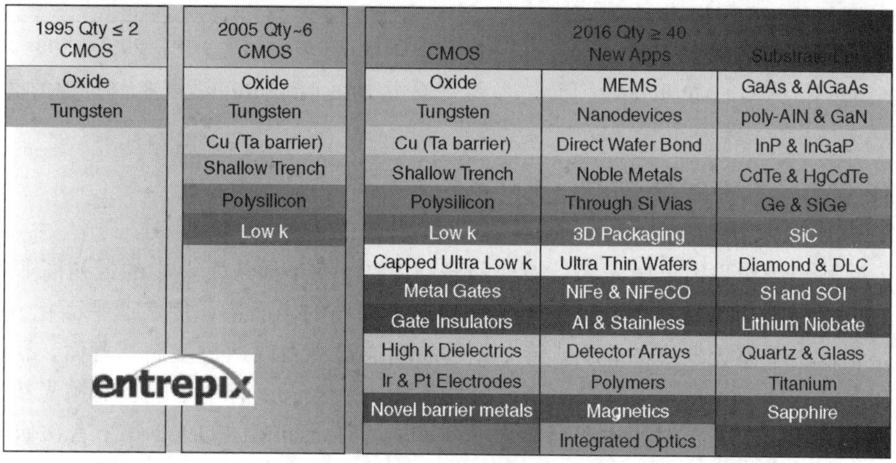

1995 Qty ≤ 2 CMOS	2005 Qty~6 CMOS	2016 Qty ≥ 40 CMOS	New Apps	Substrate/Epi
Oxide	Oxide	Oxide	MEMS	GaAs & AlGaAs
Tungsten	Tungsten	Tungsten	Nanodevices	poly-AlN & GaN
	Cu (Ta barrier)	Cu (Ta barrier)	Direct Wafer Bond	InP & InGaP
	Shallow Trench	Shallow Trench	Noble Metals	CdTe & HgCdTe
	Polysilicon	Polysilicon	Through Si Vias	Ge & SiGe
	Low k	Low k	3D Packaging	SiC
		Capped Ultra Low k	Ultra Thin Wafers	Diamond & DLC
		Metal Gates	NiFe & NiFeCO	Si and SOI
		Gate Insulators	Al & Stainless	Lithium Niobate
		High k Dielectrics	Detector Arrays	Quartz & Glass
		Ir & Pt Electrodes	Polymers	Titanium
		Novel barrier metals	Magnetics	Sapphire
			Integrated Optics	

entrepix

图 15.1　20 年来不同工艺应用对 CMP 需求的增长(Courtesy of Entrepix.)

15.2　如何理解化学机械抛光基础的重要性

半导体器件市场在全球范围内持续增长，除了逻辑器件和存储器件，还引入了新的器件类型[4]，例如各种通信设备、移动设备、平板手机、汽车部件和大量的物联网设备。新型汽车的传感器、控制系统等的半导体含量不断增加。目前，汽车上的传感器数量为每辆车 60～100 个，预计在未来的 8～10 年将增加一倍以上[3]。随着器件类型的增多，制造半导体器件的先进节点不断缩小特征尺寸，增加了工艺步骤数量。图 15.2 描述了一个通用逻辑器件的工艺步骤数量的增长。从 90 nm 到 20 nm

节点，由于特征尺寸的缩小，工艺步骤数量持续增加(即额外的金属层数)。在 14/16 nm 节点，由于晶体管技术从传统的平面结构向具有复杂集成方案的新型三维结构的转变，工艺步骤数量显著增加[5]。

化学机械抛光工艺步骤数量的增长与整个工艺步骤数量的增长是同步的，从 28 nm 节点到 10 nm 节点，化学机械抛光工艺步骤数量也同时翻倍了(见图 15.2)。

根据 SEMI，尽管化学机械抛光耗材涵盖不同的材料[6]，半导体设备和材料行业的主要组织预计，化学机械抛光的抛光液和抛光垫收入从2017年到2020年将增长约5%，目前约为20亿美元(见图15.3)。

上述市场价值证明了化学机械抛光作为技术推动者的商业重要性，因此，理解化学机械抛光应用流程的基本方面对于开发适当的耗材是相当重要的。

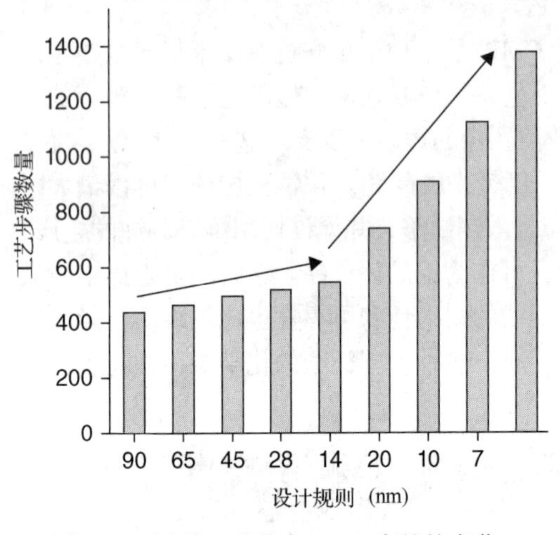

图 15.2　随着工艺节点 CMP 步骤的变化

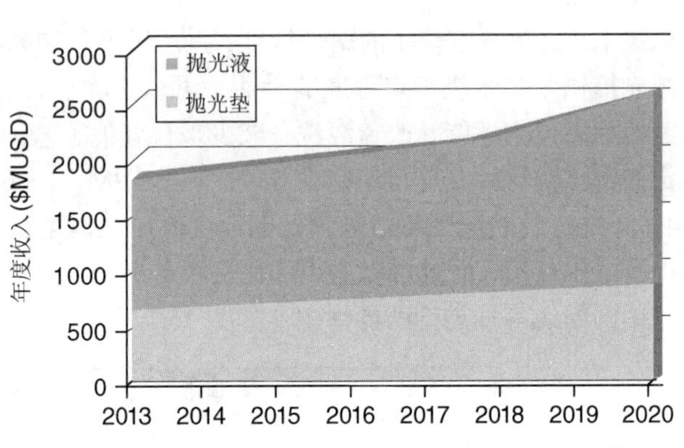

图 15.3　从 2013 年到 2020 年抛光液及抛光垫的收入趋势

15.3　化学机械抛光的诞生

化学机械抛光最初是用于抛光平板玻璃的研磨工艺，在半导体工业中的最初商业实践是制备原始硅片。将晶圆从单晶硅棒上锯下后，去除机械损伤的表面层，使表面平面化，为 VLSI 器件和电路制作出平整无划痕的表面。待抛光的晶圆通过压力或通过湿润其背面，靠表面张力使之固定在晶圆载体上。晶圆被压在一个旋转的压板上，压板上有一个配套的抛光垫。晶圆通过载体和压板旋转产生的相对速度在衬垫表面滑动[7]。Monsanto 在 1962 年末首次研发了这种工艺并销售抛光晶圆，1965 年 2 月，Monsanto 获得了美国首个化学研磨液配方专利，用于抛光各种基材。

将一个图形器件晶圆平坦化最初是由 IBM 的 Klaus D. Beyer[8]发明的，他发现了一种新的沟槽隔离测试晶圆(沟槽宽度从 2 μm 降至 1.5 μm)，其中玻璃沟槽填充物在任意位置回流后产生多余的堆积。因此，经过一些考虑，1983 年 1 月，他将具有回流玻璃填充的沟槽隔离测试晶圆放入硅片抛光区，与其他合格的硅片一起打磨。经过后续超声去除抛光液，隔离测试晶圆呈现出令人惊讶的均匀绿色，没有表面划痕，就像剩下的合格裸硅片一样。实验结果和后续的表征研究说明，在当时的情况下，一种相当粗糙的抛光工艺每周可用于数百块硅片的研磨。这个独特的发现导致了化学机械抛光的诞生，作为双极器件氧化物沟槽隔离的一种可行方法。一年后，一种由化学机械抛光生成的部分外延硅填充化学气相沉积 SiO_2 的隔离槽工艺被用于生产制造。

15.4　抛光和平坦化

尽管在很多情况下，仍然使用化学机械抛光(polishing)的概念代替平坦化(planarization)，但是抛光一个薄膜的晶圆裸露表面与平坦化一个包含多种材料薄膜的、具有多种形貌的晶圆表面之间存在着显著差异。抛光表面是指在使表面光滑的同时，不论表面形貌如何，以均匀的速度去除表面材料，而平坦化是指根据不同的形貌以不同的速度去除基体表面(可能暴露不同类型的材料)，同时实现基体表面的整体平坦化。这一工艺取决于被平坦化的表面是由化学反应和机械研磨同时作用的。与裸硅片抛光不同，金属化学机械抛光或浅沟槽隔离(shallow trench isolation，STI)化学机械抛光的目标是去除一种材料的覆盖层，并在另一种材料界面上停止操作，留下一个平坦的表面。另一方面，层间介质化学机械抛光的目标是将之前工艺步骤生成的表面形貌平坦化。在集成电路制造中，这一工艺过程对于建立可靠的多层互连是至关重要的，它现在也被用于存储器件中的多晶硅通孔和电容结构，以及用在微机电系统(MEMS)和硅通孔(through-silicon vias，TSV)中。

15.5　化学机械抛光工艺流程

在化学机械抛光工艺中，被平坦化的晶圆被压(面朝下)在聚合物抛光垫上，并在含有活性化学物质和研磨颗粒的浆液中进行研磨。因此，化学机械抛光可以描述为将衬垫和磨料的机械能和浆料化学物质的化学能结合起来对晶圆表面进行抛光和去除的过程。Zantye 等人通过示意图进一步详细描述了这一工艺流程[7]。

对于化学机械抛光，需要使用一些耗材，如抛光垫、硅片、抛光液、衬垫调节盘、化学机械抛光后道清洗液等。不同类型的薄膜需要使用对应的抛光垫、抛光液、清洗液甚至衬垫调节盘。晶圆上需要被平坦化的薄膜通常是 Cu、Ta、W、TEOS、各种低介电常数薄膜、氧化物、Si_3N_4、SiON、碳掺杂的氧化物，以及 Si、Co、Mn、Ru、多晶硅的氮化物等。然而，新的材料比如 III-V 族化合物(适用于门控型纳米线场效应晶体管)和金(用于超清电视机中的 CMOS 传感器)同样也在器件中被平坦化，因此，在未来当这些器件结构被商业化后，III-V 族化合物和金也将成为典型的平坦化材料(见图 15.4)。

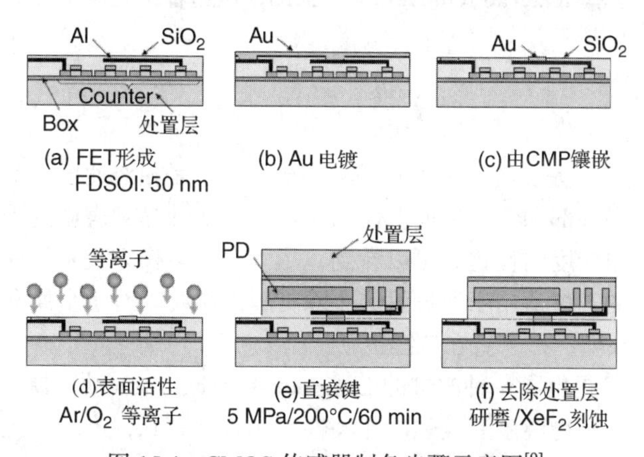

图 15.4　CMOS 传感器制备步骤示意图[9]

化学机械抛光涉及的一个复杂问题是，每种材料通常都需要独特的抛光液、设计合理的衬垫、用于抛光和后道清洗的优化工艺设置，以及其他必须根据应用情况单独定制的元素。只有当所有的“拼图碎片”组合在一起时，才能取得成功的结果[10]。

化学机械抛光中的一个挑战是工艺设置和输出指标之间的影响并不容易预测。它们很少是线性的，而是强烈地依赖于抛光液、抛光垫、薄膜、工艺方案设置和抛光设备的设计规则。然而，如表 15.1 所述，某些趋势一般是正确的[10]。

表 15.1 工艺方案设置对输出指标的影响强弱

工艺设置	CMP 工艺指标			
	速率	均匀性	缺陷程度	平坦化程度
下压力，DF	强	弱	适中	强
背压，BP	弱	适中	弱	弱
工作台速度，TS	强	弱	适中	强
晶圆夹具速度，CS	弱	适中	弱	弱
抛光液流速，SF	非线性	非线性	适中	弱
调节器压力	弱	弱	弱	适中
调节器速度	不关心	不关心	弱	弱

15.6 化学机械抛光工艺原理

虽然化学机械抛光广泛应用于集成电路的制造，但抛光工艺本身在光学透镜的制造中已经使用了几个世纪。Isaac Newton 在 1695 年观察到，随着磨料粒度的减小，划痕尺寸也减小了。他指出，通过使用非常细的颗粒磨料，玻璃可能会不断磨损，形成一个抛光的表面，上面的划痕会小到看不见。根据这一假设，Rayleigh 在 1901 年发现，抛光过程以一种不连续的方式产生了高度反射的、无结构的表面[11]。进一步的抛光并没有提高抛面的质量，而是扩展了它们的边界。他认为，抛光和研磨之间的差异可以通过改变衬垫的性质而不改变磨粒大小来实现。在抛光过程中，用柔软的、易弯曲的衬垫对磨料施加较小的力，从而在更小的范围内，可能是在分子层面去除材料。后来的研究表明抛光和研磨并没有本质上的区别[12]。通过相位对比照明，可以发现抛光金属表面有非常细微的划痕，尽管它们在普通光线下看起来非常光滑。实验还表明，陶瓷表面在一定条件下会发生脆性断裂[13]。

根据经验，材料移除率(material removal rate，MRR)是随着抛光时的压力和相对速度的乘积成比例增加的，可以表示为[14]

$$\frac{\mathrm{d}h}{\mathrm{d}t} = K_\mathrm{p}\, PV_\mathrm{r} \tag{15.1}$$

其中，h 是移除层的厚度，t 是抛光时间，P 是标称压力，V_r 是相对速度，K_p 为普雷斯顿(Preston)常数。上面的方程可以在局部和全局尺度上使用。当用它估计晶圆表面的平均移除率时，去除的厚度应该远远大于表面粗糙度的变化。可以看到，尽管普雷斯顿方程是早期化学机械抛光的指导原则，然而它是经验性的，仅适用于通过研磨去除材料的系统。对于金属和介质层的化学机械抛光，学术界提出了许多模型，并一直在持续更新。

例如，Zhuang 等人[15]提出了一种改进的 Langmuir-Hinshelwood 动态模型来模拟层间介质的移除率，与实测的衬垫前缘平均温度有较强的相关性。作者观察到，当随着抛光功率的增加，衬垫前缘平均温度从 26.4℃增加到 38.4℃时，层间介质层的移除率同样也增加了，从 400 Å/min 变化到 4000 Å/min。在该模型中，瞬态加热温度决定了化学反应温度。这个模型在最高的 $P \times V$ 抛光条件下成功地记录了变化的移除率，并且表明在较低的 $P \times V$ 抛光条件，抛光工艺是受机械作用限制的。随着抛光功率的增加，化学作用和机械作用逐渐平衡。

抛光一个有图案晶圆的目标是将之前工艺步骤所形成的表面形貌平坦化。在裸硅片或者其他有薄膜的晶圆上，局部抛光速率通常不同于全局抛光速率。简单来说，图案密度定义为图案区域占总区域的比值。对于氧化物的化学机械抛光，这是由底层金属决定的。对于其他层，图案区域可能是指嵌入特征的区域。去除特征的速率与有效接触压力成正比，有效接触压力等于平均压力除以局部图案密度。被认成“局部”的区域是平坦化长度的直接函数，平坦化长度大致是衬垫表面挠度松弛所需的横向距离。

对于典型的氧化物化学机械抛光过程，图案密度变化的影响是显著的。Ouma 等人更详细地描述了这一点[16]。作者采用商用测试晶圆，刻出具有固定间距和可变线宽的 4 mm × 4 mm 阵列，所有特征的初始步长为 8 kÅ，在每个阵列的中心取数据点。

所有的特征在抛光结束时被平坦化(台阶高度接近零)，但图案密度的变化引起了氧化物残留的显著差异。80%阵列中剩余的氧化物厚度略大于 11 kÅ，而 10%阵列中剩余的氧化物厚度小于 8 kÅ，两者相差超过 3 kÅ。这一差异几乎相当于 100 秒的薄膜去除量，即等效于 10%的阵列达到局部平坦后仍继续抛光了一段时间[10]。

为了得到上述差异的数学理解，在全覆盖晶圆的情况下，普雷斯顿定律是在大范围压力下的一个很好的近似[17]:

$$\mathrm{RR}_0 = K_\mathrm{p} P_0 V_0 \tag{15.2}$$

在保持速度 V_0 和 K_p 项不变的情况下，局部压力决定了抛光速率。这种普雷斯顿关系通常适用于硅浆料抛光二氧化硅表面，比如 TEOS。对于具有图案的晶圆，如果整个区域图案密度相同，每个图案上的局部压力就是由图案密度计算得到的施加在衬垫上的平均压力，因为压力是均匀地施加在整个区域上的。对于图案密度不同的情况，若该区域图案密度 ρ_1 较小，则该区域的抛光速率会增加到

$$\mathrm{RR}_1 = K_\mathrm{p} P_1 V_0,\quad 其中 P_1 = P_0 / \rho_1 \tag{15.3}$$

或者写为

$$\mathrm{RR}_1 = K_\mathrm{p} (P_0 / \rho_1) V_0 \tag{15.4}$$

也就是说，对于一个较为稀疏的图案区域，根据普雷斯顿定律，它的抛光速率取决于它的局部压力。举例来说，如果 $F_1 = 0.25$ 或 25%，则抛光速率将是全覆盖晶圆表面抛光速率的 1/0.25 即 4 倍。局部抛光速率随图案密度的变化不需要用普雷斯顿定律表示。如果一个平整表面的抛光速率表示为

$$\mathrm{RR} = f_\mathrm{A}(P) \tag{15.5}$$

那么对于均匀图案密度 ρ_K，移除率可以表示为

$$\mathrm{RR}_\mathrm{K} = f_\mathrm{A}(P / \rho_\mathrm{K}) \tag{15.6}$$

这种压力依赖性确实发生在金属化学机械抛光和非硅磨料对二氧化硅的抛光中。关于 STI 和金属图形的化学机械抛光的更多细节，可以在麻省理工学院(MIT)的 Bonning 组找到[18~22]。在 Ko 等人[23]随后的一篇论文中，给出了移除率随图案密度变化的实验结果。

15.7 化学机械抛光耗材

15.7.1 抛光液

对于化学机械抛光工艺，抛光液是一种特殊配方的化学物质，它在水中加入了一些化学物质和磨料。通常，抛光液在制造时或使用时与氧化剂混合，然后加载到抛光工具上。目前，最常见

的氧化剂是过氧化氢，在使用时与抛光液混合。在抛光液的其他成分中，通常可以找到有机络合剂、缓蚀剂和各种类型的表面活性剂。

抛光液对某种材料的移除率取决于它的化学性质，也就是抛光液化学物质的化学作用，抛光材料上颗粒的机械磨损，以及不同络合剂、氧化剂和缓蚀剂的相互作用等。氧化剂和缓蚀剂等化学物质对颗粒性质、大小和分布相似的抛光液的反应速率有很大的影响。Singh 等人[24]叙述了用电化学计时电流法研究铜反应动力学时，不同抛光液组分对应的铜反应速率的变化情况。根据作者的说法，当把铜浸入去离子水时，其表面移除率可达到 60 Å/s 左右，当加入 5%的过氧化氢时，反应速率增至 120 Å/s，但是再加入 10 mM 的苯并三唑(benzotriazole，BTA)后，反应速率又明显降低了。

根据最终目标的不同，将会使用不同类型的磨料来配合不同类型的抛光液，如胶态二氧化硅、气相二氧化硅、阿尔法氧化铝、煅烧二氧化铈等。对于铜化学机械抛光工艺来说，目前最常用的磨料是硅胶。不同的硅胶制造商的最终产品在物理性能上会有特定的差异(见图 15.5)，如粒度分布、平均粒径、纯度、制造工艺差异等[25]。

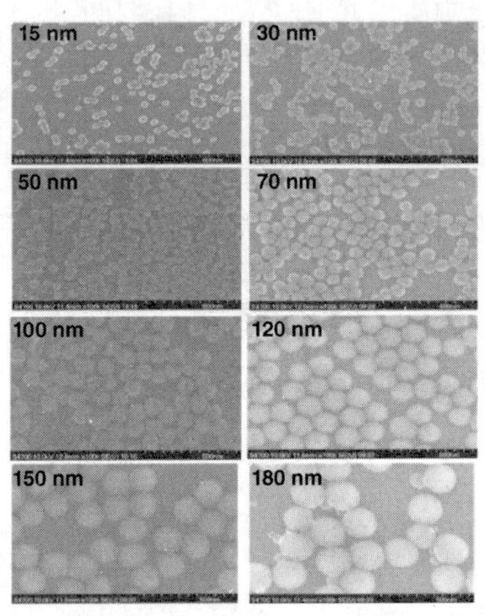

图 15.5　不同尺寸的硅胶

一般来说，抛光液中磨粒的平均粒径和浓度会影响材料的移除率。通常情况下，薄膜移除率随抛光液中磨粒浓度的增加而增加，但在较高浓度时，薄膜移除率与浓度之间不再是线性关系[26]。

考虑到抛光液的商业化，磨粒浓度的增加会提高使用抛光液的用户的成本。Schlueter 等人[27]演示了在给定的磨粒浓度下，使用化学速率增强剂来提高薄膜的移除率。通过优化磨粒浓度和化学速率增强剂浓度，可以制备出磨粒浓度降低 50%的抛光液。这种抛光液还减少了晶圆抛光后的缺陷，这正是我们所期望的高性能抛光液(见图 15.6)。

Wang 等人[28]报道了另一种提高 GaN 薄膜材料移除率的新方法。在紫外光照射下，采用过氧化氢和硅胶为基体的抛光液，催化氧化物的产生，使材料的移除率大大提高，从 61 nm/h 增加到 103 nm/h。综上所述，紫外光在抛光系统中起到催化作用，加速与过氧化氢的氧化还原反应。采用过氧化氢-二氧化硅基抛光液中生成的羟基自由基(OH^-)对 GaN 进行氧化，OH^-的生成速率是影响氧化反应进而影响 GaN 化学机械抛光中材料移除率的重要因素。GaN 与 OH^-的氧化反应方程如下：[29~33]

$$2GaN + 6OH^- + 6h^+ \rightarrow Ga_2O_3 + 3H_2O + N_2 \tag{15.7}$$

当过氧化氢被波长为 320～380 nm 的紫外光照射时，自由基链分解反应将在目前的体系中发生。因为光催化反应，过氧化氢的分解率和 OH^-的产量将会提高，从而导致 GaN 材料移除率的提高。这里使用的紫外波长在 315～400 nm 之间，接近于光催化反应的波长，可以加速过氧化氢的分解反应。

铝 CMP、钨 CMP 或者氧化 CMP 工艺都使用单一特定类型的抛光液，铜 CMP 工艺通常使用两种甚至更多不同类型的抛光液来完成铜 CMP 工艺。铜 CMP 工艺需要三个步骤：去除大块铜，对剩余的铜进行平坦化，或者用所谓的“软着陆”来清除铜，对铜层下的阻挡层进行去除/平坦化。随着工艺节点移动到 30 nm 以下，沉积铜的厚度较之前的标准有所下降。因此，前两个步骤将来可能会合并成一个步骤。

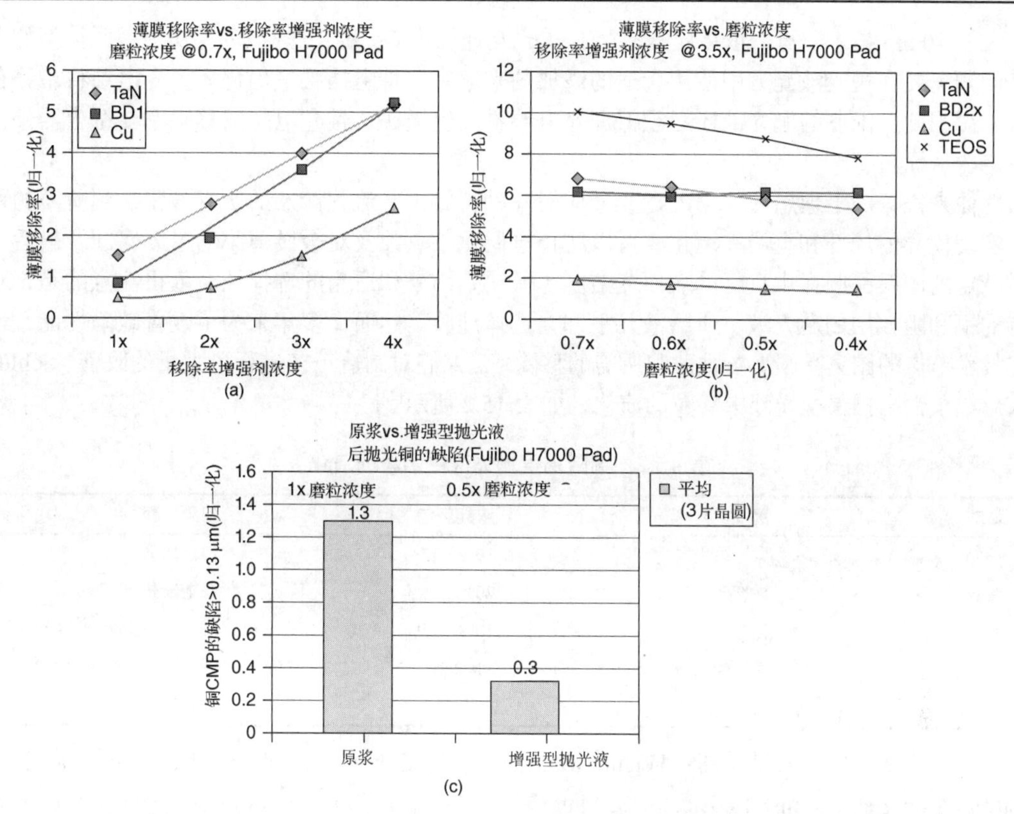

图 15.6　(a) 移除率增强剂的效果；(b) 降低磨粒浓度对薄膜移除率的影响；(c) 原浆与增强型抛光液的区别

在抛光液中使用缓蚀剂可以适当地减少或防止铜层和阻挡层的过度腐蚀。在带图案的晶圆中，两层薄膜之间的电偶接触在 CMP 工艺结束时暴露出来，这是电偶腐蚀开始的一个原因，必须阻止，否则会导致腐蚀缺陷[34]。在这种情况下，通常在 Cu-Ta 对中发现 Cu 具有电流活性(其中 Ta 用作阻挡层)。当 Ta 与 Cu 及介电层接触并且暴露在抛光液下时，Ta 在 Cu-Ta-介电层这种三明治结构中会表现为电活性金属，腐蚀缺陷就会发生。在抛光液配方中加入适当的缓蚀剂添加剂，可以防止腐蚀缺陷的形成(见图 15.7)。

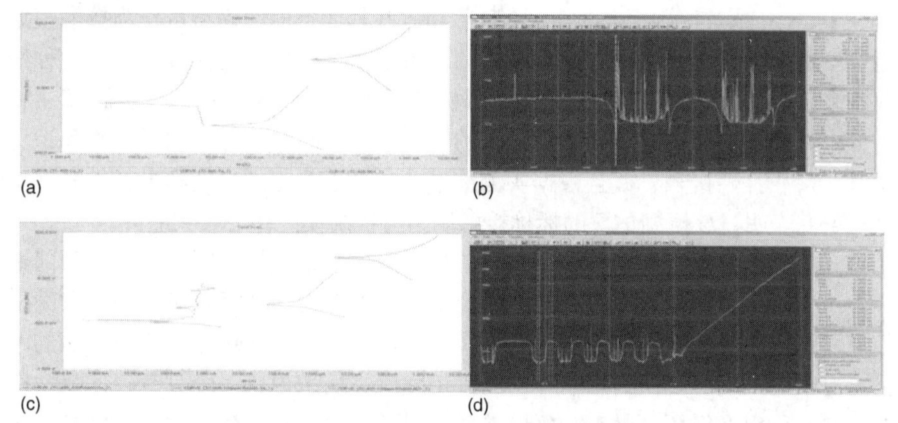

图 15.7　不同薄膜的相对电势对腐蚀缺陷形成和抑制的影响：(a) 阻挡层抛光液中 BD1/Ta/Cu 的 Tafel 图；(b) 显示腐蚀缺陷晶圆的 AFP 扫描 (MIT 854)；(c) 改良抛光液中 BD1/Ta/Cu 的 Tafel 图；(d) AFP 扫描中无腐蚀缺陷

在亚 10 nm 技术节点，正在探索多层 BEOL 互连层中 Co 和 Ru 连线的使用，因此类似的腐蚀缺陷问题需要在抛光液配方中使用合适的添加剂来解决。将阻挡层平坦化后，介电层将暴露在抛光液中。因此，配制的抛光液还必须保证介电层不发生损伤，且介电层的移除率要符合器件设计者设定的目标。

总体来说，一个理想的 CMP 抛光液应对一种特定工艺流程涉及的所有薄膜达到所需的移除率，实现优异的局部和全局平坦化，可以防止电偶化、点蚀及对金属薄膜的过度腐蚀。最后，还要对特定的图案晶圆提供良好的表面光洁度、低缺陷结果和适当的选择性。值得注意的是，对于所有的铜和阻挡层的抛光液，研磨液几乎都会选择硅胶。然而，多年来为了改善缺陷性能，调整特定技术节点的图案晶圆上各种薄膜所需的移除率，人们对制造工艺进行了大量的改善。Schlueter 等人总结了铜阻挡层抛光液中磨粒的演化，如表 15.2 所示[27]。

表 15.2 铜阻挡层抛光液中磨粒的演化

技术节点	磨粒类型	浓度范围	问题
130～65 nm	煅制氧化硅	10%～15%	划伤缺陷
90～65 nm	标准硅胶	20%～30%	成本较高
45～32 nm	标准硅胶	10%～15%	需要进一步减少缺陷和成本
22～10 nm	高纯硅胶	3%～7%	需要进一步减少缺陷和成本
10 nm 及以下	高纯硅胶	< 5%	新材料

以下是主要的抛光液供应商：Versum Material, Inc.，Cabot Microelectronics Corporation，Dow Electronic Materials，Fuji Film Electronic Materials，Ferro，Fujimi Corporation，Hitachi Chemical，Anji Microelectronics，UWIZ，UB Materials。

15.7.2 抛光垫

传统的抛光垫技术分为两种，分别是只有上抛光垫和上下抛光垫都有。抛光垫由于其固有的材料硬度和整体均匀性，可以提供局部平坦化的功能。虽然这类抛光垫在行业中发挥了良好的作用，但是平坦化和晶圆内不均匀性(with-in-wafer nonuniformity，WIWNU)的固有耦合限制了整体的性能潜力[35]。抛光垫表面由于与工件的微接触而产生的物理变形对材料的移除过程有很大影响。在以往的研究中，Greenwood-Williamson 模型[36]和一些其他类似的模型可作为接触模型来估计抛光垫表面粗糙度的接触行为，然而并没有充分的理由说明这些模型的假设适用于这种情况。从接触模型的角度来看，以往对抛光垫表面结构的分析还不够。Hashimoto 等人[37]提出了一种新的垫面接触模型，该模型假设垫面具有不同半径分布的椭圆半球面凸起，并考虑了实测和识别的几何特征。该模型基于赫兹弹性接触，并且根据实测结果，定义了凸起的高度和半径的概率函数。对粗糙接触的分析研究表明，该模型估算的标称接触压力与传统模型存在较大差异。

传统的抛光垫系统有两个主要的局限性。首先，当抛光垫经过晶圆下方时，顶部聚氨酯层的连续性质导致了边缘回弹效应，或者在某些情况下，晶圆会发生扣环。虽然扣环有助于减轻边缘回弹效应，但显著的边缘相关的不均匀性仍然存在。其次，全局一致性或 WIWNU 的考虑，要求整个堆栈具有有限的刚度——从而影响片内的平坦化。举例来说，一个具有较低弹性模量和压缩模量的软抛光垫，可以在低压下具有较好的接触。另一方面，具有较高弹性模量和压缩模量的硬抛光垫，在低压下只有有限的接触。这一过程导致在低压下接触不均匀，以及接触压力的变化导致潜在的接触“热点”。对于新一代的铜互连超低 k 介电膜集成，由于多孔膜的机械强度降低，对下压力的要求非常低，因此传统的抛光垫不再提供最优的效率。各种 CMP 抛光垫供应商正在开发新一代的抛光垫。其中一些垫片在很大程度上克服了传统垫片关于全局平坦性和非均匀性的问题。

传统 CMP 抛光垫的一个问题是抛光垫表面的凸起在外力和相对运动的作用下会与晶圆接触。在含有化学物质和磨粒的抛光液的帮助下，凸起会使材料从晶圆表面去除。由于聚氨酯抛光垫和晶圆接触而不可逆地变形，同时也会被抛光液颗粒擦伤，因此为了保持稳定的工艺，抛光垫表面必须不断地用金刚石圆盘调节器进行更新。此外，聚氨酯抛光垫必须是相对兼容的，以便在整个晶圆和每个芯片上都能实现均匀施压，从而实现芯片级的均匀性。

Bonning 等人[38]报道了一个替代概念来克服上面提到的传统抛光垫所遇到的问题——这称为瓶中抛光垫(pad-in-a-bottle，PIB)抛光。这种抛光方法采用一个硬的聚碳酸酯端面结合若干 10～50 μm 的聚氨酯小珠子来替代原先的聚氨酯抛光垫，然后在抛光液及磨粒的帮助下实现平坦化的功能。

目前市场上知名的 CMP 抛光垫供应商有：Dow Electronic Materials，Cabot Microelectronics Corporation，Thomas West, Inc.，Fujibo，JSR Corporation。

15.7.3　抛光垫调节器

CMP 工艺非常依赖于抛光垫的表面，在操作过程中，CMP 抛光垫的表面很快就会受到抛光过程中产生的碎片的作用，导致表面出现玻璃化现象。这就意味着无法固定住磨粒，可能会导致不充分的抛光及晶圆表面的划痕。为了防止这种情况，延长 CMP 抛光垫的使用寿命，必须定期使用金刚石调节器，它具有两种功能。

1. 将抛光垫加工成平整的表面，然后在操作过程中从抛光垫表面去除玻璃化物质，从而可以将表面凸起暴露出来。(即使是一个新的抛光垫，它的表面粗糙度都是不可接受的，因而需要在实际使用之前对它进行修整。)

2. 修复抛光垫表面的凸起，使磨粒能有效地进行抛光作用。

传统的金刚石抛光垫调节器是将金刚石颗粒嵌入一个金属盘中。金刚石由于其天然性质，不易与其他材料结合。金刚石相关行业开发了 3 种不同的方法来固定金刚石颗粒的位置：将它们埋在电镀镍中，或者保留在烧结金属粉末中，或者用特殊合金钎焊。第一代金刚石抛光垫调节器含有杂乱分布的金刚石颗粒，通常保留在电镀镍层。电镀金属只能机械地将金刚石固定在原位，因此金刚石发生移动是不可避免的。化学机械抛光过程中金刚石颗粒的损失会影响晶圆的抛光性能。第二代调节器使用钎焊形成一簇一簇的金刚石颗粒，在这些簇中，钎焊层变厚。因此，不仅金刚石颗粒的分布变得随机，颗粒的高度也发生了很大的变化。第三代调节器的金刚石颗粒的分布非常均匀且通过钎焊都具有很强的粘连性，目前，它已成为世界上绝大多数抛光垫制备的标准[39]。传统抛光垫制造商有：3M，Morgan Technical Ceramics，Entegris，Kinik，Asahi。

Entegris 公司最近研制了一种新型抛光垫调节器，这种调节器是用化学气相沉积的方法在整个表面生长金刚石[40]。根据 Entegris 公司的说法，这种表面通过化学方法将金刚石固定在基体上，从而提供了优异的金刚石固定性能。这种全金刚石的表面在化学上对所有抛光液都是惰性的，消除了由于基体材料的腐蚀或磨损而产生的金刚石脱落现象。此外，高硬度金刚石还可以防止抛光液颗粒对粘接基体的机械磨损。

Kinik 公司最近报道了一种名为 Pyradia 的用于下一代抛光垫调节器的新平台[41]。每颗金刚石都独立地镶嵌在它自己的“位置”上。这些粘接的位置可以最大限度地划分表面。通过改变金刚石呈现在表面的形状和方向，可以精确地控制金刚石点的高度和各个点的切割。天然和切割金刚石都可以使用，各种金刚石结构可以混合在一起，在一个圆盘内产生一系列切割动作。值得注意的是，该平台使用了较大的金刚石晶体，几乎比传统平台使用的高一个数量级，因此几乎不可能发生晶体断裂。

金刚石高度控制方面的显著改进可以直接转化为性能效益。Pyradia 的调节器在 100 小时后仍可以保持90%的初始切除率，而传统调节器仅在50小时内就失去了40%的初始切除率。

Zabasajja等人[42]报道了新一代的绝缘体上的硅（silicon on insulator，SOI）CMP抛光垫调节器。他们还介绍了一种新型无金属抛光垫调节器，也就是3M Trizact调节器（B5-M990-5S2型号）。该产品由经过精密设计的微重复研磨结构组成，表面涂有化学气相沉积的金刚石膜，与传统的调节器相比具有更好的均匀性，可以延长5～7倍的使用寿命。

15.8 化学机械抛光与互连

随着每一代器件的相继产生，铜互连碟形和侵蚀的目标一直在缩小。在制造过程中实现这些目标需要考虑材料系统的抛光液、具有优异表面控制性能的抛光垫，以及精确的终点检测设备和高选择比的停止层。在铜互连化学机械抛光中，碟形和侵蚀会造成整个工艺流程接近50%的良率损失，这是最重要的一个影响因素。造成碟形和侵蚀的主要原因是在局部平坦化的过程中，一些区域的抛光速率较快。铜互连碟形是指铜线中出现凹陷，而侵蚀则是指整个片上区域的抛光速率都比其他地方的快[43]。

化学机械抛光工艺在将晶圆表面浸入含有微小悬浮磨粒的抛光液环境中时，晶圆会受到各种压力和剪切力的作用。正如预期的那样，沉积在晶圆上的薄膜能够适应这种环境，不会受到不可逆转的损伤。

在半导体器件制造的早期，二氧化硅经常用作层间介质层。在随后的先进工艺中，互连结构采用了低介电常数材料作为层间介质。在对超低介电常数（ultra-low-*k*，ULK）薄膜的探索阶段，人们认识到一些薄膜如碳网络介质可以使 *k* 值降低。但在大多数情况下，薄膜的机械性能会明显下降，这种趋势往往与薄膜类型有关。

由于对封装可靠性的关注，业界一直致力于平衡机械性能和介电常数也就是电容的降低[44]。目前，有机硅酸盐玻璃（organosilicate，OSG）薄膜不仅被应用在致密薄膜中，现在还扩展到用于降低 *k* 值，其 *k* 值可以从2.5（40 nm节点，28 nm节点）降低到2.2甚至2.0。*k* 值是通过加入孔隙率（空气的介电常数为1.0）来缩小的，这使得行业能够保持相同的材料类别的同时，使得电容继续减小。虽然在一般情况下，孔隙率的增加会降低薄膜的机械强度，但是为了优化结构强度，ULK薄膜已经有了一些改进，使得ULK薄膜的强度可以与体OSG薄膜的相媲美[45]。

机械性破坏包括分层、开裂和非弹性形变。对于低 *k* 和超低 *k* 介质，材料是通过模量、裂纹扩展速度和屈服强度来表征的[44~46]。随着行业使用到这些材料，CMP工艺必须适应ULK薄膜的机械脆性，这将通过使用更低的压力和剪切力来实现。这两个因素是通过动态摩擦系数相关联的，动态摩擦系数本身就与很多因素有关，包括压盘转速、衬垫成分、表面纹理、衬垫调节参数、粒径和形貌、固体浓度、抛光液化学成分（尤其是表面活性剂的选择和浓度）等。虽然这些变量之间的关系往往不是线性的，但一般来说，较低的压力导致较低的剪切力，因此大多数铜和阻挡层抛光方案是在2 psi及以下的压力下开发的。随着ULK薄膜 *k* 值的降低，这一最大压力预计将继续下降，因为较小的 *k* 值要求更大的孔隙体积分数，这将使得机械强度越来越差[47]。随着对ULK薄膜机械完整性的关注，有时很容易忘记抛光液中还含有化学成分的混合物，例如氧化剂、络合剂、钝化添加剂、选择性改进剂及表面活性剂。

抛光液开发商以往受益于介电薄膜，如TEOS或FSG（fluorosilicate glass，氟硅酸盐玻璃），它们相当惰性且易于清洁。而ULK材料不再是这种情况，它们通常具有很强的吸水性，会从抛光液中吸收水分（和其他化学物质），或者至少把它们困在任何暴露的孔隙中[48]。这些先进的集成CMP工艺的开发都必须作为一个多层次、多学科的项目来研究。ULK薄膜的性能、阻挡层材料、铜沉积工艺、退火周期等诸多因素都会对 CMP 工艺产生影响。由于许多 ULK 材料本身仍在研发中，不同于早期的工艺节点，至少介质（即 FSG）在相对较早的阶段是固定的，因此实施 CMP 比较困难。这一困难是多孔 ULK 的复杂集成所造成的。低 k 材料必须具有足够的机械强度，以抵抗 CMP 过程中的分层和机械性破坏。目前 CMP 所面临的挑战不仅在于确定和表征候选材料，而且在于设计最佳的方法来集成这些材料。随着材料介电常数向 1 逼近，材料的鲁棒性降低，集成难度会大大增加。

15.9　化学机械抛光后道清洗

CMP 后道清洗是 CMP 工艺流程中的一个重要组成部分，用于清洗 CMP 工艺中残留在晶圆上的残渣和其他化学残留物。这里使用的清洁技术有两种：超声清洗和聚乙烯醇（polyvinyl alcohol，PVA）刷双面洗涤（刷式清洗）。两者都有一定的优点和缺点，可以单独使用，也可以根据需要结合使用，以实现对晶圆的有效清洗。如果晶圆的表面形貌不是完全共面的，那么用超声清洗的方法去除晶圆狭窄凹槽中的残渣有时是有用的。另一方面，刷式清洗在去除被物理吸引到铜表面的颗粒方面特别有用。使用超声清洗和刷式清洗相结合的方式来实现更具鲁棒性的清洗过程是比较常见的。有些情况下晶圆厂只使用一种技术，更常见的单一方法是刷式清洗。因为新一代的清洗剂可以通过化学或者电化学的手段将残渣颗粒从铜表面移除，所以说这种做法是可行的，而不需要超声清洗这种物理方法来将二氧化硅颗粒从铜和介电层之间移除。

利用化学和电化学方法的组合来去除铜表面的颗粒，对于解决尺寸不断缩小的“致命”缺陷是非常必要的。总体来说，“致命”缺陷是指那些颗粒粒径大于目前工艺最小线宽的杂质残渣。目前，商用抛光液中的磨粒都属于“致命”缺陷。例如，如果抛光液的 pH 为酸性，氧化硅磨粒就会通过静电键附着在金属表面。这种情况下，氧化硅获得净正电荷，而铜的表面电荷变为负电荷。这种静电结合力相当强，传统上需要借助超声能量将颗粒从铜表面分离。在酸性的 CMP 后道清洗过程中，通过轻微刻蚀铜表面来移除残渣，这样的刻蚀很轻微，不会影响铜互连表面形貌。相反，如果在 CMP 过程的最后一步使用碱性抛光液，那么氧化硅颗粒会带负电荷，从而吸附在铜表面。从图 15.8 中可以看出，新一代清洗方案可以在不进行超声清洗的情况下对铜表面进行清洁。带铜互连的晶圆通过商用 CMP 抛光液抛光，接着用（1）去离子水、（2）需要超声清洗来辅助去除残渣的上一代清洁剂或者（3）不需要任何超声清洗步骤的新一代清洁剂来进行清洗。

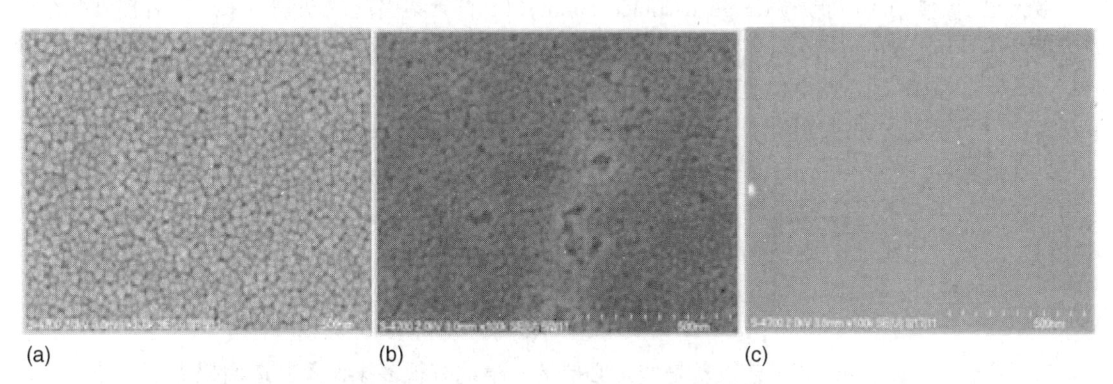

(a)　(b)　(c)

图 15.8　通过对两种不同清洗方案的比较，证明了新方案在不增加超声清洗步骤的情况下对铜表面进行清洁的能力：（a）抛光+去离子水清洗；（b）抛光+旧清洗方案；（c）抛光+新清洗方案

CMP 后道清洗过程必须处理的不仅仅是残渣粒子的去除。其他“致命”缺陷，如不需要的金

属颗粒或微量金属离子也需要去除，尤其是在 32 nm 工艺节点及以下。新一代的 CMP 后道清洗方案能够更有效地捕获此类金属离子，使晶圆表面比以往任何时候都更加清洁。此外，所有 CMP 后道清洗溶液本质上都是电化学的，导致枝晶形成的电化学腐蚀是形成“致命”缺陷的原因之一(见图 15.9)。不过通过调整这些清洗方案，可以防止电化学腐蚀，从而得到无枝晶的晶圆[49]。

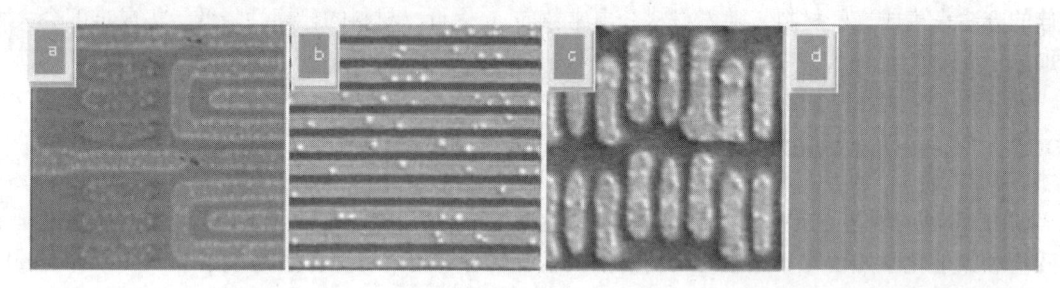

图 15.9 使用专用清洗方案，不同晶圆表面的枝晶(a～c)以及自由晶圆表面的枝晶(d)

15.9.1 过滤器

从图 15.10 可以看出，晶圆上其他常见的典型缺陷有划痕(通常来自抛光液中磨粒的聚集)、有机物残渣或碳渣(来自抛光液成分或介质膜侵蚀)。

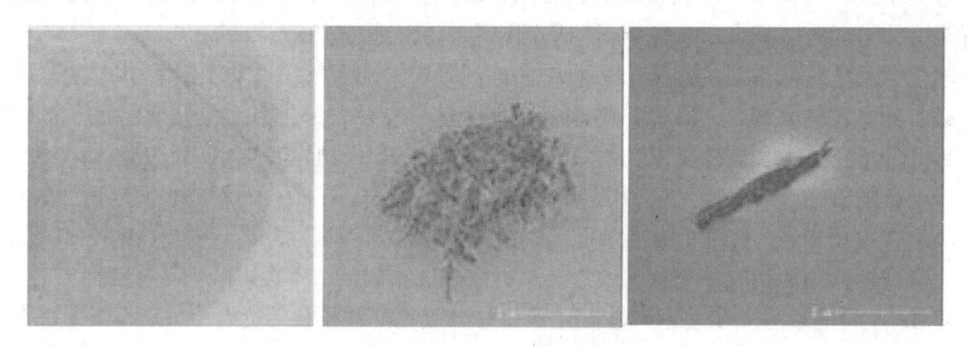

图 15.10 其他典型的缺陷(划痕/有机物残渣/碳渣)

抛光液通常在制造后要进行过滤，以在不影响抛光液磨粒分布、固体含量或化学性质的情况下，最大限度地减少由大颗粒(large particles count，LPC)聚集引起的缺陷。采用具有梯度孔结构的熔喷纤维(melt blown fibers，MBF)生产的聚烯烃过滤器，在工业上广泛用于从抛光液中去除 LPC。传统的 MBF 过滤器由包装网或直接吹制在芯上的纤维组成。这些结构使纤维密度从上端向下端递增。当通过这种过滤器时，CMP 抛光液中的 LPC 就会减少。Entezarian 等人[50]报道了一种复合刚性过滤器(composite rigid filter，CRF)，与 MBF 过滤器相比，该过滤器可以在更快的过滤速率和更低的压力下保证 LPC 的减少。该 CRF 过滤器主要由聚烯烃双组分粗纤维基体和微纤维玻璃网衬垫组成，这些是主要的澄清和过滤区域。

15.9.2 工艺设备

为了执行 CMP，合适的工艺设备是非常必要的。早期有很多家设备制造商提供不同的工艺设备，但是目前为商用半导体制造商提供大部分 CMP 设备的只有 Applied Materials 和 Ebara Corporation 两家公司。虽然最终的结果都是平坦化一片晶圆，但是两家制造商在设备配置上有很大的不同。这两种设备的工作原理都是干入干出，即干燥的晶圆进入设备，然后在平坦化后再次干燥地从设备出来。Ebara FREX 300 SII 设备有 4 个抛光组件和 3 个清洗组件。新款的 Reflexion LK Prime 则有 6 个抛光组件和 8 个集成的清洗平台，这款设备集成了先进的工艺控制，可以实现 3D FinFET 结构的平坦化。

自从将 65 nm 技术节点引入制造业以来，CMP 工艺设备中晶圆夹具的直径普遍为 300 mm。当然，直径为 200 mm 的晶圆夹具也用于早期的技术节点。尽管具备 450 mm 晶圆夹具的 CMP 设备尚未投入商用，但它们已经在位于美国纽约州奥尔巴尼的设备制造商工厂研发调试了。

15.10　结论

随着半导体器件应用的不断增长和商业市场的渗透，CMP 作为一种能够制造半导体芯片的技术已经成为最关键的工艺步骤之一。随着各种材料如薄膜等在半导体晶圆制造中的应用，对开发不同类型的耗材如抛光液、抛光垫、调节器、CMP 后道清洗液、过滤器等的需求将继续增长。因此，理解 CMP 工艺过程中的各种基本知识和机制是非常重要的。

15.11　致谢

作者真诚地感谢 Versum Materials, Inc.的管理层允许我撰写这一章。另外，作者还要感谢其他各位作者对本文一些图表引用的许可。

15.12　参考文献

1. R. Lane et al., Chemical Mechanical Planarization, March 2010, http://nanoparticles.org/pdf/Fuller-cmp.pdf (accessed January 30, 2017).

2. Copper Interconnects – The Evolution of Microprocessors, IBM Corporation to commemorate IBM 100, 2011. http://www-03.ibm.com/ibm/history/ibm100/us/en/icons/copperchip/ (accessed January 30, 2017).

3. R. Rhoades, *229th Meeting of the Electrochemical Society (CMP Symposium)*, San Diego, May 2016.

4. B. McClean, SEMI North East Forum, N. Reading, MA, March 2016.

5. S. Davis et al., Proceedings of International Conference on Planarization Technology (ICPT 2015), Chandler, AZ, Sep. 2015.

6. M.A. Fury, "It's a Material World – With Positive Forecast". http://www.semi.org/en/node/56701 (accessed January 30, 2017).

7. P. B. Zantye, A. Kumar, and A. K. Sikder, "Chemical Mechanical Planarization for Microelectronics Applications," *Materials Science and Engineering*, Vol. R45, pp. 89–220, 2004.

8. K. D. Beyer, "Plenary talk," *Proc. ICPT*, Chandler, AZ, Sep. 2015.

9. M. Goto et al., "229th Meeting of the Electrochemical Society," More-Than-Moore Symposium, San Diego, May 2016.

10. G. Banerjee et al., "Chemical Mechanical Planarization – Historical Review and Future Direction," *ECS Transactions*, 13 (4): 1–19, 2008.

11. L. Rayleigh, "Polish," *Nature*, 64: 385–388, 1901.

12. R. L. Aghan and L. E. Samuels, "Mechanisms of Abrasive Polishing," *Wear*, 16: 293–301, 1970.

13. R. Komanduri, D. A. Lucca, and Y. Tani, "Technological Advances in Fine Abrasive Processes," *Annals*

CIRP, 46: 545–596, 1997.

14. F. W. Preston, "The theory and design of plate glass polishing machines," *J. Soc. Glass Technol.*, 11: 214–256, 1927.

15. Y. Zhuang et al., "Frictional, thermal and kinetic characterization of a novel ceria based abrasive slurry for silicon dioxide CMP," *Proc. CMP-MIC*, pp. 532–539, 2006.

16. D. Ouma et al., "An Integrated Characterization and Modeling Methodology for CMP Dielectric Planarization," Proc. Int. Interconnect Technol. Conf., IEEE, Piscataway, NJ, 1998.

17. M. R. Oliver, *Chemical Mechanical Planarization of Semiconductor Materials*, Springer, Berlin Heidelberg, pp. 14–15, 2004.

18. D. Ouma et al., "Wafer Scale Modeling of Pattern Effect in Oxide Chemical Mechanical Polishing," *SPIE Microelec. Mfg. Cong.*, Austin, TX, 1997.

19. D. Bonning et al., "Pattern Dependent Modeling for CMP Optimization and Control," *MRS Spring Mtg.*, San Francisco, CA, 1999.

20. T. Tugbawa et al., "CMP Symposium," *Electrochemical Society Meeting,* Honolulu, HI, Vol. PV99-37, pp. 605–615, 1999.

21. Y. Zhuang et al., "Frictional and removal rate studies of silicon dioxide and silicon nitride CMP using novel cerium dioxide abrasive slurries," *Jpn. J. Appl. Phys.*, 44 (1A): 30–33, 2005.

22. Y. Sampurno et al., "Pattern Evolution in Shallow Trench Isolation Chemical Mechanical Planarization via Real-Time Shear and Down Forces Spectral Analyses," *Microelec. Eng.*, 88: 2857–2861, 2011.

23. B. G. Ko et al., "Effects of pattern density on CMP removal rate and uniformity," *J. Korean Physical Soc.*, 39: S318–S321, 2001.

24. R. K. Singh and R. Bajaj, "Advances in Chemical-Mechanical Planarization," *MRS Bulletin*, 27 (10): 743–747, 2002.

25. F. Qin et al., "Research on the Manufacturing of Colloidal Silica Abrasive with Controlled Particle Size," *Proc. ICPT*, Chandler, AZ, Sep. 2015.

26. L. Guo et al., "Mechanical Removal in CMP of Copper Using Alumina Abrasives," *J. Electrochem. Soc.*, 151 (2): G104–G108, 2004.

27. J. Schlueter et al., "Attributes of an Advanced Node Cu-Barrier Slurry," *Proc. ICPT*, Chandler, AZ, Sep. 2015.

28. J. Wang et al., "Mechanism of GaN CMP Based on H_2O_2 Slurry Combined with UV Light," *ECS J. Solid State Sci. Technol.*, 4 (3): P112–P117, 2015.

29. H. Zhou et al., "Advanced Technologies in Water and Waste Water Treatment," *J. Environ. Eng. Sci.*, 1 (4): 247–264, 2002.

30. Y.-S. Shen and D.-K. Wang, "Development of Photoreactor Design Equation for the Treatment of Dye Wastewater by UV/H(2)O(2) Process," *J. Hazard. Mater.*, 89 (2–3): 267–277, 2002.

31. S. Nélieu et al., "Degradation of atrazine into ammeline by combined ozone/hydrogen peroxide treatment in water," *Environ. Sci. Technol.*, 34 (3): 430–437, 2000.

32. K. Kanamoto et al., "Formation characteristics of calcium phosphate deposits on a metal surface by H_2O_2-electrolysis reaction under various conditions," *Col. Surf. A*, 350 (1–3): 79–86, 2009.

33. S. H. Lin and C. C. Chang, "Treatment of landfill leachate by electro-Fenton oxidation and sequencing batch reactor method," *Water Res.*, 34 (17): 4243–4249, 2000.

34. G. Banerjee, “Fang Formation During Cu CMP: A Galvanic Corrosion Problem?” *208th Electrochem. Soc. Mtg—CMP Symp.*, Los Angeles, CA, Oct. 2005.

35. R. Caprio et al., “CMP Pad Design for Ultra-Low k Compatible Cu CMP Process; p. 438,” *VMIC*, Fremont, CA, Sep. 2006.

36. Q. Xu et al., “A Feature-Scale Greenwood–Williamson Model for Metal Chemical Mechanical Planarization,” *J. Elec. Matl.*, 42（8）: 2630–2640, 2013.

37. Y. Hashimoto et al., “A New Contact Model of Pad Surface Asperities Utilizing Measured Geometrical Features,” *Proc. ICPT*, Chandler, AZ, Sep. 2015.

38. D. Bonning et al., “Planarization with Suspended Polyurethane Beads and a Stiff Counterface: Pad-in-a-Bottle Experiments and Simulation,” *Proc. ICPT*, Chandler, AZ, Sep. 2015.

39. M.-Y. Tsai, *J. Mat. Proc. Tech.*, 210: 1095–1102, 2010.

40. Planargem CMP Pad Conditioner. http://www.entegris.com/ProductCategory_divEmerging_catCMP_Pad_Cond.aspx（accessed January 30, 2017）.

41. E. Chou et al., “A Novel Platform for Next Generation Pad Conditioning,” *Proc. ICPT*, Chandler, AZ, Sep. 2015.

42. J. Zabasajja et al., “Advanced CMP Conditioning for Front End Applications,” *Proc. ICPT*, Chandler, AZ, Sep. 2015.

43. M. Khan et al., “Damascene Process and Chemical Mechanical Planarization,” http://www.ece.umd.edu/class/enee416/GroupActivities/Damascene%20Presentation.pdf（accessed January 30, 2017）.

44. E. P. Guyer et al., “Impact of Pore Size and Morphology of Porous Organosilicate Glasses on Integrated Circuit Manufacturing,” *JOM*, 2006, Vol. 21, No.（4）:, pp. 882–894, 2006.

45. X. H. Liu et al., *Proc. IITC*, “Fracture of Nanoporous Methyl Silsequioxane Thin-Film Glasses,” San Francisco, CA, pp. 13–15, 2007.

46. D. M. Gage et al., “Chip-Package-Interaction Modeling of Ultra Low-K/Copper Back End of Line,” *Proc. MRS Symp.*, San Francisco, CA, Apr. 2008.

47. M. Van Bavel et al., “The Role of Friction and Loading Parameters on Four-Point Bend Adhesion Measurements,” *Future Fab Intl.*, 2004, No. 17, pp. 95–98.

48. M. R. Rao et al., “Low-K Dielectrics: Spin-On or CVD?” *MRS Spring Mtg.*, San Francisco, CA, Apr 2007.

49. G. Banerjee, *Advanced Interconnects for ULSI Technology*, edited by: M. R. Baklanov, P. Ho, and E. Zschech, Wiley & Sons Ltd., London, 2012.

50. J. Morby et al., “Next Generation Composite, Rigid Filter for Chemical Mechanical Planarization,” *Proc. ICPT*, Chandler, AZ, Sept. 2015.

第16章　原子力显微镜(AFM)计量

本章作者：Ardavan Zandiatashbar　Park Systems, Inc.
本章译者：赵相俊　韩国帕克原子力显微镜公司

16.1　引言

半导体制造业在过去的半个世纪里有了很大的发展。在它的起步阶段，最小特征尺寸(即节点尺寸)是微米级的，第一个产品是英特尔 4004 芯片，当时《时代》杂志宣布计算机成为年度机器(1983 年)。在此期间，芯片的大批量生产(high volume manufacturing，HVM)有 20%～40%的良率。作为产量控制的一部分，采用了光学方法对器件进行尺寸测量。20 世纪 80 年代，随着个人计算机的普及率上升，节点尺寸缩小到不足 1 μm。然而，用于器件测量的光学技术已达到它的分辨率极限。随后，扫描电子显微镜(scanning electron microscopes，SEM)开始应用于集成电路(integrated circuit，IC)的制造，到 20 世纪 90 年代末，相关的技术已经非常成熟。同一时期，原子力显微镜(atomic force microscope，AFM)也在 1986 年被成功发明，并制作了第一个实验模型[1]。根据 Gordon Moore 在 1975 年提出的一个实验模型，微型化工艺像预期一样在继续发展[2]。21 世纪初，节点尺寸开始缩小到 100 nm 以下，根据 IC 制造商的多份报告，现在的节点尺寸已经小于 20 nm。事实上，为了控制 AFM 反馈控制回路系统，需要半导体晶体管[3]；因此，AFM 的发明与半导体工业是紧密相连的。现在是时候让 AFM 为半导体工业发展做出贡献并解决计量中的各种挑战了。

HVM 的电路产量增加了 80%以上，需要将这种增长保持在同一水平或更高水平。一个芯片的制造过程往往需要几个月的时间，最多可以有 2000 个以上的步骤。因此，实现如此高的产量是芯片制造行业自成立以来的一项重大成就。然而，随着节点尺寸越来越小，保持高产量并在此基础上有所提高也变得越来越具有挑战性。因此，现在对于计量的依赖比过去任何时候都要多。65 nm 节点的工艺里有超过 50%的步骤都集中于计量和缺陷检查。对于 22 nm 节点的工艺，这个数字更是高达 70%[4]。这一趋势与自 21 世纪初以来发布的计量投资回报的稳步增长相一致。因此，计量在器件制造中的意义比以往任何时候都重要。

AFM 最早于 2000 年初(发明 AFM 后的 20 年左右)被引入 IC 晶圆厂(fabrication plant，fab)的加工设备中，而当时的节点尺寸已经开始小于 65 nm。器件尺寸的缩小也推动了当时人们对计量技术局限性的认知，人们更加认识到需要开发新的计量解决方案[5]。与发明了超过半个世纪才被用于 HVM 的 SEM 相比，AFM 在被发明初期就开始应用到制造业。十年过后，AFM 被公认为是一种完全自动化的非破坏性线上计量设备。自动化 AFM 可用于临界尺寸(critical dimension，CD)测量[6, 7]、台阶高度/沟深测量、凹陷和侵蚀监测[8]和缺陷检查[9]。由于其准确性和非破坏性，AFM 在混合计量中也起着关键作用[10~12]。此外，AFM 的多种成像模式也被用于实验室中对不同工艺阶段的器件进行离线表征和故障分析。

本章简要回顾 IC 制造中计量的基本原理。接下来是对 AFM 技术及其最新设计的回顾。本章将介绍 AFM 在晶圆厂计量中的应用。此外，还将介绍一些用于半导体器件实验室计量的 AFM 模式。最后，我们会简要回顾 AFM 设备维护和校准的标准程序。本章末尾还给出了用于深入学习的阅读材料。

16.2　计量：基础和原理

以一个非常简单的定义而言，计量(metrology)就是测量科学。在实践中，它包括基于计量指导联合委员会(Joint Committee for Guides in Metrology，JCGM)定义的实验和理论测量方法。计量可以分为物理计量和化学计量。物理计量指的是测量物理特性，如长度、电荷和电流。另一方面，化学计量是指化学成分的测量。在本章中，我们将介绍物理计量。

与测量(measurement)相比，计量的历史较短。测量是指一个单一的报告值，其历史悠久，可以追溯到中国长城或埃及金字塔的建造。另一方面，计量是关于一系列测量中的不确定性和重复性。随着现代装配线的发展，零件的尺寸和形状越来越精确，以适用于生产线上的产品，这一点开始引起人们的关注。这种零件的测量以英寸和英尺为单位。对于半导体和 IC 制造的情况，测量尺寸要小得多，因此需要更复杂的测量系统。

在 IC 制造中，有四种主要的测量系统：光学显微镜、椭圆偏振仪、SEM 和 AFM。光学显微镜是最古老的技术，发明于五个多世纪以前。它在制造第一块半导体芯片的时候就已经存在了。在另一方面，AFM 是四种技术中最“年轻”的，它是 30 多年前发明的，并且发展得非常迅速，已经成为可利用的线上计量设备之一。任何用于执行测量的设备都称为测量系统。在“测量过程”中，“操作员”或“评估人员”通常使用测量系统测量“测量目标”(即标准具)。

测量系统可以是手动、半自动或全自动的。由于操作员的误操作在所难免，因此许多测量系统以自动化软件包的形式提供。自动化可以使操作员错误最小化；但是，操作员错误仍然存在。大多数自动化测量系统都需要操作员准备自动化脚本。自动化脚本通常被称为“程序”。程序的准备(即程序的编写)在操作员之间可能略有不同。因此，在测量过程中可能存在人为失误。事实上，每个程序都是测量系统中操作员的命令列表。虽然测量系统可以编程实现多次重复测量，但从准确的测量中识别错误或不当测量并不“智能”。因此，如果某个程序包含操作员错误，那么测量系统将继续从测量目标收集错误信息，除非操作员更正了程序。

16.2.1　测量系统的性能指标

传统上，测量系统的性能是根据以下指标进行评估的。

- *精度*：重复测量值的分布。它有重复性(r)和再现性(R)两个组成部分，计算如下：

$$\text{精度} = \sqrt{r^2 + R^2}$$

- *准确性或偏差*：测量目标值的平均值与真实(即参考)目标值之间的偏移量。
- *稳定性*：测量系统随时间的变化。
- *线性*：测量系统在其测量范围内的精度。
- *吞吐量*：完成测量所需的时间。

定义中的重复性是指同一操作员使用相同设备重复测量相同样品时报告值的变化。对于自动化设备而言，重复性是指使用相同程序(静态精度)在相同零件上重复测量的变化。另一方面，再现性被定义为不同操作员使用相同设备重复测量相同样品时报告值的变化。自动化设备在没有操作员的情况下工作，因此再现性是指使用不同的程序/条件(也称为动态精度)对相同样品进行重复测量时报告值的变化。

建立在设备指标基础上的测量系统评估过程被为测量系统分析(MSA)或标准研究。前两个指标——精度和准确性，一直是 MSA 的基础和最重要的参数。第三个和第四个指标(即稳定性和线性)则依赖于前两个指标的计算值(即重复性和再现性)。当进行重复测量时，报告值遵循高斯分布，因为它们具有随机性。因此，测量的平均值和标准差 sigma 可用作测量质量的代表参数。如果标准差很小，则测量系统很精确。如果平均值接近真实目标值，则说明测量系统是准确的。因此，测量系统有 4 种不同的状态，如图 16.1 所示。在理想情况下，测量系统③既精确又准确，是任何计量人员的理想设备。然而，在实践中，维护良好的设备类似于④。如果测量系统能够保持精度，则可以通过校准和匹配设备来解决偏差。目标的真实值通常由参考测量系统(reference measurement system，RMS)如 AFM 来确定。

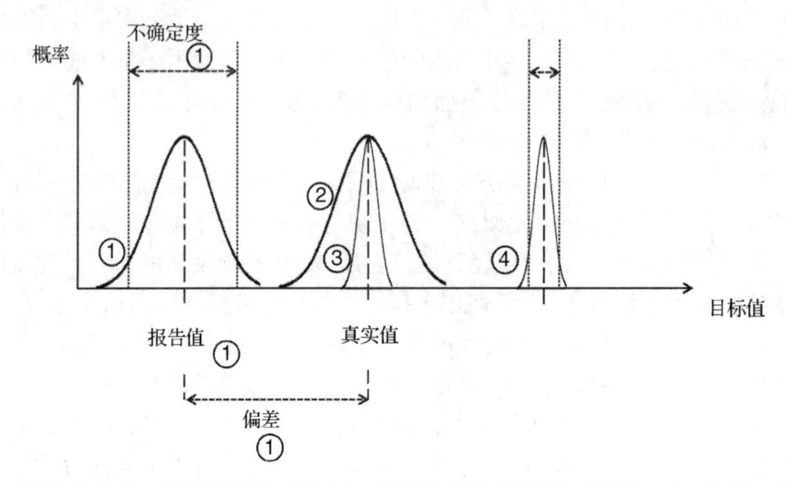

图 16.1 图中给出了 4 种不同类型的测量，每种类型代表使用一种设备对一个样品进行的一系列测量：①不准确和不精确；②准确和不精确；③准确和精确；④不准确和精确

16.2.2 新的测量系统指标和 Fleet 测量不确定度

目前，对于 IC 晶圆厂的计量，要求比传统的 MSA 计量获得更多必要的信息，以便在测量之间进行有意义的比较。然而，单个设备的精度评估很好，却无法为多组设备提供足够的信息。因此，国际半导体技术路线图(International Technology Roadmap for Semiconductors，ITRS)定义了一个新的指标，即总测量不确定度(TMU)[13]：

$$\sigma^2 = \sigma_P^2 + \sigma_M^2 + \sigma_S^2 + \sigma_{other}^2$$

不确定度(σ)是精度σ_P、设备匹配σ_M、样品变化σ_S及偏差和其他因素σ_{other}的函数，它主要是作为一个值来定义测量系统的不确定程度，可用于报告一组计量设备的 TMU。

参考文献[14]中的图 MET1 描述了一组计量设备的单个设备精度(重复性和再现性)与整体测量不确定度之间的差异。应该注意 TMU 的准确性及其与精度的比较。一些研究人员和工程师建议在测量精度不重要的情况下，使用 Fleet 测量精度(FMP)进行测量比较[4]。

16.2.3 混合计量

IC 制造中有多种计量设备。每种设备都有优点和缺点，而且没有适用于所有应用的完美设备。作为解决 IC 晶圆厂计量挑战的一种新方法，技术人员引入了混合计量[10~12]。在混合计量中，将多种计量设备对同一参数的测量结合起来，以提高对该参数的测量能力。在该方法中，将高精度设备与参考设备(如 AFM)相结合，既可以利用这两种设备的优点，又可以消除每种设备的缺点。

16.3　AFM 技术与基础

AFM 是扫描探针显微镜(SPM)技术中的一种，其中探针利用原子力感应样品表面[15]。第一种 SPM 技术——扫描隧道显微镜(STM)是在 AFM 发明的前几年出现的，其利用电子隧道电流来进行导电样品成像[16, 17]。AFM 的发明提供了无须样品导电进行扫描的能力[18~20]。AFM 的主要应用是原子成像。然而，自发明以来，它是业界公认的参考设备，并用于其他应用，因为它在 3D 图像中提供了最高垂直分辨率的测量[21, 22]。AFM 现在被广泛用于各种样品成像，从无机材料到有机材料[23]。AFM 还能收集除形貌外的其他数据，包括机械性能、电性、磁性和热性能[23, 24]。

AFM 系统的主要组成部分有扫描头、扫描仪、进针机构、定位平台、激光探测器、光学摄像机、系统控制器及控制数据采集和图像分析的计算机。AFM 探针是一种微悬臂，通常由硅制成，末端有一个相对尖锐的针尖。为了操作 AFM 系统，使用进针机构将针尖带到样品表面附近。然后探针以光栅运动的方式在样品表面上移动，同时保持针尖与样品分离。其中激光用于监测悬臂在样品表面上移动时的响应。使用位置敏感光电探测器（position sensitive photon detector，PSPD)来监测悬臂背面的激光反射。

16.3.1　AFM 扫描仪

为了使针尖以纳米级的分辨率沿样品表面移动，人们应用了压电材料，这种设备称为扫描仪。扫描仪使针尖相对样品沿 *X*、*Y* 和 *Z* 方向移动。在 AFM 的最初设计中，三个独立的压电驱动器以三脚架的形式被用于探针沿样品表面的移动中。不久之后，压电管被用于商业 AFM 系统。在压电管扫描仪中，一组圆柱形压电体沿 *X*、*Y* 和 *Z* 三个方向移动探针[25]。尽管与三脚架设计相比，压电管的紧凑设计有助于 AFM 系统的制造，但是，它也有着非常明显的非线性平面外运动，特别是在更大的扫描范围的情况下。并且扫描仪之间的串扰也是其主要的局限性。在平面基底的粗糙度测量中，80×80 μm^2 的扫描面积上存在大约 50 nm 左右的平面外运动，可以利用高阶拉平功能来处理这种问题(参见参考文献[26]中的 Fig. 6)。然而，这种情况过于复杂，使其无法从具有更复杂特征的表面移除。为了克服这一点，人们发明并使用了挠性扫描仪[26, 27]。

在这种设计中，Z 扫描仪与 X 扫描仪分离，以消除串扰影响。一个挠性扫描仪沿 *Z* 方向移动探针(Z 扫描仪)，另一个扫描仪沿横向移动样品(XY 扫描仪)。该设计的示意图如图 16.2(a)所示。在此设计中，AFM 探针在扫描期间保持其平面外方向，而不考虑横向扫描尺寸。XY 扫描仪的典型范围是 100×100 μm^2。Z 扫描仪的典型范围可达 30 μm。AFM 扫描头的基本设计如图 16.2(b)所示。从光源发射的激光用棱镜反射到悬臂背部，再经由转向镜反射到 PSPD。使用 PSPD 来检测针尖的垂直和横向移动。

16.3.2　形貌成像扫描模式

利用 AFM 收集形貌图像的主要扫描模式有 DC 模式(也称为接触模式)和 AC 模式(用于非接触和轻敲模式来收集形貌图像)，以及利用静电力显微镜（electrostatic force microscopy，EFM)和磁力显微镜(magnetic force microscopy，MFM)等模式以检测其他远程力(如静电和磁性)[28]。

在 DC 模式下，AFM 探针降低，直到其针尖与样品接触，探针与样品表面相互作用产生的力使悬臂发生偏转。力的大小与悬臂因弹性变形而产生的偏转成线性关系，并以悬臂偏转与其力常数的乘积计算。悬臂的力常数通常由其制造商测量和公布。通过检测 PSPD 上激光反射的运动来监测悬臂的偏转。在 DC 或接触模式下，针尖利用短程排斥力来感应表面。这种机制类似于触针轮廓仪。然而，在 AFM 中，通过利用 Z 扫描仪调整悬臂高度，可以在扫描过程中维持悬臂上的力。扫描过程中保持的悬臂偏转或力称为设定点。接触模式是 AFM 收集原子分辨率形貌图像的初始模式。在这种模式下，AFM 探针的使用寿命较短，这是由于扫描过程中针尖与样品的过低距离和样品施加给针尖的摩擦力所致。

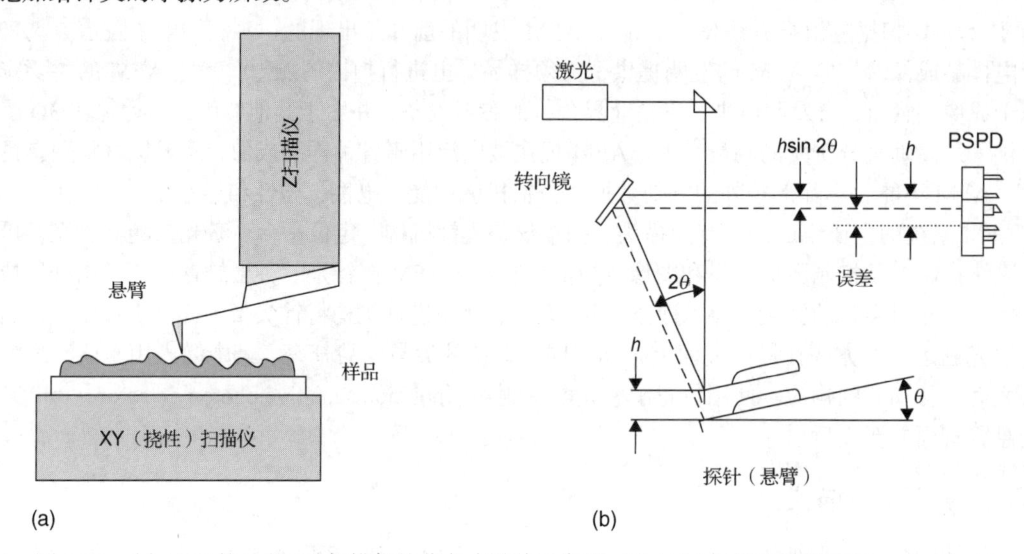

图 16.2　(a) AFM 的 Z 和 XY 扫描仪的分离式设计示意图；(b) AFM 扫描头的组成[Reprinted with permission from Kwon et al., Review of Scientific Instruments, 74: 4378–4383 (2003).]

为了在扫描过程中保持恒定力，利用 Z 扫描仪上下移动悬臂来调整悬臂偏转。这是通过向 Z 扫描仪的压电叠层施加电压来实现的。最初，应用于 Z 扫描仪的电压根据标准光栅进行校准，以转换为高度值。形貌图像是施加到 Z 压电陶瓷的记录电压。然而，压电材料具有固有的非线性响应，因此根据样品高度变化范围，使用不同的校准光栅。此外，压电材料的蠕变效应出现在收集的轮廓中，特别是在相当高的特征情况下。

为了解决上述压电材料在 Z 扫描仪中使用的局限性，在 Z 扫描仪上加入传感器来精确测量它的运动。最初，传感器的噪声级别不允许其用于过低/过深的形貌值测量。然而，在过去的十年中，传感器的噪声水平降低到小于 0.2 A。因此，传感器收集的信号用于所有应用，并取代了基于 Z 驱动电压的形貌信号。与应用于 Z 压电陶瓷的驱动电压相比，传感器具有线性响应。因此，不需要为不同的样品高度设置多个校准光栅。

在 AC 模式下，针尖以接近其共振频率的频率振荡，并且在扫描过程中使用反射激光监测悬臂响应。为了使悬臂振动，通常在探针支架中使用压电材料(即双晶圆)。通过向双晶圆施加 AC 信号，振荡驱动提供所需的能量，使悬臂在其共振频率附近振荡。由于 AC 信号驱动悬臂，因此产生的成像模式通常在 AC 模式下分类。当悬臂靠近样品表面时，悬臂的共振频率受到针尖与样品之间长程力的影响。由此产生的共振频率的微小变化导致振幅的较大变化(参见参考文献[24]中的 Fig. 1)。检测到的振幅作为反馈(在振幅调制的 AFM 系统中)，用于在扫描过程中保持针尖与样品之间的分离恒定值。扫描样品所用的振幅值称为设定点。注意，AC 模式下的设定点与 DC 模式下的设定点本质上是不同的。

在非接触模式下，扫描过程中针尖与样品之间的相互作用保持在吸引区间。因此，AFM 针尖会感测到远程的 van der Waals 力。在轻敲模式下，针尖与样品之间的距离减小，直到相互作用进入短程排斥区间。两种模式之间的另一个区别是所选的悬臂频率。虽然所选的非接触模式的振荡频率略大于悬臂的自由空气状态下的共振频率，但在轻敲模式下则情况相反[29~31]。

悬臂振动振幅随针尖与样品之间距离的变化[24]如图 16.1 所示。当振荡的针尖下降到样品表面时，振幅减小，针尖感应到更大范围之间范德华相互作用。如果继续下降，则振幅将继续减小，直到它的值发生轻微跳跃。此时，针尖与样品之间将切换到排斥区间(即轻敲模式)。如果针尖与样品之间的距离再次增加，则振幅值也会增加。然而，这种轻微的跳跃将在不同的时刻发生。类似的过程可以通过查看相位信号来分析。相位信号描述了发送给双晶圆驱动悬臂的信号与 PSPD 检测到的信号之间的相位差。在这个图中，由于振荡针尖不在样品表面附近，因此相位几乎为零。当针尖与样品的相互作用分别处于吸引或排斥区间时，相位会相应为负值或正值。(在不同的商用 AFM 系统中，可能有不同的值和符号。)与相位数据相比，振幅值的两个跳跃之间的区域具有双稳态行为。因此，AFM 反馈回路避免在双稳区使用振幅值。也可以看出，与吸引区间相比，排斥区间在振幅值上的范围更大。因此，与非接触模式相比，在轻敲模式下操作对早期 AFM 系统的挑战较小。因此，传统的 AFM 系统采用轻敲模式作为主要的扫描方式。随着 AFM 系统的不断发展，非接触模式得到了越来越多的应用，目前已成为 AFM 成像中的主要扫描模式。

尽管非接触和轻敲模式在操作上相似，并且与 DC 模式相比，这两种模式都能提供更长的针尖寿命，但由于针尖与样品之间的相互作用，轻敲模式下的针尖寿命相对较短。短距离力通常比长距离力强；因此，为了实现更好的重复性和可靠的计量计划，有必要使用非接触模式。

16.3.3　其他扫描模式

除了形貌，AFM 还可以利用针尖与样品之间的原子力来检测其他特性，如电、磁和机械性能[32~39]。在所有的附加成像模式中，AFM 需要在收集其他信息之前正确跟踪样品表面。因此，每种模式都是基于 DC 或 AC 模式的成像机制。表 16.1 列出了其他主要的 AFM 模式，并且显示每种模式是否基于 AC 或 DC 成像机制。这些模式中的大多数目前用于物理计量、实验室表征和测量，特别是用于故障分析。

表 16.1　AFM 中可操作的附加成像模式

模　式	AC	DC	测量/应用实例
EFM，SKPM	√	√	绝缘层电荷分布、表面电位分布
PFM		√	铁电畴分布，局部压电行为
MFM	√		磁畴分布
导电性 AFM，SSRM		√	局部导电性/电阻，故障分析
SCM		√	半导体器件中的掺杂分析
SThM		√	局部热传导性和热传递
FMM		√	局部弹性和硬度
LFM		√	局部摩擦/黏附
PinPoint 机械制图		√	局部刚度、黏附力和弹性模量

表中注释：EFM(静电力显微镜)；FMM(力调制显微镜)；LFM(横向力显微镜)；MFM(磁力显微镜)；PFM(压电力显微镜)；SCM(扫描电容显微镜)；SKPM(扫描开尔文探针显微镜)；SSRM(扫描扩展电阻显微镜)；SThM(扫描热显微镜)。

16.4　用于线上计量的自动化 AFM

尽管 AFM 被广泛认为是一种手动实验室设备，但它在过去十年中得到了飞速发展，自动化 AFM 现在已用作 IC 晶圆厂的线上测量系统。线上自动化 AFM 装置通常有以下三个模块。

1. 设备前段模块(equipment front end module，EFEM)。EFEM 包括装载前开式晶圆传送盒(front open

utility pod，FOUP）或传送匣的自动化晶圆传送器、装载埠及预对准器。晶圆传送是由该模块完成的。

2．主 AFM 模块。扫描仪位于该模块中。样品（如晶圆或掩模）需要装载到该模块进行成像。它具有隔振系统和用于空气颗粒控制的气流过滤系统。

3．控制模块。该模块包括系统控制器和操作计算机。

由于 AFM 在空气环境中运行，与关键尺寸扫描电子显微镜（CD-SEM）不同，不需要真空，因此 EFEM 和主测量室之间的接口难度较小，不需要压力控制的互锁真空室。

AFM 自动化能力可分为以下几类。

- 晶圆传送。该过程主要在 EFEM 模块中完成。包括将晶圆从传送匣或 FOUP 中卸下/装入，使用光学预对准器对晶圆切口进行角度预对准，从样品台上卸下/装入样品。
- 自动换针。包括在 AFM 扫描头卸载/加载探针、激光对准、针尖表征。
- 晶圆导航。包括全局校准和利用自动聚焦和光学图案识别导航到测量位置。
- 定位、进针和成像。包括使用自动聚焦、光学和 AFM 图案识别以纳米精度定位感兴趣的位置、快速进针和成像。
- 数据处理、分析和报告。一旦成像完成，其处理分析和最终报告将自动完成。

在测量结束时，利用半导体设备通信标准/通用设备模型（SEMI Equipment Communication Standard/Generic Equipment Model，SECS/GEM）协议将测量目标的采集值从测量系统传输到其 FAB 主机（控制系统）中。这样可以立即与统计过程控制（statistical process control，SPC）中定义的系统限制进行比较。线上通信包括以下内容：

- 工艺信息（批次 ID、工艺 ID、程序 ID）
- 远程控制（程序启动和取消、控制状态、操作状态）
- 设备信息（设备状态、端口状态、警报）
- 材料传送信息[装载/卸载请求/完成、自动引导车（automated guided vehicle，AGV）或手动引导车（manually guided vehicle，MGV）信息]
- 进程状态
- 进程结果

AFM 自动化软件中的每一个程序都包含了从 FOUP 卸下晶圆执行测量直到装回晶圆所需的所有信息。因此，程序包括以下信息：

- 测量过程中的系统条件
- 对准要求
- 测量位置
- 测量方法

测量方法包括定位、成像参数、处理和分析。操作员准备或“编写”特定晶圆的程序。该程序将用于所有即将到来的晶圆批次。在每次测量结束时，记录并存储有关自动化的每个步骤的附加信息。存储的附加数据确保程序的可移植性，并使工程师能够根据过程中的变化来修改和更新程序。

AFM 的主要应用包括用于监测 CMP 过程的表面粗糙度和表面波纹度测量、硅通孔（TSV）条和孔的高度测量、临界角的测量和 CD 测量，包括侧壁角（side wall angle，SWA）、侧壁粗糙度（side wall roughness，SWR）、线边缘粗糙度（LER）和线宽粗糙度（line width roughness，LWR）的测量。人们也开始关注在混合计量中将 AFM 作为参考测量系统（RMS）。以下是线上 AFM 的一些主要应用。

16.4.1　用于 CD 计量的 CD-AFM

沟槽和结构并不是完美的，可利用一组测量目标来鉴定工艺水平。随着器件尺寸的缩小，凸起或凹陷的出现将不可避免，这些缺陷对最终产品的成品率来说变得更加重要。常见的测量目标如图 16.3 所示。标准 AFM 具有自上而下的成像方法；因此，针尖可能无法“看到”几乎垂直侧壁上沟槽的凹陷或细节。有几种方法可以解决这个问题。人们初步提出了一种特殊的针尖设计来表征侧壁和凸起结构，并能得到结构的截面轮廓。然而，开口针尖本质上是扁平和宽的，因此它们在 SWR 等高分辨率表征方面存在局限性。另一种尝试是将样品放置在倾斜台上，并倾斜样品以获得侧壁的高分辨率图像。尽管取得了部分成功，但这种方法在实际应用中具有挑战性，尤其是对于处理 300 mm 晶圆的内嵌式 AFM 系统[40]。

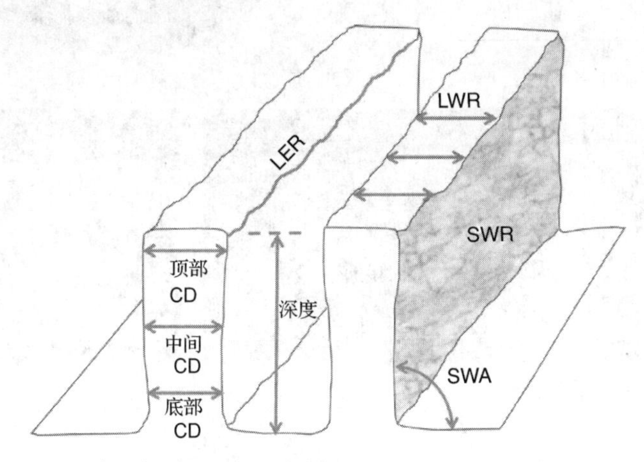

图 16.3　常见的测量目标，包括 CD、LER、LWR、SWA、SWR

为了解决这一问题，人们设计了一种新型旋转扫描头 AFM 系统平台[41]。在这个系统中，Z 和 XY 扫描仪是分离的，AFM 扫描头可以侧向旋转，以不同角度扫描样品。在这种方法中，可以在三个不同的扫描头角度采集样品的三个图像，并重建样品的最终三维图像。对于图 16.4 中的三维图像，可以看出带有旋转扫描头的新型关键尺寸原子力显微镜(CD-AFM)能够提供精确的截面形貌，甚至能够提供结构顶部、中部和底部的 SWR、SWA、LER、LWR 和 CD 测量的高分辨率图像。被测目标的三个图像的采集、处理和最终结果值的上报，整个过程是完全自动化的。其中的针尖宽度低于 10 nm，因此能够收集更为详细的分辨率。

16.4.2　原子力轮廓仪

AFM 用于提供表面轮廓的局部信息，而触针轮廓仪通常用于表征晶圆的整体平面性。但是，触针轮廓仪在表征亚微米表面特征的横向和纵向分辨率上存在局限性。此外，在表面张力的弹性公差较低的表面上拖动触针轮廓仪的针尖会损坏材料表面。原子力轮廓仪(atomic force profiler，AFP)利用 AFM 功能对晶圆表面进行剖面分析，解决了触针轮廓仪的两大缺点。在 AFP 装置中，当 AFM 扫描头接近表面并保持非接触模式下的相互作用时，滑动台将使样品在横向移动 100 mm。XY 扫描仪可以放置在滑块顶部，以结合 AFM 和 AFP 功能。在 AFP 中，扫描头采用 AFM 反馈回路控制。因此，探针施加在样品上的力会被良好控制且最小化。AFP 的垂直扫描范围与 AFM 的相同。

AFP 主要应用于化学机械抛光(CMP)过程中的测量，如测量凹陷、侵蚀、表面纹理和栓塞凹陷。AFP 的另一个应用是晶圆边缘轮廓测量。考虑到电动样品台的精度，可以采集横向毫米级的 AFP 二维图像，并有能力将三维信息与晶圆边缘光学图像进行匹配。

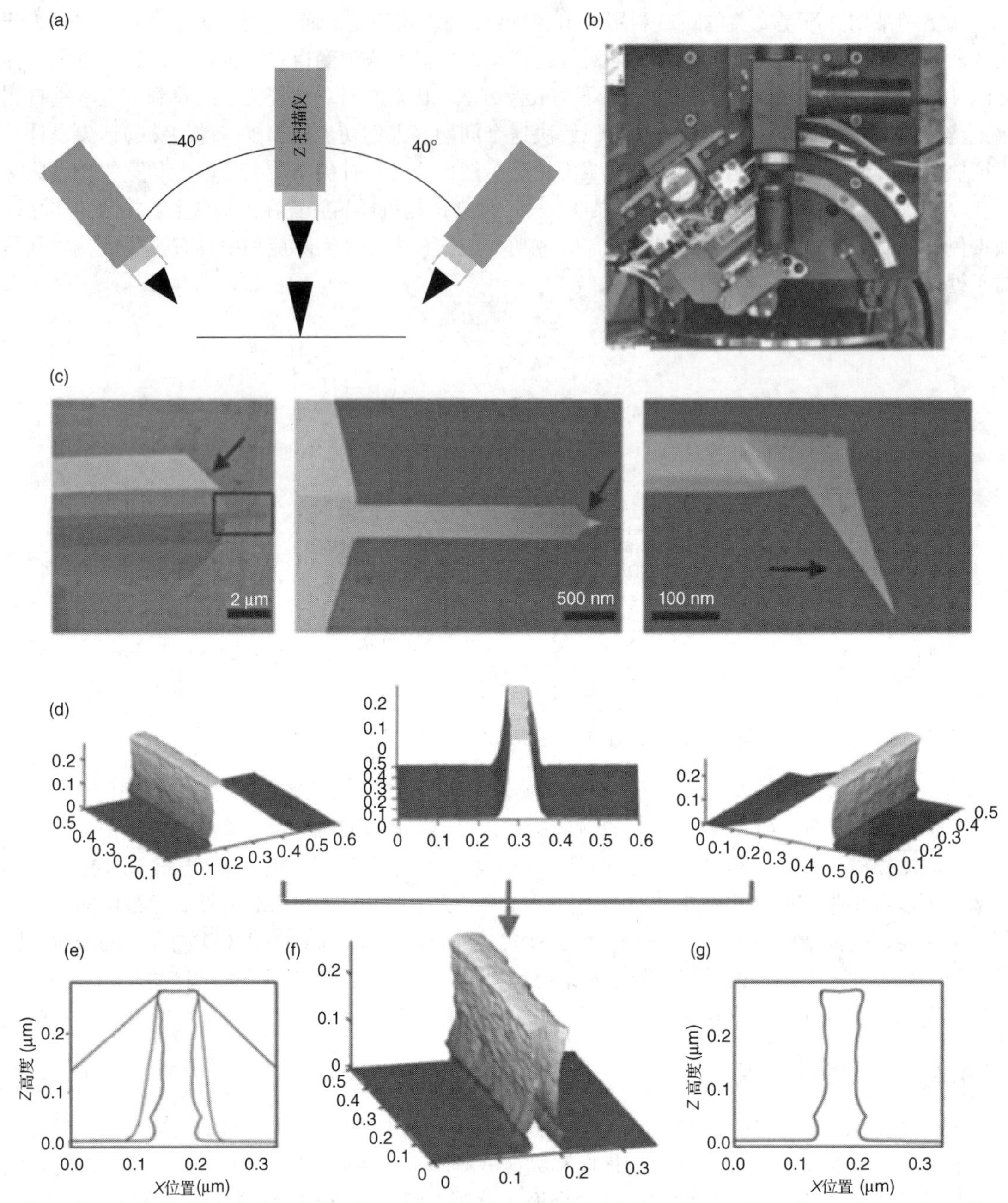

图 16.4　(a)示意图显示了带旋转扫描头的 CD-AFM 的概念；(b)AFM 扫描头处于−38°位置的系统图像；(c)可用于 CD-AFM 成像的高深宽比针尖；(d)头部位置−38°、0°和 38°处采集的 CD-AFM 图像；(e)从不同扫描角度构建的高度剖面；(f)从三个高度图像对凸起结构进行三维渲染；(g)最终截面轮廓(Reprinted with permission from Cho et al., Review of Scientific Instruments, 82: 023707, 2011.)

16.4.3　自动缺陷审查

缺陷检查和审查是芯片制造过程中的重要组成部分。随着器件尺寸的缩小，缺陷计量步骤数也随之增加。缺陷计量步骤分为两组：检测和审查。在缺陷检查中，会在晶圆上生成缺陷图或缺陷分布图，用于找到工艺中合格与不合格的批次。此步骤使用光学检查设备。这些设备通常具有高吞吐量，能够以每小时数十到数百片晶圆的速度运行。检验设备必须对缺陷进行分类，并需要获取缺陷的详细信息。

缺陷审查设备提供了缺陷分类所需的信息。审查设备能够提供所关注缺陷的高分辨率图像，可以纠正错误分类的缺陷或识别错误的缺陷。它的难点主要在于能否成功地将其坐标位置与检查设备的坐标位置联系起来。对于空白晶圆而言，这会更具挑战性，因为空白晶圆不存在对准器或基准标记。此外，如果审查设备能够以非破坏性的方式提供信息，那么晶圆批次就可以返回到流程中。现有的审查设备之间的比较如表 16.2 所示。AFM 能无损地提供缺陷的三维信息，是一种理想的解决方案。然而，在 AFM 中查找缺陷的过程非常艰难，这使得它难以有效地用于缺陷审查。作为自动无损缺陷审查的设备，自动化 ADR-AFM 现在可以解决这个普遍问题，为了操作 ADR-AFM，需要导入相关缺陷的坐标。然后，利用由高级视觉技术找到的较大缺陷进行粗略对准，ADR-AFM 接着启动缺陷审查过程。由于在非接触模式下工作和成像，因此是真正无损的过程。

表 16.2　典型缺陷检查和缺陷审查技术的对比图

方　法	可用设备	样品制备	破 坏 性	吞 吐 量	高分辨率图像
缺陷检查	光学方法(亮场和暗场光散射)	否	否	1～8 wph*(亮场)， 30～150 wph(暗场)	否
	SEM(电子散射)	否	取决于材料	N/A	2D
缺陷审查	DR-SEM	否	取决于材料	约 300 dph† 10～16 dph(ADR)	2D
	AFM	否	否	1～2 dph(w/o ADR)	3D
	FIB	是	是	N/A	2D
	TEM	是	是	8 wpd‡	2D

*每小时检测晶圆数，† 每小时检测缺陷数，‡ 每天检测晶圆数。

16.4.4　用于掩模制造的线上 AFM

对于掩模制造，有两个主要的计量应用：CD 测量和缺陷计量。掩模比晶圆的价格要贵得多。因此，正确的特征描述、修复，甚至它们的重复利用都是至关重要的[42~44]。线上 AFM 也可用于掩模计量[45]，主要用于样品处理系统。由于掩模材料的价格昂贵，ADR-AFM 在掩模领域得到了越来越多的关注。

16.5　维护和校准

校准是指对测量系统收集到的标准值进行验证的过程。实际中有不同类型的测量标准，如下所示。

- 国家标准。这类标准通常保存在国家机构，不向公众提供。
- 一级标准。通过最先进的校准过程，证明符合国家标准的 NIST(美国国家标准技术研究所)标准，可以任何目的提供给任何组织。
- 二级标准。由任何组织根据一级标准仔细校准的标准。
- 工作/生产标准。在工厂中用于校准测量系统的标准。

当我们沿着标准的层次往下分析时，与国家标准相比，普通标准不再那么准确；但实现的成本更低，对环境变化的适应性更强。为了进行可靠的校准，标准必须可追溯到国家标准或国家认可的标准。遗憾的是，对于半导体行业而言，目前还没有国家标准来规定节点尺寸。事实上，半导体工业的发展如此之快，以至于要为该行业制定一个国家标准是非常具有挑战性的。然而，也有一些公司(如 VLSI)为半导体行业提供了工作标准，这些标准可追溯到 NIST 单元。此类标准可应用于校准测量系统，包括 AFM。

传统 AFM 的一个常见校准问题是由 Z 压电陶瓷的迟滞特性导致 Z 校准的非线性。在传统的 AFM 系统中，通过标样校准将施加到 Z 压电陶瓷的电压转换为长度单位。因此，在高度为 800 nm 的样品上进行的测量，对于 5 nm 及以下的样品高度而言是不准确的。就像之前所讲的，通过使用传感器信号而不是 Z 电压来解决该问题。传感器信号用于形貌图像，也可以根据标样进行校准。由于传感器具有线性响应，单标准校准可以覆盖大范围的测量高度。系统校准的持续时间较长，可能需要每年更新一次。然而，测量人员需要更频繁地进行校准检查。

自动化的线上 AFM 利用一个自动换针(automatic tip exchanger，ATX)模块可自行更换探针。换针过程可以自动执行，也可以由操作员启动。ATX 模块中存放了适量的探针，能够使系统独立运行几个月。如果需要不同类型的探针，则可以对 ATX 进行编辑，以便每次更换探针时，根据探针特性(例如共振频率、力常数)更新悬臂设置。一旦使用了 ATX 中的所有探针，操作员需要移除使用过的探针，并应装入一盒新探针。

由于 AFM 在 Z 方向上具有最高的垂直分辨率，因此将噪声水平降到最低以避免对最终测量产生影响是至关重要的。AFM 的噪声主要有两个来源：噪音和地板振动噪声。为此，自动化在线设备配有集成的隔振装置和隔音罩。这对于安装在洁净室设施中的线上 AFM 系统来说尤其重要。在洁净室设施中，温度、湿度和空气中的颗粒物得到了良好的控制。然而，由于洁净室中存在其他工艺和计量系统，地板振动和噪声可能高于离线实验室。AFM 通过使针尖接触样品表面并执行“零扫描”测试来测量噪声级别。在这个测试中，横向扫描尺寸设置为零，得到的图像是系统收集到的噪声。噪声等级来源于 AFM 图像中 Z 值的均方根(RMS)值。

16.6 结论

本章简要回顾了计量和线上 AFM 的基本原理。与光学技术和 SEM 相比，AFM 是一种较新的技术，但它的发展速度非常快，达到了公认的线上 RMS。随着 AFM 的不断发展，其作用正从 RMS 扩大到一个可靠地测量轮廓和表面粗糙度的测量设备，特别是应用在 CMP 测量中。它还将作为 CD 计量和混合计量的在线 RMS 发挥重要作用。尽管 AFM 有着针尖磨损和低吞吐量的问题，但非接触式成像的最新发展和最新的自动化水平解决了这些局限性。关于线上 AFM 的文献内容仍然非常局限于作者的知识水平。

16.7 参考文献

1. G. Binnig, C. F. Quate, and Ch. Gerber, “Atomic Force Microscope,” *Physical Review Letters*, 930–933, 1986.

2. Gordon E. Moore, “Progress in Digital Integrated Electronics,” *Electron Devices Meeting*, 21: 11–13, Dec. 1975.

3. H. K. Wickramasinghe, “Scanned-Probe Microscopes,” *Scientific American*, 260 (10): 98–105, 1989.

4. Bo Su, Eric Solecky, and Alok Vaid, *Introduction to Metrology Applications in IC Manufacturing*, SPIE

Press, Bellingham WA, 2015.

5. Ardavan Zandiatashbar et al., “Studying Post-Etching Silicon Crystal Defects on 300 mm Wafer by Automatic Defect Review AFM,” *Proc. SPIE 9778, Metrology, Inspection, and Process Control for Microlithography XXX*, p. 97782P, 2016.

6. Y. Hua et al., “New Three-Dimensional AFM for CD Measurement and Sidewall Characterization,” *Proc. SPIE 7971, Metrology, Inspection, and Process Control for Microlithography XXV*, p. 797118, 2011.

7. J. Foucher, S. W. Schmidt, C. Penzkofer, and B. Irmer, “Overcoming Silicon Limitations: New 3D-AFM for CD Measurement and Sidewall Characterization,” *Proc. SPIE 8423*, p. 842318, 2012.

8. Larry M. Ge and Dean J. Dawson, “Characterization of the CMP Process by Atomic Force Profilometry,” *Proc. SPIE 3882, Process, Equipment, and Materials Control in Integrated Circuit Manufacturing V*, p. 112, 1999.

9. Ardavan Zandiatashbar et al., “High-Throughput Automatic Defect Review for 300-mm-Blank Wafers with Atomic Force Microscope,” *Proc. SPIE 9424, Metrology, Inspection, and Process Control for Microlithography XXIX*, p. 94241X, 2015.

10. J. Foucher, P. Faurie, L. Dourthe, B. Irmer, and C. Penzkofer, “Hybrid CD Metrology Concept Compatible with High Volume Manufacturing,” *Proc. SPIE 7971*, p. 79710S, 2011.

11. A. Vaid et al., “A Holistic Metrology Approach: Hybrid Metrology Utilizing Scatterometry, CD-AFM and CD-SEM,” *Proc. SPIE 7971*, p. 797103, 2011.

12. N. Rana and C. Archie, “Hybrid Reference Metrology Exploiting Patterning Simulation,” *Proc. SPIE 7638*, p. 76380W, 2010.

13. “International Technology Roadmap for Semiconductors, 2013 Edition, Metrology,” ITRS, 2013.

14. “International Technology Roadmap for Semiconductors, 2009 Edition, Metrology,” ITRS, 2009.

15. Bharat Bhushan, Harald Fuchs, and Masahiko Tomitori (eds.), *Applied Scanning Probe Methods VIII: Scanning Probe Microscopy Techniques (NanoScience and Technology) (No. 8)*, Springer, New York, 2008.

16. G. Binnig and H. Rohrer, “Scanning Tunneling Microscopy,” *Helvetica Physica Acta*, 55: 726–735, 1982.

17. G. Binnig, H. Rohrer, Ch. Gerber, and E. Weibel, “Surface Studies by Scanning Tunneling Microscopy,” *Physical Review Letters*, 49 (1): 57–61, 1982.

18. G. Binnig, C. Gerber, E. Stoll, T. R. Albrecht, and C. F. Quate, “Atomic Resolution with Atomic Force Microscope,” *Europhysics Letters*, 3 (12): 1281–1286, 1987.

19. R. C. Barrett and C. F. Quate, “Imaging Polished Sapphire with Atomic Force Microscopy,” *Journal of Vacuum Science and Technology A*, 8 (1): 400–402, 1990.

20. H. Heinzelmann, E. Meyer, D. Brodbeck, G. Overney, and H.-J. Guntherodt, “Atomic-Scale Contrast Mechanism in Atomic Force Microscopy,” *Zeitschrift fur Physik B-Condensed Matter*, 88: 321–326, 1992.

21. G. T. Smith, *Industrial Metrology: Surfaces and Roundness*, Springer, New York, 2002.

22. J. Libert and L. Fei, *Method to Delineate Crystal Related Defects*, PCT Publication, WO2013055368(A1).

23. Dalia G. Yablon, *Scanning Probe Microscopy for Industrial Applications: Nanomechanical Characterization*, Wiley, Hoboken, New Jersey, 2013.

24. Ardavan Zandiatashbar, Byong Kim, Young-kook Yoo, and Keibock Lee, “Automated Non-Destructive Imaging and Characterization of the Graphene/hBN Moiré Pattern with Non-Contact Mode AFM,” *Microscopy Today*, 23 (06): 26–31, 2015.

25. G. Binnig and D. P. E. Smith, “Single-Tube Three-Dimensional Scanner for Scanning Tunneling

Microscopy," *Review of Scientific Instruments*, 57 (8): 1688–1689, 1986.

26. Joonhyung Kwon et al., "Atomic Force Microscope with Improved Scan Accuracy, Scan Speed, and Optical Vision," *Review of Scientific Instruments*, 74 (10): 4378–4383, 2003.

27. Fredric E. Scire and E. Clayton Teague, "Piezodriven 50-μm Range Stage with Subnanometer Resolution," *Review of Scientific Instruments*, 49 (12): 1735–1740, 1978.

28. Ricardo Garcia and Ruben Perez, "Dynamic Atomic Force Microscopy Methods," *Surface Science Reports*, 197–301, 2002.

29. Ardavan Zandiatashbar, "Sub-Angstrom Roughness Repeatability with Tip-to-Tip Correlation," *NanoScientific*, 14–16, 2014.

30. J. B. Pethica and W. C. Oliver, "Tip Surface Interactions in STM and AFM," *Physica Scripta*, T19: 61–66, 1987.

31. J. Israelachvili, "Interfacial Forces," *Journal of Vacuum Science and Technology A*, 10 (5): 2961–2971, 1992.

32. Y. Martin, David W. Abraham, P. C. D. Hobbs, and H. K. Wickramasinghe, "Magnetic Force Microscopy—a Short Review," *Magnetics Materials, Processes, and Devices*, 90 (8): 115–124, 1989.

33. C. Schonenberger and S. F. Alvarado, "Observation of Single Charge Carriers by Force Microscopy," *Physical Review Letters*, 65 (25): 3162–3164, 1990.

34. C. C. Williams, J. Slinkman, W. P. Hough, and H. K. Wickramasinghe, "Lateral Dopant Profiling on a 100 nm Scale by Scanning Capacitance Microscopy," *Journal of Vacuum Science and Technology A*, 8 (2): 895–898, 1990.

35. C. C. Williams and H. K. Wickramasinghe, "Thermal and Photothermal Imaging on a sub 100 nm Scale," *Scanning Microscopy Technologies and Applications, Proc. SPIE*, 897: 129–134, 1988.

36. A. L. Weisenhorn, P. K. Hansma, T. R. Albrecht, and C. F. Quate, "Forces in Atomic Force Microscopy in Air and Water," *Applied Physics Letters*, 54 (26): 2651–2653, 1989.

37. Yves Martin, David W. Abraham, and H. Kumar Wickramasinghe, "High-Resolution Capacitance Measurement and Potentiometry by Force Microscopy," *Applied Physics Letters*, 52 (13): 1103–1105, 1988.

38. P. Maivald et al., "Using Force Modulation to Image Surface Elasticities with the Atomic Force Microscope," *Nanotechnology*, 2: 103–106, 1991.

39. U. Durig, O. Zuger, and D. W. Pohl, "Force Sensing in Scanning Tunneling Microscopy: Observation of Adhesion Forces on Clean Metal Surfaces," *Journal of Microscopy*, 152 (1): 259–267, 1988.

40. Yves Martin and H. Kumar Wickramasinghe, "Method for Imaging Sidewalls by Atomic Force Microscopy," *Applied Physics Letters*, 64 (19): 2498–2500, 1994.

41. Sang-Joon Cho et al., "Three-Dimensional Imaging of Undercut and Sidewall Structures by Atomic Force Microscopy," *Review of Scientific Instruments*, 82: 023707, 2011.

42. James A. Folta, J. Courtney Davidson, Cindy C. Larson, Christopher C. Walton, and Patrick A. Kearney, "Advances in Low-Defect Multilayers for EUVL Mask Blanks," *Proc. of SPIE 4688, Emerging Lithographic Technologies VI,* 173, 2002.

43. Ajay Kumar and Banqiue Wu, "Extreme Ultraviolet Lithography: A Review," *Journal of Vacuum Science & Technology B*, 1743–1761, 2007.

44. Paul Morgan et al., "Computational Techniques for Determining Printability of Real Defects in EUV Mask Pilot Line," *Proc. SPIE 9050, Metrology, Inspection, and Process Control for Microlithography XXVIII*, p. 90501C, 2014.

45. Ardavan Zandiatashbar et al., “Automatic Defect Review for EUV Photomask Reticles by Atomic Force Microscope,” *Proc. SPIE 9635-46, Photomask Technology*, p. 96351A, 2015.

16.8 扩展阅读

On CD-AFM: Sang-Joon Cho et al., “Three-Dimensional Imaging of Undercut and Sidewall Structures by Atomic Force Microscopy,” *Review of Scientific Instruments*, 82: 023707, 2011.

On Metrology: Bo Su, Eric Solecky, and Alok Vaid, *Introduction to Metrology Applications in IC Manufacturing*, SPIE Press, Bellingham WA, 2015.

第三部分　后 道 工 序

第 17 章　晶圆减薄和芯片切割

第 18 章　封装

第 19 章　键合的基本原理

第 20 章　互连的可靠性

第 21 章　自动测试设备

第 17 章　晶圆减薄和芯片切割

本章作者：Youngsuk Kim　Sumio Masuchi　Noriko Ito　Miyuki Hirose　DISCO Corporation
本章译者：郭炜　叶继春　中国科学院宁波材料技术与工程研究所
文稿校对：冷雪青（Setsusei Rei）　DISCO Corporation

17.1　引言

本章将重点介绍硅晶圆减薄和芯片切割的基本概念及它们的实际应用。硅晶圆的表面已经在前道工序（front-end-of-line，FEOL）中完成了电晶体和集成电路。晶圆减薄和芯片切割程序位于芯片组装和封装工艺之前，为了后续工艺（例如芯片键合、布线和模塑）的质量更好，晶圆减薄和芯片切割的精确工艺和质量管控十分重要。

由于经济和技术的局限性，半导体产业正面临着如何实现下一代微缩技术的重大挑战。目前，作为传统二维微缩（2D scaling）技术的替代方案，先进封装技术如晶圆级封装（wafer level packaging）和三维集成（3D integration）技术被认为是提升系统性能和降低成本的十分具有潜力的技术[1~3]。如图 17.1 所示，半导体产业的发展对于更薄的芯片厚度、更窄的芯片间距提出了更为严苛的要求，以满足缩小元器件尺寸和增加元器件密度的发展趋势[4]。在本章中，我们将讨论为了实现这些要求，晶圆减薄和芯片切割所使用的工艺、设备和材料的变化。

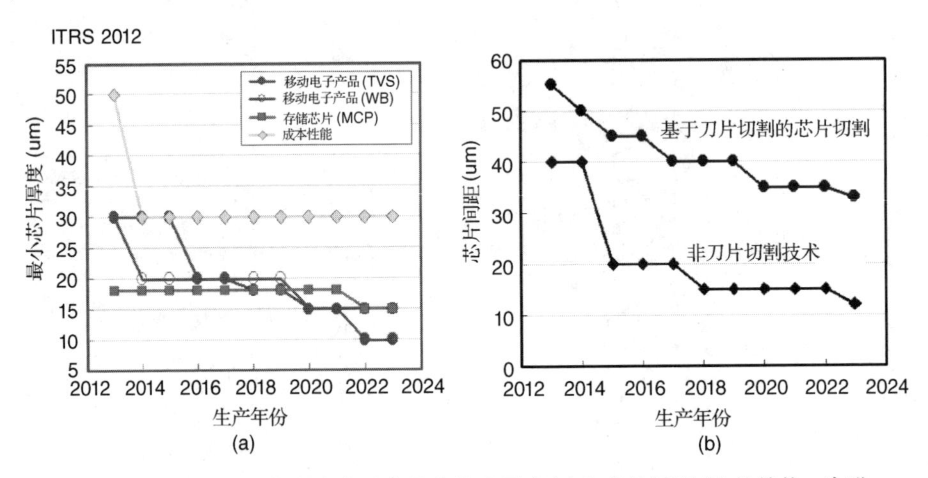

图 17.1　ITRS 2012 技术路线图中最小芯片厚度（a）和芯片间距（b）的趋势。先进封装对于更薄的芯片厚度、更窄的芯片间距提出了更为严苛的要求

17.2　减薄技术概要：研磨

研磨也称为 BD，即指背面研磨（back grinding）。研磨之前，先将称为 BG 胶膜的晶圆表面保护胶膜粘贴于含有集成电路层的晶圆表面，然后将晶圆的背面朝上，研磨晶圆的背面，减薄到后续封装所需要的晶圆厚度[5]。

封装的整体厚度是由国际标准决定的，整体厚度必须要能容纳引线框架、芯片、塑封、银胶或芯片黏结膜(die attach film，DAF)的厚度。

17.2.1　研磨磨轮

如图 17.2(a)所示，将晶圆固定在旋转的工作盘上，如图 17.2(b)所示的旋转的研磨磨轮在下降低时就能对晶圆进行研磨[6]。研磨磨轮的锯齿是由黏合剂和金刚石研磨颗粒烧结而成，树脂或者陶瓷材料可作为黏合剂。

硅片的研磨主要有两步：粗研磨和细研磨。粗研磨能高速地去除大部分需要研磨的材料。在这个步骤中，用较大金刚石颗粒(35～40 μm)的粗研磨磨轮去除硅材料和晶圆背面的氧化层/氮化层。而细研磨的研磨速度较慢，磨至最终需要的晶圆厚度，通常的研磨量是 40～100 μm。细研磨磨轮使用较小的金刚石颗粒(4 μm)，以去除粗研磨所产生的损伤，有效地获得更为光滑的研磨面。

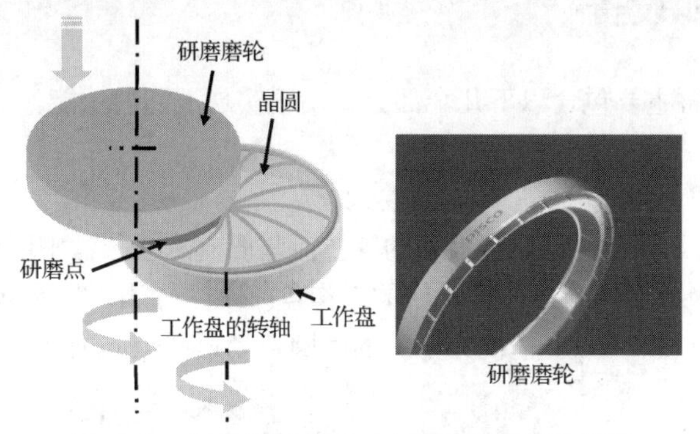

图 17.2　(a)研磨装置和(b)研磨磨轮的示意图

17.2.2　研磨点

研磨的整个过程是从“自研磨”的步骤开始的。利用装在主轴上的自研磨磨轮，把多孔陶瓷工作盘研磨成一个略微凸起的形状。这是为了修正工作盘和研磨磨轮之间的平行度。如图 17.2(a)所示，为了避免不规则的纵横交叉的图样，得到一个较为均匀的研磨表面，在研磨过程中，研磨磨轮只和旋转中的硅晶圆的一半面积接触，硅晶圆的另一半则不接触研磨磨轮。

17.2.3　工艺质量

研磨的目的是在满足粗糙度要求的同时，把晶圆研磨至需要的厚度。表 17.1 给出的主要评价标准如下。

- *表面粗糙度*(Ra)。为了获得所需的表面粗糙度，有必要优化研磨磨轮，特别是磨轮颗粒度的大小。
- *总厚度变化*(total thickness variation，TTV)。当工作盘和主轴的倾斜度没有得到充分调整时，会导致 TTV 的增加。当晶圆的总厚度变小时，大规模生产时的 TTV 标准数值也将变小。
- *边缘崩边*(edge chipping)。研磨水的过大冲击或过快的研磨速度可能引起晶圆边缘的震动，导致边缘破损即边缘崩边的发生。

当厚度较薄的晶圆边缘与晶圆传送机构接触时，崩边可能导致整个晶圆的开裂。晶圆减薄时，原本晶圆边缘的圆弧倒角就会变成易碎的刀刃状倒角[7]。为了防止崩边发生，在研磨之前，追加“边缘修整”步骤，即用刀片切割机对晶圆边缘进行切槽处理(见 17.5.1 节)。

- 芯片强度 (die strength)[8, 9]。这一个指标主要评价比较薄的晶圆或芯片在组装、封装过程中的强度。降低芯片强度的因素主要有：残余的研磨损伤、背面崩边、热应力、晶圆内部缺陷及其他因素。

表 17.1 评价晶圆研磨情况的常见标准

评价标准	描 述	典 型 值
表面粗糙度(Ra)	研磨表面的粗糙度	0.01 μm(使用 4 μm 研磨颗粒的研磨磨轮)
总厚度变化(TTV)	一个晶圆内的厚度差异	小于 3 μm(直径 300 mm 晶圆，不包含研磨胶膜)
边缘崩边	在晶圆边缘部分的小裂纹	—
芯片强度	通过弯曲测试获得的芯片弯曲应力	—

17.3 减薄工艺和设备

典型的研磨抛光设备主要包含以下几个部分，用于实现不同的功能。

17.3.1 研磨部分

图 17.3 显示的是大多数全自动研磨设备的工艺流程图。从晶圆盒中取出晶圆，直接传送至研磨加工区。一个旋转台上放置四个可各自自转的工作盘。Z1 主轴用于粗研磨、Z2 主轴用于细研磨，Z3 主轴则用于抛光(见 17.4.2 节)。清洗完毕后的晶圆自动返回至晶圆盒。

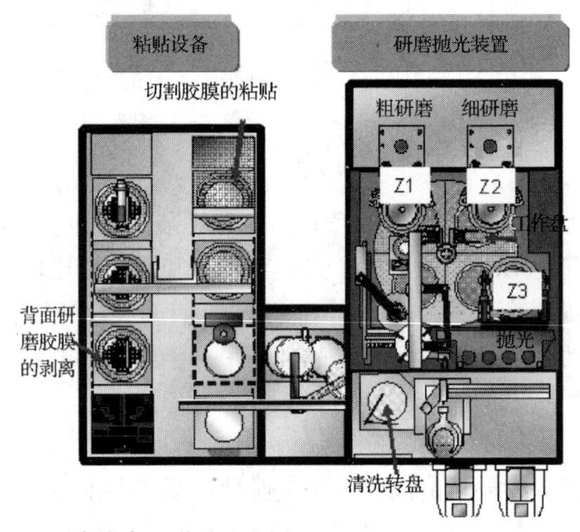

图 17.3 研磨设备工艺流程图(Courtesy of DISCO Corporation.)

17.3.2 使用在线测量仪来控制厚度

在研磨过程中，使用在线测量仪对晶圆的厚度进行实时监测。晶圆厚度通过闭环控制系统反馈给设备，当晶圆达到目标厚度时，主轴即刻停止工作。在线测量仪通过测量晶圆表面高度和工作盘高度来连续测量晶圆的总厚度。

17.3.3 清洗

由于研磨过程产生了大量的颗粒，因此为了保证研磨的质量，清洗是一个必不可少的过程。这些细小的颗粒一旦干燥，它们将变得难以去除。

- 工作盘的清洗。嵌在晶圆和工作盘之间的颗粒使晶圆产生“凹坑”(轻微的、局部的凹坑)和“乌鸦爪痕”(局部的裂纹)，有导致晶圆破损的可能性。因此在将晶圆放置于工作盘之前，必须使用去离子水清洗工作盘。
- 晶圆清洗(研磨后)。使用去离子水清洗研磨后放置在工作盘上的晶圆，尽量去除颗粒。这是为了防止颗粒嵌在晶圆和传送机械手臂之间。
- 旋转清洗/甩干。研磨晶圆在传送回晶圆盒之前还必须将其放置于高速旋转清洗腔体内，通过去离子水进行冲洗和甩干。

17.4　减薄技术、应力释放和其他要求

17.4.1　晶圆减薄

因为封装技术的革新需要越薄、越小的产品，100 μm 以下的薄型晶圆是实现革新的关键技术(见 17.1 节)。一般来说，当晶圆变薄后，晶圆破损的风险也将增加。晶圆破损的主要原因如下。

机械强度的降低

晶圆越薄，其机械强度越低。当晶圆减薄至 200 μm 以下时，通常用芯片强度来评判晶圆的机械强度(见 17.2.3 节)。一般情况下，较厚的晶圆拥有足够的机械强度去抵抗因为晶圆的元器件表面和背面张力不同而产生的应力。当机械强度不足而无法保证其表面平整时，晶圆常常发生翘曲[7]或弓形[7]现象。举例而言，300 mm 直径的晶圆在研磨厚度低于 100 μm 时，常常会发生翘曲现象。翘曲的晶圆难于传送，造成与设备内部的意外接触，增加了晶圆破碎的风险。

研磨损伤

在背面研磨之后，诸如断裂的多晶硅、非结晶硅、位错、层错等损伤通常会一直存在于晶圆的研磨面。粗研磨导致的损伤层厚度超过 5 μm，而细研磨产生的损伤层厚度则有 0.2 μm。当晶圆变得非常薄时，即使是细研磨产生的损伤也会对晶圆的机械强度产生重大的影响。

其他问题

对于厚度较薄的晶圆，厚度的精确性尤为重要。这是因为与较厚的晶圆相比，较薄的晶圆对于厚度变化的影响更为敏感。此外，在研磨之后的工艺中，还需要安全的薄晶圆传送及处理方法。

17.4.2　应力释放

将晶圆减薄至 100 μm 以下的解决方法之一是“应力释放”。这主要通过使用化学和机械工艺去除由研磨造成的研磨面内部损伤和晶圆翘曲。应力释放主要有下列形式(见图 17.4)[10]。

- 干式抛光。不使用水或化学抛光液，使用抛光垫抛光。抛光垫由树脂和在固态状态下与硅反应的金属氧化物的研磨材料制成。最大的抛光速率可以达到 1 μm/min，能有效地抛除 2 μm 厚度的研磨面。在干式抛光之后，只需使用去离子水进行晶圆的清洗。这种工艺的成本最低，对环境的影响也最小。
- 化学机械抛光(CMP)。化学机械抛光使用碱性浆料和抛光垫，可以抛除 2 μm 厚度的研磨面。其最大抛光速率约 1 μm/min。这一工艺需要对产生的废液进行相应的处理。
- 湿法刻蚀。湿法刻蚀通过硼酸和硝酸的混合液对硅片进行刻蚀。为了得到均匀的刻蚀厚度，

酸液在晶圆上部对旋转的晶圆表面进行喷射。这种方法的刻蚀速率在 0.5～2 μm/s 之间，快于干式抛光和化学机械抛光。在刻蚀过程中产生的 NO_x 气体和废液需要相应的处理。这种方法非常适用于需要抛除大量研磨损伤层的超薄功率器件。湿法刻蚀能完全去除研磨后的损伤，对于需要良好电子性质的元器件具有重要意义。

- 干法刻蚀。干法刻蚀主要用氟基气体等离子体来刻蚀硅材料。干法刻蚀通常用于晶圆减薄之后硅通孔(TSV)器件的通孔加工。

元器件	用于移动电子产品的元器件（存储器件、逻辑器件等）	分立器件（晶体管、二极管等）	三维集成电路器件（BSI，使用硅通孔的存储器件，等等）
晶圆厚度(μm)	50~150	50~200	10~200
所需特性	低成本 高产出 薄片	低成本 高产出 薄片 增强的元器件特性	低成本 高产出 薄片 高清洁度
建议应力去除方法	干式抛光(及CMP)	湿法刻蚀	CMP
	干式抛光磨轮 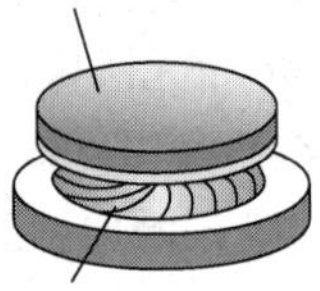 晶圆	$HF + HNO_3$ 尾气系统 抛光浆料 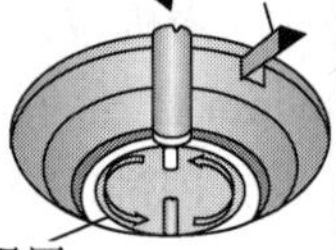 晶圆	抛光液 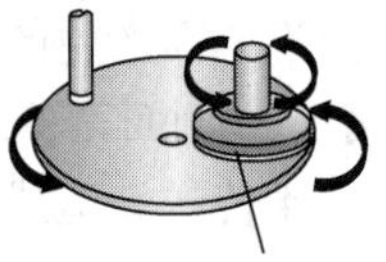 晶圆

图 17.4 应力释放的方法对比

17.4.3 吸杂

使用吸杂(gettering)效应来管理金属杂质是晶圆加工工艺中保持元器件区域内清洁的关键问题。吸杂主要分为内吸杂和外吸杂。内吸杂可在晶圆制造过程中对硅体内部诱导而实现。外吸杂则在晶圆外部发生。研磨过程中产生的研磨面内部损伤层就是一种有效的外吸杂层。

当晶圆厚度降低时，需要在考虑晶圆的机械强度和吸杂效应的前提下，优化应力释放的方法。薄晶圆导致了内吸杂层的减少。更为重要的是，应力释放工艺中去除了研磨面的损伤，同时也失去了外吸杂的效果。这两个影响会导致像闪存那样对金属污染十分敏感的器件的吸杂问题。为了解决此类吸杂问题，晶圆减薄之后可以增强外吸杂效应的方法十分必要。用干式抛光或超精细研磨，既可在晶圆的研磨面产生微小的损伤，又可增强芯片强度。这些工艺已被引入存储器件的制造之中。

17.4.4 非接触式测量

在研磨过程中，当在线测量仪与超薄晶圆接触时，接触的应力可能会导致晶圆的损伤或开裂。非接触式测量仪(NCG)既可测量整片晶圆厚度，又可降低晶圆破损的概率。不仅如此，NCG 方法还可以提高晶圆厚度测量的准确性。基于 NCG 方法测量晶圆厚度可以排除其他因素(如研磨胶膜)对于厚度测量的影响。

通过 NCG 方法从晶圆的中心扫描至晶圆边缘，可以清晰地获得整个晶圆的厚度分布。测量结果也可以用于调整工作盘的倾斜角，从而改善晶圆的 TTV。这一方法又被称为自动 TTV 功能(见 17.9.3 节)。

17.4.5　在线系统

在研磨工艺之后，将晶圆翻面，把晶圆的背面用切割胶膜粘贴在框架上。然后，剥离晶圆的表面保护胶膜(研磨胶膜)。当用 DAF 取代传统黏合剂时，通常使用 DAF 和切割胶膜的二合一形式。将粘贴在框架上的晶圆传送到下一个切割步骤，随后晶圆和 DAF 被切割成需要的尺寸。

晶圆的厚度越薄，晶圆在研磨胶膜剥离、切割胶膜固定等研磨之后的传送过程中破损的风险越大。降低这些风险的解决方案之一是将多个单元集成到一个在线系统中(见图 17.3)。在线系统覆盖了从研磨和应力释放到贴片和剥膜的所有工艺步骤。使用在线系统，已经被安全地固定在切割胶膜之后的翘曲的薄晶圆从系统里退出。近期，在线系统的工艺技术已经广泛用于存储器件的晶圆减薄工艺中。

17.4.6　晶圆支撑系统

另一个用于薄晶圆传送的解决方案是晶圆支撑系统(wafer support system，WSS)。WSS 是采用硅、玻璃等支撑材料粘贴在晶圆的元器件表面的一种晶圆传送方式。这一方法同时降低了晶圆破损和翘曲的风险。WSS 方法被广泛地用于需要传送薄晶圆的工艺中，例如含有硅通孔(TSV)的元器件(见 17.9.2 节)。

17.4.7　TAIKO 工艺

TAIKO 工艺的名称来源于日本的一种鼓，它是普通研磨工艺的一个演变，采用了将晶圆边缘留出 3 mm、只研磨晶圆中间部分的研磨方式，如图 17.5 所示[11]。因为外部的支撑圈可提升晶圆的机械强度，减小晶圆的翘曲，所以采用 TAIKO 工艺加工的晶圆较为平整。TAIKO 工艺是关于薄晶圆传送的一种有效的解决方法。因为不需要黏合剂，所以 TAIKO 晶圆可直接用于高温工艺。TAIKO 工艺已经广泛地用于研磨过后需要金属沉积和热处理工艺的绝缘栅双极性晶体管(IGBT)等功率元器件的加工过程中。

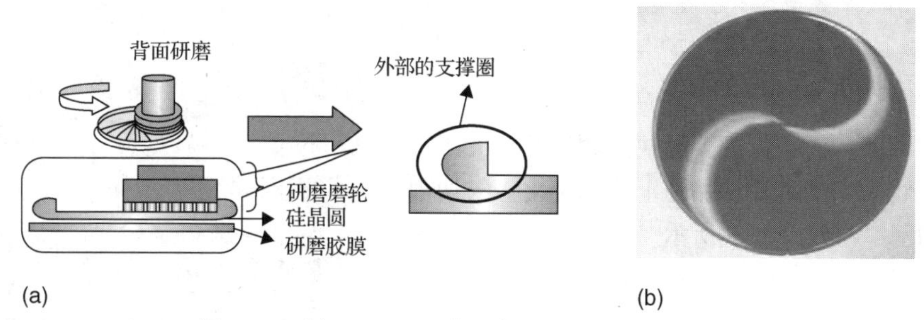

图 17.5　(a)TAIKO 工艺示意图；(b)TAIKO 晶圆

17.5　分割技术概论及刀片切割

分割(singulation)是将半导体晶圆分割成独立芯片的工艺。使用金刚石刀片的分割工艺也称为切割(dicing)工艺。在 17.5～17.7 节，我们将讨论以下常见的切割方式，如刀片切割(blade dicing)、激光开槽(laser grooving)、隐形切割(stealth dicing，SD)等。

这里所指的“切割”，是将经过背面研磨工艺减薄之后的单晶硅晶圆用常规的刀片进行切割的工艺。对于减薄之后的晶圆，将元器件面朝上，用切割胶膜把研磨面固定在切割框架上。晶圆表面的器件层是由电介质和连接内部电晶体的金属层组成的。使用圆盘状带颗粒的“切割刀片”将晶圆切成独立、分开的芯片。切割之后，芯片进入贴片键合工序，从切割胶膜上取出分割好的芯片，然后放在引线框架或衬底基板上。

17.5.1 切割刀片

一般的切割刀片如图 17.6(b)所示[12]，是由微小的金刚石颗粒(<5 μm)和镍合金结合而成。圆盘状刀片(或带轮毂)的直径约为 50 mm，刀片刀刃的宽度大约 20～40 μm。为了从一片晶圆上切割到更多的芯片，需要使用尽可能薄的刀片，目前的刀片可以薄到 10 μm。

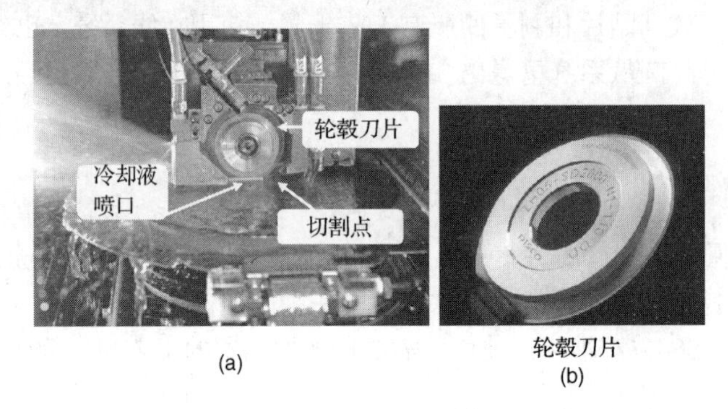

图 17.6 切割点：(a)切割点的图像；(b)轮毂刀片

17.5.2 刀片切割的工艺要点

轮毂刀片被安装在切割主轴上，转速大约为每分钟 20 000～50 000 转。使用刀片切割至切割胶膜处，以保证硅晶圆被完全分割。根据晶圆的元器件类型和切割要求，切割刀片的给进速度为 50～75 mm/s，如图 17.6(a)所示。在芯片切割的过程中，切割水的作用主要是冷却切割点，以及冲除硅残屑。切割质量在很大程度上取决于在实际切割点上能否有效地提供切割水。

17.5.3 切割质量

晶圆切割的目的是在最少的缺陷数量及最大产量的前提下，将独立的芯片从晶圆上分割出来。与切割质量相关的基本项如图 17.7 所示[13]。

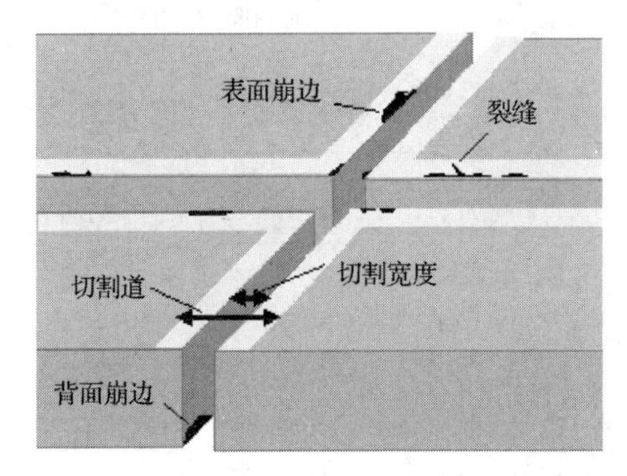

图 17.7 与切割质量相关的基本项

崩边

当旋转的刀片切穿硅晶圆时，刀片内的金刚石颗粒会引起晶圆的崩边(chipping)。一般情况下，切割道的宽度需要设计成足够容纳切割宽度及其崩边。由于刀片具有“自锐”特性，所以在一定程度上可以维持切割的质量。但是，如果切割条件不合适且缺乏自锐特性，那么可能会产生零星的崩边，从而引起元器件的缺陷。因此，对于高良率的大批量生产，优化切割条件至关重要。

裂纹

如果切割条件对于晶圆不合适，那么切割质量将会恶化，除了崩边还会产生裂纹(crack)。这通常是由刀片状态不佳造成的，例如刀片堵塞或磨平。芯片裂纹会在后续工艺中的热量和压力的影响下进一步延展，并导致芯片破裂，因此切割工艺优化是降低裂纹和提高良率的重要手段。

17.6　分割工艺和设备

17.6.1　切割机类型

切割机一般有两种类型：为了大批量生产的全自动切割机和为了研发与小规模生产的半自动切割机。切割机还配有不同数量的主轴，以满足其应用。单轴切割适用于简单切割，而双轴切割则是为了适用于更为先进的切割工艺。

全自动切割机

全自动切割机除了具有切割功能，还包括晶圆自动装载/卸载单元、自动对准功能和清洗单元。当把晶圆盒放置于装载台上之后，无须任何操作员的协助，全自动切割机将自动处理盒中的所有晶圆。对于 300 mm 半导体晶圆切割，最常用的机型就是双轴全自动切割机。

半自动切割机

半自动切割机是只有切割功能的切割机。操作人员必须手动操作带有胶膜框架晶圆的装载/卸载过程，并且没有配备清洗单元。半自动切割机最常用于电子元器件的生产。和晶圆切割相比，电子元器件产品的装载/卸载频率较低(更长的切割时间)。

17.6.2　全自动切割机的基本功能

在分割工艺中，全自动切割机是使用最多的工具。

装载/卸载

必须用切割胶膜把晶圆固定在框架上，切割后把不会分散的芯片传送到下一道工序。晶圆从框架盒中自动完成装载。在大批量生产中，特别对于切割时间较短的硅晶圆，自动化的装载/卸载功能可以有效提高生产效率。

自动对准

为了将晶圆切割成独立的芯片，必须对准切割位置。结合图案识别系统，检测切割位置，并调整到和切割道一致的刀片切入口。这个过程称为“自动对准”。

如图 17.8 所示，在自动对准过程中，切割机会识别出一个晶圆制作时留下的独特的对准目标，在确定切割线之前，系统会先调整晶圆的旋转角度[14]。这是为了确保切割机能按要求切割晶圆。切割的切入口也能由显微镜拍摄识别，切割机利用这些信息在切割过程中进行自动调整。这个功能称为“刀痕检查”。

清洁盘上的晶圆清洁

刀片切割后，晶圆表面会被硅残屑和胶膜残渣污染。必须在晶圆表面干燥之前去除污染物，因为污染物会影响后续的工艺，包括芯片键合和引线键合。全自动切割机配备有清洗单元，可在切割后立即清洗晶圆。在清洗单元中，使带有胶膜框架的晶圆旋转，用高压水或二流体雾化水喷射清洗，最后甩干。

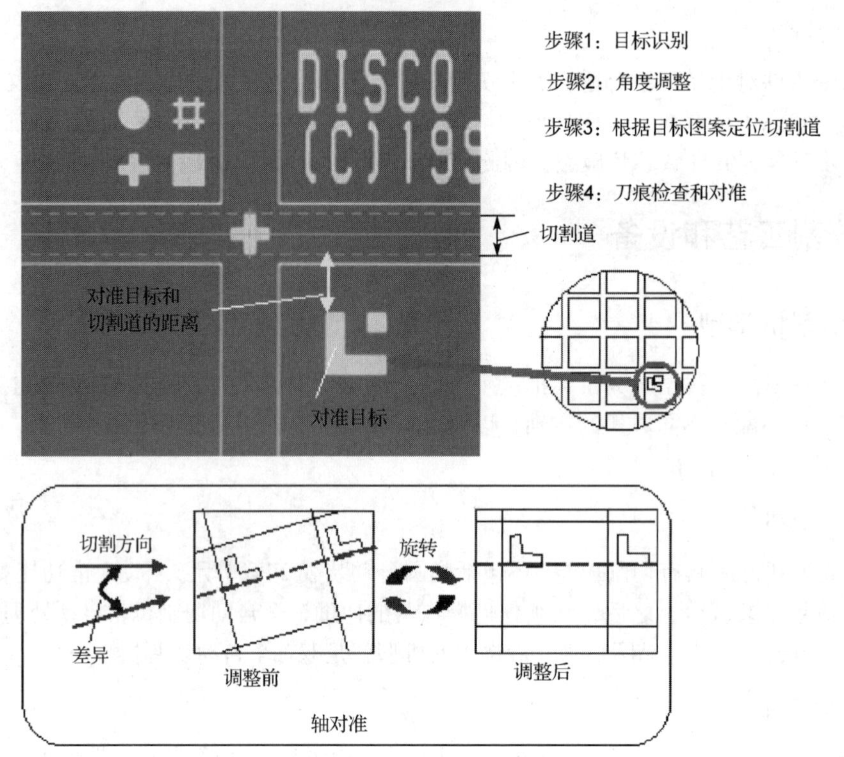

图 17.8　自动对准和刀痕检查

17.6.3　双轴系统的应用

近期，常用的切割工具是双轴全自动切割机，双轴的导入为多种类型的刀片切割应用带来了便利。

双重切割

标准的切割方法称为“单刀切割”。在单刀切割中，用一把刀片一次切透整个晶圆厚度。在“双重切割”模式中，将两把同样的刀片安装在两个主轴上，同时切割出两条线[见图 17.9(a)][15]。相比于单刀切割，使用双重切割的晶圆的切割时间大约可以减少一半。

阶梯形切割

相比于单刀切割和双重切割模式，阶梯形切割是一种更能提高切割质量的切割方法。两个不同类型的切割刀片被分别安装在两个主轴上，每条切割线的切割分为两个步骤[见图 17.9(b)][15]。第一步，用一把较宽的 Z1 刀片对很容易产生崩边的元器件层（TEG 层和表面层）进行开槽。第二步，用一把较窄的 Z2 刀片切透硅晶圆以实现分割。可以根据步骤设计不同的刀片类型和切割条件，第一步的 Z1 刀片要适合切割元器件层，第二步的 Z2 刀片要适合切割硅晶圆。虽然阶梯形切割比单刀切割需要更长的加工时间，但是阶梯形切割能减少表面和背面的崩边，提高切割质量，因此将其广泛地应用于晶圆切割。

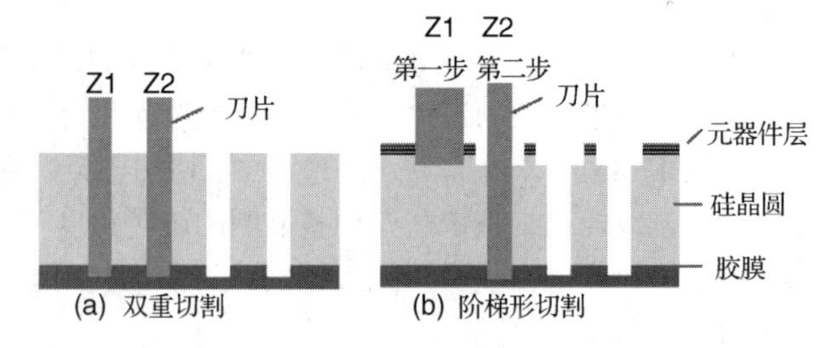

图 17.9　双轴系统的应用：(a)双重切割；(b)阶梯形切割

其他切割方法

除了刀片切割，还有其他切割方法，例如激光开槽/切割，以及更加先进的工艺，例如研磨前切割(dicing before grinding，DBG)等，这些工艺的细节将会在下面的内容中进行说明。

17.7　激光技术

激光工艺近年也开始应用于半导体的切割工艺。激光加工是用激光束取代切割刀片来实现芯片切割。激光加工的研发解决了刀片切割时的崩边和分层等问题。目前，在半导体制造中有两种激光切割方法，一种是激光烧蚀，另一种是隐形切割(SD)。下面将详细说明这两种方法。

17.7.1　激光烧蚀

在激光烧蚀的过程中，短脉冲激光聚焦到晶圆表面，如图 17.10(a)所示[16]。聚焦点的物质吸收到来自激光的能量后就会气化蒸发。

经过工艺参数优化后的激光烧蚀切割具有最低的热变形。与传统的刀片切割相比，激光烧蚀工艺对切割点处施加的机械负荷更小。

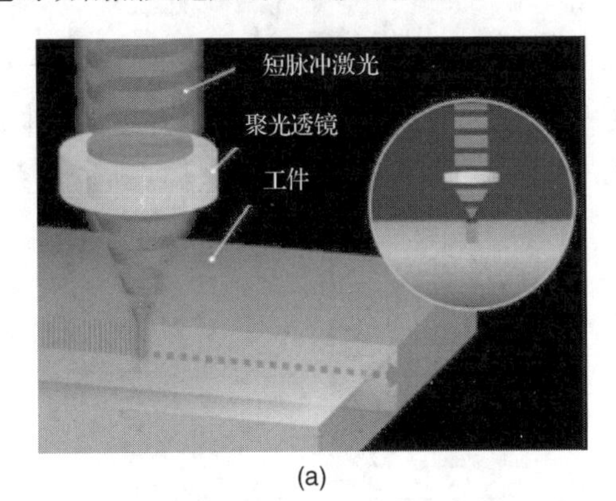

(a)

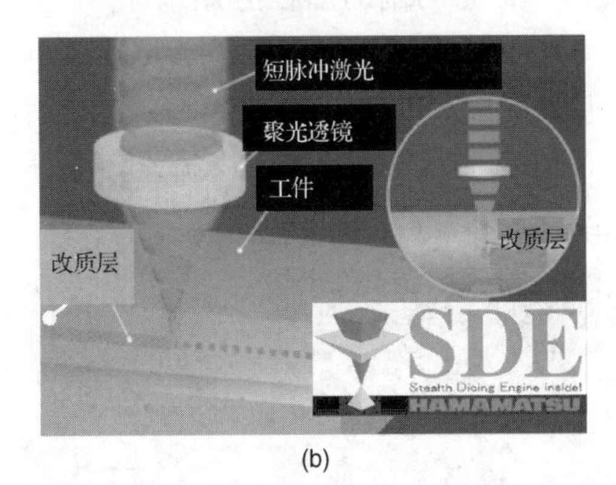

(b)

图 17.10　激光工艺：(a)激光烧蚀；(b)隐形切割

17.7.2　低介电常数开槽

最为广泛的激光烧蚀应用是低介电常数(low-*k*)开槽工艺。为减少信号的延迟，通常采用 low-*k* 夹层取代二氧化硅。在元器件层中的低介电常数绝缘层为多孔结构，机械强度较差。即使是低速给进的刀片切割，低介电常数绝缘层也会出现分层(剥落)现象。为了解决这一问题，人们引入了激光开槽技术。

利用激光烧蚀开槽，可以去除包括低介电常数绝缘层和金属互连层的元器件层，剩余的硅用刀片切割。这种方法既可解决分层问题，又能提高激光开槽给进速度和刀片切割给进速度，提高了生产力。

17.7.3　激光全切割

激光切割既可切割元器件层又可切割硅层，因此称之为激光全切割。激光全切割工艺适用于易脆的化合物半导体材料(如砷化镓)或多层薄片晶圆的切割。激光全切割技术能实现更高的给进速度并减少崩边，从而实现更好的加工质量。这项技术还将不断发展，以满足更高的切割要求。

17.7.4 隐形切割

如图 17.10(b)所示，隐形切割(SD)是将激光聚焦在晶圆内部，在晶圆内部形成改质层的工艺[16]。这种技术通过扩片工艺来实现芯片的分割。由于隐形切割工艺只影响材料的内部，并且在无接触的情况下将内部改质层劈扩到表面，因此不会产生崩边或残屑。隐形切割拥有的几个优点对于特定的应用非常有效。

隐形切割提高了芯片强度，特别是对于厚度小于 100 μm 的晶圆，发生的崩边情况更少。此外，它也适用于 MEMS(微机电系统)晶圆。这种晶圆的表面结构精细，容易受切割水或污染物的影响，而隐形切割则是一个完全干燥的过程，不需要切割水或清洁处理。

隐形切割几乎没有切割宽度，有助于减少芯片间切割道的尺寸。相比需要固定刀片厚度切割道的刀片切割，对于隐形切割加工，可以设计更小的芯片切割道，从而增加单个晶圆的芯片数量。特别对小尺寸芯片的晶圆更有效。

隐形切割可以达到比其他切割工艺更高的给进速度，在提高生产率的同时，也可提供更好的芯片切割质量。因此，隐形切割工艺作为下一代切割工艺已经被引入半导体制造业。

17.7.5 激光切割的潜在应用

不同于刀片切割，激光切割可以实施非线性或非连续性的切割，因此未来激光切割的应用领域将变得更加灵活。激光烧蚀和隐形切割这两种激光加工工艺都可以支持这种能力。即使在一个晶圆上制造多种尺寸的芯片，也只需要使用一种分割工艺就可分割晶圆，如图 17.11 所示[17]。

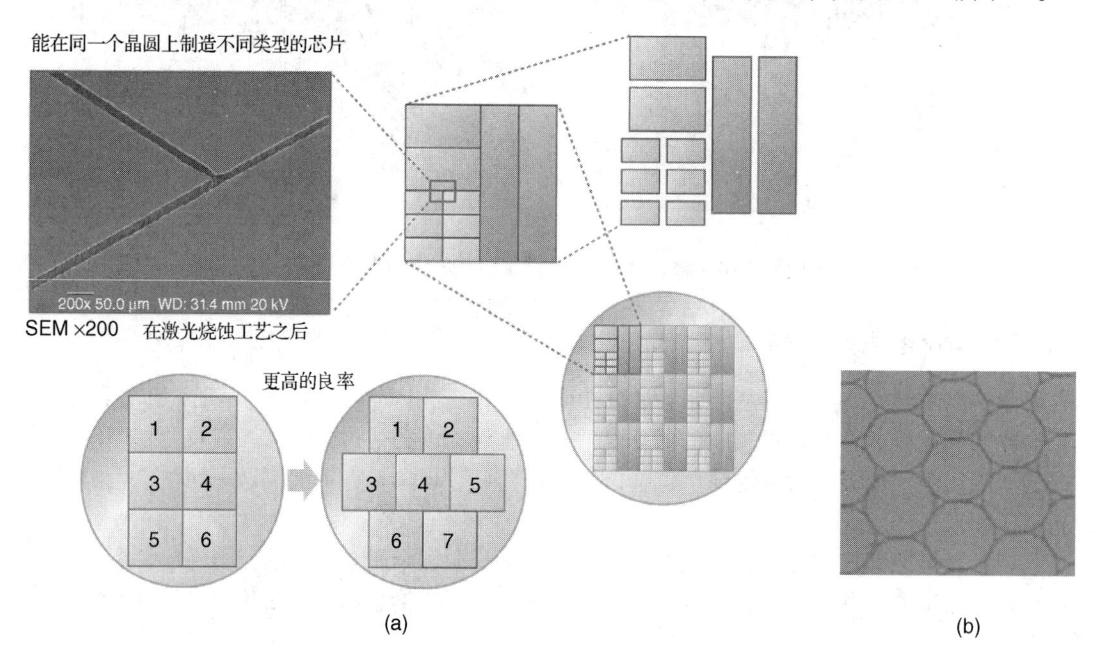

图 17.11 切割图像：(a)非连续切割道的晶圆；(b)十二边形芯片的切割

激光切割技术具有良好的潜力，具有广阔的应用前景，在未来的先进半导体制造中将得到更广泛的应用。但是其运行成本(激光发射器和光学部件的成本)相对较高。如果能降低成本，那么激光切割将成为切割工艺的主流选择。

17.8 先切割后研磨(DBG)和先隐形切割后研磨(SDBG)

17.8.1 先切割后研磨

先切割后研磨(dicing before grinding，DBG)颠倒了传统工艺中先研磨后切割的工艺顺序。在DBG 工艺中，首先用半切割工艺对晶圆的元器件表面进行开槽，然后从背面对晶圆减薄，当减薄到半切割的沟槽底部时，晶圆就会自然分割，如图 17.12 所示。

在 DBG 工艺中，因为减薄时晶圆已经分割完毕，所以可减少整个晶圆的翘曲，降低晶圆破碎的风险。相比普通的刀片切割，减薄时的晶圆分割减少了晶圆背面的崩边情况，提高了芯片强度。

对于 100 μm 以下的薄晶圆，使用干式抛光或吸杂干式抛光，DBG 工艺可以和应力释放工艺相结合。研磨之后，将 DBG 晶圆的背面粘贴切割胶膜，然后剥离研磨时的表面保护胶膜。当分割后的芯片背面即 DBG 步骤后的晶圆背面需要粘贴 DAF 时，需要使用激光切割或扩片来分割 DAF。目前，DBG 广泛地应用于芯片较薄(30～100 μm)的存储器件市场。

17.8.2 先隐形切割后研磨

先隐形切割后研磨(stealth dicing before grinding，SDBG)是属于 DBG 工艺家族的一部分。在SDBG 工艺中，隐形切割取代了刀片半切割工艺。如图 17.12 所示，在隐形切割的激光照射之后，再对晶圆进行减薄，并通过扩片工艺使芯片分割。SDBG 工艺适用于芯片间距不超过 60 μm 的薄晶圆。由于隐形切割工艺不产生崩边，因此相比刀片切割具有提高芯片强度的优势。此外，在超薄晶圆的 SDBG 工艺中，改质层可聚焦在最终厚度以外，芯片可随着改质层的扩展而分割，但改质层则通过研磨工艺去除，所以芯片上不会留下改质层的痕迹。这一方法可以有效提高厚度小于30 μm 的超薄芯片的强度。

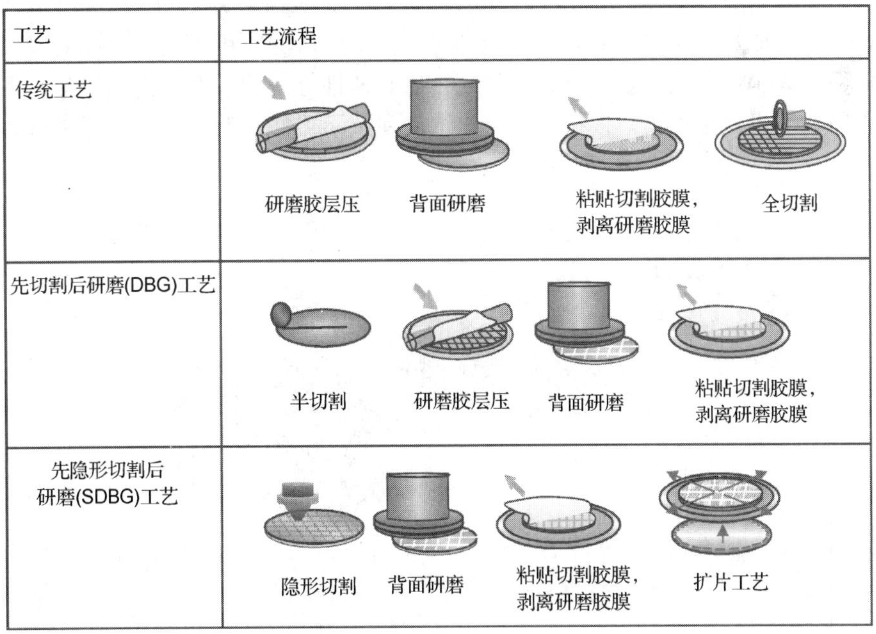

工艺	工艺流程			
传统工艺	研磨胶层压	背面研磨	粘贴切割胶膜，剥离研磨胶膜	全切割
先切割后研磨(DBG)工艺	半切割	研磨胶层压	背面研磨	粘贴切割胶膜，剥离研磨胶膜
先隐形切割后研磨(SDBG)工艺	隐形切割	背面研磨	粘贴切割胶膜，剥离研磨胶膜	扩片工艺

图 17.12　传统工艺、DBG 工艺及 SDBG 工艺(Courtesy of DISCO Corporation.)

17.9 基于 TSV 的三维集成

17.9.1 三维集成的优势

如引言中所述，目前的微缩技术由于面临着经济和技术的种种限制，为硅通孔(TSV)成为三维集成技术提供了机会，可能成为传统微缩技术的替代方案，以提高元器件的密度和性能。片上系统(system-on-chip，SoC)二维集成和三维集成的比较如图 17.13 所示[18]。首先，使用 TSV 垂直互连技术的三维集成，可以降低芯片之间互连的长度，从而提供更低的功耗和更高的带宽。其次，使用 TSV 的三维集成的芯片垂直堆叠，可以很好地克服技术微缩的限制，实现高密度集成。再次，垂直集成可以减少形状因数、系统体积及占地面积。

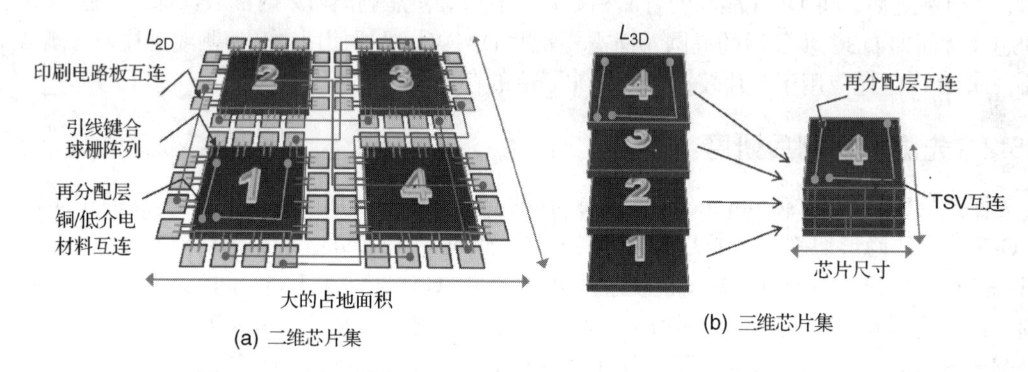

图 17.13 (a)二维集成(SoC)和(b)使用 TSV 的三维集成的比较

目前有三种堆叠方法：芯片上芯片(chip-on-chip，COC)[19]，晶圆上芯片(chip-on-wafer，COW)[20]，晶圆上晶圆(wafer-on-wafer，WOW)[21](如图 17.14 所示)。COC 基于芯片级工艺，通常应用于三维集成早期阶段的存储器件的堆叠。COW 广泛应用于尺寸不同的逻辑器件和存储器件的堆叠。WOW 是完整晶圆级的工艺，要比其他堆叠方法具有更高的产量，但是在采用这种方法之前要考虑良率因素。根据成本、初始良率及元器件类型等许多因素来选择合适的堆叠方法。

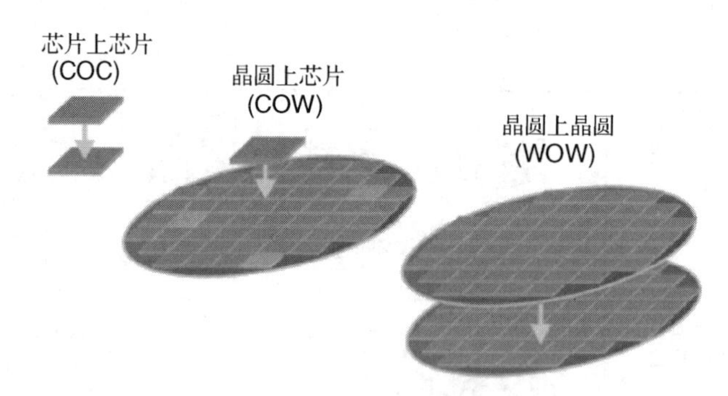

图 17.14 用于三维集成的堆叠方法：COC、COW 和 WOW(Courtesy of DISCO Corporation.)

17.9.2 工艺集成

与传统的减薄和分割工艺相比，三维集成(3D integration，3DI)工艺的主要特点是导入了 WSS、高精度的 TTV 控制和减薄后的背面工艺。在 3DI 中有三种制造 TSV 的方法：通孔优先(via first)、通孔中道(via middle)、通孔最后(via last)[22, 23]。如图 17.15 所示，为了理解整个集成工艺，将对 3DI 中广泛应用的“通孔中道”，即电晶体之后 TSV 的形成工艺进行详细叙述。

在形成 TSV 和元器件层[见图 17.15(a)]之后，进行边缘修整工艺[见图 17.15(b)]以避免崩边。刀片切割是边缘修整的方法之一(见 17.2.3 节)。将晶圆暂时粘贴到衬底支撑基板[见图 17.15(c)]即 WSS(见 17.4.6 节)上，为了避免 Cu 污染，晶圆减薄至接近 TSV 区域[见图 17.15(d)]。剩余的晶圆通过等离子体或湿法工艺[见图 17.15(e)]去除。接下来是背面工艺，这一工艺之后是制备钝化层及实现表面的平坦化[见图 17.15(f)～(h)]。减薄的晶圆粘贴到框架之后将衬底支撑基板从晶圆上剥离[见图 17.15 (i)～(j)]。最后，使用刀片或激光进行晶圆切割[见图 17.15(k)]。下一节将介绍这些元器件的减薄和分割工艺的相关主题。

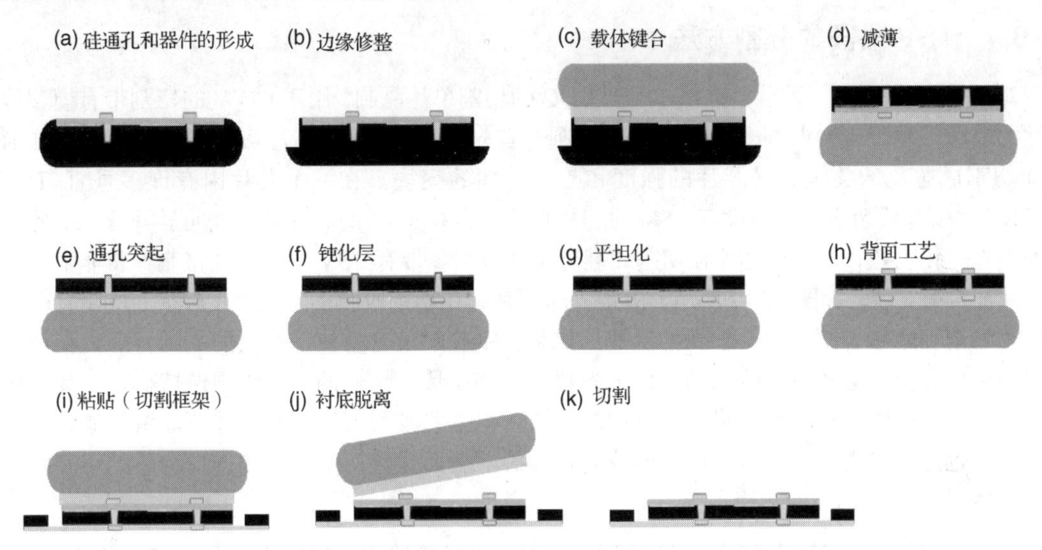

图 17.15　通孔中道工艺示意图(Courtesy of DISCO Corporation.)

17.9.3　减薄的相关主题：边缘修整、自动总厚度变化检测和高水准清洗

如 17.2.3 节所述，边缘修整就是使用刀片将晶圆边缘的圆弧切成直角，这是防止晶圆崩边的有效方法。此外，3DI 的晶圆减薄不仅要考虑边缘崩边，而且还要考虑晶圆在衬底剥离工艺过程中的破裂。晶圆在这一步骤时的破裂将直接影响整个工艺的良率和生产成本。

为了控制通孔突起(via protrusion)的数量，特别是在三维堆叠元器件中，精确的 TTV 控制十分重要。此外，TTV 控制还能让 TTV 较差的临时黏合剂也能得到运用。

目前，已开发的利用自动反馈系统来提高 TTV 的高分辨率的工艺，其中之一就是使用 NCG[18]的自动控制 TTV(见 17.4.4 节)。如图 17.16 所示，晶圆研磨后的厚度均匀性是由研磨磨轮与晶圆表面的平行度所决定的。先研磨掉一部分晶圆，用 NCG 测量获得初期 TTV 数值。根据初期 TTV 数值，自动调整工作盘的倾斜角度，直至最终的背面研磨工艺。以此，TTV 就可以得到改善。

为了返回前道工序(如成膜和刻蚀)，对于减薄后带有 TSV 元器件的晶圆，也要求其具有很高的清洁度。为了去除硅残屑、残留的有机物和金属杂质，通常在研磨之后需要磨刷清洗、化学清洗和稀释的 HF 清洗等清洗步骤。

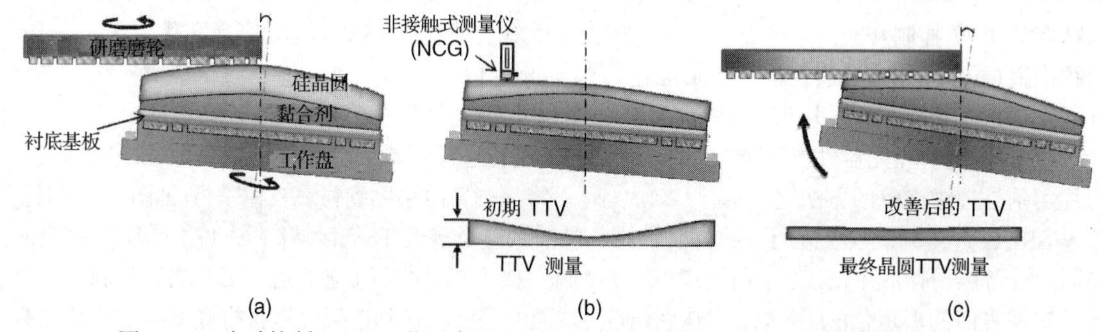

图 17.16　自动控制 TTV 工艺示意图：(a)初期晶圆研磨；(b)停止研磨后的初期 TTV 测量；(c)自动 TTV 反馈和最终研磨(Courtesy of DISCO Corporation.)

17.9.4　TSV 晶圆的分割方法

对于 TSV 晶圆有三种分割方法：用于 COC 的切割单片晶圆，用于 COW 的切割带有模塑堆叠芯片的晶圆，用于 WOW 的切割堆叠后的晶圆。首先研究 COC 的芯片切割方法。把单一的 TSV 晶圆切割成芯片的关键点是芯片的强度和晶圆背面的突块。在一个芯片内有许多垂直 TSV，Cu-TSV 会引起残余应力。与没有 TSV 的芯片相比，含有 TSV 的芯片的强度明显降低。因此应更加细致地优化工艺，以避免芯片在切割和键合期间破裂。带有 TSV 的晶圆通常制作得非常薄，并且在两面都有突块。如图 17.17 所示，由于将晶圆粘贴在切割胶膜的工艺难度较大，所以背面凸块对刀片切割和隐形切割都是一个新的挑战。如果切割胶膜没有粘住带凸块的晶圆，那么在切割过程中晶圆就有可能会产生裂纹。为了保证刀片切割的质量，粘贴的晶圆必须保持稳定。具有较厚黏合剂的切割胶膜可有效地黏附晶圆背面的凸块，但这些胶膜可能会在芯片背面留下渣胶，芯片提取工序也需要更大的力，由此可能导致芯片破裂。全面优化切割条件和选择合适的切割胶膜是解决上述问题的关键。

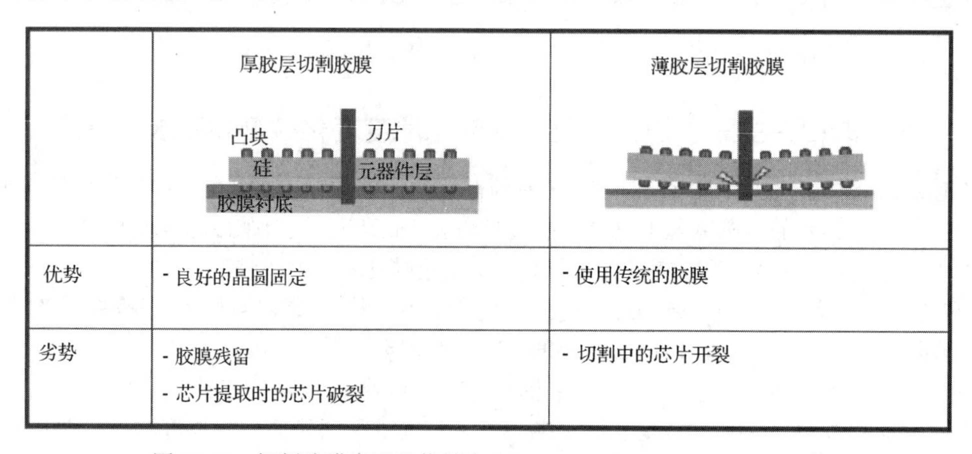

	厚胶层切割胶膜	薄胶层切割胶膜
优势	- 良好的晶圆固定	- 使用传统的胶膜
劣势	- 胶膜残留 - 芯片提取时的芯片破裂	- 切割中的芯片开裂

图 17.17　切割胶膜类型及优缺点(Courtesy of DISCO Corporation.)

隐形切割是解决上述芯片强度和凸块黏附方法之一。正如 17.7.4 节所述，隐形切割不会产生崩边，因此隐形切割能够提高较薄晶圆的强度。因为隐形切割工艺对晶圆产生的机械力较小，晶圆侧面的损伤少，所以在芯片切割过程中不必将凸块完全黏附到切割胶膜中。图 17.18 为两种不同剥离顺序的隐形切割工艺。剥离之前的隐形切割工艺比较简单，如图 17.18(a)所示。在这一工艺步骤中，隐形激光从晶圆的背面入射。晶圆粘贴在切割胶膜上，隐形切割工艺之后进行剥离。随后，所有的芯片通过扩片而分割。传统的切割胶膜耐热性较差，剥离过程中的热处理将受到一定的限制。另一种方法是在剥离之后进行隐形切割工艺，如图 17.18(b)所示，因此隐形切割工艺与剥离的温度无关。因为隐形切割的激光不能穿过金属互连的刻线，所以隐形切割必须透过切割胶膜照射到晶圆背面。这种工艺必须选择合适的胶膜且优化激光入射条件。此外，选择的切割胶膜和激光条件也要符合临时黏合工艺。

COW 和 WOW 芯片分割的一个主要课题是由硅、有机物和金属等材料组成的多层膜的切割。堆叠的芯片或模塑封装通常包含硅、塑封材料及芯片之间的填充物。填充物包括底部填充物、NCF(非导电膜)及树脂和填料混合构成的 NCP(非导电浆料)。刀片切割将更适合隐形切割激光穿透受限制的材料的加工，但刀片切割的低负载是获得良好工艺质量的必要因素。

COW 和 WOW 芯片分割的另一个课题是含有低介电常数层，特别是逻辑器件的晶圆切割。每一个单独的晶圆都需要通过激光烧蚀进行激光开槽或全切割。这些工艺仍在不断开发之中。

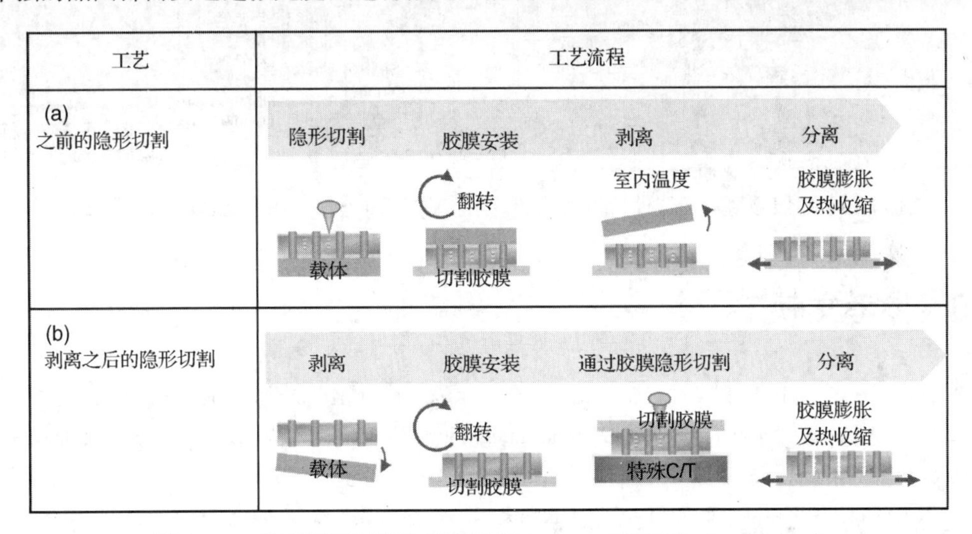

图 17.18　隐形切割过程的示意图(Courtesy of DISCO Corporation.)

17.9.5　晶圆减薄对元器件特性的影响

本节主要介绍晶圆减薄对元器件特性的影响，包括 CMOS 逻辑器件、铁电 RAM(FRAM)和 DRAM 晶圆的载流子迁移率、吸杂特性、开关电荷积累和保持能力[24~26]。本节对含有应变电晶体和 Cu/低介电常数配线的 45 nm 节点高性能逻辑器件的 300 mm 晶圆进行分析，如图 17.19(a)所示。将一个硅晶圆黏合到支撑衬底上，并通过研磨和超精细抛光减薄至 7 μm。据报道，超薄晶圆的驱动电流和载流子迁移率与减薄前晶圆的情况几乎相同。此外，芯片互连特性，包括线路和链路电阻都没有降低。晶圆减薄工艺对 FRAM 的影响如图 17.19(b)所示。在研磨以后，利用 CMP 可以将 FRAM 晶圆减薄到 9 μm。减薄后的开关电荷与初期数据相近，并且在晶圆内没有发现明显的故障。对不同硅厚度(4～40 μm)的 DRAM 器件调查了其减薄前后的电荷保持时间和分布，发现对于所有厚度的硅晶圆，减薄前后的特性没有明显变化。这些结果表明，通过使用超级减薄技术，可以实现高性能的三维元器件。通过使用低深宽比或小尺寸的 TSV，这些元器件可以提供大的 I/O，并且降低工艺成本。

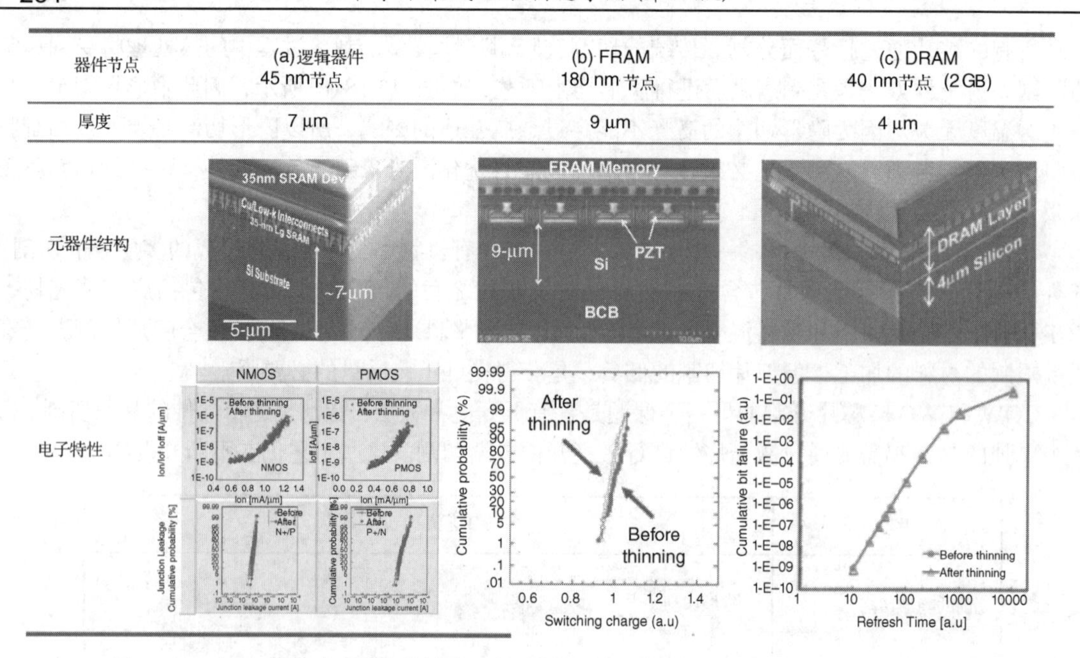

图 17.19 超级减薄对元器件特性影响的总结：(a)逻辑器件；(b)FRAM；(c)DRAM

17.10 参考文献

1. A. Bums, B. F. Aull, C. K. Chen, C. L. Chen, C. L. Keast, J. M. Knecht, V. Suntharalingam, K. Warner, P. W. Wyatt, D. R. W. Yost, “A wafer-scale 3-D circuit integration technology,” *IEEE Trans*. Electron Devices, Vol. 53, no. 10, 2507–2516, Oct. 2006.

2. M. Koyanagi, H. Kurino, K. W. Lee, K. Sakuma, N. Miyakawa, and H. Itani, *IEEE Micro.*, 18 (4), 17–22, 1998.

3. T. Ohba, N. Maeda, H. Kitada, K. Fujimoto, K. Suzuki, T. Nakamura, A. Kawai, and K. Arai, *Microelectron. Eng.*, 87 (3): 485–490, 2010.

4. ITRS Report 2012 UPDATE (see table AP2 in AssemblyPkg_2012Tables.xlsx), ITRS, 2012. http://www.itrs.net/ITRS%201999-2014%20Mtgs,%20Presentations%20&%20Links/2012ITRS/Home2012.htm (accessed Apr. 24, 2015).

5. H. Geng, *Semiconductor Manufacturing Handbook*, McGraw-Hill companies, Inc., New York, 20.2, 2005.

6. DISCO Corporation, “IF Series,” http://www.disco.co.jp/eg/products/grinding_wheel/if.html (accessed Apr. 24, 2015).

7. SEMI M1-0414, “Specifications for Polished Single Crystal Silicon Wafers,” *SEMI International Standards*, U.S.A., 2014.

8. SEMI G86-0303 (Reapproved 0811), Test Method for Measurement of Chip (Die) Strength by Mean of 3-Point Bending, U.S.A., 2008.

9. SEMI G96-1014, Test Method for Measurement of Chip (Die) Strength by Mean of Cantilever bending, U.S.A., 2014.

10. H. Geng, *Semiconductor Manufacturing Handbook*, McGraw-Hill Companies, Inc., 20.16, New York, 2005.

11. DISCO Corporation, “Taiko Process,” http://www.disco.co.jp/eg/solution /library/taiko.html（accessed Apr. 24, 2015）.

12. DISCO Corporation, “ZH05 series,” http://www.disco.co.jp/eg/products/blade/zh05.html（accessed Apr. 24, 2015）.

13. H. Geng, *Semiconductor Manufacturing Handbook*, McGraw-Hill Companies, Inc., 20.8, New York, 2005.

14. H. Geng, *Semiconductor Manufacturing Handbook*, McGraw-Hill Companies, Inc., 20.13, New York, 2005.

15. H. Geng, *Semiconductor Manufacturing Handbook*, McGraw-Hill Companies, Inc., 20.11, New York, 2005.

16. DISCO Corporation, “Product lineup,” https://www.disco.co.jp/eg/products/catalog/pdf/product_lineup.pdf（accessed Apr. 24, 2015）.

17. DISCO Corporation, “Laser Application,” https://www.disco.co.jp/eg/products/catalog/pdf/laser.pdf（accessed Apr. 24, 2015）.

18. Young Suk Kim, Nobuhide Maeda, Hideki Kitada, Koji Fujimoto, Shoichi Kodama, Akihito Kawai, Kazuhisa Arai, et al., *Microelectron. Eng.*, 107: 65–71, 2013.

19. G. Katti, M. Stucchi, K. de Meyer, and W. Dehaene, “Electrical modeling and characterization of through silicon via for three-dimensional ICs,” *IEEE Trans. Electron Devices*, 57（1）: 256– 262, 2010.

20. L. Lin, Tung-Chin Yeh, Jyun-Lin Wu, G. Lu, Tsung-Fu Tsai, L. Chen, and An-Tai Xu, “Electronic Components and Technology Conference（ECTC）,” 355–371, Las Vegas, NV, 2013.

21. T. Ohba, “3D Large Scale Integration Technology using Wafer-on-Wafer（WOW）Stacking,” *Interconnect Technology Conference*（*IITC*）, 1–3, San Francisco, CA, 2010.

22. S. Olson and K. Hummler, “TSV reveal etch for 3D integration,” 3D Systems Integration Conference（3DIC）, 1–4, 2011.

23. H. S. Kamineni, S. Kannan, R. Alapati, S. Thangaraju, D. Smith, Dingyou Zhang, and Shan Gao, “Challenges to via middle TSV integration at sub-28 nm nodes,” *Proc. IEEE*, Int, Interconnect Technology Conference/Advanced Metallization Conference（IITC/AMC）, 199–202, Osaka, Japan, 2014.

24. Y. S. Kim, A. Tsukune, N. Maeda, H. Kitada, A. Kawai, K. Arai, K. Fujimoto, et al., “Ultra Thinning 300-mm Wafer down to 7-μm for 3D Wafer Integration on 45-nm Node CMOS using Strained Silicon and Cu/Low-k Interconnects,” *IEDM Tech. Dig.*, 365–368, San Francisco, CA, 2007.

25. N. Maeda, Y. S. Kim, Y. Hikosaka, T. Eshita, H. Kitada, K. Fujimoto, Y. Mizushima, et al., “Development of Sub 10-μm Ultra-Thinning Technology Using Device Wafers for 3D Manufacturing of Terabit Memory,” *IEEE Symp. VLSI Technol*, 105–106, Honolulu, 2010.

26. Y. S. Kim, S. Kodama, Y. Mizushima, N. Maeda, H. Kitada, K. Fujimoto, T. Nakamura, et al., “Ultra Thinning down to 4-μm using 300-mm Wafer proven by 40-nm Node 2Gb DRAM for 3D Multi-stack WOW Applications,” IEEE, *VLSI Technol*. 26–27, Honolulu, 2014.

第18章　封　　装

本章作者：Michael Töpper　Fraunhofer IZM

Dietrich Tönnies　ROFIN-SINAR Laser GmbH

本章译者：刘子玉　复旦大学微纳电子器件研究所

18.1　引言

电子封装和组装是用来将小尺寸的集成电路(integrated circuit，IC)芯片连接到互连基板的过程，通常的基板指的是印刷电路板(printed circuit board，PCB)。印刷电路板上组合了大量的IC芯片和无源元件，从而构建一个微电子系统。随着新器件性能不断提高、应用功能不断增加，封装和组装技术也需要不断地创新。半导体、封装和系统设计之间的技术界限变得越来越模糊。因此，芯片、封装和系统设计师必须比以往更紧密地合作，以推动未来微电子系统性能的发展。倒装芯片封装(flip chip in package，FCIP)、板级倒装芯片(flip chip on board，FCOB)、晶圆级封装(wafer level packaging，WLP)和系统级封装(system in package，SiP)就是促使集成电路工业能够满足未来系统需求的新型封装技术。扇出式晶圆级封装(fan-out wafer level packaging，FO-WLP)正成为先进封装的热门领域。目前，这是唯一一个能够克服现在所有芯片封装技术局限的方法，有可能将多芯片连接到异构系统或SiP中。FO-WLP的主要优点是无基板封装、热电阻更低、性能更高，原因是其互连更短，且连接IC的方法是通过薄膜金属化而不是引线键合或凸点。尤其是与倒装式球栅阵列封装(flip chip ball grid array，FC-BGA)相比，FO-WLP的电感要低很多。此外，降低电子产品封装成本是具有极大增长潜力的下一代电子产品如物联网(Internet of Things，IoT)的核心目标。

总体来说，经济和技术方面的考虑驱使封装采用晶圆级工艺如晶圆级凸点和再布线。因此，本章的重点是这些新技术，而对较传统的芯片级封装只做简短描述。若要了解有关传统封装类型的更多详细信息，可参照本章末尾有关电子封装的教材与专著。

18.1.1　电子封装与组装基础

电子封装的作用

封装技术决定了电子产品的尺寸、质量、易用性、耐用性、可靠性、性能和成本。封装必须保护IC芯片，支持IC芯片的性能(工作速度、功率、信号完整性等)，负责热管理，通过提供可靠的机械和电学连接来补偿IC芯片和PCB之间的应力。对于复杂微电子系统的组装来说，单个IC芯片的测试和老化实验是非常重要的。

大多数IC芯片封装就是所谓的单芯片封装。在封装中，IC芯片首先与载板(引线框架、插入层)进行电学、机械连接，通常也包括热连接；然后，载板将IC芯片信号扩展到外部，以便组装到PCB上；通常，采用额外的塑封材料保护IC芯片免受机械损伤。随着现代IC速度不断增加，封装的电学性能和散热能力也不断提高。电子设备中半导体元件的数量不断增长，以及移动设备的需求不断增加都要求封装尺寸不断缩小。

多芯片封装可以进一步减小封装尺寸和质量，同时提高其性能。这种想法早期的应用是多芯片模块(multichip module，MCM)，但在商业化上并不十分成功。在 MCM 中，多个裸芯片被组装在一个基板上，这个组件再被整体封装。如今，封装行业着重关注系统级封装技术，将其作为一种可选择的多芯片封装方法。在 SiP IC 中，有源和无源元件结合在一起被组装成一个整体。目前，FO-WLP 具有很高的潜力，可应用于这种集成。与传统组装系统相比，FO-WLP 形成了一个功能更强、性能更好、体积更小的复杂微电子系统。另一方面，其面临的挑战是为 SiP 提供成本持平或更低的制造工艺。

互连技术

裸芯片首先以正面向上或正面向下的方式被组装在基板或载体/引线框架上。如今，大多数封装都以正面向上方式被组装到引线框架或有机插入层或陶瓷插入层中，然后再组装到 PCB 上(见图 18.1)。另一方面，倒装芯片键合是一种正面向下的组装技术，可用于将芯片连接到引线框架或插入层，或直接连接到 PCB 上。直接将芯片连接到 PCB(倒装芯片、载带自动键合或引线键合)被称为板上芯片(chip on board，CoB)或直接芯片连接(direct chip attach，DCA)。

金属-金属互连可以通过软钎焊、焊接或胶粘来实现。在过去的 40 年中，广泛应用的三种技术包括引线键合、倒装芯片和载带自动键合(tape automated bonding，TAB)。

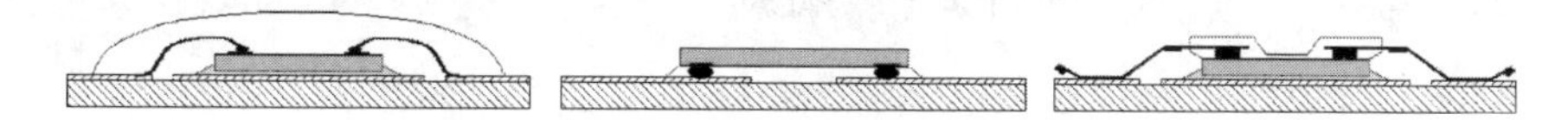

图 18.1 主要的互连技术包括引线键合、倒装芯片和载带自动键合

引线键合是最常见的键合技术。芯片正面朝上粘在或焊接在基板或载板上，随后通过细金或铝线的超声键合或热超声键合技术实现互连。引线键合能够实现窄节距键合，原则上可应用于国际半导体技术路线图(International Technology Roadmap for Semiconductors，ITRS)要求的所有周围阵列的焊盘节距(见表 18.4)。任何变形力都分布在芯片的整个底部，几乎不影响芯片上的有源面积。图像识别系统的高度自动化已将引线键合时间减少到每根线不到 1/10 秒。尽管在每个键合工艺序列中，每一个键合都在另一个键合后进行，但是对于倒装芯片键合和 TAB 来说，成本还是很有竞争力的，因为所有互连都是一次完成的。引线框架和芯片焊盘之间的热超声金丝球键合是目前最广泛应用的模塑封装的 IC 互连技术。

倒装芯片是一种芯片正面向下的组装技术，最初由 IBM 开发，称为可控塌陷芯片连接(controlled collapse chip connection，C4)。倒装芯片提供了优异的性能，是一种具有高输入/输出(I/O)端口数且成本合理的芯片互连技术。图 18.2[1]概述了不同类型的倒装芯片的组装方法。

大多数倒装芯片互连技术的主要要求是在 IC 焊盘上进行表面处理。所谓的凸点下金属化(under bump metallization，UBM)或球限金属化(ball limit metallurgy，BLM)，是芯片和基板之间形成低电阻的电、机械和热接触的基础。IBM 开发了两种解决方案来防止软钎焊过程中的互连塌陷：在 IC 和基板的焊盘周围埋置不熔的铜球或不可润湿的表面。根据选择的互连节距，使用倒装芯片键合机或高精度表面贴装技术(surface mount technology，SMT)来组装元器件。同时采用摄像系统或分裂场光学器件将芯片和基板对准。倒装芯片组装的主要优点是自对准功能。芯片可能会偏离焊盘中心 50%的位置，而熔融的焊料表面张力将促使芯片的焊盘与基板的金属化层对齐。IC 倒装芯片组装的缺点是凸点作为芯片与基板之间唯一的机械连接，因此半导体芯片和基板的热膨胀系数(coefficient of thermal expansion，CTE)不匹配引起的热应力只作用于互连的凸点。这样，必须在倒装芯片和基板之间填充下填料(underfiller，带有填充颗粒的环氧树脂)，但这将在组装过程中产生额外的成本。

载带自动键合(TAB)采用带状树脂薄膜上载有的铜箔引线框架来进行互连。这些带有电镀 Sn 或 NiAu 层的铜箔与带有铜凸点的芯片进行对准(见 18.3.1 节的“晶圆级凸点概述”部分)，且所有互连都采用热压键合(群焊)一步完成。TAB 是 LCD 驱动器经常采用的组装技术，目前应用于大批量生产的是最小节距为 45～50 μm 的键合。TAB 可实现的最小键合节距约为 30～35 μm，受限于铜框架的机械强度。TAB 的另一个限制因素是高密度铜箔的成本。

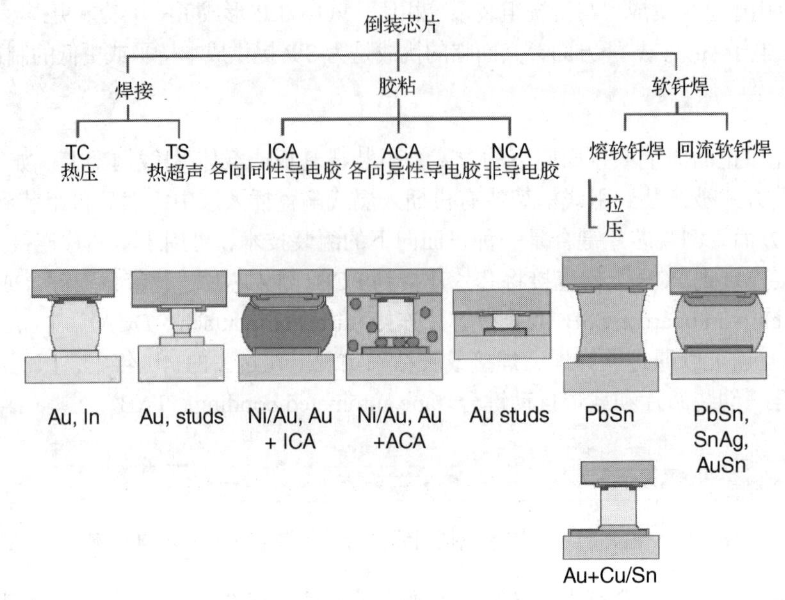

图 18.2 不同类型的倒装芯片的组装方法[1]

组装

软钎焊(soldering)是将待封装的半导体 IC 组装到 PCB 上的标准互连技术。软钎焊技术通过拆焊将有缺陷的元件更换为有功能的元件，可以很容易地修复有缺陷的电路板。如表 18.1 所述[2]，印刷电路板的布线很大程度上取决于互连技术。

表 18.1 PCB 布线规则概述

技 术	互连节距(mm)	线宽/线距(μm)	孔直径(μm)
通孔插入式	2.54	300	600
标准表面贴装	1.27	150	300
标准窄节距表面贴装	0.5～0.635	60～75	130～150
高端窄节距表面贴装	0.4	50	100
超窄节距表面贴装	0.3	35	80
倒装芯片	0.2	25	50

直到 20 世纪 80 年代末，通孔插入式技术(through-hole technology，THT)还是很常见的。THT 技术制作的 PCB 由机械钻孔和镀铜孔组成，IC 封装后在其两侧有长长的引脚，通过将引脚插到 PCB 孔内并焊接在 PCB 底部来实现封装的 IC 与 PCB 的组装。在整个 20 世纪 90 年代，电子产品的复杂化和小型化导致 THT 几乎完全被 SMT 取代，原因是 SMT 技术的布线密度更高、组装产量更大及可实现双面组装。SMT 组装电子系统的第一步是将焊料印制到用于表面贴装元件(surface mount device，SMD)的 PCB 上。使用自动拾取和贴片设备，将涂有助焊剂的 SMD 放置在 PCB 上的适当位置，在对流红外加热炉中回流完成组装过程。与 THT 元件不同，多引脚端口的 SMD 通常具有面阵列引脚布线，这可以促进封装设计实现小型化。

PCB 路线图概述的最小线宽和线距是由 IC 不断增加的引脚数量和小型化的要求驱动的。表 18.2 总结了球栅阵列(ball grid array,BGA;见 18.2.1 节)和芯片尺寸封装(chip size package,CSP;见 18.2.2 节)的 ITRS。

表 18.2　BGA 和 CSP 基板的 ITRS

年　份	球尺寸(μm)	焊盘尺寸(μm)	线宽(μm)	线距(μm)	可获得的行数
2003	400	160	48	48	3
2004	400	160	48	48	3
2005	300	120	36	36	3
2009	80	80	24	24	3
2015	60	60	18	18	3

倒装芯片组装过程需要更高密度的基板。从 90 nm 技术节点到 14 nm 技术节点，每个芯片的 I/O 端口数从每厘米 500 个呈指数形式增加到每厘米 10 000 个。因此，自 45 nm CMOS 技术出现以来，倒装芯片组装已经得到了广泛的应用。然而，倒装芯片组装中基板的几何结构会因其应用不同而发生很大变化(高频应用下的低成本和高密度基板)，因此很难预测布线密度的发展趋势。此外，在上述 GHz 应用的范围内还需要引入新材料。未来高密度应用中的低成本 PCB 将是一个主要的瓶颈。可能的解决方案是采用少芯片球栅阵列(few-chip-BGA)或者 SiP，因为系统中只有某些区域需要高密度布线。采用这种模块化的系统，标准 PCB 可以作为 SiP 的互连基板从而节省成本。

绿色制造对芯片的封装和组装有着重要影响。例如，欧盟在 2003 年发布了“限制电气和电子设备中的有害物质(RoHS)”的禁令。这一禁令指出从 2006 年 7 月 1 日起，禁止在新的电气和电子设备中使用铅、汞、镉、六价铬、聚溴联苯、聚溴二苯醚。其他国家也出台了类似的禁令，特别是铅的禁令对封装和组装带来了极大影响，因为铅锡焊料在电子封装中应用广泛。图 18.3 显示了芯片组装中涉及绿色制造的其他领域，如使用无卤素基板和底部下填料。但有一些软钎焊工艺，特别是用于微处理器的倒装芯片技术中的高铅焊料，在 2010 年之前是不受禁令限制的。

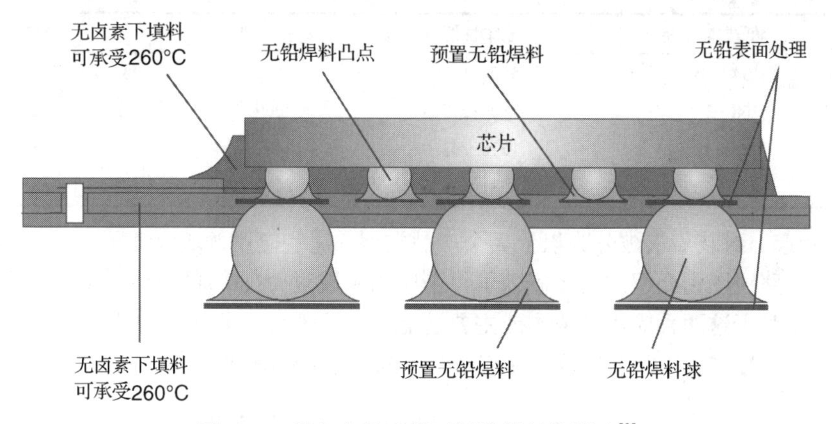

图 18.3　绿色产品法规对封装材料的影响[3]

系统组装中目前已经使用了多种无铅焊料，例如 SnAgCu、SnCu、SnAgBiIn 和 SnZnBi。所有这些无铅焊料都含有大量的 Sn，而且大多数都比共晶 PbSn 焊料具有更高的熔点。因此，在软钎焊过程中，封装体会暴露在更高的温度下，这会影响封装材料的选择和回流工艺。无铅焊料的润湿性能不如 PbSn，并且具有与 PbSn 不同的电迁移特性。所有这些都会导致电子产品从有铅过渡到无铅过程中面临各种风险。

18.1.2 电子封装预测

ITRS 封装技术路线图

随着器件和系统的复杂性迅速增加，新的封装技术在电子工业中发挥着重要作用。封装路线图是IC路线图和PCB行业趋势之间的一部分。在过去几年中，通孔安装封装技术[双列直插式封装(DIP)和引脚阵列封装(PGA)等]被表面贴装技术[细小引出线封装(TSOP)和塑料四面扁平封装(PQFP)等]取代。IC技术的稳步发展提高了I/O的集成密度、速度、功耗和数量。例如，高端应用的芯片上的栅极密度每年增加约75%，导致IC芯片上I/O端口数每年增长40%。除了美国半导体工业协会(Semiconductor Industry Association，SIA)和日本电子工业协会(Electronic Industries Association of Japan，EIAJ)等组织发布国家路线图，许多IC公司都有自己的路线图，描述了IC和电子封装的物理参数演变。这些路线图是自上而下的方法，预测了集成电路技术变化，也指导了对封装技术的需求。一些原因可能导致这些路线图发生重大变化，例如全新的IC技术、新封装技术的应用或新产品改变了电子市场。

以下陈述基于ITRS(2003版)。

按标准分类，电子产品被分成以下几组：

- 低成本/手持。低于500美元的消费品、无线电子产品、磁盘驱动器和显示器。
- 成本性能(性价比)。低于3000美元的笔记本、台式机、通信设备。
- 高性能。超过3000美元的高端工作站、服务器、航空电子设备、超级计算机、最高需求的设备。
- 苛刻环境。在引擎盖和其他恶劣环境下的产品。

ITRS预测不同电子产品应用的封装引脚数见表18.3。

表18.3 ITRS预测不同电子产品应用的封装引脚数

年份/应用	低成本/手持	成本性能(性价比)	高 性 能	苛刻环境
2005	134～550	550～1760	3400	550
2010	208～777	780～2782	4009	642
2015	325～1213	1216～4339	6402	933
2018	421～1576	1581～5642	8450	1235

从2003年起，封装需求被分为以上4个产品类型。这些应用领域涵盖了大部分半导体行业产品的发展趋势。路线图中介绍的技术涵盖了每个应用领域至少80%的营收。低成本和手持设备被划分为一类，是基于这两种应用的成本或主要性能要求不再有显著差异的认知。

为了满足不断增加的I/O端口数，互连节距不断减小(见表18.4)。

表18.4 不同互连技术的互连节距预测(芯片上)

年份/互连	引线键合球(μm)	引线键合楔形键(μm)	TAB(μm)	倒装芯片面阵列(μm)	倒装芯片周围阵列(μm)
2003	40	30	35	150	60
2004	35	25	35	150	60
2005	25	20	30	130	40
2010	20	20	20	100	20
2015	20	20	15	80	15

引线键合的节距仅包括(向内)双列布线，交错的焊盘可以突破这些限制。此外，电流非常大的应用可能需要较大的节距。基于导电胶的倒装芯片封装不会单独出现，但如果有成本具备竞争力的高密度基板可用，则可以应用于更小节距的小芯片封装。

倒装芯片需要在封装基板上进行扇出式布线。信号线将在面阵列的外围排列，用以保证封装电感最小化。面阵列的内部焊球用于分配电压和接地，以减小整个 IC 的电压降。较小的凸点和较低的节距将有利于电路设计，但必须考虑基板成本较高、基板翘曲、组装、测试和电迁移问题。

ITRS 将以下主题确定为未来面临技术挑战的难题：

- 改进有机基板。
- 改进底部填充下填料用于涂覆在倒装芯片的有机基板上。
- 协调设计工具和模拟器，以解决芯片、封装与基板共同设计的问题。
- 铜/低 *k* 材料对封装的影响。
- 高电流密度的封装。
- 封装成本不遵循芯片成本降低曲线。
- 具有高焊盘数和/或高功率密度的小型芯片。
- 通常的高频应用。
- 集成芯片、无源元件和基板的系统级设计能力。
- 新型器件(有机、纳米结构、生物)需要新的封装技术。

虽然随着时间的推移，组装和包装成本预计会随着每针成本降低而降低，但芯片和封装针数的增长速度比每针成本的下降速度更快。这种插针引脚数的暴增不仅提高了单芯片的封装和组装的绝对成本，还提高了基板和系统级封装的成本。当芯片尺寸预期保持不变时，各个环节的插针引脚数将持续增加。

特征尺寸按照摩尔定律继续向前下降至深亚微米节点，性能、功耗、带宽和成本将不再以同样的速度下降。新材料和新器件类型将是解决这一不足的必要条件。组装和封装技术通过新的封装材料和工艺提高了功能密度，也有助于弥补这些不足。2012 年，电子工业的生态系统很明显发生了重大变化，原因是互联网不断普及，无线移动设备在全球范围内广泛应用，如智能手机和平板电脑，最重要的是互联网已经从物联网发展到万物联网。互联网不断增加各种传感器，因此远程操作范围与日俱增，允许远程操作设备和远程医疗等得以应用。为了充分地应对这些变化，ITRS 在 2012 年启动重组工作，2014 年完成。17 个国际技术工作组(International Technology Working Groups, ITWG)在 2015 年被新的 ITRS 2.0 中的 7 个重点组取代，包括系统集成、异构集成、异构组件、外部系统连接、深度摩尔定律、新器件和工厂集成。

按封装类型预测

图 18.4 总结了十几年来不同封装类型的演变历史，并预测到 2020 年的类型变化。

直到 20 世纪 90 年代初，IC 封装的大部分都是通孔封装。20 世纪 90 年代末，SMT 封装基本上取代了通孔封装，以小引出线封装(SOP)、无引线芯片载体封装、四方扁平封装(QFP)等低端口数周围阵列封装为主。尤其是接近 CSP 尺寸的周围阵列封装，如四方扁平无引线(quad flat no-lead，QFN)封装正迅速变得越来越重要。但是像 BGA 和 CSP 这样的面阵列封装的市场份额还在不断增长。采用直接芯片连接或晶圆级封装的倒装芯片、倒装芯片面阵列封装和三维集成将继续快速发展。

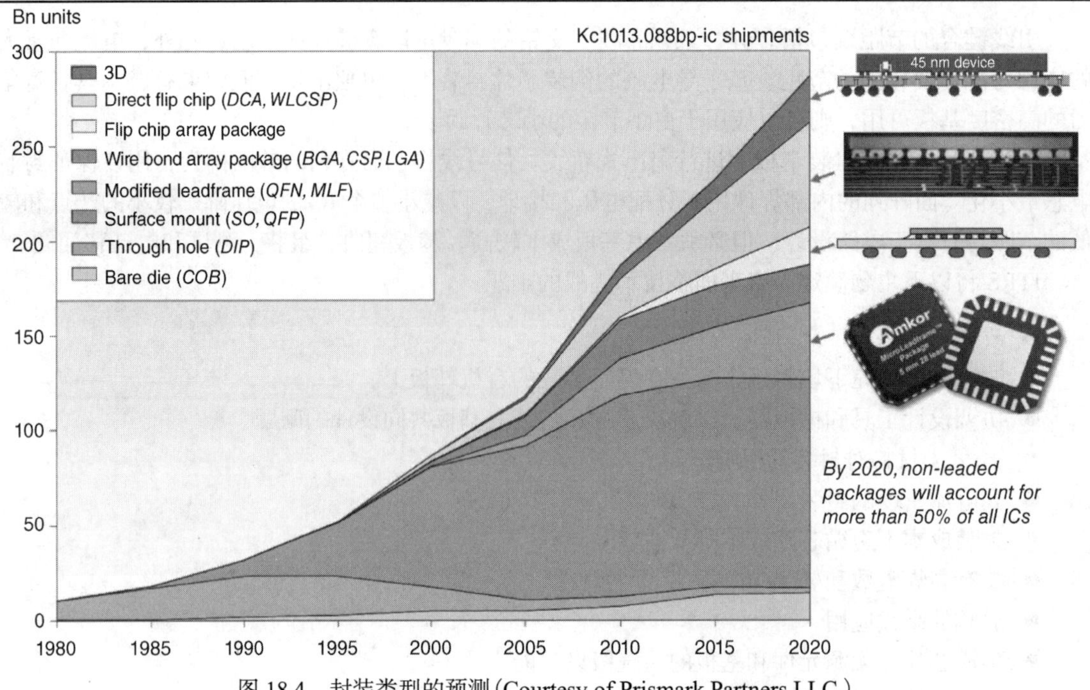

图 18.4　封装类型的预测(Courtesy of Prismark Partners LLC.)

按产品类型预测

图 18.5 显示了按产品类型划分的倒装芯片分类。根据引脚数和性能，倒装芯片代表了高端封装技术，是增长最快的封装技术之一。

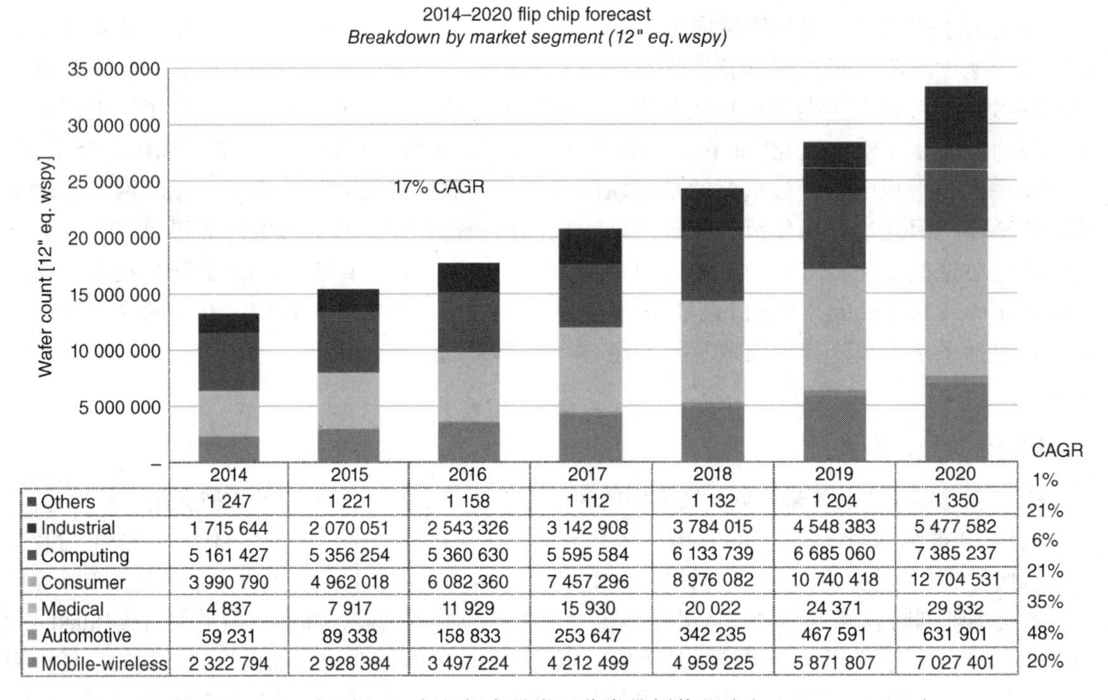

	2014	2015	2016	2017	2018	2019	2020	CAGR
Others	1 247	1 221	1 158	1 112	1 132	1 204	1 350	1%
Industrial	1 715 644	2 070 051	2 543 326	3 142 908	3 784 015	4 548 383	5 477 582	21%
Computing	5 161 427	5 356 254	5 360 630	5 595 584	6 133 739	6 685 060	7 385 237	6%
Consumer	3 990 790	4 962 018	6 082 360	7 457 296	8 976 082	10 740 418	12 704 531	21%
Medical	4 837	7 917	11 929	15 930	20 022	24 371	29 932	35%
Automotive	59 231	89 338	158 833	253 647	342 235	467 591	631 901	48%
Mobile-wireless	2 322 794	2 928 384	3 497 224	4 212 499	4 959 225	5 871 807	7 027 401	20%

图 18.5　2014 年到 2020 年根据产品类型分类的倒装芯片(Courtesy of Yole.)

2014 年，消费行业和计算机行业毫无疑问地占据了大部分 FC 产品。然而，在这一预测中，移动行业和工业等其他产品将在 2020 年发挥重要作用。

18.1.3　电子封装行业

半导体前端制造业的强大驱动力来自对下一个技术节点的需求。多年来，晶圆级芯片加工和增加晶圆直径一直是提高生产率和满足行业成本目标的关键。另一方面，封装过去是成本驱动的。因此，封装仍然主要在芯片层面上完成，IC 制造商通过将许多封装业务转移到劳动力成本低的国家或将封装外包给专业分包商来降低成本。

但随着半导体性能的不断提高，电子封装行业也在发生变化。当封装技术要完成前面 18.1.1 节"电子封装的作用"部分中描述的高性能芯片的所有功能时，传统的封装(基于引线键合)已达到它的极限。面阵列封装尤其增加了封装设计的复杂性，同时相比于其他封装技术也大大增加了芯片的价值。封装行业的技术挑战日益严峻，必须寻找方法来实现技术发展，同时提高生产率。因此，可以预期，与前端工艺类似，后端工艺将越来越多地采用晶圆级工艺，以从同样先进的生产力中获益。

如今，外包在全球封装、组装和测试营收中占有重要的份额。最大的封装分包商包括 Amkor Technology、Advanced Semiconductor Engineering(ASE)、Siliconware Precision Industries(SPIL)和 STATS ChipPAC。早在第一个硅芯片生产厂建立之前，封装厂就已经建立了(Amkor Technology 成立于 1968 年，TSMC 成立于 1987 年)。行业的预期是在未来几年中，外包的份额将稳步增长至 50%左右。随着越来越复杂的封装技术出现，分包商看到了市场份额增长的契机，并正在努力成为技术领导者。

标准对封装行业很重要，因为新的封装类型必须符合现有的测试、组装和基板技术标准。如今有三个封装工程标准组织[4]：美国的 JEDEC(联合电子设备工程委员会)、日本的 JEITA(日本电子和信息技术工业协会)和瑞士的 IEC(国际电工委员会)。

18.2　封装技术

单芯片封装的发展历程从金属封装开始，并在通孔封装的双列直插式封装(DIP)及 SMT 封装如塑料四面扁平封装(PQFP)和球删阵列(BGA)的基础上发展到芯片尺寸封装(CSP)(见图 18.6)。DIP 和 PQFP 是有周围阵列 I/O 的封装，而 BGA 和 CSP 则是面阵列封装，其中将 CSP 定义为仅比芯片本身略大的封装。最好的电学性能是通过直接芯片连接(direct chip attach，DCA)实现的，其中将裸芯片直接连接到 PCB 上。这种方法早在引入 CSP 之前就已经使用了，但是由于芯片没有任何封装，因此限制了 DCA 的批量生产。

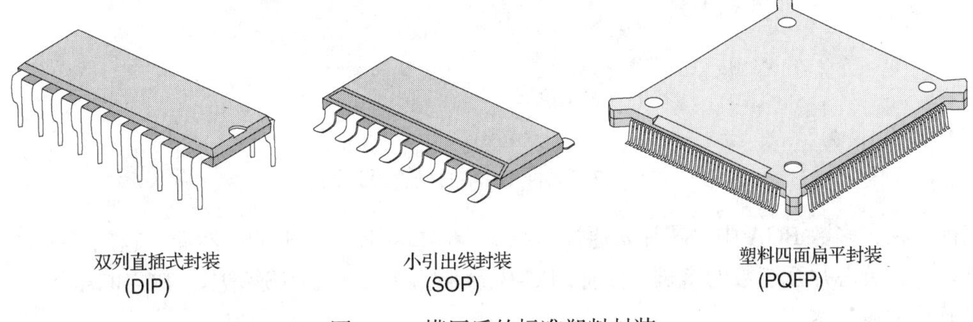

图 18.6　模压后的标准塑料封装

在大多数面阵列封装中，被封装的芯片上布置有周围阵列焊盘，而插入层/基板提供周围阵列焊盘和面阵列焊盘的再布线金属化。与 TAB 和引线键合相比，倒装芯片已被证明是一种可靠的有源 IC 互连技术。因此，倒装芯片可以用来封装再布线后的芯片。这在微处理器中已经很常见了。晶圆级封装技术采用球栅阵列方式封装再布线后的芯片，并结合了倒装芯片和标准面阵列封装的优点。

18.2.1　周围阵列和面阵列封装

封装行业面临多种引脚数和尺寸因素的要求。例如，内存芯片的 I/O 端口数小于 120 个，而微处理器或 ASIC 等逻辑芯片通常具有几千个 I/O 端口。周围阵列封装可以提供较少引脚数的芯片封装，而面阵列封装则可以在保证较小封装尺寸的条件下提供较多引脚数。

面阵列互连可在相同 I/O 端口数的条件下实现更大的互连节距。如果 x 和 y 是芯片的长度和宽度，p_p 和 p_a 是周围和面阵列焊盘节距，则周围阵列布线图的最大 I/O 端口数为 $n = 2(x/p_p - 1) + 2(y/p_p - 1)$，面阵列布线图的最大 I/O 端口数为 $n = (x/p_a - 1)(y/p_a - 1)$。例如，在节距为 0.5 mm 的面阵列设计中，一个 5 mm× 5 mm 的大芯片的最大 I/O 端口数为 9 × 9 = 81。组装过程可在标准 SMT 设备上进行。而在周围阵列封装中，节距只能是 0.23 mm，这将很难用标准 SMT 和基板技术组装，因此会增加成本。

大多数周围和面阵列封装都是塑料封装，三个常见的周围阵列封装如图 18.6 所示。DIP 是一种典型的通孔封装，而 SOP 是专为 SMT 设计的。PQFP 是一个 SMD 封装，芯片的 4 个侧面都有引脚，从而最大限度地增加了引脚数。

所有这些封装方式都使用引线框架。引线框架是一种金属板框架，在其上粘接芯片，用金属引线进行键合，然后用塑料模压成型。引线框架在组装过程中起到固定作用，并作为芯片到 PCB 的电和热的导体。在大多数情况下，芯片通过黏合或焊接固定在引线框架上，并通过引线键合与框架进行电学连接。在芯片被固定后，引线框架通过注塑成型进行二次成型，从而形成最终的封装体。大多数引线框架都有钢印。用刻蚀工艺代替冲压工艺可使引线框架具有更精细的结构。引脚只暴露在芯片底部的无引线封装使用这种刻蚀方法来制备引线框架[5]。无引线封装的一个重要代表是 QFN 封装。

常见的面阵列封装是 BGA 封装。在大多数 BGA 中，刚性或柔性插入层提供从周围阵列焊盘到面阵列焊盘的再布线。图 18.7 显示了带有引线键合的柔性 BGA（flex-BGA，FBGA）的概念设计图。其中的芯片连接到基板上，然后进行封装。机械强度由金属框架提供，并增加辐射板作为进一步保护和散热装置。

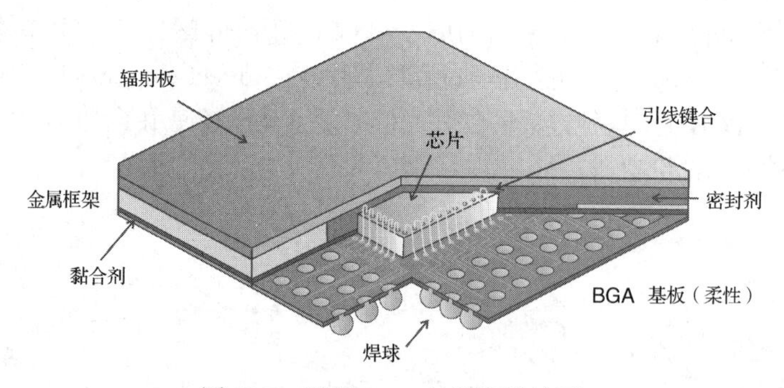

图 18.7　柔性 BGA 的概念设计图

当前，在大多数 BGA 中，芯片是通过引线键合连接到插入层上的。然而，越来越多的 I/O 端口数推动了倒装芯片互连数的增长。目前，FC-BGA 封装数量正在快速增长。FC-BGA 是一种典型的倒装芯片封装技术。

18.2.2　芯片尺寸封装

芯片规模(或芯片尺寸)封装(CSP)是指外形不超过芯片尺寸 1.2 倍的封装。CSP 通常是网格节距在 0.5～1 mm 之间的 BGA(节距有下降到 0.3 mm 的趋势)。因此，与 SMT 完全兼容，不需要额外的工艺或额外的设备来实现 CSP 组装。CSP 适用于中低引脚数的器件。采用 CSP 封装的产品包括闪存和其他内存芯片、DSP 和模拟器件。CSP 未来有望成为标准的封装方案，因为它们可以像其他被封装的器件一样进行测试。

如今，CSP 的设计种类繁多。对所有 CSP 设计的一个重要要求是，PCB 和芯片之间的 CTE 不匹配需要通过插入层、引线框架或聚合物层进行补偿。目前，大多数 CSP 采用基于引线框架、柔性或刚性插入层的标准芯片级封装技术进行封装。CSP 中使用了所有常见的互连技术(引线键合、TAB 和倒装芯片)。例如，刚性插入层的概念是在 FR-4 板上使用引线键合或倒装芯片。晶圆级封装是一个全新的概念，其可以真正实现芯片尺寸封装。最初 CSP 技术的应用是很困难的，因为难以获得这些小型封装使用的可实现较窄节距球栅阵列的 PCB。现在已经可以获得这种高密度基板，如微孔板。CSP 在封装行业上的成功，主要归因于一些日本公司的努力，他们开发了第一批 CSP 商业化产品[6]。

18.2.3　晶圆级封装

经济因素促使封装行业采用晶圆级封装(wafer level packaging，WLP)。WLP 的构思是在晶圆层面上完成尽可能多的封装过程。根据定义，WLP 是真正的芯片尺寸封装。晶圆级工艺与芯片个数、每个芯片和晶圆上的焊盘数量都无关。有了 WLP，后端将受益于前端的高生产效率，如更大的晶圆直径和更小的芯片尺寸。这与所有其他类型的 CSP 不同，这些类型中每个芯片必须单独安装在载体或插入层上[7~9]。

像其他芯片级封装一样，晶圆级封装也有面阵列焊盘。如果晶圆上的芯片具有周围阵列焊盘布线，则需要再布线工艺来将周围阵列焊盘重新布线成面阵列焊盘(见图 18.8)。这些面阵列焊盘应是可焊接的焊盘，通常采用薄膜技术层积而成。通常，再布线层(redistribution layer，RDL)由聚合物层和金属层的组成。聚酰亚胺(PI)或苯并环丁烯(BCB)可用于绝缘层。如果该工艺在前端工艺的后面进行，那么也可使用无机中间层，如氮化硅。铝或铜是再布线金属层首选的金属。

再布线技术是由 Sandia 在 1994 年第一次发布的。1995 年，德国弗朗霍夫研究所(Fraunhofer IZM)和柏林技术大学(TUB)发起了几项德国和欧洲项目，以探索这项技术的不同应用。近年来，越来越多的公司开始提供大规模 WLP 封装服务。Flip Chip International(前身为 Flip Chip Technology)位于美国亚利桑那州凤凰城，Unitive(从 MCNC 开始)位于北卡罗来纳州三角研究公园，分别以 UltraCSP(FCI)和 Xtreme(Unitive)商标创建了这项技术的标准，目前以每周百万件的速度提供 WLP 封装。

图 18.8　晶圆级封装：周围阵列焊盘再布线成面阵列。焊球被固定在再布线焊盘上。这个例子中的绝缘聚合物是苯并环丁烯

18.2.4　埋置技术

芯片埋置技术主要有两种方法：扇出式晶圆级封装(fan-out wafer level packaging，FOWLP)，即芯片被埋置于聚合物塑封材料中；以及垂直方向的三维集成，即芯片被埋置于 PCB 中。为了实

现扇出式晶圆级封装，全球科研机构都在进行大量的研究工作。主要的成果有德国英飞凌公司的嵌入式晶圆级球栅阵列(embedded wafer level ball，eWLB)和美国飞思卡尔公司的再布线芯片封装。

FOWLP 已经开始批量生产移动和无线通信(主要是无线基带)产品，现在正转向汽车和医疗应用领域。英飞凌公司的第一个方案是 77 GHz 的雷达 IC 芯片组，这是第一个基于 FOWLP 封装(eWLB)而不是裸芯片的 77 GHz 解决方案。

FOWLP 在封装体积和厚度小型化方面具有很高的潜力。FOWLP 的主要优点是：无基板封装、低热阻、具有较高的性能和较低寄生效应，性能高的原因是互连更短，且不通过引线键合或倒装芯片中的凸点而通过薄膜金属化直接连接 IC。特别是与 FC-BGA 封装相比，FOWLP 的电感要低得多。此外，RDL 还可以采用多层结构提供埋置无源元件(电阻、电感、电容)及天线结构，它可以用于 SiP 和异构集成的多芯片封装。因此，该技术非常适合射频领域。

对于 FOWLP，有两种基本的流程可选：“模塑优先”或“RDL 优先”。两种方案的工艺流程如图 18.9 所示。

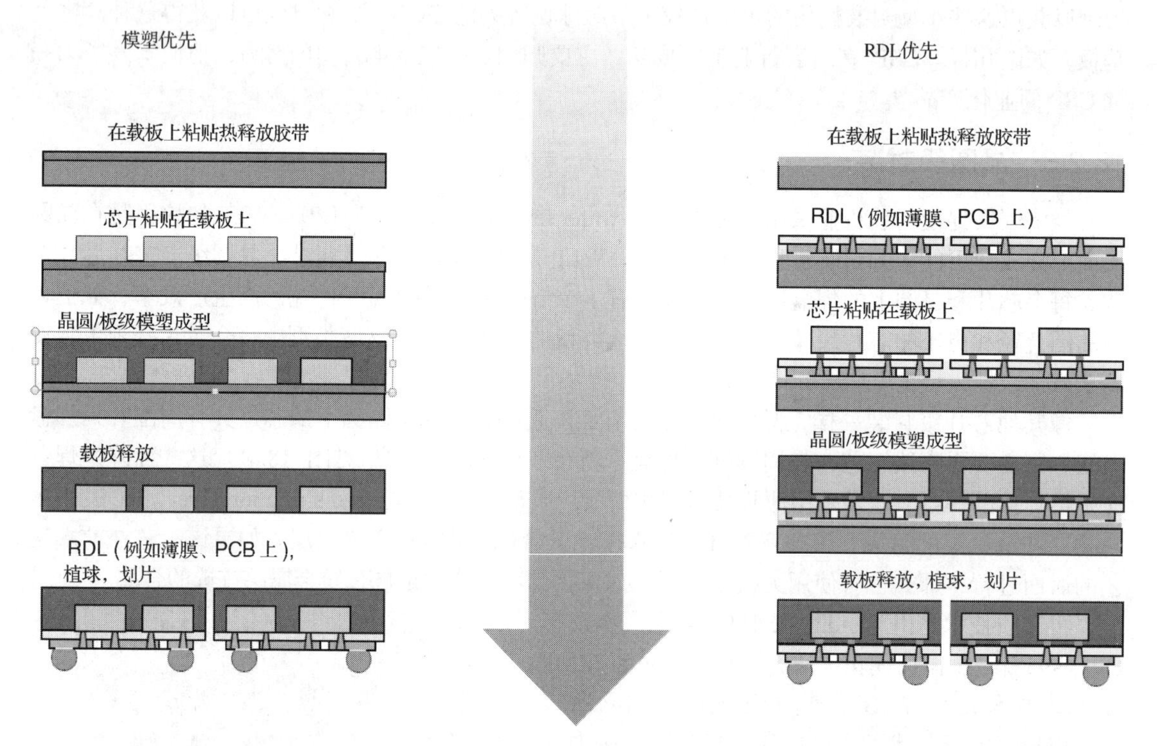

图 18.9 FOWLP/FOPLP 的工艺备选方案

“模塑优先”的方法从中间载板上的芯片组装开始，然后在载板上模塑成型，再解键合已成型的晶圆/面板。最后在已成型的晶圆/面板上应用基于薄膜技术的 RDL 进行再布线。“RDL 优先”的方法首先在中间载板上制备 RDL，然后将带有凸点的芯片通过芯片与晶圆键合的方式组装在 RDL 上。之后，组件被模塑成型、填充下填料，且从载板上释放已成型的晶圆/面板，包括 RDL。

这两种选择都有优势和挑战。其中“模塑优先”的方法必须处理芯片移位、翘曲和相关的窄线宽线距问题。“RDL 优先”的方法需要在临时载板上制备 RDL 层，以及通过微凸点焊接和填充下填料进行芯片组装。

18.2.5 更高集成度的封装

多芯片封装和3D集成

多芯片组件(multichip module，MCM)将多个裸芯片组合在一个基板上，作为整体被封装在一起。MCM与混合微电子系统(hybrid microelectronic system)相似，但性能更高。第一个多芯片组件是20世纪70年代中期IBM为大型计算机制作的。其中主要的驱动因素是电学性能和电路集成密度。不同的MCM技术基于不同的厚膜陶瓷、薄膜和PCB基板技术。MCM也被相应地分类为MCM-C(陶瓷多芯片组件)、MCM-L(叠层多芯片组件)、MCM-D(沉积多芯片组件，沉积 = 薄膜 - 基础)和MCM-E(使用通用电气最初开发的"芯片优先"的埋置类型)[10, 11]。主要采用倒装芯片和引线键合将芯片与基板进行互连。在MCM-E中，芯片通过薄膜金属化与基板上的电路直接相连，从而保证互连阻抗得以控制。

阻碍 MCM 大规模生产的主要挑战是成本和芯片良率。芯片的测试和老化比使用测试插座对封装的芯片进行全功能测试要复杂得多。已知合格芯片(known good die，KGD)成为阻碍MCM商业化的代名词。MCM的主要应用是军事、航空和大型计算机。然而，如果使用测试过的WLP甚至CSP替代MCM中的裸芯片，情况就会发生变化。根据最初的分类，这种组件不是MCM，而是一个包含在不同SiP方法中的非常有前景的封装概念，稍后将详细讨论SiP的各种方法。

芯片堆叠的方法包括引线键合、倒装芯片、通过晶圆对晶圆或芯片对晶圆堆叠方式进行的垂直集成。引线键合的主要优势是与现有设备兼容。此外，无须对芯片上的焊盘进行表面处理，IC最终的铝金属化可直接用于键合。例如，Amkor、ASE、Hitachi和Sharp主要将此方法应用于内存芯片(见图18.10)。

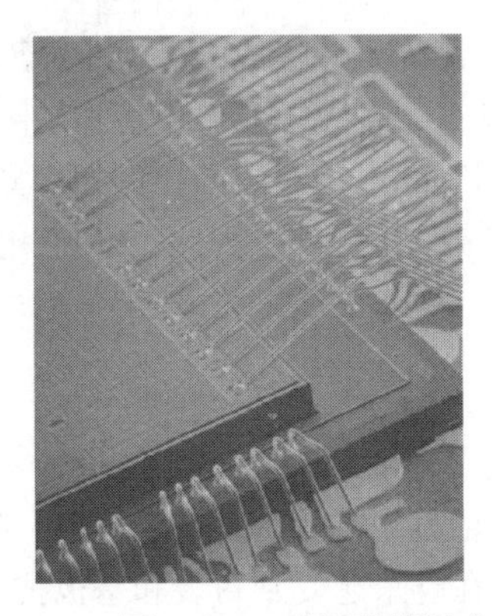
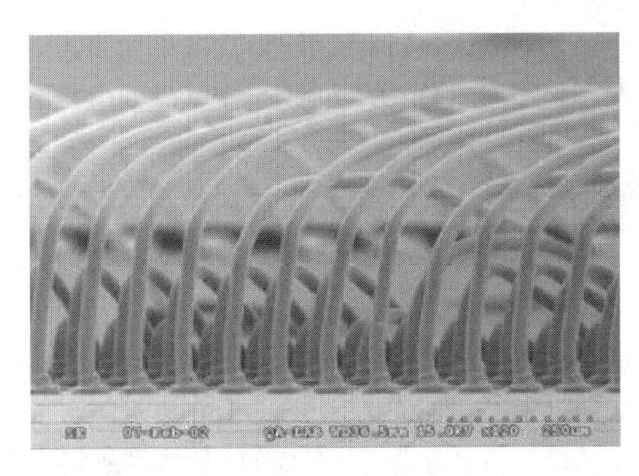

图18.10 采用引线键合的三维封装(Courtesy of Sharp, left; ASE, right.)

这种方法的缺点是电学性能局限性，且缺少额外的集成无源元件。

英飞凌公司开发了一种使用超薄金属化进行面对面互连的堆叠技术。这项技术称为SOLID，即扩散焊接技术——固液扩散(solid-liquid interdiffusion)的缩写形式[12]。上一代采用黏合剂实现芯片相连的技术，其成本密集且技术水平令人不满意，与之相比，SOLID只是将两个芯片面对面地放置在彼此的顶部，就像"三明治"一样，然后进行焊接。两个接触表面均沉积了薄铜和焊料(3 μm)，然后在大约270℃温度下实现永久键合。

为了避开FC键合，可以使用薄芯片集成(thin chip integration，TCI)概念。这种方法的关键是使用极薄的IC芯片(厚度小于20 μm)，并集成到再布线层中。这项技术为整个微电子系统提供了极好的电学性能[13]。

无源元件集成

电阻、电容和电感通常称为无源元件。与 IC 技术的发展相比，电路板级无源元件在尺寸减小方面仅取得了微小进展[14]。因此，它们是电子产品进一步小型化的主要障碍。例如，去耦电容在降低高速数字电子系统的开关噪声方面发挥着重要作用。由于开关速度远高于 1 GHz，同时电源电压也在下降，因此电源噪声不可忽略。这就要求大电容密度和小漏电流。这些电容应具有非常薄的介电质厚度，并且应尽可能靠近芯片安装，以尽量减少寄生电感。

目前最小的 SMT 无源元件的尺寸为 0.5 mm×0.25 mm(通常称为 0201)。2000 年，有超过 1 万亿的无源元件被使用，其成本约占每个 SMT 封装体的 0.5%。但组装、检查、测试和返工需支付每件 1.3 美分。尤其是模拟和混合信号系统需要大量的被动无源元件。在手机中，无源元件与 IC 的比例在 12:1 到 25:1 之间。对于摄像机或寻呼机，这可能会增加到 30:1 以上。无源元件的数量已从早期奔腾处理器设计的 369 个增加到奔腾 III 的 2195 个。

Ulrich 和 Schaper 正在对不同的集成级别进行分类[14]，具体如下：

- 离散的无源元件，用作 THT 或 SMT 封装中的单一无源元件。
- 集成无源元件，一个封装体或基板上包含多个无源元件。
- 埋置无源元件，埋置在含有有源器件的基板内。
- 无源元件阵列，一个封装或一个芯片中包含功能类似的多个无源元件阵列。
- 集成无源元件网络，由多个无源元件组成，这些元件具有多个功能，在分离基板的表面上集成，并封装为单个 SMD。可以用于形成滤波器或终端等简单功能。
- 集成无源元件子系统，类似于无源网络但更为复杂，可以将有源器件封装在单个 SMD 中。这些子系统接近 SiP 概念。

与电子技术从单晶体管到集成电路的革命性变化相比，无源元件集成的潜力是显而易见的。摩尔定律是晶圆技术不断发展的结果，上述两者的主要区别在于，无源元件由于物理限制不能缩小到亚微米级。此外，对于无源元件集成，可能减少的占用空间也是有限的。例如，分散的陶瓷 SMT 电容需使用多层结构(10～20 层)，这是集成无源元件无法接受的。因此，SMT 电容可以在给定的基板空间内获得更高的电容值。

系统级封装

相关文献中还没有很好地定义系统级封装(SiP)。基本上，SiP 需要打破系统设计、半导体前端和后端之间的界限，以便在整个产品设计中获得更大的灵活性，从而提高产品性能、降低成本。转变封装产品的设计和制造模式是必要的，因为摩尔定律现在越来越受到封装和基板技术的限制，而非纳米技术。半导体、互连、集成无源元件、基板和系统设计之间的密切合作是必要的[15]。堆叠内存芯片不应属于 SiP 类，最小 SiP 组合至少需要逻辑和内存[16]。尽管 SMT 和面阵列技术是电子工业发展的主要方向，但半导体技术与封装技术的鸿沟还在不断增加。SiP 将是未来 10 年保持摩尔定律活力的封装潮流。SiP 与 MCM 有许多相似之处。使用经过测试的 CSP 或 WLP 代替裸芯片，且与裸芯片组装相比，不牺牲尺寸和性能，可能是 SiP 新的方向。SiP 概念还包括芯片堆叠和集成无源元件。来自亚特兰大封装研究中心(Packaging Research Center，PRC)的 Tummala 提出，封装上系统(system on package，SoP)是 SiP 的扩展，包括与基板的光学互连[17]。在过去几年中，另一种已讨论过的 SiP 方法是片上系统(system on chip，SoC)技术，其中系统功能完全集成在一个芯片上。然而，现在业界普遍认为，SiP 比 SoC 具备更多优势，其中包括：

- 不同半导体技术的组合。
- 可集成微机电系统(MEMS)、微光电机电系统(MOEMS)、生物传感器(biosensor)等。
- 设计周期更短。
- 制备样本周期更短。
- 灵活性更高。
- 掩模版成本更低。
- 由于KGD概念，产量更高。

随着电子封装尺寸的不断减小，促使封装技术从简单的塑料外壳转化到材料和设备的双重挑战，甚至很快就将触及纳米世界。电、热、热机械性质的模拟与仿真对于确定封装材料之间的相互作用具有重要的意义。SiP的概念将不仅是进一步小型化的关键，更是高可靠性的关键，这是由于界面和互连更少了。

带有硅通孔(through silicon vias，TSV)的插入层正成为实现三维SiP的重要因素。硅插入层的主要优点是通过TSV、RDL及集成有源和无源元件实现前端与后端工艺的分离。除了独立生产，插入层还可以在短时间内以经济有效的方式实现。TSV插入层是为不同的应用领域设计和制造的，这也导致了不同的技术要求，从数字应用的高密度TSV和高密度RDL集成，到射频应用的插入层，以及MEMS集成和光互连。TSV插入层可作为高I/O端口数芯片的高密度布线载体，也可作为标准有机封装的接口。插入层具有多种功能，包括为高引脚数器件匹配有机基板提供互连节距的展开，以及为网络和计算应用中处理器与内存或其他逻辑芯片之间提供高速互连。它们还可保障机械稳定性，从而提高堆叠芯片的可靠性。在技术特性方面，插入层可以解决高密度RDL布线、TSV和形成顶/底部互连(凸点)。这样可允许电学信号的布线从插入层的顶部跨越到背部。

图18.11显示了一个有机封装(PGA)，它带有TSV插入层和倒装芯片组装的高I/O端口数芯片。图18.11右侧显示了100 μm厚的硅插入层截面，该插入层具有铜填充的硅通孔(直径为20 μm)、多层再分布线及顶部的铜柱互连结构。

图18.11 左侧：带有TSV插入层和倒装芯片组装的芯片的有机封装(43k Cu TSV和4层金属布线，铜柱)。右侧：带有Cu TSV的硅插入层截面(20/100 μm)

18.3 晶圆级凸点和再布线技术

18.3.1 工艺技术

晶圆级凸点概述

凸点是连接芯片和基板以实现导电的三维互连元素。大多数情况下，在晶圆切割和芯片连接之前，在晶圆上已经制备了凸点，这个工艺称为晶圆级凸点。其中的互连方法包括软钎焊、热压键合和胶粘键合。根据不同的应用场合，业界广泛采用了许多不同的凸点金属，如纯金、铜、锡或铟，以及 PbSn、AuSn、AgSn 和 AgSnCu 等合金。在选择最佳凸点金属时，需要综合考虑多种参数，包括熔点、凸点硬度和剪切强度、导电性、抗电迁移性、形成氧化物的难易程度、基板和晶圆间键合焊盘的金属化，以及最终沉积金属的成本。常见的凸点技术包括金凸点、焊料凸点和铜柱。

金凸点　金互连不会氧化或腐蚀，并具有优异的导电性和导热性。此外，由于其熔点较高，金凸点一般不会再次熔融回流。带有金凸点的芯片通常通过热压键合(TAB，载带自动键合)连接到柔性基板或载带上(TCP，带载封装)，或使用导电薄膜黏附到玻璃基板上(COG，玻璃上芯片)。金凸点可实现非常小的凸点节距。现在，大多数金凸点用于具有高 I/O 端口数和周围阵列凸点布局的 LCD 驱动电路芯片中。

图 18.12 显示了典型的金凸点工艺，首先在晶圆上溅射 TiW-Au 凸点下金属化层(UBM)，接着旋涂、曝光并显影液态光刻胶(约 20 μm 厚)。然后依次电镀沉积金、去除光刻胶及刻蚀 UBM，最后通过一步退火加固金凸点，在芯片连接到载带后完成器件的测试。TAB、COF 或 COG 互连的返工通常很困难。如今，在大规模生产的 LCD 驱动器中，最小的金凸点节距约为 35 μm，凸点之间的间隙为 10 μm(应用 COG 可实现比 TAB 更窄的凸点节距)，此为大规模生产中所有凸点工艺的最小节距。

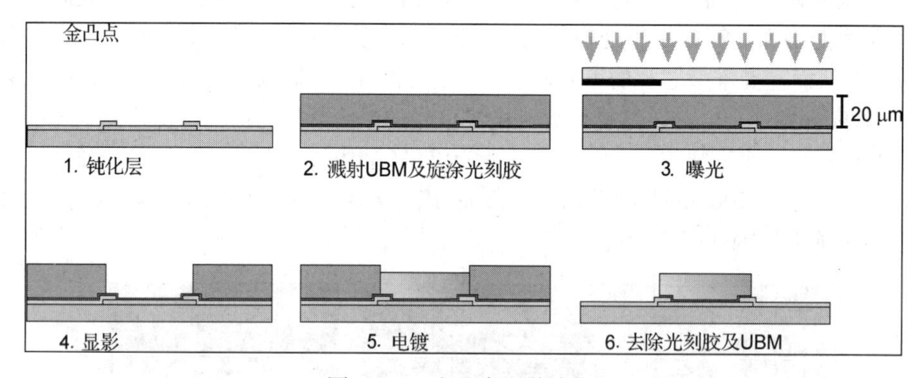

图 18.12　金凸点工艺流程

焊料凸点　软钎焊是最常见的 SMT 组装技术，可实现芯片和刚性基板之间的可靠互连，这些基板高度的不均匀性通常有几十微米。因此，在组装期间，软钎焊可以在很大程度上防止芯片和基板之间产生任何应力集中。此外，焊料凸点可以轻松实现有缺陷器件的返修。另一方面，焊料的导电性和导热性不如金或铜互连的好。工业中将裸芯片焊接到基板上的工艺称为可控塌陷芯片连接(C4)工艺，这是 IBM 在 20 世纪 60 年代早期引入的技术。焊料凸点是高端倒装芯片组装技术的常见互连元素。如今，倒装芯片技术已被用于高端芯片的批量生产，例如微处理器和图形芯片等。

焊料凸点要求在 IC 和基板的焊盘上存在可润湿表面。通常将不可润湿的焊料阻挡层涂敷到晶圆(采用聚酰亚胺或 BCB)和基板(采用环氧树脂)上。为了减少焊料凸点互连的热应力，采用环氧树脂填充互连之间的间隙。焊料凸点的最大高度受到焊球节距的限制，而焊料凸点的最小高度需要保证不得影响互连可靠性，并且必须允许实现可靠的助焊剂清洁和底部下填充。倒装芯片中的典型焊料凸点高度约为 100 μm(见表 18.5)。

如果使用共晶 PbSn(Pb：37%；Sn：63%；熔点：183℃)，则通过回流工艺形成焊料凸点互连，回流温度约为 220℃，此温度适用于常见的所有基板类型。另一方面，高铅 PbSn 凸点抗电迁移能力更强，通常适合需要高电流密度的应用，例如微处理器。采用高铅 PbSn(Pb：约 95%)焊料的倒装芯片连接可以应用在陶瓷基板或高温聚合物基板材料上，回流温度约为 350℃，但在许多其他基板材料上则不可行。通过在基板上提供共晶 PbSn 焊料，并仅回流共晶焊料，就可以实现高铅 PbSn 凸点与基板的焊接。这允许通过熔融共晶焊料来移除倒装芯片，从而保持芯片上高铅 PbSn 凸点的完整性。另一个优点是由于高铅凸点不会熔化，可以保证这种倒装芯片互连具有非常明确的焊点高度。

表 18.5　倒装芯片互连的焊料凸点选择

焊料凸点	熔点(℃)	备　注
63Pb37Sn	183	共晶 PbSn，低熔点，与有机 PCB 兼容，通常用于大多数 SMD
95Pb5Sn(或类似的)	315	高 Pb，良好电迁移特性，可靠性高的热机械互连，陶瓷基板上的倒装芯片；芯片连接到 PCB(PCB 一侧是共晶 PbSn 焊料)时，高铅凸点不需要回流，在氢气气氛中无助焊剂回流
96.5Sn3.5Ag(或类似的)	221	目前倒装芯片中最常见的二元无铅焊料，通常与电镀结合使用
97Sn/3Cu	227	很难电镀，较短的电镀液寿命
95.5Sn3.9Ag0.6Cu	218	普通无铅焊料，焊料中的铜降低了 UBM 中铜的消耗
80Au20Sn	280	一般用于无助焊剂的光电子器件组装在金表面，可控制焊点高度
In	157	允许在非常低的温度下回流
Sn	232	在电镀过程中形成锡晶须

欧盟和其他国家的法规要求 2006 年之前禁止在电子产品中使用铅，但微处理器应用中的高铅焊料除外。然而，用无铅焊料倒装芯片互连取代 PbSn 倒装芯片互连，工业界面尚且面临着的某些技术障碍，这将在后面的“焊料沉积”部分中详细解释。

目前存在多种沉积焊料的技术，其基本工艺步骤如图 18.13 所示。重要的是控制晶圆上的凸点体积及焊料成分，以获得高度均匀分布的凸点，从而避免出现不完全回流工艺。

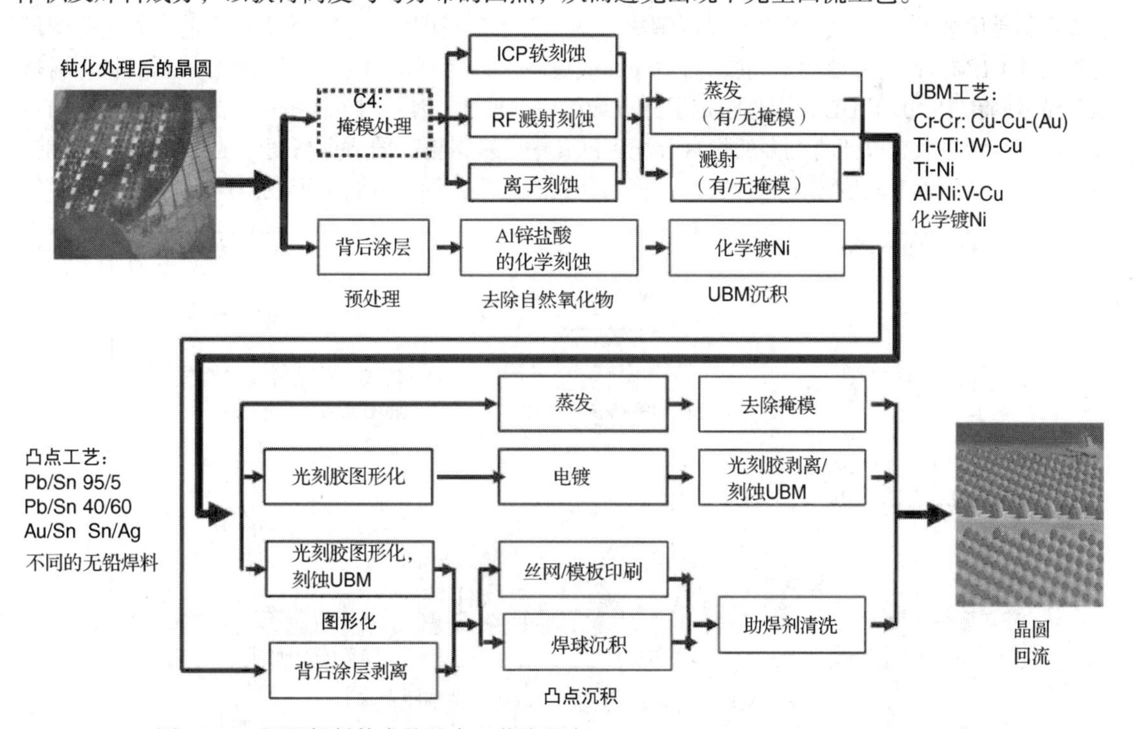

图 18.13　沉积焊料技术的基本工艺流程(Courtesy of Unaxis and Fraunhofer IZM.)

最重要的焊料凸点沉积技术是蒸发、电镀和焊料印刷。图 18.14 和图 18.15 描绘了应用于焊料凸点的典型晶圆级凸点工艺流程。图 18.14 所示的工艺流程使用电镀来沉积焊料。在这种情况下，可润湿的 UBM 表面是溅射的，并将厚的液体或干膜光刻胶涂覆到晶圆上，随后进行光刻胶曝光及显影。在光刻胶的顶部，电镀焊料形成蘑菇状结构，然后剥离光刻胶并刻蚀凸点之间的 UBM。回流工艺将焊料转变成接近球的形状，并在 UBM/焊料界面处形成金属间化合物，这对形成可靠的凸点与 UBM 黏附是很重要的(参见后面的“凸点下金属化层”部分)。蘑菇状电镀的优点在于光刻胶涂层的厚度可以比最终的焊球高度更小，也在于焊料沉积速率很快，原因是在光刻胶上方电镀时焊料表面就会向四周生长。蘑菇状凸点的一个缺点是对于电镀的控制要求更加苛刻。在电镀蘑菇状凸点时，光刻胶的厚度通常在 25～60 μm 之间。另一方面，对于更小节距的凸点，电镀蘑菇状凸点存在严重问题。较小节距的凸点采用较厚的光刻胶(～100 μm)，完全在凸点掩模中电镀焊料。

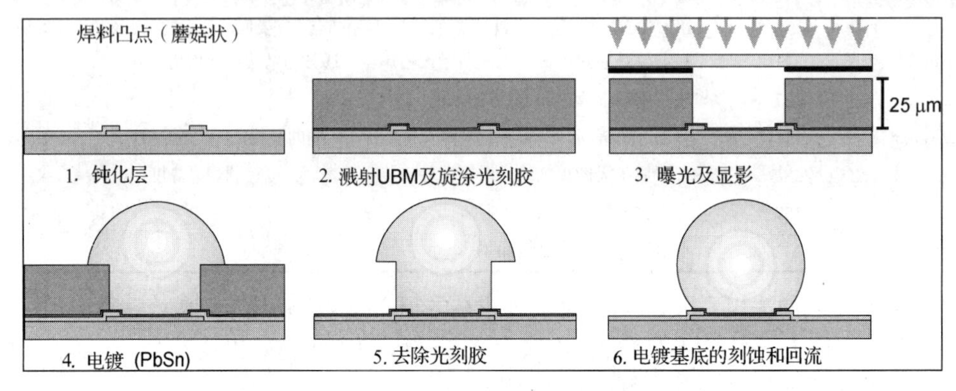

图 18.14　焊料凸点的工艺流程(电镀)

图 18.15 是焊料印刷凸点工艺，采用金属或光刻胶模板，其中光刻胶模板的使用是为了获得更窄节距，是倒装芯片凸点技术中常见的解决方案。对于模板印刷，在沉积焊料之前，先进行图形化并刻蚀 UBM。接着将厚的光刻胶(约 70 μm 或更厚)涂覆到晶圆上。在曝光和显影后，将焊料挤压到模板网孔中。由于 UBM 焊盘限定了凸点最终底部尺寸，因此用于模板工艺的网孔通常比凸点最终底部尺寸更大，以便将更多的焊膏分配到网孔中，获得更高的凸点高度。在剥离光刻胶之前，必须加热焊料以将其转变成固态焊料。在剥离光刻胶之后，回流焊料以形成焊球。

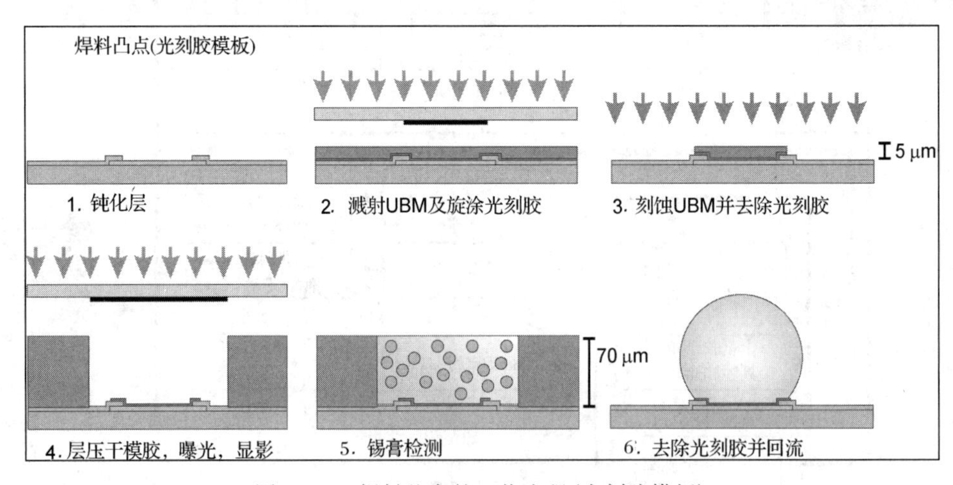

图 18.15　焊料凸点的工艺流程(光刻胶模板)

铜柱凸点　铜的导电性和导热性都比 PbSn 焊料的高 10 倍左右。因此，当互连需要通过高电流时(如功率器件的互连)，铜柱凸点更具吸引力。这对于窄节距凸点尤其重要，因为窄节距凸点将减小凸点底部尺寸，进而增加凸点电阻。铜柱不需要回流，因此可以在不降低凸点高度的情况下，实现高深宽比的窄节距凸点。为了与衬底实现互连，可以在铜柱凸点的顶部添加焊料。电镀铜柱凸点的典型工艺流程如图 18.16 所示。与电镀焊料凸点不同，铜柱凸点需要通孔电镀，光刻胶的厚度通常大于 70 μm。铜柱是微处理器未来所需的凸点互连方式。

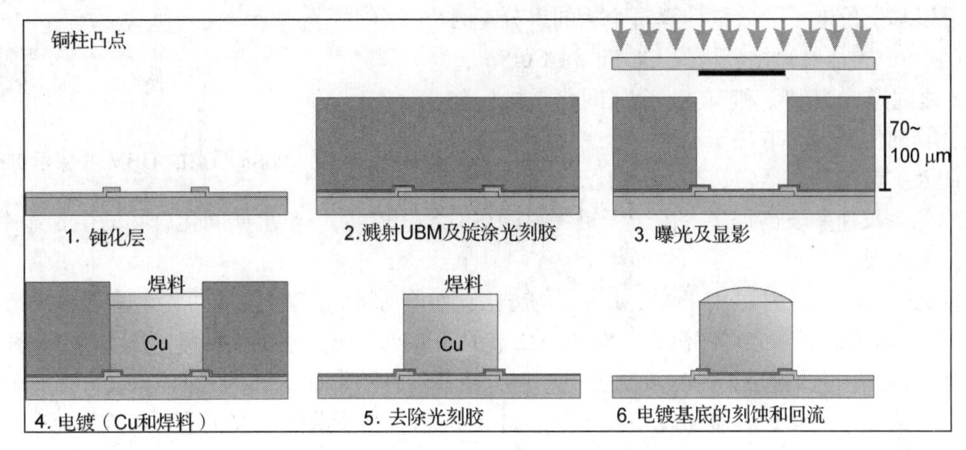

图 18.16　电镀铜柱凸点的工艺流程

其他凸点技术　上述所有凸点技术都使用焊料印刷或电镀技术。其他可替代的凸点技术包括钉头凸点、喷射焊料和蒸发。化学镀凸点实际上是凸点下金属化的技术，将在下面的“凸点下金属化层”部分进行描述。

钉头凸点是在引线键合机上将焊接到 IC 焊盘的引线切断所形成的。凸点既可以留有尖头，也可以压平钉头制造平坦表面，或者可以在键合后直接将其从顶部剪切掉。该技术在所需的凸点金属化方面相当灵活，并且可用于金凸点甚至焊料凸点。由于钉头凸点工艺是串行的，因此它对于大规模生产并不重要，但它却是用于倒装芯片原型制造和小批量制造的重要技术。钉头凸点工艺是适用于切割后的芯片的主要凸点技术。

喷射焊料是一种工艺串行且无掩模的沉积焊料技术，其中焊料液滴从打印头喷射到晶圆上。高频率喷射是可以实现的，但控制整个工艺很困难，而且喷射焊料目前尚未被工业界采用。

蒸发是传统 IBM C4 工艺的沉积方法。蒸发的焊料凸点的质量非常好，但蒸发工艺的总成本非常高。因此，目前工业中蒸发工艺的重要性正迅速下降，特别是从 150～200 mm 晶圆向 200～300 mm 晶圆过渡的过程中。

凸点下金属化层

凸点下金属化层 (under bump metallization，UBM)是互连的焊料和最终的芯片金属化之间的直接界面。UBM 必须为芯片的焊盘和焊料提供低接触电阻，为芯片的金属化和芯片的钝化提供良好的黏附性，并且 UBM 和 IC 焊盘之间要形成密封。UBM 必须为 IC 焊盘和凸点之间提供可靠的扩散阻挡层，且应具有较低的薄膜应力，能够抵抗由热不匹配或在芯片组装期间产生的应力。对于 PbSn 凸点，常见的 UBM 叠层是：Cr-Cr:Cu-Cu-Au(来自 IBM 的初始 C4)；Ti-Cu；Ti:W-Cu；Ti-Ni:V；Cr-Cr:Cu-Cu；Al-Ni:V-Cu；Ti:W(N)-Au。通常，这些 UBM 叠层是通过溅射方式沉积的。用于 PbSn 的 Ti:W-Cu 的示意图如图 18.17 所示。

对于沉积到基于 Cu 的 UBM 上的 PbSn 凸点，通过回流工艺可在 Sn 和 Cu 之间形成金属间化合物(IMC)，从而提供凸点与芯片焊盘所需的连接。由于 IMC 具有有序的晶体结构，因此本质上是脆性的，与诸如 PbSn 等固溶体形成了鲜明对比。用于封装的多数金属如 Cu、Ni、Au 和 Pd 可与 Hume Rothery 型的 Sn 基焊料形成二元金属间化合物[19]。这些化合物是基于价电子键的，晶体结构由化学键中的电子数控制，可以基于价电子的数量计算每个相的组分。例如，Cu 和 Sn 的金属间化合物为 Cu_3Sn 和 Cu_6Sn_5，Ni 和 Sn 之间形成 Ni_3Sn_4 和 Ni_3Sn 金属间化合物。金属间化合物的生长速率取决于温度、形成化合物的不同激活能及扩散过程。通常，与 Ni 相比，Cu 的金属间化合物的生长速率要高得多。由于无铅焊料的 Sn 含量较高，Sn 金属间化合物的生长速率将对焊料越来越重要。

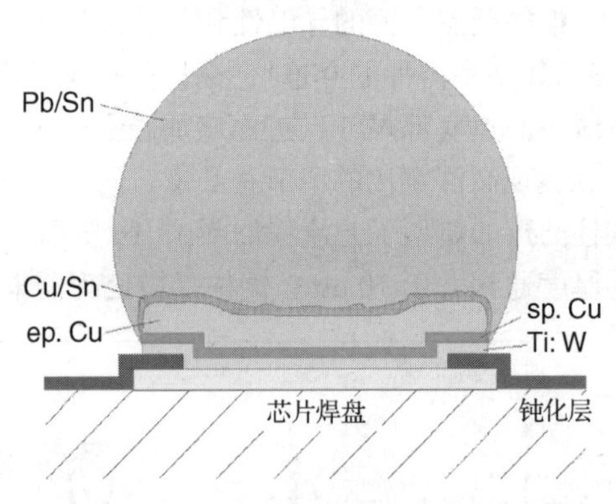

图 18.17 PbSn 凸点的 UBM 叠层示例[18]

目前已经开发了几种可用于 UBM 沉积的方法。如前所述，UBM 沉积可以是溅射/电镀工艺的一部分(参见本节后面的“焊料沉积”和 18.3.2 节的“真空金属化系统”部分)。图 18.12～图 18.16 展示的所有凸点工艺均包括 UBM 刻蚀工艺。但有一些器件中存在敏感的表面区域，不允许这样的刻蚀工艺。避免金属刻蚀且基于真空技术的 UBM 沉积就是所谓的剥离工艺，该技术不仅可用于 UBM 沉积，也可用于其他薄膜金属化。一般的剥离工艺流程如图 18.18 所示。

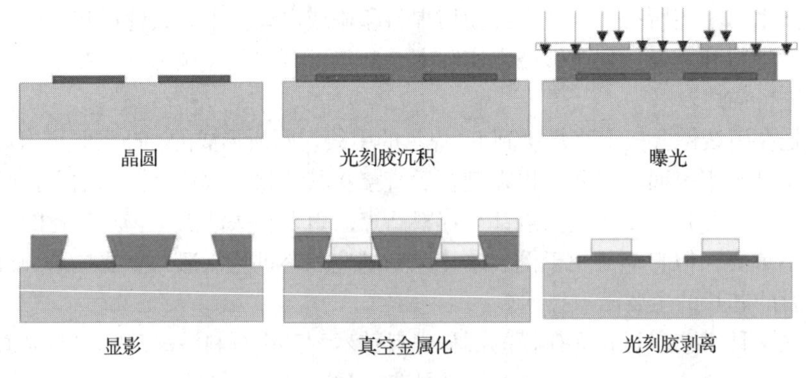

图 18.18 剥离工艺流程

剥离工艺中通过旋涂方式在晶圆上沉积光刻胶。此时只允许使用负性光刻胶，因为必须要在开口处的光刻胶底部形成侧蚀，从而能在真空金属化时形成孔隙。其中的关键步骤是分开光刻胶上部和开口内沉积的金属。通过剥离光刻胶，金属被剥离后留下边界明显的金属化。该金属化通常采用蒸发工艺，因为溅射工艺的温度通常超过光刻胶的玻璃化转变温度。

化学镀 Ni 是一种完全湿法的沉积工艺，可避免使用光刻和真空工艺。该方法是基于自催化的沉积，这对于没有任何电流情况下沉积多层膜是十分必要的。其通过镀槽内吸附的次磷酸盐的氧化为化学镀提供能量。该过程中释放的电子能够减少 Ni^{2+}。由次磷酸盐转化而来的磷沉积在 Ni 层中，这可以改变 Ni 的机械和电学性质。在开始化学镀 Ni 之前，必须在焊盘的 Al 表面镀锌。因此，为了去除 Al 的氧化物并改善与 Ni 的黏附性，需清洁并微刻蚀 Al。由于电路的有源性，必须采用光刻胶保护晶圆的底面，且需固化光刻胶从而耐受湿法中的化学品。对于焊料凸点，沉积的 Ni 通常需有 5 μm 的标准高度。在晶圆和晶圆之间、批次和批次之间，化学镀的均匀性高于 5%。磷含量应在 10%左右。为了防止形成氧化物，需在 Ni 上沉积少许 Au(<100 nm)，但这会降低焊料的润

湿性。Au 含量应尽可能低，以避免焊料界面处形成脆性的 Au 金属间化合物。

Ni UBM 已经得到了广泛测试，即使在 300℃下热储存 10 000 小时、经过 10 000 次 AATC（–55/+125℃）循环及 10 000 小时湿度存储（85℃/85% r.h.）后也未检测到故障[20]。

焊料沉积

晶圆级凸点中三种最重要的焊料沉积技术是电镀、焊料印刷和预成型焊球连接。表 18.6 对比了这三种技术的优缺点。请注意，工业界试图突破每种技术的极限，该表并不一定代表业界的共识。

表 18.6　不同焊料沉积技术的对比

	不同类型焊料的使用灵活性	焊料沉积成本	窄节距能力	典型应用
电镀	有限	中等	非常好	窄节距、倒装芯片、昂贵芯片
焊料印刷	好	低	中等	较少到中等引脚数的倒装芯片
焊球连接	非常好	低	差	晶圆级 BGA 封装

电镀　电镀工艺是一种可替代蒸发的低成本工艺，由日立公司于 1981 年推出[21]，现已广泛用于窄节距凸点。电镀是一种相对缓慢的沉积技术，根据沉积的材料，典型的电镀速度从每分钟 0.2 μm 到几 μm。电镀系统装置将在 18.3.2 节的“电镀系统”部分介绍。电镀工艺中的一个重要挑战是设计和维护电解质的组分和纯度。如对于电镀 PbSn，锡和铅盐（见表 18.10）在电解质中溶解并解离成它们的阴离子和阳离子。在外加电压的作用下，带正电的阳离子 Sn^{2+}和 Pb^{2+}迁移到阴极（晶圆），并通过在其表面上放电的方式沉积下来。为了实现这一点，需接受来自阴极的电子，将阳离子还原成金属态。

电镀时间可以用法拉第定律来描述：

$$\tau = \frac{\rho}{JE\alpha} \cdot T$$

其中，T 是电镀层厚度，ρ 是金属沉积物的密度，E 是电化学当量，α 是沉积时实际/理论的电流效率比，J 是电流密度。实际上，电镀过程是一个相当复杂的过程。例如，金属沉积的原理包括几个步骤：水合金属离子必须扩散到由亥姆霍兹（Helmholtz）双层覆盖的晶圆表面。此外，金属离子可以化学附着到络合分子上。为了获得细颗粒的焊料，需通过添加剂来控制金属薄膜生长。显然，通过增加电镀的电流密度可以缩短电镀时间。然而，最大电流密度是有限的，因为较高的电镀速度将给电镀槽的维护带来更高的挑战。

对于焊料沉积，必须根据所需的最终焊料组成来平衡各个组分的电镀速度。电化学当量是依赖材料的一个常数，是原子质量及单个金属的价电子数的函数。因此，唯一能够平衡部分电镀速度的参数是电镀的电流密度 J，或者换句话说是电解质的电阻率。对于给定的电压，显然每种单独金属的电流密度是电镀槽中相应阳离子密度的函数。影响电流密度的另一个重要因素是阳离子的电化学势。该电化学势描述了将阳离子还原成金属态所需的能量。根据定义，它被标准化为具有 0.00 V 的标准氢电极。对于 PbSn，这些标准电化学势为

$$Pb^{2+}2e^{-} \rightarrow Pb^{0}(-0.13\,\text{eV})$$
$$Sn^{2+}2e^{-} \rightarrow Pb^{0}(-0.14\,\text{eV})$$

上述每一个反应发生的概率是还原阳离子所需能量的函数。对于 PbSn，还原 Pb^{2+}的能力略高于还原 Sn^{2+}的能力。对于其他焊料，每种组分的电化学势可能明显不同，这将造成电解质的设计困难。

此外，金属与其离子之间的平衡由生成物和反应物的活性（或通过浓度近似）控制，该活性由

能斯特(Nernst)方程所描述。原电池电位偏离平衡值的原因是过电位或电池极化，包括所有组分的浓度、扩散和其他效应。这些可以通过搅拌电镀液、提高离子含量、降低电流密度等方式来使之最小化。此外，种子层必须足够厚，以防止电压降低至几 mV 以下。通过在自动电镀系统上使用优化的条件，可以在 300 mm 以上尺寸的晶圆上实现超过 4 μm/ min 的沉积速率及小于 3%(1 σ)的均匀性。

电解质组分必须考虑以上所有这些因素。这可以通过优化阳离子浓度比或使用可改变各阳离子电化学势的有机添加剂来实现。然而，设计合适的合金电解质很困难，且随着加入的元素越来越多，设计变得更加困难和昂贵。另一个难点是电解质的各种组分可以相互反应，从而改变电解质的性能。因此，电镀诸如 PbSn、SnAg 或 SnCu 等二元合金化合物是较为常见的，而三元合金化合物却难以电镀且成本较高。这也是电镀技术在无铅制造应用中的一个限制，因为业界首选的无铅焊料解决方案可能是三元或甚至四元合金。

电镀技术可以使用恒定电压(恒电位)、恒定电流(恒电流)或脉冲电镀。脉冲电镀是窄节距应用的首选方法，因为其可在保证更低孔隙率的条件下提供更均匀、光滑的沉积。

焊料印刷 焊料印刷是 PCB 制造中的标准工艺技术。典型的装置为模板印刷机。被挤压到模板孔中的焊膏由包裹在黏合剂和助焊剂中直径为 15～45 μm 的焊料颗粒组成。小晶粒尺寸对于窄节距凸点至关重要。然而，为了最小化焊料表面活性以避免过度氧化，并防止焊料被助焊剂带走，晶粒尺寸也不应太小。在回流工艺中，焊料颗粒转变为焊球。但与此同时，它也显著减少了最初沉积焊料凸点的体积。特别是对于窄节距面阵列设计，这将限制印刷沉积焊料的总体积。窄节距凸点模板印刷的另一个难点在于回流过程中会形成孔洞。另一方面，与电镀相比，焊料印刷是相当简单且廉价的工艺步骤。模板印刷的一个重要优点是可印刷的焊膏种类繁多，增加了选择的灵活性，这对于无铅焊料的应用特别重要。

焊球连接 直接焊球连接仅适用于直径为 300 μm 或更大的焊球。在某些情况下，真空吸头相当于晶圆上布置焊球的模板，并从容器中拾取预先成型的焊球。将焊球浸入助焊剂中并放置在晶圆上回流。焊球连接的优点在于它能以较低的成本提供大量的焊料，且很容易适用于任何类型的焊料。如果面阵列焊盘的节距大于或等于 500 μm，则通常采用焊球连接技术为再布线芯片提供焊球。设备制造商正试图缩小焊球连接的节距，以实现更小焊球尺寸的连接。

焊盘的再布线(RDL)工艺技术

目前已经开发了几种不同的再布线工艺，其主要的工艺步骤彼此相似，差异主要来源于材料的选择。图 18.19 详细描述了 Fraunhofer IZM / TU Berlin 的 RDL 工艺流程。

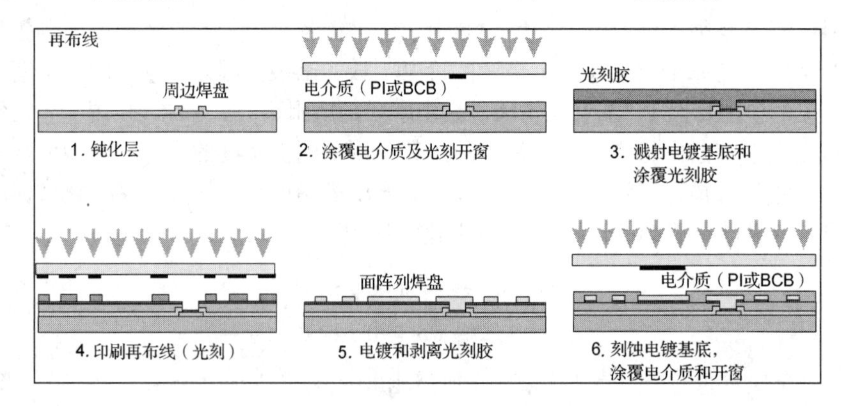

图 18.19 RDL 工艺流程(Courtesy of Fraunhofer IZM.)

首先，在晶圆上沉积介电层以增强芯片的钝化。无机钝化层中存在的针孔会造成金属再布线的短路。再布线下面的聚合物层还可作为凸点和组装工艺的应力缓冲层。与需要干法刻蚀的非光敏材料相比，采用光敏聚合物进行薄膜布线需要更少的工艺步骤。Fraunhofer IZM / TU Berlin 使用的就是光敏聚合物。为了实现低电阻率，再布线金属化采用电镀铜布线。溅射的 Ti:W-Cu(200 nm/300 nm)层用作 Al 的扩散阻挡层和电镀基底。采用正性光刻胶制作电镀掩模。在金属沉积之后，通过湿法和干法组合刻蚀的方式去除电镀基底。沉积第二层光敏聚合物来保护铜并用作阻焊层。大多数聚合物可以直接沉积在铜金属化层上，无须任何额外的扩散阻挡层。电镀的 Ni/Au 用于最终的金属化层。通过焊料印刷直接在再布线的晶圆上沉积焊膏(高熔点或共晶 PbSn)。然后在氮气气氛的对流烘箱中回流焊膏，并采用适合所用焊膏的溶剂去除残留助焊剂。根据焊球的节距，满足组装和基板需求的焊球直径平均值大约在 100～250 μm。剪切测试是第一次质量检查的首选方法。该直径范围的每个凸点的剪切力应高于 130 cN。采用标准晶圆切割机切割晶圆，从而实现 CSP-WL。在消费电子、医疗、汽车和太空等方面的应用均验证了 RDL 的可靠性。

RDL 设计

RDL 有两种不同设计：通过额外的聚合物层将凸点和 UBM 分配到芯片表面，或者直接在无机芯片钝化层的顶部沉积 UBM（见图 18.20）。

FCI 公司(前身为 FCT 公司)提出了不同薄膜叠层结构的分类：聚合物上凸点(见图 18.20 的左图)和氮化物上凸点(见图 18.20 的右图)。凸点下聚合物类型是否对可靠性起着至关重要的作用，目前尚无定论，仍在讨论之中。如果使用底部下填料，则优选聚合物上凸点，且可以设计具有不同几何参数的结构。第一层聚合物钝化层中的开口(如图 18.20 左图的 a)应该与周围焊盘钝化层的相似，仅尺寸不同。焊球和 UBM 的大小(如图 18.20 左图的 b 和 c)可以调整至与面阵列的节距相同。最大焊球尺寸受到节距的限制。如今，最小 500 μm 甚至 400 μm 的焊球节距已经量产了。

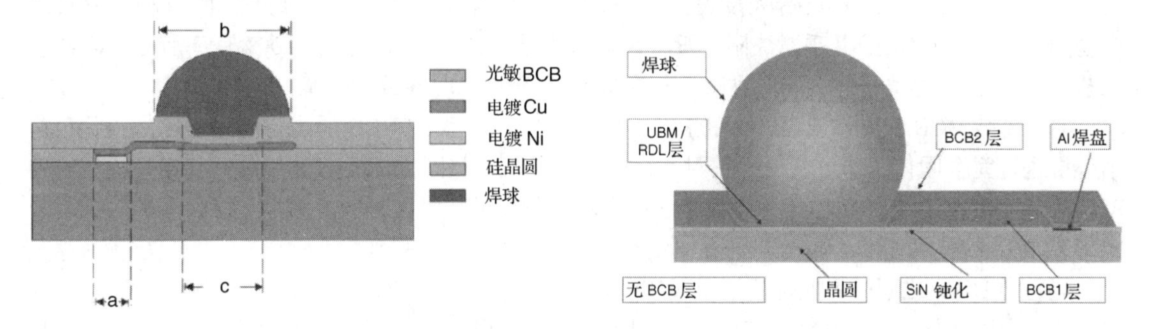

图 18.20　两个不同的 RDL 布线：芯片和凸点之间的聚合物(左图) (courtesy of Fraunhofer IZM.) 和直接沉积在无机钝化层顶部的UBM(右图) (courtesy of FCI.)

层黏附力

多层薄膜结构的可靠性很大程度上取决于不同层之间的黏附力[22]。如图 18.21 所示，基于光敏 BCB(作为光敏聚合物)/TiW/Cu/PbSn 技术的 WLP 中存在如下 4 个界面：

1. 光敏 BCB 和芯片无机钝化层(氧化硅、氮化物等)、光敏 BCB 和金属[芯片焊盘(Al)或金属再布线(Cu)]之间的界面。

2. 金属(即再布线金属层或 UBM)和光敏 BCB 之间的界面。

3. 光敏 BCB 和光敏 BCB 之间的界面。

4. 焊球和 UBM 之间的界面。

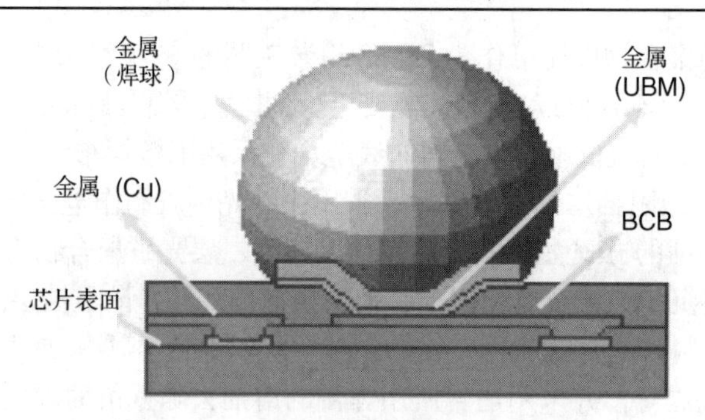

图 18.21 用于黏附力研究的 WLP 结构

这些薄膜结构中的黏附力可用三种机制来描述：粗糙度、使用黏附增强剂的化学键和化学互锁和互扩散。对于可靠的封装而言，在微电子产品的使用寿命期内保持界面完整是非常重要的。对于界面 1，采用基于有机硅烷的黏附增强剂来形成基础层，用于实现有机电介质与无机表面的耦合。理论上，理想的结构是单分子层，一侧与无机表面耦合，另一侧与聚合物表面耦合。目前，业界已经评估过不同的光敏 BCB 黏附增强剂。采用乙烯基硅烷可以在多个无机材料表面上获得较高黏附强度，而乙烯基硅烷只需在沉积 BCB 之前在晶圆上直接旋涂。有充分证据表明，Si-O 间形成的化学键是形成黏附的主要原因，黏附增强剂层的厚度通常在 0.5～5 nm 范围内。该黏附增强剂层改善了对 Al、Cu 和不同无机芯片钝化层的黏附力，可超过 60 MPa。

金属和 BCB 之间的界面 2 强烈依赖于金属化技术[23]。化学镀沉积的金属与表面非常光滑(粗糙度在 Å 范围内)、未经处理的 BCB 薄膜之间没有黏附性。溅射是用作 WLP 再布线的一种可靠的金属化工艺，因为金属原子具有约 100 nm 的渗透深度。这能够保证光敏 BCB 上溅射金属的强黏附力，可超过 80 MPa。Paik 等人发表了 Cu 和 BCB 之间的稳定界面[24]。此外，使用氟气/氧气混合物的预处理工艺(RIE)几乎对黏附性没有影响，这是在通孔技术中实现 100%良率所必需的处理工艺。只有纯 O_2 等离子体会降低黏附力，这是 BCB 表面氧化导致的[25, 26]。

对于光敏 BCB 和光敏 BCB 之间的界面 3，通过先对下面的 BCB 层进行部分固化，然后对整个叠层进行完全固化，即可获得高黏附性。此外，黏附力与固化程度之间存在一定相关性。通过 RIE 改变光敏 BCB 层的粗糙度和表面化学性质对黏附力没有明显影响。化学互锁和互扩散机制是 BCB 层与层之间黏附的驱动力。因此，固化程度是高黏附性的关键。

焊料和 UBM 之间的界面是基于形成的金属间化合物(参见前面的“凸点下金属化层”部分)。由于这些金属间化合物的脆性，在使用寿命期间应该保证这些层具有最小的生长速度。对于 Sn 基焊料，UBM 采用 Ni 要优于采用 Cu，因为 NiSn 相的生长速率要比 CuSn 金属间化合物的慢。

总之，为了获得可靠的薄膜叠层结构，应仔细分析金属的表面化学和物理特性。对于所有的改性工艺如溅射、等离子体等，都要特别强调这一点。

集成的无源元件

如 18.2.5 节的“无源元件集成”部分所述，板级或晶圆级集成无源元件是进一步提高性能和实现系统小型化的关键。实现无源元件集成所需的三种基本材料类型为导体、电阻器和电介质[15]，这些可以由金属、聚合物或陶瓷制成。聚合物和陶瓷技术之间的主要区别在于最高工艺温度。对于聚合物而言，工艺温度可达 300℃，但对于烧制陶瓷，温度可达 700℃及以上。诸如 Cu、Au 或 Al 等金属或用金属填充的电阻率小于 0.1 Ω/□的聚合物厚膜，可用作导体以避免产生较高寄生电阻。诸如 NiCr、CrSi 或 TaN 等合金，以及金属陶瓷(陶瓷-金属复合物)或碳填充的聚合物是 100～10 000 Ω/□的电阻器的首选材料。介电常数 k 为 2～5 的聚合物、无定形金属氧化物(k 为 9～50)

或 $k > 1000$ 的有序晶体结构的混合氧化物是电容器的核心组件。各种沉积技术均可用于集成无源元件，如溅射、蒸发、旋涂、层压、溶胶-凝胶、化学转化如氧化等，具体取决于材料类型和结构化工艺(加成和减成)。根据 MCM 类型，上述不同的工艺可分为如下几类：薄膜(MCM-D)、聚合物厚膜(MCM-L)和陶瓷厚膜(MCM-C)。使用薄膜技术可实现最高性能。虽然业界仍在努力降低这项技术的成本，但将来使用 300 mm 的基板(玻璃、金属板或硅)必将降低其成本。聚合物厚膜技术与 PCB 基础设备紧密相关。大尺寸基板或卷对卷滚动式工艺能够实现其成本的最低化。此外，目前已经有了一套完善的 PCB 基础设备，这不是无源元件集成的主要障碍。另一方面，主要障碍是对于极高频的应用，可控公差较小且可选择的材料有限。需要权衡增加无源元件内部层带来的额外制造成本和工艺复杂性，相比其获得的板级空间是否值得。陶瓷厚膜介于薄膜和聚合物薄膜之间，是成本比较合理的工艺。通过使用光敏材料和改进的印刷技术可进一步降低成本，但是基板尺寸通常限制在 6 平方英寸以内。高温兼容性是汽车电子和极端条件下的其他应用的特有性质。

下面是基于薄膜技术的一种无源滤波器集成的例子。其制造工艺类似于 WLP 的再布线，故两者可使用相同的生产线。BCB/Cu 技术与 NiCr 溅射相结合是其中的核心工艺步骤。电感器、电阻器和电容器的制造工艺如图 18.22 所示。

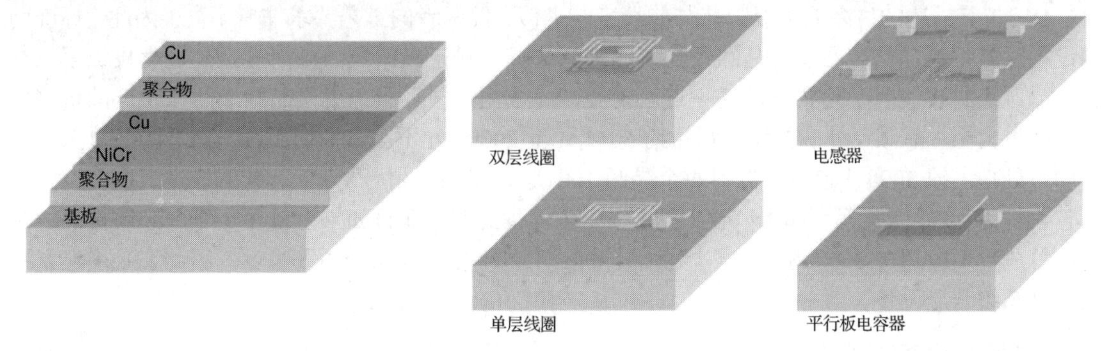

图 18.22　通过薄膜叠层工艺制作集成无源元件[27] (Courtesy of Fraunhofer IZM.)

不同元件的电学特性如图 18.23 所示。

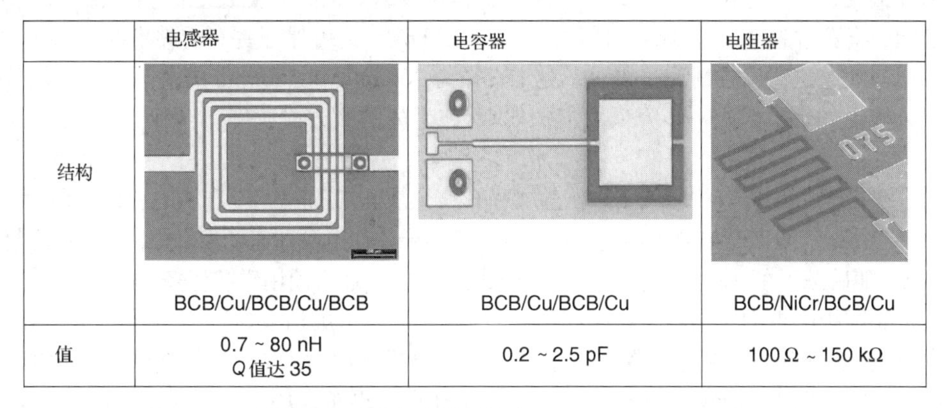

	电感器	电容器	电阻器
结构	BCB/Cu/BCB/Cu/BCB	BCB/Cu/BCB/Cu	BCB/NiCr/BCB/Cu
值	0.7 ~ 80 nH Q 值达 35	0.2 ~ 2.5 pF	100 Ω ~ 150 kΩ

图 18.23　薄膜无源元件的电学特性(Courtesy of Fraunhofer IZM.)

0.2～2.5 pF 的低电容值主要是由于采用了介电常数为 2.6 的 BCB。为了获得 nF 量级的电容，必须采用溅射沉积高 k 材料。组合这些无源元件可实现滤波器组件。2.4 GHz 的蓝牙频段的滤波器如图 18.24 所示。

其中，一个滤波器包含了 3 个 3.9 nH 的电感器和 2 个 1.8 nF 的电容器。采用 50 Ω 阻抗

图 18.24　FC 封装的用于蓝牙频段的可安装集成滤波器

的微带线连接单个元件，从而在 1.3 mm×2.6 mm 的区域内产生两个二阶低通滤波器和一个单电感器。电路板组装通常使用 PbSn 或无铅焊球。

IMEC 开发了一种类似技术，采用 BCB/Cu 作为核心工艺[28, 29]。合资企业 Intarsia(由陶氏化学和伟创力合资)曾经建立了一条生产线，在 350 mm×400 mm 玻璃面板上使用 BCB/Cu /溅射 TaN 集成无源元件，该企业已在 2001 年关闭。那时 SiP 概念尚未出现，因此 Intarsia 的技术水平远远领先于电子行业的需求。SyChip(美国)和 Telephus(韩国)最近采用这些有前途的技术成立了商业化的公司。

18.3.2　晶圆级凸点设备

18.3.1 节描述的许多晶圆级工艺与前端工艺类似，但两者的工艺要求非常不同。因此，标准前端设备通常不是晶圆级凸点或晶圆级封装的理想选择，对于晶圆级凸点而言这是过度投资了，在建立晶圆级封装线时必须要牢记这一点。现今，商业化的凸点服务提供晶圆级凸点生产的价格取决于产量大小、晶圆尺寸和技术，每片约 50 美元至 200 美元不等。平均而言，典型的凸点工艺线每周可处理大约 3000 个晶圆。假设每个晶圆 100 美元作为晶圆级凸点工艺线的成本，那么该线的年收入将为 1560 万美元。如果该收入的 1/3 用于设备折旧，而且如果设备在 5 年内必须折旧，则设备总成本不应超过 2600 万美元。显然，与前端工艺线相比，这个预算很少。因此，必须建立专用的晶圆级凸点设备。

真空金属化系统

自从提出晶圆级凸点和 WLP 技术以来，封装技术中的薄膜金属化已经展现了强劲的发展势头。溅射和蒸发是集成电路制造中关键的薄膜金属化技术。溅射和蒸发之间的主要区别在于沉积原子的动能，蒸发时为 0.1～0.5 eV，溅射时为 1～100 eV，这可保证更好的黏附性。此外，溅射沉积的金属均匀性要比蒸发的情况高得多。对于直径为 200 mm 和 300 mm 的晶圆，蒸发距离已增加到几乎不可接受的水平，进一步降低了沉积效率(与距离的平方成比例)。因此，下面仅详细讨论溅射工艺。

溅射系统用于沉积再布线层的 UBM 叠层和布线金属化(通常为 Al 和 Cu)。溅射系统为真空设备(10^{-3}～10^{-5} Torr)，可产生氩离子等离子体。这些等离子体在电场加速下轰击靶材，导致靶材中的原子飞溅出来，随后沉积在晶圆上。用于 UBM 沉积的溅射系统通常使用磁控管来高效地维持等离子体。

可用于晶圆级凸点的专用溅射系统如图 18.25 所示，其由沉积室(有 5 个溅射靶)、刻蚀室和真空进样室组成，其中刻蚀室用于去除晶圆表面的氧化物或其他污染物。5 个溅射靶可适用于不同的凸点，因为不同的技术(金凸点，PbSn 凸点，无铅凸点，再布线)需要不同的 UBM。批处理在封装应用中通常会产生较好的效果。因此，批处理与单晶圆处理的组合(此处未给出)是降低溅射工艺成本的优选。溅射成本的重要方面是如何有效地利用溅射靶。此外，在每个腔室中同时只能运行一种工艺。

溅射压力和衬底偏压是影响薄膜沉积性能的重要参数，且需要由设备控制。

光刻工艺设备

任何光刻工艺均包括以下工艺步骤：旋涂光刻胶(包括烘烤光刻胶)、紫外曝光和光刻显影。

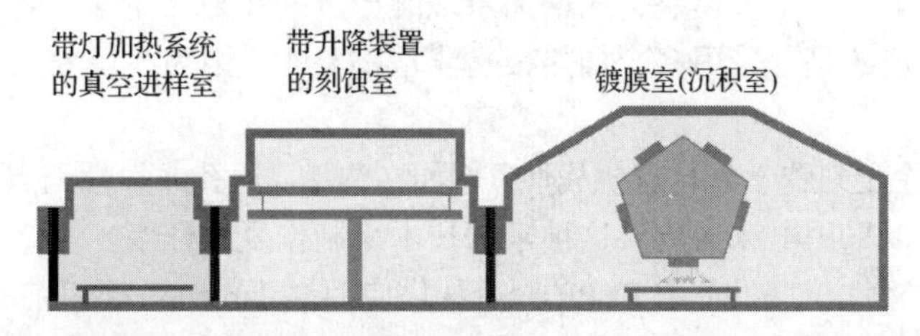

图 18.25 晶圆级凸点的专用溅射系统的设计(Courtesy of NEXX Systems.)

旋涂光刻胶 覆膜机用于涂覆干膜光刻胶，层压工艺通常需要加热。当干膜光刻胶用于电镀时，薄膜黏附性的控制尤其重要。为了整个晶圆的工艺可靠性，精确切割晶圆边缘处层压的干膜并避免出现任何分层是至关重要的。全自动层压工艺通常使用激光切割机。

液态光刻胶的涂覆工艺更复杂，具体的旋涂工艺如图 18.26 所示。首先，将光刻胶滴在晶圆上，滴胶模式对于最终的膜均匀性和材料消耗至关重要。在大多数情况下，从边缘到中心螺旋状的滴胶是优选的方法。然后，旋涂机以每分钟几百到几千转的速度旋转晶圆，将光刻胶薄膜均匀地铺展在整个晶圆表面。在该步工艺中，光刻胶中的大部分溶剂会蒸发掉。最终光刻胶厚度由光刻胶黏度、旋转速度和表面张力共同控制。通过优化工艺条件，在 300 mm 晶圆上旋涂 50 μm 光刻胶，其厚度变化可小于 1%。对于给定的光刻胶配方，通过改变旋转速度、调节离心力是改变光刻胶高度的主要方式。目前仍无可精准描述旋涂工艺的完整数学模型。对于实际应用，由材料供应商提供所谓的旋转曲线(即光刻胶厚度随旋转速度的变化曲线)来调节旋涂机。聚合物厚度 h 是角速度 ω 和两个参数 K、m 的函数：

$$h = K \cdot \omega^{-m}$$

K 描述了涂层的设计和光刻胶中的固体含量，聚合物和溶剂的相互作用由 m 来描述[30]。例如，对于来自 AZ Electronic Materials 的正性光刻胶 AZ4620，旋转过程中溶剂会蒸发，m 值为 0.5；通常聚酰亚胺的 m 值更高，原因是其在较低蒸气压下溶解于溶剂中。通过旋转卡盘上方的旋转盖(Gyrset 涂层，Suss MicroTec 的商标)可以抑制溶剂的蒸发。对于给定的光刻胶，这将使光刻胶旋涂厚度范围变宽。

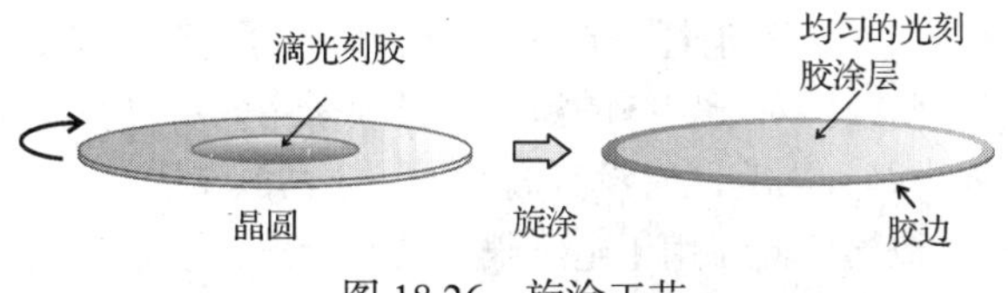

图 18.26 旋涂工艺

由于表面张力，旋涂总会导致光刻胶产生边缘气泡。根据后面的工艺步骤需求，选择在晶圆上保留或移除这种边缘气泡(例如，对于电镀，需要完全或部分移除边缘气泡)。通常在旋涂机上利用化学方法去除这种边缘气泡，如通过滴加溶剂或 UV 曝光和显影，其中后一种方法更精确。旋涂工艺必须从薄膜厚度、薄膜均匀性、最小边缘气泡、最佳曝光和最小光刻胶消耗等方面进行优化。

旋涂完成后，需要烘烤光刻胶以去除其中残留的溶剂。烘烤温度取决于光刻胶类型，典型的温度在 80℃～150℃之间。光刻胶显影后，观察发现烘烤工艺对曝光结果有很大影响。

即使产量较小，使用全自动涂胶系统对于良好的工艺控制及获得可重复的结果也是有利的。自动系统至少包括一个处理模块、一个带有滴胶单元的旋涂机和一套加热板/冷却板。通常使用自动化组合装置来组合若干个工艺模块，以增加系统的产量，并确保能够在同一个系统中处理不同的化学物质。需要指出的是，采用多个加热板是非常重要的，因为在厚胶工艺中烘烤通常是最耗时的步骤。

在3D结构上旋涂光刻胶十分具有挑战性，例如在沟槽、通孔或柔性凸点元素上的操作。只要存在金属表面，就可以采用电泳光刻胶这种常用技术来制作复杂形貌。电泳光刻胶工艺中通常采用光刻胶乳液，这些光刻胶如Eagle和PEPR均可从供应商Rohm and Haas(前身为Shipley)处获得。其中，有机相含有微胶粒(50～150 μm)，每个带电的微胶粒都含有抗蚀剂。负性光刻胶Eagle含有1%～15%的溶剂，且都是阴性的。阳性的PEPR为正性光刻胶，溶剂含量为1%。沉积可以在常规电镀槽中完成，且沉积速率非常快，在不到一分钟的时间内，可均匀地在电镀基底上沉积5～10 μm的光刻胶。该工艺是自限制的，缺点是必须施加高电压(100～300 V)，且在光刻胶电镀后需进行烘烤以获得平整表面，这限制了其在3D结构中的应用。此外，腐蚀性的化学物质还可能破坏用于电镀的较薄铜基底。

另一种用于复杂形貌的沉积技术是喷涂技术，可用于金属和非金属表面。通过稀释可改变光刻胶或聚合物的特性，然后利用特殊喷嘴喷涂在整个晶圆上。即使是几乎垂直的侧壁也可以喷涂，典型的例子如图18.27所示。

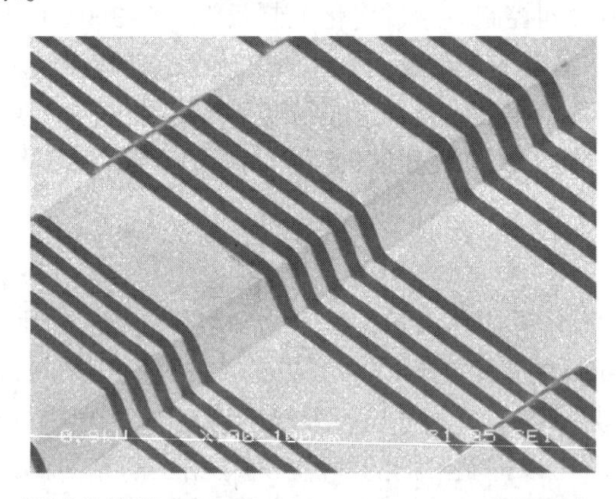

图18.27　横跨100 μm深槽的线距为30 μm、35 μm和40 μm的图形(Courtesy Suss Micro Tec.)

喷涂的另一个优点是减少了材料消耗。在旋涂中，大部分光刻胶被旋转到了晶圆的边缘。利用喷涂，仅晶圆表面覆盖光刻胶。对于较厚的涂层，必须采用多步喷涂。喷涂光刻胶的质量(均匀性、平整度)不如旋涂的那样好，因为此时没有离心力用于薄膜平整化。但对于大多数封装应用，光刻胶用于刻蚀或用作电镀掩模，此时用于电学隔离的聚合物必须达到指定的厚度。

紫外曝光　用于晶圆级凸点/晶圆级封装的最常见曝光工具是光刻机和1倍增速步进器(与前端使用的降速步进器的操作相反)。图18.28显示了两种曝光技术之间的特征差异。光刻机是接近式曝光工具，其中掩模版和晶圆之间的曝光间隙大约为50 μm。接近式曝光甚至可以一次曝光300 mm直径的晶圆。光刻机的掩模版尺寸比晶圆尺寸大，并包含了完整的晶圆版图，典型的曝光强度在20～100 mW/cm^2(350～450 nm波长)之间。接近式对准为大批量生产提供了低成本光刻的解决方案。但必须注意的是，需要优化曝光工艺以保证掩模版的污染最小化。因此，每次曝光几批晶圆就需要清洗掩模版。对于全视场掩模版，需仔细地设计掩模版，以避免大晶圆上的光刻扰动。

1倍增速步进器(步进式光刻机)是一种投影系统，它将十字线1:1投影到晶圆上。1倍增速步进器通过多次拍摄来曝光晶圆。最大曝光视场的尺寸约为 20 mm× 40 mm。因此，根据晶圆布线，曝光整个 200 mm 晶圆可能需要 30 次以上的拍摄。与光刻机相比，这就转化为产出劣势，尤其是对于大尺寸晶圆。由于视场尺寸较小，每次拍摄的典型曝光强度为 1500～3000 mW/cm^2。

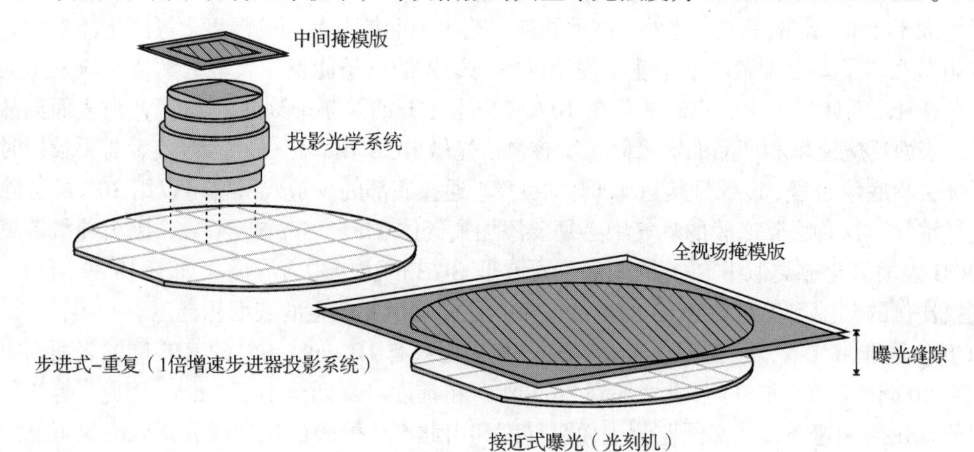

图 18.28　接近式曝光(光刻机)和 1 倍增速步进器是晶圆级凸点中最常用的曝光工具

光刻机和 1 倍增速步进器使用短弧汞灯。为了实现厚膜光刻的短曝光时间，需要使用波长约为350～450 nm的全光谱。该光谱范围包括汞灯光谱的g线(436 nm)、h线(405 nm)和i线(365 nm)。

根据不同的工艺，先进封装中的套刻精度不可能超过±1 μm。光刻机和 1 倍增速步进器都能实现这种套刻精度。

为了获得所需的精度，必须仔细设计掩模版。通常晶圆上只有一个芯片的版图是可用的。必须考虑前端制造步骤和重复投影次数等数据，微小的变化也会导致光刻不合格。GDSII 是封装首选的数据格式，具有文件小、数据有层次的优点。圆是分段复制的。DXF 可用于许多其他应用。真正的圆是可能实现的，但没有标准的设计规则。PCB 行业中常见的 Gerber 软件不应用于掩模版设计，因为其数据完整性较低，且生成的文件非常大。

光刻显影　现在，大多数厚光刻胶使用水性显影液，这比溶剂型显影液具有更低的材料成本(见 18.3.3 节的“光刻胶”部分)。为了获得最佳的显影效率和较短的工艺时间，显影液必须在升高温度的条件下使用。光刻胶可以通过水池或喷淋方法来显影，其中喷淋显影可以更好地控制工艺，尤其是对非常厚的光刻胶进行显影。通过喷涂，显影液产生的机械压力可实现较高深宽比结构的显影。另一方面，水池的显影速度更快、成本更低，因此可用于 20 μm 以下的较薄光刻胶的显影。

等离子体工艺

等离子体处理是广泛应用的工艺步骤：进行表面处理以增强黏附性，预涂以增强光刻胶润湿性，去除底膜(去除通孔或开口中的光刻胶或聚合物残留物)，剥离光刻胶，金属刻蚀，返工等。实际中，只有陶瓷和铜不能被刻蚀。一般来说，等离子工艺通过刻蚀或沉积材料来改变表面。因此，必须谨慎使用此工艺以避免不必要的反应。但表面活化往往是一些工艺步骤的必备条件。

这种干法刻蚀工艺主要采用射频反应离子刻蚀(radio frequency-reactive ion etching，RF-RIE)和微波顺流等离子体(microwave downstream plasma)技术。惰性气体溅射刻蚀是在溅射设备中金属沉积前的表面预处理。与湿法刻蚀相比，干法刻蚀的优点在于工艺的清洁性，表面没有离子残留。由于刻蚀过程是由电源开关控制启动和停止的，因此工艺控制非常出色。一般来说，与湿法刻蚀工艺相比，干法刻蚀工艺的材料消耗较少。

RIE 基于平行板电容耦合，可提供方向性较强的 600 W 中等功率的刻蚀工艺。在顺流等离子体技术中，晶圆表面没有带电离子。对于各向同性的刻蚀图形，可以在更高的功率下获得更快的刻蚀速率。由于批处理工艺中的均匀性问题，两种等离子体技术都首选单晶圆进行处理，尤其是对于尺寸大于 150 mm 的晶圆。此外，在批处理工艺中不能控制晶圆的温度。等离子体中含有高活性的自由基和离子。由于微电子工业中使用的等离子体的电子能量在大多数解离反应发生的 2～10 eV 范围内，因此离子化反应通常只在 10 eV 以上才开始。整个刻蚀/清洗工艺由表面刻蚀剂的吸收量、表面反应速率和产品的解吸附量所控制。光敏 BCB 在固化(最终聚合)后需要较短时间的等离子体去除底膜过程，以保证接近 100%的良率。通孔底部的少量残留物可以用 30 s 的去除底膜工艺轻易清除。这种去除底膜的氧气中必须要添加氟气体(CF_4、SF_6 或 NF_3)，因为纯氧等离子体会将 BCB 表面氧化成类似于 SiO_2 的表面，原因是 BCB 的主链中含有硅。如图 18.29 所示，这种不同气氛比例的刻蚀不仅影响 BCB 的刻蚀速率，还影响由此产生的表面粗糙度。

BCB 表面非常光滑，粗糙度小于 0.8 nm。如果用只有 10 vol% SF_6 的 RIE 刻蚀表面，粗糙度将增加至 20 nm 以上。将 SF_6 含量增加到 25 vol%，粗糙度将降低至小于 3 nm。因此，等离子体工艺不仅要优化刻蚀速率，还必须监测表面粗糙度和由此产生的表面化学成分，以确保可靠的薄膜结构层积工艺。

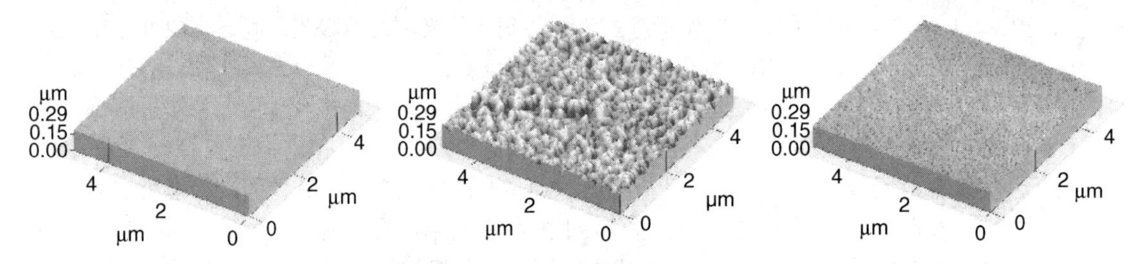

图 18.29 RIE 对于光敏 BCB 表面的影响(AFM 测试)：没有去除底膜(左侧)，25 vol% SF_6 的 RIE(中间)，10 vol% SF_6 的 RIE(右侧)

电镀系统

基本的电镀槽由阳极、阴极、电源和电解液组成。晶圆用作阴极，种子层(作为 UBM 的一部分)用作电镀基底。两种常见的电镀槽是挂式电镀槽和喷流式电镀槽(见图 18.30)。在挂式电镀槽中，晶圆垂直放置在电解质中；在喷流式电镀槽中，晶圆是水平放置的，种子层是朝下的。

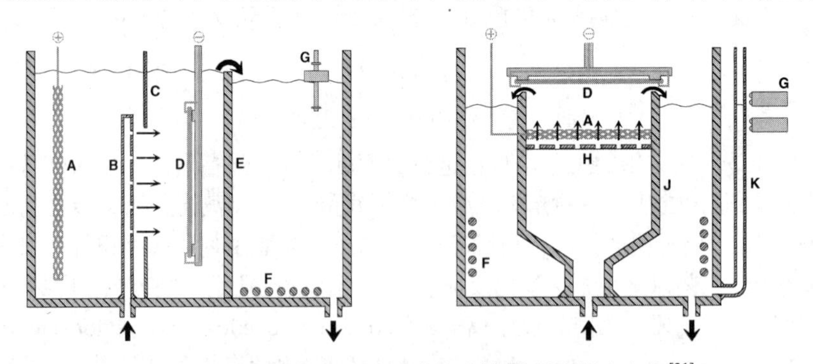

图 18.30 挂式电镀槽(左)和喷流式电镀槽(右)制造方案[31]。
A：阳极；B：喷雾管；C：屏蔽；D：晶圆；E：溢流；F：浸入式加热器；G：液位开关；H：扩散板；J：气缸；K：冒口

电镀速度和电镀工艺控制主要取决于电解质成分、杂质含量和电镀电流均匀性等几个因素。因此，设备和电解液的维护非常重要，也会增加电镀成本。为了防止电解质性能的局部变化，不断地更新晶圆表面附近的电解质是非常重要的。在挂式电镀槽中，用喷淋管搅动电镀液是必要的。在喷流式电镀槽中，在晶圆的每个位置持续提供相同数量的电解质是很重要的，这是由扩散板控制的。

影响电镀高度和焊料成分均匀性及凸点形态的最重要参数之一是晶圆上的电场分布，因为它定义了电镀电流。简单的电镀槽通常只通过晶圆上的几个点注入电流。然而，这会导致无法很好地控制电镀工艺，尤其是对于大尺寸的晶圆。另一种方法是沿着晶圆周边多个点施加电压（见图 18.31）。在这种情况下，光刻胶沿着晶圆的周边完全被去除（去除边缘光刻胶），电极以环形的形式附着在晶圆上。将密封圈放在光刻胶表面之上，以防止电极被电解液污染。

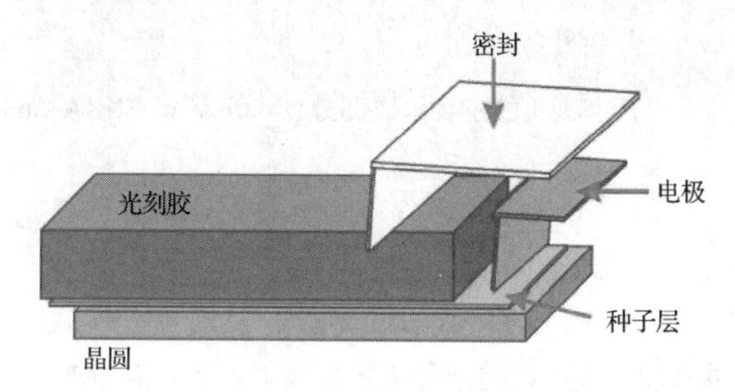

图 18.31　在水平喷流式或杯式（cup type）电镀系统中，需要去除晶圆边缘光刻胶，电极需要和种子层沿着整个晶圆的边缘接触。需要在光刻胶表面贴上密封圈，以防止电解液接触电极

电流分布具有近似的旋转对称性，但也可以呈现径向变化。这种分布情况为喷流式电镀槽的阳极设计提供了另一种方法，通过补偿径向电场变化来控制电镀电流的均匀性。此外，开口面积（即总电镀面积）与整个晶圆面积之比也会影响电镀电流的均匀性。在晶圆表面上均匀分布凸点是很重要的，这可能需要在晶圆上的某些区域放置凸点，而无须在其下方放置任何管芯（假凸点）。同样，去除胶边的精度对电镀效果也有重要影响。

模板印刷机

图 18.32 显示了模板或丝网印刷机的主要组成部分。这些印刷机通常用于在 PCB 上沉积焊料。研究人员为制备晶圆级凸点进一步开发了这项技术。印刷机上应使用刚性支撑平台来保护晶圆。丝网模板通常是通过金属板激光钻孔或电铸制成的。印刷机将模板和基板或晶圆进行对准。印刷机的校准系统应能识别晶圆上的小基准点，这些基准点可以是焊盘拐角、标记或其他与晶圆其余部分形成较好对比度的金属化特征[32]。然后，焊膏被放置在模板上，用刮刀将焊膏刮入模板孔中。在几秒钟内，焊膏就可通过模板被分配到焊盘上，并可一次在数千个焊盘上形成凸点。其中的关键问题是要求所有的焊膏必须从模板转移到晶圆上。在模板上的任何焊膏残留都会降低最终凸点的高度均匀性。对于晶圆级凸点技术，通常使用光刻胶模板代替金属模板（见图 18.15），因为其采用了窄节距倒装芯片互连技术。光刻胶模板利用了薄膜技术的高分辨率和高套刻精度。

然后，移除模板再进行回流，形成最终的焊球。金属模板必须使用溶剂清洗。生产中大多应用的是水溶性焊膏。如果光刻胶用于模板印刷工艺，则在剥离光刻胶前，需要对膏体进行部分回流。随后再进行第二次回流，这就需要额外的助焊剂步骤。

模板或丝网印刷工艺受芯片焊盘的版图限制，其中焊盘主要是为了引线键合而设计的，因此，焊盘排列在芯片的外围。在模板印刷中，必须将模板设计成矩形开窗，从而最大限度地增加焊料转移成焊球的量。为了计算与焊盘尺寸和几何结构有关的回流凸点尺寸，采用回流后凸点形状为球缺的公式 $V = (1/2)A \cdot H + (\pi/6)H^3$，其中 V 为焊料体积，A 为焊盘面积，H 为凸点高度。模板印刷的优点是适用于多种焊料沉积，可以根据无铅要求调整焊料成分。

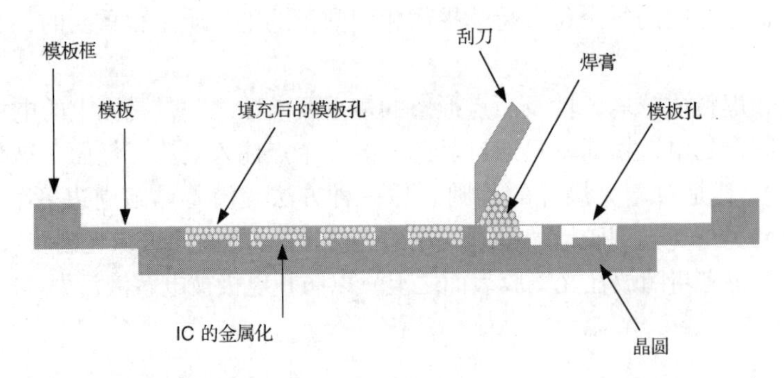

图 18.32 模板印刷机的主要组成部分(Courtesy of EKRA GmbH.)

化学镀设备

化学镀 Ni/Au 工艺线由一套湿法工作台组成。通常，完整的生产必须具备 14 个槽(一次可处理 25 个 200 mm 晶圆，或一次可处理 12 个 300 mm 晶圆)，总尺寸约为 6.0 m×1.5 m。工艺线的后面必须预留额外的空间，用于重新加电镀液或清洁等工艺。该工艺线只需增加 DI 供水、压缩空气、氮气、电力和排气系统，也可以添加自动盒式处理器以实现完全自动化。对化学镀槽的化学成分进行监测是实现高质量生产的关键。这必须通过手动化学分析或自动分析装置进行监测。化学镀过程中必须添加镍成分和其他添加剂。根据设备的使用情况，必须用强酸清洗镀槽。表 18.7 给出了 Fraunhofer IZM 研究所的工艺规范。

表 18.7 化学镀 Ni/Au 工艺规范

性　质	规　范
晶圆材料	Si
键合焊盘材料	AlSi1%, AlSi1%Cu0.5%, AlCu2%
焊盘金属厚度	⩾ 1 μm
钝化层	无缺陷的氮化物、氧化物、氧氮化物，聚酰亚胺，BCB
键合焊盘上的残留物(无机或者有机)	< 5 nm 不可接受
晶圆尺寸	100～300 nm
晶圆厚度	> 200 μm (> 150 μm)
焊盘形状	任意(方形，矩形，圆形，八边形)
钝化层开窗	> 40 μm
键合焊盘节距	> 20 μm
钝化层覆盖	5 μm
晶圆制备工艺	CMOS，BiCMOS，双极性
油墨点	可接受，稳定性取决于油墨
探针标记	可接受
划片道	必须钝化(热氧)，测试结构可接受
激光熔融：Al 熔断器	不可接受
多晶硅熔断器	可接受(有限制)

(Courtesy of Fraunhofer IZM.)

通过测试剪切强度可以监控UBM质量，其剪切强度必须在150 MPa左右(最小100 MPa)。铝刻蚀工艺的厚度必须小于0.5 μm，以防止损坏硅器件。

UBM刻蚀设备

UBM刻蚀工艺去除了凸点之间的UBM金属化层。由于成本和技术的原因，常见的刻蚀方法是化学湿法刻蚀。对于由不同金属组成的UBM叠层，每层需要不同的刻蚀化学试剂。刻蚀的要求包括均匀的刻蚀速率、最小的凸点底部侧蚀和监控剩余金属化厚度，以便在UBM叠层完全移除后停止刻蚀过程或更换刻蚀化学试剂。喷雾刻蚀机可实现最佳的工艺控制，既可用于单晶圆，也可用于批量刻蚀。设计刻蚀工艺时应确保凸点表面不会被氧化或以任何其他方式被改变。此外，为了获得可靠且良好的工艺效果，多层UBM沉积时必须考虑UBM刻蚀工艺。

回流炉

在回流过程中，沉积的焊料发生熔融，并且通过焊料在晶圆的最上层金属表面(晶圆上形成凸点后回流)和基板(倒装芯片组装时回流)之间产生稳定的机械连接界面。晶圆上沉积凸点后，回流过程将焊料转化为焊球。与其他软钎焊工艺一样，焊料氧化会导致液态焊料流动性不足，形成孔洞，以及形成机械和电气性能差的焊接接头。因此，在氮气气氛中回流且有助焊剂或在无助焊剂的还原气氛(如H_2或甲酸)下回流可以清除焊料中的氧化物。新技术采用了等离子体辅助回流方式。使用助焊剂可能会对焊接接头产生有害影响，甚至在MEMS或光电子器件封装时，可能会污染器件。因此，无助焊剂回流是一种理想的选择。对于PbSn焊料，氢气气氛下无熔剂回流仅适用于回流峰温度高达350℃左右的高铅PbSn焊料，因为与氢反应需要一定的激活能。而对于熔点较低的共晶PbSn焊料或无铅焊料，不可能在还原氢气气氛中进行无助焊剂回流，因此需要使用助焊剂。

现在有各种各样的回流炉设计和回流技术：可加热工艺气体的对流炉、热板或红外加热器。炉子的设计和加热过程影响回流工艺和助焊剂的活化。热板的一个弊端是，一旦晶圆底部受到污染(例如助焊剂污染)或出现晶圆翘曲，则控制并可靠地加热和熔化焊料变得很困难。另一方面，在对流炉中，焊料直接由受控的加热气流加热。与共晶PbSn焊料相比，无铅焊料通常具有更高的熔化温度。因此，对于无铅焊料的回流最好使焊料承受较高温度，而使晶圆或电路板承受较低的温度。满足这一需求的最佳解决方案可能是对流炉和红外线加热相结合。最高回流温度通常比焊料的熔点高出10 K，在回流过程中保持优化的温度曲线是很重要的。炉子不同部分的温度是不同的，随着传输带的速度变化，晶圆就会随着时间推移在一定的温度曲线下进行回流。

对于窄节距凸点，助焊剂的管理和清洗对于防止产生颗粒及保持很高的良率是非常重要的。助焊剂管理系统可以保障助焊剂在气态情况下就从工艺腔体中排出，这可以保持工艺腔体的清洁。晶圆上残余的助焊剂在回流后必须清洗干净。

18.3.3 材料

光刻胶

光刻胶是一种临时涂附在晶圆上的光敏材料。在大多数情况下，光刻胶用作刻蚀的掩模或电镀的掩模。表18.8总结了可用于晶圆级凸点和晶圆级封装的不同类型的光刻胶材料。正性光刻胶的树脂原料通常是酚醛树脂，而负性光刻胶则基于丙烯酸酯或环氧树脂。正性光刻胶含有光敏感化合物，使得曝光区域可溶于稀释的碱(基)溶液，例如氢氧化钠(NaOH)或无金属离子的TMAH。负性干膜光刻胶可用含水的碳酸盐显影液来显影。由于大多数显影液由水组成，因此这可能是成本最低且最环保的显影液化学品。对于负性液体光刻胶，需使用水基显影剂及更昂贵的有机显影液。光刻胶、溶剂和显影液的基本化学组成对安排光刻胶的旋涂/显影是非常重要的，因为同一工艺模块中应使用相同的化学品。

表 18.8 光刻胶的分类及其特性

类别	树脂/显影液化学特性	前烘	再水化	曝光频谱	曝光剂量	侧壁	分辨率	剥离	应用
正性液态光刻胶	酚醛树脂/水溶性	需要	需要	宽频(化学增强)	高	45°～85°(～90°)	+	容易	金凸点，蘑菇状焊料凸点，UBM
负性液态光刻胶	丙烯酸酯、环氧树脂/水溶性，有机	需要	不需要	宽频	中	～90°	+	较困难	金凸点，通孔电镀焊料凸点
正性干膜光刻胶	丙烯酸酯、环氧树脂/水溶性	不需要	不需要	宽频	低	～90°	–	较困难·	通孔电镀焊料凸点，模板印刷的光刻胶模板

对于液态光刻胶，无论正性还是负性，均需前烘以去除光刻胶中的溶剂。前烘可能非常耗时，特别是对于非常厚的光刻胶层。烘烤不充分可能导致光刻胶中间掺有溶剂，特别是对于正性光刻胶，这是非常不利的。这是因为当光刻胶中残留溶剂时显影液的效率会更高，会导致光刻胶出现腹形轮廓。另外，随着时间推移，光刻胶中残留的溶剂会污染电镀液，这将使化学镀控制变差。特别是对于正性光刻胶，为了避免交联聚合物长分子链产生应力，提高烘烤温度是非常重要的。通常需要接近式热板来加热厚的正性光刻胶。

正性光刻胶和负性光刻胶之间的重要区别在于，正性光刻胶在烘烤后需要再水化处理，以使水再次渗透到光刻胶中。这是非常必要的，因为如果光刻胶中没有足够的水，光刻胶就不起作用。对于非常厚的光刻胶，这种再水化步骤可能花费数小时。

常见的厚光刻胶可通过宽波段光线(汞谱 g、h 和 i 线的组合)曝光。正性光刻胶对 i 线的吸收较强，使得光刻胶难以实现垂直侧壁。因此，侧壁角度很大程度上取决于光刻胶厚度，通常在 45°～85°的范围内，且相比于较薄的光刻胶，较厚的光刻胶中更容易实现陡角。然而，新型化学增强的正性光刻胶在宽谱曝光下能显示出近 90°的侧壁。

评价曝光设备生产效率的一个重要参数是曝光剂量，因为它决定了曝光时间，从而决定了曝光设备的产量。在此，不同类别的光刻胶表现出非常不同的特性：即使厚度较厚，感光干膜也仅需要非常低的曝光剂量，然而对于非常厚的正性液态光刻胶，其曝光剂量通常非常高，从而导致曝光时间非常长，故难以将这种光刻胶应用于厚度大于 50 μm 的情况。对于负性液体光刻胶，即使厚度大于 50 μm，其曝光剂量也在可接受的范围之内。因此当所需光刻胶的厚度超过 50 μm 时，其可作为感光干膜的良好替代品。

正性光刻胶的优点在于该材料易于剥离，使用如 NMP 的标准溶剂可以很容易地剥离正性光刻胶。负性光刻胶对有机溶剂具有更强的耐受性，故需要侵蚀性更强的化学品剥离负性光刻胶，这将增加工艺成本，且需要更细致的处理工艺，以确保在电镀期间 UBM 润湿特性良好等。

从应用的角度来看，可以观察到如下趋势：由于易于使用，正性光刻胶仍被广泛应用，特别是当光刻胶厚度小于 50 μm 且不需要接近 90°的侧壁角度时。正性光刻胶通常适用于电镀蘑菇状焊料凸点、金凸点、再布线和 UBM 图形化(用于模板印刷焊料的情况)。然而，由于垂直侧壁对金凸点非常重要，因此在与金凸点相关的应用中越来越多地使用负性光刻胶。对于通孔焊料电镀和光刻胶模板印刷，使用厚度大于 50 μm 的光刻胶层是非常必要的，此时大多数情况下将使用负性光刻胶。由于厚的感光干膜容易购买，因此其多年来一直占据光刻胶市场的主要地位。然而，厚的感光干膜受限于有限的分辨率，负性液体光刻胶在窄节距焊料凸点的相关应用中受到了人们广泛的关注。

旋涂电介质(光敏)

对于许多不同类型的先进电子产品的应用，薄膜聚合物已被证明是其中一种重要的基础材料。

最初将其用作 IC 应力缓冲层，然后用于制备 MCM，当前它们已广泛用于各种新型封装中，特别是在 WLP、SiP 和 MEMS 领域。选择某种给定聚合物的要求非常宽泛：针对封装中的高温工艺如回流焊的高分解温度或玻璃化温度、高黏附力、高机械和化学强度、优异的电气性能、低吸水性、光敏性、高良率及可制造性。因此，只有热固性材料是可用于封装的聚合物。但这些热固性材料几乎不溶于有机溶剂，导致了其面临严苛的工艺挑战。因此，需制备分子量为几十万的预聚合物，并将其溶解在有机溶剂中。这些溶剂通常称为前驱体，用来为后续的旋涂工艺做准备。光刻工艺之后，通过加热固化使其在晶圆上最终完成聚合。

此外，对于给定的应用，选择最佳的聚合物不仅取决于其物理性质、化学性质和可加工性，还取决于其固有的界面特性。

表 18.9 给出了几种常见的可旋涂的光敏性介电材料。与光刻胶不同，这些材料会永久地保留在晶圆上，并用作再钝化层(缓冲涂层)或再布线的绝缘层。再钝化层用于有源芯片区域需要额外保护的任意位置(如机械损坏、α 粒子和助焊剂介质等)，从而提高芯片的可靠性。在倒装芯片封装中，钝化层还可减少下填料产生的应力对芯片表面的影响。聚酰亚胺(PI)、苯并环丁烯(BCB)和聚苯并恶唑(PBO)是常用的钝化层材料，也可用作 RDL 的绝缘材料或用于集成无源元件。但在这些应用中，BCB 具有一定的优势。BCB 和聚酰亚胺(仅有少数例外)是需要有机显影液的负性光敏材料，而 PBO 是正性的。所有材料都需要烘烤以除去溶剂，但不需要再水化工艺。在某些情况下，需要曝光后烘烤以增强光致聚合。所有材料都通过宽光谱曝光，获得大约 40°～60°的侧壁角。分辨率通常不是一个重要的要求，因为只有直径为 20 μm 或更大的过孔才必须与大 I/O 焊盘连通。

表 18.9　介质的分类及其特性

制造商	商品名	光敏性	显影液	基本化学成分	固化温度	介电常数	损耗系数	介电强度	分解温度 T_g	CTE	拉应力	断裂伸长率	残余应力	弹性模量	吸水率
					[℃] 1～2 h	[1 kHz～1 MHz]	[1 kHz～1 MHz]	[V/μm]	[℃]	[ppm/K]	[MPa]	[%]	[MPa]	[GPa]	[%]
Asahi Kasei	Pimel G7621	负性	有机	聚酰亚胺	>350	3.3	0.003		355	40～50	150	30	40～50		0.8
	MA 1000			酚醛树脂	200～250	3.9				40	120	15	16		
Asahi Glass	ALX 211	负性	有机	含氟聚合物	190	2.6	0.001	410	>350	60	90	20	32	1.3	0.4
Dow Chemical	Cyclotene 4000	负性	有机	苯并环丁烯	210～250	2.65	0.0008	n.a.	>350	45	87	8	28	2.9	<0.2
	Cyclotene 6000	正性	水溶性	改进的苯并环丁烯	210～250	3.2	0.015	500	290	80	95	13	28	2.5	0.1
	Cyclotene 干膜 14-P005	负性	有机	苯并环丁烯	200～250	2.57	0.0032	510	250/>300	63	80	13	28	2.5	0.1
Dow Corning	Photoneece PWDC 1000	正性	水溶性	聚酰亚胺	320	2.9	n.a.	n.a.	290	36	130	40	28	3	n.a.
	WL 5150	负性	有机	硅树脂	250	3.2	0.07	39	<250	236	6	37	26	0.16	0.24
Dupont	WPR	负性	水溶性	永久干膜，丙烯酸酯	140	3.8	0.042	n.a.	75	69/88 over T_g	48	2	n.a.	2.1～3.3	1.4
	PerMX	负性	有机	干膜，环氧树脂	150～250	2.9	0.006	46	220/300	50	75	5	n.a.	3.2	<1
Fuji Film	Durimide 7000 系列	负性	有机	聚酰亚胺	>350	3.3	0.007	340	>350/510	27	170	73	30	2.9	1.3
	Durimide 7500/7400/7300 系列	负性	有机	聚酰亚胺	350	3.2	0.003	345	285/525	55	215	85	n.a.	2.5	n.a.
	AP2210A	负性	水溶性	n.a.	350	3.1	0.003	272	325/518	45	147	77	n.a.	2.4	0.5

续表

制造商	商品名	光敏性	显影液	基本化学成分	固化温度 [℃] 1~2 h	介电常数 [1 kHz~1 MHz]	损耗系数 [1 kHz~1 MHz]	介电强度 [V/μm]	分解温度 T_g [℃]	CTE [ppm/K]	拉应力 [MPa]	断裂伸长率 [%]	残余应力 [MPa]	弹性模量 [GPa]	吸水率 [%]
Fuji Film	AN 3310	负性	水溶性	n.a.	350	3.0	n.a.	n.a.	305/475	53	125	45	n.a.	2.2	0.5
	FB 5000	正性	水溶性	PBO	350	2.98	n.a.	280	305	48	161	91	n.a.	2.8	0.5
	LTC 9000	正性	水溶性	PBO	200	3.0~3.6	0.01	n.a.	n.a.	n.a.	n.a.	n.a.	n.a.	n.a.	n.a.
HDM (Hitachi-Dupont)	PI 2730	负性	有机	聚酰亚胺	>350	2.9	0.003	n.a.	>350	16	170	n.a.	18	4.7	>1.0
	PIX 3400	负性	有机	聚酰亚胺		3.4		n.a.	450	43	112	100	33	2.6	1.6
	HD 4000	负性	有机	聚酰亚胺	375	3.3	0.001	250	410	35	200	45	34	3.5	1.3
	HD 7000	负性	有机	聚酰亚胺	375	3.2	0.002	250	410	50	175	70	30	2.6	1.7
	HD 8820	正性	水溶性	PBO	320	3.0	0.009	470	320	60	170	100	37	2.3	0.5
	HD 8820 低温	正性	水溶性	PBO	250	3.0				55	114	25	35	n.a.	n.a.
	HD 8921	正性	水溶性	PBO	250	3.0	n.a.	n.a.	260	70	130	110	33	2.1	n.a.
	HD 8930	正性	水溶性	PBO	200	3.1	n.a.	n.a.	240	80	170	80	25	1.8	n.a.
Hitachi	AH-1000	正性	水溶性		<200	n.a.	n.a.	n.a.	207	57	100	43	20	2.0	n.a.
JSR	WPR 1201	负性	水溶性	纳米填充的酚醛树脂	190	3.6	0.03	n.a.	210	56	90	6.4	n.a.	2.2	1.5
	WPR 5100	正性	水溶性	纳米填充的酚醛树脂	190	3.5	0.02	n.a.	210	54	80	6.5	n.a.	2.5	1.5
MicroChem Corp.	SU 8	负性	有机	高度支化环氧树脂	100	3	0.08	n.a.	>200	50	n.a.	n.a.	16~34	4.1	n.a.
Nippon Steel	Cardo VPA	负性	水溶性	改良丙烯酸胶	200	3.4	0.03	n.a.	180	80	7.5	11.5	14~30	2.5	1..6
Rohm and Haas	Intervia 8023	负性	水溶性	环氧基树脂	200	3.2	0.033	>100	160	59	90.5	9	17	4.3	0.28
Shin Etsu	SINR	负性	有机	硅氧烷 + 其他	<250	2.9~3.0	0.003	280~300	200	80~150	20~30	15~40	0.2~2.6	0.05~0.6	<0.2
Silecs	SAP 200	负性	水溶性	硅氧烷	175~190	3.7	n.a.	400	>200	18	30~40	6	15	3.5	<1
Sumitomo Bakelite	Excel CRC 8000	正性	水溶性	聚苯并恶唑	320	2.9	0.01	260	550	55	118	65	n.a.	2.8	0.3
	PNBn	负性	n.a.	聚降冰片烯	180~250	2.4	n.a.	4.11	280	180	18	32	n.a.	0.8	0.1
Toray	Photoneece BG 2400	负性	有机	聚酰亚胺	>350	3.2	n.a.	n.a.	255	25	180	40	n.a.	3.9	n.a.
	Photoneece UR 5480	负性	有机	聚酰亚胺	>350	3.2	0.002	n.a.	>350	16	150	40	n.a.	4.2	n.a.
	Photoneece PW 1000	正性	水溶性	聚酰亚胺	>350	2.9	n.a.	n.a.	290	36	130	40	n.a.	3	n.a.

金属

溅射设备使用高纯度金属的溅射靶。设备制造商必须对靶材的几何形状进行优化，并根据溅射设备的电场进行调整。为了节约成本，实现靶材的最大利用率是非常重要的。像镍(Ni)这样的铁磁性靶材需要设计特殊的工具。

电解质是溶解了金属盐和添加剂的水溶液，如表 18.10 所示。电解质以可使用状态或浓缩液的形式装运，其中浓缩液可在现场混合和稀释。根据电解液的不同，在电镀期间必须采用不同的分析方法监测电解液的成分。化学品供应商提供了依据应用的特定解决方案，以保持电解液的较长寿命。

表 18.10　可选电解液概述

内　容	Cu 电解液	Ni 电解液	PbSn 电解液	Au 电解液	Sn 电解液
	$CuSO_4$ 磺酸、氯酸、晶粒细化剂及整平剂、润湿剂	$Ni(NH_2SO_3)_2$ 硼酸、晶粒细化剂、润湿剂（如有必要）	$Sn(CH_3SO_3)_2$ $Pb(CH_3SO_3)_2$ 甲烷磺酸、晶粒细化剂、润湿剂、氧化抑制剂	$(NH_4)_3[Au(SO_3)]$ 亚硫酸铵、氨、有机晶粒细化剂、整平剂、络合剂、稳定剂	$Sn(CH_3SO_3)_2$ 甲烷磺酸、晶粒细化剂、润湿剂、氧化抑制剂
金属浓度	20 g/L Cu	45 g/L Ni	总剂量 28 g/L	12 g/L Au	20 g/L Sn
温度℃	25	50	25	55	25
pH	<1	4.0	<1	7.0	<1
电流密度(mA/cm^2)	10～30	10～30	20	5～10	7～15
电流效率	接近 100%	>95%	接近 100%	>95%	接近 100%
负极材料	含磷的合金铜	S 活化镍颗粒	合适的铅/锡合金	镀铂的钛	纯 Sn

焊膏是小焊球(<15 μm)、助焊剂和黏合剂的混合物。JEDEC 根据焊料的粒径(见表 18.11)对其进行分类。

焊膏的另一个功能是在回流前预先将放置好的组件固定在基板上。丝网印刷焊膏的黏度应在 250～550 Pa·s 之间，模板印刷焊膏的黏度应在 400～800 Pa·s 之间。

表 18.11　焊膏分类[32]

分　类	1	2	3	4	5	6	7	8
焊膏尺寸(μm)	75～150	45～75	20～45	20～38	15～25	5～15	2～11	2～8

下填料

在载板上组装的倒装芯片的可靠性主要受到焊点热疲劳寿命的限制。不同材料间的 CTE 不匹配会导致界面和焊点产生应力。与陶瓷基板相比，PCB 的热膨胀系数更高，因此，在引入有机基板上进行 FC 组装技术后，CTE 不匹配的情况变得更糟了。1987 年，Nakano 等人发布了在倒装芯片和电路板之间填充含二氧化硅的环氧树脂[33]，这种方法给上述 CTE 不匹配带来了积极影响。使用下填料开启了板上倒装芯片封装消费产品的时代，而无须引入一级封装。这些用作下填料的聚合物材料面临的挑战是快速工艺(即增强的毛细流动能力)和最终的热机械性能的结合，其中热机械性能是机械连接芯片和基板的能力。下填料的 CTE 应接近焊料的 CTE(即共晶 PbSn 的 CTE 为 23 ppm/K)，弹性模量约为 10 GPa，从而提供最佳的焊点蠕变应变释放[34]。减小面阵列节距将减小填充下填料的间隙。对于 100 μm 节距，填充间隙将小于 50 μm。添加挥发性添加剂不太合适，因为这将导致孔隙和收缩。大多数下填料以环氧树脂、硬化剂和 60%～70%的无机填料为基础成分，这些无机填料可将下填料的弹性模量和 CTE 调整到所需的性能。下填料与芯片和电路板表面的黏附是保持其在使用期间紧密连接的关键。为了尽量减小应力，芯片侧壁上的下填料圆角高度应至少为芯片厚度的 50%。下填料呈 L 形或 U 形沿芯片填充(见图 18.33)。

在填充过程中，芯片一侧必须不能被覆盖，否则空气会被困在芯片下面。这可通过超声显微镜进行监测。一些新技术，如在 FC 组装前沉积下填料正在研发中。在这种情况下，芯片必须保持在原位 100 ms 左右，从而避免从 PCB 上反弹。遗憾的是，自对准功能被这些无法流动的下填料所抑制。一般来说，使用下填料的主要问题是回流后的额外工艺步骤和时间，而其他 SMT 组件的组装不需要这些步骤和时间。另外，热固性下填料的返工仍然不是一种实用的制造方法。

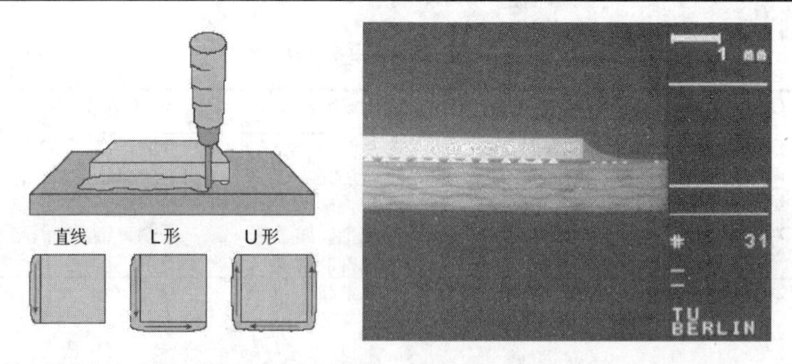

图 18.33 填充下填料和被填充的倒装芯片的截面图（Courtesy of Shandong Engineering Machinery Co. Ltd.）

助焊剂

在组装和焊接过程中，需要使用助焊剂去除氧化物。此外，助焊剂的黏性可保证在回流和最终连接完成之前固定已经放置好的组件。助焊剂可以是无机酸、有机酸、松香及免洗树脂。J-STD 分类描述了助焊剂活性和助焊剂残留物的活性，如下所示：L= 低或无助焊剂/助焊剂残留活性；M= 中等助焊剂/助焊剂残留活性，H = 高助焊剂/助焊剂残留活性。这些类别进一步被标记为活性或腐蚀性。

18.4 案例分析

18.4.1 仅含再布线的 WLP（Biotronik、Micro System Engineering、Fraunhofer IZM）

Biotronik 公司是世界领先的植入式医疗器材公司之一，Biotronik 与 Fraunhofer IZM 和 TU-Berlin 合作开发了一个项目，将 WLP 成功地用于起搏器，特别是实现了植入式医疗器件的电子封装尺寸的减小与高功能性、高可靠性相结合。Biotronik 和 Fraunhofer IZM 共同为植入式微电子系统开发了一种新的封装技术，即 WL-CSP，其中所有的单芯片封装都安装在 3D 刚柔结合的基板上 [35, 36]。在自动 SMT 组装线上，WLP 被组装在双层刚柔性板上。起搏器的完整组装板如图 18.34 所示。

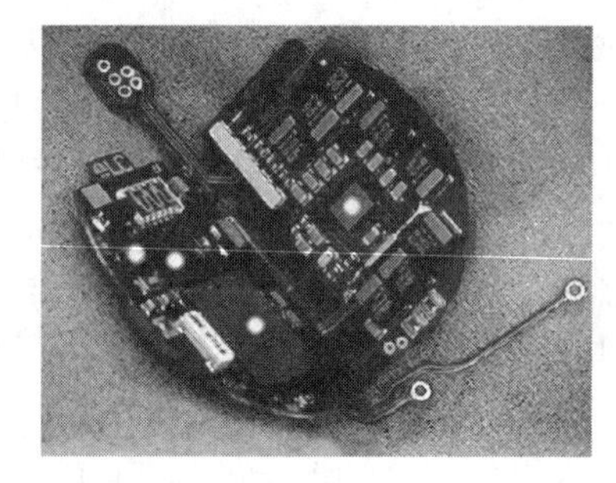

图 18.34 起搏器的完整组装板（白点所示的是 WLP）

植入式微电子器件必须通过与汽车和航天应用相当的可靠性测试。表 18.12 总结了测试条件和结果。

表 18.12 植入式医疗电子器件的测试条件和结果

1000 小时 高温工作寿命（HTOL）	@125℃, 100 mA	通过
1000 小时 高温实验	@150℃	通过
高压锅实验	121℃, 2 atm, 168 小时	通过
温度、湿度偏置实验	1000 小时 85℃/ 85% RH	通过
加速老化实验循环（AATC）1000 次循环	−55℃/+125℃	通过
机械冲击	1500 G（重力加速度），0.5 ms，6 轴	通过
离心实验	10 000 G	通过

采用 WLP 制备下一代起搏器所面临的挑战已经成功地解决。

18.4.2 高密度多芯片模块封装像素探测器系统(ATLAS 联盟)

这里所描述的多芯片模块是位于日内瓦CERN(欧洲核子研究中心)的大型强子对撞机的像素检测系统的原型。该项目是 ATLAS 实验的一部分[37]，它将研究质子-质子相互作用。对于像素探测器，需要一个模块化的系统来构建大型探测器系统。每个模块都是显示最高布线能力和节距为 50 μm FC 组装的很好例子。

这个模块包括一个有效面积为 16.4 mm × 60.4 mm 的传感器芯片、16 个读出芯片(每个读出芯片服务于 24×160 像素单元)、一个模块控制器芯片、一个光收发器及本地信号互连和电源分配总线。传感器晶圆尺寸为 4 英寸，厚度为 250 μm。一个 200 mm 晶圆上有 288 个电子芯片。

这种极高的布线密度是读出芯片互连所必需的，它是通过在像素阵列上方使用薄膜铜/光敏 BCB 工艺实现的[38]。采用硅二极管阵列作为基片，即探测器系统的基本组成部分。读出芯片的凸点是电镀的 PbSn，凸点节距为 50 μm。然后，所有芯片通过倒装芯片方式组装到传感器二极管和本地总线上(见图 18.35)。

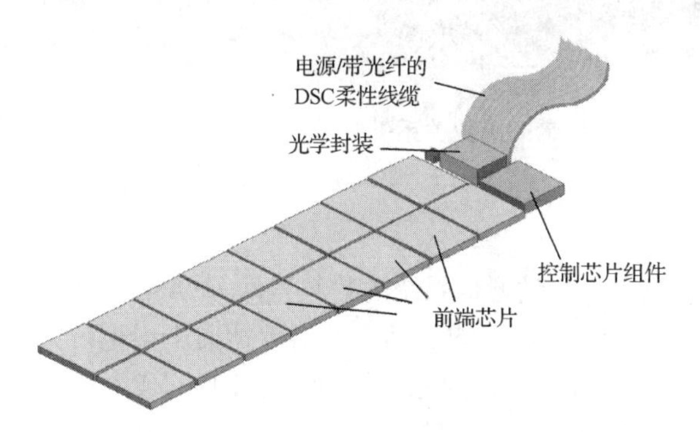

图 18.35 部分探测器的 MCM-D 概念

每个 4 英寸晶圆上有两个像素探测器基片。电源层、接地层和信号层布线需要 4 层薄膜金属化。信号线采用微带线结构，信号层是连接读出芯片的总线。硅像素单元与倒装芯片的焊盘之间的连接是通过交错式和阶梯式通孔实现的。这只能通过高密度多层金属化实现。根据设计规则，最大通孔直径为 25 μm。

这要求金属层之间至少有 3 μm 厚的介电层。由于物理参数的匹配和工艺特性的影响，选择了光敏 BCB 作为介电材料。电镀 3 μm 铜则用于金属化。对于宽度 w = 20 μm、厚度 t = 2.2 μm、线间距 s = 30 μm、BCB 介电厚度 h = 8 μm 的铜线，可以计算出微带线结构的典型线电容为 1.2 pF/cm，飞行时间约为 55 ps/cm。特征阻抗约为 50 Ω，与相邻线的电压耦合约为−20 dB。对于 7 cm 长的线，信号衰减约为 30%。

电子晶圆级凸点技术的工艺流程包括来料检验、溅射/电镀工艺(包括光刻和刻蚀)、凸点检验、减薄(最终厚度为 180 μm)、切割、清洗、FC 键合、X 射线检验、模块测试和返工(如果芯片不工作，则可对芯片进行返工)。FC 组装只能使用贴装精度接近 1 μm 的键合机来完成。结果表明，多层 BCB/Cu 硅基板可以实现每平方厘米 6000 个 I/O 以上的高密度 MCM-D。从传感器焊盘到最上面 Cu 层的焊盘需要 4 层通孔用于直通连接(用于与读出芯片的凸点连接)。由于一个模块中有 61 000 多个互连结构和近 250 000 个通孔，因此我们建立了一个测试系统，通过实验确定多层薄膜的通孔率，并研究了将倒装芯片组装到 MCM 层上的过程。在本系统中，监视器传感器的基板上沉积了由 5 μm 厚的光敏 BCB 隔开的 2 μm 厚的 4 层 Cu。最上面 BCB 层(组件层)中的通孔开窗用于焊接读出芯片。同时，整个 MCM 模块包含与基板凸点连接的 16 个读出芯片。通过监测超过 110 万个通孔，发现已监测到的缺陷率低于 10^{-5}。这种复杂模块的一个主要影响因素是 KGD 的重要性和维修的可能性。在图 18.36 中，可以根据芯片良率来计算模块良率。

如果 16 个芯片模块的芯片良率为 95%，则模块良率仅为 44%。

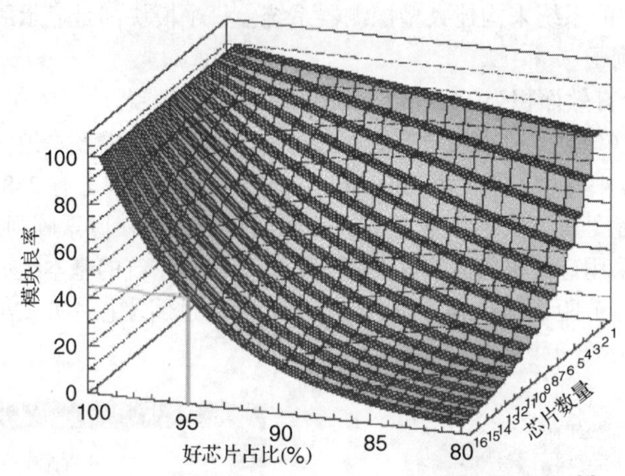

图 18.36　模块良率与 KGD 和芯片数量的函数关系[4]

18.4.3　SAW 的芯片尺寸封装

表面声波滤波器(surface acoustic wave，SAW)是用于移动通信系统的射频器件。SAW 器件是晶圆级封装的理想选择：一方面，智能手机功能的不断增强，要求表面声波器件持续小型化；另一方面，裸 SAW 滤波器芯片非常小，通常占用面积小于 1 mm^2，因此，晶圆级封装具有成本低的吸引力。另外，从技术角度来看，SAW 器件非常适合于晶圆级封装是因为其器件尺寸小，SAW 器件和 PCB 之间的应力本身就很低，不需要下填料。

SAW 滤波器由具有精细电极结构的压电基板(例如石英、铌酸锂、钽酸锂)组成。利用第一个电极，电子信号被转换成沿基板表面传播的声波(机械波)。然后这些声波被第二个电极转换回电子信号。滤波器的性能取决于电极结构和压电基板的机械性能。

因此，SAW 器件的晶圆级封装不仅仅由在有功能晶圆顶部制备的 RDL 组成。这样的 RDL 会改变表面的机械性能，从而改变 SAW 滤波器的特性。图 18.37 展示了由 EPCOS 开发的芯片尺寸 SAW 封装(DSSP)的截面图。电极结构由与功能晶圆材料相同的封盖芯片保护。首先，通过光刻工艺在功能晶圆上制备聚合物框架，然后将封盖芯片黏合到该框架上，而不接触电极的手指。封盖芯片导致晶圆上产生几百微米的严重凸起。因此，需要一种特殊的工艺来实现 RDL 布线，使其将原始 SAW 器件的 I/O 焊盘与封盖芯片顶部的球栅阵列连接起来。

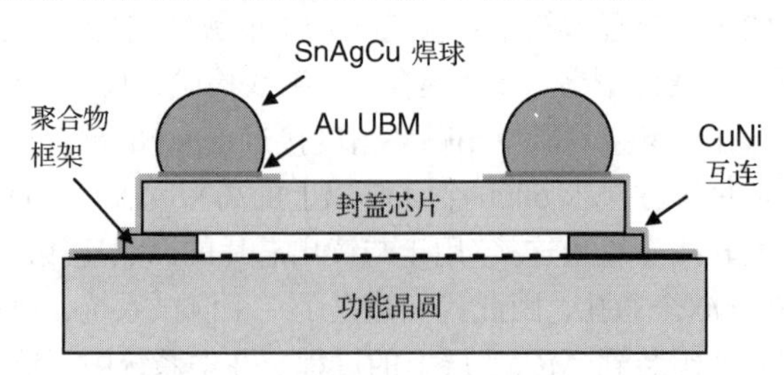

图 18.37　DSSP 封装的截面图(Courtesy of EPCOS.)

这种解决方案是与角曝光系统结合的喷涂工艺[39]。与旋涂相比，喷涂(见图 18.38)允许沉积更保形、均匀和无缺陷的光刻胶。当在 90°角下进行紫外曝光时，沿侧壁沉积的光刻胶由于其有效膜厚度大，因此需要非常高的曝光剂量。角曝光系统可以更有效地曝光覆盖在垂直侧壁的光刻胶图形，并确保更好地控制工艺。

图 18.38 显示了 DSSP 晶圆在芯片键合和再布线后的 SEM 图像，但尚未连接焊球。与晶圆的形貌一致的金属布线将 SAW 滤波器的 I/O 焊盘与封盖芯片顶部的 4×2 球栅阵列进行连接。球栅阵列的节距仅为 220 μm。因此，单个芯片所占面积仅为 880 μm×440 μm，总厚度仅为 250 μm。因此，DSSP 技术为 SAW 器件提供了尺寸非常小的封装。

图 18.38　在植球之前的 DSSP 封装 SEM 图像(Courtesy of EPCOS.)

18.4.4　图像传感器的晶圆级封装

大多数晶圆级封装都是倒装芯片封装的器件。再布线层和焊球被直接放置在晶圆的有源区上，以便芯片组装时其有源区朝向 PCB。对于纯电子设备，通常倒装芯片 WLP 是合适的。ShellCase 开发了一种非倒装芯片 WLP[40]。它主要用于图像传感器的晶圆级封装。除非是背面照明的图像传感器，否则必须将其背部组装到 PCB 上，使其传感器敏感区域朝上。因此，倒装芯片的设计不适用传感器的晶圆级封装。一般来说，许多光学和 MEMS 器件并不适合采用倒装芯片方式，因为芯片表面必须与环境交互，而不能受封装限制。

ShellCase 开发了几种设计方案。图 18.39 展示了 ShellOC 晶圆级封装的截面图[41]。硅晶圆夹在两个薄玻璃晶圆之间。在硅晶圆和玻璃晶圆 1 之间有一层带有结构的环氧树脂，它在图像传感器周围提供框架。尤其是玻璃晶圆 1 必须具有优异的光学性能，晶圆键合过程必须足够精确，以防止对图像传感器的性能造成任何光学干扰。RDL 将 I/O 焊盘从有源器件区布线到晶圆底部。然后将焊球放置在由 RDL 制备的晶圆背面的球栅阵列上。这种 WLP 设计的一个优点是，永久键合到玻璃晶圆 1 上的硅晶圆可以被研磨得非常薄，而无须处理非常薄的晶圆传输中出现的常见问题。

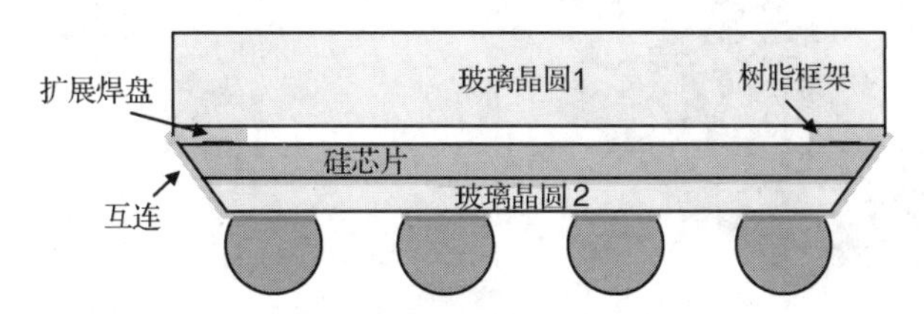

图 18.39　ShellOC 晶圆级封装的截面图(Courtesy of ShellCase.)

对于 ShellOC 封装，芯片的顶部和底部是通过沿每个芯片侧面布置的金属线相互连接的。首先，这需要将初始焊盘向芯片边缘延伸，然后对晶圆叠层(穿过玻璃晶圆 2 和硅晶圆叠层)进行凹槽处理以暴露延伸出来的焊盘。接下来，通过光刻定义 RDL 布线位置，然后将金属布线从凹槽内延伸到晶圆叠层底部。再布线的轨迹与延伸出来的焊盘形成电学连接，这样的处理方法就是所谓的 T 接触。

过去的几年中，新开发的图像传感器 WLP 技术层出不穷，目的在于用硅通孔(TSV)技术取代 T 接触。其中一个例子是 Schott 开发的 OPTO-WLP[42]。该 WLP 的截面如图 18.40 所示。将硅晶圆与玻璃晶圆键合后，硅晶圆被减薄至最终厚度约 50～100 μm。随后在硅晶圆上初始键合焊盘的位置处刻蚀出锥形 TSV。晶圆底部的球栅阵列通过 TSV 与焊盘进行电学连接。这种 WLP 设计的一个优点是切割道可以更窄，在晶圆上为图像传感器器件提供更多空间。

图 18.40 OPTO-WLP 晶圆级封装的截面图(Courtesy of Schott.)

再布线必须与硅绝缘。因此，通常将无机和有机钝化层组合沉积在晶圆背面和 TSV 内，其中有机层也用作应力缓冲器。无机层通常为二氧化硅，而有机钝化层可由环氧树脂等组成。类似于在 18.4.3 节讨论的 DSSP 技术，TSV 上必须均匀沉积有机层、光刻胶和内介电层。这通常是通过喷涂工艺完成。通过使用带有微结构的玻璃，可以进一步改进这种封装理念。这种新的沉积技术将为 MEMS WLP 增加密封性[43]。

18.5 光电子器件和 MEMS 的封装

光电子器件和 MEMS 给微型器件的封装、测试和组装带来了新的挑战。典型的 MEMS 器件包括喷墨打印头、磁读/写头、微镜阵列、压力传感器、加速度传感器和陀螺仪。光电系统包括如 LED 和半导体激光二极管等的分立元件，以及将有源和无源光学与电子元件组合在一块基板上的复杂模块(见图 18.41)。光学和机械的功能必须通过封装和组装来保持。化学或生物传感器需要能使器件与环境发生化学或生物反应的封装。这对封装设计、材料选择及生产过程都有很大影响。现有的设备尽可能用于封装这些器件。然而，封装往往是阻止这些新器件商业化的障碍。

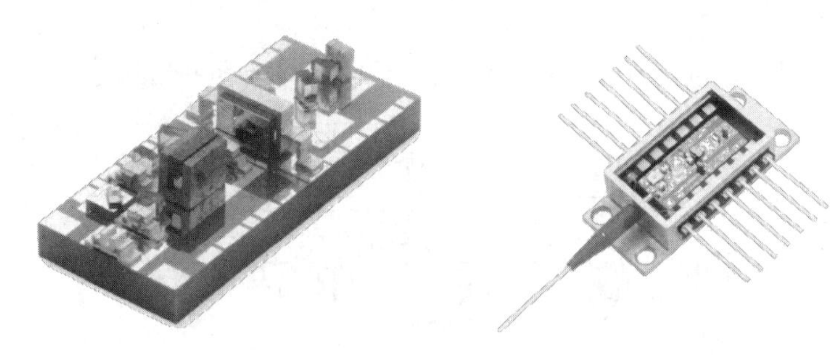

图 18.41 带有有源和无源光学与电子元件的光电子器件被组装在硅基板上(Courtesy of Axun Technologies.)

相比于纯电子器件封装，对准精度对于以上这些器件通常更为关键。例如，半导体激光器通常必须与光纤进行精度高于 1 μm 的对准，以便在两个组件之间充分实现光学耦合。这可以通过被动对准或高精度主动对准来实现，需要不同于标准 SMT 组装的一套设备。例如，激光二极管的高精度组装可以通过测量光纤中的光学耦合并将这些信息反馈给对准系统来完成。另一个光电和 MEMS 封装需要考虑的重要因素是，标准的拾取和放置设备可能会损坏表面带有功能的精密器件。

对于复杂模块的组装，倒装芯片对光电和 MEMS 系统更具吸引力，因为其可组装裸芯片且具有自对准能力。然而，许多组件不允许助焊剂回流，因为助焊剂残留物会降低器件的性能。此外，电路板的金属涂层通常不同于纯电子产品。例如，光电子器件使用的电路板通常带有金焊盘，可以防止腐蚀，且具有良好的导电性和导热性。金涂层是无助焊剂焊接的理想选择，因为金表面不会形成氧化物。不同的电路板金属化和无助焊剂回流焊接的需求，导致光电和 MEMS 系统级封装与标准倒装芯片封装相比，需要使用不同的凸点金属化。当高锡焊料在金薄膜上回流时，只要焊料中溶解了足够量的金，回流过程中就会形成脆性相 $AuSn_4$。另一种选择是使用低锡焊料，这就会生成如 $Au_{80}Sn_{20}$ 的相。AuSn 凸点广泛应用于光电子器件的组装中，原因是 AuSn 凸点相对较硬且不易变形，从而能够在一段时间内保持较高的对准精度。AuSn 凸点的无助焊剂组装是通过在还原气氛中回流焊料来完成的。

密封封装是大多数 MEMS 封装所需的关键功能。因此，基于昂贵的密封技术的封装成本有时会超过裸 MEMS 器件的封装成本。除了密封性，空腔环境的可控性也是传感器的一个重要问题[44]。例如，微继电器的时间响应取决于环境压力。带有结构的玻璃晶圆的晶圆级键合为低成本 WLP 与密封性的结合提供了机会。过去的几年中，研究者针对这种键合开发了不同的技术。

18.6　参考文献

1. H. Oppermann, Vorlesung: *Aufbau- und Verbindungstechnik für Mikrosysteme*, TU Cottbus, 2003.

2. Lit W. Jillek and G. Keller, *Handbuch der Leiterplattentechnik*, Eugen Leuze Verlag, Germany, 2003.

3. J. Lau and K. Liu, “Lead-free Soldering,” *Advanced Packaging Magazine*, p. 28, Feb. 2004.

4. *Advanced IC Packaging Markets and Trends*, 7th ed., Electronic Trend Publication, 2003.

5. E. G. Combs, “Leadless Plastic Packages, Such as the DFN and QFN, Have Inspired a Renaissance in a Mature Technology,” *Chip Scale Review*, 75–77, Mar. 2003. https://scholar.google.com/scholar?q=Chip+Scale+Review%2C+75%E2%80%9377%2C+Mar.+2003.&btnG=&hl=en&as_sdt=0%2C5&as_vis=1.

6. K. Iwabuchi, “CSP Mounting Technology,” *Proc. SEMI Technology Symposium* 1996, Chiba/Japan and K. Kosuga, “CSP Technology for Mobile Apparatuses,” *Proc. International Symposium on Microelectronics*, Philadelphia, Oct. 1997.

7. P. Garrou, “Wafer Level Packaging Has Arrived,” *Semiconductor International*, 119, Oct. 2000. https://www.highbeam.com/doc/1G1-67000661.html.

8. P. Garrou, “Wafer Level Chip Scale Packaging (WL-CSP): An Overview,” *IEEE Trans. Adv. Packaging*, 23 (2), 2000. http://ieeexplore.ieee.org/document/846634/.

9. M. Töpper, J. Simon, and H. Reichl, “Redistribution Technology for CSP using Photo-BCB,” *Future Fab International*, 363, 1996.

10. R. A. Fillion, R. J. Wojnarowski, and W. Daum, “Bare Chip Test Techniques for MCM,” *Proc. EIA/IEEE Electron. Comp. Technology Conf.*, Las Vegas, p. 554, 1989.

11. M. Töpper, K. Buschick, J. Wolf, V. Glaw, R. Hahn, A. Dabek, O. Ehrmann, et al., "Embedding Technology—A Chip First Approach using BCB," *Advancing Microelectronics Vol. 24*, No. 4, Jul./Aug. 1997.

12. Infineon Presents SOLID, A World First 3D Chip Integration Technology— "Chip-Sandwich" Offers Way Out of the Wiring Crisis, Aug 12, 2002. http://www.infineon.com/cms/en/about-infineon/press/ market-news/ 2002/128975.html.

13. M. Töpper, K. Scherpinski, H.-P. Spörle, C. Landesberger, O. Ehrmann, and H. Reichl, "Thin Chip Integration (TCI-Modules)—A Novel Technique for Manufacturing Three Dimensional IC-Packages," *Proceedings IMAPS 2000*, Boston, US, Sep. 2000.

14. R. Ulrich and L. Schaper. "Integrated Passive Component Technology" Wiley Interscience/IEEE Press 2003.

15. van Roosmalen, "There Is More Than Moore," *5th Int. Con. on Mech. Sim. and Exp. in Microelectronics and MST*, EuroSim, 2004.

16. B. Levine, "System-in-Package: Growing Markets, Ongoing Uncertainty," *Semiconductor International*, 47–61, Mar. 2004.

17. R. Tummala, "System-on-Package Integrates Multiple Tasks," *Chip Scale Review*, 53–56, Jan./Feb. 2004.

18. L. Dietrich, J. Wolf, O. Ehrmann, and H. Reichl, "Wafer Bumping Technologies Using Electroplating for High-Dense Chip Packaging," *Proc. Third Intern. Symposium on Electronic Packaging Technology* (ISPT'98), Beijing (China), Aug. 17–20, 1998.

19. U. Müller, "Anorganische Strukturchemie," Teubner Verlag, 3. Auflage, 1996.

20. S. Anhöck, A. Ostmann, H. Oppermann, R. Aschenbrenner, and H. Reichl, "Reliability of Electroless Nickel for High Temperature Applications," *Intern. Symposium of Advanced Packaging Mat. Conf.*, Braselton, US, Mar. 1999.

21. T. Kawanobe, K. Miyamoto, and Y. Inaba, "Solder Bump Fabrication by Electrochemical Method for FC Interconnection," *Proc. of IEEE Electronics Components Conf.*, S. 149, May 1981.

22. M. Töpper, A. Achen, and H. Reichl, "Interfacial Adhesion Analysis of BCB/TiW/Cu/PbSn Technology in Wafer Level Packaging," *Electronic Components and Technology Conference (ECTC)*, New Orleans, Louisiana, pp.1843–1846, May 2003.

23. M. Töpper, Th. Stolle, and H. Reichl, "Low Cost Electroless Copper Metallization of BCB for High-Density Wiring Systems," *Proc. of the 5th Internat. Sympos. on Advanced Packaging Materials*, Braselton, US, Mar. 1999.

24. K. W. Paik, R. J. Saia, and J. J. Chera, "Studies on the Surface Modification of BCB Film," *Proc. MRS*, Boston, Nov. 1990.

25. F. Krause, K. Halser, K. Scherpinski, and M. Töpper. "Surface Modification due to Technological Treatment Evaluated by SPM and XPS Techniques," *Proc. MicroMat*, Berlin, Apr. 2000.

26. P. Chinoy, "Reactive Ion Etching of Benzocyclobutene Polymer Films," *IEEE Trans. Comp. Packaging and Manufact. Tech., Part C*, 20 (3): 199–206, 1997.

27. K. Zoschke, J. Wolf, M. Töpper, O. Ehrmann, Th. Fritzsch, K. Scherpinski, F.-J. Schmückle, et al. "Thin Film Integration of Passives—Single Components, Filters, Integrated Passive Devices," *Proc. of the 2004th ECTC Conf.* 54 (1), July 2004.

28. G. Carchon, S. Brebels, K. Vaesen, P. Pieters, D. Schreurs, S. Vandenberghe. W. DeRaedt, et al.

"Accurate Measurement and Characterization of MCM-D Integrated Passives up to 50 GHz," *Proc. Int. Con. and Exh. on HDI and System Packaging*, Denver, CO, pp. 307–312, 2000.

29. G. Carchon, P. Pieters, K. Vaesen, W. DeRaedt, B. Nauwelaers, and E. Beyne, "Multilayer Thin Film MCM-D for the Integration of High-Performance Wireless Front-End Systems," *Microwave Journal*, 44: 96–110, 2001.

30. W. Daughton, "An Investigation of the Thickness Variation of Spun - on Thin Films Commonly Associated with the Semiconductor Industry," *J. of Electrochemical Society*, 129 (1): 173–179, 1982.

31. L. Dietrich, J. Wolf, O. Ehrmann, and H. Reichl, "Wafer Bumping Technologies Using Electroplating for High-Dense Chip Packaging," *Proc. Third International Symposium on Electronic Packaging Technology (ISPT '98)*, Beijing, China, Aug. 17–20, 1998.

32. J. Schake, "Stencil Printing for Wafer Bumping," *Semiconductor International*, pp. 133–134, Oct. 2000.

33. F. Nakano, T. Soga, and S. Amagi, "Resin Insertion Effect on Thermal Cycle Resistivity of FC Mounted LSI Devices" *Proc. of ISHM Conf.*, pp. 536–541, Sep. 1987.

34. A. Schubert, R. Dudek, D. Vogel, V. Michel, and H. Reichl, "Thermo-Mechanical Reliability of FC Structures Used in DCA and CSP," *Proc. of the International Symposium on Advanced Packaging Materials*, pp. 153–160, 1998.

35. M. Töpper, M. Schaldach, S. Fehlberg, C. Karduck, C. Meinherz, K. Heinricht, V. Bader, et al. "Chip Size Package—The Option of Choice for Miniaturized Medical Devices," *Proc. IMAPS Conf.*, San Diego, US, 1998.

36. M. Schaldach, M. Töpper, J. Müller, M. Starke, T. Tessier, O. Ehrmann, and H. Reichl, "State-of-the-Art Technology Development for Medical Implantable Systems," *Proc. IMAPS 98*, San Diego, US, Oct. 1998.

37. K.-H. Becks, E. H. M. Heijne, P. Middelkamp, L. Scharfetter, W. Snoeys., "A Multi-Chip Module, the Basic Building Block for Large Area Pixel Detectors," *Proc. of IEEE MCM Conf.*, 1996.

38. M. Töpper, P. Gerlach, L. Dietrich, S. Fehlberg, C. Karduck, C. Meinherz, J. Wolf, et al., "Fabrication of a High-Density MCM-D for a Pixel Detector System using a BCB/Cu/PbSn Technology," *Intern. J. of Microcircuits & Electronic Packaging*, 22 (4): 305–311, 1999.

39. B. L'huillier, M. Hornung, D. Tönnies, M. Jacobs, C. Bauer, F. Hammer, T. Heuser, et al., "Application of an Angular Exposure System to Fabricate True-Chip-Size Packages for SAW Devices," *18th European Microelectronics and Packaging Conf.*, 94–99, Brighton, Sep. 2011.

40. A. Badihi, "Ultrathin Wafer Level Chip Size Package," *IEEE Trans. on Advanced Packaging*, 23 (2): 212–214, May 2000.

41. M. Bartek, S. M. Sinaga, G. Zilber, D. Teomin, A. Polyakov, and J. N. Burghartz, "Shellcase-Type Wafer-Level Packaging Solutions: RF Characterization and Modeling," *Proc. of the 1st IWLPC Conf.*, San Jose, Oct. 2004.

42. J. Leib and M. Töpper, "New Wafer-Level-Packaging Technology Using Silicon-Via-Contacts for Optical and Other Sensor Applications," *Proc. 54th Electronic Components and Technology Conf.*, Las Vegas, pp. 843–847, Jun. 2004.

43. D. Mund and J. Leib, "Novel Microstructuring Technology for Glass on Silicon and Glass-Substrates," *Proc. 54th Electronic Components and Technology Conf.*, Las Vegas, pp. 939–942, Jun. 2004.

44. E. Parton and H. Tilmans, "Wafer-Level MEMS Packaging," *Advanced Packaging Magazine*, pp. 21–23, Apr. 2004.

18.7 扩展阅读

Elshabini-Riad, F. D. Barlow, eds., *Thin Film Technology Handbook*, McGraw Hill, New York, 1997.

Garrou, P., and I. Turlik, *Multichip Module Technology Handbook*, McGraw-Hill, 1998.

Hwang, J., *Modern Solder Technology for Competitive Electronic Manufacturing*, McGraw-Hill, New York, 1996.

Lau, J., *Ball Grid Array Technology*, McGraw-Hill, New York, 1995.

Lau, J., and S. W. Ricky Lee, *Chip Scale Package*, McGraw-Hill, New York, 1999.

Messner, G., I. Turlik, J. W. Balde, and P. Garrou, *Thin Film Multichip Modules*, ISHM Publication, Sandborn, 1992.

Puttlitz, K., and P. Totta, *Area Array Interconnection Handbook*, Kluwer Academic Publishers, Cambridge 2001.

Qu, Shi, and Yong Liu, *Wafer-Level Chip-Scale Packaging*, Springer, New York, 2015.

Reichl H., *Hybridintegration*, Verlag Hüthig, Heidelberg, 1988.

Reichl, H., Direktmontage, Springer Verlag, 1998.

Seraphim, D. P., R. Lasky, and Che-Yu Li, *Principles of Electronic Packaging*, McGraw-Hill, New York, 1989.

Tummala, R., E. Rymaszewski, and A. Klopfenstein, *Microelectronic Packaging Handbook*, Parts 1–3, Chapman & Hall, London, 1997.

第 19 章　键合的基本原理

本章作者：Ivy Qin　Kulicke and Soffa Industries, Inc.
本章译者：郭炜　叶继春　中国科学院宁波材料技术与工程研究所

19.1　引言

19.1.1　发展历史与现状

半导体封装中最重要的步骤之一是将集成电路(IC)连接到基板上。这一步称为互连(interconnect)。互连技术有多种类型，包括引线键合、倒装芯片和 TAB 键合。在各种互连技术中，由于引线键合具有成本低、灵活性强、安装基数大等优点，是目前最流行的互连方式。引线键合使用金、铜等导电导线将器件连接到基板上。

历史上的第一次引线键合可以追溯到 1947 年贝尔实验室诞生的第一个晶体管。在早期，每个封装结构中只有几根引线。当时的引线键合基本上是手工操作的。操作员将手工移动 X、Y、Z 轴来执行各种操作。图 19.1 显示了用引线键合机焊接的早期器件(约为 1962 年)[1]。

多年来，引线键合技术也在不断发展。1972 年，K&S 公司引进了第一台自动引线键合机。今天的引线键合过程要复杂得多。图 19.2 显示了具有超过 1000 根引线的先进的高引脚数(high pin count)引线键合设备[2]。引线键合机已发展成为具有高速、高精度伺服系统的全自动机器，具有用于键合操作的超声波换能器，以及用于设备对准的自动视觉系统。多年来，其生产效率和稳定性都有了显著的提高。

图 19.1　K&S 422 引线键合机在硅晶体管芯片上焊接一根 5 密耳(mil)的铝线

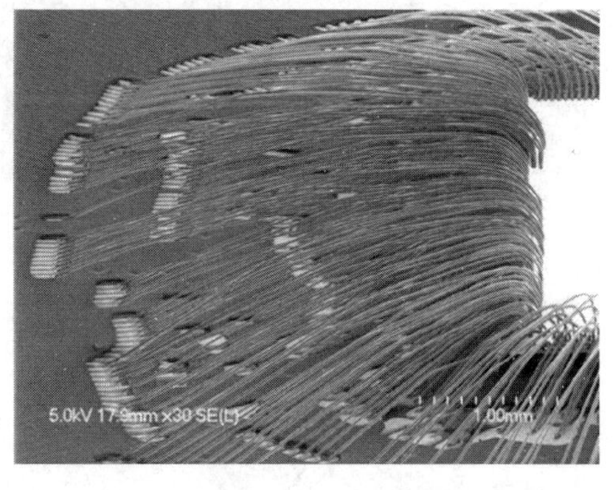

图 19.2　先进的高引脚数引线键合装置(2015 年)，焊丝是 0.7 mil 镀钯的铜线

19.1.2　不同类型的引线键合工艺

引线键合技术一般有两种：球焊和楔焊。球焊和楔焊工艺的主要区别在于，球焊工艺始于由金属焊丝形成的焊球，第一键合为球焊；而楔焊并没有形成一个球，而是在第一键合位置将导线连接起来。图 19.3 和图 19.4 显示了用于球焊和楔焊工艺的第一键合与引线键合环(wire loop，或称焊环)。本章的大部分内容集中在球焊工艺流程和设备细节，因为球焊是最流行的引线键合方法。

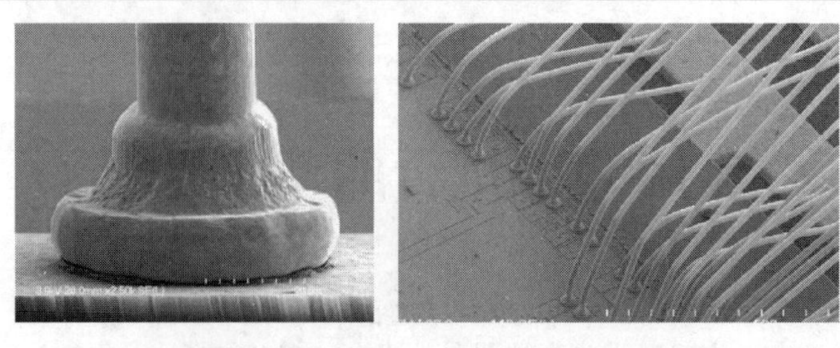

图 19.3　来自球焊工艺的第一键合与焊环

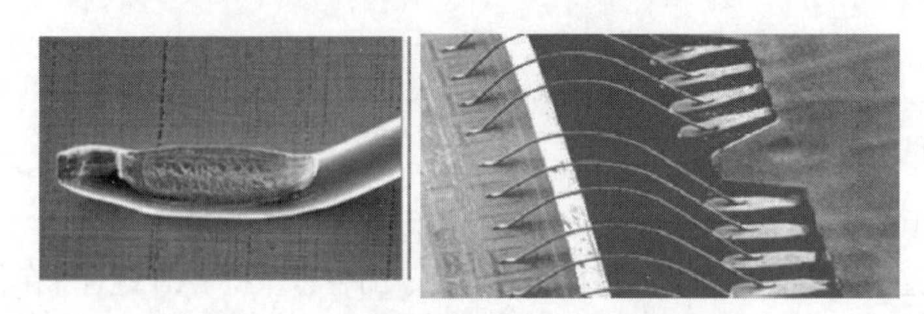

图 19.4　来自楔焊工艺的第一键合与焊环

球焊工艺的主要步骤如图 19.5 所示。键合周期从焊球的形成开始。然后将焊球放置在称为陶瓷劈刀的键合工具内。最初的未焊接的焊球有时称为自由空气球(free air ball，FAB)。然后键合工具下降到第一键合位置(例如键合垫)，并形成第一键合。在第一键合成功之后，键合机执行一组循环动作，形成焊环。之后，键合工具下降到第二键合位置，通常是基板引线指(substrate lead finger)。在第二键合之后，键合工具上升到尾长(tail length)，然后断开用于形成下一根引线的自由空气球的线尾(wire tail)。

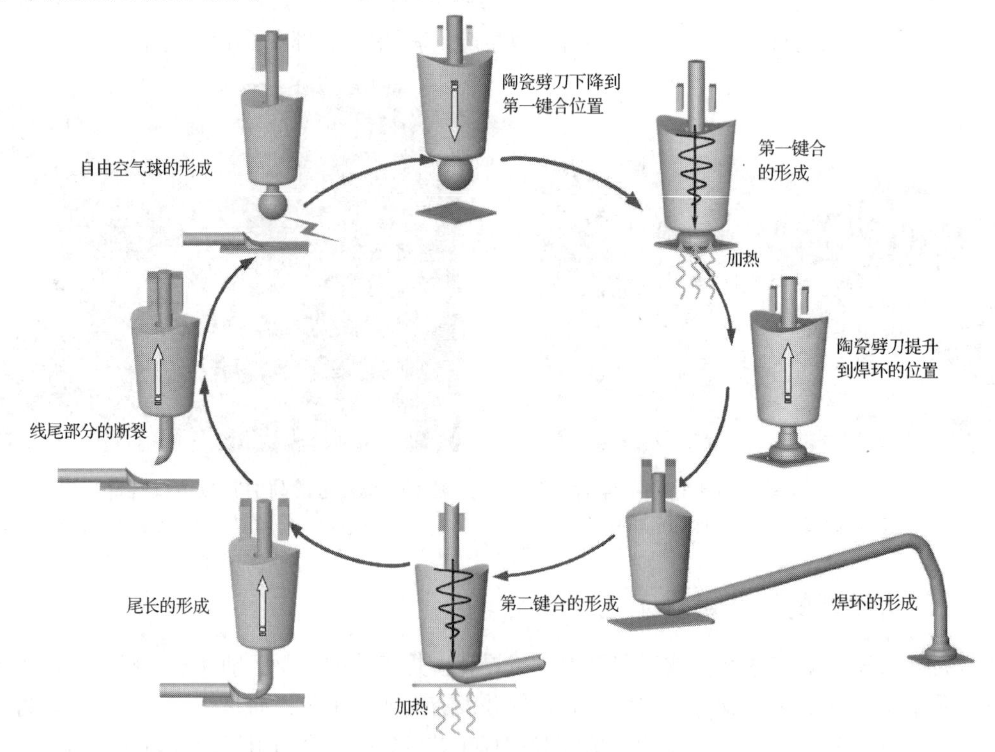

图 19.5　一个球焊工艺循环示意图

楔焊工艺的基本步骤与球焊的相似，包括焊接第一键合位置和第二键合位置，并循环往复。楔焊不会形成一个自由空气球。楔焊机通常有额外的处理步骤以帮助撕裂引线，并在第二键合之后对线尾补线。

球焊中使用的键合工具称为陶瓷劈刀，它是一种具有垂直送线孔的轴对称陶瓷工具。楔焊中使用的键合工具称为楔头，通常由碳化钨或碳化钛制成，楔头底部有一个倾斜的送线孔。图 19.6 显示了用于细小间距应用的引线键合工具。为达到所需的精细尺寸，将键合工具头部做成了特殊的形状。

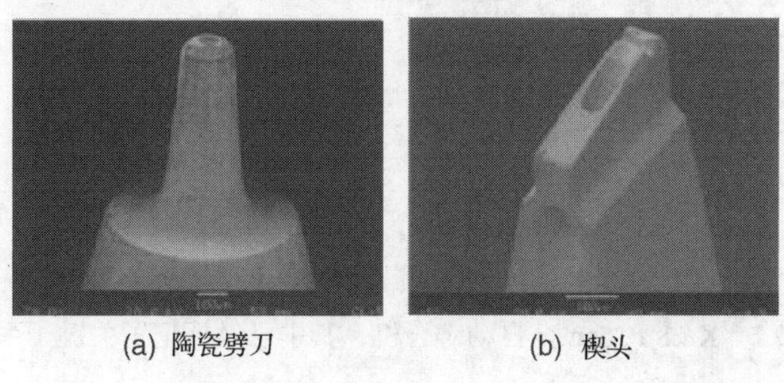

(a) 陶瓷劈刀　(b) 楔头

图 19.6　球焊工具——陶瓷劈刀和楔焊工具——楔头

由于球焊机可以在第一键点合位置以不同的角度环绕，所以不需要旋转(theta)轴的辅助。工作台和键合头在 *X*、*Y* 和 *Z* 方向移动。楔焊键合机上需要一个旋转的键合头，以便从不同的角度键合引线。键合头的旋转运动需要一个 theta 电机和额外的运动部件。楔焊机上运动部分的质量比典型球焊机的重得多，因此运动速度较慢。目前，最先进的球焊机速度是最快的楔焊机的两倍以上。球焊由于其速度快、成本低、灵活性较强，因此是目前最常用的焊接方法。

另一方面，与球焊相比，楔焊也有几个优点。在功率半导体器件中，直径可达 500 μm 的大引线具有高导电能力。带状线可以进一步扩展承载电流的能力，特别是在高频应用中存在趋肤效应。楔焊工艺使铝、金和铜上的键合成为可能，其中金属丝和焊盘是相同的材料。相同材料之间的互连已被证明是高度可靠的。楔焊技术由于其高可靠性，被广泛应用于空间、医疗、军事和汽车等领域。深孔键合工具可以实现高间距键合，并且通过较小的送丝角度实现极低的回路。

19.2　引线键合设备

19.2.1　引线键合机的子系统

为了能够高速、高精度、高可靠性地完成引线键合工艺，引线键合机的设计经历了多年的创新。自动球焊机是一种精密机器，具有先进的硬件、软件、伺服控制算法、视觉算法和先进工艺控制。K&S IConn 全自动键合机的图片如图 19.7 所示，其中标记了一些关键的子系统。主要的子系统及其功能说明如下。

引线处理系统

引线处理(给进)系统的主要目的是将引线从引线线轴送到陶瓷劈刀的尖端。引线处理系统的第二个功能是为引线提供足够的张力，以防止在高速 *XYZ* 运动期间过度的线振动(振荡)。引线处理系统的另一个功能是为引线提供接地路径。引线处理系统的关键部件包括线轴基座，控制引线并为引线提供张力的导风装置，为引线提供额外张力并限制引线在线夹上方排布的线张紧器(wire tensioner)，以及可以在需要时关闭引线的线夹。

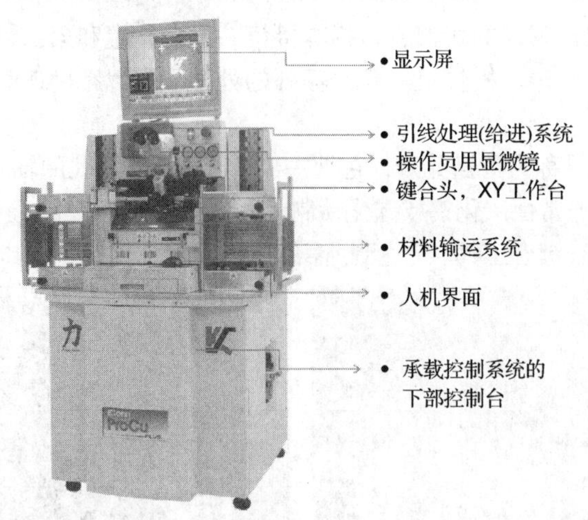

图 19.7　K&S IConn 全自动键合机，其中已经标记了关键子系统

为了使引线处理系统运行良好，引线接触的所有表面应平滑，以避免引线损坏和送丝问题。为防止引线损坏，需要使用平行线夹，给予适当的张力，并对齐引线。

XY 工作台、键合头和光学系统

键合循环期间的运动由 XYZ 伺服系统执行。XY 工作台提供 *X* 轴和 *Y* 轴的运动。高功率 XY 工作台能够以超过 10 G 的加速度移动。系统的位置由具有亚微米分辨率的高精度编码器控制。最先进的键合机采用刚性滚柱轴承台设计，以确保高速运动时的精度。

XY 工作台带有键合头和光学系统。键合头是执行键合运动的结构，它将沿 *Z* 轴方向高速行进。键合头沿 *Z* 轴方向行进并具有自己的编码器。限制移动时的部件质量对于实现高速运动是十分重要的。我们通常选择特殊的轻质、高刚度、低热膨胀系数(coefficient of thermal expansion，CTE)材料用于移动部件。键合头的另一个重要功能是为键合过程提供所需的部件精确且可重复的键合力。最先进的引线键合机能够将 *Z* 轴键合力控制在 1 g 或更低的水平。

光学系统为键合机提供视觉功能。光学系统用于检测芯片和基板的位置，并使器件对准，以便识别键合位置。先进的模式识别软件(pattern recognition software，PRS)可以学习模具和基板上的特性，这些特性被称为“视点”。在加入相应的程序后，视觉系统可以自动找到这些视点并准确对齐设备，然后键合机就能够知道每一个键合的准确位置。

材料输运系统

材料输运系统将未键合的器件从输入盒传送到键合部位，键合完成后，它将键合的器件传送到输出盒。引线键合器件通常采用条带形式传送，例如引线框架和球栅阵列(ball grid array，BGA)衬底。这些输运过程均在系统传送装置上进行。

材料输运系统的关键特性之一是能够处理不同尺寸的引线框架。每个条带具有数百甚至数千个器件的大型引线框架越来越常见。图 19.8 显示了宽四方扁平无引脚(quad-flat no-leads，QFN)和引线框架结构图，它们在单个条带上包含许多器件。目前生产的键合机可以处理多达 100 mm 宽的引线框架。

软件及控制系统

引线键合机的软件可以执行许多功能，例如定义器件尺寸，定义键合流程，示范接线图，编程键合参数，执行各种校准，设置机器配置，对齐设备，执行各种 *XYZ* 运动，控制键合力和超声波输出，以及收集生产数据如产能和各种统计数据。这种机器上有大量不同的功能，可用于实现各种应用的基本和高级功能。这些应用包括每个条带上有数千个芯片的单引线 LED 器件，到每个芯片中含有超过 1000 条引线和几百个参数集的移动处理器。有许多电子板可以支持机器的各种软件和硬件功能。电子板包括主 CPU 板、视觉 CPU 板、伺服放大器板、伺服控制器板、超声波发生器板、线夹驱动板、温度控制器板和材料处理系统板。高速通信线路连接了这些板，以确保它们之间的及时通信，从而实现键合机的正常功能。

图 19.8　大型引线框架和衬底

19.2.2　引线键合机系统的性能

对于引线键合机系统，重要的指标是产能、精度、细间距键合能力、可切换引线(例如 Cu 线和 Ag 线)的键合能力和线尺寸能力。多年来，引线键合机实现了许多技术进步，从而提高了引线键合速度和细间距键合能力。20 年前，最先进的引线键合机具有 80 μm 的精度(参考键合机 K&S 1488 Plus)；今天，最先进的键合机可以在生产中支持 35 μm 的精度。批量生产中最精细的键合机，可以达到包括 Au 和 Cu 焊线材料的 40～45 μm 的精度。在同一段时间内，键合机的键合速度也增加了一倍多。多年以来，键合机的成本也在不断降低。随着产能的增加，引线键合互连的成本也越来越低。所有这些改进使引线键合机成为最流行的互连工具。接下来我们将详细介绍这些系统性能。

产能

键合机的产能是保证半导体行业产量需求的关键。总的器件键合周期由三部分组成，包括键合时间、(材料)索引时间和视觉(操作)时间。键合时间是键合机在一个走线工艺循环中所花费的时间，如图 19.5 所示。索引时间和视觉时间被认为是非键合时间。索引时间是机器传送材料所花费的时间。视觉时间是键合机在发现“视点”和设备对准上花费的时间。每种时间占比高度依赖于具体的应用。对于极低引脚数器件，索引时间和视觉时间可能会占用大量时间。对于高引脚数器件，键合时间则占了大部分。对于超过 500 的引线数，键合时间通常超过总时间的 98%。为了提高高引脚数器件的产能，缩短键合时间是关键。

走线的循环时间可以进一步细分为以下部分。

- 高速运动时间。这是从一个键合点到下一个键合点的运动时间。这个时间主要取决于键合机的原始伺服速度。更快的键合机具有更强大的电机和更轻的负载，可以加快速度。
- 键合时间。这是第一键合和第二键合花费的总时间。此时间取决于键合表面的状况。例如，在 Cu 线键合的情况下，如果焊球被轻微氧化，则难以形成金属间键，因此可能需要更长的键合时间。传感器性能也会影响时间。与较低频率的键合相比，较高频率的键合可以减少键合时间，因为可以在较短的时间内实现更多的擦洗。

● 循环时间。这是键合机在行进到第二键合位置时执行循环运动以完成所需环形的时间。原机速度、送丝系统及环形和性能要求会影响此时间。

在最快的自动键合机上，简单的环形轮廓和易于键合的表面可以使走线周期小于 100 ms，这意味着键合机每秒可以键合 10 根以上的焊丝。更复杂的应用可能具有超过 100 ms 的焊线循环时间。对于某些特殊应用，例如在第二键合下面有额外凸点的芯片与芯片之间的键合，则其走线周期时间更长。低引脚数应用往往具有较短的走线周期，因为对于简单的第一和第二键合要求，环形趋于简单并且键合时间趋于更短。另一方面，高引脚数应用需要更复杂的环形，因而具有更长的环路时间。

精度

引线键合机的精度要求与键合间距精度密切相关。为了能够在小的键合焊盘里进行键合，设备的精度必须要得到保证。与键合机的速度一样，多年来设备的精度也得到了提高。精度通常被定义为 $3\sigma XY$ 位置可重复性。大约 20 年前，最好的键合机(例如 K&S 8020 型球焊机)具有 10 μm 的精度。如今，最精细的球焊机具有 2 μm 的精度和 35 μm 的间距精度的能力。

通常，使用光学显微镜进行精度的测量。在 X 和 Y 方向上测量从焊球中心到焊盘中心的距离。对准确性进行良好评估需要大样本量。手动执行精度测量需要操作员手动测量焊盘位置和焊球位置。此外，还有自动测量设备可以自动找到焊盘和焊球。自动测量设备通常用于大型制造设施，而手动或半自动测量通常用于研发和小型生产环境。通过检查焊盘开口内焊球的实时视频图像，可以在键合机上快速评估键合精度。

一些关键的影响精度的参数包括 XY 工作台精度，视觉系统的定义和查找精度，以及时间和温度影响下机器的热稳定性。

焊接精度

键合机的焊接精度是关键规格之一。最先进的键合机具有 35 μm 的间距精度能力，而更小的间距如 30 μm 甚至 25 μm 已经在小规模实验中得到了证明。使用 13 μm(0.5 mil)Pd 涂覆的 Cu(PdCu)线的 K&S ProCu Plus 键合机，证明了焊盘间够达到 35 μm 间距精度[3]。在批量生产中，对于 Au 线和 Cu 线，最精细的间距约为 40 μm。今天大规模生产的大多数装置具有 50 μm 或更高的间距精度。实际上，采用 18 μm(0.7 mil)PdCu 线的 50 μm 焊盘间距精度是自动设备的高引脚数应用中最常见的配置之一。

机器可移植性、故障协助处理频率和产品良率

每年，数千亿个芯片都使用引线键合机制造。在大型装配厂中，往往有数千台键合机在规定时间内按要求完成引线键合。为了确保顺利生产，加工键合机与键合机的可移植性显得尤为重要。键合机的可移植性意味着所有的键合机可以使用相同的工艺配方(process recipe)和工艺程序(process program)来生产具有可接受结果的部件。为了确保键合机的可移植性，设备硬件的设计需要非常可靠，而硬件制造则需要非常好的可重复特性。键合机上还有许多校准参数，以确保可重复的行为。这些校准参数包括光学照度、键合力、超声波输出、伺服系统校准、加热块的温度校准、XY 工作台校准等。

故障处理频率是另一个重要的考虑因素。故障类型包括视觉对齐问题，材料传输问题和键合问题。键合机的正确设置和校准可以降低故障处理频率。键合材料的清洁度是一个主要因素。有些故障可以在不影响良率的情况下人工排除，而有一些可能会导致良率的降低。

为了避免诸如没有键合在焊盘上、没有粘在引线上和短尾等键合错误，自动辅助恢复方案已于近期被开发出来。这些方案有助于减少操作员协助机器排除故障的次数，以提高产能和良率。我们将在第一键合和第二键合的优化内容中讨论这些自动恢复功能。

19.3 引线键合过程

引线键合中的一些重要问题将在下文讨论。

19.3.1 形成自由空气球的过程

用于球焊的自由空气球(FAB)通过电子火焰熄灭(electronic flame off，EFO)放电形成。EFO 系统包括一个 EFO 盒，它提供电弧所需的高压、EFO 电缆、作为第一电极的 EFO 棒及作为第二电极的键合线。在 EFO 烧结开始时，EFO 棒上将施加负电压。由于键合线接地，因此 EFO 棒是负极。EFO 棒和接地线之间的空气被高压电离。放电产生的热量使金属丝从尖端向上熔化，表面张力使熔融金属卷起成球。放电过程和随后的热传递的模拟和实验研究可以在参考文献[4～6]中找到。

EFO 盒的通用规格是 4～5 kV 的高电压能力，常规应用的电流为 20～250 mA，含有较重引线应用的电流高达 500 mA。

线尾是前一引线在进行第二键合工艺时形成的。图 19.9 说明了陶瓷劈刀如何形成包括针脚键合(stitch bond)和尾键在内的第二键合。针脚键合是前一引线在第二键合工艺中留下的。当键合头抬起后，尾键与基板分离。而此时的尾键作为下一个 EFO 放电位置用于形成新的自由空气球。

焊线尾部形状会影响自由空气球的形成。完全消耗弯曲尾部所需的焊球直径是焊线直径的 1.5～1.6 倍。我们将焊球直径与焊线直径的比值称为焊球尺寸比值(ball size ratio，BSR)。对于可重复性较好的自由空气球和第一键合的应用，我们建议最小的用于细间距的 BSR 为 1.5～1.6。

通过将焊线与附着的自由空气球键合并向上翻转的方法，可以用来检查和测量自由空气球。一些自动焊线机具有键合自由空气球的功能，以便工程师研究自由空气球的形成过程。图 19.10 显示了采用“形成 FAB”工艺由 PdCu 线形成的自由空气球。在这种情况下的检查发现，自由空气球是均匀的圆形，且表面并没有受到氧化影响。

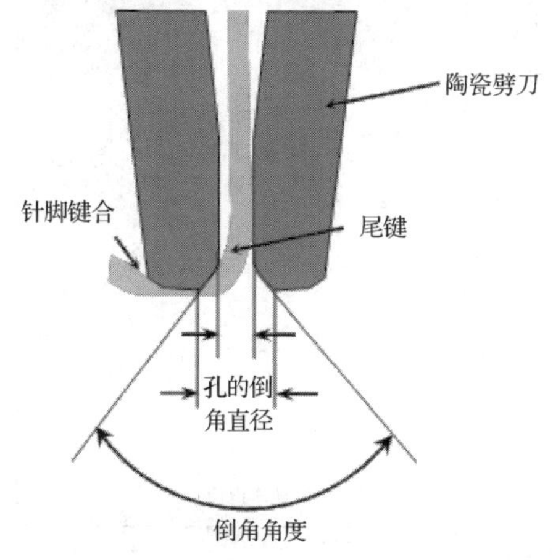

图 19.9 陶瓷劈刀的尾键生成图解。陶瓷劈刀的大小影响尾键的形状，包括孔的倒角直径和倒角角度

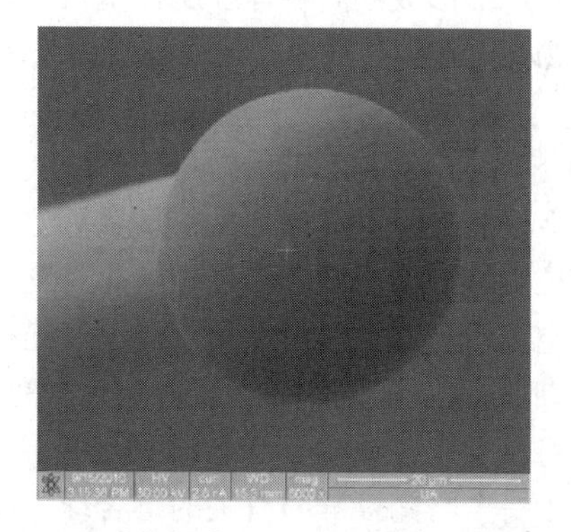

图 19.10 引线键合机上通过“形成 FAB”工艺形成的 28 μm 自由空气球，焊线是 18 μm 的 PdCu 线，保护气体是氮气

测量自由空气球的关键指标如下。

- 焊球尺寸重复性。焊球尺寸重复性是通过焊球尺寸标准偏差的最小值和最大值来衡量的。焊球尺寸(如焊球直径和高度)的变化将影响第一键合重复性。太小的自由空气球可能导致其与焊盘的陶瓷劈刀撞击(考虑到某些应用中工艺良率的降低)。太大的自由空气球可能导致键合强度的降低及焊球的脱落。
- 焊球对称性(同心度)。这可以通过测试自由空气球的偏移量来衡量，也就是焊球中心到焊线中心的偏移[7]。自由空气球通常向 EFO 棒偏移。焊球的同心度很重要，因为较差的同心度会导致焊球并不位于焊盘的中心。
- Cu 和 Ag 线的焊球氧化。Au 线焊球在大气中就可以形成。对于 Cu 和 Ag 线，需要惰性气体环境来形成表面无氧化的焊球。焊球防氧化做得越好，在第一键合工艺中的键合就越容易形成[7]。可以通过光学检测观察焊球是否变色来评估焊球是否发生氧化。被氧化的焊球通常不太圆，有时还会形成尖头。因此，惰性气体输送系统的设计在焊球的氧化保护中起到了关键作用。

影响焊球形成的主要参数是 EFO 灼烧时间和 EFO 灼烧电流。EFO 灼烧时间约为 1 ms。对于小线径引线和较小的焊球，EFO 灼烧时间约为 100 μs。对于大线径引线和较大的焊球，可能需要几毫秒。在现代 EFO 系统中，EFO 灼烧的持续时间可以被严格控制。这些因素通常不是焊球尺寸变化的原因。EFO 电流变化对自由空气球尺寸有着显著影响。针对不同的线径和焊线类型，EFO 电流应该进行优化。对于线径较小的引线，通常采用较低的电流。

影响焊球形成的其他参数还包括 EFO 间隙(EFO 棒和焊线尖之间的距离)、焊线尾部延伸(陶瓷劈刀的线尾长度)，以及气体流速和气体类型，比如 Cu 和 Ag 线焊接时需要使用惰性气体。EFO 间隙优化很重要，因为它会影响焊球尺寸重复性和同心度。

除了形成自由空气球的设备和工艺因素，材料变化也会影焊球形成。焊线变化是影响自由空气球直径的重要因素。研究表明，对于 20 μm 的 PdCu 线，焊线直径差异为±1 μm 时，实际自由空气球直径的变化达到±2 μm。为了控制生产中的焊球尺寸，需要严格控制焊线直径。

污染是焊球尺寸变化的另一个因素。焊线污染会导致焊球尺寸的不规则变化。还有其他污染源，例如在尾部形成期间将焊线压在基板上，基板上的污染物会转移到焊线上，最终导致焊线污染。

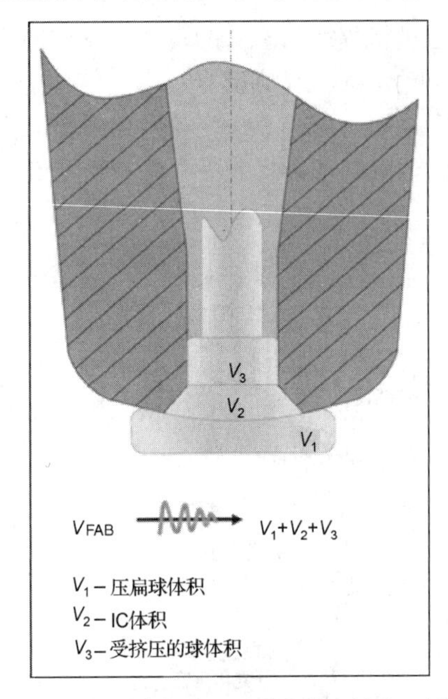

图 19.11　使用陶瓷劈刀形成的第一键合。键合球包括三个部分：V_1 是压扁球体积，V_2 是位于内倒角里面的球体积(IC 体积)，V_3 是在陶瓷劈刀孔内部受挤压的球体积

19.3.2　第一键合工艺

在形成自由空气球之后，陶瓷劈刀行进到第一键合位置进行第一键合工艺。热超声键合工艺是在自由空气球和键合焊盘之间进行电气连接的最常用方法[8~10]。在该过程中，通过热量、超声能量和法向力将自由空气球结合到 IC 的金属垫上。图 19.11 显示了一个与陶瓷劈刀有关的键合球。陶瓷劈刀内倒角(inner chamfer, IC)对键合球的形状和尺寸有着重要作用。第一键合(球焊)的关键尺寸是球的直径和压扁球的球高度，如图 19.11 中“V_1”所示。

用于键合过程的热量来自支撑该装置的加热块。正常的引线键合温度范围约为 150～250℃。对于诸如 BGA 的基板，键合温度需要低于材料的玻璃化转变温度(T_G)；BGA 器件通常使用约 150℃的温度来键合。对于引线框设备，键合温度约为 200℃。温度均匀性对于形成一致的键合很重要。对于宽引线框架，需要优化热块设计，以便在大的键合区域内实现良好的温度均匀性。

超声波键合已经用于引线键合工艺超过 50 年，多年来超声波系统得到不断改进，以提供更快、重复性更好和更强的引线键合。引线键合机上的超声波系统由超声波发生器和传感器组成。超声波发生器以给定频率向换能器提供电力。在最先进的引线键合机上，超声波发生器采用锁相环和幅度控制电路来提供自动调节，以跟踪引线键合期间的变化。换能器是压电谐振器，能够将电能转换成机械振动。换能器的夹紧机构可用于安装键合工具，该键合工具通常是球焊中的陶瓷劈刀。

超声波的主要效果是通过陶瓷劈刀的超声波擦洗运动来扫除表面氧化。Al 焊盘具有薄的氧化层，氧化层的存在抑制了球和 Al 焊盘之间的金属间化合物的形成。球的底部和焊盘之间的相对运动有助于去除 Al 焊盘上的薄氧化层，使金属与金属直接接触并形成金属间化合物。

在很长一段时间内，常用的引线键合工作频率约为 60 kHz。近年来，较高的频率变得更受欢迎，因为高频工艺具有更短的键合时间且键合温度更低[11]。

Au 线键合在电子封装中具有悠久的历史。评估 Au 焊丝质量的指标是成熟且标准化的。在 Au 线第一键合工艺中，通常仅检查焊球剪切力(ball shear)、焊球直径、高度和金属间覆盖物(intermetallic coverage，IMC)以评估引线键合工艺。受 Au 价格飙升的推动，2009 年左右开始，细间距 Cu 线焊接逐渐兴起。尽管 Pd 涂覆的 Cu(PdCu)线比裸 Cu 线更昂贵，但因更为可靠的第二键合工艺而获得普及。PdCu 线在潮湿条件下也展示出比裸 Cu 线更高的可靠性[12, 13]。除了传统的 Au 线第一键合的测量方法，Cu 线第一键合工艺通常还需要其他质量检查，例如拉线(第一键合)、截面、Al 飞溅和焊盘裂纹检查。只有对于那些已知不会破裂的器件才能免去介电裂缝测试。表 19.1 总结了针对不同引线类型的第一键合工艺的测试项目。对于新的 Ag 线应用，建议使用更广泛的 Cu 线测量方法进行类比。

表 19.1　第一键合工艺的测试项目

	Au 线	Cu、PdCu 和 Ag 线
焊球直径和球高度	主要尺寸/尺寸测量	关键尺寸/尺寸测量
Al 飞溅	很少测量，因为它通常不是问题	关键尺寸/尺寸测量 通常定义细间距设备的过程上限
焊球剪切力/面积	初级键合强度测量	二次键合强度测量
拉线(第一键合)	二次加工响应 主要在球颈处断裂	关键黏合强度测量 球提升到垫剥离窗口是过程稳健性的指标
金属间覆盖物(IMC)	键合强度测量 检查焊球底部 通常目标是 70%或更多	初级黏合强度测量 检查焊盘 通常目标是 80%或更多
截面	通常不会这样做 主要用于在烘烤测试中检查 Kirkendall 空洞	经常使用 保留均匀的 Al 厚度是合乎需要的
介电裂缝	对键合过程约束较小	对许多设备的键合过程有重大限制

为了优化该过程，可以使用多参数实验设计(design of experiments，DOE)来优化冲击力、键合力和超声波电流。可以进行单个参数灵敏度测试，以了解该参数的过程窗口。对于 Au 工艺，当 USG 电流上升时，剪切力/面积增加直至其平稳，焊球尺寸也随着超声波电流增加而增加[14]。在 USG 电流达到一定水平后，剪切力/面积达到峰值。USG 电流进一步的增加实际上减少了剪切力/

面积；这是因为当USG电流过高时，焊球直径增加，但没有进一步增加剪切强度。可以在满足焊球直径上限的前提下，选择最佳剪切力/面积对应的最佳USG电流设置。

Au球与Al焊盘的焊接相对简单：最佳USG条件设定为焊球剪切力最大，同时仍满足焊球尺寸规格。另一方面，由于高剪切力导致的焊盘损坏，Cu焊球与Al焊盘的结合更加具有挑战性。为了得到最大剪切力而优化的Au线工艺不再适用于Cu线键合。典型的Cu工艺窗口则受到前端工艺IMC较少、球升力(ball lift)较低及后端工艺中焊盘剥落、Al飞溅和裂纹的限制。Cu球键合工艺开发通常需要仔细的工艺设计和优化更多数量的工艺参数，这通常是耗时且具有挑战性的。最新的Cu特定工艺，例如ProCu工艺，简化了Cu球键合工艺的开发，提供了更多的IMC、更少的飞溅，并有效地消除了裂纹。这种类型的过程是响应驱动的，其中用户指定例如目标焊球直径等期望的响应，然后过程模型就会自动计算最佳参数设置。过程工程师可以微调参数，这样他们仍然可以完全控制以优化键合工艺参数[15~17]。

Ag线工艺开发的复杂性介于Au和Cu之间。由于Ag合金线比Al焊盘更硬，因此Ag线存在Cu线的大部分工艺问题，例如Al飞溅、焊盘剥落和介电裂纹。为了简化Ag线工艺，优化并提高工艺能力，新的针对于Ag的特定工艺(如ProAg工艺)已开发出来[17]。

19.3.3 第二键合工艺

在第一键合完成后，陶瓷劈刀移动到第二键合位置以形成第二键合。第二键合由针脚键合和尾键组成。图19.12显示了第二键合，其中尾键仍附着在针脚键合上[1]。针脚键合强度可以通过拉伸测试来测量。在形成第二键合之后，尾键立即断开。因此，在器件已经键合之后很难评估尾键强度。尾键强度对于稳定的第二键合工艺是至关重要的。当尾键强度太低时，可能出现短尾。在更先进的键合机上，可以使用尾拉测试(tail pull test)软件。它使用Z轴伺服来测量尾键的断裂强度，是评估尾键完整性的有用工具[18]。图19.12还显示了与陶瓷劈刀几何形状相关的针脚键合和尾键。针脚键合主要受陶瓷劈刀外部特征的影响，例如陶瓷劈刀尖端、面角和外半径。尾键主要受陶瓷劈刀内部特征的影响，例如陶瓷劈刀的孔直径、倒角直径和内倒角。

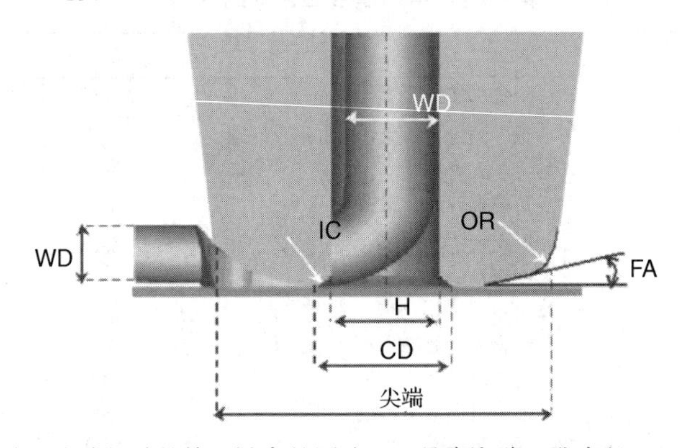

图19.12 与陶瓷劈刀尺寸相关的第二键合的图片。H是陶瓷劈刀孔直径，CD是倒角直径，OR是陶瓷劈刀外半径，FA是陶瓷劈刀底部面角，IC代表内倒角，WD是焊线直径

热超声键合工艺是第一键合中最常用的方法，该方法也广泛用于第二键合工艺。与第一键合工艺不同，非超声波工艺在第二键合中更常见，特别是对于引线框架和QFN器件尤其如此。非超声波过程包括热压缩过程和热擦洗过程。使用热压缩过程，仅施加热量和法向作用力。该过程可用于易于键合的材料。在热擦洗过程中，第二键合工艺通常使用热量、法向力和XY工作台擦洗运动来完成。与超声波擦洗相比，XY工作台擦洗频率低得多但幅度更高。超声波擦洗幅度在十分

之一微米的量级，XY 工作台擦洗幅度要高一个量级，为几微米。XY 工作台擦洗频率低得多，比如100～200 Hz而不是用于超声波擦洗的60～120 kHz频率。工艺过程中之所以使用非超声波处理，主要是因为许多引线框架和 QFN 器件上的针脚键合位置对超声波振动敏感。在施加超声能量时，我们已经观察到严重的共振，这可能导致不稳定的键合工艺和错误的键合。为了避免这种问题，通常工艺中使用没有超声波振动的过程[19]。由于频率较低，热擦洗过程通常比热超声过程慢。

对于第二键合，质量检测的内容包括拉伸实验后的针脚键合强度、尾键强度和键合保持的情况。键合拉伸强度是第二键合的主要测量参数。拉力测试可以在焊线的不同位置进行。球颈区域(ball neck region)的拉力测试通常用于评估第一键合强度。针脚键合附近(第二键合)的拉力测试是评估第二键合强度的最佳拉力测试方法。有时难以将拉力测试钩定位在第二键合附近。中跨拉力测试(mid span pull)也可用于评估第二键合。

可接受的拉伸强度取决于焊线类型和焊线直径。它还取决于焊线的几何形状，例如焊线长度、环线高度和芯片高度。例如，即使键合强度非常高，低环、非常长的焊线跨度所体现出的拉伸强度也会非常低。拉力测试的断裂模式也很重要。对于断裂模式，如果断裂在钩子位置处、在球颈处和在具有高断裂载荷的第二键合针脚附近，则表示第一和第二键合的强度很好。拉力测试期间的球升和焊盘剥离等现象表示第一键合存在问题。第二键合的脱落是第二键合不牢的体现。低强度的球颈断裂表示颈部损伤，这可能是不良的焊接循环造成的。

第二键合优化主要包括优化键合力和擦洗幅度。对于超声波处理，擦洗幅度由 USG 电流参数控制。对于使用 XY 工作台擦洗的热擦洗工艺，擦洗幅度是 XY 工作台的运动幅度。

影响键合的重要因素是扩散和冷焊[19]。目前冷焊已经得到了广泛的研究，相关结果已经表明，成功的冷焊需要在界面处产生一定量的塑性变形[20,21]。而超声波擦洗和 XY 工作台擦洗均可在电线和引线界面处提供塑性变形。对于第二键合工艺，选择工艺的类型是第一步。对于在诸如 BGA 条带的刚性基板上的键合，热超声处理仍然是非常普遍的。对于因为设备顺应性而导致引线指移动的许多应用，超声波处理易于产生共振问题。表擦洗通常用于避免共振问题及为键合表面提供大的塑性变形[19]。

19.3.4　焊环工艺

焊环连接了第一键合和第二键合。通过陶瓷劈刀的一系列环装运动，焊环才能得以实现，而这些运动是由引线键合机软件和伺服控制器控制的。每个动作的精确执行将保证焊环的可重复性。

焊环的几个例子在图 19.13 和图 19.14 示出。图 19.13 显示了一个简单的环形轮廓，在球焊附近有一个弯曲，这个弯曲称为扭结弯曲，此时的高度为扭结高度。单弯曲环也称为“标准”焊环，它可用于更短的线长。更复杂的焊环轮廓可以有多个弯曲。图 19.14 显示了一个带有两个弯曲的焊环，一个靠近球焊处的扭结弯曲和一个在导线跨度的 50%的第二个弯曲。第二个弯曲称为跨度弯曲，此时的高度为跨度高度。双弯曲环也称为“工作”焊环；它可用于更长的焊线跨度和更高的焊环。

图 19.13　带一个扭结弯曲的单弯曲环示意图(标准焊环)

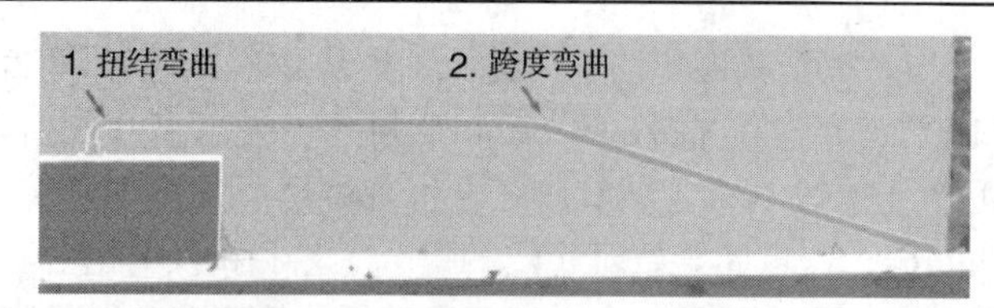

图 19.14 带扭结弯曲和跨度弯曲的双弯曲环示意图(工作焊环)

可以在引线键合机上进行编程来实现更复杂的焊环以满足特殊设计要求，例如超低焊环、管芯到管芯的焊环及 SMT 元件上的焊环。当设计要求侧弯曲线以获得足够的空间时，也可以基于编程对焊线进行横向弯曲。最先进的焊环可以在焊接过程中形成多达 10 个弯曲，并且每个运动都有精细控制。关于复杂焊环的更详细讨论可以在参考文献[2, 22]中找到。图 19.15 显示了不同焊环轮廓的几个例子。

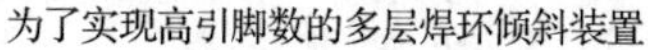
为了实现高引脚数的多层焊环倾斜装置

用于堆叠封装的管芯–管芯之间的键合

图 19.15 用于不同应用的多种弯曲环示意图

焊环的关键性能指标是焊环高度和焊线直线度测量。焊环高度为环的最大高度，通常位于扭结弯曲位置(见图 19.13)。在大多数情况下，焊环高度是扭结高度。如果由于需要足够大的空隙，例如当焊环需要避开其他组件(如 SMT 或芯片边缘)时，需要控制跨度弯曲位置(span bend location)，则测量跨度高度。可以沿着焊线在不同位置测量焊线直线度。引线倾斜度为扭结弯曲处的离轴距离，引线摆动为沿引线的最大离轴距离，通常在跨度弯曲处。对于引线之间有足够空间的封装，通常不需要严格的焊环测量。对于多数引线键合封装，粗略测量焊环高度，目视检查焊环的形状、焊环之间是否存在干扰及焊环是否损坏就足够了。对于细间距器件，为了防止导线短路，焊线直线度通常要求较为严格。对于此类结构，应测量焊线倾斜度和摆动情况。具有两种不同的焊线直线度的原因是第一键合附近的线间距较小。通常，芯片上第一键合的间距比基板上针脚键的间距更小。因此，倾斜度规格通常比摆动规格更严格。对于那些对焊环高度有严格要求的封装，例如超低高度的焊环和高密度多层应用，需要严格控制焊环的高度和形貌。在这些应用中，需要测量焊环高度，例如扭结高度和跨度高度等参数(见表 19.2)。

表 19.2 焊环的测量方法

测　量	测量内容	测量方法
焊环高度	主要高度测量 在焊环的最高点或扭结处测量	光学范围或键合机测量
跨度高度	二次高度测量 在跨度位置测量	光学范围或键合机测量
焊环形貌	焊环的整体形貌	键合机测量，光学范围或 SEM 测量
倾斜度	焊线直线度测量 测量扭结位置的离轴距离	光学范围或键合机测量
摆动	焊线测量 测量最大离轴距离	光学范围或键合机测量
颈部受损情况	检查球颈区域的任何视觉损伤	SEM 测量或拉伸测试

19.4　结论和展望

引线键合是一项成熟的技术。利用这项技术，每年可生产超过 10 万亿个器件。新技术可以进一步降低成本和提供更多功能，延长引线键合的技术寿命。为了降低成本，应考虑其他的替代焊线，例如 PdCu 线、Cu 合金线、Ag 合金线，以及低成本基板技术，如预镀层(pre-plated finish，PPF) QFN。先进的设备和工艺技术可确保可靠而快速的键合工艺，从而有助于节省材料成本。对于具有复杂焊环要求的先进工艺节点的芯片，3D 焊环工具可以帮助缩短设计周期，减少重新设计的成本，并提高引线键合良率，从而以更低的成本实现更复杂的先进工艺节点的引线键合。

19.5　参考文献

1. Jeffrey Rodengen, "50 years of Innovation: Kulicke and Soffa," Write Stuff Syndicate, 2012.

2. I. Qin, B. Milton, G. Schulze, C. Huynh, B. Chylak, and N. Wong, "Wire Bonding Looping Solutions for Advanced High Pin Count Devices," 66th Electronic Components and Technology Conference, pp. 614–621, IEEE, 2016.

3. I. Qin, "Advances in Wire Bonding to Lower the Cost of Interconnect," *Chip Scale Reviews*, Nov./Dec. issue, pp. 26–29, 2015.

4. Wei (Ivy) Qin, I. M. Cohen, and P. S. Ayyaswamy, "Fixed Wand Electronic Flame Off for Ball Formation in the Wire Bonding Process," *Journal of Electronic Packaging*, 116 (3): 212–219, 1994.

5. Wei (Ivy) Qin, P. S. Ayyaswamy, and I. M. Cohen, "Ball Formation from Deformed Wire End in Wire Bonding Process," *Thermal Processing of Materials: Thermo-Mechanics Control, and Composites*, HTD Vol. 289, Ed.: V. Prasad, et. al., Published by the ASME, New York, 107−115, 1994.

6. Wei (Ivy) Qin, I. M. Cohen, and P. S. Ayyaswamy, "Ball size and HAZ as Functions of EFO Parameters for Gold Bonding Wire," *Proceedings of the Pacific Rim/ASME International Intersociety Electronic and Photonic Packaging Conference*. American Society of Mechanical Engineers, New York, pp. 391−398, 1997.

7. A. Shah et al., "Advanced Wire Bonding Technology for Ag Wire," Electronic Packaging Technology Conference, IEEE, Singapore, Dec. 2015.

8. B. Langenecker, "Effects of Ultrasound on Deformation Characteristics of Metals," *IEEE Transactions on Sonics and Ultrasonics*, Vol. SU-13,1, Mar. 1966.

9. L. Levine, "The Ultrasonic Wedge Bonding Mechanism: Two Theories Converge," ISHM, pp. 242–246, 1995.

10. G. Harman, *Wire Bonding in Microelectronics*, 2d ed., McGraw-Hill, New York, pp. 23–26, 1997.

11. Bob Chylak, Ivy Wei Qin, and Jim Eder, "Achieve Optimal Wire Bonding Performance through Ultrasonic System Improvement," Semiconductor Singapore Technical Conference, SEMI Singapore, 2004.

12. T. Uno, S. Terashima, and T. Yamada, "Surface-Enhanced Copper Bonding Wire for LSI," Electronic Components and Technology Conference, pp. 1486–1495, 2009.

13. H. Abe, "Reliability Evaluation of Copper Wire Package," SEMICON Japan, Tokyo, Dec. 2010.

14. I. Qin et al., "Ball Bond Process Optimization with Cu and Pd-Coated Cu Wire," ECS Transactions–CSTIC, Vol. 44, Packaging and Assembly, 2012.

15. I. Qin et al., "Process Optimization and Reliability Study for Cu Wire Bonding Advanced Nodes," 64th

Electronic Components and Technology Conference,IEEE, 2014.

16. I. Singh et al., “Pd-Coated Cu Wire Bonding Reliability Requirement for Device Design, Process Optimization and Testing,” 45th International Symposium on Microelectronics IMAPS, San Diego, Sep. 2012.

17. I. Qin, A. Shah, H. Xu, B. Chylak, and N. Wong, “Advances in Wire Bonding Technology for Different Bonding Wire Material,” 48th International Symposium on Microelectronics, IMAPS Conference, Orlando, Oct. 2015.

18. I. Qin et al., “Wire Bonding of Cu and Pd-Coated Cu Wire: Bondability, Reliability, and IMC Formation,” 61st Electronic Components and Technology Conference, IEEE, 2011.

19. A. Rezvani et al., “Stitch Bond Process of Pd-Coated Cu Wire: Experimental and Numerical Studies of Process Parameters and Materials,” 46th International Symposium on Microelectronics IMAPS, Orlando, Oct. 2013.

20. Bay, Niels. “Mechanisms Producing Metallic Bonds in Cold Welding,” *Welding J.,* 62 (5): 137, 1983.

21. Li, Long, Kotobu Nagai, and Fuxing Yin, “Progress in Cold Roll Bonding of Metals,” *Science and Technology of Advanced Materials*, 9 (2): 023001, 2008.

22. Stephen Babinetz and James Loftin, “Looping Challenges in Next Generation Packaging,” Advanced Packaging Technology Symposium, SEMICON Singapore, Singapore, 2001.

第 20 章　互连的可靠性

本章作者：Roey Shaviv　Applied Materials
本章译者：郭炜　叶继春　中国科学院宁波材料技术与工程研究所

20.1　引言

20.1.1　基础概念

可靠性(reliability)指的是在特定的时间段内一直保持执行指定任务的能力。因此，可靠性测试就是测量某一给定操作随着时间的推移变化产生相同结果的程度。如果测试对象无法带来指定的结果，则可称之为可靠性失效。

对于互连，指定的任务是将电信号从 A 点传送到 B 点。根据一定的物理定律，我们可以获知 B 点处相对于 A 点(输入信号处)的预期信号。因此，如果有特定的电流从这两个点之间通过，带来的电压降是可以测量出来，该电压降正比于导体的电阻。同理，如果给定 A 点和 B 点之间电压降，则电流的大小由介质的电阻所决定。

简单地说，互连是由导体和将它们分开的绝缘体构成的。而两者都需具有一定的稳定性，随着时间的推移，导体的电导率及绝缘体的高电阻率应保持稳定。因此，互连系统的可靠性就是由导体的导电率及绝缘体的电阻率的稳定性所决定的。这样，可靠性失效可以定义为导体的电导率或者绝缘体的电阻率的改变超过了最大允许的变化范围。

其实，设计一个可靠性评估的测试并不难。对于导体来说，可以设计一个典型的互连测试结构并测量其电导率随时间的变化。具体来说，就是在特定的电路上输入已知的电流并测量该电路上的电压降。根据公式 $R \equiv V / I$(其中 R 指的是电阻，V 指的是电压降，I 指的是电流)，可得到该时间点的电阻。据此监测电阻的大小，可以得到电阻随时间的变化曲线。至于可靠性失效，则可定义为当电阻增加或者减小程度超过了某一特定的值，通常是 10%或 20%。同理。对于绝缘体的可靠性测试，可以设定一个典型的测试结构，通常选择电容器，保持电容器两边电压不变，监测电流随时间的变化。虽然这两种方法不同，但在大多数情况下，操作原理是相似的。

20.1.2　要求和标准

通常情况下，要求产品的使用寿命至少为十年。而航空、安全零件、军用零件、太空作业等应用领域会有更严格的要求，但按照经验来说，一般是十年使用寿命。然而，这是一个模糊的标准，因为尚不清楚“运作 10 年”真正意味着什么，又是以何种状态在运作。因此，应该有一个更详细的定义，并有一个明确的标准去评判它。这样就可以对可靠性的程度进行定量评估，并了解其所涉及的统计数据。

由电子器件工程联合委员会(Joint Electron Device Engineering Council，JEDEC)发布的用于微电子产业的可靠性标准得到了普遍接受[1]。其中规定了可接受的使用寿命和操作条件。例如，对电迁移，要求有 100 000 小时的寿命[2]。此外，该标准还规定了在该寿命条件下可接受的故障率和工作条件。

很显然，可靠性测试不能真花费 10 万小时(约 11 年)去进行测试。需要及时进行明确的可靠性评估，以确定该产品在产品发布时是否可投入市场。因此，可靠性加速实验是必需的。首先，需要建立失效模式的物理模型，一旦确定了影响失效模式的物理参数，测试人员就可以更改该参数，从而以更快的速度导致失效。其次，需要建立失效模式的统计模型，即建立一个测试样本，以便能够在加速条件下获得失效的统计数据。一旦建立了物理和统计模型，就可以进行预期寿命的计算。

互连通常表现出三种失效模式：电迁移、应力迁移和介质击穿。在接下来的部分我们将回顾这三种失效模式及控制这三种失效模式的物理学和统计学知识。

20.2 电迁移

电迁移是电荷载流子与导体之间动量传递的一种物理现象。在某种程度上，它类似于侵蚀过程，水在坚硬的岩石上流动，渐渐会形成宽大的沟槽。电迁移于 1966 年被 I. A. Blech 和 H. Sello 认定为是互连失效的一种机制[3]。互连的导体是一种金属，通常是 Cu 或 Al，电荷载流子是电子。当电子通过导体介质时，它们会与静止的金属原子发生碰撞，将部分动量传递给原子。累积的动量使金属原子往电子流动的方向漂移，与电流的方向相反。随着时间的推移，金属原子的漂移会导致导体原子在阳极聚集，而在阴极形成空隙。最终，空隙会产生一条高电阻路径，甚至在阴极或其附近产生断路，从而导致失效。因此，漂移速度将控制空隙形成的动力学过程，进而决定互连预期的寿命[4]。

目前，人们对电迁移的物理原理有着很好的理解。由电迁移导致的失效时间可以用 Black 方程预测[5]：

$$t_{50} = Aj^{-2}\mathrm{e}^{\frac{E_a}{kT}} \tag{20.1}$$

其中，t_{50} 是平均失效时间，j 为电流密度，E_a 为激活能，k 是玻尔兹曼常数，T 是温度。而 A 是一个常数，由材料性能、成键强度、原子质量、界面和晶界特性、离子散射、电阻率、电子平均自由程和碰撞之间的平均时间所决定。A 通常是由实验确定的，因为它与产品结构和所用材料有关。电迁移导致的失效时间遵循对数正态分布，这样可以直接确定出平均失效时间(t_{50})及其标准差 σ 的大小。激活能可由 $\ln(t_{50})$ 与 $(kT)^{-1}$ 的 Arrhenius 曲线的斜率确定，如图 20.1(a)所示[6]。Black 方程假定了 t_{50} 和电流密度之间存在 $1/j^2$ 关系。而最近有研究鉴于在和空隙生长相关的失效机制中发现 $1/j^1$ 的依赖关系，证实了在空隙形成的失效模式中存在 $1/j^1$ 关系[7]。实际上，这两种机制同时工作，因此，式(20.1)可改写为

$$t_{50} = Aj^{-n}\mathrm{e}^{\frac{E_a}{kT}} \tag{20.2}$$

其中 n 表示“电流加速系数”，大小介于 1 和 2 之间。在给定的温度下，$\ln(t_{50})$ 和 $\ln(j)$ 的关系曲线的斜率即为 n，如图 20.1(b)所示[6]。

金属中金属原子的漂移速度可以表示为[8]

$$v_d = \frac{D_{eff}}{kT} Z_{eff}^* \quad e\rho j \tag{20.3}$$

其中，D_{eff} 是有效扩散系数，Z_{eff}^* 是有效电荷数，k 是玻尔兹曼常数，T 是温度，ρ 是电阻率，j 是电流密度。对于典型的铜互连，有 4 条不同的扩散路径，从而有 4 种不同的漂移速度：(1)沿着 Cu 金属和金属阻挡层之间的界面漂移，金属阻挡层通常是 Ta、TaN 或 Co 衬垫；(2)沿 Cu 金属与

介电扩散阻挡层的界面漂移，通常是 SiC 或 SiCN；(3)沿晶界漂移；(4)在铜金属块中漂移。因此，在铜电迁移失效中存在 4 种不同的激活能，这些激活能与上述 4 条路径上的漂移速度有关。Sullivan 报道过 Cu 块的激活能为 2.1 eV[9]；Park 和 Vook 测量的 Cu 导体的激活能为 0.79 eV[10]；C.-K. Hu 等人报道其激活能在 0.7～1.2 eV 之间[11]，而后又有人报道为 0.91～0.96 eV 之间[6]。已报道的激活能范围的差距如此之大，正是与前文所强调的由 Fischer 等人描述的 4 条不同的原子漂移路径有关[12]。同时，Fischer 等人证实了 Sullivan[8]报道过的 Cu 块的激活能，并确定了电介质扩散阻挡层或者覆盖层和 Cu 导体之间的界面为电迁移弱界面，激活能为 0.8～0.9 eV。Li 等人发表了一项关于电迁移相关失效机制的综合研究[13]。Lane 等人探究了覆盖层与 Cu 的黏附性、空隙生长速率和激活能之间的关系[14]。因此，铜互连电迁移的主导因素是导电金属的完整性和包覆铜互连的覆盖层。Oates 在参考文献[4]中对提高金属原子漂移速度的方法进行了回顾。

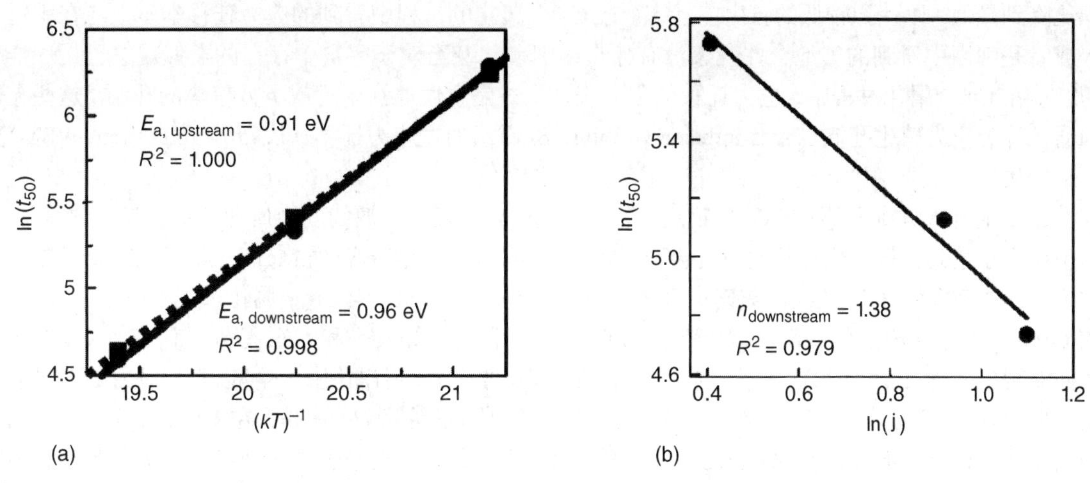

图 20.1　(a)激活能的确定：$\ln(t_{50})$和$(kT)^{-1}$的关系曲线，激活能即为该曲线的斜率；(b)电流加速系数的确定：$\ln(t_{50})$和 $\ln(j)$的关系曲线，电流加速系数即为该曲线的斜率

最近的研究表明，电迁移寿命也在很大程度上取决于导体的尺寸[15]。随着技术的发展，导线的尺寸遵循摩尔定律而逐渐减小，更小尺寸的空隙也可能导致电迁移也变得至关重要。Christiansen 等人探讨了解决这一问题的一些方法[16]，发现如图 20.2 所示，Co 覆盖层或者是对 Cu 导体进行 Mn 掺杂能显著增加激活能，进而增加电迁移寿命。现代生产技术已采用上述方法来抑制电迁移失效机制。其他方法比如 Al 掺杂[17]、等离子体自对准势垒[6, 18]也能起到相同的作用。

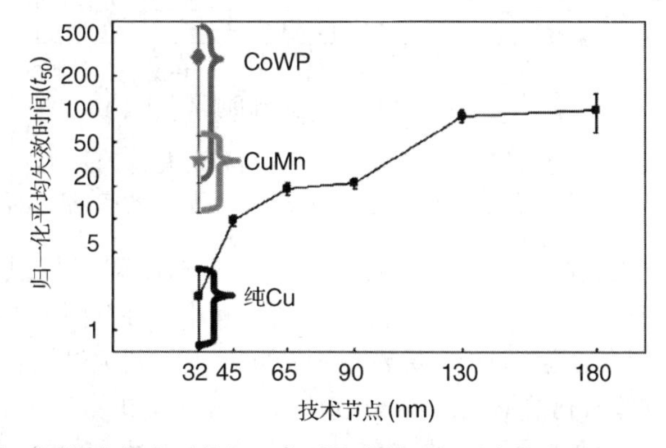

图 20.2　六代不同技术节点下的归一化平均失效时间。方块表示纯 Cu，菱形表示有 CoWP 覆盖层的 Cu，五角星表示 Mn 掺杂之后的 Cu(经许可转载)[15]

短导线的电迁移[4, 19]和在交流电流下或者脉冲直流[20, 21]下的电迁移得到了广泛的关注，以寻求 22 nm 甚至更小节点工艺下的应用。结果表明，在交流或脉冲直流条件下，电迁移的机制与上述纯直流条件下的电迁移机制相同。因此，只有脉冲直流处于接通情况下的时间会影响寿命。由于大多数设备不只是在直流条件下工作，因此脉冲直流中断的时间段在一定程度上可以说延长了寿命。随着 14 nm 制造技术的发展，短程效应逐渐成为人们关注的焦点，其机制与缺陷密度和 Cu 上的覆盖层有关。控制这些失效模式对于保持制造技术能沿摩尔定律发展至关重要。

20.3 应力迁移

应力迁移是一种物理现象，源于孔洞具有合并的趋势，这种趋势使得表面张力和表面积与体积比降到最低，以达到较低的自由能状态。在 Cu 金属化的过程中看到的应力迁移本质上与在肥皂水或者是啤酒中看到的气泡合并现象没有什么区别[22]，甚至对于宇宙中存在的类似现象也是一样的[23]。在 Cu 金属化过程中，应力迁移的主要表现形式是金属通孔附近或下方聚集的孔洞。这些孔洞通常称为应力感生孔洞(stress-induced voiding，SIV)或通过应力迁移(via stress migration，VSM)导致的失效。

Ogawa 等人详细介绍了 SIV 的物理特性[24]。观察到连接宽金属线的金属通孔更容易导致 SIV。当空位大小达到扩散激活体积时，就会开始扩散和聚集。蠕变速率遵循 McPherson 和 Dunn[25]提出的模型，在 190℃左右时孔洞形成速率最大[24]。如图 20.3 所示，SIV 与 Cu 金属化过程中电镀铜(ECD)和 CMP 这两个步骤之间的温度调控有很强的相关性。Alers 等人[26]和 Gan 等人[27]研究了 Cu 的应力回滞现象。图 20.4 中给出了一组典型的未钝化 Cu 的应力回滞曲线[27]，可以看到应力随着温度的降低而减小，这是因为 Cu 的热膨胀系数大于 Si 的热膨胀系数[28]。但是，在 190℃左右，应力回滞曲线变平，应力不再是温度的函数。这是因为 Cu 金属的塑性变形补偿了热膨胀系数的差异，使应力几乎保持不变。值得注意的是，塑性变形开始的温度与 Ogawa 等人发现最大蠕变和孔洞形成速率时的温度是一致的[24]。

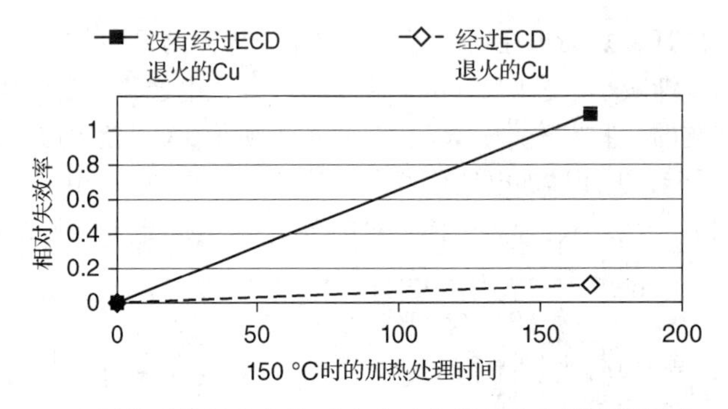

图 20.3 Cu 金属化时的温度条件对应力迁移所致的失效率的影响。在 ECD 和 CMP 之间进行 150℃退火，可显著降低失效率(经许可转载)[24]

因此，我们发现在预先存在空位、温度足以让空位扩散却不足以使塑性变形发生的条件下，金属普遍存在 SIV 现象。由于通孔在刻蚀和随后的加工过程中会在其附近或者下方形成金属微孔，因此空隙会在此聚集，使得在通道附近产生足够的空位密度，导致退火过程中的空位扩散和聚集[24]。在加工过程中尽量减少这些微孔的形成，是减缓应力迁移下失效的方法。能达到这种目的的一种方法是改善在通孔周围的 PVD 金属阻挡层和前一层 Cu 金属之间的界面，并且 Alers[26]和 Shaviv 等人[6]也证实了这一点。

Lee 和 Oates[29]报道了压力迁移模式的第二种表现形式，他们发现在同一工艺层 Cu 垫板附近非常窄的互连 Cu 线中形成了空洞，而非在通道附近。这种失效模式的形成机制与在大量 Cu 储层和窄线、宽线交点附近之间形成的应力梯度有关。这就产生了一种力，把金属从窄线中拉出来，进入更宽的金属储层，实际上破坏了窄线。人们发现这一现象与金属阻挡层的性质有关，对该阻挡层进行调整可以解决这一问题。

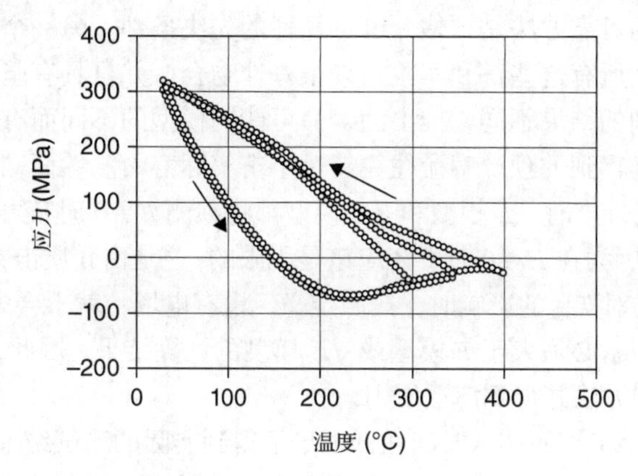

图 20.4　未钝化 Cu 的应力回滞曲线。200～300℃之间平坦的应力是塑性形变的一个有力说明。冷却后，拉伸应力增加。该薄膜退火后的应力约为 300 MPa(经许可转载)[27]

由于所有的应力迁移现象都需要大量的金属储层存在，从而提供所谓的“有效扩散体积”，因此较薄的铜不太容易受压力迁移的影响[26]。此外，通过冗余可以降低失效的概率。通常情况下是不需要冗余的，因为它需要额外的空间。然而，由于应力迁移仅在大量金属储层或其附近发现，因此增加冗余也可以实现应力迁移。随着技术的进步，金属厚度在每一次技术变革时都会减少。因此，通过使用较薄的 Cu 并包含冗余，设计更高效的节点可以减小应力迁移发生的概率。

20.4　介质击穿

本章引言中提到，一个典型的互连由导体和隔离它们的绝缘体组成。虽然大多数“活动”发生在导体内部，但我们永远不能忽视绝缘体，因为它们构成了互连的机械基础结构及在导体之间提供必要的隔离，如果没有它们，就会发生短路现象。

经历过打雷的每个人都应该熟悉介质击穿现象。积雨云中电荷的积累产生了很强的电场。静电放电是常见的闪电和雷电现象，它是由绝缘空气的介质击穿引起的，最终中和强电场。原则上，闪电和雷电中的介质击穿与互连中的介质击穿没有根本的区别。在这两种情况下，跨越绝缘体的电场导致介电特性的灾难性破坏，并形成导电通道，中和电场。固态绝缘体和液体或气体绝缘体之间的一个显著区别是，在固态下，击穿通常是不可逆的。

介质击穿的物理研究已有近一个世纪之久。然而，人们对这一现象的基本认识还不全面。Schottky 于 1923 年提出了冷和热电子放电理论[30]。1928 年，Fowler 和 Nordheim 提出了一个适用于强电场中电子发射的模型[31]。这种现象常称为 Fowler-Nordheim 传导，并导致介质击穿的电流驱动机制，从而导致 $1/E$ 和 $\ln(t_{BD})$之间的线性关系。其中 E 和 t_{BD} 分别是电场和击穿时间[32]，这个模型称为“$1/E$ 模型”。McPherson 和 Mogul 提出了另一种解释集成电路介质击穿的热化学模型[33]。这个模型通常称为“E 模型”，击穿时间(t_{BD})随电场 E 呈指数下降。另一个模型，通常称为“$\sqrt{E}$ 模型”，是由 Chen 等人提出的[34]，他发现 t_{BD} 随 $\sqrt{E}$ 呈指数下降。Ernest 等人研究并提出了一个幂律型依赖关系，也就是$t_{BD} \propto A^{-1/\beta}$，其中$A$是电容器的面积，$\beta$是Weibull形状参数[35]。Haase等人提出了另一个E和t_{BD}关系的模型[36]。不禁有人想问，为什么尽管在介质击穿方面做了大量的工作，但到目前为止人们还没有就物理问题达成共识?

关键的难点在于，虽然t_{BD}是在低电场的操作条件下进行的，但测试必须在高电场下进行。在低电场下进行测试是不切实际的，因为它的寿命将超过测试人员的寿命。因此，从高电场测试外推到低电场以预测寿命的可靠方法是评估介电可靠性的先决条件。另一个困难是，在高电场情况下，上述模型基本一致。所有这些都和实验结果很好地吻合，并且具有坚实的物理基础。在低电场情况下，不同模型得到的结果不同，推出的寿命可能因模型的不同而有数量级的变化。本章作者和其他人发现这些外推得到的预计寿命往往超过宇宙实际寿命。然而，仔细观察上面描述的模型就会发现，在向低电场外推时，E模型和$\sqrt{E}$模型都将预测$E=0$时其寿命是有限的。这种预测是不符合物理学规律的，因为在$E=0$时寿命应该是无限的，这是由介质击穿现象的定义所决定的。简单地说，实验测量电场对T_{BD}的影响时，按照定义，没有电场，就不会失效，也就是t_{BD}为无限的。因此，在低电场下，t_{BD}必须大于E模型或$\sqrt{E}$模型的计算结果。因此，这两种模型为计算t_{BD}的下限提供了一种方便的方法并得到广泛使用。

近年来，Croes等人用很长的测试时间在低电场下得到实际的测试结果，以求探究出低电场下t_{BD}与E的实际关系[37]。往后延伸数年的实验结果如图20.5所示。结果表明，在高电场下，所有模型都汇聚于一点。然而，在低电场下，当实验t_{BD}达到几个月甚至几年时，理论和实验之间拟合得较好的是由Lloyd等人提出的幂律模型和冲击损伤模型，它们是$\sqrt{E}$和$1/E$模型的结合[38]。这个模型特别有趣，因为它假定击穿与电子能阈值有关，与材料性质有关，也与电子行为的统计数据有关。幂律模型和冲击损伤模型预测的t_{BD}比常用的E模型或$\sqrt{E}$模型预测的寿命要长。

什么会影响t_{BD}，如何延长t_{BD}? 所有模型都表明电场与t_{BD}有很强的相关性。因此，控制电场应该是最直接的方法。根据Haase报道，在给定的工作电位下，电场与图案的控制相关，特别是临界尺寸(critical dimensions，CD)和线边粗糙度。因此，良好的CD控制和减小线边粗糙度是防止介质击穿失效的有效办法[36]。

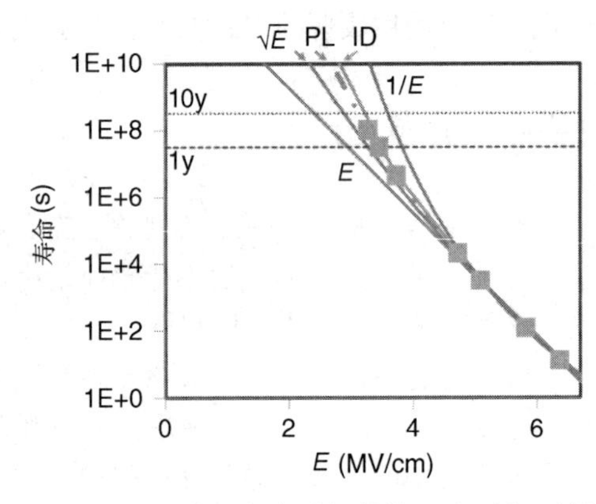

图 20.5 由实际实验时间外推一段时间后得到的低电场测试下的实验结果及不同模型下t_{BD}与电场关系的差异[37]

Alers确定了介质击穿的三种机制[39]：分别是金属阻挡层的破坏、沿电介质阻挡层和低k值介电材料层的黏附失效和电介质阻挡层的破坏这三种形式。因此，第二种方法是保证阻挡层对铜的完整包覆[40]。弱阻挡层更容易破坏，导致击穿场较低，或在给定场下t_{BD}较短。同样，不同的电介质阻挡层之间，特别是电介质扩散阻挡层和在电路中的低k值电介质阻挡层之间的良好附着力对延长t_{BD}至关重要[41]。此外，必须保证介电质扩散阻挡层的足够完整性来维持电场并防止介质击穿。

20.5 结论

没有人愿意在买了一件新的产品之后不久产品就坏了。我们都期望一个新的产品能在足够长时间内实现其指定的功能。因此，可靠性是产品规范不可分割的一部分。不可靠的产品在市场上永远不会成功。为了获得可靠的产品，构成产品的所有要素都必须是可靠的。在现实生活中，链条总是断在最薄弱环节。

本章中我们仔细探讨了集成电路互连的可靠性。我们研究了可靠性的要求和标准，然后分析了失效的原因。其中考虑了三种失效模式：电迁移、应力迁移和介质击穿。我们研究了这些现象的物理机理和可用于描述它们的模型，并且研究了抑制它们的方法，以延长产品寿命。

电迁移是由电荷载流子(通常是电子)在电流传导过程中与金属原子的动量传递引起的。在该模式下失效时间受材料特性、电流密度和温度的影响，如式(20.2)所示，即

$$t_{50} = Aj^{-n}e^{\frac{E_a}{kT}}$$

因此，对于一定的电流密度和材料特性，激活能越高，电迁移现象越小。我们讨论了获得高激活能的方法。

应力迁移是蠕变和空位聚集的结果。结果表明，在 200℃附近，铜金属化过程中应力迁移最快。研究还发现，应力迁移与金属导体的设计、厚度和宽度有关。因此，避免应力迁移的最佳方法是建立设计规则，以避免设计出应力迁移敏感结构，并在需要时增加冗余。只有这样做，应力迁移才可以得到一定程度的抑制。

介质击穿受材料特性和电场的影响。介质击穿的物理机制还没有完全建立起来。然而，由于所有的主要物理模型都与高电场下的实验结果很好地吻合，因此设计一种加速测试的方法及建立由高压至低压的合理外推方法看起来比较容易实现。研究发现，通过保持良好的 CD 控制，减小线边粗糙度，用高完整性的电介质和金属阻挡层包覆铜导体，以及保证所有界面上良好的附着力，才能减轻介质击穿带来的影响。

下面提供了一些参考资料。以鼓励读者通过进一步阅读来探索这一主题。

20.6　参考文献

1. See http://www.jedec.org/. Reliability standards are in http://www.jedec.org/standards-documents/results/reliability.

2. JEDEC/FSA joint publication. Foundry Process Qualification Guidelines (wafer fabrication manufacturing sites), jp001.01, section 8.1. May 2004.

3. Ilan A. Blech and Harry Sello, “The Failure of Thin Aluminum Current-Carrying Strips on Oxidized Silicon,” IEEE, *Fifth Annual Symposium on the Physics of Failure in Electronics*, Piscataway, NJ, pp. 496–505, 1966.

4. A. S. Oates, “Strategies to ensure electromigration reliability of Cu/Low-k interconnects at 10 nm.” *ECS Journal of Solid State Science and Technology*, 4 (1): N3168–N3176, 2015.

5. James R. Black, “Electromigration—A Brief Survey and Some Recent Results,” *IEEE Transactions on Electron Devices*, 16 (4): 338–347, 1969. James R. Black, “Electromigration Failure Modes in Aluminum Metallization for Semiconductor Devices,” *Proceedings of the IEEE*, 57 (9): 1587–1594, 1969.

6. Roey Shaviv, Sanjay Gopinath, Marcelle Marshall, Tom Mountsier, and Girish Dixit, “A Comprehensive Look at PVD Scaling to Meet the Reliability Requirements of Advanced Technology,” *IEEE International Reliability Physics Symposium*, 2009.

7. R. G. Filippi, P.-C. Wang, A. Brendler, and J. R. Lloyd, “Correlation between a Threshold Failure Time and Void Nucleation for Describing the Bimodal Electromigration Behavior of Copper Interconnects,” *Applied Physics Letters*, 95 (7): 2009 and references 10–19 therein. http://dx.doi.org/10.1063/1.3200233.

8. E. Liniger et al., “In Situ Study of Void Growth Kinetics in Electroplated Cu Lines,” *Journal of Applied*

Physics, 92 (4): 1803–1810, 2002.

9. George A. Sullivan, "Search for Reversal in Copper Electromigration," *Journal of Physics and Chemistry of Solids*, 28 (2): 347–350, 1967.

10. C. W. Park and R. W. Vook, "Activation Energy for Electromigration in Cu Films," *Applied Physics Letters*, 59 (2): 175–177, 1991.

11. C.-K. Hu and B. Luther, "Electromigration in Two-Level Interconnects of Cu and Al Alloys," *Materials Chemistry and Physics*, 41 (1): 1–7, 1995.

12. A. H. Fischer, A. Von Glasow, S. Penka, and F. Ungar, "Electromigration Failure Mechanism Studies on Copper Interconnects," *Interconnect Technology Conference, 2002. Proceedings of the IEEE 2002 International*, pp. 139–141, 2002.

13. Baozhen Li, Timothy D. Sullivan, Tom C. Lee, and Dinesh Badami, "Reliability Challenges for Copper Interconnects," *Microelectronics Reliability*, 44 (3): 365–380, 2004.

14. M. W. Lane, E. G. Liniger, and J. R. Lloyd, "Relationship between Interfacial Adhesion and Electromigration in Cu Metallization," *Journal of Applied Physics*, 93 (3): 1417–1421, 2003.

15. C.-K. Hu, D. Canaperi, S. T. Chen, L. M. Gignac, B. Herbst, S. Kaldor, M. Krishnan et al., "Effects of Overlayers on Electromigration Reliability Improvement for Cu/Low k Interconnects," *Reliability Physics Symposium Proceedings, 2004. 42nd Annual. 2004 IEEE International*, pp. 222–228, 2004.

16. C. Christiansen, B. Li, M. Angyal, T. Kane, V. McGahay, Y. Y. Wang, and S. Yao, "Electromigration-Resistance Enhancement with CoWP or CuMn for Advanced Cu Interconnects," *Reliability Physics Symposium (IRPS), 2011 IEEE International*, pp. 3E-3, 2001.

17. S. Yokogawa and H. Tsuchiya, "Effects of Al Doping on the Electromigration Performance of Damascene Cu Interconnects," *Journal of Applied Physics*, 101 (1): 013513, 2007.

18. Hui-Jung Wu, Wen Wu, Roey Shaviv, Mandy Sriram, Anshu Pradhan, Kie Jin Park, Jennifer O'Loughlin et al., "Electromigration Improvement for Advanced Technology Nodes," *ECS Transactions*, 18 (1): 269–274, 2009.

19. A. S. Oates and M. H. Lin, "The Impact of Trench Width and Barrier Thickness on Scaling of the Electromigration Short-Length Effect in Cu/Low-k Interconnects," *IEEE International Reliability Physics Symposium (IRPS)*, 2013.

20. Roey Shaviv, Gregory J. Harm, Sangita Kumari, Robert R. Keller, and David T. Read, "Electromigration of Cu Interconnects under AC and DC Test Conditions," *Microelectronic Engineering*, 92: 111–114, 2012.

21. M. H. Lin and A. S. Oates, "AC and Pulsed-DC Stress Electromigration Failure Mechanisms in Cu Interconnects," *IEEE International Interconnect Technology Conference (IITC)*, 2013.

22. Neil E. Shafer and Richard N. Zare, "Through a Beer Glass Darkly," *Physics Today*, 44 (10): 48–52, 1991.

23. R. K. Sheth and R. Van De Weygaert, "A Hierarchy of Voids: Much Ado about Nothing," *Monthly Notices of the Royal Astronomical Society*, 350 (2): 517–538, 2004.

24. E. T. Ogawa, J. W. McPherson, J. A. Rosal, K. J. Dickerson, T.-C. Chiu, L. Y. Tsung, M. K. Jain et al., "Stress-Induced Voiding under Vias Connected to Wide Cu Metal Leads," *IEEE 40th Annual Reliability Physics Symposium Proceedings,* pp. 312–321, 2002.

25. J. W. McPherson and C. F. Dunn, "A Model for Stress-Induced Metal Notching and Voiding in Very Large-Scale-Integrated Al- Si (1%) Metallization," *Journal of Science and Technology*, B5 (5): 1321–1325, 1987.

26. Glenn B. Alers, J. Sukamto, P. Woytowitz, X. Lu, S. Kailasam, and J. Reid, "Stress Migration and the Mechanical Properties of Copper," *Reliability Physics Symposium, 2005. Proceedings. 43rd Annual.* 2005 *IEEE International*, pp. 36–40, 2005.

27. Dongwen Gan, Paul S. Ho, Yaoyu Pang, Rui Huang, Jihperng Leu, Jose Maiz, and Tracey Scherban, "Effect of Passivation on Stress Relaxation in Electroplated Copper Films," *Journal of Materials Research*, 21 (6): 1512–1518, 2006.

28. G. K. White, "Thermal Expansion of Reference Materials: Copper, Silica and Silicon," *Journal of Physics D: Applied Physics*, 6 (17): 2070, 1973.

29. Chang-Chun Lee and Anthony S. Oates, "A New Stress Migration Failure Mode in Highly Scaled Cu/Low-Interconnects," *IEEE Transactions on Device and Materials Reliability*, 12 (2): 529–531, 2012.

30. W. Schottky, "Cold and Hot Electron Discharge," *Z. Phys*, 14: 63, 1923.

31. Ralph Howard Fowler and L. Nordheim, "Electron Emission in Intense Electric Fields," *Proceedings of the Royal Society of London A: Mathematical, Physical and Engineering Sciences*, 119 (781): 173–181, 1928.

32. Ih-Chin Chen, Stephen E. Holland, and Chenming Hu, "Electrical Breakdown in Thin Gate and Tunneling Oxides," *IEEE Journal of Solid-State Circuits*, 20 (1): 333–342, 1985. N. Klein and P. Solomon, "Current Runaway in Insulators Affected by Impact Ionization and Recombination," *Journal of Applied Physics*, 47 (10): 4364, 1976.

33. J. W. McPherson and H. C. Mogul, "Underlying Physics of the Thermochemical E Model in Describing Low-Field Time-Dependent Dielectric Breakdown in SiO_2 Thin Films," *Journal of Applied Physics*, 84 (3): 1513–1523, 1998.

34. F. Chen, O. Bravo, K. Chanda, P. McLaughlin, T. Sullivan, J. Gill, J. Lloyd et al., "A Comprehensive Study of Low-k SiCOH TDDB Phenomena and Its Reliability Lifetime Model Development," *44th Annual Reliability Physics Symposium Proceedings, IEEE International*, pp. 46–53, 2006.

35. Ernest Y. Wu, A. Vayshenker, E. Nowak, J. Sune, R.-P. Vollertsen, W. Lai, and D. Harmon, "Experimental Evidence of TBD Power-Law for Voltage Dependence of Oxide Breakdown in Ultrathin Gate Oxides," *IEEE Transactions on Electron Devices*, 49 (12): 2244–2253, 2002.

36. Gaddi S. Haase and Joe W. McPherson, "Modeling of Interconnect Dielectric Lifetime under Stress Conditions and New Extrapolation Methodologies for Time-Dependent Dielectric Breakdown," *Proceedings of the 45th annual. IEEE International Reliability Physics Symposium*, pp. 390–398, 2007.

37. K. Croes, C. Wu, D. Kocaay, Y. Li, Ph Roussel, J. Bömmels, and Zs Tőkei, "Current Understanding of BEOL TDDB Lifetime Models," *ECS Journal of Solid State Science and Technology*, 4 (1): N3094–N3097, 2015.

38 J. R. Lloyd, E. Liniger, and T. M. Shaw, "Simple Model for Time-Dependent Dielectric Breakdown in Inter- and Intralevel Low-k Dielectrics," *Journal of Applied Physics,* 98: 084109, 2005.

39. Glenn B. Alers, *45th Annual Reliability Physics Symposium Tutorial*, 2007.

40. S. B. Law, S. L. Liew, C. S. Seet, E. C. Chua, Y. K. Kim, B. C. Zhang, B. J. Tan et al., "Impact of Barrier Film Characteristics on Vramp & TDDB Lifetime of 65 nm Node Cu/Low k Interconnects," *AMC Symposium*, pp. 133–134, 2007.

41. K. Chattopadhyay, B. van Schravendijk, T. W. Mountsier, G. B. Alers, M. Hornbeck, H.-J. Wu, R. Shaviv et al., "In-Situ Formation of a Copper Silicide Cap for TDDB and Electromigration Improvement," *Reliability Physics Symposium Proceedings, 2006. 44th Annual, IEEE International*, pp. 128–130, 2006.

20.7 扩展阅读

A. H. Fischer, A. von Glasow, S. Penka, and F. Ungar, "Process Optimization–The Key to Obtain Highly Reliable Cu Interconnects," *Interconnect Technology Conference, 2003. Proceedings of the IEEE 2003 International*, pp. 253–255, 2003.

C.-K. Hu, B. Luther, F. B. Kaufman, J. Hummel, C. Uzoh, and D. J. Pearson, "Copper Interconnection Integration and Reliability," *Thin Solid Films*, 262 (1): 84–92, 1995.

I. A. Blech, Physics of Failure in Electronics, Electromigration in Thin Aluminum Films on Titanium Nitride," *Journal of Applied Physics*, 47 (4): 1203–1208, 1976.

第 21 章　自动测试设备

本章作者：A. T. Sivaram　Advantest America
本章译者：冯建华　北京大学信息科学技术学院

21.1　自动测试设备简介

半导体是所有电子产品的关键组件。随着电子产品的普及和变化，半导体制造的要求和复杂性也在增加。2018 年，半导体集成电路的全球销售额约为 4780 亿美元。2019 年，半导体市场预计增长 2.6%[资料来源：半导体行业协会(Semiconductor Industry Association)及世界半导体贸易统计协会(World Semiconductor Trade Statistics)]。半导体制造商通过在半导体晶圆的若干层上刻蚀数百万甚至数十亿个晶体管和其他电子元件来生产许多类型的器件，例如功率调节器、DAC、ADC、RF 收发器和微处理器。虽然制造这些器件的步骤因器件类型的不同而不同，但是一般工艺涉及晶圆制造、晶圆加工、封装和最终测试(见图 21.1 和图 21.2)。制造过程总结如下：

- 晶圆制造
  - 多晶硅生长
  - 晶圆抛光
  - 外延
- 晶圆加工
  - 光刻
  - 刻蚀和剥离工艺
  - 扩散、注入和金属化
  - 化学机械平坦化(CMP)
- 封装和最终测试
  - 晶圆探针测试
  - 封装
  - 最终测试

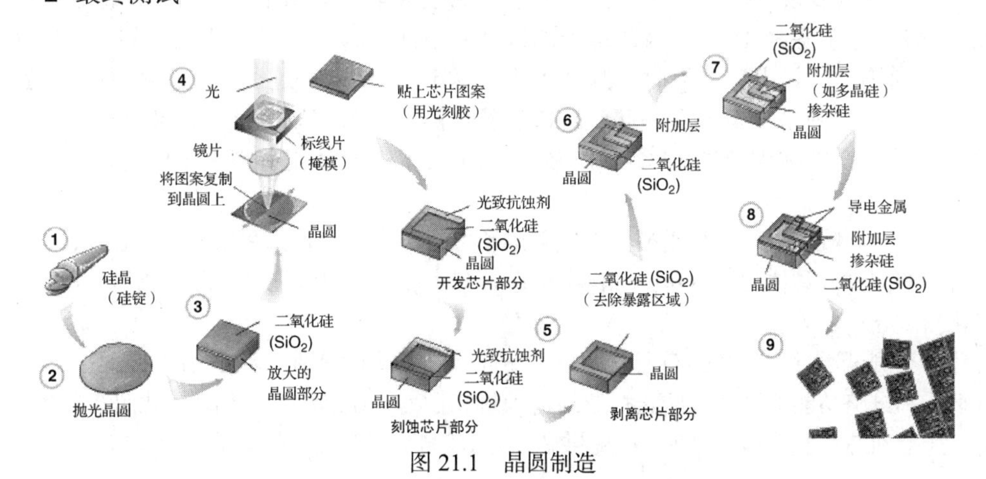

图 21.1　晶圆制造

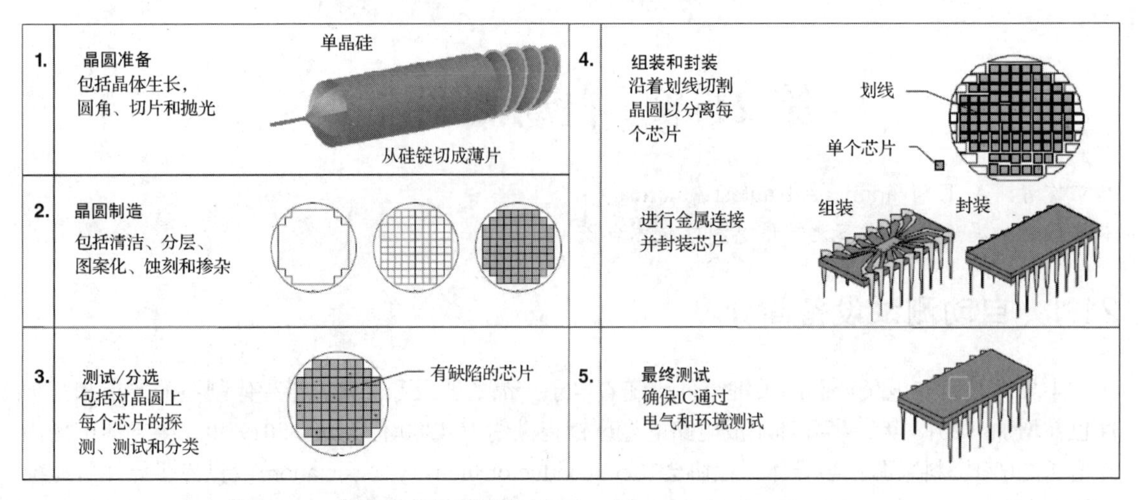

图 21.2　封装测试和最终测试(*Semiconductor Manufacturing Technology* by Michael Quirk and Julian Serda, Prentice Hall.)

从历史上来看，每个制造的半导体器件都经过测试。通常，在制造过程中的几个不同点对器件进行测试。IC 制造商进行测试主要有以下几个原因：

1. 增加信心，器件将满足其公布的规格。
2. 识别并减少制造缺陷，以提高工艺良率。
3. 封装后检测装配错误，以减少客户退货。
4. 提高半导体制造的整体质量和可靠性。

通常采用自动测试设备(automatic test equipment，ATE)进行测试，该设备是在不同器件上执行测试的计算机。Techopedia 解释了自动测试设备的概念：“自动测试设备是一台计算机操作的机器，用于测试器件的性能和功能”。我们将正在测试的器件称为被测器件(device under test，DUT)。ATE 进行包括电子、硬件、软件、半导体或航空电子器件的测试。有一些简单的 ATE，如伏特欧姆表，用于测量 PC 中的电阻和电压。还有复杂的 ATE 系统，它们具有多种测试机制，可自动运行高级电子诊断，如用于半导体器件制造或集成电路的晶圆测试。大多数高科技 ATE 系统采用自动化处理来快速执行测试。ATE 的目标是快速确认 DUT 是否能正常工作并发现缺陷。该测试方法节省了制造成本并有助于防止有故障的器件进入市场。由于 ATE 用于各种 DUT，因此每个测试都有不同的程序。所有测试中的一个实际情况是，当检测到第一个超出容差值时，测试停止并确定 DUT 未通过评估。在半导体制造领域，ATE 系统与材料处理系统集成在一起，以通过各种测试步骤移动晶圆和封装部件。ATE 和材料处理系统的组合被称为测试单元。SEMI 标准定义了半导体制造中采用的自动测试单元的框架。

在封装的不同阶段进行各种类型的电气测试和可靠性测试，并且一旦生产了芯片，可将其用于不同目的的测试。具体的测试包括晶圆上的芯片分类测试，电气测试和环境测试，以及封装器件的老化测试。

芯片分类测试通过对整个晶圆上的每个芯片进行电测试来识别封装之前的坏芯片。该测试用于电气性能和电路功能测试，以防止坏芯片进入封装过程。在晶圆分类期间，由许多微探针组成的探针卡连接到芯片上的每个焊盘，以提供芯片和 IC 测试仪器之间的电学连接。通过探针供电来测试电路并记录结果。具有未通过测试的电路的芯片用墨点标记，然后分析晶圆分类结果以改善芯片制造工艺的良率。

组装和封装之后，完成的封装必须在发送给客户之前通过更广泛的电气测试和环境测试。环境测试用于去除有缺陷的封装(例如，由于可能的污染或低质量的芯片连接或引线键合的存在)，这可能在封装的寿命期间引起可靠性问题。典型的环境测试包括温度循环测试，热冲击、机械冲击或振动测试，温度湿度偏差测试(temperature humidity bias testing，THBT)，以及高压灭菌(autoclave，ACLV)或湿度敏感性测试。

电气测试验证芯片是否符合规格。最终的测试有两个步骤：参数测试检查器件或电路的一般性能，并确保其满足特定的输入和输出电压、电容和电流规格；功能测试验证芯片的指定功能，逻辑芯片经过逻辑测试，而存储芯片则经过数据存储和恢复功能的测试。此时的测试设备由计算机控制的探测台和分选机组成，用于测试过程的自动操作。

对于老化测试，在电气偏压下将封装插入插座中以对芯片的电互连施加应力。测试在温度循环室中进行。老化的目的是挑选在产品生命周期“早期失效”阶段的边缘芯片和电路。通过老化测试的器件统计上更可靠。

21.2　ATE 历史

在 ATE 行业的前二十年中，半导体制造商在内部定制了大部分自己的测试工具与设备(见图 21.3)。在 20 世纪 60 年代早期，Fairchild Semiconductor、Signetics、Texas Instruments(TI)等公司开始向其客户和竞争对手销售专用半导体测试设备。

Vic Grinich (1924-2000)

TI TACT (1962)

Nicholas DeWolf (1928-2006)

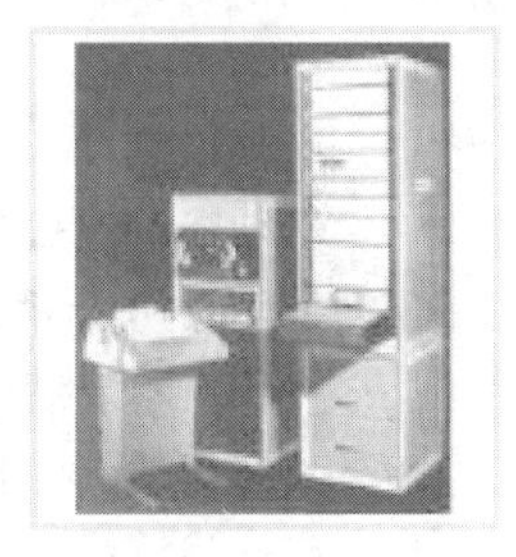
Teradyne J259

图 21.3　ATE 历史(Credit: http://computerhistory.org/semiconductor/timeline/161-test.html)

TI 工程师于 1958 年开发了一款集中式自动测试仪(centralized automatic tester，CAT)晶体管测试机器。TI 的晶体管和元件测试仪(transistor and component tester，TACT)于 1962 年推出，为该公司及其客户提供了多年服务。商业上首批推出的 IC 测试仪之一是 Signetics Model 1420。

在联合创始人 Vic Grinich 的领导下，Fairchild 公司生产了一系列内部晶体管测试仪，最早于 1959 年推出了 1A 型测试仪，并在 1961 年 3 月的 IRE 展会上推出了 4 型测试仪。Fairchild 公司的测试小组成长为一个重要的仪器部门，并生产了几代测试仪，包括 Model 4000M 自动测试系统，这是 20 世纪 60 年代的行业主力，还有 Sentry 400，这是首批用于大规模集成电路(LSI)的高引脚数测试仪之一。

Nicholas DeWolf 是 Wakefield 的半导体制造商 Transitron 公司的首席工程师。他于 1961 年与 Alex d’Arbeloff 合作，在 Boston 成立了 Teradyne 公司，随后推出了 D133 二极管测试仪，这是首批采用半导体代替真空管的商业测试系统之一。1966 年，DeWolf 和 Milt Collins 设计了基于 Digital

Equipment Corporation PDP-8 小型计算机的 J259 型号，这是业界首个计算机控制的测试系统。该机器为今天的 ATE 行业和 Teradyne 公司作为主要参与者奠定了基础。DeWolf 于 1928 年 7 月 12 日出生于费城，19 岁时就从麻省理工学院毕业。1948 年，当世界试图“掌握”固态二极管时，他开始作为该行业的 General Electric (GE) 公司的工程师。DeWolf 面对的挑战不是制造元器件，而是测试它们。DeWolf 掌握了这项技术并迅速成为专家。由于 GE 可以比任何制造商更好地测试这些元器件，因此 GE 成为业界领导者，并且该公司还销售了由 DeWolf 设计的测试仪。1952 年，DeWolf 撰写了以下设计标准。

测试设备的设计规范标准：

1. 必须可靠。

2. 使用必须是安全的，几乎不能造成伤害。

3. 必须可靠地使用良好的元件和电路。

4. 应该简单，便于维护。

5. 必须采用简单的操作来实现轻松校准。

6. 必须在很宽的电源电压范围内工作。

7. 必须在很宽的温度范围内工作。

8. 必须是可复制的。如果构建了几组设备，它们必须读取相同的内容，即使会影响总体的绝对精度。

9. 相关的维护和操作必须简单。

10. 操作员工作站的机关(gear)操作部分必须小，以防止过度拥挤。

11. 必须只测试所需的特性而不是关注对其他参数的响应，否则可能会在产品变化时产生不同的质量测试结果。

12. 必须精确。

13. 必须稳定。

14. 必须能够在短时间内完成全部测试，否则将增加测试费用。

15. 操作员所要考虑的问题应尽量少。

16. 操作员不能疲劳工作，否则会出现错误。

17. 具有合适的外观。

18. 应该足够灵活，适应变化的规格。

19. 对于可预测的漂移和失效，必须拒绝坏的单元，而不是接受它们，这特别适用于自动测试设备故障安全要求。

20. 符合一定标准的静音操作并具备冷却功能，不能损坏测试单元。

21. 记住操作员，他充当了 2/3 的设备。

22. 必须给出可靠、重复的结果。

从这些规范中可以学到很多东西，基本上可以沿用一个多世纪。令人惊讶的是，DeWolf 在撰写这些规范时只有 24 岁，那时固态电子产品还处于起步阶段。DeWolf 的另一个宝贵思想是，他相信客户想要的东西很少是他们需要的东西，你应该为后者进行设计。在那些日子里，很少有人知道这种产品营销的基本原则。

自 20 世纪 60 年代引入第一台测试仪以来，半导体测试系统的开发是为了跟上半导体技术的摩尔定律发展趋势。60 年前，根据摩尔定律的预测，晶体管的生产成本预计每两年减半。在 20 世纪 90 年代末期，有多达 7 家的主要半导体 ATE 制造商服务于当时价值 2000 亿美元的半导体芯片制造业。表 21.1 给出了 20 世纪 60 年代至今各种测试设备制造商和相关的产品型号。多年来随着业务的变化，半导体测试行业也进行了整合。今天，35 亿美元的半导体 ATE 市场由两家主要公司 Teradyne 和 Advantest 共享。Teradyne 在 2014 财年创造了 16.8 亿美元的收入，而 2013 年的收入则为 14.3 亿美元。周期性半导体测试市场受到了重点关注，片上系统(system on chip，SoC)行业的好转预计在不久的将来将使公司受益。Teradyne 的首席执行官兼总裁 Mark Jagiela 表示：“从第四季度市场份额和现金流的角度来看，Teradyne 今年的势头正猛”。“SoC 测试需求推动收入增长 15%，运营利润增长 26%，我们实现了超过 3 亿美元的现金流。尽管预计 2015 年，SoC 测试需求将会疲软，但我们的周期性强化运营模式加上我们对所服务市场的长期规划，使我们有信心大幅增加 2015 年的资本回报计划”。从产品角度来看，Teradyne 的 UltraFLEX 系统的需求量很大，因为它解决了新移动器件中采用的复杂 SoC 的测试问题。该公司还预计其存储测试产品线，特别是其 2.5 英寸驱动器测试及无线测试(该公司通过 Litepoint 服务的市场)的业务将大幅增长。

表 21.1　测试设备制造商

Teradyne	Digital	J259	J283	J384	J387	J389	J900	J941	J953	J971	J750	Magnum from Nextest ETS800 from Eagle Test System
	Memory	J386	J937									
	Linear	A300	A360	A370	Magnum 5		Magnum CIS					
	MXSL	ETS800										
	SoC	Catalyst	Flex	Ultraflex								
Advantest (Takeda Riken)	Digital	T310	T320	T3380	T3340	T3320	T3310	T66XX				
	Memory	T318	T3370	T3331	T3332	T3340	T3324	T55XX	T53xx	T57xx	T58xx	
	SoC	T2000	T2000IPS									
Verigy (Agilent, Hewlett Packard)	Digital	HP82000	HP83000	HP330	HP660							Merged with Advantest
	Memory	V5000	V6000									
	Linear	HP94000										
	SoC	V93000										
Xcerra (LTX, Trillium)	Linear	MTS77	LTX77	LTX90	HI T	Synchro						Changed to Xecerra
	Digital	Array master	Micro master	Delat master	Valid master							
	SoC	Fusion										
Schlumberger (NPTest, Sentry, Fairchild, Schlumberger)	Digital	FST4000	FST5000C	Sentry 400/500	Sentry II/V	Sentry VII/VIII	Sentry VII/VIII	Sentry Series 20/21	Series 50 S1040	Series 15 S1650	S9000 FX/GX/IXIX/KXST2000	Changed to NPTest then merged with Credence
	Memory	Xicom 558	Xincom 55	S90	S92							
	Linear	S80										
Credence	Digital	STS256	IMS Series	SX Series	D10 Series							Merged with LTX
	MXSL	Duo	Quatro									
Tektronix	Digital	S3260	S3270	S3280	S3295							Merged with Credence
	MXSL	Vista Series										
Genrad	Digital	GR16	GR18	GR14	GR125	GR160	GR180					Merged with Teradyne
Megatest	Digital	Q8000	QII	Mega 1	Impact	Polaris						Merged with Teradyne
	Memory	Q2/50	Genesis									

与 Teradyne 类似，Advantest 在很大程度上依赖于半导体测试业务，约占该公司总收入的 75%。Advantest 的半导体测试部门在 2014 财年的收入达到了 16.3 亿美元(截至到 2015 年 3 月)。这比上一财年的收入增加了 46%。智能手机和平板电脑的出货量的增加，以及在这些移动器件中采用的各种类型的半导体，将成为公司未来的关键增长动力。

21.2.1 ATE 分类

在 20 世纪 90 年代早期到中期，根据测试仪的成本，ATE 系统在过去大致分为三类：大型 ATE，通常价格超过 1 000 000 美元；低成本生产测试仪，成本在 399 000 美元到 1 000 000 美元之间；低成本 DFT(可测试性设计)测试仪，低于 100 000 美元。这三类 ATE 的成本差异来自结构、功能和系统级测试之间的差异。结构测试涉及开发一组测试向量，以检测可能由于诸如深亚微米(deep sub-micrometer，DSM)效应和处理缺陷之类的错误而在设计中引入的特定故障。通过将特定测试向量应用于电路，然后捕获并比较实际响应与预期响应，即所谓的功能测试。大型 ATE 用于测试器件功能，每个引脚都进行高速功能测试。大型 ATE 的一个例子是 Schlumberger 的 ITS9000。低成本生产测试仪结合了结构测试和功能测试。与大型 ATE 相比，这些测试仪可以在速度、性能或灵活性方面进行一些权衡，从而降低总体 ATE 成本。低成本生产测试仪的一个例子是 Credence SC212。低成本 DFT 测试仪具有有限的功能或无功能测试能力，旨在支持边界扫描或内建自测试(BIST)等测试方法。由于较少的引脚数和较低的精度，这种类型或结构的测试仪的成本较低。低成本 DFT 测试仪可以在设计验证中发挥关键作用，这类测试仪多年来未被淘汰，主要是因为它易于使用。20 世纪 90 年代中期的 DFT 测试仪有 Invoy 的 Personal Ocelot，Advantest CTS(云测试服务)测试仪则是现代 DFT 测试仪。

半导体器件根据它们包含的电路类型进行分类，例如数字、线性、混合信号、存储器、闪存、RF、微波，还有 SoC，其包含所有类型的电路。对于这些类型中的每一种都存在相应的 ATE 系统，其中包含了为有效测试每一种特定器件类型的优化硬件结构。ATE 还根据通道数和测试的器件中的门密度进行分类。这些测试仪包括高引脚数(high pin count，HPC)测试仪、减少引脚数(reduced pin count，RPC)测试仪、LSI 测试仪和 VLSI 测试仪。这种分类方式已经被诸如微处理器、图形处理器、应用处理器、微控制器、ASIC、FPGA、DSP(数字信号处理)和电信设备等器件的应用部分分类所取代。这些细分市场中的每一个都推动了每月数百万个单元的大量器件的生产，并且证明了与这些器件相关的每一个具有独特测试功能的测试仪的重要性。最后，在今天的市场中，ATE 广泛分为逻辑、存储器、移动、电源、汽车、图像传感器和 SoC 等功能领域。目前，SoC 测试仪在半导体器件的大批量制造中占据了 ATE 的主导地位。

21.3 数字测试仪

21.3.1 数字测试

从历史上来看，逻辑器件遵循 20 世纪 60 年代早期的分立器件设计规则。用于测试数字器件的早期测试仪采用了程序存储器，其通过给 DUT 的输入引脚上施加向量并将输出引脚的采样逻辑电平与程序存储器中的预期向量进行比较，实质上验证了组合逻辑电路的真值表。在过去的五十年中，这种简单的数字测试仪推动了大多数 ATE 概念的发展。数字数据具有两种状态——开/关、高/低或逻辑“1”与“0”。传给器件的一个或多个输入激励，将在器件的一个或多个输出上产生结果。这些器件由晶体管或场效应晶体管(field effect transistor，FET)制成，配置在一起以构建各种门。门是所有数字构建模块中最简单的一种。门可分类为 AND、OR、XOR 和 NOT 等，并且可以将其组合以构建特定功能或模块的逻辑。器件可以具有多个模块，这些模块一起形成数字器件。这些单独的数据位可以组合成数字数据的一个字节或一个字，1 位有两种可能的状态(0 或 1)。数字器件上的二进制字也被称为总线，它们可用于寻址存储器，作为进入某个存储器位置的数据，或作为控制线。许多公司将数字构建模块作为其知识产权(IP)出售。这使得设计人员可以了解最高性能的设计，并允许设计人员采用专用数字模块及来自不同公司的微处理器模块和接口模块来构建器件，以创建满足特定需求的新器件。基于器件的时钟来接收或发送数字信号。时钟信号的上升沿或下降沿或两个边沿用于将数据锁存到器件的触发器中。时钟运行得越快，器件处理数据的速度就越快，这样器件完成给定任务的速度就越快。处理器和 ASIC 可能有几个时钟。器件可在其内部采用一个时钟频率进行计算，然后以不同的速度发送和接收数据。在这种情况下，器件可以采用锁相环(PLL)生成自己的时钟，并根据该时钟将数据发送到其他器件。最高时钟频率通常用于器件内部的计算，其他时钟频率则用于降低与其他组件通信时出现误码的风险。

21.3.2　功能、结构和基于缺陷的测试

测试数字器件的常用方法是采用功能测试，以最终应用中的相同方式来执行数字输入。例如，对于 AND 门，施加输入序列——00, 01, 10, 11，将产生响应输出——0, 0, 0, 1。IC 设计人员模拟器件的工作，以确保他们的设计是正确的，然后根据这个模拟数据生成测试向量。随着数字器件门数的增加，模拟器件所需的时间和测试它所需的向量数呈指数增长。由于上市时间(time to market，TTM)和批量市场时间(time to volume，TTV)的压力，以及增加的模拟和测试设备(例如更大的存储器和更强的处理能力)的成本，无法完全模拟具有数百万个晶体管的器件。因此，工程师可以将测试电路设计到器件中，并采用功能测试和结构测试的组合来验证器件的工作。可以编写简单的功能测试向量以测试器件内不同块之间的互连，并且编写结构测试向量以测试各个门。可测试性设计审查可以确定特定器件需要哪些方法。结构测试旨在验证产品电路的所有部件是否存在且有效工作。

结构测试可以验证 DUT 没有故障，但不会尝试验证它是否符合所有规格。最常见的数字结构测试是扫描。在扫描测试中，设计人员必须采用扫描触发器，当芯片处于扫描模式时，器件上的特定输入引脚可以通过这些寄存器的链而将数据串行移位到特定的触发器。对于测试特定故障所需的数据，可以很容易地将其加至门输入。在将正确的数据输入触发器之后，器件被触发一次，并且通过这些门输出上的扫描触发器来捕获数据。该数据被串行移出并与模拟预测的数据进行比较。可以并行测试扫描寄存器的多个“链”以增加吞吐量。任何数据都可以放入各个门，因此故障覆盖率非常高。缺点是所有这些不同的串行扫描链的数据需要大量的向量存储器，并且由于扫描线的速度通常低于器件的其余部分，因此测试时间可能很长。IEEE 1450 STIL(Standard Test Interface Language)标准解决了与“设计”相关的数字测试数据的问题。自 1999 年推出以来，STIL 多年来不断发展，以支持先进的应用，如(1)嵌入式内核，(2)测试向量的类型，(3)映射到 ATE 系统，(4)映射到模拟，(5)具有先进 DFT 功能的器件。

第三种测试策略称为基于缺陷的测试(defect based testing，DBT)。DBT 试图通过检测任意输出来检测电路中的缺陷，同时捕获不寻常的行为(即使在规格范围内)。最广泛采用的 DBT 方法基于对电路的静态电源电流的测量。这些方法称为 IDDQ，在互补金属氧化物半导体(CMOS)电路中应用最广。理想情况下，在 CMOS 器件中，当器件上电但未运行时，没有电流流过电源。任何流动的电流都是漏电 FET 或缺陷造成的结果，通常是互连线之间的桥接故障，它将串联连接的 n 沟道 MOS(NMOS)和 p 沟道 MOS(PMOS)FET 的栅极偏离电源电压，使得两个 FET 微弱导通，电流可以从 V_{dd} 流向 Gnd。一旦器件被定性为具有特定的 IDDQ 值，则任何具有 IDDQ 值的部分都可以被认为是有缺陷的。通常，通过扫描模式将器件置于其静止状态，因此 IDDQ 测试建立在结构扫描测试之上。随着 FET 的尺寸变小，它们的自然泄漏迅速增加，这使得难以将有缺陷电流与无缺陷电流区分开来。人们已经为小型几何器件开发了更先进的 IDDQ 测试，包括 Δ IDDQ 和 IDDQ 电

流签名。这些测试将进行多次 IDDQ 测量，并将器件编程为处于各种“静止”状态。极端变化就表明失效。这些更先进的方法需要一定的特征化。从外部测试仪读取器件测试向量所需的可访问性、资源和时间的常见替代方案是 BIST(内建自测试)，它可以执行功能测试或结构测试。非常高速或非常密集的数字模块可能无法通过扫描进行测试。器件本身内置的小型状态机电路可实现 BIST。该电路产生输入并比较器件中特定模块的输出。对器件进行编程以驱动随机数据，可以采用器件自己的输入引脚来测试高速电路，接收该数据并将其与预期结果进行比较。BIST 可以作为器件的一部分实现，也可以采用所谓的 BOST(外建自测试)作为晶圆上的小电路实现，该电路在器件封装时会被直接切除。

21.3.3 高速数字测试

硅芯片的进步，例如更小的栅极宽度和更好的材料，以及更先进的制造技术，实现了极快的片上通信。在许多情况下，IC 的瓶颈已经变成芯片和其他系统构建模块之间的数据传输。创建处理速度更快的芯片到芯片接口的需求导致出现了许多不同的数据传输标准。与亚 Gbps 测试不同，高速测试不涉及三态(如前面所述)，因为三态会导致产生额外的电容。终端始终用于避免反射，数据总线有效地成为高速传输线。了解特定的高速器件及其挑战是概述测试计划和确定合适的 ATE 的第一步。例如，一些标准采用嵌入式时钟，而其他标准(如 hyper transport)提供与数据和内部锁相环同步的时钟。后者可能需要具有源同步能力的接口，而前者可能需要时钟恢复电路。这会出现许多情况，如要求数字测试仪与不确定的比特流同步，或者包含看似随机的数据分组。许多高速总线协议都是基于差分的。差分摆幅通常非常小，需要数字测试仪能够在低摆动时提供具有明确定义的受控摆率的线性信号。某些应用需要双传输线实现，以实现快速写入-读取转换，或启用专用的仅驱动或仅接收 ATE，以与双向器件接口连接。一个例子是双倍数据速率(double data rate，DDP)器件，必须采用驱动器和接收器将双向 DDR 数据引脚(单端)与 ATE 连接。在高速测试领域，设置和保持时间及偏斜的测量通常很重要，ATE 硬件必须能够精确测量偏斜、设置和保持时间。最重要的高速参数之一是抖动。抖动在引入器件时会导致连接的接收器检测到错误的位转换，从而出现故障。通常，测试仪需要能够注入和测量抖动。抖动容限测量要求测试仪注入已知量的抖动，同时监视器件的输出对误码率的影响(作为功能测试)。另一方面，抖动传递是衡量器件如何将抖动输入放大或传到其输出的度量。器件 PLL 滤除抖动的能力至关重要。对于该测试，测试仪提供抖动源，并且表征器件的抖动传递。眼图是另一种常用的图形方式，用于查看器件上存在的总抖动，由测试系统测量。眼图是彼此叠加的、捕获波形的所有比特周期的合成视图。为了采用数字测试仪创建眼图，通常会多次执行该模式，每次修改边沿位置和/或选通电平。眼睛的水平尺寸和整体形状表示器件上存在的抖动。眼图交叉的形状表示除随机抖动外是否存在确定性抖动。具有源同步输出的器件可能需要与传统技术不同的测试方法。测试这些输出的主要区别在于输出信号转换的不确定性位置。传统器件具有定义输入到输出的时序关系的规格。源同步器件没有这样的规格；相反，数据输出还伴随着耦合到数据的时钟信号。对于 ATE，这意味着必须采用器件的输出时钟来采样数据。今天，许多源同步器件可以容忍输出位置的巨大偏移，系统中有两到四个数据位时间，并且能够在没有源同步能力的情况下进行测试。在这种情况下，搜索捕获数据的最佳位置是采用没有源同步能力的测试仪的一种方法。

21.3.4 确定性与非确定性行为

采用测试之前定义的确定性向量完成传统的功能测试。这些向量通常来自器件的模拟结果，并包含激励和响应数据。激励信号旨在运行 DUT，响应信号是基于激励的模拟结果。正在测试的部件用于验证它与模拟响应匹配；对于给定的输入，只有一个正确的输出。非确定性行为有多种形式，但基本定义是必须采用算法或协议来确定输出的正确性，并且在执行之前无法预测，因此不会有事先生成的“期望数据”。可以采用数据或执行时序作为变量的形式。对于数据，这意味着对于给定的输入，有一系列有效输出用于好的器件。对于时序，这意味着通过找到某个引脚的时序位置并测量相对于该时序位置的附加引脚来设置比较器选通的时序。

21.3.5　数字测试的基本设置

设置和运行数字测试的基本操作包括定义引脚配置或 DUT 引脚到测试仪资源映射，设置电压电平、引脚边沿的时序，以及将正确的驱动和接收状态的定义或向量引入开发程序的框架。大部分数据都可以从 EDA(电子设计自动化)中获得。直流测试在常见测试部分进行了解释。

另外，交流测试包括功能测试，其中给出向量输入并将输出与定时测试进行比较，以找出边沿产生通过结果的位置及它们失效的位置，动态地找到输入和输出灵敏度的电平测试确定通过电路所需时间的传输时延，建立和保持测量确定在时钟之前输入需要建立多长时间及在时钟周期发生后需要保持多长时间。其他测试包括频率测量、抖动测量和扫描测试。扫描测试通过一系列值移动电压、时序边沿或频率，然后确定器件通过的位置和失效的位置。通常这是一种特征化测试，因为它很耗时。一般在生产中，将以关键时序和/或电平运行单个测试功能向量，并确定通过或失效状态。

21.3.6　基于协议的测试

传统的 ATE 功能测试方法采用存储的激励响应向量，由于以下行业标准接口的特性，这种方法无法很好地工作，这些接口已集成到数字器件中。

1. 由于协议的不确定性，精心设计的训练时序器件在器件的状态转换过程中可能需要不同数量的器件周期。

2. 器件采用包括 CRC 字段的数据包格式，这使得测试仪的向量生成通常采用最低级别的 01LHX 格式的数据，非常复杂。

低速和高速接口的示例包括 SPI、USB、PCIe 和 SATA 等。“协议感知 ATE”具有硬件分组序列器，用于以本机分组格式向 DUT 生成激励。ATE 同时捕获并收集数据包中来自 DUT 的响应，以便以接口速度实时进行测试。

21.4　线性测试仪

21.4.1　线性器件测试

线性器件是为相应输入产生连续时变输出的器件。与数字器件不同，它们具有无限数量的状态。线性器件的示例有电压调节器、运算放大器和模拟开关。线性器件的测试源于逻辑测试。线性器件测试方法是从数字测试仪到运算放大器(operational amplifiers，OPAMP)的应用中开发的。数字测试仪采用线性测试适配器来测试 OPAMP 测试过程中涉及的电压和电流。

21.4.2　线性器件测试仪

线性器件测试系统的结构非常依赖于将要测试的线性器件的类型和种类。通常，线性器件测试仪的首选在自动测试设备(ATE)和“机架和堆叠”(rack and stack)之间，即各个仪器的组合。由于线性器件测试系统的结构高度依赖于器件功能，并且这些器件需要非常低的测试成本(cost of test，COT)，因此很多时候该结构是针对特定系列的器件定制的，而不是通用的。然而，一些典型的测试仪构建模块包括开关矩阵，提供了将源和测量的器件连接到 DUT 的不同引脚的方法。在指定(或设计)开关矩阵的需求时，必须考虑引脚的数量、它们的功能和参数规格。这里需要电源为器件供电以进行测试。电源的考虑因素包括电源数量及其电压和电流规格，所有走线、导线和夹具必须能够承受最大的预期电压和电流。一些测试可能对人员甚至测试设备都是危险的。例如，测试 DUT 的击穿电压会将其暴露在非常高的电压(几百伏)下，以确保符合规格。通常采用脉冲高电流源，使测试设备保持合理的大小并防止破坏 DUT，特别要注意晶圆形式的测试，其中没有散热器可以连接到器件。即使在封装测试中，任何类型的散热能力都是最小的。数字逻辑输入和输出引脚可用作访问 DUT 或将其配置为某些测试向量所需的数字控制引脚。控制、信号线或识别引脚可用于控制 DUT 夹具上的继电器或开关。不同的器件需要不同的夹具，并且测试程序通常按照电特性来检查夹具的识别信息，以确保其是正确的。通过探针台/分选机接口，可以找到下一个芯片或封装包，以及发送将器件分类到不同等级的类别或分级信息。通常，该接口还将集成用于温度测试的设备。由于机械和电气问题同时出现，将探针台或分选机集成到测试仪中通常比预期更耗时。该接口有一组标准信号，可以通过简单的 TTL 逻辑或通过标准接口如通用仪器总线(GPIB)来提供。系统控制器需要运行并协调测试单元的所有操作。有关系统控制器的注意事项包括所采用的操作系统、网络功能、处理能力或速度、可升级性、支持的测试语言，以及操作系统语言是行业标准还是专用语言。需要考虑的最后一个因素是，测试系统通常安装在干净的区域或访问受限的区域。因为在这些有限访问区域中进行测试开发是不方便的，所以找到进行远程开发的方法是很重要的。

21.4.3 线性器件测试的基本设置

线性器件的测试设置取决于它的功能和所需的测试水平。例如，除了电压和电流测量设备[通常称为参数测量装置(PMU)]，简单的二极管测试还需要可编程电压和电流源，有可能还需要示波器或可编程阈值计数器来测量其交流开关特性。测试仪的结构取决于需要的自动化程度及所需的精度水平。例如，为了测试一小批二极管，操作员可以用电源电压表、脉冲发生器、模拟示波器、铅笔和记事本进行手动测试。对于大批的二极管，需要数据记录和温度测试，那么就要增加自动化测试设备，包括系统控制器、计算机可控 PMU、信号发生器、示波器/计数器、温度可控器件分选机，以及某种形式的器件标记系统，记录数据日志来跟踪器件的性能。

21.5 混合信号测试仪

混合信号(MXSL)器件是一类具有大量数字逻辑及模拟功能的器件，例如 DAC/ADC 转换器、锁相环(PLL)电路和数字滤波器。MXSL 器件可能非常复杂，因此 MXSL 测试仪将按应用进行分类，因为每个应用都是一个独特的测试问题。

21.5.1 混合信号器件的基本模块

数字部分的功能和组织结构类似于 21.3.1 节所描述的内容。更专业的数字功能包括数字信号处理(DSP)，这是一种根据特定需要处理信号的数学技术。DSP 的典型应用是将时域数据转换为更适合 CPU 进行数学运算的数据；例如，将时域数据转换为频域(快速傅里叶变换，FTT)，然后进行数学运算以得到实际的测试参数(例如总谐波失真)。DSP 还可用于复杂的信号处理，例如信号调制或解调或数字滤波。其他类型的数字模块包括 CPU、数字逻辑和嵌入式存储器。模拟构建模块也是器件的一部分，它将处理时间和幅度变化的信号。这些信号通常被认为是真实世界的信号，具有这种性质的所有信号通常与固定的定时事件无关，但可以随机发生并且是非周期性的。最常见的模拟构建模块是放大器和滤波器。器件的转换器部分可以将模拟信号或时间和幅度变化的信号转换为所要应用的信号的数字表示(模数转换器)，或者可以将数字信号转换为模拟信号或时间和幅度变化的信号(数模转换器)。转换器提供模拟域和数字域之间的接口。数字域数据可以在没有变差的情况下被修改或传输，并且更适合于数字逻辑和计算，而模拟表示更适合于人类日常的应用，例如表示音频和视频信号，并且易受噪声和失真的影响。滤波部分则从感兴趣的信号中去除或限制不需要的信号。这种滤波方法可以是模拟滤波的形式，通常在时域中发生，并且采用运算放大器等有源元件或电阻器、电感器和电容器等无源元件。数字滤波是采用时域中的卷积运算或频域中基于快速傅里叶变换的数学处理过程，并且减去不需要的分量或增强所需的分量。大多数片上系统(SoC)器件包括 PLL 部分，以产生适当的时钟信号以分配给各个功能模块。外部振荡器可以向器件提供基本时钟信号，并且可以将其倍频或分频来适合每个功能模块的频率。在串行数据传输 SoC 中，传入接收器的信号可以包含由 PLL 提取的自己的时钟信息。

电源是经常被忽视的器件中最重要的部分之一。优化的电源、配电和旁路滤波是将噪声与纹波保持在最低限度以使器件正常工作的关键。

21.6　存储器测试仪

21.6.1　存储器测试

就像数字测试一样，存储器(采用 JK 触发器和移位寄存器)的测试也始于 20 世纪 60 年代。存储器的存储密度和存取速度不断受到市场需求的驱动而高速发展。在几乎所有采用半导体的应用中，存储器都是很常见的。2016 年，各类 DRAM 的销量约为 1500 亿个。半导体存储器可以分为两种通用类型：易失性和非易失性。易失性存储器在其电源关断时丢失其数据内容，而非易失性存储器在没有电源的情况下保留其数据。最常见的非易失性存储器也被称为闪存，将在 21.7 节中讨论。易失性存储器单元可以进一步分为静态随机访问存储器(SRAM)或动态随机访问存储器(DRAM)。为了保留数据，DRAM 单元需要定期进行数据刷新操作，如果断电，则所有数据都会丢失。只要施加电源，SRAM 单元就会保留数据。为了使存储密度最大化，高密度 DRAM 存储器阵列采用具有电容器负载的单个晶体管设计形式来保存数据。如果没有刷新操作，存储在 DRAM 单元中的电荷最终会泄漏。刷新操作读取当前数据并将其写回 DRAM，更新 DRAM 单元中存储的电荷，因此称之为动态存储器。

SRAM 单元用多个晶体管实现以锁存数据，并且不需要刷新操作。半导体存储器通常被组织为单元阵列，每个单元包含信息的逻辑位“1”或“0”。这些阵列通常非常规则，阵列的尺寸由 X 和 Y 或行和列来表示。通过行和列选择线，可以单独启用每个单元以进行数据的读取和写入。X 地址对应于行，Y 地址对应于列，但对于某些制造商的产品，X 和 Y 定义是相反的。地址将被放在器件的地址引脚上，然后在内部解码以启用所需的单元。可以通过地址启用多于一个的单元，以便可以同时操作多个数据位。例如，具有 1 M 比特容量的存储器在其阵列中有 1 048 576 个单元。这些单元可以组织为 131 072 个地址，一次可以启用 8 个单元。这就是常见的 128 K×8 存储器。同样的存储器单元也可以形成 64 K×16 存储器。

21.6.2 存储器测试的基本设置

与其他类型的数字半导体器件类似，存储器的测试设置包括引脚配置、电压电平、时序条件和由器件设计确定的测试向量。不同的逻辑设计需要不同的时序和电平设置。例如，具有 HSTL 输出的器件需要一组电压和时序条件，而采用符合 SSTL 1.8 标准的片外驱动器的器件将需要完全不同的条件集。通常，测试过程涉及三个步骤：确定故障覆盖要求，规划和实施测试设置，最后分析测试结果。对制造过程的充分理解，例如掌握历史数据和对设计的充分理解，决定了故障覆盖要求，这在 21.3.1 节中讨论过。在设计过程的早期阶段，必须确定 BIST 的级别。在极端情况下，设计人员可以实现 BIST 引擎来完成大部分功能性存储器测试，将标准直流参数测试留给 ATE。或者该设计可能无法为硅芯片上的 BIST 电路提供足够的额外空间，在这种情况下所有测试(包括功能性直流和交流)都将采用 ATE 来实现。存储器的功能测试可分为三个部分：由存储器单元组成的存储器内核，由用于选择存储器阵列的特定部分的逻辑组成的地址解码器，以及最后用于控制器件操作的逻辑，例如读、写和刷新。存储器的每个部分都需要不同的向量来测试其正确的功能。一些故障模型与其他逻辑器件的相同，例如固定故障，或者固定逻辑“0”或“1”。由于存储器设计的布局方式，其他故障也适用。这些故障称为相邻敏感故障，与一个单元接近另一个单元有关。例如表示数据线之间的串扰或短路的耦合故障，以及表示不可访问的地址线或多个单元访问故障的地址解码器故障。

21.7 闪存测试仪

21.7.1 闪存测试

闪存(flash)技术是可擦除可编程只读存储器(EPROM)技术和电 EPROM(EEPROM)技术的混合体。英文 flash 表示可以一次擦除大块存储器。因此，这种定义将闪存器件与 EEPROM(其中每个字节都可被单独擦除)区分开来。如今，闪存技术已经是一项成熟的技术，它是其他非易失性存储器(如 EPROM 和 EEPROM)及 DRAM 应用的强大支持者。闪存允许用户实现电编程和擦除信息，并且它还是非易失性存储器，也就是关断电路电源后它将保留信息。闪存类似于 EPROM，但在栅极和源极/漏极之间具有更薄的氧化层。每个单独的闪存单元是具有改进的栅极结构的 FET。栅极结构具有浮栅，其中电子被捕获或存储。通过捕获或存储这些电子，FET 的阈值电压升高并认为其被编程。当从 FET 的浮栅移除电子时，认为其被擦除。实际上，存储和移除电荷的过程很复杂，它要求在 FET 的触点上施加某些电压并保持一定的时间。过度编程或过度擦除 FET，可能会导致存储器停止工作。用户通常希望处理字节或字而不是单个位，因此闪存器件包含状态机，该状态机是作为用户界面的微控制器。用户向闪存器件发出预定的命令，例如“编程该字”，或者擦除闪存的某些部分，然后微控制器执行将电荷移入或移出每个受影响 FET 的浮栅的低电平工作。不同的闪存制造商具有增强这种功能特性的各种技术和栅极结构。一种方法是存储不同的电荷水平，以允许每个单元有多个信息比特。另一种方法是通过浮栅在栅极的每一端存储不同的电荷来修改 FET 结构，从而允许每个 FET 含有多个比特。无论是哪种情况，目标都是在更小的空间中存储更多的比特，从而降低每比特的存储成本。

现在有两种不同类型的闪存技术——NOR 和 NAND。

- NOR：可以按任意顺序访问数据字(随机访问)。这种类型的闪存通常用于代码或代码和数据的存储。可以直接从闪存执行代码，因为随机访问允许循环或分支到器件中的不同位置。典型的终端应用包括手机、PDA（用于内部存储，不是闪存存储卡）和 PC BIOS。

- NAND：一次访问一页数据字，数据从缓冲区中输出。这种类型的闪存通常用于数据存储。因为有些访问有时是串行的，所以如果要访问代码，通常将数据缓存到某些其他类型的存储器（SRAM/DRAM）。数码相机和 MP3 播放器通常采用这种类型的存储器，因为数据访问通常是有序的。这是所有闪存存储卡中采用的存储器类型，包括 Compact Flash（CF）卡、SmartMedia 卡、Secure Digital（SD）卡、eXtreme Digital（XD）卡、USB 记忆棒、SSD 存储和移动器件。

21.7.2　闪存测试的基本设置（典型测试）

闪存（存储器）的基本测试设置包括常见的测试参数，例如开路、短路、漏电、静态/动态 ICC（内在等级相关系数）电流和电压参考。功能测试包括编程/擦除测试，可以通过两种方式完成，即客户模式或测试模式。客户模式采用内置微控制器进行编程或擦除。这通常不是最有效的方法，但是可保证在最终应用程序中起作用。测试模式是手动方法，测试程序直接控制所有的 DUT 电压。这种编程和擦除方法可以针对当前温度和其他条件进行优化。测试模式通常用于分类测试，因为它可以节省时间并允许测试程序确定 DUT 资源的适当设置，然后将其保存到 DUT 存储器本身以供客户模式的算法使用。通过这种方式，测试定义了其最终的应用程序功能的参数。裕量测试允许制造商通过读取整个 DUT 来检查所有的 FET，以确保它们能够正确检测逻辑“0”和“1”。从概念上讲，这是通过或失效（go/no go）电压阈值（V_t）测试。由于 DUT 上有数百万个 FET，因此在每个 FET 上进行单独的 V_t 测试并不符合成本效益。裕量测试将允许制造商确定整个 DUT 的 V_t 分布，而无须单独测量每个 V_t。还有许多其他类型的测试可以在闪存上实现。例如，测试编程/擦除停止，查看编程或擦除步骤是否可以暂停和恢复；测试模块锁定，检查在部分被锁定时防止覆盖某些数据的能力；以及其他的数据安全功能。这些测试通常与闪存器件的不同特征集相关。

21.7.3　典型的生产测试流程

分类 1 是在 IC 制造步骤之后，第一次在晶圆上检查闪存（存储器）器件。这是 DUT 的电压参考单元被调整的位置。这种处理可以帮助 DUT 确定逻辑“0”和“1”状态之间的差异。设置这些阈值后，将检查 DUT 的基本编程和擦除功能，以及检查慢速或快速编程位。任何没有保持在 V_t 和其他特性的预定限制内的 FET 都被标记（针对采用冗余单元的潜在修复）。根据功能集，可能会也可能不会执行其他测试。高淘汰测试在分类 1 进行，以尽早排除坏 DUT。采用向量编程通过分类 1 的器件，将其发送到老化烤箱；这一步称为保留烘烤。因为氧化物层很薄，所以任何阻止在浮栅上正确存储电荷的异常都被认为是有缺陷的。保留烘烤步骤是加速老化的一种形式，用于确定 DUT 是否能够在指定的寿命内保留数据。分类 2 是晶圆级测试，其量化电荷损失或增加的量，以确定其是否在允许的限度内。完成对参考单元的重新调整，并再次采用裕量测试检查 V_t 分布。任何未通过此步骤的比特位都将采用冗余单元进行修复。然后将自定义向量编程到这部分中，并将其发送到封装步骤。分类 3 或封装测试运行一个简单的功能测试，以确保封装步骤不会损坏 DUT。对于 KGD（已知合格芯片）销售，并没有完成封装步骤，但在芯片分离之前在晶圆上完成了相关的测试，其效果是一样的。最后一步是编程 DUT 的任何自定义功能，并对最终客户所需的任何数据进行编程。

21.7.4　闪存测试面对的问题

闪存测试并不容易实现，因为编程和擦除的执行时间很长。为了使电子进入或离开浮栅，FET

的三个端需要保持在某个电压电平。这允许电子穿过势垒氧化物，并被捕获或释放。由于编程/擦除时间和数据保持都受到阻挡氧化物厚度的影响，因此必须在两个特性之间进行权衡。为了实现20 年数据存储的目标，编程和擦除时间最终比 SRAM 或 DRAM 的等效时间长得多(为 μs 或 ms 量级而不是 ns 量级)。这意味着闪存的总测试时间比其他易失性存储器的总测试时间长得多。测试闪存器件的所有特性可能需要几分钟。因此，闪存算法旨在充分多次重复使用测试向量，以最大限度地减少不必要的擦除。由于这个原因，在闪存测试中并不采用 SRAM 和 DRAM 测试中常见的向量，例如走步 1 和走步 0(walking 1s and 0s)。

随着闪存的存储密度不断增加及器件中各种 FET 的数量的增加，存储器单元的数量变得很大。目前可提供几千兆字节的存储密度，这意味着对于每个器件，必须检查数十亿个 FET。相对较长的编程和擦除时间再加上数十亿个 FET，导致了更长的测试时间。这就是为什么大多数制造商都采用与最新的测试仪和探针卡技术相同的并行性技术。更高的并行性增加了复杂性，因为必须协调更多的资源且必须管理更多的数据。而且还需要冗余存储器单元，因为对于多个 FET，实际上不可能保证在所有复杂的制造步骤之后每个单元都完全是好的。一粒灰尘就可能损坏整个器件。因此，每个闪存器件都具有冗余的行和/或列，从而在测试期间可以修复器件。这意味着还必须检查冗余单元的功能是否正确，并且测试程序必须管理主阵列中的错误及冗余单元的数据交换和跟踪。冗余分析和修复程序是测试过程中的难点。一些器件甚至可以实现修复单元的修复，这进一步增加了这种测试的复杂性。

21.7.5 闪存的发展趋势

如前所述，闪存是 EPROM 的一个分支，它实际上取代了 EPROM 和 EEPROM，因为它具有更好的性能和更低的成本。不可避免的是，闪存也会被新的产品所取代。目前正在研究几种可替代闪存的技术，如铁电 RAM(FRAM)、磁 RAM(MRAM)、双向统一存储器(OUM)、聚合物存储器和自旋存储器。还有可能将 SRAM、DRAM 和闪存的功能组合成一种统一的存储器类型，这种存储器可以实现三种存储器类型的所有功能，但制造成本更低。

21.8 RF 测试仪

21.8.1 RF 器件测试

在 RF 消费市场中的器件类型处于高集成水平，包含 RF 接收模块或发射模块或同时具备收发功能的模块。这类器件常用于智能手机、有线电视调谐器、WLAN、蓝牙和超宽带应用中。术语RF(射频)指的是一种称为载波的模拟信号，通常其频率远高于 100 MHz，并将其调制为包含信息的信号。RF 信号在空气中传输，然后在目的地删除载波信号并解码调制的数据。目前生产的很多器件都可被视为 RF 器件。RF 技术可用于无线和有线产业。无线 RF 产业包括蜂窝电话、WLAN、蓝牙、超宽带，以及从点 *a* 到点 *b* 无须线路发送信息的其他标准。相比之下，有线 RF 产业包括有线电视调谐器和用于通过电缆发送信息的其他器件。

21.8.2 RF 的构建模块

虽然有各种采用 RF 信号的器件，但“纯”RF 器件只有 RF 输入、RF 输出和电源。这种器件需要传统的 RF 测试方法，因此需要具有足够 RF 源和测量能力的特定类型的测试系统来满足器件规格。随着器件的发展，越来越多的功能被集成到单个衬底上，从而出现了 RF SoC 器件。RF SoC

器件具有 RF 输入、RF 输出及数字和模拟控制。这些类型的器件具备寄存器、数字接口、存储器、混合信号模块及 RF 输入和输出等功能。这种器件需要一个更加灵活的测试系统，可以处理所提到的各种信号类型。所有 RF 测试都从了解 RF SoC 的基本构建模块开始。这些基本构建模块包括采用输入信号并增加功率的放大器，采用输入信号并将其从一个频率转换为另一个频率的混频器，采用输入频谱和修改某些频率分量的滤波器，以及将电压转换为频率的压控振荡器（VCO）。

21.8.3　系统级测试

系统级测试，如将测试 IC 作为无线电系统而不是一系列模块，可提供真正的性能验证，因为该器件是在与其最终应用环境类似的条件下进行测试的。这种类型的测量标准包括相邻信道功率（adjacent channel power，ACPR）、误差向量幅度（error vector magnitude，EVM）和误码率（bit error rate，BER）。误码率是错误位数除以发送位数的结果。发送到 DUT 的比特序列被编码为 RF 调制信号，DUT 然后将信号解调为同相和正交（I 和 Q）信号。接着解码 I 和 Q 信号，以获得最初发送到 DUT 的数字数据（比特序列）。最后将来自 DUT 的数字数据与原始的比特序列进行比较来确定 BER。EVM 是调制或解调精度的度量。理想调制向量将与来自 DUT 的结果向量进行比较。误差向量幅度是符号时钟转换瞬间误差向量随时间的均方根值。

$$\mathrm{EVM}=\frac{\mathrm{rms}误差向量}{最大值}\times 100\%$$

或以分贝表示：

$$\mathrm{EVM}=20\times\log\frac{\mathrm{EVM}\%}{100\%}\mathrm{dB}$$

采用正交频分复用（orthogonal frequency division multiplexing，OFDM）作为例子，对每个突发和数据向量进行计算，得到单独的 EVM（相对于符号时钟的特定时刻的误差向量）。相邻信道功率——在将不同频率的两个（f_1 和 f_2）或更多信号加到放大器时，放大器中的非线性使得输出包含的附加混频称为互调（IM）乘积。这些发生在频率（$mf_1 \pm nf_2$）和（$mf_2 \pm nf_1$）上，其中 $m+n$ 是 IM 乘积的阶数。例如，二阶 IM 乘积位于频率 f_1+f_2、f_1-f_2 和 f_2-f_1 上。偶数阶乘积位于基带附近，而奇数阶乘积位于放大器输入的两侧，例如由两个输入音调的放大版本组成的输出，以及由放大器非线性引起的奇数互调乘积。如果将频谱划分为彼此相邻的相等带宽的信道，并且施加两个输入音调，则放大器中的失真导致信号出现在输出的相邻信道中。在数字调制领域，输入端的两个音调实际上由定义的信道带宽内无限数量的音调（或噪声）所取代。由相邻信道中放大器的非线性产生的能量称为频谱再生，并且将其测量为相邻信道泄漏。实际的规格将测量的频谱再生放在指定的带宽内，并将其作为主信道中所需功率的相对量。这是针对期望的发送信道之上和之下的两个相邻信道中的每一个来测量的，以 dB 表示，并且将其称为相邻信道泄漏比（adjacent channel leakage ratio，ACLR）。

21.9　SoC 测试仪

21.9.1　SoC 器件

片上系统（SoC）器件包含数字、存储器（SRAM，DRAM，闪存）、模拟、低速/高速接口（USB，PCIe，SATA，SSI，等等）和 RF 模块。SoC 器件的主要市场驱动因素是具有复杂结构、产品生命周期较短、低成本、高可靠性和小型化的消费电子产品。这类产品包括智能手机、平板电脑和其他移动器件。半导体技术的进步推动了 SoC 器件的出现，在单个芯片上可以集成大量的晶体管，并且在同一芯片上可以应用各种技术，同时实现逻辑、存储器、模拟和 RF 模块。知识产权(IP)的出现和基于 IP 核的设计也推动了 SoC 器件的发展。

Marvell Avastar 88W8787(见图 21.4)是一种高度集成的 SoC。Avastar 系列无线器件可为各种永远在线的消费电子器件提供单功能和多功能无线电。这种 SoC 用于同时或独立操作以下各项：

- 用于无线局域网(WLAN)的 IEEE 802.11a/g/b 和 802.11n
- 蓝牙 3.0 +高速(HS)(同时兼容蓝牙 2.1 + EDR)
- FM 发送和接收(带有 RDS/RBDS 的数字编码器/解码器 FM 收音机)

88W8787 具有通用接口 SDIO、G-SPI、高速 UART 和 PCM，用于将 WLAN、蓝牙和 FM 连接到主机产品。对于 FM Tx/Rx，该器件支持 IC 间声音(I2S)/模拟立体声音频接口。I2C 兼容接口也可用于将 FM Tx/Rx 连接到主机处理器。FM Tx/Rx 还可以与蓝牙共享主机接口。该器件采用 TFBGA 或 CSP 倒装芯片封装。

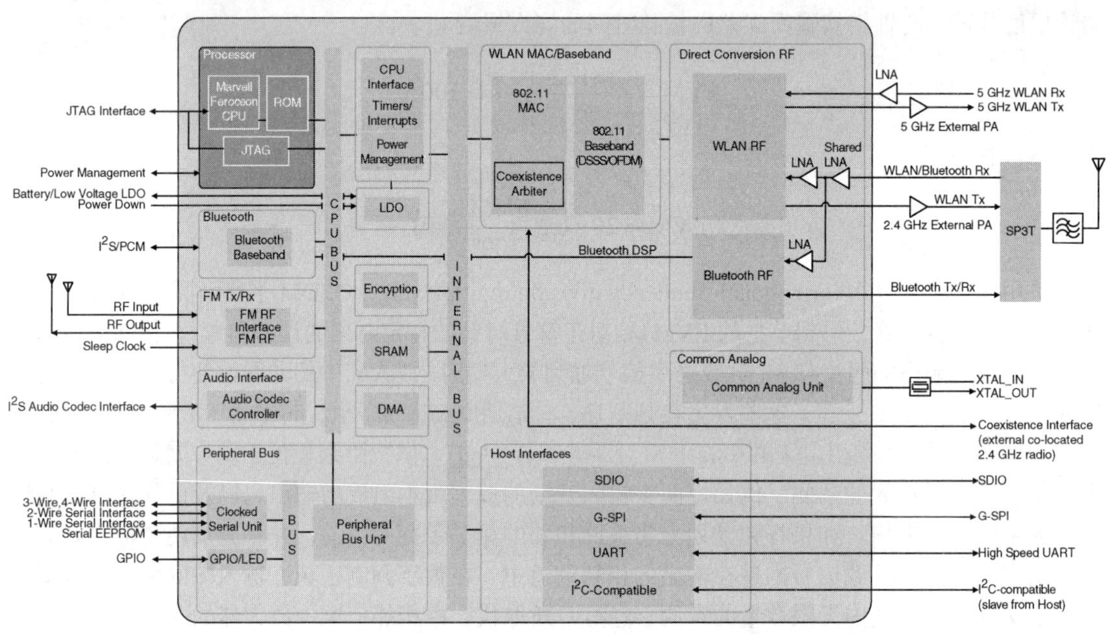

图 21.4 Marvell Avastar 88W8787 SoC(摘自官方网站)

21.9.2 SoC 测试

功能测试代表了 20 世纪 70 年代末到 80 年代初期 IC 测试的早期方法。从功能测试到扫描测试的转变代表了下一代测试的发展。SoC 测试引入了测试集规模和嵌入式内核访问这两个主要的挑战。这导致在 SoC 内测试压缩方法和测试访问机制的开发。SoC 测试是一种复合测试，由内核测试、用户定义逻辑(user defined logic，UDL)测试和互连测试组成。测试 SoC 最好通过逐块测试来验证每个块，然后执行系统级测试以验证整个芯片的操作。如今，设计人员可以在 SoC 器件中嵌入测试模块，可以利用测试系统启动测试模块来测试和调试每个模块。为了便于 SoC 测试，在 IEEE P1500 嵌入式内核测试标准(Standard for Embedded Core Test，SECT)于 1995 年实施的 10 年之后，IEEE 1500 标准于 2005 年 3 月下旬获得了批准。该标准定义了一种用于测试 SoC 内核设计的机制。该机制构成了硬件结构，并利用IEEE 1450.6内核测试语言（Core Test Language，CTL）来促进内核设计人员与内核集成商之间的通信。IEEE 1500具有两个级别的承诺：包装承诺和未包装承诺。包装承诺适用于带有IEEE 1500外壳功能和CTL程序的内核。未包装承诺指的是没有（完整的）IEEE 1500包装但具有CTL描述的内核。IEEE 1500独立于IC或嵌入式内核的功能。在发布IEEE 1500标准之前，测试行业已经采用了SoC测试结构。在SoC测试中已经给出了有关TESTRAIL、AMBA、TESTSHELL和TESTCOLLAR的很好的描述：Trends and Recent Standards[Michael Higgins and Ciaran MacNamee, Circuits and Systems Research Centre（CSRC），University of Limerick, ITB Journal]。来自ARM（Advanced RISC Machines）的ETM10（Embedded Trace Macro）具有围绕其内核构建的IEEE 1500测试外壳。如今SoC测试采用的软件工具和测试向量压缩方法将在本书第四部分介绍，其中包括IBM STUMPS、Philips TR-Architect、SmartBIST和IEEE 1450.6等方案。

21.9.3　SoC测试结构

Zorian等人展示了用于测试SoC器件的概念结构，如图21.5所示。测试源和接收器提供测试激励并比较测试响应。ATE可以充当测试源和接收器。测试访问机制将测试数据从源转发到被测内核（core under test，CUT），并从CUT转发到接收器。内核测试外壳提供内核终端到芯片其余部分和测试通道机制（test-access mechanism，TAM）的连接，在测试期间将CUT与其环境隔离开来。

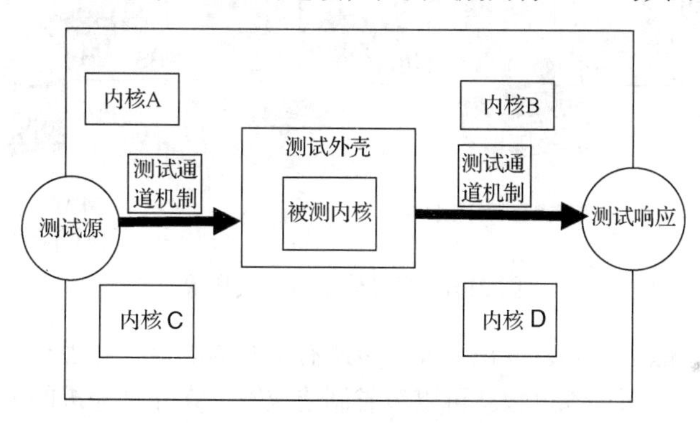

图21.5　SoC测试结构

由于SoC具有多种IP，因此ATE必须提供数字、线性、存储器和RF测试仪中的功能。但是，通过设计SoC内的测试功能并采用内核中可用的处理功能，可以简化ATE结构，从而降低总体测试成本。

21.10　老化测试仪

老化（burn-in）是一种电应力测试，它采用电压和温度来加速器件的电气失效。老化基本上模拟了器件的工作寿命，因为在老化期间施加的电激励可以反映器件在其可使用寿命期间将经受的最坏情况偏差。根据使用的老化持续时间，获得的可靠性信息可能与器件的早期寿命或老化有关。老化测试仪可以用作可靠性监视器或实现生产筛选，以从该批次中清除潜在的早期失效器件。老化通常在125℃下进行，对样品施加电激励。通过采用老化板装载样品来便于老化过程的实现。然后将这些老化板插入老化炉（测试仪）中，该老化炉为样品提供必要的电压，同时将炉温保持在125℃。施加的偏压可以是静态的或动态的，这取决于加速的失效机制（Cagatay Bozturk, Kent State University）。

21.11 设计诊断设备

诊断设备可以分为电路探测器和修改工具。电路探测器是用于研发的基于射束(电子束或激光)的系统，用于在新的硅验证期间进行故障分析，或者分析由于系统失效导致现场返回的起因。修改工具是用于电路编辑的聚焦离子束(focused ion beam，FIB)系统，同时调试新的硅片，节省了设计人员的时间和金钱。

21.12 ATE 市场规模

ATE 的总市场规模取决于所制造器件的数量和类型、每个器件的总测试时间及制造过程中测试的步骤数。图 21.6 显示了各种半导体制造测试步骤。

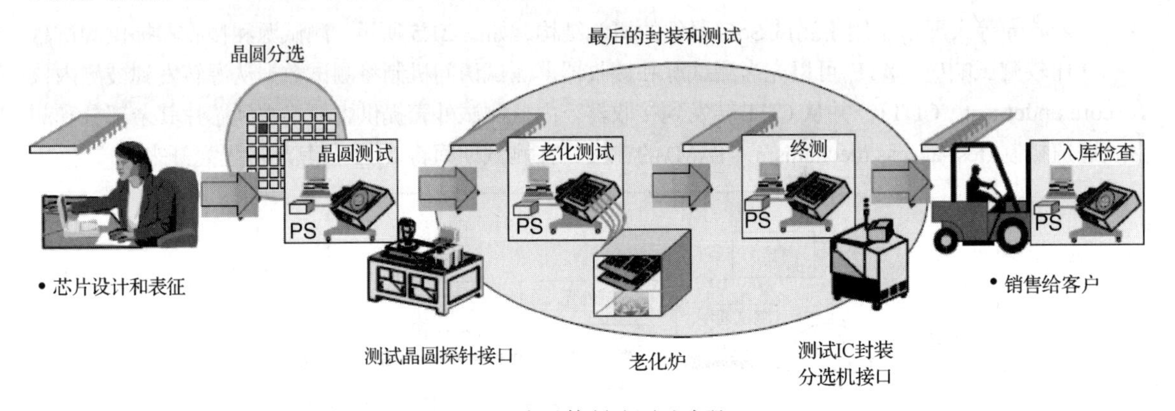

图 21.6 半导体制造测试步骤

测试设备首先用于晶圆分选，以识别和封装所有良好的芯片，并丢弃坏芯片。如果晶圆分选可以筛选所有的坏芯片，那么该过程就可以节省制造成本。在非常先进的工艺和高频器件设计的情况下，并不总是能够在晶圆上完全测试器件。在封装完好的裸片之后、老化之前，先在 ATE 上进行一次封装 IC 测试，在老化之后再进行第二次测试。封装测试将包含由于器件复杂性和速度而在芯片上的晶圆探针期间未完成的测试。

ATE 半导体测试部分由几种不同类型的测试仪组成，如下所示：

- 数字/逻辑测试仪
- 模拟/线性测试仪
- 混合信号测试仪
- 存储器测试仪
- 系统级芯片测试仪
- 老化测试仪
- 设计诊断

ATE/半导体测试“空间”是周期性的，具有类似于半导体工业的上升和下降过程。图 21.7 以标准化形式显示了 2007 年至 2015 年的全球 ATE 销售额。

以下因素决定了 ATE 领域的市场趋势和动态：

- ATE 供应商与半导体市场的繁荣和萧条周期联系在一起。
- 测试设备订单由 CapEx（资本支出）驱动。
  - 资本利用率推动资本设备订单。
    - 客户购买技术，低失效率（即设备可靠性），以及按时交付系统的能力。
  - 器件制造商对芯片产量的未来看法。
- 较少的测试时间相当于测试更多器件，从而带来更高的收入。
- 客户测试方法。
- 客户需要：
  - 延长现有系统的投资回报率（ROI）——需求现场升级。
  - 每天测试不同技术——需求系统的灵活性。
- ATE 供应商的客户群有限（全球仅有 25 家主要的独立器件制造商和 10 家独立测试机构）。
- ATE 供应商尝试将系统开发与一个“教学”客户联系起来，并最终用于对许多“生产”客户的销售。

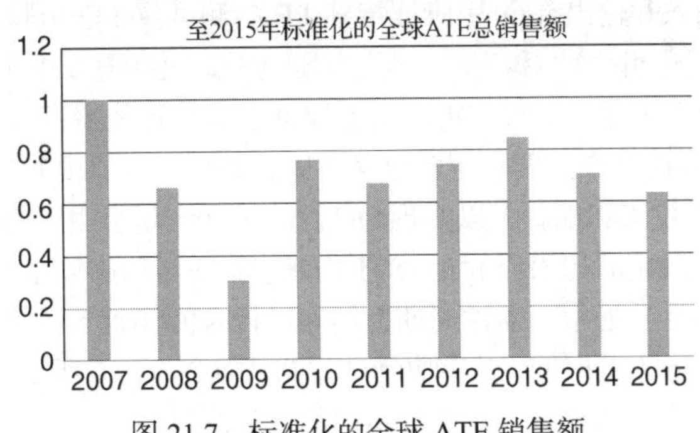

图 21.7　标准化的全球 ATE 销售额

21.13　ATE 的结构

几十年前，第一台数字测试仪出现在市场上。制造测试平台中生产 ATE 的结构由主机架和测试头组成。将测试头安装在操纵器上，用于对接晶圆探针台和器件分选机，并用于晶圆和封装器件的生产测试。图 21.8 给出了典型的生产 ATE。

在主机架上安装了测试仪计算机、定时生成和分配硬件、向量存储器及主机架电路的电源。测试头装有引脚电子（pin electronics，PE）卡，它是安装在夹具上的被测器件的接口，通常将夹具称为性能板、负载板或器件接口板。测试头具有以圆形或矩形方式布置的槽，以容纳 PE 卡。早在 20 世纪 70 年代中期，PE 卡仅具有刚刚够用的电子接口来支持两个用于数字器件测试的 I/O 通道，以及一个合适的电源，用于被测器件供电。到 20 世纪 90 年代初，这种测试设备的每个 PE 最多支持 8 个 I/O 通道。早期的测试仪属于共享资源结构，其中时序和电平被分配给引脚组，以优化测试仪电子设备的尺寸、成本和复杂性。这对于测试具有低引脚数的简单逻辑器件非常有效。但随着摩尔定律推动半导体集成过程增加了引脚

图 21.8　生产 ATE

数量和 IC 的复杂性，测试仪结构迅速发展成为 per-pin 结构。到 20 世纪 90 年代中期，市场上有几家测试公司，每一家都应用不同的结构来竞争这个市场：具有共享资源结构的 Advantest，具有定时 per-pin 的 Trillium，具有 per-pin 时序器的 Schlumberger，具有 per-pin 处理器的 Hewlett Packard，以及具有测试仪引脚结构的 Megatest。每种结构都有其优点，并且得到了不同客户的肯定。从长远来看，通常认为共享资源结构不够灵活，大引脚数器件消耗了需要多通道测试的资源。由于半导体特征尺寸的缩小，现代测试仪的每个引脚都具有所有的资源。此外，这种测试仪拥有从主机架到测试头的所有测试仪的相关硬件，在 SoC ATE 结构中有详细的讨论。

21.13.1　数字测试仪的结构

数字测试仪的结构可以根据要覆盖的器件的目标市场而有很大差异。一些数字测试仪针对特定的测试细分市场，如 DFT 或低端产品；其他数字测试仪则具有可扩展的平台，允许更改测试速度和存储器深度，以使最终用户能够根据需要扩展系统或为特定工作重新配置系统，而无须考虑不同的平台、DUT 板或测试程序转换。高端数字测试仪的 per-pin 结构如图 21.9 所示。数字测试仪的核心是 PE 的器件输入和输出(I/O)引脚连接到 PE 的测试仪 I/O 引脚。PE 包含许多将在此处描述的功能。驱动器设置逻辑“1”和逻辑“0”电压电平，这些电压电平将被驱动到器件中并将引脚设置为高阻或“三态”功能，以防 DUT 需要驱动引脚。比较器设置测量器件的逻辑“1”和逻辑“0”电压电平。如果电平在这两个逻辑电平之间，则称之为“中间”电平。通过参数测量单元(PMU)静态地进行电平设置和偏置，以实现 DC 源施加和测量。由于 DUT 期望交流动态信号，因此必须由定时发生器生成定时边沿以满足 DUT 需求。驱动器和比较器的通用格式是器件周期或周期内的电平和时序的组合。通常，器件周期为器件运行时的 1/时钟速率，表示获取 1 位数据、处理 1 位数据和发送 1 位数据的时间。数字驱动数据格式如图 21.10 所示。向量数据与测试仪中格式化仪电路的定时发生器边沿相组合，以产生不同的驱动波形。

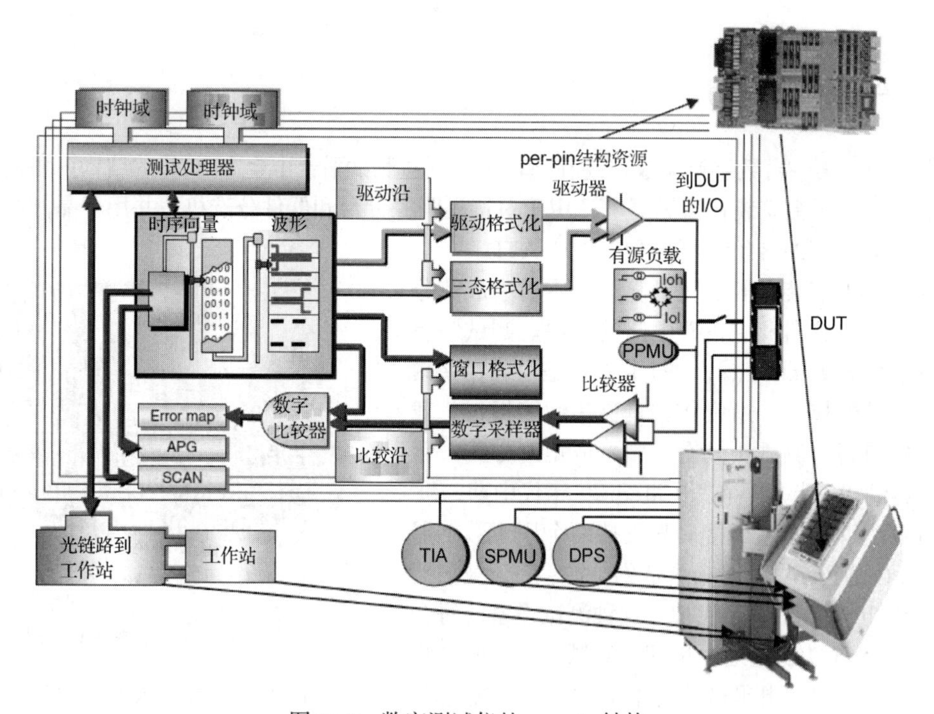

图 21.9　数字测试仪的 per-pin 结构

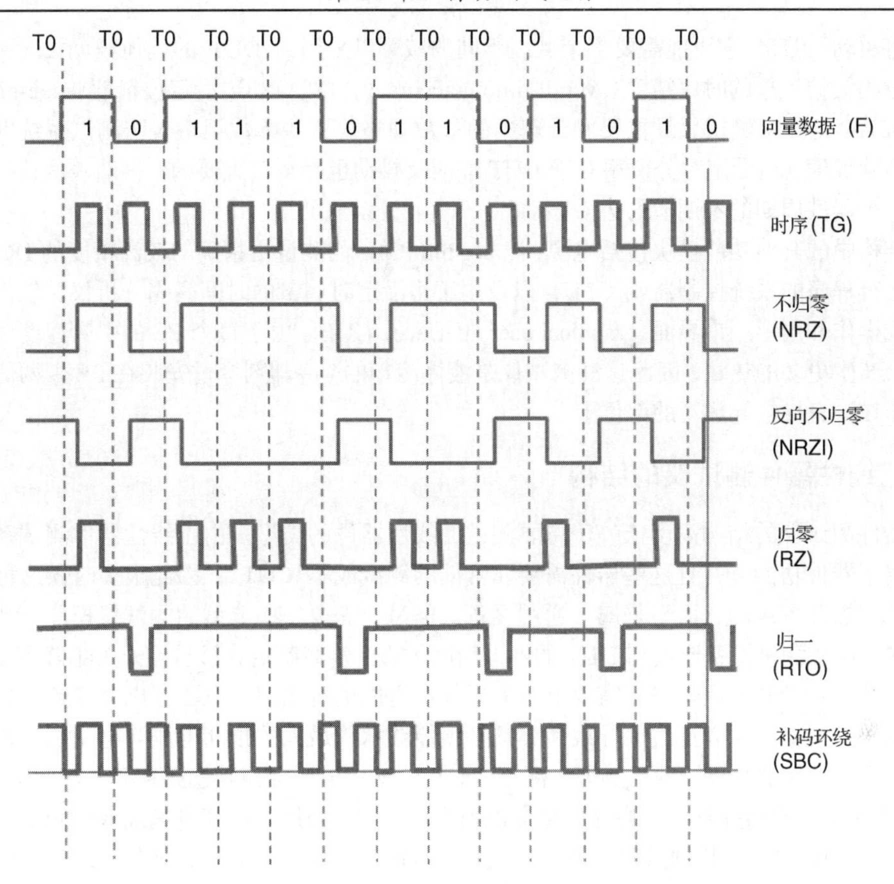

图 21.10　数字驱动数据格式

设置不同类型的 DUT 引脚需要每种类型的驱动器波形。NRZ 和 SBC 格式用于驱动 DUT 的数据总线引脚。RZ 和 RTO 格式分别用于 DUT 的正负时钟输入引脚。期望向量包括期望 1、期望 0、期望三态或者不关心态。这些向量在一个时间间隔(窗口选通)或非常短的持续时间(边沿选通)上对 DUT 响应进行采样。对 PE 中的逻辑“0”和逻辑“1” 复位电平进行采样，如果 DUT 响应不能满足预期数据，则产生硬件故障信号。每个器件周期可用的边沿越多，信号越灵活且传输速度可能越快。向量存储器包含来自测试仪的每个器件周期输入的逻辑“1”或“0”数据。比较存储器是测试仪期望从每个周期的 DUT 看到的内容，并且错误存储器记录失效的引脚和位置。这些机制相互作用，使得来自向量存储器的逻辑“1”驱动具有正确的时序和电平，以便 DUT 将其识别为有效输入，并且 DUT 可以将比较器解码的适当响应发送到逻辑“1”或“0”，然后与比较存储器进行比较，以判断它是否是正确的响应。测试可以或不可以按线性方式遍历存储器地址。定序器是一个向量地址生成器，它允许以子程序等结构化方式访问存储器，或者通过跳转操作随机移动。而且，希望能够实现在下一个器件周期中从一种格式或边沿设置改变到另一种格式的灵活性，这称为动态改变(on-the-fly，OTF)。所有这些操作都需要协调，以将 DUT 置于其最终应用程序环境中，并且测试处理器在逐个引脚的基础上完成该任务。在引脚电子器件下描述的所有功能对每个引脚都是有效的，以满足许多不同数字器件的灵活性和复杂性要求。

扫描测试已成为数字器件进行结构测试的关键方法。在配置中需要非常大(例如，超过 100 M 字节)的扫描存储器以满足这种需要。其他特殊功能，如捕获存储器和数字源存储器将在混合信号测试部分介绍，算法向量生成器将在存储器部分介绍。该结构的其他一些关键部分包括时钟和时序。时钟将驱动 DUT，它可能需要多个域。不同的域可以采用与 DUT 的其他域无关的频率，或者是非相位相关的。总的时序精度（overall timing accuracy，OTA）和边沿定位精度（edge-placement accuracy，EPA）是数字测试仪最重要和最基本的参数规格。这些参数规格表明测试系统发射和测量边沿的准确程度。边沿定时分辨率对于 DUT 性能及抖动也是至关重要的，抖动表示从一个器件周期到下一个器件周期的不期望的边沿移动。

这种结构中的其他功能模块包括电源，比 per-pin PMU 的测量更精确的较高精度的 DC 参数测量单元，运行程序的系统控制器或 CPU，以及用于边沿定时测量的时间间隔分析仪。软件环境则基于交互式操作和图形用户界面（graphical user interface，GUI）。由于每个 PE 的引脚速度和引脚数量的增加会产生更多的热量，因此这种测试仪是液体冷却的。冷却剂穿过安装在 PE 卡两侧的冷却板，并按压在涂有导电导热膏的部件上。

21.13.2 线性器件测试仪的结构

线性器件测试仪的结构高度依赖于将要测试的线性器件的类型。由于线性器件测试系统的结构高度依赖于器件功能，并且这些器件需要非常低的测试成本（COT），因此很多时候这种结构是针对特定系列器件定制的，而不是属于通用设备。但是，需要一些典型的测试仪模块。开关矩阵提供了将测试源和测量设备连接到 DUT 的不同引脚的方法。在制定（或设计）开关矩阵需求时，必须考虑引脚数、功能和参数规格。需要电源为器件供电以进行测试。电源考虑因素包括电源数量及其电压和电流规格。所有走线、导线和夹具必须能够承受最大的预期电压与电流。某些测试可能对人甚至测试器件都是危险的。例如，测试 DUT 的击穿电压会使其暴露在非常高的电压（几百伏）下，以确保符合规格并且必须遵守安全考虑因素。通常，使用脉冲高电流源保持测试设备的合理尺寸，防止损坏 DUT，特别是对于晶圆形式，没有散热器连接到器件，这种方式可以很好地保护器件。即使在封装测试中，任何类型的散热功能都是最弱的。数字逻辑输入和输出引脚可用作访问 DUT 或将其配置为某些测试向量所需的数字控制引脚。控制、信号线或识别引脚可用于控制 DUT 夹具上的继电器或开关。不同的器件需要不同的夹具，并且通常测试程序将对夹具的识别信息进行电检查以确保其是正确的。可以通过探针台/分选机接口转到下一个芯片或封装器件，以及发送将器件分类到不同等级的类别或装箱信息。通常，该接口还将集成用于温度测试的设备。由于机械和电气问题的混合，将探测台或分选机集成到测试仪中通常比预期更耗时。该接口有一组标准信号，可以通过简单的 TTL 逻辑或通过标准接口如通用仪器总线（General Purpose Instrument Bus，GPIB）提供。需要系统控制器运行和协调测试单元的所有操作。有关系统控制器的注意事项包括所采用的操作系统、网络功能、处理能力或速度、可升级性、支持的测试语言，以及操作系统语言是行业标准还是专用语言。要考虑的最后一个因素是，测试系统通常安装在干净的区域或访问受限的区域。因为在这些有限访问区域中进行测试开发是不方便的，所以找到进行远程开发的方法是很重要的。

21.13.3 混合信号测试仪的结构

可以测试基本模块的所有功能不同的测试仪的结构必须与预期的激励相匹配，并且必须能够测量预期结果。用于混合信号测试的数字测试仪的基本功能类似于图 21.9 所示的数字测试仪，此外还有两个额外的数字功能用于提供数字激励波形数据和捕获模数转换结果。这两项功能是由数字源存储器和数字捕获存储器实现的。混合信号测试仪的结构如图 21.11 所示，数字捕获存储器是 ATE 系统的一种功能，可以将向量比较结果以数据形式（而不是通过/失效条件）存储到 DSP 可访问存储器中。模数转换器（analog-to-digital converters，ADC）要求将采样数据存储到测试仪存储器中，因为它们的输出在本质上是不确定的；而且还需要DSP来确定通过/失效条件。对于高分辨率器件，这可能需要大型捕获存储器。另外，为了最小化测试仪资源，需要测试仪能够基于每个向量地址来选择性地存储样本数据。这种功能称为选择性捕获，经常在电话和多媒体音频行业的音频编码器/解码器(CODEC)中应用。这些器件需要256比特的帧，但其中只有20比特表示一个通道的结果。数字捕获功能仅捕获帧中相关的采样比特，而不用捕获和再次处理不需要的236比特。为了获得足够的动态测试覆盖率，数字捕获速度必须在被测器件样本的最大频率下工作。与数字和存储器件一样，在同一个DUT引脚上需要数字向量驱动/比较、数字捕获和PMU功能，具体取决于流程中特定的测试模式。因此，ATE行业的发展趋势是在per-pin的基础上，减少多路复用测试仪资源的需求。通过提供先进的per-pin结构及每个引脚本身具有的这些功能，成本和性能都得到了优化。数字源存储器(digital source memory，DSM)能够将数字向量存储器的一部分作为可从标准测试向量调用的连续数据块。在大多数情况下，该存储器用于基于帧的串行器件接口。这种能力简化了DAC测试的源波形的有效管理。类似于捕获存储器，DSM所需的大小对应于要获得的波形的分辨率和数量。由于此功能主要用于基于帧的接口，因此并没有很严格的速度需求。在当前的市场中，速度需求超过50 MHz的器件不必采用基于帧的接口，因此不需要DSM功能。

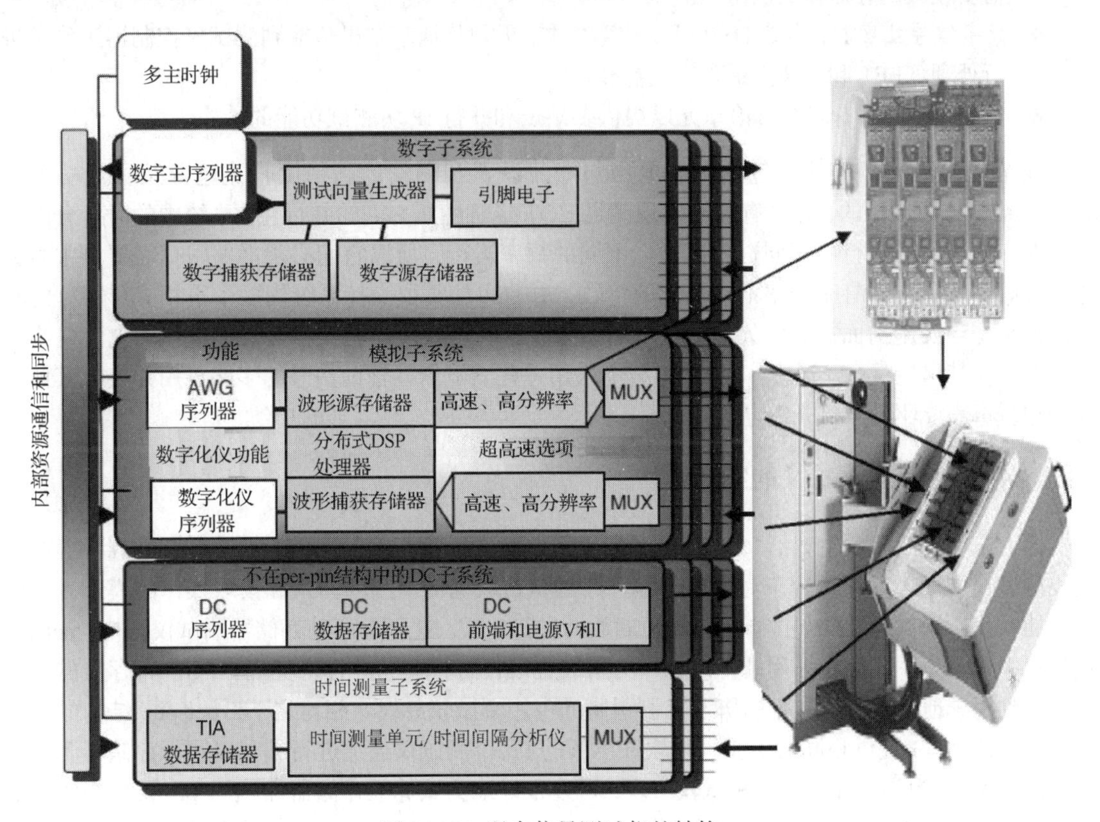

图21.11　混合信号测试仪的结构

混合信号测试同样需要两个模拟模块——波形发生器和数字化仪，通常由其分辨率和采样率来指定。任意波形发生器(arbitrary waveform generator，AWG)提供了样本存储器，用户可以对该样本存储器进行编程，从而生成可以数学定义的任何类型的波形。输出频率的变化可以通过修改采样时钟或波形数据来实现。AWG的采样时钟可以从具有数字向量的公共主时钟导出以确保一致性，或者也从另一个主时钟导出。在混合信号测试仪中，至少提供两个主时钟用于支持测试中的多个频率组合。波形数字转换器对器件生成的模拟输出进行采样，并将离散电压值存储在本地存储器中。然后，数字转换器中的本地 DSP 将计算相对于规格的性能，并将结果返回给用户的计算机。对于采样的情况，可以采用频率超过数字转换器的最大可用奈奎斯特频率的波形。该方法利用测量单元的高输入带宽来将感兴趣的信号混叠到频谱中。采用该采样方法的数字转换器称为采样器，通常由–3 dB 截止点处的比特分辨率和带宽指定。许多混合信号实现具有多个功能模块。因此，ATE 测试资源必须在每个测试仪模块内提供自主测试功能，以便以最小的开销实现并行测试。每个模块的功能如图 21.11 所示，其中包括以下部分。

- 模拟序列器。与数字引脚序列器类似，模拟序列器通过一系列指令来控制模块的操作。它实际上是一个地址生成器，用于访问 AWG 或数字化仪的存储器位置。这允许 AWG 重复一个波形块或将波形从一个周期切换到下一个周期(one cycle to the next，OTF)，并且数字转换器/采样器可以按顺序进行多次测量而不会中断系统。
- 存储器。包括模块内的 AWG 源或数字化仪捕获波形存储器。对于复杂的混合信号器件，如多媒体、移动电话和硬盘驱动器，测试信号波形可能很长，需要许多不同的激励，并且需要较大的存储器的测量段。
- 数字信号处理器。本地 DSP 可以计算结果，无须将捕获结果传输到测试仪控制器工作站进行处理。FFT 和滤波是最常见的操作。
- 并行模块。具有多个自治单元以提供多站点和并行 IP 块测试功能的结构优势。

该结构的其他必需部分包括用于电压与电流设置和测量的高精度直流电源及测量功能。per-pin 结构是最灵活的，并且有助于实现满足 COT 经济性所必需的并行性。系统中的时钟分配是必要的，因为同时运行的不同资源通常以不同的频率运行，所以它们必须能够根据需要将主时钟速率分频。实际上，有时频率不是彼此的倍数，并且可能需要支持系统内多个不相关(频率)的时钟，特别是当实施前面提到的欠采样技术时，也有这种需要。电源提供必要的电压和电流，为器件供电并使其保持运行。通常，在 DUT 板上采用一些继电器以辅助信号的多路复用并实现其他用途，这些都需要驱动器打开继电器线圈。

21.13.4　存储器测试仪的结构

通常采用算法向量生成器(algorithmic pattern generators ,APG)来测试独立的存储器件。APG 生成测试仪周期，其包含用于对预定的地址序列执行数据的一系列写入和读取操作的模式。测试仪将捕获读取操作的结果，并将它们与预期数据进行比较。这里有两种存储器测试仪结构：per-pin 式和集中式。集中式结构采用硬件结构作为可编程硬件寄存器的集合来实现 APG。寄存器的内容被选通到用于地址引脚、数据引脚和控制引脚的专用测试仪总线。相比之下，per-pin 结构的测试仪采用软件 APG 提供相同的功能，该软件 APG 对每个测试仪通道进行编程以执行存储器测试。集中式 APG 结构是一种传统的测试仪实现，可以很好地测试标准存储器件。per-pin 结构提供灵活的存储器测试解决方案，没有采用专用测试仪总线，可以生成 APG 向量和逻辑向量。这就允许 per-pin 结构用于测试标准存储器件及包含逻辑的新存储器结构。这种功能在测试嵌入式存储器时也非常有用。

测试结果分析

特征化存储器的要求是以图形格式表示通过/失效结果。图形显示(称为位图显示)表示存储器阵列的二维描述及由不同字符或颜色表示的通过和失效位。

存储器内建自测试

嵌入式存储器是 SoC 器件的重要组成部分，占据了总硅面积的主要部分。嵌入式存储器的良率对产品的整体生产爬坡量产(ramp)非常关键。存储器内建自测试(memory build-in self-test, MBIST)采用硅片中实现的专用测试硬件来测试嵌入式存储器。MBIST 结构可以利用 SoC 中的处理能力来完全测试存储器并修复存储器。

21.14 闪存测试仪的结构

闪存测试仪的常见结构如图 21.12 所示。由于闪存由数百万个需要类似算法进行测试的 FET 组成，因此 APG 允许制造商为一个 FET 创建算法，然后简单地设置行、列和块(*X*、*Y* 和 *Z* 地址生成器)来进行测试。需要交叉或加扰电路将地址发生器映射到正确的地址引脚，因为闪存器件是具有不同数量的行、列和块的电路。参数测量单元(parametric measurement units, PMU)用于测量每个 FET 上的电压或电流参数。该结构还允许“修剪”器件，可以对参考单元和比较器进行编程，以区分逻辑“1”和“0”状态。由于存在如此多的 FET 及 8 位、16 位或 32 位宽数据总线，因此将多个 PMU 或甚至 PPMU (每引脚测量单元)配置到结构中以加速测试过程。

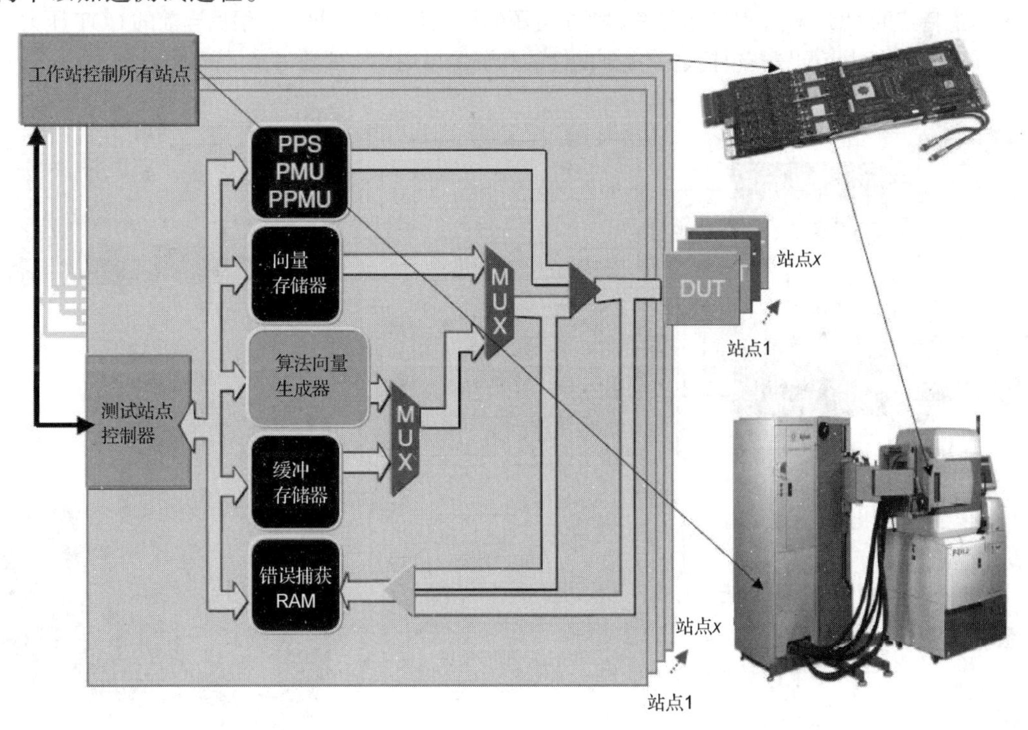

图 21.12 闪存测试仪的常见结构

并行性 由于相对较低的速度和较大的规模，测试闪存器件需要花费大量时间。为了降低成本，闪存制造商通常同时测试多个器件。这要求重复测试每个器件的资源，系统必须支持多个 APG，并且具有足够的引脚用于 DUT 的所有地址、数据和控制引脚。在单独的测试站点控制器中运行测试程序，它负责快速控制 APG 和其他的测试资源。单独的测试站点可以保存数据，也可以显示测试结果。整个系统控制器是测试仪控制软件运行的地方，并协调所有测试站点。这是开发测试程序并将其下载到每个单独的测试站点控制器以进行并行测试的地方。通常，测试站点控制器和系统控制器之间的区别被不同的测试系统模糊化，这些测试系统具有可响应不同角色的相关资源。系统控制器可以访问制造商的网络和生产车间控制系统，因此可以自动调度测试作业并保存测试结果。设备中还将使用探针台/分选机接口，用来操作晶圆或封装器件。探针台/分选机接口将控制转到下一个芯片或 IC 封装，以及发送表示 DUT 是否合格的类别或分级信息。这样就可以将器件分类为不同的等级。如果需要进行温度测试，则需要为此接口提供一组标准信号，可以通过简单的 TTL 逻辑或通过 GPIB 等标准接口提供。

21.15　RF 测试仪的结构

对于 RF SoC 器件，也需要上述的模拟和数字测试功能。此外，测试系统的 RF 部分必须能够提供和测量 RF 信号。RF 测试仪要在参数规格方面满足被测器件的需求，例如频率、带宽、功率、纯度和动态范围等，资源数量和同时激活的数量也需要与器件要求相匹配。RF 测试仪的结构如图 21.13 所示，其中的信号可以是简单的单频源或更复杂的频源，例如将数据调制到载波上的多频源，甚至是跳频源(其每秒瞬间改变频率一定次数)。调制方案有很多标准，需要匹配器件要求及每秒跳频的数量。系统中存在的噪声量始终是一个考虑因素。由于涉及频率，对于 RF 测试有特殊的夹具要求，不仅要考虑特定的 DUT 板，而且还要考虑系统资源的构成和位置。此外，根据当前的 COT 压力，这种结构需要支持多站点配置，包括之前提到的性能和资源可用性中所要考虑的问题。

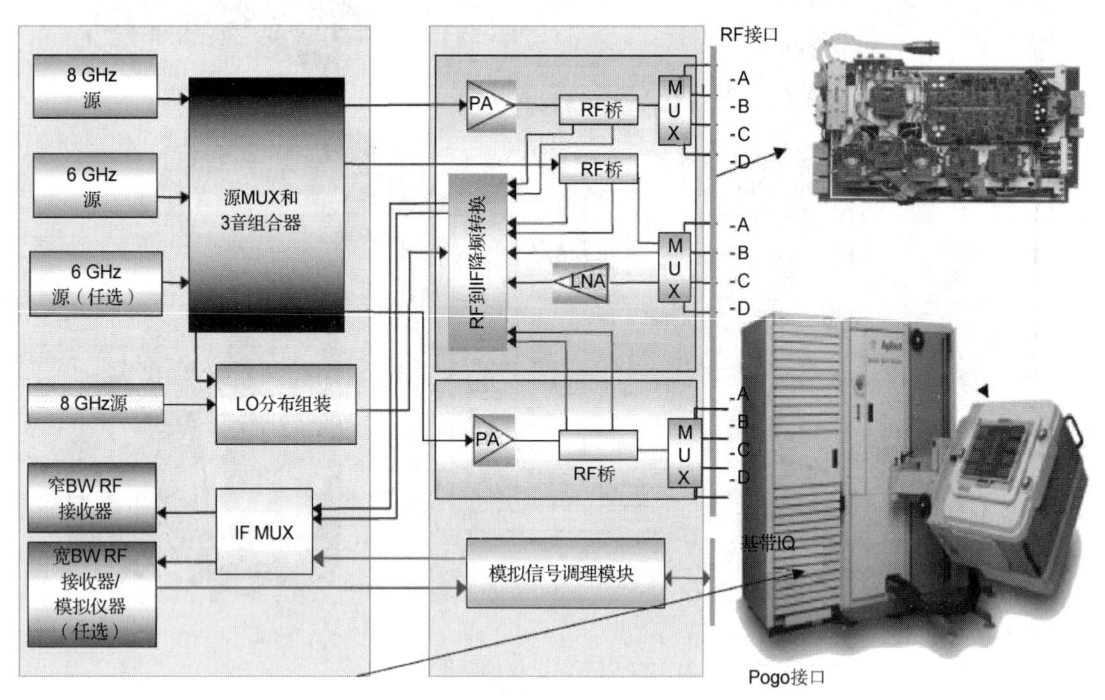

图 21.13　RF 测试仪的结构

21.16　SoC 测试仪的结构

由于 SoC 器件包含微处理器、存储器、模拟模块、高速和低速外部接口及无线部分，因此这些器件的测试仪包含来自目前所描述的每种测试仪结构的测试硬件。为了在生产中有效地测试高容量的 SoC 器件，ATE 结构已发展成测试头中由不同类型的测试模块或仪器组成的测试仪。测试仪的主机架只容纳系统计算机、现场控制器冷却设备及其余测试头电子所需的电源。站点控制器从系统计算机卸载与测试仪相关的活动，并用于生产 ATE 以提高测试吞吐量。图 21.14 显示了一个 SoC 测试仪的外部结构，测试头包含所有测试仪器。测试头机械设计成具有用于容纳仪器的插槽。每个插槽为仪器操作提供电力和冷却设备以消除仪器产生的热量。根据电源和冷却要求，仪器可占用多个插槽。同步总线和时钟分配连接仪器以便正常操作。高速总线连接所有插槽，以便在仪器和系统（或站点）控制器之间进行快速数据传输。同步总线允许测试模块之间的通信，由此数字仪器可以触发功率模块中的电源测量或者在模拟模块中启动模数转换。测试模块的设计使得它们可以在生产测试期间在多个站点之间轻松共享。通过这种方式，从单一测试到多站点测试，任何模块都没有浪费（未采用的）资源。时钟生成和分配实现无缝同步多时域执行，其中 DUT 的每个接口可以在其额定频率下进行测试。仪器的 per-pin 结构/端口结构是这种 SoC 测试仪的关键推动因素。

图 21.14 SoC 测试仪

21.17 DFT 测试方法

随着 DFT 的进步，SoC 器件本身内置了许多测试功能。对此非常关键的是器件中的处理能力。由于逻辑门密度遵循摩尔定律每 24 个月翻一番，芯片设计人员一直在为器件添加与测试相关的电路，在某些情况下，在同一芯片上添加电路、单元或内核的冗余副本。这种方法多年来一直在存储器设计中采用。此外，利用这个额外的空间，可以在硅上采用内建自测试（BIST）和设计配置电路进行自诊断。如果 BIST 和设计电路可以进行所有测试，并且电路按设计工作，则在测试 SoC 器件所需的精度和保真度方面对 ATE 的需求较少。这在大型芯片中特别有用，因为在某些条件下使芯片容忍缺陷，仅需要 ATE 测试 BIST 和配置电路来实质上提高良率并降低测试时间。用于具有闪存的 SoC 器件的另一种测试策略是通过接口（通常是 I2C 或 SPI）将控制程序下载到闪存中，采用 ATE 作为宿主机，然后让微处理器执行诊断程序，其实际上是一个芯片内部系统的诊断。ATE 可以读取诊断结果以做出通过/失效决定。这样，测试在系统内部运行，而 ATE 只需以较慢的接口速度运行。设计用于测试的模拟电路本质上比设计数字电路更困难，因为模拟电路并不那么规则，并且模拟信号路径比数字电路更难以隔离。大多数模拟 DFT 用于隔离模拟模块，以便它们可以单独特征化，并且能够在这些模块的内部节点处施加测试激励和测试响应的测量。通过插入模拟多路复用器或配置已经是设计一部分的模拟开关来提供此类测试访问。在某些情况下，也可以采用这种开关来重新配置电路模块以相互测试。例如，可以连接 ADC 以测试 DAC。特别是可用于测试无线电收发器和数字串行器/解串器（SerDes），它们实际上是模拟电路，是环回的概念，其中片上接收器测试片上发送器，反之亦然。环回连接可以通过 DUT 内部的开关或通过测试夹具实现。有时，甚至可以在测试模式下围绕模拟电路添加反馈以使其振荡。在这种“振荡 BIST”中，首先通过振荡的存在来指示 DUT 的健康情况。其次，通过该振荡处于正确的频率来判断。最后，通过产生激励并通过芯片或 DUT 接口（探针卡或负载板）上的附加测试电路来测量响应，通常有机会减轻在 DUT 和测试仪引脚电子器件之间传输高频和高质量信号的困难。这些测试电路通常通过向上或向下混频、放大或转换为直流来转换信号，而不是产生或测量它们。

21.18　基于云的DFT测试仪的出现

在过去几年中，测试仪供应商已将归类为DFT测试仪的测试系统推向市场。这些测试仪的特点是资本成本(capital costs)低于500 000美元，数字频率为100 MHz或更低，以及大的向量存储器。这些测试仪可以设计为具有此功能的低成本测试仪，也可以设计为基于功能性能的测试仪的成本优化缩小版。图21.15显示了DFT测试仪和功能测试仪之间差异的常见视图。DFT测试仪通常不具备进行功能测试的速度和精度，也不具备进行SoC测试的模拟仪器。DFT测试仪需要复杂的IC设计环境和支持DFT的设计方法。采用DFT测试仪的目标之一是降低资本成本，但由于需要通过串行扫描端口加载和卸载测试激励和响应数据，因此测试时间通常较长。这些端口通常以40 MHz的最大频率运行。Advantest的特定DFT测试仪通过免费提供测试仪并向用户收取下载用于测试DUT的测试IP的费用，进一步降低了产品成本。这种创新产品不是购买、维护或租用昂贵的测试设备，而是允许用户注册测试服务。然后，用户可以下载驻留在云中的测试IP，并在新芯片上进行测试和特征化，每个月都会向用户收取所有采用的IP费用。用于执行测试算法的测试设备具有紧凑的桌面大小单元，在整个服务期间都将提供给用户使用。用户只需承担将新器件连接到测试设备的资本成本，这是通过将器件安装在用户设计的性能板上完成的，该性能板带有从电子商务网站购买的连接器和电缆。采用此服务的主要好处是显而易见的：

- 无资本成本。
- 每个用户都可以拥有自己的个人测试仪。
- 用户仅按月为采用的算法付费。
- 切换到下一代硬件不会给用户带来额外费用。

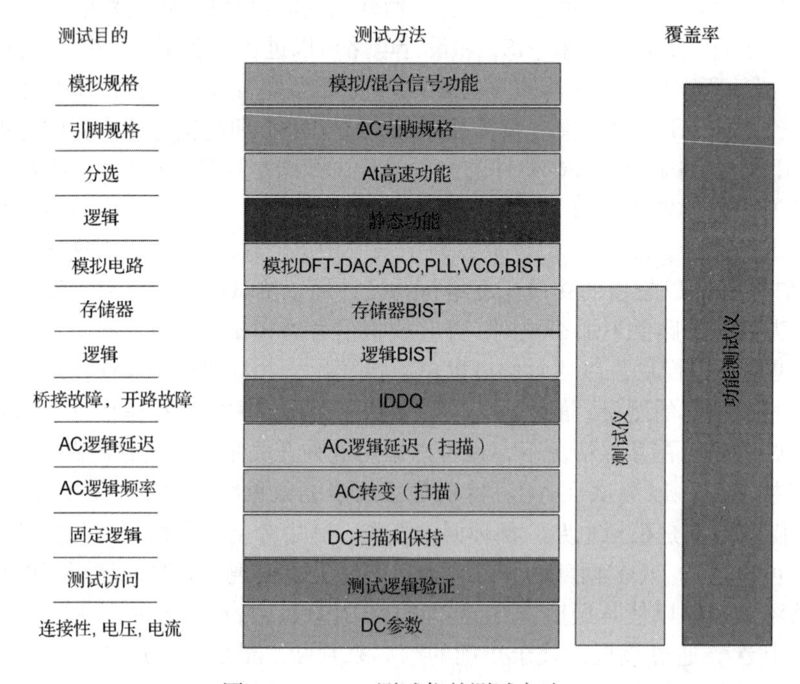

图21.15　DFT测试仪的测试方法

21.19　ATE 规格

国际半导体技术路线图(ITRS)是一个致力于跟踪和报告半导体领域和测试中未来技术要求的组织。ITRS 得到了多个组织的支持，包括半导体行业协会(SIA)、欧洲电子元件协会(EECA)、日本电子和信息技术产业协会(JEITA)、韩国半导体产业协会(KSIA)和国际 SEMATECH 等。ITRS 预测近期和长期不同器件技术的测试要求。这些预测结合市场需求直接推动 ATE 的目标规格，以满足未来几年的制造测试挑战。随着器件引脚数、I/O 频率、模拟要求和功耗需求的增加，测试仪与 DUT 之间的接口变得越来越复杂。测试仪制造商要保证测试仪的连接点、测试头中的弹簧针都符合规格要求。ATE 还具有校准和验证程序，用于定期校准测试仪硬件并验证测试仪的精度。为了补偿夹具延迟，ATE 制造商提供了采用时域反射计(time domain reflectometry，TDR)的聚焦校准软件，并且需要复杂的仿真功能来优化接口板布线和几何形状与仪器位置和路径性能的关系。模拟过程需要测试设备仪器、电气传输路径、探针卡或负载板和接收器及 DUT 的详细模型。需要这种模拟过程来保证芯片的信号和功率性能。表 21.2 至表 21.5 给出了 ATE 制造商针对不同类型的测试仪发布的测试仪规格。

表 21.2　高端微处理器和 SerDes 的典型测试仪规格

项　目	1990—2000	2000—2010	2010+	注　释
数字引脚数	1024	2048	3200+	
最大输入时钟频率	800 MHz	1.6 GHz	2 GHz	
最大数据速率	1.6 Gbps	3.2 Gbps	6.5 Gbps	驱动/频闪
总时序精度	100 ps	75 ps	50 ps	
每个引脚的向量存储器深度	64 M	256 M	256 M	
扫描数据存储器/扫描链	1 G	8 G	16 G	
扫描最大数据速率	100 Mbps	200 Mbps	200 Mbps	
APG 最大频率	200 MHz	200 MHz	200 MHz	高速缓存测试
大电流器件功率	1.3～3.3 V	0.7～1.5 V	0.5～1.1 V	20～100 A
直流精密测量单元	电压：−1.5～6 V	精度：0.15%	电流：±150 mA 精度：0.2%	每个模块
每个引脚的直流精密测量	电压：−1.5～6 V	精度：0.15%	电流：±20 mA 精度：0.2%	每个引脚
串行最大数据速率	3.2 Gbps	8 Gbps	16 Gbps	
每个仪器的路径	8	16	32	
最大抖动注入	±16 UI	±64 UI	±128 UI	

表 21.3　典型的混合信号测试仪规格

项　目	基　带	音　频	注　释
每台仪器的通道数	4×2 端口	4×2 端口	
AWG 采样率	400 Msps	190 ksps	
分辨率	16 位	24 位	
信号幅度 pk-pk	7.8125 mV～2 V	2 mV～8 V	差分
信号幅度精度	< ±0.6 dB	< ±0.5 dB	
正弦波失真	−78 dBc	−103 dBc	

续表

项　目	基　带	音　频	注　释
数字化仪采样率	2～256 Msps	32～820 ksps	
分辨率	16 位	18 位	
输入电压范围	±2.8～±0.25 V	±4～±0.7 V	
信号幅度精度	< ±0.6 dB	< ±0.23 dB	
正弦波失真	< −60 dBc	−105 dBc	

表 21.4　典型存储器/闪存测试仪规格

项　目	1990—2000	2000—2010	2010+	评　论
MUT 最大数目	64/站点	64/站点	128/站点	最多两个站点
总时序精度	800 ps	400 ps	400 ps	
ALPG 最大频率	70 MHz	140 MHz	266 MHz	
X、*Y* 地址，仪器的存储器	16*X*, 16*Y*, 1 K	18*X*, 18*Y*, 2 K	24*X*, 24*Y*, 2 K	

表 21.5　典型的 RF 测试仪规格(2010+)

项　目	向量信号发生器	向量信号分析仪	评　论
频率范围	100 MHz～6 GHz	100 MHz～-12 GHz	
输出电平	−120～+5 dBm	−120～+17 dBm −120～−20 dBm	
输入电平		−120～+17 dBm −120～−20 dBm	前置放大器导通 前置放大器截止
采样时钟	60 kHz～204.8 MHz	60 kHz～204.8 MHz	
波形分辨率	14 位	16 位	
波形存储器	2.75 MW/I, Q		
数据		64～2 M	
通道数	4/模块	4/模块	

21.20　ATE 的数据格式

在制造测试程序的流程中，对于被测器件，设置了电平、定时、向量、模拟波形和 RF 信号等参数。然后测试仪测量 DUT 的响应。根据测试，测量结果是通过/失效标志、数字化电流/电压或频率的测量。结果记录在文件中，在生产结束时，批次摘要与测试数据一起保存，便于半导体制造商的后续分析。用于测试输入和输出的数据格式大多是定制的，并由测试仪制造商定义。但也有几种通用格式，包括向量数据标准，便于测试工程师移植测试向量和时序。测试结果有标准的格式，即标准测试数据格式(standard test data format，STDF)，设备制造商采用该格式来分析来自不同 ATE 的测试结果数据。

IEEE 标准 1149.1 STIL 于 1999 年发布，它为测试工程师提供了一种方法，可以从设计模拟生成的 STIL 文件中为测试流程创建扫描和其他 DFT 向量。在硅调试期间修复器件失效后，可以采用最新和更正的 STIL 文件在不同的生产 ATE 上创建生产测试程序。测试向量数据有两种其他流行的格式：WGL(波形生成语言)和 VCD(值改变 DUMP)。WGL 是一种环化的格式，类似 STIL VCD 这样的格式则是一种基于事件的格式。WGL 格式语法最初是由 TSSI 开发的，并已成为生成测试向量的事实上的行业标准。1995 年，VCD 格式与 Verilog 硬件描述语言(VHDL)一起由 IEEE 标准

1364-1995 定义。6 年后，IEEE 标准 1364-2001 定义了扩展 VCD(eVCD)格式，支持信号强度和方向性的记录。

STDF 最初是由 Teradyne 公司开发的，现在被半导体测试行业用于收集和分析器件测试数据。在大批量制造中的晶圆分类期间，通过统计处理生产期间发生的失效的共性，需要失效芯片的数据来检测系统失效。还需要测试结果数据来提高可靠性，通过工艺监控来提高良率，利用测试自适应控制以提高测试效率实现产品特征化、测试平台统计过程控制和监控测试仪校准及测试可重复性。STDF 足够灵活，可以满足生成原始测试数据的不同测试仪、存储数据的数据库及采用数据的数据分析程序的需求。STDF 是单一的、连贯的标准，也便于整个 ATE 系统的各种组件之间数据的共享和通信。在 STDF 中，数据以记录的形式存储。每条记录都有一个标题，由三个子字段组成，如下所述。

- REC_LEN。记录标题后面的数据字节数。REC_LEN 不包括记录标题的 4 个字节。
- REC_TYP。标识一组相关 STDF 记录类型的整数。
- REC_SUB。标识每个 REC_TYP 组中特定 STDF 记录类型的整数。

每个 STDF 记录的标题包含一对称为 REC_ TYP 和 REC_SUB 的字段。每个 REC_TYP 值标识一组相关的 STDF 记录类型。每个 REC_SUB 值标识 REC_TYP 组中的单个 STDF 记录类型。REC_TYP 和 REC_SUB 值的组合唯一标识每种记录类型。这种设计允许数据分析程序轻松识别相关记录组，同时为文件中的每种记录类型提供唯一标识。所有小于 200 的 REC_TYP 和 REC_SUB 代码保留供 Teradyne 公司将来使用。所有大于 200 的代码都可用于自定义应用程序。代码都是十进制值。Teradyne 公司的半导体 CIM 部门(SCD)负责维护其采用的官方代码和文档清单。在 STDF 文件中，测试数据以二进制形式存储，但 STDF 文件可以转换成称为 ATDF 的 ASCII 格式。软件工具也可用于对测试数据执行统计分析和其他操作。

RITdb(丰富的交互式测试数据库)是半导体测试协作联盟(CAST)的 SEMI 特殊兴趣小组提出的下一代 STDF。此活动的主要目的是为半导体测试提供标准驱动的数据环境。这将包括简单的基于标准的数据采集、传输、和 E-test 有关的模型、探针、最终测试数据。设备配置和性能数据也将存储在 RITdb 中。这种新格式旨在支持状态和性能的实时监控，要求来自多个相关来源的准确、一致的数据的分析，还将支持 ITRS 自适应测试路线图的要求。因为它旨在成功实现 STDF 格式，所以 RITdb 将具有更好的字段定义、更快的访问速度和更容易实现的可扩展性。

21.21　制造商和 ATE 模型

全球约有 50 家 ATE 制造商从事制造及销售硬件、软件和服务的业务。下面总结了十家 ATE 公司。

21.21.1　Teradyne 公司

Teradyne 公司是 2015 年销售逻辑、射频、模拟、电源、混合信号和存储器件测试仪的领导者。它成立于 20 世纪 60 年代，代表了半导体器件制造业革命的开端，至今已有 50 多年的历史。除了制造半导体器件测试仪，他们还为电子器件制造商提供生产板测试系统。Teradyne 推出了以下 ATE 型号的产品：

- ETS-800，用于模拟测试。Teradyne 于 2008 年收购了 Eagle Test Systems。

- Magnum5，用于闪存的 Magnum CIS 和 CMOS 图像传感器(CIS)测试。Teradyne 于 2007 年收购了 Nextest Test Systems。
- 用于微控制器单元、RF-SoC、CIS 测试的 J750、J750HD-Litepoint 和 IP J750HD。2011 年，Teradyne 收购了 Litepoint，这是一家开发和制造无线器件的测试解决方案供应商。
- 用于 SoC、RF 连接、APU、高端 MCU 和移动电源管理 IC(PMIC)测试的 UltraFLEX 测试系统系列。

21.21.2 Advantest 公司

Ikuo Takeda 于 1959 年创立了 Advantest 公司(当时名为 Takeda Riken Industries)。1971 年，该公司开发出第一款能够以 10 MHz 进行测试的 IC 测试仪。2015 年，Advantest 产品包括用于 IC 制造的半导体 ATE 和机电一体化设备。Advantest 提供以下 ATE 型号的产品：

- V93000 SoC Smartscale 系列，用于数字、模拟、精密 DC 和 RF-SoC 测试。可以在 4 种不同的测试头尺寸中配置各种测试仪器，以优化 COT。V93000 HSM 用于高速存储器测试。2011 年，Advantest 收购了 Verigy，后者是惠普公司的衍生公司，惠普公司是 1990 年底 93000 测试仪结构的原始设计者。
- T2000 和 T2000IPS 系列，用于 SoC、汽车和模拟器件测试。
- T53xx、T55xx、T57xx 和 T58xx 系列，用于测试 DRAM、SRAM 和 FLASH。
- MPT3000 用于 SSD 协议测试。
- EVA100 用于低引脚数模拟器件测试。
- 云测试服务 CX1000 系列，用于设计验证、新硅调试和诊断。

21.21.3 Xcerra 公司

2014 年 12 月，LTX-Credence 从 Dover 公司收购 Everett Charles Technologies(ECT)和 Multitest 后成立了 Xcerra 公司。LTX-Credence 本身是在 LTX Corporation 和 Credence Systems Inc.两个 ATE 制造商合并后于 2008 年创建的。2015 年，Xcerra 排名市场第三，仅次于 Teradyne 和 Advantest。Xcerra 的销售产品包括半导体 ATE、半导体器件分选机、PCB 测试设备和测试夹具。Xcerra 的测试仪产品包括：

- 用于测试 3G/4G 基带、应用处理器、集成 RF 收发器、RF-SoC ASSP 和 SiP 的 Diamond 系列。
- X 系列，用于测试 RF 功率放大器(PA)、PMIC 和数据转换器。
- ASL 系列，用于低引脚数的 PMIC、稳压器和运算放大器。

21.21.4 UniTest 公司

UniTest 公司为 DDR/DDR2/SDRAM 存储器件和模块制造低成本测试仪。这种测试仪支持并行测试 256 个 MUT，并且可以通过模块测试器并行测试 8 个模块。该公司还为存储器件或模块提供应用级生产测试仪，为主板中的存储器件或模块提供系统级测试环境。UniTest 于 2000 年在韩国成立。该公司提供的 ATE 型号的产品包括：

- UNI500 系列 DDR/DDR2 存储器测试仪。
- PC 板环境下的 CSTA4000 DDR/DDR2 存储器系统级测试仪。
- UNI840 GDDR2/GDDR3/GDDR4 图形存储器系统级测试仪。

- UNI820 HDD SDRAM 缓冲存储器系统级测试仪。
- UNI400 系列 DDR/DDR2 和 FB-DIMM 存储器模块测试仪。

21.21.5 FEI 公司

FEI 于 2015 年完成对 DCG 系统的收购，成为半导体器件电气故障表征、定位和编辑设备的领导者。FEI 还出售用于半导体晶圆制造工艺监控的透射电子显微镜。FEI 为半导体器件诊断提供的设备包括：

- Meridian-IV 电气故障分析系统，提供集成电路中的故障定位和分析。
- MeridianWS-DP 系统，用于生产过程中的全晶圆电气故障分析。
- Meridian-V 激光电压探测（LVP）和激光电压成像（LVI），用于集成电路的定时和功能分析。
- 用于晶体管纳米探针的 Hyperion 系统，可用于电气特性分析。

21.21.6 Chroma ATE 公司

Chroma ATE 公司成立于 1984 年。该公司提供半导体 ATE 和 turnkey 测试及自动化解决方案，服务于 LED、光伏、锂电池、电动汽车（EV/EVSE）、半导体/IC、激光二极管、平板显示器、视频和色彩应用、电力电子和无源元件市场。该公司销售以下 ATE 型号的产品：

- 3650EX/CX 型，用于 SoC 和模拟测试。
- 33xxD/P 型用于通用 VLSI 测试。

21.21.7 National Instruments 公司

自 1976 年成立以来，National Instruments（NI）公司的核心业务就致力于为工程师和科学家提供工具。2014 年，随着半导体测试系统（STS）系列的发布，NI 进入了半导体 ATE 市场。这些基于 PXI 的自动测试系统设计通过在半导体生产测试环境中部署基于 PXI 的模块来测试 RF 和混合信号器件。

21.21.8 SPEA 公司

总部位于意大利的 SPEA 公司一直在为元件和电路板测试行业制造测试仪。SPEA 的测试仪用于 MEMS、分立器件、独立集成电路、片上系统（SoC）和系统级封装（SiP）芯片的制造测试。

- SPEA 提供 CTS1000-10/20/30 测试仪型号，用于半导体数字、模拟和 RF 器件测试。

21.21.9 Aehr Test Systems 公司

Aehr Test Systems 公司的总部位于美国加州的 Fremont，是世界范围的存储器和逻辑集成电路烧入与测试系统供应商。Aehr Test Systems 的最新系统适用于老化期间的封装部件测试，并且适用于低功耗和高功率逻辑器件及所有常见类型的存储器件。该公司还有一个完整的晶圆接触测试和老化系统。它们的系统可以有效地对复杂的器件进行老化和功能测试，如数字信号处理器、微处理器、微控制器和片上系统。该公司提供了可重复采用的载体、临时封装，使 IC 制造商能够进行经济高效的最终测试和裸片老化。Aehr Test Systems 提供以下 ATE 型号的产品：

- ABTS-L 和 ABTS-LI，用于逻辑和高功率逻辑器件老化。
- ABTS-M、ABTS-P 和 ABTS-PI，用于存储器和高功率存储器件老化。
- FOX-1P 和 FOX-15 晶圆老化系统。

21.21.10　Micro Control 公司

Micro Control 公司成立于 1972 年，也是一家电子行业测试设备的制造商。该公司于 1973 年生产的微处理器控制测试系统是业内首创。Micro Control 正在向全球客户销售高功率老化和测试系统。目前，其产品线包括用于存储器和逻辑应用自动测试的高功率老化系统：

- HPB-4A/5C-高功率老化与测试系统。
- LC-2 逻辑和存储器生产老化系统。

21.22　未来 ATE 的发展方向

在整个半导体行业 50 多年的历史中，基于摩尔定律的快速技术发展推动了它的创新和增长(摩尔定律在 1965 年预测可以纳入集成电路的晶体管数量每年将增加一倍)。500 型晶体管测试仪是早期可编程自动测试仪之一，它采用真空管测试晶体管。多年来，测试仪追赶 IC 的发展步伐，但是测试仪技术总是比它应该测试的器件技术更落后。一旦引入了内建自测试(BIST)概念，测试硬件就被设计到 IC 内部，使得测试技术与器件相当。半导体工业现已在纳米制造方面建立了良好的基础。这导致了知识产权核(IP 核)的激增。IP 核(也称为 IP 模块和“虚拟组件”)是可用于构建集成半导体器件和片上系统的设计模式。如果没有预先设计的 IP 模块作为起点，通常无法创建新的 IC 设计。我们将这些设计组件称为知识产权模块，因为它们作为使用和复制设计的权利进行交易。专注于这种商业模式的公司通常被称为无芯半导体公司。这种商业产品广泛地由欧洲、美国和亚洲公司销售，它们是当前和未来数字产品中至关重要的模块。企业可以在自己的产品中重复使用内部开发的 IP 核，也可以通过这些预先设计组件的许可、版税和定制来获得收入。目前，全球领先的供应商是位于英国的 ARM Holdings plc，其 IP 核用于 2007 年制造的约四分之一的可编程电子器件。随着纳米技术特征尺寸的减小，以及硅片中有相当多的区域可用于实现测试硬件，这使得测试仪非常靠近被测器件，这是外部 ATE 多年来一直在努力实现的，但受到了测试仪、测试夹具和器件封装的物理尺寸的限制。

在接下来的几年中，IC 产业将在其历史上接近基本的技术终点。由于物理学的限制，导致芯片上的晶体管数量呈指数增长并将 IC 技术应用扩展到人类生活所有领域的快速增量创新可能会减慢。ITRS 已经制定了新的路线图 ITS 2.0，从而更多地关注半导体的终端应用，而不是半导体器件本身。其主要原因是半导体行业正在追随一种新趋势——“超越摩尔”，其中通过结合不一定按照摩尔定律扩展的功能来提供器件的附加值。超越摩尔(More than Moore，MtM)是指一组能够实现非数字微/纳电子功能的技术。这些技术被视为“超越摩尔”领域提供的数字信号和数据处理的补充技术，当前先进的 CMOS 技术根据摩尔定律进行扩展。这包括通过适当的转换(传感器和执行器)及为产品供电的子系统与外界的相互作用。这些功能可能意味着模拟和混合信号处理、无源元件、高压元件、微机械装置、传感器和制动器的结合，以及能够实现生物功能的微流体装置。ITRS 强调，“超越摩尔”技术不构成摩尔定律所描述的数字趋势的替代甚至竞争者。实际上，正是数字和非数字功能的异构集成到紧凑系统中，这将成为各种测试应用领域的关键驱动因素，这些领域包括通信、汽车、环境控制、医疗保健、安全和娱乐等。虽然“超越摩尔”可能被视为智能紧凑系统的大脑，但“超越摩尔”指的是它与外界和用户互动的能力。根据新的 ITRS 2.0 路线图，以下领域将为 ATE 设定新的方向。

21.22.1　测试成本

每个晶体管的成本随着集成度增大而减小，ATE 制造商总是在寻找降低测试成本(COT)的新方法。在 SoC 测试仪结构中，测试仪的配置及用于测试器件的测试仪器的正确补充可以降低测试仪成本。ATE 制造商将提供各种可扩展仪器，具有不同的数字测试速率和模拟的采样率，可供测试器件选择各种可扩展的测试仪器。另一个主要因素是多站点效率。具有每站点结构 CPU 的测试仪通常有更高的测试吞吐量。站点数量和跨站点共享测试仪器的能力也是降低测试成本的关键。

有关 COT 的下一步计划是在单个器件中实现并行测试功能。并发测试(concurrent test, CCT)是并行测试方法，允许同时测试器件内的多个 IP 核。并发测试需要充分了解测试设备的功能及测试程序生成的方式。成功的 CCT 基于精心规划和实现准则。它要求设计和测试工程师的跨职能团队提前工作，规划解决方案，然后在完成各个内核测试程序时需要更多的测试程序集成。其趋势是测试程序复用，这要求与测试程序相关的软件能够将先前测试的内核测试程序与新的内核合并。将此并行测试解决方案与前面描述的多站点模型相结合，可以实现更高的测试效率。其好处包括缩短测试时间，更多地采用测试资源，以及更有效地利用它们，从而提高投资回报率。其他好处包括通过使器件更接近其最终应用环境来提高部件质量，降低隐藏的退货成本，以及提高客户对统计因子降低的产品交付的满意度，统计因子以百万分之缺陷数计算。由于 CCT 适用于单个器件执行，因此器件中的各个内核需要进行适当的并行设计和隔离，以便对一个 IP 核进行测试而对其他内核的影响最小。任何形式的并行测试应用程序的内核隔离是与 EDA 公司提供的 DFT 工具相关联的新的测试方法。这扩展了设计和测试之间的联系。传统上提供设计工具的 EDA 公司目前正在扩展其产品，包括有助于可测试性设计的设计方法。此外，可制造性设计(design for manufacturing，DFM)领域正在发展，其中新的设计方法与 ATE 相互作用以实现故障的快速诊断。这显示了新供应链与 EDA 和 ATE 之间反馈回路的联系，从而实现更快的 TTM 和 TTV。

21.22.2　替代的测试方法(Dfx/BIST/SLT)

Dfx 代表 DFT(可测试性设计)、DFM(可制造性设计)和 DFY(面向良率设计)，这些是采用 IC 中实现的结构的测试方法，以改善大批量制造中的量产时间。在过去的 20 年里，它们一直用于测试行业。随着每一代 SoC 中 IP 核数量的增加，采用的测试向量和由这些方法生成的测试数据也在不断增加。此外，每个器件的测试结果并没有仅局限于传递不合格信息，还包括许多工艺监控数据。ATE 采用自适应测试方法来收集在大批量制造(high-volume manufacturing，HVM)过程中产生的测试数据，并将其用于以下应用：

1. 统计分析，以寻找良率改善的趋势。
2. 实时监控，以改变获得更好的测试吞吐量的流量。
3. 将结果转发到 HVM 的下一步以进行测试优化。
4. 离线数据分析，改善测试程序效率。
5. 监控 ATE 稳定性并安排 ATE 校准。

用于存储器(MBIST)和逻辑(LBIST)的 BIST 硬件是测试 SoC 器件的嵌入式内核所必需的。随着物联网(Internet of Things，IoT)的出现，世界各地的几十亿个智能器件即将升级，BIST 和自修复(BISR)将被设计到这些器件中。具有大量站点数的多站点测试将在未来这些器件的 ATE 上实施。

系统级测试(SLT)将重新进入 SoC 测试的制造阶段。在 20 世纪 60 年代和 70 年代早期，系统板在系统级测试仪中进行功能测试。功能测试还与在线测试相结合。在线测试中，接触带有安装元件或电子元件的 PCB，并确定 PCB 布线、焊接和元件失效测试中的故障。今天的 SoC 器件是系统板的微型版本，但是在芯片中实现。

ATE 可以通过扫描测试来测试系统元件，类似于电路板的在线测试。ATE 还可以采用 SoC 中设计的测试访问机制来测试 SoC 的每个 IP 核。前面讨论的 P1000SECT 使这成为可能。未来的 ATE 需要支持 SoC 的 SLT 以检测子系统故障。SLT 的支持包括测试生成、系统启动和调试环境。

21.22.3 功率和热管理

当前，ATE 在具有良好精度的低内核电压下的高电流要求方面，可以非常好地处理 MPU、GPU 和 APU 器件的功率要求。然而，未来的移动和手机器件专注于精确的温度控制和高效的功率工作模式。它们需要 ATE 来监控温度，并在不同的应用模式下测量低电流。器件对激励的热响应也是对手机器件的测试。对于汽车器件，要求在生产过程中进行从–40℃到超过 100℃的温度测试。

21.22.4 MEMS 和传感器测试

这些极低成本器件的 COT 挑战一直在持续增长。可以采用大量的站点数来获得高的产量，从而降低制造成本。

21.23 致谢

Donald Blair，Robert J. Smith，Jeff Brenner，George Redford，Neils Poulsen，Edwin Lowery，Hans Verleur，Asad Aziz，Ariana Salagianis，Shawn Klabunde，Michael Kozma，Gary G. Raines，Peter O'Neil，Gina Bonini，William T. O'Grady。

21.24 扩展阅读

Agrawal, V., ATT Bell Labs, general reference papers website: http://www.informatik.unitrier.de/～ley/db/indices/atree/a/Agrawal:Vishwani_=.html.

Bozturk, Cagatay, "Burn-in, Reliability Testing, and Manufacturing of Semiconductors," research paper, Kent State University, 2006.

Burns, M. and G. W. Roberts, *An Introduction to Mixed Signal IC Test and Measurement*, Oxford University Press, New York, 2001.

Bushnell, M. L., D. Vishwani, and V. Agrawal, *Essentials of Electronic Testing for Digital, Memory & Mixed-Signal VLSI Circuits*, Kluwer Academic Publishers, New York, 2000.

Chang, L. L., "Systematic Methodology with DFT Rules Reduces Fault-Coverage Analysis," *EE Design*, Aug. 2001, available at http://www.eedesign.com/isd/features/OEG20010803S0032.

Geng, Hwaiyu*, Semiconductor Manufacturing Handbook*, McGraw-Hill, New York, 2006.

Goor, A., *Testing Semiconductor Memories, Theory and Practice*, Wiley Online Library, 1991.

Kao, W. and K. Hasebe, "Simulation of Tester Environment Improves Design to Test Link for Mixed Signal ICs," *Proceedings of the ATE Instrument Conference*, Anaheim, California, Jan. 14–17, 1991.

Laeson, Eric, Protocol Aware ATE 2008 Beijing Advanced Semiconductor Technology Symposium.

Mahoney, M., "DSP Based Testing of Analog and Mixed Signal Circuits," *The Computer Society of IEEE*, 1987.

Maxfiled, C., *Boolean Boogie*, HighText Publications, Solana Beach, CA, 1995, http:/www.Harrington-institute/downloads/whitepapers/UnderstandingSix-Sigma.pdf.

Parker, K., *The Boundary-Scan Handbook, Analog and Digital*, 2d ed., Kluwer Academic Publishers, Boston, 1998.

SoC Test: Trends and Recent Standards（Michael Higgins and Ciaran MacNamee. Circuits and Systems Research Centre（CSRC）, University of Limerick. ITB Journal）.

Tocci, R. J., *Fundamentals of Electronic Devices*, Charles E. Merrill Publishing Company, Columbus, Ohio, 1975.

2015 Top Markets Report Semiconductors and Semiconductor Manufacturing Equipment. Department of Commerce USA.

Vision ATE 2020 at ITC 2007, Andy Evans.

VLSI Test Symposium 2007, Innovative Practices, Eric Larson.

Zorian, Y., E. J. Marinissen, and S. Dey, "Testing Embedded-Core-Based System Chips," *IEEE Computer*, 32（6）: 52–60, Jun. 1999.

第四部分　柔性复合电子和大面积电子技术

第 22 章　印刷电子器件：原理、材料、工艺及应用

本章作者：Kan Wang　Yung-Hang Chang　Ben Wang　Chuck Zhang
School of Industrial & Systems Engineering and Georgia Tech Manufacturing Institute, Georgia Institute of Technology
本章译者：孙翊淋　谢丹　清华大学集成电路学院

22.1　印刷电子器件简介

在过去的几十年里，柔性复合电子器件经历了快速的发展并推动了相关高精度、低成本及大规模制造工艺技术的进步[1~3]。柔性电子器件的发展使得柔性、可延展及可穿戴电子产品得以进入人们的日常生活。与传统光刻技术相比，近几年发展起来的印刷电子(printed electronics，PE)技术因其简化的工艺过程及较低的制造成本取得了人们的广泛关注[4, 5]。传统光刻工艺由多步工序组成，主要包括薄膜气象沉积、光刻胶沉积、掩模工艺及湿法刻蚀等。而 PE 技术则是一步工艺。而且，PE 技术易于扩展到高产出的大面积生产中。这些特征使得 PE 技术可以用于降低成本，并且在大范围内为电子器件领域提供灵活性。这一技术将提供许多用于设计制备新型电子器件的新方法并推动它们在其他研究领域的应用，比如有机发光二极管、有机太阳能电池、薄膜晶体管、逻辑电路、射频识别(radio frequency identification，RFID)标签和传感器等。然而，大多数电子器件仍然采用传统硅技术制造，这一事实表明了 PE 技术在可靠性和成本效益方面的应用局限性。此外，复杂度、大面积图形绘制的难度及可直接图形绘制的材料范围有限，这些都是 PE 的显著缺点。本章将讨论快速发展的 PE 技术的基本原理，以及这类核心工艺的优点和局限性。

目前，市面上已经出现了成熟 PE 技术。一些商业化产品已经实现或高度依赖于 PE 技术。这些市场产品可分为以下几类：

- 有机发光二极管(organic light-emitting diode，OLED)
- 有机/无机光伏
- 集成智能系统(RFID、运动健身/保健设备、智能卡、传感器和智能纺织品)
- 电子器件及组成元件

每个设备类别都有潜在的巨大市场。例如，2020 年全球新的照明市场增长到 1500 亿美元[6]。22.6 节概述了一些典型 PE 产品的特点及其现状。

22.2　印刷电子器件：原理及基础

许多印刷方法已经在传统的电子制造业中应用了很长一段时间，如丝网印刷、凹版印刷、柔性版印刷和胶版印刷等。这些技术也被应用于许多先进的 PE 产品的制造过程中。根据 PE 产品的性质，需要综合墨水、衬底、设计的器件结构、图案几何结构、制造速度、产量、质量和生产成本等因素来选择合适的制造方法。

- 分辨率：智能手机/平板电脑的显示应用是当今最流行的应用之一，需要每英寸 300 像素(ppi)

以上的精细图案，以及具有位置精度为 ± 5 μm 的几个微米的分辨率。多层印刷精度也是一个关键因素。

- 润湿性：由于典型的 OLED 层厚度小于 100 nm，许多 OLED 应用(如电视和照明)需要几纳米到几十纳米的平坦度。图案边缘的锐度和与基板的黏合高度取决于底层(验收层)材料及其设计。
- 均匀性：结合设计墨水成分和干燥过程，要求尺寸范围从几厘米到超过 1 米不等。
- 相容性：墨水与印刷组件(如滚筒、掩模、墨刀和喷墨头)的兼容性对批量生产的产量和质量有显著影响。
- 可扩展性：PE 技术的一大好处是它能够以合理的成本进行大规模生产。高速度和高质量的印刷图案应保持高达数百次的印刷能力。

卷对卷印刷(roll-to-roll printing)是 PE 技术的一个相当活跃的研究领域，因为它可以通过高速纸幅处理实现大规模生产。卷对卷印刷可用于大规模生产 RFID 天线或键盘膜等物品。然后，由于材料、具有合适的纸幅处理方法的印刷技术、准确定位及对缺陷标准定义的检验方法之间还没有建立起适当的调整机制，卷对卷工艺还不够成熟且无法应用于许多采用 PE 技术的领域。单纸印刷仍是大多数 PE 产品的主要印刷方法。要从单纸印刷向卷对卷印刷转变，需要更多的时间去开发具有适当参数(包括材料设计)的印刷技术。

目前不适用于卷对卷生产的 PE 技术有时也称为直接写入技术。这些相对较新的技术包括喷墨印刷、气溶胶喷墨印刷(aerosol jet printing，AJP)、喷枪分配、激光辅助化学气相沉积(laser-assisted chemical vapor deposition，LCVD)、激光粒子制导(laser particle guidance，LPG)、矩阵辅助脉冲激光蒸发(matrix assisted pulsed laser evaporation，MAPLE)、聚焦离子束(focused ion beam，FIB)等。

直接写入过程快速、灵活，并且具有很高的容错性。它通过将 CAD/CAM 文件模式直接转换为原型，为电路设计者提供了很大的自由。这种方式也广泛地适用于多种墨水和衬底。最重要的是，直接写入技术在很大程度上简化了制造工艺。掩模和丝网印刷工艺需要采取多个步骤来完成电路的制造。制作一个掩模或者一个新的丝网可能需要几天，甚至几周。直接写入技术有可能将几个星期的原型制作时间变成几个小时。随着这种改进，直接写入技术似乎将不可避免地彻底改变电子工业。

尽管事实如此，但与掩模工艺的产率竞争已被证明是一项艰巨的任务。直接写入技术的消费者欣赏其优越的速度及所展示出的优越结果。然而，人们主要的不满在于工业层面的重复性。虽然许多直接写入技术已经证明对于概念演示或者器件设计非常有效，但是在大规模的原型制作过程中具有较差的可重复性。这一缺点将完全消除快速制造及其已取得的成果所带来的优势。产品间的巨大差异严重降低了直接写入技术的产量。虽然产量可能不是电子行业唯一的问题，但如果新工艺不能达到规定的标准，它将是最重要的问题。要取代掩模技术，如丝网印刷或光刻图案，直接写入技术必须在几秒钟而不是几小时内完成这些任务。如果不能尽快解决延展性问题，那么直接写入技术唯一具有竞争力的领域就是快速成型(rapid prototyping，RP)。图 22.1 总结了各种 PE 技术的产量和分辨率[4, 7]。

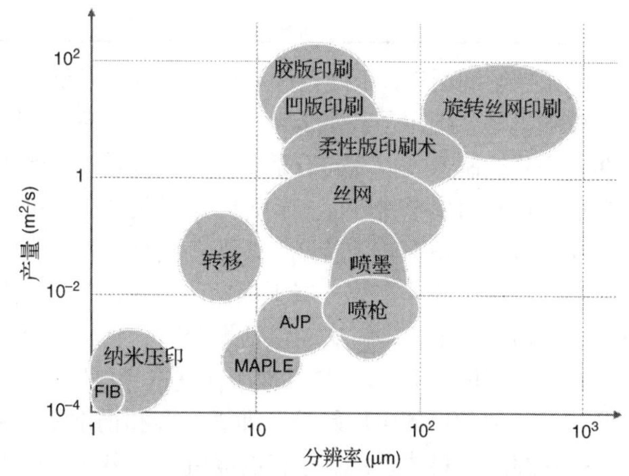

图 22.1 各种 PE 技术的产量和分辨率
(©Chuck Zhang. Used with permission.)

22.3 用于印刷电子器件的材料

印刷方法的选择是在启动研究项目或建立生产线之前必须做出的主要决定。这是一个复杂的决定，涉及确定哪些墨水、衬底和印刷机是合适的。衬底的选择在这个决定中具有重要作用。墨水的黏度/表面张力、器件结构及设备线/层的薄或窄都会影响获得的图案质量。印刷电路或装置的截面轮廓具有独特的形状。为了获得大部分的电子性能，往往需要一个方形截面。然而，除了使用高黏度墨水，比如用于丝网印刷的墨水，利用 PE 技术很难得到方形截面。在喷墨印刷或气溶胶喷墨印刷的印刷线路中，低黏度的墨水会滴落在衬底上。这种技术下的截面有时会产生咖啡环效应，这取决于墨水的黏度、它在衬底上的润湿性及溶剂的蒸发均匀性[8]。当墨滴干燥时，有时会出现溶质含量向液滴外缘分离的现象，从而产生咖啡环效应。大多数情况下不希望出现这种形状，因为许多缺陷可能在凹面中心区域形成。因此，必须设法使液滴形状变平，至少是半圆柱形的。

通过对衬底表面的润湿控制，获得所需的印刷线条形状，即可根据不同目的，促进或防止印刷墨水的扩散[9, 10]。特定类型墨水在特定类型衬底上的润湿性可以通过在衬底上沉积一个墨滴来测量（见图 22.3）。润湿角是一个很好的湿润状态指标。这背后的基本物理原理是液体和衬底的表面能及杨氏方程。表 22.1 总结了典型聚合物衬底的表面能范围。衬底的润湿性可以通过化学或物理处理来调节。

表 22.1 典型聚合物衬底的表面能范围

表面能（dyn/cm^2）	聚合物衬底材料	润湿性（水）
10～20	有机硅 氟碳聚合物	防水的
20～35	聚乙烯 聚丙烯	疏水的
35～50	涤纶 尼龙 环氧树脂 丙烯酸树脂 聚对苯二甲酸乙二酯 聚酰亚胺	极性的
50～60	聚乙烯醇 纤维素 聚乙烯吡咯烷酮	亲水性的

除了控制润湿性，干燥条件对截面形貌也很重要。一些 PE 技术，如喷墨、胶印、凹版、柔印、气溶胶喷墨等，使用了添加低浓度金属纳米颗粒的墨水，这些墨水的黏度很低。由于大量溶剂的存在，必须控制蒸发以获得合适的固体沉积物，否则可能导致电阻过高。克服这一问题的一个有效方法是在原始聚合物表面上放置一层吸收层，以减少溶质的流动。

喷墨印刷的情况较为特殊，因为在衬底上沉积的油墨由许多小的喷墨液滴组成，而不是一个大的喷墨液滴。除非在第一层干燥前印刷多层，否则咖啡环效果将最小化。由于这一特性，气溶胶喷墨印刷可用于各种衬底，包括聚合物、金属、复合预浸料等。

在大多数情况下，PE 技术被用来制造导电图形。在这种情况下，金属纳米颗粒糊剂或分散体主要包括三种常见的金属颗粒，即银、金和铜纳米颗粒，可被用于墨水的制造。碳基墨水也是一个很受欢迎的材料体系，最近其也被用于许多直接写入技术。这些碳基材料包括碳纳米管、石墨、石墨烯、经修饰的碳纳米管，以及有两种或两种以上材料的混合物。一些研究报告指出，将墨水与这些碳基纳米材料和金属纳米颗粒混合，在可拉伸电子印刷中具有巨大的潜力。

随着印刷电子产品的功能和设计越来越复杂，人们对导电墨水以外的专用墨水也提出了要求。例如，氮化硼纳米管(boron nitride nanotubes，BNNT)可以分散到某些溶剂中以形成压电墨水。也有许多应用于一薄层图形化电介质材料的墨水。无机和聚合物介电油墨都已开发出来，市场上也有半导体颗粒墨水和聚合物半导体墨水。最近，研究人员开发出了可用于气溶胶喷墨印刷的生物墨水。各种 PE 技术中最常用的墨水包括金属(如银)颗粒、碳纳米管、石墨烯和聚合物。

22.4　印刷电子器件的制造工艺

目前的 PE 技术可以根据其墨水沉积技术分为两大类：接触式印刷和非接触式印刷。图 22.2 展示了印刷电子技术(丝网印刷)的工艺流程，每种技术都有其固有的优势和缺陷。接触式印刷最适需要低分辨率和高产量的应用。非接触式印刷设计灵活，用料少。因此，它更适合于快速成型和新型传感器的开发。非接触式印刷的产量通常低于接触式印刷的产量。然而，平行喷嘴阵列技术已经证明了大规模非接触印刷工艺的可行性。代表性的接触式印刷技术是丝网印刷和凹版印刷。而典型的非接触式印刷技术有喷墨印刷和气溶胶喷墨印刷。下面列出了这些工艺的简要说明。

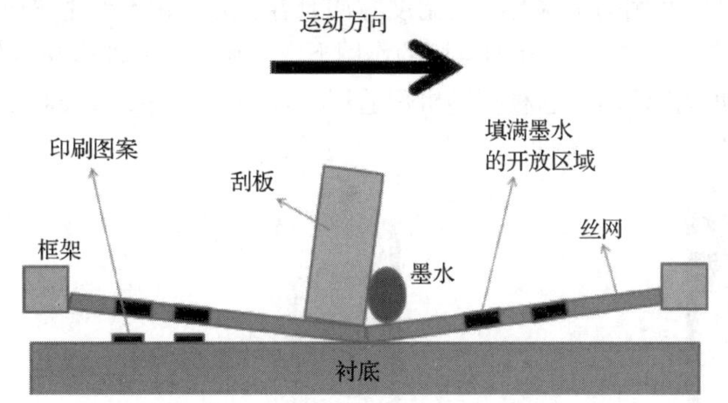

图 22.2　丝网印刷的工艺流程(©Chuck Zhang. Used with permission.)

22.4.1　丝网印刷

丝网印刷是一种成熟且常用的印刷电子技术，已被用于制造印刷电路板(PCB)、互连制造和印刷太阳能电池集电器[11]。与其他印刷方法相比，丝网印刷的显著特点是印刷品的高纵横比[12]。通常，丝网印刷图像的厚度范围为几十微米，但单道印刷时的厚度可超过 100 μm，特别是使用厚丝网时。这不能用任何其他印刷方法实现。对于其他方法，如喷墨或柔印，典型厚度小于 5 μm。丝网印刷的工艺流程如图 22.2 所示。刮板迫使墨水通过模板在衬底上形成图案。这是因为转印之后，墨水仍留在模板的空隙中而模板被提起。丝网印刷已被用于制造多种印刷电子器件，包括有机薄膜晶体管、光伏器件和传感器等。

工业界也已经实现了宽度超过 2 m 的大规模丝网印刷技术，特别是在等离子显示屏的制造中。丝网印刷的一个衍生方法——旋转丝网印刷已用于实现大规模生产。这种印刷过程非常快但分辨率有限。

22.4.2　凹版印刷

凹版印刷是一种极具前景的用于制备高分辨率器件的印刷技术[13]。凹版印刷的工艺流程如图 22.3 所示。凹版印刷用于需要高质量和高速印刷的行业，如杂志业和纸币印刷业[14]。凹版印刷的工作原理是基于一个刻有凹孔的圆筒，该凹孔通过贮墨罐均匀地覆盖在圆筒上。刮墨刀将多余的墨水从孔外清除。然后，凹印滚筒压在目标衬底上，从而实现将所需图案转印。凹版印刷工艺具有高产量和高分辨率的特点，因而适用于大面积、低成本的器件制造。研究人员们已经证明使用凹版印刷来制造印刷电子设备的可行性。

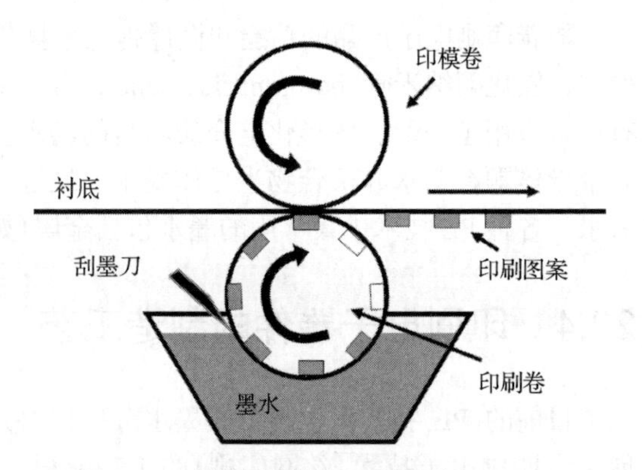

图 22.3 凹版印刷的工艺流程(©Chuck Zhang. Used with permission.)

22.4.3 喷墨印刷

喷墨印刷是一种按需下降的加成印刷技术或直接写入技术[15]。与丝网印刷和凹版印刷不同，喷墨印刷不需要有图案的模板或圆筒。相反，数字输出文件可用于定义印刷图案[16]。在喷墨印刷中，打印头随着承印台移动并将液滴喷到衬底上。三种主要的用于产生喷墨液滴的能量源为：热、压电偏转和电场(见图 22.4)。在热气泡喷墨印刷技术中，加热元件被迅速加热，任何靠近它的墨水都会蒸发，产生压力波，迫使小喷嘴滴出液滴。这种喷射机制的一个缺点是所使用的墨水必须与温度脉冲兼容。另一种不产生热应力的喷墨印刷机制是压电喷射。在这种方法中，压电板在外加电场的作用下发生形变。这种形变会在墨水库中产生声波，声波会传到喷嘴，迫使液滴流出。这种喷墨机理适用于各种中等黏度和表面张力的墨水，并可扩展到由数千个喷嘴组成的大型工业阵列。

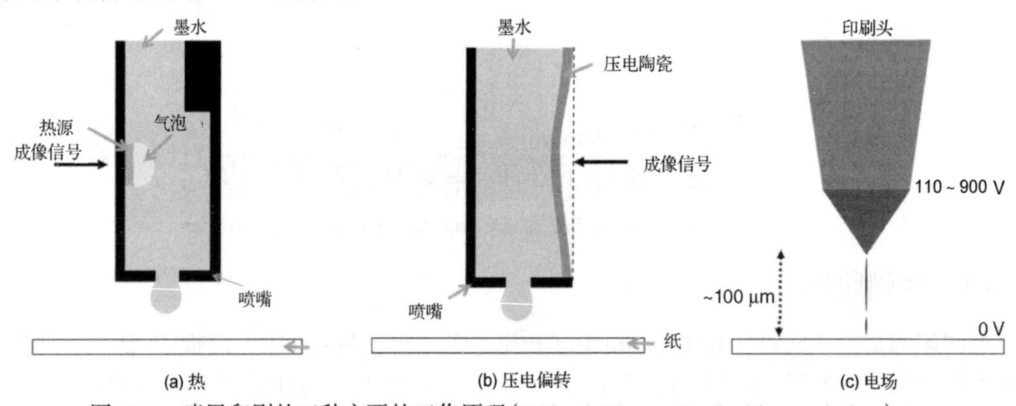

图 22.4 喷墨印刷的三种主要的工作原理(©Chuck Zhang. Used with permission.)

喷墨印刷由于喷墨印刷机的低成本和在不同材料上工作的灵活性，在许多印刷电子的研究中得到了广泛的应用。喷墨印刷已经被用来制造由氧化锌和聚乙烯吡咯烷酮分别作为有源器件区和栅极介质的薄膜晶体管。喷墨印刷和真空干燥工艺可用于开发基于均匀非晶态 C_{60} 富勒烯的高性能 n 沟道晶体管。此外，可以利用喷墨印刷技术在聚酰亚胺衬底上使用各种功能墨水制备电阻器、电容器和电感器。最近，碳纳米管和石墨烯材料已成功地利用喷墨技术打印出柔性晶体管和先进传感器。

22.4.4 气溶胶喷墨印刷

气溶胶喷墨印刷(AJP)是印刷电子技术中一种相对较新的非接触式印刷方法[17]。在喷墨印刷过程中，功能性油墨通过雾化器进行雾化。一股气流被用作载气并将气溶胶颗粒引向沉积头。在沉积头中使用鞘状气流以空气动力学方式聚焦气溶胶流。图 22.5 展示了使用超声波雾化器进行气溶胶喷墨印刷的整个过程。

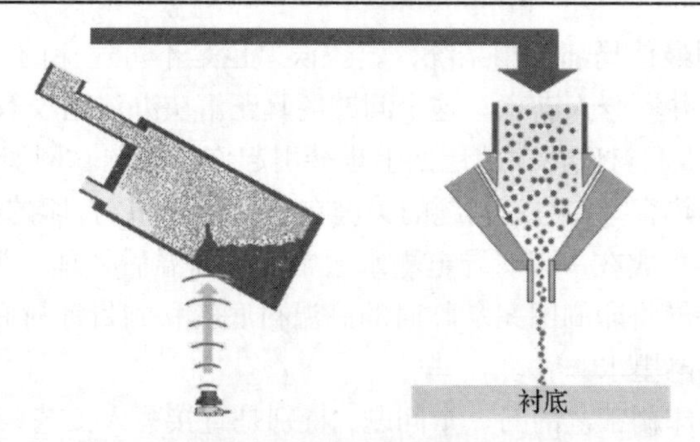

图 22.5　使用超声波雾化器的气溶胶喷墨印刷过程[18]（©Chuck Zhang. Used with permission.）

AJP 的一个重要好处是打印头和衬底间的距离较大[19]。因此，在衬底上印刷所需图案时，并不要求衬底必须是平面的。AJP 对使用的衬底的唯一限制主要取决于墨水的性质。AJP 墨水的局限性在于它能使墨水雾化的物理和化学特性。已经开发出多种材料可用于印刷导体、半导体和电介质等。在这些研究中，所有的工作都是用气溶胶喷墨印刷完成的。

22.5　主要挑战和潜在解决方案

随着最新的材料技术和机械工程技术的突破，PE 技术领域正在迅速发展起来。这一现象表现在 PE 技术可以处理的材料范围迅速扩大。近年来，压电墨水、半导体墨水、生物墨水及其他功能性油墨已加入该套墨水体系中。随着新工艺的发展，对墨水黏度的限制也越来越小。例如，作为 PE 技术的最新成员之一，气溶胶喷墨印刷理论上可以处理黏度在 1～3000 cP 之间的墨水，而喷墨印刷通常要求墨水黏度在 8～12 cP 之间。然而，在为 PE 工艺选择墨水时，仍然有许多关于可印刷性的考虑[20, 21]。

选择墨水材料的一个重要考虑因素是其稳定性[22, 23]。用于 PE 工艺的大多数墨水是悬浮形式的，例如金属纳米墨水、陶瓷墨水和碳基纳米材料墨水。为了使纳米颗粒均匀分散，必须选择适当的溶剂。通常，还需要表面活性剂来防止悬浮的纳米颗粒重新聚集。然而，表面活性剂会对印刷电子器件的性能产生不利影响，尤其是导电性。而问题难题在于表面活性剂需要使墨水中的纳米颗粒分散开来，但在最终的器件中又需要纳米颗粒彼此无障碍地连接起来。即使使用表面活性剂，大多数悬浮墨水也会发生团聚。这导致了 PE 设备最常见的问题：喷嘴堵塞。由于纳米颗粒的尺寸和可能的团聚现象，喷嘴直径的小尺寸化将受到限制，因此印刷精度也受到限制。解决上述问题的一个可能的方法是开发可以取代悬浮墨水的新型墨水，比如 Lewis 等人开发的无颗粒活性银墨水。这种墨水可以通过 100 nm 孔径的喷嘴进行打印，比悬浮墨水小一个数量级。

墨水的另一个挑战是材料寿命[24]。有些墨水或溶剂在暴露于光、水分、氧气或热源时会发生反应。合成后，这些墨水的含量不断变化。这使得印刷电子器件的性能变得不可预测。当考虑到整个 PE 产业的供应链时，这将是一个更大的问题。有一些传统的金属墨水配方已经在市场上测试多年了并且效果良好。然而，对于新开发的墨水，特别是生物墨水，这是一个很常见的问题。

除了材料问题，印刷过程中还存在其他挑战，如多层设备印刷图案的对准[25]。对于精确设计的电子设备，不同层的布局必须完全重叠，以便器件正常工作。但是，每层印刷完成后，运行部件需要从印刷机中取出，进行烧结/干燥/固化。由于印刷台的精度限制及烧结/干燥/固化后印刷图案的尺寸变化，即使使用最佳局部控制系统，定位误差也是不可避免的。目前已有一些基于图像的对准系统，但这些改进并不令人满意。这个问题的真正解决办法还没有找到。

PE 装置中使用的墨水和衬底在工艺层面上也会引起许多问题。例如，某些墨水的烧结/干燥/固化必须符合相应衬底的热容差。这一问题的关键在于大多数 3D 打印的电子器件是将 3D 打印材料和工作温度较低的塑料集成在一起。导电墨水通常需要高温后处理。为了解决这个问题，开发人员尝试利用表面能的差异将印刷图案从临时的高温衬底转移到目标衬底上[25]。另一种可能的解决方案是开发低温烧结导电墨水。

印刷图案的均匀性是印刷工艺的另一个问题，特别是直接写入工艺。通过 PE 工艺印刷的线条通常有不清晰的边缘、不连续性、过度喷涂等问题，如图 22.6 所示。因此，由这些线条填充的区域会出现空隙、不均匀厚度、粗糙表面等问题。其中许多问题在当前的实际应用中没有得到有效的控制，这导致了另一个挑战——质量控制和可重复性。

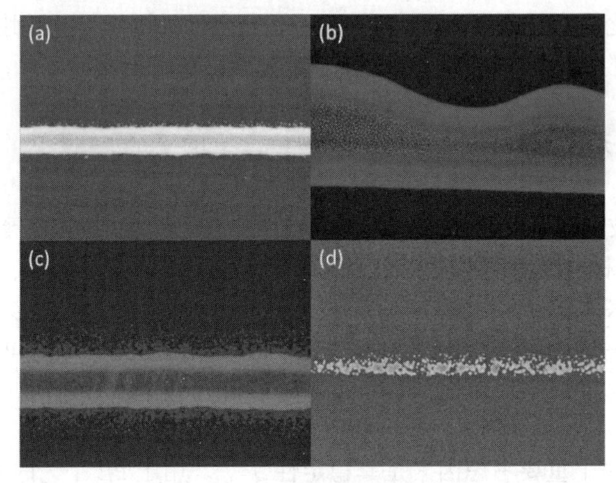

图 22.6　印刷品的一致性问题：(a)气溶胶喷墨印刷的典型打印线；(b)空隙和不清晰的边缘；(c)过度喷涂；(d)不连续性(©Chuck Zhang. Used with permission.)

与传统的电子制造业相比，PE 技术远远低于当前行业的质量控制标准。印刷电子器件的可重复性差是由多种因素引起的，如墨水不稳定、衬底润湿性、印刷图案缺陷、墨水/承印物黏附力、动态机械状态、印刷气氛失控等。随着现场监测技术和自动过程控制方法的发展及相关研究的不断深入，PE 技术的重复性有望逐步提高。

在制造业层面，PE 技术也面临一系列挑战：可扩展性、产量、环境影响、健康与安全、供应链设计等。从完全成熟的丝网印刷到最近才被验证的大型气溶胶喷墨印刷，不同的 PE 工艺处于不同的放大阶段。PE 领域的整体前景表明，在过去十年中，人们对扩大新型 PE 技术的关注显著增加。我们有理由相信，在不久的将来，将有越来越多的工业规模的 PE 制造工艺得到验证。

22.6　应用案例

22.6.1　互连

在电子制造业中，在产品最终成型之前，通常需要在系统集成工序中进行电气互连。所有的 PE 产品都需要相应的系统集成。例如，使用 PE 技术制作的显示器通常需要多个逻辑电路、一个电源、无线/有线连接电路和其他特性。光伏电池需要串联互连和连接到电池或电源调节器电缆的连接器。因此，互连工艺是 PE 产品的关键技术之一[27, 28]。PE 互连技术的几个重要要求如下：

- 低温：≤80～130℃。
- 任务时间：小于几秒到几分钟。
- 电阻率：10^{-5}～10^{-4} Ω · cm。
- 热导率：越高越好。

第一点是工艺温度。对于大规模的 PE 产品市场，大多数产品都使用低成本的衬底，如聚对苯二甲酸乙二醇酯(PET)、聚萘二甲酸乙二醇酯(PEN)、纸张，甚至丙烯腈-丁二烯-苯乙烯(ABS)树脂等。PET、纸张和 ABS 的耐热温度分别在 100～130℃、150～200℃和 80～100℃范围内。如果希望通过快速卷对卷印刷来进行批量生产，则任务时间必须短。至于电阻率，尽管较低的电阻值对电子产品更好，但仍然希望当前标准互连材料(如焊料和导电黏合剂)的水平将保持在 $1.2^{-10}\times 10^{-5}$Ω · cm 左右。由于许多有机半导体器件易受热和湿气的影响，因此有时需要具有一定的热导率来防止其升温。

多年来，由于电子产品的革命，互连方法应运而生。特别是在过去几十年中，最常用的互连方法——焊接，已经经历了从有铅到无铅的重大转变。在这种转变之后，即使在 PE 技术中也必须寻找无铅合金。各向同性和各向异性导电黏合剂技术可以有较低的工艺温度，对于 PE 产品具有巨大的吸引力。然而，PE 产品所需的工艺温度范围远低于现有的低温互连材料和工艺的温度。

22.6.2　有机发光二极管

有机发光二极管(OLED)在许多应用领域都具有巨大的潜力，如彩色显示器、指示灯和标牌等。有机发光二极管的主要优点是通过改变有机化合物的化学结构，很容易获得具有不同发射波长的优良的颜色调谐能力及共轭有机材料的良好加工性能。

OLED 通常是在超高真空环境中，借助于诸如旋涂工艺等常见的聚合物加工技术，通过热蒸发有机材料来制造的[29, 30]。这些简单的技术有许多缺点，包括高溶液损耗和缺乏图形化能力。传统制造通常无法使材料在衬底上选择性分布。所有这些问题都限制了它们的商业应用，因为基本上只有一种材料可用于覆盖整个表面，因此表面只能显示一种颜色[31]。多个有机层的集成(为彩色显示器制造红色、绿色和蓝色发射器)将需要各个有机层的图形化。然而，由于有机材料在水溶液和许多溶剂中的溶解性和敏感性，传统光刻胶难以制备有机材料的图形化。

为了充分发挥 OLED 的潜力，在不同聚合物的沉积过程中需要独立的图形化。采用 PE 技术可以克服传统沉积技术的局限性。特别地，喷墨印刷已成为光电应用中一种有吸引力的有机半导体的沉积技术。喷墨印刷不需要任何化学工艺，比如采用光刻胶或其他可能导致功能性有机层缺陷的相关材料的湿法刻蚀工艺。

喷墨的主要优点包括：

- 仅在衬底上沉积少量功能材料，从而最大限度地减少浪费，并消除昂贵的掩模制作和光刻制作费用。
- 这是一种非接触技术，因此对衬底缺陷不敏感。
- 几乎可以处理任何低黏度有机溶液。
- 可以制作非常薄的薄膜。

因其具有在一系列非柔性和柔性衬底上进行印刷的巨大潜力，喷墨技术已被认为在光电应用领域具有关键作用，其中柔性电子器件的制备是一个动态且不断发展的行业，它正在改变世界与电子设备的互动方式。在柔性电子技术发展的研究中，用聚合物衬底取代传统玻璃衬底的趋势越来越明显。

喷墨技术有一些固有的局限性，例如喷嘴堵塞、重叠液滴造成的表面粗糙度及干燥过程导致的厚度均匀性差等[32, 33]。有机层厚度的准确度是 OLED 质量的重要指标，因为它直接影响亮度和颜色的一致性。此外，每层的厚度均匀性对于制造器件至关重要，因为不均匀的厚度可能导致电流出现峰值，从而导致局部过热，随着时间的推移可能逐渐损坏器件。

现在说有机柔性电子器件将在 OLED 行业占据主导地位还为时过早。然而，在可预见的将来，有机层和无机层的混合肯定是可以实现的。

22.6.3 超高频射频识别

射频识别(RFID)是一种快速发展的用于识别物体的无线技术。RFID 在现代库存管理、资产控制和无线支付中发挥着越来越重要的作用[34]。可以预料到 RFID 技术在医疗保健、物联网和安全等行业的应用将越来越多。近年来，人们对提高射频识别系统性能和可靠性的研究兴趣与日俱增。在射频识别系统中，待识别的物体都配有由天线和专用集成电路(ASIC)组成的标签。信息存储在 ASIC 的存储器中。RFID 读卡器发送编码的无线电信号来询问标签。RFID 标签接收消息，然后用其标识和存储的信息进行响应。

超高频射频识别(UHF-RFID)标签在远场通信中使用电磁耦合技术，并且标签和读卡器之间的数据传输通常是使用来自具有负载调制标签的天线的后向散射辐射建立的。在有源 UHF-RFID 系统中，标签配有内部能量源，例如电池，而无源 UHF-RFID 标签则完全依赖于可以从读卡器向其 IC 芯片供电的载能入射波。因此，与有源 RFID 系统相比，无源 RFID 系统的读取范围更为有限，这被认为是限制无源射频识别系统大规模应用的障碍之一[35]。

RFID 提供类似于条形码系统的功能，但它还具有其他优势：

- 可以通过一些障碍物读取 RFID 标签。
- RFID 系统具有抵抗诸如灰尘等恶劣环境的能力。
- RFID 系统允许同时读取多个标签。
- RFID 标签传递的信息比典型条形码的更多[36]。

RFID 标签性能受多种因素影响。重要的 RFID 标签读取范围特性已被广泛研究[36~39]。另一个重要因素是射频识别标签附近或与之接触的物体的电磁特性的影响。例如，标签读取范围和辐射模式被证明会受到附近金属或水的强烈影响[36, 40]。

刻蚀工艺通常用于制造射频识别标签的导电天线轨迹。尽管刻蚀通常被认为是一种有效的工艺，但它有许多缺点：

- 刻蚀是一个复杂的包括许多阶段的制造工艺。
- 过程中使用的化学品不环保。
- 衬底的选择受到化学工艺的限制。
- 当不需要的金属从基板上移除时，刻蚀会造成浪费和材料损失。

所有这些缺点都可以通过 PE 技术来解决，例如使用喷墨印刷或气溶胶喷墨印刷，其中昂贵的材料只能沉积在所需的位置。PE 使电子元件能够集成在新型柔性和可伸缩的印刷电路板材料上。此外，PE 技术有潜力提供快速、简单的一步式方法。因此，PE 技术可以使标签天线印刷在产品包装上并且具有调节天线导电层厚度的能力[41~43]。

22.7 结论

综上所述，PE 技术的主要优点如下。

- PE 产品具有薄、轻，功能区大的特点。PE 技术可以生产几十米宽的大型产品，比传统硅基技术的产品要大得多。对于某些应用，如显示器、太阳能电池板和照明设备等，这是一个重要功能。
- PE 技术减少了生产前的时间和成本。建立传统硅基技术的生产铸造厂需要大量的投资。制造手机、平板电脑和个人计算机等寿命短的产品存在相当大的风险。最先进的半导体制造厂不可能由一个企业来维持。基于 PE 的生产需要的投资不到十分之一，有时甚至是百分之一，而且周期时间也大大缩短。
- PE 技术能够制备可穿戴设备。人们对可穿戴设备的需求日益增长。目前基于硅的“可穿戴”设备体积大、质量重、硬度高，而且电能消耗很快。真正的可穿戴设备必须是轻量、薄、舒适的，并且必须自己供电。
- PE 技术推动了物联网技术的发展。未来，所有产品，甚至铅笔，都将配备某种智能设备，来与外界进行无线通信。由于硅的成本高，大多数硅染料不能在这些产品中使用。但是，由于设计和制造的灵活性，PE 产品可以很容易地集成到这些产品中。
- PE 技术是环保的。最终，所有的电子设备都必须是环保的。环保意味着在制造过程和操作过程中不含毒素和稀土元素，且需要低能耗。同时制备工艺也需要是环保的。减少生产过程中的固体和液体废物是 PE 技术的一个重要特点，因为它消耗的能源更少。

PE 领域更激动人心的发展正在进行中，这反映在关于 PE 的迅速增多的学术报告和商业化产品中。大规模开发预期的巨大市场(如显示器、光伏和具有可打印 OLED 技术的照明设备)可能需要更多的时间。在这一领域，还有许多有趣的问题有待实验和理论上解决。显然，研究有机和氧化物半导体固有极限的可能性将继续引起研究人员对新材料的兴趣，并进一步扩大我们对印刷半导体基本电子特性的理解。

布线技术也很有趣。可使用新型墨水或后处理技术实现室温布线。毫无疑问，新的透明导电薄膜(transparent conductive films，TCF)将取代传统的氧化铟锡(indium tin oxide，ITO)，并将在开放、庞大的 PE 市场中发挥关键作用。

PE 技术在电子工业中处于领先地位之前，标准化是另一项需要解决的任务。标准化通常发生在一项技术发展到一定程度并导致市场上有一定的大批量产品的时候。PE 技术还没有达到这个水平。PE 标准化的首要目标是通过建立一个共同的 PE 技术平台来帮助开拓新市场。

22.8 参考文献

1. A. Dodabalapur, “Welcome to Flexible and Printed Electronics,” *Flexible and Printed Electronics*, 1 (1): 010201, 2016.

2. J. U. Meyer et al., “High Density Interconnects and Flexible Hybrid Assemblies for Active Biomedical Implants,” *IEEE Transactions on Advanced Packaging*, 24 (3): 366–374, 2001.

3. E. Fortunato et al., “High-Performance Flexible Hybrid Field-Effect Transistors Based on Cellulose Fiber

Paper," *IEEE Electron Device Letters*, 29 (9): 988–990, 2008.

4. E. Cantatore, *Applications of Organic and Printed Electronics*, Springer, New York, 2013.

5. A. C. Marques, J.-M. Cabrera, and C. de Fraga Malfatti, "Printed Circuit Boards: A Review on the Perspective of Sustainability." *Journal of Environmental Management*, 131: 298–306, 2013.

6. T. Baumgartner et al., *Lighting the Way: Perspectives on the Global Lighting Market*, McKinsey & Company, 2012.

7. D. Lupo et al., "OE-A Roadmap for Organic and Printed Electronics," in *Applications of Organic and Printed Electronics*, Springer, U.S., pp. 1–26, 2013.

8. S. Jung, S. D. Hoath, and I. M. Hutchings, "The Role of Viscoelasticity in Drop Impact and Spreading for Inkjet Printing of Polymer Solution on a Wettable Surface," *Microfluidics and Nanofluidics*, 14 (1–2): 163–169, 2013.

9. M. Liu et al., "Inkjet Printing Controllable Footprint Lines by Regulating the Dynamic Wettability of Coalescing Ink Droplets," *ACS Applied Materials & Interfaces*, 6 (16): 13344–13348, 2014.

10. P. Q. Nguyen et al., "Patterned Surface with Controllable Wettability for Inkjet Printing of Flexible Printed Electronics," *ACS Applied Materials & Interfaces*, 6 (6): 4011–4016, 2014.

11. X. Cao et al., "Screen Printing as a Scalable and Low-Cost Approach for Rigid and Flexible Thin-Film Transistors Using Separated Carbon Nanotubes," *ACS Nano*, 8 (12): 12769–12776, 2014.

12. M. Li et al., "Recent Developments and Applications of Screen-Printed Electrodes in Environmental Assays—a Review." *Analytica Chimica Acta*, 734: 31–44, 2012.

13. S. Khan, L. Lorenzelli, and R. S. Dahiya, "Technologies for Printing Sensors and Electronics over Large Flexible Substrates: a Review," *IEEE Sensors Journal*, 15 (6): 3164–3185, 2015.

14. J. Cen, R. Kitsomboonloha, and V. Subramanian, "Cell Filling in Gravure Printing for Printed Electronics," *Langmuir*, 30 (45): 13716–13726, 2014.

15. G. Cummins and M. P. Desmulliez, "Inkjet Printing of Conductive Materials: A Review," *Circuit World,* 38 (4): 193–213, 2012.

16. C. Ru et al., "A Review of Non-Contact Micro- and Nano-Printing Technologies," *Journal of Micromechanics and Microengineering*, 24 (5): 053001, 2014.

17. J. M. Hoey et al., "A Review on Aerosol-Based Direct-Write and Its Applications for Microelectronics," *Journal of Nanotechnology*, vol. 2012, Article ID 324380, 1–22, 2012.

18. T. Seifert et al., "Additive Manufacturing Technologies Compared: Morphology of Deposits of Silver Ink Using Inkjet and Aerosol Jet Printing," *Industrial & Engineering Chemistry Research*, 54 (2): 769–779, 2015.

19. http://www.optomec.com.

20. J. Chang, T. Ge, and E. Sanchez-Sinencio, "Challenges of Printed Electronics on Flexible Substrates," *IEEE 55th International Midwest Symposium on Circuits and Systems* (*MWSCAS*), New York, 2012.

21. J. E. Anthony, "Organic Electronics: Addressing Challenges," *Nature Materials*, 13 (8): 773–775, 2014.

22. Y. Aleeva and B. Pignataro, "Recent Advances in Upscalable Wet Methods and Ink Formulations for Printed Electronics," *Journal of Materials Chemistry C*, 2 (32): 6436–6453, 2014.

23. A. Kamyshny and S. Magdassi, "Conductive Nanomaterials for Printed Electronics," *Small*, 10 (17): 3515–3535, 2014.

24. C. Sekine et al., "Recent Progress of High Performance Polymer OLED and OPV Materials for Organic Printed Electronics," *Science and Technology of Advanced Materials*, vol. 15, 2016.

25. J. Lee et al., "Register Control Algorithm for High Resolution Multilayer Printing in the Roll-to-Roll

Process," Mechanical Systems and Signal Processing, 60: 706–714, 2015.

26. Y.-H. Chang et al., "A Facile Method for Integrating Direct-Write Devices into Three-Dimensional Printed Parts," *Smart Materials and Structures*, 24 (6): 065008, 2015.

27. D. M. Dickirson and R. E. Digiacomo, Jr, *Printed Circuit Board Interconnection*, Google Patents, 1993.

28. V. Kantola et al., "1.3 Printed Electronics, Now and Future," *Bit Bang*, 63–102, 2009.

29. J. Burroughes et al., "Light-Emitting Diodes Based on Conjugated Polymers," *Nature*, 347(6293): 539–541, 1990.

30. D. Braun and A. J. Heeger, "Visible Light Emission from Semiconducting Polymer Diodes," *Applied Physics Letters*, 58 (18): 1982–1984, 1991.

31. T. Hebner et al., "Ink-Jet Printing of Doped Polymers for Organic Light Emitting Devices," *Applied Physics Letters*, 72 (5): 519–521, 1998.

32. R. D. Deegan et al., "Capillary Flow as the Cause of Ring Stains from Dried Liquid Drops," *Nature*, 389 (6653): 827–829, 1997.

33. R. D. Deegan, "Pattern Formation in Drying Drops," Physical Review E, 61 (1): 475, 2000.

34. J. D. Griffin et al., "RF Tag Antenna Performance on Various Materials Using Radio Link Budgets," *IEEE Antennas and Wireless Propagation Letters*, 5 (1): 247–250, 2006.

35. Z. Tang et al., "The Effects of Antenna Properties on Read Distance in Passive Backscatter RFID Systems," *Networks Security, Wireless Communications and Trusted Computing, 2009. NSWCTC'09. International Conference on, IEEE*, New York, 2009.

36. D. M. Dobkin and S. M. Weigand, "Environmental Effects on RFID Tag Antennas," *Microwave Symposium Digest, 2005 IEEE MTT-S International*, IEEE, New York, 2005.

37. H. Rajagopalan and Y. Rahmat-Samii, "Platform Tolerant and Conformal RFID Tag Antenna: Design, Construction and Measurements," *Applied Computational Electromagnetics Society Journal,* 25 (6): 486–497, 2010.

38. Y. Tanaka et al., "Change of Read Range for UHF Passive RFID Tags in Close Proximity," *RFID, 2009 IEEE International Conference on*, IEEE, New York, 2009.

39. P. V. Nikitin and K. Rao, "Antennas and Propagation in UHF RFID Systems," *Challenge*, 22: 23, 2008.

40. P. Raumonen et al., "Folded Dipole Antenna Near Metal Plate," *Antennas and Propagation Society International Symposium*, 2003. IEEE, New York, 2003.

41. J. Virtanen et al., "The Effect of Conductor Thickness in Passive Inkjet Printed RFID Tags," *IEEE Antennas and Propagation Society International Symposium (APS)*, 2010.

42. E. Koski et al., "Performance of Inkjet-Printed Narrow-Line Passive UHF RFID Tags on Different Objects," *Antennas and Propagation (APSURSI), 2011 IEEE International Symposium on*, IEEE, New York, 2011.

43. K. Koski et al., "Inkjet-Printed Passive UHF RFID Tags: Review and Performance Evaluation," *The International Journal of Advanced Manufacturing Technology*, 62 (1–4): 167–182, 2012.

第 23 章　柔性复合电子器件

本章作者：Rich Chaney　American Semiconductor, Inc.
本章译者：孙翊淋　谢丹　清华大学集成电路学院

23.1　引言

超薄、保形甚至是物理柔性的电子产品已经开发多年，但最近越来越受到关注。柔性复合电子器件(flexible hybrid electronics，FHE)是一个新的发展领域，可以满足人们对超薄柔性产品的需求。FHE 存在于两个行业的交叉点：即电子工业与高性能印刷业。

印刷电子器件的概念早在 1903 年就被提出，并且之后出现了多种印刷电子产品[1]。当前印刷电子技术的概念主要集中在使用诸如丝网、柔印、凹印、胶印和喷墨等方法，单独或结合使用这些方法来在各种衬底上印刷导电和介电材料。印刷过程主要在纸张或者卷对卷平台上完成。这些印刷概念主要集中在加成制造技术上，即只沉积所需的材料。这与通常用于半导体和传统印刷电路板的减成技术不同，减成技术是指在半导体和传统印刷电路板(PCB)上先沉积材料、然后使用掩模定义图形，接着刻蚀多余材料，以形成所需的图案。

印刷电子产品的一个吸引人之处是，上述所提到的技术是加成制造工艺。取消掩模和刻蚀工艺有助于实现更快、更便宜的制造，并且一些印刷方法也有助于实现按需制造。

为了适用于大多数应用，印刷系统需要基于晶体管的功能，如存储器和通常由硅基集成电路(integrated circuits，IC)提供的传感器读数、逻辑和通信等功能。传统封装的 IC 是厚的、刚性的，并且所需的附件和连接方法与柔性印刷电路不直接兼容。印刷晶体管的特征尺寸比硅基技术的大得多。印刷晶体管的线宽是以十微米为单位测量的，而硅晶体管的线宽是以十纳米为单位测量的。另外，柔性印刷晶体管的电子迁移率非常低，比硅基集成电路小一个数量级[2]。由于缺乏与 IC 集成或印刷 IC 功能的能力，柔性系统无法满足用户所需的特性和功能。这种不足限制了柔性电子产品的实用性和市场应用。

柔性复合电子结合了印刷电子和硅基集成电路二者的最佳特性，可以创造出高性能、超薄和物理柔性的系统。

本章讲述了 FHE 的快速发展步伐，涉及 FHE 的相关产品和制造技术。

23.2　什么是柔性复合电子器件

柔性复合电子器件的产生是基于两个工业领域的优势，这两个工业领域是基于半导体的快速、高密度的集成电路产业及基于大规模加成制造工艺的印刷电子产业。柔性产品有限的实用化已经被讨论很多年了。最近的技术发展和增长的投资正在迅速加快 FHE 的发展。其中一个例子是人们对创建 NextFlex 的投资(NextFlex 是由工业界和学术界支持的美国政府制造业创新研究所)。FHE 将推出如图 23.1 所示的具有形状因子的新产品，并将支持以下应用：

- 可穿戴式健康监测，用于生活方式和健身应用

- 改善医疗保健的医疗健康监测
- 针对老年或受伤士兵的软机器人
- 结构、飞机或汽车的传感器监测
- 适用于恶劣环境的轻型耐用传感器

柔性印刷电子技术和硅基集成电路技术都具有保形和物理柔性产品所需的特性。但是，二者无法单独满足所有的需求。柔性印刷电子产品提供传感器、互连和天线等大尺寸元件。硅基集成电路技术用来满足对高性能的逻辑、内存和混合信号的需求。传统封装的集成电路，甚至是薄型管芯，一般都太厚和太硬而无法应对破坏性弯曲。图 23.2 说明了柔性集成电路相对于传统的薄型管芯的优势，左侧的柔性集成电路厚度约为 25 μm，右侧的传统管芯厚度约为 280 μm。图中两个管芯的尺寸均为 2.5 mm×2.5 mm，并被放置在半径均为 5 mm 的筒芯轴上。

FleX Silicon-on-Polymer 工艺解决了这些局限性，将标准全厚度的绝缘体上的硅(silicon-on-insulator，SOI)转化为柔性硅片，然后再转化为超薄、物理柔性的单管芯。集成电路变得灵活和超薄，使新的连接和连接方法与柔性电路制造相兼容。

图 23.1　柔性复合电子器件

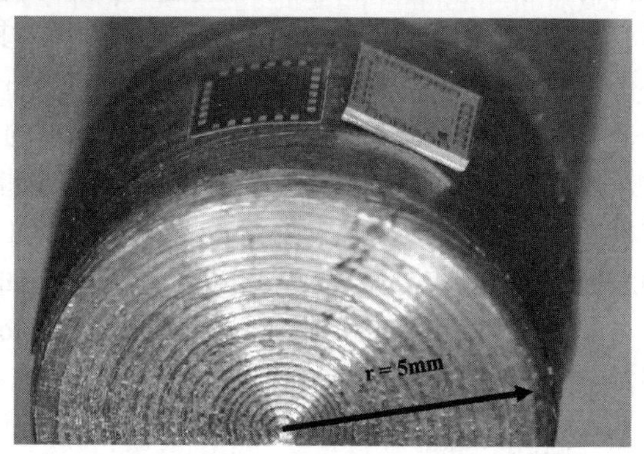

图 23.2　FleX IC 及 5 mm 半径筒芯轴上的薄型管芯

23.3　为什么需要柔性复合电子器件

柔性复合型电子产品的提出革新了多个领域的市场：医疗保健、环境监测、显示器和人机交互、能源、通信和无线网络等。这些概念似乎提供了一条通往真正无所不包的电子产品的可能途径。印刷和柔性电子产品的潜在好处包括薄、质量轻、更耐用，以及集成能力等。然而，印刷和柔性电子产品还没有得到广泛的采用；但广泛的商业化将“指日可待”。

柔性复合电子产品的应用是什么？这是新兴技术的一个常见问题。

目前已经有一些明确的答案。NextFlex 将 FHE 描述为使用印刷工艺(有时称为印刷电子设备)制造的附加电路、无源元件和传感器系统的连接点，以及将薄片柔性硅管芯或多管芯插入其中构成器件。这些复合系统可以利用硅的优势和印刷电路的经济性和独特的功能，为物联网、医疗、机器人和通信市场形成一类新的设备。虽然我们主要使用术语“柔性”，但市场对属于柔性、可伸缩性和舒适性类别的产品表现出同样的兴趣。

同样也有一些不太明确的答案。作者相信 FHE 将以我们尚未完全赞同的方式变得普遍。这类似于触摸屏的现象。在 2007 年 iPhone 发布之前，触摸屏已经出现了很多年，但人们普遍认为是 iPhone 带来了基于触摸屏的输入设备的爆炸式增长。1996 年首次推出的 Palm Pilot 设备实现了电阻式触摸屏的巨大成功。在 1993 年发布的 Apple Newton 和 1994 年的 Simon 之前，这是第一款将触摸屏输入与手机相结合的产品。在此之前，分别于 1983 年和 1986 年推出了 HP-150 和 Atari 520ST 计算机系统也出现了触摸屏输入。触摸屏输入最早可以追溯到 1966 年[3]。尽管这项技术已经存在了很长一段时间，但它还是用了第一个“杀手级应用”(killer app)来普及市场。由于 iPhone 的出现，很多产品也相继采用了触摸屏：智能手机、计算机、汽车、玩具、电器，等等。FHE 将遵循类似的路径。这些技术已经存在，只是被集成到之前的产品中。一旦一个“杀手级应用”出现，许多满足消费者期望的产品将是物理柔性的，并且可能是印刷电子技术和硅基集成技术的一个融合。

柔性复合电子产品的好处是显而易见的。印刷电子技术与柔性集成电路的结合可以用来制造满足保形和可弯曲要求的超薄、柔性的电路与系统。传感器系统就是一个很好的例子。印刷传感器具有固有的灵活性、低成本，并且在飞机结构健康监测应用中，印刷传感器占有非常大的比例，最大可达机翼或机身尺寸。印刷传感器可以使用加成制造技术，允许定制生产，甚至可能在现场制造。

FHE 的开发正在多个人们感兴趣的领域发生。穿戴式医疗设备已经获得了包括 Nano-Bio Material Consortium(NBMC)在内的众多开发商的青睐，该公司是由美国空军研究实验室(AFRL)的 FlexTech 联盟(FlexTech Alliance)与全国性的行业合作伙伴组成的。NextFlex 是一个由工业、学术界、非营利组织和政府机构组成的公私联合体，其使命是推动 FHE 的制造。NextFlex 最近提交了一份关于柔性复合阵列天线和关键时间库存的资产监控的提案，这是两个备受关注的领域。

消费者可穿戴设备是 FHE 的自然市场。当前的设备，如智能手表和健身追踪器，主要由一个“平板-带状”结构组成，包括一个刚性显示器和连接到柔性表带上的电子设备。本征柔性显示器，如有机发光二极管(organic light-emitting diode，OLED)或与印刷传感器和柔性集成电路结合的电子墨水型显示器，将为全新一代可穿戴设备提供新的外形因子和功能。

与上述应用类似，FHE 非常适合解决物联网(IoT/IoE)的传感器需求。这些非常小的传感器节点将具有一个总体应用要求，即极低的功率。研究人员设计了几种系统结构来实现低功耗。其中之一是本地处理传感器数据，以减少传感器系统传输的数据量。

如果没有本地数据处理，所有传感器数据都必须传输到处理单元。在传感器节点没有任何 IC 功能的情况下，必须实时传输所有数据。这种级别的通信功率相对较高，影响了远程系统的电池寿命。如果传感器节点的 IC 功能很少，传感器信号可能被转换成数字数据并排队进行突发传输。这比恒定传输使用更少的功率，但以牺牲实时数据为代价。

FleX IC 既能本地处理传感器数据，又能提供一定水平的自主控制。这样，只需要传输触发异常事件的传感器数据，就可以显著降低系统能耗。远程电池供电的传感器系统可以在不增加电池容量或能量收集要求的情况下大大延长其使用寿命。

23.4 如何制造柔性复合电子器件

如本章前面所述，柔性复合电子是印刷电子和硅基集成电路的组合。虽然 FHE 方法具有许多吸引人的特性，但它也同样面临重大的挑战和局限性。由于缺少匹配良好的黏合剂和导电墨水，这使得将刚性封装固定到柔性基板上变得非常困难。此外，在施加弯曲应力和带应力的同时保持这种连接，则将机械完整性挑战提升到电子设备通常不会遇到的水平。最后，封装设计，特别是对于复杂的集成电路，很少与整体的柔性组件兼容。迄今为止，这些挑战限制了复合系统的成功，并引导创新者寻求更为灵活的系统结构[4]。

研究人员已经克服了很多挑战来实现 FHE，比如使硅基集成电路足够薄以具有足够的灵活性，以及开发新的方法来实现在不同的技术之间制造可靠的互连。同样，FHE 的印刷技术也在开发新的功能，从而具有更好地与硅基集成电路集成的线宽和间距。

一种解决方法是从半导体行业获得各种超薄的 IC 集成电路。制造商可以根据可用性或所需的灵活性来确定采用哪种制造方法。半导体工业多年来一直在对管芯进行减薄。硅晶圆直径通常为 200 mm 或 300 mm，厚度为 725 μm，不过许多直径为 150 mm 的硅片产品仍在生产。硅片通常会变薄到 100 μm 的厚度。对于厚度为 50～70 μm 的晶圆研磨来说，这种情况变得越来越普遍，并且厚度为 5 μm 的晶圆也已经实现了[5]。然而，随着晶圆变薄，各种各样的挑战也随之而来。

边缘崩边是晶圆过度减薄引起的问题。晶圆边缘是圆形或斜面的。由于晶圆被磨薄，晶圆边缘的机械强度显著减弱[5]。在研磨过程中，这些脆弱的晶圆边缘会碎裂，从而导致晶圆强度进一步弱化，并导致晶圆断裂。随着晶圆变薄，崩边问题变得更加严重。研究人员提出了不同的方法以减轻边缘切屑，例如边缘修整，研磨前在晶圆的外缘切割凹槽，以防止晶圆变得锋利。

晶圆应力是薄晶圆的另一个问题。研磨过程会使晶圆强度变弱，也会导致分离后的管芯强度变弱。研究人员已经开发出多种方法来为薄晶圆实现应力消除，例如化学机械抛光、湿法刻蚀、干法刻蚀和干法抛光。这些方法中的每一种都会去除精磨后留下的损伤层，使晶圆背面具有镜面光洁度。这增加了晶圆和管芯强度，并减少了晶圆和管芯翘曲[6]。

一旦晶圆变薄，必须对单个管芯进行分割或切割。在较厚的晶圆上切割很简单，但对于较薄的晶圆来说，切割带来了各种问题。与晶圆边缘崩边类似，单个管芯在切边过程中也会崩边，随着晶圆变薄，问题变得更加严重。对于一些薄晶圆应用来说，仅仅移动到更细的刀片位置就足够了，尽管这可能需要使用阶梯式切割而不是单道切割来防止刀片堵塞[7]。随着晶圆变薄，可能需要利用研磨前切割（dicing before grinding，DBG）方法，即晶圆在背面研磨前先进行部分切割。通常，DBG 可以提高管芯强度，同时降低晶圆断裂的风险[8]。

随着背面研磨目标厚度的减小，在加工过程中和加工完成后，晶片变得更难以处理。随着晶圆变薄，通常需要一个提供机械强度的支撑载体，比如载体带、框架上的胶带或暂时黏合到薄晶圆上的载体衬底等。

为了消除研磨和分离问题，人们开发了新的硅晶圆减薄的方法。美国半导体公司开发的 FleX Silicon-on-Polymer（SoP）工艺将标准硅晶圆转化为全柔性硅晶圆[9,10]。FleX 工艺已经生产出具有多层金属互连的物理柔性、超薄、单晶的互补金属氧化物半导体（CMOS）[9,11]。在这个过程中，使用 200 mm 晶圆上的标准 SOI 工艺。然后，如图 23.3 所示的柔性工艺完全移除手柄硅，并添加聚合物衬底，以形成如图 23.4 所示的超薄柔性晶圆[12]。生产出的柔性晶圆被分割成单个柔性 FleX 集成电路。FleX 工艺消除了晶圆和管芯崩边及背面研磨的应力问题。

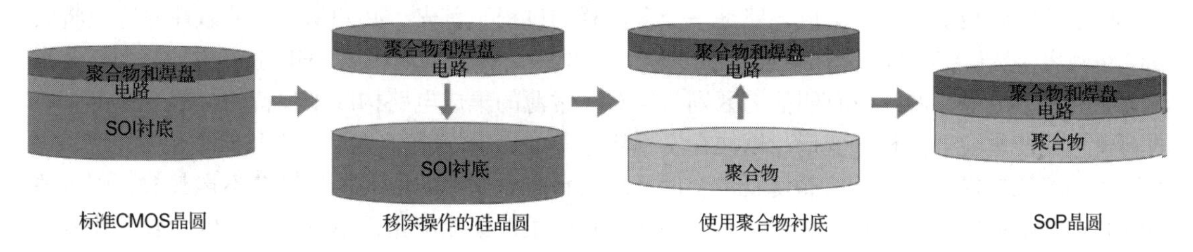

图 23.3　简化的 SoP 工艺

FHE 的另一作用是对印刷电子产品的贡献。在纸上应用油墨的传统印刷术已经发展了几个世纪，印刷工艺显然是通过选择性地将材料沉积在薄而柔韧的衬底上实现的。

由于可用的形状因子，印刷技术能够使电子功能在传统电子封装和组装方法无法实现的位置和方式中实现。使用标准印刷技术将材料应用于电路互连和器件制备，从而实现印刷电子产品的制造。导电墨水包括可以由金属纳米粒子组成的可印刷材料。衬底和介电材料包括聚对苯二甲酸乙二醇酯（polyethylene terephthalate，PET）等材料。有源器件，如薄膜晶体管（thin-film transistor，TFT）和传感器，也可以使用各种材料进行打印。电路、衬底和设备可以使用各种方法进行打印，这些方法包括丝网印刷、喷墨和各种各样的新兴卷对卷（roll-to-roll，R2R）方法。当这些技术可以在现有的印刷和固化（干燥）系统上执行时，该方法为利用已有的大规模固定资本设备，以较低的制造成本生产电子产品提供了可能性[4]。

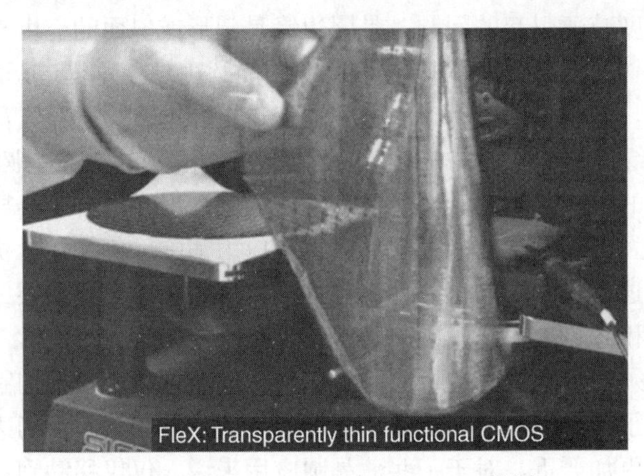

图 23.4 130 nm CMOS FleX SoP 晶圆

印刷电子产品并非没有挑战。首先，必须对导体、绝缘体和其他印刷内容（如传感器）的材料进行功能化处理。这些材料必须与选定的柔性衬底及应用所需的特性，如灵活性、温度稳定性和应用兼容性等匹配。应用程序的兼容性可能会有很大的差异，例如人体可穿戴传感器的抗汗无刺激性或某些结构健康监测系统的耐溶剂性。

印刷电子技术面临的另一个问题是，在不断变小的间距上缩小特征尺寸的同时提高层间配准的精度。目前，已在 260 μm 间距上实现了 160 μm 的印刷线宽度，并在最近的实验中证明了它的可重复性。然而，为了集成功能更强的 FleX IC，目前尺寸仍需缩小一半。高端 FHE 集成还需要在多层电路板的印刷层之间进行高度精确和可重复性的匹配。好消息是，这些领域正在取得快速进展，并将迅速成长。

FHE 制造和集成的最终结果是将薄集成电路置于柔性衬底上，并在硅和印刷内容之间进行电气互连。

在柔性电路板上放置薄集成电路是一个多步骤的过程。首先，必须从合适的载体衬底上将集成电路剥离，然后将其放置在与印刷特征的 X、Y 和 theta 相关的高精度 FHE 上。这与标准封装集成电路和厚集成电路芯片没有明显的区别，但对非常薄的集成电路构成了独特的挑战。标准管芯的剥离包括使黏合载体材料变形，以便在不损坏管芯的情况下将其剥离。可用多种方法实现，例如使用小的顶杆提起管芯，从而使胶带变形并将其释放。这些方法对薄型管芯不再起效，因为薄型管芯在产生的应力下会开裂和断裂。这些方法对于柔性集成电路是不可行的，因为管芯比胶带衬底更薄、更柔性，并且在不释放黏合剂的情况下，仅在引脚周围变形。

制造印刷元器件和硅元器件之间的电气互连是 FHE 制造中的关键功能。互连必须与不同类型的材料形成高质量的电气接口，同时保持物理柔性。FHE 的电气互连不同于标准封装或裸集成电路芯片。引线键合不适合于 FHE，因为引线键合本身不灵活，并且具有相对较大的 z 高度，必须进行封装或以其他方式进行保护，从而增加了 FHE 的厚度且降低了柔性。FHE 通常不需要焊接互连，因为许多 FHE 衬底与焊接工艺不兼容。

FHE 互连是衡量制造技术成熟度的人们持续关注的领域，预计其关注度将在短时间内迅速提升。其中一些方法已经得到了证实，例如在 200 μm 间距上、具有 200 μm 焊盘的 FleX ADC 上直接打印 FleX IC 和印刷衬底之间的互连线，如图 23.5 所示。

直接印刷互连的方法通过初步测试证明了其可靠性，可适用于许多 FHE 应用。在弯曲半径为 15 mm 的表面进行柔性实验，结果表明在失效前，可承受超过 20 000 次凸/凹弯折。复杂的曲率轴扭转实验表明，经历超过 100 000 次变形周期而没有失效。这些测试的故障模式说明，电气互连是问题所在，一些故障点的光学视图如图 23.6 所示[13]。

图 23.5 具有直接打印的互连线的 FleX IC

图 23.6 直接打印的 FHE 互连在大约 26 900 次 15 mm 半径凹/凸弯折循环后断裂

这种初始的可靠性测试对于 FHE 互连来说是有意义的且具有潜力，但仍须做更多的工作。这个领域目前缺乏相应的标准，必须为 FHE 应达到的可靠性水平及应如何进行测试进行标准化定义。

目前研究人员也正在开发其他芯片连接和互连方法。一个充满前景的研究领域是使用各向异性导电材料，通常称为 z 轴黏合剂，这种材料既可以用作管芯连接材料，也可以用作电气互连材料。有各种墨水、黏合剂和薄膜形式的 z 轴材料，它们有各种固化方法，如利用温度或紫外线曝光。现有 z 轴材料的主要挑战是，通常需要在一定面积上进行一定程度的压缩才能导电。这就产生一个问题，因为 IC 焊盘通常是凹进的。已经有多种方法可用来创建一个正高度 IC 焊盘，就像电镀焊盘一样简单。一旦形成必要的形貌分布，当 z 轴材料固化时，管芯就可以与形成互连的 FHE 衬底连接。

柔性复合电子产品的总体目标是保持印刷电子产品的成本、加成工艺和相对较大的形状因子，并确保其有效性和效率。然后利用复合制造方法实现有最大化印刷制造效率的策略，并与那些无法印刷的集成电路进行互连[4]。

23.5 结论和展望

柔性复合型电子产品有望通过加成工艺来大量生产的物理柔性产品，以彻底改变现有的各种电子设备并开拓新的市场。FHE 是一个相对较新的领域，它将迅速发展和成熟，最终使柔性产品无处不在。

23.6 参考文献

1. Circuits_100Years.pdf, www.et-trends.com/files/Circuits_100Years.pdf, *accessed 5/24/16.*

2. R. Chaney et al., “Physically Flexible High Performance Single Crystal CMOS Integrated with Printed Electronics,” 2014 IEEE Workshop on Microelectronics and Electron Devices. pp. 28–31, Apr. 2014.

3. E. Johnson, “Touch Displays,” U.S. Patent 3482241, Dec. 2, 1969.

4. D. Hackler et al., “Enabling Electronics with Physically Flexible ICs and Hybrid Manufacturing,” *Proceedings of the IEEE*, vol. 103, No. 4, pp. 633–643, Apr. 2015.

5. Ultra-Thin Grinding, Disco: http://www.discousa.com/eg/solution/library/thin.html.

6. Stress Relief, Disco: http://www.discousa.com/eg/solution/library/strelief.html.

7. Dicing Thin Wafer, Disco: http://www.discousa.com/eg/solution/library/dicing_thin.html.

8. DGB DAF Laser Cut, Disco: http://www.discousa.com/eg/solution/library/dbg_daf.html.

9. R. Chaney and D. Hackler, “Semiconductor on Polymer Substrate,” U.S. Patent 9 082 881, Jul. 14, 2015.

10. R. Chaney, D. Hackler, D. Wilson, and B. Meek, “FleX Silicon-on-Polymer: Flexible (Pliable) ICs from Commercial Foundry Processes,” GOMAC, Mar. 2013, www.americansemi.com/GOMAC2013_31.2.pdf.

11. R. Chaney and D. Hackler, “Performance Electronics Integration in Flexible Technology,” GOMAC, Mar. 2010, www.americansemi.com/GOMAC2010_28-18.pdf.

12. R. Chaney and D. Hackler, “High Performance Single Crystal CMOS on Flexible Polymer Substrate,” GOMAC, Mar. 2011, www.americansemi.com/GOMAC2011_30-16.pdf.

13. D. Leber et al., “Electromechanical Reliability Testing of Flexible Hybrid Electronics Incorporating FleX Silicon-on-Polymer ICs,” *2016 IEEE Workshop on Microelectronics and Electron Devices,* pp. 38–41, Apr. 2016.

第 24 章　柔性电子器件

本章作者：Dan Xie　Yilin Sun　Institute of Microelectronics, Tsinghua University
本章译者：孙翊淋　谢丹　清华大学集成电路学院

柔性电子或电路是一种新型的技术，其特点是将电子器件集成在柔性塑料衬底上，如聚对苯二甲酸乙二醇酯(polyethylene terephthalate，PET)、聚酰亚胺(polyimide，PI)或普通的纸。柔性电子产品因其具有更高的生产效率和更低的成本而取代刚性电路已成为一种显著的趋势。柔性电路可以使用均一的柔性材料制造，使电路板在使用过程中能够调整成所需的形状或展现出柔性。柔性电路以其独特的柔性特性，在 OLED、太阳能电池和 CMOS 电路等各种应用领域具有巨大的潜力。

24.1　柔性电子器件的应用

柔性电路通常需要在各种应用中使用。在这些应用中，对柔性、空间或生产条件的限制，使刚性电路板或手动接线不再适用。

24.1.1　柔性显示

OLED 广泛应用于柔性显示器或制造柔性有机发光二极管显示器，取代了传统显示设备中的背光灯。S. Ummartyotin 等人制备了一种由细菌纤维素(10 wt%～50 wt%)和聚氨基甲酸乙酯(polyurethane，PU)树脂组成的纳米复合膜，用作柔性 OLED 显示器的衬底[1]。基于 OLED 的柔性显示器在弯曲时可以实现发光并具有低能耗、轻量化、表面发射和自发光等独特的优点。

24.1.2　柔性太阳能电池

柔性光伏技术正在为低成本的电力供应提供新的解决方案，并发展成为许多专业工程(如卫星系统)中使用的供电设备。为了满足可再生能源的需求，通过高产量(通常指卷到卷印刷技术)的生产技术在柔性衬底上制造有机、无机和有机-无机杂化太阳能电池，以提供可集成到各种表面(而不是安装在各种表面上)的轻质、经济的太阳能元件[2]。与传统的刚性太阳能电池相比，它可以被人为地卷起并易于展开，这使其能够适应各种应用，并且可以嵌入可穿戴设备中。

24.1.3　柔性传感器

面对日益严重的环境问题，用于环境、健康、安全和安保目的的智能与无线传感器网络，如有害气体检测、环境气体监测、空气质量控制和化学过程控制，成为人们普遍关注的领域[3]。图 24.1(a)为在柔性衬底(如 PET)上制备叉指状电极结构的柔性气体传感器。柔性衬底上的传感器将推动可穿戴、手持和便携式消费电子产品的发展。

24.1.4　柔性晶体管和 CMOS 电路

柔性场效应晶体管是构成大规模集成电路的基本单元，并作为不同的逻辑门元件、传感单元或存储单元而执行不同的功能。图 24.1(b)和(c)显示了基于柔性石墨烯或碳纳米管(carbon nanotube，CNT)的场效应晶体管阵列的示意图和光学照片。以晶体管结构为基础，柔性CMOS集成电路取得了重大的进展，如柔性反相器[4]，它是集成电路的基本组成部分。同时，在照相机、平板电脑、手机、计算器或运动监视器等领域，柔性电路也为智能和可穿戴消费电子产品做出了贡献。

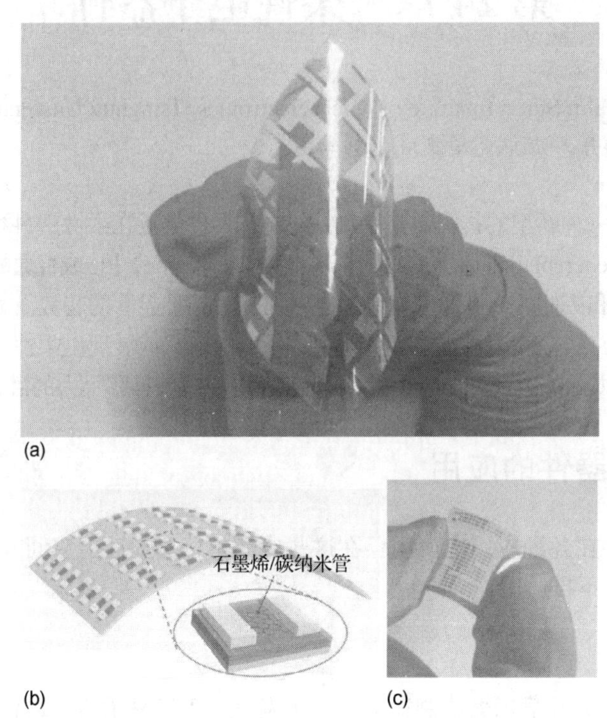

图24.1　(a)在PET衬底上制备的叉指状电极结构的柔性气体传感器；(b)基于石墨烯/碳纳米管的柔性场效应晶体管阵列的器件结构图；(c)光学照片(Xie Dan. Used with permission.)

此外，柔性电路还可用于改善各种应用中的连接问题，例如，在计算机键盘中，柔性电路用作开关矩阵。总而言之，柔性电路，特别是智能、可穿戴和便携式消费电子产品，正在进入我们的日常生活。

24.2　柔性电路的关键材料

柔性电路元件应满足产品寿命、工艺复杂度和弯曲条件下的可靠性等方面的要求。一个典型的柔性电路由许多基本材料元件组成：衬底薄膜(基底材料)、功能层，如薄膜晶体管(thin film transistor，TFT)结构中的导电通道或栅极电介质及电极等。本节介绍了一些适合于柔性电路的制造和工作的关键材料。

24.2.1　基底材料

基底材料为上述柔性电路提供了基本的机械支撑，以保证工作状态下的柔性。通常情况下，基底材料保持柔性电路的基本形状，并确定柔性电路最主要的物理和电气特性，尤其是在无黏性电路结构中，其特性取决于所采用的基础材料的质量。

在选择基底材料时，有几个常规的考虑因素：衬底薄膜的厚度、基底材料的机械强度、温度和化学稳定性，以及用于透明柔性电路时的透光率。尽管允许有较大的厚度范围，但大多数衬底薄膜的厚度应为较薄的尺寸，并在几十到数百微米的窄范围内选择。一般来说，较薄的材料意味着更好的柔韧性。另一个关键因素是温度和化学稳定性。在器件制造过程中，需要一些与温度有关的工艺，这就要求基底材料具有相对较高的耐温性能。总而言之，基底材料的主要评价标准和所需性能是：高尺寸稳定性、良好的耐热性、机械承载能力、良好的电气性能、柔韧性、低吸湿性、耐化学性、低成本、批次间的一致性、广泛的可用性[5]。

一般来说，有机聚合物常被用作基底材料，如 PET、PI、聚萘二甲酸乙烯酯(polyethylene naphthalate，PEN)、芳纶纸和各种复合材料。由于 PI 薄膜在弯曲条件下具有良好的电、机械、化学和热性能，因此被广泛用作柔性衬底。我们在表 24.1 中总结了这些基底材料的相关特性。

表 24.1 典型基底材料的特性

名 称	柔 性	工作温度	拉伸强度	耐化学性	成 本
涤纶	极佳	105～120℃	极佳	良好	低
聚酰亚胺	极佳	−200～300℃	极佳	良好	高
聚萘二甲酸乙烯酯	极佳	150～160℃	极佳	良好	低
芳纶纸	良好	～220℃	高	中等	中等
复合材料	良好	150～180℃	良好	极佳	中等

24.2.2 有机半导体及介电材料

1964 年，一种小分子有机材料的场效应在实验中被证实[6]，新的有机半导体和介电材料的发现为有机薄膜晶体管(organic thin film transistor，OTFT)的发展做出了贡献[7]。柔性电子器件的有机材料可以通过不同的沉积方法制备，与低工作温度的柔性衬底相兼容。一般来说，有机材料可以通过热蒸发的方法沉积在塑料衬底上，如并五苯，或采用溶液法，如使用 P3HT(聚 3-己基噻吩)。几种典型的有机半导体材料及其沉积方法如表 24.2 所示。

表 24.2 典型的有机半导体材料

名 称	分子结构	场效应迁移率[$cm^2/(V·s)$]	沉积方法	应 用
并五苯		～1[8]	蒸发法	柔性一次性 DNA 杂交传感器[9]
P3HT	S	0.1～0.3 [10]	溶液法	柔性太阳能电池[11]
α -6T	S S S S S S	0.015 [12]	蒸发法	柔性太阳能电池[13]
TIPS-并五苯	Si Si	～1 [14]	溶液法	柔性气体传感器 [15]

在柔性场效应晶体管(FET)中，人们设计了两种器件结构并得到了广泛应用。如图 24.2 所示，

一种是低栅结构，另一种是顶栅结构。为了与柔性衬底上的有机半导体沟道兼容，栅极电介质也应在低温下制备。有机电介质如聚甲基丙烯酸甲酯(PMMA)、聚偏氟乙烯(PVDF)等通常采用自旋涂层法制备，无机介电氧化物则采用原子层沉积(atomic layer deposition，ALD)、溅射或等离子体增强化学气相沉积(plasma enhanced chemical vapor deposition，PECVD)等方法制备，如 HfO_2、Al_2O_3 等。

栅极电介质的粗糙度直接影响有机半导体材料的迁移率等性能，尤其是底栅场效应晶体管。例如，研究人员发现五苯薄膜结构对 FET 的性能有显著影响。据报道，随着介电层表面粗糙度的增加，五苯岛形核和分子再蒸发到基底表面的激活能显著降低[16]。

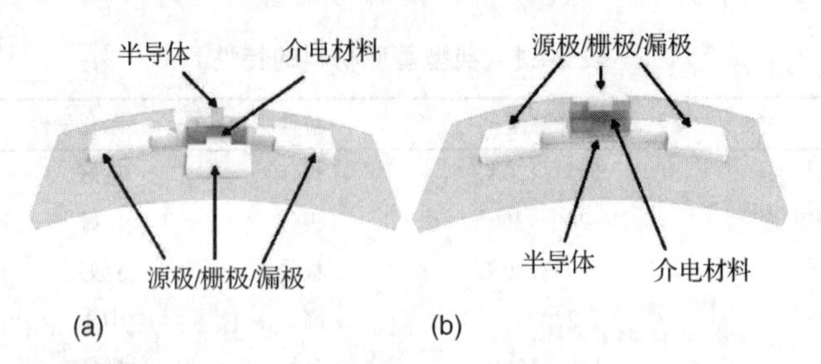

图 24.2　柔性场效应晶体管的示意图：(a)低栅 FET；(b)顶栅 FET(Xie Dan. Used with permission.)

24.2.3　二维材料

二维(2D)材料由于其独特的性能自问世以来就引起了人们的广泛关注，并被广泛应用于各种领域。在这些出色的二维材料中，具有蜂窝状单层碳原子结构的石墨烯具有超高的载流子迁移率——高达 2×10^5 $cm^2/(V\cdot s)$[17~18]、优异的机械强度[19]和热导率[20]。基于这些优点，石墨烯已广泛用于各种电子器件应用，如作为高速晶体管和逻辑电路的半导体沟道、柔性能量收集装置和显示器的透明电极，以及作为触觉传感器的敏感材料等[21~23]。

近年来，在石墨烯之后，过渡金属硫化物(transition-metal-dichalcogenides，TMD)也一直受到广泛关注[24~27]。MoS_2 是一种典型的层状 TMD，与石墨烯的零带隙相比，MoS_2 具有相当大的带隙，由于其独特的性能而受到广泛的研究，在柔性电子应用中具有很好的应用前景。

此外，CNT 网络等其他碳基材料由于其优异的电性能和柔性行为，也有助于柔性电子器件的发展。一些典型的柔性电子器件中的二维材料如表 24.3 所示，它们可用作 FET 结构的沟道层或透明电极。

表 24.3　柔性电子器件中的二维材料

名　称	功 能 层	应　用	参考文献
CVD 石墨烯	敏感层	NO_2 气体传感器	[28]
CVD 石墨烯	沟道层	射频(RF)晶体管	[29]
CVD 石墨烯和氧化石墨烯(GO)	沟道层，电极(石墨烯)及栅绝缘层(GO)	全石墨烯基晶体管	[30]
机械剥离 MoS_2 和 CVD 石墨烯	沟道层(MoS_2)及电极(石墨烯)	柔性晶体管	[31]
碳纳米管(CNT)	电极	生物传感器	[32]

24.2.4　柔性导电材料

电极是传递电信号的重要介质，直接影响电路的可靠性。电极的接触失效或断裂将导致电子设备的异常运行，特别是对于柔性电子设备。为了保证电信号的良好传输，需要具有良好机械性能的电极。这里将介绍几种典型的柔性电极材料。

氧化铟锡

氧化铟锡(indium tin oxide，ITO)是由铟、锡和氧按不同比例组成的三元化合物，薄层透明无色，块体呈黄色或灰色。ITO 由于其导电性和光学透明性，是目前应用最广泛的透明电极之一。一般来说，在导电性和透明性之间存在着一种权衡，因为增加厚度和增加电荷载流子的浓度会增加材料的导电性，但反过来会降低其透明度。一般情况下，ITO 薄膜在厚度为 100～200 nm 时可获得的电阻率为 10 Ω/□，而在厚度为 20～30 nm 时获得的电阻率为 100～300 Ω/□。选择 ITO 作为透明电极的另一个重要原因是 ITO 可以作为薄膜沉积。ITO 薄膜一般通过物理气相沉积、电子束蒸发或一系列溅射沉积技术沉积在衬底上。

金属箔

金属箔是一种导电材料，并被广泛用作柔性电路的导电元件。在可用于柔性电路的各种厚度的金属箔中，铜箔在所有柔性电路应用中所占的比例最大。之所以选择铜箔，是因为铜箔在成本和电性能之间具有良好的平衡性。另外，铜箔种类繁多，可与特定用途相匹配。一般来说，适用于柔性电路的铜箔分为两类：电沉积和锻造。一方面，电沉积铜通常用于柔性电路需要最小动态曲率的场合。这种电沉积铜箔由于其垂直晶界结构，灵活性较弱。这些晶界延伸到整个材料中，导致裂纹或其他机械损伤的快速扩展，从而降低了电气和机械性能。另一方面，锻造铜是通过加热和机械轧制纯铜锭，使其通过轧辊达到所需的厚度而生产出来的。因此，锻造铜也称为轧制和退火铜。虽然铜的厚度受到工艺的严格限制，但可以获得重叠的板状晶粒结构。这种板状结构与电沉积铜相比，裂纹扩展路径更长，这使得锻造铜在反复弯曲后具有更高的机械强度和更好的稳定性[5]。

在电路的实际生产中，将使用指定的替代金属箔，例如特殊铜合金或其他金属箔。

24.3　柔性电路制造技术

柔性电路的制造涉及结合电路基本结构制造阶段的初始柔性设计。在柔性电路的制造中，一些加工步骤类似于传统的刚性电路制造方法。然而，考虑到柔性电路的大规模生产，柔性电路对卷对卷加工的适应性使其与刚性电路有很大的不同。

卷对卷工艺也被称为网络工艺，是在一卷柔性塑料或金属箔上创建电子设备的技术。目前，该工艺已广泛应用于一些迫切需要降低成本的大面积电子产品的制造中，如太阳能电池、柔性屏、显示器等。在其他有源电子电路制造中，直接印刷有源材料、硬掩模或光刻图形化的加成工艺需要大量的图形化步骤。所有这些技术都可以适应卷对卷处理[33]。然而，面对电子器件特性尺寸小型化的需求，卷对卷光刻和蚀刻工具无法实现 2 μm 的分辨率和叠加配准。在这种情况下，设备和工艺设计及系统集成的创新是柔性电路制造中卷对卷工艺的下一个重要研究目标。

此外，在实验室中有几种特殊的柔性器件制造方法。丝网印刷是一种高产量的印刷工艺，可以与卷对卷工艺兼容。事实上，许多用于制造柔性电路的关键材料可以印刷出来，如金属膏、有机导体和绝缘体等。

为了避免制造过程中的机械损伤，研究人员设计开发了一种转移技术将柔性电路与硅基衬底分离。如图 24.3 所示，硅基衬底上沉积 PI 等柔性衬底，然后进行标准固化工艺。接着将传统的刚性衬底电路制造工艺应用于该复合基板上来构建电子电路。最后，采用机械剥离或化学腐蚀的方法将柔性电路与硅基衬底分离。整个制作过程都是在硅基衬底上进行的，这有助于与传统的 CMOS 工艺兼容。

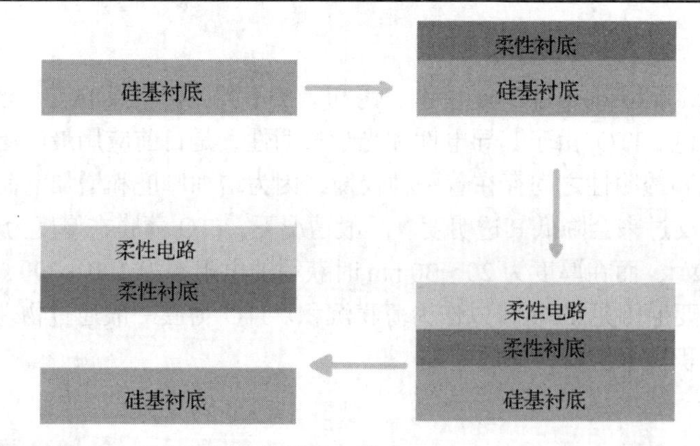

图 24.3 柔性电子电路制备的转移工艺(©Xie Dan. Used with permission.)

24.4 结论和展望

柔性电路为克服刚性电路的限制提供了一条重要途径，其具有在不同的工作环境下质量轻、机械性能优良、热兼容性好等优点。特别是随着智能和便携式电子设备的快速发展，柔性电路正成为解决各种刚性电路限制问题的创新性解决方案。然而，还需要进一步改进来解决制造过程中的基板退化、热机械稳定性和不同功能单元之间的兼容性等问题。因此，高精度的商用 R2R 制备工艺是研究的重要目标。综上所述，柔性电子技术的发展和成就具有重要意义，有可能为未来带来全新的智能生活。

24.5 参考文献

1. S. Ummartyotin, J. Juntaro, M. Sain, et al., “Development of Transparent Bacterial Cellulose Nanocomposite Film as Substrate for Flexible Organic Light Emitting Diode (OLED) Display,” *Industrial Crops and Products*, 35 (1): 92–97, 2012.

2. M. Pagliaro, R. Ciriminna, and G. Palmisano, “Flexible Solar Cells,” *ChemSusChem*, 1 (11): 880–891, 2008.

3. S. Claramunt, O. Monereo, M. Boix, et al., “Flexible Gas Sensor Array with an Embedded Heater Based on Metal Decorated Carbon Nanofibers,” *Sensors and Actuators B: Chemical*, 187: 401–406, 2013.

4. Y. Chen, Y. Xu, K. Zhao, et al., “Towards Flexible All-Carbon Electronics: Flexible Organic Field-Effect Transistors and Inverter Circuits Using Solution-Processed All-Graphene Source/Drain/Gate Electrodes,” *Nano Research*, 3 (10): 714–721, 2010.

5. P. Macleod, “A Review of Flexible Circuit Technology and Its Applications,” PRIME Faraday Partnership, 2002.

6. G. H. Heilmeier and L. A. Zanoni, “Surface Studies of α-Copper Phthalocyanine Films,” *Journal of Physics and Chemistry of Solids*, 25 (6): 603–611, 1964.

7. C. D. Dimitrakopoulos and P. R. L. Malenfant, “Organic Thin Film Transistors for Large Area Electronics,” *Advanced Materials*, 14 (2): 99–117, 2002.

8. D. J. Gundlach, Y. Y. Lin, T. N. Jackson, et al., “Pentacene Organic Thin-Film Transistors-Molecular Ordering and Mobility,” *Electron Device Letters, IEEE*, 18 (3): 87–89, 1997.

9. J. M. Kim, S. K. Jha, D. H. Lee, et al., "A Flexible Pentacene Thin Film Transistors as Disposable DNA Hybridization Sensor," *Journal of Industrial and Engineering Chemistry*, 18 (5): 1642–1646, 2012.

10. H. Sirringhaus, "Device Physics of Solution-Processed Organic Field-Effect Transistors," *Advanced Materials*, 17 (20): 2411–2425, 2005.

11. S. Y. Chuang, C. C. Yu, H. L. Chen, et al., "Exploiting Optical Anisotropy to Increase the External Quantum Efficiency of Flexible P3HT: PCBM Blend Solar Cells at Large Incident Angles," *Solar Energy Materials and Solar Cells*, 95 (8): 2141–2150, 2011.

12. W. A. Schoonveld, J. B. Oostinga, J. Vrijmoeth, et al., "Charge Trapping Instabilities of Sexithiophene Thin Film Transistors," *Synthetic Metals*, 101 (1): 608–609, 1999.

13. L. Bormann, F. Nehm, N. Weiß, et al., "Degradation of Sexithiophene Cascade Organic Solar Cells," *Advanced Energy Materials*, 6 (9): 1502432, 2016.

14. M. M. Payne, S. R. Parkin, J. E. Anthony, et al., "Organic Field-Effect Transistors from Solution-Deposited Functionalized Acenes with Mobilities as High as 1 cm^2/Vs," *Journal of the American Chemical Society*, 127 (14): 4986–4987, 2005.

15. X. Yu, N. Zhou, S. Han, et al., "Flexible Spray-Coated TIPS-Pentacene Organic Thin-Film Transistors as Ammonia Gas Sensors," *Journal of Materials Chemistry C*, 1 (40): 6532–6535, 2013.

16. H. G. Min, E. Seo, J. Lee, et al., "Behavior of Pentacene Molecules Deposited onto Roughness-Controlled Polymer Dielectrics Films and Its Effect on FET Performance," *Synthetic Metals*, 163: 7–12, 2013.

17. X. Du, I. Skachko, A. Barker, et al., "Approaching Ballistic Transport in Suspended Graphene," *Nature Nanotechnology*, 3: 491–495, 2008.

18. K. I. Bolotin, K. J. Sikes, Z. Jiang, et al., "Ultrahigh Electron Mobility in Suspended Graphene," *Solid State Communications*, 146 (9): 351–355, 2008.

19. C. Lee, X. Wei, J. W. Kysar, et al., "Measurement of the Elastic Properties and Intrinsic Strength of Monolayer Graphene," *Science*, 321: 385–388, 2008.

20. A. A. Balandin, S. Ghosh, W. Bao, et al., "Superior Thermal Conductivity of Single-Layer Graphene," *Nano Letters*, 8: 902–907, 2008.

21. N. Petrone, I. Meric, J. Hone, et al., "Graphene Field-Effect Transistors with Gigahertz-Frequency Power Gain on Flexible Substrates," *Nano Letters*, 13 (1): 121–125, 2012.

22. J. Liang, L. Li, K. Tong, et al., "Silver Nanowire Percolation Network Soldered with Graphene Oxide at Room Temperature and Its Application for Fully Stretchable Polymer Light-Emitting Diodes," *ACS Nano*, 8 (2): 1590–1600, 2014.

23. B. Zhu, Z. Niu, H. Wang, et al., "Microstructured Graphene Arrays for Highly Sensitive Flexible Tactile Sensors," *Small*, 10 (18): 3625–3631, 2014.

24. K. S. Novoselov, A. K. Geim, S. V. Morozov, et al., "Electric Field Effect in Atomically Thin Carbon Films," *Science*, 306 (5696): 666–669, 2004.

25. Q. H. Wang, K. Kalantar-Zadeh, A. Kis, and J. N. Coleman, "Electronics and Optoelectronics of Two-dimensional Transition Metal Dichalcogenides," *Nature Nanotechnology*, 7, 699–712, 2012.

26. K. S. Novoselov, D. Jiang, F. Schedin, T. J. Booth, V. V. Khotkevich, S. V. Morozov, and A. K. Geim, "Two-dimensional Atomic Crystals. Proceedings of the National Academy of Sciences of the United States of America," *PANS*, 102 (30), 10451–10453, 2005.

27. K. I. Bolotin, K. J. Sikes, Z. Jiang, et al., "Ultrahigh Electron Mobility in Suspended Graphene, Solid

State Communications," *Solid State Communications*, 146(9), 351–355, 2008.

28. G. Yang, C. Lee, J. Kim, et al., "Flexible Graphene-Based Chemical Sensors on Paper Substrates," *Physical Chemistry Chemical Physics*, 15 (6): 1798–1801, 2013.

29. N. Petrone, I. Meric, T. Chari, et al., "Graphene Field-Effect Transistors for Radio-Frequency Flexible Electronics," *Electron Devices Society, IEEE Journal of the*, 3 (1): 44–48, 2015.

30. S. K. Lee, H. Y. Jang, S. Jang, et al., "All Graphene-Based Thin Film Transistors on Flexible Plastic Substrates," *Nano Letters*, 12 (7): 3472–3476, 2012.

31. J. Yoon, W. Park, G. Y. Bae, et al., "Highly Flexible and Transparent Multilayer MoS_2 Transistors with Graphene Electrodes," *Small*, 9 (19): 3295–3300, 2013.

32. Y. T. Chang, J. H. Huang, M. C. Tu, et al., "Flexible Direct-Growth CNT Biosensors," *Biosensors and Bioelectronics*, 41: 898–902, 2013.

33. William S. Wong and Alberto Salleo (eds.), *Flexible Electronics: Materials and Applications*, Springer Science & Business Media, New York, 2009.

24.6 扩展阅读

Rim, Y. S., S. H. Bae, H. Chen, et al., "Recent Progress in Materials and Devices toward Printable and Flexible Sensors," *Advanced Materials*, 28 (22): 4415–4440, 2016.

第 25 章　射频印刷电子：物联网和智能皮肤应用的通信、传感和能量收集

本章作者：Bijan K. Tehrani　Manos (Emmanouil) M. Tentzeris　Georgia Institute of Technology
本章译者：孙翊淋　谢丹　清华大学集成电路学院

25.1　引言

当前，新兴无线技术的发展趋势是推动无线设备的小型化，同时增强按需应用程序的特定功能。在过去的几十年中，这种进步背后的持续驱动力是有源半导体器件的成熟。当噪声水平下降、带宽增加、调制方案在智能性上成倍增加的同时，工作频率正被延伸到新的未开发的频谱中。

无线消费设备的生产一直遵循着不断增长的市场需求和新兴的技术需求，研究人员将注意力集中在大容量设备的生产制造方法上，特别是用于制造这些系统的工业技术。到目前为止，无线系统制造的大多数工业标准都是基于减成（制造）工艺，从根本上说是连续添加、图形化和从主体上移除材料等。材料被大量沉积，并通过光刻法形成图案，去除多余材料，然后进行刻蚀、剥离和抛光等额外工艺，进而为下一个加工步骤做准备。随着光刻次数的叠加，通常会产生以有害刻蚀剂和对环境有害的副产品溶液为代表的材料废料。因此，任何减少减成工艺的改进都被认为是朝着减少浪费、降低成本和降低加工复杂度方向迈出的重要一步。

随着现有和未来电子系统生产规模的不断扩大，在下一代功能强大、灵活、易于扩展、可重构的无线系统的制造中，加成（制造）工艺将作为替代减成工艺的新型制造方法，用来减少材料浪费和生产成本，因此加成工艺也越来越受到人们的关注。在本章中，我们将讨论加成印刷技术的工艺和材料，概述当前的成果、局限性及整个技术的未来方向。介绍印刷技术与射频（radio frequency，RF）系统的集成，重点介绍印刷天线、传感器和能量收集源等集成组件。文章将为每一个组件提供实际的应用案例，包括实时环境气体监测和自供电可穿戴电子设备，并证明加成印刷技术在无线应用中许多可行的功能。

25.2　印刷工艺和材料

加成工艺下的加工方案和材料选择直接影响了低成本、高性能电子设备的高效率和大规模制造。与标准的减成工艺相比，加成工艺可以大大减少离散处理操作；但是，为了遵守现有的实际生产水平效率标准，仍需谨慎注意。加成工艺中的固化温度、紫外交联能等参数与标准微电子制备工艺相同。电子印刷技术是一种纯粹的加成工艺，它还突出了多种材料特性，如油墨黏度、表面能、复合粒子体积、玻璃化转变温度等。下一节将概述几个用于电子制造的喷墨印刷和 3D 打印技术的关键工艺与材料选取。

25.2.1　喷墨印刷

最广泛使用的电子制造喷墨印刷方法是压电点滴法。这项技术通过压电薄膜的驱动，以选择

性的方式将墨滴从墨盒中排出。油墨材料必须符合一定的黏度、表面张力和复合粒子直径范围，才能在压电驱动系统中实现喷射性。必须对油墨温度、喷射电压和墨盒背压等参数进行控制，以便有效可靠地将墨滴喷射到主基底上。一旦墨滴被排出，就必须考虑到它与主基底及周围墨滴的相互作用。主基底的总自由表面能必须高于墨滴的表面张力，以确保相间良好的润湿性，从而防止油墨“起球”。然而，过大的差别可能导致潜在的不被期望的油墨迁移或扩散。通常，油墨的表面张力与衬底的表面能之间的差异约为 10 mN/m 时可以获得良好的润湿性[1]。

最常见的电子喷墨印刷工艺的标准材料可分为三类：导电材料、介电材料和敏感材料。导电材料通常由具有金属纳米粒子悬浮物的低黏度溶液组成。贵金属，如银和金，因其在喷墨印刷技术的环境下具有很高的抗氧化性，因此适用于制造纳米颗粒油墨。此外，金属纳米粒子油墨具有在低于 200℃的温度下进行热烧结的低温加工，以及在环境温度下使用激光和光子溶液进行烧结的优势。介电油墨通常是用带有热交联剂或光引发交联剂的有机聚合物溶液制造的。聚合物介电油墨通常按其每层印刷厚度进行分类，其中基于 PVP 聚合物的油墨可以实现厚度在数百纳米范围内的薄膜，而基于 SU-8 聚合物的油墨可以实现厚度超过 100 μm 的薄膜[2]。事实上，在标准微电子制造工艺(如上述两种聚合物)中建立良好并具有介电特性的介电材料是采用喷墨印刷系统的普遍目标，以便与现有生产水平技术集成。敏感油墨由对某些环境刺激(例如温度、应变、湿度和气体存在)可以做出响应的材料组成。许多常用的敏感油墨溶液是由碳纳米材料的分散液构成的，如氧化石墨烯薄片和碳纳米管(carbon nanotubes，CNT)等。在这些油墨中，纳米材料悬浮于含有溶剂和表面活性剂的水溶液中，使其具有低温处理的能力及与主基底之间良好的润湿性。这些油墨中的纳米材料具有易于功能化的潜力，使其具有针对传感目标的选择性灵敏度。

25.2.2　3D 打印

一般来说，当所有三个维度的打印尺度都在同一数量级内时，这种打印方法被认为是“3D”的。消费级和工业级 3D 打印技术最活跃的发展领域可分为以下几类：熔融沉积建模(fused deposition modeling，FDM)、气溶胶喷射和立体光刻(stereolithography，SLA)。FDM 是指通过加热灯丝使热塑性材料的温度超过玻璃化转变温度，然后通过小喷嘴逐层喷出的向量式沉积技术。气溶胶喷射技术是指将油墨材料雾化，然后利用保护气将其聚焦成窄气流并沉积在主基底上，这种技术为应用于高分辨率 3D 打印的油墨材料的特性，如黏度和粒径尺寸等，提供了更加广泛的选择范围。SLA 打印利用光聚合物溶液的选择性光子曝光和交联来创建固体 3D 物体，其中分辨率由台板步进电机的最小增量和投影光或激光源的分辨率决定。

就 3D 打印技术而言，整个打印过程中使用的材料比喷墨印刷使用的材料具有更大的特性范围。FDM 印刷通常侧重于固态塑料材料的热机械喷出，其中包括流行的消费级热塑性塑料，如聚乳酸(polylactic acid，PLA)和丙烯腈-丁二烯-苯乙烯(acrylonitrile butadiene styrene，ABS)。然而，陶瓷复合材料和其他高黏度材料可以通过注射器挤压法在相同的 FDM 电机控制系统下进行印刷。由于利用油墨材料的雾化过程，气溶胶喷射系统具有印刷多种有机和纳米颗粒基材料的优势。但是，与喷墨印刷类似，需要考虑表面能因素，以便使雾化油墨与主基底间具有良好的润湿性和黏附性。SLA 印刷材料由对紫外线和近紫外线辐射(300～400 nm)敏感的光聚合物树脂组成，通常由光引发剂、单体和低聚物溶液组成。

25.3　印刷射频电路的应用

无线技术已经成为现代社会的一大支柱，在任何给定的环境中，互连常被认为是必要的。实际无线系统的四个组成部分是天线、互连、传感器和电源。天线是以无线操作所需的有效方式捕获和辐射电磁波的集成组件。互连负责连接无线系统的组件，重点是保持整个射频信号的完整性。传感器用于将系统与周围环境连接起来，无论是桥梁支架上的压力、潮湿敏感环境的湿度，还是公用设施网络中的水质等。最后，无线系统的外围设备必须通过一种有效的方式供电，这种方式不会大大降低无线解决方案的自主性。加成印刷技术使这些无线组件以独特的方式实现，其将完全印刷的垂直集成多层结构与低温处理技术相结合，并应用于传统平版印刷工艺无法实现的新型材料和拓扑结构中[3~4]。

在下面的章节中，将详细讨论加成印刷制造技术与这些基本无线组件的结合，以实现印刷无线系统、降低制造成本、提高设计的鲁棒性和可重构性为目的，将其应用到各种新兴的无线应用中，如物联网(Internet of Things，IoT)、车到 X(vehicle to X，V2X)连接、智能皮肤和智能城市等。

25.3.1　天线

天线是任何无线系统的重要组成部分，负责将来自无线收发器的无线电信号转换为辐射电磁信号，反之亦然。在传统的无线技术中，天线是制备在低损耗的层压板材料上，例如印刷电路板(printed circuit board，PCB)，在这种材料上，天线会受到用于制造常规电路其余部分的标准沟槽或光刻技术的限制[5]。通过使用加成印刷技术，天线结构能以高度可重构的方式与无线收发器集成，从而减少空间占用，并大大减少有损互连的长度。

这项技术的一个概念验证是系统级封装(system-on-package，SoP)设计方案。在 SoP 设计中，天线结构和其他外围组件与无线收发器直接集成在同一外部封装中，从而缩短了互连长度和整体设备所占用的空间。图 25.1 为第一个使用喷墨印刷技术制备的片上封装天线的示例[6]。在这项工作中，一个 30 GHz 的贴片天线结构是直接制造在 IC 的双列直插式封装(dual inline package，DIP)成型件的顶部。利用银纳米粒子和 SU-8 聚合物油墨，接地平面、厚(>100 μm)射频基板和一个贴片天线拓扑结构均以低温后处理方式进行加成制造。印刷接地平面可以在设计要求下，实现与天线之下的模塑料和射频电路所需的电气隔离。尽管这个例子并未直接将天线与封装的集成电路互连，但可以使用封装通孔(through-package vias，TPV)和无线耦合实现集成。

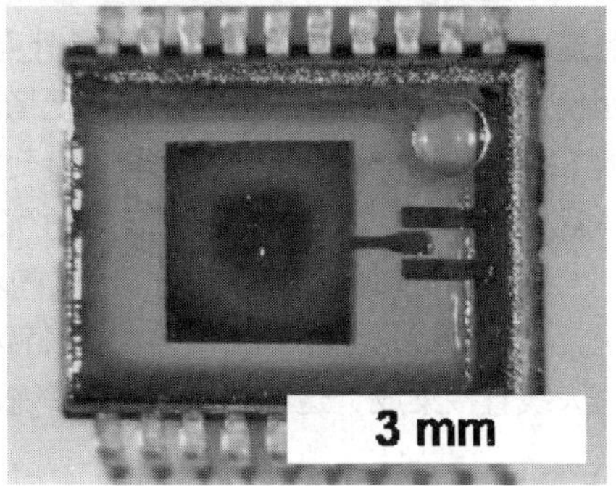

图 25.1　全喷墨印刷的片上封装 30 GHz 贴片天线透视图(左图)和俯视图(右图)[6]

通过厚介电油墨和薄金属痕迹的选择性图案化，喷墨印刷实现的多层结构达到了垂直(第三)尺度，通常称为 2.5D 技术。这项技术在芯片级的高频印刷互连制造中很有用。最近的一项研究首次提出了集成电路芯片与封装基板间的 3D 一级射频互连的制备，这项技术可作为传统线键互连的替代方案[7]。在本设计中，如图 25.2 所示，使用 SU-8 聚合物油墨进行喷墨印刷形成的图案具有两个特征：将 IC 芯片粘在玻璃封装基板上的芯片黏附层和将封装基板表面连接到芯片表面的介电斜坡。最后，使用喷墨印刷银纳米粒子油墨来图案化共面波导传输线互连，在 40 GHz 下产生低寄生电感和 0.6～0.8 dB/mm 的小插入损耗。这些互连可用于将各种集成电路、传感器、无源元件和天线集成到一个单独的封装中，作为一个完全印刷的无线 SoP 解决方案。

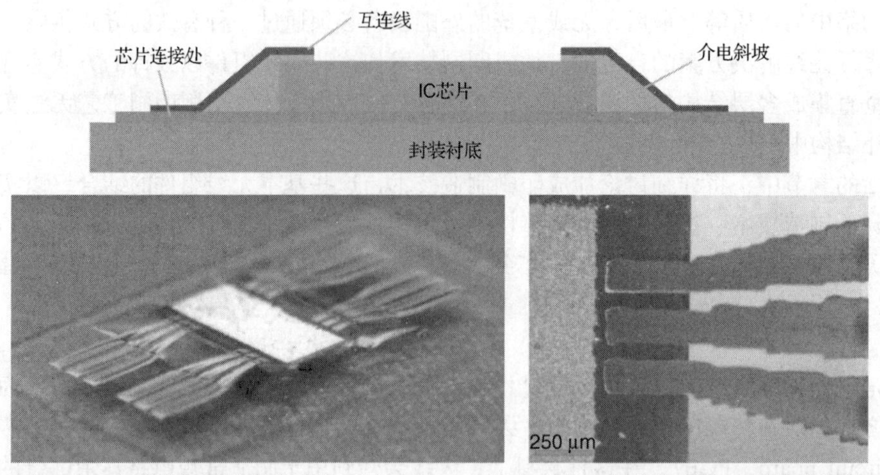

图 25.2　全喷墨印刷的毫米波共面波导的 SoP 解决方案：(上图)封装材料的堆叠图和(下图)喷墨印刷的 3D 互连样品，显示出了 40 GHz 下的小插入损耗[7]

虽然喷墨印刷可以实现平面和多层天线结构，但通过加成制造实现真正的三维电子结构仍具有重大意义。与传统的平面和 2.5D 层压板天线设计不同，3D 天线设计提供了额外的自由度，可用于实现先进的无线解决方案，包括增强的全向辐射和 3D 波束转向功能。此外，天线结构还具有额外的自由度：物理可重构性。可重构或“折纸”(4D)无线系统具有物理上改变天线结构形状的能力，可以实时改变其有效的电气形状，以用于特定应用的操作和部署。

这种物理和电气可重构技术最近被用于 4D(3D 可折叠)无线系统的开发。为了突出这些先进系统的优势，研究人员采用喷墨印刷和 3D 打印技术相结合的方式实现了 2.3 GHz 折纸无线系统封装，如图 25.3 所示[8]。这项工作的前提是设计一个通过三维立方体形状封装、具有多向辐射能力的三维无线系统，以实现多样化增强的无线能量收集和通信。为了降低系统的成本、材料体积和制造时间，印刷了一个平面十字形外壳，进而将其折叠成一个完整的三维立方体封装。折叠铰链是使用一种 3D 打印的热固性形状记忆聚合物(shape memory polymer，SMP)来实现的。当把印刷的 SMP 铰链加热到 55℃的玻璃化转变温度后，它们就变得可弯曲，从而使平面外壳折叠成立方体。一旦铰链散热，就恢复了铰链的刚性完整性，从而实现了一个完全印刷的热控折纸无线系统封装。

除了制造时间和成本的优势，这种新型的可封闭 4D 系统还可以方便地集成和屏蔽内部电子系统，如图 25.3 所示。在本章给出的特殊案例中，内部无线能量收集电路与折纸立方体外表面的贴片天线直接集成，这种技术为零功率感应和通信技术提供了多种自供电解决方案。

25.3.2 传感平台

环境传感器已广泛应用于各种消费级和工业级应用，包括个人生物医学健康监测、结构机械完整性监测、气候条件监测和有害多相材料检测。理想情况下，这些传感器将以无所不在的方式分布在目标环境中，以实现最佳的广域监控，并且对于开发第一个真实的物联网实体至关重要。然而，传统的传感技术需要使用有线电气连接与中央传感平台或者具有外部电源(如电池)的大型无线系统进行互连。一种解决方案是利用喷墨印刷和 3D 打印技术，将无源传感机制与新型油墨材料相结合，从而实现低成本的无线传感平台。

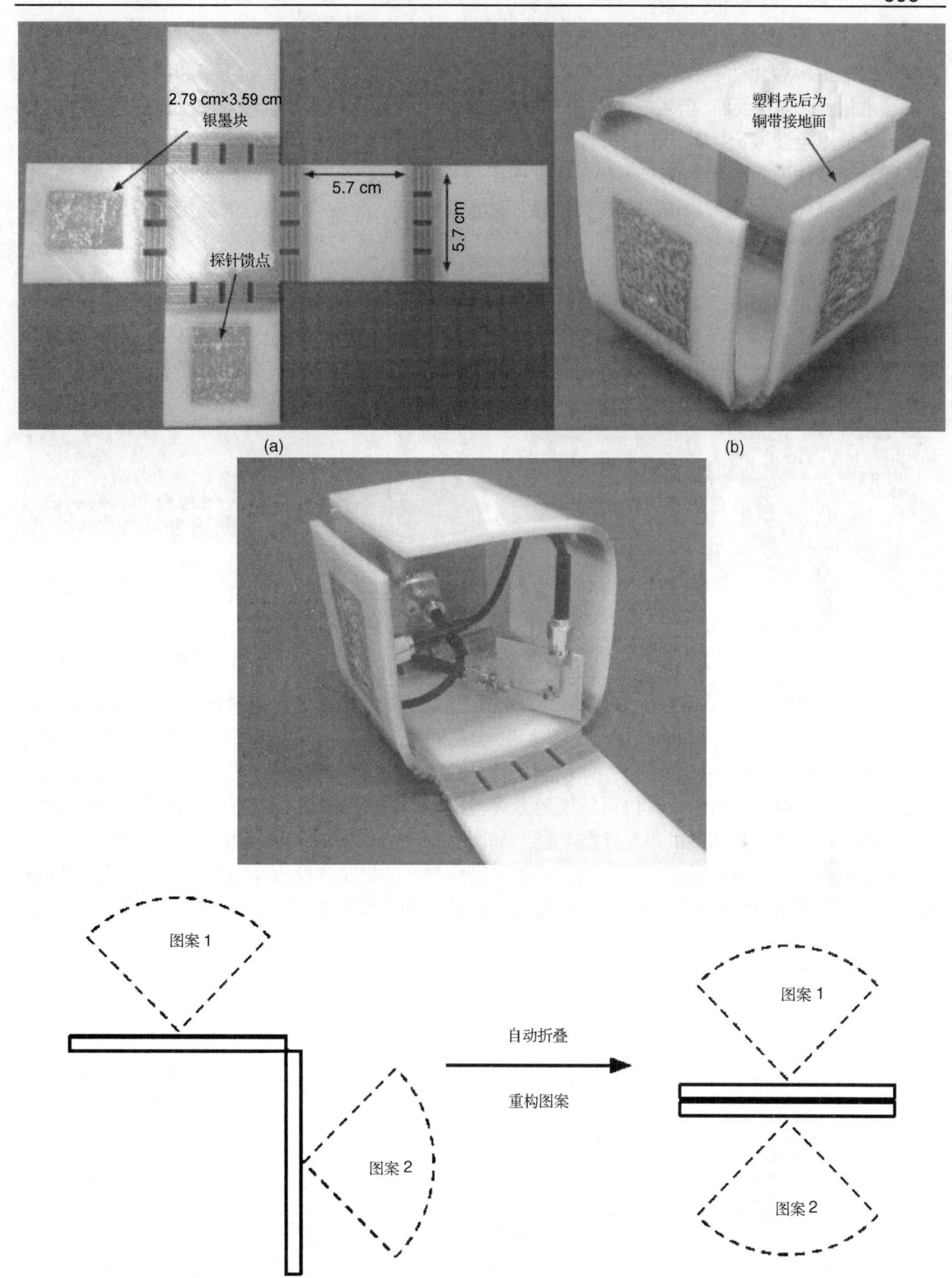

图 25.3　完全印刷的可重构折纸无线系统封装，具有通过喷墨印刷和 3D 打印技术实现的可重构多天线分集[8]

微流体系统的发展领域是传统微机电系统（microelectromechanical systems，MEMS）的一个分支，涉及为许多应用（如可调谐电子、半导体芯片级热钝化和传感）输送微升范围的流体。从传感的角度来看，微流体技术突出了生物医学和环境流体传感的优势。在这种技术中，目标环境的小样本可以通过小型化的芯片实验室解决方案进行取样和分析，以减少目标污染和浪费。尽管这些系统通常依赖于基于标准光刻技术的 MEMS 制造工艺，但最近的研究已经证明了使用喷墨印刷技术实现低成本柔性微流体系统的可行性[9]。如图 25.4 所示，利用喷墨印刷来实现微流体系统有两个特征：微流体通道的图案化和成型，以及用于传感谐振器的金属导体的图案化[10]。当相对介电常数不同的液体被加载到与谐振器连接的微流体通道中时，谐振器失谐，射频结构的频率发生偏移，可以将其量化并作为传感参数。

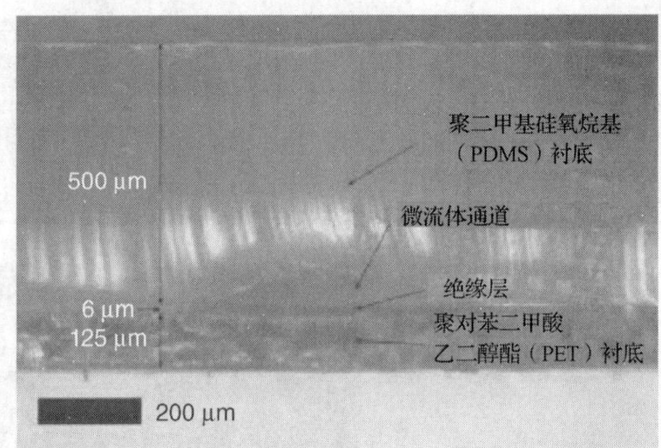

图 25.4 利用喷墨印刷的图案化和带有喷墨印刷模具的软光刻技术，制造了应用于可穿戴设备的基于微流体的“剥离和替换”射频流体传感器[10]

利用喷墨印刷在玻璃基板上制作软光刻模具，然后在该模具上印刷柔性聚二甲基硅氧烷基(polydimethylsiloxanebased, PDMS)微流体通道。通道的物理灵活性允许系统弯曲并适应各种主体，包括人体。然后将金属纳米粒子油墨印刷到柔性 PET 衬底上，以实现系统的螺旋形槽谐振器的导电图形。然后，PDMS 通道模具以可替换的方式与谐振器衬底连接，以实现“剥离和替换”功能，这是灵敏度切换和可重用性的一个优势功能。如图 25.5 所示，该微流体传感平台用于对己醇、乙醇、甘油和水等液体进行敏感检测，当空通道充满水时，共振位移达到 43.8%，同时在低至 7 mm 的各种曲率半径范围的弯曲实验中，该系统可以保持这种工作效率。

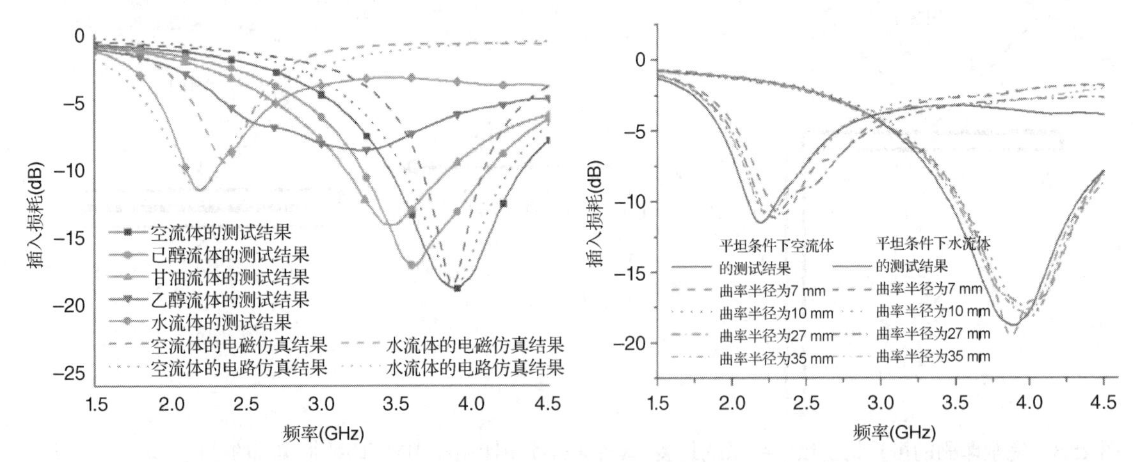

图 25.5 (左图)利用加成工艺制造的具有不同微流体通道填充的微流体传感器的测量和模拟的插入损耗参数，以及(右图)不同曲率半径弯曲下测试的插入损耗参数[10]

实际传感器应用的另一个关注领域是开发和制造用于实时环境监测和质量控制的气体传感平台。近年来，研究人员的注意力转向了将碳纳米材料（如石墨烯和 CNT）作为一种高响应性的气体敏感材料的应用研究。使用 CNT 敏感薄膜最显著的好处之一是能够将纳米管化学功能化，在典型的多传感剂环境中实现目标选择性。目前制造纳米碳材料最常用的方法是化学气相沉积（chemical vapor deposition，CVD），即在金属催化剂上生长纳米碳材料。然而，由于这一过程需要高达 1000 ℃的热分布，因此潜在主基底的类别受到很大限制，将流行的低成本柔性有机衬底排除在外。为了在柔性基板上实现这些纳米碳材料薄膜的沉积，喷墨印刷技术是很有吸引力的。

碳纳米材料，如石墨烯和碳纳米管，可以配制成墨水，印刷出可用于低温制造和加工的有效纳米材料传感薄膜。最近的一项研究表明，利用这些新型材料开发了两个全喷墨印刷的气体传感平台：基于还原石墨烯氧化物（reduced graphene oxide，rGO）的氨传感器和基于 CNT 的甲基膦酸二甲酯（dimethyl methylphosphonate，DMMP）传感器[11]。该敏感元件由印刷在柔性聚酰亚胺主基底上的纳米材料薄膜及与之相连的叉指电极构成，其中印刷的敏感薄膜在电极之间形成电阻路径，如图 25.6 所示。当把气体引入传感器时，敏感薄膜的电阻率随浓度和曝光时间的变化而变化。基于 rGO 的氨传感器的灵敏度能够达到 2.8%/10 ppm，刷新了喷墨印刷基于 rGO 的氨传感器领域的性能指标。这项工作还首次介绍了一种用于 DMMP 传感的功能化 CNT 薄膜喷墨印刷解决方案。对于基于 rGO 和 CNT 的传感器，所报道的灵敏度都很高，响应时间都很短（小于 5 分钟），这对于需要实时监控的应用场景中的实际执行是一个很有价值的指标。这些用于射频传感平台的印刷纳米材料传感薄膜的射频特性仍需进一步的研究[12]。将这些全印刷的传感薄膜集成到无线系统中的可行性将推动实现柔性无线气体传感平台，从而大幅降低成本和增加功能，以及实现现实世界的多传感智能皮肤。

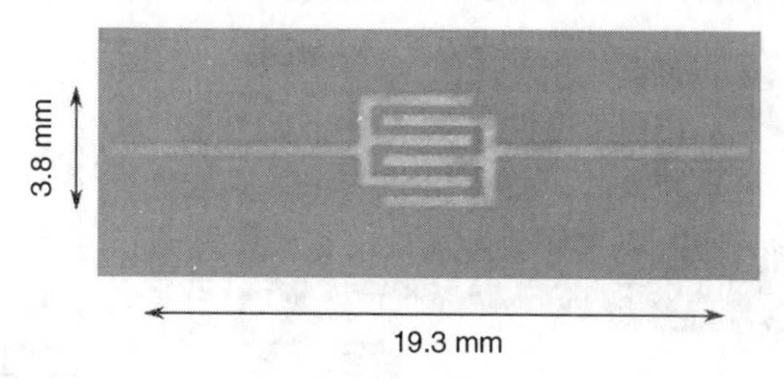

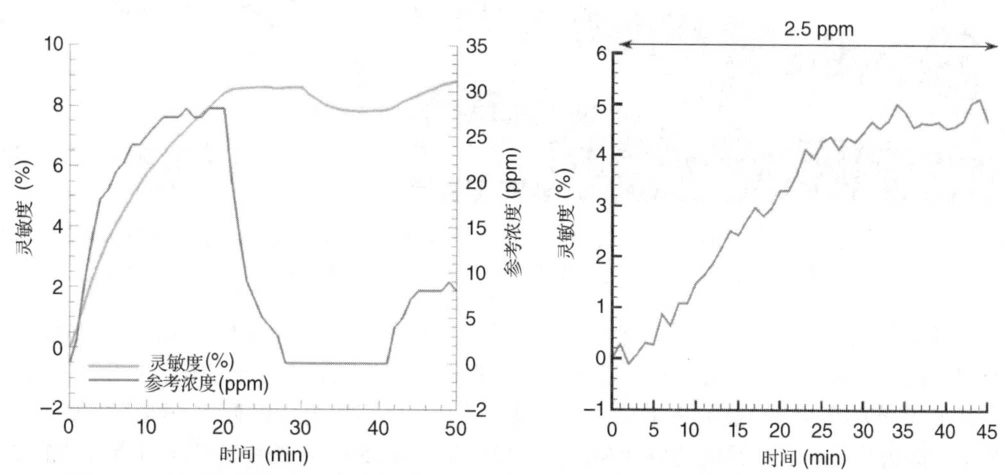

图 25.6　（上图）柔性聚酰亚胺衬底上的全喷墨印刷碳纳米材料传感器、（左下图）基于 rGO 的氨传感器、（右下图）基于 CNT 的 DMMP 传感器的实验灵敏度测量[11]

25.3.3 能量收集系统

无线能量收集的基本目标是将无线电磁辐射有效转换为稳定、可用的电源。与无线能量传输技术不同，无线能量收集系统的目标是无目的的(“环境”)电磁辐射，例如来自通信和广播源(如收音机、空中电视和 Wi-Fi)的电磁辐射。由于从这些无线电源接收到的能量通常非常小(微瓦量级)，因此必须仔细调整能量收集系统的每个组件以获得最大效率，从而在实际应用时可以作为无线系统的电源。能量收集技术能够为物联网实现未来新一代完全自主(“零功率”)无线系统，其中无线传感器和通信节点在整个环境中无处不在，以实现全局连接。喷墨印刷技术允许以低成本、高效率的方式开发能量收集系统，重点是减少典型平版印刷工艺所占用的空间。

无线能量收集系统的操作方法可分为两种电磁类别：近场和远场。近场收集系统依靠线圈天线结构的近距离耦合，从附近的源如手持设备(手机、对讲机、平板电脑等)收集无线辐射。远场收集系统的设计目标是在距离辐射源不同的远距离(几千米)上运行，其中无线信号的功率和天线上收集的电压相对较低。由于远场能量收集产生的低功率和低电压，这些系统依靠电容器和二极管网络(称为电荷泵)将低压交流信号转换成有用量级的直流电压。最近的一项工作中概述了这些积分电荷泵电路可以通过集成集总表面贴装组件、喷墨印刷电路和可回收有机衬底来实现[13]。这项工作的重点是为自维持的无线传感器平台开发环境能量收集系统，强调使用喷墨印刷来实现低成本但功能强大的系统。该项技术的目标频率范围是用于数字电视广播的频率范围(512～566 MHz)，这是一组在大多数城市地区普遍存在的频段，尽管它可以很容易地扩展到更高的频段，如 Wi-Fi 频段。在图 25.7 所示的概念原型中，电荷泵和收集天线都是通过在纸基板上进行喷墨印刷实现的。在系统完全实现的情况下，收集到的环境电源将用于完全驱动一个编程为实现临时唤醒和报告的微控制器。

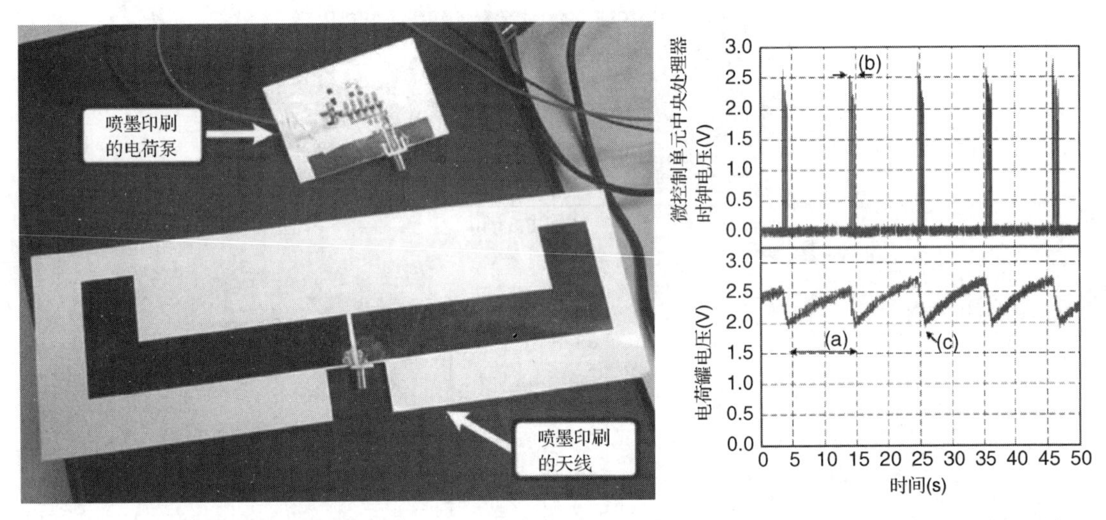

图 25.7 (左图)喷墨印刷的电荷泵和天线，用于环境远场无线(TV)能量收集；(右图)在实际城市环境(Atlanta, GA)中实验实现的能量收集系统的测量结果并用于自动为微控制器系统供电[13]

与远场能量收集系统相比，近场能量收集系统的工作距离与辐射源更近(几米范围内)，因此能够收集毫瓦范围内的能量。这些相对近距离系统的一个新兴应用是在可穿戴电子设备中的应用，其中，共形无线系统可以通过另一个私人无线设备的杂散辐射供电。最近的一项研究强调了这种新的方法，即近场能量收集系统的设计和优化，以收集 464.55 MHz 的手持双向对讲机的能量[14]。该收集系统使用喷墨印刷的近场线圈天线和集成有表面贴装组件的电路来实现，以降低制造成本并允许制备特定应用的原型，如图 25.8 所示。从通信无线电中获取的能量可用于为无线电持有者所穿戴的外围电子设备供电，例如，为野外士兵的平视显示器护目镜供电、激活生物监测传感器或向中央基地报告 GPS 坐标等。

图 25.8　在柔性聚酰亚胺衬底上喷墨印刷的近场能量收集系统，用于可穿戴式采集设备[14]

25.4　结论

在无线电子的各个新兴领域中，印刷技术已成为以低成本、环保和高度强健的方式制造先进无线系统的有效手段。从任何无线系统最不可分割的组成部分开始，全印刷的天线结构是通过纯粹的加成多层工艺制造的，为下一代无线技术提供新的 3D/4D 可重构系统封装解决方案。利用微流体 MEMS 和碳纳米材料薄膜的新型选择性无线传感平台是在洁净室外采用喷墨印刷工艺制造的，允许在广泛的环境和生物医学监测应用中实现无处不在的无线传感网络。最后，通过远场和近场无线能量收集系统的喷墨印刷解决方案展现了自供电无线系统实现的“最后一步”，以物理和概念上的灵活方式实现自供电无线传感和通信平台。

通过对聚合物油墨、纳米材料分散体、热塑性长丝和光聚合物树脂的选择性图案化，加成印刷技术使垂直集成 3D 无线系统的制造成为可能，而这单靠传统的标准减成光刻工艺是无法实现的。这种低成本和强大的制造技术对于实现诸如无处不在的物联网、V2X 连接和智能皮肤系统等新兴无线技术至关重要。然而，先进电子制造的未来并不是必须选择单一的技术，而是将这些制造技术以智能、可靠和有意识的方式集成，以真正实现下一代无线系统。

25.5　参考文献

1. Jiantong Li, Fei Ye, Sam Vaziri, Mamoun Muhammed, Max C. Lemme, and Mikael Östling, “Efficient Inkjet Printing of Graphene,” *Advanced Materials*, 25 (29): 3985–3992, 2013.

2. Bijan K. Tehrani, Chiara Mariotti, Benjamin S. Cook, Luca Roselli, and Manos M. Tentzeris, “Development, Characterization, and Processing of Thin and Thick Inkjet-Printed Dielectric Films,” *Organic Electronics*, 29: 135–141, 2016.

3. J. G. Hester, S. Kim, J. Bito, T. Le, J. Kimionis, D. Revier, et al., “Additively Manufactured Nanotechnology and Origami-Enabled Flexible Microwave Electronics,” *Proceedings of the IEEE,* Vol. 103, pp. 583–606, 2015.

4. S. A. Nauroze et al., “Additively Manufactured RF Components and Modules: Toward Empowering the Birth of Cost-Efficient Dense and Ubiquitous IoT Implementations,” in *Proceedings of the IEEE*, vol. 105, no. 4, pp. 702–722, 2017.

5. B. K. Tehrani, J. Bito, J. G. Hester, W. Su, R. A. Bahr, B. S. Cook, et al., “Advanced Antenna Fabrication Processes (MEMS/LTCC/LCP/Printing),” in *Handbook of Antenna Technologies, N. Z. Chen (ed.), Springer, Singapore,* pp. 1–24, 2014.

6. B. K. Tehrani, B. S. Cook, and M. M. Tentzeris, “Post-Process Fabrication of Multilayer mm-Wave on-Package Antennas with Inkjet Printing,” in *Antennas and Propagation & USNC/URSI National Radio Science Meeting, 2015 IEEE International Symposium on Antennas and Propagation,* pp. 607–608, 2015.

7. B. K. Tehrani, B. S. Cook, and M. M. Tentzeris, “Inkjet-Printed 3D Interconnects for Millimeter-Wave System-on-Package Solutions,” *in Microwave Symposium (IMS), 2016 IEEE MTT-S International, 2016.*

8. J. Kimionis, M. Isakov, B. S. Koh, A. Georgiadis, and M. M. Tentzeris, “3D-Printed Origami Packaging with Inkjet-Printed Antennas for RF Harvesting Sensors,” *IEEE Transactions on Microwave Theory and Techniques,* Vol. 63, pp. 4521–4532, 2015.

9. C. Mariotti, W. Su, B. S. Cook, L. Roselli, and M. M. Tentzeris, “Development of Low Cost, Wireless, Inkjet Printed Microfluidic RF Systems and Devices for Sensing or Tunable Electronics,” *IEEE Sensors Journal,* Vol. 15, pp. 3156–3163, 2015.

10. W. Su, B. S. Cook, and M. M. Tentzeris, “Additively Manufactured Microfluidics-Based ‘Peel-and-Replace’ RF Sensors for Wearable Applications,” *IEEE Transactions on Microwave Theory and Techniques,* Vol. 64, pp. 1928–1936, 2016.

11. J. G. D. Hester, M. M. Tentzeris, and Y. Fang, “Inkjet-Printed, Flexible, High Performance, Carbon Nanomaterial Based Sensors for Ammonia and DMMP Gas Detection,” in *Microwave Conference (EuMC), 2015 European,* pp. 857–860, 2015.

12. J. G. D. Hester, M. M. Tentzeris, and Y. Fang, “UHF Lumped Element Model of a Fully-Inkjet-Printed Single-Wall-Carbon-Nanotube-Based Inter-Digitated Electrodes Breath Sensor,” in *Antennas and Propagation & USNC/URSI National Radio Science Meeting, 2016 IEEE International Symposium on Antennas and Propagation,* 2016.

13. S. Kim, R. Vyas, J. Bito, K. Niotaki, A. Collado, A. Georgiadis, et al., “Ambient RF Energy-Harvesting Technologies for Self-Sustainable Standalone Wireless Sensor Platforms,” *Proceedings of the IEEE,* Vol. 102, pp. 1649–1666, 2014.

14. J. Bito, J. G. Hester, and M. M. Tentzeris, “Ambient RF Energy Harvesting from a Two-Way Talk Radio for Flexible Wearable Wireless Sensor Devices Utilizing Inkjet Printing Technologies,” *IEEE Transactions on Microwave Theory and Techniques,* Vol. 63, pp. 4533–4543, 2015.

第 26 章　纳米电子器件和功率电子器件的印刷制造

本章作者：Cihan Yilmaz　Ahmed Busnaina　NSF Nanoscale Science and Engineering Center for High-Rate Nanomanufacturing, Northeastern University

本章译者：贺明　赖锡林　许蕾　北京大学集成电路学院

26.1　引言

目前，高性能商用电子器件的制造仍主要采用传统刚性基板上以平面方式进行的 CMOS 工艺，这是一种价格昂贵的自上而下的真空工艺[1]。过去几年中，低端电子器件和纳米电子器件的制造已从传统 CMOS 工艺转向印刷技术。喷墨、丝网印刷和凹印已经被用于商业印刷电子产品、柔性显示器和 RFID 标签。印刷电子产品（目前已经是一个约 500 亿美元的产业[2]）比传统硅基电子产品节省了大量的成本。例如，以印刷方式制造的传感器集成数字读出器件，其成本是目前传统硅基产品的 1/10 至 1/100[3]。然而，至今为止，喷墨技术能够打印的最小特征尺寸仅有 20 μm，虽然对于大多数应用来说已经足够，但还远远落后于当今的硅基电子技术。事实上，最后一次制备 20 μm 线宽硅基器件是在 1975 年[4]。下一代印刷器件要求能将印刷线宽缩小为原来的 1/1000，即以当今硅基器件的线宽（约 20 nm）来印刷图案，实现从 1975 年到 2015 年一次技术上的飞跃。研究表明，使用喷墨印刷工艺可以将印刷线宽缩小至 100 nm，但气溶胶喷墨印刷工艺有非常严重的速率限制，即使使用上千个喷头依然无法避免，因此需要能够高速率印刷的纳米印刷技术，并且可使用多种纳米材料印刷多种纳米结构。然而，为了能够提供可靠且经济可行的纳米器件制备替代方法，纳米印刷工艺必须在成本相当的条件下，以更快的速度印刷出纳米级器件属性。此外，与目前使用纳米材料制备的电子器件相比，印刷纳米器件应当在高产率下拥有优异性能。

由于具有优异的电输运特性，并能够通过掺杂调节，这使得纳米颗粒、纳米线、纳米管等有机和无机纳米材料成为纳米电子学的理想基石[5, 6]。许多基础型和应用型研究都聚焦利用一维和二维纳米材料的新奇特性来制造新型器件。这些研究促进了人们对这些材料及其应用的基本理解。然而，由于一维和二维原材料特性的不一致性、器件可扩展性及器件产量等一些问题，仍有更多研究工作致力于将这些器件商业化。另一方面，使用硅纳米颗粒印刷柔性纳米电子器件引入的差异最小，将具有较高的可靠性及稳定的原始纳米材料供应。它还可以掺杂各种元素以达到所需的外在半导体特性，这已经在整个 CMOS 工业历史中研究了数十年。硅纳米颗粒和纳米线是众多得到研究的结构之一，它们比目前研发实验室中常用的一维和二维纳米材料表现出更好的可靠性。

26.2　纳米定向组装和转移

我们已经开发出一种定向组装和转移工艺，该工艺可大规模化，并能够以高速率精确和可重复地控制许多纳米元件的装配与定向。利用这种工艺，我们成功将纳米颗粒[7, 8]、导电聚合物[9]、聚合物混合物[10]、单壁碳纳米管（carbon nanotubes，CNT）[11~16]、二硫化钼[17, 18]等材料的有序阵列和网络组装印刷成各种非均匀结构[10,19]，例如在刚性或柔性基底[11, 23]上的多尺度[22]的三维结构[11, 20, 21, 24]。图 26.1 展示了这种多尺度印刷工艺的流程，其中包含两个步骤：(1) 纳米材料在模板上电泳定向组装[25, 26]（“着墨”）；

(2)将组装的纳米结构完整地转移到受体基底。无论图样的密度或比例如何，每个步骤大约需要两分钟或更短时间。这些工艺在常温常压下进行，并可以使用悬浮在水中的零维、一维或二维纳米材料(如纳米颗粒、纳米管、MoS_2或聚合物等)进行印刷，从而为制造如图 26.2 所示的高度有序纳米结构提供了更环保的制造方法。此外，研究表明通过定向组装纳米印刷方法，单个纳米粒子融合并形成高度均匀的多晶结构，具有优异的电传输性能[7]。

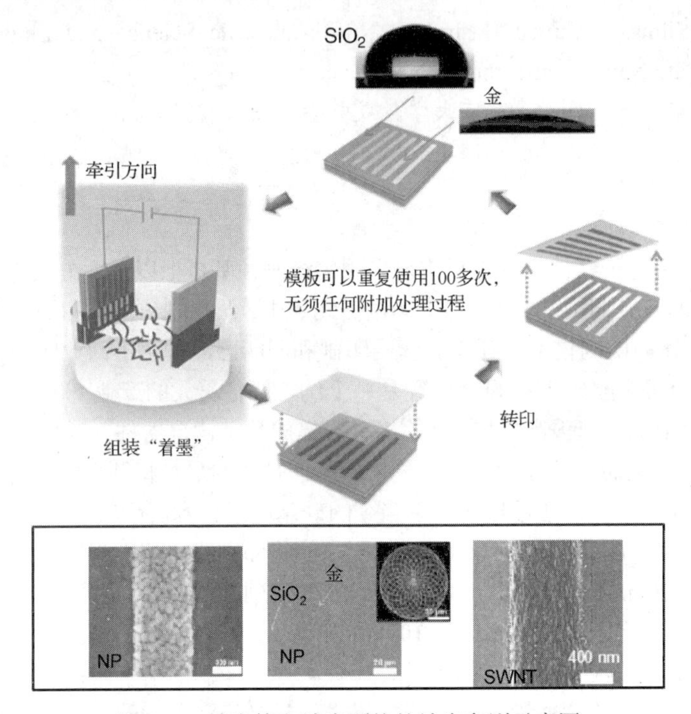

图 26.1 纳米管和纳米颗粒的纳米印刷示意图

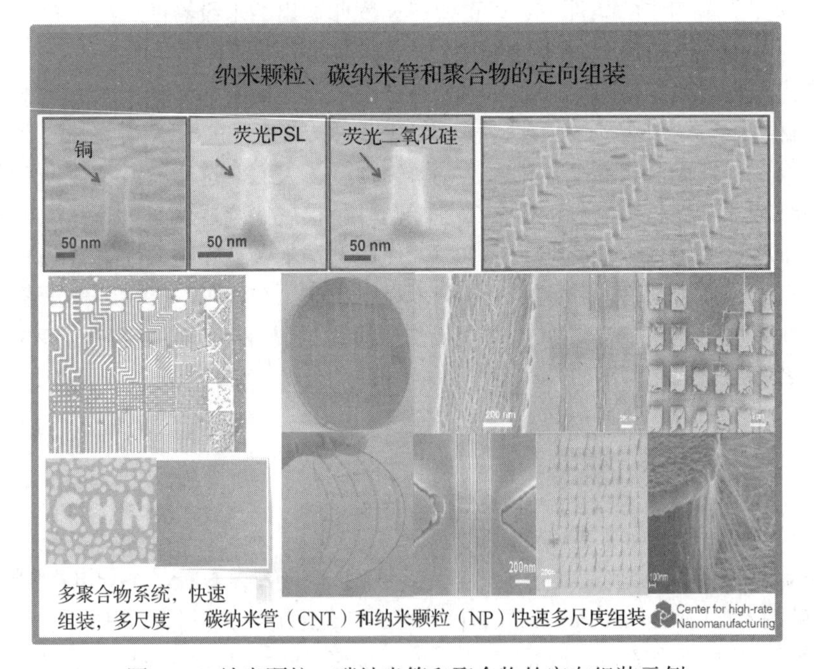

图 26.2 纳米颗粒、碳纳米管和聚合物的定向组装示例

研究人员已经实现将零维纳米颗粒组装到微米长度[27~32]。为了得到高度有序的纳米颗粒阵列，纳米颗粒表面会修饰配体、聚合物或表面官能团，然而这些基团会抑制电导率[33]。即使没有这些表面修饰基团，线性阵列中的纳米颗粒相互间只有点接触，导致电荷传输过程中形成巨大的电位下降(受跃迁传导影响)[34, 35]。除此之外，对于柔性电子应用，拉伸和弯曲循环期间的电学性能相比未做处理的初始状态表现出巨大差异[36]。因此，由于缺乏电气和机械完整性，这种线性纳米颗粒链不利于上述应用。

定向组装工艺可用于制备各种基于纳米材料的器件，例如晶体管[17, 18]、化学传感器[37, 38]、生物传感器[39, 40]及互连电路[7, 8]。制备过程通常在常温常压下进行，利用电泳将纳米材料吸引到刻有嵌入式纳米图案的模板上，其成功关键在于镶嵌模板(使用传统半导体镶嵌技术制造[41~44])，可以是刚性或者柔性模板，分别用于软质或硬质基底印刷[25]。如图 26.3 所示，这些镶嵌模板具有绝缘膜隔开的二维纳米和微米级导电特性。模板外形整体平坦，下层导电膜连接所有图案化的导电部件，以确保所有图案或连线上电荷均匀，从而在纳米尺度或微米尺度上形成厚度均匀的基板图案组装。同时，模板被功能改性，保证只有导电图案会被刻蚀，并且这种功能改性至少需要连续使用 100 个印刷周期。图 26.3(a)是制作单层组装模板的步骤，图 26.3(b)是刚性模板，图 26.3(c)是聚合物柔性模板。

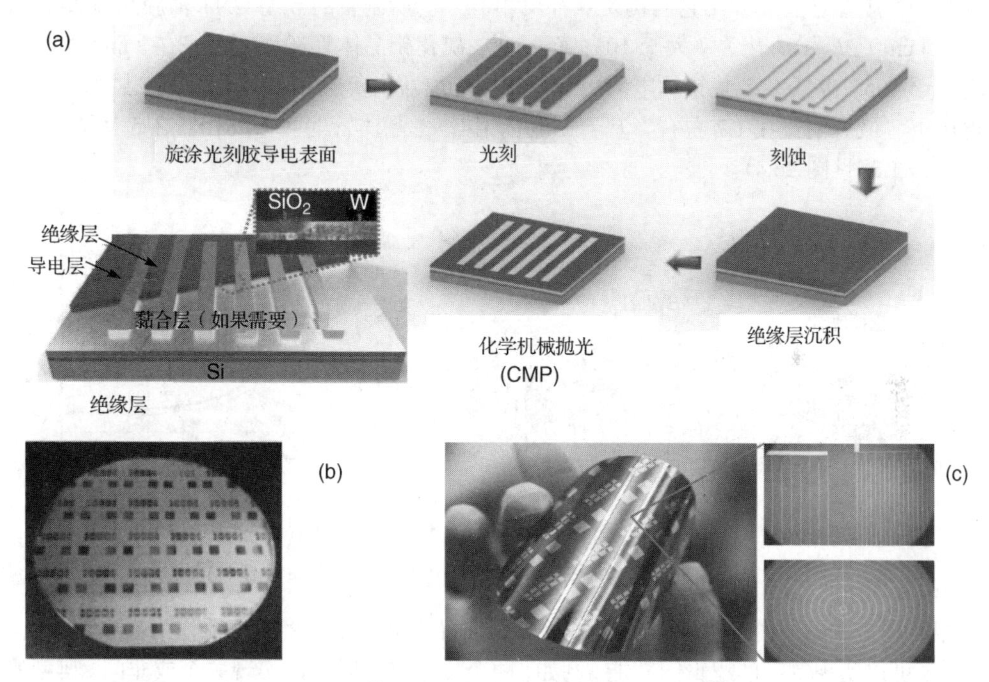

图 26.3　(a) Damascene 模板；(b) 4 英寸刚性模板；(c) 聚合物柔性模板

26.3　在功率电子器件中的应用

26.3.1　印刷高性能逻辑电路

CMOS 反相器是现代集成电路中的基本逻辑单元之一，其内部包含 p 型和 n 型晶体管，具有噪声小和功耗低等理想特性。由于其低功耗，互补反相器优于其他类型的反相器(如电阻负载反相器)。然而，通过自上而下的方法将晶体管小型化降至 22 nm 及以下会带来许多挑战，如短沟道效应和沟道泄漏等[45]。为了克服这些阻碍集成电路小型化的障碍，新材料技术与自下而上制造工艺的结合成为可行的替代方案之一。此外，这种自下而上的定向组装工艺能够在室温和大气环境中进行，有助于降低制造成本。通过自下而上的方法构建具有特定功能集成电路，同时需要 p 型和 n 型纳米半导体材料。虽然具有特殊手性的 CNT 在常温常压下表现出优异的 p 型半导体特性，但是至今未发现对应的稳定存在的 n 型材料。通过钾掺杂[46]、使用聚合物和小分子中的官能团[47]、使用不同功函数的金属等方法将 p 型半导体转换为 n 型半导体的努力收效甚微。所有这些方法均存在稳定性或者工艺兼容性的问题，例如，钾掺杂 CNT 场效应晶体管(FET)的性能随时间变化下降[48]。具有优异场效应晶体管特性并能与自下而上制造工艺兼容的高度稳定 n 型碳纳米管将极大地改变未来纳米电子器件的制备方法，突破现有的尺寸规模限制。MoS_2 是一种天然的 n 型半导体，热稳定性好，无悬挂键，抗氧化，带宽在 1.2～1.8 eV 之间[49]，有望成为与 p 型 CNT 配对的 n 型半导体，用于开发逻辑电路。MoS_2 属于层状过渡金属二硫化物，S-Mo-S 原子间的强共价键使得 MoS_2 形成一种二维平面结构，而微弱的范德华力将各层黏附在一起[49]。单层或者多层 MoS_2 纳米结构可以通过机械剥落[49]、液体剥落[50]及锂嵌入[51]的方法获得，适用于自下而上的方法。然而，到目前为止，具有极低功耗的互补反相器还未出现。最近，我们使用自下而上的方法成功制备 CNT 和二硫化钼薄膜晶体管，并用它们构筑互补反相器[18]。所制备的 p 型 CNT 薄膜晶体管(TFT)迁移率达到 0.4 $cm^2/(V \cdot s)$，开关率大于 103；而 n 型二硫化钼晶体管迁移率大概在 3 $cm^2/(V \cdot s)$ 左右，开关率大于 105。基于二硫化钼的电阻负载反相器的增益由负载和驱动电压 V_{dd} 共同决定，在 5 V 驱动电压下，最大增益在 1.7 左右。基于二硫化钼/CNT 晶体管的互补反相器在 5 V 驱动电压下的增益大约为 1.3(见图 26.4)。

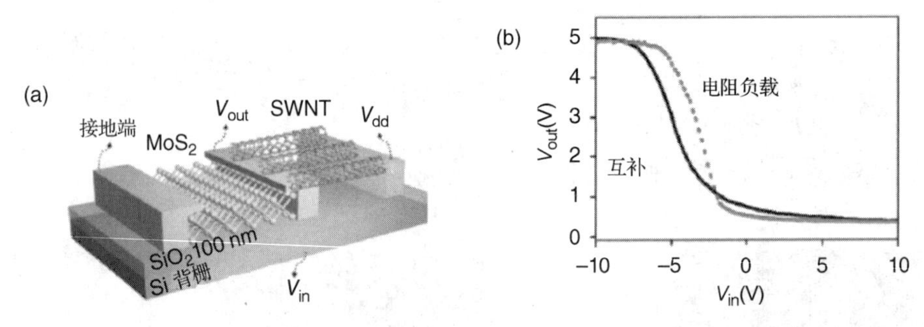

图 26.4 (a)包含 p 型 CNT FET 和 n 型二硫化钼晶体管的互补反相器的设计图；(b)5 V 驱动电压下反相器的电压转移特性曲线

反相器是集成电路的基本逻辑单元，对输入进行取反操作。将反相器作为基本单元，通过合适的设计，可以实现复杂的逻辑门功能。例如，两个反相器并联可以实现一个或非门。典型的 MoS_2 晶体管的导通状态电阻为百欧姆量级，关闭状态达到千兆欧姆。如图 26.4 所示，对于有电阻负载结构，一个额外的 5.1 Ω MoS_2 电阻被连接到晶体管的漏极。为了实现低功耗逻辑元件，我们随后研究由 MoS_2 和 CNT 晶体管组成的互补反相器，如图 26.4(a)所示。输入电压(V_{in})被连接至 p 型 CNT 晶体管和 n 型 MoS_2 晶体管的栅极，输出电压(V_{out})连在两个晶体管的漏极。p 型 CNT FET 的源极连接到一个正的驱动电压 V_{dd}，而 n 型 MoS_2 晶体管的源极接地。当输入为负时，p 型 CNT 晶体管处于导通状态，n 型 MoS_2 晶体管处于关闭状态，输出电压 V_{out} 值为 V_{dd}，显示反相器将逻辑“0”换成逻辑“1”。所得的电压变化情况如图 26.4(b)所示，清楚表明了其反相器工作特性。该反相器增益接近 1.3，是一个比较适中的值，归因于所用的厚介电层、导电沟道和 MoS_2 晶体管栅氧化物之间的缺陷，以及 MoS_2 和 CNT 晶体管之间的性能不匹配。与高 k 值电介质薄膜（30 nm HfO_2）集成的单层 MoS_2 晶体管的迁移率超过 200 $cm^2/(V \cdot s)$[8]。目前的研究采用背栅几何结构和相对较厚的介电层（100 nm SiO_2），这不可避免地导致低迁移率，并削弱亚阈值摆幅。

26.3.2　印刷功率电子器件的三维互连

当前，电子器件中的互连主要通过电沉积和真空沉积等传统技术制备。这些方法通常需要高温、高压条件及使用过量化学添加剂，导致高成本和低效率。例如，当前半导体技术向三维器件堆栈发展的趋势具有短接触、小型化、紧凑封装等优势[52]。硅通孔（through-silicon-via，TSV）是一种新兴技术，可以实现三维堆栈芯片中电路的互连[53]。使用 TSV 技术，能够节省连接线所需空间，并减小布线长度。使用 TSV 技术互连，需要填充非常大的通孔，其直径为数十微米，深度达数百微米。然而，通过传统电沉积或薄膜沉积方法来制备这种大且高深宽比的 TSV 互连，不仅昂贵还具有技术挑战性。例如，使用电沉积制备无空隙 TSV 互连需要自下而上填充，这涉及使用种子层和许多化学添加剂，增加了工艺复杂性和成本。为了解决这个问题，国际半导体技术路线图（International Technology Roadmap for Semiconductors，ITRS）概述了开发可应用且具有经济效益的替代填充技术的必要性[52]。

业界已经推出一种全新的在电子器件中制备三维互连的新型印刷工艺，这种工艺不依赖于材料，在室温常压下即可进行[7, 8]。如图 26.5 所示，该工艺利用外加电场，将胶体纳米颗粒精确组装（印刷）成三维纳米结构。与传统工艺相比，该方法在室温和常压下即可进行，无须中间种子层和化学添加剂，显著降低了工艺成本和复杂性。与电沉积和薄膜沉积相比，该方法可以使用导电、半导体、绝缘体有机或无机纳米颗粒来制备固体纳米结构，其特征尺寸从几微米到 25 nm，甚至在大面积（晶圆尺度）上也能在不到一分钟内完成制作。利用这一技术，可以制备出铜、钨、金、硅等的互连[7]。透射电子显微镜（TEM）和电学特性分析表明，印刷的金互连线具有多晶、无空隙、电阻率极低（$1.96 \times 10^{-7}\ \Omega \cdot m$）等特点[7]。由此可见，胶质组装印刷技术是一种非常有效地实现 TSV 互连的方式。

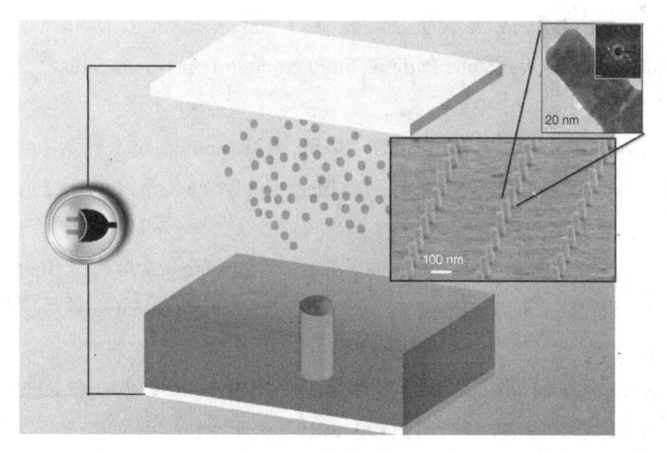

图 26.5　基于纳米颗粒组装印刷技术的互连制造工艺

26.4　参考文献

1. P. S. Peercy, “The Drive to Miniaturization,” *Nature*, 406 (6799): 1023–1026, 2000.

2. F. Sullivan, "Printed Electronics—Technologies and Applications (Technical Insights)," http://www.rost.com/prod/servlet/market-insight-print.pag?docid=108885683, 2007.

3. J. Ernst, "Printed Electronics Memory: Challenges of Logic and Integration," EDN Network, 2012.

4. A. I. Kingon, J.-P. Maria, and S. Streiffer, "Alternative Dielectrics to Silicon Dioxide for Memory and Logic Devices," *Nature*, 406 (6799): 1032–1038, 2000.

5. J. Hu, T. W. Odom, and C. M. Lieber, "Chemistry and Physics in One Dimension: Synthesis and Properties of Nanowires and Nanotubes," *Accounts of Chemical Research*, 32 (5): 435–445, 1999.

6. C. Dekker, "Carbon Nanotubes as Molecular Quantum Wires," *Physics Today*, 52: 22–30, 1999.

7. C. Yilmaz, A. E. Cetin, G. Goutzamanidis, J. Huang, S. Somu, H. Altug, D. Wei, et al., "Three-Dimensional Crystalline and Homogeneous Metallic Nanostructures Using Directed-Assembly of Nanoparticles," *ACS Nano*, 8 (5), 4547–4558, 2014.

8. C. Yilmaz, T.-H. Kim, S. Somu, and A. A. Busnaina, "Large-Scale Nanorods Nanomanufacturing by Electric-Field-Directed Assembly for Nanoscale Device Applications," *Nanotechnology, IEEE Transactions on*, 9 (5): 653–658, 2010.

9. M. Wei, Z. Tao, X. Xiong, M. Kim, J. Lee, S. Somu, S. Sengupta, et al., "Fabrication of Patterned Conducting Polymers on Insulating Polymeric Substrates by Electric-Field-Assisted Assembly and Pattern Transfer," *Macromolecular Rapid Communications*, 27 (21): 1826–1832, 2006.

10. M. Wei, L. Fang, J. Lee, S. Somu, X. Xiong, C. Barry, A. Busnaina, et al., "Directed Assembly of Polymer Blends Using Nanopatterned Templates," *Advanced Materials*, 21 (7): 794–798, 2009.

11. P. Makaram, S. Selvarasah, X. Xiong, C.-L. Chen, A. Busnaina, N. Khanduja, and M. R. Dokmeci, "Three-Dimensional Assembly of Single-Walled Carbon Nanotube Interconnects Using Dielectrophoresis," *Nanotechnology*, 18 (39): 395–204, 2007.

12. S. Somu, H. Wang, Y. Kim, L. Jaberansari, M.G. Hahm, B. Li, T. Kim, et al., "Topological Transitions in Carbon Nanotube Networks via Nanoscale Confinement," *ACS Nano*, 4 (7): 4142–4148, 2010.

13. X. Xiong, C.-L. Chen, P. Ryan, A. A. Busnaina, Y. J. Jung, and M. R. Dokmeci, "Directed Assembly of High Density Single-Walled Carbon Nanotube Patterns on Flexible Polymer Substrates," *Nanotechnology*, 20 (29): 295–302, 2009.

14. L. Jaber-Ansari, M. G. Hahm, T. H. Kim, S. Somu, A. Busnaina, and Y. J. Jung, "Large Scale Highly Organized Single-Walled Carbon Nanotube Networks for Electrical Devices," *Applied Physics A*, 96 (2): 373–377, 2009.

15. L. Jaber-Ansari, M. G. Hahm, S. Somu, Y. E. Sanz, A. Busnaina, and Y. J. Jung, "Mechanism of Very Large Scale Assembly of SWNTs in Template Guided Fluidic Assembly Process," *Journal of the American Chemical Society*, 131 (2): 804–808, 2008.

16. S. Selvarasah, X. Li, A. Busnaina, and M. R. Dokmeci, "Parylene-C Passivated Carbon Nanotube Flexible Transistors," *Applied Physics Letters*, 97 (15): 153120, 2010.

17. J. Huang, A. Datar, S. Somu, and A. Busnaina, "Modulating the Performance of Carbon Nanotube Field-Effect Transistors via Rose Bengal Molecular Doping," *Nanotechnology*, 22 (45): 455202, 2011.

18. J. Huang, S. Somu, and A. Busnaina, "A Molybdenum Disulfide/Carbon Nanotube Heterogeneous Complementary Inverter," *Nanotechnology*, 23 (33): 335203, 2012.

19. L. Fang, M. Wei, C. Barry, and J. Mead, "Effect of Spin Speed and Solution Concentration on the Directed Assembly of Polymer Blends," *Macromolecules*, 43 (23): 9747–9753, 2010.

20. B. Li, M. G. Hahm, Y. L. Kim, H. Y. Jung, S. Kar, and Y. J. Jung, "Highly Organized Two- and Three-Dimensional Single-Walled Carbon Nanotube–Polymer Hybrid Architectures," *ACS Nano*, 5 (6): 4826–4834, 2011.

21. S. Selvarasah, A. Busnaina, and M. Dokmeci, "Design, Fabrication, and Characterization of Three-Dimensional Single-Walled Carbon Nanotube Assembly and Applications as Thermal Sensors," *IEEE Transactions on Nanotechnology,* 10 (1): 13–20, 2011.

22. J. Chiota, J. Shearer, M. Wei, C. Barry, and J. Mead, "Multiscale Directed Assembly of Polymer Blends Using Chemically Functionalized Nanoscale-Patterned Templates," *Small*, 5 (24): 2788–2791, 2009.

23. X. Xiong, P. Makaram, A. Busnaina, K. Bakhtari, S. Somu, N. McGruer, and J. Park, "Large Scale Directed Assembly of Nanoparticles Using Nanotrench Templates," *Applied Physics Letters*, 89 (19): 193108, 2006.

24. B. Li, H. Y. Jung, H. Wang, Y. L. Kim, T. Kim, M. G. Hahm, A. Busnaina, et al., "Ultrathin SWNT Films with Tunable, Anisotropic Transport Properties," *Advanced Functional Materials*, 21 (10): 1810–1815, 2011.

25. H. Cho, S. Somu, J.-Y. Lee, H. Jeong, and A. Busnaina, "High-Rate Nanoscale Offset Printing Process Using Directed Assembly and Transfer of Nanomaterials," *Advanced Materials*, 2015. Published : E pub date Feb. 3, 2015; doi:10.1002/adma.201404769.

26. A. Busnaina, H. Cho, S. Somu, and J. Huang, "Damascene Template for Directed Assembly and Transfer of Nanoelements," U.S. Patent 20,140,318,967, 2014.

27. M. G. Warner and J. E. Hutchison, "Linear Assemblies of Nanoparticles Electrostatically Organized on DNA Scaffolds," *Nature Materials*, 2 (4): 272–277, 2003.

28. A. N. Shipway, E. Katz, and I. Willner, "Nanoparticle Arrays on Surfaces for Electronic, Optical, and Sensor Applications," *ChemPhysChem*, 1 (1): 18–52, 2000.

29. R. Shenhar, T. B. Norsten, and V. M. Rotello, "Polymer-Mediated Nanoparticle Assembly: Structural Control and Applications," *Advanced Materials*, 17 (6): 657–669, 2005.

30. J. H. Fendler, "Chemical Self-Assembly for Electronic Applications," *Chemistry of Materials*, 13 (10): 3196–3210, 2001.

31. I. Matsui, "Nanoparticles for Electronic Device Applications: A Brief Review," *Journal of Chemical Engineering of Japan*, 38 (8): 535–546, 2005.

32. S. Maenosono, T. Okubo, and Y. Yamaguchi, "Overview of Nanoparticle Array Formation by Wet Coating," *Journal of Nanoparticle Research*, 5 (1–2): 5–15, 2003.

33. F. P. Zamborini, M. C. Leopold, J. F. Hicks, P. J. Kulesza, M. A. Malik, and R. W. Murray, "Electron Hopping Conductivity and Vapor Sensing Properties of Flexible Network Polymer Films of Metal Nanoparticles," *Journal of the American Chemical Society*, 124 (30): 8958–8964, 2002.

34. B. D. Gates, "Flexible Electronics," *Science*, 323 (5921): 1566–1567, 2009.

35. J. H. Jun, B. Park, K. Cho, and S. Kim, "Flexible TFTs Based on Solution-Processed ZnO Nanoparticles," *Nanotechnology*, 20 (50): 505201, 2009.

36. D. Huang, F. Liao, S. Molesa, D. Redinger, and V. Subramanian, "Plastic-Compatible Low Resistance Printable Gold Nanoparticle Conductors for Flexible Electronics," *Journal of the Electrochemical Society*, 150 (7): G412–G417, 2003.

37. C.-L. Chen, C.-F. Yang, V. Agarwal, T. Kim, S. Sonkusale, A. Busnaina, M. Chen, et al., "DNA-Decorated Carbon-Nanotube-Based Chemical Sensors on Complementary Metal Oxide Semiconductor

Circuitry," *Nanotechnology*, 21 (9): 095504, 2010.

38. H. Y. Jung, Y. L. Kim, S. Park, A. Datar, H.-J. Lee, J. Huang, S. Somu, et al., "High-Performance H2S Detection by Redox Reactions in Semiconducting Carbon Nanotube-Based Devices," *The Analyst*, 138: 7206, 2013.

39. A. Malima, S. Siavoshi, T. Musacchio, J. Upponi, C. Yilmaz, S. Somu, W. Hartner, et al., "Highly Sensitive Microscale in Vivo Sensor Enabled by Electrophoretic Assembly of Nanoparticles for Multiple Biomarker Detection," *Lab on a Chip*, 12 (22): 4748–4754, 2012.

40. S. Siavoshi, C. Yilmaz, S. Somu, T. Musacchio, J. R. Upponi, V. P. Torchilin, and A. Busnaina, "Size-Selective Template-Assisted Electrophoretic Assembly of Nanoparticles for Biosensing Applications," *Langmuir*, 27 (11): 7301–7306, 2011.

41. A. Busnaina and N. E. McGruer, "Directed Assembly of Carbon Nanotubes and Nanoparticles Using Nanotemplates with Nanotrenches," Google Patents, 2006.

42. C. M. Barry, A. Busnaina, J. L. Mead, T. Zhenghong, and M. Wei, "Directed Assembly of a Conducting Polymer," Google Patents, 2006.

43. A. Busnaina, C. Yilmaz, T. Kim, and S. Somu, "Nanoscale Interconnects Fabricated by Electrical Field Directed Assembly of Nanoelements," Google Patents, 2010.

44. A. Sirman, A. Busnaina, C. Yilmaz, J. Huang, and S. Somu, "High Rate Electric Field Driven Nanoelement Assembly on an Insulated Surface," Google Patents, 2011.

45. I. Ferain, C. A. Colinge, and J.-P. Colinge, "Multigate Transistors as the Future of Classical Metal-Oxide-Semiconductor Field-Effect Transistors," *Nature*, 479 (7373): 310–316, 2011.

46. A. Javey, R. Tu, D. B. Farmer, J. Guo, R. G. Gordon, and H. Dai, "High Performance n-Type Carbon Nanotube Field-Effect Transistors with Chemically Doped Contacts," *Nano Letters*, 5 (2): 345–348, 2005.

47. C. Klinke, J. Chen, A. Afzali, and P. Avouris, "Charge Transfer Induced Polarity Switching in Carbon Nanotube Transistors," *Nano Letters*, 5 (3): 555–558, 2005.

48. H. Ryu, D. Kälblein, R. T. Weitz, F. Ante, U. Zschieschang, K. Kern, O. G. Schmidt, et al., "Logic Circuits Based on Individual Semiconducting and Metallic Carbon-Nanotube Devices," *Nanotechnology*, 21 (47): 475207, 2010.

49. B. Radisavljevic, A. Radenovic, J. Brivio, V. Giacometti, and A. Kis, "Single-Layer MoS_2 Transistors," *Nature Nanotechnology*, 6 (3): 147–150, 2011.

50. K. Lee, H. Y. Kim, M. Lotya, J. N. Coleman, G. T. Kim, and G. S. Duesberg, "Electrical Characteristics of Molybdenum Disulfide Flakes Produced by Liquid Exfoliation," *Advanced Materials*, 23 (36): 4178–4182, 2011.

51. D. Yang, S. J. Sandoval, W. Divigalpitiya, J. Irwin, and R. Frindt, "Structure of Single-Molecular-Layer MoS_2," *Physical Review B*, 43 (14): 12053, 1991.

52. I. R. Committee, *International Technology Roadmap for Semiconductors, 2011 Edition*. Semiconductor Industry Association, http://www.itrs. net/Links/2011ITRS/2011Chapters/2011ExecSum.pdf, 2011.

53. C. Li, M.-Q. Zou, Y. Shang, and M. Zhang, "Study on the Thermal Transient Response of TSV Considering the Effect of Electronic-Thermal Coupling," *Journal of Semiconductor Technology and Science*, 15 (3): 356–364, 2015.

第 27 章　柔性电子中的三维互连

本章作者：Cihan Yilmaz　Ahmed Busnaina　NSF Nanoscale Science and Engineering Center for High-Rate Nanomanufacturing, Northeastern University

本章译者：贺明　赖锡林　许蕾　北京大学集成电路学院

27.1　引言

柔性电子具有轻质、结实、可弯曲、可卷曲、便携及可折叠等优点。已有大量研究关注于解决图案化和材料组合等问题，以优化用于平板显示器和图像传感器背板的薄膜晶体管（thin film transistor，TFT）和 p-i-n 光电二极管的性能。然而，这些器件的多层互连架构仍然具有挑战性。传统的互连制造工艺，如电沉积和真空沉积，需要高温、高压条件及过量化学添加剂，造成与柔性电子中使用的塑料不相容。需要建立常温常压下的柔性电子多层互连新工艺。在此，我们介绍一种不依赖材料属性、常温、常压的新型印刷三维（3D）互连工艺。在该工艺中，胶体纳米颗粒（NP）在外加电场作用下精确组装并融合成三维纳米结构。与传统制造工艺相比，该方法在常温常压下进行，无须中间种子层和化学添加剂，显著降低了工艺成本和复杂度。与电沉积或薄膜沉积相比，该方法可以由无机或有机纳米颗粒制备固体纳米结构，大面积成型时间小于 1 分钟，所用纳米颗粒可以是导体、半导体或绝缘材料，其特征尺寸从几微米到 25 nm（晶圆尺寸）。使用这种技术，我们制作了铜、钨、金、硅、二氧化硅及其杂化衍生物的纳米柱。透射电子显微镜（transmission electron microscopy，TEM）图像和电学特性分析显示，制备的金属纳米结构具有多晶性质，无空隙，且电阻率极低（约 $10^{-7}\Omega\cdot m$）。这种新方法可应用于主控制面板（main control panel，MCP）、多芯片模块（multichip modules，MCM）、板上芯片（chip on board，COB）、晶片级封装（wafer level packaging，WLP）、柔性电子和混合硅-印刷电子附件等。

27.2　纳米定向组装技术

由于有利于实现优异的器件性能和小型化，因此具有复杂几何形状和三维架构的纳米结构引起了电子[1]、光学[2]、能源[3]和生物技术[4]等许多领域的极大关注。制备这些纳米结构的工艺大多依赖真空薄膜沉积或电沉积，需要种子层和化学添加剂。纳米颗粒定向组装已经被证明是在水溶液中常温常压构筑功能型纳米材料和纳米结构的可靠替代方法 [4~6]。利用电[7, 8]、磁[9]和流体力[10]将纳米颗粒组装成一维、二维和三维纳米结构已经取得很大进展。然而，由于难以控制纳米颗粒组装和融合以形成所需几何形状，在晶体、固体和均匀纳米结构制备方面的研究非常缺乏。纳米颗粒的组分、官能团和尺寸不同，融合组装所需的力和能量也不同。例如，基于悬浮介质，纳米颗粒可能有不同的表面性质，如不同的表面能和表面电荷，这将影响纳米颗粒组装过程及纳米颗粒与基底的相互作用。类似地，与小尺寸纳米颗粒相比，大尺寸纳米颗粒具有更高的熔化温度，使得它们难以融合成固体结构。为了能够制备具有特定材料和几何形状的纳米结构，必须确定组装过程所涉及的力学控制参数。

在此，我们开发了一种定向组装技术，可以组装融合各种金属纳米颗粒，从而在刚性或柔性表面上制备高度有序的三维晶体和固体纳米结构。该技术能在常温常压下进行，速度和电沉积的一样快，制备尺寸可扩展到毫米级，无须化学添加剂，使其非常适合经济有效的绿色纳米制造。

27.3 三维互连制造工艺

三维互连制造过程包括使用介电电泳(DEP)[11]将胶体纳米颗粒组装到基板上。基板由导电膜(在刚性或柔性基板上)和覆盖在导电膜上的图案化绝缘体[如聚甲基丙烯酸甲酯(PMMA)或二氧化硅等]组成，如图 27.1(a)所示，这些图案化结构为纳米或更大尺寸结构，如通孔、沟槽或其他各种形状。在基板和对电极之间施加交流电场，其中对电极位于纳米悬浮液中距离基板几毫米远的位置。电场在纳米颗粒上产生介电电泳力，将它们沿通孔移动到电场强度最强的地方。在介电电泳作用下，纳米颗粒也会受到珍珠链力[12]，这是由纳米粒子之间感应偶极子相互作用引起的。当纳米颗粒在通孔底部进行组装时，纳米颗粒之间相互作用力变得非常重要，允许纳米颗粒附着到已经组装的纳米颗粒上。此外，可以在交流电压上耦合直流偏压以增强粒子间的作用力[13]。在组装过程中，所施加的电场起到诱导融合的作用。由于电荷运动，交流电场在局部产生焦耳热，在纳米颗粒连接处促进粒子的融合[14]。如图 27.1(b)所示，纳米颗粒融合以后，在通孔中形成固体互连。图 27.1(c)显示了在去除图案化的绝缘体后金互连的扫描电子显微镜(scanning electron microscopy，SEM)图像。图 27.1(c)中的插图显示成功制备了具有可控尺寸的低至 25 nm 的互连结构。

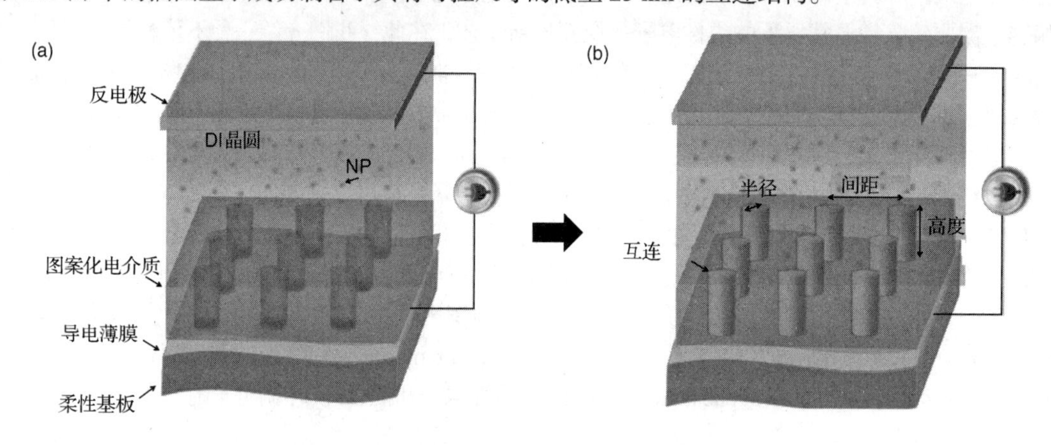

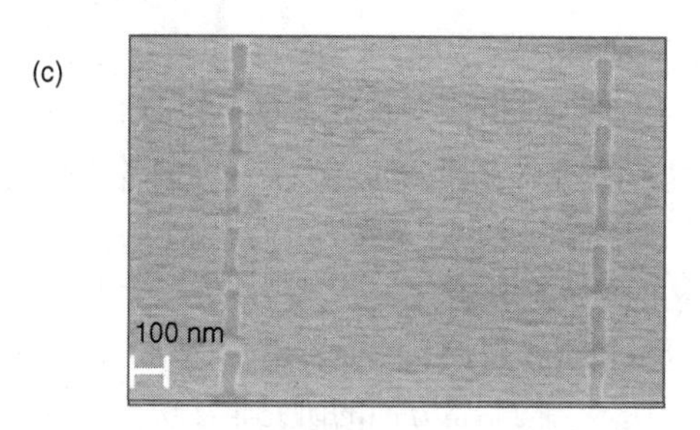

图 27.1 通过电场定向组装纳米颗粒制造三维互连

为了理解纳米颗粒融合机制并测量纳米颗粒连接处的焦耳热 [见图 27.2(a)]，以金互连为例，我们首先确定由于黏附诱导变形导致的金纳米颗粒与金表面的接触半径。由范德华力(F_a)引起的平均范德华压强 p_0 由下式计算[15, 16]：

$$p_0 = F_a / \pi a^2 \approx 2W / z_0 \tag{27.1}$$

W 是附着功，z_0 是颗粒和表面的距离。粒子间的附着功为

$$W_A = 2\sqrt{\gamma_1 \gamma_2} \tag{27.2}$$

γ_1 和 γ_2 是两种接触材料的表面自由能。

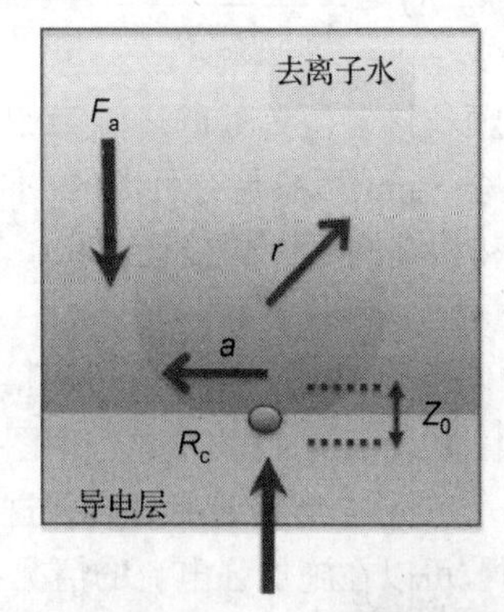

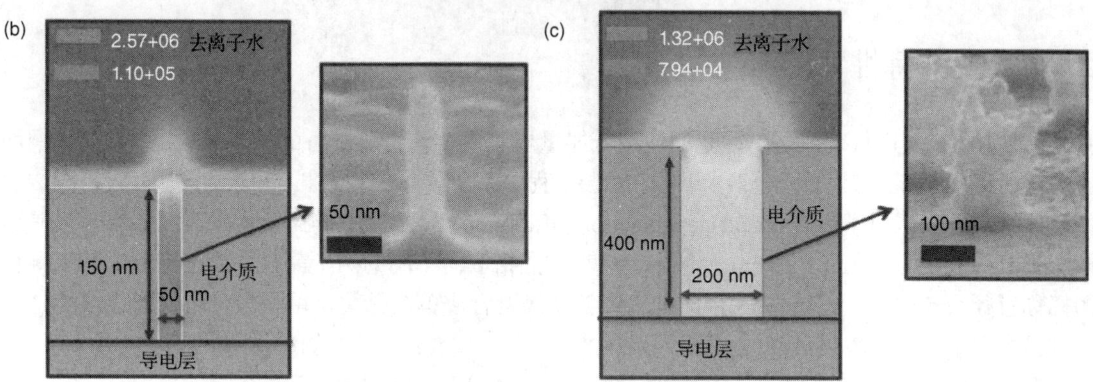

图 27.2　(a)通过单个颗粒的电流；(b)50 nm 直径、150 nm 高通孔的电场仿真；(c)200 nm 直径、400 nm 高通孔的电场仿真。仿真结果旁边显示了在这些通孔中形成的纳米结构的 SEM 图像

根据 Maugis 和 Pollock(MP)弹性形变模型，接触半径可以由下式计算[17]：

$$a = \sqrt{\frac{F_{\text{external}} + 2\pi W_A R}{3Y}} \tag{27.3}$$

Y 是粒子的屈变力，F_{external} 是除范德华力外的任何外力。

确定接触半径以后，接触电阻可由下式计算：

$$R_e = \frac{\square_c \times z_0}{A_c} \tag{27.4}$$

$\square_c$ 是接触位置金的电阻率，A_c 是接触面积。据报道，纳米尺寸金属的电阻率高于其体电阻率[18~20]。

交流电流的均方根值在施加交流电压为 12 V_{pp}、频率为 50 kHz、直流偏移为 2 V 时用电流表测量。在确定电阻和通过接触位置的电流后，焦耳热可由下式计算：

$$Q = I_p^2 \cdot R_c \cdot t \tag{27.5}$$

I_p 是施加电流的大小，t 是电流通过粒子−表面接触位置的时间。融合单层粒子所需的时间由组装粒子的不同时间阶段所决定。

焦耳热造成的纳米颗粒升温由下式给出：

$$\Delta T = \frac{Q}{v \cdot c_{\text{v,gold}}} \tag{27.6}$$

v是粒子的体积，$c_{\mathrm{v,gold}}$是金的比热容，ΔT是升高的温度。结合式(27.4)到式(27.6)，可得

$$\Delta T = \frac{3I_{\mathrm{p}}^2\rho_{\mathrm{c}}z_0 t}{4\pi^2 c_{\mathrm{v,gold}}\alpha^2 r^3} \tag{27.7}$$

根据上式计算可得，5 nm纳米颗粒接触位置处的升温为593℃。考虑到小尺寸颗粒的熔点比体积熔点低很多[21]，在593℃完全融合5 nm颗粒是有可能的。同样，我们发现若使用50 nm颗粒，如图27.2(c)所示，由于低电场强度和相互间更大的接触面积，其升温仅为3.23℃，这可能导致颗粒融合不完全。

为了通过实验验证这些计算，我们使用200 nm直径的通孔组装50 nm金颗粒。整个实验耗时1990 s，期间施加直流偏压为2 V的12 V_{pp}、50 kHz交流电。由图27.2(c)中的SEM图像可以明显看出，与5 nm金颗粒的完全融合相反，50 nm金颗粒没有融合，这与计算预测结果相符。然而，我们发现，部分融合或没有融合的纳米颗粒可以在施加强电流的情况下完全融合形成固体纳米柱[22]。

27.4 材料特性

在使用TEM进行表征之前，我们使用低能量层剥离工艺将所制备的纳米柱放置在TEM铜网上进行观察。明场图像表明，金纳米颗粒在组装过程中完全融合成无空隙或间隙的同质互连。图27.3中互连结构的选区电子衍射(small-area electron diffraction，SAED)图样揭示了互连区域属于多晶结构。图中纳米柱的30 nm × 30 nm区域内，只存在晶格取向不同的两个晶粒。考虑到单个纳米颗粒的标称直径为5 nm，我们推断大量的纳米颗粒已经融合成单个晶粒。单晶体材料的形成可能是融合过程中多个纳米颗粒再结晶造成的[23]。

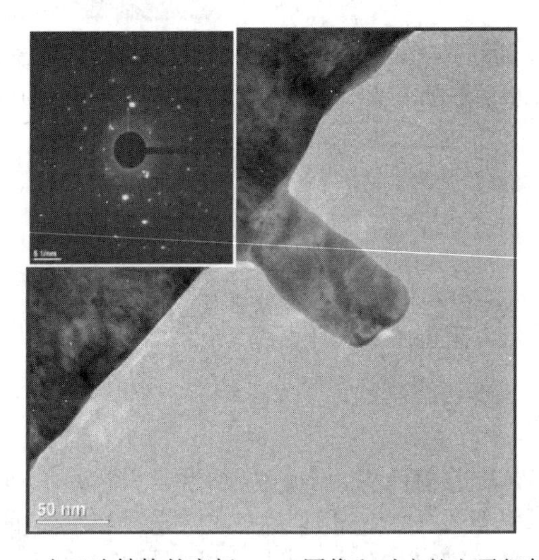

图27.3 金互连结构的亮场TEM图像和对应的电子衍射图样

27.5 电学特性

我们使用基于SEM的原位纳米机械手(Zyvex S-100)来研究互连结构的电特性。两个尖端直径为20 nm的钨探针用于测量，其中一个探针与互连结构接触，另一个探针与PMMA下的薄金层接触。探针和纳米柱之间的接触质量是影响测量可靠性的重要参数。在本实验中，由于纳米柱直径

较小，难以在探针和 50 nm 直径纳米柱之间实现良好接触(轻微穿透到柱中)。实际上，对于小尺寸纳米柱，我们获得了很大的电阻变化(从几十欧姆到几百千欧)，具体数值取决于接触质量。然而，过度沉积的纳米结构始终产生较低的电阻值(数百欧姆或更低)，表明由于探针穿透增大接触面积，可以提高测量可靠性。

我们对两个芯片进行测量，每个芯片具有数百个纳米柱。从每个芯片中随机选择 10 个纳米柱进行测量(见图 27.4)。两个探针所测的底部金表面电阻为 10 Ω，改变两个探针间的距离，测得相似电阻值。因此，我们推测 10 Ω 是探针和金属间的接触电阻值。接着计算纳米柱电阻，从测得电阻中减去 10 Ω。根据测量结果，20 种不同纳米颗粒互连的最小电阻率(计算值)为 1.96×10^{-7} Ω · m。这个值甚至比先前相似尺寸电沉积或真空沉积得到金纳米线的电阻率还低[19, 24]。

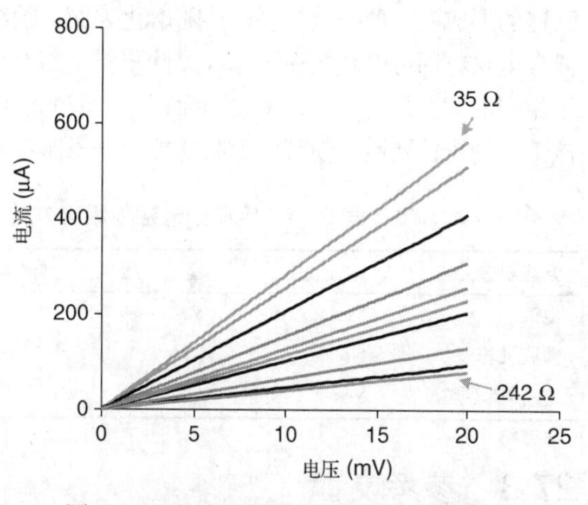

图 27.4　10 个不同金互连的 *I-V* 测试曲线

27.6　工艺适用范围

使用这种定向组装工艺，可以在任意导电表面上组装任意金属纳米颗粒。图 27.5 显示用此工艺成功制备的铝、铜、钨纳米互连。尽管钨的熔点温度远高于铜和铝，但是通过在组装过程中施加额外电流，可将 10 nm 钨颗粒融合形成均匀的互连结构[22]。

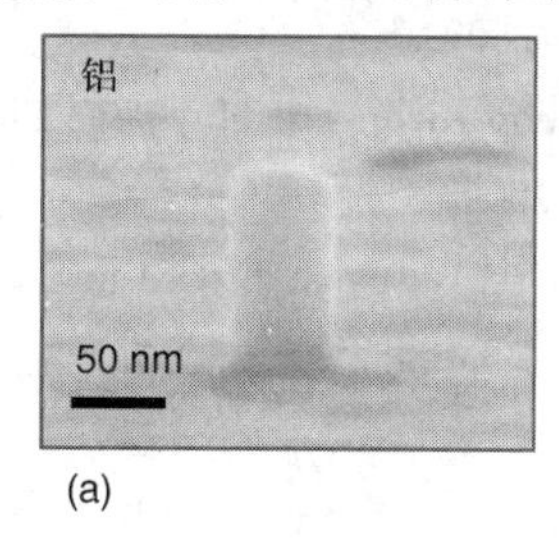

(a)

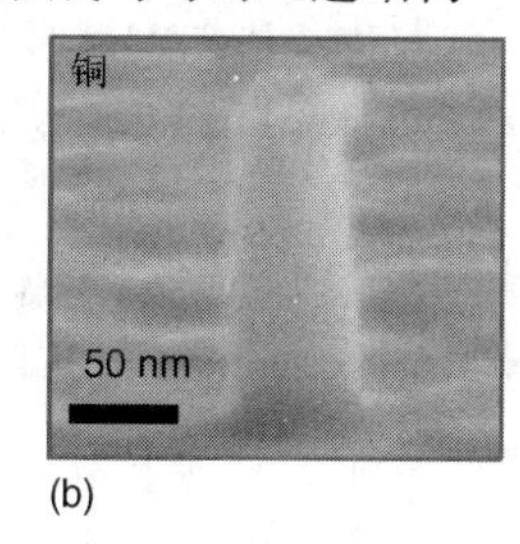

(b)

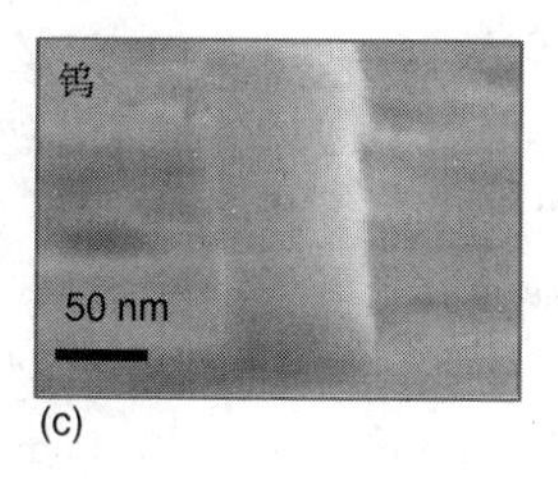

(c)

图 27.5　纳米颗粒定向组装形成的各种金属和非金属互连的 SEM 图像

对于不同类型的颗粒，控制关键参数(电压、频率、时间和纳米颗粒浓度)能够实现制备尺寸可控的大面积纳米柱。所制备的纳米柱阵列在大面积上显示出良好的均匀性。例如，纳米柱阵列不同位置处测量的 35 个纳米柱的均匀性为 90.3%。由于电场边缘效应，阵列拐角处的纳米柱比中心的纳米柱高。排除角落中的纳米柱，均匀性超过 95%。

27.7　与其他技术的比较

我们开发的定向组装工艺可以在水溶液、常温、常压下制备三维互连结构，无须高真空或化学处理。因此，与传统工艺相比，该方法不仅显著降低制造成本和工艺复杂度，还具备优于传统互连技术的各种优点(见表 27.1)。例如，虽然电沉积通常具有简单且成本低的优点，但并非所有金属都能在任意导电表面上进行沉积[25, 26]，这限制了在所需表面上可制备结构的数量[25]。此外，在某些情况下，电沉积需要使用种子层和许多化学添加剂[27]，这可能会增加工艺的复杂度和成本。在我们开发的工艺中，互连的形成受物理组装控制，伴随熔化表面上的纳米颗粒，这与电沉积中的化学成核不同，因此，任何导电材料都可以直接在刚性或柔性塑料表面上形成，而不需要中间种子层或化学添加剂。此外，对于相同的互连几何形状、密度和面积，我们的定向组装互连形成速率与电沉积的速率一样快[22]。加上该工艺的可扩展性，使其成为制备柔性电子器件互连结构的极好候选者。

表 27.1　定向纳米颗粒组装方法相对于传统三维互连制造工艺的优势

互连制造工艺	室　温	室　压	化学添加剂	制造任何导电材料	在任何柔性基板上制造
电镀	Yes/No	Yes	Yes	No	No
薄膜沉积	No	No	Yes/No	No	No
定向纳米颗粒组装	Yes	Yes	No	Yes	Yes

27.8　参考文献

1. J. M. Blackburn, D. P. Long, A. Cabañas, and J. J. Watkins, "Deposition of Conformal Copper and Nickel Films from Supercritical Carbon Dioxide," *Science*, 294 (5540): 141–145, 2001.

2. G. A. Wurtz, R. Pollard, W. Hendren, G. Wiederrecht, D. Gosztola, V. Podolskiy, and A. V. Zayats, "Designed Ultrafast Optical Nonlinearity in a Plasmonic Nanorod Metamaterial Enhanced by Nonlocality," *Nature Nanotechnology*, 6 (2): 107–111, 2011.

3. Z. Fan, H. Razavi, J.-W. Do, A. Moriwaki, O. Ergen, Y.-L. Chueh, P. W. Leu, et al., "Three-Dimensional Nanopillar-Array Photovoltaics on Low-Cost and Flexible Substrates," *Nature Materials*, 8 (8): 648–653, 2009.

4. A. Kabashin, P. Evans, S. Pastkovsky, W. Hendren, G. Wurtz, R. Atkinson, R. Pollard, et al., "Plasmonic Nanorod Metamaterials for Biosensing," *Nature Materials*, 8 (11): 867–871, 2009.

5. O. D. Velev and S. Gupta, "Materials Fabricated by Micro- and Nanoparticle Assembly—the Challenging Path from Science to Engineering. *Advanced Materials*, 21 (19): 1897–1905, 2009.

6. V. Liberman, C. Yilmaz, T. M. Bloomstein, S. Somu, Y. Echegoyen, A. Busnaina, S. G. Cann, et al., "A Nanoparticle Convective Directed Assembly Process for the Fabrication of Periodic Surface Enhanced Raman Spectroscopy Substrates," *Advanced Materials*, 22 (38): 4298–4302, 2010.

7. K. D. Hermanson, S. O. Lumsdon, J. P. Williams, E. W. Kaler, and O. D. Velev, "Dielectrophoretic Assembly of Electrically Functional Microwires from Nanoparticle Suspensions," *Science*, 294 (5544): 1082–1086, 2001.

8. G. Li, C. Yilmaz, X. An, S. Somu, S. Kar, Y. Joon Jung, A. Busnaina, et al., "Adhesion of Graphene Sheet on Nano-Patterned Substrates with Nano-Pillar Array," *Journal of Applied Physics*, 113 (24): 244–303, 2013.

9. R. M. Erb, H. S. Son, B. Samanta, V. M. Rotello, and B. B. Yellen, "Magnetic Assembly of Colloidal Superstructures with Multipole Symmetry," *Nature*, 457 (7232): 999–1002, 2009.

10. T. Kraus, L. Malaquin, H. Schmid, W. Riess, N. D. Spencer, and H. Wolf, "Nanoparticle Printing with Single-Particle Resolution," *Nature Nanotechnology*, 2 (9): 570–576, 2007.

11. H. A. Pohl, *Dielectrophoresis,* Cambridge University Press, Cambridge Massachusetts, 1978.

12. X. Xiong, A. Busnaina, S. Selvarasah, S. Somu, M. Wei, J. Mead, C.-L. Chen, et al., "Directed Assembly of Gold Nanoparticle Nanowires and Networks for Nanodevices," *Applied Physics Letters*, 91: 063101, 2007.

13. C. Yilmaz, T.-H. Kim, S. Somu, and A. A. Busnaina, "Large-Scale Nanorods Nanomanufacturing by Electric-Field-Directed Assembly for Nanoscale Device Applications," *IEEE Transactions on Nanotechnology*, 9 (5): 653–658, 2010.

14. R. J. Barsotti, M. D. Vahey, R. Wartena, Y.-M. Chiang, J. Voldman, and F. Stellacci, "Assembly of Metal Nanoparticles into Nanogaps," *Small*, 3: 488–499, 2007.

15. S. Krishnan, A. A. Busnaina, D. S. Rimai, and L. P. Demejo, "The Adhesion-Induced Deformation and the Removal of Submicrometer Particles," *Journal of Adhesion Science and Technology*, 8: 1357–1370, 1994.

16. D. S. Rimai, D. J. Quesnel, and A. A. Busnaina, "The Adhesion of Dry Particles in the Nanometer to Micrometer-Size Range," *Colloids and Surfaces A*, 165: 3–10, 2000.

17. D. Maugis and H. M. Pollock, "Surface Forces, Deformation and Adherence at Metal Microcontacts," *Acta Metallurgica*, 32: 1323–1334, 1984.

18. U. Ramsperger, T. Uchihashi, and H. Nejoh, "Fabrication and Lateral Electronic Transport Measurements of Gold Nanowires," *Applied Physics Letters*, 78: 85–87, 2001.

19. M. Calleja, M. Tello Ruiz, J. V. Anguita, F. Garcìa, and R. Garcìa Garcìa, "Fabrication of Gold Nanowires on Insulating Substrates by Field-Induced Mass Transport," *Applied Physics Letters*, 79: 2471, 2001.

20. Z. Zou, J. Kai, and C. H. Ahn, "Electrical Characterization of Suspended Gold Nanowire Bridges with Functionalized Self-Assembled Monolayers Using a Top-Down Fabrication Method," *Journal of Micromechanics and Microengineering*, 19: 055002, 2009.

21. S. H. Ko, I. Park, H. Pan, C. P. Grigoropoulos, A. P. Pisano, C. K. Luscombe, and J. M. Frechet, "Direct Nanoimprinting of Metal Nanoparticles for Nanoscale Electronics Fabrication," *Nano Letters*, 7: 1869–1877, 2007.

22. C. Yilmaz, A. E. Cetin, G. Goutzamanidis, J. Huang, S. Somu, H. Altug, D. Wei, et al., "Three-Dimensional Crystalline and Homogeneous Metallic Nanostructures Using Directed Assembly of Nanoparticles," *ACS Nano*, 8（5）: 4547–4558, 2014.

23. Z. Tang, N. A. Kotov, and M. Giersig, "Spontaneous Organization of Single CdTe Nanoparticles into Luminescent Nanowires," *Science*, 297（5579）: 237–240, 2002.

24. Y.-J. Chen, J.-H. Hsu, and H.-N. Lin, "Fabrication of Metal Nanowires by Atomic Force Microscopy Nanoscratching and Lift-Off Process," *Nanotechnology*, 16: 1112, 2005.

25. M. W. Lane, C. E. Murray, F. R. McFeely, P. M. Vereecken, and R. Rosenberg, "Liner Materials for Direct Electrodeposition of Cu," *Applied Physics Letters*, 83（12）: 2330–2332, 2003.

26. A. Radisic, J. G. Long, P. M. Hoffmann, and P. C. Searson, "Nucleation and Growth of Copper on TiN from Pyrophosphate Solution," *Journal of The Electrochemical Society*, 148（1）: C41–C46, 2001.

27. A. Radisic, Y. Cao, P. Taephaisitphongse, A. C. West, and P. C. Searson, "Direct Copper Electrodeposition on TaN Barrier Layers," *Journal of The Electrochemical Society*, 150（5）: C362–C367, 2003.

第 28 章　喷墨印刷触摸传感器材料

本章作者：Nesrine Kammoun　Christian Renninger　Norbert Fruehauf　Institute for Large Area Microelectronics, University of Stuttgart

本章译者：贺明　许蕾　赖锡林　北京大学集成电路学院

28.1　引言

印刷电子是一种加成工艺，将电子系统中的不同功能层按照应有结构进行沉积，其目标是取代传统减成工艺。减成工艺是先沉积一整层，然后再选择性去除部分以获得相应功能结构，这通常需要多步光刻来实现，需要用到真空设备及刻蚀所需的掩模版。因此，印刷电子是降低成本和减少材料浪费的一种可靠替代方案。此外，由于不需要掩模版，该工艺具有更快、更灵活的特点，可以在印刷前轻易调整或者更改布局。这就是为什么印刷电子正成为一种值得探索和开发的具有吸引力的技术。

触摸屏或触摸传感器通常是转用印刷工艺的最理想候选设备。与其他大规模微电子电路相比，尤其不同于集成电路，触摸传感器的发展和进步不受摩尔定律的约束。由于与人体特性相关，特别是和手指的大小及触摸的电学和物理特性相关，触摸传感器不遵循积分密度规则。触摸传感器的这种特性使得加成工艺的功能缺点可以被最小化(与传统工艺相比)，这主要基于当前打印机的低分辨率，使得只有较大结构可以被印刷。

尽管在可预见的未来，传统光刻和蚀刻技术仍将代表电子器件制造领域最重要的工艺技术，但印刷触摸传感器在不久的将来可能变得更为重要。对触摸屏的需求，尤其是智能手机和平板电脑等移动设备的需求在全球范围内持续增长，这都将促成对诸如印刷工艺这样的新型制造技术的需求，以便获得具有竞争力的低价格和易加工技术。

印刷电子有不同的打印方式，本章以 Dimatix DMP-2800 材料打印机为例。喷墨打印机自 20 世纪 60 年代就已经存在，并经常用作家庭中经济实惠的彩色打印机。它们的工作原理是选择性地把液滴状流体(在传统情况下的墨水)施加到某个表面上。因此，打印出的图像由网格点创建，类似于由屏幕上的各个像素创建图像。相邻不同点之间的距离是图像的分辨率，以 dpi(点每英寸)为单位计量。这种印刷方法还有一个额外的优点：它是一种非接触式成型工艺。

当代喷墨打印机使用两种主要技术：连续喷墨(continuous ink jet，CIJ)和按需喷墨(drop-on-demand，DOD)。CIJ 打印机基于通过按压细喷嘴产生连续墨水流来工作。CIJ 是最古老的也是已经成熟的打印技术，它是一种快速高效的打印方式，但与 Dimatix 打印机实际使用的按需喷墨技术相比，分辨率仍然有限。许多家用彩色打印机使用热泡式按需喷墨技术，而 Dimatix 打印机采用的是压电式按需喷墨技术。通过施加电压使压电膜发生形变，形成墨滴并通过喷嘴喷出。与热泡式按需喷墨技术不同，压电技术对墨水没有热要求，可用的墨水范围更广泛。

喷墨打印机应用范围广泛。因此，它适用于许多不同材料，这些材料可用于不同基底的多个层中。另外，光刻掩模版的制作成本高、耗时长，且制成后无法更改，而喷墨印刷不需要掩模，每次可以轻易改变其结构布局，这与光刻掩模版相比具有巨大的优势。因此，喷墨打印机也是快速原型制造和具有高灵活性要求的加工应用的理想选择。

为满足印刷电子的需求，材料和工艺参数密切关联。这意味着墨水必须满足不同要求，如可控干燥度、合适的黏度、表面能、表面粗糙度和稳定性等。根据所用墨水特性，必须相应地调整工艺参数。本研究中，对不同的材料尤其是氧化铟锡(indium tin oxide，ITO)进行必要的优化之后，开发相应的印刷工艺并制备全印刷触摸板[1]。

28.2　材料和工艺优化

ITO 是透明导电氧化物，通常由 90%的铟和 10%的氧化锡组成。由于具有良好的光学和电学性质，它主要用作屏幕制造中的电极材料，如液晶显示器和触摸屏。ITO 层通常通过溅射沉积，然后刻蚀成型。为了达到印刷的目的，将纳米颗粒分散到溶剂中制备成 ITO 油墨。经过退火处理，溶剂挥发后留下纳米颗粒形成固态 ITO 层。

在实验中，使用基于 ITO 纳米颗粒的 ITO 油墨，浓度为 40%。为了获得理想的电学和光学性能，ITO 油墨层必须在沉积或者印刷后经过退火处理。ITO 油墨含有黏合剂，必须进行紫外活化。

ITO 油墨层的标准后退火工艺如下：

1．烘干：120℃烘干 30 min。

2．紫外固化：紫外箱中固化 2 h(紫外线 A-B-C，200～400 nm，33 mW/cm^2)。

3．热退火：300℃热退火 90 min。

ITO 油墨首先被注入带有过滤器(1 μm)的注射器中。按照此工艺涂覆和退火的基底在视觉方面没有可检测的着色，并且具有高透明度。

ITO 油墨层的测量主要有四探针电阻率测量和透射率测量。800 nm 厚 ITO 油墨层的电学和光学性能总结在表 28.1。

表 28.1　ITO 油墨层的电学和光学性能

薄层电阻(kΩ/□)	0.72
电阻率(Ω·cm)	0.057
透射率(%)	92.96

值得注意的是，使用较高温度，ITO 油墨层可以达到较低电阻率，例如在 650℃，测得的电阻率仅为 0.0378 Ω·cm。但是，常用玻璃不能承受超过 300℃的温度，考虑到高温与显示器制造工艺不兼容的事实，优化的目标是不使用高温退火步骤，使 ITO 层达到可接受的电学和光学性能。

然而，关于 ITO 油墨层的特性及工艺仍然存在一些问题：

- 后退火步骤持续时间太长(约 4 h)。
- 薄层电阻较高：800 nm 厚 ITO 油墨层为 0.72 kΩ/□(电阻率为 0.057 Ω·cm)。
- 老化问题：ITO 油墨层的稳定性是后续加工的关键问题。

随着存储时间的延长，尤其是在正常储存条件下如空气，ITO 油墨层的电学性能会发生显著变化。如图 28.1 所示，在 80℃或氮气氛围下，基底的老化性能得到改善，薄层电阻测量值显著降低。由于油墨的相对不稳定性，其与水、光、氧气反应，所得油墨层的电学性能经历明显的负老油化效应。油墨层通过紫外固化形成的有机键似乎是这种老化问题的根源。

原子力显微镜(atomic force microscope，AFM)用于测量 ITO 油墨层的粗糙度。AFM 能够测量纳米级的表面特性，最大测量范围是 40 μm×40 μm。可实现的分辨率高度依赖于针尖几何形状，所以需要使用不同针尖和不同测量速度进行多组实验来获得有意义的结果。图 28.2 中的 AFM 图像是典型 ITO 油墨层在 10 μm×10 μm 模式下的粗糙度测量结果。

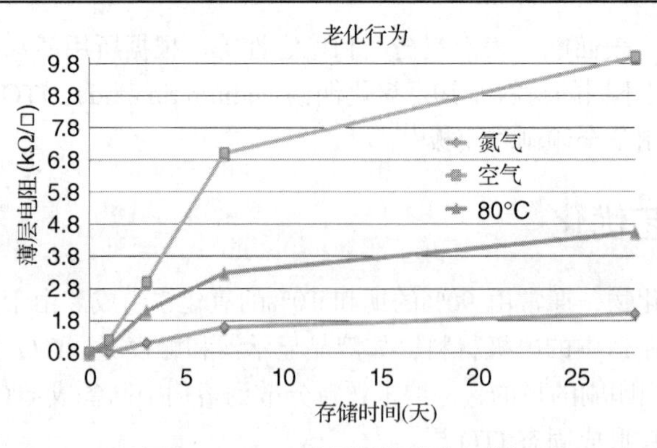

图 28.1 ITO 油墨层的老化问题

左边的 AFM 图像显示了 ITO 油墨层的形貌，呈现“颗粒状”轮廓。右图为 2 μm×2 μm 正方形的聚焦图像，显示 ITO 油墨层典型的海绵状形貌。与溅射 ITO 油墨层相比，印刷 ITO 油墨层具有相当大的粗糙度值，大约是 200 nm(最大高度)，这与其高电阻率相关。

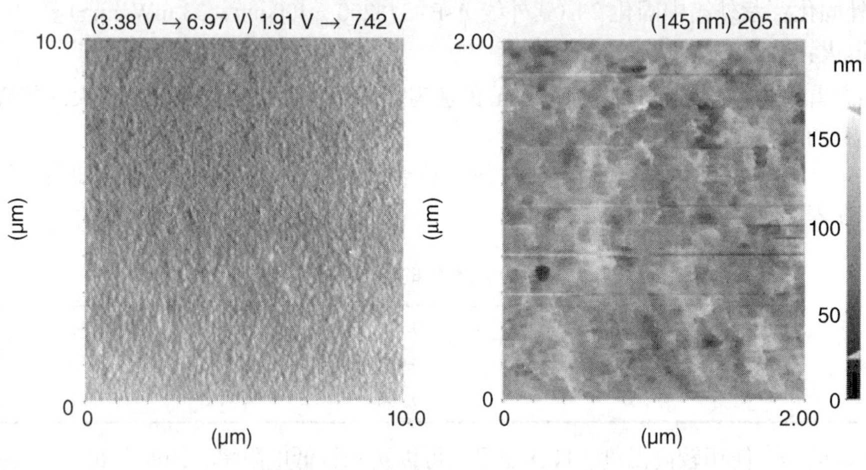

图 28.2 ITO 油墨层的 AFM 图像

ITO 油墨层的形貌是进行优化的基础，为改善层电阻率，必须产生更多的化学键使其更加平滑，从而促进电子传输。这是基本的掺杂原理。ITO 中已经掺杂了锡，因此通过实验来研究锡掺杂比例对 ITO 油墨层性能的影响。可以研究锡的比例为 5%、7.5%、10%、15%和 20%(相对于油墨中的 ITO 粉末质量)的 ITO 油墨层。当锡含量超过 20%时，基底上可见棕色涂层出现。因此，需要控制锡含量不超过 20%。

图 28.3 显示不同锡含量的 800 nm 厚 ITO 油墨层薄层电阻。和预期相同，ITO 油墨层的电学性能随着锡含量的增加而改善，薄层电阻从 0.7 kΩ/□下降到 0.18 kΩ/□。

可以看出，在不使用高温工艺的情况下，在锡含量为 20%范围内可以得到最小电阻值。然而，在油墨中增加锡含量未必对其光学性能有利。

虽然在锡含量较高的基底上没有观察到棕色涂层出现，但初步的光谱测量表明，较多的锡对透射率有很大的负面影响。

基于上述结果，进一步研究锡含量为 15%和 20%的油墨，并在更宽光谱范围测量薄层透射率，如图 28.4 所示，随着锡含量的增加，透射率急剧下降，这导致两种油墨在可见光范围内的透射率较低。20%锡含量的油墨层的透射率明显低于 90%，这对于如触摸面板这样的显示应用来说是一个过低的值。

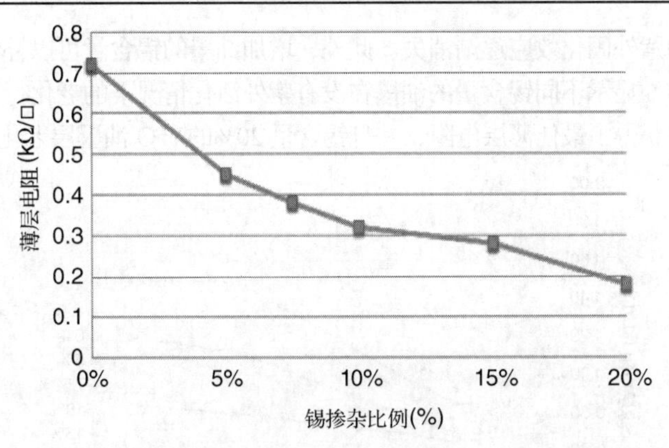

图 28.3　不同锡含量的 800 nm 厚的薄层电阻变化

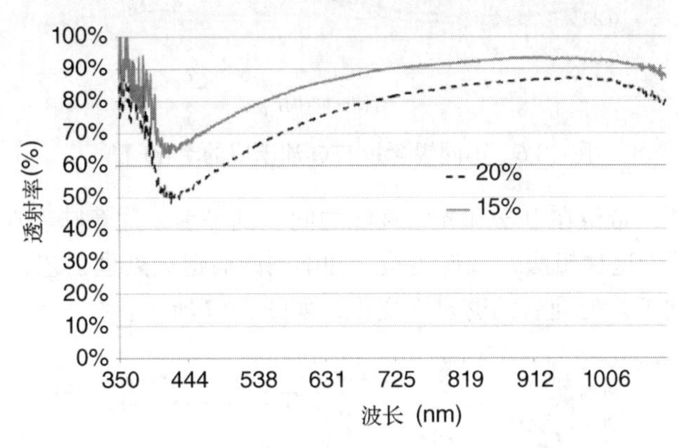

图 28.4　不同锡含量油墨层的透射率

由于材料和工艺优化之间的相关性，此处的目标是调整锡掺杂油墨的工艺参数，从而改进薄层性能，得到可接受的光学和电学兼容最优性能。关于 ITO 油墨层老化问题，可以假设 ITO 油墨黏合剂体系中，紫外活化形成的有机键不稳定，从而导致薄层快速老化。因此，首选的工艺优化路径就是省略紫外活化步骤，并比较相关薄层性能和老化行为。该实验使用标准的 ITO 油墨，结果如图 28.5 所示。

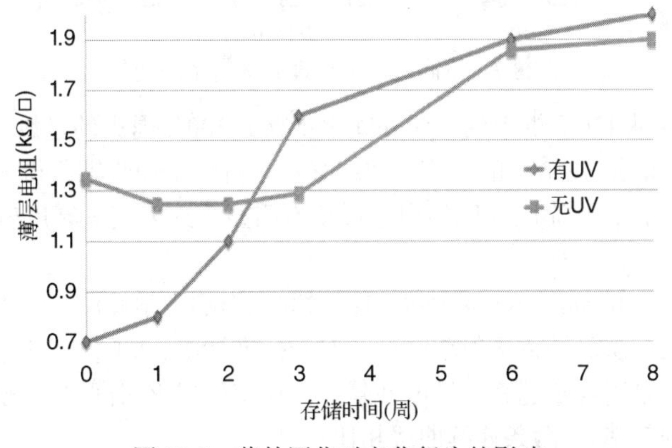

图 28.5　紫外固化对老化行为的影响

对于标准的油墨，没有紫外活化就不能获得最佳薄层电阻，测得的初始状态薄层电阻为 1.35 kΩ/□ 而不是 0.72 kΩ/□。通过观察，经过紫外活化及不经过紫外活化的薄层的老化行为曲线可以证实该假设，即紫外活化仅形成暂时的、快速老化的有机键，这使得薄层的电学性能起初表现很好，然而两周之后这些良性的紫外固化效应逐渐消失。此外，增加油墨的锡含量可以补偿紫外活化对薄层电阻的这种积极影响。图 28.6 显示不同锡含量的油墨在没有紫外活化情况下的老化行为，锡含有 15%和 20%的油墨在印刷完成后即获得了最佳薄层电阻，并且锡含量 20%的 ITO 油墨层老化行为得到明显改善。

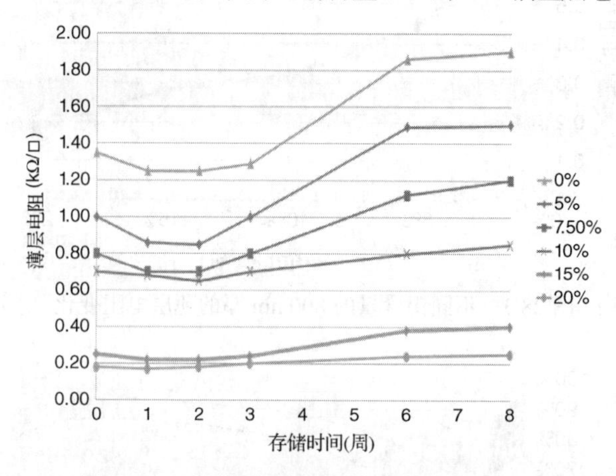

图 28.6 不同锡含量 ITO 油墨层的老化问题

对于低透射率问题，希望在电学和光学性能之间找到平衡，这意味着在不明显降低电导率的前提下提高透射率。基于这种想法，接连实验三种不同的后退火处理工艺，然后比较锡含量 20%的 ITO 油墨层经过不同工艺处理后的透射率变化，如图 28.7 所示。

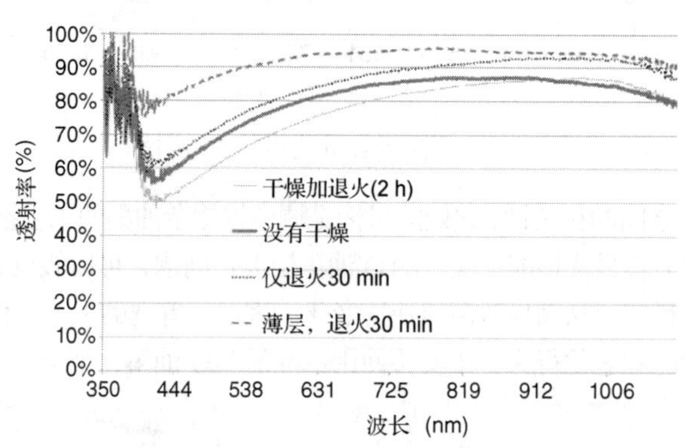

图 28.7 不同后退火处理后透射率的变化

1. 省略干燥步骤。从 120℃烘干到无紫外固化步骤的 300℃退火的过渡，可能会导致形成额外的雾度，使透射率下降。图 28.7 中的粗连续曲线显示，省略干燥步骤所得的薄层透射率优于标准工艺。如果没有干燥步骤，则涂层衬底的白色形貌不明显，这表明其雾度较小。这解释了可测量透射率的正面效应。

2. 退火时间缩短到 30 min。退火步骤的持续时间也影响光学性质，因为退火会导致层内形成额外的雾度和颗粒团聚，从而导致透射率降低。对于标准油墨，90 min 的退火时间是达到良好薄层电阻的最优时间，但是锡含量越高，导电性越好，这使得退火时间可以减少到 30 min。图 28.7 中的虚线对应改善的透射率(与两条连续曲线相比)。

图 28.8 所示为锡含量不同的油墨达到最优薄层电阻所需工艺时间的比较。

该图显示，仅在锡含量最高的情况下才有可能在 30 min 达到最佳薄层电阻。对于锡含量为 15%和 20%的油墨，最终的退火处理持续时间为 30 min，只采用 300℃的热退火步骤。省略烘干和紫外活化。

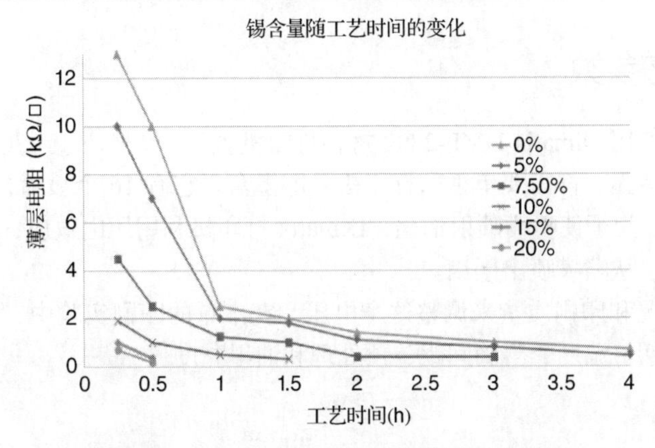

图 28.8　不同锡含量的油墨所需的工艺时间

3. 薄层。为了实现光学和电学最优性能的平衡，选择较薄的层既具有优良的透射率，又具有可接受的薄层电阻。图 28.7 中的虚线为 400 nm 厚的薄层在 300℃退火 30 min 的透射率，其在整个光谱范围内均明显提高。

与图 28.4 相似，应用上面列出的不同的优化工艺后，图 28.9 给出了锡含量为 15%和 20%的 ITO 油墨层的透射光谱比较。结果表明，采用相应的优化工艺后，锡含量为 20%的油墨具有最佳的透射性能。此外，锡含量为 20%的 ITO 油墨层的电阻率为 0.014 Ω · cm，这甚至比 650℃下达到的电阻率 0.0378 Ω · cm 更低。表 28.2 总结了标准 ITO 油墨层和锡含量为 20%的 ITO 油墨层的电学与光学性能比较结果。

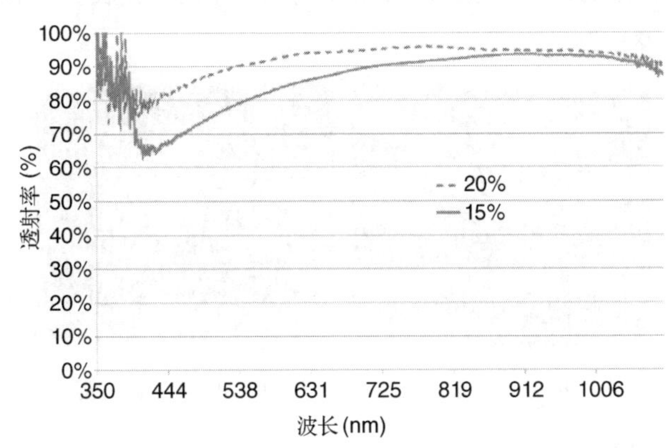

图 28.9　工艺优化后不同锡含量的 ITO 油墨层的透射率对比

表 28.2　不同锡含量的 ITO 油墨层的电学与光学性能比较结果

锡含量	0%	20%
层的厚度		薄层电阻（kΩ/□）
800 nm	0.72	0.18
400 nm	1.42	0.35
电阻率（Ω·cm）	0.057	0.014
550 nm 层的透射率(%)	92.96	9054

在进行材料优化和工艺改进后，使得工艺时间从 4 h 缩短到 30 min，并且所获得的层更薄，具有更好的导电性和透射率(大于 90%)，老化行为也得到明显改善。所以，在接下来的实验中使用优化的工艺流程和锡含量为 20%的油墨。

28.3 加成工艺参数

以下所有实验都使用 Dimatix DMP-2800 材料打印机。

对于每种待印刷油墨，都需要单独的打印头，即墨盒。它有 16 个喷嘴，间距为 254 μm，喷嘴直径约为 21.5 μm。为了使喷嘴喷射油墨，Dimatix 打印机利用压电效应，即通过施加脉冲驱动信号使压电材料变形，从喷嘴喷出墨滴。

可以根据喷射状况和印刷质量来调整这个电压。在本章的印刷实验中，为达到预期印刷质量而调整的主要参数包括：温度、墨滴间距、预处理和油墨黏度。

28.3.1 温度

基底温度可在 28℃到 60℃之间变化。图 28.10 显示了不同温度对应的印刷结构。在高真空度和高平板/基底温度(60℃)条件下，得到轮廓相对清晰的印刷结构，边缘足够规则，精细图案没有垮塌现象。问题在于，温度太高使得墨滴或者结构部件干燥速度过快，导致所得印刷结构不够均匀。在较低真空度和较低平板/基底温度的情况下，印刷结构部件的干燥速度较慢，使得不同墨滴在干燥前一起流动汇聚成均匀结构，这避免了重叠现象的发生。然而，在这种情况下，线条不再是直的，结构的边缘是波纹状的，微小结构无法印刷成型，严重影响印刷分辨率。

总而言之，高温使结构边缘更清晰，但是会产生重叠形状的图案(见图 28.10 的左图)。低温可以使印刷材料更好地流动，形成均匀层，但是边缘模糊，降低了印刷分辨率(见图 28.10 的右图)。最佳的折中方案取决于油墨的稀释度(黏度)和墨滴间距。印刷实验表明，基底温度在 40～50℃之间适合于 ITO 油墨的高效印刷。

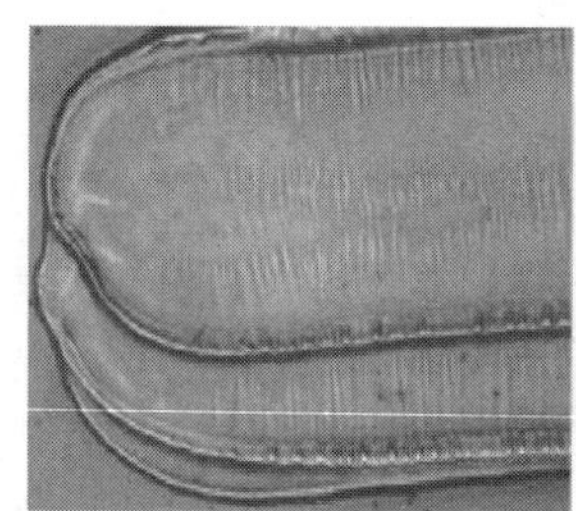

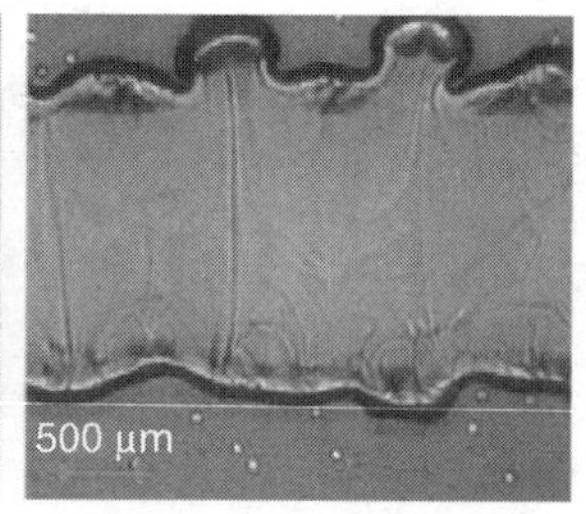

图 28.10 基底温度为 60℃和 30℃时的印刷结构

28.3.2 墨滴间距

墨滴间距(drop spacing，DS)是打印机沉积墨滴的中心距离。它以 5 μm 的增量改变，这决定着 *X* 方向上的分辨率及所需墨盒角度以便获得此分辨率。改变墨滴间距会改变每个区域喷射的墨量，进而影响印刷结构分辨率和透射率。

实验通过用 5 μm 的步长将墨滴间距从 5 μm 改变到 40 μm。在下文中，仅分析极端情况，以便更好地理解该参数的影响。图 28.11 左侧显示温度为 60℃、墨滴间距为 40 μm 的印刷结果，其可以高度代表墨滴间距大于或等于 30 μm 时的印刷结构。墨滴间距较大时，无法形成连续层，并且在基底上可以看到分开的墨滴。这表明墨滴间距较大时(40 μm)，印刷墨量不足，印刷线的单点明显分离，没有形成连续的印刷层，因此不可取。

图 28.11 的右图显示另一种极端情况：墨滴间距为 5 μm。该图表明，墨滴间距较小(特别是 5 μm 和 10 μm)不仅会造成精细结构过度扭曲，还会使印刷结构不再“透明”。由于墨滴间距较小，喷

射的墨量相对较多，层厚度增加，外观变暗且不透明，因此，使用这种低墨滴间距也不可行。图中所示的印刷结构被淹没，同时，层太厚以至于无法获得良好的透射率。

总之，20～30 μm 的中等墨滴间距值看起来最适合 ITO 油墨的印刷，25 μm 是最优值，既可以保证良好的印刷质量，又可以获得良好的透射率和分辨率。

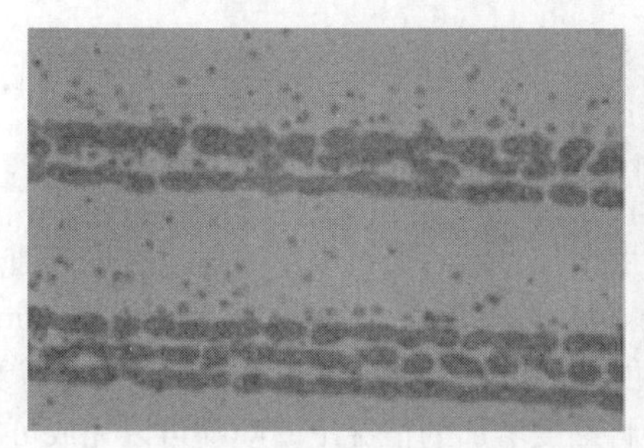

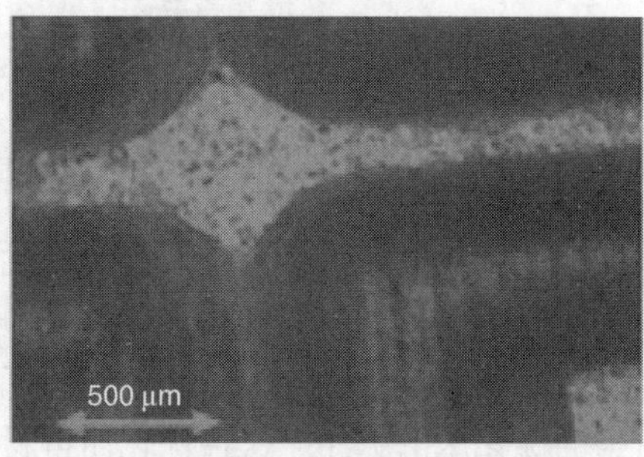

图 28.11　墨滴间距为 40 μm 和 5 μm 时的印刷结构

28.3.3　预处理

预处理的两种方式如下。

1. 紫外线-臭氧清洗。印刷前，在波长为 254 nm、功率为 18 mW/cm^2 的紫外光下，让基底曝光 10 分钟。这是清洁基底表面简单而经济的方法，可以增加其表面能，从而提高印刷分辨率。

2. 非反应性等离子预处理。采取溅射的方式，基底被高能非反应性气体粒子(氩)轰击，将基底表面的有机杂质刻蚀掉。这种物理刻蚀激活基底表面，从而提高印刷质量。

以上两种方法都可以增加基底表面能，使印刷材料产生更好的润湿性。图 28.12 显示了不同预处理方式下的印刷结构。与等离子预处理基底相比，紫外线预处理导致墨滴在基底上的干燥行为更易控制，墨滴一般流过所需结构的边缘。因此，采取紫外线预处理会获得更清晰的结构和更明确的分辨率。此外，这是激活基底表面的一种简单、经济的方法，并且不需要真空环境。

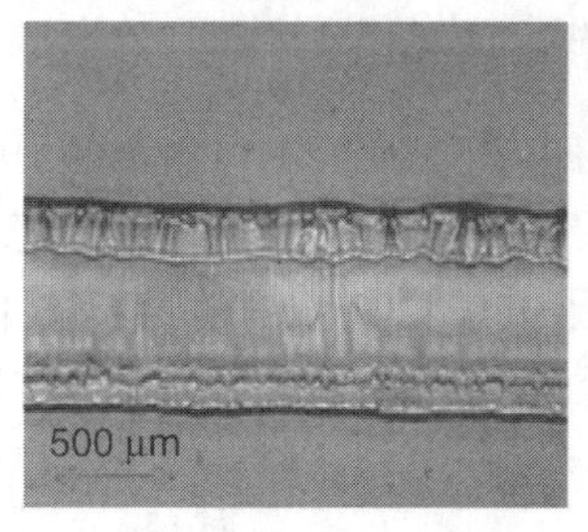

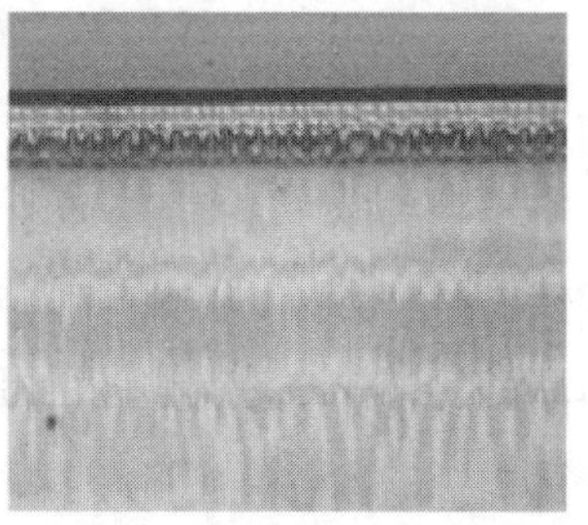

图 28.12　不同预处理方式下的印刷结构

28.3.4　黏度和波形编辑

图 28.13 显示了一些印刷细导线(200 μm)，尽管采用优化的温度、墨滴间距和适当的预处理方式，印刷出的导线仍然不连续。

换用较小墨滴间距会导致这些精细结构被完全淹没，而改变基底温度和预处理的方式显然也不能提高印刷质量。黏度是可以概念化的另一个关键参数。上述实验中使用的是 25%的稀释油墨。用合适的溶液稀释油墨可以使得喷嘴的喷射更容易。低黏度有助于喷射，但不利于提高印刷质量，墨滴润湿不足会造成无法形成连续层。

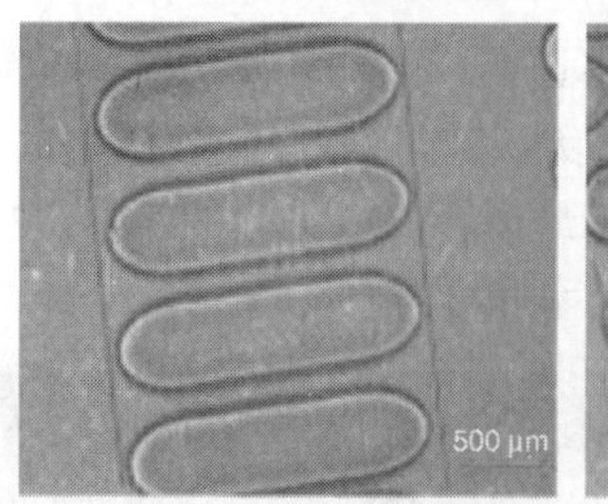

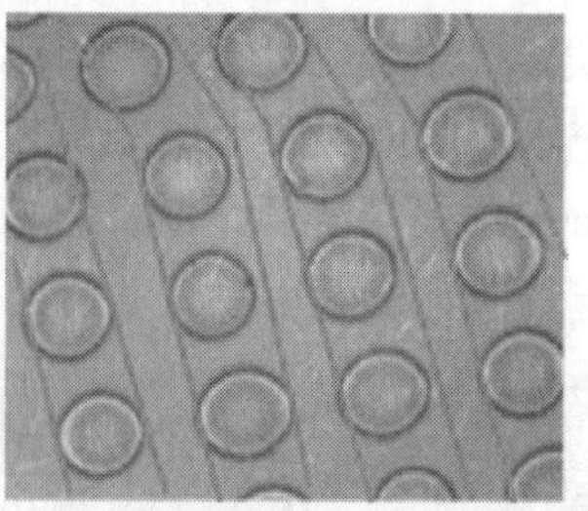

图 28.13 不连续细导线的印刷结构图

因此，此处的挑战是如何不稀释油墨实现黏度增加，然后通过喷嘴喷射。这可以通过波形编辑应用程序来实现，该应用程序允许控制喷嘴的压电脉冲的形状，喷嘴的喷射行为由 Dimatix 材料打印机的墨滴观察器追踪并调整。通过对几种可能波形进行实验，确定了一种适合未稀释的 ITO 墨滴喷射行为的优化压电脉冲。这种优化使得材料黏度增加的情况下，喷嘴可以完成可靠且可重复的喷射行为。

图 28.14 的左图显示了温度为 60℃、没有经过预处理的条件下，使用稀释油墨获得的印刷结构。显然，由于上述原因，在这些条件下油墨在基底上流动过多，分辨率较低，导致无法印刷精细结构。在相同的条件下，只需切换成未稀释油墨，就可以改变印刷结构。如图 28.14 右侧所示，印刷结构边缘更加清晰。但是，在这种黏度和高温(60℃)下，墨滴的流动性不够。

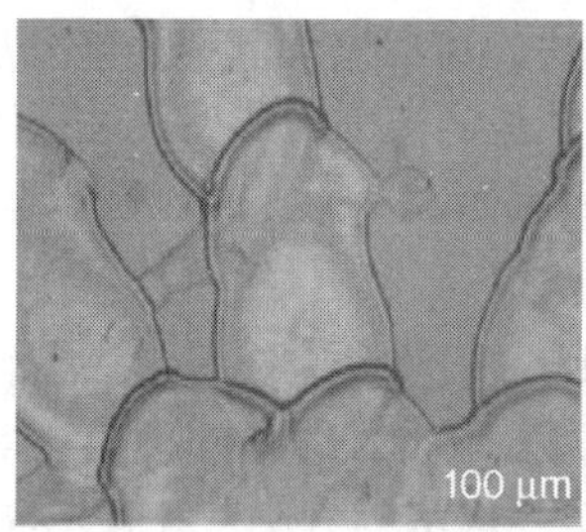

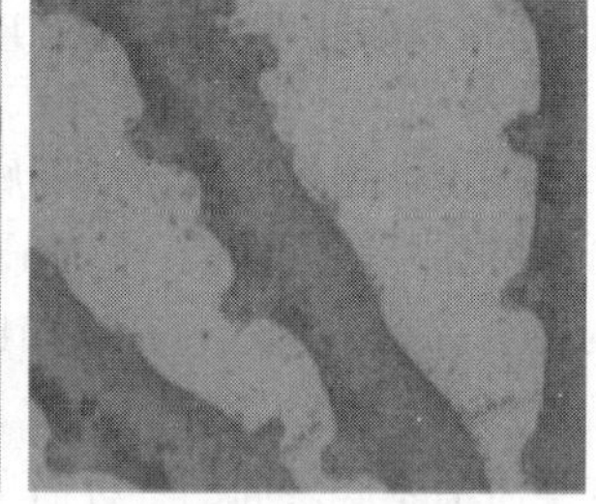

图 28.14 稀释和未稀释油墨的印刷结构图

对上述单独研究的各个参数优化值进行组合，即可形成一套 ITO 油墨的加成印刷工艺，最终的工艺参数为：温度为 45℃，墨滴间距为 25 μm，紫外线-臭氧预处理，以及未稀释油墨(黏度约 20 cP)。

在此条件下的印刷结构如图 28.15 所示。实现了 100～200 μm 的分辨率，优化了印刷精度，并最小化喷射和泄漏的频率，使得 ITO 油墨能够进行可靠的喷墨印刷，并且其可重复性得到显著提高。

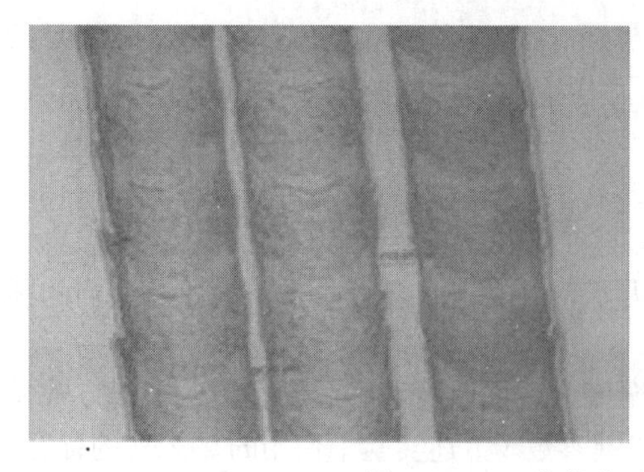
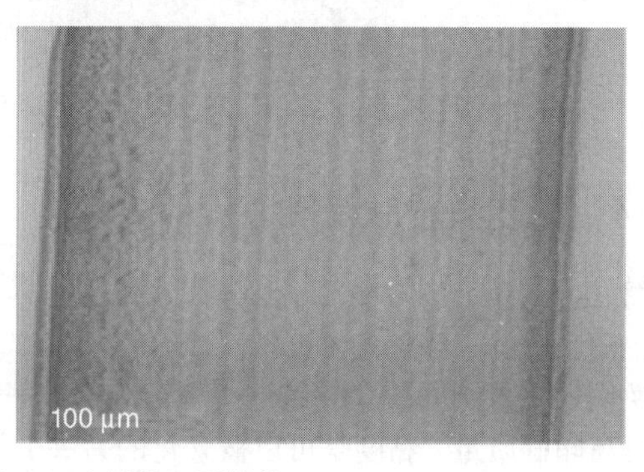

图 28.15 工艺优化后 ITO 油墨的印刷结构

28.4　触摸屏显示器

投射电容(projected capacitive，PCAP)式触摸传感器基于将手指触摸投射到电容矩阵的原理。触摸被感测实质是电容矩阵中确定点处相应电容的变化。因此，触摸传感器由若干层组成，其中两层都是导电透明材料，其被图案化为平行电极阵列，并且在第二平面中旋转 90°，形成传感器矩阵的行和列。在这些行和列之间有一层绝缘层，以确保传感器的电容功能[2]。

在大多数情况下，ITO 用作透明导体。由于 ITO 的稀有性和高成本，人们尝试用不同的替代品进行测试，如金属纳米线、新型透明导电氧化物、碳纳米管和石墨烯等，这些新材料被提议用于下一代 PCAP 触摸屏[3~5]。在本研究中，通过加成工艺形式使 ITO 的印刷达到节省材料和成本的目的。因此，为了制造全印刷触摸传感器，使用优化的 ITO 油墨和相应的加成工艺参数进行实验。

微芯投射电容开发套件(型号：MPMXV3)配备了测试控制器 MTCH6301 和“传统”参考演示器，用于表征印刷触摸传感器。参考演示器已被印刷触摸传感器代替，其功能使用相应的软件工具测量。

微芯测试套件使用两种主要表征机制：自电容和互电容测量。其中自电容测量表征导体相对其周围环境的电容，互电容测量表征传感器矩阵中行和列每个交叉点处导体之间的电容。

自电容测量仅适用于每行有一个手指触摸。当两个手指同时在一条线上时，它会给出与一个手指触摸相同的结果，可能导致触摸点模糊，即所谓的“鬼点”问题。为了实现多点触摸，互电容测量是必要的，因为它对传感器的每个节点进行单独寻址，以便明确地感知所有触摸点。

28.4.1　触摸传感器的布局

这项研究的目的是制造和表征功能型全印刷演示器，其由 9×12 电极传感器(约 7 cm×9 cm)阵列组成。如图 28.16 所示，该布局由多个菱形元件组成，每个元件通过导电颈部连接到下一个元件。颈部在交叉点处连接菱形元件，菱形元件使感应电极用于触摸的面积最大化。

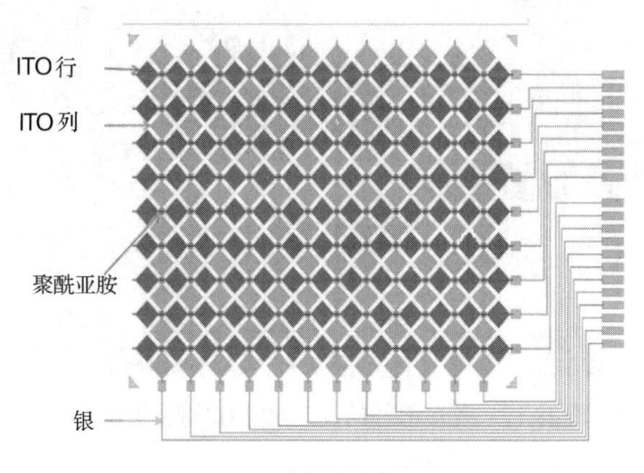

图 28.16　触摸传感器布局

ITO 行和列交叉点处的电容层结构由 ITO 薄膜和聚酰亚胺 (polyimide，PI)组成。手指触摸引起的电容变化是 PCAP 传感器的工作机制。

28.4.2　触摸传感器印刷材料

为印刷触摸传感器，使用了不同的材料，针对这种用途优化的 ITO 油墨可用于印刷电极矩阵。对于连接触摸传感器和芯片的导线，使用液态银墨水。将银纳米颗粒混合在溶液中，经过退火处理(使用激光或烘箱)，即可形成连续的银导电层。银墨水(型号：Metalon JS-B40G)被印刷成 2.54 mm 光栅的银导体，从而将传感器连接到控制和表征单元。180℃的退火温度足以制备导电银层。

然而，与传统方法制备的银相比，银墨水的电阻率较高。这也是普遍存在于印刷油墨和电子器件中的问题，即不能确保达到原始材料同等的性能。所使用印刷材料的相对质量下降必须仍能适用于所应用的印刷电子器件，就像使用银墨水来印刷触摸传感器一样。

至于 ITO 电极之间的绝缘层，我们要研究它的各种可能性，例如光刻胶，它无法满足触摸传感器所用绝缘体的热要求。实际上，绝缘材料不仅必须在可印刷溶液中具有良好的介电性(需要合适的黏度)，还必须透明且耐热，因为它需要耐受 ITO 层 300℃的后退火处理过程。聚酰亚胺是满足上述要求的合适材料。在本章的印刷实验中，使用乙二醇单丁稀释的聚酰亚胺 SE-4811(Nissan Chemical Industries，0526 型)溶液。通过测试不同配方的聚酰亚胺混合溶液，得出印刷效果最好的是含 5%聚酰亚胺的溶液。除了提高黏度和印刷质量，这种低浓度溶液可以获得更薄的印刷层。印刷后，在 220℃退火以实现聚酰亚胺化。

28.4.3 触摸传感器的印刷过程

银连接导体的印刷并不困难，通过调整印刷参数，银导体印刷结构轮廓清晰且功能强大。

优化相应的参数后，可以成功印刷 ITO 行、列及绝缘聚酰亚胺方块。各个印刷部件都表现出良好的印刷质量，印刷层的光学控制及显微镜成像显示达到预期分辨率，并且印刷层连续无断裂。ITO 菱形结构电阻率测量值与预期值相符。

图 28.17 显示了菱形部件在布局(参见图 28.16)中的设计尺寸，以及优化印刷参数获取最大分辨率后得到的实际印刷尺寸，如果实际印刷尺寸比设计尺寸大约 20%，则导致间隙更小。正如许多印刷实验所证明的，这种尺寸变化在印刷布局设计时必须考虑。在这种情况下，在设计阶段考虑印刷尺寸和设计尺寸之间的差异，因此实际设计尺寸比期望的大约 20%。

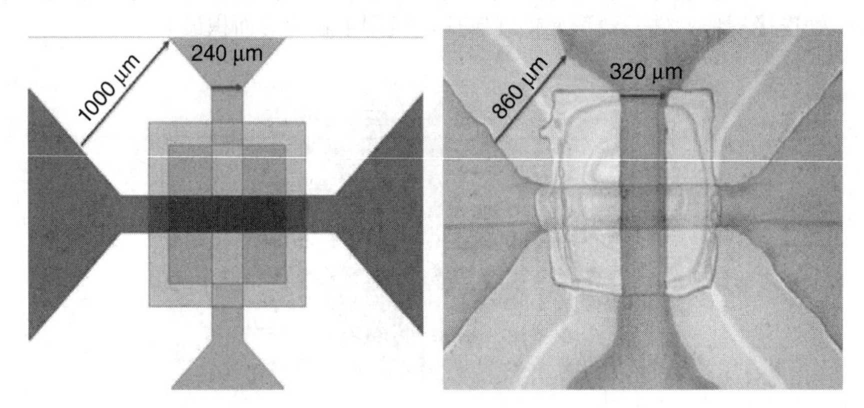

图 28.17 菱形部件的设计尺寸和实际印刷尺寸

28.4.4 触摸传感器的电容性能

由于这些结构的印刷质量满足基本要求，因此进行印刷实验来表征其电容结构，以评估聚酰亚胺的绝缘特性。

通过 LCR 测量仪测量传统触摸传感演示器(包含在微芯开发套件中)的电容，作为功能触摸传感器的参考值，测得值在 10～15 pF 范围内。当手指触摸在作为传感器保护层的玻璃盖板上时，电容下降约为 0.5 pF。如果没有玻璃盖板，则电容下降 6 pF。印刷传感器正面触摸相当于没有保护玻璃的触摸，而背面触摸相当于带保护玻璃的传统传感器触摸，因为没有直接触摸在电极上时，其玻璃基底起保护作用。

根据以上测量结果，为实现印刷电容与微芯传感器参考电容尽可能匹配，基于电容器的几何尺寸与电特性关系(基于众所周知的电容器公式 $d=\varepsilon_r\varepsilon_0\cdot\frac{A}{c}$)，聚酰亚胺厚度约为 300 nm 时才能达到传统演示器的电容参考值。

然而，印刷电容器的实际测量结果表明，它们大多存在漏电流和短路现象，因此无法应用。为了更好地理解造成短路的原因，利用表面光度仪来测量研究印刷层厚度分布。

图 28.18 显示了 ITO 颈部结构和覆盖的聚酰亚胺方形轮廓。第一个观察结果显示 ITO 导体的轮廓为山形，最大高度为 3 μm，而聚酰亚胺只有 200 nm，这与 ITO 粗糙度相对应(见图 28.2)。这意味着印刷的聚酰亚胺可能从 ITO 电极向下流动，导致针孔和漏电流的产生。这也表明在 300 nm 所需范围内印刷的薄聚酰亚胺层的绝缘性不够，也就是功能性电容器需要更厚的绝缘层。

第二个观察结果是，印刷的聚酰亚胺墨滴在方形结构边缘上干得太快，导致大量的咖啡环效应。这种现象在含有固体颗粒的液体蒸发过程中出现，几乎所有颗粒都被输送到结构边缘，形成了典型的环形图案[7]。

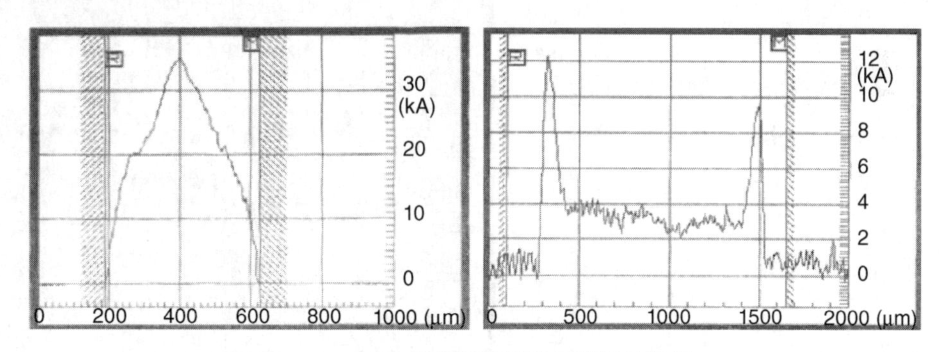

图 28.18　ITO 油墨层和聚酰亚胺层的轮廓

基于绝缘问题的既定解释，尝试不同方法来帮助聚酰亚胺保持在 ITO 颈部，并在电极上获得足够厚的绝缘层(大于 500 nm)。一些实验旨在通过紫外活化或惰性等离子体处理来改善聚酰亚胺在 ITO 上的润湿性，但无济于事。另外还尝试提高基底温度，以实现聚酰亚胺的快速干燥，防止其在 ITO 电极上流动，但是咖啡环效应更加明显了，这也证实了结构边缘干燥最快这一结论。类似地，墨滴间距小于 25 μm(这是聚酰亚胺印刷的最优值)的实验表明，聚酰亚胺在 ITO 电极上的边缘更厚，而不是产生均匀的足够厚度。

因为印刷聚酰亚胺时咖啡环效应不可避免，所以尝试利用它这种来解决其他问题。为此，基于使用第一层咖啡环作为壁来限制在该壁内其他印刷层结构的思路，从而实现多层印刷技术。进一步调整变量进行对比实验，例如层与层之上印刷多层结构、层与层之间印刷多层结构、紫外活化或者不进行紫外活化等。如图 28.19 所示，即使印刷四层聚酰亚胺也不能保证成功，因为聚酰亚胺填补式优先流动会引发连续的咖啡环效应，而不会润湿结构的中间区域。

为了改进聚酰亚胺层之间的润湿性，加入一个 220℃退火 30 min 的中间步骤。该步骤用来引发第一层聚酰亚胺内部键的形成，有助于第二层黏附到已经热固化的晶体结构。图 28.20 左侧显示的是采取中间退火步骤的聚酰亚胺层的厚度分布，证明该方法成功印刷出更厚的绝缘层(此处为 2 μm)。

一些测试允许聚酰亚胺总厚度达到 3 μm。然而，与底部的 ITO 油墨层一起，叠层总厚度约为 5 μm

或更厚。因此，上层ITO膜印刷在极不平坦的表面，玻璃和叠层之间的厚度变化能有5 μm。这种情况代表上层ITO机械应力问题，其在检测到的ITO柱裂纹交叉点处可见(见图28.20的右图)。

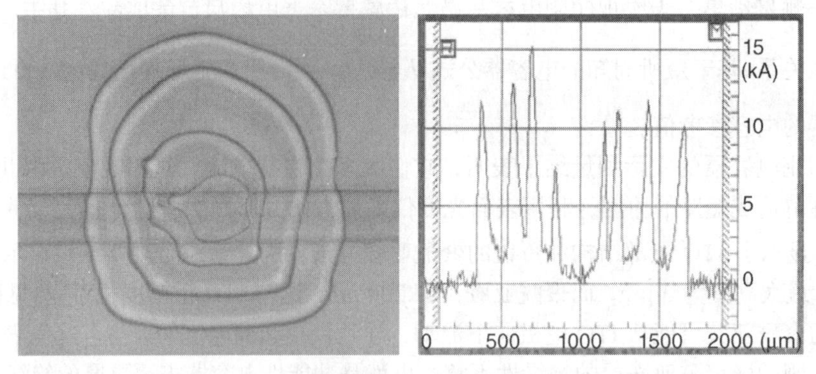

图28.19 四层聚酰亚胺的印刷结构图和轮廓

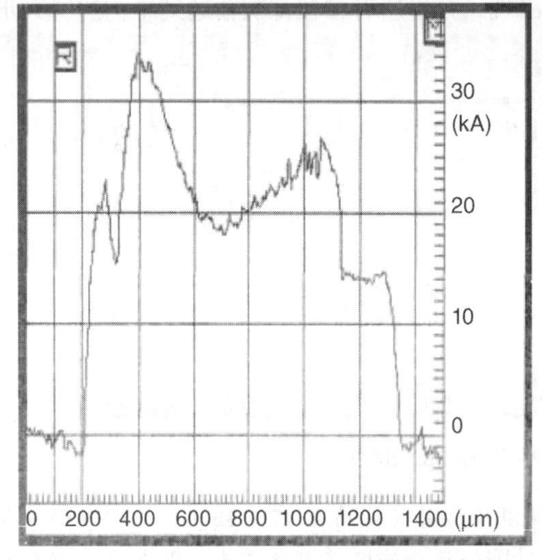

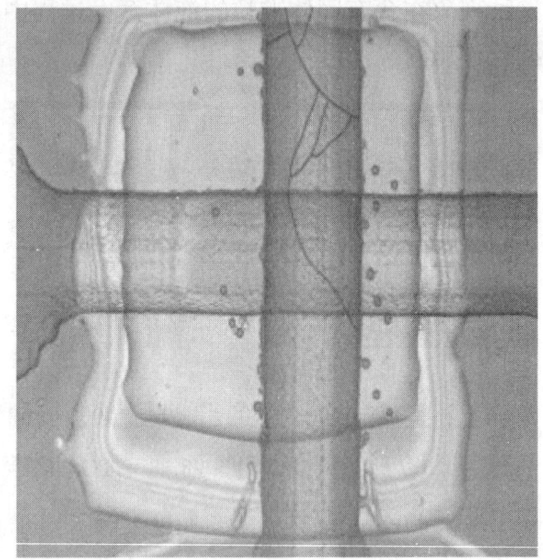

图28.20 采取了退火步骤的两层聚酰亚胺的厚度分布和上层ITO形貌图

因此，约2 μm或更厚的聚酰亚胺层会引起上层ITO颈部出现问题，后者不能承受玻璃和印刷层之间的厚度差异，导致损坏。裂纹平行于电极方向时，电导率下降，但是电极仍然起作用；然而，垂直裂纹会切断电极，导致电极失效。

因此，必须仔细设定聚酰亚胺膜的厚度。太薄的层会导致漏电流和短路，而太厚的层会导致上层ITO电极的击穿和无效连接。大量实验表明，膜厚度的最优值在600 nm到1 μm之间。

最终的聚酰亚胺印刷参数基于分别印刷1.08 mm和0.9 mm的两个方形，并进行中间退火步骤。第一个方形在60℃印刷，因此作为壁结构的边缘被很好地限定；第二个方形在40℃印刷，以使聚酰亚胺流动并在方形内部形成均匀层。图 28.21 显示如此印刷的聚酰亚胺绝缘结构及其相应的轮廓，其在电极之间呈现约为1 μm的均匀厚度层。

随着这种调控型聚酰亚胺层印刷工艺的发展，电容测量证实了印刷电容器的功能。两个功能性触摸传感演示器被印刷和表征，第一个使用经典设计印刷(见图28.17)，第二个使用混合设计印刷，在上电极桥部分印刷银颈部来代替ITO。与印刷ITO相比，印刷银具有更好的导电性和稳定性，这改善了整个传感器的电容值范围和均匀性。图28.22显示了实际印刷的触摸传感器的外观。

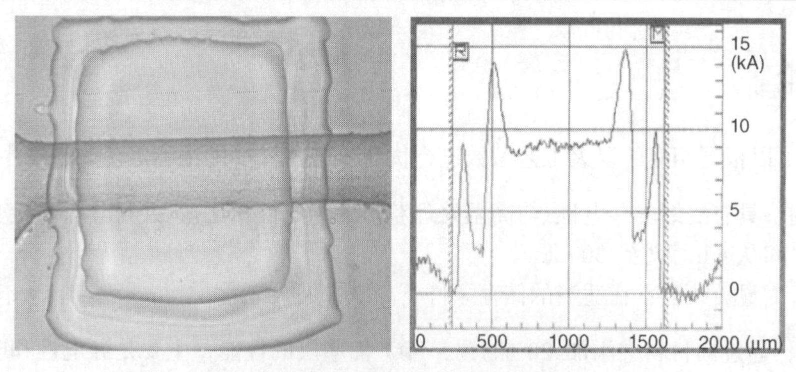

图 28.21　工艺优化后印刷的聚酰亚胺层及其轮廓分布

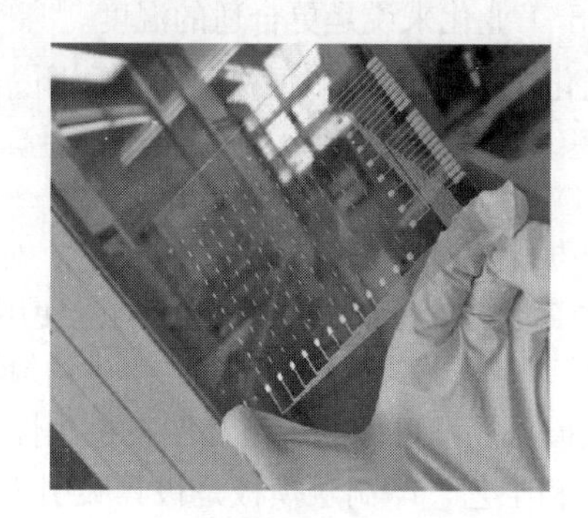

图 28.22　实际印刷的触摸传感器的外观

触摸面板在背板上(有保护玻璃的情况下)或前平面上的操作取决于它们的触摸灵敏度。表 28.3 总结了全印刷显示器与常规显示器的性能对比。

表 28.3　经典设计(D1)和混合设计(D2)印刷的显示器性能对比

	D1	D2	Microchip-D
电容	70～160 pF	32～41 pF	10～15 pF
接触	前板	背板	背板
性能	可接受的	非常好	极好

图 28.23 展示了显示器 D2 的多点触摸感应性能，它几乎和对照传感器的功能一样好，并且包含不同的触摸功能。

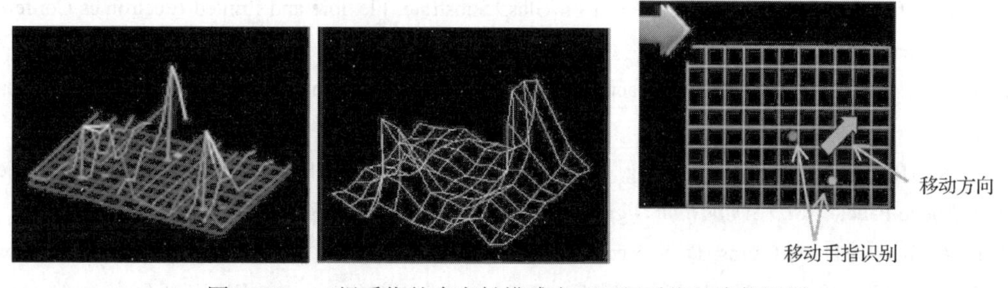

图 28.23　三根手指的多点触摸感应和两根手指的姿势识别

28.5 结论

ITO 油墨可以根据相应的退火工艺参数进行优化。这些材料优化和工艺改进产生了以下结果：

- 较薄的层具有更好的导电性(与高温处理获得的导电性相比)，并且具有可接受的透射率。
- 工艺时间从 4 h 缩短到 30 min。
- 老化行为显著改善：在适当的储存条件下(几乎)不再老化。

实验证明，通过向材料中添加 20%的锡，ITO 油墨层的性能，主要是导电性和电极老化问题得到显著改善。ITO 油墨层的电阻率从 650℃退火后获得的初始值 0.0378 Ω · cm，降低到 300℃退火后获得的 0.014 Ω · cm，这对于工业化来说是更合适的温度。

然后使用 Dimatix 打印机优化 ITO 材料，以便进行喷墨印刷。研究加成工艺参数，并印刷具有良好分辨率的功能性 ITO 油墨结构。结果得到可接受的功能性印刷质量：优化后的分辨率约为 200 μm。

ITO 电极进一步用于玻璃基板上全印刷触摸传感器的制造。对于这类应用，需要优化聚酰亚胺绝缘层印刷工艺，以确保 PCAP 传感器上的电容功能。通过使用咖啡环效应形成的边缘作为壁结构，优化菱形 ITO 电极之间的聚酰亚胺绝缘层印刷工艺，得到均匀隔离层。表征并验证 7 cm×9 cm 印刷显示器的性能：确保多点触摸功能及可靠的手势和图案检测性能。

总之，如果确保优化的材料和工艺，印刷触摸板是极具吸引力的潜在应用。减小电容值变化幅度，可以提高触摸灵敏度，因此印刷触摸传感器性能还有进一步优化的空间。电容的均匀性可以通过改进印刷工艺实现，即通过印刷更薄、分辨率和印刷质量接近或更优的印刷层。

除此之外，下一步是将这一先进工艺转移并用于塑料箔，以实现印刷柔性触摸传感器。其中的挑战在于，如何在塑料箔可耐受的温度条件下获得可用的电极性能。

因此，必须进一步研究该领域内的相关问题，从而获得巨大的改进空间，以便创造下一代印刷显示器应用。

28.6 致谢

特别感谢 Solvay Fluor GmbH 公司(Hannover)提供了 ITO 油墨，并资助了相关的项目。

28.7 参考文献

1. N. Kammoun, C. Renninger, and N. Frühauf, “Investigation of a Transparent Electrode Ink for the Manufacturing of an Inkjet-Printed Touch Sensor on Glass Substrate, Flexible and Printed Electronics Conference, Electronic Proceedings,” 2016.

2. Gary L. Barrett, “Projected Capacitive Touch Screens/Touch International,” 2009 (Doc. Number 6500468).

3. T.-K. Ho, C.-Y. Lee, M.-C. Tseng, and H.-S. Kwok, “Simple Single-Layer Multi-Touch Projected Capacitive Touch Panel,” *SID Symposium Digest of Technical Papers*, 40: 447–450, 2009.

4. K. A. Sierros, D. R. Cairns, D. S. Hecht, C. Ladous, R. Lee, and C. Niu, “Highly Durable Transparent Carbon Nanotube Films for Flexible Displays and Touch-Screens,” *SID Symposium Digest of Technical Papers*, 41:

1942–1945, 2010.

5. Y. S. Yun, D. H. Kim, B. Kim, H. H. Park, and H.-J. Jin, “Transparent Conducting Films Based on Graphene Oxide/Silver Nanowire Hybrids with High Flexibility,” *Synthetic Metals*, 162: 1364–1368, 2012.

6. Todd O’Connor, “mTouchTM Projected Capacitive Touch Screen Sensing Theory of Operation/Microchip,” Technology Inc. 2010 (Doc. Number DS93064A).

7. Robert D. Deegan, Olgica Bakajin, Todd F. Dupont, Greb Huber, Sidney R. Nagel, and Thomas A. Witten, “Capillary flow as the cause of ring stains from dried liquid drops,” *Nature* 389, 827–829, doi:10.1038/39827, London, England, 1997.

28.8 扩展阅读

Das, R. and Peter Harrop, “Printed, Organic & Flexible Electronics: Forecasts, Players & Opportunities 2013–2023,” Research Paper, 2014.

Derby, B., “Inkjet Printing Ceramics: From Drops to Solid,” *Journal of the European Ceramic Society*, 31 (14), 2543–2550, Elsevier, London, 2011.

Friederich, A., J. R. Binder, and W. Bauer, “Rheological Control of the Coffee Stain Effect for Inkjet Printing of Ceramics,” *Journal of the American Ceramic Society*, 96 (7), 2093–2099, 2013.

Lee, J., M. T. Cole, J. C. S. Lai, A. Nathan, “An Analysis of Electrode Patterns in Capacitive Touch Screen Panels,” *Journal of Display Technology*, 10 (5), 2014.

Lupo, Donald, Wolfgang Clemens, Sven Breitung, and Klaus Hecker, *Applications of Organic and Printed Electronics: A Technology-Enabled Revolution*, Cantatore Eugenio, ed., Springer Science+Business Medsia, New York, 2013.

Suganuma, Katsuaki, *Introduction to Printed Electronics*, Springer Science+Business Media, New York, 2014.

第 29 章　平板与柔性显示器技术

本章作者及译者：李正中　叶永辉　李裕正　中国台湾“工业技术研究院”电子与光电系统研究所
刘南洲　爱迪瑞股份有限公司

29.1　引言

显示器已被广泛应用于计算机、通信与消费性电子产品，作为人机交互的接口。如果没有显示器，设备就无法显示信息。此外，由于载体的形态空间有限，促使显示器朝向薄型平板化发展。因此，平板显示器已成为世界上极为重要且广泛使用的器件。图 29.1 为各种平板显示器的分类，除了刚性衬底的显示器，构建于柔性衬底的显示器逐渐成为未来具有创新外形电子产品的关键组件。因为其特有的组件特征，柔性显示器可使未来的应用器件更有吸引力，并且让用户具有更多的使用体验。

显示器技术主要可以分为两种类型：直视型与投影型(见图 29.1)。其中直视型显示技术可进一步分为自发光与非自发光类型。有机发光二极管(organic light-emitting diode，OLED)显示器、等离子显示器(plasma display panel，PDP)、阴极射线管(cathode ray tube，CRT)显示器及电致发光显示器(electroluminescent display，ELD)等都是常见的自发光显示器。而液晶显示器(liquid crystal display，LCD)及电泳显示器(electrophoretic display，EPD)则为常见的非自发光显示技术。投影型显示器则包含硅基液晶(liquid crystal on silicon，LCoS)显示器、数字微反射镜器件(digital micromirror device，DMD)显示器、LCD 或 CRT 显示器。

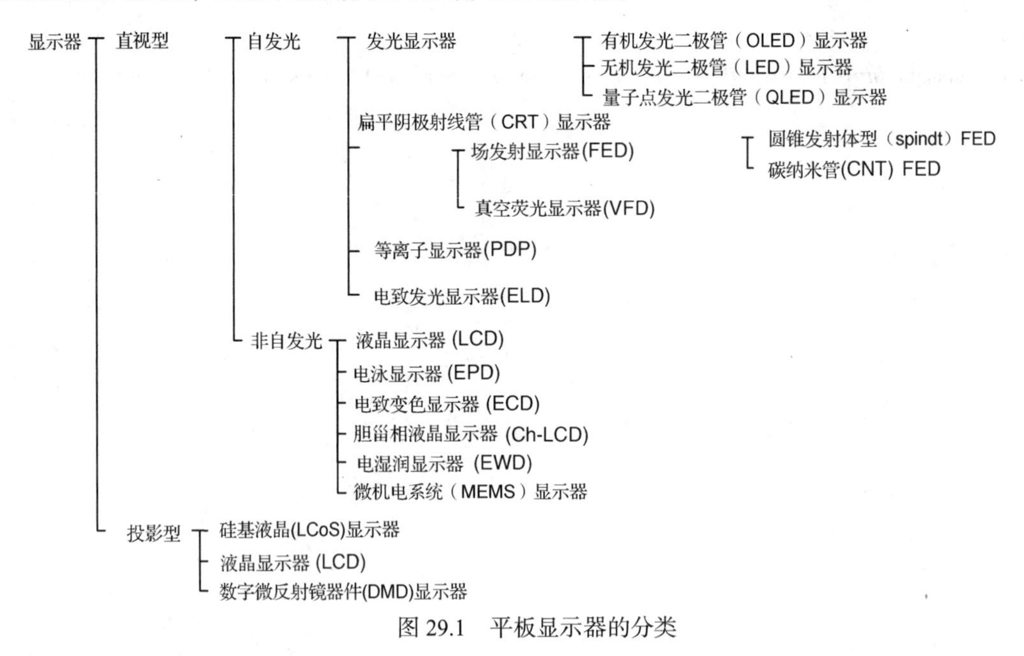

图 29.1　平板显示器的分类

29.2　显示器技术相关术语的定义

本节定义显示器技术常用的一些术语，如下所示。

交流模式(AC mode) 交流模式是操作显示面板的一种方法。在使用这种方法时，通常需要介电层作为显示器结构的一部分。

亮度(brightness) 亮度是光或影像的强度，单位是 nit(cd/m^2)或 foot-lambert(英制单位)。

坎德拉或新烛光(Candela，cd) 发光强度单位，即每单位立体角的发光功率，单位是 lm/sr。

滤色片(color filter) 滤色片通常由红色、绿色和蓝色部分组成，是一种具有分散的颜料并能分别通过红光、绿光和蓝光的聚合物树脂膜，其广泛用于彩色 LCD。

色温(color temperature) 色温用于指示白色在黑体辐射曲线的位置,高色温表示在国际照明委员会(Commission International d'Eclairage，CIE)色度图中偏向蓝色，而低色温表示在 CIE 色度图中偏向红色。

对比度(contrast ratio) 对比度表示显示器的最强和最弱光强度的比率。在暗室环境中，显示器的最弱光强度非常小。

直流模式(DC mode) 直流模式也是操作显示面板的一种方法。

直接寻址(direct addressing) 这是一种将每个像素直接连接到驱动器的技术，每个像素需要独立布线，当像素数量很大时，不会采用这种方式。

直视(direct view) 这种模式是直接观看显示器上显示的图像，其显示器件尺寸与其显示图像尺寸相近，它是投影模式的相反模式。

柔性显示器(flexible display) 取代刚性玻璃衬底，柔性显示器制造在柔性衬底上，可以具有曲面的、适形的、可弯曲的、可折叠的或可卷曲的等形态。

全彩色(full color) 全彩色被定义为显示器对红色、绿色和蓝色各有 8 位(或 256 灰度级)的显示能力。

灰度级(gray level) 灰度级是对每个像素的最强和最弱发光之间的强度进行划分的机制。

流明(lumen, lm) 流明是光通量的单位。

勒克斯(Lux) 勒克斯定义为每平方米一个流明。

矩阵寻址(matrix addressing) 矩阵寻址是一种使用行引线和列引线选择像素的寻址技术，该引线与其他像素共享，因此这种技术是大像素数量显示器最常用的方法。

单色(monochrome color) 单色定义为仅一种颜色，可以是绿色、红色或蓝色等。

多色(multiple color) 在显示器中显示两种以上的颜色。

光学效率(optical efficiency，OE) 光学效率或光效表示电功率转换为光输出的效率，单位是 lm/W。

像素(pixel) 像素通常是由红色、绿色和蓝色等三个基色子像素所组成的图像单元。

投影(projection) 这种模式表示不是直接观看显示器上显示的图像，而是观看其显示在幕布上的放大成像，它是直视模式的相反模式。

分辨率(resolution) 分辨率用来表示显示器的显示能力，常用单位是 ppi(每英寸的像素数目)，高 ppi 值表示显示器具有更高的分辨率。

薄膜晶体管(thin film transistor，TFT) 这是使用薄膜技术在衬底上制造的晶体管，它在 TFT-LCD 或 TFT-OLED 中用作开关器件或像素的驱动器件，从而提高显示性能，并且可以实现更好的视频内容显示效果。TFT 阵列也可以在柔性衬底上制造，以用于柔性显示器。

触摸板(touch panel) 触摸板是位于显示器顶部的信息输入器件，用户可以通过简单点触控或多点触控手势来与信息处理系统互动，具有电阻式、电容式、光学式或声学式等类型。

视频格式(video format) 用于指示显示器中有多少个像素。对固定尺寸的显示器，像素数目越大，显示的视频内容的容量就越大(视频质量更高)。典型的视频格式有 VGA(640×480)、SVGA(800×600)、全高清(Full HD)(1920×1080)等。

29.3 显示器技术的基础与原理

本节将讨论与定义和显示质量有关的主要概念，如像素尺寸/分辨率、亮度/光学效率、对比度、颜色/灰度级和响应时间；另外，各种显示器的基本结构及其特性和基准也将在本节后面讨论。

29.3.1 显示质量

与显示质量有关的重要概念如下所示。

像素尺寸/分辨率

在平板显示器中，像素通常是由三个基色子像素(红色、绿色和蓝色)组成的图像单元，通常将子像素称为点(dot)，也就是每个像素具有三个点。像素的大小很重要，因为它是最小的图像单元。由较小像素组成的显示器能够显示相对精细的图像。与像素相关的定义显示质量的术语就是显示器的分辨率。显示器的分辨率表示每英寸的像素数目。例如，具有 100 ppi 显示面板分辨率的显示器，其每英寸有 100 个像素，像素的大小约为 250 μm。与像素相关的另一个术语是视频格式，表示显示器中可以使用的像素数目。全高清(Full HD)分辨率的 55 英寸显示器具有 1920×1080 个像素，对于相同尺寸的显示器，像素数目越多，显示的图像越精细。

亮度/光学效率

亮度是显示的图像的光强度。常用的亮度单位是 nit(或 cd/m^2)。对于典型的平板显示器，电视屏幕的亮度约为 500 cd/m^2，监视器屏幕的亮度约为 250 cd/m^2，移动电话屏幕的亮度约为 300 cd/m^2。

光学效率(optical efficiency，OE)定义如下：

OE = 亮度或发光亮度/消耗功率

对于显示器，需要以较低的功率获得较高的亮度，因此它需要很高的光学效率(代表显示器将电能转换成光能的效率)。

对比度

显示器有两个重要的对比度：一个是暗室对比度(dark-room contrast ratio，DCR)，另一个是亮室对比度(bright-room contrast ratio，BCR)。DCR 定义如下:

DCR = 像素点亮亮度/像素关闭亮度

像素点亮亮度和像素关闭亮度分别定义了像素点亮和关闭时所测得的亮度。像素关闭时测得的亮度必须非常小，以获得较高的 DCR。DCR 越高，表示显示器的对比度越好。一般显示器的 DCR 约为 1000：1。

然而，环境亮度是影响实际对比度的另一个重要因素，这种对比度就是 BCR，定义如下:

BCR = (像素点亮亮度 + 环境亮度)/(像素关闭亮度 + 环境亮度)

DCR 通常高于 BCR，因为 BCR 中的环境亮度通常高于像素关闭亮度。常见的显示器的 BCR 约为 30：1，而一般纸张的 BCR 约为 10：1。

颜色/灰度级

目前，所有平板彩色显示器都能够显示单色或多色。色度表示来自单色或多色颜色的饱和程度。典型的彩色显示器由三种基本颜色(红色、绿色和蓝色)组成，因此显示器能够使用这三种基本颜色的不同比例组合来显示各种颜色。另外，红色、绿色和蓝色的色度数也很重要，因为颜色容量的最大值由这些数值决定。这表明基本颜色的饱和度越高，图像的颜色显示能力就越高。

白色由红色、绿色、蓝色这三种基本颜色组成，而红色、绿色和蓝色的不同颜色光强度的组合会产生不同的色温。当蓝色丰富时，其色温较高；而当红色丰富时，其色温则较低。但是，在色度图中，应使用白色来遵循白平衡曲线(黑体辐射曲线)。通常将色温范围设为 6500～11 000 ℃。

灰度级是对每个像素的最强和最弱发光强度之间进行等级划分的机制，灰度级越多，生成的图像强度的级别就越多。

速度(响应时间)

通常将图像显示设计为每秒至少 60 帧(每帧约 16 ms)，这样大多数的人眼都可以正确地观察到图像。因此，每帧的显示必须在 16 ms 内完成。对于显示大容量的视频内容的显示器，每个像素的可操作的时间非常有限，因此每个像素点亮或关闭的响应时间对显示器是非常重要的。如果像素需要较长的响应时间，则无法显示大容量的视频内容，这一点对于显示动态影像的应用尤为重要。目前，LCD 的响应时间相对较慢，约为 1～10 ms，其他类型的显示器(例如 PDP、OLED 和 FED)的响应时间则为微秒级或更小。

显示器的寻址或驱动方式

直接驱动和矩阵驱动是平板显示器中两种常见的寻址或驱动技术。直接驱动技术将每个像素直接连接到驱动器，通过不与其他像素共享的独立引线来操作像素。因此该技术只限于具有小像素数目的显示器，例如用于几个字母与数字字符的显示等。矩阵驱动是一种使用行引线和列引线选择操作像素的技术，其中的引线与其他像素共享。当通过电子扫描选择到某一行时，将向所有列发送一组显示数据。与直接驱动技术相比，矩阵驱动技术所需的引线数量要少很多。因此，具有大量像素的显示器(图形显示器)以矩阵驱动技术为主。

无源矩阵和有源矩阵是矩阵驱动技术的两种主要类型，其区别就是无源矩阵应用无源元件而有源矩阵应用有源元件来实现像素切换操作。通过使用有源元件，有源矩阵驱动技术能够提高像素显示性能，并且这种类型的显示器可以显示更高的图像质量或显示视频内容。

29.3.2　显示器的基本结构和特征

许多不同类型的平板显示器都已经被广泛开发并且商业化。本节将介绍 LCD、PDP、OLED、FED、LCoS、DMD 和 EPD 等显示器类型的基本结构和特征。

液晶显示器(LCD)

LCD 是目前广为应用的平板显示器，其工作原理是使用电场来控制液晶(LC)分子的排列，不同的液晶分子的排列状态决定光到达观察者的通过百分比。有些形态的液晶需要偏振片来控制光的正确输出。由于 LCD 是非自发光显示器，因此透射型的 LCD 需要背光源。对于彩色 LCD，大多数类型的液晶通常需要滤色片。平板显示器中普遍使用的是向列型(nematic type)液晶。如果需要显示更高的图像质量或容量更大的视频内容，就需要在像素中加入薄膜晶体管(TET)器件。这种在每个像素中带有薄膜晶体管的 LCD 称为 TFT LCD，已经被广泛用作计算器、移动设备和电视的屏幕。透射型 TFT LCD 的典型结构如图 29.2 所示。

从图中可以看出，需要间隔物(spacer)来保持上板(滤色片衬底)和下板(TFT 阵列衬底)之间的距离，以产生用于排列液晶分子的空间，此空间通常为 2～4 μm 宽，结构中的取向层(alignment layer)

可以使液晶分子具有特定的排列方向。像素中的存储电容(storage capacitor)用于存储电压，以使液晶分子在每帧画面期间具有足够的电压以维持正确的排列。黑色矩阵(black matrix)用于滤除一些环境光，增加显示器的对比度。像素的氧化铟锡(indium tin oxide，ITO)电极则连接 TFT 和液晶，上板的 ITO 公共电极则通过“短路”将液晶部分接地。

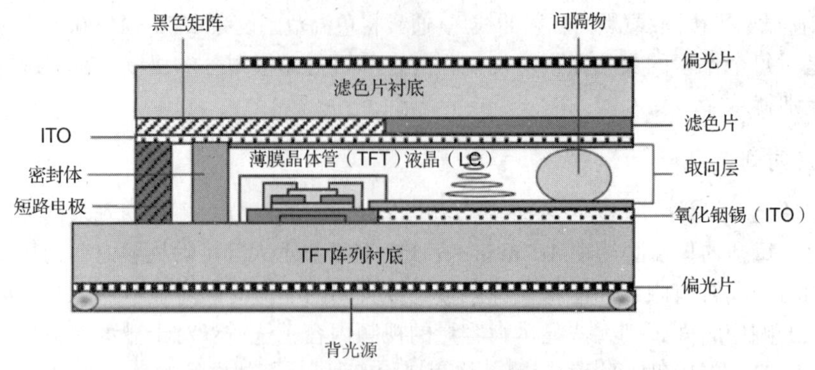

图 29.2 透射型 TFT LCD 的典型结构

此外，反射型 LCD 曾广泛用于便携式设备之中，因为它比透射型 LCD 的功耗更小。对于这种类型的 LCD，不需要背光源，环境光是其用于显示的光源，通过下板(TFT 阵列衬底)的反射层将处理后的入射光反射回观看者以显示影像。

在 LCD 的单元结构中，有三种主要的取向类型用于排列液晶分子。一种类型是扭曲向列(twisted nematic，TN)排列，这是最常见且具有最快响应时间的类型，其缺点是在广视角下会出现颜色偏移。第二种类型是垂直排列(vertical alignment，VA)，之后又衍生了多模垂直排列(multidomain VA，MVA)和图案化垂直排列(patterned VA，PVA)。采用 MVA 和 PVA 模式的面板可提供良好的视角和更好的对比度，然而色彩再现是它的缺点。第三种类型是面内切换(in-plane switching，IPS)技术，其中用于液晶分子排列的开关电极位于液晶单元中的同一平面上。其后进一步发展成超级 IPS(Super IPS)和边缘场切换(fringe field switching，FFS)技术。这种类型具有更好的色彩还原性和几乎 180° 的视角。

而在下板技术方面，TFT LCD 的每个像素中使用的晶体管有三种常见的类型。第一种类型是非晶硅(a-Si)TFT，其目前广泛用于有源矩阵 LCD (active matrix LCD，AMLCD)。第二种类型是低温多晶硅(low temperature polysilicon，LTPS)TFT。第三种类型是非晶金属氧化物(metal oxide，MOx)TFT。在用于 TFT 的非晶复合氧化物半导体的最新发展中，主流产品是铟镓锌氧化物(indium gallium zinc oxide，IGZO)，它具有类似 LTPS 的性能，但成本更具竞争力。由于 LTPS TFT 具有比其他 TFT 更高的载流子迁移率，因此 LTPS 器件的尺寸可以缩小，这样基于 LTPS TFT 的 LCD 可具有更高的开口率(aperture ratio)和亮度。此外，LTPS 能够将离散式集成电路(IC)，如数模转换器(digital analog converter，DAC)、存储器、定时电路等集成到面板中。LTPS TFT 的稳定性也优于 a-Si TFT，特别是对于像 TFT OLED 的电流驱动应用。然而，与 a-Si 和金属氧化物 TFT 相比，大面积 LTPS TFT 的均匀性不佳，不适合用于大型显示器。

等离子显示器(PDP)

PDP 的工作原理类似荧光灯，都是利用气体放电机制，通过气体放电产生紫外(ultraviolet，UV)光。荧光灯中最常用的气体是汞和氩气，而 PDP 中最常用的气体是氖气和氙气。对于荧光灯，UV 波长通常为 254 nm(主峰)；对于 PDP，其 UV 波长通常为 147 nm/173 nm(两个主峰)，此波段属于真空 UV(VUV)光，不存在于空气环境中。PDP 结构中的 RGB 磷光体被 UV 光激发后产生光。

目前，PDP 有两种类型，一种是直流型 PDP（DC PDP），另一种是交流型 PDP（AC PDP）。因为 AC PDP 具有更长的使用寿命和更高的性能，因此是市场上最常用的 PDP，其典型结构如图 29.3 所示。

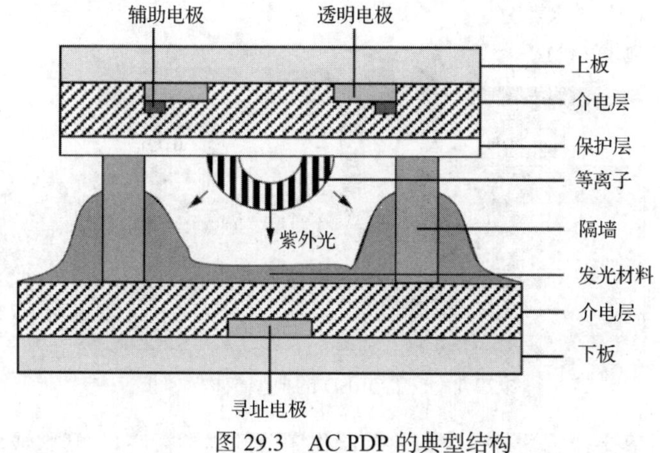

图 29.3　AC PDP 的典型结构

在图 29.3 中，隔墙（barrier rib）的高度通常为数百微米。隔墙非常重要，它不仅隔开了上板和下板，而且还防止了 R（红光）、G（绿光）和 B（蓝光）之间的串扰（crosstalk）。

这种结构中通常使用氧化镁（MgO）作为保护层。MgO 是耐离子轰击的优质材料，并且具有较高的二次电子发射能力，这些特性有助于提高 PDP 的寿命并实现更低的工作电压。上板和下板中使用的介电层用作施加交流能量时的电容。PDP 通常使用表面放电机制并将等离子保持在上板的表面上，使其不会损坏位于下板中的磷光体，因此可以延长 PDP 的寿命。然而，对于表面放电型 PDP，电极的布局很关键，因为上板的大部分区域被电极占据，其中的电极应该优先选择透明度高的材料，所以通常使用透明导电材料的 ITO 电极。然而，ITO 的导电率不如典型金属的导电率高，因此将小线宽的导电金属施加到 ITO 电极中来形成辅助电极，以增加整体电极的导电性。

PDP 具有高质量的图像显示能力和简单的制造工艺，但是它需要高压驱动（通常为 200 V），这是影响其产品成本和应用的主要缺点。

有机发光二极管（OLED）显示器

OLED 的发光原理是，将电子和空穴注入亮度层中，两者组合之后产生光。OLED 的亮度层是有机材料，因此使用这种材料制造的显示器称为 OLED 显示器。OLED 显示器是固态型显示器，其中没有真空、液体或气体的显示介质，因此与其他显示器相比，OLED 显示器的结构相对简单。根据显示介质的特性，可以将其分为两类：小分子 OLED 和聚合物 OLED（PLED）。小分子 OLED 使用小分子量的有机半导体分子作为发光材料，通常利用真空热蒸发沉积方式制作，通过阴影掩模法分别沉积红、绿、蓝发光材料，形成彩色 OLED。PLED 使用有机聚合物半导体作为发光材料，通常使用旋涂或喷墨印刷沉积方式制作，其中喷墨印刷可分别沉积红色、绿色、蓝色发光材料，形成彩色 OLED。OLED 所用的发光材料可以是荧光或磷光等发光物质，通常具有磷光发光材料的 OLED 具有更好的器件效率。

为了实现更好的 OLED 显示性能，可采用 TFT 有源驱动模式，TFT OLED 的典型结构如图 29.4 所示。

在图 29.4 中，铝（Al）用作阴极，ITO 用作阳极，由于顶部 Al 膜层具反射性且不透明，因此这种器件结构为底部发光（向下发光）类型。

而顶部发光是另一种发光类型的 OLED，此时阳极作为反射层，搭配半透明的阴极。在这种顶部发光方法中，电极材料的选择是至关重要的，而镁银(MgAg)合金是顶部发光 OLED 常用的共阴极。另外，因光向上发射，TFT 背板的电路设计较为灵活，也让顶部发光 OLED 的开口率高于底部发光的结构。

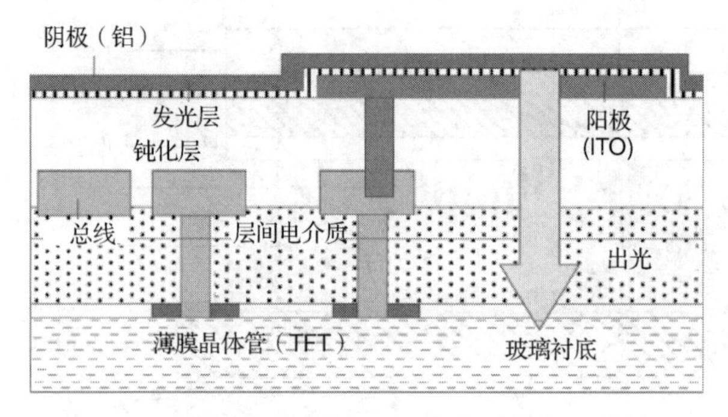

图 29.4　TFT OLED 的典型结构

由于 OLED 是一种固态薄膜器件，可以将其制作于薄的柔性衬底(如塑料或薄金属箔)上。由于在 OLED 顶部及其下方的衬底上应用了能够有效阻隔水和气体的薄膜封装，使得 OLED 显示器具有良好的柔性与可折叠性，并具有一定的可靠性。这种特性是 OLED 显示器不同于其他自发光显示器的独特之处。

虽然 OLED 具有多种显示技术的优良特性，例如高光学效率、结构简单及较薄的器件结构与较低的驱动电压，但其主要缺点是红色、绿色和蓝色发光器件的寿命差异较大。特别是蓝色发光器件的寿命最短，当初始亮度为 1000 nit 时，大约数万小时后其亮度衰减一半(LT50%)。因此，OLED 适用于产品周期较短的穿戴式或移动式设备，而对产品寿命要求较高的电视应用，OLED 则仍有努力的空间。

场发射显示器(FED)

FED 是使用场发射电子来激发磷光体产生亮度的显示器，场发射使用高电场方法于真空中提取电子。FED 曾经有很多种类型，其中圆锥发射体型 FED 是十多年前被深入研究的结构，但要在大面积的显示器上以蒸镀的方式形成尖锐的锥形发射器是很困难的且均匀性不佳。因此，FED 的研究方向转向碳纳米管(carbon nanotube，CNT)FED 和其他类型的 FED。

在 CNT FED 器件的结构中，从 CNT 材料发射电子并激发红、绿、蓝荧光粉以产生光，其上板和下板之间的距离通常为数百至数千微米。在过去几年，以 CNT 作为发射器似乎是最有前途的 FED 显示技术。不过，虽然 FED 具有类似 CRT 的图像质量和高光学效率，但其主要的缺点就是发射均匀性差，一直无法扩大应用。

硅基液晶(LCoS)显示器

LCoS 是一种反射式微显示器技术，LCoS 显示器是一种结合了液晶和硅半导体技术的投影显示器。其下板为制作于硅晶圆上的 TFT 阵列，因此其 TFT 可以制作成与常见半导体器件一样小的尺寸。搭配上板的制作工艺，可以尽可能地提高显示器的分辨率。此外，因为 TFT 是在硅晶圆上制造的，所以其载流子的迁移率与单晶的相同。

此类微显示器的上部是典型的 LCD 结构，制作于玻璃衬底上，下部则是典型的 TFT 结构，制作于硅晶圆上。在其像素单元中，需要制作反射电极，这样在像素打开时可反射光源而点亮。其像素尺寸可以小到数微米，因此在 1 英寸大小的下板上，可以轻易实现 8 K×4 K 的分辨率。通过搭配光学系统，可以将 LCoS 显示器分为单个微显示面板或三个微显示面板等类型。当然，单个微显示面板的 LCoS 显示器在成本上更具竞争力，但是其技术壁垒较高，主要问题是大规模量产的良率不高。

数字微反射镜器件(DMD)显示器

采用 DMD 技术实现的显示系统是另一种常见的投影显示器，即数字光源处理投影机(digital light-processing projector，DLP)。其中的数字反射镜元件以 MEMS(微机电系统)技术制作。这种显示器结合光学系统，利用许多数字反射镜来反射光，响应输入信号并产生视频或图像。通过使用适当的电压，每个反射镜都可以倾斜一定的角度，击中反射镜的光线可以单独偏转，从而在投影屏幕上创建一个暗或亮的像素。

DMD 由硅晶圆制成。使用合适的硅制程加工工艺，可以在硅晶圆上形成许多反射镜和电子器件。这种技术的器件结构复杂，如何进一步提高分辨率和良率是其主要挑战。

电泳显示器(EPD)

EPD 是一种反射型显示器，它的显示介质具有可切换的双稳态特性。这种显示介质为微胶囊结构，其中具有分散在油中带电荷的白色氧化钛颗粒和黑色染料颗粒。这些微胶囊与聚合物主体混合后涂布成薄膜，然后将这种薄膜置于两个带有图案化导电电极的平行上下板之间。通过使用一定的电压，产生的电场可以利用与带电粒子相反的电荷将带电粒子吸引到电极附近。当白色颗粒位于显示器的正面时，它们可以反射入射的环境光而显示白色(亮态)。当黑色颗粒位于正面时，则显示器为黑色(暗态)。EPD 的典型结构如图 29.5 所示。

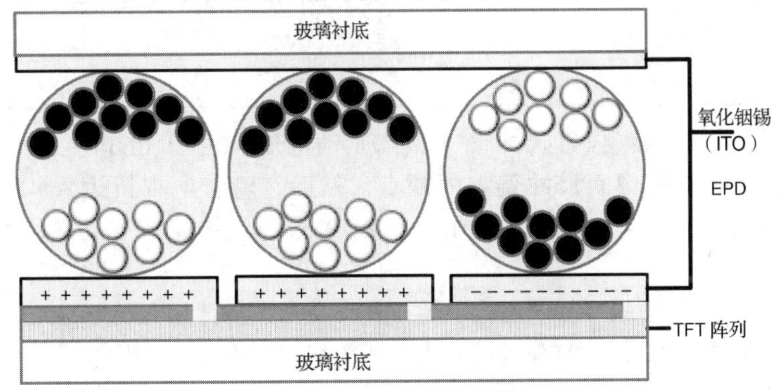

图 29.5　EPD 的典型结构

可以将 EPD 分为简单的区段式类型或有源矩阵类型。有源矩阵类型是 EPD 显示介质薄膜夹在 TFT 背板和顶部导电板之间。EPD 最重要的特点是其双稳态切换的能力，这代表面板在适当的操作模式后可以停留在驱动完成之后寻址的图像上，不需要额外施加电力。不同于传统的显示器技术，EPD 是一种省电的显示器技术。如果改用柔性衬底取代刚性玻璃衬底，则 EPD 也可以具有类似于 OLED 显示器的柔性状态。然而，切换速度慢是 EPD 的主要缺点，其切换响应时间超过 500 ms，只适合显示静态图像；另一个问题是其色彩还原性不佳，不适合彩色图像应用。

29.3.3　各种显示器技术的比较

本节将比较各种显示器技术的优点与缺点，表 29.1 给出了各种显示器技术的比较结果。

LCD 与其他显示器相比，其结构复杂，需要很多关键组件，例如背光、滤色片、偏光片等，但由于其技术成熟且大量生产，因此其制造成本已经大幅降低。此外，过去其窄视角及响应时间较长的固有缺点，已经得到了很大的改进。

表 29.1 各种显示器技术的比较结果

显示器类型	优　点	缺　点	应用尺寸	技术现状
液晶显示器(LCD)	•技术成熟，低成本 •低操作电压 •低耗电 •寿命长	•需多种组件(背光、滤色片偏光片等) •操作温度限制 •反应时间长	•≤110 英寸	•大量生产
等离子显示器(PDP)	•容易放大尺寸 •图像质量高 •制作工艺步骤少(厚膜工艺)	•操作电压高 •像素尺寸不易缩减	•≤152 英寸	•2016 年停止大量生产
有机发光二极管(OLED)显示器	•光学效率高 •工艺相当简单 •低操作电压 •可柔性化	•蓝色发光器件寿命短 •大尺寸化不易实现	•≤77 英寸	•大量生产
场发射显示器(FED)	•类似阴极射线管的图像画质 •光学效率高	•整面发光均匀度差 •彩色场发射器寿命短	•<60 英寸	•研发阶段
硅基液晶(LCoS)显示器	•高分辨率 •单面板型成本低 •投影尺寸可调整	•三面板型成本高 •高分辨率面板的良率待提升	•>100 英寸	•大量生产
数字微反射镜器件(DMD)显示器	•响应时间快 •分辨率高 •投影尺寸可调整	•成本高 •组件工艺复杂	•>100 英寸	•大量生产
电泳显示器(EPD)	•节能 •对比度高 •可柔性化	•响应时间慢 •色彩饱和度差	•≤32 英寸	•大量生产

PDP 有两个主要缺点：像素尺寸偏大和高驱动电压。由于 PDP 主要应用于大尺寸显示器，因此可以暂时忽略像素尺寸偏大的缺点。然而，随着电视机迈入 4K 市场，相比于高彩色度/高分辨率的 LED 背光液晶显示器，PDP 已不具备技术与成本优势而于 2016 年退出市场。

OLED 显示器是一种薄膜型的固态显示器，具有高光学亮度和自发光的优点。目前，OLED 显示器已经具备足以和小尺寸 LCD 竞争的实力，成为移动设备的关键组件。

FED 具有类似 CRT 的显示质量且具有平坦性的特点，然而近几年其面板发光均匀性及器件寿命均没有显著改善。

对于投影显示器应用，未来的单面板 LCoS 在成本方面将非常具有竞争力。单面板 DMD 也具有低成本和产品微小化的优势。无论使用 LCoS 或 DMD 技术，均可根据用户需求来方便地调整投影影像尺寸。未来这两种技术的发展前景，需要视面板分辨率的提升及成本竞争力而定。

关于柔性显示器，胆甾相液晶显示器(Ch-LCD)、EPD 及 OLED 等技术正在发展，其中 Ch-LCD 及 EPD 技术主要是用于电子纸(electronic paper，ePaper)的反射式显示技术。Ch-LCD 使用胆甾相液晶作为显示介质，具有良好的双稳态特性和色彩表现，但其对比度较差。在塑料衬底上制造的堆栈彩色 Ch-LCD 可显示出电子纸技术中质量最好的彩色图像。但是，复杂的像素结构及其相关的驱动组件和系统，使得 Ch-LCD 的生产效益并不具备竞争力。对于 EPD，操作响应时间和面板彩色化是未来应用扩展的两大挑战。对于发光型的柔性显示技术，OLED 具有简单的固态结构和良好的器件性能，因此是最具潜力的应用技术，其未来的主要挑战之一是要具有性价比较高且稳健的柔性封装方法。

29.4　显示器的制造工艺

制造平板显示器(FPD)时需要两个板(顶板和底板)，在其上各自完成所需的功能膜层的制作流程之后，将这两个板对齐并密封，制成显示组件。然后进行电路板/薄膜贴合和机械装配，从而完成显示模块的制作。在产品发货之前，也会按顺序进行一系列可靠性测试，以确保显示器的质量。在各种类型的显示器中，TFT LCD 是最常见的显示器，覆盖了小型到大型电子产品。

TFT LCD 的制造工艺始于 TFT 阵列和滤色片配置。TFT 阵列和滤色片的结构如图 29.2 所示，TFT 阵列玻璃不仅由晶体管工艺进行处理，还将对其进行液晶取向层处理。此外对于滤色片玻璃，不仅采用了滤色片工艺，还采用了液晶取向层和光间隔层工艺。然后，将两块玻璃对齐并密封，将真空注入液晶并进行端部密封来完成液晶单元(liquid crystal cell)的制作。对于较大尺寸的玻璃生产线[大于 1800 mm×1500 mm(第六代衬底尺寸)]，则不采用真空注入的方式，滴下式注入 (one drop filling，ODF)法是目前大尺寸衬底产线制作液晶单元工艺的主要方法。

通过使用 ODF 方法，将液晶放置底板上，然后组装顶板和底板来完成液晶盒的制作。对于 30 英寸的面板，ODF 方法可以将处理时间从几天缩短到几分钟。之后，附着偏振片并贴合卷带载体封装(TCP)驱动芯片。随着显示器分辨率持续增长及显示器边缘不断变窄，LCD 驱动系统的封装从 TCP 变为 COF(覆晶软膜封装)和 COG(芯片玻璃接合)。接下来的加工步骤是电路板、背光和底盘组装，最终完成 LCD 模块的制作。期间还要执行老化和各种测试，以确认显示面板的性能和可靠性。

由于不同类型的显示器具有不同的制作工艺，因此本章不再讨论每个显示器的详细制作流程。大多数显示器的制作使用薄膜工艺、厚膜工艺和显示单元形成工艺，并进行老化和各种测试，因此接下来将分别讨论这些过程。

29.4.1　薄膜工艺

薄膜工艺通常包括沉积、光刻和刻蚀技术。溅射、蒸发和化学气相沉积(chemical vapor deposition，CVD)是常用的沉积技术。光刻系统包括光刻胶涂布机、曝光系统、显影剂和剥离剂，而刻蚀系统包括干法和湿法刻蚀机。TFT LCD 和 TFT OLED 的 TFT 工艺使用薄膜工艺，LCoS 和 DMD 背板(底板)的制作也使用薄膜工艺。

29.4.2　厚膜工艺

沉积和固化系统是厚膜工艺中常见的两种工艺类型。在沉积系统中，丝网印刷和喷墨印刷是常见的用于沉积浆料的技术，而烘箱是通常用于固化浆料的设备。PDP 和 FED 的大多数工艺都使用厚膜工艺。

29.4.3　显示单元形成工艺

在显示单元形成过程的开始，将密封材料分配在顶板和底板上，再将两个板对齐贴合，使密封材料经过适当的固化，最终形成显示单元。大多数显示器使用这种过程来形成显示单元。

29.4.4　老化和测试工艺

老化是非常重要的，这种工艺可以稳定器件的产出并确保其使用的可靠性。通过执行相关的测试，挑选出不好(NG)的平板，避免流入下一个生产流程。大多数显示器都需要这些工艺来严格控制它们的质量和可靠性。

29.5 未来趋势和结论

在本节中，我们将讨论平板显示器的技术和应用两个方面的未来趋势。

29.5.1 技术趋势

虽然有许多技术正在产生和发展中，但在本节只列出主流的技术趋势。表 29.2 总结了平板显示器的技术趋势。

表 29.2 平板显示器的技术趋势

	项 目	规格	相关技术
显示器尺寸	投影型	前投影 40～200 英寸	LCoS，DMD
	直视型	40～100 英寸	TFT LCD/TFT OLED/铜工艺/氧化物 TFT
		4～50 英寸	a-Si TFT/LTPS TFT/LCD/OLED
显示质量	分辨率	Full HD → Ultra HD	LTPS，氧化物 TFT，铜工艺
	亮度	150 cd/m^2 → > 500 cd/m^2	LTPS，超级 IPS（面内切换），VA(垂直排列)，OLED
	对比度	500 : 1 → > 5000 : 1	超级 IPS，VA
		>100 000 : 1	OLED
	颜色/灰度级	8 位 → 12 位灰度级	驱动技术
	色域	90% NTSC → 150% NTSC (CIE1976)	新发光材料技术
	响应时间	40 ms → 25 ms → < 8 ms	LC 材料技术，驱动技术
成本效益	驱动 IC 数目减少		LTPS
轻量/柔性化	反射型，柔性衬底，COG，COP，SOP		OLED/EPD
生态考量	降低能耗和减少生产的废料		设计/工艺的改良

如果要实现较大的显示尺寸，主要有两种方法：直视显示和投影显示。直视显示可以提供比投影显示更高的对比度，但显示面板的尺寸仍然有限；相比于直视显示，投影显示更容易放大显示尺寸。

另外，显示高质量图像是显示技术持续努力发展的目标，影响图像质量的因素在前面已经讨论过，主要为像素尺寸/分辨率、亮度/光学效率、对比度、颜色/灰度级和切换速度等，都有待发展与提升。

而减少驱动器的用量和扩大生产规模是降低显示器产品成本的两种主要方式。低温多晶硅(LTPS)技术是降低驱动器成本的方法之一，因为 LTPS 的载流子迁移率高，使得驱动器和大多数离散的集成电路能够集成到显示面板中，从而降低了成本。

而最令人感到振奋的未来趋势是对轻型和柔性显示器的需求不断扩大。柔性显示器可以应用于非平坦的对象上；另外，可以通过改装已投产的枚叶式(sheet to sheet)生产线来制造柔性显示器，避免了大量资金的投入，因此可以降低制造成本和进入门槛。

在柔性显示器中，将显示器件制作在涂布于刚性承载衬底的柔性薄膜衬底上，这种柔性薄膜衬底可以是塑料衬底、薄玻璃衬底和薄金属箔衬底等。柔性有源矩阵有机发光二极管(active-matrix organic light-emitting diode，AMOLED)显示器具有轻、薄、不易破损和柔软等特点。在各种柔性显示器中，柔性 AMOLED 显示器是未来最有前景的显示器之一。

与刚性衬底的 AMOLED 显示器相比，柔性 AMOLED 显示器的制造工艺通常还包括：在柔性衬底上制造 TFT 阵列，柔性薄膜封装，集成电路/柔性印刷电路（flexible printed circuit，FPC）键合，玻璃载体衬底上的取下工艺（de-bonded process）等。

取下工艺通常使用机械或激光剥离方法将柔性显示器与载体衬底分离。此外，柔性薄膜封装的总厚度应尽可能小，以增加柔性 AMOLED 显示器的柔韧性。

29.5.2　应用趋势

平面显示器技术有很多的应用，表 29.3 总结了平板显示器的应用趋势，并根据显示器的尺寸进行分类。

表 29.3　平板显示器的应用趋势

显示器尺寸	主要技术	应　用
大尺寸（30～300 英寸）	• a-Si TFT LCD • 氧化物 TFT LCD/OLED • 微显示器（LCoS，DMD）	• 壁挂式电视机 • 桌上型电视机 • 前投影显示器
中尺寸（8～30 英寸）	• a-Si TFT LCD • LTPS TFT OLED/LCD • a-Si TFT EPD	• 监视器 • 笔记本电脑 • 电子书 • 柔性显示器
小尺寸 （小于 8 英寸）	• a-Si TFT LCD • LTPS TFT OLED/LCD • OLED • EPD	• 移动电话 • 可穿戴设备 • 取景器 • 虚拟现实/增强现实 • 柔性显示器

显示尺寸是决定显示技术应用的重要因素之一。液晶显示器（LCD）是现今市场上最受欢迎的平板显示器之一，其显示尺寸范围从小于 1 英寸到大于 100 英寸。因此，LCD 的应用范围很广。随着材料、工艺和相关生产设备经过了 20 多年的发展，有机发光二极管（OLED）显示器逐渐渗透到以 LCD 为主的应用市场。1～10 英寸的 OLED 显示器主要用于移动设备，例如可穿戴设备、移动电话和平板电脑，它还在继续向电视应用的大尺寸显示器发展。而投影显示器通常用于超过 100 英寸的屏幕尺寸，其主要应用是大型会议室显示器和家庭娱乐显示器等。

29.5.3　结论

在过去的数十年间，出现了很多不同的显示器技术，LCD 从 2000 年开始已成为平板显示器技术的主流。虽然 LCD 的结构复杂，但要比其他显示技术获得了更多的关注和资源，从而不断改进着它的显示性能问题，例如视角限制、高成本、高功耗、窄色域和低响应时间等。除了 LCD 技术，OLED 技术也有很大的发展潜力。与其他显示器相比，OLED 显示器在许多方面具有更好的性能，而且 OLED 器件的寿命和可靠性在过去几年中得到了显著改善。此外，在塑料衬底上制作的 OLED 显示器可以是柔性的、可折叠的、可卷曲或其他形态。这种柔性特性使得 OLED 显示器在未来产品的设计中更具发展性与竞争力。可以预见，未来将生产出具有创新外形的柔性显示器的电子系统。

29.6 扩展阅读

Armitage, D., Underwood, I., and Wu, S.-T., *Introduction to Microdisplays*, Wiley-SID, Hoboken, 2006.

Bhowmik, A. K., Li, Z., and Bos, P. J., *Mobile Displays: Technology and Applications*, Wiley-SID, Hoboken, 2008.

Castellano, J. A., *Handbook of Display Technology*, Academic Press, Cambridge, 1992.

Chen, J., Cranton, W., and Fihn, M., *Handbook of Visual Display Technology*, Springer, New York, 2012.

Crawford, Gregory P., *Flexible Flat Panel Displays*, Wiley-SID, Hoboken, 2005.

den Boer, W., *Active Matrix Liquid Crystal Displays*, Elsevier B.V., New York, 2005.

Hatalis, M. K., et al., "Flat Panel Display Materials II," *Material Research Society*, PA, 1997.

Jensen, K. L., "Electron-Emissive Materials, Vacuum Microelectronics and Flat-Panel Displays," *Material Research Society*, PA, 2000.

Keller, P. A., *Electronic Display Measurement: Concepts, Techniques, and Instrumentation,* Wiley, Hoboken, 1997.

Lee, J.-H., Liu, D. N., and Wu, S.-T., *Introduction to Flat Panel Displays*, Wiley-SID, Hoboken, 2008.

MacDonald, L. W. and A. C. Lowe, *Display Systems: Design and Applications*, Wiley-SID, Hoboken, 1997.

Matsumoto, S., *Electronic Display Devices*, Wiley, Hoboken, 1991.

Nelson, T. J. and J. R. Wullert, "Electronic Information Display Technologies," *World Scientific*, 1997.

O'Mara, W., *Liquid Crystal Flat Panel Displays: Manufacturing Science and Technology*, Van Nostrand Reinhold, New York, 1993.

Refioglu, H. I., *Electronic Displays*, IEEE Press, New York, 1983.

Sasaki, A. and C. J. Gerritsma, *Optoelectronics*, Vol. 7 (2), Mita, Tokyo, 1992.

Sherr, S., *Electronic Displays*, 2nd ed., Wiley, Hoboken, 1993.

Stokes, A., "Display Technology: Human Factors Concepts," Society of Automotive Engineers, 1998.

Tannas, L. E., *Flat-Panel Displays and CRTs*, Van Nostrand Reinhold, New York, 1985.

Tsujimura, T., *OLED Displays-Fundamentals and Applications*, Wiley-SID, Hoboken, 2012.

Weston, G. F. and R. Bittleston, *Alphanumeric Displays*, McGraw-Hill, New York, 1982.

Whitaker, J. C., *Electronic Display: Technology, Design and Applications*, McGraw-Hill, New York, 1994.

Wu, S. T. and Yang, D. K., *Reflective Liquid Crystal Displays*, Wiley-SID, Hoboken, 2001.

Yang, D. K. and Wu, S. T., *Fundamentals of Liquid Crystal Devices*, Wiley-SID, Hoboken, 2006.

第 30 章　光伏基础知识、制造、安装和运营

本章作者：Jun Zhuge　Jiangsu Seraphim Solar System Co., Ltd.
本章译者：尹丽琴　江苏赛拉弗光伏系统有限公司

30.1　引言

30.1.1　太阳能的概念

太阳能是指利用技术将太阳光直接或间接地转换为其他形式的能源，比如热能和电能。太阳能具有清洁、免费且安全的特点。它是一种没有地理边界的无穷无尽的能源。

在当今世界，利用太阳能的科技多种多样。太阳能可以为飞机环游世界提供能量而不消耗一滴燃油。它可用于加热水并提高建筑物内的温度而不燃烧化石燃料。它可用于发电而不燃烧煤或煤气。太阳能的使用成为我们日常生活的一部分，遍布世界的每个角落。

30.1.2　为何选择太阳能

化石燃料是世界上最重要的能源之一，包括煤炭、石油和天然气。然而，化石燃料是非再生自然资源且通常埋在地下，因为它们是通过诸如埋藏的死亡生物的厌氧分解的自然过程形成的。因此，化石燃料的供应有限，并且它们的开采和燃烧会造成严重的环境问题。

自全球工业化扩张以来，对能源的需求不断上升。根据美国能源信息署(Energy Information Administration，EIA)的数据[1]，到 2035 年，即使全球电力需求年增长率仅为 1.7%，也至少需要建设 4000 座发电厂才能满足日益增长的全球电力需求。

这些传统化石燃料的开采过程，尤其是煤炭开采，可能导致土地和地壳的沉陷与水污染。燃烧煤和其他化石源会将对环境有害的气体排放到大气中，如二氧化硫(SO_2)、氮氧化物和二氧化碳(CO_2)。二氧化碳是温室气体的主要成分，约 90%的人为二氧化碳的排放是由化石能源消耗产生的[2]。温室气体浓度大幅增加是导致全球变暖的主要原因。自 1860 年以来，全球平均气温上升了 0.8℃[3]。另外，排出的二氧化硫和氮氧化物可以与大气中的水分子发生反应，产生酸雨，从而破坏植物，危害水生动物，侵蚀基础设施。

能源危机和环境污染已成为 21 世纪两大全球性问题。因此，人们非常期待出现一种可替代的绿色能源来解决这些问题。

30.1.3　全球太阳能市场概况

由于太阳能的清洁和取之不尽的特点，自太阳能电池发明以来就引起了广泛的关注。其应用历史可分为五个阶段[4]。

第一个时期(1954 年至 1973 年)：贝尔实验室制造了一个光电转换效率为 6%的太阳能电池。太阳能电池随后开始缓慢发展。

第二个时期(1973 年至 1980 年)：1973 年，第一次全球石油危机导致了中东战争的爆发。在此之后，许多国家，特别是发达工业国家，都试图加强对利用太阳能和其他可再生能源技术的政

府支持。同年，美国增加了太阳能研究经费。日本政府于 1974 年宣布了“阳光计划”。

第三个时期(1980 年至 1992 年)：20 世纪 80 年代，国际油价大幅下跌；然而，太阳能产品仍然维持较高的价格且光电转换效率低。因此，以美国为首的许多国家大幅削减了太阳能研究经费。

第四个时期(1992 年至 2000 年)：燃烧化石燃料导致全球环境污染和生态的严重破坏，对人类的生存和发展构成严重威胁。1992 年，联合国环境与发展会议(环发会议)通过了一系列重要文件，如“里约宣言”“世纪议程”和“气候变化框架公约”，以保护全球环境。本次会议结束后，世界各国政府宣布了清洁能源技术发展的支持政策。这促进了太阳能领域的国际合作，将太阳能技术推向了一个新的高度。这一阶段的标志性事件包括：日本在 1993 年重新制定了“太阳能项目”，美国在 1997 年提出了“百万太阳能计划”，1998 年，新南威尔士大学研发的单晶硅太阳能电池的光电转化效率达到了 25%，创造了一个新的世界纪录。

第五个时期(2000 年至今)：原油价格从 2000 年的每桶不到 30 美元飙升至 2008 年的每桶 150 美元。令人担忧的全球环境问题引发了人们对太阳能的渴望。特别是在切尔诺贝利核事故和福岛第一核电站灾难之后，人类启动或加强了一系列全球化可再生能源的研究。太阳能产业进入了一个蓬勃发展、能力快速增长的新时代。

根据国际能源署(International Energy Agency，IEA)的统计和预测[5]，全球每年的太阳能电池产量在过去 10 年中增长了 6 倍以上，年均增长率约为 50%。2006 年，全球年产量为 2500 兆瓦(MW)，2010 年达到 15200 MW，2014 年达到 50 吉瓦(GW)。世界太阳能光伏发电年装机容量从 2008 年的 6629 MW 增加到 2014 年的 45.6 GW。预计到 2030 年，太阳能将贡献全球能源需求的 10%以上，世界电力的 20%将由太阳能供应。到 21 世纪末，太阳能将占整体电力供应的 60%以上。这些数字证明了太阳能光伏产业发展的蓬勃前景及其在进一步能源供应中的战略地位。

30.2　光伏发电的基本原理

30.2.1　光伏产品的基本概念

光伏发电是将可获取的太阳光转化为可使用的电力的过程。允许进行这种转换的基本设备称为太阳能电池。目前，已经有几种不同类型的电池投入使用，包括晶体硅、非晶硅、薄膜、CIGS、CdTe、砷化镓等。在这些电池中，晶体硅是使用最广泛的，具有最高的能量转换效率。

单晶硅分子结构和电学性质

硅是地球上最丰富的元素之一，可以通过改变结晶分子结构达到控制电性质的目的。天然存在的硅是非导电体。

一般来说，物质由单个原子组成。每个原子都有一个原子核，被称为质子的带正电粒子存在于原子核中。核被多个电子轨道包围，这些电子是带负电的粒子。质子和电子的电荷彼此抵消，使得原子是电中性的。可以看到硅原子具有围绕原子核旋转的 3 层电子，两个位于最内侧轨道中，8 个位于中间轨道中，4 个位于最外侧轨道中。两个内轨道中的电子与原子紧密结合，但外轨道中的电子可以被外部能量源移动。在晶体硅中，每个原子被 4 个相邻原子包围。这些相邻原子各自共享一个电子到中心原子的外轨道，使轨道中的电子总数达到 8 个。这就是共价键(covalent bonding)。

电子是稳定的，需要能量大于 1.1 电子伏特(eV)的光子才能脱离原子核的束缚。通常，这是电磁波谱的红外区域附近的太阳光。纯硅没有足够的自由电子可以在电势的影响下一起移动从而形成电流。这也是为什么纯硅不能导电的原因。

在晶体硅的制造过程中，可以有意地以非常精确的量添加某些杂质来改变导电性。在硅中有目的地添加杂质称为掺杂(doping)。在晶体形成过程中，杂质原子通过取代过程进入晶格结构。例如掺杂磷原子，磷原子在原子的外轨道中具有 5 个电子，比硅原子多 1 个电子。磷共价键具有 9 个电子。结果，键变得不稳定，并且需要很少的能量来释放其中一个电子。室温环境下的热能足以破坏此键。具有磷掺杂的硅称为 N 型硅。

硼是用于掺杂硅的另一种常见杂质。硼原子在其外轨道上有 3 个电子，比硅原子少一个电子。这就形成了仅有 7 个电子的共价键，或者说产生允许外部电子移入并稳定下来的“空穴”(hole)。具有硼掺杂的硅称为 P 型硅。

硅(Si)PN 结和势垒电压

PN 结的制作是将 P 型 Si 连接到 N 型 Si 材料(见图 30.4)的过程。在 PN 结形成之后，周围大气中的热能足以破坏 N 型侧上磷原子周围的电子。在 P 型侧，在每个硼原子周围的轨道上有一个空穴，等待被自由电子占据。N 型侧具有高浓度的自由电子。根据扩散理论，电子将具有穿过 PN 结到 P 型侧的趋势，以便均衡浓度。如上所述，首先通过 PN 结到达 P 型侧的大部分电子很可能被硼原子周围轨道中的“空穴”捕获。电子的这种运动将持续到自由电子的浓度在整个硅衬底上变得均匀。

然而，自由电子从 N 型侧向 P 型侧的运动会引起非常严重的副作用。在电子移动之前，硅、磷和硼原子大部分都具有等量的质子和电子，是电中性的。随着电子开始离开 N 型侧并进入 P 型侧，正电位开始在 N 型侧形成，而负电位开始在 P 型侧形成。随着运动的继续，电位增加并向远离结点的方向移动(见图 30.1)。电子被吸引并被驱动到正电位。

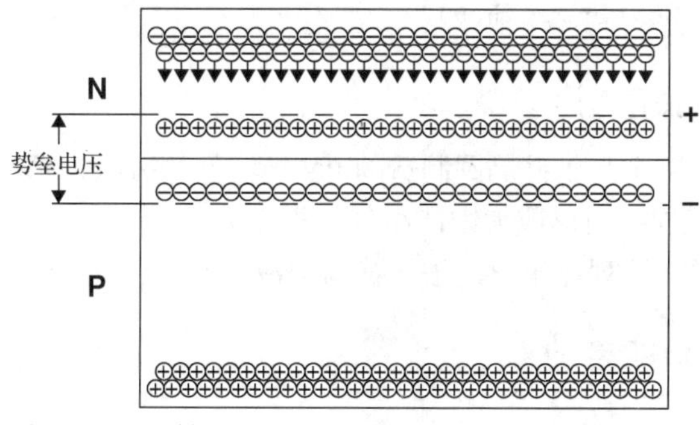

图 30.1　PN 结(Courtesy of ET Solar Energy Group.)

因此，现在有两种相反的机制在驱动这些自由电子：从 N 型侧的高浓度扩散到 P 型侧，同时电势将它们从 P 型侧(负)驱动到 N 型侧(正)。这种状态会在某个时间点达到平衡。扩散运动在电势的驱动下达到平衡之后，PN 结就达到了稳定状态。最后 PN 结会形成稳定的电场，这就是势垒电压(barrier voltage)。势垒电压是晶体硅 PN 结器件的基本特性。这是晶体硅太阳能电池工作原理的关键要素。

PN 结的光生电流和电压

正如本章开头所讨论的，为了打破 Si 原子的共价键并释放出电子，它需要能量大于或等于 1.1 eV 的光子或靠近光谱的红外区域的阳光。当 Si PN 结器件置于阳光下时，一些电子将在器件的各个部分被随机释放出来。在 P 型侧除了有由于硼掺杂产生的“空穴”，还存在由于电子的离开而产生的空穴。一些被释放的电子会重新被空穴捕获，这个过程称为复合(recombination)。其他电子将在整个器件中随机移动，直到它们到达存在势垒电压的 PN 结附近。势垒电压为这些随机移动的电子提供了一个共同的方向，即朝向 N 型侧。如果 N 型侧通过外部导线连接到 P 型侧，则电子可以通过导线离开。电子将以电流的形式到达 P 型侧，并将开始其下一次的随机移动。完整的电路是可能实现的，因为有更多的电子在阳光的照射下不断地被释放出来，并且穿过 PN 结在势垒电压的作用下定向移动。这就是太阳能电池的短路电流(见图 30.2)。

如果 PN 结器件在阳光下保持开放和未连接状态，那么在没有复合的情况下漂移到 PN 结区域的自由电子仍将受到势垒电压的影响。这些电子将进一步远离结点移动到 N 型侧，并在 P 型侧产生“空穴”。这种情况将远离 PN 结区域发生。最终，整个器件将产生稳态电位，P 端为正，N 端为负。这称为太阳能电池的开路电压，不应与结点上的势垒电压相混淆(见图 30.3)。

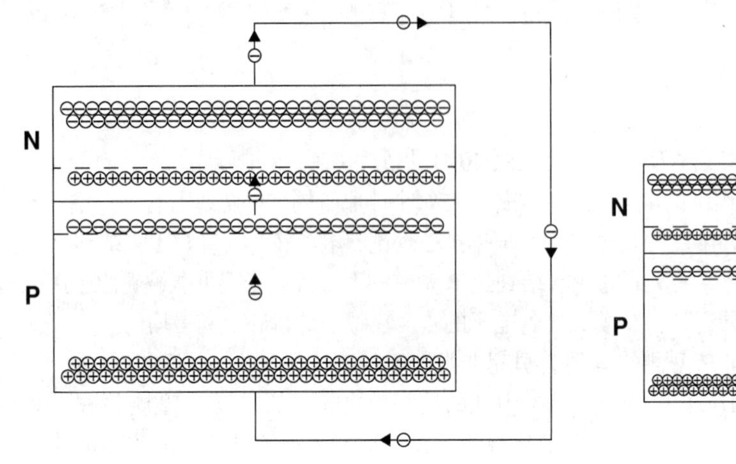

图 30.2 太阳能电池的短路电流(Courtesy of ET Solar Energy Group.)

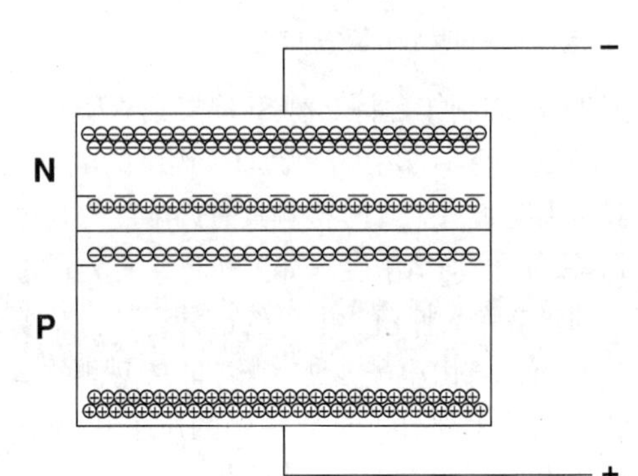

图 30.3 太阳能电池的开路电压(Courtesy of ET Solar Energy Group.)

晶体硅太阳能电池的操作概述

晶体硅太阳能电池实际上是由硅晶圆制造的 PN 结器件，并通过镀膜工艺和金属接触来提高器件效率，使得电池片相互连接而形成太阳能组件。根据需要的电压和电流，将多个太阳能组件连接在一起形成阵列。通常，阵列输出电流被转换为交流(AC)电并输送到本地电网中。

30.2.2 如何制作太阳能电池

电池工艺

太阳能电池由一片硅晶圆制成。硅晶圆有两种类型：单晶硅(单晶)和多晶硅(多晶)。很容易根据物理尺寸区分它们：单晶硅电池由直径为 6 英寸的晶圆制成，然后切割晶圆边缘以形成正方形；多晶硅电池的晶圆一开始就是 6 英寸×6 英寸的正方形。

可以将太阳能电池看作大面积二极管，具有相对较薄的发射极(N 型，厚度 d 为 0.2～2.0 μm)和较厚的基极(P 型，d 为 50～500 μm)。太阳能电池有 5 层结构：前接触层，抗反射涂层，N 型层，P 型层，以及背接触层。太阳能电池的模型结构如图 30.4 所示。

发射器位于前表面上，入射光耦合到电池中。电池将吸收足够能量的光子来产生电子-空穴对。载流子扩散到 PN 结的空间电荷区域，然后被分离，并从少数载流子转换成多数载流子。这些能量可以在电池前部和后部的金属触点处提取，以提供电力。

这里的初始材料是 P 型多晶“切割”硅晶圆，厚度为 200 μm，电阻率约为 1～3 Ω·cm。

太阳能电池的制造工艺流程如图 30.5 所示。

清洗和制绒 切片过程对晶圆表面带来很大的损伤。这就会产生两个问题：表面区域质量很差；在加工过程中，缺陷会导致大块材料破裂。约有 10 μm 的厚度将会从表面刻蚀掉以去除损坏部分。

未制绒的晶圆表面的反射率很高，超过30%，因此需要通过制绒和在表面增加抗反射涂层(antireflection coatings，ARC)来减少反射。表面的“粗糙化”并不是让入射光向周围的空气中反射，而是为了提高光线再次返回晶圆表面的概率。

图 30.4　太阳能电池的模型结构(Courtesy of ET Solar Energy Group.)

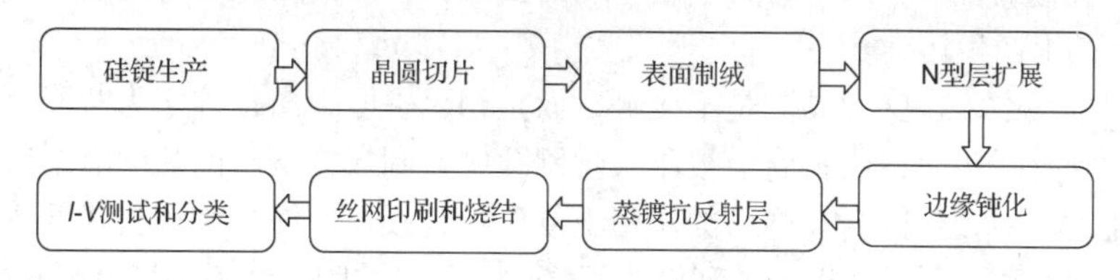

图 30.5　太阳能电池的制造工艺流程(Courtesy of ET Solar Energy Group.)

湿法酸性制绒是一种消除表面损伤、破裂，从而提高整个电池光捕获能力的过程。使用含有氢氟酸、硝酸氢盐 HF / HNO_3/ H_2O 的溶液，是为了实现同位素刻蚀，并且产生圆形的表面特征。每个表面将会除去约 5～10 μm 的硅，得到的结构是直径小至 10 pm 的均匀的小圆形凹陷。

扩散　磷通常用作太阳能电池中硅的 N 型掺杂剂。由于固态扩散需要高温，因此在加工之前表面无污染是非常重要的。在制绒之后，对晶圆进行酸刻蚀以中和残留的碱并消除吸附的金属杂质。

将电池装入石英舟中，在加工过程中将石英舟加热并保持在相应的温度。石英舟通过一端进出炉子，气体通过另一端扩散。磷元素可以通过氮气鼓泡的方式将液体磷酰氯 $POCl_3$ 加入炉内。晶圆的所有表面都将被扩散。在炉子中使用石英材料的主要好处是提高清洁度。石英管的作用类似于微环境，可防止加工过程可能造成的污染。虽然这是批量步骤，但是同样可以实现一定的产量，因为每个石英管中可以有许多晶圆同时进行扩散，商业炉可以同时堆叠 4 个石英管。

边缘绝缘和 PSG 去除　在扩散之后，无定形磷硅酸盐玻璃(PSG)残留在晶圆的表面上。通常要在稀释的 HF 中刻蚀掉 PSG，因为它会妨碍随后的处理步骤。晶圆边缘处的扩散层会导致上下电极短路，可以使用酸溶液除去该区域。酸溶液在晶圆的表面上流动，仅背面和边缘与溶液接触。

PSG 去除和边缘绝缘是在同一个工具中完成的。这提高了工艺的集成度和工作效率。在保持前表面干燥的同时，通过刻蚀电池的后侧来实现上下电极绝缘。晶圆装卸都可以自动化操作。晶圆将漂浮在酸性溶液的表面。为了控制混合物的浓度，必须谨慎选择酸浓度。另一部分操作类似于制绒过程。

防反射涂层　太阳能电池上的防反射涂层类似于其他光学设备(如相机镜头)上使用的防反射涂层。它由一层薄薄的绝缘材料组成，具有特定的厚度。这个厚度恰好使入射光和反射光异相，这样相互干涉之后反射光的能量为零。除了防反射涂层，干涉效应也是一个非常普遍的现象，如水面上的薄油层会产生彩虹状的色带，这也是光的干涉现象。

通常使用化学气相沉积(chemical vapor deposition，CVD)工艺沉积氮化硅的抗反射涂层。含有硅烷（SiH_4）和氨（NH_3）的气体被送入沉积室中，并在温度（LPCVD）或等离子体增强 CVD（PECVD）的作用下分解。也有使用微波来引起硅烷/氨反应。

表面复合会对短路电流和开路电压产生重大影响。顶部表面的高复合率对短路电流有特别不利的影响，因为顶部表面也是产生载流子浓度最高的区域。为了降低上表面的复合，通过减少上表面处硅的悬空键来达到钝化的目的。由于界面处的低缺陷状态，电子工业上使用热生长的二氧化硅层来钝化表面。对于商用太阳能电池，则通常使用诸如氮化硅的绝缘材料。

使用 PECVD 处理单晶材料的主要好处之一是它可以产生氢原子。氢原子与硅主体中的杂质和缺陷相互作用，在一定程度上抵消了它们的复合，这种现象通常称为体钝化（bulk passivation）。处理参数（温度，功率和频率的等离子体激发，气体流速）的优化非常必要，并且需要最终确定下来。处理气体的过程通过电磁场激发，晶圆位于等离子体中，并且石墨板和晶圆作为电极。

丝网印刷 对于烧结前金属化有一定的要求：对硅有较低的接触电阻，低体电阻率，低线宽，高深宽比，良好的机械黏合性和可焊性。综合考虑电阻率、价格和可用性，银成为金属电极的理想选择。铜具有类似的优点，但不符合丝网印刷的要求，因为需要进行后续的热处理。铜是高扩散性的，会在晶圆上产生污染。

在实际印刷过程中，丝网和晶圆是不接触，而是相隔一段距离，称之为断网。当橡胶刮板从屏幕的一边移动到另一边时，浆料就会被压入丝网孔中，刮板按下丝网的同时，浆料就黏附到芯片上。在刮板通过之后，丝网会在弹力的作用下复位。刮板在丝网上移动会降低浆料的黏度，从而使浆料透过丝网空隙而到达基板上。刮板离开之后，丝网关闭，浆料黏度恢复正常。

需要注意的是，银和铝的图案是不同的。

需要铝是因为银不会与 P-Si 形成欧姆接触，因此不能焊接。虽然原则上连续接触将提供更好的电性能，但大多数晶圆具有网状结构的背接触层：相比于连续层，除了节省焊膏，还不会因不同的膨胀系数而导致电池在随后的热步骤中翘曲。

需要高温烧结步骤来烧掉不需要的有机组分并使金属颗粒形成良好的导体。这将确保与底层硅的良好传导性。前浆料沉积在绝缘层上，后者接触沉积在基板上。在烧制时，前浆料的活性组分必须穿透 ARC 涂层以接触 N 发射体而不使其短路。为了符合这些要求，必须非常仔细地调整浆料的组成和该关键步骤的热性能。

***I-V* 测试和分类** 在人造光源下测量成品电池的 *I-V* 曲线，发现其光谱与温度为 25℃时太阳光的光谱相似（见图 30.6）。去除有缺陷的器件后，根据功率输出对好的器件进行分类。随后将使用相同等级的电池构建组件，以确保最小的失配损耗。

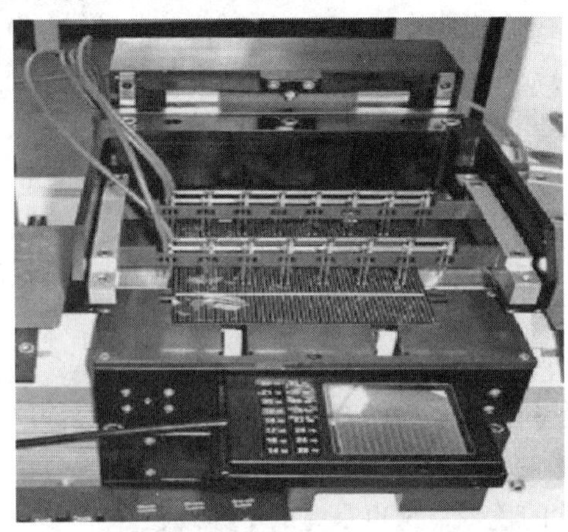

图 30.6 *I-V* 测试（Courtesy of ET Solar Energy Group.）

30.2.3　太阳能电池板的制造

传统的太阳能电池板由五层制成：玻璃，乙烯-乙酸乙烯酯(ethylene vinyl acetate，EVA)，电池，EVA，以及背板(光伏聚合材料)。每一层的特性都有助于在不同的恶劣工作环境下保护太阳能电池。因此，用于构建太阳能电池板的材料需要高质量的 EVA 和背板。太阳能电池被两层 EVA 夹在中间，前面用玻璃覆盖，背面用背板覆盖。图 30.7 给出了太阳能电池板的组件结构。

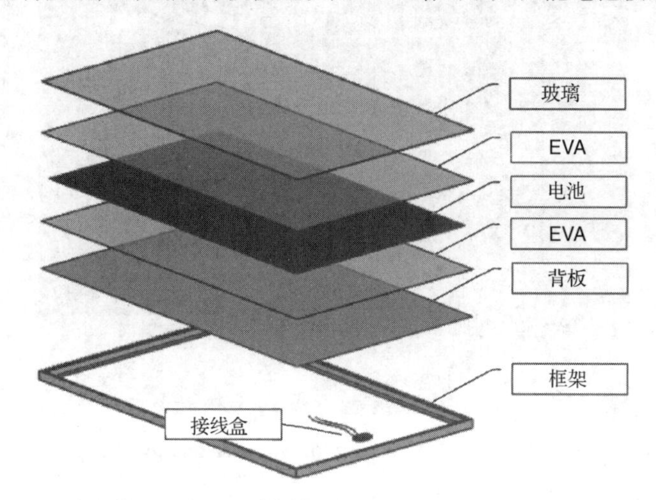

图 30.7　太阳能电池板的组件结构(Courtesy of ET Solar Energy Group.)

太阳能电池板的制造工艺流程如图 30.8 所示。

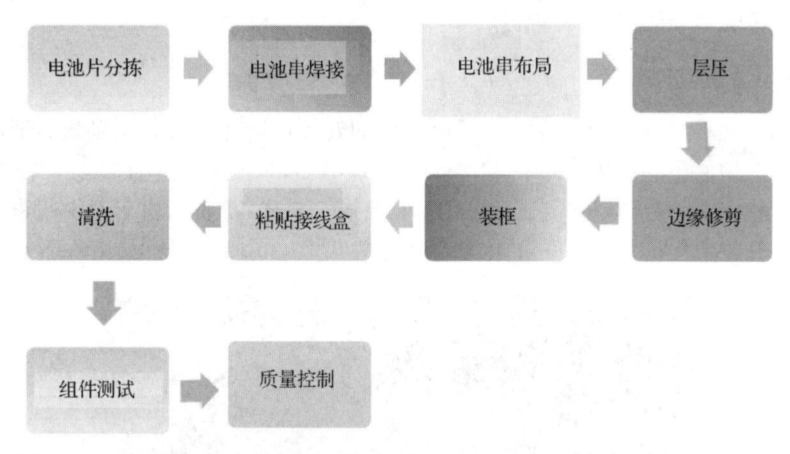

图 30.8　太阳能电池板的制造工艺流程(Courtesy of ET Solar Energy Group.)

通过布局进行单元互连

电池片首先以串联的方式组成电池串。组装时，电池串被独立地放置在处理台上。焊带位于电池片表面，因为电池片表面设计有接触位置。接触位置是电池正面的 n+栅线，背面是银条。每串电池串最多可有 10～12 片电池片，然后将其放在层压板中。在随后的过程中，单个电池串通过焊接形成具有 60 片或 72 片电池片的阵列。例如一个包含了 72 片电池片的组件就包含了 6 个单独的电池串，每个串有 12 片电池片，相邻的电池串的端部通过焊带进行连接。

组件层

一旦太阳能电池串相互连接，这组电池串就会移动到“上机”站。在上机站，一个机械吸盘将所有的电池串和各层材料分层叠放在一起，然后层压在一起以完成组件制作。

在前盖组装步骤中，将钢化玻璃放置在桌子上，然后将密封剂(EVA)放置在前盖上(见图30.9)。然后放置焊接好的电池串，接下来将另一层密封剂(EVA)和背板/盖放置在太阳能电池串上。

图 30.9　封装各层(Courtesy of ET Solar Energy Group.)

层压和固化

层压是一个利用足以熔化密封剂的高压和高温来制作组件的过程(液体密封剂的固化过程)。然后进行修剪以移除多余的 EVA 和背板。

面板组装和 *I-V* 曲线测试

在层压之前，连接电池片的布线需位于层压板的外部。这样才能利用接线盒来使电路流通、通过边框支撑和保护层压品的边缘。

一旦硅胶固化、洗涤后，就将测试面板的 *I-V* 曲线。测试 *I-V* 曲线并计算关键参数，如短路电流、电流密度、开路电压、填充因子和最大输出功率(见图30.10)。

图 30.10　*I-V* 曲线测试(Courtesy of ET Solar Energy Group.)

质量控制

在组件打包之前，生产商将进行最终检查以确保其质量。

目视检查是必要且常见的检查。通过该过程，可以检测外观缺陷。这些缺陷包括玻璃或框架上的划痕或瑕疵、背板上的凹痕和褶皱、组件内部的夹杂物和缺陷。

除了目视检查，还将进行电致发光测试，以查找视觉上无法检测的微裂纹和接触断裂。

30.2.4　太阳能电池板的类型

所有的组件都是由单个太阳能电池连接并封装而成的。太阳能组件是基于太阳能电池的基板材料组成和组装方法来分类的。

目前，主要有三类大批量生产的太阳能板型：多晶硅太阳能电池板、单晶硅太阳能电池板和薄膜太阳能电池板。

多晶硅太阳能电池板

多晶硅太阳能电池板由多晶硅制成。多晶材料是由许多不同尺寸和晶向的微晶组成的固体。

多晶硅或多晶硅电池由方形硅锭制作而成，硅锭则是通过熔融大块硅料再经冷却和凝固而制成的。

由于成本较低，多晶硅组件是光伏器件中最常用的类型，但其效率低于单晶硅组件。

单晶硅太阳能电池板

单晶硅太阳能电池板是以单晶硅锭为原料批量生产的。这种电池板具有连续的晶格结构且没有晶界。因此单晶硅具有独特的性质，其机械性能、光学性能和电学性能是各向异性的。

通常，单晶硅用于制造高性能太阳能电池。由这种大型材料制造的太阳能电池板比大多数其他类型的太阳能电池板更高效和昂贵。

薄膜太阳能电池板

随着时间的推移，光伏太阳能电池技术已经有了很大的发展。晶硅电池是第一代产品，薄膜太阳能电池是第二代产品。薄膜太阳能电池是通过在基板(例如玻璃、塑料或金属)上沉积一层或多层光伏材料制成的。大多数设计方案将活性材料夹在两块玻璃板之间，因此这些组件的质量约为晶体硅组件的两倍。薄膜电池具有柔性、质量轻、阻力小等特点，它们用于构建集成光伏器件，以及构建可以层压到窗户上的半透明光伏玻璃材料。

薄膜技术的实现成本一直比传统的晶硅技术的便宜，但是转换效率较低。但是从产品回收的角度来讲，薄膜技术的生态影响性更小。

太阳能电池板行业的创新

具有最大功率点(MPPT)、监控和关机功能的智能组件　在过去几年中，直流优化器已成为许多住宅和商业系统设计中的重要技术要素。通过将这些设备添加到每个组件中，系统设计人员可以减少因遮挡障碍造成的功率损失，并保护系统对抗因不均匀焊接或碎屑造成的长期组件失配。

例如，“ET 电池优化器组件”通过在太阳能组件的每个电池串上安装一个高度集成的电源调节器，将直流优化提升到一个新的水平。此外，还有许多不同类型的产品，例如可以在组件级别或者电池串级别进行优化，监控光伏站点的性能，以及实现电参数检测、紧急情况自动关闭和光伏系统输出智能显示等。行业将这些高级组件称为“智能组件”(见图 30.11)。

交流组件　新开发的太阳能逆变器越来越受欢迎。太阳能微型逆变器是一种将单个太阳能组件产生的直流电(DC)转换为交流电(AC)的光伏设备。微逆变器系统的主要优点是任何个别面板出现的阴影、腐蚀、雪或灾难性故障都不会不成比例地降低整个阵列的输出。

以前，安装人员必须单独安装光伏组件和微型逆变器，微型逆变器总是安装在太阳能系统的货架上。现在，太阳能电池板可以和微型逆变器封装在一起作为交流组件运输。运输交流组件必须经过认证，符合 UL 太阳能标准(UL1741)。交流组件具有许多优点，例如节省劳动力成本、避免潜在的电势诱发衰减(potential induced degradation，PID)风险、减少失配和优化功率输出。交流组件还集成了通信、监控硬件和软件的功能，因此可以远程实时查看不良性能。

图 30.11 智能组件(Courtesy of ET Solar Energy Group.)

双玻组件 传统太阳能电池板的结构设计包括：玻璃/EVA/电池/EVA/背板和铝框架。传统玻璃组件和双玻组件之间的区别在于背板材料被玻璃取代，并且是无框设计。从长期可靠性的角度考虑，双玻组件的设计有两层钢化玻璃。双玻组件具有广泛的应用，BIPV 结构使用半透明双玻组件来构建墙壁或屋顶，这样就兼具了透光和发电的双重功能。

30.3 光伏电站

光伏电站的目的就是发电，它由几部分组成：太阳能电池板，用于将电流从直流电转换为交流电的太阳能逆变器，支架，线缆，以及其他完成工作系统的配件。

光伏系统的应用范围可从小型住宅屋顶项目到大型商业建筑，发电功率可从几千瓦到几百兆瓦(大型发电厂)。如今，大多数光伏系统都是并网的，而离网、独立或混合系统只占市场的一小部分。

30.3.1 如何设计太阳能系统

太阳能系统主要由三个部分组成：光伏阵列，其他设备(balance of system，BOS)，逆变器和计量器。

光伏阵列由太阳能电池板组成，可将太阳光转化为电能。BOS 包括安装系统、布线系统、断路器、接地故障保护、过流保护、太阳能逆变器和汇流箱等。逆变器是一种从光伏阵列中获取直流电并将其转换为标准交流电的设备。此外，计量设备是测量和报告太阳能系统性能的电子设备。

客户现场检查和准备：调查当地建筑和电气规范，确认客户要求。太阳能系统设计人员可以使用少数 PV 设计软件(如 PVsyst 和 PVSOL 模拟工具)来构建满足客户要求的阵列系统。此外，这些工具可用于计算总产电量、性能比等。

30.3.2 设计软件和工具

PVsyst

PVsyst 是 PV 设计师、工程师和研究人员经常使用的设计工具。PVsyst 能以多种格式查看：

完整报告、特定图表、表格，以及可在其他软件中使用的数据。

为了启动 PV 系统模拟，必须设定站点和气象数据。对于给定项目(特定的站点和气象)，用户可以构造多个变量用于计算。在系统设计面板上，用户可以设定组件的朝向、所需的功率或可用面积，选择光伏组件、逆变器和损耗因子。之后，PVsyst 允许用户进行模拟的阵列配置。

模拟计算全年的能量分布：年产电量(MWh/y)，性能比[PR(%)]，单位输出(kWh/kWp)，主要能量，以及模拟中涉及的增益或者损失。

PVSOL

PVSOL 是业界用于系统设计和模拟的另一种常用的设计工具。

PVSOL 将系统划分为三种不同类型：离网系统、网格系统和混合系统。PVSOL 具有构建和模拟带负载的电池存储系统的功能。丰富的负载类型和详细参数是其重要特征之一。此外，它还可以计算自我损耗。

用户可以选择和定义方向、组件类型、逆变器和损耗因子，然后得到模拟结果。除了电能输出数据，PVSOL 还可以进行经济效率计算，这对光伏投资者来说具有非常重要的价值。

30.3.3　建设太阳能系统

建设太阳能系统分为三个阶段：工程设计、采购和施工。工程设计要建立满足客户需求并符合当地建筑特点的规范。采购所有必要的材料，并按时交付到项目现场，以满足工期需要。施工则根据当地政府批准的工程设计和布局来建造项目。

设计和安装光伏系统是一个非常复杂的过程，涉及许多变量，如地理位置、天气情况、建设环境等。建设太阳能系统的流程如下：

- 进行现场勘察
- 查看当地政府的建筑和电气规范
- 设计和布局光伏阵列
- 模拟年度电能产出和项目投资回报率
- 施工安装
- 调试和电路连接

30.3.4　安装太阳能系统

安装安全

太阳能组件暴露在阳光下时会产生电能。对于每个组件，直流电压可能超过 30 V，电流最高可达 8 A，如果组件串联连接，则总电压等于单个组件的电压总和。如果组件并联连接，则总电流等于各个组件或串联组合电流的总和。为了在安装过程中保持现场安全，所有组件都覆盖有不透明材料，以防止产生电流。

每个组件制造商都通过其网站发布安装说明和安全预防措施。在安装之前，应该阅读并熟悉其安装和安全流程。应该把具有相同额定输出电流的组件串联，将具有相同电压输出的组件并联。

对于光伏系统中使用的其他设备，必须选择合适的设备以满足额定值和当地规范，包括连接器、接线和安装硬件等。还必须遵守所有其他组件的安装说明和安全预防措施。在确定元件额定电压时，组件的短路电流和开路电压应乘以系数 1.25，还要确定导体载流量、保险丝尺寸及连接到组件或系统输出的控制器尺寸。额外的 125%的倍增系数(80%降额)也可能适用。

安装方向和位置

安装组件时，应将组件面向阳光直射的地方。通常建议组件面向赤道；因此，在北半球表面应朝向南方，而南半球则朝向北方。通常组件与地面之间的角度应为当地纬度 ±5°～±10°。

组件不应安装在设备附近或者可能产生或收集易燃气体的地方。组件也不应安装在水中或长期暴露于有水的位置。

太阳能电池板安装方法

安装太阳能电池板有两种首选方法：螺栓或夹具。

螺栓方法 组件必须由至少 4 个通过安装孔的螺栓连接和支撑。大多数安装都是使用组件框架上的 4 个内部安装孔。

根据当地的风雪载荷，可能需要额外的安装点(例如，如果雪载荷高达 5400 pa，则可能需要使用 8 个螺栓)。

夹具方法 如果使用组件夹具固定组件，则夹紧螺栓上的扭矩应在 8～10 N・m 左右。

在一般的夹紧区域中，应使用至少 4 个组件夹具，长/短框架侧各两个。

根据当地的风雪载荷，可能需要额外的组件夹具(例如，如果雪载荷高达 5400 pa，则应在长框架上使用 8 个夹具)。

接线和连接

接线盒中使用了两根标有极性的电缆。在电缆的一端，正极(+)电缆连接阳极(+)连接器，负极(–)电缆连接阴极(–)连接器。通过将组件的阳极连接器牢固地插入相邻组件的阴极连接器中，可以轻松地连接相邻组件，直到连接器完全就位。电缆和连接器的设计用于快速安装，因此组件可以轻松地互连。

在安装电缆的过程中，应采取预防措施。连接器应保持干燥和清洁，并确保连接器盖拧紧。请勿尝试与潮湿、脏污或其他有缺陷的连接器进行电气连接。避免阳光直射和水的浸润。连接错误可能导致电弧和电击。检查所有电气连接并使其完全啮合并牢固锁定。

将组件串并联连接到配电箱时，请使用合适的第三方光伏系统连接器，并使用合适的电缆(PFV)长度。现场接线应使用经批准用于 PV 组件最大短路电流的合适横截面面积。建议安装人员在直流接线光伏系统中使用耐日光电缆(PVF1 型)。建议最小电线尺寸应为 4 mm^2，并且必须遵守当地的国家法规和规定。

接地

所有组件框架必须正确接地，符合当地所有电气规范和法规。需要使用黏接或齿形垫圈与阳极氧化铝框架进行适当且可靠的电气接地连接。用于光伏组件的接地金属框架的设备可以将组件的暴露金属框架连接到接地安装结构。对于设备接地，建议在所有光伏系统安装期间，PV 组件阵列的负极接地。这将使那些位于炎热、高湿度气候和最高系统电压的光伏电站具有最佳性能。

30.4 维护和操作

30.4.1 工厂维护

安排关键设备(光伏电池板、导轨、接地端子、逆变器、直流汇流箱)的目视检查，以确保设备处于良好的运行状态。光伏电池板需要进行除尘除雪，并且需要减少植被以避免遮挡光伏电池板。

PV 板表面的尘土会导致能量损失。清洁维护设备是成本和能量损失之间的平衡点。在实际中，干燥期间需要更频繁的清洁，因为此时可能积聚污垢和灰尘。而降雨可以提供自然清洁。

在特定环境条件中，如光伏电站周围的工业烟尘或油脂残留物等，可能需要更频繁的清洁和使用特殊清洁剂。

使用干净的水和柔软的海绵或布清洁。如果需要，可以使用温和的非磨蚀性清洁剂，不要使用洗碗机清洁剂。光伏组件的玻璃表面上不要长期有水。

为了保持最大的发电量，PV 组件清洁通常安排在早晨、傍晚或非日照的日子。

清雪

由于存在损坏组件或支架的风险，以及相应的高成本，清雪工作很少见。在实际操作中，当雪的质量威胁屋顶并且可能导致倒塌时，在屋顶 PV 系统中考虑清雪。

植被减少

草和树木在特定气候下生长迅速，因此产生阴影而导致能量损失。如果采用化学处理，则必须考虑当地法规。当切割或修剪的成本很高时，甚至在 EPC 之前就必须考虑替代方法。

测试和测量

便携式 PV *I-V* 测量设备和绝缘测试仪随时可用。红外成像仪可用于在需要时寻找热斑。

安全和保障

光伏系统中存在高直流或交流电压，可能有导致人身伤害的高风险。每个带铝框架的光伏电池板都需接地，所有电气设备(汇流箱、逆变器、变压器、开关柜等)都有接地电缆。并需要定期进行目视检查和测量，以确保所有接地点都处于良好状态。

视频监控在大型光伏电站中很受欢迎，用以保证贵重资产的安全。入侵检测可以应用于围栏线和入口门。要求或设计变更取决于电站所有者或当地法规。安全监视系统的维护也是必要的。

30.4.2　大型光伏电站的高级维护和运行

从小型到大型光伏电站，对每一块太阳能电池板和关键设备进行可视检查至关重要，因为这是实现电池板最佳性能的重要保障。例如，参考在北卡罗来纳州建造的 ET Solar 30 MW 的太阳能发电厂。在占地 200 英亩的场地上共安装了 35 000 块太阳能电池板和 1000 台串式逆变器。这个大型光伏电站以其最大功率发电和最小停机时间的优良性能运行，这对投资者来说非常重要。

远程监控和诊断操作控制中心可以用来监控每个太阳能电池板的每日、每月和每年的性能，并可进行远程问题诊断，这有利于降低运营成本和提高工作效率。

为实现上述目标，相关措施如下。

- 运营：定义为监控光伏电站关键参数、故障诊断和识别、维护计划设置、评估维护结果并创建月度、季度、年度报告。
- 维护：定义为修复故障并对 PV 组件进行如清雪和减少植被等预防性定期维护。此外，还需根据制造的维护手册进行测试和测量，分析光伏组件的性能、逆变器的接地和绝缘及汇流箱、变压器等的性能。日常维护中必须进行安全检查。
- 先进的操作和维护：定义为运营和维护，这需要基于数据挖掘的改进和改造、远程监控和诊断及预测性维护的高技能工程能力。资产、保修、保险和融资管理对光伏电站的运行也至关重要。

光伏电站主要通过对关键设备(如电能表、变压器、逆变器、直流汇流箱、光伏串、通信设备等)参数的监控，实现光伏电站的现场运行。

这些参数可以通过监控软件系统提供的趋势图和数据表来查看。

了解设备的操作原理和正常的数据范围，对于确定它们是否处于良好状态至关重要。监控系统可以通过短信或电子邮件向用户提出警告或发出警报。

30.5 光伏发电的未来前景

全球变暖是我们日常生活的主要威胁。在世界各地，人们正面临更频繁和严重的干旱、洪水、火灾和风暴。全球气温上升，动物被迫迁徙到较凉爽的地区。持续升高的海平面成为人类生活的新威胁。

太阳能是当今全球变暖危机中最有效的替代解决方案。政府和私营企业正在共同开发技术，以提高光伏转换效率，使太阳能系统更加智能，成本更低。新开发的 PERC 太阳能电池技术可将太阳能电池效率从目前的 17%提高到 20%。预计到 2025 年，电池效率将高达 40%。

从系统的角度来看，像 ET Solar 这样的公司已经开发出太阳能电池优化器等智能组件。在太阳能电池串之间组装的智能集成电路(IC)芯片可以增强太阳能电池板的功率输出。一些太阳能电池板还包含内置通信设备，与光伏电站控制中心通信，以提高电力输出效率。

由于太阳能电池效率的提高和价格的降低，光伏技术已被消费类产品广泛采用，如建筑制冷和供暖系统、电力电动汽车、路灯等。可见光伏产业前景广阔。

30.6 参考文献

1. U.S. Energy Information Administration, Annual Energy Outlook 2014 with projections to 2040, Washington D.C., http://www.eia.gov/forecasts/aeo/pdf/0383(2014).pdf.

2. U.S. Energy Information Administration, Natural Gas 1998: Issues and Trends, Washington D.C., http://www.eia.gov/pub/oil_gas/natural_gas/analysis_publications/natural_gas_1998_issues_trends/pdf/chapter2.pdf.

3. NASA Earth Observatory, Michael Carlowicz, Global temperatures 1885–2014, http://earthobservatory.nasa.gov/ Features/WorldOfChange/decadaltemp.php.

4. Javier Campillo and Stephen Foster, "Global Solar Photovoltaic Industry Analysis with Focus on the Chinese Market," Mälardålen University, Sweden, May 2012, http://www.diva-portal.org/smash/get/diva2:127961/FULLTEXT01.pdf.

5. International Energy Agency, "Technology Roadmap of Solar Photovoltaic Energy," 2014 edition, Paris, France, https://www.iea.org/media/freepublications/technologyroadmaps/solar/TechnologyRoadmapSolarPhotovoltaicEnergy_2014edition.pdf.

第五部分　气体和化学品

第 31 章　气体供应系统

本章作者：Kenneth Grosser　Air Liquide Electronics US
James Mcandrew　Tracey Jacksier　Air Liquide, Delaware Research & Technology Center
本章译者：殷昊　液化空气(中国)投资有限公司

31.1　引言

气体供应系统作为给半导体机台供应高纯气体的主要设施，正变得越来越重要。气体供应系统的主要功能和目的是在不引入污染的前提下将工艺用气供应至工艺机台。目前，半导体工厂对于供给机台的某些气体中空气杂质的含量指标要求已低至 10^{-9}(ppb；体积或摩尔百分比)级别。

气体供应系统通常由以下主要子系统构成：

- 气体生产单元，包括现场制气系统及不在现场生产但需要输送至现场半导体生产装置的其他气体输送系统。
- 供气端口(POD)，气体经过调压和过滤后接入气体供应管网的端口。
- 用气端口(POU)，气体供应系统的主要或次级管网上所预留的、带有阀门供机台连接的端口，一般位于制程车间的下层。
- 机台间的连接管路，或从用气端口连接至机台的管路。

过去，气体供应系统一般常用于大宗气体(氩、氮、氦、氢、氧等)及使用高压气瓶供应的特种气体(见 31.10 节)，而近年来也越来越多地应用于无水氨气(NH_3)、无水氯化氢(HCl)、硅烷(SiH_4)、三氟化氮(NF_3)及二氧化碳(CO_2)等大宗特种气体的供应。

根据半导体工厂对于气体用量和纯度的不同要求，常规大宗气体有多种供应模式，包括：

- 对于低温液化气体如液氮、液氢、液氩及液氧等，可以使用绝热式低温液体槽车运输至客户现场并存放于现场的低温储罐中。
- 对于氢气和氦气，通常使用高压[压力达 15～20 MPa(兆帕)]长管拖车运输和供应。
- 对于氦气用量较大的工厂，也可以采用低温液氦的方式对氦气进行运输和供应。
- 在现场设立制氮机以供应气氮。
- 在现场设立空分装置，将空气液化并分离为氮、氧和氩。这种模式不但可以现场生产供应液氮和气氮，还可以生产其他液态气体。而所生产的液氮也可储备于现场储罐中作为后备，并在需要时汽化后供给客户。

对于特种气体，采用大宗气体供应模式进行供应相比于传统的高压气瓶方式供应有不少优势，包括单位气体供应成本更低、便于在线分析监控及不易变质等。

大宗气体供应模式的优势还在于可以长时间为众多机台提供同样品质的气体，这样的方式更便于控制，也有助于保证机台的工艺稳定性。半导体制程极易受到所使用气体品质的影响，进而导致产品质量和一致性的下降，因此稳定可靠的气体供应是半导体工艺提升的保障。

此外，采用大宗气体供应模式、减少气瓶更换的另一大好处是，可以有效减少或消除水分和空气对系统的污染。腐蚀性气体因其固有的反应活性被广泛应用于半导体制程中，但这种反应活性同时也是对气体供应系统的挑战。这些高反应活性的气体易与氧或水反应形成颗粒及其他污染物，从而影响气体本身纯度，并污染气体供应系统。例如，硅烷（SiH_4）易与氧反应形成二氧化硅（SiO_2）颗粒。此外，当某些反应活性气体，如卤化物（HCl、HBr、WF_6 等）与氧和水共存时，可能腐蚀气体供应系统，并产生颗粒和挥发性金属污染物。在腐蚀性气体供应系统中，为减少气体盘面和供应系统内部受到腐蚀的可能性，其中一个重要手段就是控制系统中的水分含量。而控制系统中水分含量的关键包括：

- 控制气体本身的水分含量。
- 在气源与供气盘面间加装纯化器（内装分子筛等与该气体兼容的吸附剂）对气体进行干燥。
- 在气体供应盘面上设置有效的自动吹扫系统，对气源和供气盘面间的管路（通常称为猪尾管）进行抽真空并用经过纯化的吹扫气进行循环脉冲吹扫。
- 对于液化气体，还必须将气源（如气瓶等）加热至足够的温度。如果加热温度不够，可能导致液相物质进入气体系统中，从而带入大量的水分及其他污染物。

由于水分子的极性较强，极易吸附在管路和配件的内表面，因此当气体供应系统破空时，大量水分会进入系统，并残留在系统内。这些吸附于管路和配件内的水分会与随后进入系统的气体发生反应。因此，需要在气体供应系统上设计严格的吹扫程序，以尽量减少系统内残留的水分和空气杂质。

通常，半导体工厂对于每一种气体均拥有不止一套的气体供应系统，并互相隔离以避免系统间的交叉污染。常见的大宗气体供应系统包括：

- 工艺氮气或超纯氮（在制程中与产品直接接触）系统。
- 非工艺用氮气（通常纯度较低）系统。
- 公用工程用氮气（有严格的最低纯度指标要求）系统。
- 工艺氩气系统。
- 焊接氩气系统：用于管道焊接的另一套氩气系统，一般用于增加新的工艺机台。
- 工艺氧气系统。
- 公用工程或非工艺用氧气系统。
- 工艺氦气系统。
- 检漏氦气系统。
- 工艺氢气系统。
- 尾气处理（燃烧炉）用氢气系统。
- 非工艺用 CDA（无油干燥压缩空气）系统。
- 用于步进式光刻机的高纯 CDA 系统，由于空气的特性（特别是折射率）对于光刻工艺非常关键，因此无法用氮气代替。

需要特别注意的是，“超纯”和“高纯”这两个术语在整个半导体和电子行业中被广泛使用，但并没有一个公认的定义和界定。每个半导体制造商基于他们对漏率、纯度、压力、温度、流量等指标的要求，对于“超纯”和“高纯”都会有不同的定义。这些指标不但因客户而异，因地区而异，甚至在同一半导体制造商的不同工厂间也会存在差异。

近年来，对于大宗气体的纯度指标要求变得越来越严格。在 20 世纪 60 年代，对于大宗气体的纯度要求通常为杂质含量 10^{-6}（ppm）级别（体积或摩尔百分比），甚至仅用“几个九”来规定纯度。而如今，对于杂质含量的指标要求已经低至 10^{-9}（ppb）级别。此外，洁净室的洁净度指标要求也同样有所提升。早在20世纪60年代，本章一位作者的父亲就已经预见了这种情况。他当时在洁净室工作(该洁净室采用10 μm或更大尺寸工艺加工51 mm晶圆)，某一天回家时，他告诉全家人洁净室开始禁止吸烟了，因为烟气微粒可能会影响产品质量和良率。而到了20世纪90年代，出现了对于气体纯度过度要求的倾向，对于气体纯度的指标要求随着半导体制造路线图上各个节点的技术发展而自动提高，这导致很快就会出现杂质含量为10^{-12}(ppt)级别的纯度要求。但值得庆幸的是，当在一些特殊案例中已经开始出现杂质含量为10^{-12}级别的纯度要求时，终于有了公认的、有科学依据的纯度指标规则。

尽管目前对于钢瓶包装的气体产品仍然在使用“几个九”的纯度规格，例如，“六个九”或“6N”代表气体纯度为99.9999%。但对于气体产品中需要关注的某些特定杂质的含量，依然需要明确为10^{-6}或10^{-9}级别，特别是在并非所有杂质均被完全列出时。例如，一些使用者将氮气作为氢气中的杂质而关注其含量，而另一些则完全不关注氮气，此时他们所提出的“几个九”的纯度规格就完全没有可比性。

总而言之，“高纯”或“超纯”只是用以区分的概念，只适用于特定客户和特定产品。

31.2 气体供应系统设计原则

对于合理的气体供应系统设计，其关键是满足使用者的需求。在设计气体供应系统时，首先需要保证所供应气体的纯度，还需要考虑机台使用期间的气体供应可靠性，以及未来维修的便利性和改造(增加、更换或重新布置机台)的灵活性。

设计气体供应系统所要遵循的基本原则如下(后续还会做进一步的具体讨论)。需要注意的是，本节内容中所述及的“无”通常仅表示接近所能达到的最小量测极限。

- 系统无泄漏，以避免环境空气吸入或渗入系统造成污染。
- 系统无渗透，无其他气体引入，以避免外部杂质进入系统造成污染。
- 系统无死区，防止气体中杂质在停滞区域累积。
- 避免颗粒污染，包括减少可能的颗粒源，避免颗粒进入系统(主要在初次安装后)及系统易于吹扫清洁。
- 避免水分污染，以防止水分造成的干扰，包括在系统中使用相对洁净的材料(如使用内表面光洁的不锈钢管，以减少接触水分的表面积)及有效的系统吹扫等。
- 系统内表面钝化无反应活性，以减少水分附着，便于水分的吹扫去除，以及防止受到反应活性气体腐蚀。
- 基于流体力学原理进行系统设计，以防止静态区域的杂质累积。
- 对于反应活性气体，需要在气源侧提供足够的热量，保证该气体以气相的方式进行输送，避免其在系统中冷凝。反应活性气体冷凝所形成的液滴会显著加剧腐蚀，同时还会将气源中的杂质带入系统。

而要实现这些目的，必须从以下方面进行考量：

- 气体供应系统布局(例如循环状、辐射状、鱼骨状等)合理。
- 阀门的种类和分布合适。
- 系统压降符合使用要求。
- 合理设计以保证系统开机和调试时间最短。
- 让具有长期运行和维修经验的运行人员尽早参与到系统的设计、建造及调试工作中并提出改善意见。

● 对系统进行长效管理，从而在整个系统设计使用寿命期间有效防止污染，保持纯度。

大宗气体供应系统的设计通常采用以下三种模式之一(见图 31.1)：

● 循环或梯级分配系统
● 辐射型分配系统
● 鱼骨型分配系统

循环或梯级分配系统一般会设计一条围绕整个系统的主管线，或连接所有次级管线和支管的两条主线，这一设计有助于保持整个系统的压力平衡。

通常认为循环或梯级分配系统可以有效保证系统内的气体质量，但事实并非如此。实际经验和理论计算的模拟结果均表明该类系统内部可能存在静态死区[1]，这使得吹扫系统变得非常困难，无论是在系统初始启用时还是在日常运行中。

对于这一现象可以直观理解为，系统内必须存在压差才能促使气体流动，但在整个循环或梯级分配系统内压力相对均衡，某些区域更是几乎没有压差，从而减弱了气体的流动，在这些区域就形成了静态死区。

因此在采用循环或梯级分配系统之前，必须仔细考虑和评估其优势和弊端。

辐射型分配系统(见图 31.1)通常由一条主管线及给机台供气的一系列次级管线和支管组成。在每条次级管线的末端还会设置采样阀或放空阀。

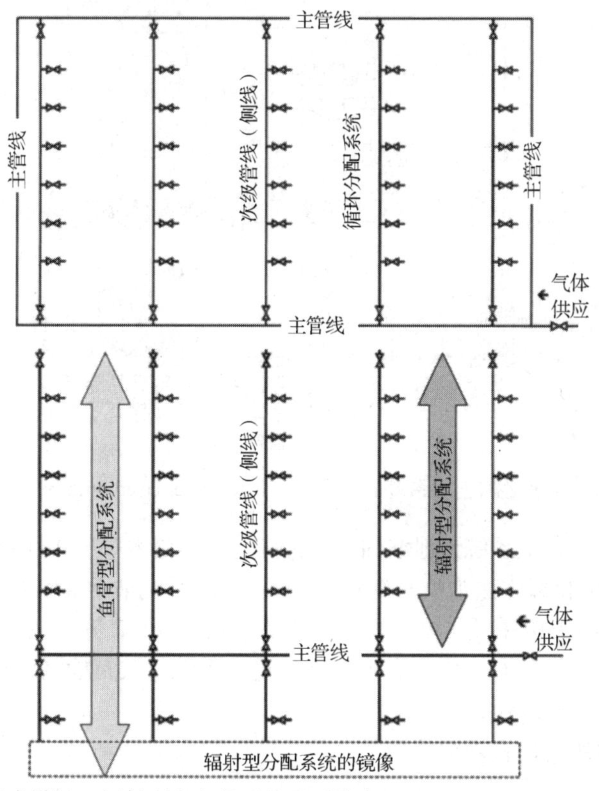

图 31.1　循环或梯级、辐射型和鱼骨型分配系统(©Air Liquide. Used with permission.)

当所连接机台未用气或次级管线的末端未连接机台时，辐射型分配系统同样易受静态死区影响，但在系统启动或运行过程中有污染物进入系统时，可以非常方便地进行吹扫。只需从最接近气源的次级管线开始依次打开每条次级管线的末端放空阀，即可对整个系统进行安全吹扫。

对于压降问题，只需选择适当尺寸的次级管线或在连接机台处安装 POU 调压阀即可以有效解决。

鱼骨型分配系统与辐射型分配系统相似，只是在主管线的两侧均设有次级管线(见图 31.1)。鱼骨型分配系统的主管线类似鱼的脊柱，从脊柱的两侧延伸出“骨头”(支管)。

实际上这类系统在吹扫时与辐射型分配系统有着相似的特性，只需按照与辐射型分配系统相同的次序依次对每条次级管线分别进行吹扫即可。

31.2.1　无泄漏系统

避免所供应气体从系统中泄漏对于气体供应系统来说十分重要，而防止环境空气漏入系统也同样重要(漏入最多的是水、氧气和氮气，以及少量甲烷、一氧化碳、二氧化碳和氢气)。

一种常见的误解是，如果管路内压力较高，则气体分子将仅从系统内部向系统外部运动，但其实气体移动最主要的推动力是分压。例如，环境空气中氮气的分压是 78 KPa(千帕)，而纯化后的氩气系统[假定氮气含量小于 1×10^{-12}(V/V)]中氮气的分压接近零，则环境空气中的氮气会在 78 KPa 的分压推动下进入系统。由于环境大气的组成和性质，根据泄漏路径模型可知环境空气极易漏入系统。

图 31.2 展示了使用 API-MS[2](大气压离子化质谱)分析仪对两个平行安装的过滤器出口气体纯度状况进行测量的结果。当高纯氮气仅流经过滤器 A 时，测量结果显示所有杂质含量均低于 1×10^{-12}(V/V)。而当气体平行流经两个过滤器时，部分空气杂质的测量结果超过 10×10^{-12}(V/V)。造成这一情况的根本原因是过滤器 B 的外壳垫圈存在泄漏(通过保压测试未能发现)。

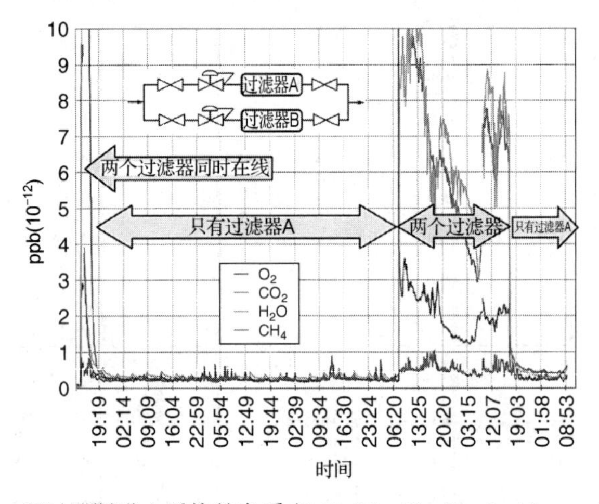

图 31.2　通过泄漏进入系统的杂质(©Air Liquide. Used with permission.)

半导体行业对于气体供应系统无泄漏的判定标准通常为漏率小于 1×10^{-9} atm·cc/s(大气压・立方厘米/秒)。较为常见的检漏方法为喷氦氦检，这种方法将系统抽至真空后，使用带喷嘴的移动式氦源将氦气喷在每个可能的潜在漏点处(阀门、焊点、接头、仪表等)，然后使用氦质谱检漏仪在管道末端进行检漏。如果系统存在泄漏，氦气将会进入系统并被氦检漏仪检测到，检漏结果以漏率方式显示 ，单位一般为 atm·cc/s。

对于不同的漏率量级可以直观解释为

- 当漏率为 1 atm·cc/s 时，在标准温度和压力下，仅需 1 秒即可漏出 1 立方厘米气体。
- 当漏率为 1/10 atm·cc/s(或 1×10^{-1} atm·cc/s)时，漏出 1 立方厘米气体需要 10 秒。
- 当漏率为 1/100 atm·cc/s(或 1×10^{-2} atm·cc/s)时，漏出 1 立方厘米气体需要 100 秒。
- 当漏率为 1×10^{-9} atm·cc/s 时，则

- 需要 10^9 秒(31.7 年)才能漏出 1 立方厘米气体。
- 需 897 921 年才能漏出 1 立方英尺的气体。
- 需 31 709 799 年才能漏出 1 立方米气体。

喷氦氦检方法的检测限可达 1×10^{-11} atm·cc/s，因此非常适合用于进行 1×10^{-9} atm·cc/s 级别的检漏。

尽管有时也会采用吸氦氦检方法进行氦检(在系统内充入氦气或含有百分比级别含量氦的混合气，使用移动式氦探头对潜在漏点进行检漏)，但此方法存在较大的局限性。吸氦氦检方法的最大灵敏度不会超过该区域内大气中的氦气含量(换算成漏率大约为 1×10^{-6} atm·cc/s)。此外，一旦将氦气充入系统，氦气会渗透至系统中阀门和调压阀等部件的底座材料中，随后又重新释放出来，造成氦检时出现误报，影响检漏的灵敏度和可靠性。

总而言之，在建造气体供应系统时，目标不仅是安装阶段无泄漏，还要通过选择合适的部件、安装方法和维修程序，确保整个系统在设计使用寿命期间无泄漏。

31.2.2　无死区系统

死区是指气体供应系统中气流近乎静止的区域。系统死区及从支管末端至阀门间的死角的示例如图 31.3 所示。

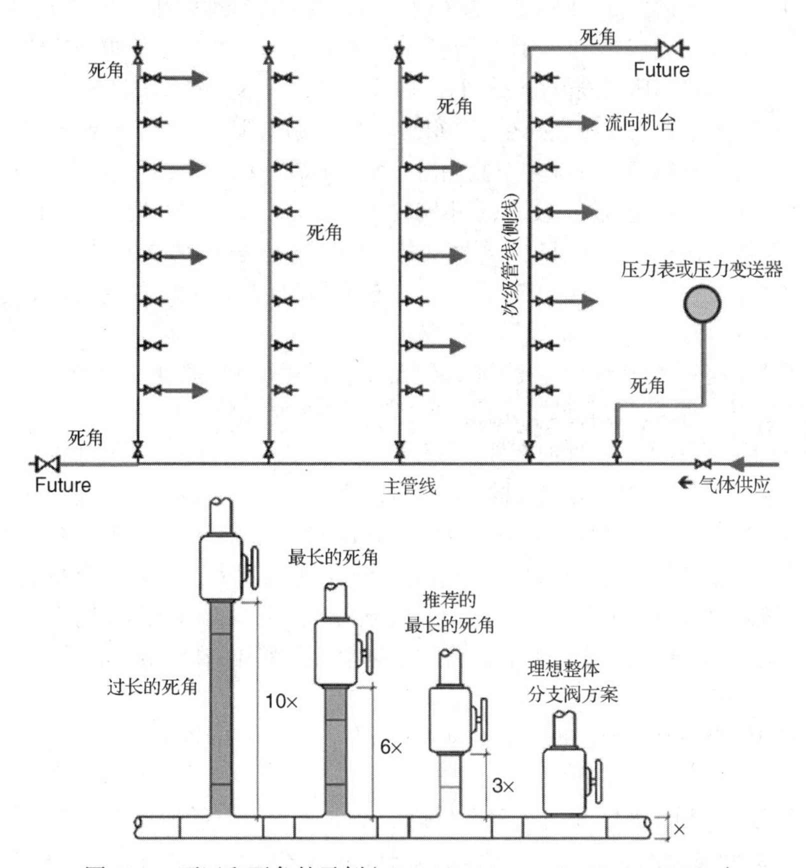

图 31.3　死区和死角的示例(©Air Liquide. Used with permission.)

气体供应系统的死区或死角并非总是显而易见的，常见的死区或死角还包括用于连接压力表或压力变送器(PT)的细管，未连接用气机台的支管及预留的接口等。图 31.3 展示了一些死区和死角的示例。

气体供应系统中的这些静态区域极易产生污染物的积聚，尤其是从管道内壁或阀门、调压阀及单向阀等的阀座材料所析出的水分(或由气体带入)极易在这些区域积聚。当系统内出现湍流或压力波动时，这些静态区域或死角被扰动，导致大量的污染物从中逸出并被气流带至机台。

当气体供应系统首次安装时或者在运行期间受到严重污染后，这些死区或死角的存在使得系统极难被吹扫干净。

因此，在设计气体供应系统时，应尽量减少可能的死区、死角及静态区域，这将大大加快系统的吹扫速度，同时也有助于保持机台端的气体纯度。

如果系统的某些部分无法仅靠气体直流吹扫干净，那么最有效的方法是进行脉冲置换吹扫(向系统内充压，然后泄放至微正压，如此循环往复)。脉冲置换过程中当系统处于低压阶段时，死角的污染物会逸出，继而随气流排出。这种方法需要人为干预，但比被动的直流吹扫速度更快、效果更好。

31.2.3 无颗粒系统

众所周知，颗粒物的存在会对设备的性能造成严重影响。因此，在制程中必须保持系统洁净以避免颗粒进入气体管线。典型的气体供应系统一般会在供气端口(POD)处设置过滤器，过滤器的种类和性能的详细信息请参见 31.3 节。为了便于对过滤器进行维修和更换，可设置平行的两组过滤器和调压阀，且其中任意单独一组均可满足最大设计流量下的过滤要求。这样在有必要时，可以将其中一组过滤器和调压阀隔离出来进行维修或更换，而不影响系统供气。

但设置两组平行过滤器的复杂之处在于，很难将两组调压阀精确调节至完全一样的输出压力。两侧系统不同的压力会使得气流向其中一侧偏流，而流量较小的另一侧则近似死角，从而导致两组过滤器的负荷不同，进而造成两组过滤器不同的压降。为了平衡这一情况，可以定期对两侧调压阀的压力进行调整，使气体在两组过滤器间交替流动，这就是前馈控制。

选择合适的管路材料、部件(见 31.3 节)和安装方式(见 31.5 节)对于控制气体供应系统中的颗粒物至关重要。在选择时应主要考虑以下三个方面。

1. 管道内壁应足够光滑且经过钝化(例如电抛光)，以保证不会产生、累积或释放颗粒。这样既便于系统的初始吹扫清洁，也有助于在整个运行过程中保持系统洁净。

2. 应选择与管道具有类似特性的部件，以便于颗粒的吹扫，且底座材料不会累积颗粒。

3. 在每个机台入口处设置 POU 过滤器，这样可以从根本上避免颗粒随气体进入机台。而合理设计的气体供应系统能够有效减少颗粒的进入，从而保证 POU 过滤器可以持续正常使用而无须更换。

颗粒物的另一个来源是工艺机台内部的气体处理器本身及处理过程。机台制造商在设计工艺机台内部的气体处理器或气体处理系统时需要遵循与气体供应系统同样的原则。否则即使送入机台的是不含颗粒的气体，仍可能会有颗粒进入工艺制程。除颗粒物外，其他可能影响工艺制程的杂质也存在类似的情况。

除此之外，颗粒物还有其他多种来源，包括各部件上所残留的来自生产过程的颗粒，安装过程中暴露于大气环境中所沉积的颗粒，管道焊接过程所产生的及管道切割焊接后未充分清理所残留的颗粒，任意两个不同表面之间的摩擦(如阀门、调压阀和流量控制器的动作)所产生的颗粒，过滤器被穿透后未能滤除的颗粒，以及新增阀门或者改造气体供应系统所产生的颗粒等。

31.2.4 水分作为杂质的特殊性质

水分和气体供应系统中的各个部件及材料之间的反应与其他所有杂质都不同，因此有必要单独对其进行讨论。

水是一种黏附性较强的极性分子，极易附着于所接触的表面，这是由水分子间存在的极强的吸引力，也就是表面张力导致的结果(可以看成水在表面上形成了水珠)。而水的这种黏附特性使得水分很难从气体供应系统中被除去。常见的去除水分的方法是用干燥惰性气体［例如含水量小于 1×10^{-12}(V/V)的氮气或氩气］进行脉冲置换吹扫及加热烘干。而要对气体供应系统进行加热，常用的方法包括使用热的气体进行吹扫或直接对系统进行加热，如使用热风机或伴热带等。需要注意的是，使用热的气体进行吹扫的方式所能加热的距离较短且加热速度较慢。因此，采用直接对系统进行加热的方式更为可取，但加热的时候要注意不要超过各部件(如阀座、垫片、压力表、压力变送器)及过滤器等的最大工作温度。

润湿表面(气体供应系统中与气体接触的区域)所附着水分的量与该表面的材料构成及表面积有关，这将在 31.3.1 节中做进一步讨论。但总体来说，表面积越大，所附着的水分越多。

由于水分会在气体供应系统的内表面不断进行吸附和解析，因此在管线或气体供应系统末端所测得的水分并不能完全代表进入系统的水分含量。图 31.4 的上图展示了进入管道的气体中的瞬时水分含量与在管道末端所测得的水分含量之间的传递函数关系[3]。

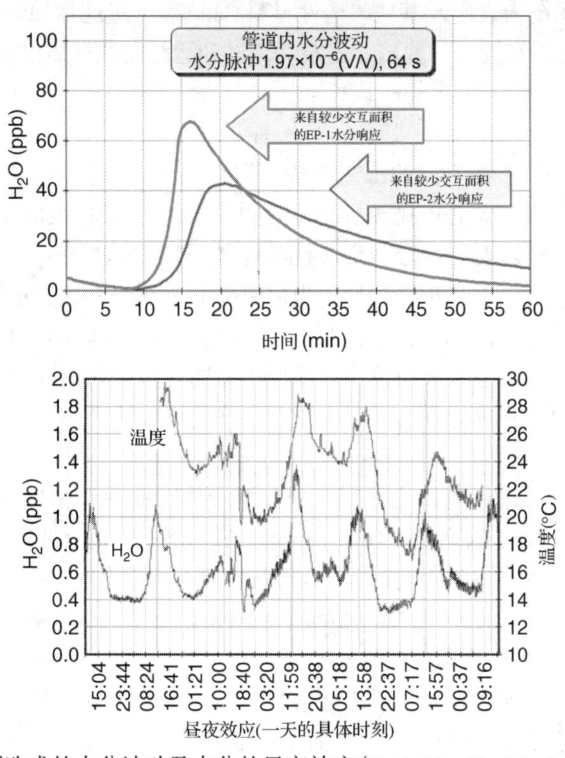

图 31.4　管道所造成的水分波动及水分的昼夜效应(©Air Liquide. Used with permission.)

测试所使用的是一段长度为 6.1 米、直径为 1/4 英寸的 316L 电抛光(EP)不锈钢管道。用来测试的气体中瞬时水分含量为 1.97×10^{-6}(V/V)，气体流过管道的持续时间 64 s，气体流量为 800 mL/min。EP-1 和 EP-2 标注分别代表来自不同供应商的、采用不同电抛光工艺的管道所测得的数据。

测试结果表明，所有类型的管道都会与水分发生作用(吸附/解析)，所以管道出口气体中的水分并不能代表进入管道的水分含量。经过钝化处理的 EP-1 管道与水的相对作用较弱，因此能够更加真实地反映管道流出的水分含量的波动，而 EP-2 与水的反应程度更大，因此弱化了这种效应。在两次测试中，管道出口水分含量曲线下方的区域面积非常接近入口水分曲线下方的区域面积(减去残留在管道表面的水分)。

气体供应系统，特别是用于取样分析的细小管道，在受热或遇冷时会表现出明显的“昼夜效应”(指在白天和夜晚及阳光直射下温度的不同)。管道受热时，吸附在系统内表面的水分会解析出来并被气体带出。而当系统遇冷时，气体中的部分水分则会吸附在系统内表面上。用于干燥气体的分子筛填料也有类似的情况。分子筛填料由于其具有较大的比表面积，因此可以吸附水分，而当吸附饱和后，对其加热并使用干燥气体吹扫即可将所吸附的水分除去，周而复始。昼夜效应的效果如图31.4的下图所示。该数据是使用对水分检测下限可达50×10^{-12}(V/V)的API-MS质谱仪在某氮气供应系统中所测得的。温度则测自该系统中位于户外的POD过滤器的外壳。系统管道材质为304L不锈钢，钝化情况不明。该图显示了此系统中水分随环境温度的变化情况。

当从系统上的取样点至远端仪表之间的取样管线(通常直径为1/4英寸)长度较长时，昼夜效应尤为明显。水分含量的明显变化甚至可能会让人误以为是气体品质发生了变化。为了消除昼夜效应对于水分的影响，可以对取样管线进行保温或使用加热带进行加热。尤其是当取样管线受到阳光直射时，对管道进行保温更加有效。如果系统中水分含量的昼夜变化过大，则可能意味着气体干燥器需要再生或更换了。

总而言之，水分与系统内表面及其他渗透性材料(如阀座、过滤器填料等)的相互作用和其他大部分杂质都不一样。因此，在设计、建造、安装、调试和运行高纯气体供应系统时需要特别重视。

31.2.5　表面钝化

对于表面钝化虽然有很多种不同的工艺方法，但在半导体行业，对于管道和其他气体供应系统部件最常用的表面处理工艺还是电抛光(EP)。钝化可以改变材料表面状况，使之更不容易与气体发生反应，包括减少材料表面与水分、反应性气体及颗粒的相互作用。

电抛光工艺本质上与电镀工艺正好相反。当用铬来对一块材料进行电镀时，可以将一块铬(阳极)与待镀物品(阴极)一起浸入电解质溶液中，然后通直流电。此时铬将从阳极向阴极迁移，形成类似镜面状的铬表面。虽然原理十分简单，但该过程需要对电解质的化学性质和pH、电解质溶液温度、直流电的电压和电流强度及阴极与阳极之间的间距等进行严格的控制，以保证生产过程的稳定及最终产品的质量。

尽管在很多材料上均可进行电抛光处理，但在半导体行业的气体供应系统中所使用的管路材料多为不锈钢(例如用于管道和配件的316L不锈钢，其中“L”表示低碳含量。对于CDA和非工艺气体系统的配件也可以使用304不锈钢)。不同型号的不锈钢(常简写为“SS”)其成分也不同，但一般都含有16%～18%的铬(Cr)、10%～14%的镍(Ni)、2%～3%的掺杂剂[如碳(C)、锰(Mn)，硅(Si)、磷(P)和硫(S)等]及作为本体的铁(Fe)。

在进行电抛光之前，必须首先对材料表面进行机械打磨直至较为光洁。当对某个部件(管道、阀门、调压阀、过滤器等)进行电抛光时，则需将该部件作为阳极(表面材料的提供者)，另一块金属 [铜(Cu)或其他导电性良好的金属]作为阴极(材料的接收者)。通电时，最大的电流将出现在材料表面的尖锐处，因为这里集中了大部分的电荷(电流密度较高)，从而使得这些较为尖锐的部分被选择性地从材料表面移除。通过选择合适的工艺参数，可以选择性地将表面的铁元素去除，而仅留下一层厚度通常为25～40埃(Å)的铬层。铬层继而被氧化生成具有良好耐腐蚀性能且亲水性较弱的Cr-Ox物质(铬的氧化物)。材料表面的耐腐蚀性及与水的相互作用都与这一层Cr-Ox的质量和厚度及其中碱金属基层的含量(含量越低越好)有关。

材料表面的另一个重要特性是光洁度(在31.3节中将进一步讨论)。粗糙的特别是微粗糙的表面不但使得与水分相互作用的区域增加，而且也易于累积和释放颗粒物。通过电抛光工艺去除表面上的尖锐点对于减少颗粒物的累积十分重要。

需要注意的是，材料表面的光洁度不一定是通过电抛光工艺获得的，而更多的是通过电抛光之前的机械抛光实现的。如果电抛光过度，可能使得材料表面被去除的部分过多，反而会导致表面粗糙度增加。

其他形式的钝化则需要待系统安装调试完毕后进行。例如对于氟气(F_2)或六氟化钨(WF_6)等强反应活性气体的系统，需要提前使用由一定量的氟气或六氟化钨与惰性气体的混合气来对系统进行吹扫，让系统内表面可能与气体反应的部分提前反应完毕，从而达到对表面钝化的目的，避免后续反应。这一钝化工艺的过程包括先用强反应活性的气体混合物吹扫系统，继而再用惰性气体对整个系统进行吹扫置换，重复这个过程直到不再发生反应为止。而这样的强反应活性气体一般均十分危险，因此钝化流程必须由受过相关训练和考核的专业人员在安全可靠的前提下进行。

总而言之，在高纯系统里使用经过钝化的管道和部件已经成为行业的标准做法。这样的钝化处理可以有效减少材料表面与水分、反应性气体及颗粒物的相互作用。

31.2.6　流体力学

与需要维持最小流量的高纯 DI 水(去离子水)系统类似，如果希望气体供应系统能够输送高纯气体[例如在支管与工艺机台的连接点(POC)处保持所有杂质含量小于 5×10^{-9}(V/V)]，同样需要确保气体在整个系统中持续流动，以减少静态死区或死角(如 31.2.2 节所讨论的)。能够满足小于 5×10^{-9}(V/V)杂质含量要求的理想气体供应系统设计如图 31.5 所示。

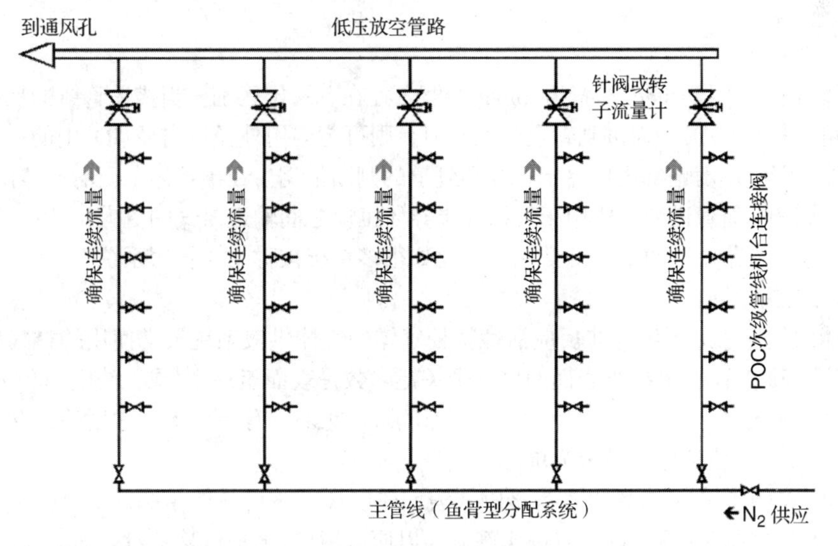

图 31.5　气体供应系统的理想流量控制(©Air Liquide. Used with permission.)

图 31.5 展示了一个辐射型的理想气体供应系统，在每一条次级管线(或支管)上均设置了带流量控制装置的旁通，无论次级管线上是否有工艺机台用气，都可以确保每条次级管线上有气体保持流动，从而保证了在次级管线上不会存在静态区域。再结合对于流量的灵活控制，就可以使得 POC 的气体纯度接近 POD 的数据。

总而言之，对于超高纯气体供应系统，在设计和操作系统时均需考虑流体力学的影响。

31.2.7　机台连接阀布局

众所周知，对于任何企业来说，要做到利润最大化，成本控制都是重要手段之一。 但运营成本却又必然产生，无法避免。

在设计大宗气体供应系统的机台连接阀的安装位置时，一种方法是根据原始设计的机台分布位置来安装阀门。但是，这样的安装位置有其限制。半导体工厂总在不断进行改造和升级，需要增加或减少机台等。如果每次改造时也必须随之添加或移动阀门，不但成本较高，而且还有可能导致生产中断。另外，每次管线的改动都存在污染物进入系统或产生泄漏点的风险。

因此，为了节省运营成本，更谨慎的做法是在不考虑原始机台分布位置的情况下以规则的间距安装次级管线的阀门。这样便于预制用于建造次级管网的 20 英寸(6.1 米)子管段，而无须在施工现场进行加工，能够更好地控制焊接的环境和操作。对于这些子管段的检漏，也可以在预制车间的工作台上完成，从而节省现场检漏的时间。而在运输时，也可以将这些子管段密封于保护套内，待送达半导体工厂现场后再组装成型，这样不但大大提高了效率，而且减少了管道受到污染的机会。当然，一般大的工艺布局(如光刻、注入、沉积等)还是相对固定的，在建造时可以根据该工艺的需求将某些大宗气体(如氮气、氢气、氩气等)接至相应区域。

31.3 材料

对高纯气体供应系统进行设计时，材料的选择同样十分重要，材料选择不合适可能导致系统泄漏和产生颗粒物等问题，以及影响系统的长期稳定性和可靠性。建造气体供应系统时需要使用许多种材料，在这里仅讨论最常用的材料。

31.3.1 管道

在半导体行业，管线(tube)和管道(pipe)的概念存在着一定区别。当描述管线的尺寸时，一般会用管子的精确外径(OD)，而讲到管道的尺寸时，则可能会用外径或内径(ID)中的一种，并且随时变化。此外，管壁厚度也常用作界定管线和管道的判断依据。在半导体工厂的气体供应系统里，管线是最常用到的。而管道则主要用于气站与半导体工厂之间输送氮气的更大尺寸(一般大于 6 英寸或 152 毫米)的管路。这两个词常常混用，比如很多系统被称为“管道系统”，但实际上它们可能是用管线建造的。

工艺气体的气体供应系统及非反应活性特种气体的气体供应系统最常使用的材料是电抛光的 316L 不锈钢(见 31.2 节)。电抛光表面的另一个关键参数是表面粗糙度(或光洁度，单位为“Ra”)，或表面测量区域的轮廓平均高度[单位为微英寸(μin)]。此外还有一个不太常用的概念是表面轮廓最大高度(Rmax)，以微英寸或微米为单位。

用于测量表面粗糙度的常用设备为接触式表面轮廓仪。该设备使用探针来对样本的表面进行测量，然后跟踪所捕捉到的垂直位移(按比例放大以便可视)与水平位移来对表面粗糙度进行描绘。当然也可以使用非接触式轮廓仪进行测量。图 31.6 展示了两个样本的表面轮廓测量结果，也显示了 Ra 和 Rmax 之间的差异。

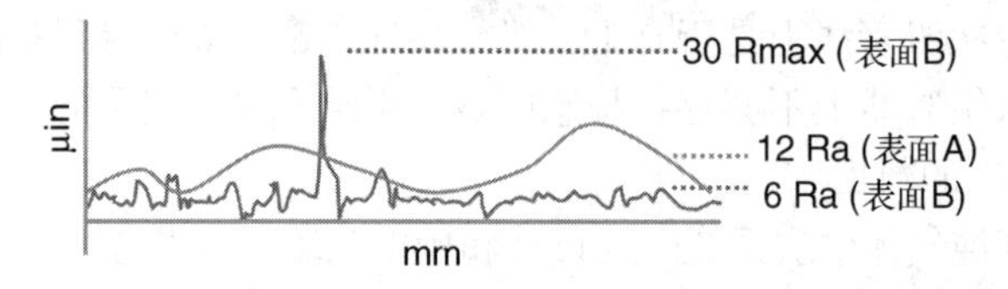

图 31.6 表面轮廓仪所测得的样本表面轮廓(©Air Liquide. Used with permission.)

半导体行业早期主要采用“Ra”方法对器件表面粗糙度进行评测，并参照机械加工行业的标准来度量，具体做法是将样本与包含一系列表面粗糙度(通常在 50～200 Ra 范围内)不同的区域的参比模板进行对比，从而判定样本的粗糙度。客户使用这种方式来指定他们对机加工零件表面光洁度的期望，然后加工人员通过加工使工件在视觉上和/或触觉上达到与参比模板指定区域相同的粗糙度。

但“Ra”方法有其局限性，随着半导体行业的不断发展，参比模板已经无法满足目前半导体行业对于表面粗糙度的要求(通常为 5～15 Ra)。此外，“Ra”方法的问题还包括其并未充分考虑样本的真实表面积及微观形貌的清晰度。图 31.6 展示了使用“Ra”方法描绘的两个样本(A 和 B)的表面粗糙度。由图可见，样本 B(6 Ra)的表面具有比样本 A(12 Ra)的表面更加锐利的微观特征和更大的表面积。因此，实际上样本 A(12 Ra)反而是更好的选择，因为其表面积更小，特征轮廓更少，从而减少了颗粒物的累积和释放。

相比而言，分形维数(Rf)分析[4]是更好的材料表面形态测量方法，因为它同时考虑了微观特征的幅度及其出现的频率。该方法中表面轮廓的“分形维数”的定义可以认为是当扫描的放大比例增加时，所测量的轮廓范围也要随之增加，特别是当目标样本表面具有较多的微小特征时。具有高分形维度的表面轮廓的典型例子就是一个国家的海岸线。

在一项相关研究中[4]，研究人员对四个粗糙度不同的表面进行了比较。在对这些表面的轮廓进行测量(包括 Rf、Ra 和 Rmax 值)后，他们先用 0.6 微米粒径的聚苯乙烯微粒对样本表面进行沾染，再用去离子水对样本表面进行清洁和擦拭，然后使用扫描电子显微镜(SEM)检查这些样本表面上的微粒是否已被有效去除。而该研究的结果显示，Rf 值更能表征样本表面在受到颗粒污染后的清洁难易程度，其次则是 Ra 值。

对于反应活性(特种)气体，采用真空电弧重熔(VAR)技术、真空感应熔炼(VIM)技术及电子束重熔(EBR)技术等先进冶金工艺所生产的含非金属夹杂物更少、纯度更高的母材则是不错的选择。这些材料在电抛光后能够生成更加坚固密实的 Cr-Ox 层，从而减少反应活性，提高耐腐蚀性。

而对于腐蚀性较强的气体，则可以使用其他类型的合金材料，如纯镍、镍铬钼合金、镍铜合金及含其他掺杂剂的不同配比的镍铬合金(根据对强度、延展性及其他性能的不同要求)。使用低锰含量的 316L 不锈钢已被证明可以有效避免管道焊缝附近的腐蚀[5]，但是这种材料成本太高，且需要特殊的焊接技术。

特种气体(具有反应活性或毒性等)系统根据相关规范及现场的特殊要求，通常会使用“双套管”的管道设计，即在安装的时候用另一根更粗的管道对供气管道进行包裹(两重管道之间的空间为环形)。这种设计主要是出于安全考虑，一旦内侧气体管道发生泄漏，则还有外侧的管道提供保护，以避免这些危险气体逸出。而为了在内侧管道泄漏时及时报警，通常会使用以下三种方法：

- 对内外侧管道间的环形空间抽真空并设置真空计进行监测，一旦发现失真空(一般是由于所供气体泄漏到环形空间内)，则触发报警。
- 对环形空间充压使得环形空间内压力比供气管道内压力更高，并设置压力监控。一旦检测到环形空间内压力下降(环形空间气体泄漏到供气管线)，则触发报警。
- 环形空间保持对特种气体控制盘面的开放状态，一旦供气管道发生泄漏，监控盘面的危险气体报警系统会触发报警。

对于无油干燥压缩空气(CDA)系统，之前数年一直使用铜管。但由于钎焊铜对于运行装置的潜在危害性，以及对于 CDA 纯度要求的提高，目前一般使用氢气光亮退火(BA)级的 304 或 304L 不锈钢管道，并且使用与 316L 高纯系统相同的安装设备和技术，如轨道焊(将在 31.5 节中进一步讨论)等。

氧气系统所使用的所有管道和配件均需进行清洁和脱脂处理(CFOS)，以防止这些有机物暴露在纯氧环境下起火燃烧。通常，半导体行业对于管路系统的清洁要求已经超过氧气系统的清洁标准，但消防及其他一些法规均对氧气系统有指定的特殊要求，必须遵守。

对于高纯系统，不能使用塑料管(任何非金属材料)。这是因为环境空气会很快通过管壁渗入系统内，而这却是渗透管行业存在的基础。他们所生产的这些内部包裹特定分子(水、氧、氮、氦等)的小段聚合物管道，其中的特定分子会以固定的速率渗透出来。将这些渗透管放入标准发生器内，用固定流量的、经过纯化的气体将这些分子通过管路(或通过管路中的旁路)带出，即可作为校准用的标准物质(见图 31.7)。

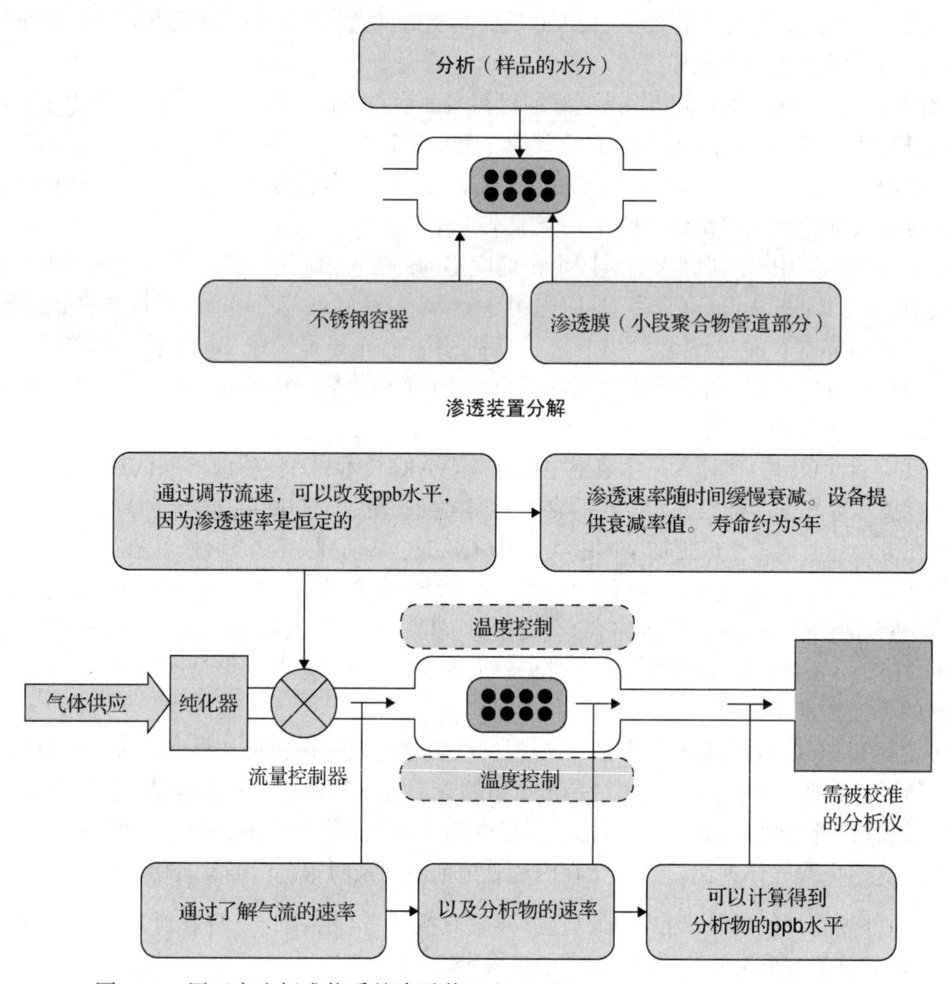

图 31.7 用于产生标准物质的渗透装置(©Air Liquide. Used with permission.)

31.3.2 阀门

对于高纯度气体系统，选择阀门的关键参数包括表面粗糙度(Ra)、阀体漏率(对大气)、阀座漏率、不会累积或产生颗粒(特别是操作阀门时)及 Cv 值等。Cv 值是流体器件的流量系数，即在一定的入口压力下，一段时间内能够流过该器件的水流量。对于可压缩流体(气体)，Cv 值也可以代表器件的压降，Cv 值越大，在一定流量条件下器件的压降越小。

对于高纯气体供应系统，最常用的两种阀门是不锈钢隔膜阀和波纹管阀。

隔膜阀通过曲面的金属膜片压紧阀座来截止气流。一般来说，相比波纹管阀，隔膜阀的 Cv 值更低，死体积更小，阀座材料更少，因此常被用于一些流量较小的场合，如机台连接、管线分析、压力表、压力变送器等。

波纹管阀(见图 31.8)有一个旋绕式套管(将阀内流动气体与环境空气隔离开)，以便于延伸阀座行程。因此波纹管阀甚至可以设计成阀座完全不与流体接触的形式，这种设计通常称为“全喉”。因此，波纹管阀具有非常高的 Cv 值，常用于流量较大的系统(如大流量氮气供应管线)。图 31.8 所示的阀门不是全喉设计的。

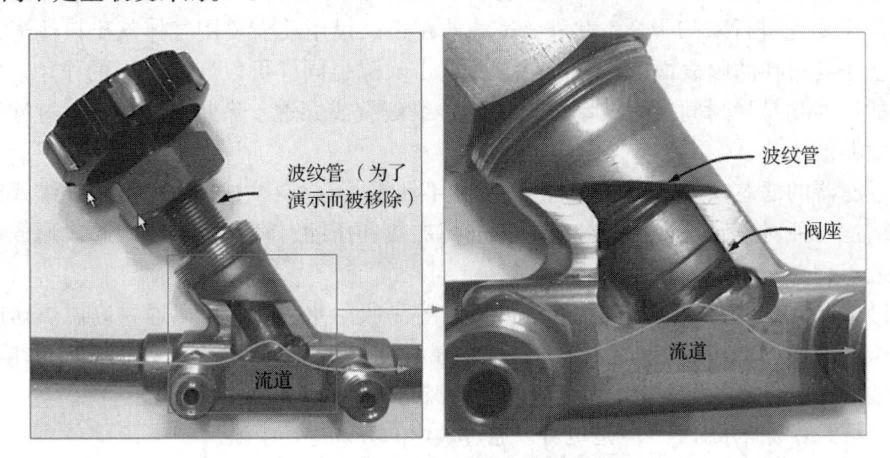

图 31.8　波纹管阀(铜质)内部构造(©Air Liquide. Used with permission.)

球阀由于其超大的 Cv 值也常用于气体供应系统，但主要用于氮气工厂的大尺寸系统，而且一般只适用于纯化设备的上游。此外，球阀也可用于对纯度和颗粒指标要求不高的非工艺气体的气体供应系统和 CDA 系统。

31.3.3　机械连接

机械连接一般用于经常需要拆装或更换的部件(如压力表、流量计、压力变送器等)的连接。而三种最常见的机械连接形式分别是平面 O 形圈密封、压合密封以及平面(金属)密封。在非工艺气体系统和 CDA 系统里，通常会选择使用 O 形圈密封和压合密封方式。

压合密封方式主要通过装在管道上的锥形环来实现密封，锥形环被压合后紧紧箍住管道并牢牢楔入接头喉部，从而形成可靠的密封。锥形环一般有黄铜和不锈钢两种。这种密封方式的优点是安装简便(不需要焊接)，成本低廉，可靠性高。但缺点是无法做到“零间隙”更换(这种密封方式只能通过物理分离的方式来移除部件或断开管路)，并且在多次重复使用(断开和重新连接)后漏率可能变大。

平面 O 形圈密封常用于非工艺气体系统和 CDA 系统上需要无间隙安装和拆卸的情况。这种密封方式通过将平坦的金属面紧紧压在非金属的 O 形圈上实现密封。由于 O 形圈材质是可渗透的，因此这种密封形式通常不能用于高纯系统，因为环境空气可能透过 O 形圈进入气体系统。

对于高纯系统，最常见的机械连接方式是平面金属密封。这种密封方式有两种不同形式，一种形式是将扁平的金属垫圈(不同材质)在两个环形表面之间压紧以实现密封，这种形式的漏率可控制在接近检漏仪能够检测的极限(1×10^{-11} atm·cc/s)。另一种形式的设计与之完全相反，由两个表面压紧环形垫圈，可以达到类似的漏率水平。

平面密封连接方式的优点是可以零间隙更换，非常便于拆卸和更换刚性固定设施(如特种气体控制盘面)上的部件。并且如果操作和维护得当，即使多次重复使用也能保持初始漏率。此外，这种密封方式中没有可能出现渗透的材料。

31.3.4 过滤器

过滤器通常安装于POD或气体供应系统与机台的连接处，用于去除气体中的颗粒物。过滤器中常用的过滤介质包括滤膜、金属及陶瓷等。

膜式过滤器中所使用的滤膜是纤维结构的非金属材料，例如疏水性的PTFE(聚四氟乙烯)等。虽然这种材质本身不易吸附和吸收水分，但是过滤器的外壳却有可能吸水，因此膜式过滤器在投用前需要先进行吹扫干燥。此外，过滤器在正式投用前需要用气体从出口侧通入做反向吹扫，将已经吸附在滤膜表面的颗粒吹除，而这个吹除也同样可以起到干燥的作用。由于滤膜都为柔性的，因此易受瞬间压力波动的影响，导致破裂或穿透。除此之外，膜式过滤器的压降较其他过滤器的更小。

金属过滤器的滤芯一般是由各种合金(镍和不锈钢等)材料构成的，可以是纤维式或烧结式结构。烧结是一种对金属粉末、颗粒或薄膜进行加热和压缩，将其熔合在一起以形成多孔金属结构的工艺。

金属过滤器滤芯的比表面积较大，因此非常容易吸附水分，但可以通过高温烘烤的方式对其进行干燥。由于金属滤芯为刚性材料，因此金属过滤器不会受到瞬间压力波动的影响而损坏。

陶瓷过滤器则使用多孔陶瓷作为过滤介质，因此可以用于腐蚀性气体的过滤。这一类过滤器较膜式过滤器更易吸附水分[6]，但是也可以通过烘烤的方式进行干燥。

过滤器一般根据其对于最大穿透尺寸(MPS，过滤介质所允许透过的最大尺寸)颗粒的去除效率进行评定。对于MPS为0.003微米的过滤器，常见的过滤效率为10^9。这意味着10^9颗0.003微米的颗粒中，仅有一颗可能会穿透过滤介质。

过滤器对于液体和气体中颗粒的去除机制存在显著差异。过滤器对于气体中颗粒的去除机制远多于液体中的，这意味着用相同的过滤器来去除气体中的颗粒时比去除液体中的颗粒更有效。当应用于气体过滤时，过滤器对大于和小于MPS的颗粒均可去除。

31.3.5 单向阀

单向阀一般用于防止气体流向与指定流动方向相反的情况发生。值得注意的是，当不超过给定的最小背压(厂家所规定的反向流动压力)时，单向阀被认为是“气密性”的，但实际上单向阀的阀座漏率一般只能达到$1\times10^{-1}\sim1\times10^{-3}$ atm·cc/s，而且一般较小尺寸的单向阀上仍大量使用聚合物的阀座材料，这可能导致前述的一系列问题。

单向阀的另一个重要问题是，当气体顶开单向阀开始流动后，此时的单向阀基本上就是处于全开的状态，无法对气体分子的反向扩散形成阻力。这种情况甚至有可能导致气体流速变小。

需要注意的是，目前对于单向阀的选型常常过大，这有可能导致单向阀“啸震”，也就是快速循环打开和关闭而不是保持常开。此外，单向阀的啸震也会产生大量的颗粒。因此，在有单向阀的管路系统上如果要保持稳定的气流，必须仔细核定单向阀的尺寸，选择合适的Cv值，从而保证单向阀两侧的压差足以使其保持打开状态。

31.4 安装规范

为了建造高质量的气体供应系统，应当制定清晰明确的规范来对安装方法和安装要求进行规定。这些规范通常会采用建筑规范研究所(CSI)的标准格式和编号系统进行编写。其中一些更重要的主题将在后面进行简要讨论。

31.4.1　安全

安全至关重要，无论何时始终需要将其放在第一位，且必须参考相关的工业规范、政府法规及现场特定的安全要求。

31.4.2　质量保证

为了保证质量，建造气体供应系统时通常需要由质量代表（QAR）和技术人员所组成的团队（根据项目规模）进行现场监察并及时反馈。监察范围应包括以下项目：

- 对安装承包商进行审核。
- 对关键设备和系统（过滤器/调压阀、纯化器、低温容器等）的来源进行检查。
- 对焊接技术人员、焊接程序和焊接标准进行认证。
- 对来料进行检验，包括是否符合指标要求，是否存在损坏，尺寸和表面质量是否满足要求，是否含有不允许使用的材料等。
- 对焊样和现场焊接效果进行检查，确定是否符合焊接验收标准。
- 检查是否符合安装技术规范。
- 检查是否使用洁净安装技术（最大限度地减少水分和颗粒污染）。
- 建立体系来对质量事故的报告、跟踪和纠正进行管理。

31.4.3　材料的储存和处理

对于所储存的材料或现场安装正在使用的材料应予以保护，免受污染、损坏及天气影响等。通常的做法是设置专门的存放架，按照使用的先后有序妥善存放。

31.4.4　部件安装

在新安装的系统中最易发生泄漏的地方就是机械连接处。对于采用压合密封和平面密封的部件，所有的安装人员必须经过培训，以确保这些部件的正确安装。这种培训通常由部件厂家提供。

对于采用压合密封连接方式的部件，还应为所有安装人员和质量控制人员配备由部件厂家提供的间隙规。该设备是插入压盖和螺母之间判断间距是否符合要求的量具，用以识别部件的安装是否符合要求。

对于临时连接，有时也会使用尼龙密封圈，以避免划伤或挤压管道。但这种做法可能存在风险，如果没有相应的监督、控制和跟踪，则并不建议这样做。如果在不锈钢管道上使用尼龙密封圈，则密封圈可能会在压力作用下出现滑动，严重时甚至可能导致部件从安装位置脱出。

对于采用平面密封连接方式的部件，尽管这种密封方式通常可以保证最低的漏率，但如果安装的方法不合适，密封面的许多位置都有可能发生泄漏。以下情况都有可能导致平面密封泄漏：

- 平面未压紧。
- 平面压得过紧。
- 未放垫圈。
- 环形面划伤。在没有放垫圈的情况下强行连接或者环形面与垫圈以外的任何其他部分接触都有可能形成划痕，从而导致泄漏。
- 重复使用一次性垫圈。使用垫圈时，环形面会压入垫圈中形成压痕，如果重复使用，多个压痕凹槽的交叉就可能导致泄漏。

- 使用两个以上的垫圈。安装过程中人员的分心，或者断开连接后重连时未将前一次的垫圈移除，都可能导致这种情况的发生。

目前有多种材质的垫圈可供选择，在选择垫圈时必须考虑所选择的材料与系统内气体(尤其是反应活性气体)的兼容性。镍垫圈是最常用的，因为这种垫圈更容易与环形面契合，且有助于减少刮伤环形面的风险。然而，作为一个特例，暴露在一氧化碳气体中的镍垫圈可能在压力下发生反应，形成羰基镍[$Ni(CO)_4$][7]，导致系统污染并影响下游工艺。

按照安装规范，对于需要使用特殊材质垫圈的部件，应在适当的位置明确标识和警告。

31.4.5 吹扫和焊接气体

对系统进行吹扫时常使用氮气或氩气。而焊接气体则只能使用氩气(有时可能会混入少量的氦气或氢气以增加焊道强度，减小热影响区的表面损伤)。对于吹扫气体和焊接气体应制定明确的规范要求以便于质量控制。

31.4.6 管道焊接准备

管道自动焊接是一种自熔过程(将两个部件直接熔合在一起而无须使用任何填充材料)，因此在焊接之前对于管道端部进行合适的预处理和准备至关重要。

对于所要焊接的管道端部的要求包括：

- 如果是新切割管道，则切割表面必须保持清洁，没有可在焊接过程中嵌入材料的润滑剂。
- 对于切割所产生的颗粒及焊接区域附近的任何墨迹必须予以清除。
- 表面应平坦、光滑、精确垂直。

31.4.7 管道焊接

对于高纯气体供应系统所用的不锈钢管，最常用的焊接技术为钨惰性气体(TIG)保护下的管道自动热熔对接焊。该工艺需要在所要焊接的管道内部通入惰性吹扫气(逆封气体)，在焊接的电弧周围则用电弧保护气进行隔绝，然后用电极所产生的电弧轰击要焊接的两根管道的对接面，并控制焊接电极围绕管道圆周进行旋转，从而实现两根管道的均匀稳定熔合。

31.4.8 焊接的评估标准

在项目规范要求中必须明确规定关于焊接的详细评估标准，因为如果评估标准过于宽泛，则相应的焊接评估将变成评估者的主观判断。

31.4.9 验证标准

项目规范要求中应对已实现的气体供应系统的性能有明确和定量的验证标准。典型的反面示例是“达到或超过用户期望”。为了对气体供应系统进行有效的验证，避免误会，必须在一开始就明确用户期望。这对于最终用户(半导体厂商)、设计机构和安装承包商都是最有利的。

31.5 质量保证

质量保证是一个包括合理的系统设计、详细清晰的规范、正确的材料选择、良好的材料处置、净的安装方法和技术、优良的焊接及质量代表(QAR)持续的质量监控所组成的完整过程。

质量代表通常由最终用户、设计机构和安装承包商所雇，其主要职责包括：

- 确保系统符合承包商所发布的内部程序要求。
- 确保系统符合设计机构的规范和标准。
- 确保系统符合对于高纯系统的行业惯例。
- 确保系统符合国家和当地的法律法规要求。
- 确保系统符合整体设计图纸、布局、组件数量和位置等。
- 确保来料检查程序合适并被彻底执行。
- 确认对于部件的洁净处理和存储。
- 对焊接人员进行评估和认证。
- 确保所采用的焊接程序能够满足焊接评估标准的要求。
- 确保除了进行检漏测试时，在施工过程中持续对管道进行吹扫。
- 建造前检查以确保符合规范要求。
- 确保对需要焊接的管道有合适的焊接前准备(切割，打磨，清洁)。
- 确保焊接的操作和程序符合项目规范要求：
    - 焊样符合焊接评估标准。
    - 对焊样进行编号和留样。
    - 现场焊接符合焊接评估标准。
    - 记录和标记焊点。
    - 吹扫气体、过滤、纯化和供应管线符合规范要求。
- 确保管道安装横平竖直，安装位置合理。
- 确保吹扫口及阀门和调压阀的手柄等易于使用和操控。
- 确保仪表位置易于观察。
- 确保安装过程中及时对损坏的管路和部件进行处理和替换。
- 确保密封件(平面密封或压合密封)合理安装，气密性符合规范要求。
- 确保检漏测试程序、数据记录方法及对结果的解释符合规范要求。
- 供气管路预处理(对管路系统进行吹扫以确保水和其他杂质达到规范要求)。
- 确保准确的分析测试。
    - 所有仪器均经过校准，仪器由经过培训的合格人员操作。
    - 所收集和报告的数据准确完整。
    - 保压测试操作合理，数据准确可靠。
    - 根据项目文档要求准确表述数据。
- 每天及时记录和报告观察到的质量缺陷及不符合规范、标准和或期望的情况。

所有质量相关人员都必须熟悉政府法律法规及客户的规范要求，尽职尽责地进行现场检查。即使面临工期的压力，也不能在安全和质量方面妥协。

31.6　验证

验证(certificate)是系统质量保证的一部分，包括对系统设计、材料选择、材料处置、安装工艺方法、焊接及质量保证和安装过程的详细审查。验证是一个量化的过程，客观地确认系统是否满足项目质量规格和用户期望。

验证过程中使用的所有仪器都必须能够正常运行且按时进行维护和校准，并由经过培训的合格人员操作。

31.6.1 氦检测试

对于氦检测试，可以使用对应时间的漏率趋势图进行记录，以便更容易发现泄漏。图 31.9(a)是一份氦检记录，展示了通过氦检发现漏点的过程。

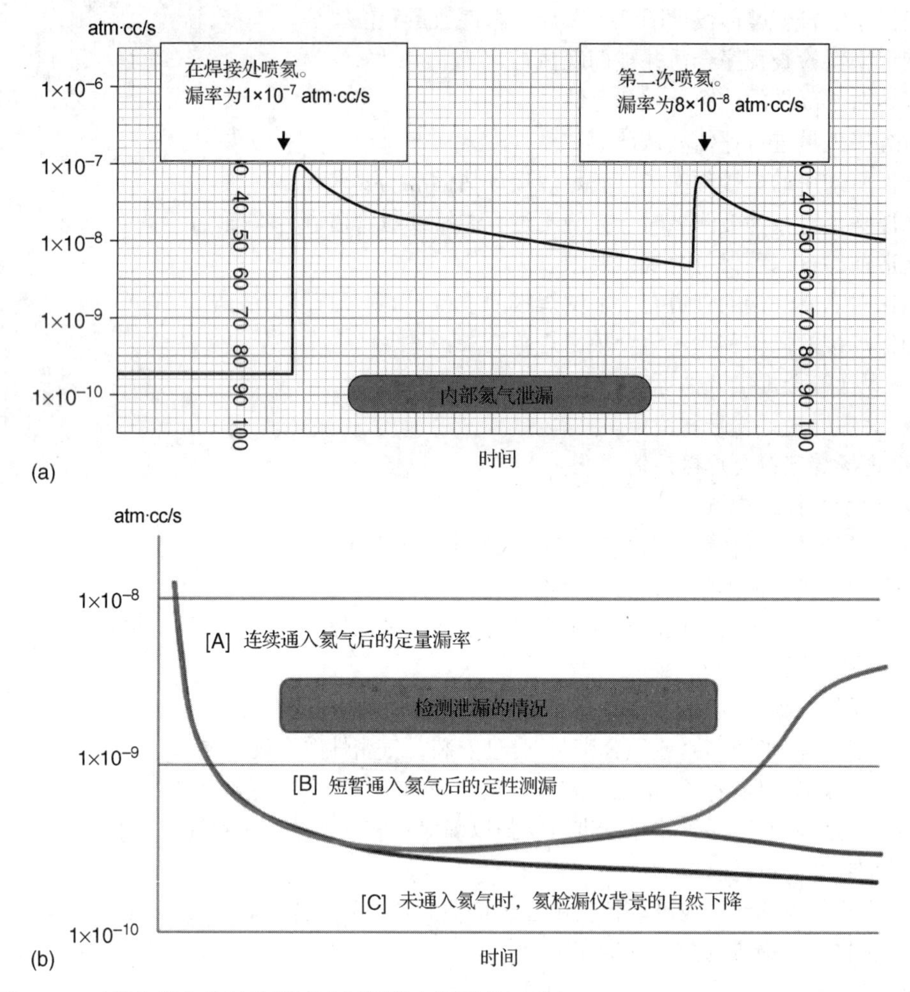

图 31.9 对某个焊点的氦检测试及判断潜在泄漏的记录(©Air Liquide. Used with permission.)

在进行氦检测试时，判断潜在泄漏非常重要。一旦发现氦检漏仪背景未按正常情况自然下降，则应该立即排查潜在泄漏并予以解决，无须再持续喷氦测试直至测得一个稳定的漏率值，以避免无价值地浪费时间和消耗氦气，参见图 31.9(b)。

图 31.9 中的趋势[C]为未通入氦气时，氦检漏仪背景的自然下降。趋势[B]为短暂通入氦气，对系统内可能存在的泄漏进行判断。趋势[A]则是连续通入氦气，直至达到稳定状态。虽然一般希望能够测到稳定的漏率，但如果经过测试，判断系统存在潜在泄漏的情况，即趋势[B]的情况，则仍需立刻排查和解决。

通过使用对应时间的漏率趋势图，无须再专门安排一个人监视氦检漏仪，而另一个人沿着冗长的管线进行喷氦测试。这不仅大大节省了人力，而且为气体供应系统中的指定管路或支路提供了永久的、客观的检漏记录。

氦检漏仪可以使用专门的漏率校准装置进行校正。这是一种类似于 31.3.1 节中所描述的渗透管的一个充满氦气的不锈钢容器，氦气通过一个玻璃材质的窗口渗透到连接氦检漏仪入口的配件处。此外，氦检漏仪还内置了一个漏率校准程序，可以从控制面板手动激活，也可以设置为每次启动时自动激活。漏率校准装置本身会随时间衰减（每年约衰减 10%），衰减率通常会在设备上予以显示，在建立校准程序时应予以考虑。

要打造无泄漏系统，就必须及时解决所有的潜在泄漏风险，这对于保持系统的长期可靠性至关重要，因为潜在泄漏只会随着时间的推移而更加恶化。

31.6.2　水/氧分析

在主管道或支管末端对水/氧进行分析以判断是否符合项目纯度要求时，可能会发现数据较高、没有下降趋势的现象。要确定此时数据是否代表被测管道的实际状况，还是由于仪器本身或取样管线（从取样点到仪器之间的管线）异常所导致的，可以增加被测管道或取样管线气体流量进行测试。

当管道泄漏或有外部气体漏入的情况下，仪器读值会在几小时甚至几天内保持相对恒定。如果用于测试的吹扫气体是经过纯化、非常稳定的，则流量的增加不会导致仪器读值的变化。而如果系统存在泄漏或有外部气体漏入，则流量的增加会稀释气体中的杂质，反而使得仪器的读值下降。在这种情况下，当流速加倍时，读值会近似减半。反之，如果流速加倍后，读值保持恒定，则杂质来源可能是气体本身或由于仪器异常。

如果水/氧分析仪的读值较高，而要判断这个读值是否可信的最简单方法是在分析仪的取样管线上加装一个能脱除水/氧的常温纯化器。如果加装纯化器后仪器读值能够降至接近零的水平，则证明原来较高的读值是可信的。但如果加装纯化器后仪器读值仍然很高，则可能是仪器本身出现了异常。

对于腐蚀性气体供应系统的管道，需要注意的是，在被测管道的出口处测量的水分不一定能够反映吸附在系统内部的水分。腐蚀性气体会与附着在气体供应系统内表面的水分相互作用，从而对系统造成腐蚀。因此，在向管道内充入所供气体之前，应该考虑通过加热的方式去除吸附在系统内的水分以避免腐蚀。

31.6.3　颗粒物测试

对于系统内的颗粒物，目前最常见的测量方法是用 CNC（凝结粒子计数器）对粒径大于或等于 0.01 μm 的颗粒进行测量，以及用 LPC（激光粒子计数器）对粒径大于或等于 0.1 μm 的颗粒进行测量。

CNC 原理的粒子计数器在测量时需要使用冷凝流体（如丁醇、去离子水、甘油等），且目前商用型的 CNC 仪器通常并不具备区分颗粒粒径的能力。该仪器将蒸气冷凝在颗粒上，使颗粒粒径变大，从而更容易被激光测量系统识别。

LPC 原理的粒子计数器则具有区分颗粒粒径的能力（如 0.1 μm、0.2 μm、0.3 μm、0.5 μm、1.0 μm 及≥5.0 μm 等）。如果测试时测得的颗粒数量较多，能够区分颗粒粒径的分布，则可以帮助确定颗粒的来源，从而确定该如何处理。

在对系统进行颗粒测量时，应该轻轻敲击（例如用橡皮锤或手掌轻敲）系统内的过滤器、管道和其他部件，让可能积聚在这些位置的颗粒释放到气流中，从而得以被检测。这一点十分重要，因为如果不在安装调试阶段予以处理，在将来的日常运行期间，操作和维护人员不可避免地会触碰到管道系统及其部件，则这些积聚的颗粒有可能会影响正常的测量。

如果发现被测管道的颗粒测量结果较高，则可以在仪器入口处安装临时的过滤器，以帮助判断颗粒测量结果是否可信，还是由于仪器异常所致。

31.7 验收/调试

在完成所有验证过程，相关文件经过签准，并确认指定系统能够满足所有纯度和性能标准要求后，即可认定该系统为合格。待系统通过气体供应验证后，即可交付给最终用户。

如果该系统将用于测试验证用气体(如氦气、氢气、氧气和特种气体)以外的其他气体，可能需要在正式投入使用前放空系统内的测试气体。但这取决于最终用户认为哪种杂质可能对其制程产生影响。

对于带有气体控制盘面的特气系统，有时需要在正式投入使用之前按照标准程序从气体控制盘面排空管道内的测试气体。

31.8 机台连接

这是将次级管线或侧线上的 POC 连接阀与机台入口接头进行连接的过程。在两者之间，通常会有一系列连接组件(有时也称为“连接杆”)，包括隔离阀、取样阀、调压阀、压力表或压力传感器及过滤器等。预先组装、调试和测试这些组件有助于更快地完成机台连接。

连接阀(POC 连接阀或工艺机台内部隔离阀)有多种不同的形式，其中最主要的两种分别是使用带吹扫端口阀的隔离阀，或使用仅带一个吹扫端口的隔离阀(见图 31.10)。

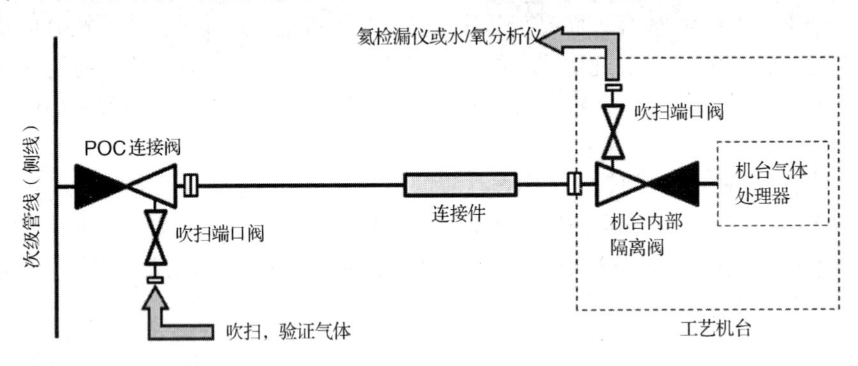

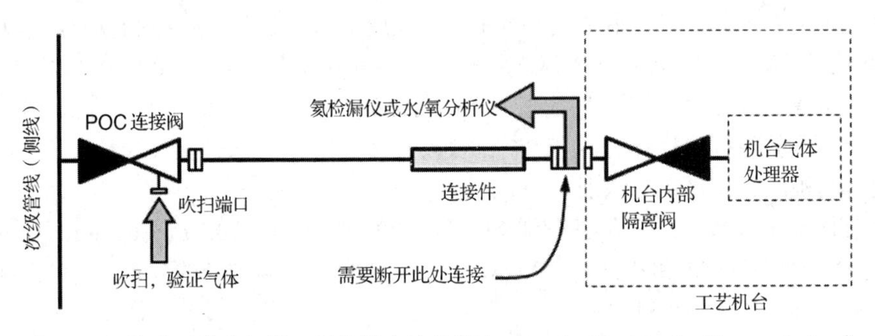

图 31.10 带或不带吹扫端口阀的机台连接阀(©Air Liquide. Used with permission.)

图 31.10 的上图展示了 POC 连接阀及工艺机台内部隔离阀均带吹扫端口阀的形式。这是一种最理想的设计，因为这样在整个机台连接管道测试过程中受到环境空气影响的可能性最小，而且测试过程中无须断开关键连接，同时也减少了连接部分的验证时间。

图 31.10 的下图结构和上图的类似，但机台内部的隔离阀没有吹扫端口阀。这样的设计通常是为了节省成本，但却使得机台连接更加困难，而且在打开 POC 连接阀及断开/重新连接机台时容易

受到环境空气污染。

由于机台的连接一般都是在气体供应系统的安装和验收完成之后，因此这一阶段的工作一般会面临着比较大的工期压力。为避免犯错或引入杂质，建议按照如图 31.10 上半部分所示的形式加装吹扫端口阀。这个设计的好处显而易见，未来无论是要更换机台或改变机台布局都会比较方便。

31.9　系统运行和维护

设计、安装及将一套高纯度气体供应系统交付给半导体用户标志着这一阶段的结束(约 2～3 年)，以及另一个更为关键的、会持续整个系统设计寿命周期的阶段的开始。如果在系统初始安装过程中有不规范的操作或发生错误，通常可以在对工期和成本影响最小的情况下进行补救。但如果在产品生产时，在运行装置中发生错误或引入污染，那么后果可能是灾难性的，可能导致数以百万美元的晶圆损坏所造成的直接经济损失及数以百万美元的机会效益损失。因此，认真负责地控制和管理高纯气体系统的运行和维护就显得至关重要。

31.10　参考文献

1. B. Jurcik and A. Norvilas, "Modeling Moisture in Transport of UHP Distribution Systems," *Solid State Technology*, 38 (11): 115, 1995.

2. C. Ronge, D. T. Murphy, and F. Shadman, "APIMS Technology: Sub ppb Measurement of Contaminants in Nitrogen with APIMS Trace+," *Proceedings Microcontamination Conference*, San Jose, CA, pp. 153–167, 1991.

3. J. McAndrew, M. Brandt, D. Li, and G. Kasper, "Establishing Moisture Test Methods for Process Gas Distribution Systems," *Microcontamination*, 9 (1): 33–37, 1991.

4. S. Chesters, H. C. Wang, and G. Kasper, "A Fractal Based Method for describing Surface Texture," *Solid State Technology*, 34 (73), Jan. 1991.

5. M. Mich, M. Miyoshi, K. Kawanda, and T. Ohmi, "Ultraclean Welding for High Grade Gas Handling Technology," edited by R. Novak, T. Ito, D. N. Schmidt, and D. Reedy, *Contamination Control and Defect Reduction in Semiconductor Manufacturing II*, PV94-3, pp. 295–305, The Electrochemical Society, Pennington, NJ, 1994.

6. K. Grosser, "Ultra Clean Gas Delivery System," *Technical Proceeding Semicon/East*, pp. 7–15, Sep. 1989.

7. T. Jacksier, R. Tepe, and D. Vassallo, "Generation of Metal Carbonyl Standards for the Calibration of Spectroscopic Systems," US06153167, Nov. 2000.

31.11　扩展阅读

I. Grant, M. J. Tinker, G. Mizuno, and C. Cluck, "Welding 304L Stainless Steel Tubing Having Variable Penetration Characteristics," Chulalongkorn University, Thailand, 1982.

Balazs NanoAnalysis, Electronics Specialty Gas Analysis, Application Note 0460.

Trace Analysis of Specialty and Electronic Gases, edited by W. Geiger and M. Raynor, Chap. 2, T. Jacksier, K. Tarutani, and M. Carre, "Sample Preparation for Metal Analysis in Gases by ICP-MS" Wiley, 2013.

T. Jacksier, R. Udischas, H.-C. Wang, and R. M. Barnes, "The Evaluation of Particle and Vapor Phase

Contributions to Metallic Impurities in Electronic Grade Chlorine," *Analytical Chemistry,* 14: 2279, 1994.

NFPA 704, "Standard System for the Identification of the Hazards of Materials for Emergency Response," www.nfpa.org/704.

For example, International Code Council, International MechanicalCode, Chap. 5, Exhaust Systems, http://publicecodes.cyberregs.com/icod/imc/2012/icod_imc_2012_5_sec001.htm.

ANSI/CGA Code 13, "Storage and Handling of Silane and Silane Mixtures" Compressed Gas Association, Inc., 2015.

40 CFR Section 63, subpart BBBB, "National Emission Standards for Hazardous Air Pollutants for Semiconductor Manufacturing".

M. Dequesnes, M. U. Ghani, and R. Udischas, "Prediction of Pressure Drop in Gas Cylinders with Vapor Extraction at High and Low Flow Rates," Proceedings of the 2005 Annual AICHE Meeting, Cincinnati, OH, paper 71c.

H.C. Wang, R. Udischas, and B. Jurcik, "All Vapor Phase Delivery of Electronic Specialty Gases," Proceedings of SEMICON West 97 Gas Distribution Workshop, San Francisco, CA.

R. Udischas et al., "System and Method for Controlling Delivery of Liquefied Gases from a Bulk Source," US6363728, Apr. 2002.

G. Schmitt et al., "Evaluation of Air Liquide Gas Panel for Particles, Moisture and Live Gases," Microcontamination 93 Conference Proceedings, p. 453, 1993.

第 32 章　超纯水的基本原理

本章作者：Vyacheslay(Slava) Libman　FTD Solutions LLC
本章译者：殷昊　液化空气(中国)投资有限公司

32.1　引言

32.1.1　超纯水系统

超纯水(也称高纯水，UPW)是经过特殊纯化，以满足非常严格的质量规格要求的水。在半导体行业，“超纯水”是一个非常常见的术语，用来指代经过特殊处理，将各种类型的污染物，无论这些污染物是有机物还是无机物、电解质还是颗粒物、可挥发物还是非挥发物、活性物质还是惰性物质、亲水的还是厌水的，包括溶解气体等，均去除至含量最低的一类纯净水，它与通常所说的去离子水(DIW)的概念是完全不同的。

如图 32.1 所示，超纯水系统的典型工艺流程通常包括三个主要阶段。

1. 预处理阶段：纯水制备，水中的大部分杂质在这一阶段被去除。
2. 一次处理阶段：水中剩余的离子在这一阶段被完全去除。
3. 抛光回路阶段：保持超纯水的循环流动，并去除终端颗粒物、总有机物(TOC)和溶解气体等。

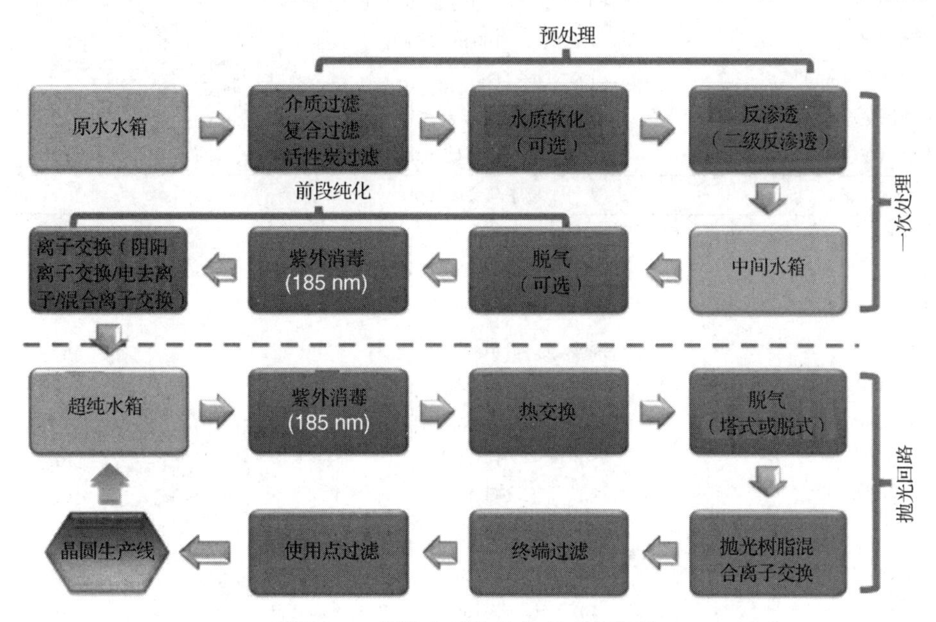

图 32.1　超纯水系统的典型工艺流程

其中，超纯水在抛光回路阶段的不断循环流动是保持其水质和纯度稳定的关键因素。而电阻率通常会被用作监控超纯水纯度的主要指标，在 25℃温度时，超纯水的电阻率最高可达 18.18 MΩ·cm。

32.1.2 超纯水的质量规格

许多组织和机构，例如国际半导体设备材料产业协会(Semiconductor Equipment and Materials International，SEMI)、美国材料与测试学会(American Society for Testing and Materials International，ASTM)、美国电力研究院(Electric Power Research Institute，EPRI)、美国机械工程师协会(American Society of Mechanical Engineers，ASME)及水与蒸汽特性国际协会(International Association for the Properties of Water and Steam，IAPWS)等，均已为微电子、电力、半导体、光伏等不同行业颁布了超纯水生产制备的相关标准。而这其中最为广泛使用的超纯水水质标准是美国材料与测试学会颁布的 ASTM-D5127 号标准《电子与半导体工业用超纯水标准指南》(Standard Guide for Ultra-Pure Water Used in the Electronics and Semiconductor Industries)[1]和国际半导体设备材料产业协会颁布的 SEMI-F63 号标准《半导体制程用超纯水指南》(Guide for ultrapure water used in semiconductor processing)[2]。SEMI-F063 标准中识别了对于当下最先进世代半导体制程较为关键的一些水质参数并规定了相应的指标要求。ASTM-D5127 标准则引用 SEMI-F063 的这些水质参数，提供了基于不同线宽的、不同世代半导体制程所需要的超纯水水质标准要求。表 32.1 为最新版本的 SEMI-F063 标准中所推荐的超纯水水质指标[2]。

表 32.1 超纯水水质指标

标准线宽 <0.065 μm			
参数	性能	参数	性能
在线电阻率@ 25℃ (MΩ·cm)	>18.18	蒸发残留(在线测量)(ppt)	<100
温度稳定性(K)	±1	颗粒物(在线测量)>0.05 μ 粒径(#/L)	<200
温度梯度(K/10 min)	<0.1	细菌菌落(CFU/L)	
TOC(在线测量)(ppb)	<1	100 mL 样品中	<1
溶解氧(在线测量)(ppb)	<10	硅	
溶解氮(在线测量)(ppm)	8～18	硅总量(ppb)	<0.5
溶解氮稳定性(在线测量)(ppm)	±2	溶解硅(ppb as SiO_2)	<0.5
离子与金属(ppt)			
银根离子(NH_4^+)	<50	铬(Cr)	<10
溴离子(Br^-)	<50	铜(Cu)	<1
氯离子(Cl^-)	<50	铁(Fe)	<1
氟离子(F^-)	<50	铅(Pb)	<1
硝酸根离子(NO_3^-)	<50	锂(Li)	<1
亚硝酸根离子(NO_2^-)	<50	镁(Mg)	<1
磷酸根离子(PO_4^{3-})	<50	锰(Mn)	<10
硫酸根离子(SO_4^{2-})	<50	镍(Ni)	<10
铝(Al)	<1	钾(K)	<1
锑(Sb)	<10	钠(Na)	<1
砷(As)	<10	锡(Sn)	<10
钡(Ba)	<1	钛(Ti)	<10
硼(B)	<50	钒(V)	<10
镉(Cd)	<10	锌(Zn)	<1
钙(Ca)	<1		

细菌、颗粒物、有机及无机的各种污染物的来源多种多样，主要包括制备超纯水所用的原料原水，输送管路的材料及其他在处理过程中可能接触到的各种介质和材料等。

细菌　过去，细菌被认为是这张水质指标清单里最难以控制的项目之一[3]，通常只能通过偶尔的化学或蒸汽消毒（在制药行业仍十分常见）、超滤、臭氧处理和优化水路设计，以及在保证最低流量[4]的基础上减少系统死角等方式来尽量避免细菌菌群的繁殖生长。对于现代化的先进超纯水系统，通常只会在新建造的装置中发现阳性菌分布，这一问题可以通过在系统调试过程中使用臭氧或过氧化氢进行强化消毒来解决。而近来对于细菌的控制手段则更多地集中于减少细菌供养，提高系统元器件洁净度，在保证有效循环的基础上减少系统死角，以及在整个水处理过程及用水点提供有效过滤等。通过合理的抛光和分配系统设计，甚至可以保证超纯水系统在其整个使用寿命时间内均不会出现阳性菌分布。

颗粒物　对于先进的半导体行业来说，颗粒物是超纯水中最关键和难于控制的污染物，可能导致多种不同种类的不合格品出现。在半导体制造过程中，如何控制超纯水中的颗粒物一直是主要讨论的问题，任何颗粒物掉落在硅晶圆上都有可能会导致半导体微电路出现短路等问题，从而使得所生产的半导体设备无法正常使用，造成制程良率下降。产能损失，这对于半导体行业来说是难以接受的。特别是对于半导体制程的前道工序（FEOL）及极紫外（EUV）光刻部分[5]，颗粒物的控制尤为关键。而在最新世代的尖端半导体制程中，除了产线前段和光刻部分，包括 3D 器件设计在内的产线后段同样对于颗粒物有着严格的控制要求。这意味着颗粒物的存在可能会对半导体制程的大部分步骤均产生影响，因此，对于颗粒物的控制就显得越来越重要。

由于颗粒物的特殊性，因此不能简单地用数量来对颗粒物的控制指标进行规定，而是必须加上对于颗粒粒径的描述才是严谨的。在现代半导体制程中，对于产品良率可能产生影响的颗粒被称为有害（关键）颗粒，是指其粒径大于或至少大致相当于该制程产品栅极线宽一半的颗粒，而与该颗粒的材料构造和性质等无关。在对颗粒物进行控制的时候，仅需考虑这些大粒径的有害颗粒即可（需要注意的是，随着 3D 器件的使用，半导体器件的复杂程度越来越高，相应对于有害颗粒粒径及种类等的判断标准也在不断变化）。根据研究经验，在晶圆上可能存在的有害颗粒数量与所使用的超纯水中的颗粒物数量存在直接的对应关系。因此，在半导体制程中，为了保证产品良率，晶圆上所能允许存在的最大有害颗粒数量是有确定指标的，为了保证晶圆上颗粒物达到指标要求，必须对超纯水中的颗粒物数量进行严格控制。

超纯水中颗粒物的来源主要包括离子交换树脂析出物、水泵脱落材料、细菌碎片及其他来自整个水处理和分配系统的脱落材料等。随着半导体栅极线宽不断变窄，由颗粒物所导致的质量风险越来越高，且呈指数增长。对于尖端半导体制程，特别是当栅极线宽到达 10 nm 以下时，现有的在线液体颗粒测量设备的测量精度已经无法满足其对于有害颗粒的控制需求。而同时，对于这些尖端制程可能造成影响的有害颗粒粒径甚至已经逼近了目前最先进终端过滤器的过滤性能极限。

总有机碳（TOC）　超纯水中的有机碳不但为细菌在系统中的繁殖提供了养分，还有可能在敏感的热处理过程中替代其他种类的碳化物参与反应，或残留在产品晶圆及敏感的沉浸式光刻镜头等的表面，从而影响制程。此外超纯水中的有机碳还有可能在侵入式光刻过程中导致折射干扰。超纯水中的有机碳除了来自制备超纯水所用的原水及超纯水输送系统所用的管路元器件（如生产管路元器件所用的添加剂、助挤剂及脱模剂等的浸出），也可能来自管路系统的搭建、清洁及后期使用过程中所引入的污染。

硅（Si）　超纯水中的硅通常以可溶的活性硅及硅胶等两种形式存在。高含量的溶解硅将会导致晶圆上出现水渍[5a]。当超纯水中的溶解硼（硼酸根是最弱的阴离子）含量被控制在检测限以下或接近检测限的水平时，溶解硅的含量通常也低于检测限。而硅胶则更类似于颗粒物，普遍存在、不可溶、难于被滤除，对于半导体制程的危害较大[5b]。

金属离子和阴离子　超纯水中的金属离子和阴离子污染物可能导致半导体芯片上的电子元器件和光伏电池短期或长期失效。这些污染物的来源与 TOC 类似。基于不同的纯度需求，对于金属离子和阴离子污染物可以采用一系列方法进行测量，从简单的电导率测量到使用离子色谱仪(IC)、原子吸收光谱仪(AA)及电感耦合等离子体质谱仪(ICP-MS)等尖端仪器。

32.1.3　原水来源

半导体制程可以使用多种来源的水作为原水(比较典型的是使用市政自来水)。较常见的原水水源包括地表水、井水及淡化海水等。而在某些特定情况下，由于基础设施和费用所限，或出于环保原因，回用水也会被作为超纯水的原水来源。出于冗余设计的考量，半导体工厂通常会同时接入两路各自独立的水源，而这两路水源的水质通常会存在一定差别。了解不同来源原水的水质及其季节性变化情况，有助于合理地设计纯化工艺，保证超纯水水质[30]。

关键参数

总有机碳(TOC)　原水中所含的各种有机化合物将直接影响超纯水系统的运行费用及所产超纯水的水质水平。大分子有机物(例如腐殖酸及多糖类等)较易去除，但却可能导致渗透膜或超滤膜被污染，一些有机物的腐烂分解还有可能会导致生物淤积。而小分子有机物，例如农业上常用的肥料(尿素)和杀虫剂(阿特拉津)等，则较难被常规的超纯水装置所去除。市政自来水处理过程中常用的氯化消毒工艺，可能引入大量的卤代烃类(THM)，这一类的低分子量有机物同样难以去除。因此，在设计超纯水系统时，需要考虑原水中所含的有机物形态。目前在半导体行业中，对于原水、超纯水及回用水中的有机物形态，常用配置了有机碳检测器的液相色谱(LC-OCD)[6]进行检测(见图 32.2)。

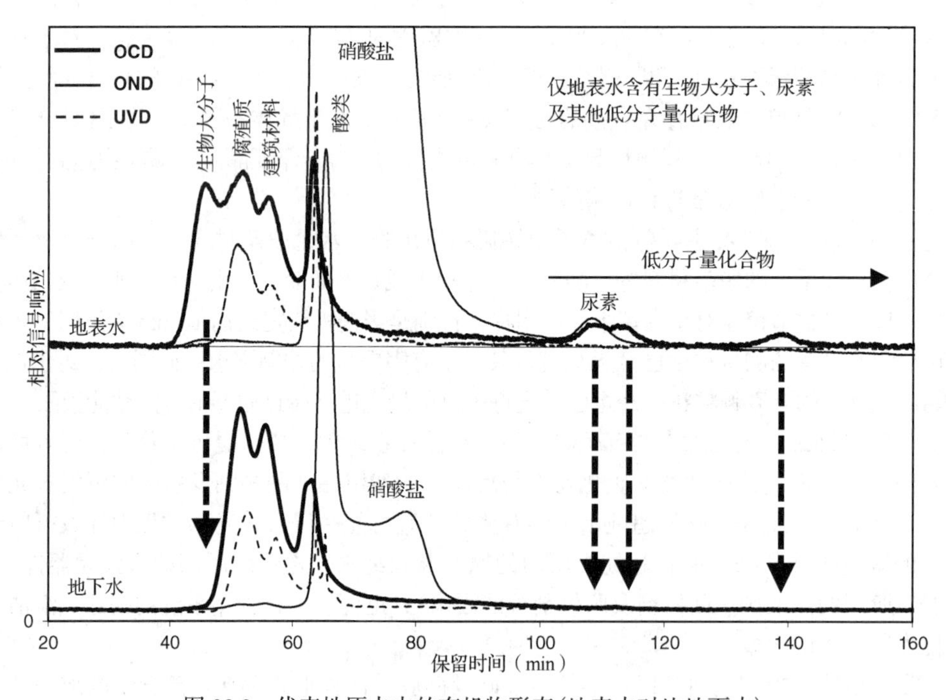

图 32.2　代表性原水中的有机物形态(地表水对比地下水)

悬浮物　原水中的悬浮物也是设计超纯水系统需要关注的重要指标之一，常用浊度(NTU)、污染密度指数(SDI)或悬浮固体总量(TSS)等来表征。通过在超纯水系统中设置合理的处理工艺，水中的悬浮物可以较容易地去除。如果需要去除的悬浮物数量较多，可以在超纯水系统前加装有效的预处理装置，从而大大降低运行成本。

关键离子　要经济高效地处理去除原水中的离子，需要先对原水中所含的离子种类及数量有清楚的了解。特别是对于弱解离的离子，例如硼(B)、硅(Si)及有机酸等的离子，更需要特别关注。例如，某些地下水中可能含有高浓度的硅离子，这将导致反渗透(RO)膜的污染并影响其再生。

32.2　超纯水制备

32.2.1　预处理

在超纯水系统中设置预处理工序的主要目的是去除原水中的大部分杂质。因此，超纯水系统所需的操作和维护也主要集中针对预处理部分。

在对原水进行预处理之前，首先需要去除原水中的悬浮固体和脱氯，同时调节原水温度，以便进行下一步的去离子化操作。去除悬浮固体的常用方法是过滤，而过滤的等级则取决于水源的浊度、悬浮固体总量及有机物含量等。常见的过滤方式包括深度过滤(例如复合过滤、砂滤和活性炭过滤)、自动反冲洗机械过滤及超滤等。其中活性炭也可用于去除原水中的氯和其他氧化剂(消毒的副产物)，以保护反渗透膜和离子交换树脂。除活性炭外，亚硫酸氢钠或二氧化硫也可用于原水的脱氯。

对原水的预处理通常采用以下三种典型工艺之一：

1．二级反渗透

2．脱盐反渗透联用(DI-RO)

3．高效反渗透(HERO)[7]

具体选择何种预处理工艺，取决于入口原水水质、环境条件及终端产水水质要求等(见表 32.2)。

表 32.2　典型预处理工艺的优缺点比较

工艺类型	重要特征	优　势	缺　陷
二级反渗透	化学处理， 反渗透回收率 65%～80%	1)化学品使用量少 2)无浓缩废弃物 3)无须操作	1)处理效果差 2)运行成本较高 3)有机物或生物淤积可能影响运行
高效反渗透	完全除硬，CO_2 脱除， pH 为 10.5～11 反渗透回收率为 95%～99.5%	1)对有机物、硼、硅去除效果较好 2)运行成本较低 3)产水率高 4)反渗透下游系统无须操作	1)供应商较少 2)化学品消耗量较大 3)所产生浓缩废弃物需特殊处理 4)需要严格的硬度控制
脱盐反渗透联用	烧结活性炭-脱碳-强阴离子交换，反渗透回收率为 95%	1)可去除硼和硅 2)产水率高 3)反渗透下游系统无须操作	1)化学品消耗量较大 2)所产生浓缩废弃物需特殊处理

预处理的主要目的是经济高效地去除原水中的溶解物和悬浮固体。反渗透可以去除大约 99%的总有机碳，余下的则主要是低分子量的中性有机物。虽然反渗透膜存在众所周知的缺陷，但却可以有效去除绝大多数悬浮物，包括盐、细菌、病毒及各种粒径的颗粒等。近些年来，水资源保护在工业领域变得越来越重要，且对于超纯水中总有机碳和硼的指标要求越来越严，因此离子交换被越来越多地用在反渗透工序之前，这样的配置较之前常用的二级反渗透更为经济，总拥有成本更低。

需要特别注意的是，对于那些无须操作人员干预或现场化学再生不太方便，以及对于产水效率要求不高的小型超纯水系统来说，二级反渗透仍然是首选的工艺。当使用二级反渗透时，如果能够将原水的 pH 调节至 8～9，将大大有助于改善对于弱酸根离子(硼酸根、硅酸根、重碳酸根及有机酸根离子)的去除效果，同时也可以减轻下游混合床的负担，提高纯化效率，降低运行总成本。

另外，在第一级和第二级反渗透之间使用脱碳剂或真空脱气机也是降低运行成本的方法之一，通过这种方法可以有效去除水中的二氧化碳而无须在第二级反渗透时调节 pH。在某些情况下，也可以用脱气机控制水中的溶解氧。

32.2.2 一次处理系统

紧随反渗透之后的去离子化工序，通过使用混合离子交换树脂，几乎可将水中的所有离子完全去除，从而使得水的电阻率达到 18.1 MΩ·cm 以上。由于一次混合床的再生需要高昂的费用，通常会在混合床之前使用阴离子交换床或电去离子装置，以去除微量的硼酸根、硅酸根、碳酸根及有机酸根离子。尽管相关的技术已经取得了显著的进展，但电去离子装置仍未在工业领域广泛应用以代替混合床工艺。这是由于电去离子技术不但在离子去除效率方面无法达到混合床的水平，而且相对来说能耗较高。

此外，在混合床上游的主回路上常常加装 185 nm 紫外有机碳消解装置，可以有效去除有机碳至接近最终质量指标的水平。

经过一次处理系统所生产的一次纯水在离子和总有机碳的含量方面已经接近终端超纯水的质量。这样就大大减轻了下游抛光混合床的离子负担，从而保证了终端超纯水的质量可靠性，并且降低了运行成本(见 32.2.3 节)。

32.2.3 抛光回路

在近期的装置中，超纯水抛光系统的设计更为合理且基本一致[8]。虽然抛光系统所包含的处理步骤并不多，但通常价格远超其他组成部分，这是由于抛光系统的负荷(消耗量+回流量)更大，且大量使用了高纯材料。此外，用于水质监控的分析仪器也主要集中在抛光回路段，而这些仪器也价格不菲。抛光系统的主要作用如下：

- 控制氧和氮的含量
- 彻底去除总有机碳
- 去除颗粒物
- 控制细菌滋生
- 监控终端水质
- 对压力和流量进行分配和控制

抛光回路中的超纯水水质控制

行业中对于抛光回路的设置通常较为一致。典型的超纯水系统一般起始于带氮封的超纯水箱，某些系统还会对水箱及进出水管投加臭氧。必要时，还可额外加装 185 nm 紫外有机碳消解装置，以进一步去除有机碳和分解臭氧。使用脱气膜或脱气塔控制溶解氧和溶解氮，以及进行挥发性有机物的去除。而抛光混合床(一般不可再生)则用于去除来自系统中其他设备或回流超纯水所带入的痕量污染物，同时也可去除臭氧氧化及紫外光催化氧化所产生的副产物。抛光处理的最后一步是终端过滤，10 nm 以上粒径的微细颗粒在这一步被完全去除。目前大部分较为先进的装置均选择带或不带前置筒式过滤器的切向流超滤器作为终端过滤器。

抛光回路还包括终端水质分析设备和取样设施，以对新系统进行验证、在线监控水质及定期(一般每月一次)取样至本地或外部实验室，对细菌、硅、金属及阴离子等表征项目进行检测。目前先进的在线量测手段保证了对于溶解氧、溶解氮、硅、硼、总有机碳、钠、不挥发残留物及颗粒等关键指标的严格管控。

不同的抛光系统在设计上也存在一些差别，主要包括：

1. 是否投加臭氧。某些系统会在系统上游或超纯水箱内投加臭氧，在对超纯水进行消毒的同时也有助于有机碳的分解。而另外一些系统则无须投加臭氧也可以正常运行。

2. 用于抛光回路的材料略有不同。例如，绝大部分的系统均采用无衬里的电抛光不锈钢泵，但也有部分厂家选择使用聚合物材料为衬里的泵[9]。另外不同厂家的抛光混合床也会采用不同类型的管道容器衬里材料，如橡胶、聚四氟乙烯(ETFE)及三氟氯乙烯-聚乙烯等(ECTFE)。

3. 185 nm 紫外有机碳消解装置的输出功率不同，紫外输出功率越强，越可以将有机碳去除至越低水平，但同时也会产生更多的过氧化氢(H_2O_2)。

4. 有些厂家会把脱气工序放在一次处理系统中，这样可以大大节省费用，但也带来了一定的可靠性风险。

5. 近十年来，254 nm 紫外杀菌装置被采用得越来越少，这是由于工艺中对于有机碳越来越严格的控制，以及高纯材料的大量应用，使得微生物难以获得足够养分，而同时 10 nm 级别的终端过滤器也可以有效去除水中的细菌。

32.3　超纯水分配系统

超纯水分配系统同样也是抛光回路的一部分，其设计对于保证每个用水点的超纯水水质非常关键。在整个系统的总费用里，用于超纯水分配系统(见图 32.3)的费用占了相当大的比例。

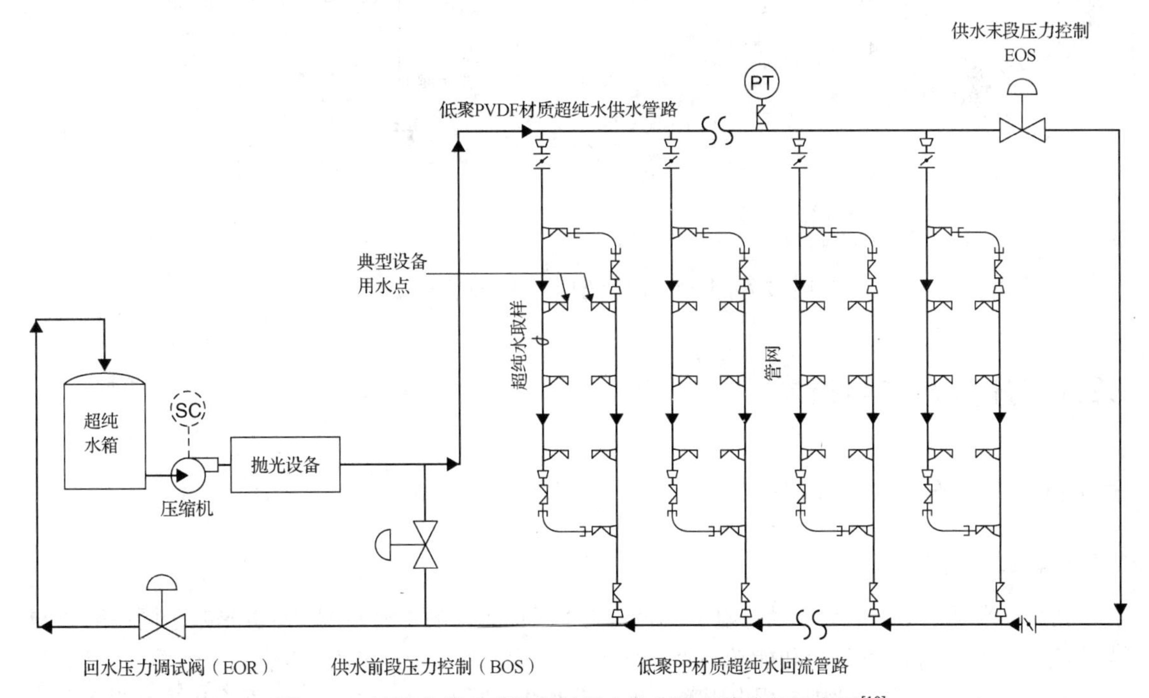

图 32.3　超纯水分配系统常见压力控制阀安装位置示意图[10]

决定超纯水水质的其中一项重要参数是管路末端流速，这是由于在整个抛光回路中此处的流速最小，因此也最易受到污染(例如细菌、管道析出物等)。最初的超纯水系统所使用的管道材料(如PVC 等)纯度不高，因此需要维持至少 1 英尺/秒(ft/s)的管路末端流速，而整个系统的运行费用中很大一部分都被用于维持这一最低流速。随着技术的进步，目前所使用的管道材料(如 PVDF 和PFA 等)纯度越来越高，尽管因这类系统的投资有所增加，但对于管路末端流速的要求也大大降低，只需要达到 0.5 ft/s 甚至更低，较为普遍的观点认为，只需维持此处水流为雷诺系数 3000～4000 的湍流状态即可[10]。而更为先进的超纯水分配及压力控制系统的使用，也使得系统回流比(回水量与消耗量之比)得以进一步降低[10]。

对于超纯水管网，常见的有同程及异程两种系统设计(见图 32.4)。

同程系统中，超纯水供水与回水位于管网同侧，而异程系统则与之相反。相比于同程系统，异程系统尽管造价较高，但却可以有效保证整个系统中的水压稳定。不论是建造新的超纯水管网系统还是对旧系统进行改造升级，均需进行液压建模、优化管路设计及完善压力控制方案，以达到最佳的效果。

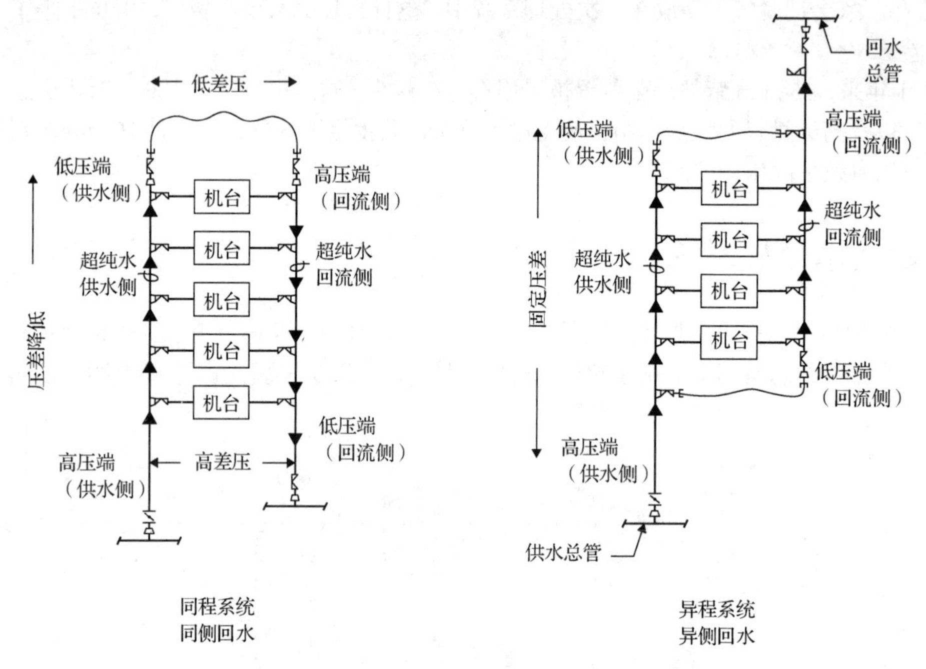

图 32.4　典型同程系统与异程系统管网构造[10]

32.4　分析方法与技术

32.4.1　在线分析测量部分

电导率/电阻率

在超纯水系统中，电导率或电阻率是表征离子污染程度的重要参数。尽管是基于同一测量方式所读取的结果，但在制药和能源行业，常常使用电导率作为指标，其单位为微西门子/厘米(μS/cm)，而在微电子行业则多用电阻率，单位为兆欧 · 厘米(MΩ · cm)，这两个单位互为倒数。

电导率(或电阻率)能够非常灵敏地反映水体的离子污染程度。如果是完全纯净的水，在 25℃时，其电导率为 0.05501 μS/cm，相应的电阻率为 18.18 MΩ · cm。但当其中含有 0.1 ppb(十亿分之一，10^{-9} 量级)的氯化钠时，水的电导率将上升至 0.05523 μS/cm，而电阻率则下降至 18.11 MΩ ·cm[16,17]。

如果采用取样管线将超纯水导出后再对其电导率(或电阻率)进行测量，由于环境空气中所含有的大量二氧化碳(CO_2)极易透过管壁或管路的微小漏点渗入取样管线，并溶解于水中形成具有导电性的碳酸，从而影响测量结果。因此，目前通常采用将电导率探头直接固定插入超纯水主系统管路中进行测量的方式，以实时连续地对电导率进行监控。这种电导率探头里除电导率传感器外，一般同时装有温度传感器，以精确补偿水体温度对于电导率测量的干扰。电导率探头的一般使用寿命可达数年，且几乎不需要任何维护，仅需要定期对其测量精度进行校验，一般每年进行一次校验即可。

钠

当阳离子交换树脂失效时，钠离子通常是最早穿透的阳离子。因此，通过测量超纯水中的钠离子含量，可以快速判断阳离子交换树脂的状态，以决定是否需要对其进行再生。而阳离子交换废水由于其中阴离子和氢离子的存在，通常电导率较高，很难通过电导率的测量来判断阳离子交换树脂的状态。因此，对于钠离子含量的测量就显得十分必要且无法代替。

对于超纯水中的钠离子含量，通常采用钠离子选择性电极法进行在线测量。具体方法为从超纯水管路上引出一条测量旁路，保证其中有小流量超纯水样品持续流过，并将一根玻璃膜钠离子选择性电极插入其中。此时该电极和另一根参比电极之间的电压与所测超纯水样品中钠离子活度或浓度的对数成正比。因此实际测量时只需测量这两根电极之间的电压，通过能斯特方程换算，即可获得超纯水中的钠离子含量。由于离子含量与所测电压成对数关系，从而使得测量灵敏度大大提高，对于钠离子含量检测下限通常可达亚 ppb 水平甚至更低。而为了避免样品中所含的氢离子干扰测量结果，还需要在测量前向样品中不断添加纯胺以调节样品 pH。为了保证测量的准确性，可以设置仪器定期自动校正，这样既可以大大节省校正所花时间，也可以避免手动校正所引入的各种误差[18]。

溶解氧

先进的微电子制程要求其用于硅晶圆清洗的超纯水中的溶解氧(DO)含量必须控制在 10 ppb 以下，以避免在清洗过程中导致晶圆表面薄膜层氧化。而半导体工艺对于超纯水中的溶解氧同样要求控制在 ppb 级别，以最大程度地减少腐蚀。

目前对于超纯水中的溶解氧，通常采用电化学法或光学荧光法进行测量。传统的电化学法使用带气体渗透膜的传感器对溶解氧进行测量。通过气体渗透膜的作用，仅样品中的溶解氧透过渗透膜进入后端的测量部分。测量部分由一对电极和电解液组成，当氧进入后，在电压作用下在电解液中电离形成离子，并在电极间发生迁移形成电流，该电流强度与样品中的氧分压成正比，通过测量这一电流强度即可获得样品中的溶解氧含量。当然，在测量过程中还需考量不同温度下氧在水中的溶解度、氧透过气体渗透膜的扩散速度及电化学传感器的测量与输出效率等因素的干扰并予以补偿。

光学荧光法溶解氧传感器由光源、荧光体及光检测器等组成。在测量时，将荧光体浸入待测样品中，并用光源对其照射。荧光体吸收光源所发出光线的能量后，重新发射出更长波长的荧光。而基于 Stern-Volmer 方程，荧光体发射荧光的时长及所发射荧光的强度与样品中的溶解氧分压线性相关，因此通过测量荧光的发射时长及强度，即可获得样品中的溶解氧含量。在使用光学荧光法进行测量时，同样需要考量氧在水中的溶解度及荧光体的特性等干扰因素并予以补偿[19]。

硅

硅对于微电子制程来说是一种有害的污染物，必须被严格控制在亚 ppb 水平。当阴离子交换树脂失效时，会释放出多种物质，而硅是其中最容易检测的一种，因此常被用来作为判断阴离子交换树脂是否需要再生的表征指标。硅的电导率较弱，因此当水中硅含量较低时，无法通过测量电导率的方式对其进行测定。

目前对于硅的含量，主要采用比色分析仪在系统旁路上取样进行测量。通过在样品中添加钼酸盐化合物及还原剂，与样品中的硅反应后产生蓝色的硅钼酸盐络合物，蓝色的深浅与样品中的硅含量相关，基于 Beer-Lambert 定律进行光学比色分析，即可确定样品中的硅含量。而目前大部分的硅分析仪均为自动半连续运行，仪器自动量取少量的样品，在其中添加反应试剂，然后等待足够长的时间直到反应完成，这样的测量方式可以大大节省反应试剂的消耗。因此，仪器所显示和输出的测量结果只能待每批次的样品测量完毕后才会更新，通常情况下数据更新的间隔时间为 10～20 分钟[20]。

颗粒物

目前对于颗粒物的测量，常用的方法是将一束偏振光(激光)射入少量超纯水样品中，然后检测由样品中可能存在的颗粒物所导致的散射，从而推算出样品中颗粒物的含量，而基于这一方法进行测量的仪器称为激光颗粒仪(laser particle counter，LPC)。由于现代的半导体制程必须在同样的物理面积上集成更多的晶体管，因此对应的栅极线宽变得越来越窄，对于颗粒的粒径指标要求也越来越小。这导致激光颗粒仪的厂家不得不使用更强力的激光束及更先进的散射光检测器以满足测量要求。但随着栅极线宽达到 10 nm 以下(人类头发的直径一般是 100 000 nm)，现有的激光颗粒仪技术已经无法满足测量要求(目前最先进的激光颗粒仪也仅能测量到 20 nm 直径的颗粒物[21])，所以急需新的颗粒物测量技术的出现。

非挥发性残留物

超纯水中的另一类主要污染物是溶解性无机物，主要是硅的化合物。硅是目前地球上存储量最大的物质之一，在所有的水源中都不可避免地存在各种硅的化合物。当用来清洗硅片的超纯水蒸干后，所有的溶解性无机物及非挥发性有机物等都有可能残留在硅片表面，从而导致良率降低。而非挥发性残留物就是用来表征这些微量的溶解性无机物的指标，其测量方法为将超纯水样品以喷雾的形式喷入一定量体积的空气中，用高温将这些小液滴蒸干，形成非挥发性残留物的悬浮颗粒，然后用专门的凝聚粒子计数器对这些悬浮颗粒进行测量，该方法的检测精度可达 ppt(万亿分之一，10^{-12} 量级；质量比)级别[22]。

总有机碳(TOC)

测量总有机碳最常见的方法是将水中的有机物通过氧化转化为二氧化碳(CO_2)，然后对比测量氧化前后水中二氧化碳的含量变化，即可获得水中的有机碳含量。但这一测量方式无法精确界定水中有机碳的存在形式，而仅能测得水中有机碳的总量，以单位体积内所含碳质量为单位。水样中原有的二氧化碳称为无机碳(inorganic carbon，IC)，而由有机物所转化成的二氧化碳及所有原本的无机碳总称为总碳(total carbon，TC)，这两者的量之间的差值即为总有机碳量[23]。

为了将水样中的有机碳氧化为二氧化碳，需要向水样中加入过量的氧，而目前常采用的方法包括紫外/过硫酸盐(UV/PS)氧化法、热活化过硫酸盐氧化法、燃烧法及超临界水氧化法等。为了避免测量误差，一些在线的总有机碳分析仪会加装渗透膜以将氧化反应的副产物、有机酸及卤代化合物等滤除。这些氧化反应的副产物会被误认为二氧化碳进行测量，从而使得有机碳的测量结果大大高于真实值，同时还会导致样品的电导率上升，因此需要予以滤除以获得较为精准的有机碳测量结果。但也有一些地方会同时测量不滤除这些副产物的总有机碳含量，通过这两种测量结果的差值来估测超纯水中的有机酸以及卤代有机物的含量水平。

离线实验室分析部分

当对超纯水进行分析的时候，首先考虑的是需要测量哪些质量指标及在哪里测量。对超纯水进行质量监控分析的标准做法是在超纯水系统中紧邻纯化处理过程之后，在位于分配回路之前的分配点（point of distribution，POD）及位于次级管网或支路截止阀出口、用于连接机台的连接点（point of connection，POC）上进行取样分析。

对超纯水的随机取样分析是对在线监测的有益补充，特别是当在线仪器不可用或对于超纯水的质量指标要求较严时。一般的随机取样分析主要针对金属、阴离子、铵、硅酸盐（溶解性的及总量）、颗粒物（扫描电子显微镜检测）、总有机碳及特定有机物等。

金属分析

对于金属，通常采用电感耦合等离子体质谱仪（inductively coupled plasma mass spectrometry，ICP-MS）进行检测分析。这种方法的检出水平主要取决于所用仪器的型号及样品前处理方法等。当采用目前最先进的设备时，该方法的检出限可达亚 ppt 级别（小于 1 ppt）[24]。

阴离子分析

对于最常见的 7 种阴离子（硫酸根离子、氯离子、氟离子、磷酸根离子、亚硝酸根离子、硝酸根离子及溴离子），目前一般采用离子色谱（ion chromatography，IC）进行分析，其检测限可达 10 ppt 以下。离子色谱也可用于分析铵离子及其他金属阳离子。但电感耦合等离子体质谱仪仍然是首选的分析金属离子的方法，这是由于电感耦合等离子体质谱仪的检测限更低且可用于超纯水中所有溶解的或不溶的金属物质。除此之外，离子色谱还可用于检测超纯水中的尿素（超纯水中较为常见且极难去除的污染物之一），其检出限可到 0.5 ppb。

硅分析

对于硅分析，首先界定需要分析的项目是活性硅还是硅的总量[25,26]。由于硅化合物的复杂性和多样性，目前常用的光度计法（比色法）能够测量的主要是能与钼酸盐反应的活性硅，包括可溶性的硅酸盐、单体二氧化硅、硅酸及一小部分硅的聚合物等。而如果要测量水中硅的总量，则需要使用更高级的仪器，如电感耦合等离子体质谱仪（ICP-MS）及石墨炉原子吸收光谱仪（GFAA），或者在进行光度计分析之前先对样品进行预处理，使其中各种形式的硅均转化为活性硅。对于许多天然水，用光度计法所测得的活性硅含量几乎可以等同于硅的总量，而在实际测量时，也常常用光度计法代替其他更费时的方法。然而，由于离子交换柱中使用了大量的硅胶聚合物，所以可能会有硅胶脱出，因此在对去离子水进行质量监控时，对于硅的总量进行分析就显得更加重要。与可溶性硅化合物相比，电子行业会更加关注硅胶杂质，这是因为硅胶在水中通常以纳米级颗粒的形式存在，这些颗粒对于半导体制程的冲击更大。而当控制指标已经达到亚 ppb 级别时，实际上无论是分析活性硅还是硅的总量，都同样复杂和困难。因此，直接测量硅的总量是更合适的选择。

颗粒物及总有机碳（TOC）分析

虽然对于超纯水中的颗粒物及总有机碳通常采用在线测量的方式进行监控，但离线实验室分析结果作为补充或替代也是有其价值的。其价值主要体现在两个方面：费用及规格。一些比较小型的超纯水装置，由于成本考量无法负担昂贵的在线分析仪器时，就可以采用离线的方式对这些指标进行分析。对于总有机碳，采用与在线监测同样的测量方式(参见在线测量方法部分的描述)随机取样离线分析，其检出水平甚至可达 5 ppb 或更低。这一检出水平足以满足整个制药行业及大部分要求不太高的半导体工厂的需求。在系统设计阶段或当原有分析设备出现故障时，对于有机碳，也可以使用带有机碳检测器的液相色谱进行有效的分析。这一方法可以清楚区分出超纯水中的生物高聚物、腐殖质、小分子有机酸、中性有机物等，并能几乎百分之百地清楚描述出这些物质的有机构成[27, 28]。

与总有机碳类似，相比于昂贵的在线测量，采用扫描电子显微镜(SEM)进行离线颗粒物分析的费用要低得多，因此，这种方法常被用于要求不太高的场合。SEM 可以用于检测粒径大于 50 nm 的颗粒，与常用在线仪器的性能基本一致。具体的检测方法是将 SEM 专用的捕集滤筒装在超纯水系统的取样口上，滤筒内置孔径等于或小于目标粒径(一般是对应超纯水中颗粒物的指标粒径)的膜盘，以捕集超纯水样品中可能存在的颗粒物。然后使用 SEM 对该滤筒所捕集到的颗粒物进行扫描、鉴别和定量分析。SEM 法的唯一缺陷是需要较长的取样时间，基于不同的目标颗粒粒径及超纯水系统压力等，取样可能需要一周到一个月不等的时间。但只要选择合适的颗粒过滤捕集系统，该方法的可靠性较高，而且可以与能谱仪联用，从而实现对颗粒物组分的鉴别与分析。

细菌

对于超纯水中的细菌，目前一般遵循美国材料与测试学会(ASTM)的 F1094 标准所规定的方法[29]进行检测分析，该方法分别从取样和分析两部分指导如何对纯水生产系统及输送系统中的超纯水进行取样分析。这一方法使用分接取样阀直接从系统中取出样品，经过过滤后将其置于清洁干净的取样袋内，经过微生物培养后对样品中的需氧菌和兼性厌氧菌进行分析。在做微生物培养时，细菌繁殖温度需要控制在 28 ± 2℃，繁殖时间则需要 48～72 小时，如果条件允许，繁殖时间越长越好，但通常情况下 48 小时已经足以判断水质状况。

32.5 超纯水应用于半导体行业所面临的挑战

32.5.1 质量方面

越先进的半导体制程，对于超纯水的质量规格要求越严苛。

颗粒物

在半导体行业中，超纯水系统所面临的最大问题是颗粒物的控制。这是由于随着半导体制程的发展，会对制程产生影响的有害颗粒粒径越来越小，而目前现有的颗粒测量手段对于这样粒径的颗粒物已经无能为力，这也导致根本无法验证终端过滤器是否能够有效去除这些颗粒物。

有害颗粒粒径通常取决于半导体制程的半线宽。表 32.3 列出了国际半导体技术发展路线图(International Technology Roadmap for Semiconductor，ITRS)[11]所给出的线宽与临界颗粒尺寸的对应关系。要将 10 nm 颗粒有效地控制在每升为 1000 颗的水平是十分困难的，这是由于全新的离子交换树脂可能产生每毫升为 1×10^6 颗的颗粒物(见表 32.4)，而常用的超滤设备无法完全去除所有的 10 nm 颗粒(见表 32.5)。

表 32.3　先进半导体制程的颗粒物目标水平[11]

年　份	2015	2016	2017	2018	2019	2020
DRAM 半节距(单位：nm)(触点)	24	22	20	18	17	15
临界颗粒尺寸，基于 50%的 DRAM 半节距(单位：nm)(触点)	12	11	10	9	8.5	7.5
颗粒数量指标(大于临界尺寸)(#/L)	1000	1000	1000	1000	1000	1000
EUV 掩模生产的颗粒数量指标(大于临界尺寸(#/L)	100	100	100	100	100	100

表 32.4　对全新离子交换树脂进行大量冲洗时所测得的 10 nm 颗粒

来自市场上主要供应商(名称隐去)的高纯树脂	冲洗开始时的颗粒含量 $1×10^6$/mL(10 nm 颗粒)	50 体积水量冲洗后的颗粒含量 $1×10^6$/mL(10 nm 颗粒)	500 体积水量冲洗后的颗粒含量 $1×10^6$/mL(10 nm 颗粒)
分析背景		~1	
系统背景(无树脂)	80	1	<1
树脂 A	250	50	3
树脂 B	60	2	<1
树脂 C	135	40	6
树脂 D	180	50	6
树脂 E	180	115	15
树脂 F	50	25	5

表 32.5　典型超纯水终端过滤器(切向流超滤)性能测试结果(SEMI C079 方法)

颗粒粒径(nm)	目标颗粒负载水平下过滤器对于颗粒截留效率(%)(单层)		
	0.2 单层	0.4 单层	1.0 单层
33	99.7	99.5	99.7
26	99.6	99.6	99.5
22	99.3	99.5	99.4
19	99.3	99.1	99.2
16	98.9	98.7	99.0
14	98.9	97.7	98.6
12	98.2	97.1	96.3
9	94.2	87.1	81.4

有机物

在过去的十多年中，如何控制超纯水中的溶解性有机物已经成为半导体工厂面临的一个重要挑战，最先进的侵入式光刻技术甚至要求超纯水中总有机碳的含量低至 1 ppb 以下。而随着有机碳测量技术的发展，使得超纯水中越来越多的有机化合物得以被检出，尿素是其中较为常见的一种。对于半导体行业，尿素能够在暴露的化学保护层表面产生 T 形效应[12]，因此常常被重点关注。尿素的分子量较小且呈电中性(低电荷)，极难被完全去除，即使采用反渗透(RO)技术，最佳条件下通常也仅能去除 20%～50%的尿素[10]。然而在大部分的地表水源中，都不可避免地存在尿素[11]，且含量随季节变化，最高甚至可达 100 ppb。这使得对于水中的尿素含量进行控制变得十分困难。一个对 10 套采用地表水作为水源的半导体级超纯水装置的标杆研究发现，这些装置所生产的超纯水中尿素含量均在 0.6 ppb 到 6 ppb 之间[13]不等。

图 32.5 为使用配有有机碳检测器(LC-OCD)的液相色谱仪(采用预富集技术后，其对于有机物的检测限可达 1 ppb 以下)所测得的超纯水中的有机物成分。由图 32.5 可见，在超纯水中最主要的有机物除尿素外，还有一部分小分子有机酸。而这些有机酸可能是未被抛光混合床完全去除的

185 nm 紫外光催化氧化副产物。国际半导体技术发展路线图(ITRS)的标杆研究显示，微生物可能在抛光混合床内长期沉积的树脂上大量繁殖，产生生物高分子聚合物。此外，新的离子交换树脂还有可能产生三甲胺(TMA)及其他难以被处理的有机化合物，因此选择高纯度的离子交换树脂就显得尤为重要。

从以上情况可以看出，要将超纯水中的总有机碳控制在 1 ppb 水平(见表 32.1)十分困难，尤其是当季节性农业径流导致原水中尿素含量较高，或超纯水系统本身即有可能引入有机污染物的时候。

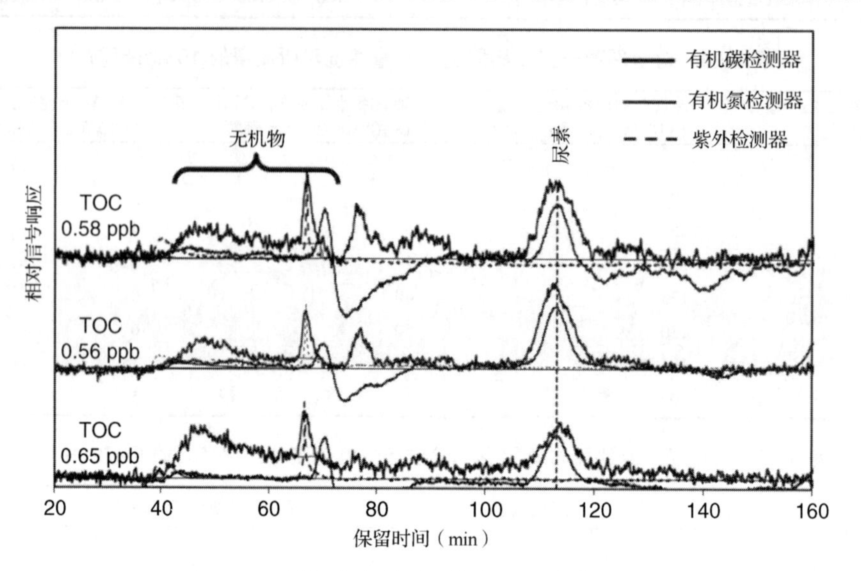

图 32.5　超纯水中有机物构成(三次分析结果)

金属

虽然超纯水中的金属含量很低(几个 ppb 或更低)，且目前的超纯水系统非常可靠，但是如何控制金属杂质以满足超纯水质量要求仍然是设计超纯水系统时需要慎重考虑的因素之一。

需要重点关注和考量的点包括：

- 系统所使用的高纯管道析出的，可能来自管道原材料及生产过程的金属杂质(钙、铁等)。类似的污染同样可能来自管路系统建造时的环境以及建造过程中的操作。一味求快可能导致系统中的残留金属杂质含量相对较高(可达 10～20 ppt)。
- SC1 清洗所使用的高 pH 清洗液中所含的金属可能沉淀在硅片表面，难以去除。
- 离子交换树脂再生时可能析出微量的钠(尤其是抛光阶段所使用的离子交换树脂)。
- 离子交换床下游系统中所使用的不锈钢元器件可能析出金属。
- 使用其他不合适的材料，如人造橡胶等，也有可能引入金属污染。
- 热交换器的内漏同样可能引入金属污染。

目前的分析技术对于金属的检出限最低可达 0.2 ppt 水平(200 ppq)。但是，该分析只能通过随机取样的方式离线进行，且需要配合非常洁净的取样方法以避免干扰。因此，在筹划和设计系统阶段就需要考虑如何尽量避免痕量金属污染。

过氧化氢(双氧水，H_2O_2)

作为 185 nm 紫外光催化氧化的副产物之一，超纯水中的过氧化氢正越来越受到关注[14]。表 32.6 为超纯水系统中 H_2O_2 含量情况的分析。

对于超纯水中的过氧化氢[15]，虽然目前已有基于催化分解原理的去除方法，但大部分在用的超纯水系统中却并没有设置这一步骤。如果要增加催化反应床，除了涉及费用问题，同时还涉及空间问题，在这些现有的系统中可能并没有足够的安装空间。一般来说，超纯水中过氧化氢的含量在 5～25 ppb 之间，与大部分超纯水系统中的溶解氧含量接近甚至更高。因此，越来越多的半导体工厂逐渐开始关注这一指标。

表 32.6　超纯水系统中的 H_2O_2 含量

超纯水系统工序	运行单元	运行单元下游所测得 H_2O_2 含量(ppb)
预处理	原水水箱	
	活性炭过滤器	
	一次反渗透	
一次处理	中间水箱	
	二次反渗透	
	电去离子	
	膜脱气	1
	185 nm 紫外消解	14～16
	前级混合床	11～12
抛光处理	超纯水箱	16～17
	185 nm 紫外消解	30
	抛光混合床	24
	膜脱气	21～22
	微滤	
	超滤	20～22

32.5.2　产能方面

虽然整个半导体行业都在努力减少超纯水消耗量，但随着半导体技术的不断更新换代，对于硅片的污染越来越敏感。而为了减少硅片所受到的污染，必须使用更大量的超纯水进行清洗，这使得超纯水的消耗量越来越大，对于超纯水的用量需求呈指数级增长，供水总管的直径也随着所生产的晶圆尺寸的增加而不断增大。

表 32.7 展示了超纯水系统最大总管直径与所生产的晶圆尺寸的奇妙对应关系。为了应对不断增大的超纯水消耗量，则必须不断增加超纯水系统的供水能力(循环流量)，而这也意味着超纯水系统的总管尺寸越来越大。

表 32.7　晶圆尺寸与对应的超纯水消耗量

晶圆尺寸(in) (同一世代技术)	超纯水消耗量 (加仑/分钟，gpm)	超纯水流量 (gpm)	供水系统最大总管直径 (in)
2	10	100	2
4	40	390	4
6	170	870	6
8	390	1540	8
12	1390	3470	12
18	3130	7810	18

超纯水消耗量的显著增长迫使半导体工厂不得不重新考虑对原有超纯水系统进行扩容。但扩容系统后，要达到足够的洁净度和供水压力却需要非常高昂的费用。例如，为满足 200 mm 或更小尺寸晶圆的生产需要，超纯水供水量只需达到平均消耗量的 5 倍即可。但当转产 300 mm

晶圆时，必须对原有超纯水系统扩容以满足需求，这不但需要投入大量费用，有时受安装空间所限，甚至需要采用一些特殊的设置。

而好消息是，流量控制标准的变化(从线速度要求转变为雷诺系数要求)已经大大降低了对于超纯水的水流量要求。此外，采用更先进的供水系统、优化用水机台及供水方式设计等，也有助于解决一部分供水问题[31]。但最好的解决方法还是回收废水重复利用。

32.5.3 用水管理方面

半导体行业的流失水量中很大一部分是在超纯水制备过程中所流失的水量。由于系统配置及原水水质的原因，某些超纯水生产装置的水量损失甚至达到 20%～50%。为了减少超纯水系统的水消耗量，目前的做法主要集中在提高超纯水系统的节水效率(例如在反渗透工序的前端加装离子交换以提高反渗透的回收率等)及回收和循环利用中水。在现代化晶圆厂，进行中水回收和循环利用的关键是对制程机台所排放的污水进行有效管理。例如通过取样分析对机台污水的成分进行定性判断，以确定对这些污水的处理措施，从而实现水和化学品的循环再利用，减少不必要的处理费用。此外，还可以在废水管路的关键位置加装在线监控设备，对废水中的电导率、pH 及总有机碳含量进行监控，通过这些监控数据对水质进行判断，从而自动切换将废水循环至超纯水系统再利用或用于其他风险较低的应用，如冷却塔或尾气处理装置等。

当前，最先进的或下一代的晶圆厂每天预计需要消耗 400 万～500 万加仑的水，且大部分是超纯水。而需要特别注意的是，这些大型的晶圆厂一般都建在现有的半导体工厂内，当这些额外的用水量叠加在原有的庞大用水量上时，对于基础设施、环保或洁净度来说都将是一个巨大的挑战。

随着半导体制程的发展，除了超纯水，额外增加的用于环境空气污染控制及能源使用的普通水的消耗量同样是一个挑战。为了符合越来越严格的废气排放标准，需要更多高效的尾气处理装置，而这些尾气处理装置一般都用水来吸收有毒气体及其分解的副产物。为了满足更小尺寸芯片的生产需要，必须使用更加先进的光刻设备[如极紫外光刻机(EUV)]，而这些新的光刻设备的能耗更大，因此对于冷却的需求更大，从而使得冷却塔的蒸发量也更多。蒸发量的增加不但需要消耗更多的水，而且使得工厂所排出的废水中盐和有机物的含量更高，因此必须采用新的技术解决方案对这些废水进行处理以满足环保排放的要求。

32.6 如何获得高质量超纯水的一些建议

经过过去数十年的不断改进和优化，以及新的处理技术和元器件不断涌现，超纯水纯化技术已经非常成熟，而且行业整合也已经完成。目前市场上超纯水技术供应商都有足够的能力提供高效可靠的超纯水系统。但在建设新的超纯水系统或对现有系统进行改造升级时，仍然需要考虑以下方面。

1. 抛光系统及供水系统所选用的建造材料：在建造抛光系统和供水系统时，不但必须选用高纯度的材料，而且在使用这些材料前必须进行足够的测试以确保质量。此外，对于这些材料的处置和安装也同样十分重要。具体可以参考国际半导体设备材料产业协会(SEMI)的一些标准，如 SEMI F57、SEMI C90 及 SEMI F061 等。

2. 关键元器件在使用前必须进行测试，以保证其质量合格、状态良好。

a. SEMI C079 标准为超纯水系统的终端过滤器及使用点(POU)过滤器的测试提供了参考方法。

b. SEMI C093 标准为抛光离子交换树脂的测试提供了参考方法，以确保尽量少的颗粒物和其他污染物析出。

3. 根据需要用到超纯水的日期来提前计划超纯水系统的开机调试时间。超纯水系统调试完成后，需要尽早对管路等进行冲洗吹扫(可以临时使用移动式超纯水系统)。这样可以保证有充足的时间将系统内可能残留的金属、有机碳及氟化物等污染物吹扫干净。

4. 在项目阶段尽早确定对于超纯水系统的验收测试项目并准备好所需的设备和材料等，以保证可以在调试阶段进行足够的测试。

32.7　致谢

在这里诚挚地感谢 Dan Wilcox 对本章内容进行评审，他是超纯水技术的资深从业人员，对于半导体行业的水处理及污水处理拥有多年的丰富经验。

本章包含了来自半导体行业超纯水技术路线图及国际半导体设备材料产业协会(SEMI)组织的专家小组关于超纯水系统的总结内容和研究进展。

32.8　参考文献

1. ASTM D5127-13 Standard Guide for Ultra-Pure Water Used in the Electronics and Semiconductor Industries.

2. SEMI F63-0213 Guide for Ultrapure Water Used in Semiconductor Processing.

3. M. W. Mittlemann and G. C. Geesey, *Biofouling of Industrial Water Systems: A Problem Solving Approach*, Water Micro Associates, San Diego, California, 1987. https://www.abebooks.com/Biological-Fouling-Industrial-Water-Systems-Problem/17673081048/bd.

4. V. Libman, "Use of Reynolds Number as a Criteria for Design of High-Purity Water Systems," *Ultrapure Water*, Oct. 2006.

5. ITRS Annual Report 2013 Edition. International Technology Roadmap for Semiconductors. https://www.dropbox.com/sh/6xq737bg6pww9gq/AABi_Y8w8bDy-RDwxIrD6vrGa/2013Yield.pdf?dl=0.

5a. Don Grant, "The effect of particle composition on filter removal of sub - 30nm particles from UPW." UPW Conference, Portland, OR, 2011.

5b. Godec R. Preventing the Release of Nano Materials from Depleting Ion Exchange Beds by Using an Online Boron Analyzer. UPW Conference, Portland, OR, 2011.

6. Stefan A. Huber, Andreas Balz, Michael Abert, and Wouter Pronk, "Characterisation of Aquatic Humic and Non-Humic Matter with Size-Exclusion Chromatography—Organic Carbon Detection—Organic Nitrogen Detection (LC-OCD-OND)," *Water Research,* 45: 879–885, 2011.

7. Saving Energy, Water, and Money with Efficient Water Treatment Technologies. Federal Energy Management Program. http://www.nrel.gov/docs/fy04osti/34721.pdf.

8. V. Libman, "Ultrapure Water (UPW)—Quality and Technology to Support Advanced Industries' Needs," Proceedings of 74th Annual International Water Conference, 2013.

9. F. Patrick, "Microelectronics—Driving Treatment System Innovation through Capital Expansion Projects," *Ultrapure Water Journal*, 32 (2): 21–26, Mar./Apr. 2015.

10. V. Libman, D. Buesser, and B. Ekberg, "Next Generation of UPW Distribution System for the Next Generation of Semiconductor Factories," *Ultrapure Water Journal*, 29 (1): 23–30, 2012.

11. V. Libman, D. Wilcox, and B. Zerfas, "UPW ITRS and SEMI: Synergy of Enabling Advanced Existing and Future Technologies," Ultrapure Water Conference, Portland, OR, Nov. 2015.

12. J. Rydzewski, "Identification of Critical Contaminants by Applying an Understanding of Different TOC Measuring Technologies," *Ultrapure Water Journal*, 2: 20–26, 2002.

13. V. Libman, "New Developments by UPW ITRS and SEMI Task Forces (2013)," UPW Conference, Portland, OR, Nov. 2013.

14. P. Rychen, J. Magnan, and M. Salamor, "Online Monitoring of Hydrogen Peroxide in Ultrapure Water," Ultrapure Water Conference, Portland, OR, Nov. 2015.

15. Y. Miyazaki, T. Fukui, H. Kobayashi, and K. Yamada, "Advanced Hydrogen Peroxide Removal Technology Using Nano-Sized Pt Catalyst Resin," UPW Conference, Portland, OR, Nov. 2013.

16. ASTM D1125 Standard Test Methods for Electrical Conductivity and Resistivity of Water.

17. ASTM D5391 Standard Test Method for Electrical Conductivity and Resistivity of a Flowing High Purity Water Sample.

18. ASTM D2791 Standard Test Method for On-line Determination of Sodium in Water.

19. ASTM D5462 Standard Test Method for On-Line Measurement of Low-Level Dissolved Oxygen in Water.

20. ASTM D7126 Standard Test Method for On-Line Colorimetric Measurement of Silica.

21. Rodier Nanoparticle Monitoring in Ultrapure Water at 20 nm and Below. UPW Conference, Phoenix, AZ, Nov. 2014.

22. D. ASTM D5544 Standard Method for On-Line Measurement of Residue after Evaporation of High Purity Water.

23. ASTM D5997—96 Standard Test Method for On-Line Monitoring of Total Carbon, Inorganic Carbon in Water by Ultraviolet, Persulfate Oxidation, and Membrane Conductivity Detection.

24. Albert Lee, Vincent Yang, Jones Hsu, Eva Wu, and Ronan Shih, "Ultratrace Measurement of Calcium in Ultrapure Water Using the Agilent 8800 Triple Quadrupole ICP-MS," Agilent Technologies, 2012. http://hpst.cz/sites/default/files/attachments/5991-1693en-ultratrace-measurement-calcium-ultrapure-water-using-agilent-8800-triple-quadrupole-icp.pdf.

25. ASTM D4517 Standard Test Method for Low-Level Total Silica in High-Purity Water by Flameless Atomic Absorption Spectroscopy.

26. ASTM D859 Standard Test Method for Silica in Water.

27. S. A. Huber, A. Balz, M. Abert, and W. Pronk, "Characterisation of Aquatic Humic and Non-Humic Matter with Size-Exclusion Chromatography—Organic Carbon Detection—Organic Nitrogen Detection (LC-OCD-OND)," *Water Research*, 45: 879–885, 2011.

28. Stefan Huber, Slava Libman, "Part 1: Overview of LC-OCD: Organic Speciation in Service of Critical Analytical Tasks of Semiconductor Industry," *Ultrapure Water Journal*, 31 (3): 10–16, May–Jun. 2014.

29. ASTM F1094 Standard Test Methods for Microbiological Monitoring of Water Used for Processing Electron and Microelectronic Devices by Direct Pressure Tap Sampling Valve and by the Presterilized Plastic Bag Method.

30. Avijit Dey and Gareth Thomas, *Electronics Grade Water Preparation*, Tall Oaks Pub, Inc., Littleton, CO, 2003. ISBN 0-927188-10-4.

31. V. Libman and A. Neuber, "Water Conservation Challenges Facing the Microelectronics Industry," *Ultrapure Water Journal*, 7: 36–43, 2008.

第 33 章　工艺化学品的使用和处置

本章作者：Daniel Fuchs　Air Liquide Electronics US
本章译者：殷昊　液化空气(中国)投资有限公司

33.1　引言

半导体工业正随着技术的快速发展，包括晶体管封装密度的指数级增长及关键特征尺寸的逐渐减小等而不断演化。随着半导体特征尺寸量级的不断减小，其制程日益复杂，新的工艺步骤不断涌现，化学品的使用量也越来越大。鉴于这种情况，为了防止任何意外情况影响设备产量，在设计半导体生产装置时必须对于大宗化学品的使用和处置方法予以考虑。

而半导体制程中最显著的工艺进步之一是化学机械平坦化技术的应用和发展。该技术可以保证晶圆表面的平整和均质，从而为后续的三维表面形态加工做好准备。另一个对半导体生产环境进行优化的例子则是对于 RCA 标准清洗技术[1]（由 RCA 实验室首创的一种湿法化学清洗技术）的改进和优化。其中较为显著的改进是将稀氢氟酸以不同比例加入标准配方的食人鱼清洁溶液中，以满足各种特殊工艺制程需求。除了这些对于湿法制程核心化学品的改进，越来越多的新型专利配方也开始被应用于某些特定工艺制程中。虽然在这些配方中，主要配方成分仍为普通常见化学品类别，仅仅是添加了少量的特殊专利化学品作为助剂。

随着这些改进和优化，更加适合于半导体生产的新工艺和新配方不断出现。此外，对于半导体工艺制程的其他优化还包括使用金属杂质含量更低的电子级化学品、严格控制用于关键工艺步骤的化学品配比[例如显影剂（developer）和缓冲氧化蚀刻剂（buffered oxide etchant）]，以及确保所使用的化学品可严格追溯等。

33.2　重大化学危害术语和符号

当处于正常或紧急情况下时，半导体制程中所使用的化学物质对操作人员及设备的风险程度各不相同。美国国家消防协会标准 NFPA 318《半导体制造工厂防护标准》（Standard for the Protection of Semiconductor Fabrication Facilities）[2] 中对于半导体加工场所常见的一些危害因素进行了明确的标识和定义。如果没有特别引用，本节中所使用的术语的定义参见《韦氏大学词典》（Merriam-Webster's Collegiate Dictionary）（第 12 版）中的常见含义。工艺化学品可能导致的潜在化学危害如下所示。

腐蚀性　某种化学物质可以通过化学反应的形式导致接触点的活性组织受到明显的破坏或不可逆改变的性质[2]。

可燃液体　闭杯闪点（closed-cup flash point）高于 37.8℃（100℉，包括 37.8℃）的液体[2]。

易燃液体　闭杯闪点低于 37.8℃（100℉），在 37.8℃（100℉）温度下蒸气压低于 2068 毫米汞柱（mm Hg）的液体[2]。

闪点　当暴露在火焰中时，某挥发性可燃物上方的蒸气能够在空气中被点燃的最低温度。

不相容材料 在异常条件下相互接触时，在一定程度上会发生反应，产生热量、烟雾、气体或副产物，从而对生命或财产造成损害的材料[2]。

反应性 某种化学物质与其他种物质混合时会趋向于具有另一种物质的性质。

毒性 本身有毒或含有有毒物质，尤指能够导致生物体死亡或严重虚弱的性质。

水反应性 某种物质置于水中或与水分接触时会爆炸或发生剧烈反应，产生易燃、有毒或其他有害气体，或产生高热导致自燃的性质[2]。

由于在生产过程中可能涉及多种工艺化学品和化学废弃物，半导体制造商应与当地相关管理部门积极协作，以取得相应的许可资质，并制订应急响应计划。

33.2.1 安全数据表(SDS)

安全在处理工艺化学品时至关重要，而安全数据表(safety data sheets，SDS)则是向所有参与化学品处理和处置的有关各方传递安全相关信息的关键工具。2012 年，美国职业安全与健康管理局(United States Occupational Safety & Health Administration，OSHA)发布了一份更新后的危害沟通标准(Hazard Communication Standard)，以保证其当前流程与联合国全球协调体系(The United Nations Globally Harmonized System)保持一致[3]。

安全分类标准的更新和变化则是通过一种体系来描述所有的基本信息，从而更加有效地将化学品在正常使用条件下的危害告知工人，而不再是仅仅描述针对该化学品的应急响应。针对半导体制造过程中所使用的每种化学品及特殊化学品配方的安全数据表格式需要包含以下内容，从而清晰地描述安全基本信息。

1. 界定(identification)
2. 危险识别[hazard(s) identification]
3. 成分组成信息(composition information on ingredients)
4. 急救措施(first-aid measures)
5. 消防措施(fire-fighting measures)
6. 泄漏应急处理措施(accidental release measures)
7. 操作和储存(handling and storage)
8. 暴露控制与个人防护(exposure controls and personal protection)
9. 理化性质(physical and chemical properties)
10. 稳定性与反应性(stability and reactivity)
11. 毒理学信息(toxicological information)
12. 生态信息(ecological information)
13. 处置注意事项(disposal considerations)
14. 运输信息(transport information)
15. 法规监管信息(regulatory information)
16. 其他信息(other information)

由于所使用的配方和添加剂可能存在差异，因此针对每种化学品的不同供应商和不同产地均需建立相应的安全数据表。安全数据表应包含所有重要信息以告知使用者在使用和处理该化学品时所应采用的个人防护设备水平，处理该化学品的常规方法，以及该化学品的不相容材料等。

某种特定化学品或配方的潜在危害通常以象形图示的方式予以描述，以便于识别特定风险的类别和严重性。两种常见的用于描述危害的象形图示是国际危险性标识(International Hazard Symbols)及美国国家消防协会(National Fire Protection Association，NFPA)菱形(钻石)危险标识。

在安全数据表中可能已包含该化学品的 NFPA 菱形危险标识，如果没有，则需要通过健康、易燃性、不稳定性及特殊信息等各小节中所定义的相关信息来创建适当的标识[4]。

33.2.2　国际危险性标识

安全数据表通常包含由 9 个国际危险性标识所描述的该化学品的危险类别。9 个符号分别表示：(1)爆炸性(explosive)；(2)易燃性(flammable)；(3)氧化性(oxidizing)；(4)腐蚀性(corrosive)；(5)急性毒性(acute toxicity)；(6)环境危害性(hazardous to the environment)；(7)健康危害性/臭氧层危害性(health hazard/hazardous to the ozone layer)；(8)严重健康危害性(serious health hazard)；以及(9)压缩气体(compressed gas)。这些符号的范例可以参见英国健康安全委员会(Great Britain's Health and Safety Executive)的网页[5]。对于一种化学品，通常会有多个标识以阐明其可能导致的各种危害。

33.2.3　美国国家消防协会菱形危险标识

美国国家消防协会(NFPA)已识别、定义和量化了与健康、易燃性和反应性相关的化学品潜在危害，并将信息汇总表示在一个菱形标识符号中，并以特定颜色编码对危害性进行了量化，如表 33.1 所示。

表 33.1　NFPA 菱形危险标识中所示的化学危害概述

风险等级	风险水平	健康危害(蓝色)	可燃性危害(红色)	不稳定性危害(黄色)
4	极度	可致命	非常易燃 (闪点低于 73°F)	可在通常情况下爆炸
3	严重	可导致严重或永久性伤害	常温条件下可点燃 (闪点在 73～100°F 之间)	可在高温或撞击情况下爆炸
2	中度	可导致暂时性或残留性损伤	适度加热可点燃 (闪点在 100～200°F 之间)	可发生剧烈化学反应 但不会发生爆炸
1	轻微	可导致明显的刺激	需预热至较高温度方可点燃 (闪点高于 200°F)	加热时不稳定
0	无	无危险	不可燃	稳定材料

(特殊危害，如碱性、酸性、腐蚀性、氧化剂及水反应性化学品等，将在危害防护部分注明。)

33.3　半导体制程中所使用的工艺化学品

本书前面的章节已经详细描述了不同的工艺步骤所使用的各种化学品。半导体器件的制造是一个基于清洁(cleaning)、图形化(patterning)、刻蚀(etching)、通过多种机制或掺杂工艺(implantation)的材料沉积(material deposition)及平坦化(planarization)的基本顺序为前提的复杂工艺，并不断重复所有这些基本步骤或其中的部分步骤，以达成所需的设计目的。半导体制程中常用的化学物质如表 33.2 所示。而随着新的专利配方不断进入市场，列出每种工艺化学品将是一项庞大的任务。本章给出了典型的工艺化学品及一些专利配方中的主要成分。

表 33.2　典型的工艺化学品

化　学　品			
名称或描述	分　子　式	危害分类	应用领域
氨水	NH_4OH	腐蚀，危害健康	清洁
冰醋酸(乙酸)	$C_2H_4O_2$	腐蚀，易燃	刻蚀
环己酮	$C_6H_{10}O$	可燃，危害健康	光刻

续表

化学品			
名称或描述	分子式	危害分类	应用领域
乳酸乙酯	$C_5H_{10}O_3$	易燃	光刻
六甲基二硅氮烷(HMDS)	$C_6H_{19}NSi_2$	易燃，有毒，腐蚀	光致抗蚀剂
盐酸	HCl	腐蚀，严重危害健康	清洁，刻蚀
氢氟酸	HF	腐蚀，有毒，严重危害健康	清洁，刻蚀
过氧化氢	H_2O_2	氧化性，腐蚀，危害健康	清洁，研磨
异丙醇(IPA)	C_3H_8O	易燃，严重危害健康	清洁工艺
硝酸	HNO_3	腐蚀，氧化性，危害健康	刻蚀
N-甲基-2-吡咯烷酮(NMP)	C_5H_9NO	易燃，严重危害健康	光刻
磷酸	H_3PO_4	腐蚀，危害健康	刻蚀
氢氧化钾	KOH	腐蚀，危害健康	刻蚀，研磨
丙二醇甲基醚乙酸酯(PGMEA)	$C_6H_{12}O_3$ 或 $CH_3CH(OCOCH_3)CH_2OCH_3$	易燃，严重危害健康	光刻
四甲基氢氧化铵(TMAH)	$(CH_3)_4NOH$	腐蚀，有毒，严重危害健康	显影剂
硫酸	H_2SO_4	腐蚀	清洁

随着半导体设计和布局架构变得越来越复杂，工艺步骤的数量也大大增加，而其中大量工艺步骤都属于清洁工序。清洁对于清除元件表面的各种污染物是十分必要的，这些污染物包括有机薄膜、离子污染、金属及颗粒等。

半导体行业常说的一句话是："预防是污染控制的关键"。在早期的半导体制程(见图 33.1)中，一般使用 RCA 标准清洁溶液进行预防性清洁[1]。随着工艺、设计和所用材料的发展，标准清洁工艺已经无法完全满足清洁要求，而应根据不同的工艺步骤选择合适的清洁方法，且清洁所采用的化学品或配方必须与图案表面的材料兼容。

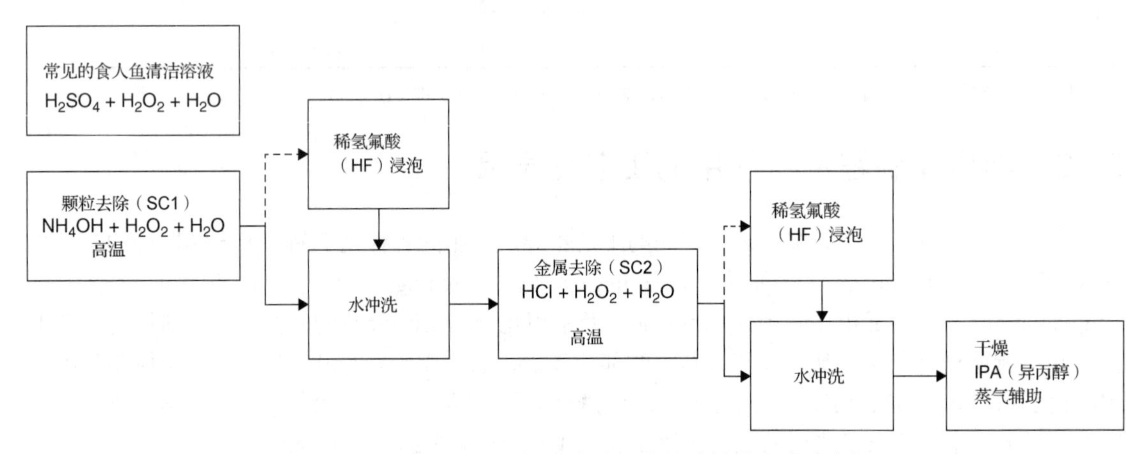

图 33.1 基于原始 RCA 标准清洁工艺的关键前段清洁流程

33.3.1 水基化学品

酸和碱广泛应用于清洁和刻蚀工艺，这些化学品是半导体工厂中使用量最大的一类工艺化学品。酸和碱是湿法化学工艺的基石，根据工艺需求，现场会用到各种不同浓度的酸和碱。半导体工厂中可能遇到的一些常见工艺化学品及其相应的质量百分比(w/w)浓度如下所示。

- 氢氟酸（氟化氢，HF）。该化学品的典型浓度为 49%，以及常用作二氧化硅（SiO_2）刻蚀剂的氟化氢稀溶液（50:1 及 100:1）。同时氢氟酸也是不同的混合酸刻蚀剂（mixed acid etchant, MAE）配方中的成分之一。
- 盐酸（氯化氢，HCl）。该工艺化学品的典型浓度为 37%。盐酸是用于去除微量金属的 SC_2 配方中的成分之一。
- 硫酸（H_2SO_4）。用于有机物去除和清洁的食人鱼清洁溶液的主要成分之一，也可用于去除氧化表面的光阻材料（光刻胶）。硫酸是湿法工艺中使用量最大的化学品之一，市售的典型浓度为 96%。
- 磷酸（H_3PO_4）。铝刻蚀剂的主要成分，也用作氮化物剥离。这种化学品的典型浓度为 85%。
- 硝酸（HNO_3）。各种混合酸刻蚀剂（MAE）中的常见成分，但常见的市售浓度仅为 70%左右。
- 冰醋酸。混合酸刻蚀剂中的常见成分。
- 氨水（NH_4OH）。氢氧化铵，即氨水，是用于清洁的 SC1 配方中的成分之一，市售的氨水溶液的浓度为 29%。
- 四甲基氢氧化铵（TMAH）。主要用作正性光致抗蚀显影剂，以及特定显影剂配方中的表面活性剂。用于光刻应用的 TMAH 的典型浓度为 2.38%（作为现成浓度产品销售时），而用于现场混配的 TMAH 的浓度一般为 25%。使用 TMAH 时，其含量控制至关重要。
- 氢氧化钾（KOH）。在半导体工厂需要用到各种不同浓度的氢氧化钾。氢氧化钾可以用作蚀刻剂，但其最常见的用途是用作 CMP 研磨配方中的添加剂。
- 过氧化氢（H_2O_2）。过氧化氢可被用于多种不同的应用（例如配制标准清洁剂、CMP 研磨液、食人鱼清洁溶液等），因此其消耗量非常大。这种材料的典型浓度为 30%，其对于杂质有一个非常严格的阈值。

除上述工艺化学品外，还有用于各种工艺步骤的特殊配方。一些常见的配方如下所示。

- 混合酸刻蚀剂（MAE）。用于硅表面刻蚀的 MAE 有多种不同配方，通常为氢氟酸、硝酸和冰醋酸按照不同比例混配而成。除此之外，一些特殊的 MAE 配方还会加入少量的添加剂，如氟硼酸等。
- 铝刻蚀剂。通常是以磷酸、硝酸和冰醋酸与水按 16：1：1：2 的比例混合而成，根据需要也可以添加表面活性剂。
- 缓冲氧化刻蚀剂（buffered oxide etchants，BOE）。由氟化铵（NH_4F）和氟化氢以不同比例混合而成，也可根据需要添加表面活性剂，用于刻蚀二氧化硅。

最后，硫酸铜（$CuSO_4$）溶液也是不可忽略的，因为金属的电化学沉积是镶嵌工艺的重要组成部分。但铜溶液必须与其他化学品隔离开来，这是由于游离的铜离子对于制程是有害的。

33.3.2　溶剂

溶剂被广泛应用于半导体制程的各个不同的工艺步骤，其用途包括蒸气辅助干燥（例如异丙醇，IPA）、光刻胶助粘、光刻胶稀释、旋涂后的边珠（edge bead）去除及工艺最终的光刻胶剥离等。在不同的光刻步骤中所使用的一些最常见的溶剂如表 33.3 所示。

市场上目前在售的有多种不同的专利光刻胶剥离剂，其配方可能会有很大的差异。例如，配方中可能含有羟胺也可能不含，且这些产品中部分可能仅适用于金属或低 k 值介电层，另外一些则可能同时适用。

与常见的各种混合酸类似，半导体工业中常使用各种专利的混合溶剂。例如，二甲基亚砜

(DMSO)或N-甲基-2-吡咯烷酮(NMP)常用作一种特殊配方的光刻胶剥离剂的主要成分。此外，丙二醇甲基醚乙酸酯(PGMEA)和乳酸乙酯是常见的稀释剂和边珠去除剂成分，前者也可与丙二醇单甲醚(PGME)混合使用。

表 33.3　用于不同光刻步骤的常见溶剂

化 学 品	工艺步骤			
	光刻胶助粘	光刻胶稀释	边珠去除	组分剥离
环己酮		X	X	
DMSO				X
乳酸乙酯		X	X	
HMDS	X			
NMP				X
PGMEA		X	X	

33.3.3　化学机械平坦化浆料

化学机械平坦化(CMP)浆料是半导体制程中使用的一类独特的化学品，其情况在本书的第 15 章和第 35 章进行了讨论。在其他的每一个制程步骤中，颗粒物都是有害的，且会大大影响良率。但在CMP工艺中，使用颗粒物进行机械研磨是平坦化过程的重要步骤，以去除晶圆表面的特定材料，为下一工艺步骤做准备。而氧化剂和专为特定工艺步骤所设计的专利化学配方制剂则可辅助完成CMP工艺的化学部分。随着特征尺寸的减小，对于浆料中颗粒粒径分布的控制手段也在不断发展，其中的一个进展是从气相颗粒向胶体颗粒的变化，以加强对颗粒粒径分布的控制。浆料配方的其他进展还包括配方可调、特定材料的高选择性去除、高去除率及现场稀释物料的能力等。

在制程的各个不同阶段，需要使用各种不同类型的浆料，以满足特定的应用需求。最常见的CMP工艺应用包括大块氧化物的去除、金属平面化(例如钨、铜和铝等)、浅沟道隔离(shallow trench isolation)、硅通孔(through-silicon via)、渗氮及层间电介质等。CMP浆料的化学成分相当复杂，除了固体材质的复杂颗粒，这些颗粒用于平坦化过程中的机械研磨部分，还可能含有抗腐蚀的化学品、表面活性剂等添加剂。

除CMP浆料本身外，还有各种用于抑制腐蚀、去除颗粒和残留物的CMP后清洗溶液，例如柠檬酸溶液、氢氧化铵溶液、草酸溶液及苯并三唑溶液等。

33.4　工艺化学品和浆料的常规处理方法

由于在半导体制程中需要使用多种不同的化学品，因此这些化学品的化学性质是半导体工厂设计和建造时必须考虑的重要因素。而一个较为常见的例子就是如何保存性质互不相容的化学品，必须根据化学品的性质对其进行隔离存放。一种常用的策略是基于化学品的种类设立独立的化学品库房，例如酸类、溶剂类、氧化剂和碱类通常分别存放在单独的化学品库房中。铜化学品必须与其他化学品隔离存放，以防止交叉污染。工艺化学品隔离存放规则示例如表 33.4 所示。

对于化学品，通常还会进一步根据废弃物的化学类型进行隔离(根据相关规定，含氟化学品通常需要特殊的废弃物处理措施)。例如，由于对含氟废液需要采取额外的特殊处理措施以中和其中过量的氟化物，因此含氟化学品(HF、MAE 及其他材料)必须与其他普通酸性废弃物分开处理。

对于非氟化物酸性废液，在排入废弃物处理系统之前有可能也需要设计额外的处理工序，以防止或减少发生稀释放热反应的可能性。常用的措施是增加水洗稀释系统，以便在排入废弃物处理系统之前提供更多的水量来对酸性废液进行稀释。一个常见的例子是在各种工艺步骤中均会使用的硫酸，在公用排水管中确实可能与其他废酸（例如含有 37%的 HCl 与 63%的水的废盐酸）发生混合，这些废酸中所含有的水与硫酸接触，导致稀释放热反应。如果在设计和建造废弃物处理系统时不考虑采取合适的措施来应对这种可能的情况，那么稀释放热反应所产生的热量会使得废液温度上升，从而导致废弃物处理系统中的管道和其他元件损坏。

表 33.4　工艺化学品隔离存放规则示例

库　房	溶 剂 类	酸　类	含氟化学品	腐 蚀 类	氧 化 剂	铜化学品
化学品示例	IPA	硫酸（H_2SO_4）	氢氟酸	氨水（NH_4OH）	过氧化氢（H_2O_2）	
	PGMEA	盐酸（HCL）	稀释氟化氢	氢氧化钾（KOH）		
	HMDS	磷酸（H_3PO_4）	某些混合酸刻蚀剂	TMAH		
		硝酸（HNO_3）				
		某些混合酸刻蚀剂				

为避免可能存在的风险，对溶剂和易燃材料也需要考虑设置特殊的处理措施。根据所要处理的材料，库房设计必须考虑到包含电气分类区域在内的各种因素。而溶剂的隔离排放也便于收集和去除其中的化学物质，以便能够在装置外的场所进行适当的处理。

除此之外，任何化学品库房的设计还需要考虑的是，房间内的管道、排水及排气系统均应采用与所存放的化学品相容的材料，这是由于化学品分配系统是工艺化学品本身的延伸。化学品分配系统应能够保证化学品的纯度，否则可能对整个装置造成影响。另外，环境控制也是化学品处理过程中所需要考量的一个重要因素。例如，磷酸和一些缓冲氧化刻蚀剂（BOE）易于冻结和结晶，因此必须根据装置所处的位置，采取特殊的运输和处理方法。另一个例子则是存放温度可能导致氢氧化铵的损失和含量变化。

用于 CMP 的浆料通常也存放在专门的化学品库房中，并根据 CMP 应用的独特需求配置合适的设备。CMP 浆料的处理要求在很大程度上取决于浆料的具体类型及所应用的工艺。虽然一般对于如何处理和运送浆料至使用地点的最佳方法均有相应的作业指导（例如加湿、避免死角及分配回路的设置方法等），但对于特定浆料的处理还是有许多细节需要注意，以确保浆料的使用效果。处理 CMP 浆料时一些需要注意的关键点如下所示。

- 搅拌。CMP 浆料在使用前必须进行搅拌，以保证其中的颗粒均匀悬浮于溶液中。进行搅拌时可以采用泵强制循环及使用搅拌器机械搅拌等方式。对于不同的浆料需要使用不同的搅拌方式，以保证不会有颗粒沉积在溶液底部。但在某些情况下并不建议在使用前对浆料进行搅拌，例如对于某些不含颗粒的浆料，或者含有表面活性剂的浆料，搅拌可能造成大量的泡沫。
- 混合。多种 CMP 浆料在使用前需要在现场加入其他物料（例如过氧化氢和超纯水）进行混合。此外还有一些 CMP 浆料则需要在现场以两部分不同配方的物料混合而成。而为了保证浆料的均匀性，浆料制造商通常会推荐某个特定的混合顺序、组分比例及操作流程。
- 化学浓度监测。对于某些含有活性组分（例如过氧化氢）的 CMP 浆料，需要对其中的活性组分浓度进行监控并及时补加，以保持该活性组分在混合物中的浓度。
- 预时效。还有一些配方的浆料在使用前需要预时效。这些浆料通常需要在现场混合，且在使用前需要稳定一段时间。

- 使用寿命。某些浆料一旦混合后必须在一定时间内用掉，这是由于这些浆料中通常都添加了会随时间降解的专利化学添加剂。

如本书第 35 章所述，在设计化学品和浆料的分配系统时，必须重点考虑化学品的特殊处理要求，以保持流体的健康和安全，同时还需要考虑客户的特殊工艺需求，从而有效地保证物料的稳定和可靠供应。

33.5 物流运输

随着半导体装置和工艺变得越来越复杂，半导体制程的供应链和物流运输也变得愈加复杂。工艺化学品通过各种不同尺寸和构造的容器被送入半导体制造装置中。一些常见的包装容器形式包括桶和包装袋等，有时也采用储罐的形式，因此需要根据每种包装容器形式设计合适的化学品分配系统。为制造更复杂的几何形状，图形化和 CMP 工艺步骤的数量不断增加，化学品的消耗量也随之越来越大。从逻辑的角度来讲，工艺化学品以何种方式进入装置也变得越来越重要。例如，当某种特定化学品的需求量增加至每天数千到数万升时，则只能采取分段输送和处理的方式，此外还需要寻找尺寸更大的包装容器形式。

在半导体工业中的一个公认说法是，防止污染的最佳方法是防止污染物进入制程。因此，为确保大宗化学品的质量能够满足装置需求，必须对来料进行分析验证以避免影响下游工艺制程。图 33.2 描述了过氧化氢大宗系统的总体流程图。由于许多工艺制程(例如清洁和 CMP 工艺)对于所用物料的纯度要求极高，因此当大宗物料到达装置时，必须在卸载和使用之前对来料进行分析验证，以防止任何可能的风险。

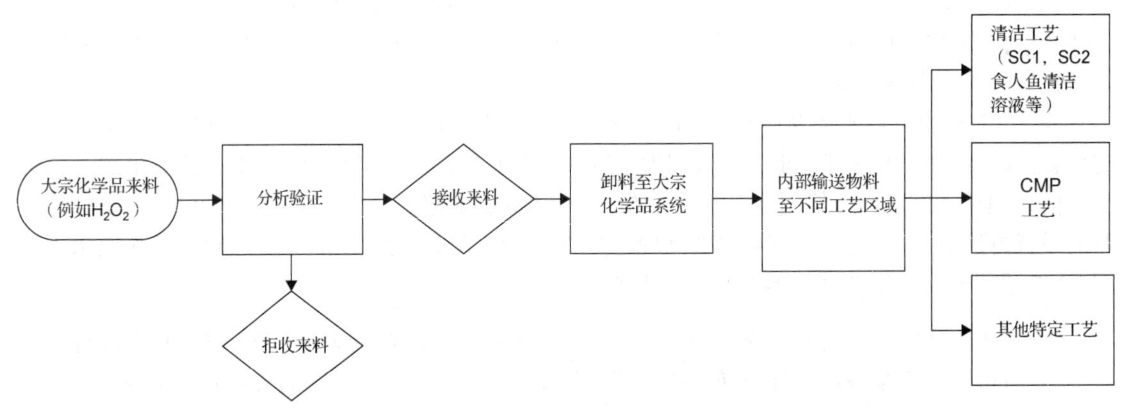

图 33.2　化学品工艺流程图，大宗化学品进入制程的方式会对多个不同工艺步骤造成影响

33.6 分析验证

分析验证对于半导体制程非常重要，通过分析所获得的信息可以避免来料的金属、颗粒物或配比等影响制程。而统计控制图则被广泛用于监控工艺步骤中任何潜在的变化。此外，化学品供应商所提供的分析证书也是供应链的重要组成部分，因为该证书能够提供化学品规格及控制限等相关信息。最终，通过这些信息可以建立一个数据库，以判断化学品关键指标的批间差异对于制程的影响。其中的一个关键指标是化学品的配比，这是因为许多工艺步骤(如刻蚀速率或显影时间等)均与此有关。

此外，实验室分析结果也可用于识别晶圆上的污染物类型，以识别和消除污染源。第 35 章将讨论系统纯度及各种类型的潜在污染源。在鉴定识别过程中可能使用的不同技术包括：光谱用于区分有机物和金属成分；电子显微镜用于检查颗粒物。其他可能用到的分析技术还包括使用滴定法对配比进行控制，使用电感耦合等离子体质谱仪对微量金属进行定量测量，以及物料中其他感兴趣的阴离子的分析测试。

33.7　废弃物处理

对于排出的废液的处理是工艺化学品处理的关键组成部分之一。表 33.1 展示了常用工艺化学品的一些不同危害，因此必须选择合适的工程解决方案，以避免化学品或化学反应物与操作人员接触或释放到环境中造成危害。化学品库房和工艺机台必须通过各种中和系统设施后方可与涤除排气系统连接，以中和可能存在的化学物质。对于无法通过涤除排气系统进行处理的情况(例如易燃溶剂)，则必须将废气排放至现场消减系统。对于不能在现场中和的工艺化学品，可以将其收集至容器(储罐、包装袋、桶)中后外送处理。

33.8　结论

湿法化学工艺是半导体制程中不可或缺的组成部分，最常见的是清洁、刻蚀、光刻和 CMP 工艺。随着工艺的发展，新的混合物和配方不断出现，以满足特定工艺的需求。虽然保证工艺流程正常进行十分关键，但保护人员、设施和环境同样重要。为保证高产量和安全，必须采取合理的设计和工程解决方案，对化学品和浆料进行处理和确认。

33.9　致谢

感谢来自 Air Liquide Electronics U.S. LP 的 Kristin Cavicchi、Kevin O’Dougherty 和 Bryan Smith。

33.10　参考文献

1. W. Kern and D. Puotinen, “Cleaning Solutions Based on Hydrogen Peroxide for Use in Silicon Semiconductor Technology,” *RCA Review,* 31: 187–206, 1970.

2. NFPA 318: *Standard for the Protection of Semiconductor Fabrication Facilities*, 2015 edition.

3. Hazard Communication, Hazard Classification Guidance for Manufacturers, Importers and Employers. OSHA 3844-02-2016 (2016).

4. OSHA Quick Card (2013). Retrieved from https://www.osha.gov/Publications/OSHA3678.pdf.

5. Great Britain’s Health and Safety Executive (n.d.). Retrieved from http://www.hse.gov.uk/chemical-classification/labelling-packaging/hazard-symbols-hazard-pictograms.htm.

33.11　扩展阅读

Chemical Hazards and Toxic Substances as listed by the United States Department of Labor and OSHA.

Misra, A., J. D. Hogan, and R. A. Chorush, *Handbook of Chemicals and Gases for the Semiconductor Industry*, John Wiley & Sons, Inc., Hoboken, New Jersey, 2002.

National Institute for Occupational Safety and Health (NIOSH) Pocket Guide to Chemical Hazards, as stated by the Center for Disease Control and Prevention (CDC).

NFPA 400, *Hazardous Material Code,* 2016 edition.

NFPA 704: Standard System for the Identification of the Hazards of Materials for Emergency Response, 2012 edition.

第34章　过　　滤

本章作者：Barry Gotlinsky　Nanometrex Solutions LLC
本章译者：殷昊　液化空气(中国)投资有限公司

过滤器是用于去除半导体制程所用液体或气体中的悬浮污染物的关键元件，在特定情况下，也可以去除其中的某些溶解污染物等。去除这些污染物，消除由这些污染物所带来的潜在风险，可以有效地提高生产良率，减少不合格品。实际上在整个半导体制程中，从大宗配送系统到终端制程机台在内的多个位置，都在使用过滤器。

在选择过滤设备的时候，通常需要明确具体应用需求，以及用在什么过程、用于什么流体等。这是由于过滤设备的设计和材质不尽相同，因此必须选择适合该过程条件及流体类型的过滤设备。除此之外，过滤器本身的洁净程度同样非常关键，因为过滤器有时需要在特殊过程条件下使用，例如高温及侵蚀性流体等。

过滤器的工程设计需要明确过滤器的各个参数，如流体流量、设备尺寸、使用寿命、坚固性及污染物去除的性能一致性等。过滤器中所用的过滤介质种类，包括微孔薄膜、熔喷纤维、拉丝无机纤维、烧结粉末、多孔聚合物及由它们或其他材料所组成的复合材料等，决定了其所能去除的污染物类型。流量最大化、污染物去除效率及性能一致性等都是在设计时希望满足的性能指标，但很多时候却只能在这些性能指标之间进行折中，或重点针对其中一项进行设计。

此外，过滤设备也可作为一种诊断工具，通过其对于污染物的去除、收集以及富集能力来对流体中的污染物类型进行鉴别。过滤器的这种用途及上述的其他方面内容都将在本章进行探讨。

34.1　化学品过滤

34.1.1　化学品过滤：过滤器构造

用于化学品过滤的过滤器，其过滤介质一般为由织物材料或无纺材料作为支撑的聚合物薄膜。这些薄膜以褶皱式构造围绕一个聚合物材料内芯组成圆柱状的滤芯，外部则是一个用于在安装的时候保护过滤器的聚合物材料外壳。这种过滤器组件除了具有一个盲(实心)端盖，还有一个通过O形圈密封的开口式端盖，以便于更换滤芯。通过O形圈即可实现壳体的完全密封。而对于一次性囊式过滤器(disposable capsule filter)，滤芯则永久密封于壳体中，只能一体更换。滤芯的固定一般会避免使用黏合剂而采用焊接的方式。典型的过滤器构造示意图可以在桶式过滤器厂家的网站上找到。

作为最主要的工作元件，聚合物薄膜一般均为片状成型。取决于所使用的聚合物种类，薄膜可以通过溶剂铸膜工艺、拉伸制膜工艺或两者的组合工艺进行制备。目前可用的薄膜材料很多，在进行选择时需要基于具体的工艺需求，如流体种类、使用温度、流量及清洁度等。

可作为滤膜的聚合物材料包括PTFE(polytetrafluorethylene，聚四氟乙烯)、PVDF(polydivinylfluoride，聚偏二氟乙烯)、PAS(polyarylsulfone，聚芳砜)及其他各种高分子材料聚合物。化学品过滤主要是依靠滤膜的多孔结构将颗粒滤除，虽然去除颗粒的机理主要是筛分，但滤膜的孔径与所能去除的颗粒粒径尺寸可能并不直接相关。其他一些因素，包括滤膜的厚度，流体经过滤膜时的曲度，微孔的结构和形状，以及微孔的叠加度(stacking)等，都对颗粒的捕集有影响。此外，聚合物还会通过表面电荷(受限于许多化学品较高的离子强度)及表面吸附效应与颗粒相互作用。

理想的微孔结构应该是均匀的，然而实际情况下一张滤膜上总是存在一系列不同孔径的微孔。虽然这是其中一个需要控制的因素，但最终由包括前面所提及的因素在内的所有因素共同作用，从而保证滤芯整体对于颗粒物的去除均匀性。

当需要去除的颗粒粒径达到或接近个位数纳米级时，制造具有极细微孔结构，且能满足使用流量要求的滤膜变得越来越困难。目前最好的解决方案是采用不对称的滤膜构造，即在微孔成型阶段，在滤膜上不同的厚度区设置一系列不同孔径的微孔，从而在满足流量或流速要求的基础上优化对于颗粒的去除性能。一般来说，滤膜上起滤除作用的微孔结构会非常薄，而靠下层较厚的、具有较大孔径的区域提供支撑，这样的构造可以有效地改善流体的流动性。其他的解决方案还包括将滤膜层状堆积(stacking of layers)，以优化过滤器的颗粒去除性能及流动性能。

由于滤膜一般以褶皱形式装填在过滤器里，所以需要有合适的结构为其提供支撑。此外，在滤膜的褶皱结构之间还需要有专门的排液层以避免堵塞，保证流体能够顺利流过滤膜。

支撑和排液材料通常是纺织的或无纺的聚合物材料，也可以是由聚合物薄膜制成的多孔结构，常用的材料包括 PTFE、PFA(perfluoroalkoxy，可溶性聚四氟乙烯)，HDPE(high density polyethylene，高密度聚乙烯)和 PP(polypropylene，聚丙烯)。由于支撑和排液材料只提供结构功能，而无须靠它们去除颗粒，因此这些材料都为开孔材料(open material)。

在打褶之前，滤膜、支撑及排液层均为成卷的材料。在打褶时再将这些成卷的材料展开并送入打褶机。根据所需要的坚固性、最大流量及其他参数的要求，打褶的方式可以进行调整，以获得最优化的褶皱结构。然后将打好褶的材料切成一定长度，卷成筒型，与内芯及端盖以热焊接的形式组装起来。常用的内芯和端盖材料可以是 PFA、HDPE、PP 或其他聚合物。

组装好的过滤器一般需要通过无损测试和洁净度测试。无损测试是一种基于气体扩散流动原理来确认设备或原件无缺陷或损坏的非破坏性方法。在进行无损测试时，通常会先将过滤器内的滤膜润湿，然后通入气体，如果过滤器完好无损，则气体只会以扩散流动的方式通过过滤器。但如果滤膜存在缺陷或损坏，在过滤器的另外一侧将会测到远大于扩散流量的气体质量流量。洁净度指标则可能包括金属、卤化物析出(halide leachable)及颗粒等，具体取决于指定过滤器的洁净度要求及过滤器厂家的过程控制需要。

流经过滤器的流体通常是从滤筒的外侧(通过外壳)进入，穿过滤膜，通过过滤器内芯后从开口端盖一侧流出。开口端盖一般是通过 O 形圈密封或热焊接的形式连接在过滤器壳体头部。

过滤器壳体是用来容纳过滤元件和被过滤的流体的容器。在开始使用过滤器之前，必须将壳体内原本的空气排出以避免空气堵塞(air blockage)。

除了滤膜的材质，还需要考虑滤膜的润湿性问题。对于低表面张力的流体，如许多有机溶剂、含有表面活性剂的水基化学品混合物，以及含有可混溶的低表面张力溶剂的水基混合物，不需要考虑滤膜的润湿性，可以使用亲水或疏水的滤膜。此时化学相容性和使用的工艺条件才是关键。

然而，对于含水的流体，尤其是表面张力非常高的流体，如 HF、H_2O_2 或 KOH 溶液等，润湿性就必须予以考虑。在这些情况下，如果滤膜是疏水性的，则必须用低表面张力的流体，较为常用的是 IPA(isopropanol，异丙醇)，可以预先润湿滤膜，然后用 UPW(超纯水)将润湿液冲洗干净。但是这需要花费额外的时间和人力，对稀释于 UPW 中的 IPA 还需要专门进行处置，从而使得过滤器的更换变得麻烦且成本更高。

为了解决这个问题，许多过滤器厂家已经开发出了预润湿的解决方案。其中一个解决方案是表面改性或对滤膜表面进行处理以使其亲水。这样，过滤器可以在干燥的情况下安装，并直接导入高表面张力的化学品。这是一种理想的解决方案，前提是滤膜能够进行表面改性(或处理)且效果稳定。

对于腐蚀性的化学物质，则需要不同的解决方案。其中一种是用 UPW 对过滤器进行预润湿后保存。而在安装时，则仅需用工艺化学品将过滤器中的 UPW 置换干净即可。不过在采用这个解决方案时，过滤器厂家需要重新验证其工艺，以确保所储存的过滤器在保质期内不会滋生细菌。此外，过滤器的包装必须足够坚固，以保证聚合物包装袋和或滤器外壳(如果是一次性的外壳包装)保持完整，不会泄漏。

虽然这种解决方案无须在安装时进行预润湿，但将疏水性过滤器用于高表面张力化学品(例如 HF、缓冲氧化物刻蚀剂或 KOH 溶液)或含过氧化氢的混合物时仍需要进行脱湿，特别是当流体不连续流动时，例如在单晶圆清洗机台中使用时。为了解决这个新问题，过滤器厂家又开发了无须脱湿的表面处理方法，即使对于 PTFE 等惰性聚合物也同样适用。经过这种处理后，过滤器的 CWST(临界润湿表面张力)被大大提高，远高于原料聚合物的 CWST 水平，从而不需要进行脱湿。这是一个很好的解决方案，因为经过这种处理的过滤器不但更加坚固，能相容腐蚀性更强的化学品，且无须在包装时使用 UPW，也无须在使用前脱湿。当然，过滤器厂家必须验证经过这种处理的过滤器确实是坚固、稳定和相容的。

能够去除离子污染的过滤器也已经被研发出来。虽然仅能用于离子含量很低的水基流体或某些有机溶剂，但这种过滤器可以同时去除流体中的颗粒以及阳离子，其离子去除原理是在滤膜表面上添加了离子交换基团等。这种离子交换过滤器的捕集容量一般以毫克当量(milliequivalents，meq)来计。这种过滤器对于离子的捕集容量取决于流体中的金属污染物，可能远小于其对颗粒物的捕集容量。但当用于超纯流体系统时，就不会出现这种容量不一致的情况。正如之前所提到的，这种过滤器仅适用于离子含量非常低的水基化学物质。

34.1.2 化学品过滤：效果

过滤的目的是从液态化学品流体中去除悬浮固体。过滤器将流体中的颗粒截留在其表面上(除了径向流过滤的情况，但这种过滤技术一般不用于化学品)，即便过滤器表面上所捕集的颗粒不断增加，理想情况下这些捕获的颗粒也不会再被释放出来。

目前，一般根据过滤器对指定的一系列不同粒径的颗粒的去除效率来评估其过滤等级(particle retention rating)，但这种评估方法需要基于测量设备对指定粒径的颗粒的测量能力。而随着对过滤器过滤等级的要求越来越高，受限于颗粒测量技术的水平，这种评估变得越来越困难。

当半导体特征尺寸为微米级别时，常常使用过滤等级为 100～200 nm 的过滤器。评测这类过滤器的颗粒去除效果需要使用未经过过滤的化学品，以及添加了标准颗粒，例如多相分布粘土(poly-dispersed clay)或单相分布聚苯乙烯乳胶小球(polystyrene latex sphere，PSL sphere)的流体。在评测时使用光散射粒子计数器对流入被测过滤器及从过滤器流出的粒子含量进行监控。由于粒子计数器灵敏度的限制，在用标准颗粒进行测量时，流体中所添加的标准颗粒数量通常远超过半导体工厂实际使用的化学品中的颗粒数量。此外，在用标准颗粒测试之前，首先要在被测过滤器的下游对被测过滤器的洁净度进行确认，从而建立颗粒含量测量的基线(baseline，背景值)。

随着半导体的特征尺寸越来越小，对于所使用的过滤器的过滤等级要求也越来越高。对于过滤等级为 50 nm 的过滤器，使用 PSL 和光散射光学粒子计数器(OPC)的加标测量方法仍然适用，但是仅限于在 UPW 中。目前的粒子计数器对于测量化学品中的 50 nm 颗粒已经无能为力，此外 PSL 在这些化学品中的稳定性也无法满足要求，因此目前只能采用 UPW 代替化学品来对过滤器的过滤等级进行测量(见图 34.1)。

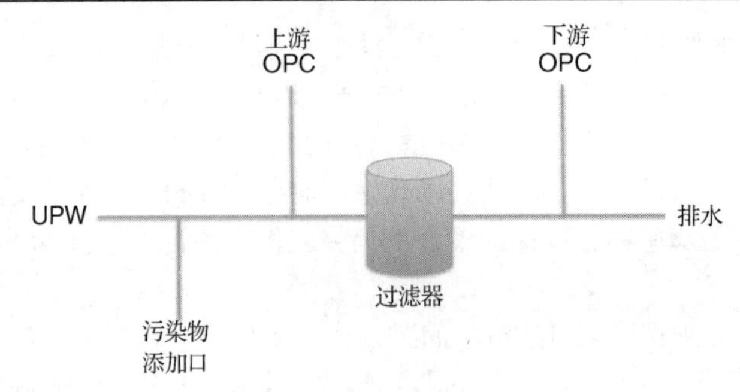

图 34.1　测量过滤器效果

当过滤器的过滤等级达到5 nm或更低时，评判过滤器颗粒去除效率的常规方法已经不再适用，其中部分原因是受限于激光散射粒子计数器的检测灵敏度，以及难以找到合适的单相分布 PSL 颗粒。在线流体颗粒测量的能力已经远远落后于对晶圆特征尺寸的测量能力。

过滤器厂家有办法判断滤膜的微孔分布和孔径，但是这些数据无法直接换算成过滤等级。虽然过滤器去除液体化学品中颗粒的机制主要是筛分，但是流体流过滤膜的曲折路径及滤膜的表面吸附效应所起的作用同样不可忽略。

为了实现对过滤器过滤效果的测量，目前已经研发出了一些能够对个位数纳米过滤等级的过滤器进行评测的新方法。虽然用来进行测量的颗粒数量远大于超纯化学品流体中的粒子含量，但这些评测方法已被证明是有效的[1,2]。

这些方法其中之一是利用添加了金质纳米颗粒的 UPW [3]，这种能溯源到美国国家标准技术研究所(NIST)的标准颗粒可以在市场上买到。这种金质纳米颗粒的分布为极其单一的单相分布(mono-disperse)形式，所以用这种颗粒对过滤器进行测量能够真实获得过滤器的颗粒去除能力。虽然目前还没有能够直接测量流体中个位数纳米尺寸颗粒含量的测量方法，但是可以使用电感耦合等离子体质谱仪(ICP-MS)来测量这种金质纳米颗粒的含量。而对于 UPW 来说，金一般不被认为是污染物，因此使用这种颗粒所导致的干扰可以忽略不计。由于这种金质纳米颗粒的形状都为球形且粒径一致，故而可以通过一个简单的计算就可以把金的含量换算成指定粒径的颗粒含量。

但金质纳米颗粒法有一个主要的使用限制，就是这些颗粒非常容易吸附在聚合物表面上。因此，必须使用配体(ligand)来“消除”这种现象，即用配体来覆盖滤膜表面，使其不再吸附金质纳米颗粒。由于滤膜可能是不同的聚合物材质，或者另外经过特别的表面处理，例如使表面厌水(non-dewetting)的处理，因此必须针对每种类型的过滤器单独选择合适的配体。这使得该方法的应用变得更加复杂。

另一种新研制出来的替代方法是使用硅溶胶(colloidal silica)作为测量粒子[2]。与其他测量材料一样，用于测量过滤器的颗粒含量要比常见超纯化学品中的颗粒含量高几个数量级。这种方法不直接测量 UPW 中的颗粒含量，而是测量气溶胶流(aerosol stream)中的颗粒含量。

用于测量 UPW 中硅溶胶颗粒的仪器首先将 UPW 通过雾化器产生气溶胶流来进行取样。为了防止测量受到干扰，UPW 中不能含有悬浮材料及非挥发性溶解污染物。任何这类的污染物都将与含硅溶胶的 UPW 一起被雾化。气溶胶流经过干燥后通过微分流动分析仪(differential mobility analyzer，DMA)，被分离成离散尺寸(discrete size)的气溶胶。分离出来的气溶胶通过凝结粒子计数器(condensation particle counter)，其中每一颗颗粒都被作为成核中心(nucleation site)形成一个小液滴，然后用激光散射法对这些长大的液滴进行计数。由于采用这种方法所测得的并不是原有粒径颗粒的含量，因此应该尽量避免 UPW 中含有除硅溶胶外的其他杂质污染物。

市面上能够买到的硅溶胶一般为多相分布的，且不同供应商所提供的硅溶胶特性也不尽相同。

因此，在使用硅溶胶作为测试颗粒对过滤器的过滤等级进行评测之前，必须用同一方法对每一个测试样品进行测量以确保其特性一致。

目前，用于流体中颗粒测量的新技术（如声学测量技术等）正在研发中。通过这些新技术确实有望实现更直接地对过滤器颗粒去除效果进行测量[4]。

34.1.3　化学品过滤：使用注意事项

过滤器的选择在很大程度上取决于具体工艺需求，包括流量、结构材料、相容性、洁净度、过滤效果及易用性等因素。

对于使用腐蚀性化学品的高温工艺，如 SPM（sulfuric peroxide mixture，硫酸过氧化氢混合物）刻蚀或氮化硅刻蚀（热磷酸）工艺，一次性囊式过滤器会是比较合适的选择。特别是在 150℃以上的高温下，O 形圈密封件在安全性和泄漏方面可能存在问题，而一次性囊式过滤器在外壳上几乎不使用 O 形圈密封。使用一次性囊式过滤器的同时，还有助于减少操作人员在更换过滤器期间暴露于腐蚀性化学物质中的风险，因为对于过滤器本体无须进行任何处理，残留的腐蚀性化学物质被封于囊式过滤器腔室内部。

对于安装在单晶圆清洗机台喷嘴处的小型过滤器，一般也会选择使用小型囊式过滤器，因为使用这种过滤器不但易于安装，且可以有效减少滞留体积。

而在大宗化学品输送系统上，则更倾向于选择使用具有更大的永久性外壳和可更换式滤芯的过滤器。

对于那些含有添加剂的溶液，如镀铜工艺所使用的电镀液，在确定使用哪种过滤器之前必须验证溶液中不含剥离剂，以避免对过滤效果产生影响甚至损坏过滤器。当然，这也与所选择的过滤器滤膜及对过滤器表面所进行的（亲水性或厌水性）处理或改性工艺有关。

过滤等级（filter rating）可以代表过滤器的颗粒去除效果，然而研究表明[5]，相比于过滤等级正好的过滤器，使用更细小的过滤可以更加有效地改善缺陷。因此，虽然给人的直觉是使用过滤等级与缺陷尺寸一致的过滤器即可以提供足够的保护，但通常都会选择过滤等级比缺陷尺寸更小的过滤器。

过滤器的使用寿命主要取决于被过滤流体的污染程度。因此应对过滤器前后压差和/或工艺流量变化进行监控以评估过滤器是否需要更换，这远好于待发现晶圆缺陷明显增加或之后再来更换。待某个制程的工艺稳定后，即可对过滤器在该工艺条件下的使用寿命进行跟踪，并据此建立过滤器的预防性维护（preventative maintenance，PM）更换计划。在极其洁净的流体系统中，过滤器通常可以使用超过一年时间，而当应用于污染程度相对较高的使用点（point-of-use，POU）时，过滤器的使用寿命可能会相当短。当用过滤器对软质的、无定形的（amorphous）聚合物材料进行捕集时，应当在一旦发现过滤器压差发生变化后即刻更换过滤器，以防止这些软质材料穿透过滤介质逸出。

34.2　超纯水过滤

用于超纯水（UPW）的微过滤器，其构造和过滤等级与化学品过滤器基本相同，只是所使用的制造材料有所不同。用于 UPW 的过滤器的表面应为亲水性材料，常用的包括天然亲水性材料，如尼龙（6，6 型），或经过表面改性的材料，如亲水性 PTFE 或 PAS 材料。这种微过滤器可用于供应点（point-of-distribution，POD）、POU 或主管网上。因此对于这种微过滤器，在颗粒、电阻率、总有机碳（TOC）、金属及阴离子方面的洁净度至关重要。对应用于 POU 的过滤器，工作流量同样很关键，因为有限的空间通常会限制过滤器的安装空间。

由于 UPW 系统通常非常洁净，因此对 UPW 过滤器的过滤等级评价，最低可以做到 20 nm 以下水平，而最新世代半导体工艺对于过滤等级的需求已经达到个位数纳米级别。这导致对于先进的过滤器设计的要求越来越高，包括更低的过滤等级及能够在更大的工作流量下保持颗粒去除效果等。如本章化学品过滤部分所述，过滤等级评测的发展对于证明过滤器能够提供 UPW 系统及 POU 的 UPW 应用所需的颗粒保护也十分重要。

对于 UPW 流量比较大的情况，尤其是在 POD，常常使用另一种不同的过滤器设计。这种过滤器称为超滤器，其操作方式与普通微过滤器截然不同。微过滤器通过使流体直接穿过滤膜的方式将颗粒捕集在滤膜表面，这称为“死端”(dead-end)模式，而超滤器则是使流体流过滤膜表面，其中的一小部分不能透过滤膜的杂质通过滤膜表面后经排污(或浓缩)端口排出，而大部分流体则透过滤膜到达透析(或产品)端口。

通过这样的径向流过滤，大部分颗粒不是像普通微过滤器一样残留在滤膜表面，而是被流体从排污端口带出。这种装置适用于流量比较大的过滤，且几乎不会在滤膜表面产生颗粒积聚所形成的污垢。对于超滤器所使用的滤膜一般是通过对葡聚糖(dextran)的保留测试实验，根据滤膜所能筛分的分子量进行分级，这种方法与过滤器所能去除的颗粒粒径并无直接对应关系。然而研究发现这种过滤器甚至能够捕集个位数纳米级别的颗粒[6]。

超滤器一般使用中空纤维束结构的滤膜，但可以是螺旋缠绕设计。滤膜所使用的聚合物材料通常是疏水性的(hydrophobic)，如聚砜等，导致这些过滤器在出厂前必须使用防腐剂溶液进行预先润湿。在现场安装后，使用前必须使用 UPW 将过滤器上的防腐剂冲洗干净。

大多数 UPW 系统的设计都会组合使用超滤器和微过滤器，而微过滤器一般只用在接近 POU 的位置、流量较低的位置及工艺机台内部。

34.3 光刻过滤

虽然用于光刻工艺的过滤器的构造与用于化学品过滤的过滤器基本相同，但对用于光刻工艺的过滤器会有一些完全不同的基本要求。

尽管在光刻工艺中会用到一些水性(aqueous based)流体，包括阳性显影剂(positive tone developer)UPW 浸渍液(immersion fluid)和 UPW 漂洗液(rinses)等，但大部分光刻流体都是溶剂型(solvent based)的，包括光刻胶(photoresist)、阴性显影剂(negative tone developer)以及黏合剂(adhesion layer)等。

光刻过滤器中所使用的聚合物必须与光刻流体相容，并且不能浸出有机物或残留物等造成溶剂性流体污染。这是至关重要的，因为从过滤器中浸出的任何材料会造成刻线边缘粗糙、T 形效应(T-topping)或其他缺陷，从而大大增加缺陷率。由于这些材料的浸出速率可能因过滤器而异，甚至在过滤器使用过程中也会随时变化，因此难以预测由这种污染所导致的缺陷问题。大多数的光刻过滤器都会使用尼龙或 HDPE 材料的滤膜、HDPE 材质的支撑物和硬件，以及 HDPE 材质的外壳。

此外，光刻过滤器还必须无金属浸出，因为在光刻胶涂布后引入晶圆的金属可能会在前烘期间扩散到底层中。用于关键光刻应用的过滤器在出厂之前，制造厂家通常会对其进行强效清洁处理，以尽量避免使用过程中金属及有机污染物的浸出。

当把过滤器应用于涂布系统时，另一个问题是微泡的形成[7]。微泡可能在光刻胶膜中形成凹坑、雾状及其他缺陷，从而导致缺陷率上升。虽然溶剂型流体的表面张力较低，但仍有可能形成微泡，尤其是随着聚合物溶液的黏度增加而增多。带排气功能的涂布喷嘴设计可以有效排除滤膜表面所收集的空气。这些先进的设计还可以缩短启动时间，以及大大减少表面处理和涂布验证期间的流体浪费。

当把过滤器应用于涂布系统时，一旦发现涂布过滤器前后压差增大时，必须及时对其进行更换。这是因为在过滤过程中，聚合物污染物，如软颗粒、凝胶或微溶性材料会积聚在过滤器表面，如果压差过高，这些污染物可能在压差作用下穿透滤膜。此外，差压的累积可能会影响某些涂布泵设计中的涂布速率。

过滤器还可以吸附底部抗反射涂层(bottom antireflective coating，BARC)中的部分可溶污染物及不够稳定的光刻胶，这有助于减少内层刻蚀(post-etch)后出现的缺陷[8,9]。这种吸附是基于过滤器滤膜的表面化学作用，通过实验已经证实聚合物(如尼龙等)可以有效吸附这些污染物，从而减少图形桥接(line bridging)等缺陷[10, 11]。因此，实际上除了去除颗粒污染物，过滤器还大大降低了缺陷率。

光刻材料生产厂家所用的大宗过滤器基本上是基于同一原理的，只是规模更大。过滤器所用材料也基本一样，滤膜通常是尼龙或HDPE材质，采用HDPE材质的支撑与硬件。虽然过滤器的主要目的是去除颗粒污染物，但如果还能同时吸附去除某些流体混合物中的部分可溶污染物当然更好。

对于用作浸入式DUV(deep ultraviolet，深紫外)步进/扫描光刻机浸泡液的UPW的过滤是一种特殊情况，因为该工艺对于UPW的纯度要求极高，必须非常纯净且无污染，而洁净度等级不够的过滤器在使用中可能会有金属和有机碳浸出。在POU浸没系统中使用全氟聚合物过滤器为浸入式步进/扫描光刻机提供UPW已经是一种常见的做法，以保证对于纳米级颗粒的有效去除，并避免来自过滤器自身的污染。

金属是光刻流体中需要重点关注的污染物之一，因此可以使用含有离子交换功能的过滤器作为抛光步骤之一来限制这些流体中的金属含量。这种过滤器一般会在滤膜表面添加具有离子交换功能的HDPE材料，并尽量扩大滤膜与流体接触的表面积，从而通过常规的离子交换方法去除流体中的阳离子。但这种技术的离子交换容量通常有限，因此一般只能作为流体抛光的最终步骤。这种过滤器也可以用于晶圆涂胶工艺，以消除金属对工艺的影响。

随着曝光成像的特征尺寸越来越小，以及能够使用14 nm或更小尺寸成像的193 nm ArF浸入式DUV光刻机，用于光刻流体的过滤器需要去除5 nm甚至更小粒径的颗粒。而随着越来越精细的过滤器投入使用，有人担心过滤器上的聚合物会剥离到光刻液中。但研究表明，即使使用精细过滤器，对于曝光成像过程也没有任何有害的影响[12,13]。因此，精细过滤器的使用对于降低光刻的缺陷率是非常有帮助的。但由于颗粒测量技术的限制，这些10 nm以下级别过滤器的颗粒去除效率无法实际测试，因此过滤器厂家一般只能通过测量孔隙率的方式来确定滤膜的相对孔径，以及将过滤器实际应用于光刻工艺，通过对缺陷率的跟踪情况来判断过滤器的过滤效果。虽然这些过滤器的过滤精度已经超出目前对于晶圆的检验极限，但精密过滤器对于减少曝光成像工艺的缺陷率还是很有意义的。

34.4 化学机械抛光过滤

用于化学机械抛光(chemical mechanical polishing，CMP)工艺的过滤与其他液体的过滤工艺有很大不同，因为其最终目标不是去除所有颗粒污染，而是仅去除导致划痕等缺陷的颗粒污染，以允许所需的所有浆料颗粒能够通过过滤器。因此，选择性就变得至关重要。

对于CMP工艺的过滤通常使用具有深层过滤能力的熔喷聚丙烯纤维过滤器。熔喷过滤器通过使用特定模具在高温下对聚合物进行挤压，并将挤压出来的合成纤维缠绕在轴芯上，当这些纤维冷却时，它们融合到相邻的纤维上，形成空隙，滤芯上这些具有一定深度的空隙充当滤孔起到了过滤的作用。由于纤维是熔融的，即使承压或压差增大的情况下，孔隙率仍能保持固定。

这种过滤器必须具有较高的容量，因为其所要捕集的固体数量较大。而近年来，随着浆料分散体变得更加细小，膜式过滤器也已被证明可以成功用于 CMP 工艺过滤。

用于 CMP 工艺的过滤器还必须具有良好的选择性，从而使得浆料分散体能够不受阻碍地通过过滤器，而凝聚物和其他较大的颗粒污染物则被截留在过滤器里，从而有效避免造成划痕等缺陷。

34.5 气体过滤

34.5.1 气体过滤：过滤器构造

气体过滤的原理与液体过滤的完全不同，因为所要过滤的流体的黏度非常低。在液体中，流体将直接影响细小颗粒的运动和行径，而在气体中，流体的流动对细小颗粒的运动几乎没有影响。气体中的悬浮颗粒称为气溶胶(aerosol)。虽然颗粒与管道中的气体一起流动，但它们在管道内的行径在非常小的尺寸内是随机的。而在非常大的尺寸下，颗粒所显示的运动倾向是由于质量和重力的作用而沉降，因为管道内没有足够的浮力来保持这些颗粒悬浮，并且在层流(laminar flow)条件下，管壁处的流动很少。中等大小的颗粒会受到气流的影响而倾向于跟随气流运动。而非常细小的颗粒则会与气体分子相互作用，导致出现布朗运动(Brownian motion)[14]。这种布朗运动是影响过滤器过滤效果的关键因素。

由于气体中颗粒的独特行径，过滤器不需要具有与所要去除的颗粒一样细的孔。实际上，较小尺寸的颗粒实际上更容易被过滤器去除，这是由颗粒与过滤介质碰撞的统计可能性决定的。因为这些非常细小的颗粒具有极低的质量，所以一旦被捕获，van der Waals 力会使得颗粒保留在过滤器表面上。这种机制被称为扩散拦截(diffusional interception)。此外，一旦捕获了这些非常细小的颗粒，更多的颗粒会被这些已捕获的颗粒上的树突(dendritic)构造所捕获，从而使得过滤器能够更有效地去除颗粒。

大尺寸的颗粒被气流拖曳并撞击到过滤介质中的趋势称为惯性冲击(inertial impaction)。当气体流过过滤器时，即使气体基本上围绕过滤介质移动，但由于大颗粒本身具有足够的质量，从而足以保持直接到达过滤介质的运行轨迹。

对于过滤器所能捕获的颗粒有一个最为关键的粒径范围，称为最易穿透粒径(most penetrating particle size，MPPS)。MPPS 因过滤器的设计和构造而异，然而，对于大多数颗粒过滤效率为 3 nm 的过滤器，其 MPPS 约为 100 nm[15]。在设计过滤器构造时，在颗粒过滤效率方面最关键的是增大对于 MPPS 颗粒的截留率(见图 34.2)。

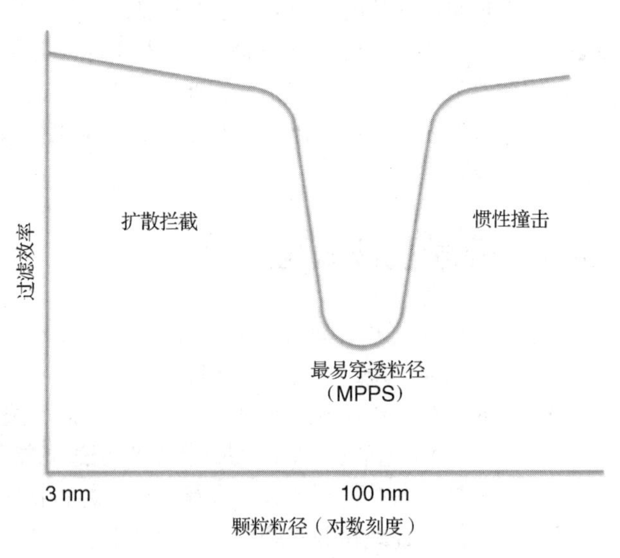

图 34.2 过滤效率随颗粒粒径的变化情况

气体过滤器可以使用与液体过滤类似的膜式构造以实现有效的颗粒捕获，材料则可以采用 PTFE 等材质。然而，与液体不同的是，要捕获 5 nm 的颗粒并不需要真的使用 5 nm 的过滤器，而可以使用孔径更大的结构，以便捕获更多的 MPPS 颗粒。这同样有助于减少给定流量下的压力损失。

为了进一步利用气溶胶的行径来捕获颗粒，甚至可以使用更开放的结构。常见的解决方案是在过滤器的设计中使用金属纤维或粉末。当使用金属纤维时，例如316L不锈钢纤维，将纤维拉伸后以湿法或干法铺设成一片过滤介质。然后在炉中对这片薄片进行处理以使纤维互相烧结，从而形成固定的孔隙结构。然后将这片薄片按照设计做成过滤器，可以是褶皱形、圆柱形或其他形状。可以使用多层这样的薄片以增加过滤组件的深度和曲度，从而在更开放的孔隙结构下提高过滤效率。

与金属纤维一样，使用金属粉末时可以首先将其加工成合适的形状，然后在炉中烧结以形成固定的孔隙结构。在实际使用时，可以根据金属与应用工况的相容性，使用不锈钢、镍或各种合金材料来加工这些金属结构。

气体过滤器一般使用316L不锈钢作为外壳的材料。对于大宗过滤器，会使用永久性的外壳并将桶式过滤器安装在其中。由于金属过滤器的成本较高，所以一般在大宗过滤器上会选择聚合物过滤器，并且像液体过滤器一样使用O形圈密封的方式将过滤器密封于壳体内。

对于气柜内、POU及工艺机台内部的特殊气体过滤，一般使用将过滤器完全密封在壳体内的一次性过滤器。对于这种应用需求，使用金属过滤器有其优点，因为可以将金属过滤器直接焊接在不锈钢外壳中，而不需要使用O形圈密封。

过滤器有不同的接口方式可选，如金属垫片接口（VCR连接）或卡套接口（compression fitting），而前者可以在关键应用中提供更可靠的密封性。此外，当过滤器可以使用的时间较长，基本不需要进行更换时，还可以选择管端接口，以便可以直接焊接在安装点位置。

用于特殊气体及POU的过滤器在安装时必须进行检漏（leak test）。这对于确保危险性气体不会泄漏到工作环境中及确保环境污染不会漏入工艺气体中是至关重要的。氦检是最常见的用于确认安装的密封性的检漏方法，进行氦检时可以选择喷氦或吸氦方式并使用合适的检测器来对氦气进行检测。

34.5.2　气体过滤：效果

如上所述，气体过滤器的设计一般可以去除各种粒径包括MPPS的颗粒物。为了确定过滤器的效率，可以将NaCl溶液通过雾化器（nebulizer）进行雾化（aerosolize），然后用喷雾干燥机（diffusional dryer）去除水滴从而产生多相分布（polydisperse）的悬浮颗粒，再用超纯气体将这些悬浮颗粒带出并通过过滤器，通过使用灵敏度可达3 nm的凝结粒子计数器（condensation particle counter，CPC）测量过滤器前后的颗粒数量，即可获得过滤器的过滤效率数据。但由于CPC需要先在每一颗颗粒上形成液滴后再通过激光散射法进行测量，因此无法获得所测到的颗粒的粒径信息。

为了确定所产生的悬浮颗粒的粒径分布，可以使悬浮颗粒带电，由于每颗颗粒所带电荷与其质量成比例，即可通过静电分离机（electrostatic classifier），将这些带电颗粒分离成单相分布的“碎片”（slice）。然后使用CPC对每个单相分布的“碎片”进行测量，即可获得悬浮颗粒的粒径分布状况。理想情况下，颗粒的粒径分布范围将从3 nm开始，并在过滤器的MPPS处达到颗粒数量最大值[15]。

此外，也可以用同样的方法来确定过滤器的MPPS，通过测量所获得的过滤器去除效率最差的颗粒粒径即为该过滤器的MPPS。对于比MPPS更小或更大的颗粒，过滤器的去除效率都会更好，因此设计过滤器时一个关键点就是增大对于MPPS颗粒的截留率（见图34.3）。

在许多情况下，过滤器的过滤效率也会受到通过过滤器的气体流速的影响，这是由于当气体流速较高时，除了那些大于MPPS的大颗粒，较小的颗粒与过滤介质碰撞的统计概率较低的缘故。

在对气体过滤过滤器进行评价时，有许多因素必须说明，包括

- 悬浮颗粒粒径分布。
- 过滤器的 MPPS 及在 MPPS 时的过滤效率。
- 在工作流量范围内各个流速下的过滤效率。

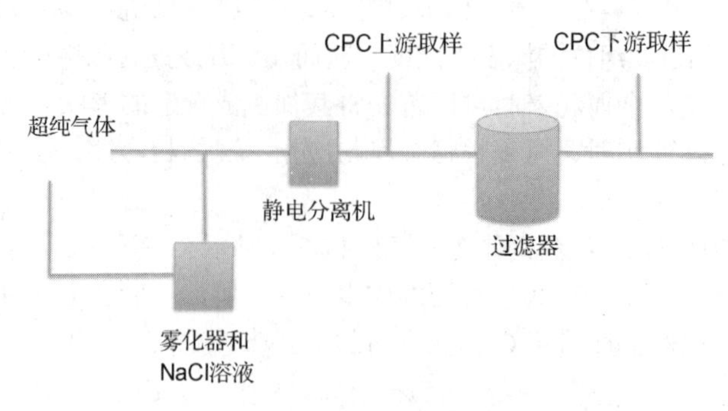

图 34.3　气溶胶过滤效率测量

虽然气体过滤比液体过滤更复杂，但在设计过滤器时可以有更大的自由度，采用更开放的构造，以及更多地利用过滤介质内部孔隙的曲折度。

过滤器的洁净度在气体过滤中也同样重要。过滤器的设计应避免颗粒流出，并且在许多情况下，还要尽量避免在安装时需要排气。市面上可以买到经过预处理的过滤器。对过滤器的预处理形式包括吹扫并填充惰性气体，以保证能够迅速投入使用，并且在安装时不需要进行钝化和大量吹扫。这是很重要的，特别是在 POU 安装过滤器时。但是某些情况下，例如需要将过滤器焊接到使用位置，或者过滤器只是气路系统的一部分时，由于整个系统需要整体进行吹扫，则可能不需要对过滤器进行预处理。

当将气体过滤器用于反应性或腐蚀性气体时，必须仔细考虑过滤器所使用的材料与所过滤气体的相容性。例如，镍材质的烧结过滤器及镍垫圈不能用于 CO（一氧化碳）或羰基硫气体，因为它们会发生反应，形成易挥发的 $Ni(CO)_4$，且可能导致镍垫圈泄漏并污染下游管路系统。与之类似的还有镀银垫圈不能用于臭氧系统，因为臭氧会被银催化而导致分解。详细的相容性信息可以查阅压缩气体协会（Compressed Gas Association）及 SEMI 的指南或者供应商所提供的相容性说明。

除了颗粒物，工艺气体中的气体污染物同样需要去除，以防止机台腔室受到污染或者发生有害的副反应而影响产品良率。因此，过滤器厂家通常将纯化材料与颗粒过滤集成在同一组件中。纯化材料一般是针对某种特定的工艺气体，通过纯化材料的填充层即可去除工艺气体中的气体污染物，而去除污染物的常见机制包括化学吸附及物理吸附等。

对于这种具有纯化功能的过滤器，一般可以通过在某一设计流量下，分析某种工艺气体中特定污染物的去除效率来进行评价。此外，该纯化过滤器在设计流量下对于特定工艺气体中所要去除的污染物的处理容量（capacity），以及其所适用的峰值流量（peak flow）和峰值污染物水平（peak contamination level）也需要加以说明。

对于纯化材料的纯化效果，可以用多种方式进行测量，这取决于所针对的工艺气体和需要去除的污染物。例如，可以在工艺气体中掺入定量污染物（calibrated contamination），然后使用 APIMS（atmospheric pressure ionization-mass spectrometry，大气压电离质谱法），离子迁移谱仪（用于 NH_3 测量）、CRDS（光腔衰荡法）及其他方法对纯化前后的污染物浓度进行测量。

通过将纯化材料和颗粒过滤介质集成在同一组件中，就可以用单个过滤器同时去除工艺气体中的气体污染物和颗粒污染物。

当然，在使用这种带纯化功能的过滤器时，必须仔细考虑纯化材料与工艺气体的相容性，以防止发生危险的放热反应或污染下游管路系统。例如，如果在纯氧的管路上使用能够去除氧气的惰性气体净化器，则会导致剧烈的放热反应产生高温，甚至可能导致系统中某些易挥发物质在高温下气化从而污染下游系统。因此在使用这种过滤器前，必须向供应商咨询所用材料的相容性信息及使用后的处理说明。

34.6　过滤作为缺陷分析工具的应用

过滤器具有捕集污染物及对这些污染物进行富集的特性，而这也为富集和离析(isolate)某些可能导致工艺偏离或产品缺陷的污染物提供了一种独特的可能性。

在许多情况下，工厂在发现工艺偏离或产品缺陷后，却难以找出可能的原因。对于工艺流体的分析受限于检测灵敏度，有时无法发现含量较低的潜在污染物。而通过对一些在缺陷增加期间一直使用的过滤器进行调查评估，则有助于确定可能的污染物。原材料供应商在对某一特定批次材料进行调查时，也已经开始使用这一方法，通过对充装管线上的纯化器在该批材料充装前后的状况进行测量评估来确定可能的污染物。

在使用过程中出现堵塞或压差过大而导致工艺流体流量不足的过滤器，可对导致其堵塞的原因进行评估。根据评估结果确认造成过滤器堵塞的污染物后，可以选择合适的方案以消除这些污染物，或开发替代的过滤解决方案。

对于拆下的过滤器，可以先用合适的流体在正常流动方向上进行冲洗，以去除可能的危险物质或者在干燥时可能干扰分析的固体(如果是聚合物过滤器的情况)，然后将过滤器在洁净的条件下进行干燥，之后从滤筒中小心地取出滤膜，即可对其进行分析。有多种分析技术可供选用，如下所示。

- 目视检查染色、着色、沉积物、物理损坏或缺损。
- 使用SEM(scanning electron microscopy，扫描电子显微镜)和EDS(energy dispersive X-ray spectroscopy，X射线能谱仪)对过滤器入口端表面的物理形态及所沉积的污染元素进行分析。
- 使用FTIR(Fourier transform infrared spectroscopy，傅里叶红外光谱仪)对有机物进行识别(特别是当EDS分析结果的主要元素成分是碳或者怀疑污染物为聚合物或有机物的时候)。
- 如果可能，在消解或激光消融后用ICP-MS对金属进行分析。
- 其他特定的分析方法，如拉曼光谱(Raman spectroscopy)、XPS(X-ray photoelectron spectroscopy，X射线分光光度计)、ToF-SIMS(time of flight secondary ion mass spectrometry，飞行时间质谱)或带热解析的GC-MS(gas chromatography-mass spectrometry，气相色谱质谱联用仪)等。

也可以用合适的流体对过滤器滤膜进行淋洗，然后选择适当的分析方法对淋洗液进行分析。

如果是离子交换滤膜，可以用合适的酸对过滤器进行离子交换，然后用ICP-MS对置换之后的酸进行分析，确定离子交换膜上所收集的金属种类及其含量。

对于气体过滤器，可以对过滤器上的颗粒污染物进行分析。如果是具有纯化功能的过滤器，则可以通过一个间接的方法，即确定其所剩余的纯化容量，从而测量过滤器在使用过程中所吸收的气体污染物总量。

对于所有拆下来进行分析的过滤器，必须采取合适的方法对暴露在气体或液体中的材料进行处置，特别是当该纯化器之前用于有毒的、反应活性的或有腐蚀性的流体时。

34.7 参考文献

1. T. Mizuno, A. Namiki, and S. Tsuzuki, “A Novel Filter Rating Using Less Than 30 nm Gold Nanoparticle and Protective Ligand,” *IEEE Transactions on Semiconductor Manufacturing*, Vol. 22, No. 4, Nov. 2009.

2. G. Van Schooneveld and D. Grant, “Technique for Measuring the Particle Retention of Liquid Filters to 10 nm,” AFS Spring Conference, Bloomington, MN, 2013.

3. T. Umeda, T. Mizuno, S. Tsuzuki, and T. Numaguchi, “New Filter Rating Method in Practice for Sub 30 nm Lithography Filter,” *Proceedings of SPIE*, Vol. 7639, 2010.

4. S. Madanshetty, “Apparatus to Induce Acoustic Cavitation in a Liquid Insonification Medium,” U.S. Patent 7253551, Aug. 7, 2007.

5. B. Gotlinsky, “Requirements for 10 nm Filters Intended for Sub 28 nm Technology Node Surface Cleaning Processes,” *Proceedings of Sematech Surface Preparation and Cleaning Conference*, Mar., Austin, TX, 2011.

6. B. Gotlinsky and D. Blackford, “Using a Nonvolatile Residue Monitor to Investigate Ultrapure Water System Components and Optimize System Performance,” *Microcontamination*, Vol. 12, No. 7, 1994.

7. T. Umeda, S. Tsuzuki, M. Boucher, H. Dinh, L. Ma, and R. Boten, “Development of Optimized Filter for TARC and Developer with the Goal of Having Small Pore Size and Minimizing Microbubble Reduction,” *Proceedings of SPIE*, Vol. 6153, 2006.

8. B. Gotlinsky, M. Mesawich, and D. Hall, “The Effectiveness of Sub 50 nm Filtration on Reduced Defectivity in Advanced Lithography Applications,” *Proceedings of Arch Chemicals Interface Microlithography Symposium*, San Diego, CA, 2003.

9. T. Umeda, S. Tsuzuki, T. Numaguchi, M. Sato, C. Yamamoto, and M. Sato, “Start Up Optimization for Point of Use Filter in Lithography Process,” *ISSM International Symposium on Semiconductor Manufacturing*, Santa Clara, CA, 2007.

10. N. Brakensiek and M. Sevegney, “Effects of Dispense Equipment Sequence on Process Startup Defects,” *Proceedings of SPIE*, Vol. 8682, 2013.

11. T. Umeda, F. Watanabe, S. Tsuzuki, and T. Numaguchi, “Filtration Condition Study for Enhanced Microbridge Reduction,” *Proceedings of SPIE*, Vol. 7520, 2009.

12. B. Gotlinsky, J. Beach, and M. Mesawich, “Measuring the Effects of Sub 0.1 μm Filtration on 248 nm Photoresist Performance,” *Proceedings of SPIE*, Vol. 3999, 1999.

13. M. Mesawich, M. Sevegeny, B. Gotlinsky, S. Reyes, P. Abbot, J. Marzani, and M. Rivera, “Microbridge and E-Test Opens Defectivity Reduction via Improved Filtration of Photolithography Fluids,” *Proceedings of SPIE*, Vol. 7273, 2009.

14. K. Lee and B. Liu, “Theoretical Study of Aerosol Filtration by Fibrous Filters,” *Aerosol Science and Technology*, Vol. 1, No. 2, 1982.

15. B. Gotlinsky, P. Connor, D. Capitanio, L. Johnson, and S. Tousi, “Testing of All Metal Filters for High Purity Semiconductor Process Gasses,” *Proceedings of the Institute For Environmental Sciences*, 1991.

第 35 章　化学品和研磨液处理系统

本章作者：Kristin Cavicchi　Air Liquide Electronics US
本章译者：王宣仁　法液空电子设备股份有限公司

35.1　引言

工艺机台通过管理一系列复杂的化学反应来驱动半导体制造过程。工艺机台的命脉包括原材料、大宗惰性气体、有毒和活性气体、超纯水、工艺化学品和化学机械抛光（CMP）研磨液。生成、处理、纯化和/或测量这五类材料中的每一类的系统通常由晶圆厂的设施管理团队设计和操作，并将其称为“关键工艺系统”。每个关键工艺系统由标准产品组成，这些产品来自专业供应商，并针对现场的系统进行设计和组装，以满足客户实体设施和工艺要求的独特需求。因此，在选择和管理关键工艺系统时，需要了解晶圆厂到晶圆厂的相关问题和选择，以及对设施或工艺的特定问题和选项的理解。

自动化学品和研磨液处理系统代表了一个特定的专业领域，对晶圆厂制造过程的安全性、纯度和正常运行时间产生了巨大的影响。化学品和研磨液处理系统影响了晶圆厂的许多制程领域，包括 CMP、微影、湿刻蚀和清洁。

湿法化学品通常分为以下 5 类。

1．酸：通常用于清洁或刻蚀；含氟化学品可以作为酸类的子集分解。

2．碱：也用于清洁；包括用于光刻工艺中的显影。

3．氧化剂：用于产生或增强与其他化学品或芯片表面的反应，例如促进光阻剂去除或金属抛光工艺。

4．溶剂：用于辅助干燥或用作其他材料的剥离剂，例如来自后端等离子体刻蚀工艺的残留物。

5．研磨液：用于抛光工艺的化学活性或缓冲溶液中的悬浮固体，用于去除和/或平坦化沉积的材料。

在基础层面，化学品或研磨液处理系统由以下元素组成：

- 化学原料，典型的是酸桶或吨桶形式。
- 一种移动化学品的方法。
- 储罐。
- 过滤系统。
- 管道网络，包括阀箱，为多个使用点（POU）提供流量。
- 控制系统。

在 300 mm 或 450 mm 晶圆厂中，通常有

- 20～35 种高纯度化学品，其中 2～10 种需要混合或稀释。
- 3～12 种 CMP 研磨液，其中大多数需要混合或稀释。
- 100～450 个阀箱。
- 500～2000 使用点。

35.2 重要条款

在本章中使用以下术语。

使用点(POU)：供应化学品和研磨液的工艺机台或者工艺机台的一部分。

设备：通常是一个具有特定任务的实体机柜，例如用于混合、泵送、过滤或任务组合。

设备控制器：管理特定设备的操作和安全相关任务的电子子系统。

分配系统：通常位于副厂房中的管道、阀门、阀箱、控制器和布线网络，与化学品和研磨液处理系统相连。

配电控制器：一种电子计算设备，负责管理将化学品从设备运输到 POU 所需的操作和安全相关任务；也称为监控和数据采集系统(supervisory control and data acquisition，SCADA)或晶圆厂控制系统(factory control system，FCS)。

发动机：分配系统的一部分，通常是设备的一部分，可以移动流体，例如隔膜泵、离心泵、风箱式气动泵浦或压力容器。

日用罐：永久性现场存储容器，为化学品或研磨液提供缓冲容量。

35.3 化学品和研磨液处理系统的历史

虽然液体化学品从一开始就是半导体制造过程的一部分，但自动化学处理系统是在 20 世纪 80 年代末和 90 年代初期开发的，用以降低成本并提高湿法加工的安全性、纯度和可重复性。

35.3.1 成本

从手动处理的小型化学品包装过渡到自动化大宗系统，提供的直接成本效益是减少了材料和劳动力成本，并且通过购买大宗容器化学品实现了拥有成本(cost-of-ownership)的优势。间接成本效益源于自动化学品交付的安全性和再现性的增强。虽然这些成本效益被购买和安装输送系统的需求所抵消，但自动化学品和研磨液处理系统可以改善工艺结果，同时节省成本并提高安全性。化学品和研磨液处理系统的所有设计、功能和属性都源于这一价值主张。

35.3.2 安全

最初的大规模生产湿法工艺依赖于将化学品手工注入槽中，其中浸入芯片以执行特定的工艺步骤。这种方法需要大量的人工处理工作，并且本质上使技术人员和操作人员更直接地暴露于具有侵蚀性和潜在危险的化学品。除了暴露风险，手动过程容易出错，从而可能以错误的顺序或无意的组合而添加化学品。化学品消耗的增加也对手工浇注过程产生了影响。

35.3.3 纯度

随着几何形状尺寸的减少，颗粒污染尤其是在直接浇注手工过程中的问题越发明显。无论来源容器多么干净，静态材料都不会像最近过滤的材料那样纯净。自动化处理可以实现多次过滤通道，但也引入了移动部件，可能成为离子和颗粒污染源。设计纯度仍然是化学品管理组件、设备和系统设计的基础。

35.3.4 重复性

与所有制造工艺一样，可重复的半导体制造依赖于关键参数的控制和可重复性。控制工艺条件允许工艺工程师专注于每个制造步骤的本质能力。当通过自动化方式递送时，纯度和混合重复性这两个变量就可重复使用。

35.4　化学品和研磨液处理设备

35.4.1　高纯度化学品分配系统

高纯度化学品分配系统用于将干净化学品从来源容器移至 POU。干净的化学品包括酸、碱、氧化剂和溶剂，而不包括含有悬浮固体的 CMP 研磨液。

高纯度化学品分配系统概览

高纯度化学品分配系统具有多种设计形式。客户和供应商各自进行一系列独特的价值判断和相应的设计选择，以优化化学系统的各种属性。关键的设计驱动因素是正常运行时间、纯度和成本。较长的正常运行时间和低成本是竞争目标，推动了从一家设备制造商到另一家设备制造商的大量设备变化。虽然设计数量很大，但每个高纯度化学品分配系统都具有相同的核心功能：将化学品从 A 点移至 B 点。

最基本的系统包括来源容器，通常是酸桶或吨桶及泵。泵从酸桶中抽取化学物质并将其泵送到 POU。鉴于纯度的重要性，几乎所有化学品分配系统都包括泵后的过滤。

化学品分配系统设计中经常添加两个附加功能——日用罐和备用系统，以增加正常运行时间。当来源容器为空时，日用罐提供缓冲容量。一个单元通常会从来源容器转移到日用罐，然后从日用罐分配到 POU。备用系统可以构建在组件级别上，例如使用两个泵；或者构建在系统级别上，例如提供两个独立的分配发动机。

图 35.1 提供了化学品分配系统的简单表示，其中包括日用罐、过滤器和可能的发动机备用系统，如果包括互连，则允许两个泵充当转移泵和分配泵。

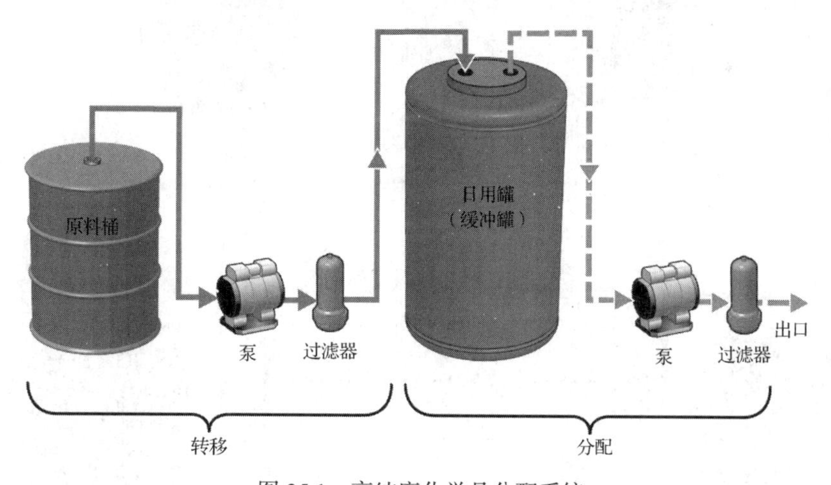

图 35.1　高纯度化学品分配系统

分配技术

有多种方法可用于分配高纯度化学品，每种方法都有优点和缺点。表 35.1 总结了常用的一些技术。

发动机设计和备用系统实施

主要的机械化学品分配模块（chemical distribution module，CDM）设计挑战是管理成本和正常运行时间的权衡。正常运行时间与组件可靠性有关，组件的不可靠性由备用系统“管理”。子系统的备用系统还用于减少计划和非计划停机时间。如果目标是减少意外停机时间，则备用系统必须允许设备在发生故障的情况下运行足够长的时间，以便在可以安排停机时更换故障组件。如果无法安排停机时间，则备用系统设计必须允许在系统运行时更换发生故障的组件。其中的差异取决于各种组件的数量及使用阀门进行隔离和物理划分。注意图 35.2 中的设计差异。

表 35.1　分配技术特征

分配技术	优　点	缺　点
带稳流器的正排量泵。隔膜泵是最常见的，但也可以使用波纹风箱式泵。泵由压缩空气驱动	正排量泵是可靠的、自吸式的，并且由许多供应商提供。它们不需要占用大量空间	在高压下移动部件需要维护，通常以重建的形式，并且为流体流提供杂质。另外，需要脉冲阻尼器来平滑流体的压力分布
离心泵可用于分配化学品而无须稳流器	离心泵具有极高的流速，非常适合实时调节以控制流量或压力	离心泵不是自吸式的，因此需要额外的系统组件。此外，它们是高压部件并且具有涂层磁性叶轮，这可能导致灾难性污染事件
压力分配技术依赖于通过泵或真空填充的加压容器。高纯氮用于从压力容器中将化学品输送到工厂。压力容器的容量范围为 10～1000 升	压力分配系统提供稳定的分配压力，大容器可以维持高瞬时流量	压力容器昂贵且需要比泵更多的空间。这里有一些与这种技术的填充方向相关的限制。真空填充系统具有有限的流速，并且泵填充系统与泵系统有着相同的弱点。一些化学品易由氮吸收，然后在 POU 处溶解

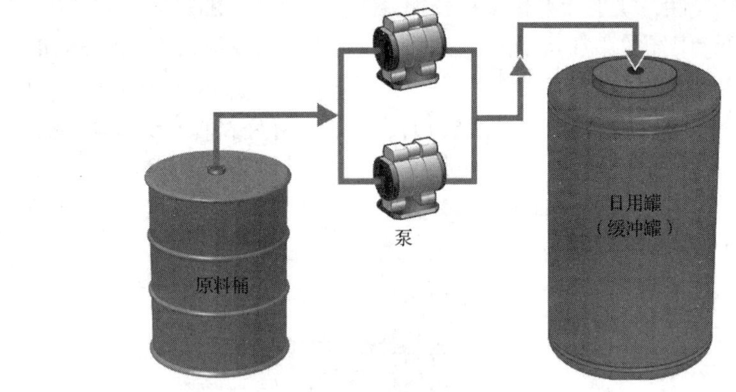

设计A：简单的备用系统传输泵

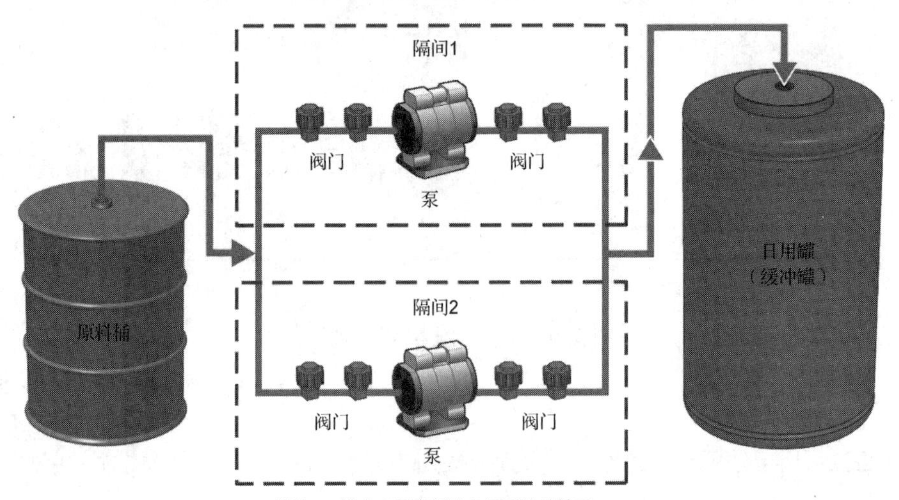

设计B：带有双隔离阀的备用系统传输泵

图 35.2　备用系统传输泵设计

利用适当的程序、培训、个人防护设备(personal protective equipment，PPE)和隔离，设计B(带隔离阀)允许在另一个泵运行时更换一个泵。没有隔离阀或双隔离阀的设计需要停机维护。

参考CDM的传输和分配功能，以及在维护和正常运行时间为备用系统添加过滤功能，可以看出为防止计划内或计划外停机而需要的正常运行时间会快速升高系统成本。为了代替每个系统需要 4 个泵，一种称为优化备用系统的设计选用两个发动机，每个发动机都具有泵送机制和过滤器组，如图 35.3 所示。阀门连接每个泵的两条流路，一条流路是从供应酸桶到日用罐，实现转移功能；另一条流路是从日用罐到晶圆厂，实现分配功能。这就允许每个发动机执行转移和分配任务。该设计假设在使用适当大小的日用罐时，系统可以在一个发动机上运行很长一段时间，且允许对另一个发动机进行维护。

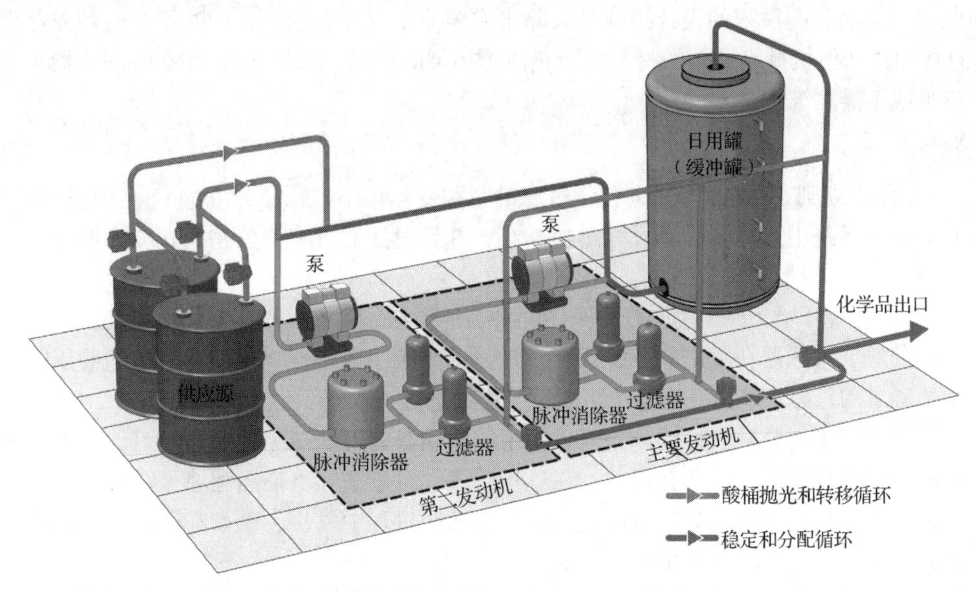

图 35.3　提供优化备用系统的化学品输送系统流路(Used with permission of Air Liquide Electronics U.S.LP.)

表 35.2 总结了当今行业中使用的备用系统解决方案。该表假定分配方法是泵，但相同的设计选择可应用于其他分配技术。选择最优备用系统模型是基于每个晶圆厂的特定正常运行时间要求的高度主观决策。为了避免甚至是最轻微的化学品不可用风险，通常推荐晶圆厂达到二级、三级或四级标准。

表 35.2　备用系统解决方案摘要

	设　计	保　护	成本因素
零级	一个泵	没有	0.80×
一级	两个泵，一条流路，无隔离	一个泵发生故障，另一个泵自动上线。通常不可能进行在线维护	1×
二级	优化的备用系统——两个泵，两条流路，隔离	与一级在线维护相同	1.15×
三级	分开传输和分配流路，每条流路有两个泵	备用系统输送泵和备用系统分配泵	1.80×
四级	两个单元，相同的功能	两个完整的单元	2.10×

系统纯度

不同于含有悬浮在载液中的磨料颗粒的 CMP 研磨液，制造高纯度化学品的目的是最小化所有形式的杂质，特别是颗粒和离子污染。

利用固定体积的化学品中各种尺寸的量来测量颗粒浓度，例如，表示为“*x* 颗颗粒/mL”要好于“0.1 μm”。过滤是控制颗粒浓度的手段，大多数系统降低了来源容器中的颗粒级别；也就是说，正确设计的输送系统不会向化学品中添加颗粒。

离子污染以精密仪器的十亿分之几或万亿分之一来衡量。芯片上不需要的离子会改变器件的电性能并导致芯片产量的损失。与气流中的离子不同，液体化学流中的离子通常不能通过离子交换方法在线去除，除了少数例外。这一事实将离子控制策略从移除转移到预防。制造各个部件，如管、泵和罐，以防止从一开始就产生离子污染。尽管 Teflon 材料(如 PFA 和 PTFE)本质上是纯净的，但它们不能提供钢或铝的强大机械性能，因此在机器的纯度和物理特性(如正常运行时间、循环额定值和容量)之间产生设计挑战。

高纯度化学品分配系统的设计挑战是去除来源容器中存在的颗粒，同时不产生颗粒释出的来源，并且使用清洁但机械刚性弱的材料来防止离子污染的释出，以及具有近 100%的机器正常运行时间，较少或不需要维护。

过滤

从 1990 年中期到 2012 年左右，化学过滤的实践变化很小。孔径为 0.05 μm 的过滤器安装在几乎所有的分配系统中。尽管临界尺寸迅速缩小，并且过滤器具有更紧密的孔隙，但行业标准实践仍未改变。

从 2012 年左右开始，最终用户开始采用几种新的做法。首先，对于关键化学品，有一个朝向更小孔径的趋势。过滤器孔径影响分配系统设计，因为减小孔径会增加过滤器组上的压降。为了保持相同的流量和压力水平，分配系统需要适应更大的过滤器组。

第二个转变是采用分阶段过滤。分级过滤系统利用具有逐渐减小的孔径的过滤器组。前提是第一个过滤器组将具有更多的开孔尺寸。在这个阶段，可以去除可能迅速堵塞小孔过滤器的大颗粒。第二级过滤器具有小孔径。分阶段过滤可以在两个过程中发生，例如在转移期间过滤然后分配，或者分配系统可具有两个串联的滤波器组。

最后，一些最终用户开始探索在将化学品输送到加工机台之前增加过滤器通过次数的可能性。大多数化学品分配系统都有可以连续过滤化学品的再循环回路。但是，化学品通过过滤器组的次数取决于储罐的尺寸和消耗速率。可以进行称为“精炼”的实践，该实践要求在化学品可用于加工机台之前将化学品过滤一定量的时间或次数。这可以通过多种方式实施，包括酸桶精炼，这要求从酸桶转移到日用罐之前通过过滤器组循环一段时间，或者通过用于抛光的中间槽来容纳化学品。

无论过滤器孔径或过滤设计如何，优化过滤器性能的关键是稳定过滤[1]。即使在没有消耗化学品的时期，稳定的系统仍保持过滤器组的小流量。当系统接收到需求信号且稳定上升到更高的流速时，这种稳定流速可以防止过滤器冲击和随后的颗粒释放。

单晶圆加工机台

在自动化学品输送的早期阶段，典型的加工机台有一个浸槽，其中浸没了大量的芯片。根据应用情况，浸槽将在一定时间或晶圆批次后更换。因此，化学品分配系统仅在浸槽更换期间将化学品泵送到 POU，并且 POU 处的压力和流速并不重要。

湿处理逐渐从基于浸槽的机台转变为单芯片处理机台，其中少量化学品直接喷射在芯片上。这种趋势以两种方式影响了化学品分配系统的要求，即容量和压力控制。通常将湿处理机台分级，使得并非所有浸槽都同时倾卸。因此，化学品分配系统不需要确定尺寸以同时为每个 POU 提供化学品。使用单晶圆加工机台，每个机台消耗速率较低，但所有机台可以同时运行。分配系统的大小必须满足更高的需求。

当化学品直接流到芯片上时，可能需要化学品分配系统来控制分配管道中的压力，从而在 POU 中提供可重复的性能。控制回路压力的两种常见方法是，通过在回流管路中安装压力控制阀来控制背压，或者通过使用具有可变速度控制的离心泵来连续调节前向压力。

高纯度系统的辅助设备

除了 CDM，典型的化学品分配系统还包括以下一个或多个辅助子系统和设备。

- 酸桶、吨桶和储罐柜：装化学品桶的封闭柜子，用于给容器提供二次密封。如果容器中的化学品在压力下循环，则需要二次密封。如果发生泄漏，机柜还可以提供密封功能。
- 大宗化学品管理系统：装有特殊化学品罐的油罐车（或卡车）可作为高消耗化学品的供应来源。这种方式在亚洲和欧洲更受欢迎，批量管理系统需要耦合系统、储罐和转运站。耦合系统是类似 CDM 的单元，其容纳专用配件，并与卡车上的匹配配件连接。耦合系统将清洗配件，允许取样，然后加压储罐的化学品并转移到现场储罐。
- 阀箱：封闭式多路器，允许从主分配管路供应到各个 POU。
- 混合设备：稀释浓缩化学品或混合各种组分的专用系统，以满足高度可控的规格；搅拌机可作为分配系统的化学来源。

35.4.2　化学混合系统

半导体工业中使用的许多化学品“随时可用”，即酸桶中化学品的浓度适合于芯片加工。其他化学品必须用超纯水稀释或与其他化学品混合，以达到理想的工艺效果。

混合的原因

设备制造商可以选择在现场混合化学品而不是购买预混合的供应容器。到目前为止，常见的原因是降低过程或化学流的拥有成本。事实上，大多数化学混合物是用超纯水稀释的浓缩化学品。如果晶圆厂需要一种市场上没有的专有混合物，或者希望制造具有短“适用期”的混合物，或者长时间存放状态不稳定，那么也可以进行现场混合。

表 35.3 总结了半导体行业中常见的现场高纯度混合应用。现场混合的先决条件包括浓缩化学品的可用性、合适的混合设备的可用性，以及取得工艺制程所有者的同意，即现场混合的风险（与化学品供应商的预混料相比）是可接受的。

表 35.3　常见的现场高纯度混合应用

化　学　品	典型目标浓度	应　　用	评　　论
氢氟酸（HF）	通常为 49%HF 的 10∶1、100∶1 或 500∶1 稀释	前端刻蚀工艺	HF 是最常见的化学混合物
四甲基氢氧化铵（TMAH）	2.38%（可写成 0.263N）	显影剂化学品	开发人员进行现场混合需要极其精确的混合规格
各种 CMP 后清洁化学品	常见的例子包括 2%氢氧化铵（NH_4OH）和<5%柠檬酸	CMP 后清洁化学品	柠檬酸混合物往往是多组分混合物，而不仅仅是去离子水稀释液

传统上，一些现场混合正在从厂务设施楼层的批量混合转变为在工艺机台的使用点混合。这种趋势发生在如下的情况中，即从批量处理的一批或多批芯片暴露于浸槽中的化学品到单芯片处理中每个芯片暴露于新的化学品，然后流入排水管。

所有权成本

从表面上来看，与购买预混合化学品桶相比，现场混合似乎可以显著节约成本。但是，必须考虑的额外成本是运行混合设备(去离子水，CDA，氮气，电力，废气)的公用设施成本，晶圆厂增加另一件设备的相关维护成本，以及维护特定设备的成本(不同的备件，额外的培训，混合化学分析所需的频繁的实验室测试等)。在大多数情况下，这些成本并不高，但需要一个明智的判断来证明它们的合理性。

关键混合参数——精确度和容量

除了容量，在考虑现场混合过程时，两个最关键的参数是过程的精确度和可重复性。

精确度反映了混合系统的输出与目标浓度的接近程度。重复性测量混合系统一次又一次地产生相同浓度的混合物的能力。在大多数混合系统中，长时间使用相同的浓度；因此，这种混合系统的设计重点是确保可重复性。

表 35.4 中的精确度和可重复性按相对误差而不是绝对误差列出。绝对误差具有一些测量单位，通常为质量百分比(例如，0.49 wt%HF ±0.005 wt%)。相对误差是绝对误差，以目标值的百分比表示。它没有单位价值。计算相对误差的公式如下所示：

$$相对误差 = (绝对误差/目标值) \times 100\%$$

表 35.4 常见现场混合应用的典型精确度和可重复性要求

化学品/应用	HF 混合	TMAH 显影混合	CMP 后清洁应用
精确度/可重复性	1%	0.1%	3%～5%

由于混合的化学品通常流入在线日用罐，因此混合是一种非连续的过程。混合系统的容量设计为超过设施的每日消耗量估计，通常对应预期消耗量的 150%或 50%占空比。与化学品分配系统不同，日用罐中的缓冲容量和混合系统的高容量导致大量的空闲时间。因此，混合系统通常不具有备用系统设计。日用罐中的缓冲容量可为计划和非计划维护提供时间，并且这种高容量允许混合系统在其恢复使用期间快速重新填充罐。按照这种方式，可以避免备用系统的花费。

批量与在线混合

混合可以分为两大类：批量处理和连续处理。批量处理是产生一定量混合化学品的分散批次的处理。批量处理过程有明确的起点和终点，通常分批次转移到外部日用罐，以备晶圆厂使用。

在线混合以连续流形式产生化学混合物。混合的化学品可以流入日用罐，或者可以直接供应给芯片。在线工艺可能有也可能没有大型日用罐以提供缓冲容量的化学品。

批量和在线混合都有优点和缺点。批量混合可以使用各种混合技术，甚至可以在一个系统中组合多种技术。由于存在不连续的批次，可以对每批进行测试以验证批次的浓度。然而，批量混合器需要混合罐，因此增加了系统的占地面积，并且它们是有容量限制的，因为每批次需要时间来均质化和转移化学品。

在线混合装置使用基于流量的技术。它们的结构简单，占地面积小，适用于不需要高水平混合精确度的应用。在线混合装置也可以被设计用于非常高的容量，因为不需要中间均质化和转移步骤。当应用需要较高精确度时，在线混合装置的设计将变得复杂。设备供应商必须集成计量和开发技术，以准确测量浓度并实时调整混合。

混合技术

虽然所有的混合系统都符合批量或在线方法，但可以使用不同的混合技术来生产混合物。表 35.5 总结了常见的混合技术。

表 35.5　各种混合技术的优点和缺点

混合技术	优　点	缺　点
容量 在一个或多个容器中测量的精确体积	简单易懂和易于操作 坚固的设计(几种故障模式)	精确度和重复性有限 有限混合比范围 很难改变混合工艺
流量 流量测量装置累计流量或精确控制流量以控制成分的体积	简单易懂 可以提供高混合能力 可作为在线混合技术	需要加压化学品来源 流量计容易漂移并需要频繁校准
质量 精确的称重传感器在批量处理过程中测量成分的质量	简单易懂 配方更改快速、简便 可扩展，以满足小容量或大容量需求	称重传感器容易漂移 基于质量的混合始终是批量处理过程

设备供应商必须根据工艺要求平衡每种技术的优缺点。一些设备供应商选择专注于一种技术并使其适应工艺要求。其他人可根据应用使用不同的技术。

混合计量

计量是增加混合精确度的方法。在没有计量的情况下，上面列出的混合技术通常限于 2%～5%的相对误差。虽然这可能是可接受的用于清洁应用的最低限，但大多数半导体工艺需要 1%的误差。使用计量来调整或校正混合浓度称为反馈混合。即使不需要计量来提高混合系统的精确度，大多数最终用户也需要通过适当的计量设备进行批量验证。

反馈混合利用来自计量的浓度数据来调整批次以达到目标浓度。与计量选择相关的一个挑战是，确定能够精确测量给定混合物浓度的装置。混合规格接近或超过许多常用计量设备的能力，这意味着设备报告的浓度变化太大而无法控制符合规格的工艺。另一个挑战是选择容易且有效集成到混合系统中的设备。这包括尽可能使用实时测量，减少计量设备所需的维护，以及选择不易受环境变化影响的设备。

将要混合的化学品与过程的精确度/可重复性要求之间的关系影响了可以使用的计量类型。设备供应商必须进行认证测试，并且最终用户必须熟悉计量类型。典型的计量选择范围从电导率或 pH 探头到折射率、滴定仪、光谱仪和声速测量。

35.4.3　研磨液系统

在 20 世纪 90 年代中后期，增加金属互连层需求及对各种沉积层的平坦化提出的相应需求推动了 CMP 的广泛发展。顾名思义，半导体平坦化依赖于化学和机械过程的组合。CMP 研磨液通常由悬浮在化学混合物中的二氧化硅、氧化铝或二氧化铈颗粒组成。需要批量混合和分配方法来为工艺机台提供研磨液。

研磨液系统包括高纯度化学品分配系统中的许多基本设计特征和功能；然而，磨料颗粒的存在引入了由沉降及与复杂化学溶液中悬浮颗粒的存在相关的其他现象所引起的显著挑战。

除了颗粒挑战，大多数研磨液应用需要混合，这就需要设计完整的混合和分配系统。在 CMP 的早期，几乎所有的最终用户都在使用相同的研磨液。对于设备供应商来说，配置设备相对简单，因为少量可用的研磨液是比较容易接受的。随着 CMP 工艺的成熟，使用的各种研磨液和将其混合的相对复杂性也增加了。在这个领域，许多最终用户已经使用定制化产品，因为在开始使用一个新的研磨液分配系统之前，只能获得有限的产品信息。

研磨液混合和分配设备设计特点

研磨液设备设计受限于相同的挑战，这与高纯度化学混合和供酸系统相关：平衡相关的备用系统成本，选择坚固的组件，不会将杂质引入流体内，精确混合和监测及非常合适的计量设备，满足每年技术进步等行业不断变化的要求。除了这些基本的设计挑战，流体中悬浮颗粒的存在需要额外的设计考虑因素。

搅拌　通常，研磨液中的固体颗粒倾向于随时间沉降，需要特定的能力来控制酸桶和罐中物质的均质化。每种研磨液的沉降速率和再分散要求由研磨液供应商或设备供应商表征。

酸桶可能需要一些搅拌过程以使颗粒均质化。在大多数情况下，需要 10～20 分钟的初始搅拌，然后偶尔进行搅拌。作为另一个相互矛盾的要求，一些研磨液含有有机物，这些有机物往往会在过度搅拌下引起夹带气体。搅拌系统必须防止所有酸桶水平面发泡，这是一个特殊的挑战，因为酸桶中的化学物质的水平面会接近容器的底部。

如果化学品需要混合，则储罐还需要搅拌以实现颗粒悬浮及均质化。作为机械搅拌的替代方案，可以通过泵循环或使用喷射器(即引起湍流的静态装置)进行搅动。

最小流速　如果分配管道中研磨液的流速不足，则研磨液中的颗粒可能从悬浮液中脱落(导致沉降)，并最终堵塞管道网络。每种研磨液的最小流速规定为每秒一到几英尺。实现线速度所需的流速是管道直径的函数。

加湿　对于悬浮颗粒的解决方案，研磨液存在的气-液界面构成了挑战，这些界面出现在酸桶、日用罐和压力容器中。如果容器中液面以上的气体不是水分饱和的，则液体将倾向于蒸发。当研磨液配方蒸发时，剩余的固体会产生大颗粒。进入分配系统的大颗粒可能导致芯片上的缺陷。气体的加湿操作(通常用氮气)解决了这个问题。加湿系统可以是高压或低压系统并且依赖于细胞膜、起泡器或加热技术。

死角　高纯度化学品分配系统中的管道通常用于促进空间的有效利用和维持易于维护的通道。在研磨液系统中，管道布局需要仔细考虑以避免产生死角，即研磨液通常不会流过任何管道。最常见的死角出现在垂直定向的 T 形配件的向下管中。死角会在数天或数周内出现堵塞。

过滤　与高纯度化学过滤相比，研磨液中存在低浓度的小颗粒。由于高浓度的各种尺寸的颗粒，研磨液带来了明显不同的过滤挑战，其中大部分是该过程所需要的。初级研磨液过滤的重点是过滤效率和生存周期，而不是从流体流中去除所有的颗粒。如果大的研磨液体积流过紧密的孔隙过滤器，那么它将很快被堵塞。如果孔隙太大，则过滤器只会去除最大的颗粒，因此只能解决部分问题。

研磨液过滤最常用的方法是使用主分配过滤器和 POU 过滤器的组合。主环路的过滤器通常具有较大的孔隙(3～20 μm)，而 POU 配置的大约为 1～3 μm。研磨液过滤系统的设计还必须考虑实际问题，例如易于更换、实现堵塞检测和延长过滤器寿命。

POU 压力控制　研磨液直接从主研磨液分配回路分配在压板上，该主研磨液分配回路通常直接在抛光机下方运行。由于在研磨液的来源和 POU 之间没有中间容器，该机台利用来自研磨液分配系统的压力来控制输送到压板的研磨液的流速。虽然大多数机台都有泵或流量控制器来帮助调节流量，但这些设备通常对输入的压力变化很敏感。考虑以下示例，假设“机台 1”需要化学品，主研磨液分配回路中的压力为 30 psi。如果另外两个机台需要研磨液，则当研磨液被消耗时，回路中的压力可能降至 28 psi。当压力下降时，机台 1 的研磨液流速下降，MRR 或其他关键工艺因素可能会发生变化。

控制机台分配压力的最有效方法是，使用动态压力控制系统或机台上专用的流量控制器，该控制器对压力波动不敏感。动态压力控制系统依赖于调整分配压力或回路背压的一个分配引擎——基于来自中间回路压力传感器的信号的压力。由于回路压力较高的需求下降，该系统通过增加分配压力或背压进行补偿。随着抛光机从使用机台泵转移到流量控制器，研磨液分配系统需要更高的压力，以满足机台上流量控制器的要求。

35.5　系统纯度

系统纯度是至关重要的，因为具有颗粒和离子污染水平的化学物质会对晶圆厂的工艺良率有直接的影响。一旦离子污染物进入流体流中，就不容易将其去除。唯一可行的技术是防止离子污染物进入流体流。工艺机台在 POU 中可能有也可能没有过滤机制，因此化学品分配系统使用最有效的颗粒去除技术至关重要。

35.5.1　离子污染

在测量离子污染时，并非周期表中的每个元素都受到关注。只有在化学制造过程之后可能存在的那些元素或可能由制造工厂污染事件产生的那些元素才有考虑意义。表 35.6 列出了通常监测的 34 种离子、它们的分类及可能的离子污染源。

表 35.6　半导体工业监测的离子污染物

离　子	对工艺的影响	可能的离子污染源
金(Ag)，锂(Li)，钾(K)，钠(Na)	移动离子	Ag：很少出现 Li：PFA 制造过程中的催化剂 K，Na：环境的污染(尤其是人)
镍(Ni)，铜(Cu)，钴(Co)	形成硅化物	Ni：不锈钢的成分 Cu：处理交叉污染 Co：钴无电镀工艺；用作染料
铝(Al)，钡(Ba)，镉(Cd)，钙(Ca)，铬(Cr)，铁(Fe)，铅(Pb)，锰(Mn)，镁(Mg)，钼(Mo)，锡(Sn)，钛(Ti)，钒(V)，锌(Zn)	氧化铁门环杀手	Al：可以存在于氢氧化铵中 Ba：可以在暴露于化学品的聚合物中出现 Cd：在合金中出现 Ca，Mg：环境污染(尤其是人) Cr：从不锈钢部件中浸出 Fe：由不锈钢和聚合物浸出 Pb：可以从垫圈中浸出；PVC 稳定剂 Mn：在蒸馏过程中加入高锰酸钾 Mo：在合金中出现 Sn：过氧化氢稳定剂；常用的添加剂 Ti：在填料和合金中出现；聚合物催化剂 V：可能是聚合物催化剂(很少出现) Zn：从聚合物中浸出(酸桶、焊缝等)
锑(Sb)，砷(As)，硼(B)	掺杂	Sb：磷酸制造原料 As：HF 制造 B：去离子水
铍(Be)，铋(Bi)，镓(Ga)，锗(Ge)，铌(Nb)，银(Ag)，锶(Sr)，钽(Ta)，铊(Tl)，锆(Zr)	其他痕量金属	很少出现

了解污染源对于解决污染事件至关重要。由于现代化学系统相对较高的完整性，故障事件通常具有一个根本原因。

通过使化学样品经受电感 ICP-MS(inductively coupled plasma mass spectroscopy,耦合等离子体质谱仪)来测试离子污染水平。在 ICP-MS 中，等离子体源将样品中的原子污染物转化为离子形式。四极杆基于质荷比过滤离子，然后检测器与软件结合，识别样品中存在的元素的类型和浓度。

35.5.2 颗粒污染

在化学品通过过滤器之后，通过向光学液体粒子计数器提供化学品的滑流来测试颗粒水平。大多数粒子计数器的工作原理是对流体流照射某些波长的照明源。其中，光被散射，并且通过检测器测量散射。相关的软件根据计数器取样的化学品体积和散射模式来计算流体中颗粒的数量和大小。

并非所有化学品都具有相同的颗粒性能。硫酸和氢氟酸可以通过相同的 CDM 并用相同的过滤器进行分配，但监测结果将显示 H_2SO_4 中的每毫升颗粒数量比 HF 中的多。影响颗粒性能的因素包括化学黏度，制造过程的清洁度，表面活性剂的存在，形成微气泡的趋势，以及相对于颗粒折射率的流体折射率会影响颗粒分析仪的精确度。

该行业中最关键的颗粒问题之一是测量小颗粒的能力。2014 年商业化的化学粒子计数器无法测量尺寸小于 40 nm 的颗粒。根据 ITRS[2]，临界粒径在 2005 年下降至 40 nm 以下至 38 nm。一些方程可用于根据较大尺寸计数的颗粒数量推断小尺寸的颗粒数量。当绘制 y 轴上的颗粒累积浓度和 x 轴上的颗粒尺寸时，由于正常的颗粒分布，这条线的负斜率是可预测的。

由于几个原因，长期计算的颗粒水平是不够的。首先，当测量和预测的颗粒尺寸相似时，计算的颗粒水平更准确，这意味着可测量的颗粒水平不能用于估计显著小于测量尺寸的颗粒数量。其次，随着临界颗粒尺寸的缩小，可测量尺寸的颗粒数量也会缩小(通过颗粒尺寸和颗粒浓度之间的关系预测)。随着可测量通道中的颗粒数量接近零，颗粒计数统计受到影响。如 2013 年更新的 ITRS 所示，需要新的颗粒测量技术。

35.5.3 污染源

化学输送系统中的所有组件将为流体流提供一定水平的离子和颗粒杂质。相关的提供方式因组件的类型和功能而异。

组件的化学品离子级别基于原料的清洁度、制造过程及暴露于化学品中的组件的表面积。化学品输送系统中最常见的浸湿材料是 PFA Teflon、PTFE Teflon 和电抛光 316L 不锈钢。Teflon 组件的主要问题是用于生产该组件的树脂的纯度和制造工艺。通常，Teflon 组件用于制造半导体工业部件的模具和机械结构中，以减少交叉污染的可能性。大多数组件都是在洁净室环境中制造的，并且组件在运输之前必须经过严格的清洁程序。不锈钢部件的主要问题是确保它们与用于输送的流体在化学上相容。某些化学物质会腐蚀不锈钢或释出铁，这会导致离子污染程度增加。尽管所有组件尽可能清洁至关重要，但清洁度对于为系统提供显著表面积的组件(例如储罐和管道)尤其重要。

颗粒纯度也是影响组件原材料清洁度的因素，但与离子污染不同，颗粒水平受组件行为的影响。储罐、管道和过滤器外壳等组件是静态的。它们没有活动部件，从颗粒脱落的角度来看通常非常干净。泵和阀门具有移动部件，并且隔膜的移动导致比固定部件更高水平的颗粒脱落。当设备供应商评估组件时，他们应该研究它们的脱落特性，特别是对于具有较大表面积的组件和带有活动部件的组件。

35.6 结论

成功的化学和 CMP 研磨液管理的关键是了解材料的特性和围绕它们的设计，以便一年 365 天、一天 24 小时为机台提供完美的化学品或研磨液。随着安全和过程保护越来越重要，不断发展的湿法工艺加工领域将继续依赖于处理、纯化、混合和控制高纯度化学品及 CMP 研磨液的关键工艺系统。

35.7　致谢

感谢 Curt Anderson、Matt Fisher、Dan Fuchs、Kevin O'Dougherty 及 Air Liquide Electronics U.S. LP 的 Bryan Smith 和 Dan Barsness 对本章内容的贡献。本章插图由 BTice.ink 的 Bruce Tice 创作。

35.8　参考文献

1. D. C. Grant and W. R. Schmidt, "Particle Performance of a Central Chemical Delivery System," *Presented at the 7th Annual Microelectronics Symposium*, Bedford, MA, 1989.

2. International Technology Roadmap for Semiconductors, 2013 edition.

第六部分　操作、设备与设施

第36章　良 率 管 理

本章作者：Dieter Rathei　DR YIELD software & solutions GmbH
本章译者：周里功　北京力登科技有限公司(Raritan China)

36.1　引言

36.1.1　良率管理

对于任何半导体制造商来说，达到高良率(yield)是一个主要的商业目标。由于每个加工步骤及这些步骤之间的相互作用可能会影响良率，为了在其影响范围内获得高良率，光刻、刻蚀和沉积等加工单位必须与指定的良率部门合作。良率部门通常协调整个组织内的活动，以获得更好的良率。

在本章中，我们将讨论一个重点：良率可能同时受到缺陷和工艺可变性的影响。根据生产的产品和使用的技术，良率管理(yield management)的重点可能会有所不同。在成熟技术或供应数字电路(digital circuit)产品的工厂中，良率管理主要集中在监控缺陷和减少缺陷方面。另一方面，运行先进工艺技术或专注于模拟产品(analog product)的工厂将更加重视工艺的可变性。因此，“良率管理”一词在不同的组织中会有不同的含义。在一些公司及一些较旧的教材中，它与“缺陷管理”同义使用。我们将在更广泛的范围内讨论它，包括参数变化。

36.1.2　良率部门的角色

无论是因为缺陷导致良率的问题或者是可变性导致良率的问题，良率部门都必须与相关加工单位进行沟通，以找出问题并解决问题。良率部门的工程师将分析他们在数据库中收集的数据，以推断出问题的所在及其根本原因。这可能需要工艺工程师提供其他的数据或知识。由于经测试电路的良率可能受到制造过程和芯片设计之间的相互作用及器件测试的影响，因此良率部门可能需要与芯片设计者和测试工程师进行交流。这可能会带来额外的挑战，例如在代工业务模式下，良率工程师需与自己公司以外的组织进行交流。而开放式的沟通交流可能受到机密性问题和业务问题的限制。

在某些企业，良率部门负责及执行生产线检查产品的缺陷，并持有检查工具。在其他企业中，检查生产线产品缺陷由另一个不同的部门负责，而良率部门只负责数据分析、沟通和协调。同样，负责进行故障芯片的物理和化学分析的实验室可以是良率部门的一部分，也可能是一个独立小组，但是这个小组与良率部门有着密切合作的关系。

36.2　良率管理的基本原则

36.2.1　定义产量、履行测试

从广泛的意义上说，良率是指某个生产步骤交付好的产品与已开始生产的总量之比，通常用百分比表示。

例如，“fab 良率”定义为

$$Y_{\text{fab}} = \frac{\text{晶圆出片数量}}{\text{晶圆启动数量}} \times 100\%$$

由于晶圆可能因明显的加工错误而断裂或报废，因此晶圆厂的产量可低于 100%。然而，“fab 良率”很少是良率部门讨论的话题。原因在于，破碎晶圆的根本原因通常是显而易见的，例如调整不当的晶圆装卸器(wafer handler)，大多数避免这些问题的措施只包括一些常见的操作。(一个例外情况可能是由工艺引起的材料应力导致的晶圆断裂。)

在晶圆制造工艺结束时，通常会进行参数测试(见图 36.1)。其中测试在电路切割宽度(the kerf)之间的空间中印刷的一些控制结构，如 PCM(process control monitor，过程控制监视器)[1]。该测试称为 PCM 测试、切割宽度测试、参数测试或 WAT(wafer acceptance test，晶圆验收测试)。它通常涉及晶体管参数的测量，例如阈值电压和漏电流，以及经由一系列触点的电阻等。有些公司在其 fab 良率定义中包括未通过此测试的晶圆，而对于代工厂而言，这项测试是决定晶圆是否出售给客户的决定性因素。在任何情况下，参数测试的结果也是分析良率问题的重要输入，这些问题在下一步功能测试中变得很明显。

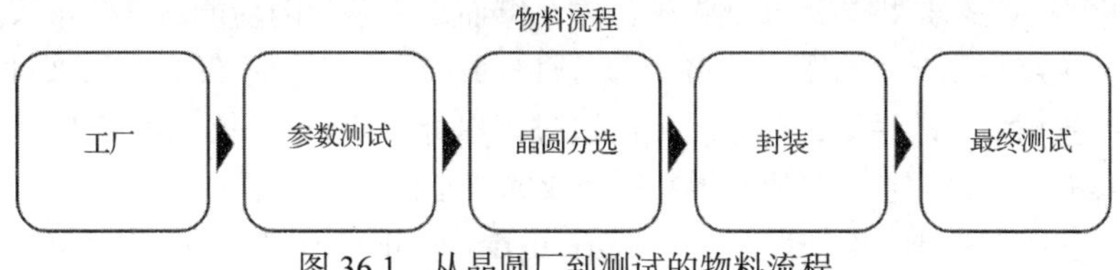

图 36.1 从晶圆厂到测试的物料流程

人们在半导体领域中使用的术语“良率”是指晶圆功能性测试或者良/不良分类测试(sort test)结果：

$$Y = \frac{\text{(测试)通过芯片的数量}}{\text{晶圆上的芯片数量}} \times 100\%$$

在晶圆功能性测试中，晶圆上的每个芯片由探针电接触并执行测试程序。该测试程序可以执行几个到几千个测试，这取决于被测产品：数字芯片的测试程序可以检查芯片上几个不同功能块的逻辑，对于这些功能块中的每一个都具有简单的通过或失败结果。而测试存储器可能会得出每一个单个存储器单元的位图结果。大多数测试程序还将包括测量电压、电流和频率等电气参数的测试。这些测试的输出必须是在指定限制内的浮点数，以判断芯片是否通过(pass)。

因此要注意的重点是，良率受测试程序、测试仪和探针设置的影响。探针接触不良等问题会对测试良率产生重大影响，因此多次测试一个晶圆并不罕见，特别是对于模拟产品。

晶圆分类测试的主要目的是排除及不封装失效的芯片，因为封装和组装是一个昂贵的工艺。在早期制造芯片的阶段，坏的芯片标有墨点。今天，这些信息通过一个仍称为“墨水图”(ink map)的软件文件传送到拾取和放置机器人。封装后，执行另一个功能测试，称为终极产品测试或简单的最终测试。预计这类测试的良率将非常高，因为在早期的晶圆分类测试期间，应该已经筛选出有问题的芯片。

然而，对于良率部门的工程师来说，分类测试最重要的输出是测试结果的图形表示，称之为晶圆图。在晶圆分类测试过程中，由于每个芯片被分配到一个特定的仓(bin)中，晶圆测试结果可以用彩色图显示，其中每个仓用一种独特的颜色表示。有关如何命名仓，以及如何将芯片分类到指定的仓，这些定义在不同组织之间差异很大，但绝大多数企业是使用数字来命名仓的。在大多数企业中，测试通过的芯片被分配到仓号 1，而数值较高的仓号代表不同的故障机制。

此外，每个测试参数都可以显示在参数晶圆图上，其中每个芯片的颜色代表测量的数值(见图 36.2)。

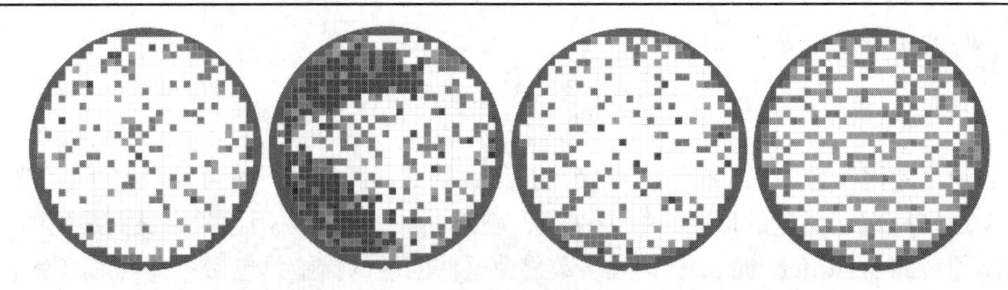

图 36.2 一些晶圆图 [随机缺陷、系统问题、划痕(左下角)、测试仪样板] (Courtesy of DR YIELD.)

36.2.2 系统良率、随机良率

由于半导体晶圆的良率受随机和系统影响的限制，通常的做法是将总良率分成两个组成部分，即系统良率(Y_S)和随机良率(Y_R)：

$$Y = Y_S \cdot Y_R$$

随机良率被认为是受芯片上的缺陷限制的部分良率，因此可以假设晶圆上随机分布的失效芯片是由缺陷引起的。缺陷是指芯片局部物理偏差，继而影响芯片的功能。缺陷不仅会导致芯片电路的短路，还会导致芯片上线路图案的挤压(即缺口)或凹陷。它们不仅会受到来自晶圆周围环境的颗粒或来自工艺化学品的污染，还会受到制造过程本身不期望的副作用的影响。找出良率限制缺陷的根本原因是良率和工艺工程师必须共同完成的核心任务。

将随机良率表示为晶圆上电缺陷密度(electrical defect density)D_0和晶圆上每个芯片尺寸 A 的函数公式称为良率模型 Y_R：

$$Y_R = f(D_0, A)$$

通过使用这样的良率模型，可以利用窗口聚类(windows clustering)或聚类分析(cluster analysis)方法在数学上确定系统良率和随机良率[2]。在这种方法中，我们计算如果芯片有给定芯片尺寸的晶圆图的两倍大，则良率将如何？假设在实际晶圆上剔除芯片的缺陷也会使芯片尺寸减为原来的1/4，但虚拟晶圆上的芯片尺寸只有一半，因此虚拟良率就会降低。然后，可以使用虚拟芯片尺寸的 3 倍和原始尺寸的 4 倍来重复该计算，依次类推。然后，我们得到一组具有已知值 Y 和 A 的方程，它们可用于计算 Y_S 和 D_0，因此也可用于计算 Y_R：

$$Y_1 = Y_S \times f(D_0, A)$$
$$Y_2 = Y_S \times f(D_0, 2A)$$
$$Y_3 = Y_S \times f(D_0, 3A)$$

从中我们看到了一个基本关系，也可以从下一节的良率模型中推断出来：对于任何给定的技术和所有相同的条件，尺寸较小的芯片将比尺寸较大的芯片具有更高的产量(见图 36.3)。

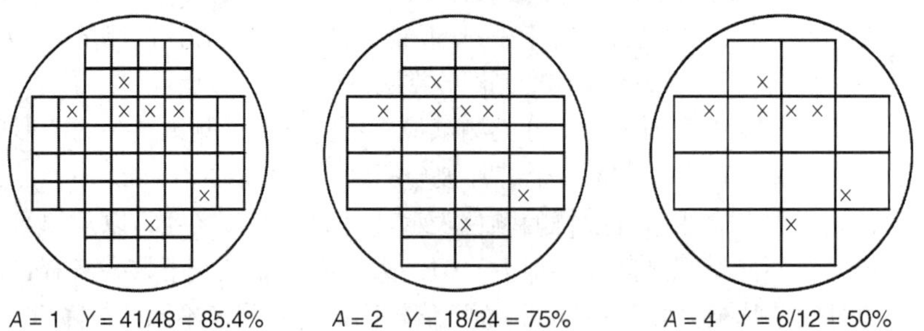

图 36.3 聚类方法说明：相同良率的缺陷导致较大尺寸的芯片的良率相对低(Courtesy of DR YIELD.)

36.2.3　缺陷和良率：良率模型

如果一个缺陷导致了诸如芯片电路中的开口或短路之类的电气故障，我们称之为电气缺陷，也称为故障。但并非所有缺陷都会导致故障，因为也有可能在芯片的非电活性区域发生缺陷，所以不会产生影响。

良率和缺陷之间的关系称为良率模型。大多数良率模型将良率表示为缺陷密度 D_0 和芯片面积 A 的函数。

最简单但最广泛使用的良率模型是泊松模型(Poisson model)：

$$Y_R = e^{-A \cdot D_0}$$

这可以作为墨菲(Murphy)广义积分的许多特例之一推导出来：

$$Y_R = \int_0^{\infty} e^{-A \cdot D} f(D) dD$$

其中 $f(D)$ 是缺陷密度函数，它描述了晶圆表面上缺陷的聚集。如果缺陷均匀地分布在晶圆表面上，也就是说，缺陷密度函数是一个显著的恒定值，那么积分可以简化为泊松模型。在行业中已经考虑、分析和使用了许多其他分布，最值得关注的是负二项分布(negative binomial distribution)，它推导了如下模型：

$$Y_R = \left(1 + \frac{A \cdot D_0}{\alpha}\right)^{-\alpha}$$

在此模型中，α 是一个值，表示缺陷聚集的强度。关于许多良率模型的讨论，读者可参考文献[3～5]。

36.2.4　可变性：参数化良率损失

任何测试参数必须有个设定的范围边界(规格下限和规格上限，即 LSL 和 USL)，这样才能在制造的产品中满足目标要求。由于制造过程常常存在一些变化，因此测试结果通常分布在某些目标值附近，并且分布的一个或两个末端可能会超出设定范围之外的值。因而这些分布在设定之外的设备也是故障设备，我们在这种情况下讨论参数化良率损失。

在许多情况下，参数的空间分布显示出一种不同的图案，如中心到边缘的变化，或者凹口到相反的凹口的梯度变化，因此失效的芯片也出现在定义的图案中，如环或半月形状失效区域。所以参数失效通常是系统良率损失的一部分。为了在查明这些图案的根本原因之前描述该问题，通常由良率工程师给起个绰号，例如甜甜圈失效、羊角面包失效等。

在较旧的技术中，良率损失的主要原因是缺陷，参数化良率损失是次要问题。然而，参数化良率损失已经成为先进技术的主要关注点，因为可变性不可能总是与设备相同的速率按比例缩小。

参数化良率损失的原因通常是某些机台在处理反应仓(chamber)时的微小变化导致的，例如在加工过程中压力或温度的细微变化。有时晶圆图上的特征图案已经很好地指示了涉及哪个机台或反应仓[当机台存在某种“印痕”(foot print)时，会引发一种独特的晶圆图，例如，由于一个独特的喷嘴部署在反应仓而导致的]，但更多时候找到根本原因需要良率工程师和工艺工程师进行大量的调查工作(见 36.3.2 节)。

36.2.5　良率和可靠性

在指定的晶圆上随机选择的芯片，其没有检测到的电缺陷的概率在数值上等于良率。然而，一些缺陷不会立即影响器件的功能，但由于这些结构部分地被缺陷损坏，因此会引起质量风险。我们可以假设检测到的缺陷率较低也可能表明所有缺陷率较低，从而推断出较高的良率与较高的可靠性有关。这种相关性已在许多研究中得到证实[6]。

36.3 方法：缺陷、数据挖掘和增强

36.3.1 缺陷控制

半导体工厂在制造过程中使用缺陷检查设备对晶圆进行多次光学或电子光学的缺陷扫描。这些暗场或明场检查工具给出了晶圆上发现异常的位置，但是，设置缺陷检查工具以确保它们实际发现相关缺陷是一项非常重要的任务。有时，缺陷检查工具报告的位置处的扫描电子显微镜(SEM)检查不会确认该位置存在实际缺陷，并且有时工具未检测到实际缺陷。

因此，检查工具发现的一组缺陷、物理缺陷和电活性缺陷并不相同。良率模型中使用的缺陷总是电活性缺陷，因此值 D_0 也称为电缺陷密度。

然而，监控和控制这些在线的缺陷是一项重要任务，因为这是一个重要的控制回路，可以让人们对生产过程问题做出反应。在许多情况下，通过这些在线检查可以及时检测到工艺条件不希望的变化，例如高颗粒污染或晶圆的其他错误处理，因此可以采取相应的对策。在某些情况下，甚至可以重新加工受影响的晶圆以恢复它们。

由于这些检查增加了制造的总成本和时间周期，因此设计有效的采样策略非常重要。这包括考虑在工艺流程中应该进行检查的步骤，是否每批次都经过检查，或者只有 n 批次中的一批，以及确定检查哪些晶圆：固定样品、随机样品或完整批次检查。采样策略可以定义为更好的动态采样，例如，总是在某一步骤检查几个晶圆，但是在指定的间隔，对所有晶圆进行全部检查。

出于良率分析的目的，还希望在制造流程中使一些晶圆受到所有检查层的影响。这允许电气缺陷(故障)与不同层上的缺陷相关联，从而计算不同层的“受损率”(kill ratio)。受损率是在线发现的缺陷具有电气影响的概率。

36.3.2 数据挖掘

良率分析中最重要的任务之一是探索可用数据。大多数公司都有一个庞大的数据库，可以收集工厂的测试数据和其他数据。该数据库称为良率提升系统(YMS)，允许工程师访问、可视化和关联可用数据。

在大多数情况下，对良率问题进行回顾时将首先看一下晶圆图。故障芯片的空间特征可以提供对故障原因的各种见解。如前所述，有时加工机台的设计特征可以直接在晶圆上产生某种“印痕”。在其他情况下，故障的位置可能与在同一位置处的在线检测到的缺陷的发生相关。一个特征是否总是出现在同一点，或者是否在某些径向对称处发现，这一事实也可能提供进一步的见解。

某些产品还允许进行更具体的分析：例如，存储芯片的故障单元可以显示为位图(bit map)，这样出现故障特征(单个单元故障、位线故障或字线故障)时能够立即可见。位图对故障结构的定位也非常有用，以便在故障分析实验室中进行详细分析。另一方面，数字芯片上的故障定位需要一种更具挑战性的技术，称为扫描链分析。在该技术中，在芯片上应用特殊测试模式，希望能够与设计和布局信息一起确定故障门。

36.3.3 机台和反应仓特征

有时，即使故障特征没有出现在晶圆上，参数也可能在每个第二、第三或第四晶圆上出现升高或降低的值。在这些情况下，这种参数称为机台或反应仓特征，良率工程师将研究用于晶圆加工的机台，这些机台具有精确数量的反应仓。良率提升系统(参见 36.4 节)通常由制造执行系统提供信息，该信息涉及在哪个机台上处理哪个批次，以及在哪个反应仓中处理哪个晶圆。如果将受特定问题影响的晶圆列表输入到该系统中，则它可以使用一个工艺机台列表(当然，理想情况下，只有一个机台)进行响应，所有这些晶圆都是在该列表上进行处理的。这种“机台共性分析”有助于确定良率问题的根本原因。

一些制造商甚至更进一步，不是以相同的顺序处理每批晶圆，而是在制造过程中分几个步骤将晶圆分为不同的独特订单。这种方式具有以下优点：在一条生产线中，有许多机台在晶圆加工过程中会持续改变状态。如果在晶圆测试中检测到从晶圆 1 到晶圆 25 的连续趋势，则很难识别出导致该趋势的机台。当晶圆在关键工艺步骤之前被放置在批次内的特征顺序中时，工艺过程中的任何连续趋势都将转化为特征模式，可通过晶圆图查看趋势来识别。该技术的缺点是重新排列晶圆需要额外的成本和处理时间。

36.3.4 实验设计：分批次

良率工程师的工作不仅限于保持一定的良率水平，而且还要不断努力改进。分批次通常用于评估对工艺配方(recipe)的任何需求变更，引入新的工艺流程或确定新的化学品供应。使用分批次意味着使用新配方、加工顺序或化学方法来加工一些晶圆，而其他晶圆是按照标准工艺处理[也称为记录工艺(POR)]进行加工的。

为了在本实验结束时获得有意义的结果，工艺工程师和良率工程师需要设计实验统计。这涉及计算需要多少晶圆来证明新工艺实际上更好，或者在节省成本措施的情况下，至少符合 POR。如果没有进行有意义的统计设计，就会存在任意变化被误解为工艺改进的风险。因此，在创建晶圆分割批次之前，考虑其他可能的变化源也很重要。例如，当工厂中有其他具有 4 个反应仓结构的工艺机台时，在晶圆 4, 8, 12, 16, 20 和 24 上尝试新配方是不明智的。

36.3.5 工艺变更审查委员会

任何组织良好的工厂都会致力于保持其产品的质量，不会轻易地允许对机台上的工艺配方进行任何更改或“优化”。相反，它将任命一个工艺变更审查委员会(PCRB)来负责。该委员会通常由高级工程师和经理组成，其任务是批准每次所需的 POR 变更。在大多数情况下，即使试运行系统也必须事先批准，以避免任何风险，例如新引入的化学品交叉污染。

一旦评估了新的工艺配方或化学品，实验结果将由 PCRB 呈现并分析，PCRB 将最终批准或拒绝提交。对新工艺进行鉴定的一个重要方面是数据审查，包括真实的统计分析[如 ANOVA(analysis of variance，方差分析)]，而不仅仅是对新工艺与旧工艺的晶圆产量平均值的简单比较。

36.3.6 偏差预防

有效良率管理的一部分还涉及实施系统，以保持良率和质量水平。最常用的系统是统计过程控制(SPC)。这主要用于制造中，其中缺陷数量和在线晶圆测量(如临界尺寸)通常受 SPC 的控制。然而，现代系统还允许将 SPC 应用于电子晶圆测试数据。在 SPC 中，根据过去的数据统计计算控制限制，然后将一个或多个控制规则应用于任何新的测量。最简单的规则是，当测量数据点超出计算的控制限值时，应采取措施，如执行机台检查的操作。统计过程控制旨在将任何工业制造过程中固有的正常情况、固有的可变性与所谓的特殊可变性的原因分开，这些可变性可以通过突破某些统计限制来检测。因此，SPC 的一个重要方面在于控制极限是通过统计计算来实现的，不是通过工程判断手动设定的[7]。

SPC 有时被认为是先进工艺控制(APC)的更大框架的一部分。APC 中使用的工具包括故障检测和分类(FDC)、虚拟计量(VM)和步骤间(R2R)控制。

故障检测和分类(FDC)使用统计方法来监控晶圆处理期间的温度、压力和其他传感器数据等设备参数。FDC 的目标是比传统方法更快地消除不希望的过程条件。

虚拟计量(VM)旨在利用来自设备的传感器数据，计算所产生的晶圆属性，如沉积的厚层。

步骤间(R2R)控制是指基于先前处理的批次或晶圆的测量来连续调整工艺参数。有关 APC 主题的更多信息，请参阅 36.7 节。

36.3.7 偏差控制

有时，晶圆厂的部分或全部产品的良率可能会大幅下降。由于这些事件的代价是非常昂贵的，所有工程资源通常都投入到这个任务中，以尽快找到问题的根本原因。在复杂环境中找到原因是非常具有挑战性的，即使问题已经找到并解决了，但仍然存在另一项重大任务：在工作中可能仍有许多晶圆需要进行评估，以确定它们是否已受到问题的影响，以及它们是否是可销售的产品。在某些情况下，需要迅速实施其他测试，以防止受影响的材料范围扩大。

36.4 软件

36.4.1 MES、SPC 和 APC 软件

生产线中的核心软件是制造执行系统(MES)。该软件用于跟踪当前正在处理哪些批次的生产机台，将批次发送到下一个可用设备，以及为设备提供正确的工艺配方。因此，MES 软件拥有一个巨大的数据库，不仅可以跟踪当前处理流程中某个批次及处理的机台，还包含每个产品的流程和每个工艺步骤的配方。

MES 软件还可以为 SPC 提供功能，或提供与外部 SPC 软件的接口，以便当 SPC 规则要求时，输入到 MES 或 SPC 软件中的测量值可以触发批次或机台的活动停止。

APC 系统还有许多商业工具，包括 FDC 和 R2R 控制器。这些系统通常还要与 MES 软件集成。

36.4.2 良率管理软件

良率分析的一个重要软件工具是良率提升系统(YMS)。该软件本质上是一个大型数据库，其中包含来自工厂和测试的所有测量数据，以及来自 MES 软件的批次跟踪信息（“批次设备历史”）。访问 YMS 数据库中的信息的软件客户端可以通过各种方式可视化数据，包括实现晶圆图、直方图、时间趋势图、帕累托图、相关性分析、机台通用性分析等。

市场上有许多不同的 YMS 可供选择；然而，有些公司却选择由其内部 IT 专家开发自己的 YMS。如果需要引入新的 YMS 软件，则必须做出“自己开发或购买”的决定。购买现成软件有一些非常合理的理由，例如系统的快速可用性、大量的可用功能及总体较低的成本，也就是说，如果确实需要 YMS 供应商开发的所有或大部分功能，则购买现成的软件是个不错的选择。另一方面，

如果芯片制造商有许多与其他制造商几乎没有共同点的特殊需求或特殊业务流程，那么最好开发一个定制的YMS，以便在软件中解决这些特殊需求。

36.5 结论和展望

过去，不同类型设备产生的数据格式不同(有些机台甚至没有接口来读取数据)，我们可以假设通过越来越多的标准化，工厂中的数据集成将变得更加简洁、有效和广泛。之前，人们需要做大量的工作来将具有不同文件格式和晶圆上不同坐标系的数据组合到数据仓库中。随着标准化程度的提高，我们将看到更简单的数据通信和更快的接口，从而允许访问更多的数据。例如，在测试平台上有一种趋势，即从以前分离的测试人员和探针转向由单个供应商提供的集成“测试单元”，从而更容易访问数据。甚至可以从工厂的前段机台收集更多的数据，因为它们中的许多机台，如今允许以高采样率访问机台内部的传感器数据。另一方面，这意味着对于传感器的每个相关信号，记录了来自其他来源的大量数据。

可用于分析和控制的大量数据，以及对数量仍在增加的预期成为当前关于数据利用的热门话题之一。很显然，通过收集越来越多的数据来获得额外效率提升，这个潜力依然存在。但是，仍旧存在的巨大挑战是如何从大量数据中收集有用的信息。

36.6 参考文献

1. P. Van Zant, *Microchip Fabrication*, 6th ed., McGraw-Hill, New York, 2014.

2. R. Ross and N. Atchison, “Yield Modeling,” in: Y. Nishi and R. Doering (eds.), *Handbook of Semiconductor Manufacturing Technology*, CRC Press, Boca Raton, Florida, 2007.

3. A. V. Ferris-Prabhu, *Introduction to Semiconductor Device Yield Modeling*, Artech House, Boston, London, 1992.

4. D. Rathei, *Theoretical, Statistical and Empirical Review of Semiconductor Yield Modeling*, Graz University of Technology, Graz, Austria, 2003.

5. C. H. Stapper, “Fact and Fiction in Yield Modeling,” *Microelectronics Journal*, 20 (1–2): 129–151, Elsevier Science Publishers Ltd, London, England, 1989.

6. F. Kuper, J. van der Pol, E. Ooms, T. Johnson, R. Wijburg, W. Koster, and D. Johnston, “Relation between Yield and Reliability of Integrated Circuits: Experimental Results and Application to Continuous Early Failure Rate Reduction Programs,” *Proceedings IEEE International Reliability Physics Symposium* (IRPS), IEEE, Dallas, Texas, pp. 17–21, 1996.

7. D. C. Montgomery, *Introduction to Statistical Quality Control*, 7th ed., John Wiley & Sons, Hoboken, New Jersey, 2013.

36.7 扩展阅读

A journal containing recent publications on yield is the *IEEE Transactions on Semiconductor Manufacturing*.

Current topics for yield engineering are also discussed at the annual Advanced Semiconductor Manufacturing Conference (ASMC, www.semi.org/asmc) and the International Symposium on Semiconductor Manufacturing (ISSM, www.semiconportal.com/issm).

Regarding advanced process control (APC), there are annual conferences in the United States, Europe, and Asia: www.apcconference.com, www.apcm-europe.eu, www.semiconportal.com/AECAPC. Furthermore, one can read more about R2R control, VM, and FDC in:

Joe Qin, S., G. Cherry, R. Good, J. Wang, and C. A. Harrison, "Semiconductor Manufacturing Process Control and Monitoring: A Fab-Wide Framework," *Journal of Process Control*, 16(3): 179–191, 2006.

Khan, A. A., J. Moyne, R. James, and D. M. Tilbury, "An Approach for Factory-Wide Control Utilizing Virtual Metrology," *IEEE Transactions on Semiconductor Manufacturing*, 20 (4): 364–375, Nov. 2007.

Moyne, J., E. del Castillo, and A. Hurwitz, *Run-to-Run Control in Semiconductor Manufacturing*, CRC Press, Boca Raton, Florida, 2000.

第 37 章　计算机集成制造和工厂自动化

本章作者：Clint Haris　Entegris, Inc.
本章译者：李元媛　应用材料公司

37.1　引言

37.1.1　工厂自动化

为了在竞争中保持优势，半导体制造商必须持续不断地提高工厂的生产力。他们经常通过增加晶圆的尺寸和建造更大的可以每天生产上千片晶圆的厂房这两种方法来降低生产成本。为了支持生产中复杂的逻辑，工厂使用计算机集成制造(computer integrated manufacturing，CIM)和工厂自动化来确保正确的材料在正确的时间被分配到正确的位置上。半导体制造商使用的解决方案包括制造执行系统(manufacturing execution system，MES)、物料控制系统(material control system，MCS)和先进工艺控制(advanced process control，APC)系统，另外还有使用机械化解决方案的自动物料搬运系统(automated material handling system，AMHS)(见图 37.1)

AMHS 是一套不需人工干预就可以存储物料，并且把物料从一个位置搬运到另外一个位置的系统。晶圆存储库(stocker)是 AMHS 中一个关键部件，一般被放置在每个工作区用来存储晶圆盒，并且在不同的运输系统中作为连接点。AMHS 中的物料搬运是通过运输系统完成的，通常包括空中吊运车(OHT)、空中穿梭车(OHS)、无人搬送车(AGV)、有轨式无人搬送车(RGV)和传送机系统。

图 37.1　自动物料搬运系统

37.1.2　工厂自动化的驱动因素

工厂自动化包括缩短产品制造周期、提高良率、提高设备使用率、缩减人工、风险控制、人体工程学考量等方面。

缩短产品制造周期

工厂自动化系统通过缩短晶圆在设备之间的运送时间，提供自动化的和可预测的工作流程来缩短产品制造周期。制造周期是半导体产线中重要的一环，因为缩短供货时间和迅速地把产品推向市场会使产品更具有价值，并且带来更快的良率的提升。

提高良率

成品数量与投产数量之比称为良率。良率是半导体制造商最关键的指标，因为它直接关系到生产的成本。为了提高良率，半导体制造商采用工厂自动化系统来监控数十万片晶圆的数千个参数。监控这些数据的目的是为了寻找调整工艺的方法，从而提高良率。

提高设备使用率

造成半导体工厂的产量减少10%～20%的原因，通常是设备由于等待物料送达而闲置，自动化是消除等待时间的不确定性从而提高设备使用率的一个方法，在工厂的整个生命周期，使用自动化机制来提高设备使用率，能够节约上亿美元。

缩减人工

提供足够的搬运物料的人员或者地面空间通常是不太现实的。举个例子来说，假设一个月投产 40 000 片晶圆的工厂，生产一个芯片需要 1500 道工序，可以计算出每小时大约移动 6500 步，假设一个工人每小时可以移动 15 步，那么每个班次仅仅用来搬运物料就需要大约 400 名工人。尽量减少负责物料搬运这种简单工作的人员是使用 AMHS 的目的之一。

风险控制

在 2015 年，一台运载车中存放的晶圆的价值从 25 000 美元到 1 000 000 美元不等，每小时都有数以千计的运载车在工序间移动，基于防止操作人员失误的运输解决方案是至关重要的。控制人为失误造成掉落的风险是产线使用 AMHS 的另外一个原因。

人体工程学考量

200 mm 晶圆盒大约重 10 磅(约为 4.54 千克)，300 mm 晶圆盒大约重 20 磅(约为 9.07 千克)，一个成年人可以轻易地抬起这类晶圆盒。但是 200 mm 产线的经验指出，当操作人员经常从设备上抬起这样的晶圆盒时，重复应力会对人体造成损伤。因此，在 300 mm 产线，大多数的工厂都认为人工操作是不合适的。

37.2　半导体工厂的软件

与其他工业的装配产线不同的是，半导体工厂的流程是复杂的、多变的、递归的，递归产线生产产品的时候，同一个设备会被使用多次。另外，半导体工厂的一个典型的特征是把设备的生产能力推向极限。

为了应对这些挑战，半导体工厂使用精密的软件解决方案来管理生产流程。总体来说，这些软件要控制生产流程和质量(见图 37.2)。下面两个小节将描述工厂控制软件和质量控制软件的典型构成。

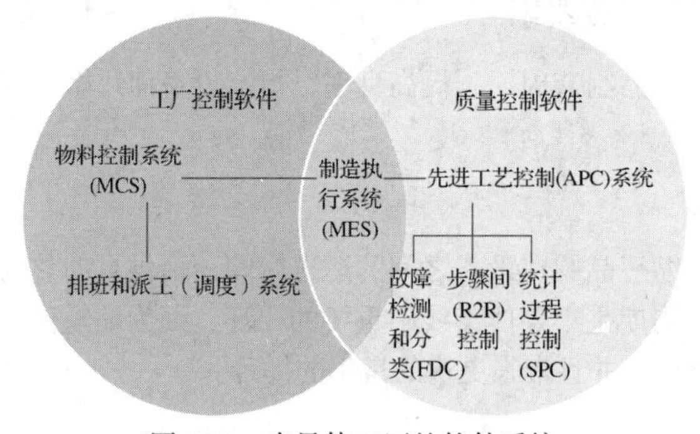

图 37.2　半导体工厂的软件系统

37.2.1　工厂控制软件

主要的工厂控制软件系统是制造执行系统(MES)、物料控制系统(MCS)以及排班和派工系统。这些软件系统分工合作管理晶圆，以保证每片晶圆都被正确地移动和处理。

制造执行系统（MES）

MES 管理着工厂的制程计划和设备配方（recipe），与 MCS 软件接口来控制物料的移动，并支持 APC 系统不间断地提高良率。

MES 的主数据库包括工厂所有的制程计划和工艺配方。制程计划指的是生产过程中对晶圆进行的一套操作步骤，这些步骤（例如光刻、刻蚀、离子注入）被各种设备识别并执行，MES 中的制程计划包括晶圆被送到设备的顺序。

半导体工艺设备具有被优化来运行特定工艺配方的能力，设备的制程计划描述了工艺步骤中的控制参数。根据生产设备的不同有上百个不同的参数。举例来说，控制参数包括时间、温度、温度升降区间、压力、气流、晶圆转速等。

物料控制系统（MCS）

MCS 是一个集中式的、与 MES 接口的实时系统，用来控制生产线的晶圆盒、掩模及其他物料。

MCS 用来把 MES 制程计划序列转化成 AMHS 可以理解的移动指令。

另外，MCS 包括可以识别和追踪物料的数据库，以及需要分批、分区、物料库存预警、污染预防算法来实现整个工厂的优化。关键业务的软件系统可用率要求高达 99.999%，动态系统扩展和配置为持续不断的变更提供服务。

排班和派工系统

由于一批晶圆可能可以在多个工艺设备中进行处理，排班和派工系统分析所有物料的状态并触发一盒晶圆应该被运送到哪里的操作。

排班和派工系统分析工厂的状态，在 MCS 中触发移动操作来优化流程，减少生产时间，增加准时交付率。可以实时浏览当前的产线状态，软件决定一批晶圆应该开始处理和应该结束的时间点，以及如何平衡客户交付需求和降低库存之间的关系。制定排班和派工的规则来优化每个工作区的效率，并且当选择一批晶圆来处理时，要考虑到多重目标的战略（例如库存水平或者及时送达的目标）。全局派工逻辑是经过优化的，可以更加顺利地生产订单，缩短了生产周期，减少了生产周期的不确定性和各班次之间操作的变量。

37.2.2　质量控制软件

半导体工厂持续不断地追求良率和绩效，先进工艺控制（APC）系统在半导体生产中起到了重要的作用。APC 系统有三个主要组成部分：故障检测和分类（FDC），步骤间（R2R）控制，统计过程控制（SPC）。

1. 先进工艺控制

APC 系统监控工艺设备如何影响晶圆的物理和电力特征，随时调整工艺配方来提升设备良率和绩效。APC 系统比传统 SPC 系统先进的地方在于它不仅监测失控行为，并且预防这种现象的发生。

APC 的数据基本上来源于工艺设备和生产线上或线下的测量系统。

测量和生产之间的时间越短，就能更快地部署变更，成本就更低。因此，线上测量的需求就更强烈。

2. 故障检测和分类（FDC）

FDC 系统监控在生产中能够影响晶圆质量的操作的特定事件。

FDC 系统根据晶圆良率数据追踪设备的异常事件并且纠正它们，以预防未来的良率下降。FDC

系统可以生成预防性检修的时间表和计算消耗品生命周期。另外，FDC 系统可以用来进行工艺质量、设备、晶圆仓匹配。通过减少划痕、返工和停机，FDC 系统降低了生产成本。

3. 步骤间(R2R)控制

R2R 控制系统通过改变步骤之间的工艺配方来优化良率、减少变更。R2R 控制系统用来提高设备电力参数、光刻、清洗和良率等关键参数。

R2R 控制系统采用前馈技术，根据之前批次的测量数据调整下一批晶圆的操作参数。另外，它为反馈控制系统提供服务。

4. 统计过程控制(SPC)

SPC 是测量工艺质量的工具，当统计中的偏离出现时能发出警告。在六西格玛管理中，相比于持续地变更和优化流程本身，SPC 更侧重于质量控制。

SPC 系统监控一个或者多个变量，生成控制图来监测过程中的异常。

37.3 半导体自动物料搬运系统

AMHS 用于运送和存储晶圆盒。根据晶圆盒的不同，AMHS 的部件也不同，每一种都有其特殊的属性。AMHS 部件可以被广泛地定义为存储系统和运输系统。

37.3.1 晶圆盒

晶圆的尺寸历经几十年的变化，现在已经发展到 300 mm，存储晶圆的载具也必须随之变化。20 世纪 90 年代初，随着 200 mm 晶圆的量产，利用 AMHS 实现晶圆盒的自动运输成为一个至关重要的问题。在开始设计 300 mm 晶圆盒时，就已经为支持 AMHS 而做了优化。

200 mm 晶圆盒

在 200 mm 晶圆厂有两种洁净室的概念：标准机械接口(SMIF)和开放式晶舟(open cassette)，它们对晶圆盒的设计产生了巨大的影响。

SMIF SMIF 工厂使用带盖的晶圆盒，它可以由设备的标准进料口打开。另外，每台工艺设备都可以为离开晶圆盒的晶圆提供一个洁净的微环境。SMIF 的晶圆盒都有一个适用于 AMHS 的通用自动接口，但是晶圆在运输过程中有可能受到污染。

开放式晶舟 晶圆是暴露在环境中的，所以使用开放式接口的厂房必须比 SMIF 厂房更加洁净。开放式晶舟在运输前有可能被放在一个密封的盒子中，缺陷是它们的存储盒并没有为自动化进行设计。所以，把开放式晶舟送进和移出自动物料系统必须使用定制化的界面和机械手。

300 mm 晶圆盒

过渡到 300 mm 晶圆盒后，人们对在工作区范围内实施晶圆盒的标准化付出了很大的努力。最终，一种拥有洁净的微环境、预留自动化接口的前开式晶圆传送盒(FOUP)被选为行业标准载具。与 200 mm 的 SMIF 概念相似，300 mm 的 FOUP 把晶圆保存在一个密闭的环境中。另外，与 SMIF 类型相同的机械手也用来在工厂内自动运输 FOUP。SMIF 和 FOUP 在操作上的主要区别是：FOUP 的开口在前端而 SMIF 的在下方；FOUP 把晶舟集成在内部，而 SMIF 的晶舟是分离的。

37.3.2　运输系统

当前，半导体工厂的主流运输系统有 4 种：空中吊运车(OHT，图 37.3 的中图)，空中穿梭车(OHS)，无人搬送车(AGV，图 37.3 的右图)，有轨式无人搬送车(RGV)和传送机系统。在工作区内移动的车辆称为工作区内运输系统，在工作区之间移动的车辆称为跨工作区运输系统。

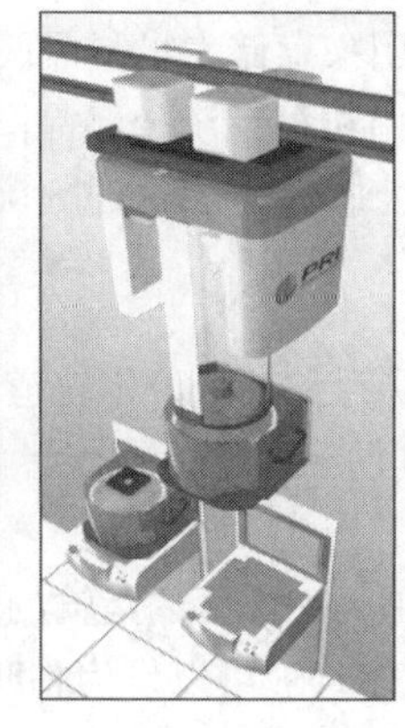
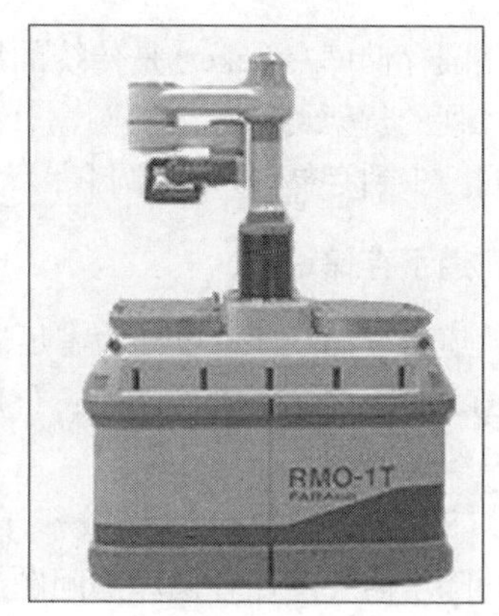

图 37.3　300 mm FOUP (左图)，空中吊运车(中图)，无人搬送车(右图)

OHT

OHT 在空中的轨道上把晶圆盒运送到进料口的车辆，它可以把晶圆盒拉高或降低并且放置到进料口。OHT 系统主要用在 300 mm 的 FOUR 工厂，当然也可以用在 200 mm 的 SMIF 工厂。OHT 的优势在于它不占用工作区内的地面空间。另外，如果使用了合适的传感器，OHT 系统可以和操作人员一起工作而不会令操作人员受伤。另外一个长处就是它们可以比较灵活地应对工厂布局的变化。最后，OHT 是唯一可以运用在 AMHS 的运输技术。本章稍后我们会讨论这一问题。

OHS

OHS 在空中的轨道上把晶圆盒从一个存储库运输到另外一个存储库。OHS 使用的是跨工作区的运输系统。在 200 mm 和 300 mm 工厂都会使用 OHS 系统。OHS 可以吊运一到两个晶圆盒，它通常与 OHT、RGV 或 AGV 接口，共同支持工作区内的运输。

RGV

RGV 是在地面轨道上移动的车辆，可以用于工作区内和跨工作区的运输。RGV 是速度最快的一种运输系统，因此通常将其用在产量最大的工作区。RGV 的一个限制是出于安全考虑，它不可以与操作人员一起工作。另外，如果厂房的布局发生变化，那么 RGV 是无法适应的。RGV 在 200 mm 工厂使用，在 300 mm 工厂大多被 OHT 取代。

AGV

AGV 是在地面移动的车辆，可以由程序控制在厂房内移动。AGV 可以在工作区内和跨工作区使用。AGV 比其他运输系统的速度都慢，但是它是使用最灵活的一种。AGV 有可能临时与操作人员同时工作，常见于 200 mm 工厂。

传送机

滚轮式传送机系统在空中移动，可用于 200 mm 和 300 mm 工厂。虽然传送机的传输速度较慢，但由于晶圆盒的数量不受载具数量的限制，因此可以支持大吞吐量的物料需求。典型的传送机技术的应用是跨厂房的点对点地运送晶圆盒。工厂也把传送机系统与 OHT 系统结合用在大吞吐量的区域。

37.3.3 存储系统

晶圆存储库

晶圆存储库(stocker)是传统的用来存储大批量晶圆盒的设备。存储库有一个或多个出入口，有一系列的货架可以放置晶圆盒，由机械系统控制晶圆盒进出货架。晶圆存储库的容量和形状大不相同，少到存储 50 个晶圆盒，大到可以容纳超过 1000 个晶圆盒的多层系统。

轨道下存储

轨道下存储(UTS)也称为零足迹存储，由位于轨道下面的货架组成，可以与 OHT 设备一起使用。UTS 具有三个显著的优点：(1)是一种零足迹存储解决方案；(2)具有很高的可靠性；(3)可以提高系统的效率。

UTS 可以提高 AMHS 的效率，因为工作区内运输的晶圆盒可以被放置在下一道工序的设备旁，从而消除了需要返回存储库的问题。UTS 可以作为临时缓冲区使用。这种处理方法不仅减少了存储库的使用，而且减少了车辆的拥堵。

37.4 AMHS 的设计

在建造半导体工厂时，必须就厂房布局和这种布局将如何影响 AMHS 做出决策。考虑到半导体工厂的高成本，通常会考虑多种布局方法，并运行复杂的仿真模型以确定哪种方法最适合于公司的特定业务。

37.4.1 仿真

在初始设计的基础上，传统上第一阶段的工作围绕着工厂如何运作的基础展开。在这一阶段，将确定厂房的大小、产品组合及布局。此外，需要确定业务理念(例如，是要尽量减少生产时间，还是最大限度地扩大生产？是为了支持研究和开发，还是 100%的生产？等等)。自动化系统在这个阶段发挥的关键作用之一，就是使用模拟工具来分析和优化业务理念。

37.4.2 工艺设备布局方法论

不同的工厂选择不同的设备布局方法。关于哪种方法最佳，观点并不一致，通常有以下几种设备布局的方法。

港湾式

在港湾式布局中，将设备嵌入过道的墙壁中，通常来说其宽度是厂房的一半，并延伸出一条长长的集中过道。这种结构的洁净室一端是工艺工作区，另一端是维修工作区。维修工作区对洁净度的要求并不是很高，所以通常将其称为灰色区域(见图 37.4)。

开放式

在开放式布局中，没有港湾式布局的墙壁。相反，所有设备都位于一个大房间内，因此而得名。这种洁净室通常比港湾式的洁净度低一些，因此需要每个设备都有一个洁净度较高的微环境来加工晶圆。通过 SMIF 或者 FOUP 来存储和运输晶圆，这样使得晶圆可以进入设备的微环境而不会暴露在洁净室的环境中。

在开放式布局中，设备的布局可以有所变化，一般来说都会排成一行，但与港湾式布局不同，每一行可能有不同的长度或不同的规格。运输工具可以放在设备上方，但是必须考虑维修和上线的需求。在这种布局中，晶圆存储库可以放在设备附近，看上去是随机放置的。除了没有墙，开放式布局的工作区可能与港湾式布局的一样。

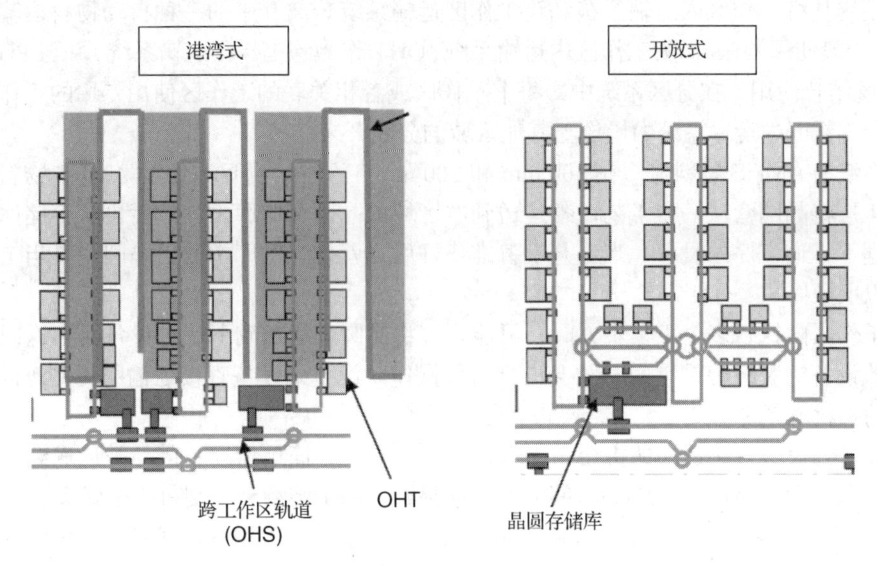

图 37.4　港湾式布局与开放式布局

农场布局

“农场布局”是指一种将工艺设备分组的布局方法。在农场布局中，特定类型的工艺设备放置在同一或者相邻区域。通常，建筑公司喜欢这种布局，因为它简化了支持工艺设备所需的厂房和基础设施。

除了少数例外(一些对时间敏感的步骤被分组，例如在扩散工作区中，经常在扩散之前进行清洗)，每次将晶圆移动到一组特定的工艺设备时，只执行一道工序。这种布局给跨工作区物料运输系统带来了很大的压力，因为每道工序之后，都要将晶圆从一个工作区运输到另一个工作区。这样的设备分组也造成了测量设备区的拥挤。

混合布局

当从农场布局的测量工作区中移除测量设备并配置适当的工艺设备时，混合布局就会产生效果。混合布局减少了跨工作区运输系统的负荷(以增加工作区内运输系统的负荷为代价)，消除了交通拥挤的测量区域，具有减少整个生产周期的潜力。混合布局与农场布局相比，需要更多的测量设备，但这一成本被其较小的足迹需求所抵消。仿真结果表明，与农场布局相比，采用混合布局可能会将生产周期缩短 10%～15%。

改良混合布局

当各种工艺设备和测量设备组合在一起，允许在同一工作区内执行几个(4～6 个)按顺序的步骤时，改良混合布局就会产生效果。例如，光刻胶去除和清洁设备可以放置在同一个离子注入区域，以便将晶圆送到下一道离子注入或光刻工序前去除光刻胶。此外，测量设备也可以与工艺设备分组在一起。

改良混合布局进一步降低了跨工作区运输系统的负荷（以增加工作区内运输系统的负荷为代价），消除了拥塞的测量区域。它需要更多的工艺设备，而且建造起来比农场或混合布局的成本高得多。

37.4.3　AMHS 布局方法论

分区系统

分区系统是将工作区内运输系统和跨工作区运输系统分离开来的一种自动物料运输系统。在该系统中，一般使用 OHS 作为工作区内运输系统，OHT 作为跨工作区运输系统，并与 PGV、AGV、RGV 等系统结合使用。在分区系统中，每个工作区或者相关联的工作区使用专用的工作区内运输系统，每个工作区内运输系统的操作与其他区域的分隔开来。

分区系统的 AMHS 物料流　在 300 mm 和 200 mm 工厂中，分区系统的 AMHS 物料流是基本相同的。工厂将晶圆盒从一台工艺设备运送到本区域的晶圆存储库中，然后再从存储库将晶圆盒运送到处理下一道工序的设备。当工艺设备准备好后，就从存储库中取出晶圆盒。当工序结束之前，重复以上操作。

当在工作区内执行多个工艺步骤时，可能直接将晶圆盒运送到下一台设备而不返回存储库，然而只有该设备的装载台是空闲时才会进行这种操作。设备到设备直接运输的比例越高，AMHS 需要运输的物料就越少。

使用设备到设备直接运输的机会是很重要的。考虑一个简单情况：产品被运送到一台可用率为 70%的设备，假设该设备 30%的时间缺料，如果它有两个装载台，则每一个就会有 51%的时间空闲；如果有 3 个装载台，则每一个就会有 66%的时间空闲。使用一台或者几台可以处理相同工艺的设备，显著增加了产品可以直接移动到下一台设备的可能性。对不同厂房进行仿真，结果显示 80%的工作区内运输可以实现设备到设备的直接移动，从而避免回到存储库。

相比于称为统一系统的替代方法，分区系统有许多不足，例如存储库的数量更多，以及更长的交付时间和吞吐量限制。

统一系统

在统一系统中，工作区内和跨工作区系统被合并成同一个传输系统。这使得产品可以直接从一台设备转移到另一台设备上而不需要经过存储库。

这里有三种 AMHS，分别是

1. 部分统一。分区式 AMHS 通过 OHT 与几组工作区相连。
2. 完全统一。这是一种仅使用 OHT 进行工作区内和跨工作区运输的方式。一批晶圆可以被移入或移出任何设备而不需要经过存储库中转。
3. 联合统一。使用整个连接存储库的 OHS 的 AMHS，可以减少 OHT 轨道上的拥堵。

统一系统中的物流　统一系统的集成轨道允许在任意两个装载台之间直接移动。但是，直接移动只能在目的设备是空闲时才能实现。一些完成本工序的批次在进行下一步处理前会被送到存储库或者 UTS 临时存放。存储位置一般会距设备所在的工作区很近，但理论上任意存储位置都可以服务于任何设备。

这种物料流的例外是在加急批次的情况下，一些工厂会为加急批次预留一些装载台，允许晶圆盒从一台设备直接运送到另一台，统一系统避免了分区系统中晶圆盒需要返回存储库这一步骤，大大减少了加急批次的交付时间。

正常批次的交付时间也在统一系统中得到了改进，因为在设备到设备的移动过程中，它们最多只通过存储库一次。因此，统一系统减少了每个工艺步骤所需的 AMHS 的移动数量(正常批次减少了 1/3，加急批次减少了 2/3)。

统一系统工作区的 OHT 布局　与分区式 AMHS 不同，在统一式 AMHS 的厂房里，工作区的吞吐量与存储库的吞吐量不相关，任意存储库中的晶圆盒都可以被运送到多个工作区，多个存储库中的晶圆盒也可能被运送到同一个工作区。在工艺设备不过载的情况下，AMHS 的运输能力限制着工作区的吞吐量。

统一式 AMHS 布局的典型应用　统一式 AMHS 可以很好地用在混合布局或改良混合布局中。在混合布局中，测量设备与工艺设备放在同一个区域。这样就增加了工作区内物料传递的需求。在改良混合布局中，测量设备和工艺设备(如清洗和光刻胶去除)与它们支持的设备分布在同一个工作区内，这样一条路径可能包括工作区内的几道工序，因此增加了工作区内物料运输系统的需求，减少了跨工作区运输的需求。

统一式 AMHS 布局的优点　统一式 AMHS 布局的优点有以下两个。

1. *存储库、工艺设备和测量设备在工作区之间共享*。因为统一式运输允许各工作区之间的连接，所以能够通过存储库、工艺设备和测量设备的共享来减少它们的总数。反过来，这又给设备的放置带来更大的灵活性。

2. *更短的交付时间*。统一运输能够比分区式运输更快地交付产品。因为较少次数的运输使得物料在设备之间的传送只需要经过一个存储库。

37.5　业务考虑

由于 300 mm 工厂的建造成本越来越高，并且 AMHS 越来越多地被认为是一项关键业务应用，因此在评估和选择 AMHS 的过程中，必须考虑几个关键的问题。在宏观层面，必须选择满足其性能要求的 AMHS，同时最大限度地降低系统的成本。

37.5.1　性能需求

国际半导体技术路线图(ITRS)强调了 AMHS 的关键性能标准(见表 37.1)。经常被监控的两个重要的评估标准是晶圆盒递送时间和运输吞吐量。

表 37.1　国际半导体技术路线图强调的 AMHS 的关键性能标准

生产年份	2013	2014	2015	2016	2017	2018	2019	2020
DRAM 半节距(nm)(接触)	28.3	26	23.8	21.9	20	18.4	16.9	15.5
晶圆直径 (mm)	300	300	300	300	300	450	450	450
按 SEMI E10 规格运输设备的 MTTR (min)	10	10	10	10	10	5	5	5
按 SEMI E10 规格存储设备的 MTTR (min)	20	20	20	20	20	10	10	10
运输设备 MMBF(平均周期)	25 k	35 k	35 k	35 k	35 k	50 k	65 k	65 k
存储设备 MCBF (平均周期)	100 k	150 k	150 k	150 k	150 k	200 k	300 k	300 k
晶圆盒平均卸载时间(s)	30	25	25	25	25	20	20	20
晶圆盒平均递送时间(s)	300	270	270	270	270	240	240	240
扩展原系统容量所需停机时间(min)	15	10	10	10	10	5	5	5
将工艺设备集成到 AMHS 所需的时间(设置 LP 需要的时间)	15	5	5	5	5	5	5	5

(Courtesy of International Sematech.)

晶圆盒递送时间

晶圆盒递送时间是发出移动指令后一个晶圆盒被运送到装载台所需的时间。

一般来说，工厂追求 5 分钟或更短的递送时间。通过增加更多的车辆和更多的轨道，递送时间可能稍微缩短，精密的软件路由算法可用于减少车辆及随之带来的拥堵。另外，由于递送时间被布局和工艺流程显著影响，自动化工厂中的优化布局是减少递送时间的关键。

运输吞吐量(每小时位移)

运输吞吐量是工厂中每对装载台之间每小时移动的次数。假设每月工厂投产 40 000 片晶圆，AMHS 每小时需要 5000 次以上的移动。 要增加每小时移动的总次数，通常必须增加车辆。随着车辆的增加，需要有精密的软件算法，可以动态地调整车辆的行驶路径，以最大限度地减少交通问题。

37.5.2 拥有成本

AMHS 的拥有成本是由三个主要因素驱动的，即设备成本、设备综合效率(OEE)和运营成本。

设备成本

AMHS 的成本可能会有很大的差异，这取决于晶圆尺寸、工厂规模和自动化水平。300 mm 工厂需要工作区内自动化和跨工作区自动化，通常 AMHS 的价格是 2500 万至 7500 万美元。安装分两至三个阶段进行，主要阶段包括 AMHS 基础设施的实现，以及提供足够的车辆和存储空间来支持工厂的早期运维。其他阶段都会持续不断地增加车辆和存储空间。

设备综合效率(OEE)

AMHS 的设备综合效率是由系统的效能和系统的可用性决定的。正如本章前面提到的，性能的主要指标是平均交付时间和运输吞吐量。AMHS 的可用性由系统的平均故障时间(MTBF)和系统的平均修复时间(MTTR)来衡量。需要注意的是，MTBF 和 MTTR 是 AMHS 层面而不是组件层面的问题。例如，如果单个车辆发生故障而无法运输，远比车辆故障造成整个工作区或者整个工厂故障的问题要轻得多。

运营成本

AMHS 的运营成本由系统运行所需的消耗品成本、服务和备件成本及宝贵的厂房地面空间成本构成。虽然 AMHS 通常不使用消耗品部件，但它们确实需要大量的电力。特别是由于它们的能量转换效率相对较低，一个大型 300 mm 工厂的 OHT 系统可能每年消耗超过 100 万美元的电力。由于产量巨大，需要随时待命维护 AMHS 的专业人员也很多，所以服务和备件成本也可能很高。最后，AMHS 可能需要工厂的一大片空间，它的物理尺寸可能影响整体的操作成本。由于运营洁净室的高额成本，以及希望尽可能多地安置工艺设备，工厂规划师越来越多地使用不占用地面空间的 AMHS 如 OHT 和 UTS 来缩减运营成本。

37.6 展望

在半导体工业中，计算机集成制造(CIM)和工厂自动化首先被用作提高操作人员效率和优化工厂产量的手段。在今天的工厂里，还需要人工干预来支持错误处理、复杂决策，以及手动纠正设备故障，未来的趋势是由 CIM 和工厂自动化系统来解决这些基于人工的问题。

半导体工厂中的故障处理和复杂决策是经常需要的，因为流程流是复杂的(数百个步骤)，是递归的(某些工艺需要反复使用一台设备)，是不断变化的(工艺配方经常被调整以提高良率和性能)，并且必须足够健壮以支持多个工艺设备。此外，根据客户的需求，往往在产线上生产的产品组合经常变化。为了在这样一个动态环境中自动支持所需的决策，越来越复杂的软件和自动化硬件系统正在部署中。这些系统从基于规则的引擎、对事先决定好的事件做出反应的 AMHS，到可以根据算法动态地控制工艺设备的 CIM，再到为了优化总体系统绩效而做出行为调整的 AMHS。

在自动化设计人员不断努力提高系统的可靠性以最小化故障的同时，越来越多的工厂正在寻找能够避免单个组件故障导致系统范围故障的容错系统。例如，如果工作区内的一辆 AMHS 车辆发生故障，则可以派遣另外的车辆为该工作区提供服务，并防止整个系统性能降低。另一个例子是，通常使用冗余的 MCS 架构来确保如果 MCS 的一个实例失败，备份系统将立即可用。

最后，工厂正在推动自动化设计，以支持更高的产量、更短的交货时间、每月更多的晶圆投产、更小的批量和更短的周期。为了满足这些需求，需要设计和实施新的概念，如单晶圆传输 AMHS、全厂区传输系统和互连的工艺设备架构来实现设备到设备的运输，这些都将在未来工厂的设计中考虑。

37.7 扩展阅读

Agrawal, G. K. and S. S. Heragu, “A Survey of Automated Material Handling Systems in 300-mm Semiconductor Fabs, Semiconductor Manufacturing,” *IEEE Transaction*, Vol. 19, Issue 1, Feb. 2006.

第 38 章　制造执行系统(MES)基础

本章作者：Julie Fraser　Iyno Advisors, Inc.
本章译者：李元媛　应用材料公司

38.1　制造执行系统(MES)的角色和作用

制造执行系统(manufacturing execution system，MES)是用来管理生产操作的一个多功能的软件系统，这类软件出现在 20 世纪 80 年代并不断发展。随着生产操作和软件技术的进步，现代 MES 涵盖了 20 世纪 80 年代 MES 的功能但并不完全与之相同。(事实上，在批量生产领域，“生产操作管理”已经成为更广泛和更先进的生产管理软件。)

1997 年，由制造执行系统协会(MES Association，MESA)发表的第六号白皮书《MES 解释：高层执行视角》(*MES Explained: A High Level Vision for Executives*)①对 MES 系统做出以下定义：

MES 能通过信息传递对从订单下达到产品完成的整个生产过程进行优化管理。当工厂发生实时事件时，MES 能对此及时做出反应、报告，并用当前的准确数据对它们进行指导和处理。这种对状态变化的迅速响应使 MES 能够减少企业内部没有附加值的活动，有效地指导工厂的生产运作过程，从而使其既能提高工厂及时交货能力，改善物料的流通性能，又能提高生产回报率。MES 还通过双向的直接通信在企业内部和整个产品供应链中提供有关产品行为的关键业务信息。

这份白皮书同样介绍了 MES 基础模型。有趣的是，MES 解决方案并不是要求在 MES 系统建设之初就提供所有这些功能，而是根据业务发展的需要选择这些功能。通常来讲，MES 中最重要 11 个功能是整个系统的基础。通常称为 MESA-11 模型，它包括以下功能：

1. 产品跟踪与谱系
2. 数据采集与获取
3. 生产单元分派
4. 资源配置和状态
5. 过程管理
6. 质量管理
7. 人员工时管理
8. 绩效管理
9. 维护管理
10. 操作/详细计划
11. 文档管控

MESA-11 模型规范促进了 MES 的发展，达到了预期的目标。但是，伴随着科技和工艺的进步，它已经不能反映现代 MES 中的所有可用功能。特别是今天的 MES 通常在每一个类别中都有

---

① © 1997, MESA International, White Paper #06: *MES Explained: A High-level Vision for Excutives*, by Julie Fraser and significant contributions from the 30 participants who worked on this in the MESA community.

许多模块。所有现有的 MES 都有强大的工具集，可以在一个站点上集成跨多个系统的信息流，并支持多个站点之间的数据传输。

这个模型和定义也并不建议一家半导体公司从一开始就启用 MES 的所有功能。虽然 MESA-11 模型中的类别是正确的，但有许多内容没有详细的定义和显示。随着科技高速发展，半导体芯片在智能产品和服务中变得越来越关键，生产制造的压力倍增。这主要是由于半导体产品和 IT 系统中的新技术，但也同样由于半导体芯片已经应用在几乎所有类型的电子产品中。例如，医疗设备、航空电子设备和自动驾驶汽车中的芯片故障可能危及生命，因此质量控制至关重要。

早在 20 世纪 70 年代、80 年代，半导体工厂就采用了 MES，原因有以下几点：芯片产品价值高且体积极小，无法采取传统人工质检的方式；生产设备和设施占用了巨大的资金；工艺和生产操作极其复杂。因此，自动化信息流至关重要。对于半导体公司而言，商业逻辑非常清晰：降低成本、提升产能和运营效率、更好地控制和准确跟踪在制品(WIP)。

毫无疑问，MES 已经成为前端芯片制造工厂的标准配置。在制造环境中，MES 是工厂运营能力的核心。考虑到混合模式、复杂的递归和随时根据情况变化的流程贯穿整个过程，如果没有系统，跟踪在制品将是极具挑战性的。芯片工厂高度自动化的性质也意味着 MES 与工程、设备和自动化控制的紧密集成。

后端封装和测试工厂同样广泛采用 MES，通过复杂的拆分和合并来跟踪 WIP，并支持工程数据分析。然而，在某些工艺简单的封装和测试工厂，MES 并非标准配置，仍然混合了纸质工单、部分电子化的系统或者自主研发的 MES。现代 MES 在探测、装配和测试操作中无疑提供了关键的可见性与可控性。在自动化技术的推动下，与前端芯片制造工厂一样，封装和测试同样需要更复杂和全面的 MES。

38.2　半导体行业 MES 的演化

半导体公司是最先意识到 MES 的好处并采用 MES 的，受相关著作如 Joseph Harrington 的 *Computer Integrated Manufacturing*[①]和 Joseph Orlicky 的 *Material Requirements Planning*[②]的启发，半导体公司确定了哪些功能是可以用来管理半导体设施的。20 世纪 70 年代末，已开发出适合半导体使用的商业 MES。Jonathan Golovin 于 1978 年创立了 Consilium 公司，同时期在加拿大成立了 PROMIS 公司。许多半导体公司开发了自己的 MES。一些公司还把其 MES 对外销售，例如 IBM 和德州仪器(TI)公司。

由于几十年来采用了各种各样的系统，所以业内对于 MES 的实质和属性有一些争论。也有许多半导体公司在使用非常老的、充斥着定制代码或补丁程序的系统。这些 MES 通常比现代半导体 MES 提供的功能要小得多。有些公司也在继续做内部开发，其中一些做得比较完整且符合现代需求。

早期　跟踪 WIP 是 MES 最初的主要关注点。没有这样一个系统，很难准确地了解每一批晶圆或每一批产品的位置和它们的状态。因此，工厂使用 MES 软件以确保良好的跟踪和控制。在图 38.1 中，左边是原始类型的 MES，核心能力是定义生产流程和产品信息，并根据定义好流程处理 WIP。这些系统无法轻松地监听事件或创建有用的报告，但是能有效地进行追踪。

这种 MES 如今仍然被广泛使用　通常半导体制造厂使用基于生产流程的应用程序，使它们能够开发一个系统来满足生产的独特需求，从而实现自动化生产和管理属于技术密集型的产品。为适应新产品或工艺改进而进行的变更，可能需要几个月的时间来规划、测试和部署到生产环境。

---

① © 1974 Joseph Harrington, *Computer Integrated Manufacturing.*

② © 1975 Joseph *Orlicky Material Requirements Planning: The New Way of Life in Production and Inventory Management.*

在装配和测试操作中，大多数公司使用的是以操作人员为中心的可扩展的、复杂的、紧密集成的系统。这些后端封装工厂的 MES 系统通常需要较少的代码，但提供了许多深层次的选项，仍然需要大量的时间进行配置。这些类型的系统显示在图 38.1 的中间，前端工厂在上面，后端工厂在下面。所有这些系统都有助于强制执行路由、进程和引导操作人员减少错误。

现在和未来 MES 作为敏捷的、自动化的前端工厂或后端工厂的平台和应用被重新定义。在现有软件技术中，MES 是作为平台基础和用户体验的有力结合。随着非传统的半导体专用功能的持续增长，这些系统可以更好地支持今天的商业需求。这包括更深层次的新产品导入的支持，从操作人员指导转向越来越自动化的操作决策执行。在这种物联网(IoT)的环境中，MES 还需要处理来自许多并非由业务或 MES 产生的大量数据。

过去几年给 MES 带来极大压力的另一种趋势是大型的厂房、巨型的厂房和大型的工厂。这些趋势带来了巨大的数据量和处理量及特殊晶圆传输的挑战。MES 的可伸缩性在这些厂房中具有新的维度。每一个厂房都略有不同，但却要求使用单一的 MES 来确保健全的模型和有效的操作。

不管厂房的规模有多大，统一的、用途广泛的 MES 比以往任何时候都更为关键。IT 团队一直在寻求软件的简化，支持频繁的新产品导入和工艺变更。在 IoT、复杂的全球生产网络、需要管理更庞杂的品类和更短时间的生产的需求下，MES 既是大数据源，又是生产分析的重要数据源(见图 38.1 的右侧)。

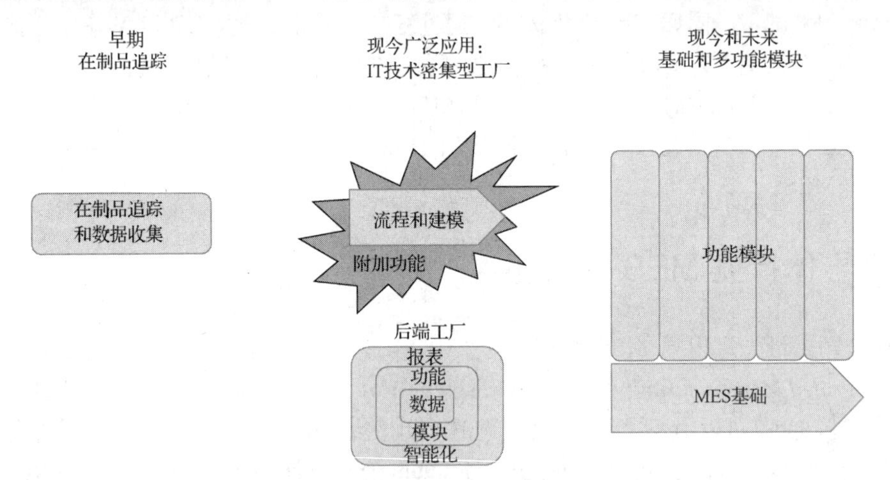

图 38.1 在过去的 30 年间，MES 没有改名也没有改变使用目的，尽管 MES 的功能和方法已经发生了巨变

38.3 MES 的范围和功能

软件有一个清晰的协调层，包含至少一个完整的设施，并侧重于高效的生产。这就是我们对 MES 范围的定义。MES 位于生产操作管理(manufacturing operations management，MOM)的第三层，可以参考 ANSI/ISA-95 企业控制系统集成模型。有些人认为 MOM 可以更广泛和更好地匹配当前 MES 产品的能力，但在半导体行业和其他一些零散行业中，它通常指的是 MES。

这种模型不仅适用于所有类型的半导体厂房，而且适用于所有的制造业和产品。因此，这是一种公司、客户和供应商可通用的信息系统。

这个专门用于半导体的自动化和信息系统包括与 MES 并行的设备工程系统层，包括先进工艺控制(APC)、步骤间(R2R)控制、故障检测和分类等，另外 MES 的设备集成层连接到设备控制器。后端工厂也并不需要所有这些元素。例如，MES 可能在后端设备中扮演产线或设备控制的角色。事实上，每个工厂的 MES 可能有不同的功能范围。解决方案供应商在其系统和模块中包含了不同的功能。

从很多方面来看，MES 都位于半导体生产自动化的顶层。它是整个设施端到端的控制系统。因为制造商会在所有厂房中部署相同的商业软件，MES 向其他企业级应用程序提供关键信息，本身也逐渐成为一种企业级系统。同时，MES 也向供应商和在客户端驻场的合作伙伴提供关键信息。

还要注意的是，特定的需求可以按分段而变化。半导体生产前端工厂需要严格按照服务水平协议的要求来满足特定半导体客户需求，这带来不同的优先级和压力。例如，内存和简单的零件制造商的产品可能有众多的客户和经销商。相比之下，处理器制造商的经营方式完全不同，必须尽力满足市场整体需求。然而，除了这些不同的侧重点，MES 的基本功能比较相似。

38.3.1　MES 核心和平台

几乎每个商业 MES 的核心都是一个向一系列功能模块提供核心系统功能的平台，我们将在下一节中讨论这个问题。一个现代化的平台可以使公司业务更加灵活，使得 MES 的各个功能模块充分发挥作用。MES 平台为整个系统提供以下功能。

- *建模和工作流*。MES 为了有效地支持一个工厂并保持流程的流动，需要有一个包括工厂的设备和生产流程的模型。传统的 MES 通常主要是提供建模和流程的工作流引擎。在较新的系统中，建模和工作流仍然是核心，但并不是通过这种机制开发功能模块。相反，这类建模创建了设施的一致视图，而工作流则有助于表达和执行在一系列广泛的功能模块中使用标准的操作流程。
- *工艺变更管理*。随着公司扩大其全球设施网络，企业各个站点以统一、可控的方式改变工艺流程的能力变得至关重要。现代 MES 能够比以往任何时候更自动化地提供这种能力。
- *数据管理*。MES 核心或平台还为所有功能模块提供了可共享的统一和集中的数据管理系统，创建了一个简化的机制来获得关于信息的产生、存储和应用的端到端的集成视图。如今棘手的问题是数据可能来自自主的物联网设备或产品，因此 MES 需要有一套有效管理分散信息的方法。
- *基于角色的图形用户界面(GUI)*。现代的 MES 不仅有一个 GUI 使其更加直观，而且可以匹配不同的用户角色。此外，一些现代系统正在确保 GUI 可以为特定用户组或特定公司和厂房而更改。另外一些设计确保为移动用户提供直观和功能齐全的访问，使他们能在整个工厂范围内移动办公。
- *系统安全*。系统安全自然是最重要的，因为 MES 处理公司特定的产品和工艺信息。这一宝贵的知识产权必须运用最新的安全技术在软件层面进行最大程度的保护。特别是在众多合作伙伴经常参与生产的情况下，MES 必须建立在保证所有用户都获得授权，进出传感器和设备及合作伙伴之间的数据受到保护的基础上。半导体中的 MES 很早就超越了 GUI 和 API(应用程序接口)级别，以确保整个屏幕只对授权用户可见，并提升至对象级安全性，以允许每个用户只访问与其角色相关的特定产品和工艺。
- *集成架构*。处于信息系统的中心也意味着 MES 必须有效地集成上到企业系统，下到自动化和设备层。新增的还有包括机械臂的自动化层及连接到非固定的数据源的需求，如厂房内外的物联网设施。我们将在 38.4 节进一步讨论这个问题。实际上，现代 MES 有一套标准的方法来连接其他系统，从而简化数据流的集成和验证。

图 38.2 是现代 MES 功能的概念性视图。它表明 MES 平台为一系列功能模块提供了核心支持功能。这个图并不能显示所有的功能和相互依赖关系；它是一种概述，对于不同商业产品可能会出现不同的情况。

38.3.2 MES 功能模块

MES 功能模块一般建立在 MES 平台之上。模块可以是相对独立的，除非有些模块是其他模块的先决条件。利用这种模块化的方法，MES 软件供应商已经能够为特定的行业、客户和设施定制他们的产品。使用模块子集可以更快地实现项目从构思到实际运行。确保用户可以在他们的工作范围内接受培训，并允许公司按照自己的节奏把某些功能从以前的系统中迁移出来。

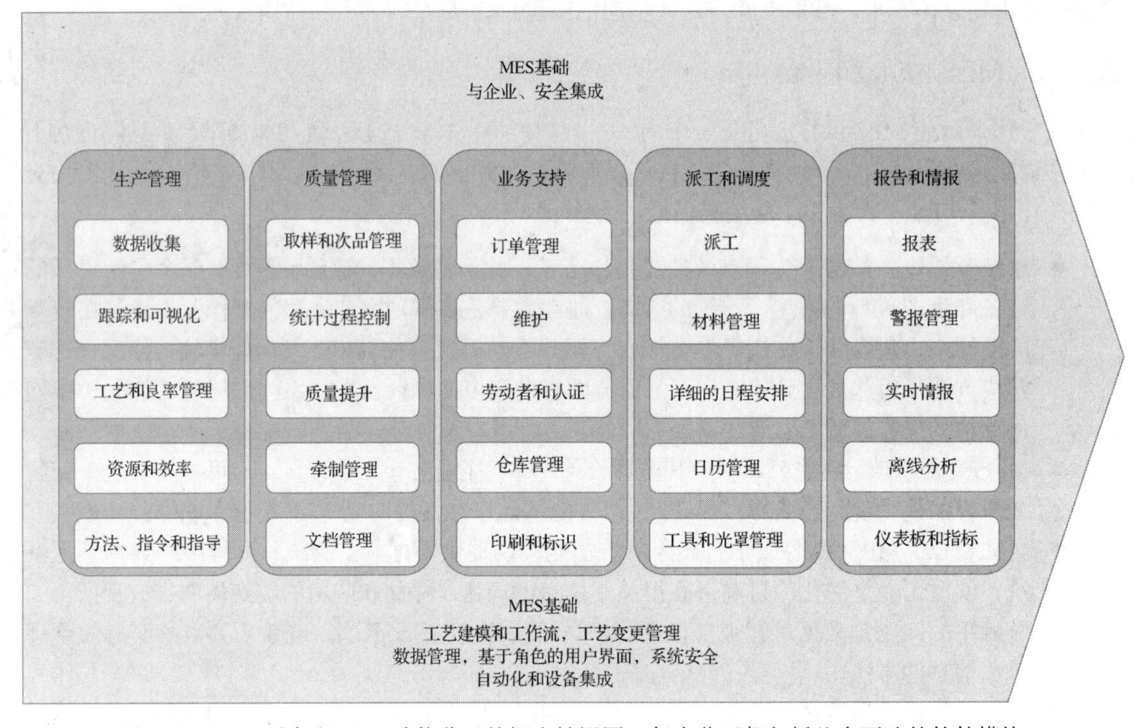

图 38.2 MES 平台和 MES 功能分区的概念性视图，每个分区都包括几个可选的软件模块

我们不可能列出一家公司或软件供应商可能需要的所有功能模块的名称，然而，这个列表通过 MES 模块展示了一个典型的半导体工厂的功能分区。

生产管理

这是操作人员和主管每天在生产中直接用到的一套功能。除了派工，这些都是十几年来 MES 中可用的功能。然而，这些领域的实际情况已经发生了变化，软件功能必须能够支持这些新的情况。下面的描述集中在当前和未来半导体制造所需的范围与功能上。

- 数据收集。当今，大部分数据是从设备和与设备一起工作的自动控制系统中自动收集的。半导体制造和测试过程中收集的数据量一直很高，但是设备和所涉及的工艺的复杂性呈指数增长。因此，MES 数据收集和管理必须具有可扩展性，并且能够管理不断变化的数据类型和格式。
- 跟踪和可视化。WIP 跟踪是 MES 最初的重点，现在它仍然是必不可少的。复杂性只随着层次结构的增加而增长，例如前端芯片工厂的容器-晶圆-晶粒或后端封装工厂的容器和晶粒在封装之前移动，以及进入不同尺寸的容器(料盒、老炼板、测试板等)中的情况。客户和业务改进对谱系的要求达到了非常细化的程度。MES 软件不仅对晶圆和批次进行追踪，还要对原料、载具、条带、晶粒或芯片进行追踪；对于在生产过程中使用的关键消耗品材料和夹具也是如此。此级别也要求 MES 具有处理大量的数据的能力。这还包括提供允许生产过程内校正的实时视图。

- 工艺和良率管理。MES 的基础层提供了对工艺建模的能力，而用于工艺管理的功能模块则提供了过程内支持。这包括跟踪来自 SPC、事件和次品管理等其他模块的输入。它还包括过程执行和将实际数据输入智能系统进行分析。
- 资源和效率。随着后端工厂和前端工厂的自动化程度越来越高，实际上重点并没有从人工、机械、材料、设备和其他耐用品转移，对这些资源的实时管理变得更为关键。更多的产品组合和更频繁的转换需求也表明，管理实际资源、重新配置资源、满足每一个需求是快速和实现盈利的生产运作的关键。
- 方法、指令和指导。随着自动化的发展，工厂的操作人员和技术人员的数量及他们所扮演的角色都发生了变化，新产品和新工艺层出不穷。人们需要实时的支持来对生产方法进行改进。

质量管理

质量是汽车、医疗和航空电子等行业新应用领域中影响最大的因素之一。这些关键业务应用涉及人类安全，因此人们对完美品质的期望极高。

- 取样和次品管理。大多数公司在生产过程中对他们的产品进行取样，并记录在取样过程中或生产和测试过程中发现的异常情况。软件需要支持一个基于质量结果的动态的严格取样过程。还需要一种在任何时候记录次品或异常的方法。取样和次品的完整记录是质量保证和工艺改进机制分析的基础。
- 统计过程控制(SPC)。SPC 是半导体从原材料到成品过程中许多复杂工艺的基本视图。把这个统计监测系统整合在 MES 中，对于整个流程有一个全局的视图是很关键的。SPC 的可视化使得团队可以及时发现流程何时超出了控制范围。
- 质量提升。这包括支持精益制造和六西格玛活动及纠正和预防措施(CAPA)。这些功能必须与智能模块紧密连接。对公司采取的 CAPA 的趋势、根本原因和有效性进行高质量的分析。随着压力的增加，这种洞察力变得越来越复杂，改进措施可着眼于晶圆、条带或者晶圆盒上的某个位置。
- 牵制管理。当出现质量问题时，这组功能提供了一种标准化的最佳实践方法，以将其影响降到最低。除此之外，它有助于分析可能涉及的其他产品，使它们从正常的生产流程中剥离开来，并进行控制。这可能涉及召回的产品或正在生产的产品。此类功能需要溯源能力，以了解故障单元的根本原因，以及同样条件下有可能对其他单元产生的影响。考虑到现在半导体供应链的复杂性，这个功能可能需要与外部供应商有效合作的能力。
- 文档管理。要有效地进行质量控制，就必须记录要执行的过程及这些质量控制的实际结果。诸如产品质量先期策划(APQP)之类可在产品设计阶段作为文档框架，从而制定一个计划。许多质量标准还侧重于记录标准作业程序(SOP)，并通过记录签名来建立强制执行机制，以确保遵守这些标准作业程序。电子 SOP 能够确保任何时刻所访问的标准都是最新的。

业务支持

- 订单管理。工厂中的所有活动通常由 MES 根据来自企业软件系统的生产订单创建的工作订单触发。这个功能必须能够应对复杂的多产品厂房和频繁的产品转换，从而有效地满足客户需求。
- 维护。协调设备维护的机会与实际生产情况的能力是至关重要的。当设备监视其周期和性能时，导入 MES 的数据应能触发维护活动。该功能还帮助处理设备所需的备件、工具和一次性材料。它还提供技师指导和认证。

- *劳动者和认证*。更多流程的自动化需要有合适的员工在正确的地方进行正确的培训。少数管理层既要监督工厂的运营，同时又要管理员工，提高工厂整体运作的效率和流畅度可能会很有挑战。但是，当产品、工艺和设备变更时进行的认证及质改的经验比以往任何时候都更重要。这在医疗设备和航空航天等行业很常见；不过考虑到半导体工厂的自动化程度，这些经验可能不如那种使用纯人工的工厂重要。
- *仓库管理*。生产通常涉及一些在进入生产过程之前储存的材料，并且通常在生产过程之中和之后的不同时间点进行储存。能够随时知道材料在哪里是具有挑战性的，因为每个工厂的产品都比较小，种类也更多样化。
- *印刷和标识*。越来越多的公司还必须用标签来清楚地为人或自动识别设备标识材料。标签可能是客户需要的而不是为生产活动服务的，MES 必须提供快速、高效和可靠的印刷和标识处理。

派工和调度

- *派工*。显然，从订单管理功能中生成订单后，必须在正确的时间为流程的每一步分派正确的区域。半导体这种资本密集型产业的本质是把重点放在优化昂贵设备的使用上。基于路由的调度一直是 MES 的一部分，而且由于产品的分化，这一点越来越关键和复杂。此功能依赖于底层流程建模和工作流功能。派工的规则可能相当复杂，而且是单独保存的。
- *材料管理*。最显而易见的制造资源大概就是材料了。随时随地了解每一种特定材料的确切库存和数量是非常关键的。此功能连接到企业资源规划(ERP)或供应链管理功能，但比它们更加详细。当材料被消耗在某个工艺步骤时，这个功能需要具体根据何时消耗了多少材料来计算库存剩余。
- *详细的日程安排*。除了派工，调度还可以帮助优化使用设施中的所有资源——人员、材料、容器、光罩及工具和设备。其中每一个都有一定的容量，MES 引入容量参数来指定一个可以在设备中执行的计划。作为 MES 的一部分，调度程序可以在事件发生变化时及时更新，并重新计算产品应该何时进行处理。请注意，这种功能仍然没有像其他保证关键设备正常运行的功能那样被广泛使用。
- *日历管理*。MES 供应商允许客户在全局范围内或为每个设施设置包含轮班、假期和相关信息的日历。这是调度及一般操作和资源管理的基础。
- *工具和光罩管理*。工具和光罩需要跟踪、维护、清洗和整理，MES 可以确保所有这些物品都能得到有效的管理是流程顺利执行的关键。

报告和情报

除了实际管理生产活动，公司还希望更深入地了解这些活动。在很多层面上 MES 的分析都能提供有用的信息：例如在生产过程中提供实时数据，为线下的工艺工程师和产品工程师及企业中的管理者提供信息，情报系统给这些人员提供情报。这解决了旧的 MES 中最具挑战性的一个问题：输入的数据不容易返回。

- *报表*。基于操作结果的报表多种多样。有些是高层次的总结，另一些则更深入地讨论具体问题或工艺中的流程。静态报表仍然被广泛使用，经过某种程度的配置，每个 MES 都可以提供这样的报表。
- *警报管理*。与质量模块中的异常管理相关的是，MES 可以在产品或工艺的测量值与预期不符的情况下发送警报。将计划与实际情况进行比较似乎是简单的。但随着自动化处理更多地发挥作用，所监测的数据量意味着警报设置必须是正确的才能捕捉到真正的问题，并允许正常范围内的波动而不触发警报。当有人试图强制执行程序时，MES 也会发出警报。

- 实时情报。除了简单的警报，如今的 MES 可以把它正在收集的许多信息流聚集在一起，为操作人员和技术人员提供更深层次的情报。只要监控和导入 MES 的数据是恰当的，那么这种处理就是有意义的。
- 离线分析。半导体工艺和制造工程师在使用现代 MES 时获得了大量信息，而旧系统根本无法提供这些信息。除了查看警报和异常日志，他们可以针对特定的感兴趣的数据集进行分析，所有这些数据都保存在 MES 中，但是可以从控制面板、设备、启用物联网的载具和许多其他来源中提取数据。测试数据只是一个开始，虽然它的量很大，但在将其与其他数据相关联之前，它并不一定那么有用。MES 日益成为制造业分析平台，即使真正的大数据分析(包括非制造数据)通常最好利用工厂内部的数据在专门的平台上进行,MES 分析依然可以提供很好的切入点。
- 仪表板和指标。也许过去十几年来开发的最引人注目的功能领域之一是查看性能指标和实时仪表板的能力。具有这种功能的 MES 提供了一种快速的方法来衡量工厂、生产线、设备或个人的绩效。设置仪表板和指标使得每个人都有一个个性化的仪表板视图。在工作人员的控制范围内只有少数几件最重要的事情，让他们有能力优先考虑该做什么，并评估他们操作的有效程度。图 38.3 显示了几个基于角色的不同示例。

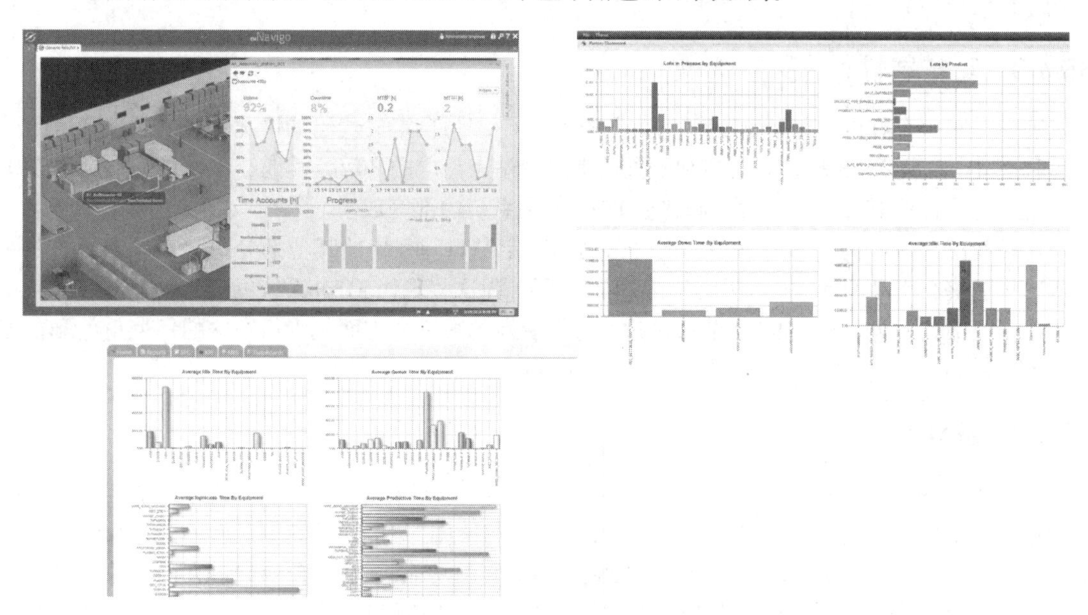

图 38.3　半导体工厂的现代 MES 提供仪表板和性能的可视化指标。商业系统中只有几个视图是可见的(Courtesy of Critical Manufacturing and Eyelit.)

38.4　现代 MES 特征与基础

除了当前半导体 MES 的平台和模块，这些现代软件产品与旧系统的特性完全不同。其中一些对有效支持当今高度分散的、全球化的半导体业务至关重要。另外一些随着产品和生产技术的不断发展也将变得必不可少。

38.4.1 性能

随着产品变得更加复杂，跟踪到设备级别，或者应用于更苛刻的情况，数据量自然会成倍增长。确保 MES 的性能足以应对所需的实时数据是非常重要的。产品组合和产量也对软件性能的要求越来越高。要考虑性能的一些因素包括：

- 数据库结构和数据归档及访问和传输机制的速度。
- MES 离线分析结构，将关系数据库管理系统(RDBMS)的数据与设计数据和其他类型的数据(例如来自晶圆、条带的数据及参数测试结果等)进行关联。
- 随着数据量的增加，基于普通硬件的处理速度提升。
- 能够管理多个站点及其之间的数据交换，特别是需要在公司内部维护的运营业务。

38.4.2 可伸缩性

MES 有为企业和它的产品线提供持续不断的支持的能力，其中最重要的因素之一是处理更多的信息和维持系统性能和速度。很多公司通过兼并和收购进行扩张，拥有能够处理尽可能多的数据的通用 MES 是非常有益的(即使 MES 不能立即处理这些新工厂的数据)。系统架构的任何一个层次都必须具有可伸缩性。理想状态是允许系统的用户添加更多的计算机、更快的中央处理器(CPU)和软件模块而不造成系统停机或中断，并对一个过程进行集中建模，将其复制到其他生产线和工厂。

38.4.3 可扩展性

变化是一直存在的，现代 MES 通过允许客户在不编写自定义代码的情况下定制系统来帮助适应这种变化。现代 MES 的扩展功能和配置通常约占站点需求的 80%，其他 20%可以通过定制方式来处理。这个任务需要训练有素的制造业 IT 人员在系统内部完成。

与传统的定制不同，这允许公司或分公司的特定逻辑与系统的其他部分一起升级到新的软件版本。扩展核心产品的能力而不用增加额外的代码，为这些现代 MES 系统的一致性、可靠性和成本带来了巨大的好处。(在 38.3.1 节讨论过，可扩展性的另一个方面是为组织中的每个角色配置用户界面的能力。)

38.4.4 模块化

客户可以为每个站点选择他们需要的模块有很多好处。首先，它使单一的商业系统能够很好地适应各种工厂。和其他类型的软件一样，在整个公司使用同一个 MES 供应商的好处是令人信服的。现在有一些早期的例子，其中包含了模块化功能和新功能。 这些模块允许在前端芯片制造和后端排序、测试和组装操作中部署相同的软件。随着交付时间和产品质量方面的压力增加，在同一个系统里能看到产品之前与后续阶段的状态和结果将越来越有价值。

38.4.5 逻辑分散化

自动化程度的提高意味着载具、工具和设备现在能够在射频识别(RFID)和工业互联网(IIoT)的帮助下向智能化发展。有了更多的自主权和过程中的决策，处理流程可以变得更快、更可靠，更能对不可预见的情况做出反应。如果让 MES 扮演中央协调角色，则它必须能够处理这些传入的数据，而不管该智能设备在给定时间位于何处。传统的工作流模型假设 MES 具有中央控制权，但是在自动化工厂中，情况就不再是这样的了。因此，虽然 MES 本身可能仍然是一个相对集中的系统，但是表示流程和工作流的逻辑必须适应新的分散程度，监控和报告一些不一定由中央控制的活动。举例来说，MES 必须以这种方式协作的应用程序包括实时派工软件和物料控制系统，它们都响应工作流中发生的变化。

38.4.6　现代技术

在过去的 5 年里，一些新的计算领域已经出现，MES 还必须适应这些技术，如工业物联网(IIoT)、云、移动设备、大数据、社交应用等。虽然这些技术对工厂并不是同样重要，但它们都发挥着一定的作用。

- IIoT。MES 必须能够管理来自 IIoT 的产品、载具、工具和设备的不断增长的数据流。这些数据是基础，但并不是所有的系统都能处理得同样好。
- 云。主要用于脱机功能，关键是它不支持操作人员的工作，或任何连接到自动化系统和设备的区域。但是在智能和分析领域，为了访问多个设施及实现更多的功能，云提供了可伸缩性和敏捷性，同时又不牺牲安全性。在其他许多行业，云应用供应商的重点是实现了比内部 IT 团队更高的安全性，这在半导体行业中也能够找到一些示例。
- 移动设备。显然是维护和监督人员使用 MES 的很好的方法。这对于运营商来说是越来越重要的。当他们与机器人及其他自动化设备一起工作时，可能在较大范围内移动，平板电脑和安全 Wi-Fi 的成本可能低于在所有可能的工作地点安装固定屏幕的成本。
- 大数据。当前，MES 可能完全或者部分包括生产领域的数据，但我们预计很快就会完全囊括这些数据。为了满足客户对于质量和速度的期望，半导体公司必须更好地利用数据流，以自动发现驱动产量的高低、处理速度的快慢及上下游问题的模式。单独的大数据系统有助于将来自整个公司和全球网络的数据与生产数据相关联。我们预计所有这些操作都需要特殊数据清理、规范化、相关和分析的能力。
- 社交应用。如今，对建立一个知识库并允许人们通过全球网络找到他们需要的专家的需求越来越强烈。社交应用可能不是制造业 IT 团队看中的，但与相关人员联系以快速解决问题和共享最佳实践的核心能力是至关重要的。尤其是行业中的一部分经验丰富的专业人士已接近退休年龄，这是一个需要考虑的因素，即使今天很少有 MES 考虑到这一点。

38.4.7　集成

MES 一直是半导体行业 IT 业务的核心，是信息技术与自动化或操作技术之间的关键接口。本章前面提到的 ISA-95 模型展示了这种关系。

自动化：设备和机器人

MES 一直需要与工厂的自动化系统连接，后端设备也越来越自动化。更多的机器人和无人搬送车(AGV)及自动物料搬运系统(AMHS)得到使用，MES 自动化互操作将变得更加复杂。所以连接到潜在的各种设备和自动化控制系统是至关重要的。大多数设备是利用 20 世纪 80～90 年代的 SECS/GEM(SEMI Equipment Communications Standard/Generic Equipment Model)标准开发的，也有一些基于最近的 SEMI 的设备数据采集(EDA)套件和高性能的数据收集标准(也称为“接口 A”)。直接应用集成时，可以使用 MES 开发人员提供的开放平台通信(OPC)和其他类型的应用程序接口(API)。与自动化和电子设备相关的连接设备必须提供快速和极为可靠的数据交换，以确保完全控制生产过程。

设备工程系统(EES)应用

设备工程已经发展成为一个庞大的软件市场。设备工程系统(equipment engineering systems，EES)的功能，如站点/模块控制、故障检测和分类(FDC)、过程监控、步骤间(R2R)控制、虚拟测量、预防性维护、配方管理和产量等数据的分析都已与MES集成。其中一些如R2R和FDC也称为先进工艺控制(APC)。一旦确保EES和MES能够有效地交换信息，就可以保证工程和生产规范都会有一个好的结果。这些技术含量更高的应用程序提供了一层新的功能，将MES连接到设备和实际过程。一些MES供应商也有自己的EES，其与不同公司的合作伙伴密切合作，以努力使解决方案与半导体制造客户的要求无缝契合。

ERP与供应链

当然，MES必须与ERP或SCM(供应链管理)软件中的订单管理和生产计划能力进行通信。这些企业级系统的需求驱动着工厂的活动，而且是MES中订单、派工和调度的基础。对于订单交付日期预判、物料管理和总体库存平衡来说，MES向这些系统发送实际生产信息是很关键的。如果生产规划者和使用这些系统的其他人不仅能够直观地看到物料和出厂的产品，并且可以看到在生产过程中出现的时间和产量问题，则他们可以采取更加现实和积极的行动。除了库存和订单管理，销售和使用企业系统的客户协作团队也将从当前生产数据的ERP视图中受益。

产品生命周期管理(PLM)、电子设计自动化(EDA)和应用生命周期管理(ALM)

随着客户协作需求的增加和新产品推出时间的缩短，直接将MES集成到产品研发团队使用的系统中的需求也随之增加。除了使用传统的EDA系统开发和测试半导体设计，公司越来越多地使用PLM和ALM系统来管理产品和软件数据。

当设计进入测试运行时，来自设计的实际产品的特性显然对设计团队十分关键，与创建这些产品输出的过程有关的信息也是如此。此外，产品设计和制造之间的强大互操作性确保了变得越来越分散的生产团队总是可以引用相同的研发材料。除了实际的规格和设计、测试参数、故障预测和设计人员的假设，所有这些都可以帮助生产做出符合设计意图的有效决策。

合作伙伴系统

为了在全球网络中实现设备级的可跟踪性，MES最好也能从供应商那里获取信息，并将其整合到谱系记录中。品牌所有者必须确保得到材料和先前步骤的完整视图。特别是由于特殊的功能，如一些外包工艺，这个情形可能会变得相当复杂。处理不同格式数据并将其带入产品及MES管理的生产过程中变得越来越关键。

38.4.8 这些特征的重要性

产生对这种类型软件的需求的一个关键驱动因素是，对单个工厂中生产不同类别产品的需求的增加。每周从一个产品转换到另一个产品可能不适用于每一个工厂，但是这类情况会越来越多。

其中一些MES的特性也是由从研发到规模化和批量生产的可靠性、质量和速度的需求驱动的。特别是在半导体产品应用于关键业务和与人身安全有关的情况(自动驾驶车辆、医疗设备、航空电子设备等)时，可靠性和质量是必不可少的。对于许多移动应用程序来说，产品生命周期往往太短，以致传统的设计还未完成时就必须开始生产新版本的产品了。

其中一些特征就是现代软件的工作原理。这意味着当今的大学毕业生只能精通具有这些特点的系统，并被吸引到基于现有技术和概念的系统的相关工作中。我们已经看到，许多半导体公司难以招聘和留住年轻的制造业IT人员，以取代许多即将退休的员工。

38.5　MES 项目的考虑因素

半导体企业及每一家工厂在考虑购买和实施新的 MES 项目时，可能处于不同的情况。虽然整个 MES 可能不需要改变很多，但实施项目的方法和核心团队是不同的。MES 选择和实施项目通常要几年的时间。需求的收集、审阅和微调及项目计划是以尽量减少或避免停工作为项目成功目标的关键。以下是针对各种常见情况的一些关键考虑因素。

38.5.1　未开发地区

在这种情况下，MES 的价格和风险相对较低，因为它只是 IT 的基础设施之一，而操作技术则是物理工厂的基础设施。这种条件下最大的挑战是你往往不知道你不知道什么。厂房和设备尚未到位，因此有关 MES 需要建模、接口和管理是未知的。最需要审视的是系统的灵活性和模块变化的快慢，与其他系统的接口，以及快速配置或扩展系统的能力。这种情况还可能涉及一群对 MES 或半导体生产几乎没有经验的潜在客户。所以建立一个经验丰富的核心团队，具备优秀的沟通和培训技巧，对于顺利和成功实施 MES 将是至关重要的。

38.5.2　取代现有的 MES

大多数半导体工厂已经有 MES，它们正在生产产品。用现代的 MES 取代旧的 MES 所面临的挑战包括停机的风险，管理两个系统内的数据，在很长的时间周期内处理每批数据，以及历史数据的需求。虽然这些都是真实存在的风险，但更换 MES 不一定会损失生产时间，因为新的更新系统的方法已经开发并成功部署了。然而，有些设施根本没有剩余的预期寿命使这类项目可行。对大多数人来说，这是一个时间问题，并权衡不作为的风险与淘汰生产设施中的系统的风险。需要更现代的系统的因素包括：

- 目前的系统无法扩展以满足对产品或工艺改变所需实时数据的需求。
- 单个设施和进程之间的转移造成逾期未完成的问题。
- 客户或新产品的需求不能通过未经定制的系统或几天内得到满足。
- 系统不能为工程师提供及时、可供分析的数据。
- 任何方面的技术不再受支持(硬件、操作系统、应用等)或者当硬件设备供应商不再提供备件时。
- 当需要的计算机编程技术(COBOL、FORTRAN 等)太过时的时候。
- 跨多个站点进行更改时，为了确保一致性和可靠性需要很多个星期的人工时。

利用现代的 MES 取代旧的 MES 的三种主要方法是：(1)简单地将一切都转换；(2)对某些产品或功能进行分阶段的新系统的引入；(3)并行运行新、旧系统。在过去的几年里，每一种方法都被成功地使用过。任何一种情况都需要有一个非常可靠的程序计划，它不仅影响采购、设计、安装和测试的时间，而且还影响每个产品的所有跟踪数据需求及人员的培训需求。

38.5.3　无纸化

在某些情况下，公司试图用 ERP 或其他不太适合这些任务的系统来实现 MES 的功能。制造团队通常会开发一个基于 Office 的应用且利用纸张记录，确保流程被跟踪和管理、产品历史存档和在制品追踪以某种方式完成。在这些情况下，手工处理往往会在每个步骤程中产生额外的错误和时间滞后。然而，没有足够的知识来识别生产运作所需的系统类型这一事实，表明一些教育方面的挑战迫在眉睫。公司必须明确区分企业 IT 系统和制造 IT 系统，软件层面也要明确 MES 是专为设备的及时和相对详细的操作而设计的。

38.5.4 能力和伙伴

考虑到半导体行业公司和设施的多样性，项目团队也会不同。大多数超级工厂将独立实施 MES，而不是依赖软件供应商或顾问等外部资源，有些还拥有定制的 MES，因此他们的团队成员都是专家。许多半导体公司严重依赖软件供应商或者系统集成商的顾问。有些公司几乎没有 IT 资源，所以通常依赖统包项目的软件供应商。在 MES 项目中加入合作伙伴的好处是，他们比内部团队拥有更多 MES 实现案例和更多的经验。

38.5.5 商业案例

在其他行业中，判定是否购买相关系统的基本理由与判定是否使用 MES 的理由相似，但幸运的是，很少有半导体公司相信没有 MES 就能在竞争中生存下去。国际 MES 协会指南中的《MES 的投资回报率（ROI）和评估》（*ROI and Justification for MES*）[①]，提供给制造部门和 IT 人员一个财务专家能够接受的商业案例的基础。

在所有这些情况下，了解未来十年会有什么样的需求是十分必要的。有一些重要的因素已经在改变，包括：

- 全球价值链。除了基于固定站点的系统，MES 需要管理在不同站点、与合作伙伴共同进行的多个生产阶段。
- 物联网。在半导体制造中已经使用的物联网载体和设备对 MES 增加了许多新的要求。物联网还给半导体公司的应用带来数量的增长，因此公司需要现代 MES 来扩大规模，并处理更复杂的产品组合。
- 设备级可追溯性。超批次跟踪已经实现，并将扩展到更多的产品；这将产生大量的数据，以及大量的对 MES 功能方面的特定需求，需要其能够处理每一步骤的路径和关系数据。
- 新产品引入。除了目前设计和制造之间的切换，公司还需要 MES 有效地集成到设计系统中，以便在不影响质量的前提下快速投入量产。

半导体市场的变化速度使得工厂 IT 部门必须能够支持运营的需求。现代 MES 可以根据市场的发展而变化。

38.6 扩展阅读

A Reference Model for Computer Integrated Manufacturing（CIM）Purdue Research Foundation, 1989.

ANSI/ISA-95 standards and ISA-95 related publications: https://www.isa.org/store/products/?mstype=Publications&ms_product_type=Standards&mssearch=ISA-95.#/129a379272a3a4005515092db8d1a58b.

"Enterprise-Control System Integration Part 1: Models and Terminology," Research Triangle Park, North Carolina, USA: International Society of Automation. 2000. ISBN 1556177275.

---

① © 2014, MESA International, *MESA Metrics Guidebook: ROI and Justification for MES*, by Darren Riley and 7 other authors who worked on this in the MESA community.

"Enterprise-Control System Integration Part 3: Activity Models of Manufacturing Operations Management," Research Triangle Park, North Carolina, USA: International Society of Automation. 2005. ISBN 1556179553.

Harrington, J., *Computer Integrated Manufacturing*, Industrial Press, South Norwalk, Connecticut, 1974. ISBN 0831110961.

Kletti, J., *Manufacturing Execution System*, Springer, Berlin, 2010.

McClellan, M., *Applying Manufacturing Execution System*, St. Lucie Press, Boca Raton, Florida, 1997.

McClellan, M., *Introduction to Manufacturing Execution Systems*, MES Conference & Exposition, Jun. 4, 2001, Baltimore, Maryland (http://www.cosyninc.com/papers/3.pdf).

MESA International: http://www.mesa.org/en/index.asp.

Meyer, H., F. Fuchs, and K. Thiel, *Manufacturing Execution Systems*, McGraw-Hill, New York, 2009.

Orlicky, J., *Material Requirements Planning*, McGraw Hill, New York, 1975.

Vinhais, Joseph A., "Manufacturing Execution Systems: The One-Stop Information Source," *Quality Digest*. QCI International, Sep. 1998.

Scholten, Bianca, *MES guide for executives: why and how to select, implement, and maintain a manufacturing execution system,* Research Triangle Park, NC: International Society of Automation, 2009. ISBN 9781936007035.

"The Benefits of MES: A Report from the Field," Manufacturing Enterprise Solutions Association, MESA International, Chandler AZ.

第 39 章　先进工艺控制

本章作者：Raymond van Roijen　GLOBALFOUNDRIES
本章译者：邓海　崔中越　复旦大学微电子学院

39.1　引言

在现代半导体制造中，我们制造的晶圆通常由百万或数十亿个单独的器件组成，其中主要是晶体管。我们希望每一个器件都能在严格定义的规格范围内工作。这些器件的制造由数百或数千个工艺流程步骤的执行组成。只有在制造过程中的每个工艺流程都严格按照设定规格来执行，我们才能成功。现代晶圆厂(fab)内部的机器就是为了满足这种需求而制造的。但是，由于工业制造不断进步的特点，有时为了实现新技术节点超越以前技术节点，并且保证足够的工艺窗口，必须确保机台能够在其精确度与重复性的极限下生产。

为了增强对产品的控制能力，我们希望能够严格量化机器的各项性能，并利用我们对产品和工艺过程的理解(以追踪机台数据和表征产品参数的形式)来调节工艺参数。能够实现上述要求的技术在现代半导体生产制造中变得不可或缺。

我们可以利用先进工艺控制(advanced process control，APC)来保障机台能在来料不稳和非常窄的工艺窗口下生产。这些技术的共同之处在于，利用生产过程中的实时数据来反馈，优化机台参数从而实现对的工艺控制，进而提高产品的良率。在文献中可以查询到各种上述方法的应用，接下来我们将讨论过程统计控制(statistical process control，SPC)、步骤间(run-to-run，R2R)控制、故障检测分类(fault detection and classification，FDC)控制、虚拟度量(virtual metrology，VM)等。

SPC 将生产的产品的各项参数进行统计分析来实现生产控制达标。

R2R 控制是指基于生产过程控制模型来实现机台对工艺参数的调节，这种工艺参数的调节可以根据以往大宗产品的工艺参数进行，有时也以单片晶圆的参数进行调节。

FDC 是基于一种机台行为模型，该模型源于对一个特征工艺过程的研究。现代大多数机台能够提供大量的机台数据，例如设定的条件、测量的数据等。通过实际数据与建立的模型，我们就可以判定该产品是否在规格以内。

VM 利用生产过程机台记录的数据来预测产品特色的数据，从而减少产品测量的需求。

39.2　统计过程控制(SPC)

通常在生产的过程中需要测量一系列关键数据，从而保证产品符合设定要求。例如，在制造 MOSFET 晶体管的过程中，栅极氧化层的厚度是其中一项重要的参数[1]。根据集成电路设计的要求，每个晶体管的栅极氧化层的目标厚度为 d_0，从而保证其实现电学性能。通常晶圆生产都是批次加工的(25 片一批)，利用椭偏仪或者 X 射线光电子能谱(X-ray photoelectron spectroscopy，XPS)测量其中一部分晶圆的氧化层厚度。然后，我们就可以整合不同产品的测试数据，探究该工艺过程中的许多现象与结果。最简单的应用之一是，规定 d_{ul} 和 d_{ll} 为栅极氧化层的厚度的上下限，当厚度 d 超出我们所能接受的范围时，能够自动的发出警报并且停止机台工作。图 39.1 中的趋势图就是这类数据的一个例子。

在图 39.1 的例子中，当出现超出上限的数据时(第一个圆圈点)，便需要停止生产，等确认问题原因并及时修复后，才可以重新启动生产。

虽然上述机制能够警报超出标准上限的过程，但不能保证我们生产的产品全部都是符合标准的最优化产品。集成电路设计需要考虑参数的波动性，其希望厚度 d 或其他各项参数呈现围绕着目标值一倍的标准偏差σ的高斯分布。因此，我们的生产过程不但要在规格以内，而且要符合预期的分布。在 SPC 系统中，需要添加一些特定的规则来保障更好的工艺过程控制。

行业内普遍采用控制线为 3σ的“西电子规则(Western Electric rules)”来实现更好的工艺控制，另外，连续 2 个点超出 2σ线(或低于-2σ线)也被定义为控制失效(见图 39.1)。出现连续 9 个点在目标(target)一侧的情况也会触发警报，9 个点连续出现偏离目标是低概率事件，这样才能保障工艺控制的稳定性。

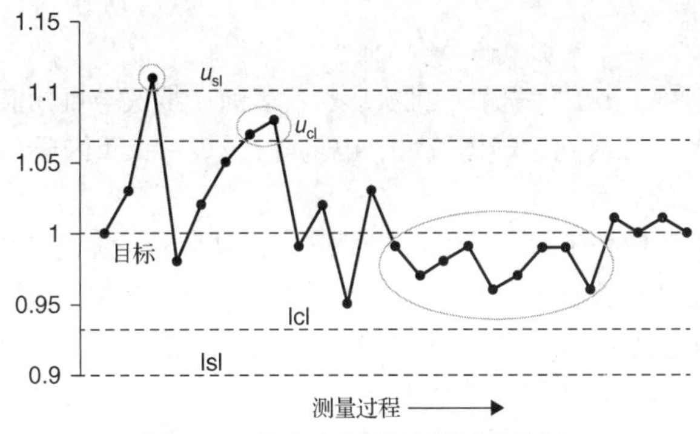

图 39.1　带有上下限的测量趋势图

通常，我们用工艺能力 C_p 和工艺精密度 C_{pk} 来表征不同的工艺参数的分布及趋势。其公式如下所示：

$$C_p = (d_{ul} - d_{ll}) / 6\sigma$$

$$C_{pk} = \min((d_{ul} - d_m) / 3\sigma, (d_m - d_{ll}) / 3\sigma)$$

其中，d_{ul} 和 d_{ll} 分别表示上下限，d_m 是厚度的平均值。C_p 较高就表示工艺过程管控状态良好，工艺过程并未产生较大的波动。C_{pk} 较高，说明工艺过程参数能很好地控制在目标附近。一般情况下，认为 C_{pk} 在 1.33 左右，表明工艺过程管控状态良好。当然，管控的要求还与实际生产应用、工艺流程成熟度相关。

早期在研发技术时，产品的性能只能依托于一些物理参数。例如，晶体管的阈值电压与电流决定了逻辑集成电路芯片的良率，而阈值电压与电流是由栅极氧化层的厚度决定的。所以，只需要控制好晶体管各项尺寸参数，就能保证良率达到要求。

工艺过程的管控不仅限于上述提到的特征参数的测量，通常也需要专用的缺陷检查设备来监控。使用光学的方式，例如 e-beam 或者其他技术(如外来物料的颗粒检测、产品颗粒物或者离线的机台颗粒监测等)，都能方便地检测出各种缺陷。同样对于量测来说，我们也可以定义一个可以接受的波动范围，如果出现超出范围情况，就触发警报并停止机台。

39.2.1　R2R 控制

使用统计过程控制方式对机台的重要的量化参数进行控制，可以保障机台在期望的波动范围内正常运行。此时，只要机台的操作能力足够，我们只需要偶尔进行调整即可。然而，在某些情况下，机台的状况是随着时间缓慢变差的。此时，即使是一些正常的波动也会触发警报。对于这种情况，我们使用 R2R 方式来控制工艺过程，而不是频繁地宕机或者由工程师干预。R2R 控制是在全方位的系统监控下，机台接收系统控制的工艺参数来实现对生产工艺过程进行控制的[2,3]。在R2R 控制模式下，机台刚生产过的产品的测量数据对机台的实时状况起到不断的监控的作用。例如，对于沉积成膜工艺，沉积成膜的速率可以通过上一批次沉积工艺的条件和结果的反馈，经计算后产生新的沉积条件，将其应用到当前批次来保障其厚度达到目标值。

在实际应用中，这种方法不太容易实现。由于生产过程中的机台或者测量结果偶然性的波动，可能会导致我们对工艺参数的补偿不足或者过补偿情况。我们可以采用指数加权平均的方式来规避这种偶然跳动的数据坏点带来的影响[4]。这种方法系统根据最近一笔的数据进行反馈，且其权重最高。而利用权重较低的一些时间久远的数据来防止过补偿情况。下面给出一个示例：

$$E = d_{n-1} - d_0$$

$$S = (E / x_{n-1})\lambda + S_{n-1}$$

$$x_n = d_0 / S$$

n 表示当前批次的产品编号，n–1 代表前一批次。E 代表前一批次与目标值的偏离情况；x 表示工艺过程中的线性可变参数，如时间、气体流量、电量等；λ表示权重因子(0 和 1)；常数 S 反映了输入参数 x 与输出 d 之间的关系。

权重因子λ的选择需要依托于对工艺的认知情况。如果是对一缓慢变化的工艺过程进行修正，表示需要经过多批次产品生产完成反馈后其工艺条件改变很小，则其权重因子就需要很小。反之，如果不同批次的产品之间差异很大，就需要权重因子比较大。如果权重因子设置为 0.5，便会根据最近一批数据结果对工艺过程产生明显的修正。

这种控制方式是工艺控制的一种很有效的方法，而且可以扩展到用于解释其他不同原因带来的工艺波动。例如，我们用于考察晶圆条件或者前道工序带来的来料不稳的情况。假设总厚度值为 d_0，来料原始厚度总值为 d_i，目标参数为 d_c：

$$d_0 = d_\mathrm{i} + d_\mathrm{c}$$

$$d_\mathrm{c} = d_0 - d_\mathrm{i}$$

这样可以把 d_i 当作不变的常数进行控制。

例如，在反应离子刻蚀–沉积过程中，我们只关心最终沟道的厚度。在应用中，通过测量沟道的深度来调节沉积厚度的值，同时使用 R2R 控制沉积厚度来改善最终的沉积层厚度。类似这样的生产控制技术在生产过程中起到了重要作用[5~7]。

与此类似的可参见 Kurihara 等人的观点[8]，采用多晶硅栅极层厚度与浅道隔离沟槽的高度作为变量，对栅极的关键尺寸进行改善与控制。

39.2.2　R2R 控制模式的注意事项

R2R 概念另外一个有用的扩展依赖于我们对机台和工艺过程的理解与掌握。在许多工艺过程中，由于晶圆图或者其他方面的不同，不同产品之间的参数 x 有很大差异。这就意味着我们需要对许多历史数据根据产品的种类进行分类，再进行计算，从而对每个产品的参数 x 实现准确预测。如果不同产品的差异有相同的趋势，且在相同的数量级，比如产品 S_a 变化 5%，S_b 也变化 5%，或者接近 5%，便可以利用这种关系进行跨产品之间的反馈。采用产品相关因子 F_a，参数 S_a 与其关系由如下表达式给出：

$$S_a = F_a S$$

上述的公式变成

$$S = (E / (F_a x_{n-1}))\lambda + S_{n-1}$$
$$x = d_0 / SF_a$$

这种方法有一个很明显的好处：对当前即将进行生产的产品，使用最新的数据进行反馈。特别是针对产品种类多样化且生产时间相对间断的生产过程来说是非常有利的。

R2R 控制模式并不限于应用在可以测量的物理量的控制上，也可以通过对测试性质的理解及对比其目标值等，把该方式应用于易控制且对器件的性能有重要影响的离子注入步骤中。例如，基于以栅极氧化层厚度 d_{ox} 和栅极长度 L_g 为变量的反馈机制[9]，已知 MOSFET 的饱和电流 $I_{d,sat}$ 与这两个变量成反比关系，如下所示：

$$I_{d,sat} \sim c / (t_{ox} * L_g)$$

c 是与工艺节点和规格相关的。通过上述内容可知，可以通过对离子注入[1]的反馈来调节饱和电流至目标值。

晶圆内部不同区域的均匀性对于良率来说比较重要，现代的机台有能力通过工艺配方(recipe)对晶圆范围内的均匀性进行调节控制，也可以通过 R2R 控制对每一批次的产品进行均匀性的优化与控制[7]。

测量的精确度是影响 R2R 控制模式实施的重要因素，因为测量机台的结果是用来反映信息并反馈给生产机台的，相当于用测量机台的精确度和重复性代替了生产机台的精确度与重复性。因此，测量的准确度成为工艺品质控制的一项主要因素。

从以上内容可知，对于机台的漂移或工艺过程的漂移来说，R2R 控制模式是控制机台与工艺参数的一项非常简单而有效的方式。然而，在 R2R 控制的实际使用过程中，也会出现机台被不正确的反馈数据或者未预料的情况所干扰。建立该控制模型时的挑战在于需要考虑任何可能导致系统失败的异常情况，例如错误的测量数据、丢失的历史数据或对任何类型的机台的错误反馈。

在系统建立之初进行严格的潜在失效模式检测，可以避免系统失效带来的问题，这有时比建立反馈系数更加烦琐、耗时、费力。

在实际生产的实施过程中，需要定义所有上述讨论的因素的代码参数，这就需要对机台本身、工艺过程、控制系统有深入的理解，才能在一个事例中处理好各层关系。因此，根据上面概述的方法编写一个处理所有输入和输出(测量、工具参数)的应用程序是非常有用的，但要允许使用工艺工程师选定的备用的一系列输入和系统变量。变量如目标厚度 d_0 和权重因子 λ，通常存放于控制文件或通用单元控制器中[10]。根据工艺流程的细节，很多的变量可以通过控制文件进行设置、调整，如输入参数反馈的上下限，工艺过程迭代的最大变化值，可变输入参数的绝对值的上下限，等等。在生产过程中，为避免工艺条件出现在已知范围之外的情况，参数的上下限的设置可以规避系统对错误的测量数据进行反馈，对生产过程起到重要作用[11]。

当使用 R2R 控制模式进行长远生产控制时，我们应多关注系统正常工作所需要的数据流。当系统中的数据超过了时间期限时，要保证其不再进行反馈，但需要继续保存以备后续可能再次使用。在连续规模量产时，一天可能会生产很多批次的产品，数据流不是难题。但如果计算模型中的产品相关因子过期，可能会对单一产品产生影响，因为其生产量少且数据流少。系统处理的数据和测量数据可能在几个月或几年之后无法检索到。例如，如果我们依赖于从系统处理和测量数据中计算出的某个产品相关因子 F_a，但该产品的每次生产之间存在较长的间隔，那么关于产品的反馈数据可能会过期。在设计 R2R 控制系统时，类似的限制应铭记于心。

39.3　故障检测和分类

如上所述，R2R 控制通常是基于晶圆某些特性的测量而实现的。半导体制造中使用的机台能够提供大量与生产工艺过程本身相关的信号、数据，这些信号可以用来改进工艺控制。改善控制的另一种已建立的方法是故障检测和分类(FDC)，其中我们为含已知关键参数的每个流程步骤创建一个模型。根据机台种类和工艺流程的不同，参数种类可以有很大的不同：执行某个工艺步骤所需的时间长度、输入功率、温度、气体流量、调压阀的阀门位置等。通过对已知工艺过程的信号进行研究，可以在模型中建立和总结参数的正常范围。一个简单而有效的方法是计算一个参数的平均值和允许范围，或变化率的允许范围，这和所讨论的工艺过程步骤相关。通过将实际值与模型进行比较，就有可能检测到异常情况。这可以触发警报，并停止可能发生故障的机台。系统还可以为工程技术人员提供异常相关信息，工程师可以根据这些信息(产品是否可以出货？机台是否需要检修?)做出正确的维护动作而保证机台的正常运行，所以说这些信息对处理异常非常有用。

想要明白如何设置 FDC，请考虑图 39.2 中的说明。晶圆在机台中加热到加工所需的目标温度。该趋势图表示晶圆温度，该温度从一个瞬时读数开始，然后上升和下降，最后再次上升到所需的温度。目标温度是通过对机台本身的反馈来确定的，应用于机台中所有的 4 个晶圆。在这个例子中，所有的晶圆在工艺过程周期结束时达到目标温度，但是达到目标温度所需的时间并不相同。尤其对于晶圆 4 需要 t_2 时间才能达到目标值，这比其他晶圆在 t_1 或接近 t_1 时的时间要长得多。

因此，晶圆 4 的追踪数据表明可能是机台有异常，应该在再次使用之前进行检查。然而，某些晶圆的某些参数与其他晶圆的不同，这并不表示一定有异常，也可能属于正常的变化范围。从工艺处理时间的分布图 39.3 上可知，t_2 时间并不是个例，不应该将其列为工艺过程异常。

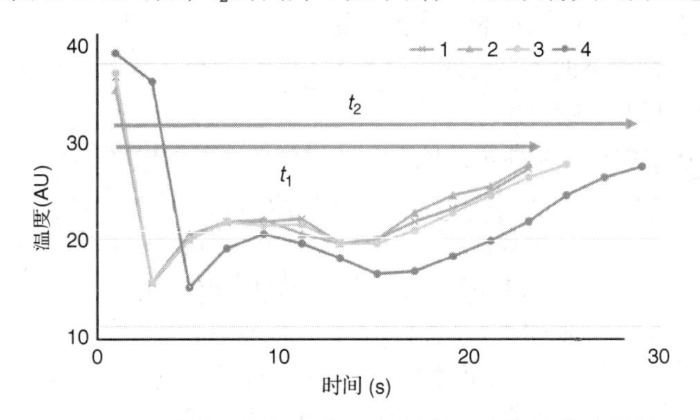

图 39.2　4 个晶圆的任意单元(AU)的温度曲线追踪数据

应该指出，并不是所有的机台行为都适合直接的线性外推。在某些情况下，为了充分使用潜在的增强功能，需要对机台内部工作原理有一个详细的了解。可以参考一个反例，即飞轮离子注入机台特性的严格处理方式和非线性数据的解决办法[12]。

正如我们将在下面讨论的那样，现代机台生成和收集的大量数据为发现异常和防止错误处理提供了一个很好的机会，但挑战在于如何通过数据分析，获得工艺过程明显偏差的指示信号。

虽然上述方法看起来很简单，但是一个典型的晶圆厂中有大量的机台，每一个机台上的每一次操作都是由一系列步骤组成的，如泵降、稳压、等离子点火等。在每一步，我们可以记录许多设置和传感器读数，例如，不同的气体流量、温度的上升和下降、等离子电源等。因此，要建模的变量的数量，即不同的过程、它的所有子步骤和记录的所有参数数量再乘以机台的数量，变得非常巨大，并且排除了单独考虑每个步骤的方法。因此，建立一个实用和有效的 FDC 系统，以便集中于探究普遍适用的统计方法，并利用其确定参数的上下限、提取最重要的信息非常重要。

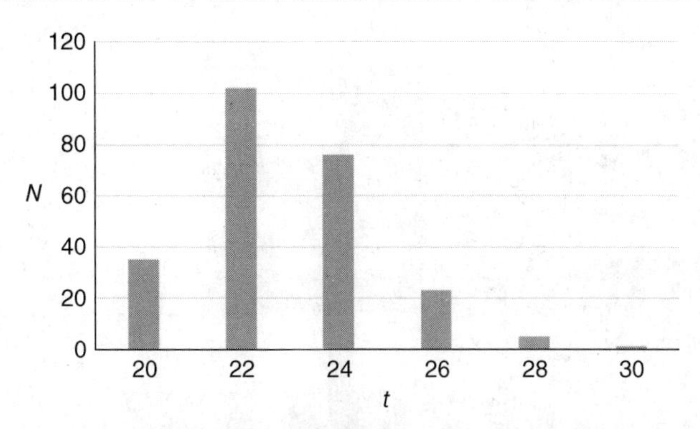

图 39.3　晶圆的数量(N)随时间 t 达到目标温度的分布图

除了具有挑战性的、需要监控大量的工艺参数，我们还必须考虑每个机台上不同步骤的条件的变化，以及机台在周期维护中产生的典型参数漂移。关于这个主题有大量的文献，其重点是寻找真正的异常点。由上述可知，考虑到存在大量可用的数据及不希望出现工程师团队被数据淹没的情况，我们的目标是找到最佳的分析技术，以分离出可能影响产品良率、产能的各种异常点。

在参考文献[13]中，作者描述了一种对数据进行规范化的方法，并解释了用于识别真实异常点的相关关系，该方法依赖于主成分分析(PCA)[14]来找到最能代表这些变化的向量。

参考文献[15]中也考虑了针对 FDC 的 PCA，但是注意具有非线性特性的过程，例如一些批处理过程对 PCA 构成了挑战。为了克服这一缺点，作者结合了 PCA 和 k 近邻规则，同时控制了计算需求。

Li 等人[16]在分析过程跟踪数据时回顾了一些可用的技术及其优缺点。他们提出了一种统一的离群点检测方法，将信息理论和统计技术相结合，以应对 FDC 的挑战。

39.4　虚拟度量

利用虚拟度量(VM)技术，我们可以进一步从机台参数中提取相关数据。我们不是在加工后测量产品，而是通过分析已知的来料晶圆的信息和加工过程中收集的数据来估算关键特征。这种方法的一个明显优势是它消除了测量过程、节省时间和金钱。我们也得到了所有晶圆的信息，而不仅仅是一个测试样品的数据。

为了准确地模拟加工后晶圆的物理特性，我们必须了解机台参数对产品的影响。例如，在刻蚀机台上运行实验设计(DOE)，我们可以发现刻蚀过程对所有可用机台参数的敏感性。该信息被整合到 VM 模型中，VM 模型现在可以确定每个晶圆最可能的刻蚀深度，该信息可以用于后续生产过程(前馈)或估算良率或产量。

由于半导体制造过程和机台的多样性程度很高，VM 通常依赖于对特定操作步骤的大型数据集进行分析，以找到预测该操作步骤结果最相关的参数。参考文献[17]中描述了一个示例。在收集了多道工序机台集上的沟槽腐蚀数据，并找到预测沟槽深度的最相关的参数后，形成了一个可以根据晶圆的测量结果，大量预测每个晶圆的沟槽深度的模型。

正如在参考文献[18]的 VM 中指出的，提供批次中每个晶圆上的数据，就能够在晶圆而不是批次级别上应用 R2R 控制，这将进一步降低可变性。这一概念在参考文献[19]中得到了细化，它对

VM 进行了研究，并举例说明了依赖指数(reliance index，RI)的概念，即应用 VM 数据加权后的因子代表预期与实际结果的一致性。如图 39.4 所示，RI 有助于确定 VM 对 R2R 控制的影响程度。

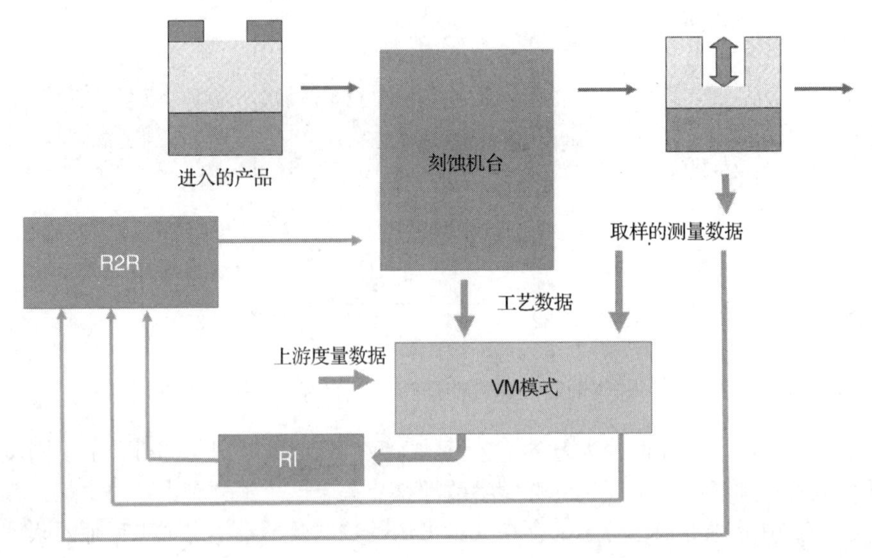

图 39.4 使用带有 RI 的 VM 的反馈机制

我们还应该考虑到机台漂移和机台状况不一致，即机台性能随时间的逐渐变化及执行相同操作的机台之间的差异。实现这一点的一个好方法是利用特定的产品进行取样测量，这样就可以定期验证和纠正 VM 模型。在参考文献[20]中，作者概述了确保虚拟机维护度量数据准确模型的方法。

虽然上面的讨论主要集中在校正机台漂移和机台之间的偏差，但也可以将这些技术应用于机台匹配和预测维护上[21]。

39.5 展望

读者可能已经注意到，上面描述的方法具有许多共同的特性：它们主要依赖于生产过程中可用的最佳数据，无论是机台跟踪数据还是产品测量数据，经执行分析和生成预测输出，以改进生产。所有方法都可以且常常作为独立的解决方案来改进一个流程的相关步骤，或者有限的流程步骤。毫无疑问，通过综合分析和利用所有数据可以得到更好的结果。在参考文献[22]中，作者详细描述了将 R2R 控制数据和 VM 与调度能力结合起来的建议（本章没有讨论；也可见参考文献[23]），以及产量管理可以明显提高生产率，其超出了较小单元的分段优化所能达到的水平。Moyne 和 Schulze 将其称为产量 YMeAPC（管理增强高级过程控制系统）。因此，我们可以看到 APC 的演变：从异常原因追溯到预测行为，再到优化整个生产过程。

在一般意义上，上面讨论的大部分内容依赖于提取制造过程的某个模型，并将该模型与当前性能的一个实例进行比较，或者生成对机台参数或产品特性的预测结果。

提取这样的数据模型是大分析（或大数据）在半导体领域留下的足迹。考虑到晶圆厂中生成的大量数据，包括处理过程、物流、测量、测试和其他数据，大数据似乎可以获得超出这里详细描述的“人”范围之外的有价值的见解。事实上，大分析已经用于物流操作，因为优化晶圆厂中各种机台之间的使用和产品移动是一项非常适合机器学习的功能性任务。

参考文献[24]讨论了大数据的潜在影响，以及新兴分析软件平台的优势，这些软件平台具有规模大、价格低廉、速度快的特点。

随着技术和晶圆厂环境本身的复杂性不断增加，未来我们可能会越来越依赖于智能数据挖掘工具的帮助来寻找新的数据链接和数据预测，从而提高性能、产量和良率。

39.6　参考文献

1. Yuan Taur and Tak H. Ning, *Fundamentals of Modern VLSI Devices*, Cambridge University Press, Cambridge, U.K., 1998.

2. L. F. Fuller, "IEEE/SEMI 1990 Advanced Semiconductor Manufacturing Conference and Workshop," pp. 108–111, 1990.

3. J. R. Moyne, R. Telfeyan, A. Hunvitz, and J. Taylor, "A Process-Independent Run-to-Run Controller and Its Application to Chemical-Mechanical Planarization," *Advanced Semiconductor Manufacturing Conference and Workshop, ASMC 95 Proceedings*. IEEE/SEMI, pp. 194–200, Cambridge, MA,1995.

4. S. Tseng and N. Hsu, "Sample-Size Determination for Achieving Asymptotic Stability of a Double EWMA Control Scheme," *IEEE Transactions on Semiconductor Manufacturing*, Vol. 18, Issue 1, pp. 104–111, Boston, MA, 2005.

5. R. van Roijen, C. Sinn, W. Afoh, E. Hwang, J. Scarano, S. Rangarajan, J. J. Brown, et al., "A Comprehensive Approach to Process Control," *23rd Annual SEMI Advanced Semiconductor Manufacturing Conference* (ASMC), pp. 278–283, Boston, MA, 2012.

6. Y. Sun, J. Reichelt, T. Bormann, and A. Gondorf, "A Multi-Step Wafer-Level Run-to-Run Controller with Sampled Measurements for Furnace Deposition and CMP Process Flows," *SEMI Advanced Semiconductor Manufacturing Conference* (ASMC), pp. 399–402, Saratoge Springs, NY, 2016.

7. R. van Roijen, M. Steigerwalt, J. D. Bell, E. Harley, A. Herbert, M. Fayaz, M. Brodfuehrer, et al., "Control of Epitaxial Growth of SiGe," *IEEE Transactions on Semiconductor Manufacturing*, Vol. 28, Nr. 4, pp. 480–485, 2015.

8. M. Kurihara, M. Izawa, J. Tanaka, K. Kawai, and N. Fujiwara, "Gate CD Control Considering Variation of Gate and STI Structure," *IEEE Transactions on Semiconductor Manufacturing*, Vol. 20, Nr. 3, pp. 232–238, 2007.

9. Z. Jian, L. S. Xiang, L. Ming, L. S. Yun, L. M. Chou, K. Suresh, T. M. Chin, et al., "An Integrated Advanced Process Control on RTP Gate Oxide Thickness and Feed-Forward Implant Compensation in Mass Production," *23rd Annual SEMI Advanced Semiconductor Manufacturing Conference* (ASMC), pp. 284–287, Saratoge Springs, NY, 2012.

10. J. Moyne, V. Solakhian, A. Yershov, M. Anderson, and D. Mockler-Hebert, "Development and Deployment of a Multi-Component Advanced Process Control System for an Epitaxy Tool," *IEEE/SEMI Advanced Semiconductor Manufacturing Conference* (ASMC), pp. 125–130, Boston, MA, 2002.

11. D. Boning, W. Moyne, T. Smith, J. Moyne, and Arnon Hurwitz, "Practical Issues in Run by Run Process Control," *1995 IEEUSEMI Advanced Semiconductor Manufacturing Conference and Workshop*, pp. 201–208, Cambridge, MA, 1995.

12. K. Hui and J. Mou, "Case of Small-Data Analysis for Ion Implanters in the Era of Big-Data FDC," *2013 24th Annual SEMI Advanced Semiconductor Manufacturing Conference* (ASMC), pp. 315–319, Saratoge Springs, NY, 2013.

13. J. Blue, A. Roussy, A. Thieullen, and J. Pinaton, "Efficient FDC Based on Hierarchical Tool Condition Monitoring Scheme," *2012 23rd Annual SEMI Advanced Semiconductor Manufacturing Conference* (ASMC), pp.

359–364, Saratoge Springs, NY, 2012.

14. R. A. Johnson and D. W. Wichern, *Applied Multivariate Statistical Analysis*, Prentice Hall, Upper Saddle River, New Jersey, Chap. 3, pp. 124–139, 2002.

15. Q. P. He and Jin Wang, "Large-Scale Semiconductor Process Fault Detection Using a Fast Pattern Recognition-Based Method," *IEEE Transactions on Semiconductor Manufacturing*, Vol. 23, Issue 2, pp. 194–200, 2010.

16. Zhiguo Li, R. J. Baseman, Y. Zhu, F. A. Tipu, N. Slonim, and L. Shpigelman, "A Unified Framework for Outlier Detection in Trace Data Analysis," *IEEE Transactions on Semiconductor Manufacturing*, Vol. 27, Issue 1, pp. 95–103, 2014.

17. G. Roeder, M. Schellenberger, L. Pfitzner, S. Winzer, and S. Jank, "Virtual Metrology for Prediction of Etch Depth in a Trench Etch Process," *2013 24th Annual SEMI Advanced Semiconductor Manufacturing Conference* (ASMC), pp. 326–331, Saratoge Springs, NY, 2013.

18. A. A. Khan, James R. Moyne, and D. M. Tilbury, "An Approach for Factory-Wide Control Utilizing Virtual Metrology," *IEEE Transactions on Semiconductor Manufacturing*, Vol. 20, Issue 4, pp. 364–375, 2007.

19. C. Kao, F. Cheng, and W. Wu, "Preliminary Study of Run-to-Run Control Utilizing Virtual Metrology with Reliance Index," *2011 IEEE Conference on Automation Science and Engineering* (CASE), pp. 256–261, Trieste, Italy, 2011.

20. J. Iskandar and J. Moyne, "Maintenance of Virtual Metrology Models," *2016 Annual SEMI Advanced Semiconductor Manufacturing Conference* (ASMC), pp. 393–398, Saratoge Springs, NY, 2016.

21. J. Moyne, M. Yedatore, J. Iskandar, P. Hawkins, and J. Scoville, "Chamber Matching Across Multiple Dimensions Utilizing Predictive Maintenance, Equipment Health Monitoring, Virtual Metrology and Run-to-Run Control," *2014 25th Annual SEMI Advanced Semiconductor Manufacturing Conference* (ASMC), pp. 86–91, Saratoge Springs, NY, 2014.

22. J. Moyne and B. Schulze, "Yield Management Enhanced Advanced Process Control System (YMeAPC)—Part I: Description and Case Study of Feedback for Optimized Multiprocess Control," *IEEE Transactions on Semiconductor Manufacturing*, Vol. 23, Issue 2, pp. 221–235, 2010.

23. J. Rothe, G. Gaxiola, L. Marshall, T. Asakawa, K. Yamagata, and M. Yamamoto, "Novel Approaches to Optimizing Carrier Logistics in Semiconductor Manufacturing," *IEEE Transactions on Semiconductor Manufacturing*, Vol. 28, Issue 4, pp. 494–501, 2015.

24. J. Moyne, J. Samantaray, and M. Armacost, "Next Generation Advanced Process Control: Leveraging Big Data and Prediction," *2016 Annual SEMI Advanced Semiconductor Manufacturing Conference* (ASMC), pp. 191–196, Saratoge Springs, NY, 2016.

第 40 章　空气分子污染

本章作者：Chris Muller　Purafil, Inc.
本章译者：韩郑生　中国科学院微电子研究所

40.1　概述空气分子污染的化学污染与扩散

在微电子工业界，污染控制的焦点仍然是去除空气颗粒。然而，到了 20 世纪 90 年代后期，当空气分子污染（airborne molecular contamination，AMC）的影响来到 0.25 μm（250 nm）半导体器件的大规模生产面前，AMC 控制集中用在栅前氧化存储环境、自对准金属硅化物和接触孔形成工艺及深紫外（DUV）光刻环境。晶圆仍然暴露在洁净室内环境中，在这些地方，来自洁净室内部和外部的 AMC 源控制面临诸多挑战。

随着工艺标准比如从微米级进入纳米级，要控制的 AMC 的类型和数量不断增加，而控制水平继续下降。尽管晶圆环境开始收缩到前开式晶圆传送盒（front opening unified pods，FOUP）和标准机械接口（standard mechanical interface，SMIF）盒内，并且随着晶圆尺寸接近 450 mm，伴随着几何尺寸已经进入 20 nm 后的器件的有害影响已被放大，需要更严格的 AMC 控制。所有领先的制造商已经在不同程度上将预防性 AMC 措施纳入其操作、设施和污染控制活动。

术语“空气分子污染”（AMC）涵盖了在洁净室空气中可能存在的各种化学污染物。室外空气及制造工艺、工艺设备和化学品供应线中不易收集的排放，制造区、化学品储存区之间的交叉污染，建筑和建筑材料的废气排放、意外泄漏和洁净室人员的生物污染物都会对洁净室中的 AMC 总负荷产生影响。AMC 可能对许多工艺和产品有害，也可能对人员造成相当大的健康危害。

AMC 可以是气体、蒸气或气溶胶形式。它们的化学性质可以是有机的、无机的或混合的，并且可导致大量的潜在的工艺问题。例如不受控的硼和磷掺杂、刻蚀速率漂移、晶圆的电学性能变化、预氧化清洗后碳化硅的形成、步进光刻机光学系统模糊化、阈值电压漂移、高效微粒空气（high efficiency particulate air，HEPA）或超低渗透空气（ultralow penetration air，ULPA）过滤器退化、晶圆金属和制造厂腐蚀，此外还有更多的报道。然而，人们仍然没有充分了解具体的 AMC 对个别处理步骤的影响。

随着半导体器件的几何尺寸继续减小到 10 nm 以下，化学污染的重要性现在已经变得和微粒污染一样重要。AMC 几乎可影响到亚微米器件制造的所有方面，从整个制造操作到最终器件性能。新的化学物质引入到制造工艺中，也被证明会导致不可预见的 AMC 相关影响。例如，随着铝向铜的转变，硫化氢对金属化工艺构成了严重威胁。现在铜和金属硅化物是所有集成电路和其他电子、光电子及纳米器件通用的导体。使用的许多其他新材料可用于极紫外（EUV）光刻的光掩模版、高 *k* 和低 *k* 介质、金属层、阻挡层、抗反射涂层和原子层沉积。这些材料可能是新的 AMC 源，并且对工艺的影响还不完全清楚。需要相关的监测和控制方法，从而了解反应离子腐蚀副产物并将其消除。因此，世界范围内的设备制造商和工厂都在转向无 AMC 的制造环境，包括使用空气过滤器、纯化器、FOUP、盒、压制物、AMC 控制工厂接口、集成式设备、吹扫掩模版存储和堆放区及吹扫光刻设备。

40.2　AMC 分类与效应

对于 AMC 控制系统的选择，首先要考虑的应该是 AMC 类型和数量的评估。这可以通过直接气体监测或使用被动或实时监测的半定量技术来实现[1,2]。在补给气流或再循环气流中可能存在几十种污染物，但需要密切控制的污染物可能相对较少。进行污染物分类有助于将类似的污染类型分组，如工厂内的污染源的类型(见表 40.1)。这将有助于更直接地选择合适的 AMC 控制系统。

表 40.1　污染源

工艺/设备	污染类型*
化学机械抛光	金属、有机物
去胶	金属、有机物、氧化物、残留物
湿法刻蚀和清洗	金属、有机物、残留物
化学气相沉积	金属、有机物、卤素、氢
溅射沉积	金属
反应离子刻蚀	金属、有机物、卤素
离子注入	金属
氧化和扩散	金属

*所有情况产生的颗粒污染。

40.2.1　AMC 分类

SEMI 标准 F-21-1102[3]根据化学性质对洁净室中的 AMC 进行分类，提供了一种通过对暴露的晶圆产生类似影响的材料组来表征环境的方法。本标准的目的是根据洁净室的分子(非颗粒)污染物水平对其进行分类。分类定义如下：

- 酸(MA)：化学反应是电子受主的腐蚀性物质。
- 碱(MB)：化学反应是电子施主的腐蚀性物质。
- 可冷凝物质(MC)：能在干净表面凝结的化学物质(不包括水)。
- 掺杂剂(MD)：一种改变半导体材料电性能的化学元素。

另一类对污染控制更为重要的化学品是难熔化合物。这一类是指挥发性有机化合物(volatile organic compound，VOC)或半挥发性有机化合物(semivolatile organic compound，SVOC)，其中含有硫(S)、磷(P)或硅(Si)。这些硫、磷或硅可在掩模版、光学器件、检测设备等之上形成表面分子污染。表 40.2 列出了一些更常见的难熔化合物。

表 40.2　半导体工厂中的难熔化合物

化学名称	分　子　式	CAS 号
环聚二甲基硅氧烷	$(\text{-Si}(CH_3)_2\text{O-})_n$	69430-24-6
十甲基环戊硅氧烷	$(\text{-Si}(CH_3)_2\text{-O-})_5$	541-02-6
十二甲基环己烷	$(\text{-Si}(CH_3)_2\text{-O-})_6$	540-97-6
六甲基环三硅氧烷	$(\text{-Si}(CH_3)_2\text{-O-})_3$	541-05-9
六甲基二硅氮烷	$(CH_3)_3SiNH\text{-}Si(CH_3)_3$	999-97-3
六甲基二硅氧烷	$C_6H_{18}OSi_2$	107-46-0
八甲基环四硅氧烷	$(\text{-Si}(CH_3)_2\text{O-})_4$	556-67-2
总磷酸盐	$(RO)_3P{=}O$	不适用
总硅氧烷和硅酮化合物	不适用	不适用
磷酸三(正丁基)酯	$(C_4H_9O)_3P{=}O$	126-73-8
磷酸三甲苯酯	$(CH_3C_6H_4O)_3P{=}O$	78-30-8
磷酸三乙酯	$(C_2H_5O)_3P{=}O$	45-40-0
三甲基硅醇	$C_3H_{10}OSi$	1066-40-6
磷酸三(1-氯-2-丙基)酯	$((CH_3)\text{-}(ClCH)CH_2\text{-O-})_3P{=}O$	13674-73-9
磷酸三(氯乙基)酯(TCEP)	$(ClC_2H_4O)_3P{=}O$	306-52-5

某些感兴趣的化合物可能存在于多个类别中，如表 40.3 所示。

鉴于人们在半导体制造业中接触到潜在有毒和有害物质的不利宣传，AMC 控制系统也必须设计为保护人和产品。因此，表征 AMC 的另一种方法是基于对暴露人员的潜在健康影响。因此，我们一般可以将 AMC 分为以下几类(按严重性降低的顺序)：

- 有毒的：可导致活组织受损、中枢神经系统受损或在极端情况下导致死亡的物质。
- 腐蚀性的：可能导致建筑物内部或其内容物变质或损坏的物质。
- 刺激物：可能对暴露人员造成不适和潜在永久性损害的物质。
- 有气味的：主要影响嗅觉的物质。

表 40.3　分子污染物分类及实例

酸	碱	凝　析　物*	掺　杂　剂	难熔化合物
氟化氢(HF)	氨(NH_3)	丙二醇甲醚醋酸酯(PGMEA[†])	三氟化硼(BF_3)	三甲基硅醇(TMS)
氯化氢(HCl)	N-甲基吡咯烷酮(NMP)	NMP	硼酸(H_3BO_3)	六甲基二硅醚
二氧化硫(SO_2)	三乙胺	三甲苯	磷酸三(氯乙基)酯(TCEP)	八甲基环四硅氧烷(D4)
硫化氢(H_2S)	三甲胺	磷酸三乙酯(TEP)	TEP	TEP
乙酸(CH_3COOH)	乙醇胺	丁基羟基甲苯(BHT)		四氯乙烯

*由 SEMI 定义的凝析物(沸点>150℃)。

[†]PGMEA 处于 SEMI 定义的极限。一些公司选择使用 GC/MS 色谱法中的苯或甲苯保留时间作为下限，对凝析物使用不同的定义，以包括更多已知会产生问题的物质(例如二甲苯、PGMEA)。

为了保护相关的人员，人们制定了与接触化学污染物有关的各种法规和指南。表 40.4 中列出的材料接触指南是为工人在通常工业环境中的接触制定的指南。

尽管这些分类都是不确定的，但环境评估至少可以为 AMC 控制系统设计师提供一个起点，指出可能存在的污染物类型和必须控制的污染物水平。

即使有了分类系统，也不能保证快速、简单地选择最有效、最经济的 AMC 控制系统。它所做的是帮助确定是否需要绝对的污染物控制，或者是否可以使用分级效率的系统。

表 40.4　半导体制造常用的化学物质

	污染物类型			
	有　毒　的	腐蚀性的	刺　激　物	有气味的
代表性化合物	氨	乙酸	乙酸	乙酸
	胂	氨	丙酮	氨
	三氟化硼	氯	氨	乙酸丁酯
	氯	氟	氯	氯
	盐酸	盐酸	甲醛	甲醛
	氢氟酸	氢氟酸	异丙醇	氢氟酸
	甲醇	硝酸	甲醇	硫化氢
	硝酸	二氧化氮	N-甲基吡咯烷酮(NMP)	异丙醇
	二氯甲烷	臭氧	臭氧	NMP
	磷化氢	二氧化硫	丙二醇甲醚(PGME)	PGME
	五氟化磷	硫酸	丙二醇甲醚醋酸酯(PGMEA)	PGMEA
	四氟化硅		甲苯	磷化氢
	1,1,1-三氯乙烷		二甲苯	二甲苯

40.2.2 AMC 效应

在当今世界的大部分地区，室外空气中含有臭氧、硫和氮氧化物，以及足以引起洁净室问题的挥发性有机化合物。在城市地区，汽车尾气和燃烧过程中产生的硫和氮氧化物含量不断上升。沿海地区有大气氯和硼。农业活动中可能存在氨和胺。由于生产设施(如排气管)内和周围的工艺化学品的排气和/或释放,洁净室中也存在微量水平的 AMC,这可能导致工艺区域之间的交叉污染。例如化学机械平坦化(chemical mechanical planarization, CMP)工艺中的胺对光刻工艺有害；湿法工作台中的酸会影响金属化工艺。

AMC 会对原材料、在制品和成品、制造和机械设备造成损坏。以下列出了记录的一些影响：

- 深紫外(DUV)光刻胶 T-topping
- 不受控制的硼或磷掺杂
- 刻蚀速率偏移
- 预氧化清洗后生成 SiC
- 栅极介质故障
- 黏附失效
- 阈值电压偏移
- 电阻率偏移
- 成核不规则
- 空隙率
- 晶圆、掩模和步进光学系统雾化
- 减少光传输
- 检测设备中的光学系统雾化
- 接触电阻大
- 磁盘介质和记录头腐蚀
- HEPA/ULPA 过滤器退化
- 无效的湿法刻蚀和清洗
- 设施/设备腐蚀
- 与电晕离子发生器反应形成树枝状、不平衡、长衰变时间和纳米微粒

40.3 AMC 控制注意事项

虽然在如何应用 AMC 控制方面存在差异，但可以考虑一些通用的指导方针。只要可能，应选择不靠近移动 AMC 和颗粒源，且不在污染严重的城市地区、下水道厂、垃圾场/填埋场、化工厂、炼油厂、重工业等附近建工厂。

需要在关键环境中使用低排放材料，并且具备从洁净室材料和组件中鉴定放出有机化合物气体的相关指南。推荐实施规程 IEST-RP-CC031.3[4]描述了适用于半定量测定和定性表征洁净室或其他受控环境中暴露于空气或气体的材料或部件排出的有机化合物的实验方法。该方法主要用于筛选洁净室材料，并与可能因气态有机污染物(主要是挥发性有机化合物和半挥发性有机化合物)而产生不利生产良率的行业相关。在半导体工业中，在硬件、产品和晶圆表面沉积放气化合物被认为是工艺问题和硬件故障的根源。

40.3.1　AMC 控制系统概述

1. 如果仔细选择外部进气位置，补充空气系统将主要发现大气污染物。补充空气处理器应考虑零停机系统。应在所需的 AMC 控制水平、压降和使用寿命之间取得平衡。

2. 再循环空气系统要求根据功能区要求选择 AMC 控制。

3. 由于尾气减排设备散发出令人讨厌的气味，排气系统引起了大量来自邻近设施的投诉。需要持续监控和定期维护。所有生产设施都需要对排气管进行仔细的定位，以防止再次夹带，遵守环境法规，并在适当考虑进气位置的情况下，使用足以分散污染物的排气管高度和空气速度。

4. 具有独立化学污染物控制系统的小型环境可以显著减少 AMC 交叉污染和与生产过程有关的气味的出现。附加的好处包括增加对产品的保护和减少对总排气量的要求。

室外空气污染物的源控制通常不可行或不实用，因此，通风控制可能是一般或特定 AMC 控制的一种选择。然而，这可能证明是不可行的，因为增加稀释空气的使用既不划算，也不节能。此外，引入更多的室外空气可能会导致一组污染物取代另一组污染物，而这些污染物的来源是洁净室外的，而不是内部产生的。在室外空气质量较差的区域，必须进行空气净化。

化学过滤系统作为洁净室暖通空调系统的一个组成部分，可以有效地将 AMC 降低到检测水平或低于所用监测技术的检测水平。如果应用得当，气相空气过滤也有节能的潜力。

补充空气系统通常必须设计为控制 SO_x、NO_2、HNO_x、臭氧、VOC 和一些特定场所的污染物，如硫化氢、有机硫化合物、氯、有机磷酸盐和氨。再循环系统中的化学过滤设备必须设计用于去除大量的酸、碱、碳氢化合物和其他 VOC。一般来说，有机化合物虽然不是最具破坏性的，但却是在这些设施中发现的最丰富的 AMC 类型。

表 40.5 显示了在一家工厂进行的空气质量调查的示例。它显示了从外部引入的 AMC 类型和数量、通风空气的稀释效果（如果有）及从设施内部引入的污染物。

表 40.5　空气质量调查显示了一家工厂不同区域的 AMC 水平

测量的污染物	外部气流	再循环气流	洁净室空气	微　环　境
乙酸	3.0 mg/m³	242 μg/m³	8.8～44.2 μg/m³	
丙酮	31～166 mg/m³	3.9 mg/m³	38.95 μg/m³	
氨				1.46～3.48 mg/m³
苯	11.6～60.4 μg/m³	3.13 μg/m³	5.61 μg/m³	
乙酸正丁酯	0.32 mg/m³		2.63 μg/m³	
氯		1.2～10.9 μg/m³	5.6～12.3 μg/m³	
癸烷		1.87 μg/m³	2.26～6.11 μg/m³	
二氯苯			0.60 μg/m³	
乙氧基乙酸乙酯			1.67 μg/m³	
乙苯	5.8～8.8 μg/m³	0.97 μg/m³	10.15 μg/m³	
乙基甲苯		0.99 μg/m³	1.60～7.67 μg/m³	
甲醛	12.28～49.13 μg/m³		38～65 μg/m³	
氟利昂 113	4.4 mg/m³			
硫化氢				0.31～0.70 mg/m³
异丙醇	1.5 mg/m³			
异丙苯			0.79 μg/m³	
甲基乙基酮	1.2 mg/m³			

续表

测量的污染物	外部气流	再循环气流	洁净室空气	微 环 境
甲硫醇				0.04～0.10 mg/m^3
甲胺				0.15～0.38 mg/m^3
二氧化氮	0.291～1.457 mg/m^3			
NMP	0.65 mg/m^3	12～25 μg/m^3	30～40 μg/m^3	0.82～2.5 μg/m^3
臭氧	0.10～0.40 mg/m^3	20～80 μg/m^3	10～20 μg/m^3	
苯乙烯		1.19 μg/m^3	2.36 μg/m^3	
二氧化硫	0.08～0.37 mg/m^3	15～200 μg/m^3	10～15 μg/m^3	
四氯乙烯		0.99 μg/m^3	3.97 μg/m^3	
甲苯	33.3～157.6 μg/m^3	0.93 mg/m^3		
三氯乙烷		3.09 μg/m^3	40.98 μg/m^3	
三氯乙烯			0.61 μg/m^3	
三甲基苯		0.79～1.77 μg/m^3	1.80～9.91 μg/m^3	
二甲苯	0.34 mg/m^3	7.3～153.9 μg/m^3	9.28～36.39 μg/m^3	
总挥发性有机物	195 μg/m^3	84～110 μg/m^3	129.67 μg/m^3	17.85 mg/m^3

注：数据以毫克/立方米(mg/m^3)和微克/立方米(μg/m^3)的形式报告。

40.4 实施 AMC 控制

40.4.1 AMC 最佳控制的三步方法

AMC 控制现已完全融入高科技制造设施的洁净室环境管理要求。AMC 最佳控制包括 3 个步骤：

1. 评估设施内外的空气质量，以确定目标污染物及可能影响 AMC 控制系统性能的污染物。
2. AMC 控制系统的选择和鉴定。
3. 持续监测受控环境和 AMC 控制系统的性能[5]。

清洁用于通风和增压的外部空气，清除再循环气流中的不稳定和不易收集的排放物，以及清洁过程排放物和废气流是许多需要 AMC 控制的应用中的一部分。正如洁净室中有各种各样的 AMC 控制应用程序一样，污染控制人员也可以选择相同数量的控制选项。

考虑到似乎要考虑的项目数量众多，污染控制工程师应如何为特定应用做出正确的选择？以下是需要了解的一些关键问题，以及建立成功的 AMC 控制程序所需采取的步骤。

40.5 气相空气过滤原理

气相(化学)空气过滤应用于机械通风系统，使用两个主要机制来去除空气中的气体污染物。一种是可逆的物理过程，称为吸附，通常用于去除非极性有机污染物和分子量较高的污染物(MW>80)。另一种涉及吸附和不可逆化学反应，称为化学吸附，用于控制反应性化学品(如酸和碱)及其他化合物(如氢化物)。在讨论化学过滤介质或设备之前，最好先简要介绍一下气相空气过滤。

40.5.1 吸附

吸附是一种表面现象，吸附剂的去除能力与其总表面积直接相关。因此，开发尽可能大的单位体积的可接近表面积非常重要。颗粒活性炭（granular activated carbons，GAC）和活性铝是最常见的满足这一要求的材料。

吸附发生的速率（在很大程度上是过滤去除效率）取决于气体从外表面扩散到内吸附点所需的时间。因此，这个速率与吸附剂的大小成反比。然而，去除能力取决于吸附剂的总有效表面积。由于孔壁的内表面积几乎构成了吸附剂的所有表面积，因此去除能力与粒径无关。

由于可用吸附位点的数量减少，吸附水降低了介质对目标气体的吸附能力。因此，在较低的温度和湿度下，吸附更容易发生。温度和湿度越高，情况就越相反。此外，在更高的温度下，气体解吸速率也会增加。应注意避免温度和湿度突然变化，例如在补给（室外）处理装置中使用吸附介质时，避免气体污染物被解吸回到供应气流中。

吸附介质的吸附能力也是污染物浓度的函数。污染物浓度越高，吸附量越大，直至达到介质的吸附能力，通常用于饱和有机化合物。

由于吸附剂上吸附气体的作用力相对较弱，吸附是（基本上）完全可逆的。因此，净吸附速率取决于气体分子到达吸附剂表面的速率、接触被吸附的百分比及解吸速率。然而，许多其他因素可以影响通过物理吸附去除气体污染物。其中包括吸附剂类型、气流阻力、吸附剂床层深度、温度、相对湿度和通过床层的空气速度、吸附剂周围空间中污染物的特性及所需的去除效率。

40.5.2　化学吸附

吸附剂材料不能平等地吸附所有的污染物气体。例如，较高分子量（大于 80）的气体和非极性气体在同一气流中优先吸附于较低分子量的气体和极性气体。此外，如果这些较低质量/非极性气体最初被吸附，则可通过引入较高质量/极性分子来解吸。如果吸附床有足够的深度，这些移位的分子可能会再次被吸附。然而，在某些时候，它们会被释放回气流中。提高这些材料吸附剂有效性的一种方法是使用各种化学添加剂（浸渍剂），这些化学添加剂将与这些“不易吸附”的气体发生反应。这些浸渍剂（基本上）与这些气体发生瞬间和不可逆的反应，形成稳定的化合物，这些化合物以有机或无机盐的形式与介质结合，或以二氧化碳、水蒸气或其他吸附剂更容易吸附的某些物质的形式释放到空气中。因此，气相空气过滤系统通常采用未固化和化学浸渍吸附剂介质的组合。

与物理吸附的可逆过程相比，化学吸附是吸附剂表面化学反应的结果。化学吸附是特殊的，取决于吸附介质的化学性质和要控制的污染物。一些氧化反应已被证明是自发发生在吸附剂的表面的。然而，通常将化学浸渍剂添加到吸附剂中，这使得它或多或少对污染物或一组污染物具有特异性，例如浸渍氢氧化钾（KOH）和/或碳酸钾（K_2CO_3）的活性炭，用于去除酸性气体，如氯、氟化氢和二氧化硫。虽然某些选择性在物理吸附中很明显，但通常可以追溯到纯粹的物理性质而不是化学性质。在化学吸附中，分子（价）力更大。许多影响物理吸附去除气体的相同因素也会影响化学吸附去除气体。

在某种程度上，较高的温度和湿度有利于化学吸附过程中发生的化学反应。较高的温度会增加反应速率，而额外的水会增强吸附气体接触化学浸渍剂的能力。被吸附但未发生化学反应的气体受到与普通活性炭相同的温度和湿度影响，并且与普通活性炭一样，这些气体也可能被解吸。还必须控制高湿度和可变湿度及冷凝同时发生的风险；因此，最好在调节气流中安装化学过滤系统，而不是在补充空气处理装置的入口安装化学过滤系统。

当物理吸附对特定污染物或一组污染物不充分或无效时，可采用化学吸附。一旦被吸附并发生化学反应，目标污染物就不会被解吸。

40.6 干洗空气过滤介质

40.6.1 吸附剂/化学吸附剂

如今，几乎所有常用的化学过滤介质都是由(颗粒)活性炭、活性铝和/或离子交换树脂/纤维制成的；但是，它们并不能平等地去除所有污染物气体。在制造过程中添加的特定化学添加剂或浸渍剂会赋予介质特殊的特性，并使它们或多或少地针对各种化学物质。许多不同的化学物质被用于活性炭的一般和特殊用途。然而，常用的一种较广谱的化学浸渍剂——高锰酸钠($NaMnO_4$)不能有效地与活性炭一起使用，因此几乎只用作活性氧化铝的浸渍剂(见表 40.6)。

表 40.6 常用化学过滤介质类型

介质成分	目标气体(类型)
颗粒活性炭	挥发性和半挥发性有机化合物(VOC/SVOC)、可冷凝物、难熔化合物、有机酸、有机硫化合物(硫醇)
含氢氧化钾(KOH)和/或碳酸钾(K_2CO_3)的具有/没有活性氧化铝的活性炭	氯、氯化氢、氟化氢、二氧化硫、硫化氢、三氟化硼
含磷酸(H_3PO_4)的具有/没有活性氧化铝的活性炭	氨、N-甲基吡咯烷酮(NMP)、胺
含高锰酸钠($NaMnO_4$)的活性氧化铝	二氧化硫、砷化氢、硫化氢、氮氧化物、低分子量有机物
含硫代硫酸钠($Na_2S_2O_3$)的活性氧化铝	氯、二氧化氯
阳离子交换树脂	氨、胺
阴离子交换树脂	氯化氢、氟化氢、硫酸

这些浸渍剂基本上是瞬间反应形成稳定的化合物，以无机盐或有机盐的形式不可逆转地与介质结合，或以二氧化碳和/或水蒸气的形式释放到空气中。

浸渍介质的最佳制造技术是通过干燥进料工艺，在粉末吸附材料中加入化学浸渍剂溶液，以确保在整个成品中均匀分布。然后对介质进行固化，使其具有足够的硬度，以防止在搬运和使用过程中发生颗粒磨损，但仍然保持良好的孔结构，以允许气体分子进行物理吸附和/或化学反应。这些介质的粒径和粒径分布数量可以很好地控制，以保持产品的均匀性和使用中的可预测性。

浸渍介质的最佳制造技术是通过干燥进料工艺，高锰酸钠浸渍氧化铝(SPIA)通常与普通或浸渍 GAC 结合使用，以提供非常宽的气相空气过滤系统。化学过滤系统通常采用未经固化和浸渍的吸附剂介质组合来去除各种 AMC。然而，这种多介质方法仍然是例外，而不是规则，因为许多制造商喜欢将其 AMC 控制工作集中在控制特定的污染物或污染物类型上。

40.6.2 吸附剂装填非织造布

空气污染的最佳控制是通过在空气处理系统中应用各级微粒和化学过滤器来实现的。半导体洁净室中的颗粒物控制需要多达五级过滤器，包括 HEPA/ULPA 过滤器，以达到要求的清洁度水平，尤其是对于要求 ISO 4 级或更高等级的应用。然而，为了达到可比的 AMC 控制水平，大多数设施仅提供 1 或 2 级化学过滤器来处理外部(补给)空气，并且 1 级化学过滤器用于再循环空气和风扇过滤装置(fan filter unit，FFU)。过滤器应用中这种明显不公平的原因，包括空气处理系统空间不足、化学过滤器的成本及与其使用相关的能源成本增加，还包括对化学过滤器技术和适当控制 AMC 的要求普遍了解不足。

在使用吸附(物理吸附或化学吸附)控制化学污染物方面，主要是在有效控制污染物和最大限度地降低气流阻力之间进行折中。在气相过滤系统中，污染物气体必须首先与介质接触，然后才能被吸附。通过最大化系统的接触效率，实际上可以保证系统的最大去除效率。然而，最大限度地提高接触效率并不一定意味着 100%的污染物去除效率。这意味着系统有机会以其特定的最大去除效率运行。

介质颗粒越小，气流中的污染物到达内部吸附/化学反应位置的速度越快，产生高去除效率所需的浓度梯度越小。因此，这些介质的最有效形式将是粉末。然而，人们不能经济地将空气吹过一层堆积的粉末。

现在已经开发出一种化学过滤介质的制造技术，该过滤介质允许将多平面和化学活性吸附剂应用于非织造双组分纤维基质。由此产生的是一个结实的、折叠辊良好的产品，与现有的替代品相比有许多优势。这种吸附剂装填的非织造纤维（adsorbent-loaded nonwoven fiber，ALNF）产品的主要优点是，能够使用更小的介质颗粒和最大化可用表面积。与竞争对手的技术相比，这些特性结合在一起可提供更高的初始和平均污染物去除效率及更低的压降[6]。

当比较标准尺寸（4 目×8 目，3～4 mm，约 0.13 英寸）活性炭的 25 mm（1 英寸）深床层和吸附剂装填非织造布产品中使用的较小尺寸活性炭（20 目×50 目，0.3～0.8 mm，约 0.02 英寸）的性能时，较小介质的吸附量几乎是常规尺寸介质的 15 倍。然而，通过 20 目×50 目中床的压降却高出 8.5 倍。将较小的介质放入非织造纤维基体中，并将其折叠至 25 mm 深，可降低至小于标准碳的压降，并展现出大致相等的去除能力。

该产品的另一个重要特点是，它也可以与一个整体微粒过滤器一起生产，实际上消除了改装成本。微粒去除效率在 0.3 μm（MERV 15-16，F7-F9）[7,8]时可高达 90%至 95%，并允许使用现有的过滤器硬件。其结果是一种独特有效的组合过滤介质，基本上可以折叠成任何标准尺寸的过滤器，用于去除气体和颗粒污染物。它提供了灵活的过滤器设计，允许轻松应用到新的或现有的暖通空调（heating, ventilating and air conditioning，HVAC）系统。当使用这种类型的过滤器从室外空气中去除 AMC 时，主要的权衡是使用寿命较短，因为过滤器中所含吸附剂介质的数量减少，通常是相当大小颗粒介质系统中所含数量的三分之一到十分之一。然而，通常推荐使用这种类型过滤器的应用中，AMC 浓度较低，因此使用寿命可达 1～2 年或更久。当与 FFU 一起使用时，它们被证明特别有效。应评估 FFU 的设计，以增加化学过滤器和调节装置，确保通过过滤器的气流均匀，并且不超过压降限制。通常，在 FFU 外壳顶部和化学过滤器之间需要一个适配器（增压箱）（见图 40.1）。AMC 可以从洁净室的环境空气中去除，但更重要的是这种产品在晶圆和掩模版存储柜、微环境和工艺设备中的应用（见图 40.2）。

图 40.1　带化学过滤器的 FFU（左图，AMC 过滤器适配器；右图，安装了 ALNF 过滤器，一个用于酸性气体，一个用于氨和碱）（Photo courtesy of Purafil, Inc.）

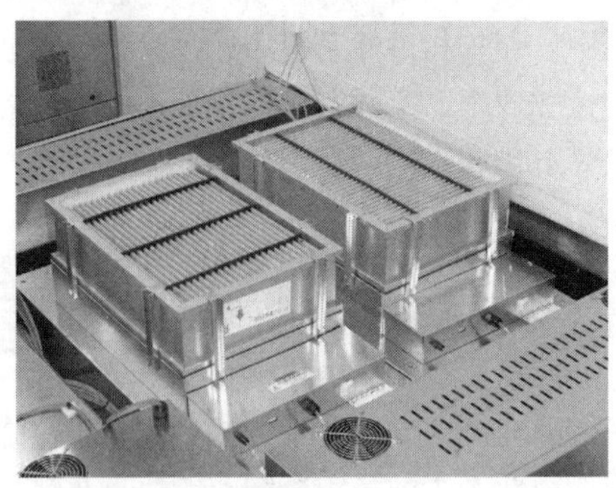

图40.2 安装在工艺设备中的ALNF过滤器,用于控制酸性气体、VOC和难熔化合物(Photo courtesy of Purafil, Inc.)

40.6.3 珠状活性炭

这种类型的过滤器采用珠状活性炭或其他吸附剂颗粒，小于先前描述的20目×50目颗粒，并将它们放入碳化泡沫基质中。这就产生了一种产品，它可以作为一种厚度高达50 mm(2英寸)的平板，可以切割成特定的尺寸和形状。具有不同吸附剂颗粒的片材可以分层到一个过滤器框架中，以提供抗多种污染物的性能。这种介质具有很低的压降和较高的去除效率。介质装填与上述情况相当；但是，过滤器容量明显低于同等尺寸的大容量介质过滤器。有关这些产品的一个主要问题是介质颗粒脱落。切割边缘尤其容易脱落，而且大多数产品都配备了非织造布，用成品过滤器覆盖介质的两侧，或完全封装介质板，其成本明显高于吸附剂装填非织造布。

40.6.4 离子交换器

离子交换器是指含有正电荷或负电荷位置的各种合成聚合物中的任何一种，这些正电荷或负电荷位置可以与周围溶液的反电荷离子相互作用或结合。离子交换产品过去用于液体过滤，现在是半导体制造中用于氨控制的最常见的化学过滤器类型。它适用于光刻设备，可作为其他特定AMC控制应用程序和设备系统(如存放掩模版)中使用的专用滤光片。离子交换过滤器可以非常有效地去除十亿分之一(ppb)水平甚至万亿分之一(ppt)水平的AMC。它们在极低的AMC浓度下表现出很高的去除效率。

在工厂中常见的离子交换介质是采用纤维或珠状树脂或海绵状平板的褶状介质过滤器。离子交换器也分颗粒状或粉末状。一种被称为“阳离子”过滤树脂的聚合物基介质具有特殊的化学性质，使其对基本污染物(主要是氨和一些胺)具有很强的亲和力。然而，许多气相污染物不是胺，而是有机物或酸性物质。因此，阳离子离子交换介质无法有效去除许多污染物。它需要一个“阴离子”交换过滤器来消除酸性气体，如HCl、HF、SO_2、HNO_3、H_3PO_4、酸性有机化合物和一些硼化合物。这两种离子交换剂对有机化合物都不是很有效。

离子交换器可以很好地处理单一目标污染物(如氨)，但它们不能提供广谱的AMC控制，尤其是酸去除。更好的解决方案是使用碳或氧化铝基吸附剂过滤器，它可以提供更广泛的控制范围。由于工厂中化学酸污染的性质常常是未知和多变的，因此，广谱过滤器更适合处理由外部或内部来源引起的化学污染。一个单一的化学吸附过滤器可以完成物理和化学吸附过程，这是保护生产过程和材料免受AMC所需要的[9]。

离子交换反应是一种可逆反应，不同离子的平衡条件不同。这种可逆性是离子交换器在晶圆厂中广泛应用时出现的问题之一。例如，阳离子过滤树脂暴露在酸性气体中会产生物质释放回气流的可能性。这一点，再加上过于特定化和成本明显高于其他更常见的AMC过滤器，是离子交换器几乎仅限于作为氨/碱过滤器在光刻中使用的主要原因。

40.6.5　挤压碳复合材料

获得 AMC 控制验收的最新化学过滤器包括由挤压碳复合(extruded carbon composite，ECC)结构组成的一体式整体结构，如图 40.3 所示。它基本上由 100%的吸附材料组成，使整个结构起到化学过滤器的作用。由于通道数量多，吸附层与被污染气流的接触面积很大。此外，通道是直的和平行的，这样流量就不会被阻塞，过滤器的压降也非常低。单元的大小导致湍流，并迫使污染空气进入和通过结构的透气单元壁。它还提供了确保最佳接触效率和相关的高初始和平均去除效率所需的停留时间。当空气被强制通过阀块时，会清除化学污染物。

从小床层体积中获得高的气体去除效率是可取的。由于污染物扩散到单元壁内部的速度很快，空的吸附位置不断地可用于吸附，因此这种化学过滤器比先前尝试的整体结构具有更好的吸附效率和容量。这种产品具有极高的吸附剂含量，不单靠活性炭去除污染物。

图 40.3　ECC 化学过滤器(Photo Courtesy of Purafil, Inc.)

表 40.7 给出了硫化氢(H_2S)气体挑战测试结果。该输送系统有一定潜力为最常用的 AMC 过滤器类型提供更好的经济性和性能；这些类型为 1 in(25 mm)、2 in(50 mm)和 12 in(300 mm)的商用折叠型化学过滤器，其经济性和性能与 12 in(300 mm)洁净室级折叠型化学过滤器和 1 in(25 mm)深的块状填充模块或罐相当。对比实验数据见表 40.7。

表 40.7　硫化氢(H_2S)气体挑战测试结果：在 500 fpm(2.5 m/s)的表面速度下，对 1 in(25 mm)块状介质和 2 in(50 mm)ECC 进行小规模测试，以 15 ppb 的恒定 H_2S 质疑浓度进行测试

样　品	体　积	质　量	密度，g/cc(lb/ft^3)	脱除 H_2S	H_2S 能力，g/cc	Δp
粒状介质	62.5 cc	42.1 g	0.6736 (42.05)	8.259 g	0.1305	187.5 Pa
挤压碳复合材料	82.5 cc	36.4 g	0.4412 (27.54)	7.200 g	0.0873	75.0 Pa

40.6.6　黏合介质面板

制造商已经开发出一种工艺，利用聚合物黏合剂或烧结工艺将活性炭或其他颗粒吸附剂黏合并形成整体板。面板被框在镀铝、不锈钢或其他特定金属框架内，通常提供边缘垫圈。可以将面板制作成特定的尺寸和形状，用于改装或定制应用。

这种过滤器类型的主要吸引力在于介质面板是自支撑的，没有来自介质的松散颗粒或可见的灰尘。然而，尽管制造商声称“零灰尘”，但几乎所有供应的面板两侧都覆盖有非织造布聚酯颗粒过滤介质，以防止吸附剂颗粒在运输、搬运和安装过程中碎裂或剥落。这些面板非常脆弱，在运输和安装过程中容易损坏。

制造商报告说，这种类型的过滤器保留了高水平的开孔结构，在黏合过程后不需要碳的后活化。然而，实际情况是，这些结合过程中的大多数通常会遇到一个或多个严重的缺点；主要的缺点是，由于黏合剂阻塞了介质颗粒的很大一部分外部和/或内部表面积，因此丧失了很大一部分的吸附能力。其他问题包括孔径分布不理想、去除效率较低、与化学浸渍剂的反应(如果存在)、高压降和高制造成本。将填充在 1 in(25 mm)托盘中的松散颗粒介质与市售黏合介质面板进行比较的实验结果说明了这些缺陷。

注意，用于控制氨的强酸性化学过滤器可以催化空气中有机酯的水解，生成有机酸，如乙酸丁酯+H_2O→丁醇+乙酸或乳酸乙酯+H_2O→乙醇+乳酸。如果在这些过滤器之前没有去除这些有机酯，或者在这些过滤器的下游没有去除有机酸，这些反应副产物可能会被引入过滤器下游的气流中。

一件受到密切关注的事情是，由于可能会在过滤器下游产生氮氧化物(NO_x)，因此碳基或碳基过滤介质可能无法在所有场合中使用。在过去的几年中，有许多案例报道了空气监测结果，当暴露于NO_x时，碳(包括普通碳和浸渍碳)上的催化表面氧化反应会导致亚硝酸盐离子(NO_2^-，亚硝酸)的形成，通常超过了工厂对洁净室空气的控制限(见表 40.8 和图 40.4)。已经开发了许多“无碳”介质，以防止发生这种情况，并将其使用情况写入当前的 AMC 控制规范中。

表 40.8 工厂补充空气监测结果显示化学过滤器下游产生 NO_2。每种阴离子物质的控制限为 0.5 ppbv

阴离子监测数据	样品信息/样品范围(ppbv)						
	F^-	Cl^-	Br^-	NO_2^-	NO_3^-	PO_4^{3-}	SO_4^{2-}
补风机组(MAU) 1 进风口	8.01	1.96	0.12	2.33	1.85	0.00	0.97
MAU 1 化学过滤器前	0.72	0.91	0.02	**0.20**	0.77	0.00	0.11
MAU 1 化学过滤器后	0.33	0.45	0.03	**3.04**	0.54	0.00	0.03
MAU 1 HEPA 过滤器后	0.60	0.93	0.02	2.94	0.85	0.00	0.03
MAU 1 北厅	0.31	0.31	0.03	3.96	0.33	0.00	0.06
MAU 2 进气	5.85	1.62	0.12	2.61	1.80	0.00	1.09
MAU 2 化学过滤器前	0.40	0.22	0.01	**0.53**	0.43	0.00	0.03
MAU 2 化学过滤器后	0.19	0.09	0.00	**7.03**	0.19	0.00	0.02
MAU 南厅	0.23	0.15	0.00	5.47	0.28	0.00	0.04

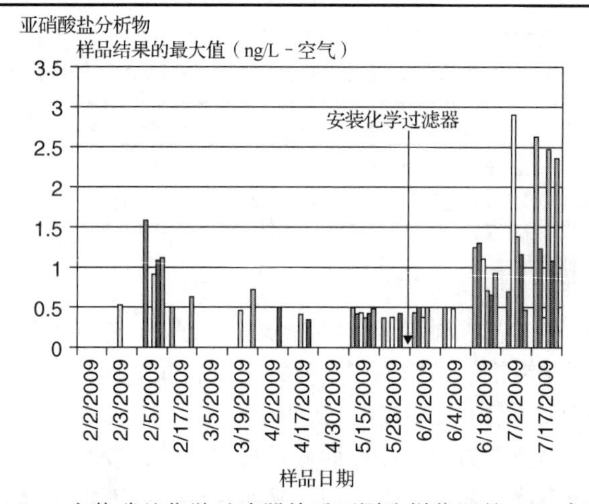

图 40.4 安装碳基化学过滤器前后不同取样位置的 NO_2^- 水平

当指示使用多个 AMC 控制介质时，最好在单独的过滤级使用单个介质。这允许单独的介质/过滤器类型的布置，以便将第一级充当“预过滤器”，以去除特定目标 AMC(例如，VOC 使用活性炭)及气流中存在的其他化学物质，这些物质不是特定目标，但会影响 AMC 控制系统的性能。AMC 过滤器的后级对于不同的 AMC 类别(酸、碱)或单个化合物将逐渐更为具体，并服务于与微粒控制前、中间、最终和 HEPA/ULPA 过滤器类似的样品用途。

在由于物理或操作限制而无法使用多级化学过滤器的应用中，介质可以混合(如果化学兼容)到单过滤器或过滤器模块中。使用混合介质产品的主要权衡不一定是可以处理的污染物类型和数量，或过滤器性能(初始和平均去除效率)，而是与使用单介质过滤器相比，在使用寿命方面的考量。

40.7　化学过滤设备设计

40.7.1　化学过滤器

AMC 控制应用中使用的化学过滤器有多种商业设计可供选择，通常作为填充床介质过滤器，在穿孔金属或塑料筛网之间的空间填充干燥、颗粒或造粒介质。另一些则采用了 40.6 节所述的折叠过滤器和介质面板。洁净室暖通空调（HVAC）系统中最常用的过滤器类型包括：

- *蛇形过滤器*。这些过滤器包含盘绕过滤器的薄床[0.375～0.500 in（9.4～13 mm）]，用于中型再循环应用。
- *薄床托盘/平板*。这些过滤器包括多个深度为 0.5～1.0 in（13～25 mm）的过滤盘或平板，这些过滤盘或平板以“Z”形布置在一个框架中，以获得扩展的表面积。颗粒或造粒介质、吸附剂负载的非织造布、珠状活性炭和黏结碳板均用于这类过滤器。
- *中间层深度托盘*。除床深在 0.875～2.000 in（23～50 mm）之间外，其他类似于薄床托盘。这些是单过滤器，设计用于实现更高的效率和更长的服务。
- *中间床深度“V”模块*。过滤器为“V”形结构，床层深度为 1.000～1.125 in（25～28 mm），通过使用扩展表面积技术获得低床层速度。
- *厚床托盘*。这些是床层深度大于等于 2 in（50 mm）的单过滤器，垂直于气流。当与颗粒状介质一起使用时，它们具有较高的压降，并以较低的空气速度使用。目前，这种类型的过滤器通常与挤压碳复合材料（ECC）一起使用，当用于补充和再循环空气处理装置时，其压降低于颗粒状介质过滤器。ECC 也在 FFU 和微环境中及作为设备过滤器使用。它们在空间有限且 AMC 浓度表明介质量较大以满足去除效率和使用寿命要求的改造应用中也具有优势。
- *厚床深“V”模块*。该装置的平均床深为 3 in（75 mm），与中间深度“V”模块类似。主要用于补充空气系统，以去除高浓度的 AMC。
- *径向流罐*。该装置是一个圆柱形过滤器，其径向设计中含有颗粒或造粒介质。这些过滤器的平均床深为 0.5～2.0 in（13～50 mm），长度为 12～24 in（300～600 mm）。在某些配置中，与托盘相比，它们提供了良好的压降与介质数量比。典型的系统由 16 个气罐组成，位于 2 ft×2 ft（600 mm×600 mm）的工作面上。
- *折叠介质过滤器*。这些是在 1～12 in（25～300 mm）深度使用可折叠化学介质的单过滤器。这些设计用于吸附剂装填非织造布或可折叠离子交换介质。折叠介质过滤器的优点包括高度清洁、低压降和尺寸灵活性。

上述过滤器可安装在前部、后部或侧面检修外壳及框架或其他标准化设备上。它们也可以安装在一些独立的空气滤清器单元中。

40.7.2　化学过滤设备

化学过滤系统制造商提供了多种过滤器和设备组合，以处理不同的 AMC 控制应用。这些设备可分为两大类：暖通空调（HVAC）集成系统和自行配套设备。

暖通空调（HVAC）集成系统

HVAC 集成系统是最常用的化学过滤系统，通常以前后通道系统的形式提供，设计为易于集成和适应工厂现有的空气处理系统。这些系统可有效地处理补给和再循环空气处理系统中的低至中浓度 AMC。

这些系统通常安装为 2 ft×2 ft(600 mm×600 mm)或 1 ft×2 ft(300 mm×600 mm)框架的组合排，能以几乎任何尺寸的配置堆叠，以满足大多数系统的特定空间要求。堆叠在顶部或侧面的框架用铆钉或螺栓或点焊固定。框架通常由 16～20 号钢、铝或不锈钢制成，具体应用需要或不需要特殊涂层。

碳罐过滤器也用于前或后检修框架系统，以便于在步入式补给或再循环空气处理装置中接近更多的碳罐。每个碳罐通常包括一个带有三个整体螺柱的安装组件，用于安装到匹配的圆柱形安装法兰上(见图 40.5)，确保过滤器与框架之间的密封紧密。

化学过滤介质包含在可再填充或一次性过滤板或模块中。该模块化方法提供了介质床层深度、介质类型和颗粒过滤的广泛组合。框架可用于前(上游)或后(下游)接入应用，可设计为容纳几乎所有类型的化学过滤器。根据所选的紧固装置，可以将多级过滤器固定在一个框架中。每个框架通常在内部法兰回路周围配备垫圈，以在过滤器和框架之间提供可靠的密封。

图 40.5 带化学过滤器的前/后检修框架
(Photo courtesy of Purafil, Inc.)

自行配套设备

半导体设施中自行配套 AMC 控制系统的主要用途是清除工艺设备和气体柜排气中的有害生产气体，以及在工艺设备、气瓶、气体柜、储罐中有毒物质发生灾难性释放时为人员提供“安全庇护所”，等等。

对于废气处理，这些系统应尽可能靠近设备出口或气体柜安装。只要总的组合气体挑战不大于系统的容量，多个设备或气体柜的排气流可以组合。当使用适当的化学过滤介质时，有害气体的浓度会大大降低到临界限值(threshold limit value，TLV)以下。

由于大量有毒化学品的使用和储存，紧急气体洗涤器(emergency gas scrubber，EGS)已成为许多设施健康和安全计划的必要组成部分，其中包括处理三氢化砷(AsH_3)、磷化氢(PH_3)、氟化氢(HF)、氯(Cl_2)和三氟化硼(BF_3)。即使是从一个质量只有 1 磅的气瓶中意外释放化学物质，也可能是致命的。因此，制造商必须采取紧急预防措施来保护人员和周围社区。EGS 设计用于完全清除意外释放的气体，并且具有对于 1 磅气瓶至 1 吨或更大量级物质的清除能力。

可将 EGS 设计为单介质床，以应对单个污染物挑战，或设计为多个深层介质床，以允许使用多个化学介质，每个介质针对特定污染物或一组污染物。

40.8 AMC 监控

正如化学过滤在 AMC 控制中的应用有很多种方法一样，也有许多不同的方法用来测量洁净室环境内外的 AMC，并评估过滤系统的性能。一旦确定并实施了 AMC 控制策略，无论是否涉及化学过滤的使用，必须能够监测达到规定的 AMC 控制标准的成功或失败结果。任何 AMC 监控程序至少必须提供以下内容：

- 存在的污染物类型及其相对水平。
- 与特定空气纯度分类相关的环境空气质量。

- 化学过滤系统性能评估。
- 验证达到规定或标准 AMC 水平。

今天，最大的问题不是能否达到规定的化学污染物水平，而是能否精确测量以确保符合任何标准或控制标准。有大量的实时(主动)监测仪器可用，许多设备声称检测限在低至 ppb(10^{-9})水平的范围内，一些则声称有 ppt(10^{-12})的水平。

与安装在整个设施范围内并通过设施监控系统访问的便携式系统相比，人们对便携式系统越来越感兴趣。仪器制造商应该能够提供对可用的不同技术、寻找什么信息及什么最适合特定应用的理解。表 40.9 提供了可用监测技术的概念，以及可测量的不同类别化学污染物的 ACM 水平分类。这并不代表着全面性，而是为了说明一种监测技术很可能无法提供所有污染物的相关信息。

表 40.9　取样仪器的选择矩阵和与预期 AMC 浓度相关的分析方法[10]

<table>
<tr><th>检测限</th><th>(10^n g/m^3)</th><th>0</th><th>−1</th><th>−2</th><th>−3</th><th>−4</th><th>−5</th><th>−6</th><th>−7</th><th>−8</th><th>−9</th><th>−10</th><th>−11</th><th>−12</th></tr>
<tr><td rowspan="4">化学类别</td><td>酸</td><td colspan="4" rowspan="2">IC, UVS, RM</td><td colspan="2" rowspan="2">IMP, IC, UVS, CLS, IR, CPR, IMS, CRDS</td><td colspan="2" rowspan="2">IMP, DIFF, IC, UVS, IR, CLS, CPR</td><td>IMP, DIFF, IC, CLS</td><td>IMP, DIFF, IC, CZE, CLS</td><td colspan="2">IMP, CZE</td><td></td></tr>
<tr><td>碱</td><td colspan="2">IMP, DIFF, IC, IMS, CLS</td><td colspan="2">IMP, IC, CZE</td><td></td></tr>
<tr><td>有机的</td><td colspan="6">SOR, SB, GC-FID, GC-MS, IR</td><td colspan="3">SOR, WW, GC-FID, GC-MS</td><td colspan="4">TD-GC-MS</td></tr>
<tr><td>无机的</td><td colspan="9">IMP, AA, AA-F, AA-GF, UVS, ICP-MS, CL, CLS, IR, ECS</td><td colspan="2">IMP, WW, ICP-MS, CLS</td><td>ICP-MS</td><td></td></tr>
</table>

注：给定污染物浓度的适用分析方法取决于取样率和持续时间。本章末尾列出了本表中使用的缩写词的具体含义。

这些仪器和分析技术可以提供 AMC 水平的实时数据，但与其他监测技术相比，成本要高得多。因此，许多制造商现在使用所谓的“半定量”监测来执行 AMC 监测[2]。这些分析技术提供有关环境空气质量的定量信息，但不测量特定污染物。人们可以使用石蕊试纸、陪片、冲击器、(多)吸附管、表面污染监测仪和反应性监测仪等设备进行被动或实时监测。

40.8.1　冲击器和吸附管

在前道工序(front-end-of-line，FEOL)过程中，两种较为常用的监测 AMC 的方法，即使用冲击器和吸附管。冲击器(或气泡器)是超高纯度空气取样器，可用于监测金属、离子(阳离子和阴离子)和胺污染。冲击器取样通常与离子电极、离子色谱法(ion chromatography，IC)、离子迁移率光谱法(ion mobility spectroscopy，IMS)、电感耦合等离子体质谱法(inductively coupled plasma mass spectrometry，ICP-MS)、石墨炉原子吸收光谱法(graphite furnace atomic absorption spectrometry，GFAAS)或其他分析技术一起使用。用吸附管取样通常需要使用热解吸气相色谱-质谱(thermal desorption gas chromatography-mass spectroscopy，TD-GC-MS)或单独使用气相色谱-质谱(gas chromatography-mass spectroscopy，GC-MS)进行分析，以识别有机污染物。检测限因元素和物种而异，但通常在 0.5～0.005 ng/L 的空气范围内。较低的检测限需要更长的取样时间。

40.8.2　反应性监测

在广泛使用的半定量监测技术中，使用最多的是反应性(或腐蚀)监测[11]。这是一种低成本的监测技术，已被证明特别有助于建立 AMC 基线，并在后道工序(back-end-of-line，BEOL)处理中识别 AMC 事件及其来源，BEOL 检测限并不像 FEOL 半导体制造那样重要。它允许对潜在问题进行主动调查，有助于减少已报告的健康和安全事故的数量。当将其纳入工厂的预防性维护计划时，它可以减少报告的 AMC 相关事件的数量，最终目标是消除因 AMC 在工厂造成的生产停工。

反应性监测无论是实时的还是被动的，都被用作测量 AMC 水平和评估 AMC 控制策略有效性的一种方法。无论是直接或间接控制 AMC，反应性监测都可以提供环境空气质量及控制空间内 AMC 水平的总体指示。当采用化学过滤进行 AMC 控制时，反应性监测可以从定量和相关项提供有关过滤器性能的信息。利用这种技术，人们可以直接通过化学过滤系统对许多污染物类型的减少进行量化。它还可以提供有关存在的污染物类型和系统对这些污染物的有效性的证据[12]。

反应性监测(见图 40.6)通常用于评估设施内外的长期空气质量趋势，并作为制定 AMC 控制计划的一部分进行环境调查。它还可以用来区分化学污染物的种类，并提供空气中 AMC 浓度的估计值。使用该技术可以检测到低水平的氯和硫化合物及许多其他腐蚀性和有问题的 AMC，包括二氧化硫、二氧化氮、硫化氢、氟化氢、氨和臭氧(所有这些都被认为是影响许多 AMC 相关工艺的原因)(见表 40.10)。

图 40.6 暴露于腐蚀性气体后用于环境反应性监测仪(ERM)和环境反应性试样(右侧 ERC)的金属镀石英晶体微量天平(左侧 QCM)的图片(Photo courtesy of Purafil, Inc.)

表 40.10 各种 AMC 类型的反应性监测灵敏度

化学种类	化学类型	检测限(ppb)
无机氯化合物	Cl_2，HCl	<1
卤素酸	F_2、HF、HBr、HI	<1
强氧化剂	O_3、ClO_2、HNO_3	<2
活性硫化合物	<H_2S、硫醇，元素硫	<3
硫氧化物	SO_2、SO_3(硫酸)	<10
氮氧化物	NO、NO_2、N_2O_4	<50
氨及其衍生物	NH_3、NMP、胺	200～500

人们建立了用于反应性监测的空气质量分级方案，在半导体工业中得到了广泛的认可。反应性监测可以提供有关制造过程中许多污染物的类型和相对浓度的信息。它可以提供所需的信息，以确定是否指示直接进行 AMC 控制，如果是，它应该采取什么形式。

无论采用何种技术和仪器来检测和监测 AMC，都有许多重要特性需要考虑：

灵敏度　大多数污染物的检测限为 1 ppb 或 1 μg/m^3。

精确度　离实际浓度有多近？

重复性　对于给定的一组条件，每次都会得到相同的答案吗？

选择性　会不会有其他化合物的干扰？

识别　存在哪些特定污染物？

易用性　需要校准、准备时间、复杂性等。

响应时间　实时(主动)与被动。

大小/质量　实验室规模、便携式、手持。

经营成本　包括消耗品、操作员时间、维护和校准。

40.9　AMC 控制应用领域

40.9.1　HVAC 系统设计

半导体洁净室中使用的大多数空气处理器都是大型定制装置，可移动大量用于加压和再循环的空气。典型的洁净室暖通空调系统可能包括增压空气的补充空气处理装置(makeup air handling unit, MAU)、循环空气处理装置(recirculating air handling unit, RAU)或风扇过滤装置(fan filter unit, FFU)，用于将风送至洁净室、输送空气的管道、分配空气的充压室和在空气引入洁净室前净化空气的过滤系统。

无论半导体工厂采用哪种类型的空气处理系统，都有许多地方可以应用化学过滤。最终，必须考虑污染物的性质、来源及洁净室的布局和设计，以确定这些过滤器和设备的最佳位置。

补充(外部)空气

化学过滤的主要应用之一是处理进入设备通风和加压的空气。这种空气通常含有与半导体制造工艺有关的不同类型和数量的化学污染物。臭氧、硫氧化物、氮氧化物和挥发性有机化合物是室外空气中最常见的化学污染物。此外，取决于设施的地理位置(例如，城市环境、海边、北方气候)和在周围地区(例如，工业、农业)中进行的活动，也可能存在其他污染物如硼、氨、氯、硫化氢、灰尘、肥料和盐雾的重要来源。

补充空气处理装置(MAU)是空气处理器和空气处理系统的组合。这些装置包含准备室外空气用于洁净室环境所需的部件。加热和冷却线圈、加湿分配系统、风扇、过滤器、电气系统和控制装置都可以包含在这些装置中。在高颗粒区域，空气(或水)清洗器可用于补充空气处理器，以减少过滤器上的微粒负载。

室外空气通常以大约 2～6 立方英尺/分/平方英尺(cfm/ft^2)的速度输送，用于对洁净室地板空间进行加压。在一个“典型”的 100 000 平方英尺的舞厅型半导体工厂中，这需要 200 K～600 K cfm 的空气。由于需要大量的外部空气，以及大多数 MAU 相应的大尺寸，化学过滤器被用于前(或后)检修框架的组合排中，以便于检修和维护。可以使用一组大容量介质过滤器，但通常会看到两个或更多的过滤器组。

再循环空气

由于维持半导体洁净室所需的大量空气，空间内的大部分空气都经过再循环，以保持暖通空调系统将外部空气调节到最低限度所消耗的能量。MAU 通过管道系统或加压通风系统向洁净空间输送干净的加压空气。穿孔地板允许空气流入一个大的公共空间，空气从该空间通过循环空气处理装置(RAU)进行处理。这些空气处理器以 72～90 cfm/ft^2 的处理速度来输送空气。因此，采用化学过滤的 RAU 用于处理或“精炼”进出洁净空间的空气，并从工厂内的特定来源去除 AMC。洁净室内的 AMC 来源包括工艺化学品和原材料、工艺设备、溢出物等。

由于RAU的尺寸是MAU的许多倍，因此通常会指示使用前(或后)进出框架。然而，一些晶圆厂设计采用了许多较小的RAU来划分和隔离气流，以防止可能的交叉污染。这种较小的尺寸可以允许使用与空气处理器集成的侧面检修外壳。

风扇过滤装置/小型环境

风扇过滤装置(FFU)将风扇和电机与可选的微粒预过滤器和HEPA/ULPA过滤器结合在一起，可直接安装在天花板系统中。它们可以取代RAU，并可用于实现洁净室100%的覆盖，通过从洁净室上方的间隙区域吸入空气来去除管道系统，并通过去除压力通风室来减少外部空气需求。化学过滤器通常安装在FFU的顶部，为敏感工艺区域提供额外的AMC控制水平。

由于与HEPA/ULPA过滤器相比(10年或更长)，AMC过滤器的使用寿命相对较短(数月至2年或更长)，因此在FFU以下安装这些过滤器是不现实或不可取的。从洁净室侧面进行更换是很复杂的，将会干扰正常的工厂操作，并且可能引入微粒污染源。因此，几乎所有装置都安装在洁净室天花板上方。

如果没有专门设计用于添加AMC过滤器的FFU，则可能需要在FFU顶部安装一个适配框架，以便在风扇上方提供一个混合室。请注意，包括过滤器马达、润滑油、绝缘体、声音或振动衰减泡沫、泡沫密封胶、凝胶密封、分离器、照明等任何组件放气，必须仔细控制，特别是所有组件下游的AMC过滤器。洁净室材料的除气包含在IEST推荐规程中[31]。

小型环境是一种带有工程气流的外壳，环绕着工艺设备。它们用于保持晶圆环境的清洁度水平，而晶圆环境与外部房间环境无关。步进机和掩模版库是使用微环境的常见例子。化学过滤器可以集成到工艺设备中，以提供清洁的空气。过滤器通常安装在小型环境的顶部，或安装在排气管道中，以防止在整个设施中分布难以确定的排放物。

40.9.2 AMC应用领域

表40.11提供了这些应用的设计概要，并显示了常见的目标污染物及推荐的化学过滤介质、过滤器和设备。

表40.11 AMC控制系统设计总结

应用领域	室外空气	再循环空气	风扇过滤装置(FFU)、小型环境、使用点过滤器	紧急气体洗涤器、排气
目标AMC	SO_x，NO_x，O_3，Cl_2，NH_3，VOC	NH_3、NMP、胺、酸、醇、VOC、A_SH_3、BF_3	NH_3、NMP、胺、Cl_2、HCl、HF、VOC	AsH_3、PH_3、BF_3、Cl_2、HCl、HF、ClF_3、VOC
介质	GAC、浸渍碳/氧化铝、离子交换、挤压碳复合材料	GAC、浸渍碳/氧化铝、离子交换、挤压碳复合材料、吸附剂装填非织造布	吸附剂装填非织造布、离子交换、珠状活性炭	特殊浸渍碳/氧化铝
过滤设备	厚/薄床托盘/模块、罐	薄床托盘/模块、罐、折叠介质过滤器、平板过滤器	折叠介质过滤器，平板托盘	块状介质
设备	前/后检修单元、2～3个通道	前/后检修单元、1～2个通道	侧通道系统、集成再循环空气过滤器、OEM过滤器外壳	深床洗涤器、紧急气体洗涤器

图40.7显示了一个洁净室的示意图，其中最常见的AMC控制位置位于暖通空调系统和洁净室内。除MAU和RAU外，还采用化学过滤来净化工艺设备的空气。设备尾气是半导体洁净室主要难以确定的化学排放源之一。因此越来越多的工艺设备制造商提供气相过滤作为其设备设计的一个组成部分。

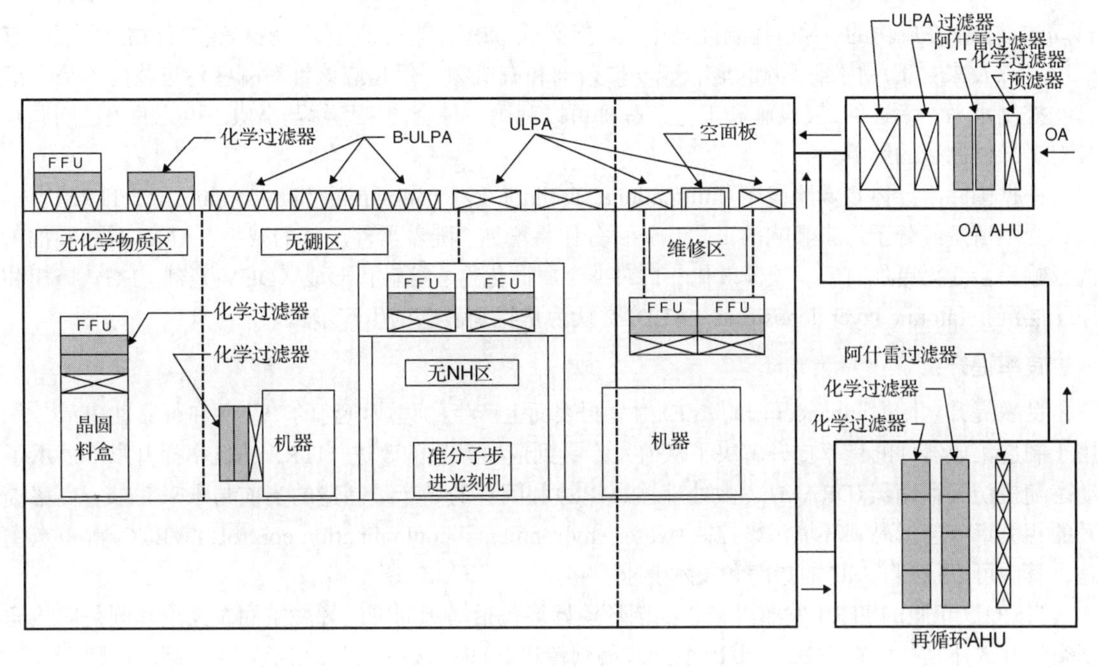

图 40.7　AMC 控制在半导体工厂的可能位置

40.10　AMC 控制规范和标准

AMC 控制规范通常基于单个化学物质或化学污染物组（酸、碱、氯化物、VOC）。这并不奇怪，因为其中许多都是从“全行业”的角度开发的。由于知识产权问题和竞争压力，个别半导体制造商和/或设备供应商倾向于使用他们自己的污染控制标准，这些标准是根据他们自己的经验、能力和期望制定的。对于什么样的空气化学污染水平可被认为是可接受的，还没有达成共识，但在过去 20 年里，范围一直在缩小，预计这种趋势将持续到下一代设备。此外，实际的晶圆环境，在可能接触到 AMC 的地方，已经从一般的洁净室环境缩小到 SMIF 盒和 FOUP，对于每个盒和 FOUP 都有自己的 AMC 控制建议。

40.10.1　SEMI 标准

SEMI 标准 F-21-1102 的标题为“洁净环境中空气中分子污染物水平的分类”（Classification of Airborne Molecular Contaminant Levels in Clean Environments），其将微电子洁净环境与其 AMC 水平进行了分类[3]。这些标准分类用于半导体清洁环境（包括工艺设备环境）及污染控制和测量设备性能的规范。该标准通过 4 种特定污染物类别（酸、碱、凝析物和掺杂剂）的最大允许气相浓度来确定环境分类。4 种类别中每一种的定量类别的组合产生一个描述环境的分类标准。

标准 F21 提供了一种一致的方法来表达特定污染物组的可接受水平。然而，在实践中，它很少用于清洁环境及污染控制和测量设备性能的规范中。这主要是由于缺乏半导体制造环境的标准 AMC 分类和标准中的监控要求。洁净室需要更好的 AMC 监测仪器来测量 ppt 水平的 AMC。

40.10.2　国际半导体技术路线图

对于那些负责为前沿半导体制造建立和维护适当的受控环境的人来说，AMC 控制似乎是一个移动的目标。在成功的 AMC 控制计划中，可能必须考虑来自外部空气的硫和氮氧化物、臭氧和有机物，以及来自工厂内部来源的酸、碱、掺杂剂和有机物。但是应该针对哪些污染物呢？应考虑哪些控制水平？幸运的是，设施和工艺工程师可以利用一种资源来了解与 AMC 相关的关键问题及其对半导体制造的影响。

根据国际半导体技术路线图(International Technology Roadmap for Semiconductors，ITRS)[13]，预计受不清楚或分子污染影响的工艺步骤百分比将增加。随着器件尺寸的减小，AMC 对晶圆加工的影响只会变得更加有害。预栅氧化、自对准金属硅化物、接触孔形成、DUV 光刻、EUV 掩模和原子层沉积(atomic layer deposition，ALD)被认为是特别敏感的生产步骤。

良率提升

良率提升(yield enhancement，YE)由晶圆表面上产生的集成电路的功能性和可靠性表示[14]。用于制造集成器件的良率提升解决了从研发产量到成熟产量的改进。ITRS 的良率提升章节展示了动态随机访问存储器(DRAM)、微处理器(MPU)和闪存的高产量制造的当前与未来需求。良率提升的相关章节包括晶圆环境污染控制(wafer environmental contamination control，WECC)等重点主题，其中可以找到 AMC 的指南和技术要求。

自 2005 年版的 ITRS 发布以来，晶圆环境始终包括晶圆周围的环境空间，无论晶圆是向洁净室空气开放还是存储在 POD/FOUP(前开式晶圆传送盒)中。AMC 需要在半导体晶圆厂的前端和后端操作中进行控制。这种控制可以在晶圆厂范围内或在某些关键过程中实现，也可能在不同的过程的不同级别上实现。表 40.12 显示了按工艺区域及特定工艺步骤的环境酸、碱、凝析物、掺杂剂和金属的目标水平的良率提升 WECC AMC 接口。

ITRS 的有关良率提升的部分，特别是 WECC 技术要求，指出了特定工艺步骤的环境酸、碱、凝析物、掺杂剂和金属的目标水平。随着要控制的化学污染物清单的扩大，WECC 面临的一个重要挑战是对 AMC 来源和分布的洁净室进行精确建模。这是因为随着空气体积的减少，许多现有的洁净室设计不能像以前那样稀释 AMC，无论它是来自工厂外还是内部。

ITRS 利用世界各地的专业知识帮助识别与 AMC 相关的技术挑战，并提供可用于制定先进半导体器件制造的 AMC 控制策略和指南的建议。除光刻应用中的总碱外，还增加了对总酸控制的要求。随后，增加了对特定酸的要求，而不仅仅是总酸。已提出的 AMC 控制的其他变化包括：总酸减少到<20 ppbv(长期为 5 ppbv)，总可凝析有机物减少到<100 ppbv，掺杂减少到<10 pptv。

表 40.12 按工艺区域划分的良率提升 WECC AMC 接口(2016 生产年份)[15]

气相空气分子污染物(pptv，v 表示体积)	
光刻：曝光设备的入口点(POE)	
总无机酸	5000
总有机酸*	2000
总碱	20 000
丙二醇甲醚乙酸酯、乳酸乙酯	5000
挥发性有机物(w/GCMS 保留时间≥苯，校准为十六烷)†	26 000
难熔化合物(含有 S、P、Si 等有机物)	100
光刻：跟踪和检查工具的入口点(POE)；临时掩模版存储盒	
总无机酸	2000
总有机酸	2000
总碱	2000

续表

气相空气分子污染物(pptv，v 表示体积)	
丙二醇甲醚乙酸酯、乳酸乙酯	5000
可凝析有机物(定义为 SEMI F21-1102，b.p.150℃)	1000
难熔化合物(含有 S、P、Si 等有机物)	待定
掩模版存储(在存储箱内、在存储盒内、在曝光设备库内、在检查设备内)	
总无机酸	<200
总有机酸	<200
总碱	<200
可冷凝有机物(定义为 SEMI F21-1102，b.p.150℃)	<100
难熔化合物	待定
门/炉区晶圆环境(洁净室 FOUP 环境/设备环境)	
金属总量(E^{+10}atoms/cm^2/week)	10
掺杂剂(E^{+10}atoms/cm^2/week；仅限生产线前端)	10
挥发性有机物(w/GCMS 保留时间≥苯，校准为十六烷)	20 000
门/炉区晶圆环境(FOUP 内部)	
金属总量(E^{+10}atoms/cm^2/day)	0.5
掺杂剂(E^{+10} 仅生产线前端)	0.5
挥发性有机物(w/GCMS 保留时间≥苯，校准为十六烷)	2000
晶圆上的 SMC(表面分子可冷凝)有机物，ng/cm^2/day‡	待定
晶圆上的总 SM(表面金属)，E^{+10}atoms/cm^2/day	0.5
自对准金属硅化物晶圆环境(洁净室 FOUP 环境)	
总无机酸	500
总有机酸	5000
自对准金属硅化物晶圆环境(FOUP 内，晶圆环境)	
总无机酸	500
总有机酸	5000
暴露的晶圆铜互连工艺环境(洁净室环境，设备内部)	
总无机酸	500
总碱	2000
总有机酸	500
其他腐蚀性物质总量§	1000
H_2S	1000
总硫化合物	2500
暴露的铝晶圆工艺环境(洁净室环境，工具内部)	
总无机酸	500
总碱	待定
总有机酸	待定
其他腐蚀性物质总量	1000
H_2S	待定
总硫化合物	待定
暴露的铜晶圆环境(FOUP 内部)	
总无机酸	500

续表

气相空气分子污染物(pptv，v 表示体积)	
HCl	200
HF	5000
HBr	待定
HNO_x	待定
总有机酸	100
总碱	待定
其他腐蚀性物质总量	待定
H_2S	待定
总硫化合物	5000
水分(ppb)	待定
暴露的铝晶圆环境(FOUP 内部)	
总无机酸	待定
HCl	100
HF	200
HBr	待定
HNO_x	待定
总有机酸	待定
其他腐蚀性物质总量	待定

注：*在洁净室环境中发现可能受到关注的典型有机酸包括乙酸盐、柠檬酸盐、甲酸盐、乙醇酸盐、乳酸、草酸和丙酸盐，也可能涉及其他类型。这些酸可能是除酸过滤器的重要负载。

† 理想情况下，如果可行，最好使用在线仪器进行连续监测，因为这可以提供长期平均值和捕获偏差。当无法在线监测时，建议至少平均 4 小时抓取样品，但不超过 24 小时，以获得平均值，提高分析灵敏度，避免短期瞬态效应。

‡SMC 有机物：应氧化单个晶圆以使其不含有机物，然后将晶圆暴露 24 小时，并使用具有 400℃热解吸的 TD-GC-MS 分析顶部，并根据十六烷外部标准进行定量。根据 SEMI MF 1982-1103(原 ASTM 1982-99)的 TIC 响应系数，上述方法确定的限值是许多有机物的准则。注：在后续工艺步骤之前，可以对氧化或清洁的工艺晶圆使用更高的限制。诸如栅极氧化物形成或多晶硅沉积等过程可能对有机物更为敏感，特别是对 DOP 等高温炉。氮化硅成核对某些工艺也可能比上述工艺更敏感。请注意，前面介绍了对掺杂物的要求。污染水平是以时间为基础的，为了提高灵敏度，样品应暴露一周($ng/cm^2/week$)。导致问题的掩模版上的总污染水平也随曝光能量而变化。这些准则可能随着当前生成的新数据而改变。

§其他腐蚀性物质包括污染物，如氯。湿度也是主要问题，因为它会加剧腐蚀。在腐蚀性环境中，湿度应尽可能低。

洁净室建筑材料、晶圆加工设备、后处理晶圆和晶圆环境外壳的排气，以及晶圆加工中使用的化学品的不充分排气和难以确定物质排放是 AMC 的主要来源。在一些高度拥挤的地区或环境空气质量较差的地区，补充空气是 AMC 的重要来源。氧和水蒸气及低浓度大气污染物[例如二氧化碳(CO_2)、臭氧(O_3)]也可被视为 AMC 负担的一部分。空气中的酸蒸气与晶圆的腐蚀及 HEPA 过滤器中硼的释放有关。胺对 DUV 光刻胶的作用是影响晶圆加工的众所周知的 AMC 例子。只有少数单层的碳氢化合物薄膜可能导致工艺控制的失败，特别是对于前端工艺。AMC 对晶圆加工的影响只会随着未来设备的发展而变得更加有害。表 40.13 列出了 AMC 类型、代表性污染物、来源和影响的总清单。

表 40.13 AMC 来源和效果[16]

AMC 类型	污 染 物	来 源	影 响
分子酸	氟化物、氯化物、溴化物、硫酸盐、磷酸盐、氮/氧化合物	刻蚀反应室、扩散炉、CVD 工艺、使用 HCl、HF、BOE 的湿法平台	掩模、晶圆、曝光光学系统和计量工具的模糊化。铝和铜金属线腐蚀。抑制 CAR

续表

AMC 类型	污　染　物	来　　源	影　　响
分子碱	氨、胺、酰胺、三甲胺、三乙胺、环己胺、二甲胺、甲胺、乙醇胺、吗啉	氨源：CVD，HMDS，CMP，磨料，晶圆清洗工艺。TiN 和 Si_3N_4 薄膜沉积 胺源：光致抗蚀剂剥离剂、聚合物、环氧树脂、TMAH 分解 酰胺源：NMP、二甲基乙酰胺、聚酰亚胺等溶剂	中和光刻胶中的光酸。与酸蒸气的反应可导致晶圆表面产生模糊化、形成颗粒和氮化物
分子凝析物	邻苯二甲酸二丁酯、NMP、有机磷酸盐、硅氧烷、六甲基二硅氧烷、PGME、PGMEA	室外空气、工艺化学品、过滤器排出气体、密封剂、黏合剂、墙壁、地板、晶圆托运人员、FOUP、盒、垫圈、密封带、袋装材料、阻燃剂	硅酮和 HMDS 副产品对曝光设备光学系统和掩模版的模糊化。光刻胶（PR）和抗反射膜（ARC）的分层。不需要的 n 型掺杂晶圆。对薄膜计量仪的干扰
分子掺杂剂	硼、磷、有机磷、砷、锑	室外空气、HEPA 和 ULPA 过滤器退化、来自 RIE、EPI、CVD 的工艺废气、阻燃剂	不需要的晶圆 n 型和 p 型掺杂
分子金属	有机金属化合物	晶圆、含有有机锡和有机铋化合物的塑料添加剂、腐蚀管道系统的交叉污染	空气中和晶圆上的微粒

ITRS 2.0

2012 年，随着互联网的普及、智能手机和平板电脑等无线移动设备的全球传播，电子行业的生态系统发生了重大变化，最重要的是，互联网已经从物联网（Internet of Things，IoT）发展到万物联网。各种传感器继续被添加到互联网上，远程操作的范围日益扩大，例如远程操作工具和远程医疗。为充分解决这些变化，2012 年启动了 ITRS 重组程序，2014 年完成了重组。2015 年，17 个国际技术工作组（International Technology Working Groups，ITWG）被 ITRS 2.0 中的 7 个重点小组取代，如下所示：

1. 系统集成
2. 异构集成
3. 异构组件
4. 外部系统连接
5. 延续摩尔定律
6. 超越 CMOS
7. 工厂集成

现在，良率提升作为工厂集成重点领域和 ITRS 章节的一部分进行了介绍，更具体地说，保留了晶圆环境污染控制部分。

国际设备和系统路线图（IRDS）

2016 年，电气和电子工程师协会（IEEE）采用了传统的国际半导体技术路线图制定流程，并将其扩展到包括所有计算在内。最早于 1965 年出版的 ITRS 已被重新组织为国际设备和系统路线图（International Roadmap for Devices and Systems，IRDS），这项新的工作的目的是从广泛的角度考虑计算的需求。它将解决路线图问题，包括计算机系统、体系结构和软件，以及其中使用的芯片和其他组件。

这一举措是在 ITRS 失去部分影响力的时候出台的，该路线图用于将各种芯片制造商指向一组共同的技术里程碑。然而，近几年来，一些整合的芯片制造商制定了自己的路线图，通常以比工程执行更受市场驱动的方式命名节点。

先进的半导体工业对晶圆上的缺陷监控能力有限。这就要求所有关键的公用设施和组件从生产到运营的各个层面都要确保其质量控制。这对于实现现有和未来先进的半导体制造工艺至关重要。

在新的IRDS中，AMC专家将根据晶圆环境污染控制部分(WECC+)的重组制定AMC指南。具体范围将在每个领域内确定，如气体类型、化学品和成分、关键工艺、优先重点领域和限制。与其他团体的接触将有助于制定新的AMC准则。主要交付成果包括：

- 技术路线图文档，包括质量要求、需求/风险和潜在解决方案的定义。
- 标准。
- 研讨会论文。

IDRS下WECC+的目标和宗旨与最初ITRS的相似，因为将识别风险并提出风险缓解策略。然而，有了IEEE的丰富资源，可以开始和进行协作性的实验研究，将改进风险及其缓解策略与行业的沟通，并促进生成解决方案、更新SEMI标准或制定新标准。新技术实验(如计量学)将通过基准研究得到支持。所有这些都是为了继续完善先进半导体制造业的AMC要求。

40.10.3 ISO标准14644-8

ISO标准14644-8[10]根据特定化合物或化学品的空气浓度对洁净室和相关受控环境中的分子污染进行了分类，并提供了一个协议，将实验方法、分析和时间加权因子纳入分类规范。它只考虑在温度、相对湿度和压力的正常洁净室条件下，空气中分子污染浓度控制在100～10^{-12} g/m^{3}之间，与这些行业、工艺或生产中的应用无关，这里没有将AMC的存在视为对产品或工艺的风险。

该标准不能用于描述空气中分子污染物的性质，也不能提供表面分子污染物的分类。最重要的是它不会设定标准的AMC水平，也不会为特定操作提出空气清洁度等级的建议。然而，它提供了关于监测方法的指导。

40.11 规定AMC控制系统

随着制造商对AMC及其在洁净室中的作用的了解和理解越来越成熟，他们还对应在何处应用AMC控制及为什么应用AMC控制有了更好的理解。随着他们对AMC相关问题的了解不断深入，他们对AMC控制系统的期望也随之增加。

一些制造商对正确选择AMC控制系统的担忧已经变得如此严重，以至于在他们的控制规范中反映出来。一个制造商可能要求至少去除90%的目标污染物，而另一个制造商则将AMC控制限值设置为1 ppb或更低。还有一种可能，要求系统在更换过滤器之前必须至少持续使用一年。尽管它们看起来很严格，但有些制造商的规范要求满足上述三个标准。

更复杂的情况是，一些制造商坚持试图找到“一个过滤器适合所有情况”的AMC控制解决方案，要求一个单一的过滤器应满足所有相关污染物的控制标准。然而，氯需要一种类型的过滤器，氨需要另一种，而有机化合物还需要另一种。用于有毒气体的过滤器/系统的类型与用于气味控制的不同。

“你是想要高效率还是长寿命？你需要绝对控制一种污染物还是相对控制一组污染物？”这些只是AMC控制系统设计师必须考虑的一些问题，即使他们的客户可能不理解不考虑所有这些问题的含义。

40.11.1　去除效率规范

可以将 AMC 控制系统的去除效率看作通过物理或化学方法去除单个污染物或一组污染物的一部分。

许多制造商能够为他们的系统提供测试数据，显示随着时间推移的去除效率。然而，该实验几乎完全是在加速条件下使用高污染质疑浓度进行的，高污染质疑浓度可能比实际使用条件下预计的高 3～4 个数量级。

尽管可以提供过滤器效率的实际外推，但许多制造商现在要求对过滤器的效率额定值进行低水平气体挑战测试(见图 40.8)。这是衡量过滤器性能的最佳方法；但是，这种类型的测试更复杂，完成时间长，而且执行成本更高。

试图为特定污染物/过滤器组合提供效率额定值的主要问题之一是，任何额定值都必须指定一个时间分量。如果规范要求最低去除效率为 90%，则最终用户希望在过滤器的整个生命周期内保持这一点。

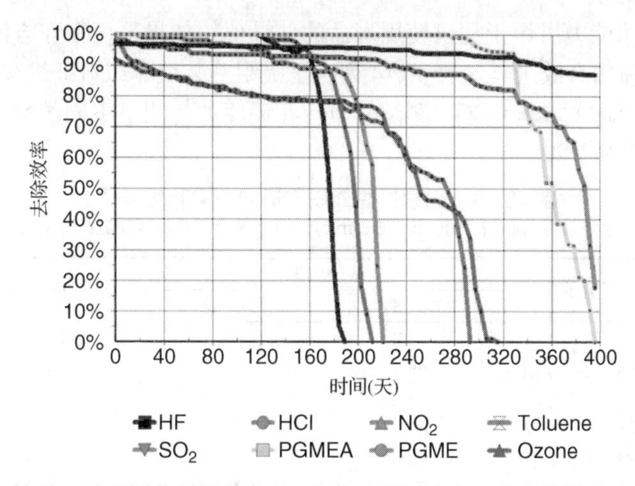

图 40.8　针对 8 种不同化学污染物的 20 ppb 质疑浓度，单个化学过滤器的去除效率。测试的过滤器为 24 in×24 in×12 in(600 mm×600 mm×300 mm)箱式过滤器，采用吸附剂装填的非织造褶皱介质(所有气体单独测试)[17]

然而，大多数测试只运行足够长的时间来提供“初始”效率，在 1 小时、8 小时、24 小时后停止测试，依次类推。所有这些都提供了过滤器在特定污染物负荷下的工作情况，但它不能提供或预测超过规定实验周期的性能指标。

对效率曲线的检查可以提供一些未来性能的额外指示；但是，它仍然不能保证在实际使用条件下的性能。此外，当考虑到气体混合物时，对单一污染物(例如氨)表现良好的过滤器可能表现不佳。

40.11.2　污染物限值规范

一些制造商对特定的 AMC 相关工艺问题进行了调查,结果发现他们能够为一种或多种污染物设定特定的控制水平。通用控制规范要求光刻车间的氨含量低于 1 ppb，在金属化工艺中的氯或氟化氢(HF)含量低于 1 ppb。

无论氨、氯或 HF 的环境水平如何，AMC 控制系统在系统的使用寿命内都应将受控环境保持在或低于 1 ppb。根据环境水平，这可能需要最低工作过滤效率为 50%、80%、95%等。如果可能发生短暂的高水平事件,则可能需要大于 99%的过滤效率来维持 AMC 控制系统输出的 1 ppb 水平。

40.11.3 使用寿命规范

在应用 AMC 控制时，拥有成本始终是主要考虑因素，遗憾的是，在做出最终采购决策时，拥有成本可能是首要因素。预算周期、生产计划、资本支出，或者只是客户对过滤器应使用多长时间的预想打算，都可以作为指定过滤器寿命的基础。

确定特定污染物的 AMC 控制产品的工作去除能力的测试遵循与效率测试相同的基本协议。在特定气流(通常是过滤器的最大额定气流)下，使用已知的污染物浓度，并运行到特定的效率终点，可以计算已去除的污染物量。

介质的去除能力报告为体积容量(g/cc)或质量百分比数据。然后，可以使用它来估计给定条件下介质的消耗率，并提供特定过滤器类型的使用寿命估计值。必须为每个相关污染物确定容量，以便为特定应用提供总消耗率。然而，由于总污染物负荷、相关污染物的性质和任何相关的安全问题及所涉及的时间和成本的不确定性，这是不现实的。此外，必须考虑洁净室中的其他污染物对 AMC 控制系统的影响。

使用观察到的去除能力可用于提供使用寿命的估计值，如果采用保守方法，这些估计值可作为确定过滤器使用寿命的有效工具。表 40.14 列出了吸附剂装填非织造纤维(ALNF)过滤器中常用的几种不同化学过滤介质的实验结果。测试介质旨在说明如何测量不同的性能标准，并不包括所有可用于测试气体的介质类型。

表 40.14 化学过滤介质穿透能力实验结果[18]

[使用 25 ppm 质疑浓度甲醛(1.0 ppm)在 100 fpm(0.5 m/s)的表面速度下对加速加载条件下的 ALNF 介质进行实验]

污染气体	检测的 ALNF 介质*	去除效率		去除能力(%)	使用寿命估算‡(h)
		初始(%)	平均(%)†		
乙酸	GAC + PIA	94	64	15.6	1641
氨	AICA + PIA	99	50	10.9	10 197
胂	PIA	37	8	0.4	106
氯	CICA + PIA	100	54	12.6	1313
乙烯	GAC + PIA	100	94	2.6	790
甲醛	PIA	73	27	2.8	779
氯化氢	GAC + PIA	100	94	12.4	2844
氟化氢	CICA + PIA	100	97	7.5	3050
异丙醇	GAC + PIA	66	25	14.8	7701
甲胺	AICA + GAC	98	34	1.6	1212
甲基乙基酮	GAC + PIA	78	36	13.8	4202
N-甲基吡咯烷酮	AICA + GAC	99	85	32.4	3036
二氧化氮	GAC + PIA	91	70	9.2	2265
臭氧	GAC + PIA	91	67	4.5	1108
PGME	GAC + PIA	80	49	7.9	1417
PGMEA	GAC + PIA	88	55	14.8	1619
磷化氢	PIA	60	14	0.3	542
二氧化硫	CICA + PIA	100	95	13.4	4197
甲苯	GAC + PIA	85	57	10.2	2542

注：*列出两种介质时，它们是混合的 50/50 vol/vol。

†过滤器寿命期间的时间加权平均值。

‡基于 50 ppb 质疑浓度。

关键词：PIA：高锰酸钠($NaMnO_4$)浸渍的活性氧化铝；AICA：浸酸活性炭+活性氧化铝；CICA：浸碱活性炭+活性氧化铝；GAC：颗粒活性炭。

40.11.4　标准化实验结果规范

ISO 标准 10121-2[19]旨在提供一种客观的实验方法，以评估用于一般过滤的任何全尺寸气相空气净化装置(GPACD)的性能，而无论该装置使用何种介质或技术。实际上，目标是避免将测试数据与内部参数完全关联。该标准包括测试设备的设计与测量吸附、解吸的分析方法，以及避免最常见的测量错误。它还提供过滤器性能的计算方法和报告指南。

如 40.5.1 节所述，给定去除效率的过滤器的去除能力取决于污染物浓度，尤其是物理吸附系统(VOC 去除)。因此，对于相同的入口质疑浓度，比较不同化学过滤器的结果非常重要。此外，空气流量、温度和相对湿度都是决定过滤器性能的关键因素。根据 ISO 标准 10121-2 进行测试时，可以测量并报告所有这些参数。该方法为不同的 AMC 过滤方案提供了一个客观的标准化基准。

过滤器性能可报告为去除效率(去除质疑气体与初始质疑浓度的百分比)与时间和/或在给定去除效率下去除质疑气体的量(单位：克)。使用此测试方法时，两个端点都可以用作设置最低过滤器性能规范的方法。请记住，这两个参数都需要指定，以便提供过滤器性能的准确比较。例如，如果指定化学过滤器来去除氨："AMC 过滤器应在 600 分钟内保持至少 70%的氨去除效率"，或"AMC 过滤器应在大于 70%的去除效率下去除至少 100 克氨。"

美国采暖、制冷与空调工程师学会(American Society of Heating, Refrigerating and Air-Conditioning Engineers，ASHRAE)标准 145.2.[20]类似于 ISO 标准 10121-2，为评估吸附介质化学过滤器性能提供了一种标准的实验室实验方法。这些实验结果可以为设施和污染控制工程师提供信息，对空气净化设备的设计和选择及对控制 AMC 室内浓度的空气净化系统的设计有帮助。

这个标准描述了一个具有质量控制约束的实验程序，用于测量在稳态条件下受到挑战时化学过滤器的去除效率和去除能力的百分比。该实验旨在模拟商用化学过滤器在受控、代表性条件下的捕获性能。使用本标准测试的过滤器旨在去除低至中等水平的气体污染物和有害气味，从而保护制造过程并减少腐蚀。实验终点是超过最低去除效率的化学穿透。

ISO 标准 10121-2 和 ASHRAE 标准 145.2 提供了可在固定流速、温度、相对湿度和与预期使用水平相关的升高质疑浓度下进行的实验。这样的实验时间较短，降低了实验成本，但实验结果仅对分级不同的化学过滤器有直接帮助。大量的理论和数据支持许多物理吸附的碳氢化合物在几个数量级浓度上的穿透时间外推。这种外推法一般不适用于化学吸附的化学品，如酸性气体。因此，这些实验方法最好仅用于比较或指定 AMC 过滤装置，但所得结果不能用于估计实际的过滤器使用寿命。

归根结底，AMC 过滤器更换计划通常来自经验。实际使用条件通常规定，各个 AMC 控制系统中的不同介质类型需要以不同的间隔更换，以保持最佳性能。这不是制造商期望的答案，因为他们希望能够制定维护计划和预算。然而，实际情况是，在不知道系统实际遇到的总污染物负荷的情况下，无法通过对一个或两个目标污染物进行测试来预测，更不能保证过滤器的使用寿命。

对化学过滤器上游和下游的污染物进行实时监测的趋势越来越明显，从而根据 AMC 控制规范评估过滤器的总寿命。由于空气中的 AMC 成分可能(并且确实)日复一日地变化，或者由于泄漏、溢出、室外空气质量，实时监测变得越来越普遍，并且通常是最关键的工艺区域或设备所需要的。现在还可以实时监测 FOUP 的酸液或其他残留物的情况。

40.12　最终考虑

AMC 控制已成为所有新半导体制造设施及大量现有设施的基本设计要求。随后，许多形式的化学过滤被用于补给和再循环空气处理器、风扇过滤装置、微环境和工艺设备。

只要给予适当的重视，就可以为大多数应用程序成功地指定和实现一个有效、经济的 AMC 控制解决方案。然而，人们不能对一个特定的系统在给定的一组条件下将如何运行抱有成见，相反，人们应该通过安装这样一个系统来决定他们最终想要实现什么。

AMC 控制系统的设计和规范应始终考虑以下几点：

1. AMC 是否会对洁净室人员造成直接的健康威胁，或者主要是气味控制问题？人员保护要求 100%控制有害污染物，而气味控制可以通过一个整体效率不超过 50%的系统来实现，这取决于单个化学品的气味阈值。工艺保护需要非常高的性能，但这并不意味着绝对控制。如今，许多规范要求去除效率至少为 90%，这是现实的预期，尤其是在设施空气处理系统(补给/室外空气、再循环空气、工艺设备空气)中使用多个过滤级时。

2. 接受真正意义上的过滤器性能测试。也就是说，对为特定应用提供的不同系统进行比较。单一污染物的效率或容量测试数据不能作为系统性能的绝对预测指标。然而，它可以提供竞争系统之间相对性能差异的指示。

3. 如有可能，在预期使用条件下或接近预期使用条件时，要求提供污染物浓度的性能数据。如果系统性能和/或过滤器寿命估计基于加速实验结果，则考虑将气体质疑浓度限制在不超过实际使用条件下预期浓度的两个数量级。

4. 过滤器使用寿命不应成为性能规范的一部分。所有正在考虑的系统都需要进行过滤寿命估计，但同样这些应该用作相对比较，而不是绝对值。如果没有总污染物负荷和不仅仅是少量目标污染物的性能数据，就没有实际的方法来提供使用寿命估计。使用直接气体监测、反应性监测或使用取样器(冲击器、吸附剂管、陪片、试片等)监测过滤器性能应随系统启动一起开始，并应在 AMC 控制系统就位后继续。

5. 使用多级 AMC 控制系统。正如洁净室中的颗粒物控制需要几级过滤，以在受保护的空间内达到所需的清洁度水平一样，AMC 控制系统也应考虑到这一点。应使用“预过滤”级尽可能多地去除“垃圾”AMC。这将有助于保护和保持“最终过滤器”的能力，以良好的效率和容量去除这些污染物。如果用于控制的污染物类型需要不同的过滤器，应认真考虑各级的各种过滤器类型。可以使用混合介质，但在平均去除效率和整体使用寿命方面可能存在折中。

6. 评判 AMC 的局部和/或可选控件。对于 AMC 的类型和水平存在广泛差异的关键工艺，可以使用其他局部水平的方法来防止空气暴露，例如使用氮气(N_2)或清洁干燥空气(clean dry air，CDA)吹扫，尤其是在光刻设备中，使用具有真空腔的集成设备来防止空气暴露，以及对晶圆和掩模版存放处进行吹扫。

适当设计、安装和维护的 AMC 控制系统可以很容易地达到特定目标污染物所需的去除效率。系统满足特定性能标准所需的时间取决于所有污染物的平均值和峰值，在 AMC 控制系统的最终设计中必须考虑这些污染物。

40.13 结论

随着 300 mm 晶圆和铜互连的使用量的增加，AMC 作为半导体制造商的一个障碍，其重要性不断增加。随着继续使用气隙，低 k、高 k、多孔低 k 薄膜，新材料和刻蚀剂及原子层沉积(ALD)，450 mm 晶圆和 10 nm 技术节点 AMC 代表了各种可能导致大量潜在工艺问题的化学类型。许多工厂更积极地处理旧的和新的 AMC 类型；然而，具体污染物对个别工艺步骤的影响仍然不太清楚。工艺良率和单个污染物浓度之间的直接关联性，虽然是目前污染控制的“圣杯”之一，但很少或没有发表。当确实发生良率不稳定的情况时，应将其用作数据点，以为各个工艺设置合理的 AMC 控制规范。

正如半导体工业在过去 10 年中取得的进步一样，AMC 控制技术也取得了进步。这一进展以如下形式展现：

- 气相过滤介质和化学过滤器，基本上可以解决任何 AMC 问题。
- 为不同类型的化学过滤介质提供新的输送系统。
- 可集成到现有空气处理设备中的过滤器和过滤系统。
- 能够提供实时、准确环境评估的监测仪器和设备。
- 与制造商合作，为 AMC 相关问题提供有效和经济解决方案的技术能力。

AMC 控制技术必须与时俱进，这不仅是因为在某些情况下，各种化学污染物的推荐控制限已降至 ppt 水平，而且还因为规定要控制的污染物类型和数量有所增加。早期主要关注的是控制光刻区的氨和其他碱。随着铜的加工，对酸的控制提出了要求。现在，AMC 控制包括化学污染控制的“ABC”：酸、碱、可冷凝有机物、掺杂剂、元素(金属化合物、有机金属)、难熔化合物、硫和硅化合物(确切的类别是任意和重叠的)。这类名单继续还将增长[21]。

随着技术的飞速发展，半导体制造商已经充分认识到，如果暴露在 AMC 中，敏感的电子、光电、纳米技术及电子元件和设备将受到损坏。为保持半导体器件的高可靠性和高良率，IRDS 提出 AMC 将是下一个需要克服的技术挑战。新版本的路线图中增加了对 AMC 控制的新要求。“下一代”半导体设备将需要对 AMC 进行严格控制，以确保生产力、竞争力和盈利能力。制造商正在积极应对 AMC 及其控制，并结合自己的制造工艺和关注点的具体要求。至少，将化学过滤技术应用于补充空气处理装置已成为这些设施的一项要求。AMC 控制以针对特定应用而设计的更多过滤器的形式，正以更高的频率用于最敏感的工艺和设备，包括光刻设备、扩散炉、铜互连设备和检验设备。

室外空气质量评估应该是制定任何 AMC 控制计划的第一步。在回顾全球半导体工厂的空气监测数据时，目前很少有区域的室外空气能够满足 AMC 的特定空气质量要求。即使是 AMC 周围的空气水平也足以引起人们的关注。

随着行业关于 AMC 对工艺和材料破坏性影响的了解不断深入，基本上所有设施都在实施 AMC 控制程序。专业化的化学过滤系统的供应商被要求协助确定现有的 AMC 类型、所需的具体控制系统、如何最好地确定系统是否工作，如果工作正常，那么它们是否满足具体的设计要求。

随着控制化学污染的必要性的增加，需要半导体制造商提供更多的信息和反馈，以持续改进 AMC 监测和控制技术。必须保护知识产权、新技术和尊重竞争，但监控技术供应商必须能够利用尽可能多的信息来处理 AMC 问题。只有这样，我们才能与 AMC 的要求保持同步，以实现高良率和高可靠性的新技术。

40.14　参考文献

1. C. Muller, “Developments in Measurement and Control of Airborne Molecular Contaminants,” *Proceedings of SEMICON Taiwan 2001*.

2. M. L. Kwan, C. Muller, and R. Thomas, “Semiquantitative Analysis Techniques for AMC Monitoring,” *Proceedings of SEMICON Taiwan 2004*.

3. SEMI Standard F21-1102: 2002, “Classification of Airborne Molecular Contaminant Levels in Clean Environments,” Semiconductor Equipment and Materials International, Mountain View, CA.

4. IEST-RP-CC031:2011, “Method for Characterizing Outgassed Organic Compounds From Cleanroom Materials and Components,” Institute of Environmental Sciences and Technology, Arlington Heights, IL.

5. W. R. Jones, J. H. Knight, and C. O. Muller, “Practical Applications of Assessment, Control, and Monitoring of AMC in Semiconductor and Disk-Drive Manufacturing,” *Proceedings of ESTECH 2002, 47th Annual Technical Meeting of the Institute of Environmental Science and Technology*, Anaheim, CA, Apr. 28–May 1, 2002.

6. M. C. Middlebrooks and C. Muller, “Application and Evaluation of a New Dry-Scrubbing Chemical Filtration Media,” *Proceedings of the Air & Waste Management Association 94th Annual Meeting and Exhibition,* Orlando, FL, Jun. 24–28, 2001.

7. ANSI/ASHRAE Standard 52.2-2012, *Method of Testing General Ventilation Air-Cleaning Devices for Removal Efficiency by Particle Size,* American Society of Heating, Refrigerating and Air-Conditioning Engineers, Inc., Atlanta, GA.

8. EN 779:2012, “Particulate air filters for general ventilation. Determination of the filtration performance,” European Committee for Standardization（CEN）, Brussels, Belgium.

9. “Advantages of Carbon in Broad-Spectrum Chemical Filtration for Lithographic Processes,” White Paper, Donaldson Company, 2001.

10. ISO 14644-8: 2013, “Cleanrooms and Associated Controlled Environments—Part 8: Classification of Air Cleanliness by Chemical Concentration （ACC）,” International Organization for Standardization, Geneva, Switzerland.

11. C. O. Muller, “Reactivity Monitoring: An Alternative to Gas Monitoring for Semiconductor Cleanrooms?” In *Proceedings of the 45th Annual Technical Meeting of the Institute of Environmental Science and Technology*, Ontario, CA, May 2–7, 1999.

12. C. Muller, “Evaluating the Effectiveness of Airborne Molecular Contamination Control Strategies with Reactivity Monitoring,” *Journal of the IEST*, Vol. 45, Annual Edition, 2002.

13. International Technology Roadmap for Semiconductors, 2013 Edition, http://www.itrs2.net/2013-itrs.html.

14. International Technology Roadmap for Semiconductors, 2013 Edition: *Yield Enhancement Chapter,* https://www.dropbox.com/sh/6xq737bg6pww9gq/AABi_Y8w8bDy-RDwxIrD6vrGa/2013Yield.pdf?dl=0.

15. International Technology Roadmap for Semiconductors, 2013 Edition: Table YE3: Technology Requirements for Wafer Environmental Contamination Control, https://www.dropbox.com/sh/qz9gg6uu4kl04vj/AADCoqXsn_31QOS2fQEFYt9Fa/Yield_2013Tables.xlsx?dl=0.

16. C. Muller and M. Tan, “From Microns to Nanometers: The ITRS and AMC Control,” *Proceedings of ESTECH 2012,* Orlando, FL, Apr. 30–May 3, 2012.

17. G. O. Nelson, “Purafilter Gas Challenge Test Results: 2001–2003,” Unpublished report presented to Purafil, Inc., Doraville, GA, 2003.

18. C. Muller, “Specifically AMC: Guidelines for Specification of AMC Control,” *Cleanroom Technology Magazine*, Apr. 5, 2004.

19. ISO 10121-2:2013, *Test Methods for Assessing the Performance of Gas-Phase Air Cleaning Media and Devices for General Ventilation—Part 2: Gas-Phase Air Cleaning Devices*（*GPACD*）, International Organization for Standardization, Geneva, Switzerland.

20. ANSI/ASHRAE Standard 145.2-2011, “Laboratory Test Method for Assessing the Performance of Gas-Phase Air-Cleaning Systems: Air-Cleaning Devices,” American Society of Heating, Refrigerating and

Air-Conditioning Engineers, Inc., Atlanta, GA.

21. C. Muller, R. van Dijke, and A. Edeling, “Filtration for Advanced AMC Control for Leading-Edge Microelectronics Manufacturing,” *Proceedings of Filtech 2013*, Oct. 22–24, 2013, Wiesbaden, Germany.

40.15　附录：缩写词

AA = atomic absorption spectroscopy

AA-F = atomic absorption spectroscopy—flame

AA-GF = atomic absorption spectroscopy—graphite furnace

AES = atomic emission spectroscopy

API-MS = atmospheric pressure ionization—mass spectroscopy

CL = chemiluminescence

CLS = chemiluminescence monitoring system

CPR = colorimetric detection on chemically impregnated paper reel type analyzer

CRDS = cavity ring-down spectroscopy

CZE = capillary zone electrophoresis

DIFF = passive diffusive sampler

DSE-TXRF = droplet scanning extraction—total reflection x-ray fluorescence

ECS = sensors of electrochemical cell type

FTIR = Fourier transform infrared spectroscopy

GC-FID = gas chromatography—flame ionization detector

GC-MS = gas chromatography—mass spectroscopy

IC = ion chromatography

ICP-MS = inductively coupled plasma—mass spectroscopy

IMP = impinger（typically used with IC）

IMS = ion mobility spectrometry

IR = infra-red spectroscopy

MS = mass spectroscopy

RM = reactivity monitoring

SB = sample bag

SOR = sorbent tube sampling

TD-GC-MS = thermal desorption gas chromatography—mass spectroscopy

TOF-SIMS = time of flight—secondary ion mass spectrometry

TXRF = total reflection x-ray fluorescence spectroscopy

UVS = ultraviolet spectroscopy

VPD = vapor phase decomposition

VPD-TXRF = vapor phase decomposition—total reflection x-ray fluorescence

WW = witness wafer

第41章　洁净室环境中的ESD控制

本章作者：Larry Levit　LBL Scientific
本章译者：丁扣宝　浙江大学信息与电子工程学院

41.1　半导体洁净室中的静电电荷

在半导体晶圆厂的环境中，静电电荷会增长到极高的程度。这种效应被称为摩擦起电，是一种表面现象，它由两种不同材料的接触和分离引起。由于空气潮湿而吸收到材料表面的水分的存在会减弱这种效果[1, 2]。

洁净室里的许多物品由塑料制成，一般来说，塑料是极好的绝缘体。因为它们是制造工艺不可或缺的，因而必须使用这些材料。例如，由于石英良好的光学特性，掩模版需要用到石英，而特氟纶耐氢氟酸也是必需的。此外，晶圆厂中物体表面的极端洁净也不利于在绝缘体上表面静电电荷形成对地的传导路径。

这些增强静电电荷产生和减少静电电荷耗散的问题，导致半导体晶圆厂的静电电荷水平明显高于常规空间。事实上，没有静电防护装置的晶圆厂在各种重要表面上达到数十千伏的水平并不罕见。

41.2　洁净室电荷引起的问题

41.2.1　污染

静电电荷与高科技洁净室污染控制之间具有很强的关系，是晶圆等带电物体上微粒沉积的重要来源。在受控环境下，计算了小微粒对带电物体的静电吸引率(electrostatic attraction，ESA)[3]，发现洁净室环境中记录的微粒沉积数据与计算结果一致[4]。微粒尺寸越小，ESA越重要，与沉降(重力)、空气动力学(风)和扩散(布朗运动)相比，尺寸低于100 nm是污染水平的主要影响因素。

一旦ESA被了解和接受，人们相信晶圆上的电荷会导致从空气中引入污染物，从而产生缺陷。虽然这是真实的，但后来很明显另一个影响同样重要。工艺设备中相邻物体上的电荷也会影响微粒的轨迹。这通常会导致它们从工艺设备中的层流中被抽出，从而破坏了层流的作用。这是对抗微污染控制的最大武器，没有层流，微粒就可以接近晶圆并由ESA吸入。

几项研究中的一项涉及使用高压电源使一个晶圆偏压至2 kV，并将另一个晶圆与地电连接。在其中一项研究中，200 mm晶圆暴露在ISO 3级洁净室中隔离出来的一部分环境中[5]。用警戒线隔离暴露区域，消除了通过该区域的人员流量。为了确保获得统计上有效的样本，采用6周的暴露时间。使用微粒尺寸阈值为0.2 μm的Tencor Surfscan扫描晶圆。Surfscan结果如图41.1所示。虽然在两个晶圆上观察到的微粒数不能代表半导体制程的实际污染水平，但中性晶圆上的微粒数(3389)与在2000 V电压下晶圆上的微粒数(22764)之比是准确的。在这种情况下，比例为6.7:1。最近的研究表明，100 nm和50 nm晶圆有相同的结果。

静电导致污染的计算是对每个沉积机理的沉积速率进行相加。沉积速率的不严格定义是，粒子由于受力而向物体表面移动的速度。由于重力、扩散和其他力，微粒沉积在晶圆、平板显示器、磁盘驱动器组件和设备表面上。高效微粒衰减器(high-efficiency particle attenuator，HEPA)过滤旨在防止微粒进入洁净室，而层流气流的设计是为了通过将微粒带入气流，将污染微粒的沉降率降至最低。当洁净室保持较高的清洁度时，由于人员、设备运动和工艺，微粒仍然会存在。

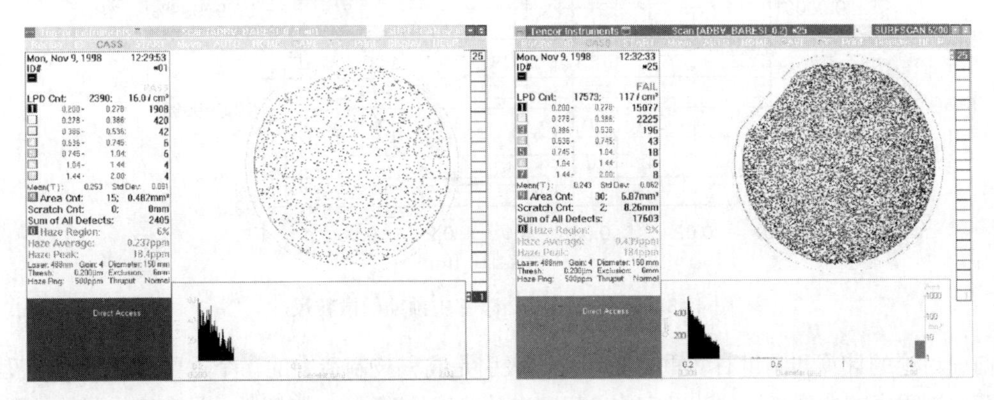

图 41.1　Surfscan 结果

作用在微粒上的力本质上是空气动力(黏性阻力)、引力、扩散力和静电力。当然，重力会随着微粒尺寸(质量)的减小而减小。同样，对于较小的微粒尺寸，微粒上的黏性阻力也较小。相反，微粒越小，扩散力越大，因为微粒质量更接近撞击它们的气体原子，动量传递的效率更高。

在洁净室中通常存在的条件下，表面电压为几千伏，对于微米到亚微米范围内的微粒，计算表明静电引力超过了其他物理力。计算时假设空气中的微粒总体而言为中性，但有一个与微粒上的电子总数单调相关的电荷分布宽度。因此，较大的微粒身上可能有更多的电荷，并经历更大的静电力，但质量也更大。因此，静电力引起的沉积速率在特定微粒尺寸下表现出最大值。

理论上，因静电力而增加微粒沉积在任何电压下都会发生，但在 500 V/in 或更大的场强情况下，这种影响较显著且易于测量。10 000 V/in 或更大的场强在洁净室中并不少见。

图 41.2 展示了一些将微粒吸引到晶圆表面的力[5]。对于小微粒(尺寸为 0.01～1.0 μm)，静电力是增加微粒沉积的主要因素。在现代高科技洁净室里，预期微粒的大小是多少？图 41.3 揭示了一些预期的尺寸范围。该图表明，HEPA 过滤器的特性是阻止几乎所有入射到其上的微粒，但过滤器的效率在近亚微米范围内最低(约 0.1 μm 到 0.2 μm)。在该尺寸范围内，在图 41.2 所示的力作用下，预计 500 V/cm 处污染的主要原因是静电吸引。

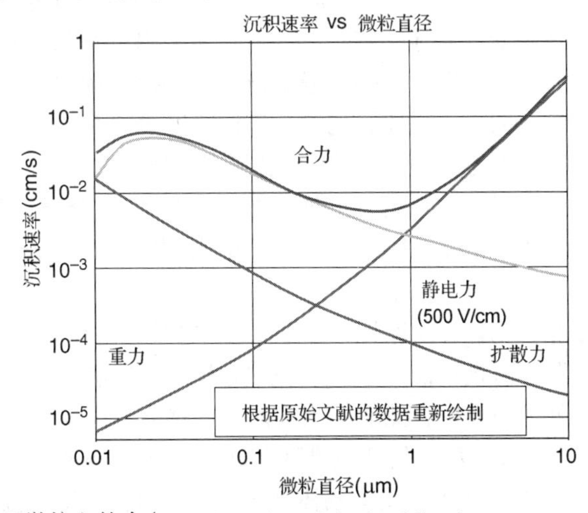

图 41.2　作用于微粒上的力(Data from the original publication was traced and replotted.)

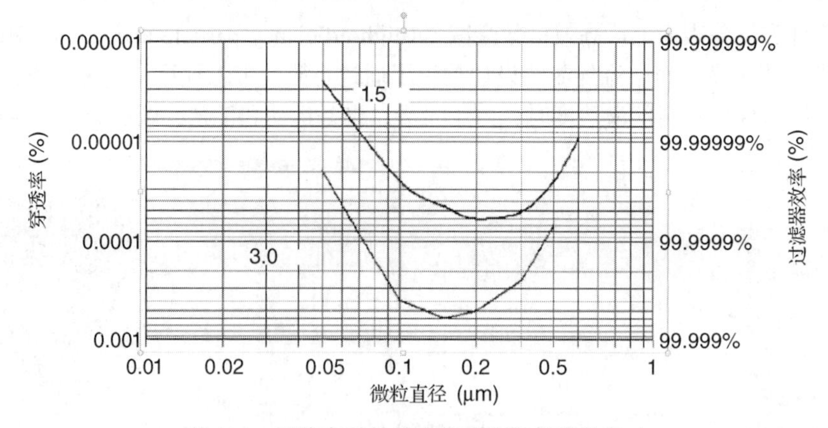

图 41.3 现代高科技洁净室中预期的微粒尺寸

前面讨论的计算和测量有多重要呢？静电吸引是高科技制造中的一个重要因素吗？在没有静电电荷控制程序的典型高科技洁净室中，房间中的绝缘体(例如，掩模版、具有氧化层的晶圆和磁盘驱动介质)通常达到 5～20 kV 的电压水平。因此，根据上述数据，大部分污染物是由静电造成的。由于洁净室的洁净度如此之高，这一主要因素经常被忽视。在亚 ISO 3 级洁净室中，典型现代制程中的微粒累积量(particle adders，PWP)可低至 0.1～1.0(>50 nm)。在产品的多层制程中，这可以表示 2～20 个微粒，这仍然是一个非常小的数字。如果由于工艺设备制造商提供了静电控制，制程中的平均静电电荷水平仅为 500 V，则在制程的某些部分中，由静电吸引引起的污染可能在 0.25～10 个微粒的范围内。在污染水平如此低的制程中，很难设计出一种方法来测量某个污染源的贡献。尽管如此，清除这种污染源的经济影响是深远的。

41.2.2 静电损伤

静电吸引及其对污染控制的影响并不是静电的唯一负面影响。此外，静电电荷还是造成静电损伤的原因，包括从一个物体到另一个物体的放电。由于电过应力(电压穿通)或放电(火花)所致能量沉积引起的损坏，因而对经历放电的产品造成实质损坏。这种情况经常发生在后道工序(back end of line，BEOL)处理和测试中，因为此时焊盘已制作好，这使得向电路施加电压或通过芯片上的电路元件驱动电流变得容易。静电放电(electrostatic discharge，ESD)在光刻中尤为重要。对掩模版的损坏是由掩模版上的电荷或附近环境中其他带电物体的电场引起的感应放电造成的[6]。

静电从一个物体迅速地不受控制地转移到另一个物体上称为静电放电。这种放电的一个方面是电流的来源点和目的地非常局部化(<1 μm)。这意味着参与放电的两个物体所耗散的能量极其局部地加热。当这种放电发生在两个电导体之间时，传输速度通常在纳秒到亚纳秒范围。晶圆厂中物体(约数十厘米)的标称电容约为 10^{-11}～10^{-10} F，金属对金属放电的电阻远小于 1 Ω。因此，如果是导体，它们的 RC 时间常数小于 1 ns。因此，即使包括电感效应，金属对金属的放电速度也极快。从带电的单个芯片或封装部件到相邻地的放电称为充电器件模型(charged device model，CDM)，持续时间约为 750 ps。

ESD 损伤可能是由于受害物体发生摩擦，随后对地放电或对足够大的浮置物体放电而造成的，对地电容表示低阻抗交流路径。这可能是一个单一的芯片，它接触到一个没有接地的工作表面。在这种情况下，物体由于处理而充电，然后，当它向插座移动或由末端执行器接近时，放电便会发生。另一种可能导致损害的效应称为场感应模型(field-induced model，FIM)[7]。当受害物体(通常是芯片、晶圆或掩模版)承受电场时，受害物体与相邻地之间会产生电位差。这种损坏机制在后段工艺中很常见。在这种情况下，绝缘封装通过触摸而带电并产生电场。该电场促使封装中的芯片向测试插座上的接地引脚放电，参见图 41.4。

许多研究人员通过延长带电晶圆暴露在洁净室大气中的时间来测量这种效应。与中性晶圆相比，充电至 500～2000 V 的晶圆的结果显示，污染水平增加了 3～7 倍。

在另一个 FIM 损伤的例子中，光掩模版对电场特别敏感。光掩模上的图像区域通常包含数千个独立的导电图形，所有这些图形都支撑在绝缘基板上，并通过非常小的间隙(纳米量级)与相邻区域隔开。

当电场通过图像区域时，图像中的不同图形具有不同的由电场感应而施加其上的电压。电场的电势梯度被压缩到图形之间的狭小间隙中，从而放大了周围的场强。在一个典型的光掩模中，放大系数可以达到几千倍。因此，即使在其操作环境中的相对较弱的电场也会对光掩模造成危害。

每次光掩模暴露在电场中时，导电图形中的电子就会移动以抵消导体中的电场。因为这些图形是导体，所以整个图形位于一个单一的电压下，所有的电压梯度(场)都位于导体之间的间隙中。如果在电场的影响下，两个隔离图形之间的电压差上升到足够高，则其上方空气的绝缘质量会下降，在静电放电(ESD)中，电子会从一个图形跳到另一个图形。如图 41.5 的显微照片所示，在 1 ns 内耗散的能量足以熔化导电膜。

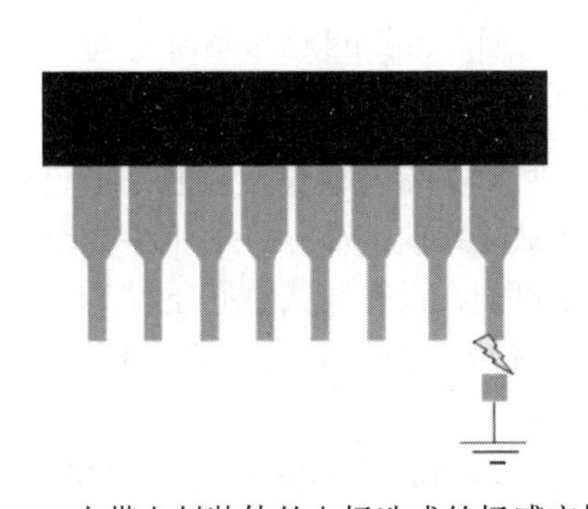
图 41.4　由带电封装体的电场造成的场感应损伤

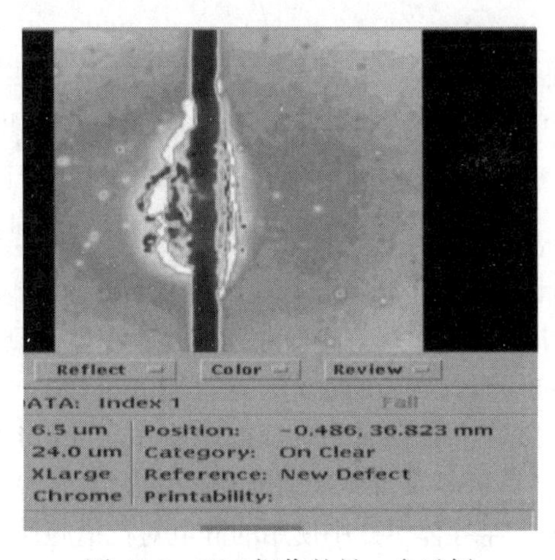

图 41.5　FIM 损伤的另一个示例

这种放电是有害的，因为它们会导致制造过程遭受突然和急剧的产量损失。由 ESD 造成的光掩模上的单一缺陷会导致在晶圆上产生大量缺陷。如果掩模版包含两个芯片图像，则工艺产量立即降低 50%。因此，许多半导体制造厂频繁地进行检测，以确定印制图案的任何缺陷。尽管通常可以快速检测到任何印制缺陷，但每个光掩模 ESD 损坏事件的财务成本很容易达到数十万美元。

随着微电路变得越来越小，越来越密集，用于印制电路的光掩模中的场感应性质发生了变化，如图 41.6 所示。这一计算机模拟表明了在恒定电场中两个导电图形之间的电场和感应电压是如何随着图形之间的间隔减小而变化的。该图表明，按照摩尔定律，在光掩模图形之间产生足够高的电压来引起 ESD 变得越来越困难，但同时图形之间的电场非线性地大量增加。

这种场感应的演变非常重要，因为最近发现了另一个物理过程，当光掩模暴露在电场中时会造成损坏[7]。这种效应称为电场感应迁移(electric field-induced migration，EFM)，它发生在电场强度为产生 ESD 所需强度的 1/100 以下的情况中。作者于 2000 年初在掩模版 ESD 研究中首次观察到这种效应，目前仅在掩模版生产中报告过观察结果。

虽然静电放电是一个离散的、相当容易被检测到的事件，但是 EFM 的作用是通过干扰图案某些部分的形状和重要尺寸来持续和累积地降低图像的分辨率。EFM 的作用是模糊铬线边缘的锐边，使投影在晶圆表面的图像不再是“黑和白”，而是在边缘变成“灰度”，从而印制出定义不清的形状。这一过程是由铬图形之间的间隙中的电场大小驱动的。但是，由于光掩模在生产环境中所经历的电场在强度和方向上都在不断变化，因此无法预测在任何特定的光掩模中，这种损伤会在何处产生。如果没有持续监控生产中的每个光掩模，也不可能知道损坏正在发生，但这样做是不切实际的。

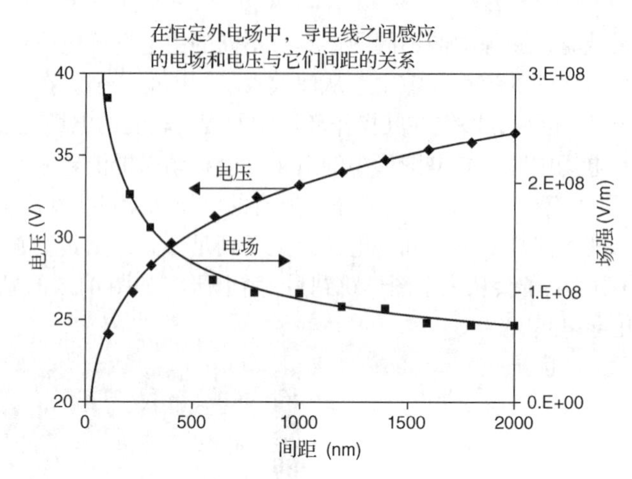

图 41.6　在恒定电场中，掩模版上两条导电线之间的感应电势差和场强与它们间距关系的二维有限元分析（Courtesy of Gavin Rider.）

因此，EFM 造成的损坏逐渐累积，直至印制的晶圆不能通过常规检查。退化的时间演化可比作洞穴中钟乳石和石笋的构建。但是，在检测到任何印制缺陷之前，具有勉强可以接受的图形的晶圆将被印制相当长的时间，这可能意味着生产线充满了可能在最终测试中不合格或在正常使用下出现可靠性问题的部分完成的器件。由于EFM引起的光掩模恶化而导致的产量损失的财务影响，可能比由于 ESD 而导致的故障高出许多倍。

目前，半导体生产中使用的静电对抗措施通常能够防止大多数光掩模 ESD，但 EFM 所致恶化的风险始终存在，并且不断增加，如图 41.6 所示。解决这一风险的唯一可靠方法是使用法拉第笼来保护光掩模不受电场的影响，并且在保护环境外处理光掩模时，应尽量减少可能发生的任何场感应。此外，对于掩模版生产、清洁和检查工具及曝光设备的场所，对于步进器和掩模版制造工具的环境，重要的是遵循正常的静电控制流程。这意味着最小化绝缘体的使用，以及对剩余的绝缘体使用空气离子化。

41.2.3　电磁干扰和晶圆处理错误

有两种途径会导致晶圆处理错误。一种是由于 ESD 引起的瞬态电磁干扰（electro-magnetic Interference，EMI）导致的微处理器错误，另一种是由于静电吸引引起的晶圆的不当移动。由于两者起源都是静电，因此它们组合在一起导致晶圆处理错误。

因周边某处的静电放电引起瞬变 EMI 导致数据或程序字的损坏。当金属对金属放电发生时，放电的频谱极高（大约是千兆赫兹）[8]。对于亚纳秒脉冲（见图 41.7），放电中一半的能量作为电磁脉冲辐射。这样的脉冲产生涡流并传播到晶圆厂。由于放电带宽扩展到微波频率范围内，电子设备对这种 EMI 很难进行屏蔽。这种脉冲可以在工艺设备中控制机器人的微处理器板的走线内产生电压脉冲。这会导致晶圆移动到一个不合理的位置，比如靠着一个微环境墙。被破坏的指令将导致设备停止，并显示错误消息。通常，这种状态被认为是软件缺陷。尽管可能是这样的，但问题也可能是由 ESD 产生的 EMI 瞬变引起的。

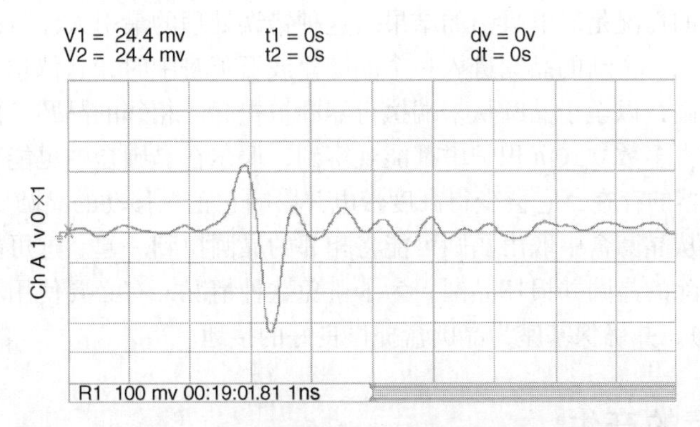

图 41.7　使用 4.5 GHz 带宽的扫描转换器观察到的亚纳秒放电

除了 ESD 诱发的 EMI，工厂中的另一个问题是持续不断的 EMI。这种 EMI 通常通过工厂中的电子电路进行传播。产品的这种 EMI 幅值和产品对这种 EMI 的抵抗力要限制在远低于 ESD 感应 EMI 的水平。这种 EMI 通常由美国联邦通信委员会(Federal Communications Commission，FCC)和 CISPR(CE 标志)监管。

这种连续 EMI 的测量协议基于频谱分析仪，是一种平均值测量。因此，由 ESD 产生的瞬态 EMI 不会被记录在频谱分析仪上。典型的 ESD 事件发生在 10 秒到 1 分钟的时间范围内，持续时间远小于 1 μs。占空比为 10^{-7} 或更小，平均辐射能量可以忽略不计。因此，重要的是要认识到，符合常规辐射功率标准的设备仍然是 ESD 感应 EMI 的来源。同样，如果使用频谱分析仪和天线进行辐射 EMI 研究，则无法得出有关存在 ESD 感应 EMI 的结论，因为该实验对这种影响视而不见。

估计这种放电的峰值电流是有意义的。如果被放电的物体电容约为 10^{-11} F，充电至 5 kV，则

$$q = CV = 10^{-11}\ \text{F}\times 5\times 10^{3}\ \text{V} = 5\times 10^{-8}\ \text{C}$$

如果幅值与上述结果类似，宽度为 0.75 ns，则峰值电流为

$$i_{\text{peak}} = 2q/0.75\ \text{ns} = 67\ \text{A}$$

这是一个非常大的电流和更大的 $\mathrm{d}i/\mathrm{d}t$，几乎不可能被屏蔽。这对于一个小火花来说是一个惊人的大电流，意味着辐射功率幅值极高，即使放电中的总能量只有几百微焦耳。

重要的是明白干扰的机制。虽然放电相对频繁，通常每个晶圆通过设备放电一次(即出现 ESD 事件)，但即使它们的幅值很大，却也很少引起问题。ESD 事件应该偶然会与微处理器板上的数据选通完全同步。当这种巧合发生时，数字信息(微处理器指令、地址或数据字)就会损坏。因此，处理器要么检测到错误并停止，要么执行错误的数据。在前一种状态的情形，设备通常会停止并显示一条错误消息，操作人员可能理解也可能不理解该错误消息。这种现象称为锁定，通常需要重新启动设备。重新启动过程的相关操作可能需要长达 45 分钟。在此期间，设备无法工作。如果数据损坏，设备可能会基于该信息做出错误的决定。这会导致奇怪的行为。例如，如果损坏的数据字是机器人位置坐标，则该设备可能会导致机器人撞到墙壁，并导致机器人和产品损坏。

由于异常行为需要两件事的同步，所以这种现象的发生概率很低。此外，由于这些事件本质上是随机的，因此它们的时间分布符合泊松分布。这类事件平均每周发生一到两次，这种情况并不罕见。由于泊松分布的性质，这些事件的发生呈现出集群性。可能一周内有五次，接下来的两

周内却一次也没有。这使得它们极难确认。为了验证给定设备的不良状态是否由这种效应产生，最好不要寻找锁定效应，而要寻找 ESD 感应 EMI，这种 EMI 的发生概率相当高，因此更容易确认。

另一种处理不当的情况是静电吸引的结果。这种错误处理的最引人注目的例子是晶圆对其最近邻居的吸引效果。当一个新的晶圆进入一个晶圆盒或石英舟中时，它偶尔会以强烈的吸引力吸引石英舟中最近的晶圆，以至于晶圆从末端执行器中被提起，相邻的晶圆弯曲，导致两个晶圆相互撞击。这种效应在大多数立式沉积炉中都能观察到，偶尔在晶圆盒中也能观察到。通常，驱动因素是陶瓷末端执行器的存在，它会变得高度带电并影响它正在移动的晶圆。

在某些情况下，从晶圆盒中取出晶圆可能将相邻的晶圆拉到一起。这可能导致晶圆掉落或末端执行器撞击部分移除的晶圆并损坏晶圆。为了避免这种情况，有必要使用耗散的晶圆盒或前开式晶圆传送盒(FOUP)，并确保基座为晶圆盒提供良好的接地。

41.3 静电电荷的产生

当两个处于紧密接触的不同表面分离时，一个表面失去电子并带正电，而另一个表面获得电子并带负电。这就是所谓的摩擦起电。任何材料，固体或液体，都可以通过材料的摩擦、接触和分离，或者流动而出现摩擦起电。电荷的量级将受到表面条件、接触面积、分离或摩擦速度及湿度的影响。材料是否保持带电状态，取决于其导电性和电荷流向地面的路径的可用性。如果允许电荷积聚在一种材料上，则其表面可吸引并黏附微粒。

摩擦起电的原理与每种材料的功函数有关。它的定义是将一个电子从材料表面移除所需的能量。由于功函数与材料的电子能级有关，因此每种化学元素或化合物的功函数都是唯一的。因此，当两种材料相互接触时，电子会从一种材料转移到另一种材料。转移的数量取决于表面性质和接触性质。具有显著接触压力和相对运动(滑动)的光滑表面会导致大量的电荷转移。

当材料分离时，它们之间的电容减小，所以它们之间的电势差(电压)增大。因此，摩擦起电的机理是不同材料接触后分离的结果。

与传统室内的绝缘体相比，洁净室的环境有助于提高摩擦水平和减少绝缘体表面电荷的耗散。首先，存在于绝缘体表面的任何污染物都为电荷提供了一条对地的放电路径。在洁净室中，所有物体都被擦拭干净，以致消除了这种放电机制。

参考文献[10]揭示了湿度和摩擦起电之间的关系。在相对湿度为 60%的地方，水蒸气与每种材料的表面达到平衡。在较低湿度(约 35%～45%)下，平衡条件要求出现在材料表面的水蒸气较少。水蒸气调节材料的工作性能，将其值置于材料的功函数和水的功函数之间。因此，在低湿度环境中的材料比在高湿度环境中的材料表现出更多的摩擦电荷。由于洁净室维持在低湿度，因此在洁净室中观察到比传统室内更多的电荷。

静电电荷也由感应产生。物体上的静电电荷通过使物体上的正负电荷分离，在另一物体的表面上产生或“感应”出相反极性的电荷。与摩擦产生的电荷一样，感应电荷会吸引粒子，与地面接触会导致 ESD 损坏和 EMI。

感应引起污染的一个例子是，当一个晶圆存储在一个高电荷的容器(即一个 FOUP)中时，出于讨论的目的假设为负电荷。如果没有氧化层的晶圆固定在导电的内部支撑结构中(如有 FOUP 的情况)并与地面相连，则晶圆支撑结构上的电荷将分离，负电荷将从晶圆转移到支撑结构，并从支撑结构转移到地。当容器从地面结构上拆下时，晶圆将带正电，并表现出污染问题。

41.4　绝缘体与导体

所有材料都可以归入电的导体或电的绝缘体。导体是电流可以通过的材料，绝缘体是电流不能通过的材料。导体的电性能(电阻率)存在很大的差异，这使得电的导体可以进一步分为导体(良导体)和耗散导体(不良导体)，但两者都具有维持电流的能力而不同于绝缘体。电阻率参数是施加在材料样品上、以维持单位电流通过侧边为 1 m 的立方体材料样品的电压值。表面电阻率是一个类似的参数，与通过材料表面而非大块样品的电流相对应。它是根据单位电流通过一个方形材料样品所需的电压来定义的。电阻率以Ω · m 为单位度量，表面电阻率(与通过样品表面的电流有关)以Ω/□为单位度量，如图 41.8 所示。

图 41.8　表面电阻率

41.4.1　导电材料

导电材料定义为表面电阻率小于 1×10^5Ω/□或体电阻率小于 1×10^4Ω · cm 的材料[11]。由于电阻很低，电子很容易流过表面或通过这些材料体。电荷流动到地或与材料接触的另一导电物体上。像铜和铝这样的金属具有非常低的电阻率，在 10^{-8}Ω · cm 量级，使其成为极佳的电导体。

41.4.2　耗散材料

耗散材料的表面电阻率等于或大于 1×10^5Ω/□但小于 1×10^{12}Ω/□，或体电阻率等于或大于 1×10^4Ω · cm 但小于 1×10^{11}Ω · cm。对于这些材料，电荷以比导电材料更慢、更可控的方式流向地。耗散材料用于控制 ESD，因为它们的放电速度如此之慢，以致常常能避免 ESD 对高科技洁净室制造的微结构造成损坏。

41.4.3　绝缘材料

绝缘材料[12]定义为表面电阻率大于 1×10^{12}Ω/□或体电阻率大于 1×10^{11}Ω · cm 的材料。显然，绝缘体消散表面电荷的能力非常差，可以忽略不计。对于距离地平面约 1 cm 的典型 30 cm×30 cm 物体，物体的电容约为 10^{-10} F，因此放电的特征时间将由其电阻乘以其电容得出[12,13]。对于导体，这对应着一个远小于 1 ns 的时间。对于相当好的绝缘体(大于 10^{13} Ω/□)，这相当于大于 1000 s 的时间。对于非常好的绝缘体，如石英、特氟纶或 SiO_2，可以假定该材料永不放电。因此，在洁净室中，在这样的表面上会产生很高水平的电荷，它们将在几天内积聚，达到极高的水平。对于这些非常好的绝缘体，接地不会起到任何作用，电荷仍然留在其表面上。

导电或耗散材料的接地是洁净室静电控制的重要第一步，但对处理绝缘体没有帮助。如何将材料接地、耗散材料的利用、与接触材料具有类似功函数的绝缘体的选择(称为摩擦匹配)及处理绝缘体上静电的技术的详细内容是一门称为静电管理的学科。

41.5　洁净室静电管理

41.5.1　一般原则

已开发出多种处理静电电荷的方法。基本方法是设施部件(墙壁、地板、工作台和设备)接地，适当使用导电和静电耗散材料，并采用局部或室内电离以控制绝缘体上的静电。除这些基本方法外，对洁净室人员进行静电控制的实践教育和对静态控制程序合规性的审核，对于处理程序的成功至关重要。

现代洁净室环境广泛使用导电和静电耗散材料接地以试图控制静电电荷。接地可防止接地材料产生静电。如果导电或静电耗散材料确实带电，则将其接地可移除储存的电荷。为了有效地控制静电电荷，导电和静电耗散材料必须具有可靠的静电电荷流向地面的路径。任何接地方法的成功都取决于接地路径的完整性。在关键应用中，接地路径监测和定期验证可能是静电控制程序中的重要方面。

通过建立接地路径，物体上的静电电荷被传导到地，使物体保持中性，并消除从带电物体延伸出来的电场。确保距静电敏感产品 300 mm(12 in)范围内的表面接地尤为重要。还应注意设备的移动部件。当机器人手静止时，存在的接地连接可能在机器人移动时丢失。建议采用柔性接地连接，而不是依靠导电润滑剂。

静电耗散材料用于洁净室和微环境的建设，以减少静电积聚。洁净室的墙壁和地板及微环境的面板可以用这些材料建造。导电材料应选择静电耗散材料，以减缓电荷去除过程，防止 ESD 事件损坏。静电耗散材料可用于与敏感产品接触的设备部件。例如，用于掩模版检查站的耗散掩模版盒和耗散工作面是两个可用的位置，此处的静电耗散材料是最佳材料选择。

与金属工作表面或绝缘微环境墙壁相比，静电耗散材料的成本更高，但从减少 ESD 损伤方面得到的回报通常使静电耗散材料成为一项很好的投资。此外，在某些情况下，静电耗散材料的性质可能更可取。例如，由于金属掩模版盒过重而不实用，而且也不可能为微环境制作金属的观察窗。

静电耗散包装材料也用于保护产品不受静电积聚的影响，因为它在洁净室中的工序间传送。这是后道工序(BEOL)的常见做法。与耗散包装相关的较慢放电将比较快的放电具有更低的峰值电流。

由于现代电子学的深亚微米特征尺寸，从其结构上散热所需的时间非常短[9]，约为纳秒量级。因此，耗散物体放电的数量级大且不会造成损害，而导体的相同放电通常对产品是致命的。

尽管使用静电耗散材料以最小化放电中的峰值电流很重要，但使用静电耗散材料并不能确保产品不会带电。为了在任何静电控制应用中有效，静电耗散材料需要一条安全的接地路径。验证材料是否与洁净室兼容也很重要。如果没有接地路径，静电耗散材料即便没有 ESD 危险，但仍可能带电而产生污染危险。尤其是洁净室使用的建筑材料，可能会以牺牲静电耗散特性来实现其他特性，例如尺寸稳定性、低气体释放或低成本。

接地方法和静电耗散材料也用于确保电荷不会积聚或从人员转移到敏感产品或设备。可以使用各种各样的人员接地方法，包括相关的服装、靴子、手套、静电耗散地板和腕带或鞋跟带。为了成功地控制静电电荷，必须定期监测和验证所有这些方法。注意，用于耗散的靴子不提供保护，除非地板是耗散或导电的，并为穿靴子的人提供一条接地路径。

遗憾的是，洁净室必须使用许多绝缘体材料，如特氟纶、各种塑料和石英。绝缘材料通常是产品自身的重要组成部分。不可能通过将绝缘体接地来消除其上的静电电荷。大多数绝缘体很容易充电，电荷可以长时间存留，并且通常接近产品或就是产品的一部分。特氟纶和石英晶圆承载装置、带氧化层的晶圆、环氧树脂集成电路(integrated circuit，IC)封装和玻璃硬盘介质都是洁净室中绝缘体的例子。洁净室的特殊要求不允许在绝缘材料上使用碳微粒或化学添加剂，以使其具有静电耗散性。抗静电喷雾剂和溶液会造成污染问题。湿度控制是过去提出的一种静电控制方法，但已证明其成本较高且效果不好。此外，湿度的增加也会破坏光刻的化学反应。中和绝缘体(和隔离的导体)上的静电电荷已成为在洁净室中获得高的产品产量的必要条件。由于其他方法不多，通常使用某种类型的空气离子化。离子发生器只使用高度过滤的洁净室空气，产生正负空气离子云，以中和洁净室环境中存在的任何静电电荷。

41.5.2　导体和绝缘体

静电控制的第一个原则是尽可能地接地。这条规则的一个推论是，在可能的情况下，导电或静电耗散材料应取代绝缘材料。例如，由于光学原因，掩模版必须由石英制成，不能用导体代替。第二个例子是由特氟纶制造晶圆盒和化学容器，选择它是由于其对半导体工艺中使用的大多数腐蚀性化学品具有抵抗力，因此是首选材料。

在许多情况下，可以用耗散材料代替传统的绝缘塑料。虽然这种塑料稍微贵一些，但耗散材料的投资回报(return on investment，ROI)通常只有几天到几周。耗散材料尤其适用于工艺设备的上料端口。在这种情况下，通过使用耗散塑料解决了污染控制问题。对于耗散塑料掩模版盒，考虑掩模版损坏的因素，其 ROI 甚至比微环境中的耗散检查端口的更短。

尽管在可能的情况下使用耗散塑料很重要，但对其进行接地也很重要。由于摩擦充电与不同材料的能级差有着严格的关系，导体和绝缘体都会充电。如果不接地，耗散塑料仍能保持其中产生的任何静电。

41.5.3　接地

为工厂中的每个非绝缘体提供接地路径非常重要。这些接地有多种形式，其中一些将在这里描述。在每种情况下，目标都是为工厂中产生的任何静电电荷提供接地路径。

人员

人员是一个恒定的静电源。走动本质上就是一种静电产生机制。鉴于此，为静电电荷提供接地路径是一种良好的 ESD 控制惯例。在诸如掩模版检查和芯片处理等手动环节中，传统的解决方案是在操作人员身上使用腕带。这包括让操作人员穿戴耗散带，该带由电线连接到工作区的接地点。另一种方法是使用 ESD 安全椅，确保操作人员接地的连续性。这是与 ESD 认证的服装一起使用的，其中将一些耗散线缝到布料中。腕带技术不适用于 1 级工厂区域，因为它需要裸露手腕的皮肤实现接触。此外，1 级工厂区域的许多操作都是站着进行的，因此，使用 ESD 安全椅也不适用于 1 级应用。在这些情况下，可使用脚部用具确保操作人员与地面之间的电接触。脚部用具通常是带耗散性鞋底的靴子，或是安装在操作人员鞋内并延伸到鞋底下面的鞋跟带。

注意，除非地板导电或耗散，否则这些器具不会发挥作用。耗散地板通常是由卷起来的整块材料安装而成的，或者实际上由涂在地板上的耗散涂层制成。良好的 ESD 控制程序的一部分涉及定期检查地板对地的连续性。

运输和储存

掩模版、晶圆和封装件常常会在厂内运送。如果封装件放在具有耗散性的承载装置中，操作人员穿戴合适的工作鞋并在 ESD 安全地板上行走，那么对其的保护将会最好。当使用手推车(有时称为人员引导车辆或 PGV)时，手推车应对地电连续，或配备牵引链，或配备 ESD 安全轮。后者是由耗散轮胎和使用导电润滑剂的特殊轴承构成的。拖链是一种简单的轻链，悬挂在手推车上，为 ESD 安全地板提供电接触。一般来说，当链条沿地板移动时，最好使用两根链条以避免不连续接地。这项技术对避免手推车停靠在设备上时的 EMI 电磁干扰及接地的操作人员将产品从推车上提起时对产品的损伤非常有效。

41.5.4　空气离子化

当绝缘体不可避免要使用时，单纯地接地就不能解决静电电荷问题。绝缘体不支持电流，因此不能通过这种常规方式提供对地的连续性来处理。空气离子化成为消除绝缘体表面电荷的有效手段。空气离子化的作用是使空气轻度导电，为绝缘体表面的所有部分提供接地路径。这一技术将在下一节详细讨论。

41.6　空气离子化对静电电荷的控制

空气是良好的绝缘体，所以在一个洁净的绝缘体表面上产生的任何静电电荷都将无限期地存留在该表面上。空气离子发生器通过加入作为电荷载体的离子来降低空气的电阻率。空气主要由氮气、氧气和二氧化碳组成，含有水蒸气和微量气体。空气离子是空气中失去或获得电子的气体分子。空气离化器用于将空气离子化引入室内。离子在空气中自然存在，特别是在闪电风暴之后，但在洁净室中，HEPA 或 ULPA（超低渗透空气）会从空气中去除离子。由于空气离子是自然产生的物质，因此对操作人员的健康没有负面影响。

正的空气离子和负的空气离子存在于室外自然空气中，它们是土壤中的物质（如铀）和空气中的气体（如氡）放射性衰变的结果。但大多数空气离子被高效空气过滤装置从洁净室空气中去除。这使得洁净室中的空气非常绝缘，并促进静电产生。空气离子发生器恢复并增加经过滤的洁净室空气中的空气离子水平。当离子化的空气与带电绝缘表面接触时，带电表面会吸引相反极性的空气离子。因此，绝缘体上的静电电荷被中和。中和需要两种极性的空气离子，因为两种极性的静电电荷都会在洁净室产生，如图 41.9 所示。

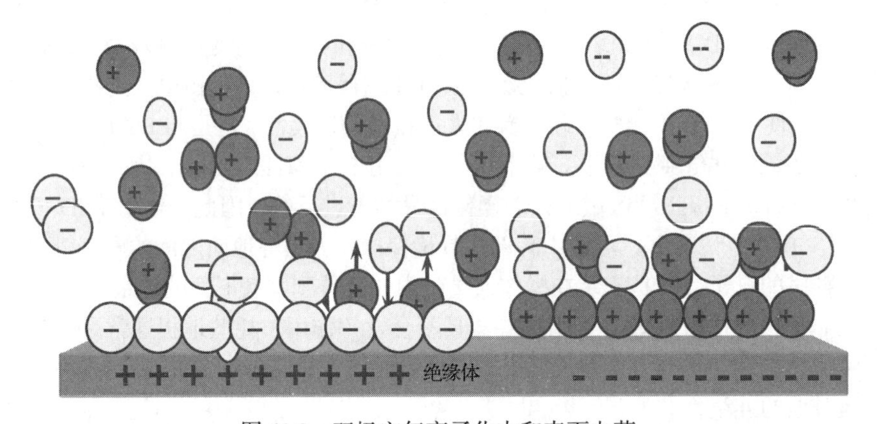

图 41.9　双极空气离子化中和表面电荷

有三种常用的方法可以制造空气离子以进行电荷控制。这些方法包括电晕、光电和放射性同位素离子发生器。虽然每种方法产生的离子都是相同的，但通常都有各自的不同应用。选择时要考虑的因素涉及洁净度、离子分布要求、屏蔽问题、电压平衡（精度）水平和政府法规。每种类型都将在下面的小节中讨论。

41.6.1　电晕电离

在洁净室中最常用的产生空气离子的方法是电晕电离。在电晕电离中，通过对一个或多个尖锐的发射点施加高压，从而产生非常高的电场。这一技术涉及高压（约 5～20 kV）的使用。我们将电压施加在一组尖端上，在这些尖端附近(约 100 μm)形成了一个强电场。这个电场将自由电子加速到足够高的能量，使它们能够电离与之碰撞的分子。当尖端电压为正时，正离子被排斥到环境中，当尖端为负时，负离子被输送到环境中。电晕离子发生器由交流或直流电压制成。正负极性电晕电离的基本原理如图 41.10 所示。

正负电晕的电晕过程不同。因此，当操作人员或由自动电路进行调整时，该过程只能产生平衡的(相等的)正离子和负离子总体。手动调节会随着时间的推移而改变其电压平衡，以对气压、湿度或机器人等物体的接近做出反应。大多数自动调节电路的精度通常在 ± 30 V 以内，这对于应用来说通常已经足够好了。当环境电压漂移和尖端磨损都影响到离子发生器的平衡时，通常可以每季度重新调整(校准)一次离子发生器。

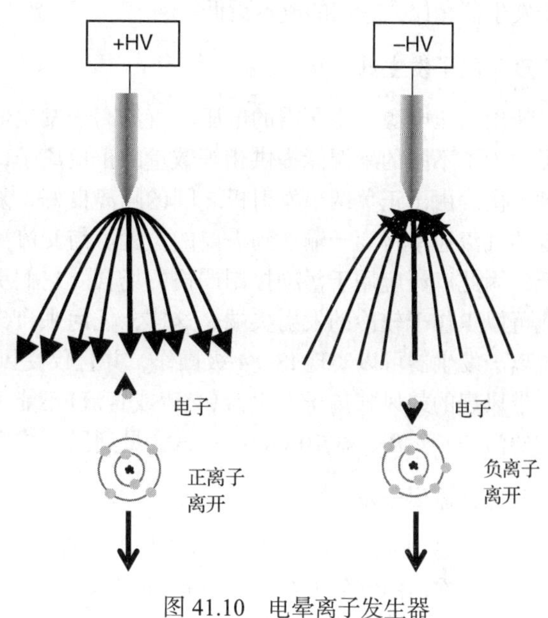

图 41.10　电晕离子发生器

电晕离子发生器可以使用交流或直流电压，每一种都有其优势。接下来将对这两种情况进行描述。

注意，所有电晕离子发生器都与空气中的溶剂相互作用，并将物质从空气中沉淀到发射尖端上。这些物质必须从离子发生器工作点上清除。这种清洁工作可能需要每两周或每半年进行一次。这种时间上的较大变化应归因于工作区内空气中溶剂的浓度不同。

在某些半导体设备中至关重要的一个事实是，几乎所有的电晕离子发生器在有氮气的设备中都会失效。而在空气中，负离子是氧，正离子是氮，在纯氮中，负发射点的作用是产生自由电子。相比于氮离子的原子量而言，电子非常轻，与之对应，非常大的电压(及电场)会将电子赶走，导致了巨大的(kV 量级)电压平衡误差。这在充氮炉和低温(液氮)实验处理器中尤为重要。对于这些应用，不应使用电晕离子发生器，而应使用 α 或光电离子发生器。

交流离子发生器

交流离子发生器使用升压变压器获得产生离子所需的高偏压(～7 kV rms)。参见图 41.11。变压器可以很容易地用于自动产生等量的正负电压波动，这样交流离子发生器不需要任何形式的调整就可工作。由于交流离子发生器很简单，因而在大多数离子发生器的应用中成本最低。由于交流离子发生器从同一发射点依次产生正负离子，这些离子各占交流电源一半的周期时间(即 1/100 s 或 1/120 s)。这意味着正负离子波彼此非常接近，通过复合造成的损失是一个重要因素。交流离子发生器通常使用快速气流速率以最小化复合。在洁净室环境中，这并不总是可取的。用于抵消复合的气流问题和增加的发射点电流，限制了交流离子发生器用于 ISO 6 级或以上的洁净室。

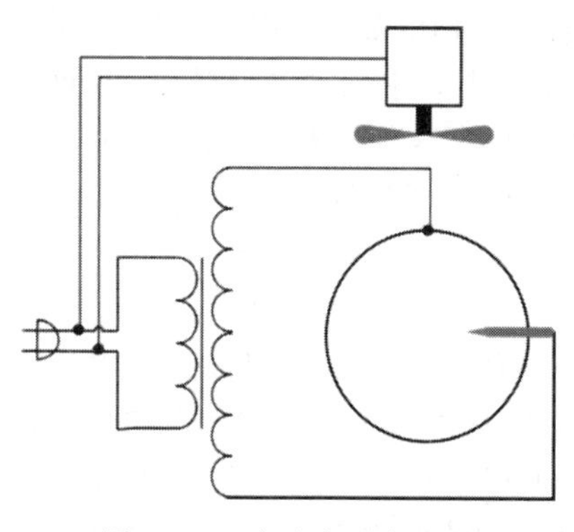

图 41.11　交流离子发生器

实验表明[10]，用电荷平板监测仪(charge plate monitor，CPM)测量的交流离子发生器的实际偏移电压通常小于 10 V。然而，已经证明[11]，CPM 不能记录超过 1 Hz 的电压偏移。相反，像单颗芯片这样的小物体却能够追随由来自交流离子发生器的时变电场驱动的电压偏移。因此，不建议使用交流离子发生器处理切割后的芯片。交流离子发生器在许多 BEOL 工艺步骤中都有应用，以防止晶圆受到 ESD 损伤。部分原因是它们简单，还有因为与所有其他类型的离子发生器相比，它们的成本更低。

直流离子发生器

使用高压电源产生所需的电压。直流离子发生器使用分立的发射点为正负直流高压电源产生离子。为了不同的来源能提供相等数量的正负离子，直流离子发生器需要某种形式的控制以维持这种平衡。由于正负两个发射极之间的隔离良好，复合作用较小，直流离子发生器有时可以使用较低的气流速率将离子输送到需要的位置。与交流离子发生器相比，直流离子发生器的复合速率较低，因此广泛应用于污染控制严格的场合。它们更高效的输出使其能够在较低的电流下工作，因此可以工作于较冷的发射尖端。这样，任何来自尖端的污染都可以得到非常有效的控制。许多直流离子发生器可以实现 ISO 4 级操作，并且仅受风扇及其电机的湍流和微粒问题的限制。

带风扇的鼓风式离子发生器(交流或直流)不能用于生产线前端，因为可能会受到空气湍流所导致的污染。然而，在 BEOL 中，常会见到风扇式离子发生器。

脉冲直流离子发生器

在 ISO 3 级洁净室中，直流离子发生器的另一个显著用途是作为天花板发射器。天花板发射器阵列安装在洁净室的天花板上，通常间距 4～6 in，来自 HEPA 的层流气流驱动整个房间的电离。通常情况下，离子发生器工作于所谓的脉冲直流模式。这与前面描述的稳态直流模式非常相似，但是两个电极一次只打开一个，打开时间为 1～10 s。脉冲直流比稳态直流产生的复合更少。作为一种折中，房间内物体的电压波动水平为 ± 50～ ± 200 V 之间，这使得这种方法不适用于最敏感的产品，如磁阻(MR)头，但非常适用于灵敏度不是问题的应用，以及必须全面消除大量电荷的应用。

脉冲直流技术也可以使用基于 α 粒子的离子发生器(详见下文)。这对脉冲(较长的离子行程)有益，没有漂移问题或电晕离子发生器的清洁要求。

41.6.2　光电电离

光电离子发生器使用极紫外(EUV)至软 X 射线(soft X-ray)的光子来产生离子。当光子的能量超过它所穿越介质的电离势时，光子可以通过与原子碰撞而产生离子。这称为光电效应[12]。光电电离最常用的方法是使用非常软的 X 射线。这些是 5～10 keV 范围内的 X 射线。与之相比，医学或牙科 X 射线在 80～175 keV 范围内。较低的能量使它们适合用作离子源，因为在这个能量范围内，空气对光子是相当不透明的。软 X 射线源发射的每一个光子在大约 1.5 m 的范围内基本上 100%能产生一个离子。虽然许可证(在美国由 Food Drug Administration 颁发)和安全要求都不是很难管理，但是光电电离意味着使用这项技术需要额外的步骤。由于产品成本高，这种离子发生器在半导体制程中并不常见。然而，这是一种在微环境中产生和输送离子的非常有效的方法。

41.6.3　α 电离

α 离子发生器是使用电离辐射来产生离子。虽然存在多种形式的电离辐射源，但只有 α 源应用于静电控制。其他形式的辐射源的辐射范围过大，要屏蔽它们是不切实际的。最常见的是使用钋 210(Po)。它的辐射范围在空气中只有 4 cm，在铝中只有 0.02 mm[18]，所以几乎没有一个粒子能移动到足以危害健康的地方，或需要进行屏蔽。事实上，这些 α 粒子被人的表皮所阻止，因此没有 α

粒子可以通过近距离接触而到达活体组织。^{210}Po 的另一特性使它成为一个理想的选择，它会衰变为 ^{206}Pb，后者是一种自然产生的稳定同位素。与 ^{210}Po 不同的是，许多其他的放射源也会衰变成同位素，但可能还是活跃的。α 离子发生器可用于高温（～100℃）和真空应用。α 电离产生完全平衡的电离，因此它对于诸如磁盘驱动工业的磁阻头制造等有很高要求的应用和 CDM 0 级半导体测试等非常有用。α 离子发生器不需要清洁和权衡，但必须每年更换一次。

41.7　静电测量

41.7.1　电场的测量

静电的存在可由电场显示。因此，识别电场是处理静电电荷的重要诊断技术。静电场计是用于测量表面电场的工具。电场的存在意味着静电电荷的存在。

电场仪以伏特/长度为单位进行标度，由于历史原因，通常以 kV/in 为单位。电场仪测量距离物体为 1 in 处的电场。为了测量的精确，需要确保它有一个接地参考点。这通常是由接地线将外壳连接到附近的接地物体。通常，仪器是由接地的操作人员使用，不戴手套或戴耗散手套，而接地可以通过操作人员手的接触来简单地实现。

41.7.2　离子发生器性能的测量

因为大多数离子发生器使用电晕制造离子，所以需要高电压。高电压产生电场，这些电场产生离子，但它们也使得周围物体带上非零电压。虽然感应电压通常大大低于静电电荷引起的电压，但仍然存在问题。因此，为衡量离子发生器的性能，必须测量的参数之一是平衡电压。大致来说，它是一种测量离子发生器正负电压有多精确能被设定为相等的尺度。用充电板监视器（charge plate monitor，CPM）测量平衡电压[14]。它还与脉冲直流离子发生器一起用来测量平衡电压的变化，一般将其称为摆动电压。

CPM 是用来测量离子发生器性能的仪器。它作为电压传感器，包括一块 6 in×6 in（150 mm×150 mm）的平板，与地面隔离，电容为 20 pF。平衡电压是离子发生器在极板上驱动的电压。此外，CPM 用于测量放电时间，即驱动极板从 1000 V 降到 100 V 的时间。

41.7.3　ESD 感应 EMI 的测量

由于 ESD 引起的 EMI 具有瞬态特性，因此不可能用频谱分析仪进行检测。当平均时间小于一秒或更慢时，ESD 事件传播的平均能量太低，使用频谱分析仪就无法得到结果。因此需要某种类型的事件探测器或瞬态分析仪。最常见的测量方法包括数字采样示波器（digital sampling oscilloscope，DSO）和宽频带天线（通常是地面上的鞭状天线，用高质量同轴电缆将其连接到示波器上）。这种测量方法已在其他报道中论述过[19, 20]。该技术的优点是，可用于确定静电放电事件的位置，并通过测量脉冲形状，将静电放电事件与其他噪声源（如臭氧发生器和气体放电闪光灯）区分开来。ESD 感应 EMI 的识别特征是其波形，它是多个阻尼高频正弦波的总和。信号启动时间短（约 1 ns）和衰减缓慢（约 50 ns）。该信号由一个非常快的脉冲组成，通常随后是由晶圆厂中不同的邻近表面反射引起的几个其他周期，参见图 41.12 和图 41.13。注意，图 41.13 既没有 ESD 的带宽特性，也没有 ESD 的幅度特性。

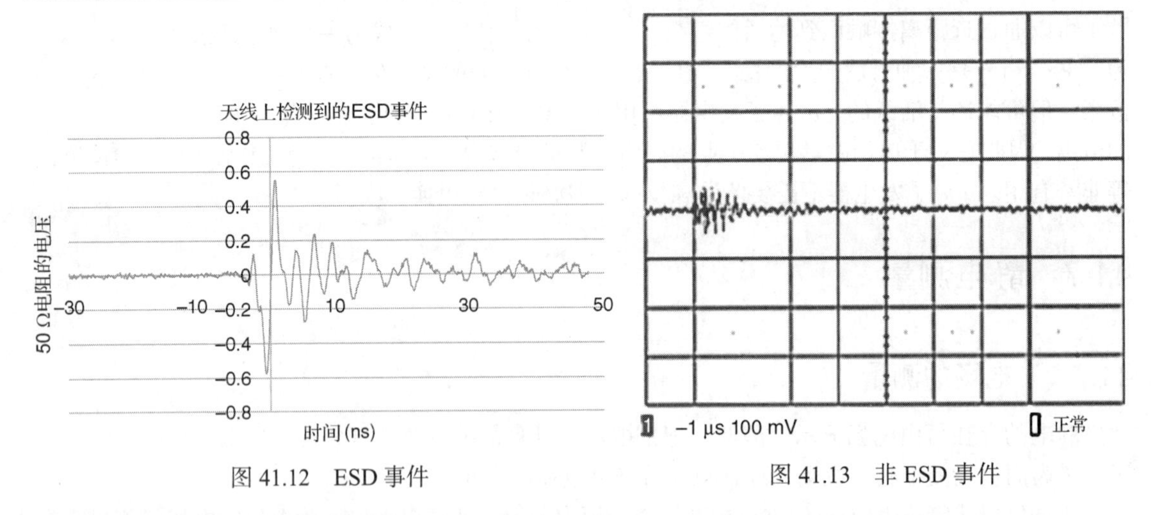

图 41.12 ESD 事件　　图 41.13 非 ESD 事件

另一种探测 ESD 事件引起 EMI 的方法是使用一种称为 EMI 定位器的装置。这种装置是一种基于集成天线的带有信号源的瞬态探测器。将这些装置调到适合于 ESD 感应 EMI 的带通，并且只对很窄的信号敏感(通常持续时间 $\ll 1\ \mu s$)。这些仪器可从多家公司购得。

DSO 测量方法的优点在于对脉冲形状的选择性更多。此外，它还提供了确定事件位置的可能性。此外，DSO 可以与探针一起使用，以寻找导体上的信号。值得注意的是，有时可以在工艺设备的电源中线上发现这些 EMI 瞬变。与 ESD 探测器方法相比，DSO 方法的缺点是实现成本更高，而且可移植性更低。

无论使用示波器还是事件检测器，根据仪器的检测做出进一步的判断十分重要。当机器人表现不正常时，信号的出现是有用的信息。在监视探测器或观察示波器触发时，同时观察环境可以更全面地确定结果。根据同时发生的其他一些现象，通常可以确定相关的事件正在发生。例如，示波器触发可能与一个前开式晶圆传递盒(FOUP)经过悬挂导轨上的某个位置同时发生，或者该事件的发生可能与一个机器人接近给定晶圆盒中的晶圆的时间吻合。这表明有一个带电物体参与其中，并有助于引导人们找到解决机器人异常行为的方法。

41.8 空气离子发生器的应用

41.8.1 常见的应用

静电电荷会在洁净室环境中的任何地方引起问题。为了控制这些问题，离子发生器可应用于多种配置场合。有的应用在 ISO 4 至 ISO 5 级范围内运行的洁净室，这一洁净等级范围是 BEOL 的特征。相比之下，前端洁净室通常具有高度自动化的特点，通常要求达到 ISO 3 级的洁净度或者更高。这两种场景需要不同的离子化解决方案。下面将对每种情况进行讨论。

ISO 3 级大型洁净室最常用的方法是室内空气离子化。此类离子发生器安装在 HEPA 覆盖的天花板上或其附近，当层流通过离子发生器发射点时被电离。这类系统的优点是，它可以对暴露在室内气流中的任何表面进行静电控制。电晕离子发生器可为通过房间的绝缘体提供全面覆盖。这些离子发生器要么是悬挂在天花板上的栅条，要么是从天花板延伸下来的天花板发射极。发射极点离天花板的距离一般为 30～100 cm。这一距离的目的是将离子源与天花板的接地部分分开。典型的室内系统将提供全面覆盖，放电时间(充电水平降低 90%)在 20～120 s 的范围内。高天花板和低气流速度在放电时间方面表现出较高的水平，8 in 天花板和 0.5 m/s(100 fpm)气流速度的放电时间最快。

如今，许多洁净室都使用微环境来保护产品免受污染。这种装置包括在将硅片从一个制程设备转移到另一个时，将其保持在洁净盒中[用于晶圆或掩模版的标准机械接口(standard mechanical interface，SMIF)及用于 300 mm 晶圆的 FOUP]。单独的设备也完全封闭，以使之免受室内的污染。虽然这一策略阻止了污染物接触产品，但也阻止了离子化空气接触产品。由于离子在通过 HEPA 过滤器时会复合，因此室内系统不会对工艺设备内的物体提供任何静电保护。为了在工艺设备中提供保护，可在微环境中安装离子棒，如图 41.14 所示。最典型的离子棒是脉冲直流电晕棒，如果可能，应安装在微环境中的 HEPA 滤波器下方。为了尽量减小偏移电压，离子棒应距离产品至少 30 cm。如果直达 HEPA 的位置不可行(由于安装细节或气流路径中有金属结构)，如果可能，则应选择不与接地金属结构直接相邻的位置。应注意选择这样的位置，使气流方向将离子带向要保护的物体，因为逆风时距离超过几英寸的离子不能有效地实现静电吸引。对于 300 mm 的应用，离子棒位于厂房内接口模块区域的 HEPA 滤波器下方，如图 41.14 所示。一般而言，FOUP 将晶圆与层流气流屏蔽开来，使其难以实现离子化。正因为这样，也由于 300 mm 晶圆比其上一代的 200 mm 晶圆大，因此 300 mm 应用中要使用两个离子棒，而 200 mm 的应用中只使用一个。

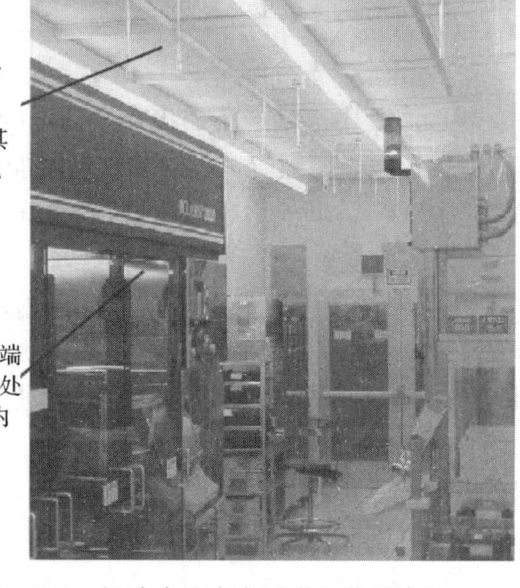

图 41.14　ISO 3 级洁净室中离子发生器的应用

至于微环境洁净室是否需要室内离子化，这个问题经常会被提出来。事实上，从污染的角度来看，大多数静电造成的沉积发生在微环境和承载器中。承载器外物体的电场穿透承载体，增加了承载器内电场。当承载器在室内移动，或者室内的带电物体经过承载器时，电场会导致承载器内的污染物活动起来，这是一个二次污染问题。此外，在室内、但在微环境外的带电物体，可以造成一个物体到另一个物体的放电。虽然这不会直接影响产品的污染控制，但它确实会在室内产生 EMI，很容易导致机器人的荒谬行为。由于这两个原因，许多企业选择在微环境中和洁净室内同时离子化。

41.8.2　剧烈放电的应用

设备中的剧烈放电要求是光电离子发生器的理想应用，尤其是在距离产品 30 cm 或更大距离处安装离子棒的环境中，或在电荷水平比较高的应用中。实际上，这意味着要么大于 20 000 V，要么是大电容物体。清洁过程往往会产生高电荷水平。此外，将扁平产品(如晶圆或平板)放置在平坦表面上，然后在制程完成后将其提升一段相当长的距离，也会产生高充电。

为了使用光电离子发生器，必须有一个能完全屏蔽光子的外罩。一个薄的防护罩(2.5 mm厚的塑料或750 μm厚的铝)就足够了，但有必要确保结构中没有细线裂缝，例如没有重叠密封的入口，因为这些有助于光子的逃逸。除屏蔽要求外，还需要一个物理闸刀开关，以在罩门打开时关闭离子发生器。如果符合这些要求，就很容易为这种离子发生器X射线柜获得FDA许可证。虽然电晕离子发生器并不需要这种少量的文书工作，但在一些剧烈反应的应用中，这类光电离子发生器却是保护制程的唯一解决方案。

另一种可以在紧凑空间或静电电荷水平很高的场合中使用的离子发生器是 α 离子发生器。α 离子发生器不涉及高电压，因此平衡电压为零。它可用于大多数的静电敏感产品，如 MR 头。α 离子发生器需要气流将离子输送到要保护的物品上，因此它需要一个吹风机，或者需要将其放置在一个层流场中。不管怎样，它可以在非常接近产品的地方操作而不会产生明显的影响。由于空气中的 ^{210}Po α 粒子的辐射范围为3.8 cm，因此将离子发生器放置在离静电源2 in的距离内完全可以接受。同样，在短距离内，α 离子发生器能够处理极高的电荷水平。它只需最少的许可证，但在实践中，它确实引起了对其不了解的员工的担忧，需要由ESD团队在现场进行培训。

41.9 结论

在国际水平的洁净室制造流程中，将产品缺陷降低到可接受的水平，就需要持续关注静电控制。不受控制的静电电荷将会导致与微粒有关的缺陷数量增加，ESD损坏产品和设备，并对工厂的自动化生产造成干扰。随着工厂盈利能力越来越依赖于高产量和高良率，解决洁净室中的静电问题是必要的。

静电控制从将人员、设备和任何接近静电敏感产品的材料接地开始。应尽可能清除绝缘材料，并用等效的静电耗散材料替换。当必须使用绝缘体来满足其他的工艺要求时，则要使用离子发生器来中和绝缘体上的静电电荷。应该记住，绝缘体通常是产品本身的一部分，不可能完全去除不用。

空气离子化是控制高质量洁净室环境中静电电荷的几种方法之一。在某些情况下，它是唯一可以使用的方法。离子发生器可以减少微环境和生产设备中的污染量和ESD相关缺陷的发生。

41.10 参考文献

1. S. Trigwell, C. Yurteri, and M. K. Mazumder, “Unipolar Tribocharging of Powder: Effects of Surface Contamination on the Work Function,” *Proceedings of the Electrostatic Society of America Annual Meeting*, East Lansing, MI, Laplacian Press, San Jose, CA, pp. 27–35, Jun. 27–30, 2001.

2. L. Levit and W. Guan, “Measuring Tribocharging Efficiency in Varying Atmospheric Humidity and Nitrogen,” *Proceeding of the Electrostatic Society of America Annual Meeting*, East Lansing, MI, Laplacian Press, San Jose, CA, pp. 43–50, Jun. 2001.

3. R. P. Donavan, *Particle Control for Semiconductor Manufacturing*, Marcel Dekker, New York, 1990.

4. J. J. Wu, R. J. Miller, D. W. Cooper, et al., “Deposition of Submicron Aerosol Particles during Integrated Circuit Manufacturing: Experiments,” *Proceedings of the Ninth International Symposium on Contamination Control*, Los Angeles, ICCCS, pp. 27–32, 1988.

5. L. B. Levit, T. M. Hanley, and F. Curran, "In 300 mm Contamination Control, Watch out for Electrostatic Attraction," *Solid State Technology*, 43（6）: 209–214, Jun. 2000.

6. A. Steinman, "Static-Charge—The Invisible Contaminant," *Cleanroom Management Forum, Microcontamination*, 9（1992）: 46–512, Oct. 1992.

7. J. Montoya, L. Levit, and A. Englisch, "A Study of the Mechanisms for ESD Damage to Reticles," *IEEE Transactions on Electronics Packaging Manufacturing*, 24（2）: 78–85, Apr. 2001.

8. Gavin C. Rider, "Electrostatic Risk to Reticles in the Nanolithography Era," *Journal of Micro/Nanolithography, MEMS, and MOEMS*, 15（2）: 023501, 2016. doi:10.1117/jmmm.15.2023501

9. Semiconductor Equipment and Material International, SEMI, E78-0998, *Electrostatic Compatibility—Guide to Assess and Control Electrostatic Discharge（ESD）and Electrostatic Attraction（ESA）for Equipment,* SEMI, San Jose, CA, 1998.

10. L. B. Levit and W. Guan, "Measurement of the Magnitude of Triboelectrification in the Environment of the 157-nm Stepper," *Proceedings of the 21st Annual BACUS Symposium on Photomask Technology*, SPIE Publishing Services, pp. 307–312, 2001.

11. ESD Association, ESD ADV1.0-2003, *Glossary of Terms*. ESD Association, Rome, New York, Jun. 1, 1998.

12. D. Halliday, R. Resnick, and J. Walker, *Fundamentals of Physics Extended,* 6th ed., Wiley, New York, 2000.

13. Electronic Industries Alliance, EIA-541, *Packaging of Electronic Products for Shipment*, EIA, Arlington, VA.

14. L. B. Levit and A. Walash, "Measurement of the Effects of Ionizer Imbalance and Proximity to Ground in MR Head Handling," *Proceedings of EOS/ESD Symposium*, Vol. EOS-20, pp. 375–382, 1998.

15. Carl E. Newberg, "Analysis of the Electrical Field Effects of ac and dc Ionization Systems for MR Head Manufacturing," *Proceedings of EOS/ESD Symposium*, Vol. EOS-21, pp. 319–328, 1999.

16. Annalen der Physik, "On a Heuristic Point of View Concerning the Production and Transformation of Light,"（öber einen die Erzeugung und Verwandlung des Lichtes Betreffenden Heuristischen Gesichtspunkt）, Mar. 1905.

17. P. Trower, "High Energy Particle Data," *UCRL-2426*, Vol. II, p. 42（1966 revision）, 1966.

18. ESD Association, ANSI-EOS/ESD-S3.1-1991, *For the Protection of Electrostatic Discharge Susceptible Items-Ionization*, ESD Association, Rome, New York, 1994.

19. J. Bernier, G. Croft, and R. Lowther, "ESD Sources Pinpointed by Analysis of Radio Wave Emissions," *Proceedings of the 19th Annual EOS/ESD Society*, Santa Clara, CA, Paper 2A.2, Sep. 1997.

20. L. B. Levit, L. G. Henry, J. A. Montoya, F. A. Marcelli, and R. P. Lucero, "Investigating FOUPs as a Source of ESD-Induced Electromagnetic Interference," *Micro Magazine*, Apr. 2002.

第 42 章　真 空 系 统

本章作者：Michael R. Czerniak　Edwards
本章译者：韩郑生　中国科学院微电子研究所

42.1　引言

真空泵和使用点(point-of-use，POU)气体去除系统可被视为晶圆工艺设备的生命支持系统，其提供满足工艺配方需要的减压，然后分别处理试剂和副产品气体。本章以具有代表性的例子，对泵和减排系统必须面对的挑战及为满足这些要求而开发的技术方法进行了论述，并对其优缺点进行了评述。还介绍了将真空泵和 POU 减排系统组合成单一、完全集成系统的最新趋势。

42.2　真空泵

42.2.1　泵基础

真空泵是大多数半导体晶圆工艺技术(CVD、刻蚀等)的基础，通过将工艺室压力降低到化学处理的正确水平，通常在 1 毫巴到数百毫巴(1 毫巴=100 帕斯卡 ≈ 9.97×10^{-4} 大气压)以下。需要降低压力来支持许多刻蚀和 CVD 配方中使用的等离子体，并通过提高表面的气体速度来帮助提高整个晶圆表面的均匀性。

随着晶圆直径的增加，一个普遍的趋势是压力降低和流量增加，其结果是泵的转速相应地增加[1]，同时消除了在泵机构工作容积中使用油的现象，因为这可能是晶圆污染的一个潜在来源。

42.2.2　泵送速度和增强器

真空泵输送气体的量随入口压力的变化而变化的率，称为“速度”，这种变化特性称为“速度曲线”。对于大多数主泵，泵出口(“排气”)通常在大气压力附近(即可以直接按大气压力向下泵压的泵；其他泵称为二级泵，需要一级泵的“支持”；涡轮泵是一个很好的例子)，并且可以通过在泵的上游增加一个“增强泵”来增强主泵的低压性能。增强泵通常是罗茨式(Roots type)的，它在低压下具有泵加速功能，其作用与“涡轮增强器”提高汽车发动机性能的方式大致相同。根据经验法则，增强器通常约为主泵峰值泵送速度的 10 倍；它与可达到的最低(“极限”)压力结合使用，并将其降低至少一个数量级。

42.2.3　泵与应用的匹配

正确选择泵的类型和尺寸取决于具体应用的需要。在装载真空锁和传输室的情况下，这些通常被视为“清洁”工作，即工艺气体通常不存在，挑战通常与大气中向下泵压的速度有关，通常需要高压下的高泵送速度，特别是在平板显示器(flat panel display，FPD)中，由大玻璃尺寸决定的大反应室的体积[2]。在实践中，这通常需要低容积比(即进出口排量)和大容量排气级，可能导致在极限真空下的高功耗。这可能在某种程度上被具有高容积比的泵和排气阀(即在高压下绕过排气级)

所抵消。相比之下，刻蚀和CVD工艺在低压下涉及大量的工艺气体流，并且通常还包含许多工艺副产品，因此泵送系统的机械和化学稳定性非常重要。由于这些通常不需要高压下的高泵送速度，因此可以利用高容积比来减小排气级的尺寸，从而降低功率和运行成本。与刻蚀化学有关的低压，通常在70微巴左右，需要赋予刻蚀物质方向性，并需要额外使用涡轮泵。在任何应用中，所需气体流量的大小通常以slm(每分钟标准升)表示，决定了泵送系统的必要泵送速度。

在粉末和工艺化学过程中产生的可冷凝副产品(二氧化硅、“硅氧”和氯化铵是值得注意的例子)的情况下，泵的氮气吹扫有助于稀释工艺气体，保持粉末移动，并将堵塞降至最低。注意不要使泵的容量过大(或任何下游减排装置的容量过大)，也不要过度冷却可冷凝气体，并且排气管道的外部电气(“微量”)加热可将冷凝风险降至最低。许多泵通常是水冷的，可以调整和优化其运行温度，以尽量减少冷凝的风险。连接管道通常由电抛光的无缝不锈钢管制成，具有最少数量的O形环接头(通常为Viton，但也包括Kalrez或其他需要额外耐化学性的氟橡胶)，在泵的前端的直径大于或等于100 mm，并使用直径大于或等于40 mm的排气管道。

目前，已将半导体制造中使用的主要泵工作机制考虑在内，包括它们对不同应用的适用性。

42.2.4 涡轮分子泵

涡轮分子泵(turbomolecular pump，TMP)包括两组斜角叶片，一组固定在泵的静止体上，另一组固定在高速旋转轴上(通常为20 000～90 000 rpm)，以便将动量以引导它们朝向排气的方向传递给气体分子，排气由主泵支撑。一般来说，直径越大、叶片数量越多、轴转速越大，泵送峰值转速越高。大多数设计可以安装在不同的方向。

半导体行业面临的具体挑战如下：

- 气体吞吐量是半导体生产中最关键的参数之一，尤其是在FPD和太阳能电池应用中，当引进450 mm晶圆时；所用涡轮泵被归类为“复合泵”，这意味着泵具有第二个分子拖动级，旨在最大化吞吐量。如果使用Holweck级，通常情况下，Holweck中的气路越长，泵的流量就越大。
- 具有更多腐蚀性气体的新工艺。这导致了磁性“磁悬浮”转子轴承的发展，以取代传统的机械轴承，包括能够自动纠正高速摆动的电磁轴承，以及使用特殊的耐腐蚀材料和涂层。
- 可冷凝气体，通常作为刻蚀工艺化学的副产品，可在泵的排气端形成固体；通过电加热这部分机械装置，可将这一点降至最低，从而使工艺气体保持气相，而不是冷凝为涡轮泵内的固体。
- 与较重的气体相比，氢和氦等轻气体的低分子质量意味着如果在与叶片碰撞过程中转移的动量越小，它们的泵送越难，通常需要全叶片版本的磁悬浮TMP和使用更大容量的支持泵。

42.2.5 低温泵

低温泵机制通过将气体分子冷凝在低温冷却的表面上来捕获气体分子，因此它可以保留有限的分子容量。低温泵具有非常高的有效泵送速度的优点，因此在许多大体积工艺设备中得到应用，在这些设备中，快速实现低真空非常重要，例如离子注入机和镀膜机。低温泵通常包括执行实际泵送的冷冻头和驱动制冷剂的压缩机。泵送速度取决于所讨论的气体种类，特别是它的沸腾和冻结温度，以及冷冻头的温度，这需要通过将其与工艺室隔离并使其预热至环境温度来进行定期再生，在此期间，如果不小心控制，蒸发气体会对下游设备(如气体减排系统)构成挑战。在实践中，许多传统的低温泵送应用已经切换到TMP，现在有更大的模型可用，但用于III-V族化合物研发，仍然是通过低温屏蔽分子束外延(molecular beam epitaxy，MBE)的主要泵送机制。

42.2.6 干式泵

20 世纪 80 年代[1]引进了第一台干式泵，以克服油润滑旋转湿式泵半导体工艺所带来的问题，即工艺副产品对油的污染，导致泵的寿命短，维护成本高，并且干式泵将油雾回流至工艺室的风险降到最低。油或润滑脂用于润滑旋转轴，但位于工作容积外部。这种类型的泵适用于半导体、FPD、太阳能、微机电系统(microelectromechanical system，MEMS)和 LED 行业。转子和定子之间的气封是通过保持非常紧密的机械间隙来实现的。如果输入气体中存在特殊腐蚀性气体，则可能需要使用表面涂层和/或特殊合金。变速变频器驱动允许使用不同的转速，优化泵的性能以满足实时应用要求，并有机会在工艺设备不处理晶圆时降低功率(“闲置/休眠”模式)，甚至在无须蝶形阀的情况下进行压力控制，蝶形阀有可能被工艺副产品污染。转速通常小于或等于 6000 rpm，机械装置和/或排气的氮气吹扫有助于工艺气体通过机械装置(尤其是氢气等轻气体)，并通过随后的排气管道稀释它们。下面将讨论三种主要机制。

罗茨泵机制

这种机制涉及带有多叶转子的逆向旋转转轴，这些转子在穿过泵的每一级的扫掠体积中心时相互啮合，入口级(低真空)的长度(和扫掠体积)最大；随着气体从一级到另一级的压缩，该长度在连续的级间会减少。罗茨泵机制非常适合在低压下泵送大量气体，因此广泛用于增强泵和其他一级泵机构的入口级。这种机制的特点是功耗普遍较低。由于气体以相同的方向(例如从上到下)通过每一级，因此需要通过称为“级间”的通道将其引导到下一级的另一端。

罗茨爪形干式泵机制

在这种类型的泵中，上述的罗茨泵机制与压缩爪形级相结合，以充分利用每种泵的优点。罗茨爪形泵机制在爪形级的旋转过程中实现压缩，而不仅仅是在各级之间，通过使用爪形级充当旋转阀，在压缩循环过程环期间通过进气口和排气口，就像内燃机中的阀门一样，允许压缩比为 10 : 1。这是有用的，因为压缩过程可以用来加热气体，使可冷凝气体保持在挥发性状态；或者，如果存在热敏性气体，可以通过水冷回路去除热量。该阀门还允许在各级之间引入氮气稀释气体，而无须回流和停止泵，允许控制挥发性和腐蚀性气体的浓度，以减少冷凝和表面反应。当在最后一个泵送级使用具有多个叶片的罗茨转子时，可以“切碎”废气脉冲，从而在不需要消声器的情况下减少废气脉冲，因为这些脉冲往往充当无意中的粉末“陷阱”。由于气体在每个泵送级的相对面(而不是从上到下)之间传递，因此不需要设置级间通道，以及避免由此产生的粉末和凝结物积聚风险。图 42.1 说明了典型的罗茨爪形干式泵机制。

螺旋机制

实际上，螺旋机制是对古老的“阿基米德螺旋”原理的现代演绎，但使用两个螺杆(一个顺时针，另一个逆时针)来实现连续截留体积，该体积要么在固定螺距螺杆的排气端压缩，要么沿可变螺距螺杆设计的长度逐渐压缩。所有螺旋机制的一个共同特点通常是良好的粉末处理；这并不奇怪，就像阿基米德螺旋在谷物提升机中的应用。在最简单的固定螺距螺杆的情况下，它们通常具有相当平坦的速度曲线，并且如果排气压力因堵塞而上升，则容易发生失速。由于所有的压缩都发生在螺杆的最后一圈(即排气端)，因此大多数机构保持相对较冷，并存在易挥发物质凝结的风险，而这种机制的排气端可能需要显著冷却。更复杂的可变螺距螺杆的制造难度更大，但其优点在于压缩力沿螺杆全长分布，产生更均匀的温度分布，并降低固体凝结的风险。进一步的改进可以使螺杆直径向排气级逐渐变细，以提供额外的压缩力。可变螺距螺杆干式泵示例如图 42.2 所示。

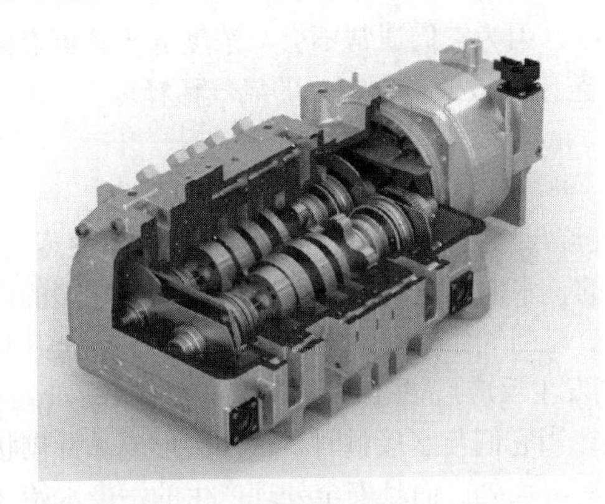

图 42.1 罗茨爪形干式泵(Image Courtesy of Edwards.)

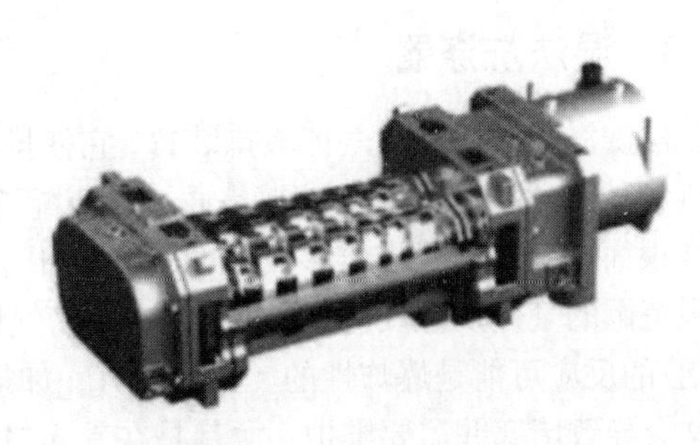

图 42.2 可变螺距螺杆干式泵(Image courtesy of Edwards.)

42.3 使用点减排

42.3.1 减排基础

在半导体工业的早期，有一句行话：“解决污染的办法是稀释”，也就是说，你可以简单地在高气流中稀释任何废气，问题就会“消失”。幸运的是，人们早就认识到这不是真实的，这种方法只会导致大气中的污染物稀释。事实上，今天的许多前驱气体是有毒的或具有反应性，以至于这种方法在极端情况下是危险的，而且一些温室气体(greenhouse gases，GHG)如 CF_4 具有 100 年的全球变暖潜能(global warming potential，GWP)，是二氧化碳的 7390 倍，大气半衰期为 50 000 年[3]。CF_4 是全氟化合物(perfluorinated compound，PFC)的一个例子。因此，包括光伏(photovoltaic，PV)、FPD、MEMS 和 LED 等领域长期以来一直在实践，在废气排放到大气中之前对其进行处理。

气体减排(有时称为“洗涤器”)分为 3 类，即“中央”、“使用点”和中间“区域减排”。中央系统通常是一个大型的湿式洗涤器(见 42.3.3 节)，是最早的减排方法之一，在大多数工厂仍将作为安全备份，但往往是“一无所长”，也就是说，它没有优化任何特定的化学品。事实上，主要的缺点是混合不同的、可能不相容的化学物质的风险，这些化学物质可能会产生不必要的交叉反应，连接管道中的大量气体(除非也使用了 POU)，以及如果中央单元出现问题，关闭整个工厂的风险。在使用 POU 的情况下，这些考虑因素会发生变化，在这种情况下，装置可以针对与之相关的设备上使用的特定化学物质进行优化(通常以 1:1 为基础)，并且这些气体会在局部进行处理，从而最小化管道问题；这与易燃或有毒气体尤其相关。另一个好处是，只要相关的工艺设备不处理晶圆(“空闲/休眠”模式)，就有机会实现有效节约。区域减排是上述情形(中央系统和 POU)之间的中间环节，其中，来自多个工艺设备的兼容气体(即不发生不良反应的气体)组合成一个单一的 POU 减排系统；氧化硅刻蚀尤其适合这种方法。

42.3.2 将减排技术与应用相匹配

由于化学成分和气体流量的大小变化很大，因此没有一种适合所有废气减排的解决方案，需要结合具体情况做出决定，并确定所需的气体去除效率，通常称为破坏反应效率(destruction reaction efficiency，DRE)，并用百分比表示。其他考虑可能是满足当地排放法规，以及当地公用设施的可用性，例如，天然气(甲烷、CH_4)在世界各地并非普遍可用，某些地区的电力供应可能受到限制。目前已经考虑了 POU 减排技术，包括它们如何符合这些标准及它们对特定工艺废气应用的适用性。这里不考虑简单的稀释装置（“燃烧管”等），因为它们通常不会与浓度低于其可燃限的工艺气体发生反应，这是经常出现的情况（大多数工艺废气被来自真空泵的氮气稀释）。

42.3.3　湿法洗涤器

湿法洗涤器被归类为气体减排装置，它使排出的气流与水接触，以去除颗粒和/或可溶性蒸气，并具有各种尺寸和配置。这通常是通过逆流配置实现的，水向下流动，气体向上流动。它们的设计通常很简单，最初是在维多利亚时代晚期用于从城镇煤制气体中去除氨气。它们的缺点是其只与有限范围的气体发生反应（例如，不与 PFC 气体或氢发生反应），并且它们与某些气体（例如，三甲基铝）的反应可能是爆炸性的。其他蒸气，如氯化铵，当它们与水接触时，往往会形成黏性糊状物，这会导致堵塞并需要维护，尤其是在其入口的干-湿界面处，而且安全处理产生的污染水始终存在挑战和成本问题。最后，但肯定不是最不重要的，水越来越成为一种昂贵和稀缺的资源，因此优化用水是重要的。然而，最终的水洗阶段有利于与许多其他减排技术相结合，作为最后的“抛光”步骤，通常是为了去除酸性气体或细颗粒。通过添加雾化水喷雾或湿法静电除尘器，可以提高颗粒去除效率。增加化学品剂量可以提高它们的效率，一般通过使水变得具有更强酸性或腐蚀性，这取决于所处理气体的化学性质，填充的球床或其他填充介质可以使气体和水之间的接触表面积最大化，从而提高洗涤效率。

湿法洗涤器广泛用作半导体工厂的中央“室内洗涤器”，只使用水、电和氮气进行操作。图 42.3 所示为典型逆流流量（即水流量下降，气体流量上升）POU 设计示例。

由于使用塑料作为建造材料（通常是由于其耐酸性而选择的），当与含有氢的排气流一起使用时存在一个特殊的问题。塑料通常是电绝缘的，水通过塑料表面会产生静电，即火花。如果还存在氧化剂，可能是由于空气泄漏或来自没有对大气进行有效处理的反应室，则可能出现可燃性三角关系（点火源、燃料和氧化剂）完成的情况[4]，并且存在突然意外反应的风险。

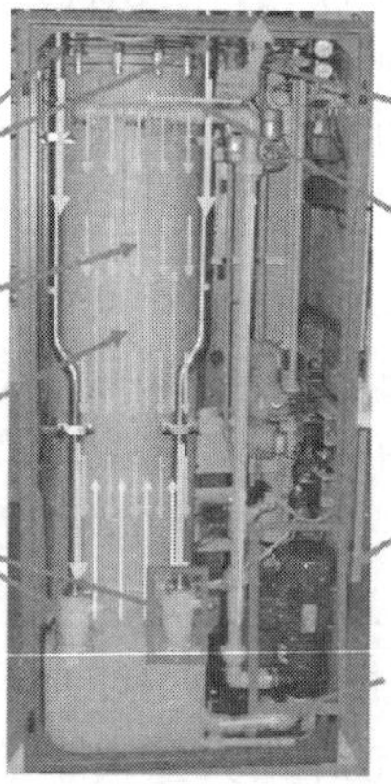

工艺气体进口
处理过气出口
抽水喷头
水向下流过填料塔
气体通过填料塔
磁耦合泵
同轴入口
水再循环

图 42.3　POU 湿法洗涤器（Image courtesy of Edwards.）

42.3.4　滤筒技术

这种类型的减排系统的基础是，固体试剂的填充床（即具有大量的间隙空间供气体通过，具有较高的表面积）与待处理的排气流发生表面反应，以非挥发的形式将所关注的气体化学“锁定”在合适的位置，以便在取出滤筒时进行后续处理。这项技术非常简单和稳定，是湿法洗涤器的第一次改进。

滤筒的最简单形式就是使用一种像木炭一样的吸收性物质，它含有许多可以简单地捕获气体分子的微孔，但它们通常很容易逃逸，因此在表面添加化学物质可以引发化学反应，以捕获所关注的气体并提高效率（例如，在战争期间用于防毒面具的活性炭）。根据气体挑战的不同，滤筒中可使用单一或多种试剂，根据化学性质，滤筒可在环境温度或电加热下使用。一般来说，滤筒的使用寿命取决于许多因素，即废气流量（总体来说，受滤筒本身的导电性和目标气体的流量的限制，目标气体的流量将消耗有限数量的固体试剂，也可能产生反应热），滤筒是否处于放热状态，滤筒是否被副产品污染，气体反应效率降低，或在极端情况下堵塞通过填充床的通道。因此，滤筒通常最适合处理工艺原料气和刻蚀工艺排气。超过规定的最大流量通常会由于减少反应发生的停留时间而导致效率降低。一种特殊类型的加热催化筒能够通过逆转 Haber 过程并将其转化为氢来处理氨，并排出氮气。例如，在用于 LED 制造的 GaN 金属有机化学气相沉积(metal organic chemical vapor deposition，MOCVD)上，由于各种元素的化学稳定性，这项技术对 PFC 气体具有挑战性。

总体来说，随着晶圆直径在过去几年中不断增大，工艺气体流量也在不断增加，筒式技术的吸引力也越来越小，但它们在紧急气体释放容器方面有着特殊的应用，这种技术的简单性使其非常适合研发场景[5]。

42.3.5 湿-热减排

这些系统开始解决滤筒的一些问题，因为这些滤筒可以很容易地按比例缩放，以满足甚至大容量的要求，并且能够合理地承受高粉末负载，使它们通常适用于 CVD 应用，但它们在 PFC 气体上的不良 DRE 性能通常使它们不适用于刻蚀应用。它们通过电加热器工作，将进入的气体的温度升高到空气中的可燃温度以上，从而使工艺气体在注入系统的空气存在的情况下点燃，通常作为副产品形成固体粉末。一个很好的例子是 CVD 前驱体硅烷，它于高温下在空气中自燃[6]，根据反应形成二氧化硅粉末（“二氧化硅”）：

$$SiH_4 + O_2\ (来自空气) \rightarrow SiO_2\downarrow + 2H_2O$$

这项技术特别适用于世界上燃料气(甲烷、天然气)或丙烷不易获得的地区，但由于天然气是主要燃料，因此每千瓦时(kWh)的成本通常低于电力。如前所述，热反应区之后通常是湿法洗涤级。可在系统入口添加第二级湿法洗涤器，以减少工艺副产品粉末的数量和/或充当预加湿器。如果使用 NF_3 作为氟源来清洁反应室，则到达 POU 的气体将主要是氟和 SiF_4；后者将与水反应形成氟和二氧化硅。然后，残余增湿氟可在热区反应如下：

$$2F_2 + 2H_2O\ (来自湿气) \rightarrow 4HF + O_2$$

注入的氢或氨可用作水汽的替代物。腐蚀性氢氟酸的存在可能需要在加热级使用特殊的耐化学腐蚀合金。有些设计在最终的湿法洗涤器后添加了一个 PFC 催化剂柱，但这些装置存在残余污染化学“中毒”的风险。热-湿氧化剂系统如图 42.4 所示。

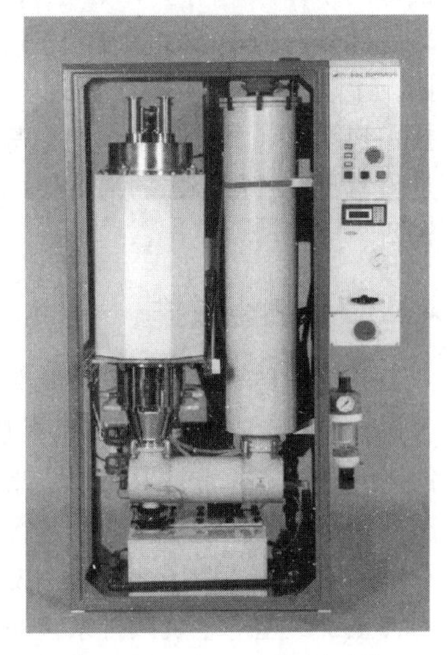

图 42.4 热-湿氧化剂系统

42.3.6 等离子体减排

等离子体减排是一种超越热湿氧化剂的进一步细化，通过使用电产生的等离子体产生更高的气体温度来诱导更多的化学反应，实际上足以分解化学稳定的 PFC 气体，如 CF_4。一个潜在的缺点是有可能形成大量的氮氧化物(NO_x)；一氮氧化物，由工艺中的氮、添加的空气和/或减排装置本身与工艺中的氧或添加在减排装置中的水蒸气或空气之间的反应形成。根据等离子设备的物理位置，有两类等离子设备，即位于工艺设备和泵之间的前线设备，以及位于更传统的泵后排气管中的尾气减排设备。这两种情况有着显著的区别，因此将分别讨论它们，并针对每种情况考虑各种可用的等离子体技术，这些技术分别对应于亚大气和大气运行。

前线(亚大气)等离子体

前线等离子体有三个固有的优点，即：(1)工艺气体处于其最浓缩形式，因为尚未被来自工艺泵的氮气吹扫气体稀释；(2)在低压下更容易撞击和保持等离子体；(3)由于它们通常安装在工艺真空泵的上方，因此它们不用占用额外的占地空间(如果改装成传统设施，这是一个优势)。最终结果通常是降低给定工艺废气流量的平均运行功率。然而，这一般是有代价的；为分解的气体种类提供化学试剂以与之反应(并防止它们简单地重新形成原始气体)，通常引入湿度(如前一节所述)。存在水和/或溶解的副产品沿着剩余的管线向下进入真空泵的风险，导致腐蚀、堵塞，或者在最坏的情况下，液压锁通常会使泵失速。此外，反应产生的有害空气污染物(hazardous air pollutant, HAP)，如 HF，在排放到大气中之前仍然需要处理，通常需要使用额外的泵后减排，通常是基于筒式或湿法洗涤器；这增加了额外的成本和复杂性。通常，一个前线等离子体只处理来自单个工艺室的废气，最常用于氧化物刻蚀应用，以减少 PFC 排放。这一类别主要有两种技术，即射频和微波，它们在产生等离子体的方式上本质上是不同的。

尾气排放(大气)等离子体

这种配置更接近于其他减排技术；作为工艺泵的下游，大气等离子体能够接受来自集群工艺设备多个反应室的工艺尾气，并包括等离子体区后用于 HAP 去除的整体式湿法洗涤器。通常添加空气用于燃烧 CVD 气体，湿度用于氟或 PFC 处理。已经部署的技术包括射频、微波和直流等离子体，后者是最常见的。图 42.5 所示为高温等离子体耀斑。

图 42.5　大气直流等离子焰炬(Image courtesy of Edwards.)

42.3.7　燃烧减排

这可能是半导体工业中最常见的尾气减排形式，因为它具有广泛的适用性(可用于刻蚀和 CVD 工艺，包括 PFC)，并且能够扩展技术以处理不断增加的气体流量，如 FPD 工业所造成的流量。使用的燃料气通常是甲烷，尽管丙烷是一种常见的替代品。有多个入口系统标准和各种备用配置，以便在进行维护活动时继续进行气体处理(以及晶圆生产)；这通常涉及将要处理的气体转移到另一个系统。燃烧后通常跟有一级 HAP 湿法洗涤器，安置在一个具有共同控制系统的共同提取柜。两种主要类型的燃烧减排系统的区别在于要减排的燃料气和工艺气之间的分离程度，通常分别将其称为明火和内燃。

明火燃烧减排

这可能是一种更简单的技术，涉及一个或多个火焰冲击工艺气体，这些气体通过一个燃烧室，其中添加了适量的空气，以支持燃料气和工艺气体的燃烧。保持燃料和空气的正确(“化学计量”)混合对于优化燃料使用(和成本)、尽量减少氮氧化物和一氧化碳的形成及达到所需的 DRE 水平很重要；如果气体成分/流量变化迅速，这可能是一个挑战。多入口明火燃烧室的示例如图 42.6 所示。

内燃减排

这是另一种微妙的方法，包括将空气燃料火焰固定在圆柱形多孔陶瓷(“有孔的”)内衬的内表面，并将工艺废气通过中间的恒温高温区。这使得燃料气和工艺气体在空间上保持分离，并使控制该区域的剩余氧气量及氮氧化物和一氧化碳水平变得简单。还有两个额外的好处，即：(1)燃料/空气的向内流动有助于减少固体燃烧副产物的积聚；(2)燃烧区的恒温特性有助于消除可能减少 DRE 的冷气体路径。图 42.7 说明了这一技术。

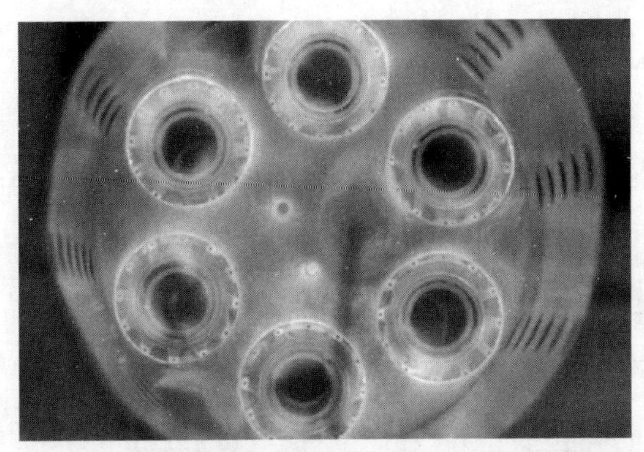

图 42.6　明火燃烧室(从下方看)；在 6 个同心喷嘴周围添加燃料，并通过大的周边孔添加空气(Image courtesy of Edwards.)

图 42.7　内燃式燃烧室；切口显示燃料-空气混合物通过多孔陶瓷垫，形成一个热的、潮湿的、氧化的等温区，从顶部的喷嘴向其中注入工艺气体

42.3.8　气体回收

尽管这不是严格意义上的气体减排，但这项技术涉及从泵尾气中收集工艺气体，分离所关注的目标气体，将其纯化至特定规格，然后直接(通过 POU)或间接(通过加工厂和气瓶供应)将其回收到工艺中。

从环境的角度来看，这看起来很有吸引力，在制定适当的减排路线之前，人们在 20 世纪 90 年代就对 PFC 气体进行了认真的调查，实际上存在三个主要障碍：(1)获得足够的纯度(即使回收气体的纯度为 99.9999%，0.0001%的污染究竟包含什么？)；(2)回收气体所需的能源和付出可能会超过回收的经济效益和/或温室气体(greenhouse gas，GHG)效益(在 20 世纪 90 年代导致 PFC 回收失败的问题)；(3)一个更人为的因素："我不可能把废气中的气体放回我的工艺设备！"然而，有越来越多的压力可能导致人们重新考虑这一点，例如氢流量的增加，特别是某些工艺使用的氢流量的增加，以及某些气体的全球稀缺性(Xe 和 Ne 是两个例子)。

回收通常包括过滤(物理和/或化学)、浓缩(通常使用低温分离或变压吸附)和压缩。

42.4　结论和展望

本章介绍了真空泵和废气减排系统的开发和使用，以支持制造尖端半导体器件、平板显示器和 LED 的工艺，并列举了许多实际例子和应用。

在过去十年左右开发和部署的一个概念是将真空泵和气体减排系统连接在一个单一、紧凑、抽出的封闭空间内，并配有通用控制和公用设施系统，通常将其称为"集成系统"。这样做的最初动机是安全性，尤其是在使用像砷化氢和磷化氢这样的剧毒气体时，因为任何潜在的泄漏都将被约束、控制，并且通过监测提取的柜内空气，很容易检测到。自那以后，集成系统的使用大大扩展，利用了这种方法的许多额外好处，即：(1)减少了公用设施连接的数量(更快、更便宜的安装；到第一个硅的时间更少)；(2)减少了占地面积，特别是通过将泵堆叠在一起(允许在给定的工厂中使用更多的设备)；(3)通用控制系统(有利于节能的闲置模式)；(4)尽量缩短连接管道，减少堵塞风险和加热这些管道的功率/成本。全球已经有数百个这样的系统正在使用。

42.5 致谢

作者感谢为本章修订做出贡献的合作伙伴：Neil Briault，Dr. Andrew Seeley，David Turrell。

42.6 参考文献

1. S. Ormrod and N. Schofield, “Vacuum Pumps at the Heart of High Tech.,” Compute Scotland, 2010, http://www.computescotland.com/vacuum-pumps-at-the-heart-of-high-tech-2808.php (accessed Oct. 15, 2015).

2. “How Do We Do It—Flat Panel Displays,” http://www.appliedmaterials.com/company/about/how-we-do-it (accessed Oct. 15, 2015).

3. S. Solomon, D. Qin, M. Manning, Z. Chen, M. Marquis, K. B. Averyt, M. Tignor, and H. L. Miller (eds.), “IPCC, 2007: Climate Change 2007: The Physical Science Basis,” Contribution of Working Group I to the Fourth Assessment Report of the Intergovernmental Panel on Climate Change, http://www.ipcc.ch/publications_and_data/publications_ipcc_fourth_assessment_report_wg1_report_the_physical_science_basis.htm (accessed Oct. 15, 2015).

4. Hydrogen Ignition, HySafe, http://www.hysafe.org/download/1042/BRHS_Chap3_hydrogen%20ignition%20version_0_9_0.pdf (accessed 15 October 2015).

5. D. Baker, P. Mawle, and R. Smith, “The Treatment of Organic Chlorides from Plasma Etch Processing,” *Solid State Technology*, Mar. 1995, http://business.highbeam.com/412105/article-1G1-16793049/treatment-organic-chlorides-plasma-etch-processing (accessed Oct. 15, 2015).

6. V. Babushok, W. Tsang, D. Burgess, and M. Zachariah, “Numerical Study of Low- and High-Temperature Silane Combustion,” 27th Symposium on Combustion, The Combustion Institute 1998, http://fire.nist.gov/bfrlpubs/fire99/PDF/f99076.pdf (accessed Oct. 15, 2015).

42.7 扩展阅读

Biltroft, P., Chap. 7 in *Semiconductor Manufacturing Handbook*, 1st ed., McGraw-Hill, New York, 2005.

Harris, N. S., *Modern Vacuum Practice*, 3d ed., BOC Edwards, Crawley, 2004.

Shearer, M., *Semiconductor Industry: Wafer Fab Exhaust Management*, 1st ed., CRC Press, Informa, Boca Raton, FL, 2005.

第 43 章　射频等离子体工艺的控制

本章作者：David J. Coumou　MKS Instruments, Inc.
本章译者：韩郑生　中国科学院微电子研究所

43.1　引言

许多关键技术依赖于利用等离子体基材料加工的工艺。等离子体处理是半导体工业的基础技术之一，在材料的基本加工中起着至关重要的作用，广泛影响其他市场领域，如显示技术、节能建筑材料、柔性电子、生物相容材料和器件及低成本光伏。等离子体在大批量生产中的主要应用之一是薄膜生长和图形化。电子和光学器件需要工艺高效和经济的制造方案，以将纳米尺度的图形转移到小于 10 nm 及自组织结构和原子尺度的沉积与表面活化技术。这些半导体器件制造技术的进步推动了更高的集成水平，同时通过最小化等离子体引起的损伤、优化工艺处理量及获得必要的技术优势，以达到下一代材料的下一个高性能节点，从而要求可重复的目标产量。几十年来，等离子体处理一直与行业遵守摩尔定律的要求保持同步；然而，下一个需要解决的技术障碍正在变得更加重要。

等离子体基材料加工利用电离气体产生独特的化学物质和高能粒子，在热型系统等替代系统无法实现的条件下促进表面反应。等离子体源通过向加速电子的电场引入一种规定的气体混合物来产生这些条件。这些电子通过碰撞使气体种类电离和离解，从而为表面反应产生反应通量。在本章中，我们将探讨射频驱动等离子体系统的基础科学。我们忽略了包括真空、流量控制和化学动力学的等离子体化学，重点研究了射频等离子体源对半导体制造至关重要的物理特性。本章的主题是先进的等离子体工艺，在这里我们重点介绍了许多新的和不断发展的技术和方案，包括作为一种先进的技术的脉冲射频等离子体。在介绍这些进展之前，以分析的形式描述各种射频等离子体源的基本原理，以表达半导体制造中是如何利用物理系统的。然后，我们继续描述用于监测等离子体放电的等离子体过程控制和诊断系统，涵盖了从基础科学到大批量生产相关目标的广泛用途。在完成本章的论述之后，我们对先进的等离子工艺进行了汇编，并对干法刻蚀进行了简短的讨论，展望了未来的发展趋势。

为了完成这章内容，我们进行了大量的调研工作。因此，对该领域的一些杰出的贡献者表示感谢。对这一发展来说，试图提供精确的参考资料和对附加信息的指导是一项严格的任务。

43.2　等离子体产生和工艺控制基础

本节描述了低温高密度等离子体反应器物理模型的发展。首先建立了电感耦合等离子体(inductively coupled plasma，ICP)源的模型。然后是电容耦合平行板。在每一小节中，都将探讨模型、理论和实践。

43.2.1　电感耦合等离子体源

最简单的 ICP 源如图 43.1 所示。射频源产生电流流过线圈。线圈围绕着由管子形成的圆柱形腔。该管是一种介电材料，传统上为陶瓷形式。

ICP 源的起源可以追溯到 1884 年[1]。由于没有电极及其污染效应，已证明这种等离子体源对需要一个清洁和稳定源的应用是有吸引力的。感应耦合放电要么由轴向静电场维持，要么由初级线圈的方位电磁场维持[2]。静电工作模式出现在低射频功率下，而电磁工作模式则出现在线圈电流足够大，以产生可维持电离过程的方位电场的情况下。在这种感应模式下，气体放电是由时变磁场的感应维持的[3]。

电感耦合放电的物理模型可以用电路来描述。空心变压器模型是描述电感耦合放电的传统方法[4~6]。图 43.2 描述了一个变压器电路，用于描述等离子体线圈组件的互感。

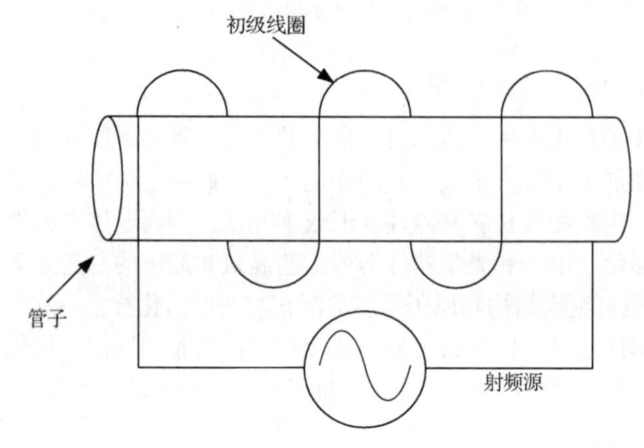

图 43.1 电感耦合等离子体(ICP)源的物理模型(Courtesy of David J. Coumou.)

从参考文献[3]中转载了感应耦合放电电学模型的数学推导过程。空气变压器由两个绕组组成。这些绕组由相互作用的磁场连接。初级线圈中的电流产生的磁场与次级线圈相互作用。在电感耦合放电的情况下，变压器的初级线圈是绕在管上的线圈，或在平面线圈的情况下，则位于大气中的介电窗口上。该线圈由 N 个匝组成，电感为 L_o，电阻为 R_o。放电是导电的，可将其看成一个电感为 L_2 的单圈次级绕组。放电包括电感 L_e 和等离子体的串联电阻 R_2。放电的两个组成部分是磁感应和电子惯性感应。磁感应是由放电电流路径和等离子体导电性引起的[7]。

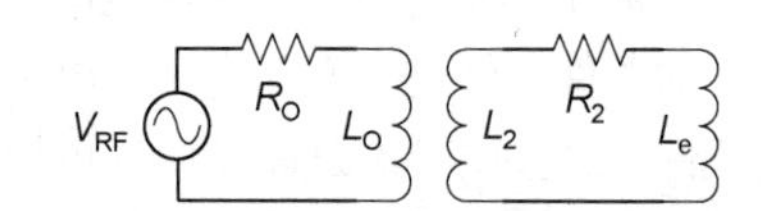

图 43.2 ICP 源的电模型(Courtesy of David J. Coumou.)

用数学表述，等离子体电阻的变化由下式得到：

$$\rho=\frac{\omega^2 M^2 R_2}{R_2^2+(\omega L_e+\omega L_2)^2} \tag{43.1}$$

其中 M 表示初级和次级线圈的互感。等离子体电抗的变化是

$$\chi=\frac{\omega^2 M^2(\omega L_e+\omega L_2)}{R_2^2+(\omega L_e+\omega L_2)^2} \tag{43.2}$$

然后将次级线圈的阻抗定义为

$$Z_s=R_o+\rho+j\omega(L_o+\chi) \tag{43.3}$$

射频电压是射频电流和 Z_s 的乘积。等离子体吸收的功率是等离子体电阻 R 和射频电流平方的乘积。读者可查阅参考文献[3]，以综合开发由放电阻抗的 $\Re(\rho)$ 和 $\mathcal{J}(\chi)$ 分量描述的参数。

使用 ICP 源有许多优点：灵活性、高密度、低横向能量、低磁场、最少器件损坏和等离子体约束[8]。

在半导体制造中有许多使用电感耦合等离子体源的反应室。一个在工业上广泛使用的等离子设备是来自 Lam Research 公司的 TCP 9600 及其衍生产品。该反应室的设计采用平面电感，用于金属和多晶硅的刻蚀工艺。同样，Applied Materials 公司具有利用电磁线圈射频的 Producer 和 Centris 设备，并可用于氧化物刻蚀处理。有兴趣获得有关电感耦合放电的额外信息的读者可直接参见章末的参考文献[9～14]。

43.2.2　电子回旋共振等离子体源

ICP 源的另一种形式是电子回旋共振（electron cyclotron resonance，ECR）反应器。在参考文献[15]中解释了 ECR 等离子体源的原理。总之，ECR 放电是由微波辐射源生成的磁场产生的。电子沿磁场方向进行横向圆周运动。这个圆周运动的频率就是回旋加速器的频率。由于电磁场的作用，能量被转移到电子上。当电子在一个外加电磁场周期内经过一个圆轨道时，就会发生共振。由于微波频率通常为 2.45 GHz，因此硬件成本和辐射源适用性对于商业反应器的生产是可实现的，并且所需的电磁铁和永磁体在成本和尺寸上是合理的。这项技术在半导体生产中的商业应用在刻蚀和沉积设备中很常见。

43.2.3　电容耦合等离子体源

电容耦合等离子体（capacitively coupled plasma，CCP）源是低压材料加工中应用最为广泛的一种等离子体源。电容耦合等离子体源用于反应离子刻蚀（reactive ion etch，RIE）、等离子体刻蚀、物理气相沉积（physical vapor deposition，PVD）和等离子体增强化学气相沉积（plasma enhanced chemical vapor deposition，PECVD）。有趣的是，RIE 室是一个误称，因为刻蚀是一个化学过程，通过对基底的高能离子轰击而改善，而不是仅仅由于反应离子的去除过程[16]。电容耦合等离子体源的典型配置是电极的平行板排列，如图 43.3 所示。图中未显示出用于保持反应室内压力稳定的真空控制系统。图中显示了一个气体入口，控制化学物质流入反应室的流量。利用射频功率在上下电极间产生等离子体。为了简化，在该模型中的上电极接电源，下电极接地。电容耦合放电的一些工业应用在下电极上使用第二个射频源。电极和等离子体之间产生鞘层。鞘层是一个限制电子的正电荷层。电子受到限制，因为鞘层中的电场是由等离子体产生的[16]。

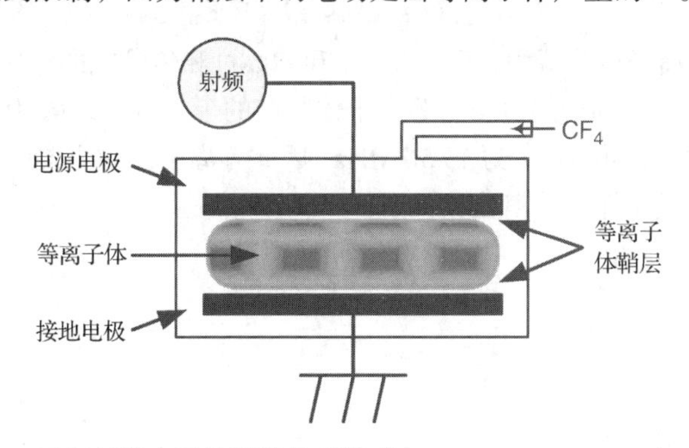

图 43.3　平行板等离子体源的物理模型（Courtesy of David J. Coumou.）

工业界标准化了平行板的配置，并将该气室设计称为气体电子会议射频参考单元[17]。通常将其称为 GEC 单元。图 43.4 说明了这种平行板室设计的电路模型。参考文献[18]描述了电路模型，参考文献[16]将电路模型对应于等离子体参数。分流电路元件（L_S、C_S 和 R_S）将在本章的匹配网络内容中讨论。电路模型包括电源和接地电极及室壁中存在的寄生元件。注意：电源电极有时称为阳极，接地电极称为阴极。C_{PE} 是电源电极的寄生电容，它是由电源电极和接地屏蔽之间的绝缘体构成的。驱动电极的传输线由串联元件 L_{PE} 和 R_{PE} 表示。典型的反应室设计应在电极前原位安装射频计量装置。C_M 表示由射频计量仪引入的并联电容。L_{PE} 和 R_{PE} 也可以解决射频计量的影响。与供电电极类似，元件 C_{GE}、L_{GE} 和 R_{GE} 代表接地电极的寄生元件。L_W 是反应腔体壁与外表面之间腔体的自感系数。

图 43.4 中的电路模型不包括上下电极和反应腔侧壁之间的固有杂散电容 C_{chuck}。反应室（L_W 和 C_{chuck}）和为电极供电的传输线的电气特性不会随着输入射频功率和等离子体参数而改变。具体地说，可以在不存在等离子体的情况下测量 C_{chuck} 和杆的电感 L_{rod}。获得反应室中的基本压力，并将射频源设置为不足以点燃等离子体的功率，但用电压驱动反应室，这样反应室的电气特性可根据从射频计量仪测得的电压和电流进行计算。

$$\frac{V_m}{I_m} = j\omega L_{rod} + (j\omega C_{chuck})^{-1} \tag{43.4}$$

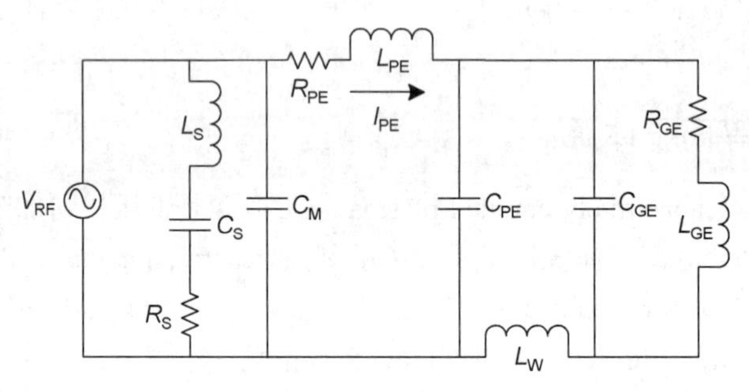

图 43.4　电容耦合等离子体源的电气模型[18]（Courtesy of David J. Coumou.）

V_m 和 I_m 是通过射频计量仪测量的电压和电流。V_e 和 I_e 是电源电极上的真实电压和电流。V_m、I_m、V_e 和 I_e 都是时变的复数。V_e 和 I_e 与 V_m 和 I_m 有如下关系：

$$V_e = V_m - j\omega I_m L_{rod} \tag{43.5}$$

$$I_e = I_m(1-\omega^2 L_{rod} C_{chuck}) - j\omega V_m C_{chuck} \tag{43.6}$$

在平行板系统的等离子体分析中，反应室（L_W 和 C_{chuck}）和传输线的电性能几乎不起作用，通常忽略不计。C_s 用于定义带电和接地电极上等离子体鞘层的等效电容，R_s 用于定义两个鞘层的等效电阻。由于等离子体的工作频率通常为 13.56 MHz，因此等离子体中主要的电流传输种类是高度移动的电子。这表示为电阻元件 R_b，其定义如下：

$$R_b = \frac{mvd_b}{A\eta e^2} \tag{43.7}$$

其中 A — 电极面积

d_b — 体的厚度

e、m — 电子电荷和质量

η — 体的等离子体密度

v — 电子-原子碰撞频率

体电阻与电子的迁移率和密度成反比，与体区域的厚度成正比。鞘层电容决定了鞘的有效厚度 S_o，因而有

$$C_s = \frac{A\varepsilon_o}{2S_o} \tag{43.8}$$

式中，ε_0是真空介电常数，两个电极之间的间隙距离由 $L = 2S_o + d_b$ 给出。平行鞘层电阻代表鞘层中的离子加速功率(P_i)，即穿过鞘层的射频电压降(V_{sh})为

$$R_s = \frac{V_{sh}^2}{2P_i} = \frac{V_{sh}^2}{4I_iV_{dc}} \tag{43.9}$$

式中，I_i 是电极的离子电流，V_{dc} 是穿过每个鞘层的直流电压。另一种解释离子功率损失的方法是通过放电电流 I 的等效串联电阻，得出

$$R_s = \frac{2P_i}{I^2} = \frac{4I_iV_{dc}}{I^2} = \frac{R_s}{1+(\omega C_s R_s)^2} \tag{43.10}$$

等离子体电阻和电容由下式得到：

$$R = R_s + R_b \tag{43.11}$$

$$C = \frac{C_s(1+(\omega C_s R_s)^2)}{(\omega C_s R_s)^2} \tag{43.12}$$

电容耦合等离子体具有鞘层电压高、离子密度低、离子轰击能量高的缺点。离子轰击能量不能独立于离子能量进行控制[16]。在电容耦合等离子体系统中加入磁控管是为了达到这些目标。磁增强反应离子刻蚀机(magnetically enhanced reactive ion etcher，MERIE)在下面的小节中进行描述。

43.2.4　磁等离子体源

磁控管用于改善半导体器件生产的等离子体密度、离子密度和均匀性。它们存在于溅射系统中，溅射系统将金属(铝或铜)沉积到靶上。磁控管的用途和特点见参考文献[19]。使用磁控管的效率与功率密度和刻蚀速率之间的效率有关。只有穿过晶圆表面的离子能可用于刻蚀。这会导致大量不可用的离子能量。增加功率密度通常不是一个可行的解决方案，因为随着功率的增加，热量和损耗会成比例增加，从而导致器件损坏。磁控管用来产生与晶圆平行的磁场，以限制放电的离子能量。这个磁场与产生等离子体的电场是正交的。电场和磁场产生一个电子漂移速度分量，该分量以与电场和磁场正交的闭合路径半径穿过。漂移的电子撞击中性分子并引起额外的离解以增加等离子体密度。电子的闭环路径产生一个电子储存环，产生高等离子体密度并限制电子迁移率。路径 r 的半径与能量的平方根成正比，电子路径通常称为摆线。

有几种半导体制造设备使用磁控管系统。Tokyo Electron 公司使用偶极环磁铁组件，该组件由多个磁段组成[20]。偶极环在每个磁段之间具有非磁性材料。磁体组件在围绕中心轴的轨道上围绕反应室的外周进行圆周旋转。Tylan 公司实现了类似的效果，即使用直线运动代替磁铁的圆形旋转[19]。Applied Materials 公司采用了一种新的方法获得了磁控管的结果，即使用围绕磁控管周围间隔的电磁铁来产生和控制磁场[21]，以周期性的方式脉冲磁铁控制瞬时磁场的大小和方向。

材料溅射设备也受益于磁控管[22]。一个例子是用于溅射反应器的三磁控管组件[23]。环形磁铁组件位于反应室的顶部和内壁。这些磁铁绕着反应室的轴旋转。第三环形磁铁装配位于外侧壁。内部和外部磁铁组件平行于反应室轴，并且顶部磁铁组件与反应室的轴正交。在这种结构中产生的磁场分量具有几个有利的影响，即电子损失减少、等离子体密度增加。从源材料中提取金属离子，并将其轨迹引导至沉积目标。以类似的方式，磁控管使用同轴电磁线圈来产生从靶到晶圆的磁场分量[24]。该磁铁组件绕着反应室的轴旋转。磁控管的改进[25]是在反应室的外围添加辅助磁铁。辅助的永久磁铁或电磁铁证明了将不平衡磁场的一部分拉向晶圆，并引导更多的电离溅射粒子。

不排除在 ICP 源之外使用磁控管。Tokyo Electron 公司使用固定的轴对称永磁组件[26]。这种磁控管设计的磁场效应聚集了等离子体，并通过加强等离子体约束，提高了均匀性。

43.2.5 电感耦合等离子体与电容耦合等离子体

通过检查 43.2.3 节中的 CCP 反应器解析模型，电子密度和离子密度取决于鞘层动力学。离子电流 I_i 和 V_{dc} 与式(43.9)中定义的鞘层电阻 R_s 有关。电子密度由体的等离子体 R_b 在式(43.7)中定义。由于驻波效应，工艺性能随射频频率的增加而增加，且呈均匀性下降。电容耦合放电的密度由射频电流的大小控制，射频电流可以通过等离子体鞘层阻抗控制鞘层。对于正电性气体，等离子体密度与等离子体功率的平方根成正比[16]。等离子体效率随功率和鞘层电压的增加而降低。因此，电感耦合放电比电容耦合放电具有优势。从 43.2.1 节对 ICP 源的分析表明，电抗 c 是等离子体密度 h_e 的初级负载与次级负载的互感函数[27]。电感耦合放电往往是更有效的，因为等离子体放电可以产生和控制在其应用区附近。特别容易扩散；然而，正如我们在本章后面将看到的，由于从源到晶圆的距离和对可用压力范围施加限制，等离子体耦合与 r-2 效应有关。

总之，与电容耦合等离子体源不同，电感耦合等离子体源对入射到基板的离子通量和能量提供几乎独立的控制。在 ICP 方案中，射频源控制等离子体密度，而偏置功率控制离子能量分布函数(ion energy distribution function，IEDF)。利用电源和偏置功率级控制，通过离子密度和能量实现了刻蚀速率[28]。ICP 源广泛应用于栅极和金属腐蚀，CCP 源则应用于介质腐蚀。这种传统的应用正朝着一种不同的平衡发展。半导体器件制造继续实现特征尺寸的减小，并随着器件面积和体积的增加而相应增加密度。在 3D 器件的制造过程中，材料层变薄的结果最为明显，为基于 ICP 的工具对薄介电层进行图形刻蚀提供了机会。

43.3 工艺控制和诊断

基于对电感耦合源和电容耦合源的推导，射频源的控制是等离子体源的主要控制点。放电的重要物理分量是将射频电源输送到等离子体中。对于电感耦合源，等离子体吸收的功率是通过感应射频电流获得的。相反，电容耦合放电吸收的功率是通过感应射频电压获得的。正是通过这些相互作用，射频源控制等离子体的稳定性和工艺条件。通常，刻蚀速率是为特定工艺控制的参数。图 43.5 中的框图说明了等离子体室的典型结构。射频源包含在射频发生器中。射频发生器的频率必须符合“Code of Federal Regulation 47, Part 18”的规定。射频发生器通常设计为 50 Ω 负载阻抗。由于等离子体的阻抗和到电离室的传输线不是 50 Ω 或与射频源的阻抗匹配，因此射频发生器和等离子体电离室之间存在匹配网络。通过阻抗谐网络的射频功率传输具有很高的射频效率，因此阻抗调谐电路中主要的耗散损耗是等离子体。射频源包含在射频发生器中。当射频功率输送是最佳和有效的时，射频输送系统确保大部分射频功率用于电子和离子加热，从而用于工艺化学处理。这反过来又确保了工艺的可控性和可重复性，并有助于高效、高良率器件的生产。

匹配网络的电路拓扑通常是 T、P 或 L 网络。匹配网络的目的是通过匹配等离子体的阻抗和射频源的阻抗来使从射频源到等离子体的功率传输最大化。

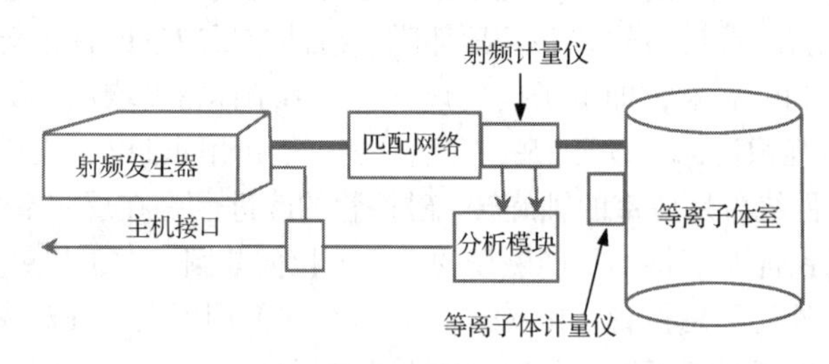

图 43.5　等离子体室的典型结构(Courtesy of David J. Coumou.)

图 43.6 说明了射频源、匹配网络和等离子体的电路。Z_G表示源阻抗，Z_M表示距离源 l 处的匹配网络阻抗，Z_L表示等离子体的阻抗。传输线理论将传输线中特定位置的电压和电流描述为

$$V(-l)=V\mathrm{e}^{\mathrm{j}\beta l}[1+\Gamma(-l)] \tag{43.13}$$

$$I(-l)=\frac{V}{Z_o}\mathrm{e}^{\mathrm{j}\beta l}[1-\Gamma(-l)] \tag{43.14}$$

其中 β 是相位常数，Γ 是反射系数。如果 Z_{in} 定义为

$$Z_{in}=Z_M+Z_L \tag{43.15}$$

那么传输线上的电压也可以描述为

$$V(-l)=Z_{in}I(-l)=Z_{in}\frac{V_{RF}}{Z_{in}+Z_g} \tag{43.16}$$

替换

$$Z_{in}=Z_o\frac{1+\Gamma(-l)}{1-\Gamma(-l)} \tag{43.17}$$

将传输线上的电压降换算为

$$V(-l)=V_{RF}\frac{1}{1+\dfrac{1+\Gamma(-l)}{1-\Gamma(-l)}}=\frac{V_{RF}}{2}(1+\Gamma(-l)) \tag{43.18}$$

同理，输电线路上的电流为

$$I(-l)=\frac{V_{RF}}{2Z_o}[1-\Gamma(-l)] \tag{43.19}$$

输入端的时间平均功率由以下公式描述：

$$P_{av,in}=\frac{1}{2}\Re(V_{in}I_{in})=\frac{1}{2}\Re(Z_{in}I_{in}^2) \tag{43.20}$$

$$P_{av,in}=\frac{1}{2}\Re(V(-l)I(-l))=\frac{1}{2Z_o}|V|^2(1-|\Gamma(-l)|^2) \tag{43.21}$$

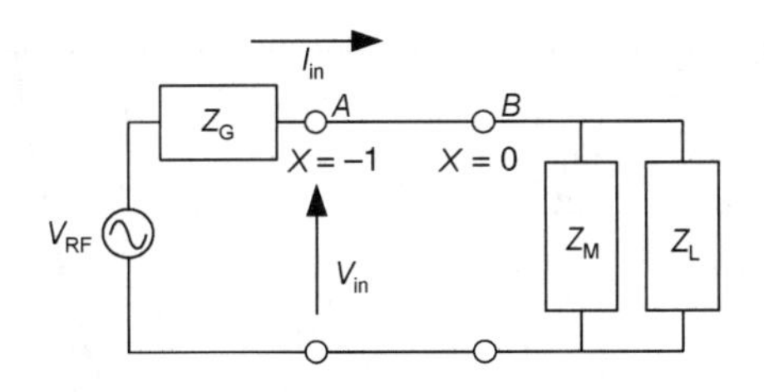

图 43.6　等离子体工艺射频电路模型(Courtesy of David J. Coumou.)

当负载(在本例中为 Z_{in})等于传输线特性阻抗 Z_o 时，反射系数为零。当这种情况发生时，输入端的时间平均功率达到最大值。

$$P_{av,in}=P_{max}=\frac{|V|^2}{2Z_o} \tag{43.22}$$

匹配网络通常至少有一个可调元件，因为等离子体的阻抗范围可以根据功率、压力条件和放

电的化学性质而变化。匹配网络的可调元件(通常为电容)将匹配网络的阻抗调整为射频发生器工作规范内的负载阻抗。用数学表述，匹配网络到达的阻抗值接近于等离子体阻抗的复共轭。这将取消相位分量差，并需要阻抗幅度的缩放。当匹配网络调整到射频发生器的最佳负载阻抗时，可以最大限度地将功率转移到放电中。

匹配网络的常规调整操作是通过匹配网络内部的电路来完成的。匹配网络的电路具有一个射频检测器和相关电子电路，用于测量阻抗或反射系数的大小和相位。这些测量值与自动调整算法一起使用，以控制匹配网络的可调元素。传统上，这是通过模拟和混合信号电路实现的[29]。由于描述基于阻抗的功率传递方程是非线性的，这里有一些局限性。一种更为新颖的方法是使用带有模糊逻辑的数字控制器来控制可调元件[30]。如今，工业界正在经历固态匹配网络的出现，以取代传统匹配网络的无源元件。使用 PIN 二极管[31]配置的匹配网络是早期实例化的一个例子。

将等离子体阻抗与射频源阻抗匹配的另一种替代方法是使用灵活频率的固定匹配射频发生器[32]。通过消除传统匹配网络中的可移动调谐元件，自动频率调谐具有速度、成本和可靠性等主要优点。为了使用自动频率调谐，有必要在发生器和反应室之间加入一个具有固定阻抗的匹配网络。该匹配网络的设计必须使阻抗的工艺窗口能够在合理的频率范围内调谐；对于中频范围，通常为±10%，对于超过该范围的频率，通常为±5%。自动频率调谐发生器的运行类似于可调谐匹配网络的运行。可调谐匹配网络将阻抗的实部和虚部调整到射频发生器工作规范内的调谐范围内。在使用自动频率调谐发生器的情况下，固定匹配转换阻抗的实部分量，自动频率调谐发生器控制阻抗的虚部或无功分量的轨迹。为确保自动频率调谐发生器不会干扰紧急安全及搜索和救援无线电传输，以下频段被阻断：490～510 kHz、2170～2194 kHz 和 8354～8374 kHz。

在分析与描述射频功率谱和射频等离子体源的背景下，我们将介绍射频对等离子体工艺的影响。图 43.7 给出了射频谐波失真的影响。在 13.56 MHz 功率下，射频偏置功率产生的离子能量由蒙特卡罗(Monte-Carlo)模拟产生，谐波的振幅和相位被选为随机变量。相对于 13.56 MHz 的射频功率，谐波失真的影响明显显示出对离子能量平均值变化百分比的不利影响。在大约–45 dBc 时，总谐波畸变使理想(无谐波干扰)平均离子能量偏移了 1%。作为等离子体基础和实施这些射频等离子体源之间的桥梁，工艺控制对实现预期的半导体制造结果至关重要。这个例子表明了刻蚀速率工艺控制的临界性，原则上这是离子能量的函数。本章后面的主题是关于工艺控制的重要性、新技术的出现及下一代方法。

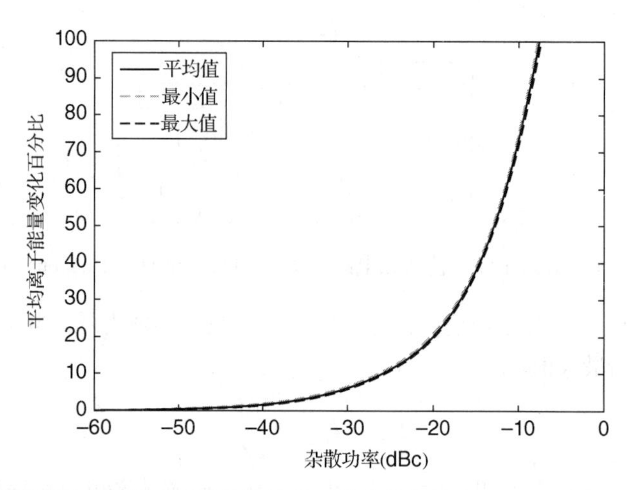

图 43.7 射频谐波对等离子体处理的关键等离子体参数的影响(Courtesy of David J. Coumou.)

43.3.1　等离子体室的射频计量

利用射频计量技术监测和控制用于制造半导体器件的等离子体加工室有许多优点[33]。射频传感器之所以重要，是因为它们不具有侵入性，它们在实时计算中获取和报告数据。这使得在等离子体处理过程中发生的任何变化都能快速响应。射频监测仪还提供有关放电的信息，可用于物理上理解等离子体的内部电特性。至少，该信息可用于确定输入设置和等离子体源电气特性之间的趋势。

许多传感器已被用于等离子体工艺设备的射频计量。其中包括电压探头、电流回路、双工器和定向耦合器[18, 34~39]。定向耦合器通常没有足够的方向性，无法在等离子体室的典型工作阻抗状态下进行有效测量[40]。参考文献[41]和[42]描述了稳健的电压/电流传感器设计。该传感器可配置在具有固定特性阻抗的同轴线路系统或非同轴线路系统中。在非同轴线路系统中进行配置时，传感器在与最终配置紧密复制的系统中进行校准。探针的结构为同轴线路，设计有铝体外导体和镀银铜内导体。内导体的几何结构为带斜角的正方形，介质间隔棒的材料为氮化硼。氮化硼电介质和镀银内导体专门设计用于在更高频率下允许更大的工作电流。导体的方轴改善了耦合，提高了信噪比。方轴还增加了从内导体到探针体的最佳传热的表面积。这些设计特点提高了绝对的和单元对单元重复性的精确度。它们还允许在高频(大于 13.56 MHz)下使用探头、在低频下无性能退化的大电流应用及电源应用。传感器包括电压和电流提取组件。电压提取组件将内导体上产生的时变电场转换为代表线路电压的小电压信号。电流提取组件将内导体上产生的时变磁场转换为代表线路电流的小电压信号。这种同轴线截面 VI 传感器的一个版本是以平面形式实现的，具有电场和磁场的共享检测面[43]。对于较低的频率响应，平面传感器采用嵌入印刷电路板传感器中的铁磁材料进行改进[44]。为了处理来自这些传感器的射频信息，电压和电流信号连接到相关的分析模块。

参考文献[40]描述了射频阻抗/功率传感器分析模块的特征丰富的信号处理架构。这种信号处理架构的一个显著优点是它能够自动跟踪多个射频源。这是通过高速采样和数字处理单元完成的。信号处理架构类似于锁相环；然而，在这种情况下，实现形式是模拟和数字电子电路。

图 43.8 说明了氧化物刻蚀前后的影响。图中左边的插图显示了开始刻蚀前沟槽中存在氧化物。电容分压电路的电路图简化了电压/电流传感器和相应分析模块测量的阻抗变化。当离子轰击穿透沟槽并去除氧化物时，等离子体的阻抗会发生变化。已经证明监测等离子体产生的谐波是监测刻蚀过程的有效方法[39, 45, 46]。已经证明在刻蚀过程中，通过实时反馈控制和阻抗监控，可获得刻蚀速率和终点[47]。图 43.9 给出了监测 13.56 MHz 的六次谐波时多晶硅刻蚀的示例。图上的 T1 和 T2 标签分别表示光学发射光谱传感器的刻蚀开始和刻蚀终点。对射频信号进行归一化处理，说明测量多个射频参数可以实现一种测量刻蚀速率和刻蚀终点的可靠方法。与控制刻蚀类似，已经证明电压/电流传感器和相关分析模块是检测室偏移和清洁优化的有效手段[38, 48]。

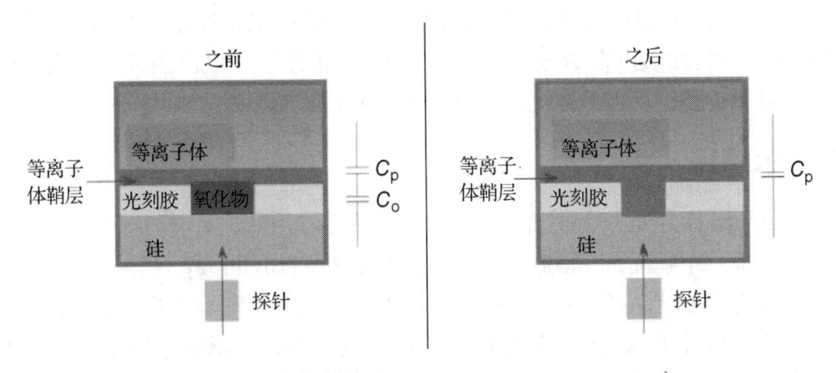

图 43.8　氧化物刻蚀(Courtesy of David J. Coumou.)

回顾 43.2.4 节，可以利用磁场提高等离子体密度，磁场在晶圆平面内旋转。图 43.10 提供了电压/电流传感器和分析模块的阻抗测量，可以明显看出阻抗相位的特性变化。相位变化的周期是磁系统旋转的频率。可将这类测量的控制用于均匀性和密度控制。

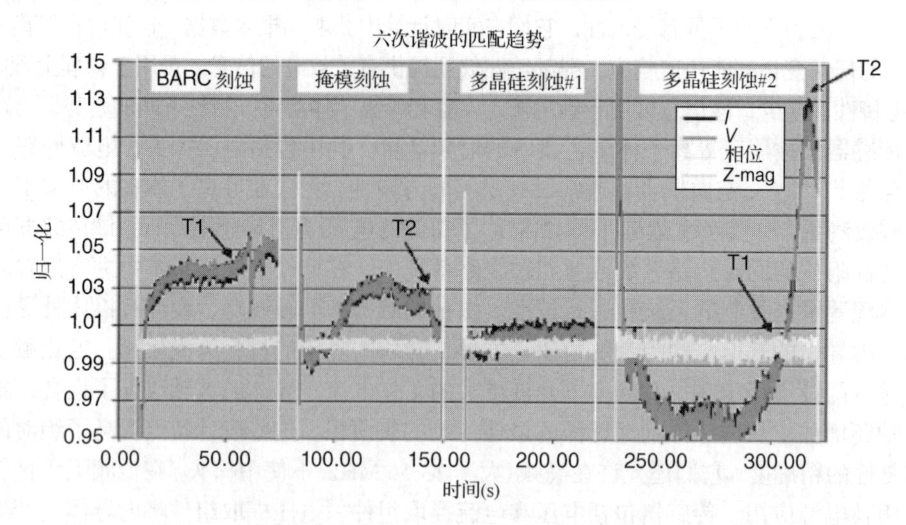

图 43.9 使用 VI 探针传感器进行刻蚀终点检测(Courtesy of David J. Coumou.)

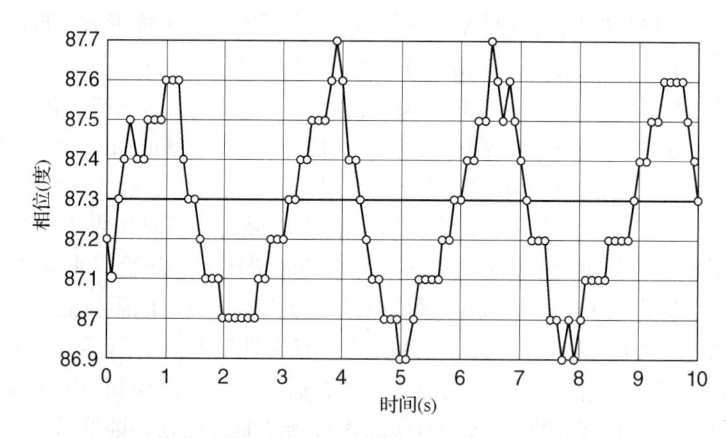

图 43.10 MERIE 等离子体系统的相位阻抗测量(Courtesy of David J. Coumou.)

这些只是举例说明射频阻抗测量系统固有能力的一些应用。除了这些传统应用，高速采样和数字处理单元还能够在更高级的应用中执行。其中一些包括射频脉冲应用的等离子体稳定性和阻抗测量。这些过程功率和阻抗的实时测量与分析有助于先进工艺控制(advance process control, APC)。建议将这种计量方法作为 APC 系统的必要组成部分[49, 50]。已经证明使用主要成分的多变量分析方法处理射频传感器谐波数据是 APC 的一种可复原方法[51]。

43.3.2 朗缪尔探针

朗缪尔(Langmuir)探针是一个小直径的圆柱形收集器，类似于一根金属丝，可将其插入等离子体中。如果要详细了解等离子传感器，可以参见参考文献[16]和[52]。当对探针施加负电位(相对于等离子体电位)时，探针排斥负离子和电子并吸引正离子。这样就在探头表面形成了一个圆柱形鞘层。鞘层的总正电荷等于施加在探针上的负电荷。进入探针的感应电流受限于离子到达鞘边的速率。当负电位降低到该点以上时，探针电流主要是离子电流。当把探针偏置到等离子体电位时，探针电流由等离子体中的移动电子感应而来。

当探针偏压大于等离子体电位时，探针电流在电子饱和电流下饱和。

朗缪尔探针是研究人员传统上用来理解等离子体物理性质的一种有价值的仪器。参考文献[53]中给出了利用朗缪尔探针研究 ICP 源的一个例子。使用朗缪尔探针[54]也可实现可靠的工艺终点检测；但是，不应将该装置安装在用于大容量半导体制造的反应器上。朗缪尔探针的表面污染对等离子体参数测量产生不利影响[55, 56]。

43.3.3　光发射光谱法

光发射光谱(optical emission spectroscopy，OES)利用光学传感器检测和测量等离子体的光谱发射。通常，传感器包括一个 CCD 图像传感器和一个光学滤波器。OES 系统是半导体制造业中检测氧化物刻蚀终点最广泛使用的方法[57]。利用这项技术进行刻蚀端点和速率检测的专利申请和授权数量众多。尽管已经证明它是一种可行的技术，但 OES 系统的局限性得到了充分的证明，并证明了替代端点检测方法的合理性[58]。人们提出了目前通过刻蚀得到的双大马士革工艺需要 2%～0.5%的暴露面积，并且随着关键尺寸的缩小，暴露面积可能减小到 0.2%。目前，OES 的局限性约为暴露氧化物面积的 1%。

43.3.4　能量分析仪

离子能量对等离子体-材料相互作用的影响在沉积和刻蚀等离子体处理中得到了很好的解释。为了研制等离子体反应器或设计一种控制与表面相互作用离子能量分布的方案，一种测量基底离子能量的方法是必要的研究手段。图 43.11 示意性地给出了用于测量电源电极上离子能量的能量分析仪的侧视图。

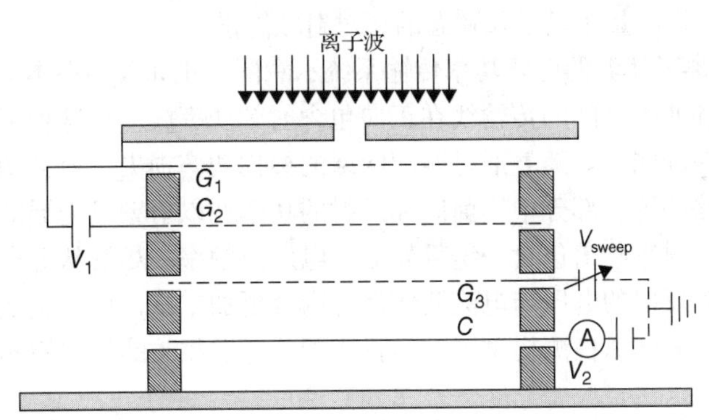

图 43.11　能量分析仪的侧视图(Courtesy of David J. Coumou.)

能量分析仪是一种传感器，包括多网格层以收集离子。来自波源的离子通过网格上方的孔进入。图中显示了一个单孔，但实际上传感器配置了一组孔。在电气上，能量分析仪传感器以其所在电极的相同电位浮空，穿过鞘层的离子以与能量分析仪的腔成直角的方式进入传感器的开口。这组网格由三个偏置网格构成，如图所示为 G_1、G_2 和 G_3。每个网格都有直径小于离子进入空腔的孔阵列的孔。为了防止等离子体影响传感器测量，减少鞘层干扰的损害，将 G_1 的偏压设置为与外部传感器表面相同的电位。G_2 的电位要小于 G_1 的直流电压，以阻止等离子体电子进入空腔。G_3 用于区分具有不同能量的离子，具有从等离子体的直流电位 G_1 到几百伏的扫频电位 V_{sweep}。当 G_1 和 G_3 之间的正电压超过带电离子的动能时，正离子被排斥。当 G_3 的偏压达到 G_1 电位时，离子电流最大，与外表面的离子通量成正比。当 G_3 的偏压扫得更正时，离子电流会随着特定能量的离子被排斥而减小，直到最终离子电流变为零。由于离子电流降低的速率与 IEDF 成正比，测量的导数函数产生 IEDF。在垂直于离子入口表面测量离子能量。

跨越电极的多个传感器可以布置在网格中，用于离子分布的空间采样。感兴趣的读者可参考文献[59]了解一种商用减速场能量分析仪，该分析仪被工业界和学术研究界广泛采用。

43.3.5 电弧检测和电弧缓解

射频等离子体中的电弧干扰通常是短暂的瞬变，持续时间为几微秒；它们发生在等离子体和电极、等离子体和室壁之间的放电，或由聚合物结构的形成引起的等离子体内的放电。等离子体室中的电弧事件可能发生在器件制造过程中，此类事件可能会损坏正在建造的设备和基于等离子体的制造设备。此外，电弧事件还可能引发工艺气体中产生有害化学物质，从而产生损害器件良率的污染物。电弧事件尤其影响半导体存储器件的制造过程。因此，具备一种可靠的方法来检测这些情况，并拦截射频功率传递，以减轻电弧事件，对于减少这些系统中的电弧感应损伤至关重要。

用于电弧检测的信号和传感器包括来自定向耦合器的正向和反向功率的测量、来自 VI 传感器的电压和电流的测量及相应的谐波信息。这些方法使用来自传感器的信号 s 与一些阈值 τ 进行比较。当信号超过阈值时，有发生电弧事件(E_{arc})的可能性。这种检测的一般化可以表示为

$$P(E_{\text{arc}} \mid s_1 > \tau_1, s_2 > \tau_2) \tag{43.23}$$

后来的检测方法通过应用被测信号的导数来确定电弧的存在来改进这种方法：

$$P(E_{\text{arc}} \mid s_1 > \tau_1, \dot{s}_2 > \tau_2) \tag{43.24}$$

这些方法具有启发式和非定量的特点。已经证明的一种具有后续缓解功能的高鲁棒检测是另一种替代方法，这是一种测量电弧干扰能量的方法[60, 61]。此解决方案使用来自通信等效模式的工具提供定量电弧检测，以测量等离子弧瞬态的相对射频能量。

图 43.5 为射频等离子体源的射频功率传输系统示意图。正如我们在本节前面所讨论的，在阻抗调谐条件下，电源和匹配之间的传输线在正向包含射频功率波。在这种工作状态下，只有电压和电流从电源传输到匹配网络。随着通过匹配网络的标称功率损失，射频功率从匹配点耦合到等离子体室。在射频电路的这一部分中，前向和反射的功率波以射频发生器的频率通过。由于等离子体源的非线性特性，射频频谱包含一组额外的放电发射频率。尽管从等离子体源发出的谐波和互调失真信号及正向和反射的电压与电流波使信息内容更加丰富，但事实上，带有预匹配传感器(例如，在射频电源中)的电弧检测提供了与后置匹配传感器相关的类似检测。接下来，我们提出相关的检测方法。

宽带相关函数共同处理从射频传感器采样的信号，类似于部署相关接收器的数字通信系统。对来自射频传感器的电压和电流信号进行数字采样，并通过互相关函数求出这些信号之间的功率。对于电弧检测，信号处理是宽带的，包括射频频谱中含有的更广泛的信息信号集。对频率为 f_{RF}、采样频率为 f_{s} 的电压、电流信号不重叠块进行互相关函数分析。块包含 $n = k\dfrac{f_{\text{s}}}{f_{\text{RF}}}$ 个总样本的 k 个周期，持续时间 $\Delta t = nf_{\text{s}}$。信号的功率由离散相关得到，

$$r_{vi}(m := 0) = p = \sum_{\forall n} (v_n - \text{E}[v_n])(i_n - \text{E}[i_n]) \tag{43.25}$$

并且从采样序列中减去每个块的平均值 E[•]。随着电弧事件期间发生的功率变化，与电弧瞬态相关的射频能量 $E = \Delta p \Delta t$ 提供了定量测量。

在预匹配和后置匹配之间具有实质的性能奇偶性的电弧检测的能力，使得电弧抑制的控制协议成为可能。将检测电弧并测量干扰的相对射频能量的电弧探测器与射频电源的对抗响应(与测量的电弧能量成比例)耦合，为抑制电弧源提供了一种有效的方法，减轻了对制造工艺良率的损害。图 43.12(a)说明了电弧事件检测和电弧抑制协调控制的有效性。此示波器图中捕获了 4 个信号。左边的信号 1 是朗缪尔探针发出的信号，用于测量等离子体的电压电位变化。信号 2 是来自定向耦合器的正向端口信号，该定向耦合器连接在 13.56 MHz 射频电源的输出端。耦合器的输出端连接到阻抗匹配装置，在其输出端连接一个 VI 传感器，并连接到反应器的电源电极。示波器图中的信号 3 和 4 是后置匹配和预匹配弧检测的响应。在射频电源控制器中嵌入了预匹配电弧检测算法。朗缪尔探针作为电弧瞬态的接地真值源，识别电弧引起的等离子体电位变化。利用射频能量干扰算法，由两个探测器确定电弧检测响应。对于发生在射频电源上的检测，电弧探测器通过降低射频电源的功率(与测量能量成比例)来触发缓解过程。根据定向耦合器前向端口的响应，可以看到射频功率的瞬间降低及随后返回射频设定点。为了响应检测到的电弧，射频功率被抑制一段时间，使电弧源电位降低。这可以通过朗缪尔探针的响应看到。电弧探测器的灵敏度如图 43.12(b)所示，近似分辨率为 86 μW。

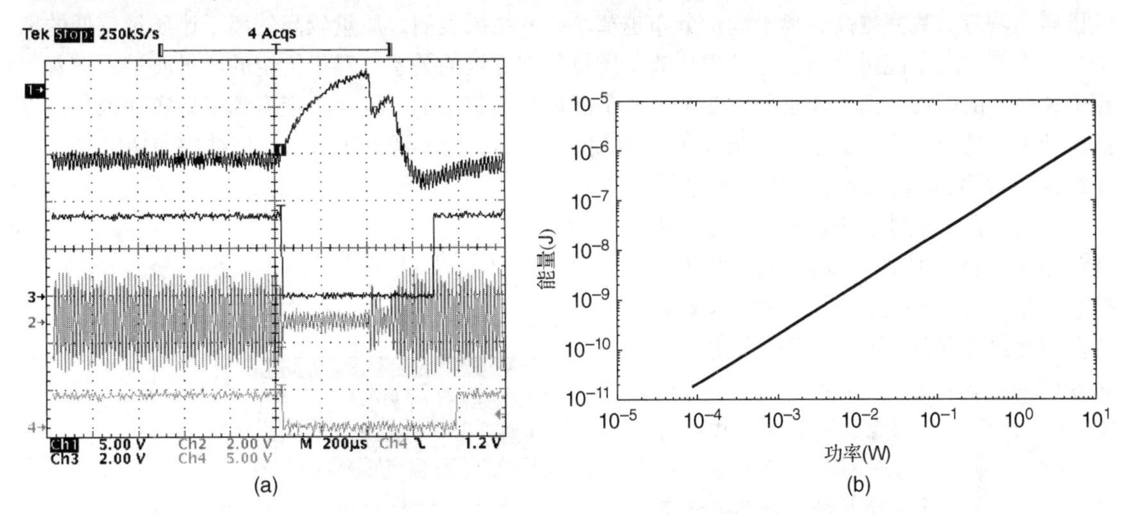

图 43.12　电弧检测和缓解：(a)匹配前后电弧检测与相应缓解的比较；(b)基于射频能量的电弧检测灵敏度(Courtesy of David J. Coumou.)

43.4　先进的等离子体工艺控制

现代等离子体沉积和刻蚀反应器的射频配置因射频电源的数量和相应的驱动频率而异。对于等离子体辅助的表面相互作用，频率驱动的重要性及射频与鞘层动力学的相位关系已得到很好的证实[62]。在图形刻蚀方面，刻蚀有三个主要因素：(a)物理离子轰击(E_p)；(b)中性基化学刻蚀(E_C)；(c)离子轰击引入的离子(E_I)[16]。总刻蚀速率表示为这些因素的 $E_r \approx g(E_p, E_C, E_I)$ 的函数。因此，控制离子以获得最大程度的等离子体处理保真度变得至关重要。一般来说，等离子体鞘层是由射频功率传输系统的功率和频率及其相对相位参数化的。较大的离子能量是作为较低频率的函数产生的。当离子能量随射频频率的降低而增加时，离子能量分布更为广泛。随着频率的增加，离子能量分布会变窄，但离子能量产生量降低。作为一个单能分布函数，需要获得更高的离子能量。

在本节中，我们将概述双频系统，以表述 IEDF 受控制的低频激励和等离子体产生处的高频射频源协同的密度效益。下一步，我们提出了射频脉冲以一个时变方式利用等离子体参数来控制 IEDF。接下来是定制 IEDF 函数的方案。为了使这些方法可行，我们专门讨论了临界射频阻抗调谐。本节最后介绍了解决均匀性问题的电磁方法。

43.4.1　双频驱动等离子体源

按照惯例，许多等离子体系统都是由两个带阻抗调谐网络的射频电源激励的。双频激励的 CCP 反应器如图 43.13 所示。在这种配置中，射频功率传输系统耦合到每个电极。该方案的不同实施实例可以将所有射频功率与一个接地的反电极耦合到一个单电源电极上。选择耦合射频的频率来提供等离子体产生和离子能量之间的独立性。低频控制离子的调制。随着频率的增加，离子效应减弱，电子密度增加。

通过评估三种不同的离子质量，探讨了常用于刻蚀应用的高密度等离子体源的离子能量分布[63]。偏置频率从 678 kHz 到 60 MHz 不等。对于低频射频偏置，离子在一小部分射频周期内穿过鞘层，并对鞘层瞬时电压做出响应。对于较高的频率，鞘层电压在离子穿过鞘层时振荡，并对平均鞘层电压做出响应。频率越高，离子能量分布越窄。研究结果表明，质量较高的离子比质量较低的离子具有更窄的离子能量分布，并且遵循离子质量的平方根的关系。对于给定的离子质量，随着射频偏置频率的增加，离子能量分布变窄，离子能量平均值增加。这一发现得到了证实和推广，以找出低频与高频之比，掌握离子能量和通量的独立控制，而不考虑压力、几何结构和功率[64]。这些结果可以概括为低频源驱动放电电压并与离子耦合。相对于低频电源，具有更高频率的等离子体源主要由电源的电流控制，并更直接地激发电子。鞘层构成中的多频混频效应引入了一个互调分量，使时变鞘层电位的低压部分变平，从而在 IEDF 中产生一个低能量偏斜[65]。我们将在 43.4.3 节调整 IEDF 时探讨这种影响。其中还采用了三个频率系统，分别控制离子通量、离子能量和表面轰击能量[66]。

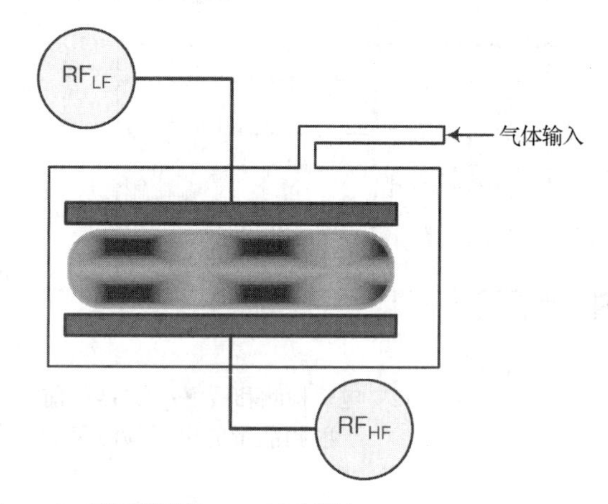

图 43.13　双频激励的 CCP 反应器(Courtesy of David J. Coumou.)

由于能够通过频率选择区分离子能量和电子密度，我们将在后续小节中看到通过脉冲和定制射频方法控制 IEDF。

43.4.2　脉冲调制 RF 等离子体源

射频脉冲技术在半导体器件大批量生产中的应用日益广泛。对脉冲源相对于连续波等离子体源的物理性质的基本理解可以追溯到 1995 年。多年来，这种技术的采用一直受到阻碍，其最近的影响也在延续。在本节中，我们介绍了脉冲放电的基本物理原理，并将这些优点与半导体制造联系起来。本节结束时，我们将确定射频功率传输系统面临的挑战。

通过脉冲调制射频，各种等离子体过程发生在射频开启和关断的第一阶段，如图 43.14 的例子所示。在图 43.14(a)所示的瞬态射频开启过程中，电子能量高于稳态，电子(h_e)和离子(h_i)密度增加，电极上的鞘层厚度变化。在开启周期过程中，电子温度(T_e)的动力学与等离子体的电压电位(V_p)保持相似[67, 68]。在这种情况下，IEDF 的平均值是 X。在图 43.14(b)所示的电源关断时，电子能量随着电子和离子密度的相应降低而迅速降低，等离子体鞘层随着电子密度的衰减而解体。IEDF 的平均值下降到 $Y < X$。在脉冲操作中，为工艺工程师建立了两个控制旋钮：脉冲频率和占空比。这明显改变了等离子体参数（h_e、h_i、T_e、V_p），以及离解速率和离子与中性比的化学相互作用。通过调整脉冲频率，可以改变 IEDF 的宽度，从而调整离解速率和自由基的产生。在图 43.14 中，对于开启和关断循环，IEDF 的峰值存在奇偶性。IEDF 峰值的比值由脉冲频率的占空比来调整。通过时间平均和调整占空比，IEDF 在开启周期或关断周期中可以有更大的峰值。

电子温度和密度的时间依赖性改善了刻蚀的选择性和速率，以实现更大的过程控制。这种等离子体控制的好处表明，通过脉冲射频功率输送到刻蚀系统，等离子体化学控制和到晶圆表面的反应通量组成具有广泛的动态范围[69]。表面相互作用和器件制造能力验证了脉冲加工的最大工艺增强。为了量化这些益处，有必要洞察连续波（continuous wave，CW）射频操作的一些局限性。在连续波中，在 15～30 eV 下轰击表面的最低能量会损坏 1～2 nm 范围内的材料。这对于绝缘体上的硅制造步骤和超薄层的选择性刻蚀是不可接受的。对于像鳍式场效晶体管（FinFET）这样的多维器件，薄层的图形和未来的易碎材料（例如石墨烯）将是一个巨大的挑战。

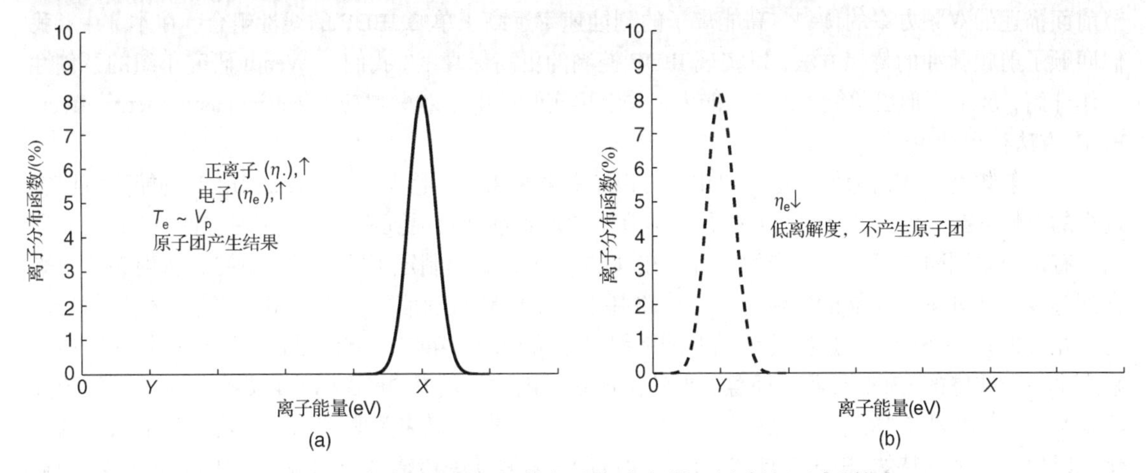

图 43.14　脉冲射频周期的等离子体动力学：(a) 射频开启周期；(b) 射频关断周期（Courtesy of David J. Coumou.）

在刻蚀过程中，等离子体引起的损伤是由各种等离子体条件引起的：(1) 受高能离子作用的表面；(2) 光子轰击（UV 和 VUV）；(3) 等离子体均匀性；(4) 不同电荷的表面特征。射频脉冲工作至少实现了两个显著的制造改进。这些改进中的第一个是沟槽刻蚀。连续等离子体放电具有在沟槽顶部和底部之间积聚电荷的倾向。这导致带负电荷的离子从沟槽开口局部被排斥，导致沟槽底部的钻蚀。调制放电具有一种固有的泵送作用，迫使负离子和电子进入深而窄的沟槽。这些元素中和了正离子以提高刻蚀质量。从调制等离子体中获得的第二个改进是减少“尘埃”粒子。在文献中，负离子在等离子体中的聚合结果称为尘埃粒子。连续供能等离子体的鞘层保留负离子，经过一段时间后，这些负离子形成并聚合，成为污染颗粒。在调制等离子体中，等离子体的鞘层周期性地断裂并重建，以在积累发生之前释放负离子。等离子体刻蚀脉冲射频产生的等离子体处理效益进一步概括为：提高刻蚀选择性[70,71]；改善垂直侧壁形貌[70,72]；减少挖沟、开槽和充电损伤[71]；增加刻蚀均匀性[71]；减少与深宽比相关的刻蚀效应[71]；以及减少到基板的热通量[71,73]。

对于沉积，射频脉冲的优点包括：具有减少离子轰击损伤的薄氧化物绝缘层[74]；提高侧壁覆盖率[75]；以及控制导电膜的沉积[74, 76]。相比之下，尤其是等离子体增强原子层沉积（plasma enhanced atomic layer deposition，PEALD）[77]已经超过了刻蚀工艺的能力和质量。对于 PEALD，射频脉冲发生在 ALD 周期，而不是与 ALD 速率有关。其优点是改善了具有非均匀沉积特性的连续波 PEALD 薄膜。侧壁沉积速率与沟槽顶部或底部不同。这归因于定向离子轰击。射频脉冲通过改变离子的方向性、提高离子与原子团的比值及负离子的贡献来解决这个问题。射频脉冲通过均匀的介质薄膜沉积增强了 PEALD 材料控制在埃量级的能力。

射频脉冲动力学通过等离子体电阻、鞘层电容和电阻的变化来影响等离子体阻抗。在脉冲边缘，射频功率由于储存在匹配网络中的能量而呈指数下降(不是瞬时下降)。这对射频功率传输系统的可靠性和可重复性产生了重大影响，与连续射频操作相比，脉冲对脉冲的结果具有更大的操作范围。射频功率传输系统的关键性能特征包括：(1)控制脉冲边缘的斜坡以操作 T_e、V_p 和离解速率；(2)在多射频功率传输系统中的同步源和偏置射频电源。脉冲同步的要求是调整脉冲方案以利用负离子并将其引入刻蚀特征。也许最大的挑战是射频功率调节，因为脉冲频率从几赫兹到几十千赫不等。

43.4.3 调整离子能量分布函数的方法

IEDF 在芯片制造用硅晶圆的刻蚀和沉积技术中起着不可或缺的作用。这一演变始于我们在本节前面描述的双频方案的优势。高能离子的刻蚀速率远高于单峰 IEDF 的线性组合。在本节中，我们回顾了射频脉冲的替代方法，以实现 IEDF 控制的更高保真度。我们从 Wendt 研究小组的开创性工作开始，展示了形成单能 IEDF 的能力，并以更实际的电不对称效应(electrical asymmetry effect, EAE)方法得出结论[78]。

利用射频宽带频谱为偏置电极供电，可以定制各种 IEDF 形状[79, 80]。控制 IEDF 的能力可以实现窄的单峰分布、更大的材料相互作用，提升了图形刻蚀和材料沉积效果。使用这种 IEDF 生成方法，有两个限制阻碍了大量生产的实现。在 43.3 节中，我们制定了阻抗匹配电路，将射频功率耦合到等离子体处理反应器的电极上。该电路基于单个射频激励信号，不适用于宽带产生的信号。对于宽带射频功率传输，这些传统的匹配网络是不可行的。第二个方面是设计一个宽带射频信号来产生一个期望的 IEDF 形状。任意波形的生成缺乏创建特定 IEDF 目标的必要直观性。下面的方法是基于一个解析表达式来定义鞘层动力学，并提供一个模型来关联控制射频功率传输系统的变化，以生成一个独特的 IEDF。具体来说，通过调整射频功率传输系统的输入[81]来改变 IEDF 的宽度和偏离，并基于多个频率的组合，这是控制 IEDF 特征的常规途径[82]。

相比于通过调节驱动频率之间的相位来控制直流自偏压，以多个谐波驱动一个电极提供了更多的机会。它可以通过定制基板上的鞘层电压波形、控制 IEDF 的高阶矩来调整 IEDF 的形状。为了定制特定的 IEDF，必须考虑控制鞘层动力学的方程。作为时间函数描述的鞘层厚度是 $s(t)=s_1[1-\sin(\omega t)]+s_2[1-\sin(\omega nt+\phi)]$，其中 $\omega=2\pi f$ 是双频系统的低频，ϕ 是谐波之间的相对相位 $(n>1)$。鞘层振荡幅度的定义为

$$s_n=\frac{I_n}{e\eta_{\mathrm{e}}n\omega A}\forall n$$

其中 I_n—与 ω_n 相关的驱动电流

η_{e}—电子密度

A—电极面积

e—电子电荷

最后，随时间变化的鞘层电压描述为 $V_{\mathrm{bias}}(t)=\dfrac{e\eta_{\mathrm{e}}}{2\varepsilon_o}s^2(t)$。在此解析模型中，相对相位和电流大小是射频功率传输系统的可控元素。功率设定点调整相应的 I_n，并通过数字锁相环[83]有效地导

出双射频功率传输系统的频率，从而实现锁相。鞘层电压受射频频率、相位和幅度的控制，以通过射频功率传输方案从任意波形生成中产生独特的 IEDF[81, 84]。

在传统的双频 CCP 反应器中，激励频率之间的距离很大，不存在锁相现象。在这种等离子体源中，低频功率控制平均离子能量，即 IEDF 的第一个统计阶矩。分布的二阶矩与分布跨度的能量宽度(或宽度)成正比。通过对谐波相关频率之间进行相位控制，实现了对三阶矩即偏转角的控制能力。平均离子能量和离子通量的分离控制受传统射频电源方案的限制，无法控制 IEDF 的高阶矩。

实验结果验证了锁相、谐波频率驱动方案[81, 84]。为了说明独特的 IEDF 的控制和调整，使用数字相位和频率控制方法[83]对三频系统进行了离子能量测量，以产生谐波对。第一个电源电极偏置在 $f_1 = 13.56$ MHz 和 $f_2 = 2f_1 = 27.12$ MHz 的谐波锁相频率驱动下。为了产生等离子体，第二个电极由 60 MHz 射频电源供电。在该偏置电极上，从减速场能量分析仪上测量离子能量(见 43.3.4 节)。两种电流比的经验结果如图 43.15 所示。比值 x 将低频源 $I_1 = x$ 的电流和二次谐波电源提供的电流归一化为 $I_2 = 1 - x$。通过改变解析模型中的分量 ϕ 来调整相对于每个射频电源输出的相位，IEDF 的峰值会相应地移动，以展示离子分布的偏斜性。图中显示了一个狭窄的能量分布，随着 x 的增加，分布的平均能量也增加了。参考文献[85]报告了使用 EAE 方案的模拟刻蚀剖面。

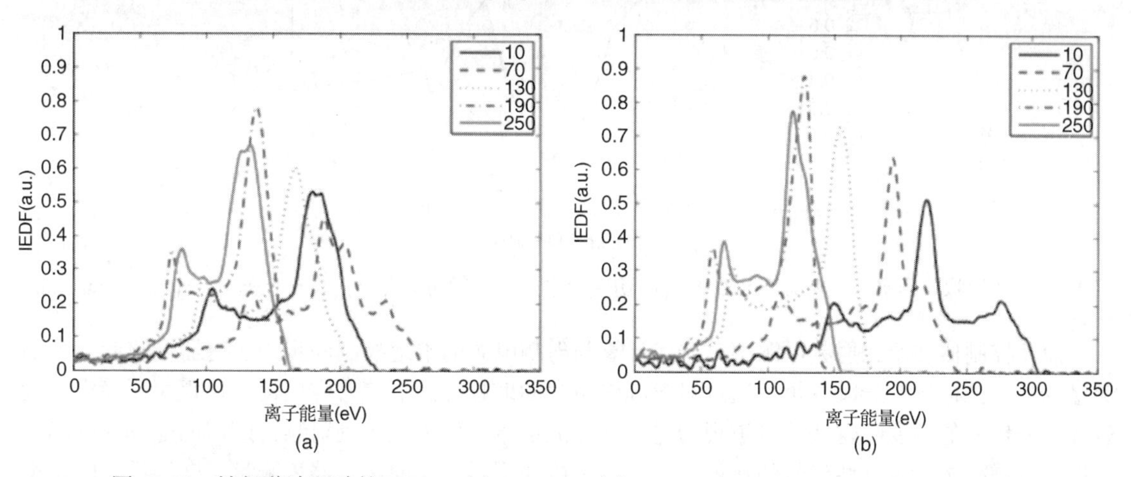

图 43.15　锁相谐波驱动的 IEDF：(a) $x = 0.25$；(b) $x = 0.33$ (Courtesy of David J. Coumou.)

43.4.4　射频脉冲源阻抗调谐

由于射频功率主要提供加速电子和离子以驱动表面反应的能量[16]，因此等离子体处理方案的中心系统是射频功率传递和相关组件。现代等离子沉积和刻蚀反应器的结构非常复杂。在先进的薄膜制造环境中，最佳和高效的射频功率传输面临着许多挑战。包括但不限于

1．边缘稳定等离子体源驱动的工艺条件。
2．要求沉积速率具有更高的精度，以实现薄层和控制屏障。
3．脉冲射频发生器工作模式中的阻抗变化。
4．对多个射频电源驱动的等离子体源相互作用的依赖性更大。

在之前的内容中，我们描述了控制射频等离子体处理的方法，这是射频功率传输系统性能需求的范例。为了调整射频以实现目标 IEDF，鞘层动力学与射频功率传输系统相互作用。对于脉冲，反应器中真空到等离子态的重复出现给射频功率传输系统带来了挑战。对于脉冲射频等离子体源(氩)，最好在图 43.16 中说明这一点。在没有激活阻抗校正方案的情况下，脉冲(开/关操作)放电

的效果可以很容易被视为反射功率的峰值百分比，这是脉冲频率的一个条件，单 13.56 MHz 射频电源的占空比为50%。在低脉冲频率下，反射功率的百分比最初保持较高，然后单调地降低，直到大约 100 Hz。随着脉冲频率的不断增加，反射功率的百分比单调地增加，然后趋于平稳。这种反射功率被认为是一种损失，因为它没有转移到执行工作功能的等离子体源，因此刻蚀或沉积速率和质量受到影响。

在 43.3 节中，我们描述了阻抗网络，它由可调匹配网络和自动频率调谐射频电源组成，用于最大限度地实现从射频电源到等离子体负载的功率传输。传统上，这些阻抗驱动器是算法驱动的探试方法，用以找到最佳的调优条件，以最大限度地提高这种功率转移。这些基于搜索的控制方法是合适的，并被工业界广泛接受，但最近产生了与不断增长和不断变化的工艺需求相对应的局限性。阻抗控制器集中在射频电源中，与对应的射频功率调节控制器相互协调，基于收敛成本函数，提高了算法能力，同时消除了系统冗余和清除复杂性及成本。下面将简单介绍前馈控制器[86~88]。

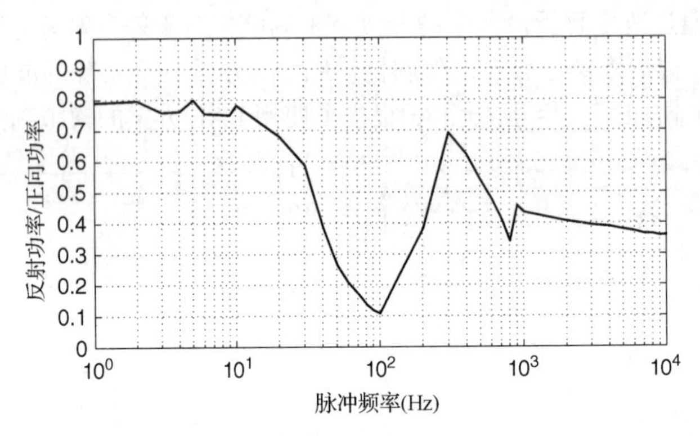

图 43.16　各种脉冲频率下，相对于 800 W 正向功率设定点的反射功率百分比(Courtesy of David J. Coumou.)

前馈控制器驻留在射频电源中，迭代计算与射频电源的本地控制同步，执行器调整命令直到满足标准。该标准基于畸变量。通过对电源中包含的射频传感器信号应用标准化程序来确定干扰射频功率传递的畸变。这些信号被视为电压和电流信号，代表耦合到射频传感器的电场和磁场。根据归一化阻抗计算这些信号的比值。或者，可以使用射频定向耦合器来测量正向和反射的功率波；相关比值将表示归一化反射系数。在 VI 传感器的情况下，电压和电流的复变量用数字表示为 $v(m)=|V|\mathrm{e}^{\mathrm{j}(\omega mT+\theta v)}$ 和 $i(m)=|I|\mathrm{e}^{\mathrm{j}(\omega mT+\theta v)}$，其中 T^{-1} 是要关注的频率。对于归一化，计算出这些项的乘积与信号量的比值。分子项由 $v(m)$ 和 $i(m)^{-1}$ 的乘积组成，得到 $|V||I|^{-1}(\cos\theta+\mathrm{j}\sin\theta)$，其中 θ 是 θ_v 和 θ_i 之间的相位差。分子由分母项 $|V||I|^{-1}$ 归一化，并换算为 $\cos\theta+\mathrm{j}\sin\theta$。功率畸变由正弦函数 $\cos\theta$ 和 $\sin\theta$ 量化，调谐执行器轨迹如图 43.17 中的史密斯圆图所示。这些失真量与经典的比例积分微分控制器耦合，以控制负载和调节执行器。负载执行器是匹配网络中的可变分路元件，而调谐执行器可以是匹配网络中可变串联元件和射频电源的灵活频率的组合。

为了证明前馈控制器可针对与开/关脉冲相关的显著阻抗变化推导阻抗调谐，图 43.18 提供了两条曲线。实验结果是从一个 ICP 反应器获得的，该反应器设置为 3 mT 压力和总流量为 125 sccm 时 Ar 和 O_2 的 50%流量比。施加在偏置上的射频功率被禁用，并且在 40 kHz 和 50%占空比的通电循环期间，给源线圈组件施加 300 W 脉冲。前馈阻抗控制器位于通过阻抗匹配网络与线圈天线耦合的 13.56 MHz 电源中。

阻抗匹配网络有两个可变电容器，负载元件为 C_1，调谐元件为 C_2。射频电源具有到匹配网络的高速数字连接，每隔 100 μs 更新 C_1 和 C_2 的指令状态。第三个阻抗执行器是射频电源的频率 f，变化为±5%。通过将示波器耦合到位于射频电源和匹配网络之间的定向耦合器，得到了图 43.18。

每个图中显示的信号 1 是正向功率响应。信号 2 为反向功率响应。前馈阻抗控制器的目标是在脉冲的稳态部分将反向功率降至最佳调谐状态。对于图 43.18(a)所示的结果，前馈控制配置为 C_1 和 C_2 模式，在脉冲操作期间仅调整这些元件。稳态逆功率在约 6 μs 内实现，即接通脉冲时间的 50%。在所有三个阻抗执行器都启用的情况下[见图 43.18(b)]，前馈阻抗控制在大约 3 μs 内达到稳定状态，即接通脉冲时间的 25%。与 C_1 和 C_2 模式相比，三执行器模式还将稳态时的反射功率降低到小于 1 W，或降低为原来的 1/5。与三执行器模式相关的改进源于 f 的驱动时间，该时间比匹配网络中变量元素的更新时间快约 50 倍，比真空到等离子体的过渡时间长。

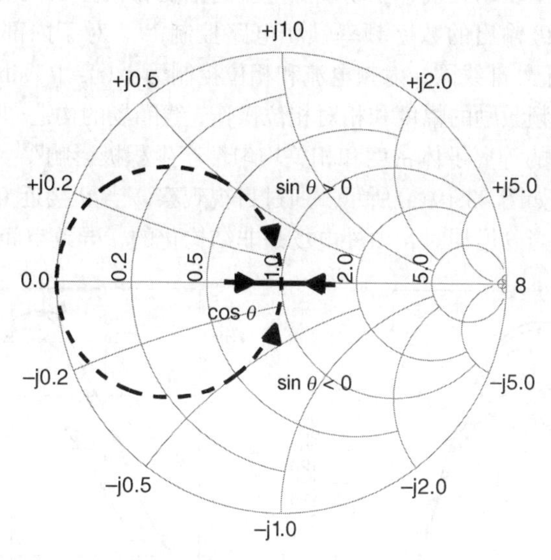

图 43.17　阻抗调谐执行器轨迹叠加在史密斯圆图上(Courtesy of David J. Coumou.)

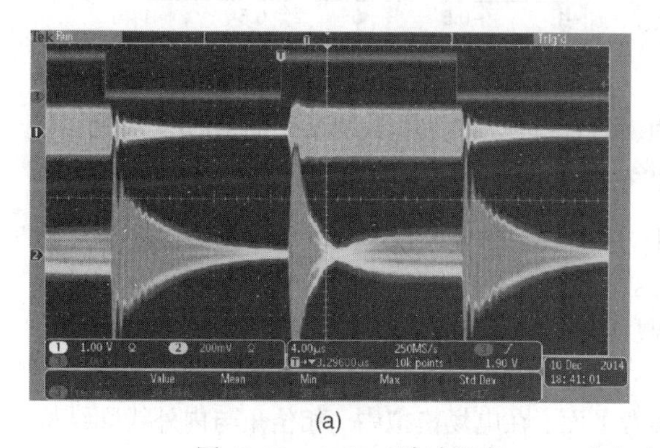
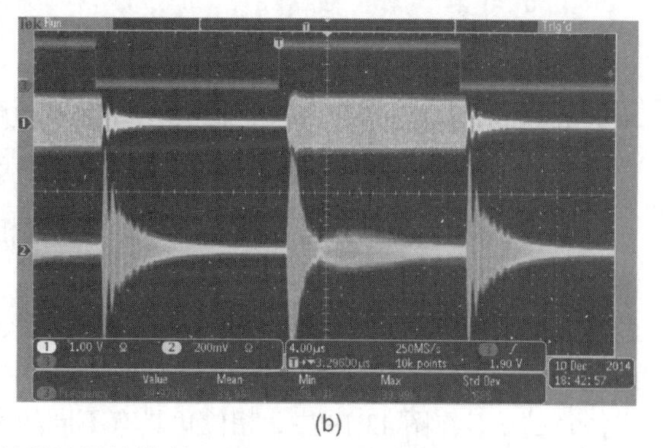

(a)　(b)

图 43.18　40 kHz 脉冲频率、50%占空比的前馈阻抗控制：(a) C_1 和 C_2 执行器控制；(b)三执行器控制(C_1、C_2 和 f)(Courtesy of David J. Coumou.)

43.4.5　控制均匀性效应的射频机制

ICP 源的处理挑战是空间均匀性、气流汇合、压力调节和顶部线圈天线的射频场发射及其与电极偏置的耦合。众所周知，这些实体会破坏对称流，并对晶圆上的图形刻蚀产生不利影响。原则上，不均匀电场会产生不均匀的密度并降低刻蚀速率，从而影响晶圆上相应的图形。一般将其称为 M 型效应。工业界长期以来通过各种方法影响电场来应对这一挑战，包括引入：(1)基板周围的永磁组件；(2)线圈几何结构布置；(3)射频源脉冲；(4)控制线圈电流比；(5)天线结构线圈的非同频分配。这些技术取得了不同程度的成功，但作为一个可行的解决方案，并不能实质性地对该问题产生影响。在本节中，我们将重点讨论一种新的方法，即通过控制线圈天线的电磁场发射。

顶部线圈天线组件中线圈向等离子体源的电场发射可以根据偶极子发射解析描述为

$$E_{\phi}=\frac{I_{x}l\eta_{o}\beta^{2}e^{-j\beta r}}{4\pi}((j\beta r)^{-3}+(j\beta r)^{-2}+(j\beta r)^{-1})\sin\phi \tag{43.26}$$

电场包括静电场、感应场和辐射场。主要或初级的能量吸收是来自感应场的焦耳加热$(j\beta r)^{-2}$，它将加速电子。对于双线圈驱动天线，驱动线圈电流的幅度和相位 I_x 可分别由射频电源的设定点和耦合频率及相应相位(θ)输出的数字频率锁相电路控制[83]。对于内部线圈，射频电流配置为$I_i(t)=|I_i|\sin(\omega t)$控制。对于外部线圈，射频电流和相位控制为$I_o(t)=|I_o|\sin(\omega t+\theta)$。先前，电磁场模拟通过源线圈排列的射频激励的幅度和相对相位操作、线圈场的构造-非构造相互作用的可控性来显示，从而对晶圆区域的等离子体密度和相关均匀性产生积极影响[89]。在$|I_i|$和$|I_o|$的恒流下，基板上方的模拟电磁场强度如图 43.19(a)所示。通过目视观察，当 θ 接近 0 度时，沿基板半径的电场强度的均匀性提高，而当θ增加时，内外电场是非结构化的，导致空间双峰发射。

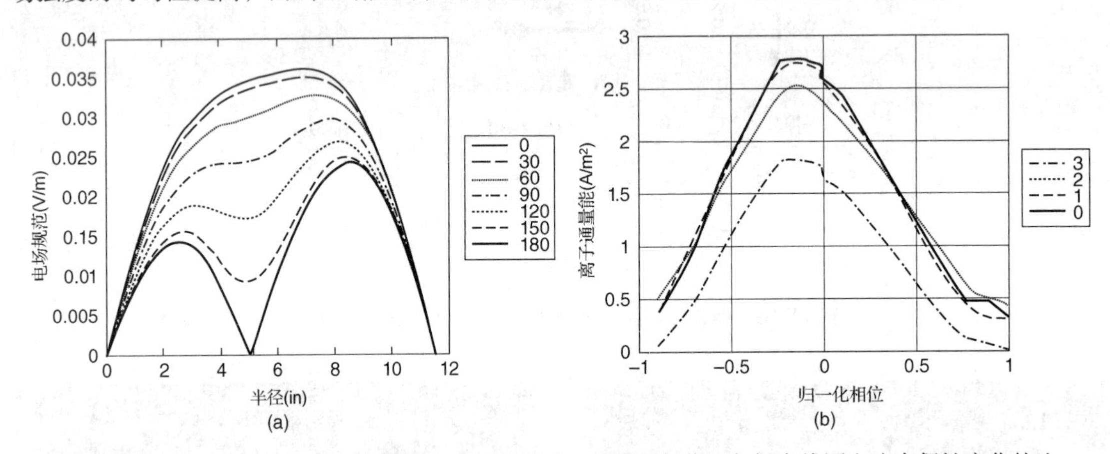

图 43.19　射频场驱动等离子体均匀性：(a)模拟内、外线圈相位 θ 与恒定线圈电流奇偶性变化的比较；(b)改变θ恒定线圈电流时沿衬底半径的离子通量测量(Courtesy of David J. Coumou.)

图 43.19(b)显示了与模拟场发射天线配置相对应的离子通量测量。这些结果是通过在半径的四个位置使用减速场能量分析仪传感器获得的。这些测量是为应用于偏置的恒定射频功率而进行的。图中的图例显示了与沿半径等距射频能量联盟(RF energy alliance，RFEA)传感器定位相关的通量测量。第零个传感器位于天线线圈组件的中心，图例中标记为 3 的传感器位于基板边缘。值得注意的是，在图 43.19 中，相位角具有不同的参考平面。在电场模拟中，相位角与内外线圈结构的相对相位有关。对于离子通量测量，相位角由外线圈射频电源中的数字频率相位控制器控制。离子通量测量表明，随着相位角接近绝对最大值，离子通量呈下降趋势。这是由于内部和外部线圈的电场发射的解构效应造成的。随着相位角接近零时，所有传感器的离子通量都达到最大值。外部两个传感器相对于内部传感器的离子通量偏移是由于外部线圈的低电流驱动所致。该方案为控制等离子体的产生和等离子体源的均匀性提供了一条新的途径。

43.5　干法刻蚀工艺的特性

刻蚀的方法有两种：化学刻蚀和物理刻蚀。这些方法结合形成 4 个基本的等离子体工艺：溅射或物理刻蚀、化学刻蚀、离子能量驱动刻蚀和离子增强抑制剂刻蚀。化学刻蚀是由自由基进行的，自由基以近似均匀的角分布轰击目标。这一过程的特点是刻蚀速率高，且发生在高压条件下。物理刻蚀是通过离子溅射进行的，是一个各向异性的过程。各向异性是指垂直刻蚀与水平刻蚀的比值。在这个过程中，只发生少量的侧壁去除。这是唯一能从靶上去除非挥发性材料的刻蚀工艺。与化学刻蚀相比，物理刻蚀的选择性较低。选择性是绝缘体的刻蚀速率与半导体的刻蚀速率之比[16]。

43.6　结论和展望

射频(RF)等离子体的产生和应用是半导体器件制造中广泛应用的一项重要技术。采用射频激励的工艺包括 PVD、等离子体刻蚀和清洁及 PECVD。展望未来，我们首先回顾过去。20 世纪 80 年代，半导体工业依靠单频电容耦合等离子体来制造。20 世纪 90 年代提供了一系列技术选择，包括 ECR 和 ICP 反应器的变体。在此期间，所有主要的刻蚀公司都向高密度等离子体室发展。目前，CCP 反应器似乎是行业的主要选择，采用 ICP 源增加了它们在刻蚀中的份额。

在特征尺寸、选择性和临界尺寸控制方面，刻蚀能力有了巨大的进步。该行业仍面临着功能尺寸缩小的挑战。目前的高深比制造能力从 20∶1 到 60∶1 不等，但随着最终应用到大批量生产过程中，增强的功能仍在不断改进。在这方面，刻蚀大大滞后于沉积。例如，氮化物薄膜的原子沉积是通过射频启用技术实现的，例如射频脉冲和 43.4.4 节介绍的频率调谐方案相结合。

为了获得 PEALD 记录工艺的设备，这些技术促进了行业对 Lam Research 公司的 Vector 设备的认可。相比之下，主流采用射频脉冲的刻蚀速率已经变慢，这可能是由于与利益相关的许多挑战。随着工业界逐渐认识到射频脉冲技术实现下一代器件的制造能力，人们领会了对任意波形调整离子能量。在图 43.20 中，仿真结果提供了使用锁相谐波驱动(见 43.4.3 节)的双频方案与 0.4 MHz 和 3.2 MHz 的单频驱动偏置之间的比较。随着偏置频率的降低，离子能量增加，相关分布的宽度也随之增大。0.4 MHz 的曲线图可以获得更高的离子能量，但与 3.2 MHz 的密度函数相比，分布的百分比要大得多。根据 13.56 MHz 和 27.12 MHz 的双频曲线，该行业优先采用单能分布。在锁相谐波驱动的相位设定点正确的情况下，用实线表示单能分布。由于等离子体处理系统具有双频系统的优势，该行业不可避免地采用这种方案，并将让位给其他任意波形生成方法来定制 IEDF。可以想象，通过这种方式，随着更加接受定制脉冲形状的射频脉冲，先进的射频功率传输方案的发展道路将随之出现，为下一代等离子体处理提供更大的经济驱动性能，以实现未来的制造能力。

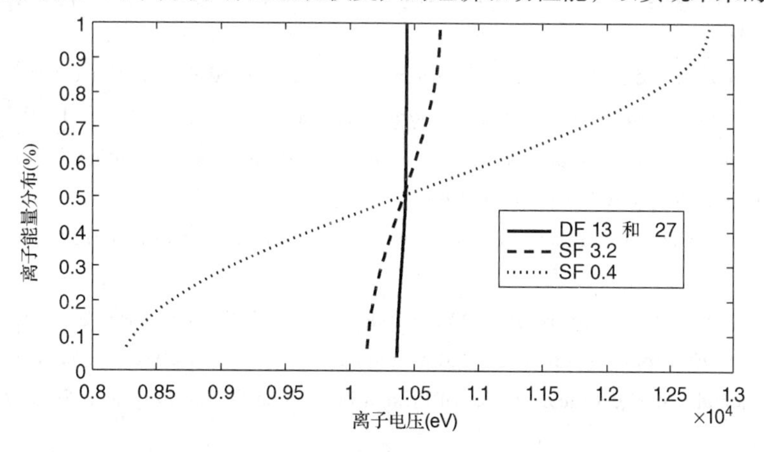

图 43.20　与 SF(单频)3.2 MHz 和 0.4 MHz 相比，锁相谐波驱动(DF)离子分布的累积密度函数(Courtesy of David J. Coumou.)

43.7 参考文献

1. W. Hittorf, *Wiedemann Ann Physics*, 21: 90–139, 1884.

2. K. A. MacKinnon, "On the Origin of the Electrodeless Discharge," *The London, Edinburgh, and Dublin Philosophical Magazine and Journal of Science*, 8: 605–616, 1929.

3. J. T. Gudmundsson and M. A. Lieberman, "Magnetic Induction and Plasma Impedance in a Cylindrical Inductive Discharge," *Plasma Sources Science Technology,* 6: 540–550, 1997.

4. J. J. Thomson, "On the Discharge of Electricity through Exhausted Tubes without Electrodes," *Philosophical Magazine*, 32: 321–336, 1891.

5. J. J. Thomson, "On the Discharge of Electricity through Exhausted Tubes without Electrodes," *Philosophical Magazine*, 32: 445–464, 1891.

6. J. Tykocinski-Tykociner, "Measurement of Current in Electrodeless Discharge by means of Frequency Variations," *Philosophical Magazine*, 13: 953–963, 1932.

7. R. B. Piejak, V. A. Godyak, and B. M. Alexandrovich, "A Simple Analysis of an Inductive RF Discharge," *Plasma Sources Science Technology,* 1: 179–186, 1992.

8. J. H. Keller, "Inductive Plasmas for Plasma Processing," *Plasma Sources Science Technology,* 5: 166–172, 1996.

9. I. M. El-Fayoumi and I. R. Jones, "The Electromagnetic Basis of the Transformer Model for an Inductively Coupled RF Plasma Source," *Plasma Sources Science Technology,* 7: 179–185, 1998.

10. P. Colpo, R. Ernst, and F. Rossi, "Determination of the Equivalent Circuit of Inductively Coupled Plasma Sources," *Journal of Applied Physics,* 85 (3): 1366–1371, 1999.

11. V. A. Godyak, R. B. Piejak, and B. M. Alexandrovich, "Electrical Characteristics and Electron Heating Mechanism of an Inductively Coupled Argon Discharge," *Plasma Sources Science Technology,* 3: 169–176, 1994.

12. M. M. Turner and M. A. Lieberman, "Hysteresis and the E to H Transition in Radiofrequency Inductive Discharge," *Plasma Sources Science Technology,* 8, 313–324, 1999.

13. R. B. Piejak, V. A. Godyak, and B. M. Alexandrovich, "The Electric Field and Current Density in a Low Pressure Inductive Discharge Measure with Different B-Dot Probes," *Journal of Applied Physics,* 81 (8): 3416–3421, 1997.

14. I. M. El-Fayoumi and I. R. Jones, "Measurement of the Induced Plasma Current in a Planar Coil, Low Frequency, RF Induction Plasma Source," *Plasma Sources Science Technology,* 6: 201–211, 1997.

15. W. M. Holber, *Handbook of Ion Beam Technology: Principles, Deposition, Film Modification and Synthesis.* Noyes, Park Ridge, New Jersey, p. 21, 1989.

16. M. A. Lieberman and A. J. Lichtenberg, *Principles of Plasma Discharges and Materials Processing*. Wiley, New York, 1994.

17. P. J. Hargis, Jr., K. E. Greenberg, P. A. Miller, J. B. Gerardo, J. Ft. Torczynski, M. E. Riley, G. A. Hebner, et al., "The Gaseous Electronics Conference Radio Frequency Reference Cell: A Defined Parallel Plate Radio System for Experimental and Theoretical Studies of Plasma Processing," *The Review of Scientific Instruments*, 65 (1): 140–154, 1994.

18. M. A. Sobolewski, "Current and Voltage Measurements in the Gaseous Electronics Conference RF Reference Cell," *Journal of Research of the National Institute of Standards and Technology*, 100 (4): 341–351, 1995.

19. S. M. Bobbio, "A Review of Magnetron Etch Technology," *Proceedings of SPIE International Society of Optical Engineering*, 1185: 262–277, 1989.

20. J. Arami, "Plasma Process Device," U.S. Patent 6014943, 2000.

21. H. Shan, R. Lindley, C. B., Xue Yu Qian, R. Plavidal, B. Pu, Ji Ding, Z. Li, "Magnetically-Enhanced Plasma Chamber with Non-Uniform Magnetic Field," U.S. Patent 6113731, 2000.

22. W. D. Wang, P. Gopalraja, J. Fu, "Auxiliary Electromagnets in a Magnetron Sputter Reactor," U.S. Patent 6730196, 2004.

23. A. Subramani, U. Kelkar, J. Fu, P. Gopalraja, "Magnetron with a Rotating Center Magnet for a Vault Shaped Sputtering Target," U.S. Patent 6406599, 2002.

24. W. D. Wang, "Coaxial Electromagnet in a Magnetron Sputtering Reactor," U.S. Patent 6352629, 2002.

25. P. Ding, "Magnet Array in Conjunction with Rotating Magnetron for Plasma Sputtering," U.S. Patent 6610184, 2003.

26. J. Brcka, "Ring-Shaped High-Density Plasma Source and Method," U.S. Patent 6523493, 2003.

27. P. Chabert, N. S. Braithwaite, *Physics of Radio-Frequency Plasmas*. Cambridge University Press, New York, p. 231, 2011.

28. D. J. Hoffman and E. R. Gold, "Plasma Reactor Control by Translating Desired Values of M Plasma Parameters to Values of N Chamber Parameters," U.S. Patent 7901952, 2011.

29. A. R. Keane and S. E. Hauer, "Automatic Impedance Matching Apparatus and Method," U.S. Patent 5195045, 1993.

30. S. Harnett, "Fuzzy Logic Tuning of RF Matching Network," U.S. Patent 5842154, 1997.

31. R. W. Brounley, "Solid State Plasma Chamber Tuner," U.S. Patent 5473291, 1995.

32. J. Wilbur, "Ratiometric Autotuning Algorithm for RF Plasma Generator," U.S. Patent 6020794, 2000.

33. A. J. Miranda and C. J. Spanos, "Impedance Modeling of a Cl_2/He Plasma Discharge for a Very Large Scale Integrated Circuit Production Monitoring," *JVST A*, 14 (3): 1888–1893, 1996.

34. B. Andries, G. Ravel, and L. Peccoud, "Electrical Characterization of Radio-Frequency Parallel-Plate Capacitively Coupled Discharges," *JVST A*, 7 (4): 2774–2783, 1989.

35. V. A. Godyak and R. B. Piejak, "In Situ Simultaneous Radio Frequency Discharge Power Measurements," *JVST A*, 8 (5): 3833–3837, 1990.

36. N. St. J. Braithwaite, "Internal and External Electrical Diagnostics of RF Plasmas," *Plasma Sources Science Technology,* 6: 133–139, 1997.

37. H. Kawata, T. Kubo, M. Yasuda, K. Murata, "Power Measurements for Radio-Frequency Discharges with a Parallel-Plate-Type Reactor," *Journal of the Electrochemical Society*, 145 (5): 1701–1707, 1998.

38. K. L. Steffens and M. A. Sobolewski, "Planar Laser-Induced Fluorescence of CF_2 in O_2/CF_4 and O_2/C_2F_6 Chamber Cleaning Plasmas: Spatial Uniformity and Comparison to Electrical Measurements," *JVST A*, 17 (2): 517–527, 1999.

39. V. J. Law, A. J. Kenyon, N. F. Thornhill, V. Srigengan, I. Batty, "Remote-Coupled Sensing of Plasma Harmonics and Process End Point Detection," *Surface Engineering, Surface Instrumentation and Vacuum Technology*, 57: 351–364, 2000.

40. D. J. Coumou, "Advanced RF Metrology for Plasma Process Control," *Semiconductor International*, 2003.

41. K. S. Gerrish and D. F. Vona, Jr., "Baseband V-I Probe," U.S. Patent 5770922, 1998.

42. D. J. Coumou, “RF Power Probe Head with a Thermally Conductive Bushing,” U.S. Patent 6559650, 2003.

43. T. Heckleman, D. J. Coumou, Y. K. Chawla, “Orthogonal Radio Frequency Voltage/Current Sensor with High Dynamic Range,” U.S. Patent 8040141, 2011.

44. D. J. Coumou, et al., “On the Enhancements of Planar Based RF Sensor Technology,” U.S. Patent 2014/0049250, 2014.

45. K. Ukai and K. Hanazawa, “End-Point Determination of Aluminum Reactive Ion Etching by Discharge Impedance Monitoring,” *Journal Vacuum Science Technology*, 16 (2), 385–387, 1979.

46. M. Kanoh, M. Yamage, and H. Takada, “End-Point Detection of Reactive Ion Etching by Plasma Impedance Monitoring,” *Japan Journal of Applied Physics,* 40 (3a): 1457–1462, 2001.

47. S. Bushman, T. F. Edgar, and I. Trachtenberg, “Radio Frequency Diagnostics for Plasma Etch Systems,” *Journal of the Electrochemical Society*, 144 (2): 721–731, 1997.

48. E. Hanson, H. Benson-Woodward, and M. Bonner, “Optimising CVD through RF Metrology,” *Plasma Monitoring*, 25–28, 1999.

49. D. W. Zhao and C. Spanos, “Towards a Complete Plasma Diagnostic System,” *IEEE Conference Proceedings for the International Symposium on Semiconductor Manufacturing*, 137–140, 2001.

50. C. Schneider, L. Pfitzner, and H. Ryssel, “Integrated Metrology: An Enabler for Advanced Process Control (APC),” *Proceedings of SPIE*, 4406: 118–130, 2001.

51. A. T.-C. Koh, N. F. Thornhill, and V. J. Law, “Principal Component Analysis of Plasma Harmonics in Endpoint Detection of Photoresist Stripping,” *IEEE Electronic Letters*, 35 (16): 1383–1385, 1999.

52. H. M. Mott-Smith and I. Langmuir, “The Theory of Collectors in Gaseous Discharges,” *Physical Review*, 28: 727–763, 1926.

53. M. V. Malyshev, V. M. Donnelly, A. Kornbilt, N. A. Ciampa, J. I. Colonell, J. T. C. Lee, “Langmuir Probe Studies of a Transformer Coupled Plasma, Aluminum Etcher,” *JVST A*, 17 (2): 480–492, 1999.

54. R. Murete de Castro, et al., “End-Point Detection of Polymer Etching Using Langmuir Probes,” *IEEE Transactions Plasma Sciences,* 28 (3): 1043–1049, 2000.

55. T. L. Thomas and E. L. Battle, “Effects of Contamination on Langmuir Probe Measurements in Glow Discharge Plasmas,” *Journal of Applied Physics,* 41 (8): 3428–3432.

56. E. P. Szuszczewicz and J. C. Holmes, “Surface Contamination of Active Electrodes in Plasmas: Distortion of Conventional Langmuir Probe Measurements,” *Journal of Applied Physics,* 46 (12): 5134–5139, 1975.

57. P. Biolsi, D. Morvay, L. Drachnik, and S. Ellinger, “An Advanced Endpoint Detection Solution for <1% Open Areas,” *Solid State Technology*, 39 (12): 59–67, 1996.

58. E. A. Hudson and F. C. Dassapa, “Sensitive End-Point Detection for Dielectric Etch,” *Journal of the Electrochemical Society*, 148 (3): C236–C239, 2001.

59. D. Gahan, B. Dolinaj, and M. B. Hopkins, “Retarding Field Analyzer for Ion Energy Distribution Measurements at a Radio-Frequency Biased Electrode,” *Review of Scientific Instruments,* 79 (3): 033502, 2008.

60. D. J. Coumou and E. Choueiry, “Reliable Arc Detection and Arc Mitigation in RF Plasma Systems,” *Proceedings of APC/AEC Symposium XX*, October 2011.

61. D. J. Coumou, “Application of Wideband Sampling for Arc Detection with a Probabilistic Model for Quantitatively Measuring Arc Events,” U.S. Patent, 8289029, 2012.

62. M. S. Barnes, J. C. Forster, and J. H. Keller, “Ion Kinetics in Low Pressure, Electropositive, RF Glow

Discharge Sheaths," *IEEE Transactions on Plasma Science*, 19 (2): 240–244, 1991.

63. I. C. Abraham, et al., "Ion Energy Distributions versus Frequency and Ion Mass at the RF-Biased Electrode in an Inductively Driven Discharge," *JVST A*, 20 (5): 1759–1768, 2002.

64. P. C. Boyle, A. R. Ellingboe, and M. M. Turner, "Independent Control of Ion Current and Ion Impact Energy onto Electrodes in Dual Frequency Plasma Devices," *Journal of Physics D: Applied Physics,* 37: 697–701, 2004.

65. S. C. Shannon, D. J. Hoffman, J-G. Yang, A. Paterson, and J. Holland, "The Impact of Frequency Mixing on Sheath Properties: Ion Energy Distribution and Vdc/Vrf Interaction," *Journal of Applied Physics,* 97 (10): 103304, 2005.

66. M. T. Rahman, M. N. A. Dewan, M. R. H. Chowdhury, "Modeling of a Collisional Triple Frequency Capacitively Coupled Plasma Sheath," *Proceedings of 7th ICECE*, pp. 721–724, December 2012.

67. S. Banna, A. Agarwal, K. Tokashiki, H. Cho, S. Rauf, V. Todorow, K. Ramaswamy, et al., "Inductively-Coupled Pulsed Plasmas in the Presence of Synchronous Pulsed Substrate Bias for Robust, Reliable and Fine Conductor Etching," *IEEE Transactions on Plasma Science*, 37 (9): 1730–1746, 2009.

68. S. Banna, et al., "Pulsed High-Density Plasmas for Advanced Dry Etching Processes," *JVST A*, 30 (4): 1–29, 2012.

69. S. Samukaway and T. Mienoz, "Pulse-Time Modulated Plasma Discharge for Highly Selective, Highly Anisotropic and Charge-Free Etching," *Plasma Sources Science and Technology*, 5: 132–138, 1996.

70. W. L. Johnson and E. J. Strang, "Pulsed Plasma Processing Method and Apparatus," U.S. Patent, 7166233, 2007.

71. N. Hershkowitz, "Role of Plasma-Aided Manufacturing in Semiconductor Fabrication," *IEEE Transactions on Plasma Science*, 26 (6): 1610–1620, 1998.

72. S. E. Savas, "Apparatus and Method for Pulsed Plasma Processing of a Semiconductor Substrate," U.S. Patent, 6395641, 2002.

73. L. Dubost, et al., "Low Temp Pulsed Etching of Large Glass Substrates," *JVST A*, 21 (4): 892–894, 2003.

74. T. C. Chua, "Plasma Gate Oxidation Process Using Pulsed RF Source Power," U.S. Patent, 7214628, 2007.

75. J. Forster, Praburam Gopalraja, Liubo Hong, Bradley O. Stimson, "Pulsed-Mode RF Bias for Side-Wall Coverage Improvement," U.S. Patent 6673724, 2004.

76. K. G. Donohoe and G. S. Sandhu, "Method for Pulsed-Plasma Enhanced Vapor Deposition," U.S. Patent 5985375, 1999.

77. S. Swaminathan, D. M. Hausmann, Jon Henri, K. K. Kattige, A. J. McKerrow, V. Rangarajan, M. Sriram, P. Subramonium, S. Swaminathan, S. B. J. van, "Plasma Activated Conformal Dielectric Film Deposition," U.S. Patent 8637411, 2014.

78. B. G. Heil, U. Czarnetzki, R. P. Brinkmann, and T. Mussenbrock, "On the Possibility of Making a Geometrically Symmetric RF-CCP Discharge Electrically Asymmetric," *Journal of Physics D: Applied Physics*, 41: 165202, 2008.

79. S.-B. Wang and A. E. Wendt, "Ion Bombardment Energy and SiO_2/Si Fluorocarbon Plasma Etch Selectivity," *JVST A*, 19 (5): 2425–2432, 2001.

80. X. V. Qin, Y. -H. Ting, and A. E. Wendt, "Tailored Ion Energy Distributions at an RF-Biased Plasma

Electrode," *Plasma Sources Science Technology*, 19 (6): 065014, 2010.

81. D. J. Coumou, D. H. Clark, T. Kummerer, M. Hopkins, D. Sullivan, and S. C. Shannon, "Ion Energy Distribution Skew Control Using Phase Locked Harmonic RF Bias Drive," *IEEE Transactions on Plasma Science*, 42 (7): 1880–1893, 2014.

82. E. Kawamura, V. Vahedi, M. A. Lieberman, and C. K. Birdsall, "Ion Energy Distributions in RF Sheaths; Review, Analysis and Simulation," *Plasma Sources Science Technology*, 8 (3): R45, 1999.

83. D. J. Coumou, "Phase and Frequency Control of a Radio Frequency Generator from an External Source," U.S. Patent 7602127, 2009.

84. E. Schüngel, E. Schüngel, S. Mohr, J. Schulze, U. Czarnetzki, and M. J. Kushner, "Ion Distribution Functions at the Electrodes of Capacitively Coupled High-Pressure Hydrogen Discharges," *Plasma Sources Science Technology*, 23: 015001, 2014.

85. Y. Zhang and M. J. Kushner, "Control of Ion Energy Distributions through the Phase Difference between Multiple Frequencies in Capacitively Coupled Plasmas," *Proceedings of the 67th Gaseous Electronic Conference*, 2014, Raleigh, NC.

86. D. J. Coumou, "Power Distortion-Based Servo Control Systems for Frequency Tuning RF Power Sources," U.S. Patent 8576013, 2013.

87. D. J. Coumou, "Coherent Feedforward Impedance Correction and Feedback Power Regulation in a Plasma Processing RF Power Delivery System," *Proceedings IEEE Control and Modeling for Power Electronics*, 1–4, 2013.

88. D. J. Coumou and L. J. Fisk, "Distortion Correction Based Feedforward Control Systems and Methods for Radio Frequency Power Sources," U.S. Patent 8781415, 2014.

89. D. J. Coumou, D. M. Brown, and S. C. Shannon, "Uniformity Control with Phase-Locked RF Source on a High Density Plasma System," *Proceedings 41th IEEE International Conference on Plasma Sciences*, May 2014, Washington, DC.

第 44 章　集成电路制造设备部件清洗技术：基础与应用

本章作者：Ardeshir J. Sidhwa　Dave Zuck　Quantum Global Technologies, LLC
本章译者：韩郑生　中国科学院微电子研究所

44.1　外包部件清洗的历史观

“部件”是在半导体制造过程中被污染的数千个工艺设备中的数万个工具和腔室组件。工艺污染会导致良率损失，最终导致工艺故障，必须将所有部件移除，并用清洁后的部件更换，或用新部件更换。设备部件制造商包括所有主要设备的原始设备制造商(original equipment manufacturer，OEM)，包括 Applied Materials、Lam Research、Tokyo Electron、ASML、ASM 和许多其他制造商。

在 20 世纪 90 年代之前，许多半导体制造商利用自己的设备和人员“内部”进行部件清洗活动。随着部件清洗工艺复杂性的增加(即基板/沉积组合数量的增加)、部件清洁度的要求更加严格，以及制造空间和设施成本(如去离子水、暖通空调、废物处理等)的增加，半导体制造商意识到，内部部件清洗不是核心能力。包括劳动力、化学品、公用设施、供应品、废物处理、工厂空间、部件性能、缩短部件寿命/增加部件采购等的满载/满载拥有成本模型表明，与外包部件清洗相比，内部部件清洗不具有成本效益。半导体制造商意识到设备部件清洗技术和晶圆制造技术是完全不同的科学，需要完全不同的技能集。

由于外包部件清洗(outsourced part cleaning，OPC)服务的需求和机会不断增长，出现了一个新的行业。在 20 世纪 90 年代，在这个新的市场空间中建立的第一批清洗公司包括 Shield Care and Dage、Kachina、KoMico 和 CleanPart。到 2000 年，100 多家部分清洗服务供应商在全球所有半导体地区开展业务。许多最初的 OPC 供应商通常资本不足、能力有限、采用低技术方法、很少进行研究和开发，并且受到区域化供应链的限制。大多数最初的部件清洗服务供应商都不符合业内其他大型供应商(如设备的 OEM、气体、化工和硅材料供应商)的情况。事实上，部件清洗已经错过了从 20 世纪 90 年代开始的“超清洁时代”，这一时代迫使所有的晶圆厂材料供应商向产品提供越来越高的清洁度，并得到了分析证书的支持。

回收部件清洗的初始标准主要基于目视检查/外观检查。例如，在 20 世纪 90 年代甚至今天，设备所有者都说“这个部分看起来很棒，让我们在设备中运行它吧！”因此，该设备本身曾经或有时仍然用于部件清洁度验证。作为新安装部件清洁度的间接测量，在晶圆和工艺设备上“在线”进行测试晶圆和分析，其方法诸如 KLA 公司的 Tencor、全反射 X 射线荧光(total reflection X-ray fluorescence，TXRF)、气相分解(Vapor-Phase Decomposition，VPD)和残余气体分析(Residual Gas Analysis，RGA)。许多预处理晶圆仍然按常规使用干燥室、运行室，直到晶圆达到所需的颗粒和/或微量金属清洁度。这种做法不仅使设备面临风险，而且增加了恢复时间，减少了实际运行时间，增加了时间和费用方面的实际成本。

到了 21 世纪之初，主要设备的 OEM 认识到，晶圆的良率和设备性能取决于控制新部件的微量金属和颗粒清洁度，并制定了新部件清洁度规范。

44.1.1 引言

随着技术节点不断缩小，满足缺陷要求变得越来越具有挑战性。外来颗粒和残留物会在组件层面造成致命缺陷，并预计会严重影响产品良率，尤其是在低于 20 nm 的技术节点。新工艺和材料形式的额外复杂性将进一步挑战组件级的设计和性能。不断深化的技术要求和世界范围内对复杂电子器件的认可，对复杂的大规模集成电路提出了前所未有的要求。满足这些要求需要材料和加工设备方面的技术进步。参与集成电路设计的人数大幅增加，对有效利用计算机和其他高度复杂设备的重视度增加，有助于制造工艺的设计和分析[1, 2]。当前半导体制造设备的微观尺寸能力有助于数字电路的设计，这些电路非常复杂，但在空间、功率要求和成本方面非常经济，具有出色的处理速度。然而，这些相同的尺寸能力使得更小的颗粒在被发现之前污染并破坏晶圆的长时间运行，造成重大的经济损失。因此，在晶圆制造过程中，必须有一种方法能够准确地识别导致这些缺陷的原因，这一点至关重要。为了避免巨大的经济损失，必须及时、尽早地发现这些缺陷。

在本章中，我们讨论了以经济有效的方式实现无污染制造(contamination-free manufacturing，CFM)的一些主要挑战和解决方案。本章介绍了解决方案和技巧，包括具有优异黏合性能和物理特性的涂层，用于增强物理气相沉积(physical vapor deposition，PVD)和刻蚀工艺区域的腔室性能，以解决缺陷问题。

半导体行业的特点是，竞争需要以最有效的方式设计、制造和销售产品。这就需要改进制造技术，以跟上电子工业的快速发展。

44.2 过去、现在和将来的技术/应用

亚 20 nm 技术节点的部件清洁要求发生了巨大变化。面对即将到来的技术所面临的挑战，大批量制造半导体行业强烈要求：“那些无关紧要的事现在就做。”[2]过去，部件清洗操作错过了 44.1 节中所述的超清洁革命。对于大于 65 nm 的几何结构，工作良好的部件不一定是“干净的”。在 32 nm 和更低的技术节点上，不重要的事情现在就已经做了，在部件清洁方面尤其如此。

今天，我们正进入一个所谓的物联网(Internet of Thing，IoT)或万物互连(Internet of Everything，IoE)的时代。使用微机电系统(micro-electromechanical system，MEMS)微控制器、存储芯片等技术的物联网和可穿戴技术在当今市场占据主导地位。2020 年，可穿戴市场预计将成为一个 200 亿美元的市场[3]，可穿戴产品的集成市场也将接近 1000 亿美元[3]。未来的目标是使可穿戴产品与我们的人体无缝集成。当前和未来应用的其他例子是自动运输，汽车将在无人干预的情况下行驶，使用自动无人机技术进行田间作物检查，甚至在家里有相当于一个医疗中心的设备，也就是说，紧急情况下，你不必去医院，医院会来找你。

支持当前和未来所有 IoT 和 IoE 应用程序的通用线程是微芯片。清洗技术公司在开发和制造微芯片中的作用是间接的，因为公司“不生产微芯片，但它确实使微芯片制造过程本身运行得更好。”[3]这是通过提高平均清洗间隔时间(mean time between cleans，MTBC)、减少缺陷和降低客户拥有成本来提高设备生产率而实现的。降低客户的拥有成本，深入了解制造能力和流程集成对于部件清洗业务的持续成功至关重要。今天，零部件的清洁度与晶圆的亚微观尺度相同。图 44.1 显示了不同线条几何结构的微量金属污染和粒径限制，特别是对于亚 28 nm 技术节点。并非所有部件都需要相同的细节，但表面清洁度对于实现更高的晶圆芯片良率和改善 MTBC 性能非常重要，而无论特征尺寸如何[2]。

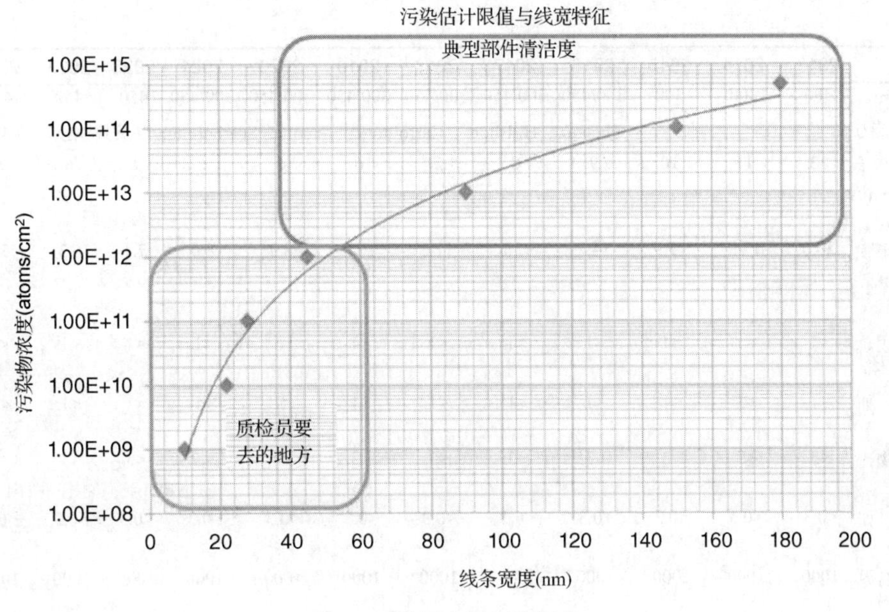

图 44.1　微量金属污染限值

44.3　设备部件清洗技术基础和应用

今天的半导体工业正在经历一个模式转变，从 2D 到 2.5D 和 3D 结构，以满足摩尔定律的要求[2]。

摩尔定律规定，自集成电路发明以来，集成电路上每平方英寸的晶体管数量大约每两年翻一番。为了符合摩尔定律，光刻技术的局限性所带来的挑战使 28 nm 以下晶体管的成本增加，而不是降低。为了产生更小的几何图形，工艺中还引入了额外的图形和刻蚀步骤。半导体制造商已经开始调查其他领域，以降低拥有成本。其中一个关键领域是工艺室部件清洗。当今半导体部件清洗行业面临的挑战是确定部件测量与缺陷之间的关系，然后根据这些属性的过程控制提供改进。这涉及巨大的投资、对半导体应用和制造工艺的理解。表 44.1 显示了国际半导体技术路线图（International Technology Roadmap for Semiconductors，ITRS），其中描述了逻辑电路行业节点的生产年份、金属化层的数量和晶圆直径。ITRS 也将重点放在了超纯水和液体工艺化学方面[2]。遗憾的是，ITRS 没有将重点放在颗粒和化学污染物（包括微量金属和离子物质）的来源或对于清洗部件要求上。集中在污染源上，并尽量减少工艺室部件的污染是非常重要的。

表 44.1　ITRS 从 2013 年到 2025 年的路线图示例[2,3]

生产年份	2013	2014	2015	2016	2017	2018	2019	2020	2021	2022	2023	2024	2025
闪存 1/2 节距(nm)(非接触多晶硅)(f)	18.0	17.0	15.0	14.2	13.0	11.9	11.9	11.9	11.9	11.9	11.9	11.9	11.9
逻辑电路行业节点范围标记(nm)	"16/14"	"16/14"	"11/10"	"11/10"	"8/7"	"8/7"	"6/5"	"6/5"	"4/3"	"4/3"	"3/2.5"	"3/2.5"	"2/1.5"
金属层数量(包括地平面和无源元件)	13	13	13	14	14	14	14	14	15	15	15	15	15

续表

生产年份	2013	2014	2015	2016	2017	2018	2019	2020	2021	2022	2023	2024	2025
晶圆直径(mm)	300	300	300	300/450	300/450	300/450	300/450	300/450	300/450	450	450	450	450
量子清洁清洗能力	_	_	_	Phoenix、Hillsboro、Carrollton、Fremont、Scarborough 以及其他公司的 450 mm 能力									
计量仪:实际粒子检测限(nm)(MPU)	13	11	10	9	8	7	6	6	6	6	6	6	6
晶圆环境污染控制[临界粒径(nm)]	20.0	17.9	15.9	14.2	12.6	11.3	10.0	8.9	8.0	7.1	6.3	5.6	5.0
超纯水													
浸入式光刻用总有机碳(ppb)[22]	<1	<1	<1	<1	<1	<1	<1	<1	<1	<1	<1	<1	<1
关键有机物,如C(ppb)	<1	<1	<1	<1	<1	<1	<1	<1	<1	<1	<1	<1	<1
非关键有机物,如C(ppb)	<3	<3	<3	<3	<3	<3	<3	<3	<3	<3	<3	<3	<3
总硅氧(ppb),如二氧化硅	<0.3	<0.3	<0.3	<0.3	<0.3	<0.3	<0.3	<0.3	<0.3	<0.3	<0.3	<0.3	<0.3
颗粒数量>临界粒径(#/L)	1000	1000	1000	1000	1000	1000	1000	1000	1000	1000	1000	1000	1000
液体化学品													
所有清洗化学物质(水和溶剂):颗粒数量/mL > 0.065 μm	0.87	0.63	0.44	0.31	0.22	0.16	0.11	0.08	0.06	0.04	0.03	0.02	0.01
所有清洗化学物质(水和溶剂):颗粒数量/mL > 0.04 μm	4	2.7	1.9	1.3	0.9	0.68	0.47	0.33	0.24	0.17	0.12	0.08	0.06
所有清洗化学物质(水和溶剂):颗粒数量/mL > 0.02 μm	30	22	15	11	7.5	5.4	3.8	2.6	1.3	1.3	0.94	0.66	0.47
所有清洗化学物质(水和溶剂):颗粒数量/mL >临界颗粒尺寸	30	30	30	30	30	30	30	30	30	30	30	30	30

44.3.1 按晶圆厂模块划分的部件清洗工艺和技术

制造的技术节点和/或器件类型(逻辑、内存、模拟、电源等)、所有工厂中的类似 fab 模块对 PVD、CVD、刻蚀、扩散、EPI、光刻和注入等领域都有类似的部件清洗/沉积去除需求。每个模块内所需的部件清洗工艺和技术彼此差异很大,并且取决于模块特定的沉积和部件基板。

PVD(物理气相沉积)模块部件

部件类型:不锈钢、铝、钛防护罩和部件。

典型沉积物:金属包括铝、铜、钽、钛、锡、钨等。

清除沉积物/清洗方法:采用无机化学方法去除金属,包括 HF 混合物、过氧化氢/氨水混合物、硝酸混合物、KOH 等,采用含 HF 的钝化"浸渍抛光"进行金属钝化,采用各种介质珠爆法屏蔽粗糙化,通过超声波去除颗粒,烘烤和洁净室装袋。

挑战:去除铝和不锈钢屏蔽层上的沉积物,而不过度腐蚀金属基底/降低部件寿命/改变部件尺寸。

CVD(化学气相沉积)模块部件

部件类型：铝喷头，陶瓷反应室部件，阳极氧化铝/氧化钇涂层部件，块状氧化钇部件。

典型沉积物：金属膜(Ti、W 等)、硅化合物、介电化合物。

清除沉积物/清洗方法：无机化学材料，包括金属层用氟化氢混合物、过氧化物/氨混合物、硝酸混合物等(用于薄膜去除)，以及研磨介质膜去除方法，陶瓷部件的高温炉工艺，超声波颗粒去除，烘烤和洁净室包装。

挑战：去除金属部件和喷头孔上的沉积物而不刻蚀基板材料/扩大孔，去除钇表面上的沉积物而不损害钇表面。

刻蚀模块部件

部件类型：氧化钇涂层气体扩散板(gas diffusion plates，GDP)，块状氧化钇喷头，阳极化铝/氧化钇涂层屏蔽，金属屏蔽，硅和石英环，阳极化铝反应室。

典型沉积物：硅刻蚀聚合物(含 F、C、Si)、金属刻蚀聚合物(例如，Al、Ti、BCl_3、Cl)和 AlF_3。

清除沉积物/清洗方法：用于聚合物去除的溶剂(丙酮、氟化溶剂)和研磨介质，用于硅和石英清洁的无机化学物质，包括 HF 混合物、过氧化物/氨混合物、硝酸混合物等，用于陶瓷部件的高温炉工艺，超声波颗粒去除、烘焙和洁净室装袋。

挑战：去除氧化钇表面的沉积物，不影响氧化钇表面和阳极氧化表面。

扩散模块部件

部件类型/基板：易碎的石英管，石英和 SiC 衬里，石英和 SiC 舟，石英和 SiC 基座，石英和 SiC 挡板晶圆。

典型沉积物：硅和硅化合物(例如多晶硅、氧化硅、氮化硅)。

清除沉积物/清洗方法：无机化学材料包括氢氟酸和硝酸，以及烘烤和洁净室包装。

挑战：在化学清洗过程中尽量减少石英的反玻璃化和化学损伤，防止易碎部件在搬运/清洗过程中破裂。

ALD(原子层沉积)模块部件

部件类型：铝喷头，不锈钢，钛，铝基板屏蔽，陶瓷屏蔽，铝和不锈钢阀门。

典型沉积物：ALD 前驱体、铪、Al_2O_3 等副产品。

清除沉积物/清洗方法：无机化学材料包括氢氟酸、硝酸，研磨介质喷砂法用于薄膜去除，以及陶瓷高温烘烤、超声波颗粒去除、烘烤和洁净室包装。

EPI(外延沉积)模块部件

部件类型：主要石英部件。

典型沉积物：掺杂 P 型和 N 型化合物的硅薄膜化合物。

清除沉积物/清洗方法：无机酸包括氢氟酸、硝酸等。清洗方法有超声波、烘烤和洁净室包装。

挑战：EPI 工艺对 N 型和 P 型掺杂剂的金属污染和交叉污染非常敏感。在清洗过程中需要完全分离掺杂剂类型。

光刻模块部件

部件类型/衬底：聚四氟乙烯涂层杯，不锈钢光刻胶盖和分配管道。

典型沉积物：各种光致抗蚀剂残留物[正性、负性、底部防反射涂层(bottom anti reflective coating，BARC)等]。

清除沉积物/清洗方法：溶剂，丙酮、N-甲基吡咯烷酮(N-methylpyrrolidone，NMP)，无机化学材料(包括 KOH)，去离子水冲洗、烘烤和洁净室装袋。

挑战：光刻胶材料“杂乱”，部件清洁区域难以维护。

注入模块部件

部件类型/基板：组件和部件基板，包括不锈钢、陶瓷和碳材料。

典型沉积物：含砷、磷、硼等有害残留物。

清除沉积物/清洗方法：有机化学方法包括过氧化氢膜去除，以及研磨介质膜去除、陶瓷高温炉工艺、去离子漂洗、烘烤和装袋。

挑战：如果非注入部位发生交叉污染，砷、磷和硼等掺杂元素将导致严重的工艺问题。注入物部件清洗过程必须与其他部件清洗过程完全隔离。此外，注入化合物具有剧毒和潜在致癌作用。在注入物清洗过程中，必须小心使用个人防护设备(personal protective equipment，PPE)工程控制。未清除的残余沉积物足以启动工厂内的氢化物检测系统，给工厂人员带来风险。

与部件清洗相关的化学危害

许多用于部件清洗的无机化学物质是极其危险的酸、碱和氧化剂。其他材料如异丙醇和丙酮是易燃材料，具有重大火灾危险。使用这些材料时必须格外小心。必须进行广泛的员工培训和使用 PPE，包括防酸手套、围裙、面罩和个人呼吸器，以防止人员接触。此外，必须使用重要的工程控制，包括通风系统、烟气洗涤器、溶剂区防爆电气部件等，以保护人员、设施、环境免受危险条件和物质的影响。

44.3.2 污染源

部件清洗过程面临着从许多潜在来源中去除不同污染物的挑战，其中许多实际上是在清洗过程本身中引入的[1,2]。以下是一份详细列出关键污染物及其可能来源的部分列表，这些污染物必须在清洗过程中去除：

- 工艺沉积、工艺微量金属和环境污染物
- 清洗工艺、方法、化学品
- 部件基板组成
- 人员与环境(洁净室空气)
- 干燥和减少排气的方法与计量仪
- 洁净室擦拭布、手套和处理
- 包装材料和包装

工艺沉积、工艺微量金属和环境污染物(在来料部件上)

从工艺工设备手动取出的部件，在非洁净室环境中搬运和包装，装在非密封袋中，在必要情况下通过公路运输，到达具有极端环境污染物水平(Ca、Na、K)的清洁设施。必须创建清洗过程，以识别和清除这些污染物[2, 4, 5]。

部件清洗的主要目的是去除上面详述的大量沉积化合物。一种常见的后清洗污染物是工艺本身的残留膜。当未对化学物质进行表征和/或优化以完全去除部件上沉积的膜堆积时，会发生残留过程沉积。通常需要进行亮光检查、紫外线检查和放大检查，以辨别是否存在残余工艺沉积。残余过程沉积导致安装失败、颗粒失效、黏附问题/早期反应室颗粒失效。即使是在清洗过程之后完全“干净”的部件，通常也会表现出高痕量的金属污染，这是最初在反应室加工过程中引入的。

清洗过程中未去除的微量金属污染对某些晶圆工艺具有相当大的破坏性，可能导致良率损失、早期部件故障或平均故障间隔时间(mean time between failures，MTBF)不佳。

清洗工艺、方法、化学品

大多数清洗过程使用各种无机酸、溶剂和/或研磨介质喷砂技术。尽管所有这些材料对去除工艺沉积很重要，但在部件清洗过程中，它们实际上会给部件增加大量的污染。

无机酸　上述典型的部件清洗化学物质包括氢氟酸、硝酸、氨、过氧化氢、盐酸、硫酸等。所有用于清洗的化学物质实际上都是必须完全清除的污染物。此外，沉积材料和部件基体之间化学反应的副产物本身产生了许多新的化合物，这些化合物也必须被去除。负离子和正离子的离子电荷会使它们难以完全去除。残留的化学物质和过量的离子物质会产生重要的工艺问题，包括腐蚀性的反应室条件及加速的刻蚀和沉积速率。表 44.2 显示了残留离子化合物的示例。

1. 溶剂：一些溶剂，如丙酮，具有较高的蒸气压且容易蒸发，而其他溶剂，包括全氟碳化合物和 NMP 具有较低的蒸气压，难以从多孔基板表面(如氧化钇涂层)去除。

2. 喷珠介质：可能没有任何部件清洗步骤比沉积去除/基板粗化介质喷砂工艺向部件添加了更多的金属和颗粒污染物。常用的研磨介质是工业级材料，包括氧化铝、碳化硅、玻璃珠等。介质中的环境污染物包括不同的元素。表 44.3 显示了喷砂介质氧化铝中的元素杂质。

表 44.2　使用离子色谱(ion chromatographic，IC)法检测残留离子化合物

		DL	OCM Spec	Site 1		Batch 1		Batch 2	
阴离子:									
Fluoride	(F^-)	3	300	63	64	580	630	1500	1200
Chloride	(Cl^-)	1.5	240	94	120	18	24	46	53
Nitrite	(No_2^-)	1.5	53	<1.5	<1.5	4.7	2.2	<3.5	4.3
Bromide	(Br^-)	0.5	10	<0.5	<0.5	<0.5	<0.5	<1.5	<1.5
Nitrate	(NO_3^-)	1.5	150	78	99	230	350	260	330
Sulfate	(SO_4^{2-})	1	100	<1	<1	<1	<1	<2.5	<2.5
Phosphate	(PO_4^{3-})	1	10	<1	<1	<1	<1	<2.5	<2.5
阳离子:									
Lithium	(Li^+)	7.5	10	<7.5	<7.5	<7.5	<7.5	<20	<20
Sodium	(Na^+)	2.5	200	<2.5	<2.5	3.6	4.9	9.0	6.7
Ammonium	(NH_4^+)	3	100	<3	<3	3.8	6.8	36	41
Potassium	(K^+)	1.5	15	<1.5	<1.5	<1.5	<1.5	<4	<4
Magnesium	(Mg^{++})	2.5	440	76	80	44	44	94	110
Calcium	(Ca^{++})	1.5	200	<1.5	<1.5	2.1	5.8	45	38

表 44.3　喷砂介质氧化铝中的元素杂质(99.6%)

Fe_2O_3	0.045% Max
TiO_2	0.008% Max
SiO_2	0.035% Max
CaO	0.040% Max
Na_2O	0.290% Max

除了存在金属污染，介质本身是 100%纯颗粒，具有从纳米到毫米的尺寸范围。必须采用大量的后喷吐处理来去除在喷砂工艺中引入的金属和颗粒污染物。

部件基板组成

1. 金属污染物和部件基板：公共部件基板本身含有金属污染物，可干扰 20 nm 以下节点的晶圆工艺。常见部件基板中的金属污染物示例如下所示。表 44.4 显示了石英基底中微量金属(trace metal，TM)的元素杂质(单位：10^{10}atoms/cm^2)。

表 44.4 石英表面的微量金属

化学元素	As	Ba	Bi	Ca	Cd	Co	Cr	Cu	Fe	Ga	Ge	K	Mg
TM(10^{10}atoms/cm^2)	80	40	30	150	50	100	100	100	100	80	80	150	250
化学元素	Mn	Mo	Na	Ni	Sn	Sr	Ta	Ti	Tl	V	W	Zn	Zr
TM(10^{10} atoms/cm^2)	100	60	250	100	50	70	30	100	30	120	30	90	60

6061 铝是另一种基板，其在基板内嵌入了按质量百分比(wt%)计算的固有杂质，可影响清洗过程。表 44.5 列出了 6061 合金材料中的一些杂质。

表 44.5 铝 6061 杂质

	化学极限								其他	
wt%	Si	Fe	Cu	Mn	Mg	Cr	Zn	Ti	每一种	全部
最小	0.4	–	0.15	–	0.8	0.04	–	–	–	–
最大	0.8	0.7	0.4	0.15	1.2	0.35	0.25	0.15	–0.05	0.15

虽然不能通过清洗方法去除基板污染物，但可以钝化表面，使污染物对半导体工艺更具惰性。

2. 颗粒控制和部分基板：必须开发超声波技术，将“表面上的颗粒”和“表面上轻微或紧密黏附的颗粒”与“部分基底本身产生的颗粒”区分开来。虽然需要去除“表面颗粒”和“轻微或紧密黏附的颗粒”，但不需要去除基板。不同的基板在不同的超声波清洗功率和超声波时间下，根据基板的“硬度”和表面形貌，不同的基板对基板颗粒的脱落程度不同。图 44.2 描述了石英基板部件的超声波工艺。基板颗粒脱落是不可取的，因为它会导致部件点蚀，去除表面薄膜和降低部件寿命。重要的是，利用基板成分对每个部件进行表征，以确保有一个标准，根据该标准，部件被完全彻底清除表面颗粒和轻微/紧密黏附的表面颗粒。如果没有正确清洗，在设备内的部件可能会出现脱皮缺陷。

人员与环境(洁净室空气)

环境条件和人员是部件清洗过程中需要控制的重要污染源。洁净室内部和周围的总环境绝对会影响最终的部件清洁度。环境影响包括洁净室的部件管理、适当的高效微粒空气(high efficiency particulate air，HEPA)过滤器的使用和部件包装程序[2, 3, 5]。图 44.3 显示了针对污染颗粒尺寸使用 0.3 μm HEPA 过滤器的缺陷测量数量。可以预见，缺陷数量随着粒径的增大呈指数衰减。了解低于 100 nm 的缺陷对于在 10 nm 技术节点上进行清洗至关重要。洁净室环境在部件清洁度方面扮演着越来越重要的角色，就像在晶圆加工中一样。具有高度控制条件的小型环境用于控制较小的颗粒。

干燥和减少排气的方法与计量仪

干燥不良的部件会给真空室泵送带来挑战。水分和碳氢化合物残留会显著降低泵送速度。这些残留物也会对干燥室的干燥过程产生不利影响，从而导致薄膜脱落和缺陷数量增加。图 44.4 显示了石英部分排气的示例。不同的部件材料和纹理导致不同的出气率。有鉴于此，很明显单次烘烤工艺条件不适用于所有基板。观察发现，有纹理的部件比无纹理或具有光滑表面的部件出气更多。这是因为纹理部分具有更多的表面积和形貌特征。如果部件在烤箱中没有正确干燥，则过多的挥发性物质会在环境和真空条件下扩散到反应室中，从而延长泵送时间。由于表面干燥度差，这一部分也可能产生不良的表面黏附系数，这也可能导致在反应室内缺陷数量较高和不良的过程控制。

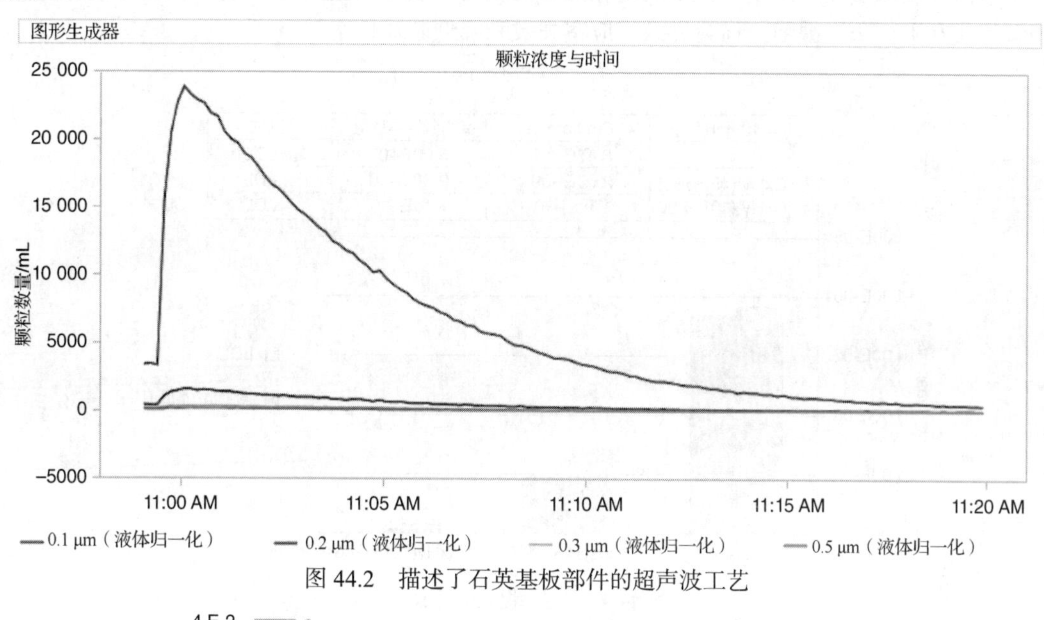

图 44.2　描述了石英基板部件的超声波工艺

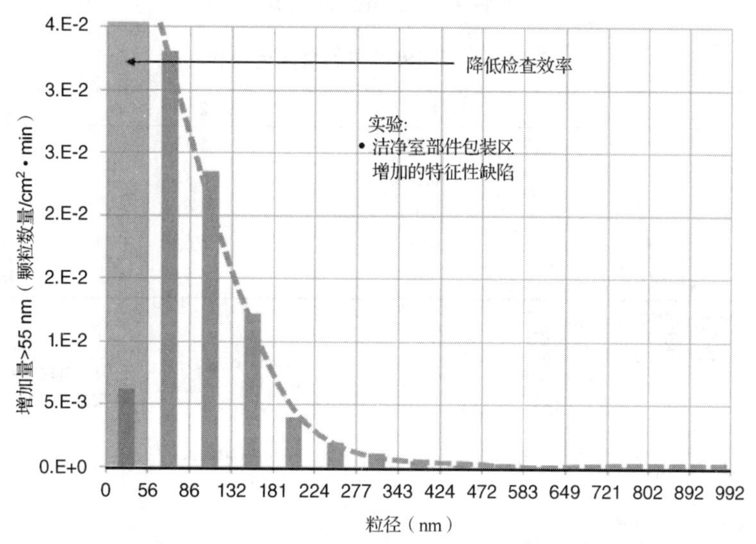

图 44.3　具有 0.3 μm HEPA 过滤器的典型洁净室环境的粒径与增加量

图 44.4 显示了最佳排气方案，其中水分、挥发性和非挥发性碳氢化合物是低于检测下限（lower detection limit，LDL）的。预计该部分将在室内有效地泵送，并在较低的缺陷和工艺能力方面表现良好，这一点可以通过排气化合物的低分压证明[6, 7]。

洁净室擦拭布、手套和处理

洁净室擦拭布、手套和部件处理计划都是控制环境污染源的关键措施。用烘箱干燥的部件的出气量明显低于用加热灯干燥的部件。

金属和离子污染会影响生产过程和最终产品。采用电感耦合等离子体质谱（inductively coupled plasma mass spectrometry，ICP-MS）法和离子色谱（ion chromatographic，IC）法检测刮片中的微量金属。来自两个不同制造商的三种不同的擦拭布被用于处理金属污染物。表 44.6 显示了不同擦拭布观察到的主要金属污染物。注：Ti 和 Sb 元素分别检测为 TiO_2 和 Sb_2O_3[2~4, 5]。

浸泡法和浸取法用来测量来自不同组擦拭布的颗粒。图 44.5 显示了 4 种不同洁净室擦拭布中的颗粒数量水平。条形缺陷扫描会导致反应室失效和降低芯片良率。

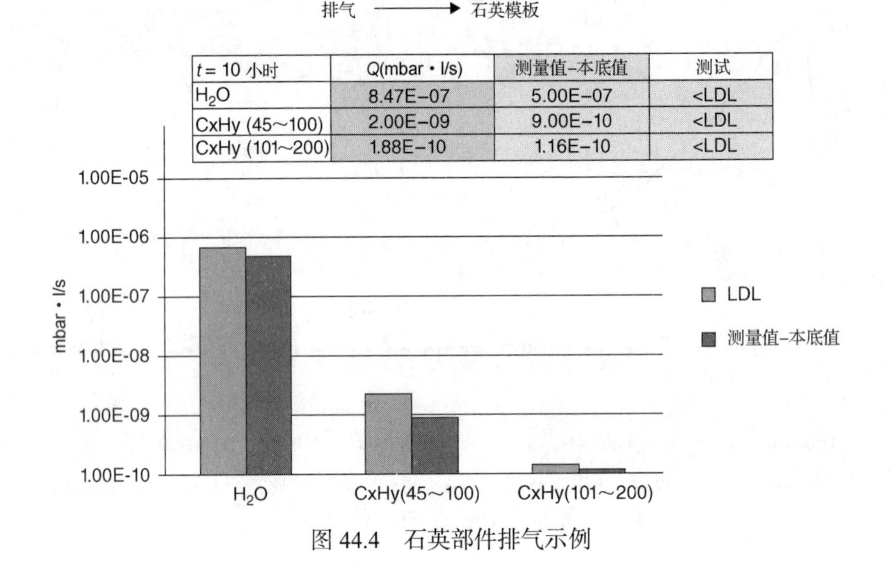

图 44.4　石英部件排气示例

表 44.6　不同擦拭布的金属污染物

擦　拭　布	1	2	3
擦拭布质量(g)	7.88	5.43	7.35
Ti 检测为 TiO_2(%)	0.28	0.31	0.25
Sb 检测为 Sb_2O_3(%)	0.015	0.014	0.016
其他(%)	0.00 042	0.0014	0.0015
总计(%)	0.29	0.32	0.27

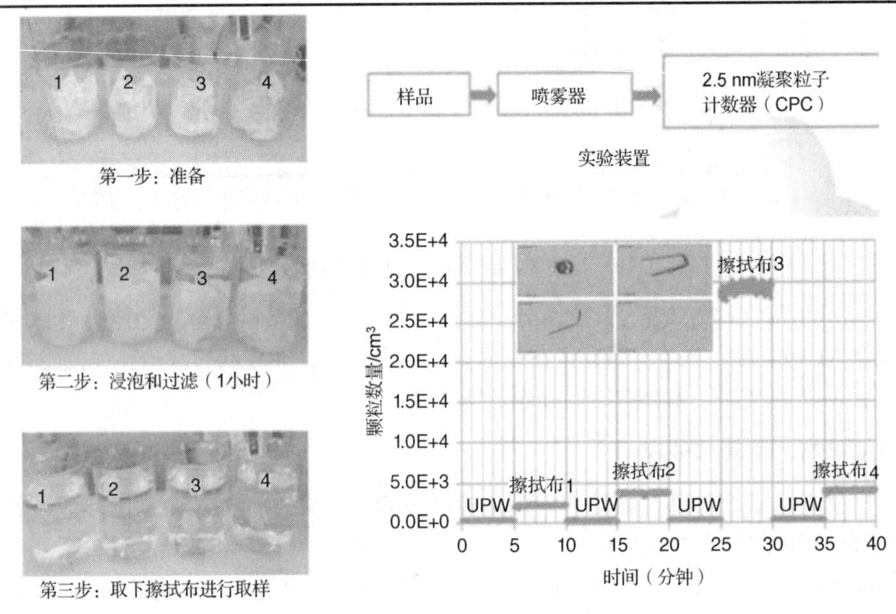

图 44.5　不同擦拭布的分析

洁净室手套在部件处理中起着至关重要的作用，但也会造成相当大的污染。图 44.6 显示了通过特定缺陷转移机制测量的手套清洁度，它表明如果手套不干净，则会将数千个缺陷转移到一个干净的好部件上。部件处理也是非常关键的，就像晶圆一样，小心地处理部件可以获得更好的表面清洁度和整体反应室性能的改善。

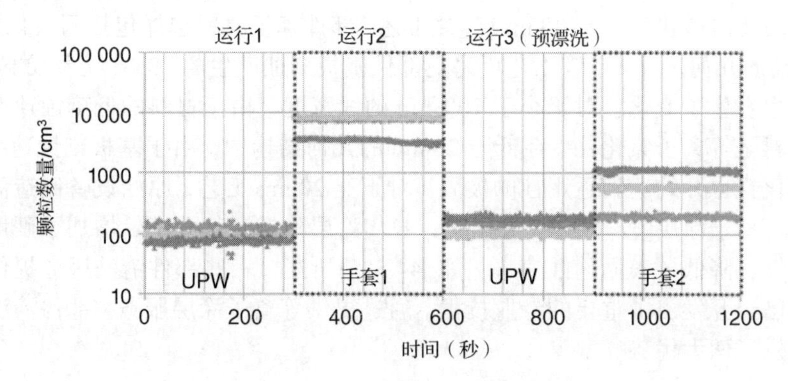

图 44.6　手套颗粒/残留物脱落

包装材料和包装

不良部件包装排出的气体会导致严重的设备泵送问题或缺陷故障。不良的包装方法会导致包装袋内的缺陷和残留水分，从而影响反应室内部件性能。

44.4　部件表面处理技术及其对工艺性能的影响

部件表面粗糙度和部件表面组成对大多数反应室工艺中室颗粒的性能有直接影响。

44.4.1　双丝电弧喷涂在 PVD/金属溅射中的应用

在金属沉积和金属溅射过程中，金属溅射到设备的屏蔽层上，往往会迅速形成薄膜应力，导致薄膜与屏蔽层分离，产生很高的反应室粒子，导致工艺失效。20 世纪 70 年代末，IBM 公司的部件清洁开发人员 Walt Warner 发现，与光滑和旋转的金属屏蔽表面相比，利用喷珠介质粗糙化的金属屏蔽具有非常优越的金属黏附性能。更好的薄膜黏附性能可显著提高腔体寿命（MTBF）和提高器件良率。通过机械粗糙化（Ra = 225～250 μin）实现的相对较低的实际粗糙度极限导致铝双丝电弧喷涂（twin wire arc spray，TWAS）膜在金属沉积屏蔽上的应用。TWAS 过程包括将两条高压/高安培铝线连接在一起形成熔融铝，并用高压 CDA（压缩干燥空气）和/或压缩气体将熔融铝推进屏蔽表面。图 44.7 显示了 TWAS 喷涂过程。铝 TWAS 薄膜具有极高的表面粗糙度（Ra = 800～1200 μin），显著提高了薄膜的黏附特性，延长了反应室的使用寿命。

图 44.7　TWAS 喷涂工艺

44.4.2　TWAS 热喷涂工艺

实际上，在 PVD 和金属溅射工艺中，所有金属屏蔽都采用机械粗糙表面和铝喷涂的 TWAS 表面相结合的方法，提高了金属膜的黏附力，延长了反应室的使用寿命。

44.4.3 热喷涂在刻蚀工艺中的应用

在刻蚀工艺中，部件基板材料会受到侵蚀性的工艺室条件的影响，并且实际上会被工艺等离子体刻蚀。部件表面的刻蚀产生大量影响良率和降低部件寿命的颗粒。

对于较大的几何形状(大于 100 nm)刻蚀工艺，部件基板材料选择包括阳极化铝、大块陶瓷和石英。在更高的几何尺寸下，该工艺可耐受部件基板刻蚀产生的颗粒。随着线宽的逐年减小，部件基板材料也发生了变化。对于小于 100 nm 的线宽度，由于材料的低刻蚀速率特性，所需的首选表面材料是等离子氧化钇。在低于 20 nm 的几何结构中，由于基板刻蚀速率的原因，甚至等离子体氧化钇也开始达到适用性的极限。对于亚 20 nm 工艺，原始设备制造商正在研究并提供替代专用等离子涂层[8]。相对于氧化钇，替代涂层降低了气孔率，增加了硬度，从而提高了等离子兼容性，降低了表面刻蚀速率。如 44.5 节所述，一些部件清洗服务提供商在等离子涂层工艺方面已经开发出了重要的专业技术。通过提供等离子涂层服务，部件清洗服务提供商为最终客户提供了两大优势。

- 由于使用寿命终止的氧化钇涂层部件的翻新，工厂节约了相关的成本。重新使用正式废弃的零部件，工厂可以节省数十万美元。
- 采用氧化钇替代涂料改善了工艺效果。工艺改进包括更少的颗粒和增长反应室的平均无故障时间。

44.5 等离子喷涂工艺

喷涂和钝化可以通过在多个清洗工艺步骤后延长部件寿命周期来降低拥有成本。如果在要求的反应室预防性维护步骤后，用新部件替换回收部件，想象一下在计划的维护之后用新部件替换旧部件的巨大成本负担。如今，进行大批量制造的半导体工厂每年都会通过对部件表面重新喷涂和钝化来节省数百万美元。氧化钇基涂层主要用于刻蚀室，在不太昂贵的基板上形成保护层。使用等离子喷涂工具来实现喷涂过程。

等离子喷涂过程将氧化钇粉末引入等离子体羽流中，在其中熔化并加速到靶表面，并作为基板上的共形涂层沉积。可以采用不同的涂层方法进行等离子喷涂，以改善工艺室中的 MTBC 和部件性能。

44.6 结论

自 20 多年前外包给专业的第三方服务提供商以来，工艺室部件清洁要求发生了显著变化。这些变化是通过不断增加的材料及工艺的数量和组合来驱动的，这些材料和工艺可以提高设备性能并减少占地面积。现在，人们发现微量金属、离子和微粒污染水平接近或甚至超过当前的计量能力，这是影响反应室工艺性能和器件良率的主要障碍。向前发展的挑战包括开发越来越复杂的选择性剥离技术、改进的处理和包装解决方案，以及持续改进实时计量，这些技术可以检测更小的污染水平，并允许可预测的燃烧室性能推动工业向前发展。

44.7 致谢

John Deem 是 QuantumClean 的高级技术人员。John 拥有 Arizona 州立大学的化学工程学位，以及超过 15 年的半导体部件清洗行业的经验，他的研究重点是选择性沉积去除和热喷涂涂层的开发。

Osama Khalil 是 QuantumClean 的研发工程师。Osama 分别于 2014 年和 2015 年在 Arizona 州立大学获得化学工程学士和硕士学位。在来到 QuantumClean 之前，他是美国国家标准与技术研究所（National Institute of Standards and Technology，NIST）的研究员，并在 Intel Corporation 的超纯水工程部门工作。

特别感谢　作者要感谢 Scott Nicholas（CEO）、Steve Dirugeris（CFO）和 Michael Jenkins（VP，HR）、我们的执行团队成员及 Kaveh Zarkar（董事）对本章内容的贡献。

44.8　参考文献

1. A. Sidhwa, D. Zuck, L. Bao, J. Fonshill, and M. Boomer, "Characterization of Cleaning Process via Implementation of Analytical Techniques for Aluminum Faceplate Used for SACVD and CVD Application Sematech," 2014 Surface Preparation Cleaning Conference (SPCC), Austin, TX, Apr. 22, 2014.

2. A. Sidhwa, D. Zuck, and J. Deem, "Importance of Precision Parts Cleaning for Sub-20-nm Technology Nodes," Semiconductor Technology Symposium (STS-Conf Semicon West), San Francisco, CA, Jul. 8, 2104.

3. A. Sidhwa, D. Zuck, J. Deem, O. Khalil, and S. Nicholas, "Implementation of Final Surface Finish™ (FSF™) by Using Cost-Effective Atomically Clean Surface (ACS™) Process for Sub-14-nm Technology Nodes," Semiconductor Technology Symposium (STS-Conf Semicon West), San Francisco, CA, Jul. 14, 2015.

4. A. Sidhwa, D. Zuck, and J. Deem, "Importance of Atomically Clean Surface™ (ACS™) Parts Used for Sub-20-nm Technology Nodes," TSIA sponsored by TSMC, Sep. 12, 2014.

5. A. Sidhwa, D. Zuck, J. Deem, S. Deora, M. Samayoa, and A. Karumuri, "Advances towards Cost-Effective Contamination-Free Manufacturing (CFM)," Sematech 2015-Surface Preparation Cleaning Conference (SPCC), Saratoga Springs, NY, May 13, 2015.

6. A. Sidhwa, D. Zuck, T. French, F. Mitchell, and J. Lawson, "Surface Characterization of Extreme UV Lithography Tool Components and Parts by Using ACS™ Cleaning Process and High Performance Residual Gas Analyzer for Sub-20-nm Technology Nodes," 2014 EUVL Conference, Washington, D.C., Oct. 29, 2014.

7. A. Sidhwa, D. Zuck, T. French, F. Mitchell, J. Lawson, and C. Coulon, "Implementation of High Performance Residual Gas Analyzer for Sub-10-nm Technology Nodes for Extreme UV Lithography Tool Components and Parts," Precision Fair 2015, Veldhoven-Netherlands, Nov. 19, 2015.

8. O. Khalil, A. Sidhwa, J. Deem, and D. Zuck, "Finite Element Analysis of Silicon Nitride Parts Cleaning Process for in Silico Optimization," Applied Project, School for Engineering of Matter, Transport and Energy, ASU Arizona State University, IRA. A Fulton Schools of Engineering, Apr. 28, 2015.

第45章　因危害增长及严格监管而使设备设计面临的挑战

本章作者：Mark Fessler　ASM America, Inc.
本章译者：国晖　南开大学日本研究院

45.1　引言："产品合规性之谜"

半导体设备设计工程师在为客户创建下一代记录处理（process of record，PoR）工具集问题上面临着难以置信的设计挑战。这些设备设计的挑战比你想象的要复杂得多。原因何在呢?答案是由于半导体制造设备（例如晶圆加设备）的危害有许多不同的类型，而它们可能对工人、设备和环境造成严重危害。伤害，即本章所定义的危害，是指人身伤害、工艺设备损坏、设施损坏或环境影响。

由于新的反应性化学物质的应用和450 mm平台尺寸的增加，下一代工具的设计潜藏着更大的隐患。以下列出的每一种危害都必须由设备设计团队精准识别，并解决或将它们的影响降低到可容忍的风险水平。这既是道德要求，也是监管要求。

- 有毒或腐蚀性化学危害
- 易燃/自燃的化学危害
- 电离辐射（X射线）危害
- 非电离辐射（UV、IR、RF等）危害
- 高电压/高电流危害
- 极端高温/低温危害
- 高空危险作业
- 地震带防护危害
- 激光危害
- 磁场危害
- 机器人/自动化危害
- 机械故障危害
- 噪音危害
- 人体工程学危害

如果要解释为什么这些危险会导致危害的发生，那么需要考虑许多不同的原因（例如，各种设备故障、人为错误场景或外部影响等），应该明确每一种原因并进行管理。然而，即使在半导体行业成熟的制造环境中，半导体晶圆厂（fab）仍然存在着危害环境的危险因素。如果我们能够客观看待来自环境健康安全（EHS）论坛及EHS讨论小组给出的来自半导体晶圆厂实际事件的有关数据，那么将会发现，人为错误导致的伤害比因设备故障或外部事件导致的伤害出现得更加频繁。我们应该如何预防这种有害的、危险的事件呢?半导体设备制造商及我们的客户必须对他们的选择加以审视。我们应该改进"人"还是改进"设备设计"？

45.1.1　重中之重：先进的设备设计

显然，如果时间和资源是无限的，那么最好的应对方式就是让两者(设备设计和人为因素)都得到妥善的处理。在 EHS 的世界中，半导体行业的职业安全专业人员将更多地关注人为错误因素，并致力于提高工人的情境意识以实施基于行为的安全计划。相比之下，本章的重点是推进我们的设备设计，以减轻更常见的(人为)危险因素的影响。

这里共有 3 个行动方针建议。第一，更好地预先发现工人决策引发的危险状况，并设计多层次的保护措施，以减轻这些后果的影响。第二，积极提高我们设计工程团队的能力，以适应众多的安全和环境法规。实现这些合规性需求的文档化还可以帮助预防已知的危险条件。第三，反复确保任何设计变更请求都经过严格分析，以揭示由提议的设计变更所导致的固有危险[即必须确保遵循变更管理(management of change，MoC)协议]。

好消息是，半导体行业对晶圆加工工具的法律要求(无论是国家特定的法规要求还是客户特定的采购合同要求)得到了很好的认可。行业专用 SEMI S2 指南[1]为半导体制造设备提供了 EHS 设计标准，而欧洲机械指南(European Machinery Directive)[2]为机械的设计和施工提供了基本的健康与安全要求。它们共同概述了全球晶圆加工设备的最低产品安全设计标准。这两个重要的文件都被认为是雨伞设计准则(umbrella design criterion)。它们都指向其他产品设计标准，以进一步指定特定的设计细节，这些细节也可以用来帮助证明对必要设计需求的一致性假设。图 45.1 简单地展示了两个关键产品安全设计“雨伞”的视觉效果，以及如何应用它们来帮助我们抵御半导体行业可能造成的危害。

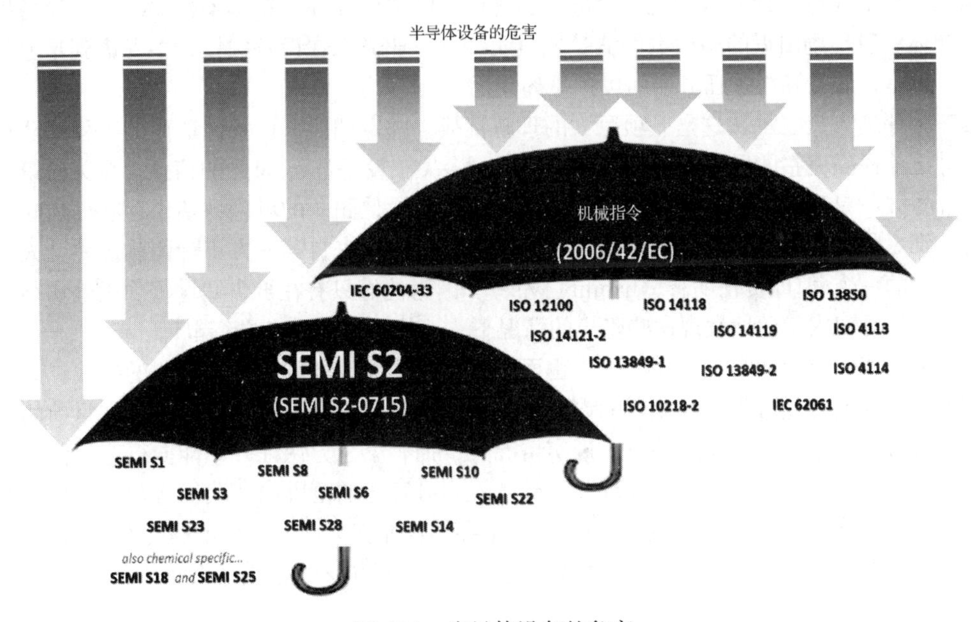

图 45.1　半导体设备的危害

SEMI 的一个工作组对这两份文件进行了大致比较[3]。研究表明，许多机械指令要求在我们自己的行业的 SEMI S2⁺安全指南套件中并没有得到充分实践(例如，S1、S2、S3、S6、S8、S10、S14、S22 等)。同样，作者认为 SEMI S2⁺文档提供了非常重要的附加设计指导，这肯定不包含在机械指令的确切书面要求中。因此，对于任何全球设备制造商来说，如果想要确保完全符合产品要求，那么对这两种伞形文件(以及它们引用的附加标准)进行调查成为不可或缺的一步。两者的一个独特要求是，我们的设计团队必须考虑可能导致潜在危险暴露的现实可想象的情况，请参考他们的具体措辞如下：

“合理预见的误用”[4]

“无合理预见的单点故障情况或操作错误”[5]

的确，总会有一些罕见的(无法预见的)危险事件仍然有发生的可能。然而，对于任何合理预见的危险暴露，我们必须预先阻止。法律要求设备制造商既要理解，又要解决他们的设计对现实中可能发生的事件的敏感性，而这些事件可能直接导致危险。这似乎是一个非常明智的方法。但如果所有这些方法的确行之有效，那么为什么这些危险事件还在继续发生呢?

45.1.2 当今的评价方法：虚假的安全感

我们的半导体行业经常要求使用公正的第三方评估机构对 SEMI S2 和机械指令中规定的设计要求进行产品安全审计。这有助于向设备制造商的客户证明他们的设计是“安全的”(例如，低剩余风险)，并提供一定程度的尽职调查。然而在现实中，工业的工具设计是非常复杂的，而安全审计审查时间有限。因此认为第三方审计人员可以在 1 周(或更少)时间内学习和了解很多细节，以确保所有不可接受风险充分解决是不切实际的。请记住，设计工程团队通常需要几年的时间来开发这些系统。第三方审核员最多只能发现“容易实现的”危害，以及其他“容易观察到的”工具设计缺陷。

目前，安装在客户晶圆厂内的半导体制造设备仍然存在隐患。请注意，即使这些过程工具已经被第三方评估人员审计并认为是可容忍的，这些风险仍然存在。持续不断的事故、设备损坏事件及半导体制造现场附近的漏检事件清楚地表明，该行业尚未在设备的设计中考虑到足够的防护层——特别是在服务和维护任务期间可预见的误用。

第三方评估人员也承认这是一项巨大的理解挑战，并定期要求设备制造商的工程团队在现场安全审计之前提供完整的风险评估标准，以了解更多关于设备危害/风险的信息。今天，第三方审核员的任务并不是确保风险评估是全面的。因此，如果设计团队的风险评估中存在任何缺失的设备危害，那么它只会暴露出设计团队理解的不足，而不一定来自第三方审计团队。审计人员实际上偷了很大的一个懒(即责任明智，liability wise)，因为他们只有在被告知这些隐患确实存在或者在有限的评估时间内幸运地发现这些隐患的情况下，才能对这些隐患进行审计。

事实上，我们行业的第三方评估人员也面临着与我们的设计团队非常相似的挑战。为了进行有效的评估，他们必须首先了解复杂的设备设计，以便发现可预见的设计缺陷。在目前的评估过程中根本没有足够的时间来做这件事。现实情况是，拥有第三方认证并不能向行业提供一个真正的证明，即所有潜在的危险都已被发现并已被减轻到可容忍的范围内。我们必须承认现有的审计流程的范围非常狭窄。如果我们不这样做，那么半导体行业就会产生一种虚假的安全感。基于“完全兼容”工具上反复发生的事件，显然可以通过审计流程做更多的事情来验证产品合规性。

45.1.3 工程部技能：成功的先决条件

许多新的安全和环境设计要求使当前的工程设计面临着更严峻的挑战。特别是在过去的 7 年里，技术的发展非常迅速，设计团队很难跟上所有这些技术的发展。诚然，每个新标准或新修订都是有目的的。它们通常被更新以更好地处理已知的安全和/或环境危害。然而作为一个整体，它们可能令人难以置信地不可控制。今天，即使在世界级的半导体工程团队中，也存在着对这些法规设计要求的真正认识上的差距。部分原因是员工的流失，熟练的工程师要么离职，要么退休。然而，这种差距的大部分是由于以前未规定的需求的发布，但是工程师并不知道现在必须满足这些需求。遗憾的是，随着更多的规章制度的公布或更新，这种资料不足的情况每年都在扩大。

产品安全工程专业人员(当然)可以指导设计工程师遵守这些新的法律要求，但是这种方法需要额外的资源规划。如果没有为每个工程团队显著增加产品安全工程专业人员的数量，那么检查每一个工程设计决策根本不可行(或不划算)。实际上，设计工程团队中的 QA/QC 级别将使新的工具开发过程戛然而止！这根本不是一个可行的解决方案。

如本章所述，推荐的解决方案是指导现有的设计工程师达到他们各自的设计专业所必需的关键要求。这也带来了新的挑战。即使在世界上最好的工程学院/大学，刚毕业的设计工程师(如电气、机械、化学、软件等专业)也没有受过良好的训练，他们不知道如何更好地遵守每个国家的国际卫生和安全条例，也不知道如何在自己的设计中发现固有的(隐藏的)设计缺陷。尽管如此，这些新的设计团队技能对于确保半导体企业能够向全球客户提供安全(低剩余风险)和符合法规的设备来说是必不可少的。

同样，大多数工程学校没有花足够的时间来教授这些未来的设计工程师关键的业务流程，而这些业务流程也是维护产品合规性所必需的。历史上有效的工程变更控制过程被纳入考虑技术可行性和建议的设计变更的成本/效益。它们很少包括所有必要的危险识别步骤和相关的风险评估(基于提议的变更)，以确保我们继续保持设备的法规合规性和工人的安全。

尤其是在现今的工程部门中，这些必备的技能集(即确保产品合规性)格外重要。在过去的 25 年里，半导体行业所做的足够我们引以为豪，已经满足最低设计安全环保要求，但随着许多新设计的冲击和不断变化的监管要求，我们的行业作为一个整体，现在有必要诚实地后退一步，重新考虑是否有更有效的替代方法来解决这个产品合规性难题。

45.2　产品合规性的基础："必须做什么？"

本节将描述全球半导体工业中晶圆加工设备的基本(最低)设计标准。这些要求是由每个设备制造商必须遵守的各种法律责任驱动的(例如，国家特定的设备法规和客户购买合同)。他们还清楚地了解可能存在于整个设备生命周期的危险情况，包括制造、安装、操作、维护、寿命终止(包括废物回收/处置)阶段。然后，必须根据设备制造评审小组对风险的判断，对每种不同的危险场景进行优先排序。这个过程不是一次完成的。这是一个更新迭代的过程，如果一个组织想要在他们的晶圆加工设备的生命周期内有效地降低风险，就必须始终如一地进行管理。

45.2.1　"合理预见的误用"造成的危害

如前所述，最近在 EHS 论坛上的讨论，以及从我们自己的晶圆厂经验中所得出的，由人引起的事件比由设备故障引起的事件发生的频率要高得多。没有人会争辩这个事实：我们人类也会犯错。然而，作为设备设计师，我们必须始终记住，要关注能够预见到的误用类型。关于设备风险评估的最重要的国际标准[6]将合理预见的误用定义为"使用机器的方式并非设计者的本意，而是由可预见的人类行为造成的"。这一标准还提供了一些很好的例子，说明在试图发现设备设计中的危害时，必须考虑到各种合理预见的误用：

- 注意力不集中或粗心导致的行为(即人为错误)。
- 在执行任务时采取阻力最小的路线所导致的行为。
- 由于压力而导致的行为，以保持机器在所有情况下运行。

当读到这张清单时，我们摇摇头，承认“是的……这些都是有意义的。”我们都有自己的相关例子，可以回忆起在哪些地方做出过类似的选择。因此，这似乎是合理的，这是我们的设备设计领域，真正值得更多的关注。

45.2.2 你的设备究竟有多少危害

这一初始危险识别步骤至关重要。作者认为，这是通往产品安全合规的漫长而曲折的道路上最关键的一步。记住，如果你不能识别风险，你就无法评估风险。目前，已经有很多优秀的技术出版物来指导工程团队识别设备设计中固有的危险[7~11]。安全专家可以监督在团队设计审查中使用这些著名方法。

这些评审会议的主要任务是识别危险情况，而这些情况在最初的设计阶段对工程师来说并不明显，但是仍然会因为设备/人为故障或一些外部影响(例如停电、地震等)而发生。设计评审团队尤其应该考虑工人的“合理预见的误用”是如何导致以下任何一种损害类别的。

可造成伤害的一般性描述——损害类别或财务损失	
员工(员工/承包商)	急性或慢性身体伤害或医学疾病
单晶圆加工设备	设备损坏、停机、维修或更换费用
个人/工厂设备设施	设备损坏、停机、维修或更换费用
工厂烟雾/火焰伤害	多台设备损坏，清理时间长或维修费用高
环境破坏	空气、水、土壤等污染
设备生产时间损失	工厂停工的小时数可能造成重大损失

这就引出了所谓的“危害识别悖论(hazard identification paradox)”[12]，即没有一种发现方法可以发现所有的危害。这需要将不同的危险识别技术结合起来，以提高设计工作的彻底性(参见图45.2，改编自原始出版物)，从而更准确地反映我们行业应考虑的不同技术。

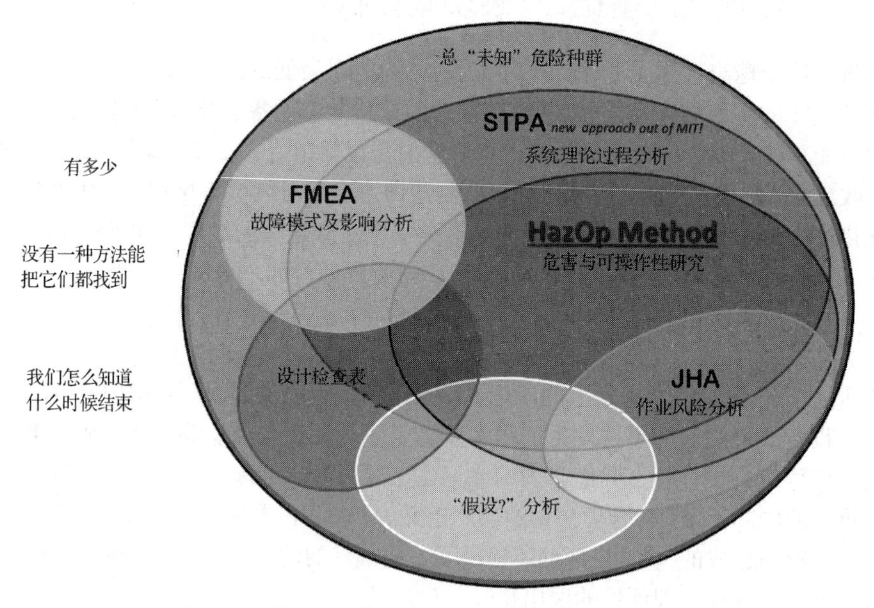

图 45.2 危害识别悖论(Adapted from Ref. 12.)

如果我们的工程团队忽略了这些基本的危险识别步骤(例如，因缺乏推动者的专业知识而减少了产品开发计划步骤)，那么他们可能会在无意中让客户的晶圆厂发生严重的危险情况。设计缺陷造成的初始危害并不是唯一的代价。我们必须意识到，我们将在重大危险事件的恢复中付出高昂的额外费用。还有额外的沉没成本：我们要再次努力设计，以使事故后的设备备份完全符合法规，特别是如果必须对所有在外地的设备进行改造。

合理预见设备故障

设备故障导致的伤害是半导体工业早期的一个大问题。然而，自 20 世纪 90 年代以来，整个行业都高度关注这些事故，并极大地提高了我们设备的可靠性。今天，一个合理预见的设备故障伤害高产量晶圆厂的可能性相对较低(无论该工具是在生产中使用，还是在服务/维护中使用)。我们的设计似乎充分考虑了设备故障的影响，并配备适当的可防止伤害防护层。这并不是目前大多数设备设计有缺陷的地方。

生产任务中合理预见的误用

此外，大多数半导体行业都是高度自动化的，他们的高产量生产线极少需要操作人员的人工操作。与设备故障的频率类似，生产过程中可预见的误用事件也相对较少。这也不是我们半导体设备设计的缺陷所在。

维护/服务任务期间合理预见的误用

本章致力于促进对此事的关注：设备设计人员在维护和服务任务期间提供的防护次数仍然存在明显的不足。作者认为，这就是目前大多数设备设计的隐患所在。

产品安全专业人士(甚至是全球监管机构)可能会辩称，我们本应只把行政控制作为防范危害的首要层面。在设备停机事件期间，通常应用的一些广为接受的管理控制示例如下所示：

- 隔离和停用危险能源，例如锁定/标记(lockout/tagout)。
- 在重复性任务中使用书面程序和检查量表。
- 将任务前计划(pretask planning，PTP)和作业风险分析(job hazard analysis，JHA)应用于未文档化的任务。
- 在有潜在危险的地区使用警告标志并设置路障。
- 将个人防护装备(personal protective equipment，PPE)作为对暴露的最后一道防线。

从法律的层面来看，世界各地的监管机构认为这些做法已经足够令人满意，与此同时，许多其他工业部门也对设备的停机工作进行类似的管理控制。遗憾的是，在停机事件期间仅依赖于管理控制并不能防止危害。回顾我们的行业法律设计标准[4, 5](在 45.1.1 节提到)，要求我们的设备设计防止由于“合理预见的误用”而造成的损害。“这里有明显的改善机会。”如果我们预见到管理控制的误用，那么设计人员应该做些什么来降低这种风险呢?考虑额外的工程防护层(而不是仅仅依靠行政控制)是半导体行业先进设备设计的“下一层洋葱”，我们的设备工程师应该把重点放在这一层面。

45.2.3　各种识别危害的风险评估

风险可以定义为由危险造成的预期损失大小，表示为两个独立术语的组合:“损害的严重程度”和“损害的可能性”。首先对这些术语进行评估，然后将其放入风险矩阵中，以估计每个确定的危害的总体风险。然后，我们行业的伞形设计文件[13, 14]要求设备制造商评估危险情况的风险水平(极高，高，中，低，极低)，其余的风险评估过程的细节将不会在这里解释，因为我们的半导体行业可以参考很多好的资源[15~17]。

为了实现产品安全规范，设备制造商必须在预估风险水平被行业认为是不可接受之时(即中、高或极高)[17]采取纠正措施以减轻风险。通常，评审团队评估潜在危险的当前风险，然后确定纠正措施的列表。从产品合规性的角度来看，在纠正措施之后也要进行风险评估(例如剩余风险)，这一点非常重要。工艺设备上的任何危险都必须降低到可容忍的风险水平之内(例如低或极低)。这是公司能够承受的剩余风险水平。

伤害的严重程度通常被评估为不同程度的人身伤害。无论是欧洲机械指南[18]还是国际设备风险评估标准[19]，都只将对身体的伤害或对健康的损害视为评估的严重程度标准。然而，在半导体工业中，在估计危害的严重程度时一直都有对其他因素的考量。我们半导体行业的设备风险指南[20, 21]将危害严重性的评估范围扩大到对设备、建筑物或环境的损害。

每一个确定的危险事件都有可能导致几种不同程度的危害。每一个严重程度也有相应的发生可能性。一份非常好的实用指南[22]指出了观察各种严重程度/可能性对比的重要性，即“最严重的风险最不可能发生，最可能发生的风险最无关紧要，因此使用任何单一一种方法都可能导致对风险的不恰当估计。”评审团队必须选择风险最高的组合。然后，它对可能发生的许多范围给出了一个很好的解释。因此，我们的工程团队应该评估一系列可信的、可信的“危害严重程度”及其相应的“危害可能性”；然后只使用特定的组合，给出团队整体最高水平的“危害风险”。

“成功地完成风险评估是一项挑战，即使是优秀的产品安全工程师，在推动风险评估时也可能犯下重大错误。”作者并不认为 SEMI 风险准则能够提供足够的帮助来正确估计风险严重性和可能性。实践的主观本质导致了解释的不同，从而导致了不同风险评估之间的不一致。我们有机会改进半风险指导方针，更好地教育我们的设计工程师。SEMI 的 EHS 委员会工作组目前正在考虑用 SEMI S10[20]和 SEMI S14[21]编写一个新的相关信息部分来给出这个方向。

45.2.4 国际标准提供“经验教训”

半导体行业的设备设计师在过去的 25 年里经历了一个循序渐进的学习过程。当前的行业安全指南、标准、法规和指示都有助于记录我们共同学习的知识。如前所述，有两个控制设备设计文件[1, 2]必须理解并执行，以实现产品的安全合规。早年间，这些设计和测试需求非常基础，而每一次修订都带来了对正在发生的实际危害的新见解，“我们”(作为一个行业)同意应通过增加新的标准加以纠正以减少危害的发生，或者在修订中加以澄清。满足产品安全合规性需求的提高与增强需要更多的工程设计工作来维持。请参考图 45.3(源自一个简单的基于页数的一级近似值)，这些产品安全规则变得越来越难以掌握和遵守。

这两个伞形设计标准包括健康和安全两个标准的基本设计，与此同时它们也囊括了许多其他方面的指导方针和标准的设计细节，见表 45.1。总而言之，这些已列出的安全条例是一种积极资源，有助于防止已知的危险情况。为了确保我们设计的准确性，还有大量额外的材料需要融会贯通。令人痛苦的现实是，大约有 1400 页的安全设计标准需纳入考虑范围之内。如果设备设计属于其他安全指令/标准(如高压规范/规章)的范畴，这个数字还会增加[23, 24]。

而且实际情况并非仅限于此。由于空间限制，作者并没有将各种规范行业的全球设备制造商的产品环保法律法规(如欧盟 RoHS 指令[25]，欧盟 REACH 法规[26]，欧盟 ErP 指令[27]，欧盟 WEEE 指令[28]，欧盟 F-Gas[29]，中国 RoHS[30]，等等)包含其中。这些相对较新的环境法规直接影响着工业设备的设计。

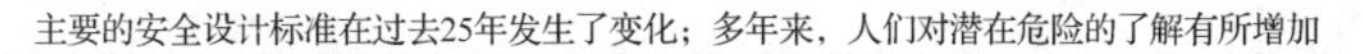

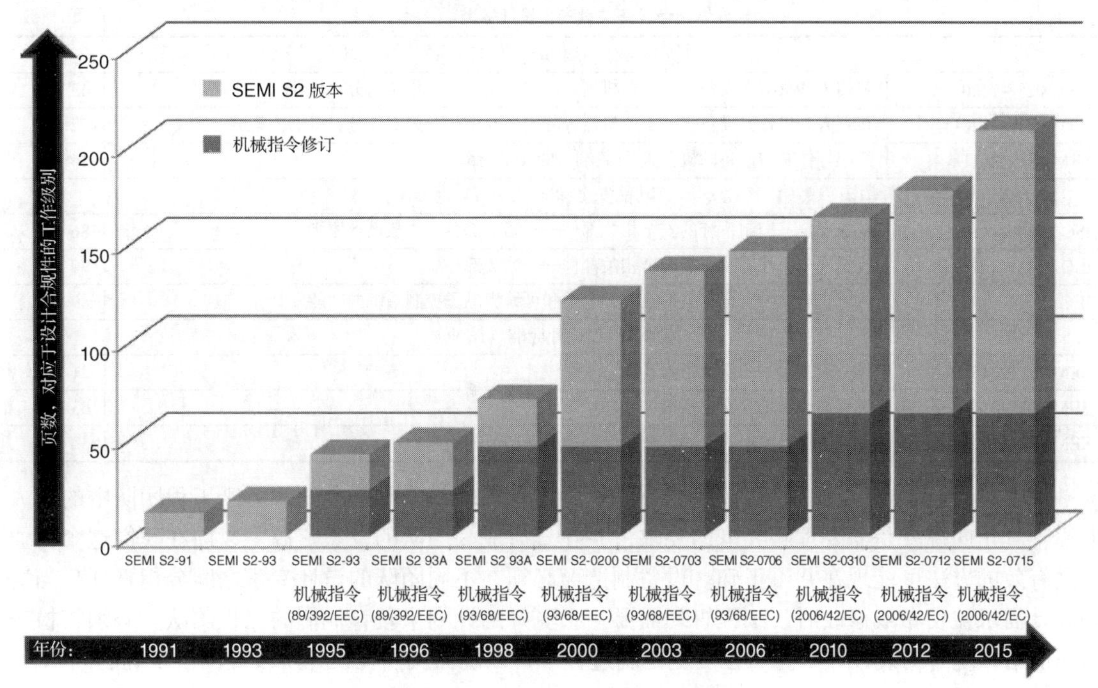

图 45.3　需要遵循更多的设计/培训工作

表 45.1　半导体制造设备关键安全设计标准（共 1477 页）

半导体制造设备关键安全设计标准		页　数
顶层“伞”设计标准（224 页）		
Directive（2006/42/EC）	European Union Machinery Directive	63
SEMI S2（2017）	Environmental Health and Safety Guideline for Semiconductor Manufacturing Equipment	161
风险评估标准（156 页）		
EN ISO 12100（2010）	机械安全：设计的一般原则——风险评估和风险降低	77
ISO/TR 14121-2（2012）	机械安全：风险评估——第 2 部分：实践指南和方法示例	38
SEMI S10（2015）	风险评估和风险评估过程的安全指南	20
SEMI S14（2016）	半导体制造设备火灾风险评估和缓解的安全指南	21
电气设计标准（386 页）		
ISO 13850（2015）	机械安全：紧急停车功能-设计原则	6
ISO 14118（2000）	机械安全：防止意外启动	13
ISO 14119（2013）	机械安全：与保护装置有关的联锁装置	68
ISO 60204-33（2011）	机械安全：半导体制造用机械电气设备的要求	122
NFPA 79（2015）	工业机械电气标准	98
SEMI S22（2015）	半导体制造设备电气设计安全指南	79
机械设计标准（212 页）		
ISO 4413（2010）	液压传动系统及其部件的一般规则和安全要求	46
ISO 4414（2010）	气动流体动力系统及其部件的一般规则和安全要求	37
SEMI S6（2007）	半导体制造设备排气通风 EHS 指南	73
SEMI S8（2015）	半导体制造设备人机工程学安全指南	56

续表

半导体制造设备关键安全设计标准		页　数
机器人设计与集成标准(129 页)		
ISO 10218-1(2011)	机器人和机器人设备——工业机器人的安全要求——第 1 部分：机器人	43
ISO 10218-2(2011)	机器人和机器人设备——工业机器人的安全要求——第 2 部分：机器人集成	72
SEMI S28(2011)	用半导体制造设备的机器人/负载端口的安全指南	14
功能安全标准(254 页)		
ISO 13849-1(2015)	机械安全：控制系统的安全相关部件——第 1 部分：一般设计原则	86
ISO 13849-2(2012)	机械安全：控制系统的安全相关部件——第 2 部分	79
IEC 62061(2015)	机械安全：与安全有关的电气、电子和可编程电子控制系统的功能安全	89
附加 SEMI 设计标准(116 页)		
SEMI S1(2015)	设备安全标签的安全指南	21
SEMI S3(2011)	过程加热系统的安全指南	63
SEMI S23(2016)	半导体设备使用的能源、公用设施和材料的节约指南	32

现在应当意识到，让半导体设备的产品达到合规要求是非常困难的。对于工程团队中的个人来说，真正的挑战是需要理解大量的要求，并在日后成为团队的专家资源。以前在我们这个行业行之有效的方法可能现在并不正确。设备制造商必须在不同团队的设计专家之间分担责任。当这些设计需求被发布或修改时，工程管理需要一个更好的计划来教育他们的工程团队。必须将检查和平衡纳入现有的设计评审与工程变更控制过程中，以确保我们在设计阶段提出了正确的问题。

45.3 工程部建议:“我们如何做得更好?”

本节以 45.2 节概述的基本设备安全要求为基础，进一步介绍了推进我们半导体工业设备设计的具体建议。如果想让设备成功地解决“产品合规问题”，就应该考虑工程部门(例如在关键业务流程阶段)的修改。

45.3.1 他们在学校需要教什么:“一门新的工程课程”

美国政府资助了一个名为“通过设计预防”(简称为 PtD)的项目[31]，在欧洲也有类似的学习机会[32]。目前大学里还没有一个真正的“产品安全工程”学位课程，而高等院校有许多针对“职业安全”专业人士的学位课程。其中有一篇杰出的文献[33]提出了一种新的技能开发和课程模式，可以帮助学生发现危险并正确地解决它们。但遗憾的是，目前已有的这些课程大多只针对 EHS 学生，而不是电气、机械或软件设计学生。我们接下来要做的是为我们未来的设计工程师提供类似的课程，因为他们目前在学术界没有直接的资源。

来自其他危险行业(如核能、石化、航空航天等)的教育解决方案是双重的。最直接的方法是公司雇佣外部私人咨询公司[34~36]来提供和认证他们的设备设计工程师。虽然这种方法对于进一步提高产品安全工程师的技能开发是有用的，但也可能非常昂贵。此外，这些课程并不是半导体行业特有的。如果想培养整个设计工程团队，这种外部方法也是很不现实的。另一种选择是为我们的工程师正式创建“内部”的、特定行业的教育项目。无论采用何种方法(即外部或内部)，重点都应放在设计工程师能力的以下三个差距上。

了解危害识别方法

最近，一些学院/大学已经开始提供选修课来解释说明这些重要的方法，但并不是所有工程专业的毕业生都必须学习。同样的，私营部门也有一些相关的培训，但更多的是针对 EHS 专业人员。

我们在帮助工程系学生学习技能并发现隐藏风险这条路上仍然任重而道远。我们仍有很长的路要走，以帮助工程系学生学习技能，以发现隐藏的危险。

了解产品安全/环境标准

大学的工程学课程并没有规定工科学生必须学习多种许多国际设计的安全标准和每个国家的各种新的环境法规。也许有一些具有前瞻性的教授介绍了一些，但总体来说，这是高等教育机构应该首要考虑缩小的实际差距。因此，我们的工程团队学习产品合规性标准（如机械指令、SEMI S2、RoHS、ErP、REACH 等）的唯一方法是在他们被雇用之后给他们时间和资源。请注意，SEMI 已经定期提供了 SEMI 标准技术培训计划（SEMI STEP）[37]，但是这些培训需要进行很大的扩展，以包括表 45.1 中列出的所有设计标准的培训。

具备管理变更风险的知识

变更管理（MoC）——这可能是任何工程部门中最重要的业务流程之一。令人惊讶的是，学校没有向设计工程师传授正式变更控制过程的关键问题，以及如何高效地进行变更控制。虽然制造/质量工程专业的学生能够得到一些指导，但很少涉及其他工程学科。很难看到他们在变更过程的管理中正确地包含风险评估的文档化需求。

以上三个方面都是确保任何一家公司的设备设计符合要求的常见问题。没有任何一家公司或行业在不付出大量努力的情况下就能把这件事做得很好。

45.3.2　需要更好的 MoC 协议

任何半导体制造设施（晶圆厂或研发实验室）均可随时更改。所有这些变化都有可能造成新的工作场所危险，其中一些是无法立即识别的。设计和程序更改还会使任何现有/已知的危险转移到更高的风险级别。每个变更/修改请求都应该仔细分析，以确定变更可能导致的内在风险。商务部门的政策同样适用于以下 5 个领域。

修改任何加工设备的设计或操作条件

这主要包括核准的设计和操作范围（即温度、压力、流量、工艺化学类型、加工速度/次数、化学分布、电气分布等的变化）。此外，由于我们的工艺设备也是一体化的，因此也应该考虑上游和下游对晶圆厂的影响。这种类型的 MoC（即客户和设备制造商）共享是困难的。晶圆厂内的综合危险分析程序需要立即集中处理拟议的设备设计变更的影响。

修改任何设施设备的设计或操作条件

设施配套设备种类繁多（如化工配电设备、电气配电设备、化工排气设备、化工减排设备、垃圾处理设备等）。如前所述，这些也被整合在一起，因此需要一个更全面的危险识别方法，以确保晶圆厂能够与时俱进地考虑设备设计的变更是如何影响上下游其他设备的，以确保晶圆厂不断考虑任何设施设备的设计变更如何影响其上游和下游的其他设备。

设备文件的变更

我们行业有大量的设备文档，具体包括各种安全政策、制造程序、操作程序、维护程序和相关的工作指令。总有机会改进工人必须遵守的指示。为澄清或修复程序中的一个问题而进行的无意更改，可能会间接地造成无法预见的危险情况。这就是为什么还必须检查文档，以确保它是准确的，并且它不会由于指令的更改而无意中引入危险。

法律/法规要求的变更

基于新的安全及环境法规的要求，本章已经提出了我们的设备设计监管的问题。去年一度“足够好”的产品，明年可能就不能完全符合产品要求了。这也必须加以监测和管理。

已知危害对健康/环境影响的知识的变化

最后一种管理变更的方法更直接地应用于工业卫生(IH)类型的暴露情况(例如，化学吸入、化学皮肤接触、RF、IR、UV、噪声、磁场等)。这些类型的接触限值变化是常见的，同样也应该监测。这可能需要回过头来看看以前的设备设计，确定如何保持新的曝光限制信息。

45.3.3 在维护/服务任务中更多地关注设计

本章的基本目标之一是让整个行业认真地重新考虑添加工程防护层，以防止在服务和维护任务的停机期间由于“合理预见的误用”而导致的危险情况的发生[4~6]。如果我们能够预见危险，那么它就能够发生并且最终会发生。当前方法的主要问题(即完全依赖行政管制)是它们依赖人类，而人类也会犯错。

半导体行业在整合设备设计特性方面做得很好，减少了在正常生产时间由于人为失误而造成的危害风险。然而，在正常运行期间，这些解决方案中的大多数都是工程控制，而不是管理控制。本章针对可预见的停机风险提出的解决方案是从一开始就使它们的设计尽量简洁，而不是依赖于不那么有效的管理控制。这一点在控制危险能量(control of hazardous energies，CoHE)的过程中表现得最为明显。术语“CoHE”通常被称为LOTO(锁定/标记)，但它们并不完全等同。CoHE是一个范围广泛的术语，描述了使用程序、技术和特定的设备设计来防止意外激励或释放存储的有害能量，这些有害能量可能直接导致伤害。LOTO是最常用的管理方法之一。

半导体工业中危险能源的常见例子如下：

- 分布式电气(高压、大电流)
- 压缩气体(液化或增压)
- 电磁辐射(X射线、RF、IR、UV、激光)
- 静态磁场(永磁体)
- 万有引力(如悬挂、铰接载荷)
- 动能(移动机器人、直线驱动器、齿轮)
- 储能(电容器、电池)
- 加压液体(液压、泵送)
- 热能/低温能(高温、低温)
- 化学能(反应热、火、爆炸)
- 储存机械能(弹簧、弹性密封)等。

不便的LOTO位置引发设计关注

遗憾的是，由于设备的设计和布局，某些LOTO程序可能不便、复杂和运行缓慢。一个常见的LOTO程序设计可能相当复杂：例如一个常见的带有多层设计的工艺室。一个不便的LOTO的常见例子是晶圆加工设备上的一个带有多个工艺室的工艺室。工作人员必须首先为关机准备指定的进程模块。对于大多数化学系统来说，这不是一个简单的步骤序列，可能涉及大量的泵/清洗和/或冲洗/排放化学管线。工人必须离开晶圆厂的主层，下楼去往辅道生产层。离开洁净室车间后，必须脱去洁净室工作服、头套、口罩、鞋套、手套及其他必要的个人防护用品。然后，工人必须下楼进入子工厂，并遵循文档化的 LOTO 协议，在特定的工艺室及其任何辅助端口模块上隔离和断电多个危险能源，然后在适当的能源隔离设备上安装单独的挂锁。

通常有多个不同类型的危险能量的位置(如前所示)，所有这些都需要释放。此外，通常有一排又一排外观相同/相似的工艺设备并排放置，因此工人必须小心识别，然后将其放入要在晶圆厂级别工作的正确的工艺室。然后，他们必须在进入晶圆厂之前回到楼上，并再次遵循洁净室协议，重新着装。接下来，工作人员必须在将要完成工作的晶圆厂级执行每个危险能源的“验证”步骤。当维修或服务任务完成后，工人必须离开洁净室，再次脱下工作服，回到楼下取下他们的个人锁。然后，他们必须遵循洁净室协议，重新进入洁净室，然后重新启动设备。如果在第一次尝试时没有纠正这种情况，则必须重复晶圆厂/辅道生产层中的整个 LOTO 过程，直到纠正这种情况为止。为了减少事故的发生，半导体行业的工艺设备设计应该始终确保没有不方便的 LOTO 位置。这应该是工程团队的一个战略重点，以防止在必要的管理 LOTO 期间合理预见的误用(有意或无意)，这可能会导致伤害。

半导体行业调查凸显出巨大差异

根据之前半导体行业关于停工/挂牌的调查[38]，设备供应商、最终用户(晶圆厂)和第三方评估人员都强调了与半导体行业 LOTO 实践相关的明显意见分歧。由于安装设备的地区/国家不同，不同公司之间甚至同一公司内部对 LOTO 的实际解释也有很大的差异。

这项调查的结果帮助 SEMI EHS 委员会成立了一个新的 SEMI Task Force[39]，从全球的角度来解决这些重要的 LOTO 解释的不一致性。如果我们查看事件数据，就会发现即使在成熟的行业，LOTO 错误仍然很普遍。如果您有不同意见，请向半导体工厂的任何安全专家询问他们由于不正确的 LOTO 而导致的事故数据。希望能够理清 SEMI S2 规范文本中的新设计指导，并在新的相关信息部分中增加其他重要的设计和管理考虑，以防止在维护/服务任务中出现可预见的误用。

45.3.4　更多地关注记录风险评估

虽然已经有明确的要求，但为什么风险评估实践没有被严格遵循呢?为什么没有遵循风险评估实践?半导体行业的许多 EHS 和工程师专业人员都熟悉风险评估的一般概念,但大多数人并没有定期将其正式应用。

即使工程团队足够勤奋地识别设备的危害，他们也不太可能采取下一步行动，评估危害的风险所造成的后果。这是预料之中的，因为大多数 EHS 专业人员可能更容易参考更规范的代码要求(即引用法律的方法)，而不是评估危害风险级别的主观本质。

没有经常估计风险水平的另一个可能原因是“对责任的恐惧”。许多 EHS 专业人员和他们的设计工程同行觉得要准备这些文件他们还缺乏经验，或者需要承担过大压力，并因此而无法通过记录树立一个正式的立场。忽视设备内部可能存在高风险危险这一事实是不负责任的。整个风险评估过程允许在管理链上与关键决策者进行更有效的沟通。如果没有对我们的设备风险进行清楚的沟通，高层管理人员(他们不知道安全审查的细节)可能会被误导，做出错误的假设，认为一切正常，而实际情况并非如此。风险评估实践需要时间和精力来正确地编制文档。要小心一些，有很多方法会造成“错误的”风险评估。在 SEMI 风险指南中，关于如何确定损害的严重性和损害项目的可能性的具体细节，需要更好的指导，这是未来 SEMI 标准更新的一个方面。此外，整体风险评估过程应与新的安全联锁功能安全设计标准并行讲授。在评估危害的风险级别和相互关联的评估安全功能(安全联锁)PL_r(所需性能级别)或 SIL(安全完整性级别)之间，存在一些应该考虑的重要重叠内容。

45.3.5 高级工程设计程序

世界各地的不同工程部门也都存在类似的问题，即使他们的工艺设备具有不同的技术。作者建议重新评估半导体设备的合规计划产品设计，相信我们在合作时比独立工作时(例如，许多全球设计团队位于不同的地区)更加强大。任何新的、高级的工程设计计划都应基于产品合规流程是一个持续的过程的信念，以及如下的产品合规使命：

- 在不同工程组之间创建一个论坛以共享常见问题。
- 消除产品安全合规性障碍。
- 消除产品环境合规性障碍。
- 强调最好的方法(best known method，BKM)，着眼于设计审查原则。
- 提供一个持续工程培训的论坛来处理全球法规变化。

在迈向产品合规的过程中，我们面前已有一些取得进展的里程碑。综合有效的 MoC 是“旅程”结束时的终极目标。设计工艺设备不是仅仅做一次就能完成的！必须将检查和平衡纳入审核流程，以确保我们在每次设计更改时都会提出正确的问题。虽然任何新计划都应继续发展，但作者希望分享先进工程设计方案已经取得的一些成功关键，以及他们在此过程中遇到的一些问题。

设计工程师想要做到最好

整个项目都基于一个共同的信念，那就是我们的设计工程师想力所能及地做到最好。在查看过去产品安全合规性审计的结果时，以前的不合规性常常是由于对设计标准缺乏认识造成的。这并不是说设计工程师明明知道他们应该做些什么，但却有意识地避免去做——通常，他们只是事先不知道那些设计需求。产品合规性程序应有助于促进设计工程师、工程经理和产品安全工程师之间更好的协作和知识传递，以帮助避免这些问题。

首先也是最重要的，设计工程师需要立即接受关于许多产品合规性基础知识的意识培训，这些基础知识已经在 45.2 节讨论过。如前所述，即使是最优秀的设计工程师在上学时也从未学习过这些复杂的产品合规要求。因此，如果设备供应商想要高效的结果，那么必须创建持续的内部工程培训计划。我们必须培养好当前和下一代的设计工程师才能取得成功。这种继续教育的努力从未真正完成，它永远在进行和扩展之中。

工程师想要解决真正的问题，而不仅仅是听讲座。幸运的是，这些新的培训课程不应该是典型的培训幻灯片演示。在每门课程中，作者都花费了大量的时间来研究一些真实的工程设计实例。任何人都可以阅读给定的安全标准或课程的幻灯片。然而，如果你在课堂上帮助一个工程小组解决一个实际问题，那么他们马上就能看到这种持续学习的好处。优秀的工程师也希望超越预期。我们必须让他们了解这些额外的、他们没有意识到的需求，或者最近已经发生的变化。实际的课程本身只是开始。通过有组织的、反复的电话会议和后续的电子邮件，学习过程在课后继续进行。我们的策略是每年更新这些教育课程。这使得工程师能够在每年发布新/修订的标准时进行更新培训(培训日程可根据要求提供)。

基本工程培训示例

本章提出的方案定义了三个基本工程系培训课程的标准分组，所有设备设计工程师都应完成。为确保学员积极参与，每门课程的培训次数应限制在 10 次以内。人们已经认识到，当为较大的班级提供培训时，某些工程师会失去兴趣。

- “安全设计标准之旅”(1 天的课程)

- “环保规则概览”（半天的课程）
- “危害、风险和变更管理”（半天的课程）

专业训练的示例

虽然上面的三门标准课程是为所有设计工程师而设的，但目前还有一些特殊课程是专门为具有非常具体的工作角色的设计工程师而设的。这些课程的参与者数量远远少于基本培训课程（通常少于 5 人），并且提供了更集中的例子。

- “先进的功能安全设计”（4 天的课程）
- “硅烷气体安全意识”（半天的课程）
- “高压设计要求”（半天的课程）

团队建设的好处

高级工程设计项目的培训课程本身就能让人们意识到，工程师可以到哪里去寻找某些法规要求。这些课程还为团队建设提供了机会，可以帮助创建跨部门和跨公司的联盟。例如，当出现问题或技术问题时，欧洲的设计工程师现在可以直接打电话给他们在培训期间遇到的美国或日本的设计工程师。这有助于把优秀的人聚集在一起解决类似的问题。

常见的工程项目障碍

在这段旅程中，作者遇到的第一个障碍是由于亚洲、美国和欧洲之间的语言障碍，即交流思想的固有困难。任何一家跨国公司都将面临类似的挑战。虽然最初的培训材料是用英语编写的，但是由于口语和书面语的差异，有效的知识传播受到了阻碍。团队成员的结论是，为了最大限度地发挥工程师的才能，必须消除语言障碍。我们认识到，培训日语工程师的最佳方法是与日语培训师一起培训（反之亦然）。随着产品合规团队在全球范围内扩展到全球所有设计团队，必要的工程培训材料必须翻译成设计工程师各自的语言（如日语、韩语、中文、德语、英语等）。同时人们也观察到，工程总监和经理应该选择最优秀的设计工程师来参与他的项目。然后这些指定的工程教练可以回到他们自己的工厂，为他们自己熟悉的设计团队提供培训。

任何计划成功的另一个关键障碍是资源分配。本章所讨论的复杂的产品合规过程揭示了一些重要的事实，即做不充分工程设计的成本十分昂贵。在发展阶段设计安全和环境合规的费用，可以大大低于对外地事件和事故或进出口违规行为做出反应的费用。遗憾的是，分配资源来防止将来可能发生的事情总是很难权衡。

我们整个半导体行业都有这些共同的资源问题。与决策者面对面的对话对于全面解决预算/资源问题至关重要。如果我们想要真正实现产品合规，就需要更多的努力和计划。半导体行业的领导阶层（过程设备供应商和半导体制造商）必须尽一切努力，提高对已知危害风险与未知危害风险之间的关系的理解，并证明额外的努力/成本（即成本）是合理的。（要么现在给我钱，要么以后再给我更多!）

为了使任何先进的工程设计程序成功，最后一个关键障碍是如何验证公司工程变更控制过程的有效性。请记住，在半导体行业中，只有在工具卸载之后，才能真正完成产品合规性。我们的设备设计不断升级，以提高工艺性能。对于给定的模型，一旦有了完全兼容的第三方评估报告，那么就足够了是吗？不是这样的！产品合规性是一个迭代过程，必须在设备的整个生命周期中进行管理，以减少可预见的危害风险，并确保设备保持合规性。然而，半导体行业在发布初步审计报告（即所谓的黄金工具设计）之后，没有在所需的检查工作上投入太多。在对工艺设备进行了工程更改/升级之后，工艺设备的安全性或环境合规性如何?

遗憾的是，目前的第三方审计协议(即半 S2 或机械指令)对公司的工程变更控制过程进行评估的时间很少，几乎为零，以确保在未来的设计升级过程中，原始的审计配置仍然符合要求。我们应该如何评价呢?应该将其作为当前半 S2 或机械指令评估的一部分，还是考虑将其作为完全独立的 MoC 审计?如果不核实 MoC，可能会进一步增强半导体行业的信心，即我们已经有效地解决了所有合理预见的设备危险。但我们可能没有这么做，从而产生“错误的安全感”！

虽然指出工程问题比解决问题更容易，但是应该考虑这里提到的工程程序障碍，然后在各自的公司内部进行讨论，在未来的半导体行业研讨会上也应该进行讨论。这些对话并不容易。在分配足够的工程资源之前，可能需要几个月，甚至几年的时间才能完全解释这里列出的许多设计挑战。任何像它这样的高级工程设计项目都需要对未来不断的展望才能成功。

45.4 结论：“解谜”

这本制造手册提醒读者，我们的行业在试图发明下一个创新的记录过程时，面临着巨大的工程设计困难。此外，本章还强调了进一步的产品合规障碍。在法律上，设备制造商有义务了解其设备的潜在危险，然后通过设计将其降低到低残留风险水平。由于我们的先进设备的高度复杂性和不断变化的监管要求，因此这种做法是非常有问题的。它迫使我们现在后退一步，重新考虑是否有一种更有效的替代办法来向前迈进。本节试图突出已经讨论过的设计挑战中最关键的部分。它还将挑战半导体行业的现状，并提出重要的改革建议。这样的改进可以更好地帮助设计工程师做准备，也可以更好地指导评估晶圆加工设备的第三方审核员。

45.4.1 维护/服务任务的功能安全工程设计

近年来，越来越关注设备的安全功能(历史上称为安全联锁)的设计与验证。这些安全功能设计要求也基于对危害的风险评估。从表 45.1 可以明显看出，这些对于设备[40~42]的新功能安全标准占已发布的半导体设备合规性设计标准总页数的很大比例。要理解、实现和验证这些标准并不简单。

先进的设备设计应该考虑功能安全电路如何降低危害的风险，特别是在维修/服务任务中更容易出错。复杂而烦琐的 LOTO 任务(参见 45.3.3 节“不便的 LOTO 位置引发设计关注”部分)可以被健康的功能安全控制电路所取代，从而为不便的危险能源隔离设备提供可接受的替代“远程 LOTO”方法。在遵循其他国际标准的设计指导下[43, 44]，使用功能安全工程设计来防止设备意外通电，在世界各地都取得了很大的成功。远程 LOTO 设计可以提供关键的优势，特别是与更不便的 LOTO 任务相比。远程 LOTO 设计可以同时隔离和关闭多个危险能源。方便地将它们放置在要执行任务的位置，从而鼓励正确地应用 LOTO。这些设计还可以包含监视诊断，以帮助工作人员执行关键的“隔离验证”和“验证断电”步骤。

遗憾的是，美国 LOTO 法规[45]只允许在满足特定的“次要服务豁免”要求的情况下使用功能安全控制电路。然而，在美国以外，允许雇主使用功能性安全设计，以防止设备意外通电。允许控制电路控制危险能源在美国是有先例的[46]，但要完全批准它们的使用，需要扩大美国监管的范围。目前，美国半导体行业专责小组[47]和国家标准委员会[48]正在更新各自的 CoHE 设计要求。为了提高本国工业设备的安全性能，必须加快这项重要工作。作者强烈认为，必须扩展当前的 OSHA 规则，以允许这种“远程 LOTO”解决方案，特别是在维护/服务任务期间，其中的 LOTO 步骤很复杂，容易出现人为错误。

45.4.2　先进的工程设计程序可以帮助缩小知识差距

今天，对于工程团队中的单个产品安全专业人员来说，有太多的设计需求(回顾表 45.1)需要监视和审查。如本章所述，推荐的解决方案是“指导”现有的设计工程师达到他们各自的设计专业所必需的关键要求。这也带来了新的挑战。即使在世界上最好的工程学院/大学，刚毕业设计工程师(如电气、机械、化工、软件等专业)也没有被很好地训练如何遵守每个国家的国际卫生和安全法规，或者如何发现他们自己的设计中固有的(隐藏的)设计缺陷。

尽管如此，这些新的设计团队技能对于确保半导体公司能够向全球客户提供安全(低剩余风险)和符合法规的设备来说，无疑是必不可少的。对于如何解决复杂的产品合规难题，建议的解决方案是创建一个整体的“高级工程设计”程序。这将允许工程师共享共同的设计问题，共享 BKM，并将帮助消除实现完全产品合规性的障碍。本章简要描述了作者对这类程序的印象。这种先进的工程设计方案从来没有真正完成过。相反，它为我们的设计工程师和他们的经理提供了一个持续的平台，帮助工程团队在设备的整个生命周期中维护产品设计的合规性。

还有一些公认的障碍也必须加以确定和克服。第一个挑战需要多语言内容审查和相应的培训材料翻译，才能培训我们的全球设计团队。另一个关键障碍是资源的充分分配。遗憾的是，为防止将来可能发生的事情提供资源总是很难权衡。尽管如此，利用风险评估过程可以为关键决策者提供更有效的沟通，让他们了解生活在未知风险下的后果，从而帮助我们的公司证明这些额外的努力/成本是合理的。

最后，仍然需要解决现有的第三方评估程序关于设备设计的已知问题。我们已经认识到，第三方很难理解复杂设备设计的所有细节。同样，他们几乎不可能验证公司的工程变更控制过程在未来的有效性。因此，半导体行业作为一个整体，必须诚实地后退一步，认真地重新考虑这些高级工程设计程序的障碍，看看是否有一个更有效的替代方法来解决这个产品合规性难题。

45.4.3　记录性能指标的新安全性

最后，本章将提出一些潜在的有争议的想法，供半导体行业考虑未来先进设备的设计。我们已经有一个完善的方法来比较不同的竞争对手的设备设计使用各种记录过程(PoR)的指标。另一种比较不同设备设计的方法是通过它们的可靠性性能指标(例如，MTTF、MWBF、%正常运行时间)。最终，更多的行业比较可能演变为包括过程设备安全记录(safety of record，SoR)。如果客户能够比较不同竞争对手的设备安全性能，不是很好吗?比较设备 SoR 的最初想法是由作者在 2008 年的一份半导体杂志上首次提出的(可作为 SESHA 成员使用，也可根据要求使用)[49]。

整个“安全记录”的理念诞生于 20 世纪 90 年代半导体设备可靠性标准 SEMI E10[50]的前期工作，该标准帮助半导体行业标准化了可靠性性能指标的计算方式。介绍了正确分析工艺设备中断数据所必需的统计学知识。半导体行业可能会创建一个新的 SEMI“S”准则来计算我们设备的安全性能。在危害之间的平均时间(mean time between harm，MTBH)或危害之间的平均晶圆(mean wafers between harm，MWBH)中使用 SEMI E10 已经概述的准则。如果这确实是可信的，那么可以在不同的设备模型之间进行安全性能比较，以确定“最佳级”。安全性能可以基于每个型号实际发生的伤害事件的数量(例如，受伤人数、第一助手、近距离脱靶、设备损坏等)来判断。这将给我们一个全新的方法来评估设备的产品安全合规性。

在客户采购订单(PO)和保修协议中规定了 SEMI E10 的最低可靠性指标之后，它迅速推动了半导体设备制造商改进他们的可靠性程序。如果这些新的 SoR 性能指标可以包含在客户 PO/保修中，那么它还可以推动产品安全程序比现在更快地发展。我们可以用数据驱动的安全性能结果来突出哪些晶圆厂的晶圆工艺设备在产品安全合规执行方面做得很差。这些数据将揭示哪些设计表现良好，哪些设备设计需要改进。套用 William Thomson(又名 Lord Kelvin)在 100 多年前说过的话:“如果你无法衡量它，你就无法提高它!”[51, 52]

前提是，该设备先进的工程设计要么保证了工人的安全，要么没有。来自每个工具集的实际数据可以证明这一点。成功实施先进的工程设计程序可以通过其实际性能数据进行验证。一旦实现了这一点，对公司产品合规性的证明将不再仅仅基于收到一个时间点的第三方评估报告(例如，仅仅是“黄金工具”)。它也不会基于公司技术文件中包含的理论证据。相反，半导体行业的产品安全合规实现将基于该设备的物理、真实的生命安全性能数据(即 MTBH 或 MWBH)。这本质上是一种对设备的产品安全设计进行指纹识别的方法。它可以突出不同设备供应商之间真正的竞争优势，这些供应商花费额外的时间和资源来完成本章描述的非常困难的任务。这个建议也许应该让 EHS 和工程专业人员思考下一代产品合规性应该是什么样的。

45.5 参考文献

1. SEMI S2-0715, “Environmental Health and Safety Guideline for Semiconductor Manufacturing Equipment,” Semiconductor Equipment and Materials International (SEMI), 124 pages, http://ams.semi.org/ebusiness/standards/SEMIStandardDetail.aspx?ProductID=1948&DownloadID=3592 (last accessed November 3, 2016).

2. Machinery Directive (2006/42/EC), Official Journal of the European Union, 63 pages, http://www.fmmi.at/uploads/media/MRL_neu_engl_02.pdf (last accessed November 3, 2016).

3. SEMI AUX031-1114, “S2 Mapping into the Machinery Directive (2006/42/EC) Essential Health and Safety Requirements,” SEMI Semiconductor Equipment and Materials International, 84 pages, http://www.semi.org/ en/sites/semi.org/files/docs/AUX031-00-1114.pdf (last accessed November 3, 2016).

4. Machinery Directive (2006/42/EC) Annex 1, *General Principles*, p. 35, Sec. 1.1.1 (i), p. 35, Sec. 1.1.2, p. 36, and Annex VII, p. 71, http://www.fmmi.at/uploads/media/MRL_neu_engl_02.pdf (last accessed November 3, 2016).

5. SEMI S2-0715, “Environmental Health and Safety Guideline for Semiconductor Manufacturing Equipment,” Sec. 6.5, p. 10, Semiconductor Equipment and Materials International (SEMI), http://ams.semi.org/ebusiness/standards/SEMIStandardDetail.aspx?ProductID=1948&DownloadID=3592 (last accessed November 3, 2016).

6. ISO 12100 (2010), “Safety of Machinery—General Principles for Design—Risk Assessment and Risk Reduction,” International Standards Organization, Sec. 3.24, p. 4 and Sec. 5.4 (c), p. 16, http://www.iso.org/iso/home/store/catalogue_tc/catalogue_detail.htm?csnumber=51528 (last accessed November 3, 2016).

7. Clifton A. Erikson, *Hazard Analysis Techniques for System Safety,* 2d ed., John Wiley & Sons, Inc., 2015; 640 pages, ISBN: 978-1-118-94038-9, http://www.wiley.com/WileyCDA/WileyTitle/productCd-1118940385.html (last accessed November 3, 2016).

8. *Guidelines for Hazard Evaluation Procedures*, 3d ed., American Institute of Chemical Engineers, Inc., 2008, John Wiley & Sons, Inc., 576 pages, ISBN: 978-0-471-97815-2, http://www.wiley.com/WileyCDA/WileyTitle/productCd-0471978159.html (last accessed November 3, 2016).

9. Brian Tyler, Frank Crawley, and Malcolm Preston, *HAZOP: Guide to Best Practice*, 2d ed. Institution of Chemical Engineers (IChemE), Rugby, 2008, ISBN: 9780852955253 (entire book as a reference),

https://www.icheme.org/shop/books/safety/hazop%20guide%20to%20best%20practice.aspx（last accessed November 3, 2016）.

10. D. H. Stamatis, *Failure Mode and Effect Analysis: FMEA from Theory to Execution 2003*, The American Society for Quality—ASQ Press, 488 pages, ISBN: 978-0-87389-598-9, http://asq.org/quality-press/display-item/?item=H1188（last accessed November 3, 2016）.

11. Nancy G. Leveson, *Engineering a Safer World—Systems Thinking Applied to Safety,* MIT Press, 560 pages, Jan. 2012, ISBN: 9780262016629, https://mitpress.mit.edu/books/engineering-safer-world（last accessed November 3, 2016）.

12. Susan Cantrell and Pat Clemens, "Finding All Hazards," *Professional Safety—Journal of The American Society of Safety Engineers*, Vol. 54, Issue 11, p. 32, Nov. 2009. https://www.researchgate.net/publication/254508937_Finding_All_the_Hazards_How_Do_We_Know_We_Are_Done（last accessed November 3, 2016）.

13. Machinery Directive（2006/42/EC）, Official Journal of the European Union, Annex 1, General Principles 1, p. 35, and Sec. 1.1.2, p. 36, http://www.fmmi.at/uploads/media/MRL_neu_engl_02.pdf（last accessed November 3, 2016）.

14. SEMI S2-0715, "Environmental Health and Safety Guideline for Semiconductor Manufacturing Equipment," Sec. 6.5 and Note 9, p. 10, Sec. 6.8, p. 11, Sec. 7.3, p. 12, Sec. 8.3.4.3, p. 13; Semiconductor Equipment and Materials International（SEMI）, http://ams.semi.org/ebusiness/standards/SEMIStandardDetail.aspx?ProductID= 1948&DownloadID=3592（last accessed November 3, 2016）.

15. SEMI S10-0815, "Safety Guideline for Risk Assessment and Risk Evaluation Process," Semiconductor Equipment and Materials International（SEMI）, 20 pages, http://ams.semi.org/ebusiness/standards/SEMIStandardDetail.aspx?ProductID=1948&DownloadID=3590（last accessed November 3, 2016）.

16. SEMI S14-0309, "Safety Guideline for Fire Risk Assessment Mitigation for Semiconductor Manufacturing Equipment," Semiconductor Equipment and Materials International（SEMI）, 21 pages, http://ams.semi.org/ebusiness/standards/SEMIStandardDetail.aspx?ProductID=211&DownloadID=1333（last accessed November 3, 2016）.

17. ISO 12100（2010）, "Safety of Machinery—General Principles for Design—Risk Assessment and Risk Reduction," International Standards Organization, 77 pages, http://www.iso.org/iso/home/store/catalogue_tc/catalogue_detail.htm?csnumber=51528（last accessed November 3, 2016）.

18. Machinery Directive（2006/42/EC）, Official Journal of the European Union, Annex 1, Sec. 1.1.1（a）, p. 35, http://www.fmmi.at/uploads/media/MRL_neu_engl_02.pdf（last accessed November 3, 2016）.

19. ISO 12100（2010）, "Safety of Machinery—General Principles for Design—Risk Assessment and Risk Reduction," International Standards Organization, Sec. 3.5, p. 2, http://www.iso.org/iso/home/store/catalogue_tc/catalogue_detail.htm?csnumber=51528（last accessed November 3, 2016）.

20. SEMI S10-1205, "Safety Guideline for Risk Assessment and Risk Evaluation Process," Semiconductor Equipment and Materials International（SEMI）, Sec. 5.1.4, p. 2, App. 1, Table A1-1, p. 7, http://ams.semi.org/ebusiness/standards/SEMIStandardDetail.aspx?ProductID=1948&DownloadID=3590（last accessed November 3, 2016）.

21. SEMI S14-1205, Safety Guideline for Fire Risk Assessment Mitigation for Semiconductor Manufacturing Equipment," Semiconductor Equipment and Materials international（SEMI）, Sec. 5.11, p. 3, 5.1.18, p. 4, App. 1, Table A1-1, http://ams.semi.org/ebusiness/standards/SEMIStandardDetail.aspx?ProductID=211&DownloadID=1333

(last accessed November 3, 2016).

22. ISO/TR 14121-2: 2012(E), "Safety of Machinery—Risk Assessment—Part 2: Practical Guidance and Examples of Methods," Technical Report Second Edition, 2012-06-01, Sec. 5.4.2, p. 7, http://www.iso.org/iso/home/store/catalogue_tc/catalogue_detail.htm?csnumber=57180 (last accessed November 3, 2016).

23. Pressure Equipment Directive (2014/68/EU), "On the Harmonisation of the Laws of the Member States Relating to the Making Available on the Market of Pressure Equipment," Official Journal of the European Union, May 2014, 96 pages, http://eur-lex.europa.eu/legal-content/EN/TXT/PDF/?uri=CELEX:32014L0068&from=EN (last accessed November 3, 2016).

24. ASME B31.3-2014, "Process Piping," American Society of Mechanical Engineers, 536 pages, https://www.asme.org/products/codes-standards/b313-2014-process-piping-(1) (last accessed November 3, 2016).

25. RoHS2 Directive (2011/65/EU), "On the Restriction of Hazardous Substances in Electrical and Electronic Equipment," Jun. 8, 2011, Amended Annex II to Directive 2011/65/EU, Official Journal of the European Union, Mar. 31, 2015, 23 pages, http://eur-lex.europa.eu/legal-content/EN/TXT/PDF/?uri=CELEX:32011L0065&from=EN (last accessed November 3, 2016).

26. EU REACH Regulation (EC) No 1907/2006, "Registration, Evaluation, Authorisation and Restriction of Chemicals," European Union Regulation, Dec. 18, 2006, 525 pages, http://eur-lex.europa.eu/LexUriServ/LexUriServ.do?uri=CONSLEG:2006R1907:LATEST:EN:PDF (last accessed November 3, 2016).

27. EU (ErP) Directive (2009/125/EC), "Energy-related Products Directive," Official Journal of the European Union, Oct. 21, 2009, 26 pages, http://eur-lex.europa.eu/LexUriServ/LexUriServ.do?uri= OJ:L:2009:285:0010:0035: en:PDF.

28. EU WEEE Directive (2012/19/EU), "Waste Electrical and Electronic Equipment Directive," Official Journal of the European Union, Jul. 4, 2012, 34 pages, http://ec.europa.eu/environment/waste/weee/legis_en.htm (last accessed November 3, 2016).

29. EU F-Gas Regulation; Regulation (EU) No 517/2014, "On Fluorinated Greenhouse Gases," Official Journal of the European Union, Apr. 6, 2014, 36 pages, http://eur-lex.europa.eu/legal-content/EN/TXT/PDF/?uri=CELEX:32014R0517&from=EN (last accessed November 3, 2016).

30. China RoHS, "Management Methods for the Restriction of the Use of Hazardous Substances in Electrical and Electronic Products," http://zfs.miit.gov.cn/n11293472/n11294912/n11296182/14644981.html (MIIT Original Chinese Version—9 pages) (last accessed November 3, 2016).

31. "The State of the National Initiative on Prevention through Design—Progress Report 2014," Department of Health and Human Services, Centers for Disease Control and Prevention, National Institute for Occupational Safety and Health; NIOSH publication No. 2014-123, 40 pages, http://www.cdc.gov/niosh/docs/2014-123/pdfs/2014-123_ v2.pdf (last accessed November 3, 2016).

32. "Priorities for Occupational Safety and Health Research in Europe 2013–2020," European Agency for Safety and Health at Work; Publications Office of the European Union, 2013, 107 pages, https://osha.europa.eu/en/tools-and-publications/publications/reports/priorities-for-occupational-safety-and-health-research-in-europe-2013-2020 (last accessed November 3, 2016).

33. David W. Wilbanks, "Prevention through Design—A Curriculum Model to Facilitate Hazard Analysis and Risk Assessment," *Professional Safety—Journal of The American Society of Safety Engineers,* Apr. 2015, pp. 46–51, https://www.onepetro.org/journal-paper/ASSE-15-04-46 (last accessed November 3, 2016).

34. CMSE®—Certified Machinery Safety Expert [Internet], https://www.pilz.com/en-US/services/trainings/

cmse-certified-machinery-safety-expert（last accessed November 3, 2016）.

35. Certified Functional Safety Engineer: Functional Safety of Machinery [Internet], http://www.tuvasi.com/en/trainings-and-workshops/tuev-rheinland-functional-safety-program/trainings-and-contents/functional-safety-of-machinery（last accessed November 3, 2016）.

36. Functional Safety Process Hazard and Risk Analysis（PH & RA）, [Internet], http://www.tuvasi.com/en/trainings-and-workshops/trainings/process-hazard-and-risk-analysis/182-prosalus（last accessed November 3, 2016）.

37. SEMI Website [Internet], SEMI Standard Technical Education Programs（STEP）, STEP and Other Standards Program Proceedings, http://dom.semi.org/web/wstandards.nsf/STEPProc（last accessed November 3, 2016）.

38. Lockout/Tagout（LOTO）Survey, SEMI EHS Standards Committee, Sent: Tuesday, Mar. 26, 2013; results available, upon request, to any SEMI Standards Program Member.

39. SEMI EHS Committee—North America EHS Technical Committee, Chapter Meeting Summary and Minutes; SEMICON West 2013 Meetings, Jul. 17 , 2013, pp. 2, 14, 15, http://downloads.semi.org/standards/minutes.nsf/91eeb64567db378c88256dcf006a4252/2733c346620d255588257be800697c28/$FILE/EHS%20Minutes%20West%202013%20SF.pdf（last accessed November 3, 2016）.

40. EN ISO 13849-1（2008）, "Safety of Machinery: Safety Related Parts of Control Systems—Part 1 General Principles of Design," European Committee for Standardization（CEN）. British Standards Institution, 98 pages, http://www.standardsuk.com/products/BS-EN-ISO-13849-1-2008.php（last accessed November 3, 2016）.

41. EN ISO 13849-2（2012）, "Safety of Machinery: Safety Related Parts of Control Systems—Part 2 Validation," European Committee for Standardization（CEN）, British Standards Institution, British Standards Institution, 90 pages, http://www.standardsuk.com/products/BS-EN-ISO-13849-1-2008.php（last accessed November 3, 2016）.

42. IEC 62061:2005+AMD1:2012+AMD2:2015 CSV, "Safety of Machinery: Functional Safety of Safety Related Electrical, Electronic and Programmable Electronic Control Systems," European Committee for Electrotechnical Standardization（CENELEC）, British Standards Institution, 387 pages, https://webstore.iec.ch/publication/22797.

43. EN ISO 14118（2000）, "Safety of Machinery: Prevention of Unexpected Start-Up," International Standards Organization（ISO）, 20 pages, http://www.iso.org/iso/iso_catalogue/catalogue_tc/catalogue_detail.htm?csnumber= 22584（last accessed November 3, 2016）.

44. EN ISO 14119（2013）, "Safety of Machinery: Interlocking Devices Associated with Guards—Principles for Design and Selection," International Standards Organization（ISO）, 68 pages, http://www.iso.org/iso/iso_catalogue/catalogue_tc/catalogue_detail.htm?csnumber=45291（last accessed November 3, 2016）.

45. Directive Number: CPL 02-00-147, "The Control of Hazardous Energy—Enforcement Policy and Inspection Procedures," U.S. Department of Labor Occupational Safety and Health Administration, Feb. 11, 2008, pp. 2-15, 2-16, and 3-25, 3-28, https://www.osha.gov/OshDoc/Directive_pdf/CPL_02-00-147.pdf（last accessed November 3, 2016）.

46. OSHA Website [Internet], Selected Case Law: Docket Number: 91-2973, Occupational Safety and Health Review Commission and Administrative Law Judge Decisions, 04/26/1995—91-2973—General Motors Corporation, Delco Chassis Division, https://www.osha.gov/dts/osta/lototraining/caselaw/cl-gm-2973.html（last accessed November 3, 2016）.

47. SEMI EHS Committee—Control of Hazardous Energy Task Force Report; North America EHS Technical

Committee Chapter Meeting Summary and Minutes; SEMICON West 2013 Meetings, Jul. 17, 2015, pp. 34–35, http://downloads.semi.org/standards/minutes.nsf/91eeb64567db378c88256dcf006a4252/fe56c2f09a14ca3c88257eba00655783 /$FILE/EHS%20Minutes%20West%202015%20SF.pdf (last accessed November 3, 2016).

48. ANSI Z244 Committee—ANSI Accredited Standards Committee—Control of Hazardous Energy—Lockout/Tagout and Alternative Methods. SECRETARIAT: American Society of Safety Engineers, http://www.asse.org/publications/standards/secretariats (last accessed November 3, 2016).

49. Mark J. Fessler, "Statistics: An Introduction to a New Way of EHS Analysis and Reporting," *SESHA Journal*, Spring 2008, p. 12, http://www.seshaonline.org/ejournal/articles/article.php3?id=52 (must be SESHA member to access article) (last accessed November 3, 2016).

50. SEMI E10-0814, "Specification for Definition and Measurement of Equipment Reliability, Availability, and Maintainability (RAM) and Utilization," Semiconductor Equipment and Materials international (SEMI), http://ams.semi.org/ebusiness/standards/SEMIStandardDetail.aspx?ProductID=1948&DownloadID=3446 (last accessed November 3, 2016).

51. William Thomson (often referred to simply as Lord Kelvin); Quotes: Lecture on "Electrical Units of Measurement" (May 3, 1883), published in *Popular Lectures*, Vol. I, p. 73, "I often say that when you can measure what you are speaking about, and express it in numbers, you know something about it; but when you cannot measure it, when you cannot express it in numbers, your knowledge is of a meagre and unsatisfactory kind; it may be the beginning of knowledge, but you have scarcely, in your thoughts, advanced to the stage of science, whatever the matter may be." https://en.wikiquote.org/wiki/William_Thomson (last accessed November 3, 2016).

52. Talk: William Thomson [Internet], "If you cannot measure it, you cannot improve it." https://en.wikiquote.org/wiki/Talk:William_Thomson (last accessed November 3, 2016).

第 46 章　洁净室设计和建造

本章作者：Richard V. Pavlotsky　cGMP Technologist
本章译者：胡宇昭　德赛英创（天津）科技有限公司

46.1　引言

洁净室厂房是一个复杂的有机体系，其目的是支持和保护生产过程及人员。每个洁净室都由墙壁、天花板、地面和空气系统组成。就本章而言，洁净室被视作具有中央空调系统（暖通空调、排气系统和公共设施等）和辅助工艺系统（超高纯气体、超高纯水、工艺冷却等）的经典洁净室。

在制定总体制造策略时，洁净室应被视作整体工艺元素之一。正如应深入研究和分析与高科技制造相关的每个制造工艺，并用以优化其生产成品的功能一样，也应对洁净室进行研究和分析，以对制造工艺提供最佳支持。本章旨在概述与高科技制造相关的洁净室功能问题。

46.2　洁净室标准和分类

ISO 14644 标准取代了美国联邦标准 209E（U.S. FED-STD 209E）有关洁净度、洁净室设计、结构和认证的指南，并由以下部分替代之：

第一部分　空气洁净度分类（表 46.1 和表 46.2）
第二部分　洁净室性能监测
第三部分　测试方法
第四部分　设计、施工和启动
第五部分　运行操作
第七部分　分离装置
第八部分　空气洁净度的化学浓度分类
第九部分　表面颗粒洁净度分类
第十部分　表面洁净度的化学浓度分类
第十二部分　用纳米颗粒浓度监测空气洁净度的规范
第十三部分　在颗粒和化学分类方面达到规定洁净度等级的表面洁净
第十四部分　气载颗粒浓度设备适用性评估
第十五部分　气载化学浓度设备和材料的适用性评估

洁净室定义

根据 ISO 14644 标准和英国 5295 标准（British Standard 5295）：“（洁净室）是控制微粒污染的房间，其建造和使用目的为尽量减少微粒在房间内的引入、生成和滞留，并按需控制温度、湿度和压力”（见表 46.3）。

施工期间洁净室的认证，包括工艺设备（工具）安装，通常分为三个阶段：“竣工/完工时”“静止/休息中”和“运行/生产中”。

1.“竣工”认证是在安装终端过滤器[高效微粒空气(high efficiency particulate air，HEPA)或超低渗透空气(ultralow penetration air, ULPA)]且所有通风系统完全运行和平衡后进行的(见表46.4)。通常在认证过程中进行三次测试：清洁度分类、终端过滤器完整性(由于损坏或制造问题导致实际过滤器的空气泄漏，以及格栅/增压过滤器密封处的泄漏)和气流速度/体积。该初步认证验证了洁净室对于工艺工具而言处于可接受的状态，并且提供了可供通风系统“微调”的有价值的数据。

表 46.1 洁净室标准 ISO 14644-1:2015

ISO 等级	大于等于该尺寸的颗粒物最大浓度(每立方厘米的颗粒数量)						EU GMP(欧盟药品生产质量管理规范)	
	0.1 μm	0.2 μm	0.3 μm	0.5 μm	1.0 μm	5.0 μm	静 止	运 行
1	10							
2	100	24	10					
3	1 000	237	102	35				
4	10 000	2 370	1 020	352	83			
5	100 000	23 700	10 200	3 520	832		A, B	A
6	1 000 000	237 000	102 000	35 200	8 320	293		
7				352 000	83 200	2 930	C	B
8				3 520 000	832 000	29 300	D	C
9				35 200 000	8 320 000	293 000		
	EU GMP	A(静止/运行)		3520/3520		20/20		
		B(静止/运行)		3520/352 000		29/2900		
		C(静止/运行)		352 000/3 520 000		2900/29 000		
		D(静止/运行)		3 520 000/未要求		29 000/未要求		

表 46.2 空气洁净度分类 ISO 标准

等 级	每立方米可测得不同粒径(μm)的颗粒数量最大浓度限值				
	0.1 μm	0.2 μm	0.3 μm	0.5 μm	5 μm
1	10	2			
2	100	24	10	4	
3	1 000	237	102	35	
4	10 000	2 370	1 020	352	
5	100 000	23 700	10 200	3 520	29
6	1 000 000	237 000	102 000	35 200	293
7				352 000	2 930
8				3 520 000	29 300
9				35 200 000	293 000

表 46.3 典型洁净室风速(IEST-RP-CC012)

ISO	气流种类	气流速度(m/s)	换气次数(m^3/h)
2	单向	0.3～0.5	
3	单向	0.3～0.5	
4	单向	0.3～0.5	
5	单向	0.2～0.5	
6	非单向或混流/紊流		70～160
7	非单向或混流		30～70
8	非单向或混流		10～20

2. “静止”认证在工艺设备(工具)安装后，在调试和检定之前，洁净室无人员情况下进行。本认证旨在确定工艺工具对通风系统的影响，并确保工艺工具的安装不会对洁净室的洁净度产生负面影响。通常来看，洁净度分类是在本认证期间进行的测试(前提是先有“静止”认证)。

3. “运行”认证在工艺设备(工具)调试完成后且洁净室人员数量符合运行情况时进行。“运行”认证是对洁净室功能的最终测试，因为其模拟实际运行条件并测试所有关键功能。典型测试包括洁净度分类、气密、气流平行度、温度和湿度均匀性。如果客户需要或对某工艺有特殊潜在影响的功能验证，则可在“运行”认证中纳入其他测试。采用“分阶段”认证方法的一个关键原因是，通过将设施与工艺工具和人员的影响隔离开，更易进行故障排查。

表 46.4　典型洁净室过滤覆盖率

洁净室分级	过滤种类	气流速度(in/min)	过滤覆盖率
1	FFU	60～100	80%～100%
2	FFU	60～100	80%～100%
3	FFU	60～90	60%～100%
4	FFU	50～90	50%～90%
5	FFU	40～80	35%～70%
6	FFU	25～40	25%～40%
7	FFU	10～15	15%～20%
8	FFU	1～8	5%～15%

46.3　洁净室的种类

当今的微电子设备洁净室是一个复杂系统，其目的是支持和保护制造过程和人员。洁净室通常按照以下基本概念的配置来建造。

1. *舞厅式布局(开放式)*。舞厅式布局通常是周边具有辅助功能的开放区域(见图 46.1 和图 46.2)。

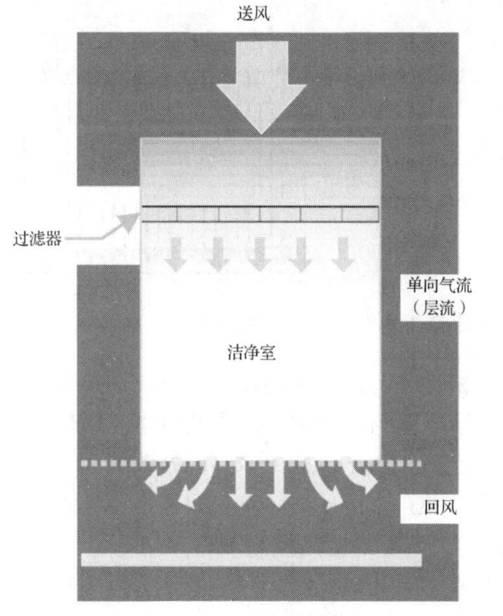

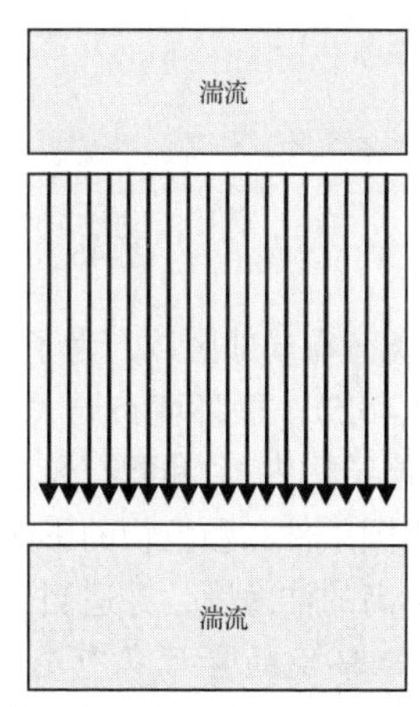

图 46.1　舞厅式布局和单向气流

2. *洁净生产区和技术夹层设备维修工作区布局*。生产区间隔和夹层洁净室通常由夹层墙后的设备区支撑功能配置为“手指”式布局(见图 46.3 和图 46.4)。

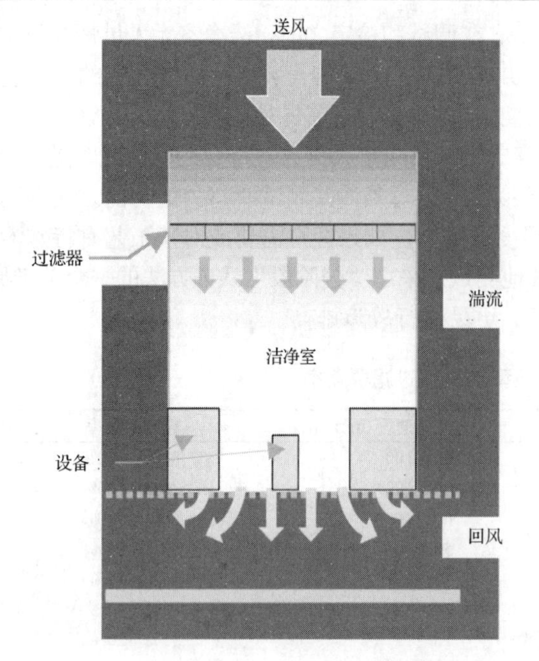

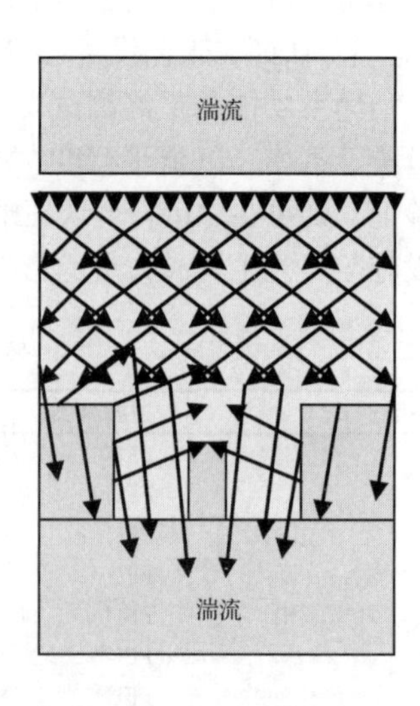

图 46.2 舞厅式布局和湍流

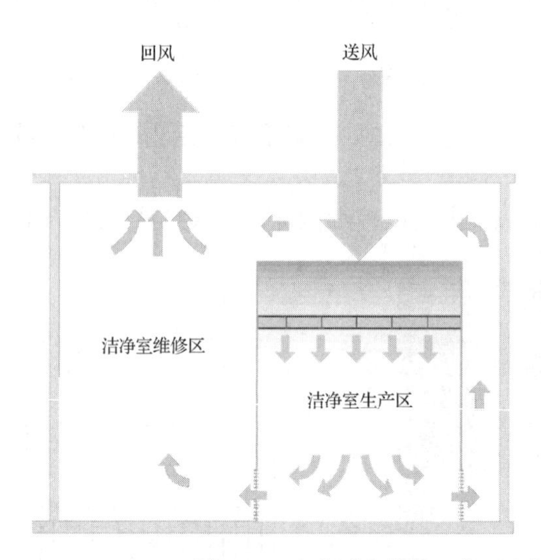

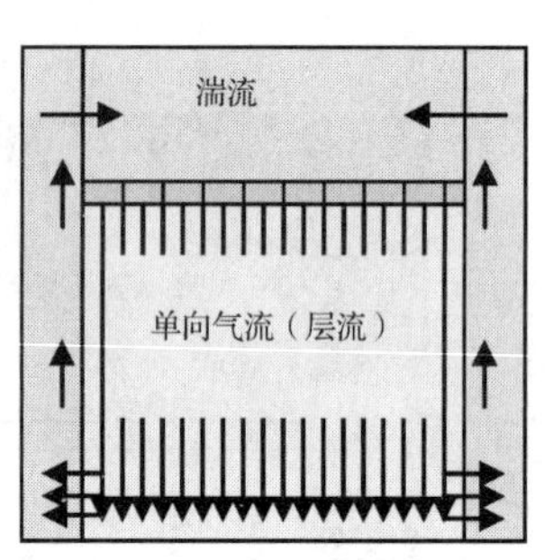

图 46.3 生产区和维修工作区布局与单向气流

3. *微环境*。在局部区域，为了有效并经济地支持制造功能需求，可以通过微环境实现更高的洁净度(见图 46.5)。微环境布局大大节省了洁净室的初始和生命周期成本。微环境通常由框架系统(洁净室整体结构内部)和配有风扇过滤单元(fan filter unit，FFU)的外壁构成。微环境布局将设备和工艺同周围条件和颗粒物的影响隔离开。FFU 直接从洁净室获取经过预处理和过滤的空气，将其过滤到更高的洁净度，并适当分配，以实现所需的污染控制策略。

4. *安装微环境的舞厅式布局*。最常见的是，目前洁净室的设计实践采用混合型方案(见图 46.5)，以满足特定的工艺要求、经济性和空间限制。投资建造洁净室的目的是为了在优化空间内，对于给定的制造工艺类型和已知限制条件，用最经济的方案实现可确定的洁净度。

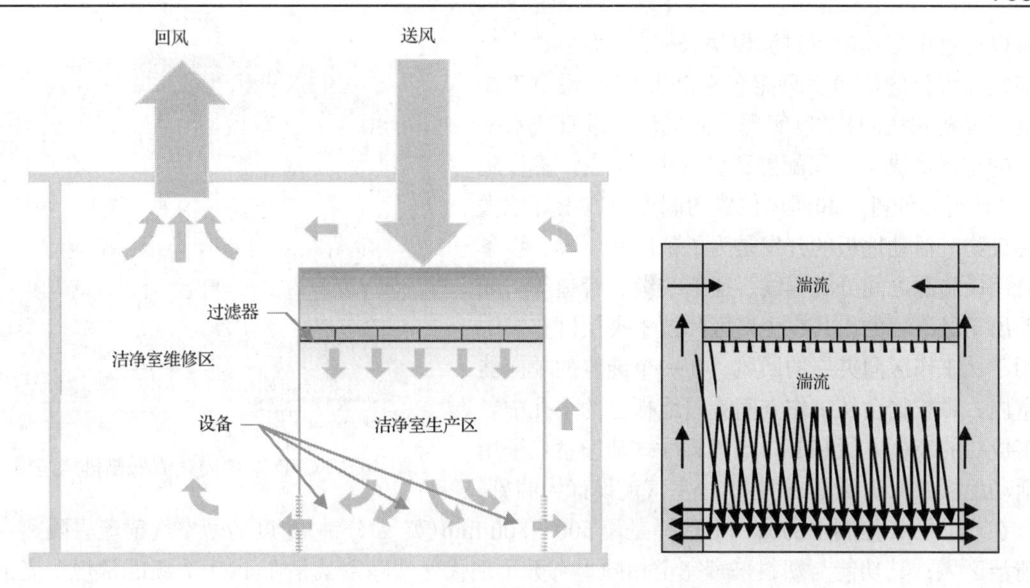

图 46.4　生产区和维修工作区布局与湍流

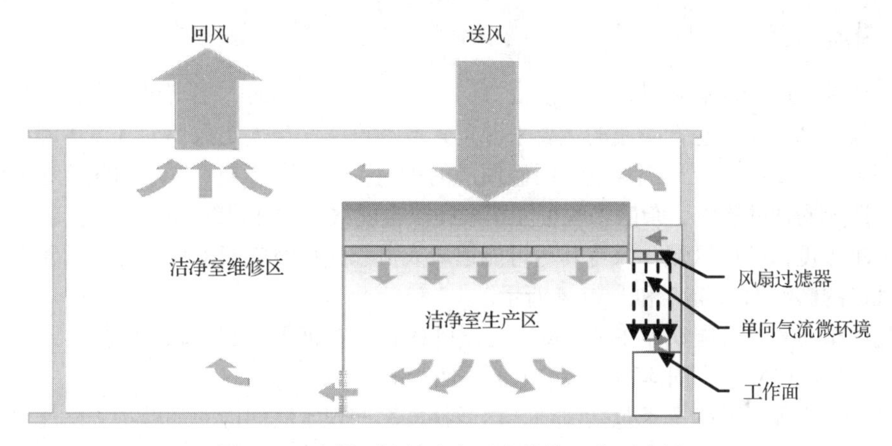

图 46.5　有微环境的生产区和维修工作区布局

46.4　气流布局和模式

洁净室的垂直方向气流，其送风可能来自天花板，回风通过地板开口排出，或回风通过侧壁的开口排出；水平方向气流，其送风来自侧壁，回风则通过对面墙壁的开口或高低组合方式排出。

46.4.1　单向气流

当空气离开洁净的 HEPA 过滤器表面时，它以均匀的速度移动，这使得气流几乎是单向的(见表 46.3)。单向气流限制了污染物从内部产生源的扩散。在单向气流洁净室内，污染物的颗粒或分子沿着气流通过并排出洁净工艺区的边界。单向气流洁净室最容易用计算流体动力学(computational fluid dynamic，CFD)软件模拟颗粒的行程和控制(见图 46.6)。

如果单向气流只需在洁净室的小且敏感区域内，则单向气流可以在微环境中进行处理。污染源可以通过手套箱或者过滤模块来控制。大多数完全单向气流设计的洁净室只能在静止状态时(没有工作人员、设备和房间排气)实现单向气流。垂直或水平气流的选择取决于房间配置和设备布局。在许多设施中,设计得当的排气和回风位置的湍流可以很好地去除污染物。活动地板的开发是为了帮助在工具、设备和公用设施源之间分配电线、通信线缆、管道等。随后,出于经济目的,其在生产区和技术夹层区布局中被用于从工作区向夹层的回风。在一个纯粹的单向洁净室内,颗粒物会从工作空间流向地板上的小孔中。许多成功的ISO 4级和ISO 5级舞厅式洁净室均采用无活动地板的低壁回流,而将洁净室气流设计为湍流。

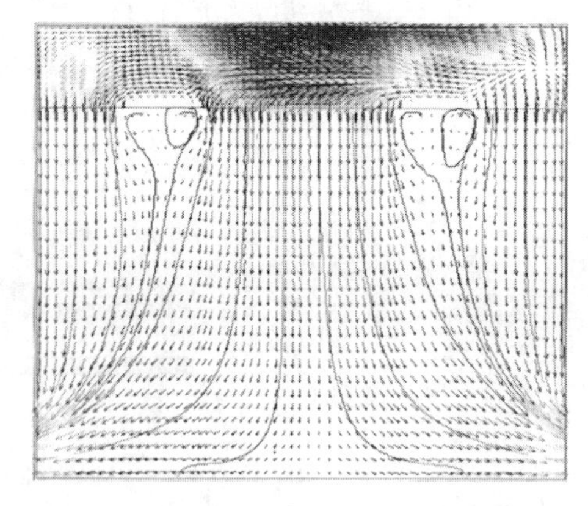

图 46.6 CFD对单向气流低侧排风建模

在产品污染控制中的另一个选择是用500～800 fpm(英尺/分钟)速度的薄空气射流去隔离一个超清洁区域;其功能与塑料幕帘完全相同。有数个现代化洁净室就是在ISO 7级的常规湍流洁净室中,设计、建设并运行着比ISO 4级更洁净的超洁净区域。

46.4.2 湍流气流

当空气流冲击一个固态物时,它会改变方向。这种情况发生时,层流可能会被破坏,造成空气中产生湍流。洁净室中空气湍流的主要来源是人员和设备。当人走入单向气流中时,空气被推送至人的面前并在身后形成局部真空。因而周围的单向空气受到影响。在单向气流区域附近移动设备部件会造成同样的影响。杂散颗粒可能积聚在湍流气穴中,并最终影响正在生产的产品。

对于要求极度洁净的区域,保持其尽可能远离人员和其他空气流动原因是非常重要的。障碍物对单向气流的影响如图46.2和图46.4所示。

认识到纯单向气流可能只存在于距离空气出口(HEPA过滤器)数英尺之内是相当重要的。在非等温环境中,气流受对流、固体物和杂散电流等的影响。

确保洁净室性能的其他要素包括清洁、房间换气率和规定时间内的颗粒物去除比例。这些要素取决于许多因素,诸如气温梯度、洁净室形状和配置、固体和移动物体在地板上的位置及入口和出口位置。清洁是洁净室或设计工艺设备中最易被忽视的功能,人们容易将重点放在颗粒数量上,而很少注意清洁。清洁是气流从表面捕获污染物并将其从关键暴露区输送出去(通过回风)的动作。这些被捕获的污染物随后通过过滤器的作用从气流中去除。洁净室系统最重要的功能之一,即清除易感区域内产生的污染物。保持产品和工艺周围气流的适当速度和模式是必要的。

考虑到湍流洁净室在建造和维护方面更划算,并且湍流洁净室在房间清扫和颗粒物去除方面所具有的优势,现实的方法可能是建造带有局部单向气流微环境和屏蔽外围的湍流舞厅式洁净室。

典型的制造洁净室由洁净室墙壁系统、洁净室天花板和地板系统,以及带或不带空气吹淋的出/入口气闸组成。洁净室所需洁净度等级由洁净室空调系统(送气、排气和再循环)、洁净室电离/静电控制系统和洁净室操作协议共同确保。

46.5 换气

洁净室的空气分配装置(通常是天花板过滤器)被设计为规格一致的洁净过滤空气“喷洒”系统。供给房间的空气量使人联想到一个消防栓与普通喷头的类比。

美国联邦标准 209E(已过时)、日本 JIS B9920 和 ISO 14644-1 标题为“洁净室与相关受控环境第一部分：通过颗粒物浓度对空气清洁度的分类(Cleanrooms and Associated Controlled Environments—Part 1：Classification of Air Cleanliness by Particle Concentration)”的文章中，对洁净室参数、分类和测试提供了指南，但并非告知大家如何经济地达标。这是因为任何工艺，包括洁净室的要求是不同的，可利用不同量的再循环空气来达成所需的条件。

虽然殊途同归，但最佳设计只有一个。为一个项目求得最佳和最经济的方案是洁净室换气项目理念的基本目标。如表 46.3 所示，即使是给定的房间等级，换气与再循环量也是会发生显著变化的。例如，ISO 3 级至 ISO 4 级的洁净室，可以通过 300 次换气次数达到，也可能 540 次换气也未必够。

洁净室空气量选择的主要因素之一是房间污染率和颗粒产生量。室内颗粒物去除率对于一个制造工艺可能非常重要，然而对另一个可能毫无影响。可能影响再循环空气量的其他变量有房间配置、设备位置、设备表面温度、对流通量、气流类型(仅单向超敏感区域或整个房间)、房间操作和协议，以及使用的材料和化学品等(见图 46.7)。房间可能只需在静止时认证，在工作条件下进行认证，对工艺进行认证，或对当前 cGMP(现行优秀生产规范)进行验证。美国总务管理局(General Services Administration)制定的联邦标准 209(e)建议 100 级(ISO 5)洁净室的气流速度应为 90 fpm。然而，建造一个比这种洁净等级更高的房间也可能使用更小的气流速度。事实上，(气流速度)已经可以实现低至 45 fpm。

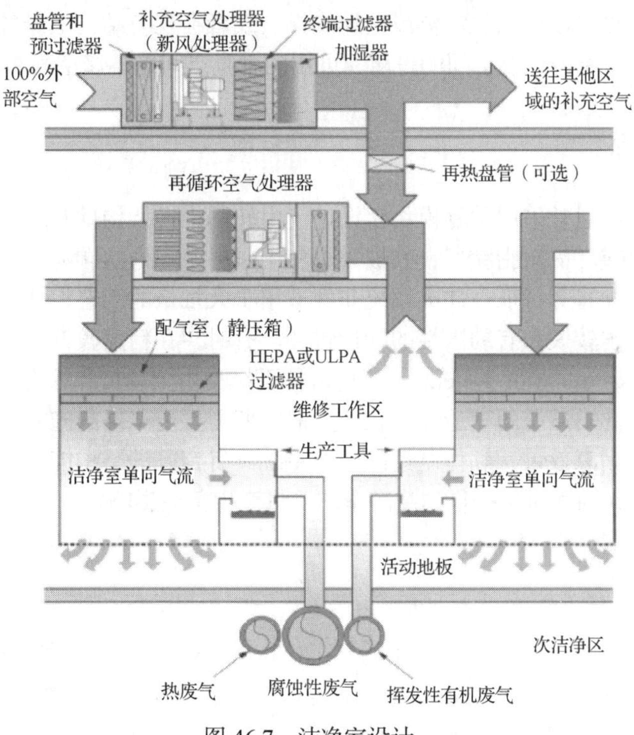

图 46.7　洁净室设计

46.6　洁净室要素

无论配置如何，洁净室都由支持和保护洁净制造工艺所需的常规要素组成。这些要素包括带 HEPA 过滤器的天花板系统、墙壁系统、地板系统和环境调节系统，参见图 46.6 和图 46.8。

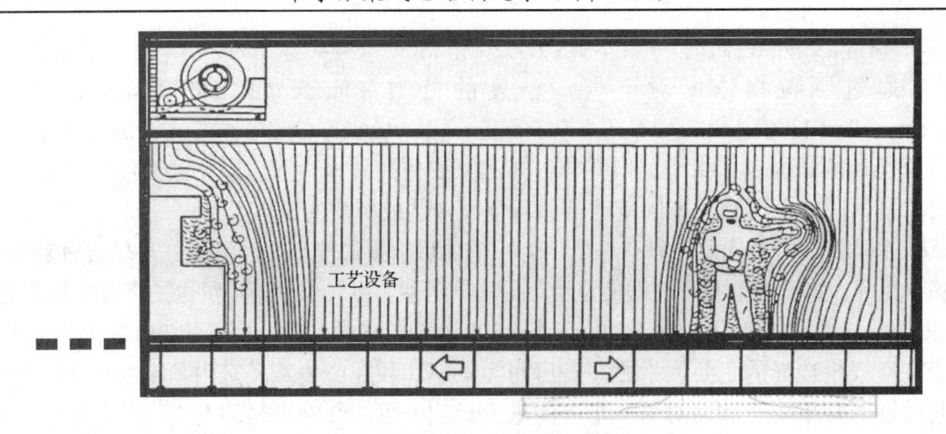

图 46.8 有障碍的单向气流

46.7 天花板系统

洁净室的天花板系统是复杂的封闭式结构。两个最常见的系统是轧制铝支架与现场建造的风道或预制铝支架与风道模块。终端过滤器(HEPA 或 ULPA)或 FFU 及照明灯具都可安装在这两种系统上。天花板系统也可以由独立墙体或柱体支撑，或者在现有结构上悬挂。选择天花板系统所涉及的因素通常取决于所需开放空间的跨度、可用的垂直空间、维修空间和载荷要求。

46.8 墙壁系统

洁净室的墙壁系统通常采用预制模块化设计，由轧制铝框架构件和蜂窝状铝板构成。表面处理通常选择阳极氧化或环氧树脂涂层，其被大量使用是由于不产生颗粒，具有非常低的释放气体特性，并且易于重新配置等特征。此类系统非常适用于大批量的工艺设备管道及公用气体管道的连接。缺点是初始成本较大和有局限性的结构特征。有时，在精度较低的应用中，会使用“预制模块”墙体系统(stick-built wall system)。这些墙体系统是由金属钉和涂有环氧树脂涂层的金属面石膏板构成的。虽然此类系统的建造成本较低，但它们需要更严格的施工协议；在有限的施工时间内难以可靠地提供满意效果。黏体制造的墙壁系统具有良好的结构能力，但重新配置时难以避免过多的颗粒物产生，因而对可操作的洁净室的质量产生负面影响。

46.9 地板系统

最常见的洁净室地板系统是次洁净区上的穿孔对夹混凝土板、高架地板或带侧空气格栅的平板。通常，这些系统配备有静电放电(electrostatic discharge，ESD)地板或 ESD 级环氧地板。气流管理是影响地板系统选择决策的重要因素。在单向气流和平行度是关键因素的情况下，活动地板系统或穿孔对夹混凝土板提供了卓越的性能。活动地板系统的缺点是成本相对较高，以及有限的结构能力。当单向气流并非主要问题时，带有侧壁回风的侧空气格栅可以达到满意的效果并显著降低成本。

46.10 环境要求

环境调节系统通常包括再循环与空气补充系统(洁净室的温度和湿度控制通过这些系统完

成），一般排气、酸性排气和涤气，溶剂和挥发性有机化合物(volatile organic compounds，VOC)排放和吸收，有毒气体排放和驱除。

洁净室设计中一个已验证有效的要素是使用空气分子污染(airborne molecular contamination，AMC)控制系统。这种系统可以对通风和增压的外部空气进行清洁，清除再循环空气系统中的 VOC 和无序排放物，以及清洁废气流中的工艺排放物。AMC 系统通常按其化学性质分类，如酸、碱、可压缩物、掺杂物，详细介绍请见第 40 章。

半导体标准 F-21-1102(见第 40 章)提供了一个基于分子污染物水平而非颗粒物水平的洁净室分类系统。AMC 可以解决人员接触有毒有害物质的问题。AMC 系统通常包括特定的过滤和监测部分，并可提供高达 90%的有效去除率。

46.10.1　排气系统

排气系统通常分为酸性排气、溶剂和 VOC 排气、有毒排气、热排气和一般房间排气。如果在排气中存在氨气，一些设施更倾向运行单独的管道系统以减少氨气。最常见的酸性排气消减设备是水平或垂直洗涤器。溶剂和 VOC 排气需要被吸收、浓缩和去除浓缩溶剂或现场焚烧。有毒气体排放一般通过就地或现场高温破坏来实现。消减类型应根据所需排气流量仔细确定。良好的设施空气管理能有助于减少排气量，从而降低施工成本和运行期的能源浪费。保持增加排气量的潜在需求与初始或未来安装此类设备的经济价值之间的平衡是很重要的。频繁更换、超规、昂贵、不锈钢内衬或玻璃钢排气系统是为了将来在洁净室中进行扩张而建的，但是其他公用设施和机械系统、空气补充和冷却系统则不能支持这样的扩张。同样常见的是，酸性排气系统的建造没有考虑到未来的需要，其中风管速度超过了 4000 fpm，增加了气流和新管道分支。这样的系统很难或不可能达到平衡，且运行成本较高。

46.10.2　补充空气系统

通常，补充空气处理器(补充空气处理机组，即主 AHU)可为再循环空气处理机组(二次空气处理机组)提供必要的补充空气。补充空气处理机组由带过滤器的直通式离心风机、叶片轴流风机或摇头风扇、用于预热和再热的热水盘管、用于冷却和除湿的冷冻水盘管及蒸汽或绝热加湿器组成。此外，还有许多可用的附加装置或不同变化，包括静态空气混合器、蒸汽预热线圈、超声波加湿器、盐水、直膨或乙二醇过冷线圈、VOC 吸收过滤器、消声器和变频驱动器(variable frequency drive，VFD)。补充空气处理机组通常利用管道横向平衡地将空气排放到公共集管中，然后向再循环空气处理机组提供所需的补充空气。

空气测量站应安装于主要空气和二次空气供应主管道中，用来调节送风机 VFD 驱动器或进口叶片阻尼器，以保持恒定的气流。压差表应监测位于每个空气处理装置上的 HEPA 过滤器、袋式过滤器和预过滤器的压降。假如天花板安装了吊顶风扇过滤器，则补充空气应均匀分布于风扇过滤器之上。来自补充空气处理机组的空气通过再循环空气处理机组进入洁净室。

46.10.3　再循环空气系统

通常，每个再循环空气处理器均由一个带过滤器和显热(干燥)冷却盘管的节能离心风机组成，如图 46.6 和图 46.8 所示。附加装置包括用于区域温度控制的再热盘管、用于区域湿度控制的蒸汽或超声波加湿器及定容控制箱。经实践证明，合理选择风机系统是降本增效的有效途径。通过 ULPA 或 HEPA 过滤器(通常 100%覆盖 ISO 4 级和 ISO 3 级区域的天花板)将多组再循环处理后的空气排放至洁净室的送风管。这种垂直单向气流向下流经房间，通过穿孔的活动地板进入地板下的回风空间，然后向上穿过垂直回风竖井，重新进入再循环空气处理器，并以此路径循环往复。对于吊扇过滤器，可通过位于风扇过滤器上方的天花板空间内的水或直膨冷却风扇盘管装置进行显式冷却。

46.10.4 温度控制

温度和湿度的变化会导致工艺设备失准，影响已开发工艺的可重复性，并最终减少产品的有用输出，增加废品数量。当然，最严格的洁净室温度要求与成本通常都会考虑进去。

通常，为降低施工成本，会要求工程师设计一个大空间内的精确温度控制区(如带卷帘门的仓库区域)，允许温度偏差在±4～6℉。如果没有坚实的墙体和气闸，这可能是一个非常昂贵的替代方案，且几乎无法控制湿度变化。因此，所述洁净室的质量是不合格的且成本相对更高。常识告诉我们，清洁度、温度、湿度和压力的级联级别较易实现和保持，而且它们的容许公差应仔细评估。

温度控制严格要求(66～72℉，±0.1℉)的洁净室，其机械设备和控制系统的成本可能比另一要求(68～72℉)和设定点(70 ℉，±2.0℉)的洁净室高20%～50%。

区域恒温器通常控制每个洁净室区域的设计温度。它启动风管安装区域的再热线圈或再冷却盘管，以满足房间内合理的负载条件。对于风机盘管机组，区域恒温器应控制离开风机盘管机组的空气温度。

46.10.5 湿度控制

任何洁净室的设计相对湿度均由区域恒湿器控制。如果室内相对湿度较高，则恒湿器会降低冷却盘管的排气温度，以增加除湿量。同时，再热线圈提供热量以保持恒定室温。如果任何洁净室的相对湿度低于设计限制，则区域恒湿器将启动管道安装的区域加湿器。当需要精确的湿度控制时，通常可以由空气处理器中补充空气的绝热增湿和保持洁净室露点来实现。湿度等级的局部变化可以在终端过滤器前，使用位于管道系统通风室内的超声波加湿器进行处理。洁净室内的超声波加湿器能在超高压水质下工作良好。在此情形下，任何洁净室的设计相对湿度通常由一个区域恒湿器控制。如果相对湿度低于设计限制，则恒湿器会启动加湿器以增加送风含水量。如果室内湿度相对较高，则恒湿器会降低空气补充设备的冷却盘管露点温度，以增加除湿量。

46.10.6 气压差

洁净室加压是必需的，以此保护洁净室免受相邻区域的污染，控制污染物的流动，防止区域间的交叉污染，以及帮助保持温湿度要求的水平。洁净室和周边走廊及其他设施区域之间的典型气压差保持在0.005～0.25 英寸水柱(in w.g.)之间。制药设施通常使用更高的数值，在区域之间的级联气压可避免交叉污染。这些区域之间通常需设置一系列的制药行业门作为级联气闸，其允许空气高速排出，从而产生压差。精心设计的微电子洁净室通常在0.02～0.005 in w.g.的条件下工作，并在洁净室入口处设置半封闭气闸。更衣室常作为上述气闸使用。在入口处安装空气淋浴，与其说是必需的，倒更像是设施文化和设施洁净室协议的问题。诸多微电子和光刻洁净室是在被动气压控制下成功运行的，门全开且仅在入口上方保持 50～100 fpm 的最小风速。一些生物制药设施需要主动压差控制，并为从门泄漏出去的空气自动补风(当开门时)，压差监测器可用于此目的。监测器可以安装于洁净室外，但室内安装一个有声光报警装置的小 LED，以方便检查是否正常。该装置用来检测常见于生物制药业的生物污染区负压和常见于电子设备区域的负压。其具有数字压差显示，分辨率为0.001 in W.C.，以及0.5 in W.C.的压力/真空量程。压差由发光LED和声音报警表示。内部可调延时可以防止由于瞬间开门而激活声音报警。

46.11　工艺污染控制

46.11.1　空气过滤

洁净室空气通常采用在 0.3～0.5 μm 条件下过滤效率为 99.99%的终端 HEPA 过滤器，而 ULPA 过滤器在 0.12 μm 条件下的效率为 99.999%。

根据洁净室的用途，可能还需要其他装置，即在循环和补充空气处理器中的 HEPA 过滤器，吸收 VOC 的活性炭或类似合成过滤器，静电过滤室等。

洁净室使用风机过滤器不再是新鲜的事物，正确应用才能为高等级洁净室，尤其为天花板高度受限的建筑物提供优良且经济的解决方案。更高等级终端过滤器的应用要经济合理，并对更昂贵的过滤介质的初始成本和更低压降进行加权。从长远来看，在整个洁净室的使用寿命中，使用低压降高等级过滤器更为经济，虽然这并不总是显而易见的，但往往确实如此。

46.11.2　预防

正确设计的设备和正确选择的材料可以最大限度地减少内部污染产生。应尽量减少滑动面和皮带的使用，或将其与工艺隔离。应分析材料的脱落与排气。全氟烷氧基(perfluoroalkoxy，PFA)比聚丙烯的洁净度高出一个量级，而特氟龙比 PFA 的清洁度又高出一个量级。一般来说，铝的污染远小于钢的情况。选择阳极氧化铝取代不锈钢可去除工艺中的严重污染。

46.11.3　隔离

通过墙体装置、柔性或硬性装置屏蔽污染源是正确的设计，利用各种共享材料仪器设备(shared materials instrumentation facility，SMIF)、真空处理、氮气净化处理、隔离载体、运输通道、悬挂防护和机器人技术，可以显著减少产品或工艺的污染。外部隔离还包括工艺的隔离与整合及设备的布局。例如，光刻和离子注入等工艺应与制造过程的其他工艺隔离。其目的是将产品与所有内部引起的污染和交叉污染隔离开来。

46.11.4　清除

正确设计的气流与速度应确保有效的清除。如果空气流速过低，则不会产生去除颗粒的效果；如果空气速度过高，则又会产生不想要的湍流。

46.12　振动和噪声控制

设备的尺寸和质量会影响振动的传递扩散和控制。洁净室地板下的混凝土华夫板工作良好，可防止设备振动转移到其他生产区域或计量工具。即使在地板上钻孔，以便将管道通进洁净室，华夫板仍然保持刚性。由于地板的强度在于网格系统的强度，因此重新安排是可行的；地板上可以打额外的孔，而不必担心对振动产生不利影响。所有机械设备应使用弹簧、柔性连接件和隔离的洁净室基础设施进行隔离，以减少振动影响。安静、节能的风扇和电机能保持洁净室要求的噪声标准。振动和声音顾问应是团队的成员，在振动和噪声控制方面验证机械和建筑理念。后期改正修理的成本可能会很昂贵。若从一开始就考虑这些因素，建筑师、机械工程师、客户和参与决策过程的顾问一起协商，则许多潜在的昂贵措施可能会被取消或者被更经济的解决方案所取代。

46.13 磁通量和电磁通量

磁通量被认为是星系背景粒子流。银河系自转也被认为其本质上是电磁性质的。“通量”指的是流，我们可以把磁力线看作某种流体通过假想表面的线。磁场大小就像是一个流量，其方向就是流量的方向。磁通量就像流经表面的总流量。我们可以把磁通量看作穿过表面的磁力线的数量。在给定的速度下，当粒子垂直于磁场运动时，这个力最大；而当粒子平行于磁场运动时，这个力为零。在最基本的层面上，磁力是由移动电荷施加在其他移动电荷上的，就如静电力是由电荷施加在其他移动电荷上，无论它们是否移动。从行星的比较研究中可以发现，地球有一个很强的磁场，因为它是旋转的且有一个熔融金属核心。理论上，磁场产生于由地球自转和地核环流所引起的内部电流中。磁感应强度有自己的单位，即特斯拉(T)。地球表面附近磁场的典型值为 1/2 高斯，约为二十万分之一特斯拉。根据职业安全和健康要求，在对员工开放区域的磁场强度应限制在 5 高斯以下。洁净室的磁屏蔽可能非常昂贵。例如，使用 M15 型磁性(铁-硅)钢在洁净室外壳上形成 4～5 mm 厚屏蔽层，可以将核磁共振设备的磁感应强度降低到 1.3～2.6 高斯。然而，14 mm 的普通低碳钢屏蔽则可能无法实现。目前的半导体、计量和通信实验室要求该区域的磁感应强度限制在 0.05 高斯或以下。

46.14 空气和表面的静电荷

当接触面分离时，产生“静电”效应。如果从不同表面产生的电荷未能快速接地，那么电荷将被捕获，并且会扩散到材料表面——这就是“静电”。在许多工业领域中，残留的静电会产生风险并引起问题。它有可能引燃可燃气体，甚至对人员造成冲击。它能使薄膜和轻质织物粘在一起，吸引空气中的灰尘和碎片，损坏电子设备，扰乱精密设备的运行。在可燃气体、蒸汽和粉末的情况下，静电所带来的危害既与最小点火能量相关的电容性存储能量有关，亦与点火传播所需最小间隙的击穿电压相关。通常，普通碳氢化合物气体/空气混合物的最小点火能量为 0.2 毫焦(mJ)，最小击穿电压为几千伏(kV)。在粉末中最小的点火能量从几毫焦开始。静电放电产生的冲击在 1 mJ 左右可分辨出，在 10～100 mJ 的范围内可能感觉不舒服。当静电力与重力或其他约束力相当时，它们会导致超过 1 J 的主要肌肉收缩。这与局部电场强度有关，因此与绝缘体表面电荷密度有关。一般来说，静电力是较弱的，但在电荷密度低于几个 $mJ\times10^{-7}/m^2$ 的情况下，灰尘会被吸附于表面。静电会产生于当人在地毯上行走、从椅子上起立或摩擦衣物表面等正常活动时。在低湿度环境和广泛使用人造纤维的地方，静电水平会更高，体电位预计可达 15 kV。带电织物、带电体和手中的任何金属物体等都会产生静电放电。这些静电放电可能涉及高电位，因此可能会通过设备外壳的间隙穿透几毫米的空气，从而直接进入其内部电路。放电电流可达几安培，频率可达几百兆赫——特别是在金属导体作为放电源时。微电子系统扰乱问题通常也与人体模型放电有关。这可能需要几千伏的系统抗扰度(对于不受控的环境，最好高于 15 kV)，因为在正常工作环境中，人员在地板上的移动就很容易产生高电位。为了风险最小化并避免潜在问题，有必要确保静电荷的消散速度比产生速度快。对于正常的、手动操作和身体活动等动作，这意味着电荷衰减时间需要小于或等于 1/4 秒。与风险控制相关的一个新概念是，如果静电荷在材料上遇到高电容，那么只会观察到低表面电压，并防止潜在的问题和伤害。

46.15　生命安全

在洁净室的设计和操作中，安全始终是主要考虑因素。关键的生命安全系统和安全出口是规范和行业公认惯例中所要求的。全球工厂联合保险商协会(Factory Mutual Global，FMG)等主要保险商发布了用于洁净室施工的材料指南，通常不会受理担保没有按照推荐做法设计、建造和操作的洁净室。洁净室的典型安全系统包括有毒气体监测(toxic gas monitoring，TGM)、安全壳管道中的泄漏传感器、废物系统、增强型监测(早期监测)、火灾报警和氧含量监测。这些系统提供从基本的指示灯显示和警报，到自动拨号至紧急响应人员的报警级别，以及与所支持的生命安全系统报警和操作有关的 365/24/7 等级的信息数字存储。

46.16　计算流体动力学(CFD)

计算流体动力学(computational fluid dynamic，CFD)建模或气流建模(见表 46.5)是确定洁净室最佳通风(再循环、补充空气和排气)的有力工具之一。

表 46.5　洁净室暖通空调要求：建议满足并超过 FED-STD 209E，垂直层流，以及符合 ISO14644-1

ISO 14644-1(等级)/立方米	联邦标准 209E(SI)	联邦标准 209E(美国)/立方英寸	建议最小吊顶覆盖率	建议过滤器类型	建议最小气流速度(天花板高度处)	建议洁净室最小换气次数
ISO 3 级颗粒数量 ≥0.1μ－1000 ≥0.5μ－35	M1 级	1 级 颗粒数量 ≥0.1μ－35 ≥0.5μ－1	100%吊顶覆盖	0.12 μm 颗粒过滤效率为 99.999 95%的 ULPA 过滤器	75～90 fpm (0.38～0.46 m/s)	500～640 次/小时(ach)
	M1.5 级	1 级 颗粒数量 ≥0.1μ－35 ≥0.5μ－1	100%吊顶覆盖	0.12 μm 颗粒过滤效率为 99.999 95%的 ULPA 过滤器	75～90 fpm (0.38～0.46 m/s)	450～640 ach
	M2 级	10 级 颗粒数量 ≥0.1μ－99.1 ≥0.5μ－2.83	100%吊顶覆盖	0.12 μm 颗粒过滤效率为 99.999 95%的 ULPA 过滤器	75～80 fpm (0.36～0.41 m/s)	420～600 ach
ISO 4 级颗粒数量 ≥0.1μ－10 000 ≥0.5μ－352	M2.5 级	10 级 颗粒数量 ≥0.1μ－345 ≥0.5μ－10	100%吊顶覆盖	0.12 μm 颗粒过滤效率为 99.999 95%的 ULPA 过滤器	70～80 fpm (0.36～0.41 m/s)	420～600 ach
	M3 级	100 级 颗粒数量 ≥0.1μ－991 ≥0.5μ－28.3	80%吊顶覆盖	0.12 μm 颗粒过滤效率为 99.999% 的 HEPA 过滤器	50～70 fpm (0.26～0.36 m/s)	300～480 ach
ISO 5 级颗粒数量 ≥0.1μ－100 000 ≥0.5μ－3520	M3.5 级	100 级 颗粒数量 ≥0.1μ－3450 ≥0.5μ－100	75%吊顶覆盖	0.12 μm 颗粒过滤效率为 99.999% 的 HEPA 过滤器	50～70 fpm (0.26～0.36 m/s)	300～480 ach
ISO 6 级颗粒数量 ≥0.1μ－1 000 000 ≥0.5μ－35 200	M4.5 级	1000 级 颗粒数量 ≥0.1μ－34 500 ≥0.5μ－1000	40%吊顶覆盖	0.12 μm 颗粒过滤效率为 99.999% 的 HEPA 过滤器	30～50 fpm (0.15～0.25 m/s)	180～300 ach

续表

ISO 14644–1(等级)/立方米	联邦标准209E(SI)	联邦标准209E(美国)/立方英尺	建议最小吊顶覆盖率	建议过滤器类型	建议最小气流速度(天花板高度处)	建议洁净室最小换气次数
ISO 7 级颗粒数量≥0.5μ – 352 000	M5.5 级	10 000 级 颗粒数量 ≥0.1μ – 345 000 ≥0.5μ – 10 000	30%吊顶覆盖	0.3～0.5 μm 颗粒过滤效率为 99.99%的HEPA 过滤器	20～30 fpm (0.10～0.15 m/s)	60～100 ach
ISO 8 级颗粒数量≥0.5μ – 3 520 000	M6.5 级	100 000 级 颗粒数量 ≥0.1μ – 3 450 000 ≥0.5μ – 100 000	15%吊顶覆盖	0.3～0.5 μm 颗粒过滤效率为 99.99%的HEPA 过滤器	15～20 fpm (0.08～0.10 m/s)	36～90 ach

洁净室污染控制的本质是通风。电能是保障暖通空调设备以支持洁净室功能所需的必要部分。随着高性能个人计算机的发展，CFD 模型可应用于更小的项目中。

CFD 建模允许更好地预测设计缺陷，以便在施工开始前对其进行补救，更好地、高效地识别洁净室运行性能有改善机会的区域，以及具备对规划和运行洁净室的各种选项进行建模的能力，最终达成高度可信的最经济解决方案。

遗憾的是，仍然有太多的洁净室是根据简单的“经验法则”设计的。随着工具的迭代，制造设施成本也随之以“两位数”递增。预计一个新的 300 mm 设施的成本将超过每平方英尺 1800 美元。

就洁净制造设施的设计和施工来看，“时间是最重要的”。

市场分析表明，在高科技制造业中，第一家推出新产品(或升级到现有产品)的公司将在产品生命周期内保持 40%的市场份额(前提是其保持有竞争力的价格)。

这导致要定时或及时提前交付洁净室使项目团队面临巨大的压力。因此，在项目晚期的认证、验证和调试过程中才发现问题，并希望通过简单地再平衡空气系统来解决问题，这是一个广泛存在的误解。

46.17 洁净室设计和施工

洁净室和污染控制设施的设计和施工，需要一支有丰富经验、敬业、精干、协作的团队，才能获得成功。洁净室通常是制造设施中最复杂和昂贵的要素，从一开始就应当注意所有要素，包括工艺流程、舒适性、安全性和人员疏散出口。例如，洁净材料和受污染废料不得存放在同一位置，人身安全出口和有毒化学品输送系统不得相互交叉，加压有毒液体管道不得直接安装在工作人员头上方或安全出口内。

46.17.1 微环境舞厅式布局技术说明(示例)

微环境

设施应具有为每个工艺工具配备的独立 ISO 3 级微环境，以及一个部分 HEPA 覆盖的垂直层流洁净室，该舞厅式洁净室通过在 HEPA 过滤器输出侧使用涡轮机，能够达到 ISO 5 级湍流洁净度(在操作状态下)，以提高洁净室空气混合和操作的清洁度。

除此处定义的性能条件外，将依据 ISO 标准进行测量。

1 级(ISO 3 级)制造环境(运行时)

定义 “1 级制造环境定义为在所有工具分度器顶部晶圆位置的上方 3 英寸处，每立方英尺内测得的大于或等于 0.03 微米的颗粒物，应小于 1 粒。”

测量 1 级制造环境是被测气载颗粒环境，直接在占据工艺工具分度器顶部槽的生产晶圆上方测量。该位置位于安装在工具大气侧晶圆处理装置上的微环境外壳内，且将干扰用于获得 1 级晶圆环境的层流空气场的工具盖永久移除。

测量条件 在工具待机模式下进行测量，以证明达到 1 级制造环境。测量时，洁净室的其余部分应处于正常制造过程中。

100 级(ISO 5 级)湍流室环境(运行时)

定义 “100级(ISO 5级)湍流房间环境定义为根据联邦标准209E中的100级(ISO 5级)标准，每立方米测得的大于或等于 0.5 微米的颗粒物，应小于 3520 粒。”

测量条件 测量以证明在正常制造过程中的测量时间内，洁净室达到 100 级(ISO 5 级)湍流室环境。

10 级、100 级(ISO 4 级、5 级)湍流和 10 000 级测量

以下是关于 100 级湍流舞厅式洁净室要求所需的样式和功能说明。

灵活性 100 级湍流舞厅式 HEPA 覆盖的部分洁净室可用移动式内墙，以便用于分隔黄光工作区或防护烟罩工作区。

内部天花板墙/结构系统应具有高度灵活性，适合于在 1 英尺台阶上移动，以便在将来需要时增加工艺区域。可移动洁净室墙壁应为落地式结构。内墙系统应为非渐近式。

循环空气通道 空气应通过加压架空管道系统输送至天花板 HEPA 过滤箱。来自洁净室的回风应通过穿孔活动地板，再通过敞开的混凝土华夫板进入下层，之后进入周边立式循环风机/盘管机组，并进入架空加压分配管道系统。

洁净室天花板高度 由于轨道输送系统和立式检修通道需要架空间隙，洁净室净高应至少达到 12 英尺。

舞厅式洁净室的照明应为嵌入式，不延伸至 12 英尺净高内；然而，消防喷头可以延伸至 12 英尺净高内。

工具微环境 微环境在 ISO 湍流舞厅式洁净室规范之后的单独章节中进行了描述。洁净室天花板网格系统应易于容纳轨道系统和工具小型外壳的附件及符合吊装质量，且无须额外修改。天花板网格的底面应具有方便且结构上充分可用的连接方法，以便悬挂吊轨和其他设备。

该系统，包括连接和搬运设备，应能满足当地抗震的要求，或者若未另行规定，则满足四级抗震(Seismic Zone 4)要求。

更衣室入口 在员工入口附近，有一个单独的更衣室用于室外衣物、个人物品和鞋履的存放，并更换为洁净室专用鞋。

所有进入制造建筑物的人员应穿着专用鞋或鞋套。进入洁净室时应通过更衣室及空气吹淋系统。更衣室应作为部分气闸，而不应同时打开其进出口门。更衣室应为全覆盖单向 ISO 2 级区域。

46.17.2 气流系统技术说明(示例)

循环空气装置

洁净室应使用有受控冷冻水盘管的立式循环风机，以去除显热并调节进入室内的温度。这些风机单元应通过加压管道系统将加压空气送入天花板，然后进入 HEPA 过滤箱。HEPA 过滤器应安装在天花板网格内，并配有现浇型弹性 O 形密封垫片的 HEPA 过滤箱。这些过滤箱应夹紧到位，

以确保柔性管道连接不会使其倾斜，并对密封一侧减压。所用风扇应为低速立式风机。风机应适用于每天 24 小时、每周 7 天、一年间隔定期维护的运行状态。启动期间应在风扇罩入口处使用预过滤器。其额定值为 ASHRAE 效率的 30%～35%，且应有足够的面积以最大限度地减小压降。第一阶段工具安装完成后，可以拆下预过滤器以节省电力运行效率(电力成本)。电机应采用同地址的电气接线(译者注：双芯绞合线)，以尽量减少产生的电磁场(electromagnetic field，EMF)。对于有 EMF 限制的洁净室，电机应为全封闭式，带有铸铁端盖，以尽量减少 EMF 辐射。或者，应测量电机的电磁场，并进行计算以证明不超过区域电磁场限制。如果使用电子调速设备，则不得通过传导或辐射向工艺工具发送电气噪声，且不得有声响。任何的洁净室消声填充材料应为密度满足规定声学性能的无机矿物或玻璃纤维，并且这些材料应为惰性和防潮的。过滤材料应使用 1 mil 聚酯薄膜(或等效物)的密封表面保护装置，防止填充材料受气流的颗粒侵蚀。由于风机单元数量多，因此循环风机模块的冗余是不可行的。因此，机组必须极其可靠，必须在不关闭其余洁净室系统的情况下，为方便更换电机、风扇轮或轴承提供维修通道。预过滤器和风机/盘管单元所需的所有维护应易于操作且无须进入洁净室。HEPA 过滤器、消防喷头和灯具应在洁净室侧进行维护。

控制

显热冷却盘管应作为每个风机单元的一部分提供，通过排出热量来控制从天花板进入房间的空气温度。工艺模块温度由位于 HEPA 天花板下方 8～10 in 的传感器控制。温度和湿度传感器的安装应只有探头暴露在洁净室内。探头必须位于有效 HEPA 过滤器区域下方，而非结构下方。要求控制进入 HEPA 天花板的空气温度，而非局部热负荷变化(打开或关闭工具)可能导致温度控制区变化的工艺工具处。显热控制需要一个高精度宽流量范围的冷却水阀，该阀门能准确处理所有工具组热负荷情况(50%～100%工具组)下和初始工具组热负荷情况下的流量。启动/停止风扇控制通常由建筑管理系统(building management system，BMS)提供。这允许顺序启动以避免断电后的电气设备过载。维护和紧急关闭所需的本地手动强制开关也应同时提供。每个风机单元输出中应包含一个气压开关，以便非正常气流条件下的制动。报警信号应自动发送至 BMS。还应安装液位检测器，用于监测风机盘管装置的内部泄漏。

电气

每个风机单元应带有电机启动/断路器，维修人员可在安装风机的维护层操作。电机应为高效三相类型，且由设施馈线(而非工艺工具馈线)供电，在三相 480 V 供电条件下运行。洁净室内的嵌入式照明应安装在 HEPA 过滤网结构的防静电地板位置。照明也是由设施馈线而非工艺工具馈线供电，以尽量减少传导至工艺工具的电磁干扰。洁净室和维修服务区域应在应急发电机工作时提供一些照明，以提供安全出口指示。此外，还应提供电池供电的灯具，以确保应急发电机无法启动时的安全出口照明。

结构

天花板网格系统应包含一个简易连接系统，该系统能够在不修改天花板系统的情况下悬挂轨道传送系统。此外，这种结构应具备满足当地要求的抗震能力。若未另行规定，则应满足美国四级抗震能力。无论初始工具布局如何，或初始启动时缺少支撑轨道，洁净室的所有位置都应具备该能力。应使用大跨度结构设计，避免洁净室内出现柱子。但是，还应研究具有单列柱设计的低成本备选方案，并将成本差异提交给业主决定。空气分配增压和 HEPA 天花板应由架空结构而非地板结构支撑。可移动内墙系统应由活动地板支撑，并置于其顶部。其结构和振动应独立于架空结构，以使得振动不会传递至洁净室地板上。在网格系统和直接位于洁净室活动地板上的可移动内墙之间不需要软墙连接。这是可接受的，因为通常没有足够的振动功率通过该路径传输到混凝土设施地板，而使得其超出振动限制。(但是，必须与项目振动工程师核实该设计点。)所建造的系统应满足当地抗震要求。

空气平衡阀

最好建造一个非常低的压降循环系统，以将运行功率降至最低。洁净室系统应采用加压管道设计，每个 HEPA 过滤箱在工厂进行流量匹配，以满足流量规范：HEPA 天花板箱不需要流量调节阀。此外，洁净室地板不应具有可调节空气动力的风阀。

回风路径

洁净室的回风应通过架高穿孔地板。回风应通过活动地板进入下一层，然后进入周边立式风机，再返回到架空加压管道系统。回风管应合理密封建造，以防颗粒、压力和湿空气进入。其应满足烟气去除方式的防火/防烟要求。

压差限制

洁净室综合楼内的类似洁净室之间没有明显压差，以避免气流在门打开时搅动地板上的污垢。

以下指南给出了洁净室综合楼内所需的最大压差：

1．ISO 3 级、4 级和 5 级区域之间无压差。

2．ISO 3 级、4 级和 5 级区域与周边洁净走廊和工艺设备室之间无压差。

3．从更衣室(气闸)到建筑其他区域、洁净室综合楼外，+0.05～+0.3 in w.g.压差。

4．压差参考区域从洁净室综合楼的 ISO 3 级、4 级和 5 级区域到其他区域。

5．+值(正值)表示 ISO 3 级、4 级和 5 级室内压力较高。

连接工艺工具区和清洗技术支持室的洁净走廊应具有 ISO 5 级湍流局部覆盖隔板。

46.17.3　天花板网格技术说明(示例)

网格过滤器密封法

HEPA 过滤箱安装在天花板网格内，带有现浇型弹性 O 形密封垫片。如果不增加成本，则使用凝胶密封系统也是可行的。HEPA 过滤箱应夹紧到位，以确保柔性管道连接不会使过滤器倾斜，并对密封件一侧减压。

网格结构

所有金属构件应采用耐腐蚀材料或具有耐腐蚀涂层。无须进行防静电表面处理，但如果不增加成本则可以这样做。网格应由 2 英寸厚的结构组成。超过 2 英寸厚的网格亦可使用，但需事先获得用户批准。照明应位于空白平面板区域，而非通风网格的一部分。通道网格系统的安装方式应能从洁净室侧安装或拆除过滤器和其他系统部件。

结构

天花板网格系统应包含一个简易连接系统，该系统能够在不修改天花板系统的情况下悬挂轨道传送系统。网格应具备满足当地要求的抗震能力。无论初始工具布局如何，或初始启动时缺少支撑轨道，洁净室的所有位置都应具备该能力。整个单向流吊顶系统和墙体系统应满足抗震要求。

消防喷淋贯穿

消防喷淋装置应渗透至空白面板区域，而不是通过网格。消防喷淋的贯穿件应密封且无颗粒物。如果当地法规允许，在洁净室洁净侧可见的消防喷淋管应具有表面装饰盖(或其他设备)，与HEPA天花板系统的外观协调。

HEPA 天花板覆盖

舞厅式洁净室的HEPA过滤器配置应固定，且不得随工具配置而改变。这就假设洁净室设计人员已经为每个隔离区域的散热提供了足够的空气循环量。

单向气流天花板高度

对于自动化单轨和特别高的工艺工具(如立式设备检修通道)，单向气流天花板应具有12英尺的无障碍净高。

单向气流天花板网格校直

所有位置的天花板网格间距应保持在±0.25英寸以内，与已安装的2英尺×2英尺地板相匹配。天花板高度应在所有位置保持在±0.25英寸以内，与已安装的地板相匹配。

46.17.4 洁净室照明技术说明(示例)

照明类型

洁净室的照明设备应完全密封，且完全符合ISO 3级和ISO 5级洁净度要求，灯具镇流器完全符合EMF限制要求。

照明设备应在天花板防静电地板位置平齐安装。(这样做是为了方便单轨斜行部署和在必要时安装微型外壳。)

照明水平

对于白光和黄光区域，当测量为白光时，沿两侧墙30英寸高的工作表面上的照明，应提供90～85 fc(footcandle，英尺烛光)的照明水平。

应使用高效荧光灯。高效灯如果可用，则首选暖白色，而非冷白色。

黄光照明

使用对白光敏感材料的工作区、所有房间、相邻房间及其相关走廊和维修通道均应使用黄光照明，黄灯可以用金管或罩上滤光套的白管来实现。如果灯具符合用户的其他性能指标，则最好用金管。黄色薄板通常夹在门窗的玻璃之间。

黄色滤光器应符合用户的性能指标。用于灯管和窗户的黄色滤光片应满足的指标为，在低至20 mJ/cm^{2}的能量水平下阻挡250～450 nm的所有光线。首选滤光片的阻光可达到250～650 nm。

照明水平控制

洁净室照明应能局部减少50%，或在局部区域关闭。用户应在洁净室布局开发期间确定所需的局部照明控制的尺寸区域。

黄灯室周边的所有门窗都应为黄色窗户，以防止白光进入黄灯工艺区，包括其维修侧。

46.17.5 洁净室墙、窗、门和地板(示例)

围墙施工

周边内墙应为永久性且具有防火等级。洁净室应采用带有涂层的铝制表面内墙，所有边缘应密封。墙面穿孔也应仔细密封，以控制颗粒物与空气泄漏。

内部活动墙施工

洁净室应设有可移动的内墙，用于光和烟气/烟雾的分离。

内部活动墙应为非耐火等级双面墙。这些洁净室墙应采用铝蜂窝板建造，并涂上防静电环氧漆。替代建筑材料需业主事先批准；但是，不得使用易燃材料。

墙壁系统面板应能现场切割，以便在灰尘最少的情况下进行工艺支撑管道、管道贯穿件和工艺工具贯穿件施工。墙系统必须包括彻底密封切割边缘以防止颗粒物进一步扩散的方法。由于会在切割和钻孔时受到污染，石膏板或刨花板的内芯不得用于这些墙壁系统。

墙壁系统饰面应阻燃，至少符合 UBC 规定的第三级要求。洁净室墙壁构件的垂直度应保持在±0.25 英寸内。墙的洁净室侧应与天花板网格和过滤器保持不超过 0.5 英寸的边缘平齐，以避免接口处湍流，从而导致区域间的颗粒迁移。

重新布局灵活性

洁净室内墙(非承重)及其支撑结构必须便于重新布局，以允许计划外大型工艺设备的重新布置。

洁净室内墙应为非连续性的墙壁，以便于移动和重新部署，从而适用于新型工具的不同布局要求。

窗户

周边墙壁和门的窗户应为防火玻璃。

内墙和门的透明面板应为防碎玻璃、塑料或防火玻璃。墙板和门一般应在上半部分装有窗户。窗户应尽可能与面板和门同宽，并从活动地板上方 3 英尺 6 英寸延伸至 6 英尺 6 英寸位置。当在白光敏感区域之间使用时，某些窗户面板需要安装黄色过滤窗。

饰面

墙面系统的饰面必须是无颗粒物产生和无气体释放的，首选工厂预制的粉末型环氧漆。颜色应为美国标准 595A，色号 27780(牡蛎白)，或为用户指定的颜色。

应使用与白色面板相配的美观彩色面板，以减少所有白色墙壁、黄光房间的单调布局给人员造成的压力或影响。可以为标准环氧漆颜色的墙板提供相配的颜色。

门

用于常规制造过程中进出或在 ISO 3 级、ISO 5 级洁净室之间的门，应为自动滑动式，其结构适合洁净室使用。应避免使用纤维型挡风条。围挡、排气和封闭机械装置应在洁净位置使用。

用于 ISO 8 级区域和维护的门可以是双开式弹簧门，其非通风封闭结构位于检修槽侧。

填缝操作

用于密封洁净室空气管道和墙壁及修理 HEPA 过滤器的材料，是一种在规定固化期间和之后与释放气体类型有关的工艺关键材料。这些气体会影响生产操作的良率。

用于洁净室及其相关管道施工中的任何填缝材料，均应在实验室进行排气测试，并由用户品控部门审查以获得书面使用许可。

经批准的填缝材料示例为 G. E. 162 型硅树脂(乙醇固化型)。G. E. 162 型填缝材料比较贵，承包商必须清楚不能使用便宜的填缝材料。(较便宜的填缝材料可能在固化过程中产生乙酸烟雾，从而腐蚀洁净室和管道表面。)

洁净地板

地板应采用耐化学腐蚀抗静电的穿孔板，而非格栅。活动地板系统应为铝结构。不得使用生锈或腐蚀性材料。地板应安装到位，以满足抗震要求。紧固方法应使技术人员能够在需要工具安装和维修时，方便地拆装地板。地板系统应适用于现场特定的抗震要求，包括结构上允许将工艺工具固定到地板上进行抗震保护。应使用可调铝制底座。地板系统应满足所有抗震要求。地板系统应设计为可承受350帕/平方英尺(psf)的活动荷载。在地板被切割成贯穿件及与内周墙和内柱相交之处，地板系统仍应提供维持地板与未切割地板荷载性能相同所需的支撑。穿孔地板应具有最小压降配置。地板不得有挡板。

抗静电地板

应在ISO 3级至ISO 8级区域提供导电地板。地板表面应具有抗静电表面电阻率1×10^5 Ω/□的抗静电性。在安装过程中，活动地板系统和地板块应接地。例外情况是在装配和组件测试区域需具有静电放电型导电地板。

地板表面

所有地板部分都应进行腐蚀和溢出化学品防护表面处理。穿孔铝地板应覆以防静电型材料。应仔细评估地板系统设计，以确保边缘紧固且在反复拆装的操作中保持完好。

地板安装

无论下方混凝土地面的坡度如何，抗静电地板平面应保持±0.25英寸水平。在所有洁净的隔间和维修区内将安装活动地板，使其与现浇混凝土华夫板的几何结构以±0.25英寸匹配。活动地板下方的混凝土底层应涂刷耐溶剂和腐蚀性液体的涂料。这样可保护混凝土地板不受化学溢出物的损坏。

振动敏感工具的安装

高度振动敏感工具应直接安装在混凝土地板的振动刚性支架上。这些支架可随移动工具一起移动并固定在地板上。

46.17.6 最终调整和认证测试(示例)

以下程序用于HEPA天花板的定义和认证测试。洁净室过滤器和房间环境的性能应完全符合本规范的技术和性能要求。应以ISO 14644标准定义和制定测试方法。

预测试条件

测试应在业主初始工艺工具组安装期间进行。因此，洁净室承包商的调测活动必须围绕业主的最优先工艺工具安装工作开展。应首先目视检查洁净室与槽道上是否有残留和未清洁的污垢。在颗粒计数认证部分进行目视检查，不得有任何碎屑、灰尘颗粒、机器零件、线缆、污点或油漆标记等。应进行彻底和深入的目视清洁度检查，并提交书面报告——包括检查清单执行的后续工作。应沿洁净空气路径检查所有区域，包括所有填隙地板、所有墙面、风机、管道、地板下方和地面。在测试或认证时，不得打开地板上的任何贯穿件或孔洞。所有门应处于正常位置。洁净室承包商应与业主协调，在测量洁净度时，如果该活动可能影响测试结果，则不得在当地进行任何施工作业、工具连接或其他人员活动。由于设施和工具组的完工进度要求，预计会继续在100级湍流室的其他部分安装和连接大型工具。

暖通空调风机平衡

测试目的 在进行其他性能测试之前，将每个洁净室风机模块、循环和新风补充机组的流量调整到规格内。为洁净区域设置正确增压，以匹配局部区域排气，并获得正确压差。

测试范围　应设置和测量所有设备。

性能要求　洁净室应达到最终空气平衡并始终保持正确增压。所有风机应一起运行。应调整每台风机，以产生与散热和清洁度设计要求相同的体积输出。洁净室之间的增压限制应在规定的范围内。

测量程序　流量测量应使用合适的校准仪器，在模块风机入口处测量管道速度剖面。该测量应准确地确定输送至风机的 SCFM（standard cubic foot per minute，标准立方英尺/分钟）量。总流量也可以通过使用收集器的方法测量每个 HEPA 过滤器的 SCFM 输出来确定。其他方法，如平均速度法，对于这一目的来说是不够精确的，尤其在使用扰流器时。

HEPA 过滤器流量设置

测试目的　本测试的目的是确保安装的每一个天花板 HEPA 过滤器都产生正确的单向气流量。

测试范围　应对所有 HEPA 过滤器进行调整和测量。

性能要求　在工程设计期间，洁净室承包商可能会变更性能。变更后需要业主的批准。

- 输出流量：HEPA 过滤器单元应产生 SCFM 为 90 in/min 的平均房间流速。
- 输出流量变化：每个 HEPA 过滤器单元的总输出流量应在 ± 10%变化范围以内。
- 测量程序：输出流量测量使用校准的流量体积收集装置。所有测试应在所有门窗关闭的情况下进行。
- 报告：调试结果数据应作为测试报告的一部分交付。这些数据应包含测试设置和所用仪器的说明。

HEPA 天花板泄漏测试

测试目的　本测试的目的是确保整个洁净室天花板，包括 HEPA 过滤器、格栅和密封件、灯具、喷水器贯穿件、房间到天花板边缘等在安装后是无泄漏的。

性能要求　检漏扫描应覆盖所有 HEPA 过滤器表面、灯具、所有密封件及其边缘、所有固定装置及其边缘、所有过滤器和灯具的边缘密封条及防静电地板。应检测、纠正和重新测试所有泄漏，以确定泄漏已修复。

测量程序　安装后，过滤器表面和过滤器与网格系统密封之间的间隙会产生通路。测试挑战法和扫描与测量法应向用户质量控制部门证明，以获得批准。

除此处所描述的测试程序外，任何测试程序都需要业主的事先批准。应使用 1 CFM 流量的激光式颗粒计数器进行测试，应经过校准且可测试 0.12 μm 及以上尺寸的颗粒物。探头应为方形，扫描方向为 1 in 长、1.5 in 宽。探头应为等速型。测试中的过滤器应承受每立方英尺约有 1×10^7 颗颗粒物的挑战。挑战介质应为 0.12 μm 的聚苯乙烯乳胶球（polystyrene latex spheres，PLS）。所有颗粒泄漏测试挑战应只能在上游过滤器面上进行。这些数据应包括测试设置和所用仪器的说明。任何其他测试技术都应获得用户的事先批准。扫描过程应完成测试挑战，以便对过滤器的整个区域进行取样。然后应在整个过滤器周围，沿着过滤器组件和刚性框架之间的黏合剂进行单独扫描。探头应保持在距过滤器表面 1 in 的位置。应在过滤器和网格系统之间的间隙下进行附加扫描。扫描速度应小于 2 in/s。任何单个颗粒读数都需要在探头静止在相关位置的情况下进行 1 分钟计数。在 10～15 秒内，2～3 个计数的读数是需要修理的严重泄漏。用收集漏斗进行泄漏检测的方法是本测试所不接受的。其他检漏程序需要事先获得用户指定质量保证人员的书面批准。泄漏必须完全修复并重新测试，以证明泄漏已不存在。修补时可以使用 G. E. Silicone RTV 162 Caulk 填缝材料或用户认可的同等材料。在装运或现场开箱时，根据用户质量控制部门的意见，可以自行决定拒绝过度修补的过滤设备。测试程序、仪器和校准的说明应作为数据的一部分在测试开始前交付给用户质量控制部门。

洁净区认证测试

测试目的 本测试目的为证明洁净室在规定的备用洁净度限值内运行。

性能要求 项目规定和业主批准的性能和技术要求。

测量程序 测量应按照 ISO 14644 和 IEST RP-006 程序进行。洁净室认证测量应在所有相关设施系统运行、工艺工具关闭及所有人员活动停止的情况下进行。

相关的测量包括以下几种。

1. 颗粒数量

洁净度测量应采用 ISO 14644 中描述的方法进行统计测量和计算，作为具有置信区间百分比的统计平均数。在确定统计平均数时，计算中可假定正态分布。

洁净度测量应使用 1 CFM 的 0.1 或 μm 校准激光计数器。每种颗粒物的测量应针对至少 10 立方英尺空气体积。

这个测试不必考虑单向天花板，循环风机、排风机、新风补充系统应正常运行。颗粒物测量位置应符合 ISO 标准。除了按照 ISO 标准要求的网格模式测量，还应包括这些颗粒物位置。

2. 温度、湿度测试

- 适用性：所有具有温度或湿度限制的洁净室。这些性能应在以下所有条件下满足。阶段 1：工具集的安装和运行；阶段 2：工具集的安装和运行；阶段 1+2：工具集的安装和运行。
- 测试目的：本测试的目的是证明完成后的洁净室运行在单个洁净室的温度和湿度限制范围内。
- 测试范围：所有具有相对湿度规格的洁净室。
- 性能要求：露点、相对湿度和温度性能应符合规定。
- 测量程序：洁净室的温湿度性能应在进入洁净室进气入口的 HEPA 过滤器下方直接测量。
- 温度：测量和控制温度应在单向空气进入洁净室时及在操作工艺工具放热之前进行。
- 温度传感器位置可在 HEPA 过滤器表面之下 6～10 in 之间，前提是它处于来自 HEPA 过滤器的正常单向气流中。它应在距任何结构——例如灯具和网格结构——12 in 以外。其目的是测量和控制进气温度，从而在工艺工具周围形成稳定的空气温度包络(环境)。
- 湿度：在工艺工具放热之前，应在进入洁净室处测量相对湿度。
- 湿度传感器位置可在 HEPA 过滤器表面之下 6～10 in 之间，前提是它处于来自 HEPA 过滤器的正常单向气流中。它应在距任何结构——例如灯具和网格结构——12 in 以上。其目的是测量和控制进气温度，从而在工艺工具周围形成稳定的空气湿度包络。应连续进行每天 24 小时、持续 5 天的室内测量。应将数据记录于具备足够分辨率的记录器上，以便读取低于 0.1 华氏度或摄氏度的变化。温度测量仪表应具有 0.1°精度(累积误差)的分辨率和校准组合，测量仪应按照二级 NBS(美国国家标准局)标准进行校准。露点测量将在“每天 24 小时、持续 5 天”范围内进行。数据将记录于具备足够分辨率的记录器上，以便能够读取超过 0.3%的相对湿度变化。露点测量仪器的分辨率和校准应优于 0.3% 相对湿度(累积误差)，并应校准至二级 NIST 标准。

3. 照度测试

- 适用性：洁净室最终验收测试。
- 测试目的：本测试的目的是确定洁净室内提供了足够的照度。

- 测试范围：所有应测区域。
- 性能要求：为整个洁净室综合设施产生了设计标准列出和业主批准的所需照度。
- 测量程序：照明测量应在距地板 32 in 高和距侧壁 24 in 的位置，沿工艺设备可能安装的所有区域进行。照度测量也应在操作人员走廊中心线上 32 in 高度处进行。
- 照度测试应使用校准的光度计，测量单位为 fc（英尺烛光）或同等单位。在安装任何黄灯之前，应在白光条件下测量所有照度。或者，应在白光和测试设备中的黄光之间对仪器进行初始经验校准。然后，也可以在安装的黄灯下测量照度。

4. 噪声级测试

- 适用性：洁净室最终验收测试。
- 测试目的：确保洁净室在噪声限制范围内运行。
- 测试范围：所有应测洁净室。
- 性能要求：在所有工艺工具关闭、新风补充系统运行、设施排风机运行及所有洁净室风机以正常速度运行的情况下，洁净室不得超过规定的噪声级。
- 测量程序：噪声测量应在距地板 32 in 高和距侧壁 24 in 的位置，沿工艺设备可能安装的所有区域，以及操作员走廊中心线上 32 in 高度处进行。应沿每个洁净室的两侧和中心线每隔 10 in 进行测量。噪声测量应使用校准的声学计进行，测量在 NC 曲线上的噪声级。不接受分贝曲线测量。

5. 电磁场（EMF）测试

- 适用性：质量保证室的所有洁净室和扫描电子显微镜（SEM）位置。
- 测试目的：确保整个洁净室在电磁场（EMF）限制范围内运行。
- 测试范围：质量保证室的所有洁净室和 SEM 位置。
- 性能要求：在洁净室和相关维护通道内，不得超过 EMF 限制。
- 测量程序：EMF 测量应在距地板 32 in 高、距侧壁 24 in 位置，沿工艺设备可能安装的洁净室及其相关维护通道区域进行。应使用校准仪器进行 EMF 测量。应在所有洁净室电机和照明开启、所有工艺工具关闭的情况下进行 EMF 测量。测量程序和校准仪器应在测量前经业主批准。

6. 振动水平测试

- 适用性：所有洁净室和芯片分选室。
- 测试目的：确保洁净室和设备技术室运行于振动限值内。
- 测试范围：所有洁净室和芯片分选室。
- 性能要求：设计中规定的振动性能限制。
- 测量程序：振动测量应使用带有传感器直接安装于混凝土地板的校准仪器。应在所有洁净室模块进行验收测试的条件下进行测量。所有洁净室电机应运行，且所有工艺工具应关闭。应记录工艺设备板和维护通道板上的地板振动水平数据。对于需要固定地板的区域，需要提供在穿孔活动地板表面的振动测量数据，以供立式振动敏感的工艺工具参考，但不需要满足任何规范。

46.17.7　洁净室施工协议（示例）

洁净室施工应分为 6 个阶段，包括拆除、粗装、洁净室周边、洁净室外壳、HEPA 安装和认证及认证后。从一个阶段到下一个阶段，施工协议控制变得更加严格。以下部分内容描述了（各阶段）有关控制标记颜色、服装、内务管理、材料清理、设备、工具和协议的变化。

第 0 阶段：拆除(标记颜色：无)

开始：拆除现有的墙、天花板、地板、机械和支撑该区域的电气设施。

结束：所有拆除活动完成后，且该区域已“彻底”清理干净。

活动：按照施工经理的指示，拆除墙、天花板、地板、管道、电气电缆等，清理可再利用材料。

服装：日常工作服和工作鞋。

内务：日常施工清理；清除污垢和垃圾。

协议：正常施工程序；在处理计划回收和再利用的材料时应特别小心。

第 1 阶段：粗装(标记颜色：绿色)

开始：在总体区域清洁完成后。

结束：在完成洁净室区域外墙安装，可向该区域提供新风正压及完成该区域的总体清洁时。

活动：供回管道、暖通空调设备、喷淋管道、地板下废水系统管道安装，高纯度管道、电气、数据通信线路。

服装：“洁净”的工作服和干净的工作鞋。

内务：每天用配备 HEPA 过滤器的真空吸尘器对洁净区进行除尘。洁净区应每周(至少)用高纯水和除油污配方的清洁剂(异丙醇、七叶树蓝或其他经批准的产品；产品应由施工经理批准)擦拭。

材料、设备和工具的清洁：在环境光下观察，计划纳入活动地板下方和完工地板上方 10 ft 的洁净室区域的所有材料和设备应无污染物。所有材料、设备和工具应无污垢、垃圾和油污。

尽可能要求预制部件。

洁净室区域和准备区(洁净区)不允许的工作活动：

- 粉磨
- 明火切割
- 等离子弧切割
- 管口车丝
- 打磨、喷砂或其他形式的气动磨料去除
- 锯切(孔锯除外；见下文)

有特殊要求的洁净室区域允许的工作活动：

- 钻孔(即刻清理碎屑。如果在混凝土中钻孔，则需要“包含和捕获”技术)。
- 孔锯钻孔(即刻清理碎屑)。
- 钎焊(需要使用配备 HEPA 过滤器的“吸烟器”)。
- 软焊(需要使用配备 HEPA 过滤器的“吸烟器”)。
- 熔焊(需要使用配备 HEPA 过滤器的“吸烟器”)。

协议：

- 所有人员应由指定入口(由施工经理确定)进出洁净区。
- 洁净区内严禁出现食品、饮料或烟草制品。
- 材料和工具的总包装(板条箱、纸板等)应在材料或设备准备移到准备区之前拆除。
- 洁净室或准备区(洁净区)内不得存放任何材料、设备和工具。
- 洁净室或准备区(洁净区)内严禁出现气溶胶或喷雾。
- 应立即清理所有溢出物或其他污染物源，并妥善处理清洁材料。

- 所有垃圾和碎片应放置在适当的容器中，以便每天从洁净区清除。
- 所有材料、设备和工具应由指定入口进入洁净区。材料、设备和工具应无污垢、碎屑和油污(施工清洁)。在环境光(1 级)下进行检查时，所有计划纳入活动地板下方和完工地板上方 10 in 的洁净室区域的材料和设备应无污染物。
- 工作活动应符合上述要求。

第 2 阶段：洁净室周边(标记颜色：棕色)

开始：在第 1 阶段末期，完成洁净室区域的“总体”清理时，并向洁净室区域提供空气进行增压。

结束：在完成高纯度管道、管槽粗装，在管槽内、天花板上和洁净室区域边界内完成其他公用工程时。

活动：高纯度管道、电气、数据通信设备粗装，管道系统吊装终端 HEPA 过滤器等活动完成。

服装：

- “洁净”的工作服和工作鞋
- 一次性鞋套(施工经理提供)
- 一次性头罩(百褶式；施工经理提供)
- 一次性鞋和头罩，一旦脏了或破损即需更换

内务：

- 第 1 阶段的所有要求
- 洁净室地面区域每日清理

材料、设备和工具的清洁：在环境光下观察时，计划并入洁净室区域或用于安装的所有材料、设备和工具应无污染物。

洁净室区域不允许的工作活动：参照第 1 阶段。

有特殊要求的洁净室区域允许的工作活动：参照第 1 阶段。

协议：

- 第 1 阶段的所有要求。
- 应向洁净室区域用 95%的 ASHRAE 过滤器提供空气，并在洁净室区域和相邻区域之间始终维持最小 0.03 in 的正压差。确保不用于洁净室区域增压的空气处理器和管道系统不会受到洁净室区域回流或排出空气的污染。
- 在环境光(1 级)下观察时，进入洁净室区域的所有材料、设备和工具应无污染。如果存放于洁净的工具箱或由施工经理批准的其他指定存储容器中，则工具可以留在洁净室区域。

第 3 阶段：洁净室外壳(标记颜色：黄色)

开始：完成所有管道吊装、管路、电气和数据通信粗装，以及完成洁净室区域的“总体”清洁时。

结束：在天花板、灯具、天花板盲板安装完成并对该区域进行了“总体”清洁时。

活动：所有管道系统、配电和数据通信布线的测试，布线设备安装，天花板网格、喷头、灯具、天花板盲板、地板的安装。

服装：

- “洁净”的工作服和工作鞋

- 一次性工作服(施工经理提供)
- 一次性鞋套(施工经理提供)
- 一次性头罩(施工经理提供)
- 一次性面罩(必要时可罩住胡须)(施工经理提供)
- 一次性乳胶手套(施工经理提供)
- 一次性衣物不得在洁净室区域外穿戴

内务：第 2 阶段的所有要求。

材料、设备和工具的清洁：当在高强度斜白光(2 级清洁度)下观察时，计划并入洁净室区域(洁净室和槽)的所有材料、设备和工具应无污染物。

洁净室区域不允许的工作活动：

- 参考第 1 阶段和第 2 阶段
- 钻孔(见下文)
- 锯切(见下文)
- 钎焊(见下文)
- 软焊(见下文)
- 熔焊(见下文)

有特殊要求的洁净室区域允许的工作活动：

- 钻孔(需要“包含和捕获”技术)
- 锯切(仅孔锯，需要“包含和捕获”技术)
- 钎焊(仅限槽，配备 HEPA 过滤器的“吸烟器”)
- 软焊(仅限槽，配备 HEPA 过滤器的“吸烟器”)
- 熔焊(仅限槽)

协议：

- 第 2 阶段的所有要求。
- 人员应从指定入口进入洁净室周边。应按照施工经理的指示，脱去“外衣”并存放。然后应当前往位于 XX 号门附近的临时更衣/集结区。
- 在临时更衣区，工作人员应按以下顺序穿戴防护用品：
    - 头罩
    - 鞋套
    - 工作服
    - 面罩(若需要还应有胡须罩)
    - 乳胶手套
- 在穿上工作服后，工作人员应前往洁净室区域(洁净室和槽)。
- 所有材料、设备和工具应从指定入口进入洁净室周边。它们只能通过临时更衣/集结区进入洁净室区域。
- 从准备区到临时更衣区的入口，以及从临时区到洁净室区域的入口，都应安装黏性垫子。
- 当在高强度斜白光和/或黑光(2 级洁净度)下进行检查时，计划用于洁净室区域或用于安装的所有材料、设备和工具应无污染物。

- 在天花板网格中安装灯具、喷头和空白天花板之前，其网格应在高强度斜白光下检查时应无污染物。

第 4 阶段：HEPA 安装和认证(标记颜色：红色)

开始：当洁净室所有内饰面完成且洁净室区域已“总体”清洁时。

结束：在洁净室区域“竣工”认证完成时。

活动：终端 HEPA 过滤器、HEPA 风扇过滤单元、空气平衡的安装，洁净室区域的“精确清洁”，以及洁净室区域“竣工”认证。

服装：按照第 3 阶段的要求。

内务：按照第 3 阶段的要求。

材料、设备和工具的清洁：按照第 3 阶段的要求。

洁净室区域不允许的工作活动：按照第 3 阶段的要求。

有特殊要求的洁净室区域允许的工作活动：只有在施工经理的许可和指导下才可以进行。

协议：

- 第 3 阶段的所有要求。
- 直到需要立即安装为止，终端 HEPA 过滤器和风机过滤器设备应保存于安全位置。只能由经过维护与安装培训的人员操作与安装。这些人员应由施工经理批准。
- 洁净室区域的暖通空调系统应进行清洁，并在安装终端 HEPA 过滤器时安装最后一套过滤器。
- 洁净室区域的暖通空调系统应在安装终端 HEPA 过滤器之前进行空气预平衡。
- 终端 HEPA 过滤器安装开始后，洁净室区域内禁止进行其他任何工作。
- 终端 HEPA 过滤器和风机过滤设备安装完成后，洁净室区域应达到最终空气平衡。
- 在完成最终平衡后，在黑光下检查时，洁净室的所有表面每平方英尺不应超过 12 颗颗粒物，在高强度斜白光(3 级洁净度)下检查时，每平方英尺不应超过 72 颗。这是洁净室区域的“精确洁净”，并由独立的洁净室清洁承包商按照施工经理的指示去执行。
- 在完成洁净室区域的“精确洁净”后，洁净室应达到 ISO 14644 的“竣工”认证。

第 5 阶段：认证后(标记颜色：红白相间条纹)

开始：在完成洁净室区域的“竣工”认证后。

结束：由施工经理指导。

活动：仅由施工经理书面许可的活动。

服装：着装按照业主操作协议和施工经理的指示要求。

内务：业主的内务、洁净室区域的人员工作必须遵守业主操作协议的所有要求。

材料、设备和工具的清洁：由业主的操作协议要求；在黑光下检查时，材料、设备和工具不得超过每平方英尺 12 颗颗粒物，在高强度斜白光检查下，不得超过每平方英尺 72 颗。

洁净室区域不允许的和有特殊要求下允许的工作活动均应由施工经理许可和指导。

协议：人员应遵守业主操作协议的所有要求。人员应由指定的更衣室进入洁净室区域。

设施认证

为了衡量项目团队在满足洁净室功能需求方面的有效性，根据公认的标准进行各种测试，以测量关键系统的性能。这种测试过程通常称为设施认证。

46.18 扩展阅读

ASHRAE Handbook, Heating Ventilating and Air-Conditioning Applications, 2011, American Society of Heating, Refrigerating and Air–Conditioning Engineers, Inc., Atlanta, Ga.

Chubb, N., John Chubb Instrumentation papers for the IEEE-IAS meeting Oct. 1999 and for the ESA meeting at Niagara Falls, Jun. 2000.

International Organization for Standardization (ISO): ISO 14644 Series Cleanroom Standards.

"Design for Energy Efficient Low Operating Cost Cleanrooms" by Raj Jaisinghani of Technovation Systems, Inc.

ESD Association, Standard ANSI/ESD S20.20, "Development of an Electrostatic Control Program for Protection of Electrical and Electronic Parts, Assemblies and Equipment."

Gale, S.F., "FFUs: Setting a Course for Energy Efficiency," Cleanroom, Sep. 2004.

Jeng, M. S., T. Xu, and C. H. Lan, "Toward Green Systems for Cleanroom: Energy Efficient Fan-Filter Units," *Proceedings of Semiconductor Equipment and Materials International Conference (SEMICON) West 2004—SEMI Technical Symposium: Innovations in Semiconductor Manufacturing (STS: ISM)*, pp. 73–77, Jul. 2004. San Francisco, California, LBNL-55039.

International Standards Organizations, ISO–14644 Parts 1–8, "Cleanrooms and Associated Controlled Environments."

International Standards Organizations, ISO 14698, "Cleanrooms and Associated Controlled Environments-Biocontamination Control."

Institute of Environmental Science and Testing, IEST RP–CC006, "Testing Cleanrooms."

Institute of Environmental Science and Testing, IEST RP–CC012, "Considerations in Cleanroom Design and Construction."

International SEMATECH, "SEMATECH Guide for Documenting Process Tool Installation Time and Cost," SEMATECH Technology Transfer 98013447A-STD.

International SEMATECH, "SEMATECH Equipment Installation Sign-Off Procedures," SEMATECH Technology Transfer 98103579A-XFR.

Pavlotsky, Richard, Cleanroom design, Technical Features, CleanRooms.

Pavlotsky, Richard, Cost Savings Opportunities in Biotech Cleanroom Operations, CleanRooms East 2003, Boston, Massachusetts. Conference Proceedings.

Pavlotsky, Richard, The Whole Cleanroom Is Indeed the Sum of Its Parts. Technical Features, CleanRooms.

Pavlotsky, Richard, 15 Factors That Influence Cleanroom Design and Construction Cost CleanRooms.

Pavlotsky, Richard, Arriving at Approximate Cost for Pharmaceutical, R&D and Biopharmaceutical Facilities, CleanRooms.

Semiconductor Manufacturing Magazine: http://dom.semi.org/

Tschudi, William, and T. Xu, "Cleanroom Energy Benchmarking Results," sponsored by California Institute for Energy Efficiency, Pacific Gas and Electric Company, and Rumsey Engineers. Prepared by Supersymmetry.

Tschudi, Bill, Dale Sartor, and Tengfang Xu, "an Energy Efficiency Guide for Use in Cleanroom Programming," by Lawrence Berkeley National Laboratory, Northwest Energy Efficiency Alliance and California Energy Commission.

Xu, T., "Considerations for Efficient Airflow Design in Cleanrooms," *Journal of the IEST*, Vol. 47: 24–28, 2004.

Institute of Environmental Sciences and Technology（IEST）, Illinois; LBNL55970.

Xu, T., “Performance Evaluation of Cleanroom Environmental Systems,” *Journal of the IEST,* Vol. 46: 66–73, Aug. 2003. Institute of Environmental Sciences and Technology（IEST）, Illinois; LBNL-53282.

Xu, T., and M. S. Jeng, “Laboratory Evaluation of Fan-Filter Units’ Aerodynamic and Energy Performance,” *Journal of the IEST,* Vol. 47: 116–120, 2004. Institute of Environmental Sciences and Technology（IEST）, Illinois; LBNL542507.

46.19　专业组织

1. Institute of Environmental Sciences and Technology（IEST）
2. ASHRAE
3. semi.org
4. International Organization for Standardization（ISO）
5. Lean Construction Institute

第 47 章　振动与噪声设计

本章作者：Michael Gendreau　Hal Amick　Colin Gordon Associates
本章译者：黄冬梅　北京瑞思博创科技有限公司

47.1　引言

噪声和振动以环境污染物[①]的形式影响着半导体加工过程和研究[②]。这是由于用于半导体制造和分析的工具对振动和噪声有不同程度的灵敏度，振动和噪声的污染过量会对半导体生产工具的产量、生产能力、工作线宽或分辨率产生不利的影响。除了对工具的潜在影响，噪声还会对洁净室和实验室的工作人员造成伤害。

振动和噪声强度必须在半导体和其他先进技术研究与制造建筑物的概念设计阶段及整个项目的设计和施工过程中加以考虑。这不仅适用于新建建筑物，也适用于改造工程、服务或工艺修改、工具安装等，需要从现场振动和噪声评估开始，并对制造商的工具规范或通用准则进行评审。建筑物的结构设计、工艺和机械设备的布局，以及实验室或洁净室的工具布局，都是成功进行振动和噪声设计的关键。当振动和噪声不能完全由设备布局来控制时，通常情况下，需要确定适当的振动和噪声控制装置(隔振器、消声器等)。最后，在工具连接阶段必须采取适当的措施，使基础建筑的振动和噪声环境不致过高。本章讨论了为半导体和其他先进技术制造(高分辨率计量、纳米技术研究、LCD-TFT 制造、敏感生物技术制造等)提供可接受的噪声和振动环境所必须考虑的因素等。

47.1.1　振动和噪声源概述

对生产或研究环境产生影响的振动和噪声的来源有很多。建筑外部的来源包括一般环境条件(由于附近和远处有许多来源)；当地交通、铁路和飞机；以及邻近的工业基础设施。内部来源包括自动化和产品搬运机械设备；人员步行等活动；材料处理；机电设备、管道和管路系统；以及工具本身。

由于建筑业主对场地外的外部振动源的控制有限，而且由于建筑物本身的减振能力有限，因此根据外部条件在场地上进行选址和布局是至关重要的。如果在选址和布局上有足够的灵活性，通常可以在建筑物和基础设施的设计和布局上，对内部噪声源和振动源(以及外部噪声源)进行足够的控制。

47.1.2　振动和噪声敏感区域与设备

半导体生产工具对振动的灵敏度可以通过与人们更熟悉的振动振幅进行对比来衡量。例如，要求最高的计量或测试设备性能，可能需要环境振动振幅为典型微电子(光刻)生产区域的 1/10 以下、典型的实验室(400×显微镜)或半导体支撑功能(CMP、注入、刻蚀、晶圆初制，等等)的 1/100 以下，以及可能经历的可感受振动的 1/500 到 1/1000 以下，例如正常情况下的悬浮地板办公室。大多数嵌入式半导体加工设备对噪声并不十分敏感，尽管有一些工具在典型的无尘室噪声水平

---

① 振动和噪声被描述为能量污染物，因为它们可以像颗粒物或空气污染物一样明显地影响制造或研究，但只以能量的形式存在。

② 这里讨论了一些研究设施的相关方面，特别是讨论了纳米技术的相关方面，因为今天的研究会变成明天的实际生产。许多用于纳米尺度研究的工具现在正用于生产中。

(NC-55 到 NC-70)①。计量学和纳米技术测试工具，如扫描电子显微镜(SEM)、聚焦离子束(FIB)、透射电子显微镜(TEM)等，通常对声学噪声更敏感，很多需要适度的噪声水平(噪声标准或 NC-30 到 NC-50，噪声水平在办公室环境比在洁净室更普遍)，有些则要求非常低的噪声水平(NC-15 到 NC-30，类似于录音棚、礼堂或会议室的要求)。特殊情况包括物理科学计量套件和半导体研发实验室，其可能需要非常严格的声学性能，往往进入次声(小于 50 Hz)的范围。

本章的其余部分分为以下几个小节：测量方法和准则；振动和噪声源；地基和结构设计；机械、电气、管道(MEP)设计中的振动和噪声控制；噪声设计；生产工具连接；设备振动测量的目的和时间；成熟的振动和噪声环境的成熟度；未来趋势及特殊情况。

47.2 测量方法和准则

振动和噪声是比较复杂的物理现象，可以用数值方法测量和表示。现有建筑的情况可以通过将测量数据与已建立的准则进行比较来评估，或者将这些准则应用于设计。已有的振动和噪声数据的数值表示方法和准则，其中一些是通用的，另一些则更适用于特殊情况。在本节中，我们将讨论通用的及专用的测量方法，然后介绍相关的振动和噪声准则。

47.2.1 测量方法

有许多方法可以测量及表示振动和噪声。在某种特定的情况下，一个人如何去做取决于他希望获得多少细节。测量和信号处理的一般目标是充分反映环境的性质，具有适当的复杂性，使环境的关键因素不被掩盖。过于复杂和过于简化的振动或声学环境表示都可能使结果模糊不清。

一般来说，振动和噪声可以描述为环境变量振幅随时间的连续波动。振动包括运动(通常是体积或表面的运动)，可表示为加速度、速度或位移。噪声涉及空气压力的波动，一般以压力为单位。这些是环境变量；与某一特定源相关的振动或噪声的表征通常以固有的方式给出②，比如它的声功率或它对支撑结构施加的力。

波动可以发生在特定的频率上，也可以随机出现在广泛的频率范围内，或者两者皆有。因此，振动或噪声可以分为几个类别。

1. 单频和随机振动[3]

- 单频振动是单一频率的周期性振动。它通常与周期性过程有关，如机械设备的旋转或往复运动，或变压器的磁致伸缩。同样，单频的声音是一个单一的频率，但其发生原因各式各样，如上所述或如手术洁净室等类似环境可以有许多单频成分的噪声。
- 随机振动通常称为“宽带”振动且噪声包含许多频率的随机能量。随机振动和噪声的来源包括湍流声、脚步声或门的开关声等。

2. 稳态和瞬态

- 稳态③振动或噪声总体来说随时间变化不大。这是由连续或相对连续的源产生的，如操作的机械设备、稳定的车流、暖通空调(HVAC)系统等。

① 有几种标准化的或常用的噪声标准曲线可评价人类对噪声的反应。设备的一般噪声标准已经制定出来，但由于这些标准相对较新，还没有标准化，在高科技行业中引用这些基于感知的指标之一是很常见的。更多信息请参见参考文献[1]和[2]。

② 是指绝对依赖于源的性质，而不依赖于或不受环境调节的量。

③ 连续的随机振动或噪声称为“稳态”，“稳态”一词原指单频。但是，我们将交替使用这两种术语。

- 瞬态振动与时间有关。其来源包括过路行人和个别车辆(卡车、火车、建筑车辆等)，以及间歇机械设备，如机器人和自动物料搬运系统(AMHS)。

半导体生产车间的振动，或考虑工厂位置的现场振动，包含了所有这些元素。然而，在用于生产和研究活动的刚性地板上，振动环境的特征往往是“稳态随机”的，即由各种随机源形成，包括一些与建筑机械设备和工具有关的稳态单频成分[4, 5]。软性地板，如用于办公室和生产支持功能的地板(还有较硬的地板，如紧急情况下)，经常还会因偶尔的瞬态振动(如行人)而受到冲击。

洁净室内空气中的噪声也混合了随机和单频元素。在没有操作工具的洁净室中，噪声大多是随机的，由空气运动产生，可能包含与循环风扇叶片通道频率相关的低频成分。这些设备给洁净室或实验室环境带来了大量的单频和随机噪声。

用振幅与时间的变化来描述振动——通常称之为时域——是有必要的，它可以记录与整个环境有关的信息。然而，从频率的角度来看环境的复杂性，环境的时域表示并不能提供一个简单可读的信息，以表示建筑物或环境中振动和噪声的重要组成部分。当然，也有例外。如果主要感兴趣的是地板对瞬态的响应——尤其是激励结构的基本反应模式，那么它很容易在时域数据中显示出来。

也许时域数据最有用的方面是因为它的可重新分析性，并且可以用来产生任何其他形式的数据。反之则不然，因为基本的时域数据无法从其他数据表示中重构出来，使得时域表示具有最大的信息深度。

结构和设备受到共振响应的影响，这意味着它们在某些频率对振动和噪声更敏感，而在其他频率则不那么敏感。在许多工具中，对振动或噪声的灵敏度将取决于内部共振是否被激发。这表明对振动或噪声的频率信息有一定的了解是很重要的。当将振动或噪声表示为频率的函数时，称为频域。有几种方法可以获得频域内的数据。

利用快速傅里叶变换(FFT)方法，可以将时域数据的振幅转换为在测量周期内的频率函数①。在FFT分析中还需要确定参数定义，如果有必要，还需要考虑描述的变化。下面是这方面的一些考虑。

- 振动环境类型。上述各种振动的形式可能决定测量参数的设置。
  - 采样期间环境的稳定性。如果环境是稳态，只要平均时间足够长，能够表示一个稳定的值，就可以使用平均环境表示。在环境不是稳态的情况下，可以使用在每个频率下得到的最大值来表示。如果环境包含重要的瞬态，平均值的表示通常是无用的，除非与样本期间的时域数据一起使用。在这两种情况下，如果希望知道在测量期间的最大影响，那么最大值表示是有用的，但重点要说明测量时间。
  - 单频与宽频带振动。数据的频率分辨率可能受到识别单频或共振频率所需详细程度的影响。此外，频率分析的类型可以由单频或宽带振动来决定。例如，在随机振动分析中，功率谱密度(PSD)分析比任意带宽的振幅表示更为普遍，但 PSD 并不用于测量包含重要单频振动成分的环境[4, 5]。
- 测量时间。前面已经说明了这方面的相关性问题。为获得最低频率，测量时间也必须足够长。
- 频率范围。这是分析中使用的频率的总范围。
- 带宽。测量带宽影响每个样本的时间和数据的频率分辨率②。这也代表了数据可变性的另

---

① FFT 分析的结果是频谱的振幅间隔为均匀的频率增量，我们称之为频谱的分辨率。

② 测量样本时间为 $\tau = 1/B = L/R_f$，其中 B 为频率分辨率，单位为 Hz(1/s)，R_f 为频率范围，L 为分析所用范围的除数。

一个潜在限制，因为相对较低的分辨率数据可以由较高的分辨率数据构建，但反之则不行。合适带宽的选择将由频率分辨率所需的详细程度决定。在 FFT 分析中，整个频谱的带宽是常数，是频率分辨率的数倍。该倍数由使用的窗口函数决定(参见下文)。

- *窗口函数*。窗口函数，如汉宁函数、矩形函数、平顶函数等，用于减少 FFT 过程中的采样误差[6]。选择合适的窗口函数在振动分析中是很重要的，比如取决于是需要更高的频率精度还是更高的振幅精度。
- *加速度，速度，位移*。传感器只需测量这些值中的一个，测量数据可以在测量时或稍后转换为任何其他表示形式。因此，只要转换或测量中没有产生显著的错误(如集成错误、动态范围不足等)，就不需要优先选择一种格式。

频谱的另一种表示形式是比例带宽谱，其中每个波段的频率带宽与该波段的中心频率成正比。最常见的两种形式是倍频程(其中每个中心频率是先前频率的两倍，或更高的一个倍频)和三分之一倍频程(其中每个倍频带有三个比例波段，带宽是波段中心频率的 23%)。

比例带宽谱可以直接或间接地得到。前者涉及使用包含多个平行三分之一倍频程滤波器的频谱分析仪。上面许多适用于 FFT 频谱的项目也与比例带宽分析相关，尽管窗口函数的概念并不适用。还可以通过先进行 FFT 测量，再将常数带宽谱转换成比例带宽谱，从而间接获得频谱。这个过程称为合成，在参考文献[4]和[5]中有描述。这样单一的测量即可提供诊断工作所需的详细要求，以及用更简单的格式描述振动如何影响工具的相关频谱。

声谱通常可直接获得，即使用为此目的设计的频谱分析仪。最常见的是倍频程谱，但在一些工具规范中给出了三分之一倍频程和窄带声波谱，这对环境的诊断很有用。

声学中使用的第三种数据表示形式是单值量，如 A 加权声级，通常用单位 dBA 表示。有几种标准的“权重”曲线——最流行的是 A 和 C，它们用于在某些频率上强调内容，在其他频率上弱化内容。A 加权用于模拟人耳在中等振幅时感知声音的方式，在低频时减弱声音的强度。在与工具有关的测量中使用 A 加权和 C 加权，这种方式最主要的缺点是不可能从数据[1]中提取频率特性，并且基于典型谱的比较[2]，人类生物加权曲线不适合用于机器，见下文的详细讨论。

正如我们所注意到的，建筑工地与生产或研究环境的振动和噪声在很大程度上可以分为稳态随机振动和噪声。基于这个原因，由于工具振动的频率依赖的敏感性，先进技术设施中振动和噪声环境的基本分析与表征通常在频域中取平均值(对于稳态振动)或最大值(瞬态振动)，并使用一个常数窄带宽，之后相比特定规范或通用准则可能被简化。当振动环境中有明显的单频点成分时，不推荐使用 PSD。

47.2.2　准则——基于设备的准则和一般准则

建筑物设计的标准选择有几种方式。当设备是为特定的分析工具而设计时，或制造商能够为这些工具提供可靠的准则时，就可以选择相应的工程准则。但是通常在初始设计阶段无法确定具体要求，或者直到建筑竣工之后才能确定，或者预期将来会发生变化。这样，通常在设计中使用一个或几个通用准则。保守地说，这些准则具有普遍性。

这种方法有助于提高基于设施使用寿命的灵活性。(如果一个设施不太可能被翻新，那么特定的设计比基于一般要求的设计更节约成本。)

47.2.3　准则——通用振动准则

振动准则(vibration criteria，VC)

最流行的通用振动准则是 Ungar 和 Gordon[7]在 20 世纪 80 年代早期提出的，最初称为“BBN

曲线”。它们现在称为 VC-n，其中 n 表示 A 到 G[8]的字母，原则上可以进一步扩展。与后面每个字母相关的振幅是前一个字母振幅的一半。这些标准已在许多地方发布，包括环境科学与技术研究所[9]的推荐实践 RP-12 和 ASHRAE[10]。

通用 VC 是用于表示设备或过程几何的要求。对所有特定类型的设备，在一个特定的功能工作范围内形成下限。这样，如果某个工具不是同类工具中最敏感的，那么设施会设计为 0.1 μm 的通用工具，而不是专用工具。

VC 曲线如图 47.1 所示。这些准则将适用于以均方根速度幅值表示的数据，以三分之一倍频程确定①。

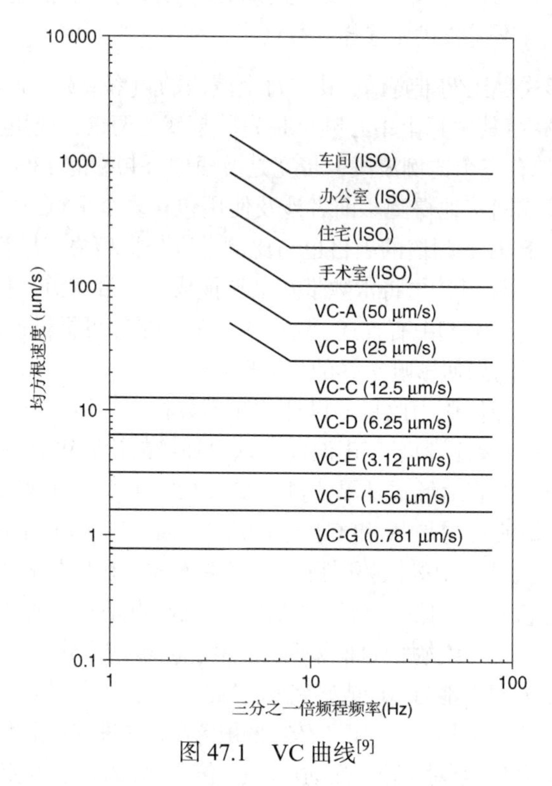

图 47.1 VC 曲线[9]

NIST(特殊的振动准则)

这种特殊的振动准则由美国国家标准与技术研究院(NIST)的先进测量实验室(Advanced Measurement Laboratory，AML)制定②。已经成为广受欢迎的应用纳米技术研究的一些要求更高的空间设施，如用于成像和分子操纵，随着生产扩展到纳米尺度，并且行业开始采用一些要求更高的仪器，这些准则在半导体研究中也变得越来越重要。NIST-A 准则可以定义为：当 $1 \leqslant f \leqslant 20$ Hz 时，位移为 0.025 μm 或 25 nm，当 $20 < f \leqslant 100$ Hz 时，速度为 3.1 μm/s(或 VC-E)。

47.2.4 准则——地板动力刚度要求

许多光刻和其他工具，如步进器、晶片探头、激光钻头等，都涉及定位机制，它能产生动态

① 对 VC 曲线的技术和历史背景的广泛讨论可以在参考文献[5]、[8]、[11]、[12]中找到。国际标准化组织(ISO)对车间、办公室、住宅和手术室的推荐准则(如图 47.1 所示)在参考文献[13]中进行了讨论。

② 参考文献[8]中讨论了这一标准的演变。

力。同样，通过“on the fly”方式进行关键的光刻操作，步进扫描系统(或扫描仪)可以提高吞吐量和分辨率(如更小的线宽)，这个操作刻线和工作台都在移动。为了实现这一点，控制系统产生动态定位力来协调刻线和工作台的位置。

在这两种情况下，动态力都必须由支撑工具的结构来抵抗，也必须由任何支撑工具的底座来抵抗。因此，除环境振动要求外，工具制造商还指定了“阻力”特性。这些阻力特性可以用加速度(响应加速度的FFT除以引起力的FFT)或移动性(响应速度除以引起力)或动力刚度(引起力除以响应位移)来表示。Amick 和 Bayat 对所涉及的动态测量及对建筑设计师的影响进行了探讨[14]。

47.2.5　其他形式的准则

还有其他一些不太常见的振动准则，包括涉及时域的准则和涉及响应谱的准则。应该指出的是，时域准则与时域数据表示同样需要引起注意：没有考虑频率内容。所有频率的振动同等重要，但共振响应的重要性却被忽略了。如需进一步讨论，请参阅参考文献[11]。

47.2.6　广义和工具噪声准则

噪声可根据对工具和人的影响加以调节。在后一种情况下，有几个已建立的和常用的评定曲线族可用作倍频带谱，如 NC(或 NCB)、RC 和 NR 曲线[10, 15, 16]。这些曲线基于从感知到的噪声水平差异中获得的经验数据，通常根据人类对平衡噪声频谱的感知在频率上形成。此外，有时使用前面提到的单值指数(dBA、dBC 等)，但仅在某些有限的情况下使用，例如符合职业健康标准或环境噪声法规。由于缺乏相对频率幅值的定义，单值指标不应用于常规室内声学空间的设计。

由于工具一般对噪声作为频率的函数比较敏感，类似于它们对振动的敏感方式，因此必须提供测试过的工具噪声灵敏度曲线作为频率的函数。对于工具，通常不鼓励使用单值声学标准(例如 dBA 或 dBC)，因为它没有提供关于工具灵敏度的频率分布的信息[1]。当特定工具的测试和敏感性特征不清楚时，广义知觉准则经常用来表示相对灵敏度的工具，也给建筑师和工程师提供声学设计依据。然而，工具对噪声的敏感不同于人类。图 47.2 给出了建议的工具噪声标准曲线[2]，通过工具灵敏度与人的 NC 曲线的比较说明了这一点。所提出的工具曲线是由许多制造商的规格曲线的最小值作为工具分辨率的函数进行排序而得到的。工具灵敏度与 NC 曲线的重要差异包括较低的高频极限、平坦的中程响应和扩展灵敏度低于 63 Hz 进入次声范围。工具曲线也只适用于最敏感的计量工具；对于不太敏感的工具和洁净室工具，建议使用 NC 或其他相关曲线，以满足人体的舒适度。

满足次声要求的设计尤其具有挑战性，需要非传统的设计实践。在频率小于 63 Hz 或 125 Hz 的情况下，对材料的声学特性(如传声损失、吸收特性等)和噪声控制装置(如消声器、吸音器、墙体设计等)所能获得的实验室测试信息的数量是有限制的。

47.3　振动和噪声源

47.3.1　现场振动源

所有用于先进技术研究的潜在建筑的振动环境受限于来自不同振动源的不同程度的振动：微振动，交通，其他附近设施的机械设备振动等[17, 18]，通过检查现场振动的影响，表明接近发达地区也影响振动环境。

一般建议对要求比VC-C更严格的设施或靠近重要振动源的任何场所进行现场振动调查。重要的是，调查应由经验丰富的人员使用具有适当灵敏度的仪器进行[19]。通过调查，可找出工地可能出现的与振动有关的问题，以及工地是否符合拟议设施的振动要求。

考虑场地条件是至关重要的，因为未来的建筑业主可能无法控制这些条件(与建筑内部的资源相比)。在选址过程中，除地盘勘测所发现的现有情况外，还必须考虑未来可能产生的影响，例如建筑、交通路线的改变，以及邻近土地分区未来可能发生的改变。

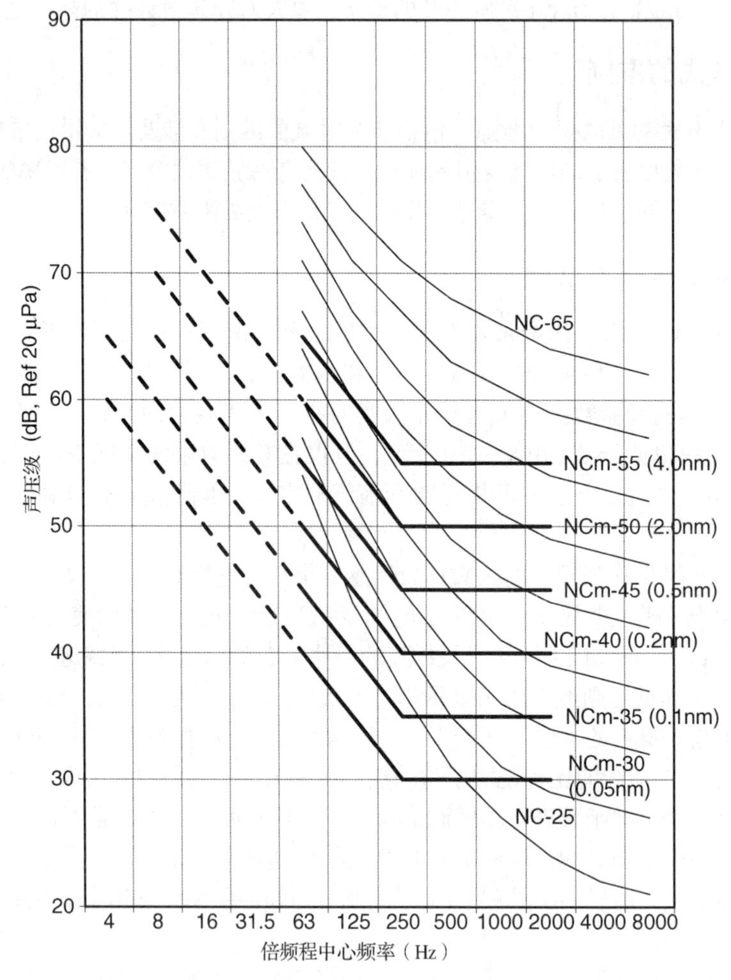

图 47.2 工具标准曲线(NCm)[2]叠加在人类感知舒适的NC(噪声准则)曲线之上

47.3.2 室内振动源

在一个运行中的晶圆厂或研究机构中有许多振动源。空气处理设备和泵是科研建筑的一部分，相关的管路和管道也是。这些来源都在设施设计人员的考虑范围内，并将在本章的后面部分进行讨论。然而，也有一些设施完成后才出现的室内振动源是建筑设计师没有考虑到的。

Gendreau 和 Amick[20]讨论了成熟度的问题，通常涉及机械设备(如干泵)与单个工具的连接。在设备的生命周期中，这些来源可能会产生有害的影响。在某些情况下，如果这些来源可以集中在一个或几个地点，就有可能提供与敏感研究区在声学和机械上隔离的房间，而且这些房间足够灵活，可以在其中放置任意一组设备。在其他情况下，例如许多工具支撑源广泛分布在晶圆厂中，为防止其影响而经济或不经济地设计建筑物；在后一种情况下，用户和设施工作人员有义务保持警惕，并采取适当的隔振措施来处理这些振动源。

47.3.3　噪声源

大多数影响敏感工具和人员的噪声都来自建筑物内部，但偶尔也必须考虑外部噪声源。在设计不合理的实验室、会议室和办公室里，对低频噪声和谈话敏感的工具来说，飞机尤其麻烦。在某些情况下，可能必须考虑交通车辆。来自外部因素的影响可以在建筑布局和壳体设计中得到处理，但是在某些地点，例如在飞行路径下的机场附近，这种处理可能是非常昂贵的。

内部噪声源包括建筑机电设备和人的活动。这些噪声源的噪声可以通过空气或管道传播，也可以通过结构传播。工艺和研究工具也可能是噪声的重要来源，或随着工具的安装和机械设备的老化而产生的有害影响，也可以从声学的角度传播。所有这些源都能产生次声（小于 50 Hz）到音频范围（20～20 000 Hz）及以上的噪声。次声的其他来源包括门的操作[21]和柔性表面的振动。本章后面的小节将讨论控制这些噪声源的策略。

47.4　地基和结构设计

47.4.1　土壤和地基设计（与环境和当地资源有关）

特别是在非常低频的振动方面，建筑地基的场地环境条件的改善量是有限的。此外，受土地-结构动态力相互作用中，现场特性极为复杂，除非能够通过特定场地的实验数据来提高预测这些影响的准确性，否则预测这些影响的准确性相当有限。不过，在文献中有足够的测试数据，从中我们可以得出一些普遍的原则：

- 工地上已有建筑物会抑制在未开发工地进行的振动调查中观察到的一些振动。这种效应与频率有关，且难以量化，尽管在某些频率范围内，桩基可能会增强衰减。
- 根据岩土工程条件和楼板厚度的不同，在 10～50 Hz 以上的频率，实心楼板可将地面振动衰减 25%～50%或更多。三个方向（垂直和两个正交的水平轴）之间没有什么区别。
- 当钢坯两侧厚度相同时，在钢坯上使用结构隔振裂缝（SIB）通常不会显著提高性能，特别是在钢坯形成“岛”的情况下。研究表明，在一定的频率范围内，垂直振动随板厚的增大而减小，水平振动振幅随板厚的增大而增大。如果形成的岛明显比周围的平板厚，那么一些有害的影响可能会减少[22]。
- 如果板或基础由高动力地基模量的土壤覆盖，则抗振动的性能最强。这是通过使用（1）致密的原始土壤、（2）压实良好的工程填料或（3）致密的颗粒填料来实现的。

47.4.2　工艺层

支撑振动敏感设备的地板结构设计对于实现良好的振动性能至关重要。低振动结构可以由混凝土、钢或两者的组合构成。

在晶圆厂的设计中有两个通用的地板概念：

- 混凝土板直接放置在土壤上的板级设计。
- 地板悬置在柱子或桁架上的悬空地板设计。

地板结构通常为混凝土①，可能是几种常见的类型：

- “华夫”板，在顶部提供了一个平坦的表面(或“顶板”)，在底部的图案类似华夫饼，有些部分比其他部分厚。较厚的部分形成一个双向框架，抗弯曲。在工厂和子工厂之间可能有用于管道和其他连接的开口(或潜在的开口)。
- “烤架”，它被描述为一种没有盖板的华夫板。它的顶部是敞开的，由两个方向的梁组成。这允许通过地板的空气流动。
- “平板”，即厚度恒定的平板。施工后的渗透带来了挑战，因为在取心过程中钢筋不应该被切断。
- “奶酪”板，是混凝土浇筑时以管状形式形成的圆柱形渗透平板。
- 空心板，这是一种混凝土板材，包含各种专用配置中规则间隔的空隙。这些可以预制或就地建造。

地板支撑可有以下两种形式：

- 地面的柱子可以形成通往地面的直接路径。这提供了最坚硬的地板，但限制了地板下方空间的灵活性(子工厂)。
- 楼板可能由大跨度钢桁架支撑，楼板和桁架之间可能有柱子，也可能没有柱子②。这在地板下方提供了一个没有柱子的空间，这是一种流行的支持上层工艺地板的方法，在设计概念中称为“堆叠工厂”，在需要多个工艺级别的 LCD-TFT 工厂中也是如此。

悬空楼板

悬空楼板的设计及控制其性能的振动源类型，在很大程度上取决于对楼板的振动要求。表 47.1 列出了实现各种标准的典型结构设计方法[24]。

表 47.1 中提到的设计要素主要针对垂直振动性能。对于刚性悬空楼板，引入振动顾问控制水平性能(使用剪力墙、弯矩框架等)也很关键。对于不太严格的楼层，水平性能通常由结构工程师的要求决定，尽管振动顾问通常会审查这一点。

工厂楼板的竖向振动可由两种加载方式引起。振动可能由人员行走(或其他相关活动)产生，也可能由建筑物内的机械系统(设备、管道和管路系统)产生。一般而言，对于要求不太严格的楼层(如 VC-A 和 VC-B)，其振动性能将由步行者控制。根据更严格的标准(如 VC-D 和 VC-E)设计的“刚性”地板性能更有可能受到机械系统的控制。在 LCD-TFT 生产中使用的大型 AMHS 是一个例外，它产生的瞬态力足以显著地振动这些地板类型中的任何一种。

针对步行者产生振动的工厂地板设计通常采用 Ungar 和 White 的推导方法[26]，在美国钢铁结构协会(AISC)的出版物中很容易找到 Ungar 和 White 的推导公式[27]，同样适用于混凝土地板。该方法可表示为式(47.1)，其中 V_w 为步行者产生振动的振幅；k 和 f 分别为楼板刚度和共振频率；C_w 是一个反映步行负荷特性的参数，包括步行者的体重和速度；φ_w 是重要因子；α 和 β 是根据不同楼层类型进行调整的参数。

---

① 从历史上看，这些建筑中的大多数都倾向于“就地浇筑”，但使用预制混凝土构件的趋势越来越明显，无论是在现场还是在其他地方制作的。预制施工有几个好处，其中之一是在施工过程中普遍提高了质量控制。此外，这可能会节省成本以及实现更快的施工速度，但对设计团队来说，开发细节和施工顺序变得更加重要，以确保预制构件之间良好的连接和结构连续性。参考文献[23]详细讨论了这一点。

② 当混凝土楼板由大跨度桁架系统支撑时，垂直和对角线单元的“面板点”与顶部和底部水平单元相交(称为“和弦”)，就像“麻点”对板提供支撑，如同传统工厂的梁柱。Tang 等人研究过[25]这些结构的力学特性。

表 47.1　分配给先进技术空间的一般标准及其实现方法

空间类型	准　则	结　构
研究室，计算机模型	ISO 办公室	9～12 m 跨度，柱或桁架支撑，中深钢或混凝土框架上的混凝土板
通用实验室空间，光学显微镜，外延工具和离子注入机，CVD，CMP	VC-A/B	6.5～10 m 跨度，柱或桁架支撑，钢筋或混凝土框架上的混凝土板
光刻，纳米制造	VC-D/E	平板；混凝土华夫板或开敞式格栅，柱距 3.5～7.5 m；混凝土框架
计量学，表面表征，SEM，SPM，AFM	VC-E/NIST-A	平板(NIST-A 或 VC-E)；混凝土华夫板或开敞式格栅，柱距 3.5～5 m(仅 VC-E)

$$V_{\mathrm{w}}=\frac{\varphi_{\mathrm{w}}C_{\mathrm{w}}}{k^{\alpha}f^{\beta}} \tag{47.1}$$

机械振动地板的设计可以使用 Gordon[28]开发的基于实际工厂地板的观察统计性能的模型①。垂直振动的表达式参见式(47.2)，V_{m} 为垂直振动的均方根振幅(三分之一倍频程)，k 是刚度，C_{m} 是一个经验系数，基于来自许多工厂的统计分析数据，φ_{m} 是重要因子，和 γ 是一类参数，可以调整不同的地板类型。通常与这种振动相关的频率是地板的垂直基频，对于刚性地板，频率通常在 10～50 Hz 之间。该模型采用的刚度为典型结构箱体中部(以四柱为中心)的点刚度，通常为刚度最低的位置。

$$V_{\mathrm{m}}=\frac{\varphi_{\mathrm{m}}C_{\mathrm{m}}}{k^{\gamma}} \tag{47.2}$$

Gordon 的模型通过式(47.3)预测水平振动，其中 V_{H} 为水平振动的均方根振幅(三分之一倍频程)，k 为支撑过程底板水平方向的结构整体刚度，C_{H} 为经验推导系数。与这个振幅相关的频率是地板的水平(摇摆)频率，通常在 2～8 Hz 之间。刚度是由柱、剪力墙和任何其他抵抗横向运动的结构构件的共同作用来计算的，通常需要一个结构的计算机模型。

$$V_{\mathrm{H}}=\frac{C_{\mathrm{H}}}{\sqrt{k}} \tag{47.3}$$

受步行者振动影响的楼层设计

如上所述，相对较软的地板(VC-C 和不太严格的)更容易受到人员活动而不是机械系统的影响。步行者的影响程度是由步行者的速度(通常表示为“步速”或每分钟的步数)、步态、鞋型和其他因素决定的。

在开始基于步行者影响的结构设计之前，必须确定源(人)和接收物(工具)在一个或几个隔间中。否则，影响是在“最坏情况”下计算的，即以相对较快的速度(比如 100 步/分钟)走在工具附近，假设两者都位于隔间中心附近。然而，如果已知相关细节，在某些情况下可以使用不那么保守的假设来降低项目成本。其中一些考虑如下：

- *步行者的速度*。对于“高速”走廊，通常假定步行速度为 100 步/分钟。这些通常是在工具使用者无法控制的工作区之外的笔直、宽阔的通用建筑交通走廊，且经常有墙。从振动控制的角度来看，高速走廊与实验室区域之间最好至少有一条立柱线分开。对于“幽灵走廊”，通常是平行的高速走廊，但位于工作区域内，通常在设计中假定较慢的速度，比如 85 步/分钟，因为步行者会小心避开工具和其他工人。对于“低速”通道，通常是隔间和工具之间的

① 与 Gordon 模型相关的统计数据在参考文献[29]中进行了讨论。

阻塞区域，可以假定速度更低，大约为 70～85 步/分钟。在后两种情况下，受影响的用户通常对交通流量有更多的控制。

- 步行者和工具在结构上的位置。对于与结构布局(柱位等)一致的布局，人们可能希望考虑到步行者和/或工具位置的相对刚度，特别是如果这两者中的任何一个总是位于中隔间以外的位置。

步行者产生的地板振动振幅的预测是不精确的。实验研究表明，一个“标准”步行者(100 步/分钟，体重为 85 千克)产生的振幅的变化——最大程度保持一致性——会导致大约 30%的标准偏差。当我们考虑更多人以相同的速度、鞋、步态等行走的情况，会导致 50%标准偏差，即使修正体重变化。

地基地板和工程填充

地面的振动性能取决于场地环境振动条件、土壤条件、地基类型和楼板厚度。楼板性能良好的关键是其下方的土壤性质。对于给定的土壤和压实情况，刚度变化约为 $t^{1.5}$，其中 t 为板厚。理想的条件是有一个安静的位置，并支持板直接放在基岩或坚硬的原始(未扰动)土壤上。然而，这通常是不可能的。在许多情况下，有必要填补表面的不规则区域，有时工作量是相当可观的。在其他情况下，必须在板下设置颗粒状排水层，以防止板的静水抬升。

如果需要填充物，应由土壤工程师检查，以确保其质量和尺寸稳定。如果可以描述为“工程填料”，则应该被压实到最大干密度的 95%，由 ASTM D-1557 Modified Proctor 测试确定。如果充填材料是颗粒状的，用于排水或找平，则上述规格无关紧要。在这种情况下，最好使材料具有最大可能的致密化，由土壤工程师以适合所使用材料的方式指定。

结构隔振裂缝

一般来说，无论是在水平还是竖直方向，在楼板上使用结构隔振裂缝(structural isolation break，SIB)的趋势有所减弱。这种改变基于越来越多的数据收集结果。这些数据表明，对于频率小于 40 Hz 的情况，SIB 的积极作用是最小的，而且实际上可能是有害的。

在级配板中，SIB 的唯一作用是衰减高频振动，而不是主要关注的低频振动。低频振动在土壤中传播。在这种情况下，放弃使用 SIB 的原因是，如果隔离的部分太小，而且隔离板的厚度与周围的板相似，那么它们实际上会使水平振动更糟。综合考虑所有因素，在通常涉及敏感设备和工艺的频率上，实心板优于连接板(或较大板中的“岛”)。然而，在较高的频率上，特别是可听到的频率，它们可能是非常有益的，特别是当 SIB 可以位于振动源(而不是接收器——敏感的工具)附近时，例如在一个机械设备房间周围①。

减少振动源的支撑层设计

在结构设计中，除要考虑支撑振动敏感设备的关键楼层的设计外，还必须考虑支撑层和其他承载机械和人员负荷的楼层的设计。通常，这些楼层首先由项目结构工程师设计，以承载设计的活动荷载，而且在大多数情况下，这对于振动设计是足够的。但是在许多案例中，来自支撑区域的振动传递被地板共振加剧。因此，建议这些补充的地板设计也应由一名振动顾问进行审查。对于敏感建筑物内或附近的支撑层，应特别考虑以下几点：

- 支撑层系统(板、柱等)的基本共振频率应设计成避免与支撑机械设备的基本转速匹配。例

① 与此相关的部分研究已经发表了。SIB 对悬浮板的影响在参考文献[30]的第 7 节中进行了讨论。参考文献[22]讨论了对板级的影响。

如，在设计一个包含 900 rpm 转速的大型风扇的风机平台时，最好避免设计基频接近 15 Hz（相当于 900 rpm）的设计。注意，对产生振动的工具如离子注入机、CMP 工具、抛光工具、装配工具等，相关的工艺层也要同样考虑。

- 同样，支持机械设备的地板或结构刚度应足够高，从而允许任何隔振系统在地板上能够正常运行。

支撑层设计的关键取决于它们与振动敏感区域的接近程度，以及它们是否被 SIB 隔开（如上所述，这些 SIB 在一定程度上是有益的）。

47.5　机械、电气、管道（MEP）设计中的振动和噪声控制

如果机械设计不好，那么结构设计也做不好。此外，提供一个过于坚固的结构设计是不划算的，其目的是使机械设计更加保守。最具成本效益（也是历史上最成功的）的方法是提供一个平衡的结构和机械设计。考虑到这一点，在结构设计中必须假定机械设计保证质量。本节将讨论 MEP 设计质量的关键方面。

47.5.1　MEP 系统布局

MEP 系统布局尤其重要。从振动冲击的角度来看，最佳设计是将振动产生设备与振动敏感区域充分隔离。充分隔离意味着辐射和材料阻尼（即在土壤和建筑结构中）提供的振动，在源和接收器之间的水平与垂直路径上充分地自然衰减。这种类型的减振与隔振硬件提供的减振是不同的，假设这些不需要充分隔离。在这种设计理念中，隔振硬件（如下所述）可以被认为是一种折中方案，可以有效地减少所需的隔离距离，但代价是在相关的情况下，增加对隔振器谐振频率处振动的维护和放大。当然，由于建筑物占地面积和标高、管道长度、热损失等方面的成本增加，长距离的隔离并不总是切实可行的，因此使用隔振硬件可能成为更可取的折中方案。

此外，可能无法隔离某些设备（例如振动产生过程工具），而且隔离距离可能是除选择源设备和接收设备以保持兼容性外的唯一实用隔离手段。

一般布局

建筑物结构的自振衰减（或放大）是特定结构设计的函数。使用通用的“经验法则”振动传递函数（例如，“传递迁移率”[①]）很可能导致 MEP 振动控制设计过度或设计不足，这两种情况下的成本都很高。然而，只要土壤-结构相互作用的贡献是次要的，就可以用有限元分析（FEA）方法计算精确度很高的建筑物内的传递动力。在计算涉及场地土壤的路径时，如果加上来自具体场地的经验传播和土壤刚度数据，就会更加精确。这些因素除了影响振动敏感建筑的 MEP 布局，还会影响振动源的具体情况，即产生的力（设备及其内部支撑结构的动态平衡的函数）、源的数量、源的位置、外部隔振硬件的存在等。

一般来说，振动工程师的结构分析或经验将确定在振动敏感结构内部或附近的不同位置可以应用的机械能的数量。例如，由于特定的动平衡或异常的操作条件，或由于使用隔振器而产生的不确定性，可能要求保留合理的余量，以确保即使在临时的异常条件下，对敏感地板的影响也在可接受的振幅之内。

例如，某一特定结构的结构设计可以反映如下情况：(1) 子工厂的路径衰减小于风机平台的路

① “传递迁移率”是在一个位置由于施加于另一个位置的单位动态力而产生的速度谱。进一步的解释见参考文献[30]。

径衰减；(2)与建筑物水平距离较小时，其衰减量明显大于直接位于工艺层下方时的衰减量；(3)与直接连接到工艺地板下方的管道相比，连接到工艺地板支撑柱上的管道的振动衰减效果更好。这些示例概念虽然在大多数情况下是正确的，但也只是通过详细的结构分析验证的案例情况。

47.5.2 空气循环系统

空气循环系统在某种程度上可以认为是洁净室 MEP 系统的核心，因为空气循环系统的设计决定了空间可达到的清洁度。为了防止空气(以及由此产生的能量)损失和减少污染，它们必须紧靠洁净室。然而，这一概念恰恰与振动和噪声控制目标背道而驰。然而，由于良好的设计实践，几种类型的空气循环系统已有效地应用于半导体和其他先进技术设施的设计中。

- 包装离心式或塞式空气循环处理(RAH)装置。该系统通常需要一个中等数量的机组，每个单元典型的流量范围为 4000～120 000 m^3/h，经常安装在洁净室上方的风机平台中。每个单元都是独立的，包括风扇/电机组件(有时是多个组件，例如带有“风扇墙”单元)、温湿度控制设备、噪声和振动控制硬件。噪声控制功能包括特殊的内衬材料、“排土墙”(用于阻挡从进口或出口到风扇轮的视线的设备)、消声器、优化的风扇轮尺寸选择和风扇进口流量校直设备。振动控制措施包括在机箱内的风扇/电机组件下的隔振硬件、允许改善动平衡的驱动系统(即直驱)，以及某些类型的基础设计。从振动和噪声的角度来看，称为“风机盘管单元”的模块化系统也属于这一类。
- 风扇过滤装置(FFU)。FFU 是自主部件，通常由嵌入式或离心风机(通常速度可调、单元自身或远程调节，工作范围在 700～1700 m^3/h)和一个高效微粒空气(HEPA)或超低渗透空气(ULPA)过滤器组成，面积为 1.2 m×0.6 m 或 1.2 m×1.2 m。洁净室的天花板格栅配备了 FFU，其密度主要取决于所需的洁净级别。FFU 不提供温度控制；相反，在使用 FFU 温度控制的洁净室中，由外部线圈或包含温度控制元件的补充空气单元提供了温度控制。与其他空气循环处理程序不同，FFU 通常不是定制的，市场上有数百个制造商的标准 FFU。虽然大多数制造商已经在这方面采取了措施，但小柜的尺寸为内部噪声和振动控制提供的选择更少①。外部消声器或隔振装置通常不适合 FFU 的安装，因为它们的整体出口过滤器构成了无尘室的天花板。因此，振动和噪声控制的选择往往局限于由不同的制造商选择性能各异的标准设备，以及通过工作点进行选择[31, 32]。

基于这些信息和一般的行业经验，可以得出一些关于空气循环处理器位置和类型选择的一般结论。

- 机组位置至关重要。最佳位置将取决于所采用的具体结构设计，但通常发现，只要风机平台结构设计避开了风机的基本工作频率，位于洁净室水平以上的位置就有其优势。
- 从振动的角度来看，行业经验表明，很少有大型风机产生的振动比许多具有相同容量的小型风机(如 FFU、风扇墙单元)产生的振动更大。这个比较结果不仅考虑了单位总数所产生的典型力，还考虑了典型的安装条件和方向等因素。当然，也可能出现例外。
- 从噪声控制的角度来看，这两种系统基本相同，除了 FFU 噪声内部控制的选择通常较少。

---

① 从振动的角度来看，作者还没有遇到过 FFU 提供的标准内部隔振设备，通常有一个简单的支撑风扇/电机总成的弹性隔振器，不足以控制 FFU 振动对位于较低楼层的振动敏感地板的冲击，参见参考文献[31]。但是，如果服务于洁净室的 FFU 必须悬挂在另一个振动敏感的地板上，则可能需要更深入的隔离。

47.5.3　其他机械设备（空气处理器、压缩机、液压泵、真空泵、冷却塔等）及一般注意事项

上述关于布局、动平衡质量、驱动类型和隔离的条件也适用于其他类型的建筑机械设备。此外，还可以给出一些一般的设计原则。

- 特殊情况下某些类型的设备可能是首选。例如，立式直列泵在底部产生的力可能比等效的水平中开泵的要小。与等效往复式压缩机相比，旋转螺杆压缩机产生的破坏性振动更小。
- 使用的设备类型可能会影响所需的隔振类型。为了使用前面的例子，孤立的水平中开泵肯定需要一个惯性基座（如下所述），但是等效的直列泵可能不需要。如果往复式压缩机允许用于所有的特定情况下，可能需要惯性基座质量的 5～10 倍的支撑设备质量。（对于平衡良好的旋转设备，惯性基座质量至少为支撑设备质量的一倍通常是足够的。）机械区域的结构设计必须考虑这些载荷。
- 驱动类型（皮带或齿轮驱动与直接驱动）影响实际可实现的动平衡质量，从而影响产生的力。在某些关键装置中，只有使用直接驱动才能把合力限制在可控制的振幅之内。
- 应配置变频驱动器，这样在某些关键频率下禁止运行设备，例如在设备和支撑结构或地板上达到或接近谐振频率。
- 设计的设施不能随意将机械载荷定位在建筑物内的任何位置，即使它具有隔振功能。具有与工艺区域相适应的传动路径的区域（例如子工厂、工艺地板本身，以及其他根据设计而定的区域）在引起过度振动之前只能接受有限的机械力。这将取决于结构设计。在设施的概念设计初期，必须考虑设备和支撑条件的设置。

47.5.4　管道和管路系统

管道和管路系统中的流体流动产生的振动与流动中的湍流量成正比。湍流是由于流动中的障碍物（截面面积变化、弯头、阻尼器、阀门等）而增加的，但它也是通畅流动中的一个正常成分，通常随着流量和速度的增加而增加振幅[33]。因此，有必要对振动和噪声敏感设施内管道和管路系统的流速、尺寸、支撑条件和位置（所有相互相关的变量）加以限制。

湍流通常是宽频带性质的，产生的能量频率范围广泛。图 47.3 显示了抽水系统开启和关闭时，楼层的垂直和水平振动振幅的变化。这个特殊建筑的大部分楼层隔间的底部都有不充分隔离的管路系统，因此很容易激发整个楼层结构的响应。注意激发频率的范围，结构在共振频率（垂直为 20～45 Hz，水平为 3～8 Hz）处激发最强。

特别要注意的是，激发频率相当低，这些频率与地板的水平模态相一致。有人可能推断，在这种情况下，使用具有相对高频谐振的孤立管道支架（例如，具有典型谐振在 7～20 Hz 范围内的弹性隔振器）可能是有害的。因此，如果可能，最好是设计好管道和管路系统，这样就不需要隔离。这是通过限制流速、管道和管路直径，以及将刚性连接用于不重要的结构单元（如立柱和地下厂房地板）来实现的。这种理想的设计可能并不总是可行的，在这种情况下，使用高挠度（最小 25 mm）弹簧隔振器连接可能是实用的，同时需要定期检查和维护。

对于管道支撑没有通用的“经验法则”。每种情况下的支撑必须由振动专家根据管道和管路布局、直径、流速、地板结构设计等来确定。最后一种考虑因素可能包括确定楼板抵抗机械激励的能力，这是其刚度相对于楼板设计准则的函数。

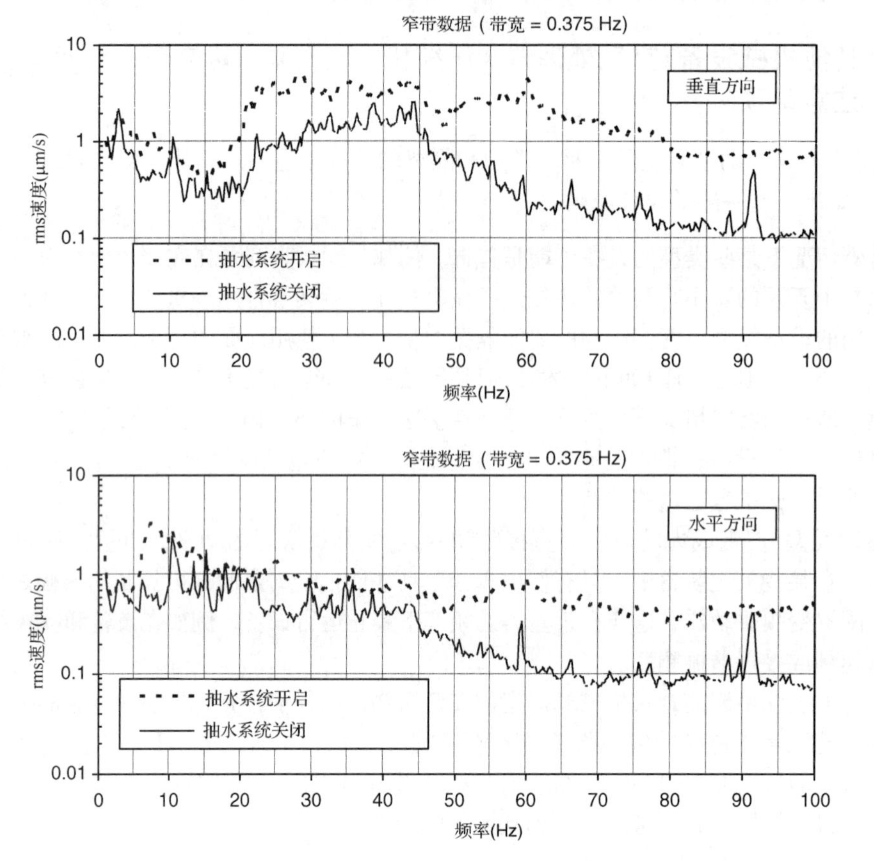

图 47.3 管道内流体流动引起的刚性楼板垂直和水平振动(楼板上 10 个位置的平均+1 标准偏差)

47.5.5 中央公用设施建筑、辅助建筑及设备堆放场

将机械设备放置在远离振动敏感区域的地方是具有水平隔离作用的潜在优势的，因此需要按比例安装较少的机械隔振硬件。除了通过工厂和辅助建筑或中央公用设施建筑(CUB)结构的衰减因素外，地面传输衰减也将发挥作用。通过地面的振动会因距离而减弱，特别是在与旋转机械相关的较高频率下①。

从噪声的角度来看，单独的公用设施区域影响到敏感区域是不太可能的。然而，位于这些区域的设备通常噪声非常大，可能需要考虑到职业健康和安全及环境噪声法规方面的噪声控制问题。

47.5.6 电气设备(柴油发电机、CPS 和 UPS 系统、变压器)

某些电气设备是振动和噪声的重要来源，如应急发电机、连续或不间断电力系统(CPS 和 UPS)和变压器。

- 在中央公用设施建筑中，柴油应急发电机通常可以根据位置与敏感区域很好地隔离。然而，作为往复式机械设备，它们会产生较大的不平衡力，必须考虑振动的影响。此外，它们是环境噪声的明显来源。大多数工厂使用这些设备来为关键系统提供电力，而不会用于其他工艺设备。其他工厂可能会使用大型发电机组，以便在电力短缺时维持正常生产。在前一

① 参见 Amick 和 Gendreau 的结论[34]。尽管这个说明是关于结构产生的振动，但是同样的原理也适用于 CUB 的机械振动。

种情况下，如果可以安排定期测试以避免研究设施中敏感的工作时间，发电机的影响就会小一些，但对于连续运行的生产设施来说，这几乎是不可能的。

- CPS 和 UPS 系统有几个类型。最无害的系统使用的是被动式电池，从振动和噪声的角度来看，这些电池对建筑物没有影响。其他不间断电源系统使用的带电元件必须与敏感区域充分隔离。
- 由于核心元件的磁致伸缩，变压器产生的噪声和振动是主频率的两倍加上谐波。这可能相对不是很大的问题，有几个原因：(1)许多工具对高频振动不太敏感；(2)高频振动在地面和结构中衰减较快；(3)相对简单的低挠度弹性隔振器能够有效地减小高频力。然而，必须考虑振动的影响及在某些情况下具有侵入性的辐射噪声。

47.5.7　机械动态平衡要求

如前所述，一阶振动控制位于振动源处。旋转机械产生的振动量是其静态和动态平衡质量的函数，如果相关(例如，在水平中开泵中)，则是对中值的函数。由于不平衡引起的动力是变化的，在设备使用寿命中可以通过初始平衡或再平衡(和校直)来控制，在正常运行中往往会逐渐恶化。因此，需要定期审查和维护。

在先进技术建筑设计中，有几个常用的调节平衡质量的标准。国际标准 ISO 3945[35]①列出了刚性和非刚性(孤立)支撑的几个等级的平衡分类。这相当于在设备轴承盖的各轴向可以测到的振动振幅，为验证和监测提供了方便的手段。

一般来说，在半导体和其他先进技术建筑中，对质量平衡的要求较高，特别是位于敏感区域附近的工艺建筑中较大的设备，如为洁净室服务的密集排列的离心或轴向再循环风机。例如，根据布局和隔离质量，ISO“良好”范围内的较高值(0.5～0.7 mm/s rms)可用于敏感区域附近的“关键”风扇，但 ISO“良好”范围内的较低值(即 1～2 mm /s rms)可用于其他较少数量的设备，如大型泵、压缩机、小型风机等。

平衡质量的实现与设备类型有关。例如，与皮带驱动设备相比，直接驱动设备可以实现更高的平衡质量。在前一种情况下，速度控制是通过使用变速驱动器(调整进入电机的线路频率)完成的。带传动和齿轮传动设备也有在几个频率产生音调振动的缺点，而在一个平衡良好和对准的直接传动系统中，主要影响是在一个与转速相关的单一频率上。当结构设计试图通过设计结构共振来避免机械设备的主要冲击频率时，这个问题尤其关键。

最后，有必要建立一个预防性维修或机械健康监测程序，以控制由于轴承磨损和其他形式的解体而引起的振动增加，更重要的是防止灾难性的故障。

47.5.8　隔振硬件

当设备不能与敏感区域保持足够的距离时，隔振硬件可以减少在选定频率下进入结构的振动传递。传递的振动也可以作为来自机器和建筑构件的噪声辐射，隔振也可以减少这种影响。隔振硬件有很多种类型，它们的短期和长期有效性及维护需求会因设计而有很大的不同。(如果没有正确选择、安装和维护，则它们也可能因意外而变化。)

隔振硬件和系统

简单地说，隔振器的工作原理是将单自由度弹簧-质量阻尼系统的响应叠加到源(机器、管道等)的振动或力谱上。一个简单的弹簧-质量阻尼系统的理想响应在参考文献[37]中表示为传导性及强迫频率与隔振器谐振频率之比的关系图。曲线形状会随着隔振器的阻尼特性而变化。当曲线在

① 经常引用的是美国国家标准协会的标准 ANSI S2.41[36]，它与 ISO 3945 都有完整的技术协议。

统一透射率线以上时，表示放大，当曲线低于统一透射率线时，表示衰减(降低)。理想隔振器有几个重要特征：

- 存在一个相对较低的频率共振，当强迫频率与隔振器谐振频率紧密对应时(频率比等于 1)，透射振动增加。
- 共振下方有放大(透射率大于 1)或统一响应。
- 在频率大于 $\sqrt{2}$ 倍的频率比时，透射能量衰减(透射率小于 1)。
- 还要注意，阻尼变大，共振处的放大将会减小，但高频处的衰减相应减小。典型的阻尼系数为钢弹簧的 $\xi = 0.005$，氯丁橡胶的 $\xi = 0.05$，摩擦阻尼弹簧的 $\xi = 0.33$。系统的基共振频率是隔振器静挠度的函数，定义如下：

$$f_R = \frac{5}{\sqrt{\delta}} \tag{47.4}$$

其中，δ 为隔振器的静挠度，单位为厘米，定义为隔振器的卸载高度与加载高度之差。隔振器的静挠度是隔振器刚度和支承载荷质量的函数，是衡量隔振器性能或效率的常用指标。

因此，当源的主振动频率及关键建筑结构的共振频率显著高于隔振器的共振频率 f_R 时，隔振器是有用的。

理想隔振系统的频率响应是弹簧单元上的单自由度(SDOF)质量的频率响应。实际隔振系统的响应比理想(SDOF)响应更为复杂。一般来说，由于多种因素的影响，其性能较理想曲线有所下降。这些因素包括支撑系统和隔振器本身的其他共振，如钢卷弹簧的纵荡共振和支撑设备底座或平台的共振。后一种情况包括支撑设备框架或惯性基座的动力响应和隔振台结构的柔度(共振响应)。此外，支持隔振系统的建筑结构的合规性会降低隔振器的性能。所有这些效应都趋向于在一定频率或频率范围内减少高频隔振器的衰减[38]。

隔振器由商业生产的各种材料加工而成，并具有广泛的工作和环境条件。最常见的类型是弹性材料(氯丁橡胶、橡胶、玻璃纤维等)、钢弹簧和气动弹簧，详细描述如下：

- 选用钢弹簧是因为其耐用性和相对简单的响应，静态变形量的范围一般为 10～100 mm (f_R = 5～1.6 Hz)。除非使用单独的阻尼元件，否则共振时的阻尼相对较低。高频响应被浪涌频率降低，但有时氯丁橡胶隔振器与钢弹簧串联使用，以提高高频隔离。
- 弹性材料通常具有更好的阻尼响应，在高频时衰减较小。可用静挠度一般较小的商业系统在 1～10 mm 范围(f_R = 16～5 Hz)。因此，它们往往在相对较高的频率放大，它们的隔振范围开始于较高的频率。它们通常做成垫子或“冰球”的形式，或在剪切墙中制成更复杂的形状。
- 气动弹簧(有时称为空气弹簧)是所列其他两种类型之间的折中，通常由低共振频率的受压弹性体容器(类似于橡胶轮胎)组成(常见的 f_R 为 1～2 Hz)。这些可以在商业系统中作为安装在振动源或敏感工具基础上的单元，或者作为包含在隔振台中的元件使用。它们通常需要气压维护，这可能增加安装与维护空气弹簧的成本和复杂性。其中的一个缺点是，这种类型的隔振系统由于房间的压力波动而被降解[21]。

还可以考虑其他专有系统，当然人们还会开发其他系统，它们提供不同的隔振功能和成本效益。

上述隔振系统均为无源隔振器。“有源”隔振器采用的元件可以感知到传入的振动信号，电路会向其添加反向的复制信号，从而抵消部分振动。这些系统的技术正在迅速发展，但在撰写本章时，它们通常只适用于有限的振幅和频率范围，通常在低频时性能最好。这类隔振系统所能施加的动力也有一定的限制。有源隔振器通常与传统的无源隔振器串联使用，而传统的无源隔振器在较高的频率下工作得最好。有源和有源隔振器作为基础隔振器和隔振台在商业上是可用的。

设备、管道和管路系统，以及其他振动源或敏感设备，可以由底座与地面相连的隔振器支撑，也可以由上方的隔振吊架悬挂。在大多数情况下，这两种类型的重要技术特性是相似的。除了隔振器类型和静态偏转[①]，必须指定其他重要细节，包括材料性能和耐腐蚀性能、附件细节、隔振器位置、水平−垂直刚度比、过载能力、与地震控制设备的集成及其他细节。

有些设备配有刚性框架，允许设备直接支撑在弹簧上。然而，许多系统要求在设备和弹簧隔振器之间设置刚性基座。基座类型包括刚性钢框架和钢轨及相对高质量的惯性基座——通常由填满混凝土的钢框架组成[②]。指定惯性基座是为了减小正常运行时隔振设备的振动振幅，也为了减小启动时设备转速与隔振器谐振瞬时对应时的冲击。它们还为设备提供了一个非常坚固的平台，这些设备具有相互连接的元件，比如水平中开泵。要指定的关键基座细节包括基座尺寸、总质量和材料属性。水平尺寸通常由设备占地面积和底座上的任何附加附件(管道弯头、风扇扩压锥等)确定。垂直尺寸(深度)通常是水平尺寸的函数，选择水平尺寸是为了提供足够的抗弯能力，以及所需的基座质量。

通过规范的基座细节控制有害的共振效应是很重要的。支撑系统(钢框架、混凝土惯性基座，甚至设备本身，如下文所述)的动力响应在离散点(如使用多个隔振器时)发生变化，而不是在连续支撑时(如无隔振器时)发生变化。隔振支撑框架内的共振可能会导致受支撑机械设备的过度振动，并可能导致相互连接的系统(如由轴连接到电机上的泵)的失调问题。

先进技术设施中还有其他类型的隔振设备：

- 在刚性和隔振组件之间使用挠性管、导管和管道连接器，从而灵活地分离组件，并减少传输管道和管路墙壁的振动[③]。在结构隔振节点的服务交叉口，有时会使用到一种非常灵活的连接件。并不是所有的柔性连接器都是相同的，一般来说，某些类型的连接器在微振动控制方面(例如，双球弹性体、多褶积不锈钢波纹管)比其他类型的连接器(例如，不锈钢编织弯管)工作得更好。后者可能更适合于膨胀控制、地震柔度控制等。当将其安装在隔离的机械设备上时，有时可能会用柔性连接器代替设备附近隔振器上管道的支撑(反之亦然)。
- 推力约束是弹簧元件，主要用于与风机一起抵抗横向推力，否则将突破基座隔振和柔性连接器的限制。
- 弹性渗透套管用于在通过刚性墙壁、天花板或地板结构时，保持独立管道或管道系统的灵活性，或防止振动传递到这些结构中。
- 弹性横向导轨是弹性材料或钢弹簧隔振器，用于管道和立管通过地板/天花板结构时的隔振支撑。
- 地震控制设备通常具有与隔振器相反的性能目标，即在地震荷载作用下抑制设备或管道。但是，这些装置中有一些既符合抗震要求又符合隔振要求，应在设计阶段随隔振装置一起指定。例如，某些类型的基座缓冲功能没有刚性接触，除非用于在地震事件中。同样，用

① 隔振器静态偏转通常指定为一个最小值，因为相比要求更高的偏转，通常这不是有害的。

② 在这里讨论的上下文中，惯性基座是指支撑或悬挂在隔振器上的大型基座。在这种情况下，惯性基座与客房服务台是不同的，客房服务台是直接连接到地面或地板结构上的大型混凝土台，并支持隔振或非隔振设备。

③ 在某些情况下，柔性连接器还可以降低流体中的振动传递。例如，某些类型的柔性连接器可以利用连接器壁的弯曲吸收脉冲能量，从而减少泵出的水中的叶轮压力脉冲，参见参考文献[39]。

于管道和管路安装的电缆约束也可以设计成具有足够的松弛度，以允许隔振支撑发挥作用。抗震减震器的设计应便于检查过紧的连接，这会降低正常运行时的隔振效果。

隔振器安装及常见缺陷

遗憾的是，在隔振系统的设计、规范、安装和维护方面可能会出现很多错误。在对使用大量隔振装置的设施进行详细检查时，很可能会发现以下几种缺陷。

设计缺陷

- 基于其转动或低频湍流振动，设备静态偏转不足。
- 支撑建筑组件(地板、天花板、管架等)弹簧刚度过于柔软。
- 缺乏长期性能和可靠性的考虑。
- 负载隔振器选择不当，导致静态偏转不足或隔振器超载，也可能导致降低或破坏隔振器的性能。

安装和维护缺陷

一般情况下，隔振设备应该能够自由移动。如果不行，即使没有设计错误，也可能会出现以下一个或多个问题：

- 由于隔振器调整不当导致隔振系统被卡住或短路，存在调整或设计不当的抗震减震器，存在运输约束或临时支架，隔离底座下的碎片，刚性连接的管道或导管，刚性连接的管道支柱，嵌套弹簧元件之间的连接过紧，弹簧保持架的连接过紧，等等。
- 弹簧不对中或崩溃。
- 腐蚀。
- 焊盘元件上载荷分配不均衡。

项目振动规范应定义特定的隔振器类型、操作参数和安装细节，以避免这些故障，这些故障可能导致更高的振动和噪声水平。

47.6 噪声设计

噪声会影响设施内的人员和工具，如果环境噪声过大，会影响邻近社区的居民。控制暖通空调的噪声，精心选择相关的建筑细节，可以改善通信、语音隐私和工作环境的条件，并减少与工作相关的长期听力损伤、疲劳和烦恼。关于环境噪声，经常要求设施出示符合国家或地方环境噪声规定的证明文件。最好是在设计阶段考虑噪声控制，而不是作为一种改造，在以后应用可能更昂贵的噪声控制措施。

47.6.1 室内噪声设计

洁净室

洁净室在噪声控制设计中面临着特殊的挑战。这是由于从声学角度来看，这些环境有几个独特的特点。第一，换气要求可能相当高，需要大量的气流而导致出现伴随的噪声。第二，洁净室相当于混响室，因为它们通常是由声学反射的建筑材料(混凝土、洁净室墙板、不锈钢等)建造的。第三，由于排气和污染的限制，传统吸声材料的使用受到限制。然而，这种情况并非不能解决，而是可以建模分析洁净室，为人员和大多数流程工具提供可行的环境[40]。

洁净室的噪声可以用传统的手工声学计算方法建模，也可以用基于计算机的射线跟踪模型建模。无论哪种情况，都必须考虑到一些特殊的因素。模型必须包括在房间中使用的不同寻常的建筑材料(蜂窝洁净室墙板、高效能过滤器等)，以正确地考虑吸收和混响。必须适当考虑整体布局条件，无论是 bay-chase 或 ballroom，必须采取相关的措施。要考虑的暖通空调(HVAC)源包括空气循环系统的入口和出口、补充空气系统的出口，以及在高效空气过滤器上产生的任何自噪声(一般只在试图达到相对较低噪声水平的情况下才有影响)。与基础建筑系统相关的其他噪声源包括管道和阀门及螺旋泵噪声。

使用传统的洁净室设计，在ISO分级1～5级的洁净室通常很难达到HVAC噪声水平低于NC-55至NC-60(IEST RP-12)[9]。在设计中考虑到适当的因素，例如采用低风速和适当的消声措施，在ISO洁净等级数值较大的洁净室内，有可能达到较低的噪声水平。无论如何，洁净室噪声控制的首要手段是风机规格和选型。如47.5.2节所述，风机机组内部或内部的噪声控制方法取决于所使用的机组类型。使用外部“无填料”消声器或带有密封填料和洁净室兼容吸收处理的消声器是可能的，但由于清洁兼容要求，这些方法的效率降低，特别是在通常由风扇噪声主导的低频(63～500 Hz)的情况中。

一个潜在的更困难的问题是控制来自工具和工具支持设备(干泵、本地冷水机等)的噪声，这些设备位于洁净室或空气循环通道。这些是由最终用户根据工艺或研究需求添加的。然而，这些设备预购时的噪声要求仍然不常见，很难用来保持与HVAC系统设计标准的声学兼容性。因此，无尘室内的噪声水平随着工具的增加而显著提高，这并不罕见。除了上面提到的支撑设备，与这些工具相关的主要噪声源还包括微环境、工厂搬运设备、伺服执行器和空气泄漏噪声。几项正在进行的试点研究表明，控制这种噪声是有可能实现的，特别是在预先规划的情况下。这包括设计适当通风的泵和冷水机室，要求或提供适当的隔离机制和机械源的外壳，以及为单个设备采用适当的最大噪声规范。

洁净室箱体、子工厂和支持区域

洁净室通常使用支持区域，同时也将其作为洁净室的空气回流区。如果这些区域没有占用并且仅放置非敏感的机械设备，则可以降低噪声标准。然而，在可能放置大量大型工具的夹层或管道井布局中，通常希望在箱体中限制噪声水平。

特殊实验室

工厂制造和其他先进技术设备中最严格的噪声要求常常出现在用于故障分析、表征和其他计量的实验室中。在这些过程中使用的工具类型通常是对噪声和次声最敏感的。

幸运的是，在声学要求非常严格的情况下，这些实验室通常没有或仅有相对并不严格的清洁要求。如果温度控制要求严格，则可能会增加另一个挑战，因为需要特殊的送风系统；然而，这些可以被设计成符合声学要求。正如47.7.1节所讨论的，布局是至关重要的。这些实验室通常需要进行设计来控制：

- 实验室和走廊之间及和室外机械区域之间的噪声传输。
- 空调风机、空气终端单元及散流器的HVAC噪声，并考虑管道传输和管道“突围”噪声[10]。
- 房间内回响，通过使用特殊的和分布式吸收天花板与墙壁来解决。
- HVAC系统次声，在空间的Helmholtz共振频率及其他频率下，实验室尺寸和其他特性耦合而产生过大的噪声[41]。

47.6.2　机械室内外噪声设计

前面讨论了为人员和工具提供“舒适”的环境。与此相反，本节讨论的环境可以由外部主管部门(如职业卫生组织及地方和国家政府)进行监管。环境噪声的控制和机械房间的噪声是比较“传统”的声学设计问题，所以我们只讨论先进技术设施所特有的方面。

先进技术设施中最重要的噪声源位于机房和设备堆放场，包括排风机、冷却器、泵、压缩机、烘干机、锅炉、冷却塔等。当封闭在硬(混凝土和钢)和混响环境中，典型的机械房间和 CUB 建筑也会产生严重损伤听力的危险。当这些噪声源暴露于环境中时，如排气扇、冷却塔、补充空气和锅炉燃烧进气口等，会产生严重的噪声控制问题，特别是当设备位于城市或半城市地区附近时[42]。

在这些情况下，噪声准则通常表示为 dBA 中的最大值。例如，国家或国际听力保护法规可能规定，在机械房间中 8 小时内的最大噪声暴露水平为 80～90 dBA。地界线噪声上限的绝对值可为 40～70 dBA 不等，视邻近地界的分区用途而定，或可参考现有的环境条件(即在添加新的噪声源之前)。当然，设施面临的实际规则可能有很大差异，因此必须在设计阶段的早期就确定这些准则。还必须确定本条例适用的条件，例如测量方法、气象条件等。

在这两种情况下，必须强调的是，该准则并不适用于单个来源，而是适用于所有相关来源的噪声的总和。对于半导体生产设施，设计中有数百个单个来源必须考虑，采用先进的计算机建模方法是有必要的，能够同时充分描述所有这些来源的影响，能够测试各种形式的噪声控制，能够提供一个符合听力要求且具有成本效益的设计。因此，详细的分析常常表明，单个来源的有效准则明显低于机械房间或生产线的总体设计准则。

在这些情况下，传统的噪声控制方法包括布局、屏障和围护结构、消声器、吸收材料的应用等。

47.7 生产工具连接

47.7.1 工具布局

建筑内洁净室或实验室的功能区域的位置，以及建筑外部的振动源，影响着室内可达到的振动和噪声环境。明智的布局是实现良好的振动和噪声环境的最经济有效的方法(有时也是唯一的方法)。例如，最敏感的实验室应尽可能远离内部的振动和噪声源，如机电设备、电梯、主要走廊、装卸码头等。与外部资源相关的位置——如现场和场外道路及中央公用设施建筑——也应予以考虑。

同样，洁净室隔间或实验室模块的布局对于最有效地控制噪声和振动也很重要。设计人员应计划将实验室或工厂内的工具和工具支撑机械设备分开，以减少振动和噪声的影响。考虑使用一个单独的声学密封设备箱体，以包含干泵、冷水机、电源调节器和其他设备，这些设备的噪声过大，可能会干扰工具和人员。外围设备的需求将取决于这些设备是否在关键工具使用期间操作。

47.7.2 预置工具架设计

通常在连接阶段及以后的任何工具安装阶段，将刚性支座设计成在凸起的通道地板的标高处支撑工具。这些设施有几个用处。从结构的角度来看，有时需要它们，因为入口地板的承载能力不足(例如，对于植入物)。在其他情况下，由于高架通道地板的灵活性和相对较高的振动振幅，将其用作单独的刚性支撑，从而将结构地板良好的振动环境延伸到高架通道地板的立面。

刚性支座的使用并不是为了减少结构地板的振动环境，在设计时必须小心谨慎，以免在临界频率范围内放大结构地板的振动。支座可以由传统的钢构件(如结构管)定制，也可以是现成的预制结构(如设计适当的三脚架)。支座必须独立于入口地板，四周有明显的缝隙。该平台通常由结构工程师设计，以承载所有适当的结构荷载。然后对其进行动态设计，使其基本共振频率(水平方向和垂直方向)非常高，并从支撑的工具最敏感的频率范围、所附晶圆厂结构的模态和旋转设备的轴速中移除。此外，支座的水平和垂直轴可能必须满足某些工具规定的基础阻力(刚度)要求。通常需要使用有限元模型进行详细的动态分析。

47.7.3　主动工具架设计

主动隔振组件也可以用于基座和隔振台。在前面 47.5.8 节的“隔振硬件和系统”部分中简要讨论了这种技术，并且在工具架设计中应用了同样的优点和限制。主动隔振与某些类型的工具并不兼容。

47.7.4　连接设备的振动和噪声控制

与工艺级工具相关联的子工厂系统可能产生巨大的振动，除非小心处理它们的安装过程①。子工厂系统包括真空泵(通常是堆叠式)、小型冷水机组和洗涤器、动力调节设备及其他机电工具支撑系统。虽然这些系统的额定功率通常比较小(1～10 kW)，但它们往往数量众多，分布广泛。

干泵有“干”轴承，安装时必须使其便于拆卸维修。因此，泵通常安装在带有脚轮的车上。脚轮包含一个锁定脚，以防止系统在使用时意外移动。大多数制造这种泵的厂家在每个泵的底座和车架之间安装了车载弹性隔振装置。这些隔振器可以很好地限制振动传递到地下厂房地板。然而，并不总是提供隔振设备，也不总是像人们希望的那样有效。在这种情况下，安装软剪切力氯丁橡胶(neoprene–in-shear)或钢弹簧可以大大提高隔振效率。另一种替代船上隔振的方式是使用支持泵车的地板上的弹簧，或使用机架上的衣架弹簧。这种隔振方法可能比船上隔振更有效，但它必然会使泵的维修等问题复杂化。隔离任意数量的支撑机械系统的一个非常有效的方法是在机房中提供一个隔振的地板。这些典型的结构包括漂浮在弹簧或氯丁橡胶隔振器上的混凝土地板。

同样重要的是，与真空泵有关的管道和排气系统应包括柔性元件，以限制泵与建筑物结构和泵所提供的工具之间的振动力传递。煤气管道和电气连接的灵活性也很重要。

47.8　设备振动测量的目的和时间

在设施建造前对场地进行振动测量是很常见的。这可能是在晶圆或研究设备的使用寿命中进行的几项振动评估中的第一个。正如 Amick 等人[43]所讨论的，这些调查可能有各种各样的逻辑里程碑，这些里程碑可能包括：

- 工厂构建过程
  - 结构评估②
  - 构建(或最终)评估③
- 工具站点评估
- 诊断
- “当前”状态的文档

① 与悬挂机械设备有关的振动冲击的案例请参见参考文献[20]。

② 结构评估的目的是验证与结构动力学设计相关的特定结构参数，如楼板刚度和共振频率。(如有需要，这种勘测期间步行者的振动测量比较容易在竣工勘测期间实现，因为在已完成及运行的设施内，步行者的振动可能会被机械振动所掩盖。)如果发现了不足之处，那么在施工的这一阶段就更容易纠正，而不是等到项目完成。

③ 最后评估的目的是记录设备“交付”给所有者时工厂的振动关键部分的性能。

47.9 成熟的振动和噪声环境

术语“成熟”是指由于各种原因，振动环境随时间的变化(通常是恶化)。Gendreau 和 Amick 记录了与此相关的一些方面。有几个关键问题有助于设施在超过“建成”状态后走向成熟：

- 连接
- 工艺变化
- 结构老化、机械安装和维护

47.10 未来趋势及特殊情况

47.10.1 微电子设施

微电子产品生产设备的振动和噪声敏感性近十年来一直保持相当稳定，行业压力将继续推动工具制造商提供能够在当前环境下工作的设备。如果生产技术被迫转向与纳米技术更一致的新硬件概念，特别是如果必须在如洁净室的同样环境中使用，可能会对振动和噪声要求进行一些修订。

一个可能影响工具的因素是晶圆尺寸。目前，大多数工厂正在加工 300 mm 晶圆，一些工厂正在设计加工 450 mm 晶圆，需要更大的工具，并且有可能产生更大的内力，因此来自结构的阻力也需要更大。

另一个重要的趋势是对新光源的要求，即要求更小的线宽。希望在越来越小的维度上处理线宽。虽然这并不表示光刻扫描仪将要求更严格的环境振动环境(实际上过去是通过工程改进实现的)，但是随着达到 EUV(极紫外)范围，工具可能对过程层传递更大的动态力，这时就要考虑对其他工具的影响。这些细节应作为技术进步加以审查和考虑。

47.10.2 平板显示设备(LCD-TFT)

平板显示器(FPD)随着每一代生产设备的增加而变得越来越大，目前还没有迹象表明这种趋势会立即改变。更大的生产设备通常意味着更大的材料处理系统，产生更大的力，这就需要更硬的结构。目前，设计理念似乎与技术同步，尽管与大型机器人相关的更大的力给设计师带来了巨大挑战。

47.10.3 纳米技术和其他先进的物理设备

很难预测纳米尺度的研究将走向何方，以及它对振动和噪声环境的要求。成像设备(SEM、TEM、STEM、AFM 等)很可能将继续对振动和噪声更加敏感，尽管一些最敏感的仪器对噪声的要求已经处于当今技术实用的边缘。人们只能希望工具供应商在内部振动和噪声隔离方面做得更好，就像更成熟的光刻工具供应商一样。

在经历了第一代纳米技术设施之后，很明显，必须高度重视对多种类型的能源污染物及传统的空气污染物的调查和降低设计。当不同污染物的要求发生冲突时，如声学和电磁干扰(EMI)或振动和电磁干扰之间的情况，必须谨慎处理。人们对这些设施的规划和设计达成了一些共识，例如 IEST Recommended Practice——IEST RP-200[44]。

满足几个尖端系统(多数是显微镜)的噪声需求的唯一方式，是将其放在封闭的房间里，没有人员在场时使用。此外，一门关于实验室次声噪声控制的新学科正在发展，以满足下一代商业工具的要求，同时研究人员也承认由于低频压力波动限制了某些实验。

就振动而言，相关的情况没有那么困难，尽管这个学科也达到了它的处理极限。包括步进器在内的一些技术还是相当健壮的。其他的设备，如一些电子束光刻工具和纳米探针，都有严格的要求，这可能会限制它们的使用，即使是在中等安静的场所。目前的主动振动控制技术对于降低已安静环境的振动振幅并不是特别合适。纠正这一缺点可能会使振动控制技术在未来得到一定的发展，但仍需要大量的技术支持。

47.11　致谢

作者感谢这一学科的“发起者”Colin Gordon 和 Eric Ungar 的贡献，以及感谢我们的同事，他们帮助我们改进了使用的设计和度量方法。

47.12　参考文献

1. M. L. Gendreau（1999, 2001），“（Specification of the）Effects of Acoustic Noise on Optical Equipment,” *Proceedings of the International Society for Optical Engineering*（*SPIE*）, Vol. 3786, Denver, CO（July 1999）reprinted and updated in *Noise & Vibration Worldwide*, Vol. 32, No. 4, Apr. 2001.

2. M. L. Gendreau, “Generic Noise Criterion Curves for Sensitive Equipment,” *Proceedings of Inter-Noise 2012*, New York, Aug. 19–22, 2012.

3. J. S. Bendat and A. G. Piersol, *Random Data: Analysis and Measurement Procedures,* 4th ed., Wiley-Interscience, New York, 2010.

4. H. Amick and S. Bui, “A Review of Several Methods for Processing Vibration Data,” *Proceedings of the International Society for Optical Engineering*（*SPIE*）, Vol. 1619, Nov. 1991.

5. H. Amick, “On Generic Vibration Criteria for Advanced Technology Facilities: With a Tutorial on Vibration Data Representation,” *Journal of the Institute of Environmental Sciences*, Vol. XL, No. 5, pp. 35–44, Sep./Oct. 1997.

6. K. G. McConnell, *Vibration Testing: Theory and Practice*, Wiley, New York, 1995.

7. E. E. Ungar and C. G. Gordon, “Vibration Challenges in Microelectronics Manufacturing,” *Shock and Vibration Bulletin*, 53（I）: 51–58, May 1983.

8. H. Amick, M. L. Gendreau, T. Busch, and C. G. Gordon, “Evolving Criteria for Research Facilities: Vibration,” *Proceedings of SPIE Conference 5933: Buildings for Nanoscale Research and Beyond,* San Diego, CA, Jul. 31–Aug. 1, 2005.

9. Institute of Environmental Sciences and Technology IEST RP-12, “Considerations in Clean Room Design,” *IEST-RP-CC012.3,* 2015.10.

10. American Society of Heating, Refrigerating and Air-Conditioning Engineers, Inc. ASHRAE, “Chapter 48: Noise and Vibration Control,” *2015 ASHRAE Handbook: Heating, Ventilating, and Air-Conditioning Applications*, ASHRAE, 2015.

11. C. G. Gordon, “Generic Vibration Criteria for Vibration-Sensitive Equipment,” *Proceedings of the International Society for Optical Engineering*（*SPIE*）, Vol. 3786, Denver, CO, Jul. 1999.

12. E. E. Ungar, D. H. Sturz, and H. Amick, “Vibration Control Design of High Technology Facilities,”

Sound and Vibration, Vol. 24, No. 7, pp. 20–27, Jul. 1990.

13. International Standards Organization ISO 2631, "Guide to the Evaluation of Human Exposure to Vibration and Shock in Buildings (1 to 80 Hz)," ISO 2631, 1981.

14. H. Amick and A. Bayat (2001, 2002), "Meeting the Vibration Challenges of Next-Generation Photolithography Tools," *Proceedings of ESTECH 2001*, 47th Annual Technical Meeting, IEST, Phoenix, Arizona, Apr. 2001; reprinted in *Sound & Vibration*, Vol. 36, No. 3, pp. 22–24, Mar. 2002.

15. W. E. Blazier, Jr., "RC Mark II: A Refined Procedure for Rating the Noise of Heating, Ventilating and Air-Conditioning (HVAC) Systems in Buildings," *Noise Control Engineering Journal*, 45 (6): 243–250, 1997.

16. L. L. Beranek, "Balanced Noise Criterion (NCB) Curves," *Journal of the Acoustical Society of America*, 86: 650–654, 1989.

17. M. L. Gendreau, H. Amick, and T. Xu, "The Effects of Ground Vibrations on Nanotechnology Research Facilities," *Proceedings of the 11th International Conference on Soil Dynamics and Earthquake Engineering (11th ICSDEE) and the Third International Conference on Earthquake Geotechnical Engineering (3rd ICEGE)*, Berkeley, CA, Jan. 2004.

18. C. G. Gordon, "A Study of Low-Frequency Ground Vibration in Widely Differing Geographic Areas," *Proceedings of Noise-Con 87*, State College, Pennsylvania, Jun. 1987.

19. H. Amick and C. G. Gordon, "Specifying and Interpreting a Site Vibration Evaluation," *Microcontamination,* Vol. 7, No. 10, pp. 42–52, Oct. 1989.

20. M. L. Gendreau and H. Amick, "'Maturation' of the Vibration Environment in Advanced Technology Facilities," *Proceedings of ESTECH 2004*, 50th Annual Technical Meeting, Institute of Environmental Sciences and Technology (IEST), Las Vegas, Nevada, Apr. 2004.

21. M. L. Gendreau, "The Effect of Varying Acoustic Pressure on Vibration Isolation Platforms Supported on Air Springs," *Proceedings of the 16th International Congress on Sound and Vibration (ICSV16)*, Kraców, Poland, Jul. 5–9, 2009.

22. H. Amick, T. Xu, and M. L. Gendreau, "The Role of Buildings and Slabs-on-Grade in the Suppression of Low-Amplitude Ambient Ground Vibrations," *Proceedings of the 11th International Conference on Soil Dynamics and Earthquake Engineering (11th ICSDEE) and the Third International Conference on Earthquake Geotechnical Engineering (3rd ICEGE)*, Berkeley, CA, Jan. 2004.

23. N. Tang, C. Wu, B. Xiong, M. L. Gendreau, H. Amick, Y.-L. Yin, and T.-L. Wu, "Dynamic Features of Precast Waffle Slabs in Cleanroom Design," *Proceedings of IMAC XXVI Conference and Exposition on Structural Dynamics*, Orlando, FL, Feb. 4–7, 2008.

24. H. Amick, M. L. Gendreau, and C. G. Gordon, "Facility Vibration Issues for Nanotechnology Research," *Proceedings of the Symposium on Nano Device Technology.*

25. N. Tang, H. Amick, and M. L. Gendreau, "Long-Span Truss Structures for Low-Vibration Environments," *Proceedings of ASCE/SEI Structures 2009 Congress*, Austin TX, pp. 2829–2835, 30 Apr–2 May 2009.

26. E. E. Ungar and R. W. White, "Footfall-Induced Vibrations of Floors Supporting Sensitive Equipment," *Sound and Vibration*, pp. 10–13, Oct. 1979.

27. T. M. Murray, D. E. Allen, and E. E. Ungar, "Floor Vibrations Due to Human Activity," *Steel Design Guide Series 11*, American Institute of Steel Construction, p. 69, 1997.

28. C. G. Gordon, "The Design of Low-Vibration Buildings for Microelectronics and Other Occupancies,"

Proceedings of the First International Conference on Vibration Control in Optics and Metrology, SPIE Proc. Vol. 732, London, Feb. 1987.

29. H. Amick and A. Bayat, "Dynamics of Stiff Floors for Advanced Technology Facilities," *Proc. 12th Engineering Mechanics Conference*, American Society of Civil Engineers, pp. 318–321, May 1998.

30. H. Amick, M. L. Gendreau, and A. Bayat, "Dynamic Characteristics of Structures Extracted from In-Situ Testing," *Proceedings of the International Society for Optical Engineering* (*SPIE*), Vol. 3786, Denver, CO, Jul. 1999.

31. C. G. Gordon and M. Q. Wu, "Noise and Vibration Characteristics of Cleanroom Fan-Filter Units," *Proceedings of ESTECH 1998*, Institute of Environmental Sciences and Technology (IEST), Phoenix, Arizona, Apr. 1998.

32. M. L. Gendreau, "Noise in Cleanrooms Served by Fan-Filter Units: Design Considerations," *Proceedings of the 11th International Congress on Sound and Vibration* (*ICSV11*), St. Petersburg, Russia, Jul. 5–8, 2004.

33. R. D. Blevins, *Flow-Induced Vibration*, Van Nostrand Reinhold, New York, 1990.

34. H. Amick and M. L. Gendreau, "Construction Vibrations and Their Impact on Vibration-Sensitive Facilities," *Proceedings of the Sixth Construction Congress*, American Society of Civil Engineers (ASCE), Orlando, FL, pp. 758–767, Feb. 2000.

35. International Standards Organization ISO 3945, "Mechanical Vibration of Large Rotating Machines with Speed Range from 10 to 200 rev/s—Measurement and Evaluation of Vibration Severity In Situ," 1985.

36. American National Standards Institute ANSI S2.41, "Mechanical Vibration of Large Rotating Machines with Speed Range from 10 to 200 rev/s—Measurement and Evaluation of Vibration Severity In Situ," 1985.

37. M. R. Lindeburg, *Mechanical Engineering Reference Manual for the PE Exam*, 10th ed., Professional Publications, Inc., Belmont California, 1998.

38. E. E. Ungar, "Vibration Isolation," in L. L. Beranek and I. L. Ver, eds., *Noise and Vibration Control Engineering: Principles and Applications*, John Wiley & Sons, Inc., New York, 1992.

39. J. Paulauskis and W. E. Blazier, Jr., "Centrifugal Water Pumps," *Application of Manufacturers' Sound Data,* C. Ebbing and W. E. Blazier, Jr., American Society of Heating, Refrigerating and Air-Conditioning Engineers, Inc., 1998.

40. C. G. Gordon and A. M. Yazdanniyaz, "Noise Prediction and Control in Microelectronics Clean Rooms," *Proceedings of Inter-Noise 89*, Newport Beach, CA, Dec. 1989.

41. M. L. Gendreau, "Measurement Techniques Used to Verify the Cause and Nature of Low-Frequency Noise in Rooms," *Proceedings of the 16th International Congress on Sound and Vibration* (*ICSV16*), Kraców, Poland, Jul. 5–9, 2009.

42. M. L. Gendreau and M. Q. Wu, "Environmental Noise Control for Semiconductor Manufacturing Facilities," *Proceedings of Inter-Noise 99, The 1999 Congress and Exposition on Noise Control Engineering,* Fort Lauderdale, FL, Dec. 1999.

43. H. Amick, M. Gendreau, and T. Xu, "On the Appropriate Timing for Facility Vibration Surveys," *Semiconductor Fabtech*, No. 25, Mar. 2005.

44. Institute of Environmental Sciences and Technology IEST RP-200, "Planning of Nanoscale Science and Technology Facilities: Guidelines for Design, Construction, and Start-up," IEST-RP NANO200.1, 2012.